The 19th National Conference on Structural Wind Engineering
The 5th National Forum on Wind Engineering for Graduate Students

第十九届全国结构风工程学术会议
暨第五届全国风工程研究生论坛

论文集

中国土木工程学会桥梁及结构工程分会
中国空气动力学会风工程和工业空气动力学专业委员会　主编

二〇一九年四月十八日至二十一日
福建　厦门

中南大学出版社
www.csupress.com.cn
·长沙·

内容提要

　　本论文集分为"第十九届全国结构风工程学术会议"论文与"第五届全国风工程研究生论坛"论文两部分，前者按照大会特邀报告、边界层风特性与风环境、钝体空气动力学、高层与高耸结构抗风、大跨空间结构抗风、低矮房屋结构抗风、大跨度桥梁抗风、车辆空气动力学与抗风安全、输电塔线抗风、特种结构抗风、计算风工程方法与应用、其他风工程和空气动力学问题分类，后者的分类除无大会特邀报告一类外，增加了风电结构抗风，其余与前者的相同。论文集共收录 384 篇论文，其中包括第一部分学术论文 138 篇，第二部分学术论文 246 篇，全部论文反映了近两年来我国结构风工程研究的最新理念、成果与进展。

　　本书可供从事风工程研究的科研人员、高等院校相关专业师生和土木工程结构设计院所工程师参考。

第十九届全国结构风工程学术会议
暨
第五届全国风工程研究生论坛

主办单位： 中国土木工程学会桥梁及结构工程分会

中国空气动力学会风工程和工业空气动力学专业委员会

承办单位： 厦门理工学院（土木工程与建筑学院、风工程研究中心）

同济大学土木工程防灾国家重点实验室

协办单位： 湖南大学风工程与桥梁工程湖南省重点实验室

西南交通大学风工程四川省重点实验室

中国建筑科学研究院风工程研究中心

北京交通大学土木建筑工程学院

中国空气动力研究与发展中心低速空气动力研究所

同济大学桥梁结构抗风技术交通运输行业重点实验室

厦门海洋职业技术学院

厦门理工学院环境科学与工程学院

厦门大学建筑与土木工程学院

华侨大学土木工程学院

厦门市气象局

汕头大学土木与环境工程系

赞助单位： 北京智阳科技有限公司

北京天诺基业科技有限公司

北京迈达斯技术有限公司

厦门奇达电子有限公司

绵阳六维科技有限责任公司

锐建工程咨询有限公司

武汉优泰电子技术有限公司

昆山市三维换热器有限公司

深圳市金洪仪器技术开发有限公司

Dantec Dynamics A/S

江苏东华测试技术股份有限公司

北京思莫特科技有限公司

ATI INDUSTRIAL AUTOMATION

学术委员会

组织委员会

主　　席：　陈昌萍(厦门理工学院)

副　主　席：　赵　林(同济大学)　　　　钱长照(厦门理工学院)

秘　　书：　陈秋华(厦门理工学院)　　王淮峰(厦门理工学院)

操金鑫(同济大学)　　　　徐　乐(同济大学)

委　　员：　何富强(厦门理工学院)　　周光伟(厦门理工学院)

林　立(厦门理工学院)　　王晨飞(厦门理工学院)

张祥敏(厦门理工学院)　　胡海涛(厦门理工学院)

洪　力(厦门理工学院)　　黄智勇(厦门理工学院)

叶晓嘉(厦门理工学院)　　陈昉健(厦门理工学院)

傅海燕(厦门理工学院)　　阳艾利(厦门理工学院)

张晓曦(厦门理工学院)　　雷　鹰(厦门大学)

张建国(厦门大学)　　　　许　斌(华侨大学)

罗　漪(华侨大学)　　　　赵珧冰(华侨大学)

研究生委员：　钱　程(同济大学)　　　　刘圣源(同济大学)

展艳艳(同济大学)　　　　李朱君(厦门理工学院)

陆谢贵(厦门大学)　　　　刘　行(厦门大学)

徐亚琳(厦门大学)　　　　徐　凯(湖南大学)

孙一飞(石家庄铁道大学)　杨文瀚(哈尔滨工业大学)

冯　帅(华南理工大学)　　唐林波(中南大学)

苏　益(西南交通大学)　　洪　光(长安大学)

单文珊(北京交通大学)

前 言

自 1983 年 11 月在广东新会举行第一届会议以来，全国结构风工程学术会议至今已累计举行了十八届。为了适应我国风工程研究、教学和交流规模不断发展的新形势，自 2011 年 8 月举行的"第十五届全国结构风工程学术会议"起，同期举办了面向广大研究生的"全国风工程研究生论坛"。本次"第十九届全国结构风工程学术会议"暨"第五届全国风工程研究生论坛"，于 2019 年 4 月 18 日至 21 日在福建省厦门市召开，这是我国结构风工程界交流学术观点和理念、科研成果及其应用的又一次盛会。

"第十九届全国结构风工程学术会议"共征集学术论文 141 篇，录用 138 篇，其中包括 6 篇大会特邀报告。"第五届全国风工程研究生论坛"共征集学术论文 303 篇，录用 246 篇。全部录用论文反映了近两年来我国结构风工程研究的最新理念、成果与进展。收入论文集和 U 盘的论文按"全国结构风工程学术会议"和"全国风工程研究生论坛"分为两大部分，主题包括：边界层风特性与风环境、钝体空气动力学、高层与高耸结构抗风、大跨空间结构抗风、低矮房屋结构抗风、大跨度桥梁抗风、车辆空气动力学与抗风安全、输电塔线抗风、风电结构抗风、特种结构抗风、计算风工程方法与应用、其他风工程和空气动力学问题，其中论文集仅收录所有录用论文的扩展摘要，并正式出版，而 U 盘则收录所有录用论文的全文（未正式出版），供与会代表内部交流。

本次大会邀请了澳大利亚悉尼大学 Kenny Kwok 教授、哈尔滨工业大学李惠教授、西南交通大学李永乐教授、同济大学曹曙阳教授、中南大学何旭辉教授、中国建筑科学研究院陈凯教授共六位国内外风工程领域著名学者作大会报告，内容涉及风致建筑物振动不利影响分析、智能结构风工程、西部深大峡谷桥址区风场特性及大跨缆索桥梁抗风研究龙卷风荷载研究现状和问题、高速列车 – 桥梁系统气动特性、复杂建筑结构抗风分析的时域方法。

为全国风工程领域的工作人员和研究生提供一个能够充分交流各自成熟或非成熟的创新学术观点和理念以及最新研究成果的平台，是"全国结构风工程学术会议"和"全国风工程研究生论坛"一如既往的宗旨，因此，允许作者根据学术交流后的反馈结果对论文全文进行适当的修改后向相关学术期刊投稿。

本次会议得到了中国土木工程学会桥梁及结构工程分会、中国空气动力学会风工程和工业空气动力学专业委员会两个上级学会的大力支持和指导，也得到了许多单位委员和其他相关单位的热情赞助，借此致以衷心的感谢。

本论文集所收录的论文按作者原文排版，内容和文字均未变动。如有谬误，敬请谅解，欢迎批评指正。

中国土木工程学会桥梁及结构工程分会

中国空气动力学会风工程和工业空气动力学专业委员会

2019 年 2 月

目 录

第一部分　第十九届全国结构风工程学术会议

七、大跨度桥梁抗风

八、车辆空气动力学及抗风安全

九、输电塔线抗风

十、特种结构抗风

十一、计算风工程方法与应用

十二、其他风工程和空气动力学问题

第二部分　第五届全国风工程研究生论坛

一、边界层风特性与风环境

四、大跨空间结构抗风

五、低矮房屋结构抗风

六、大跨度桥梁抗风

七、车辆空气动力学与抗风安全

附　录

第一部分

第十九届全国
结构风工程学术会议

一、大会报告

龙卷风荷载研究现状和问题[*]

曹曙阳[1]，操金鑫[1]，王蒙恩[2]

（1. 同济大学土木工程防灾国家重点实验室 上海 200092；2. 同济大学土木工程学院 上海 200092）

1 引言

龙卷风是伴随积云或积雨云等对流云生成的绕竖直轴急速旋转的旋涡。由雷暴云底伸展至地面的漏斗状龙卷风旋转强烈，移动迅速，持续时间短，一般伴有雷阵雨，有时也伴有冰雹，是最严重的自然灾害之一[1]。龙卷风可由超级单体风暴产生，也可由飑锋产生，但超级单体风暴造成的龙卷风一般较为强烈。在龙卷风最活跃的美国，据统计平均每年发生 1300 次左右的龙卷风，并造成约 80 例死亡、1500 例受伤以及 8.5 亿美元的经济损失[2]。我国地域辽阔，孕育了各种气象环境及地形地貌，龙卷风在我国也时有发生。长江口三角洲、苏北、鲁西南、豫东等平原、湖沼区以及雷州半岛等地是我国龙卷风的易发区[3]。《中国气象灾害大典》1961—2010 年的资料统计表明，此 50 年内全国记录的 EF2 级（瞬时风速为 50～60 m/s）以上龙卷风的总数达 165 次之多[4]。2016 年 6 月 23 日，江苏省盐城市阜宁县遭遇强度高达 EF4 级的龙卷风，造成 99 人死亡，846 人受伤[5]。近年来龙卷风等局地极端灾害在我国发生的频率有增高的倾向，因而急需关注龙卷风致灾机理和风灾防治措施[6-8]。

本文总结了国内外龙卷风风场特性、结构风荷载特性和抗风设计规范等方面的最新研究成果，介绍了近年来同济大学在龙卷风荷载方面的研究进展；着重探讨了龙卷风荷载研究，特别是龙卷风荷载的风洞模拟和数值模拟研究中存在的基础科学和技术问题，并展望了龙卷风荷载研究和风灾防治的前景。

2 龙卷风荷载研究现状

2.1 龙卷风风场特性

为了研究龙卷风发生机理以实现预测龙卷风的目的，气象学界通过大量的龙卷风实测和数值试验长期研究易于龙卷风发生的环境气象场特征[9, 10]。近年来，随着中尺度气象模型的进步以及计算机性能的提高，同时数值模拟积雨云和龙卷风变得可能，不断出现成功模拟龙卷风的研究报告[11]，使得关于龙卷风发生条件、相关环境场指数以及参数敏感度的研究得到了快速发展[12, 13]。尽管龙卷风生成机理仍然不明确，客观地预测龙卷风的方法也仍没有确立，即使可以捕捉或模拟中尺度气旋，是否会生成龙卷风也不能肯定，但仍可以期待龙卷风预测可靠度会随着龙卷风检出和监视技术的飞速进步而不断提高。尽管如此，气象科学的研究侧重点与结构风工程不同，与台风风场特性的研究类似，研究龙卷风过程中建筑高度内的风场特性也需要风工程行业自身的努力。

龙卷风与常规边界层强风的不同之处主要表现在龙卷风是高速旋转的空气柱体或锥体，其风速随空间、时间发生剧烈变化，另外龙卷风中心存在气压降，使其在较低风速下仍有可能造成较大的破坏。在水平面内龙卷风风场具有强烈的旋转性，其平均切向速度分布呈现近似"M"形状，即在涡核半径内，切向速度随着离涡核中心距离的增加而增大，在涡核半径处切向速度达到最大，而在涡核半径外，切向速度随着距离的增大而减小。图 1 所示为移动雷达观测到的 Spencer 龙卷风（1998 年 5 月 30 日）的切向速度的径向分布以及径向速度的竖向分布[14]。除了 M 状的风速分布外，从图 1(a)还可以发现涡核半径随着高度的增加而增加。图 1(a)中的最大切向风速出现在最低测量高度，而实际的最大风速有可能存在于更低的高度。

* 基金项目：国家自然科学基金资助项目（51720105005，51878503，51878504）

另外从图1(b)可以发现径向风速会在高度方向上发生风向改变。理解龙卷风风场的风速和压力降特性是研究结构龙卷风荷载的前提。由于龙卷风的实测机会极少,主要依靠物理模拟和数值模拟手段研究龙卷风风场的风速和压力降特性。已有大量的论文报道涡核内外的垂直风速剖面、水平风速剖面、压力降、以及它们随涡流比、龙卷风平移速度、地面粗糙度或地面起伏的变化规律等风场特性[15-18]。但是由于龙卷风涡旋的高度非定常性和随机性,旋涡结构对周围条件的依存性极高,目前绝大多数基于三维非定常分析的龙卷风风场特性研究仍停留在对时间平均场的定性描述上。龙卷风风场特性的复杂性与龙卷风旋涡结构有关。如图2所示[19],随着涡流比的增加,龙卷风旋涡结构会发生从单核到多核的转变,而发生转变的临界雷诺数又依存于粗糙度等条件[20]。子旋涡在自身旋转变形的同时随主旋涡移动,形成螺旋状移动轨迹,加大龙卷风风场数学模型的难度。

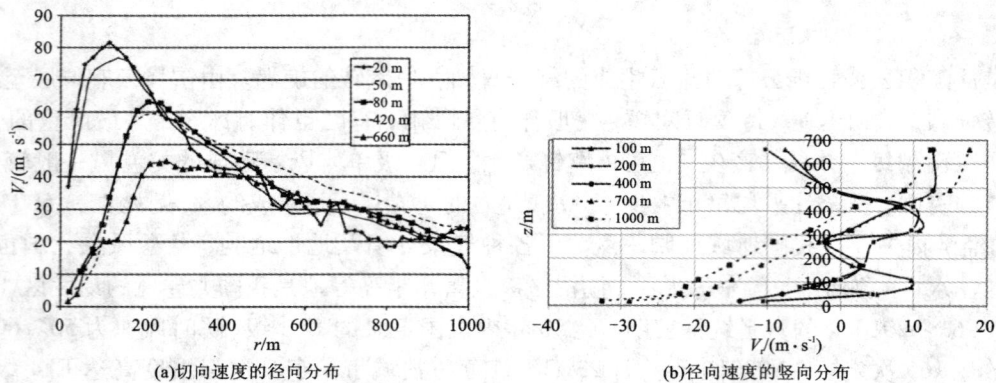

(a)切向速度的径向分布

(b)径向速度的竖向分布

图1   Spencer 龙卷风的实测结果

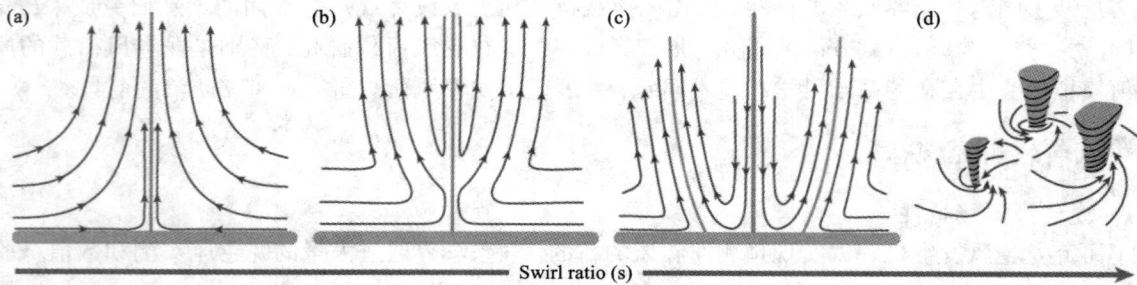

Swirl ratio (s)

图2   旋涡结构的变化

龙卷风风场数学模型的构建已经取得了显著进展[21-24],最为广泛使用的 Rankine 模型将旋转流场分为类似固体旋转的内部涡区和类似自由涡的外部涡区。这些龙卷风风场数学模型基于不同的假定或简化,有的从流场统计量出发,有的从 N-S 方程出发,在描述龙卷风平均风场特性上各有优缺点,有的模型甚至可以描述多子旋涡龙卷风风场特性[24]。

2.2   龙卷风结构风荷载

单个结构在服务期内遭受龙卷风袭击或影响的可能性极小,对所有结构都要求考虑抗龙卷风设计是不合理的。但对学校、医院等使用人数较多并且使用人员需要保护的建筑、消防和电站等功能需要维持的结构、有危险物质或有害物质泄漏或扩散可能的高危厂区,龙卷风灾害会伴有极大的社会冲击力,有必要进行龙卷风风险评估。

图3所示为建筑结构受龙卷风袭击时最常见的几种破坏形式。图3(a)是强风压的直接作用引起的结构整体破坏;图3(b)是负压造成的屋盖破坏,而这个负压应有两个来源,分别是伴随着龙卷风的气压下降以及风与结构之间的气动效应带来的负压;图3(c)所示为龙卷风灾害现场一般大量存在的龙卷风带起的飞行物对下游结构的撞击破坏。图4所示为龙卷风灾害现场常见的非建筑结构的破坏场景。假如不计旋转

等风速特点的气动效应，仅考虑风速大小，经过抗风设计的结构一般可以抵抗 EF0～EF2 程度的龙卷风。但龙卷风不同于边界层强风，它具有风速突然变化、空间变化剧烈、空间尺度小、持续时间短、旋转快等特点。很多研究人员利用数值模拟和特殊的气流模拟装置研究这些具体的风速特点，如急加减速[25]、特殊风速剖面[26]和强剪切气流[27]等。

(a)整体结构破坏　　　　　　(b)围护结构破坏　　　　　　(c)飞散物导致破坏

图3　建筑结构破坏形式

(a)　　　　　　　　　　(b)　　　　　　　　　　(c)

图4　龙卷风导致的各种破坏

在物理模拟和数值模拟龙卷风流场结构的前提下研究龙卷风结构荷载已有近 50 年的历史[28]。这些研究主要以建筑结构为对象[28-32]，也有不少以输电系统[33]、高速铁路系统[34]为对象，少量以桥梁结构[35]为对象。这些研究系统地讨论了龙卷风荷载机理以及龙卷风建筑结构风压风力特性，并指出龙卷风荷载远大于以边界层强风为对象的抗风设计规范的规定值，用目前的抗风设计规范进行龙卷风抗风设计是不安全的。

近年来同济大学系统地研究了低矮建筑和冷却塔的龙卷风荷载、模型及风险评估[36-37]。同济大学研制了国内第一台移动式龙卷风风洞、开发了龙卷风数值模拟模型，综合使用物理和数值模拟手段开展了系列研究。图 5 所示为基于 ISU 型龙卷风模拟原理的龙卷风旋涡模拟结果，图 6 所示为低矮建筑龙卷风荷载的研究核心内容。同济大学研究了涡流比、龙卷风移动速度、收束层高度和地面粗糙度等对龙卷风风场特性的影响，以及建筑外形(深宽比和高宽比)、屋盖坡度、墙面开孔率等建筑基本参数和建筑与龙卷风之间的相对位置关系对结构龙卷风荷载的影响[18,38-43]。在龙卷风的作用下，龙卷风中心存在向上的气流并且存在气压降，位于龙卷风中心的建筑物表面全部承受风吸力，而建筑物室内的气压相对较大，围护构件承受"外吸内顶"的风力作用。屋盖的角部以及门、窗承受极大的吸力，可能首先发生局部破损；气流进入封闭的室内，室内气压急剧变化，加剧"外吸内顶"程度，导致围护构件进一步破坏甚至危及主体结构。同时，围护构件局部破损的碎片在强风的助推下成为飞射物，对临近屋面、墙面和周围建筑物围护构件构成威胁。

图 7 所示为冷却塔位于相对龙卷风中心不同位置时喉部断面的外压系数分布。图 7(a)中的外压系数的参考值是不受龙卷风影响的大气压，图 7(b)中的外压系数的参考值是伴随龙卷风的压力降。图 7 说明龙卷风荷载在某种程度上可以近似看作龙卷风压力降和直线强风下的压力分布的组合。

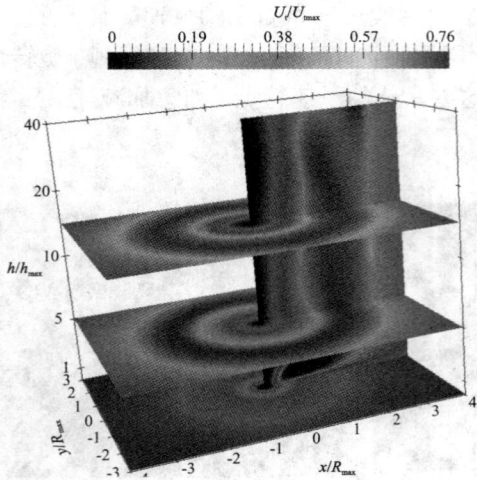

图5　龙卷风风场数值模拟结果

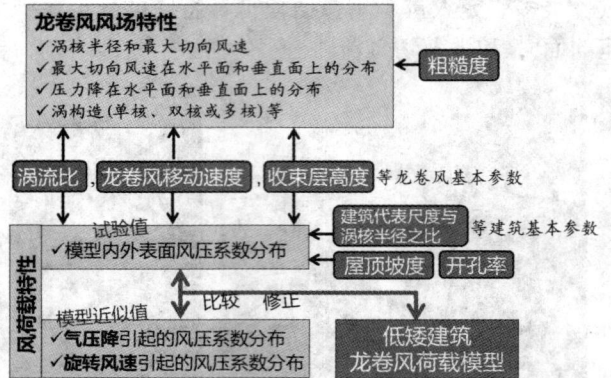

图6　低矮建筑龙卷风荷载研究核心内容

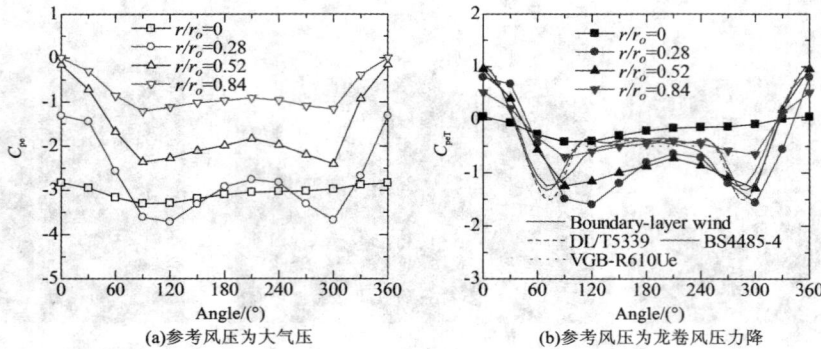

(a)参考风压为大气压

(b)参考风压为龙卷风压力降

图7　冷却塔喉部断面的外压系数分布

2.3　抗风设计规范

目前各国和各地区使用的抗风设计规范针对的强风主要是季风和台风,并不包含龙卷风。近几年来,低矮民居、公共建筑的抗局地强风性能一直是北美风工程学者的研究热点,他们提出了建筑物抗龙卷风设计建议[44];ASCE也新设了用于计算结构风荷载的龙卷风因子[45]。美国、加拿大、澳大利亚以及南非等国家的输电线结构设计规范或者设计指导手册已经把局地强风荷载作为结构强度设计荷载[46]。我国高压输电线结构设计规范(GB 50545—2010)、特高压输电线结构设计规范(GB 50790—2013和GB 50665—2011)中,均规定了"必要时还宜按稀有风速条件进行验算"。另外,核电相关设施一般都有抗龙卷风的要求[47-48]。

3　龙卷风荷载研究存在问题

3.1　相似准则和关键相似参数

风洞试验是确定结构风荷载的重要手段之一,包括我国和龙卷风发生最为频繁的美国在内的许多国家制定的风洞试验方法标准或指南均不涉及龙卷风等特殊强风。各研究机构目前基本上是按照自己独自的流程开展试验并研究龙卷风荷载。由于龙卷风模拟方式不同、试验参数和流程的要求不同,又缺乏统一的指导,甚至一些关键参数的定义也不相同,因此无法以统一的标准评价各龙卷风模拟装置的试验结果,有时这些结果之间甚至没有可比性,这导致结构龙卷风荷载研究难以脱离定性描述的层次。达成共识的龙卷风风洞试验方法标准或指南是正确开展龙卷风荷载试验的保证,而制定它的前提是明确龙卷风荷载试验中的关键相似参数和几何、时间及速度缩尺比等试验参数对荷载试验结果的影响。龙卷风荷载模拟试验的主要相似参数包括罗斯贝数、弗劳德数、雷诺数和涡流比。罗斯贝数表征惯性力和科里奥利力的比值,龙卷风尺度相对较小,可以认为模拟龙卷风时无须过度关注罗斯贝数。弗劳德数表征惯性力与重力间的比值,龙卷风风场中存在强烈的三维空间分布温度场,但目前风工程领域使用的龙卷风模拟装置中的温度一般是常数，因此无法考察弗劳德数的影响。雷诺数表征相似流动中惯性力与黏性力之间的比值，自然界龙卷风风场的雷诺数和结构雷诺数都很大，与边界层风洞模型试验一样，对缩尺模型风洞试验而言，难以保证雷诺数的相似性。涡流比是龙卷风的切向循环流量和上升气流流量的比值，它表征龙卷风的旋转强度，是决定旋涡形状和风速、风压特性的重要参数之一。

几何学相似要求测试模型的几何外形与实际结构外形保持一致，动力学相似要求雷诺数一致。龙卷风结构荷载不仅受到风对结构气动效应，还受到伴随龙卷风的压力降的作用，两者都受雷诺数的影响，龙卷风结构荷载的雷诺数效应远比边界层强风下的雷诺数效应复杂。运动学相似要求根据模型缩尺比模拟来流风场，但龙卷风荷载实验中存在太多几何尺度（如上升气流半径、涡核半径、最大切向速度对应高度、入流高度等）、太多速度尺度（如最大切向速度、径向风速、轴向风速、移动风速）供选择。因此，需要确定龙卷风荷载模拟的关键相似参数，为龙卷风物理和数值模拟提供理论基础[17, 31]。另外，目前龙卷风模拟的重点仍是时间平均流场，但即使是固定的龙卷风，其旋涡中心也一直漂移不定，实际的龙卷风又多具有螺旋状移动特征，故龙卷风模拟试验有必要引进表征龙卷风涡核漂移参数。

近年来，开发龙卷风模拟装置并研究龙卷风荷载的工作在全世界得到了迅速发展，迫切需要解决龙卷风荷载试验指南问题。同济大学国际风工程联合实验室联合世界上拥有中大小型龙卷风模拟装置的科研机构（加拿大 UWO、美国 TTU、美国 ISU 和日本 TPU）拟通过系列 Benchmark 试验，探讨解决这一难题的技术途径。

3.2　龙卷风物理和数值模拟

龙卷风的产生机理、时间尺度、空间尺度都不同于常规大气边界层，希望在实验室内再现龙卷风的气象物理特征，并在此基础上研究结构风荷载特性是不切实际的，也不具有工程意义。龙卷风模拟的首要问题是模拟得到的"类龙卷风"是否具有真实龙卷风的风场特性和旋涡结构。美国早在 20 世纪 60 年代就开始研发用于风工程研究的龙卷风模拟器[28]。结构抗风领域的龙卷风模拟器大多采用机械方式模拟龙卷风，由安装在装置上部的吸气扇提供上升气流，由安装在装置周围的导流板提供切向循环气流，通过改变吸气扇流量和导流板角度改变涡流比的大小。根据导流板的高度位置又可区分为 Ward 型（导流板与测试结构模型位于同一高度、龙卷风固定）和 ISU 型（导流板悬挂于某一高度、龙卷风可移动）（图 8）。但已有研究结果表明龙卷风涡旋特性受边界条件的影响较大，即使导流板角度相同，Ward 型和 ISU 型龙卷风模拟器生成的类龙卷风旋涡的漂移程度也有可能不同[40]。

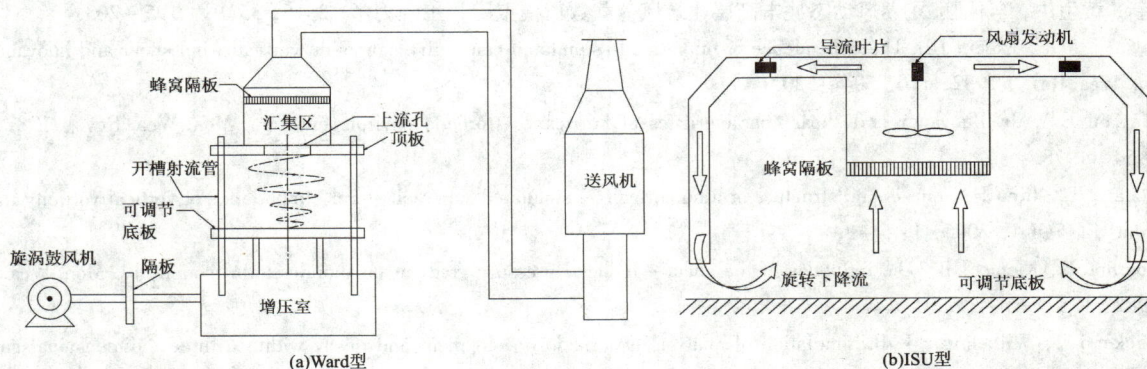

图 8　龙卷风模拟器

借助先进的中尺度气象模型，已经可以同时模拟背景气象环境场和龙卷风旋涡。但是，为了数值模拟结构龙卷风荷载，需要高精度模拟龙卷风旋涡向下延伸接触结构的过程以及结构高度内的平均和脉动风场特性和涡核的漂移过程，需要研究满足这些要求的数值模型，而这只能依靠结构风工程界的自身努力。同时，在涡旋结构的数值模拟方面，需要以较高的格子解像度去弥补湍流模型问题，并需增大格子加密区域以满足模拟涡核随机漂移的需要。

龙卷风旋涡具有较强的非定常性和随机性，风洞试验中需要在时间和空间上对流场和压力场进行精确度较高的测试，具有一定难度。在这一点上，具有高度重复性的数值模拟方法的优势较大，具有较多的发展空间和较好的发展前景。

4　结论

本文总结了国内外龙卷风风场特性和风荷载特性的最新研究成果，也指出了它们存在的问题。相对于大量的边界层强风结构风荷载研究，针对龙卷风的研究为数较少，作为研究基础的龙卷风荷载物理试验和数值模拟方法也尚不成熟。为了将龙卷风纳入目前的抗风设计框架，还需要开展大量的基础研究和实测验证工作。

为了完善结构抗风设计规范、满足抗龙卷风设计需要，有必要开展以下研究。

1）龙卷风风险模型：需要建立龙卷风灾害数据库，明确各地龙卷风发生概率和灾害规模以及灾害与龙卷风风速之间的对应关系。

2）龙卷风风场特性：利用固定式和移动式风速测试设备、风洞试验和数值模拟明确龙卷风风向、风速、风压降的时空间特性。

3）龙卷风荷载模型：提取"龙卷风－结构"相互作用过程中的关键控制参数；利用风洞试验和数值模拟研究龙卷风导致的结构气动力特性。

4）龙卷风抗风设计策略和方法：提出考虑结构危险度和重要性的抗风设计思路；提出以龙卷风短时间预测为前提的抗风设计思路和防灾策略。

参考文献

[1] Yang Q, Gao R, Bai F, et al. Damage to buildings and structures due to recent devastating wind hazards in East Asia[J]. Nat. Hazards, 2018, 92(3): 1321 – 1353.

[2] Daneshvaran S. Tornado risk analysis in the United States[J]. The Journal of Risk Finance, 2007, 8: 97 – 111.

[3] 黄大鹏，赵珊珊，高歌，等. 近30年中国龙卷风灾害特征研究[J]. 暴雨灾害，2016，35(2): 97 – 101.

[4] 范雯杰，俞小鼎. 中国龙卷的时空分布特征[J]. 气象，2015，41(7): 793 – 805.

[5] 汪洋，孙舟. 2016年中国十大自然灾害事件[J]. 中国减灾，2017，2: 54 – 57.

[6] 李宏海，欧进萍. 我国下击暴流的时空分布特性[J]. 自然灾害学报，2015，24(6): 9 – 18.

[7] 宋拓，汤卓，吕令毅. 移动龙卷风作用下核电常规岛动力随机响应及可靠度分析[J]. 土木工程学报，2015，48(4): 42 – 51.

[8] 王新，黄生洪，李秋胜. 龙卷风动态冲击高层建筑风荷载数值模拟[J]. 工程力学，2016，33(9): 195 – 203.

[9] Weisman M L, Klemp J B. The dependence of numerically simulated convective storms on vertical wind shear and buoyancy[J]. Mon. Wea. Rev., 1982, 110: 504 – 520.

[10] McCaul E W Jr. Buoyancy and shear characteristics of hurricane – tornado environments[J]. Mon. Wea. Rev., 1982, 119: 1954 – 1978.

[11] Noda A T, Niino H. Genesis and structure of a numerically – simulated supercell storm: Importance of vertical vorticity in a gust front[J]. SOLA, 2005, 1: 5 – 8.

[12] Rotunno R, Klemp J B, The influence of the shear – induced pressure gradient on thunderstorm motion[J]. Mon. Wea. Rev., 1982, 128: 565 – 592.

[13] Wicker L J, Wilhelmson R B. Simulation of analysis of tornado development and decay within a three – dimensional supercell thunderstorm[J]. J. Atmos. Sci., 1995, 52: 2765 – 2703.

[14] Alexander C R, Wurman J. The 30 may 1998 Spencer, South Dakota, Storm. Part I: The structural evolution and environment of the tornadoes[J]. Mon. Wea. Rev., 2010, 133: 72 – 97.

[15] Baker G L, Church C R. Measurements of core radii and peak velocities in modeled atmospheric vortices[J]. J. Atmos. Sci., 1979, 36: 2413 – 2424.

[16] Tang Z, Feng C, Wu L, et al. Characteristics of tornado – like vortices simulated in a large – scale Ward – type simulator[J]. Bound. Layer Meteoro., 2018, 166: 327 – 350.

[17] Mishra A R, James D L, Letchford C W. Physical simulation of a single – celled tornado – like vortex, Part A: Flow field characterization[J]. J. Wind Eng. Ind. Aerodyn., 2008, 96(8): 1243 – 1257.

[18] Wang J, Cao S, Pang W, et al. Experimental study on effects of ground roughness on flow characteristics of tornado – like vortices[J]. Bound – Lay Meteorol., 2017, 162(2): 319 – 339.

[19] Rotunno R. The fluid dynamics of tornadoes[J]. Annual Review of Fluid Mechanics, 2013, 45: 59 – 84.

［20］Church C R, Snow J T, Baker G L, et al. Characteristics of tornado - like vortices as a function of swirl ratio：A laboratory investigation［J］. J. Atmos. Sci., 1979, 36(9)：1755 - 1776.

［21］Rankine W J M. A manual of applied physics［M］. 10th ed. Charles Griff and Co., 1882.

［22］Burgers J M. A mathematical model illustrating the theory ofturbulence［J］. Advances in Applied Mechanics, 1948, 1：171 - 199.

［23］Sullivan R D. A two - celled vortex solution of the Navier - Stokes equations［J］. J. Aerospace Science, 1959, 26：767 - 768.

［24］Baker C J, Sterling M. Modeling wind fields and debris flight in tornadoes［J］. J. Wind Eng. Ind. Aerodyn., 2017, 168：312 - 321.

［25］Takeuchi T, Maeda J. Unsteady wind force on an elliptic cylinder subjected to a short - rise - time gust from steady flow［J］. J. Wind Eng. Ind. Aerodyn., 2013, 122：138 - 145.

［26］Butler K, Cao S, Kareem A, et al. Surface pressure and wind load characteristics on prisms immersed in a simulated transient gust front flow field［J］. J. Wind Eng. Ind. Aerodyn., 2010, 98(6 - 7)：299 - 316.

［27］Cao S, Ozono S, Tamura Y, et al. Numerical simulation of Reynolds number effects on velocity shear flow around a circular cylinder［J］. Journal of Fluids and Structures, 2010, 26：685 - 702.

［28］Chang C C. Tornado effects on buildings and structure with laboratory simulation［C］//Proc. 3rd Int. Conf. on Wind Effects on Buildings and Structures. Tokyo, Japan：JAWE, 1971：231 - 240.

［29］Jischke M C, Light B D. Laboratory simulation of tornadic wind loads on a rectangular model structure［J］. J. Wind Eng. Ind. Aerodyn., 1983, 13(1 - 3)：371 - 382.

［30］Mishar A R, James D J, Letchford C W. Physical simulation of a single - celled tornado - like vortex. B：Wind loading on a cubical model［J］. J. Wind Eng. Ind. Aerodyn., 2008, 96(8 - 9)：1258 - 1273.

［31］Haan F L, Balaramudu V K, Sarkar P P. Tornado - induced wind loads on a low - rise building［J］. J. Struct. Eng., 2010, 10：106 - 116.

［32］Liu Z, Ishihara T. A study of tornado induced mean aerodynamic forces on a gable - roofed building by the large eddy simulations［J］. J. Wind Eng. Ind. Aerodyn., 2015, 146：39 - 50.

［33］Hamada A, Eldamatty A A. Failure analysis of guyed transmission lines during F2 tornado event［J］. Engineering Structures, 2015, 85：11 - 25.

［34］Suzuki H, Okura N. Study of aerodynamic forces acting on a train using a tornado simulator［J］. Mechanical Engineering Letters, 2016, 2：16 - 00505.

［35］Cao J, Ren S, Cao S, et al. Physicalsimulations on wind loading characteristics of streamlined bridge decks under tornado - like vortices［J］. J. Wind Eng. Ind. Aerodyn. (in press).

［36］王锦. 龙卷风风场特性及其结构效应和风险评估［D］. 上海：同济大学土木工程学院, 2017：1 - 192.

［37］王蒙恩. 龙卷风低矮建筑龙卷风荷载特性的试验研究［D］. 上海：同济大学土木工程学院, 2018：1 - 125.

［38］Cao S, Wang M, Cao J. Numerical study of wind pressure on low - rise buildings induced by tornado - like flows［J］. J. Wind Eng. Ind. Aerodyn., 2018, 183：214 - 222.

［39］Wang J, Cao S, Pang W, et al. Experimental study on tornado - induced wind pressures on a cubic building with openings［J］. Journal of Structural Engineering, ASCE, 2018, 144(2)：04017206.

［40］Cao S, Wang M, Zhu J, et al. Numerical investigation of effects of rotating downdraft on tornado - like - vortex characteristics［J］. Wind and Structures, 2018, 26(3)：115 - 128.

［41］Sabareesh G R, Cao S, Wang J, et al. Effect of building proximity on external and internal pressures under tornado like flow［J］. Wind and Structures, 2018, 26(3)：163 - 177.

［42］Wang J, Cao S, Pang W, et al. Wind - load characteristics of a cooling tower exposed to a translating tornado - like vortex［J］. J. Wind Eng. Ind. Aerodyn., 2016, 158：26 - 36.

［43］Cao S, Wang J, Cao J, et al. Experimental study of wind pressures acting on a cooling tower exposed to stationary tornado - like vortices［J］. J. Wind Eng. Ind. Aerodyn., 2015, 145：75 - 86.

［44］Simmons K M, Kovacs P, Kopp G A. Tornado damage mitigation：Benefit - cost analysis of enhanced building codes in Oklahoma［J］. Weather, Climate, and Society, 2015, 7(2)：169 - 178.

［45］Kopp G A. Personal Communications［R］. 2018.

［46］Guidelines for electrical transmission line structural loading［R］. 2010.

［47］美国原子能协会. Standard for wstimating tornado and extreme wind characteristics at nuclear power sites［S］. ANSI/ANS - 2.3, 1983.

［48］美国原子能标准管理委员会. Design - basis tornado and tornado missiles for numerical power plants［S］. 2007.

复杂建筑结构抗风分析的时域方法[*]

陈凯[1,2]，严亚林[1]，唐意[1,2]，金新阳[1]

（1. 中国建筑科学研究院有限公司 北京 100013；2. 住房城乡建设部防灾研究中心 北京 100013）

1　引言

经过几十年的发展，建筑风工程学科发展日趋成熟，在若干方向上取得重要进展和重大突破，解决了大量工程建设面临的难题。但迄今为止，引起风荷载效应的"大气湍流"等问题并未完全解决，复杂建筑结构的风荷载一般仍需要通过风洞试验来确定。其中结合风洞测压试验进行风振分析是目前普遍采用的方法。在工程实践中，超高层建筑和大跨建筑通常规模较大，即使只考虑受风节点，其自由度数量也数以万计，同步测压点的数量往往高达上千，这对风洞试验数据分析和风振计算能力提出了更高的要求。此外，超常规建筑的结构体系也比较复杂，采用形象、直观、科学、合理的方法为设计人员提供抗风设计所需的数据，也给风工程研究者提出新的挑战。

中国建筑科学研究院是国内较早开展风工程研究的单位之一。近年来，针对实际工程中出现的难点和热点问题开展了研究工作，在复杂建筑结构的抗风分析方法方面取得重要研究进展，形成了以广义坐标合成法为基本工具、以时域分析为特点的抗风分析体系[1]，本文对此进行简要介绍。

2　风振分析的广义坐标合成法[2]

2.1　计算原理

以往对复杂结构开展风振分析的思路，是首先根据风洞同步测压获得的风压时程，对激励的功率谱矩阵进行估计，再运用 CQC 方法得出响应的功率谱矩阵，最后得出响应的统计值，计算规模庞大、计算效率低。为解决这一问题，研究者先后采用虚拟激励法[3]及谐波激励法[4]对实际工程开展分析，以提高风振分析的计算速度。不过这些方法仍是在频域考虑问题，且计算规模仍然较高。

与此不同，广义坐标合成法利用振型分解法，在时域进行求解。由于风洞测压试验获得的时程是已知的，因此可利用转换矩阵 $[T]$ 将荷载时程转化为广义力时程 $\{f(t)\}$：

$$\{f(t)\} = [\boldsymbol{\Phi}]^{\mathrm{T}}[\boldsymbol{R}]\{P(t)\} = [\boldsymbol{T}]\{P(t)\} \tag{1}$$

其中 $[\boldsymbol{\Phi}]$ 为前 r 阶振型的振型矩阵；$[\boldsymbol{R}]$ 为插值矩阵，将 M 个测点的风压时程 $\{P(t)\}$ 拓展到结构的全部受风节点的 N 个自由度上。由于 $[T]$ 可以事先求出，因此可将矩阵乘法的阶数由 $N \times r$ 降阶为 $r \times M$，显著降低了计算规模。得出各阶广义力时程之后，即可采用频域解法对单自由度广义坐标运动方程进行求解，得出 j 阶广义坐标时程 $q_j(t)$：

$$q_j(t) = \widetilde{F} < H_j(\mathrm{i}\omega)f_{jF}(\omega) > \tag{2}$$

其中 $\widetilde{F} < >$ 表示对频域离散序列进行 FFT 逆变换。

得出广义坐标时程之后，可由广义坐标的协方差矩阵得出响应的协方差矩阵：

$$[V_{xx}] = [\boldsymbol{\Phi}][V_{qq}][\boldsymbol{\Phi}]^{\mathrm{T}} \tag{3}$$

该式改变了 CQC 等频域解法通过响应激励功率谱计算响应协方差矩阵的做法，极大缩减了计算量，尤其是在只需要计算响应自方差时，节约的计算量非常可观。

与 CQC 等频域解法相比，广义坐标合成法的突出优点还在于易于得出响应时程。由于广义坐标时程是已知的，因此可以根据振型叠加法直接得到响应时程。此外背景响应对应的广义坐标 $q_{jB}(t)$ 也可由下式求得：

$$q_{jB}(t) = \frac{1}{\omega_j^2} f_j(t) \tag{4}$$

* 基金项目：国家重点研发计划项目（2017YFC0803300）

因此，广义坐标合成法可以非常容易地将背景响应、共振响应从全响应时程中分离，大大方便了开展响应特性的研究工作。

2.2　等价性与计算量

根据广义坐标合成法的公式，可以证明：当采用周期图方法进行谱密度矩阵估计时，广义坐标合成法得出的结果与 CQC 方法完全等价。

按照不同方法所需的乘法次数估计，广义坐标合成法的计算量基本上只相当于虚拟激励法和谐波激励法求取一个频率点功率谱的计算量。对某大型工程（受风节点总自由度接近 3 万，测点约 1000 个，计算时间步约 10000 步，振型选取 600 阶）的计算量分析和实际计算耗时表明，广义坐标合成法计算受风节点响应方差的时间仅是 CQC 改进方法的 1/20 左右，如表 1 所示。

表 1　广义坐标合成法与 CQC 改进算法计算时间的比较（单位：s）

	虚拟激励法/谐波激励法	广义坐标合成法
26943 个受风自由度	246	13

3　二维随机响应的幅值时程统计方法

对于结构的二维随机响应，工程师往往更关心它的总幅值，而不仅仅是沿主轴方向的分量。例如，结构角点的加速度往往应考虑其总加速度幅值；底层框架结构的角柱的最不利剪力不一定沿着结构主轴方向；甚至对于某些结构而言，其结构轴与风轴本身就存在夹角，因而需要对这类二维随机响应的幅值进行统计。

目前的幅值统计一般有三种方法：（1）对结构不同主轴的最大响应采用平方和开平方的方法。由于两个方向的响应并非同时达到极值，因此计算结果可能高估结构总响应；（2）将两个方向的响应时程进行矢量合成，对矢量的幅值时序进行统计分析，由于该方法没有对矢量的方向加以区分，无法准确描述幅值时序的概率特性，得到的结果也有很大不确定性；（3）建立两个方向响应的联合概率密度分布函数，得出概率密度等值线，确定响应的包络线，从而得出极值。

上述第三种方法是相对合理和准确的，但在频域空间分析二维联合概率密度函数的过程非常烦琐，并且当二维联合概率密度函数不服从正态分布时，计算将更为复杂。

在获得了响应时程的条件下，可以通过坐标变换将二维问题简化为一维问题。对于二维随机响应时程 $[x(t), y(t)]$，将坐标轴旋转 θ 之后，在新的坐标主轴方向上，其响应时程可表示为：

$$r(t) = x(t)\cos\theta + y(t)\sin\theta \tag{5}$$

针对任意 θ，$r(t)$ 的极值可表示为

$$\hat{r} = \bar{r} + g\,\sigma_r \mathrm{sgn}(\bar{r}) \tag{6}$$

式中 $\bar{r}$ 和 σ_r 分别为 $r(t)$ 的平均值及均方根；g 为峰值因子；sgn( ) 为符号函数。根据上式，可推导得出新主轴上响应极值和原二维随机响应统计值的函数关系式，即：

$$\hat{r}^2 = f(\theta) = (g^2\sigma_x^2 + \bar{x}^2)\cos^2\theta + (g^2\sigma_y^2 + \bar{y}^2)\sin^2\theta + 2(\rho_{xy}g^2\sigma_x\sigma_y + \overline{xy})\cos\theta\sin\theta \tag{7}$$

通过式（7）可获得任意方向响应的极值。而响应包络线与极值包络线的切点即为结构所有方向响应极值的极大或极小值，如图 1 所示。容易推知，极值所对应的转轴角度满足下式：

$$\tan 2\theta = \frac{2\,\overline{xy} + 2\rho_{xy}g^2\sigma_x\sigma_y}{\bar{x}^2 + g^2\sigma_x^2 - \bar{x}^2 - g^2\sigma_y^2} \tag{8}$$

对于实际工程，可根据式（8），求得二维随机响应时程 $[x(t), y(t)]$ 的统计值之后，得出转轴角度，再根据式（7）得出矢量幅值的最大值；也可以利用软件编程进行优化计算，求取使得 $r(t)$ 极值最小的转轴角度，并得出对应的响应极值。前一种方法适用于正态分布的二维随机响应；后一种方法则适用于各种分布的随机响应，具有普适性。

图 2 所示为一个加速度的算例。如图 2 所示，x 和 y 向加速度的包络线形成一个椭圆，其幅值分别为

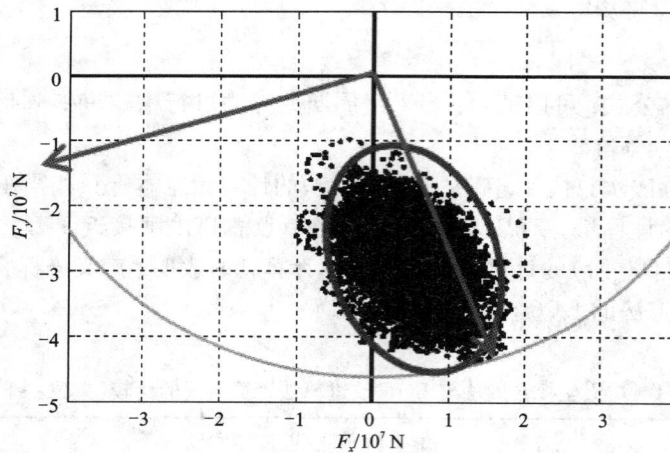

图 1　坐标变换示意图

$0.091\ \text{m/s}^2$ 和 $0.097\ \text{m/s}^2$，若直接将其平方和开方，得到的结果为 $0.133\ \text{m/s}^2$；而将其时程直接进行矢量求和，并按照峰值因子法计算得到的合加速度是 $0.061\ \text{m/s}^2$。而按照旋转主轴的方法，将得出合加速度为 $0.099\ \text{m/s}^2$。由此可知，根据本文方法给出的结果更合理。

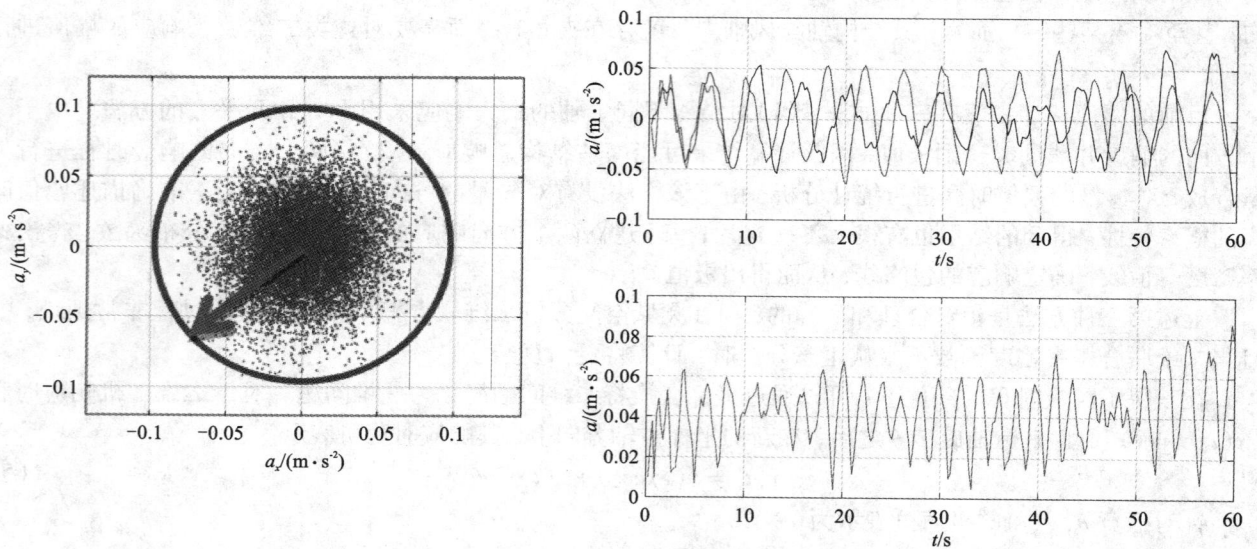

图 2　某高层建筑顶部的加速度响应

4　基于时程的等效静风荷载分析方法

4.1　响应时程识别法[5]

"等效静风荷载"是目前结构抗风设计中普遍采用的方法。计算等效静风荷载有各种不同的方法，但基本都是在响应统计特性的基础上进行分析计算。由于广义坐标合成法得出了响应时程，因此可以参考结构抗震分析中的做法，直接得到响应时程中的最大值。理论上能够产生该最大响应的风荷载分布有很多种，但不难理解，以产生最大响应时刻的瞬时风压分布为基础，计算得出的荷载将比较符合真实情况。

用于结构设计的等效静风荷载由三部分构成：平均风荷载、风压脉动造成的脉动风荷载、结构振动引起的附加风振力。其中前两部分是荷载的准静态分量，它是由风压分布的时间变化所决定的。而附加风振力就是所谓的共振分量，其大小由结构振动造成的惯性力和阻尼力共同决定。由于准静态分量可由瞬时风压分布直接得出，因此获得等效静风荷载最重要的环节就是估算附加风振力。

采用动力因子法考虑附加风振力是简便易行的，具体过程是：

（1）计算 T 时间长度内（按中国规范通常取 10 min）的目标响应时程 $r(t)$ 和准静态响应时程 $r_{qs}(t)$；

（2）计算该响应对应的动力放大因子：

$$C_{dyn} = \max_{t \in [0, T]} \{r(t)\} / \max_{t \in [0, T]} \{r_{qs}(t)\} \tag{9}$$

（3）以最大准静态响应出现的时刻 t_0 的瞬时风压分布 $\{P(t_0)\}$ 为基础，得出等效静风荷载 $C_{dyn}\{P(t_0)\}$。

显然，按上述方法得出的等效静风荷载可以使目标响应等效。而由于 $\{P(t_0)\}$ 是真实出现过的风压分布，因而该等效静风荷载具有明确的物理意义。图 3 给出了一个算例，某车站雨棚的竖向反力最小值为 -6321 kN（对应最大风吸力），而准静态最小值为 -6239 kN，由此得到动力放大因子 1.01。将雨棚竖向反力准静态最小值对应时刻第 379 s 的瞬时风压乘上 1.01，作为竖向反力最小值的等效静风荷载。

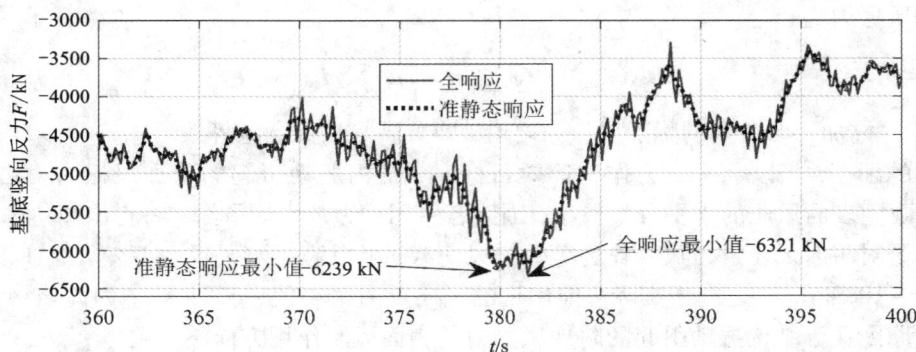

图 3　响应时程

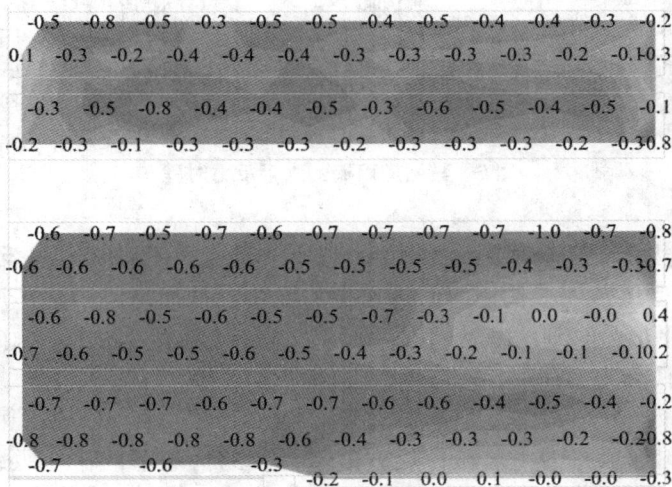

图 4　等效静风荷载

不难看出，动力放大系数法假定了附加风振力与瞬时风压具有相同的作用方向和分布形式，这在某些情况下可能与实际情况偏离较远。另一种考虑风附加风振力的方法是根据极值响应时刻的荷载分布直接计算附加风振力的大小。设在 t_m 时刻目标响应产生最大值 r_{t_m}，该时刻的节点位移为 $\{y_{t_m}\}$。由静力方程可知，对应于 r_{t_m} 的等效静风荷载可表示为

$$\{F_{eq}\} = [K]\{y_{t_m}\} = [K][\Phi]\{q_{t_m}\} = \sum_{j=1}^{N} \omega_j^2 [M]\{\varphi\}_j q_{jt_m} \tag{10}$$

在振型截断意义下，上式是计算等效静风荷载的精确公式，$\{F_{eq}\}$ 包括全部准静态分量和共振分量。其

中的准静态分量就是瞬时风压分布 $\{P_{t_m}\}$，而共振分量（即附加风振力）可以表示为总荷载与准静态分量之差：

$$\{F_{\text{res}}\} = \sum_{j=1}^{N} \omega_j^2 [\boldsymbol{M}] \{\boldsymbol{\varphi}\}_j (q_{jt_m} - f_{jt_m} / \omega_j^2) \tag{11}$$

$\{P_{t_m}\}$ 与 $\{F_{\text{res}}\}$ 之和将给出准确的等效静风荷载分布。但是，按式（11）计算附加风振力比较烦琐，并且会在非受风节点上也产生荷载分量，不便于工程应用。考虑到大多数情况下，大跨结构的附加风振力并不占主导地位，因此可以假定附加风振力均匀作用于受风节点上，这样可以使问题得以简化。设受风节点对目标响应的影响系数为 I_k，它满足等式

$$r = \sum_{k=1}^{M} I_k P_k \tag{12}$$

其中 P_k 为节点 k 上作用的荷载，M 为总的受风节点数。当假定附加风振力在受风节点上均匀分布时，可求得各节点上的附加风振力为

$$F_{\text{res}} = (r_{t_m} - r_{\text{qs}\,t_m}) / \sum_{k=1}^{M} I_k \tag{13}$$

在 $\{P_{t_m}\}$ 之上，叠加均匀分布的附加风振力之后，即可满足目标响应等效。

同样是前述的雨棚，当以水平反力作为等效目标时，结构振动引起的附加风振力力占据了主导地位（见图5）。由于雨棚表面风压的水平分量较小，因此若采用动力放大因子法，将得出高达1.97的动力放大因子。若以该因子对瞬时风压进行放大作为等效静风荷载，可以满足水平反力等效，但在该荷载作用下的竖向反力将达到 −10896 kN，远高于实际可能出现的竖向反力最小值 −6321 kN，因此该结果显然不合理。造成这种结果的原因在于结构振动引起的附加风振力与表面风压作用方向不一致。

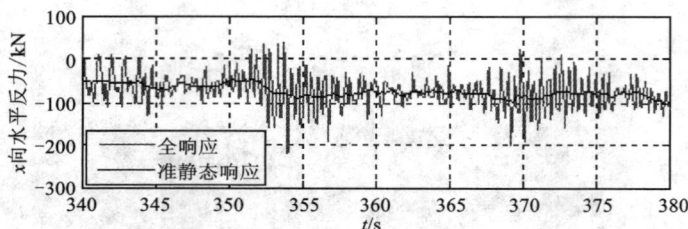

图5　某站房雨棚的水平反力时程

采用"附加风振力"将得出更为合理的结果。由于受风节点水平荷载对水平反力的影响系数为1.0，因此根据式（13）很容易求出受风节点上作用的附加风振力大小。从而对应于水平反力的等效静风荷载将由两部分构成：产生最大水平反力时刻的瞬时风压，作用于所有受风节点的水平风振力。

将得出的水平风振力换算为面荷载，只有 $0.006\ \text{kN/m}^2$。由此可见，尽管附加风振力在水平反力中占据了很大比例，但与瞬时风压分布相比，其值仍然是非常小的。图6给出了按照两种不同方法得到的等效静风荷载的比较，可见在附加风振力与风压作用方向不一致的情况下，附加风振力法将给出更为合理的结果。

4.2　动态荷载 − 响应相关法（DLRC 方法）

与大跨空间结构不同，高层建筑在计算风振响应时，往往采用"集聚质量法"将其简化为"糖葫芦串"。这为等效静风荷载的计算带来极大方便。当得到高层建筑各高度的位移时程之后，可以根据式（6）得出每个时刻点的等效风振力 $\{F(t)\}$ [6]。结构的基底反力时程也可以通过各层等效风振力求和得出。

高层建筑通常以基底反力或者顶部位移作为等效目标，计算等效静风荷载。而按上述方法得到等效风振力时程后，可以参考"时程识别法"，搜索与等效目标（包括伴随目标）最匹配的时刻，以该时刻的等效风振力分布作为最终的等效静风荷载[7]。图7即为某高层的时程匹配结果，四个五角星分别代表在基底反力时程中得出的匹配点。由于每个时刻的等效风振力与该时刻的结构响应满足静力学方程，因此时程识别方法得到的等效静风荷载可满足预定的目标等效。

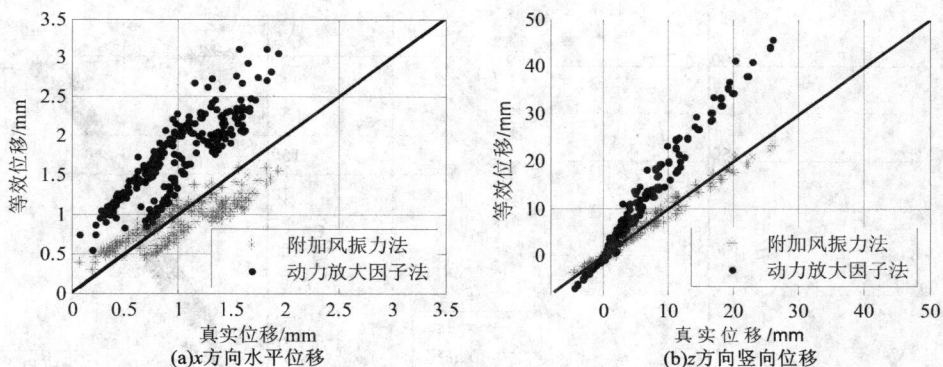

图 6　对应 x 向最大反力的等效静风荷载作用下的节点位移

另一种方法是采用动态荷载 – 响应相关法[8]。这一方法同样是首先构造对应于结构位移响应时程 $\{x(t)\}$ 的等效风振力时程 $\{F(t)\}$。然后采用荷载响应相关法（LRC 法）计算等效静力风荷载：

$$F_{eq} = \overline{F} + g\,\rho_{FR}\,\widetilde{F} \tag{14}$$

式中：F_{eq} 为等效风荷载；$\overline{F}$ 和 $\widetilde{F}$ 分别为等效风振力的平均值与均方根值；ρ_{FR} 为等效风振力与等效目标的相关系数；g 为峰值因子。

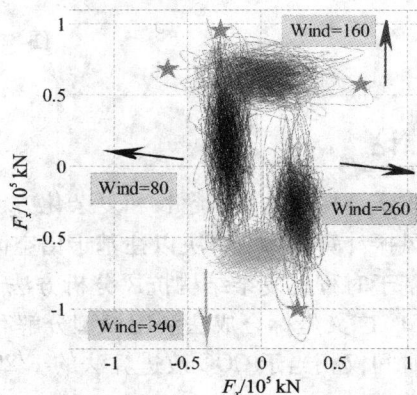

图 7　基底反力的时程匹配

称 $\{F(t)\}$ 为等效风振力，是指它并非实际作用于结构的荷载，而是将其每一时刻的荷载值加载于结构上时，恰好可以得到对应时刻的位移。所以它实际上是与动力时程 $\{x(t)\}$ 对应的动态荷载。因此该方法称为动态荷载 – 响应相关法。

动态荷载 – 响应相关法具有以下优点：

（1）LRC 法不能应用于共振等效荷载的计算，而 DLRC 法得到的等效静力中则包含了背景响应部分和共振响应部分。

（2）DLRC 法计算的等效静力风荷载作用于结构，得到的主响应和伴随响应与动力荷载作用下的响应在统计意义上完全相同。

（3）通过 DLRC 法可直接获得结构的三维风荷载。

工程上计算等效静力风荷载一般采用 LRC 与惯性力结合的方法（简写为 LRCI 法），将 LRC 法计算结构的背景风荷载与结构一阶惯性力组合作为结构的等效静力风荷载。

下面以某实际工程为例对 LRCI 与 DLRC 法进行比较。结构振型如图 8（a）所示，采用 LRCI 法与 DLRC 法计算的横风向等效静力风荷载如图 8（b）所示，图中 F、M 分别表示以基底剪力或基底弯矩为等效目标。

基于各个等效静力风荷载反算结构的基底响应如表 2 所示。由表 2 可明显看到，采用 DLRC 法可以准确描述等效目标的响应及其他伴随响应。对于本例这种振型存在耦合的情况，LRCI 法计算的基底响应误差较大。

表 2　不同方法等效静力风荷载对应的基底响应

	最大值	LRCI_F	DLRC_F	LRCI_M	DLRC_M
基底弯矩/（10^6 kN·m）	8.79	7.67	8.70	7.70	8.79
基底剪力/kN	6483	5681	6483	5656	6416

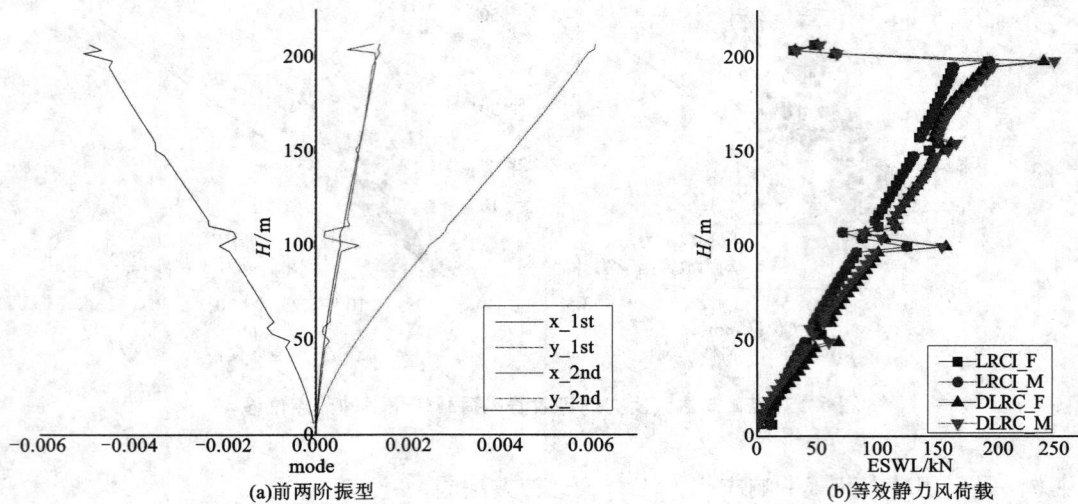

(a)前两阶振型　　　　　　　　　　(b)等效静力风荷载

图8　DLRC 与 LRCI 的等效静力风荷载

5　结论

建筑结构向超高、超长和复杂化方向发展,对结构的风振分析提出了更高要求。为了克服超大规模工程的风振计算瓶颈、解决以往基于谱空间的风振分析带来的问题,提出了风振计算的广义坐标合成法,发展了基于时程的复杂结构抗风分析方法。这一时域分析体系的主要特点是:

(1)广义坐标合成法利用振型分解和矩阵降阶,极大降低了计算规模,缩短了计算时间。典型项目的计算时间仅相当于 CQC 改进算法的 1/20。尤其是该方法便于得出响应时程,为开展时域的抗风分析创造了条件。

(2)为确定矢量型物理量的极值,提出了二维随机响应的幅值时程统计方法,对各分量时程进行坐标变换,将幅值最大方向确定为计算主轴,再对新主轴方向的时程开展统计分析。该方法原理简单、计算方便,也为开展矢量型物理量的概率分布和统计特性研究提供了新的思路。

(3)基于时程的等效静风荷载分析方法,物理概念简洁明晰、便于工程师接受和理解。得到的静风荷载反映了荷载的空间相关性和高阶振型贡献,不但可以准确地得出等效目标值,其他伴随响应也更为合理。

参考文献

[1] 陈凯,唐意,金新阳.中国建筑科学研究院风工程研究成果综述[J].建筑科学,2018,34(9):56-65.

[2] 陈凯,符龙彪,钱基宏,等.风振响应计算的新方法—广义坐标合成法[J].振动与冲击,2012,31(3):172-178.

[3] Xu Y L, Zhang W S, Ko J M, et al. Pseudo-excitation method for vibration analysis of wind-excited structures[J]. Journal of Wind Engineering and Industrial Aerodynamics, 1999, 83: 443-454.

[4] 谢壮宁.风致复杂结构随机振动分析的一种快速算法——谐波激励法[J].应用力学学报,2007,24(2):263-266.

[5] 陈凯,符龙彪,钱基宏,等.基于响应时程的大跨度空间结构等效静风荷载分析方法[J].建筑结构学报,2012,33(1):35-42.

[6] 王国砚.基于等效风振力的结构风振内力计算[J].建筑结构,2004,7:36-38.

[7] 陈凯,肖从真,金新阳,等.超高层建筑三维风振的时域分析方法研究[J].土木工程学报,2012,45(7):1-9.

[8] 严亚林.超高层建筑抗风计算方法理论与试验研究[D].北京:中国建筑科学研究院,2016.

高速列车–桥梁系统气动特性[*]

何旭辉[1,2]，李欢[1,2]，王汉封[1,2]

（1.中南大学土木工程学院 长沙 410075；2.高速铁路建造技术国家工程试验室 长沙 410075）

1 引言

与地表其他交通工具相比，高速列车具有长细比（列车长度与横风向特征尺寸的比值）大和运营速度高等两大显著特点。上述两大特点使得高速列车对横向干扰十分敏感，横风是影响高速列车横向稳定性最为关键的因素之一[1-4]。在 $0° \sim 90°$ 风向角（β）范围内，高速列车周围气流可以划分为三种类型：三维流线体绕流（$0° \leqslant \beta \leqslant 40° \sim 45°$）、临界流（$40° \sim 45° < \beta \leqslant 60°$）和二维钝体绕流（$60° < \beta \leqslant 90°$）等三种流场形态[5-6]。其中周期性较强的二维钝体绕流对列车横向稳定性最为不利。

截止 2018 年年底，我国高速铁路运营总里程达 2.9 万公里，其中桥梁占比达 50% 以上。目前小跨度桥梁多采用标准简支梁和连续刚构等两种结构形式，主梁断面形式单一，普遍为高宽比较大的钝体箱梁；而大跨度桥梁结构形式多样，主梁断面多采用扁平箱梁，钝体箱梁和桁架梁等主梁形式[7-8]。

横风作用下，桥梁前缘分离气流对列车气动特性影响显著，列车对桥梁上表面气流的影响也十分明显，车桥之间气动干扰效应突出，尤其在二维钝体绕流区间内（$60° < \beta \leqslant 90°$）上述现象更为显著[9-10]。为提高我国列车运营安全性和舒适性，系统开展横风下列车–扁平箱梁，钝体箱梁和桁架梁等车–桥系统气动特性的研究是十分必要的。

2 风洞试验概况

试验在中南大学风洞试验室高速试验段完成，该试验段的长×宽×高为 15.0 m×3.0 m×3.0 m，试验风速在 2~94 m/s 内连续可调，湍流度小于 0.5%。列车模型采用光敏树脂 3D 打印而成，表面足够光滑。扁平箱梁，钝体箱梁和桁架梁均采用"内嵌铝合金骨架＋外包木质外衣"的结构形式。模型两端设置长×高为 2500 mm×1200 mm 的大端板。为防止气流分离，将大端板前缘加工成光滑的椭圆形。从而有效避免了流场的三维效应及支撑系统所带来的影响，如图 1 所示。

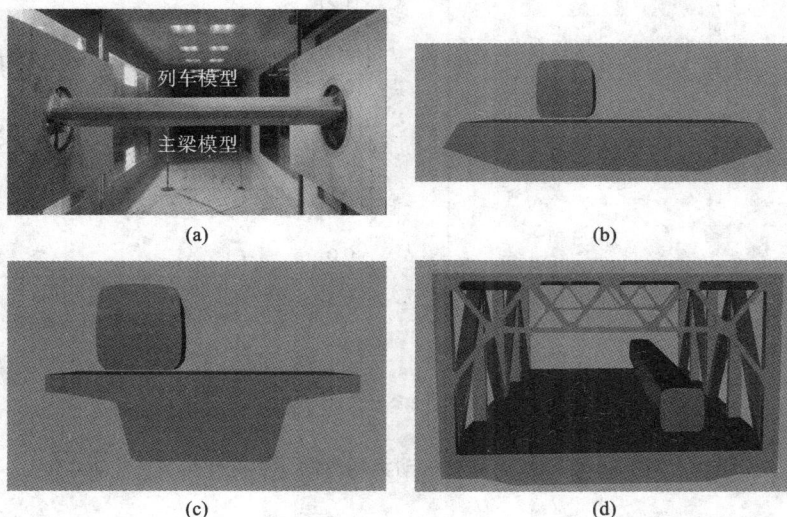

图1 列车和桥梁模型示意图

* 基金项目：国家重点研发计划项目（2017YFB1201204 –011）；高铁联合基金重点项目（U1534206）

3   结果与讨论

3.1   标准断面列车气动特性

横风风向角 $\beta > 60°$ 时，长细比约为 54（8 节编组）和 108（16 节编组）的高速列车周围流场可近似为二维。故采用节段模型测试了标准断面列车气动力随风攻角（ $-20° \leqslant \alpha \leqslant 20°$ ）和雷诺数（ $9.35 \times 10^4 \leqslant Re \leqslant 2.49 \times 10^5$ ）的变化规律[11]，如图 2 和图 3 所示。

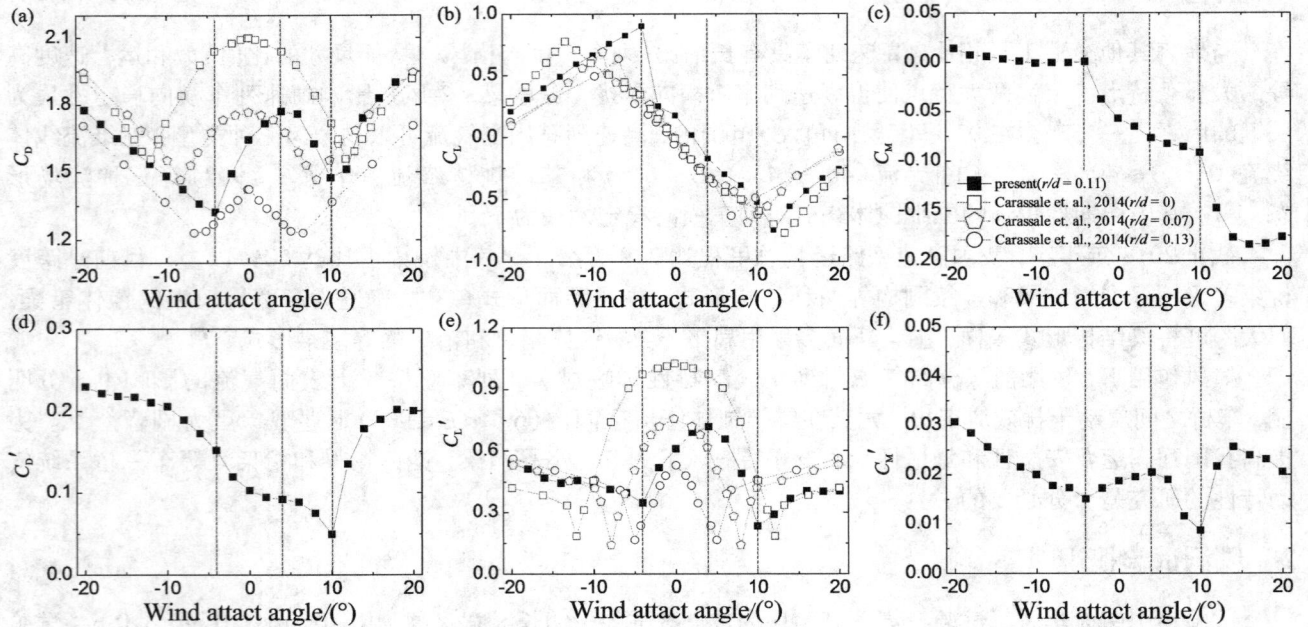

图 2   标准断面列车气动力随风攻角的变化规律

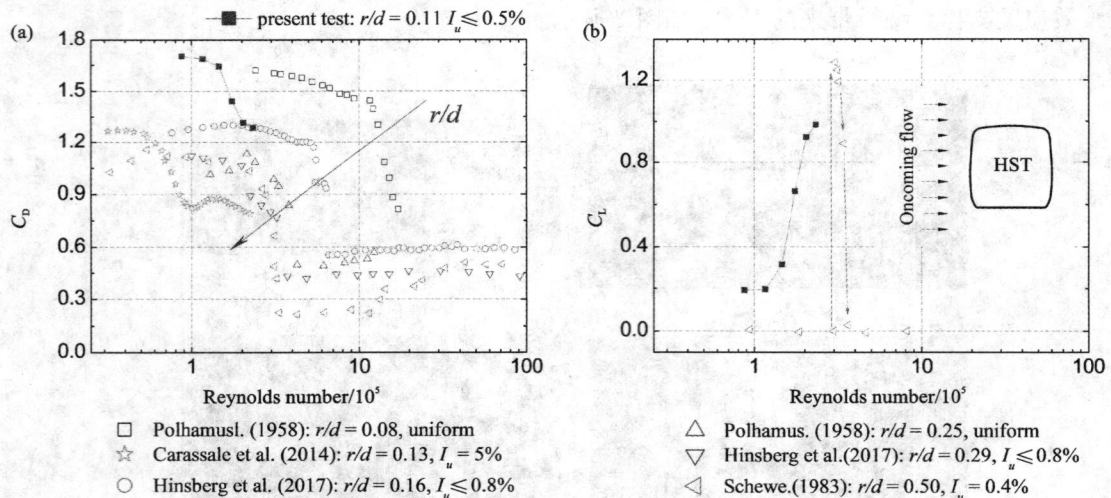

图 3   标准断面列车气动力随雷诺数的变化规律

气动力随 α 变化表明：在 $-20° \leqslant \alpha \leqslant 20°$ 范围内，标准断面列车气动特性有四个明显的分区，即 $-20° \leqslant \alpha \leqslant -4°$ ，$-4° < \alpha \leqslant 4°$ ，$4° < \alpha \leqslant 10°$ 和 $10° < \alpha \leqslant 20°$ ；当 $-20° \leqslant \alpha \leqslant -4°$ 时，C_D ，C_L 和 C_L' 的变化规律与方柱更为类似；然而当 $10° < \alpha \leqslant 20°$ 时，C_D ，C_L 和 C_L' 的变化规律与圆角率 $r/d = 0.07$ 的方柱更加接近；由于列车模型上下非对称，列车气动力的周期性在 $\alpha = 4°$ 时达到最强，而非方柱和圆角方柱等对称钝体结构

在 $\alpha = 0°$ 时达到最强。进一步研究表明：上述四种气动特性分区是由列车上下表面气流分别从完全再附状态向间歇性再附状态，最后转变为完全分离状态造成的[11]。

气动力随 Re 变化表明：与圆柱和圆角方柱类似，本次试验观测到了一个明显的突降区间即 $Re = 1.56 \times 10^5 \sim 2.49 \times 10^5$；在该区域内列车阻力系数 C_D 从 1.70 迅速下降到 1.29，升力系数 C_L 从 0.19 急剧增加到 0.98。列车周围压力系数变化表明：该雷诺数现象发生在列车车肩圆角处，且临界雷诺数 $Re_{cr} \approx 1.56 \times 10^5$。

3.2 扁平箱梁气动特性

扁平箱梁断面的几何特征可以采用主梁宽高比，风嘴角度和风嘴顶点与上下桥梁面距离之比等三个无量纲一的参数来表示。22 组扁平箱梁节段模型风洞试验表明：在桥梁风工程所关注的风攻角范围内（$-20° \leqslant \alpha \leqslant 20°$），扁平箱梁气动力存在五个明显的变化区间，如图 4 所示。且临界风攻角的大小与上述三个量纲一的参数紧密相关。上述五个变化区间是由三类典型流场形态造成的，即尾部旋涡脱落，上表面或下表面碰撞剪切层和上表面或下表面前缘旋涡脱落，如图 5 所示。

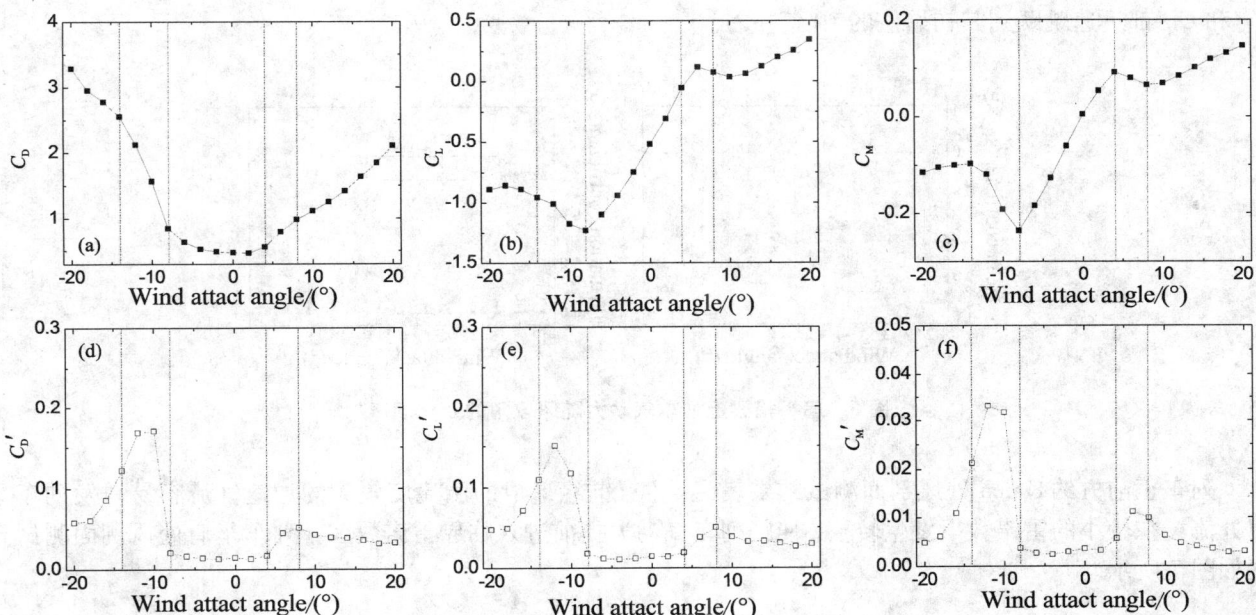

图 4　扁平箱梁气动力随风攻角的变化规律

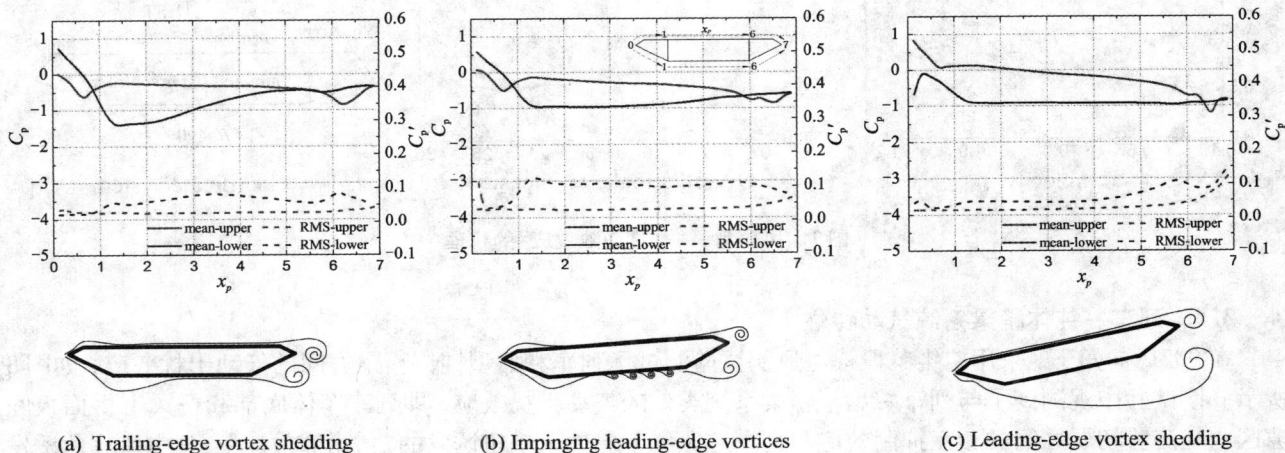

(a) Trailing-edge vortex shedding　　(b) Impinging leading-edge vortices　　(c) Leading-edge vortex shedding

图 5　扁平箱梁周围典型流场形态

POD 分析表明：①扁平箱梁断面在尾部旋涡脱落和前缘旋涡脱落两种流场形态下存在两个不同的 St 数，其中较大的 St 数为前缘脱落的旋涡造成的，而较小的 St 数是由尾部强度更大的旋涡脱落引起的[11]。②扁平箱梁脉动气动力的特征对其周围流场形态的变化十分敏感。当出现尾部旋涡脱落流场形态时，扁平箱梁脉动气动力主要由高阶且振幅参与系数（每一阶模态脉动气动力的平均振幅与该气动力平均振幅的百分比）较大的模态组成；而当出现碰撞剪切层和前缘旋涡脱落两种流场形态时，脉动气动力主要由低阶且振幅参与系数较大的模态组成。

3.3　列车－扁平箱梁系统气动特性

采用二维节段模型风洞试验开展了 90°风向角下列车－扁平箱梁系统的气动干扰试验。试验表明：上述气动干扰效应主要表现在：①列车车体底部和桥梁上桥面板间隙区内气流剪切层之间的相互抑制效应；②列车迎风侧车肩处风攻角诱发的"雷诺数效应"[10]。

风攻角诱发的"雷诺数效应"如图 6 所示。在 $0° < \alpha < 6°$ 范围内，列车阻力系数 C_D 从 1.35 迅速下降到 0.27，升力系数 C_L 和扭矩系数 C_M 均大幅升高，其中 C_M 在 $\alpha = 4°$ 时由负变正。三个脉动气动力系数 $C_D{}'$、$C_L{}'$ 和 $C_M{}'$ 都迅速跳跃到其初始值的 10 倍左右。

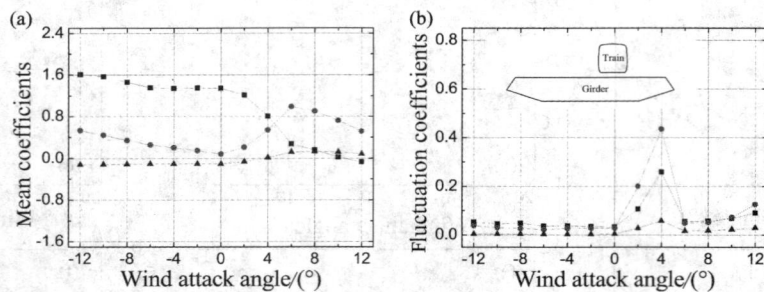

图 6　扁平箱梁上列车气动力随风攻角的变化规律

列车正前方约 8 mm 处风剖面测试结果表明：主梁前缘形成的湍流度较大的加速气流容易诱发列车车肩处流场在较小的雷诺数下发生转捩，使得列车气动力提前进入临界雷诺数区。列车车肩处风剖面测试布置如图 7 所示。

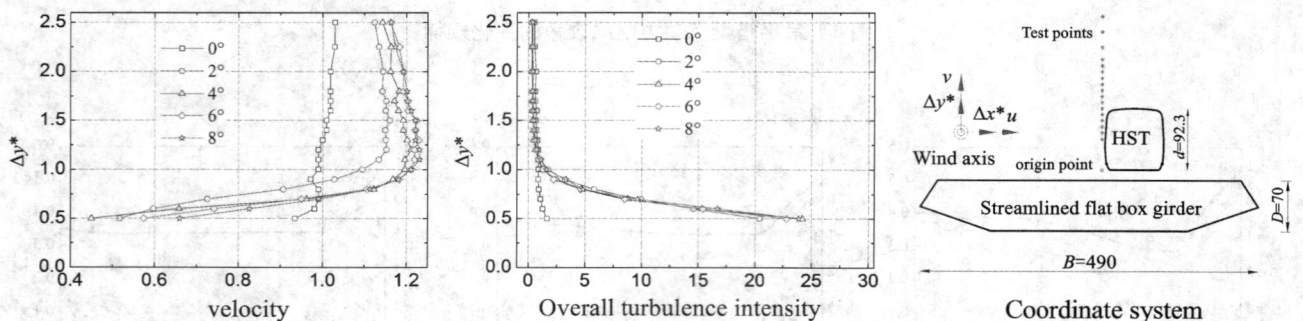

图 7　风攻角诱发"雷诺数效应"的机理

3.4　列车－钝体箱梁系统气动特性

在 90°风向角下，采用二维节段模型风洞试验测试了列车和典型钝体箱梁之间的气动干扰效应，如图 8 所示。该试验中观测到了与列车－扁平箱梁系统类似的气动干扰效应，即列车车体底部和桥梁上桥面板间隙区内气流剪切层之间的相互抑制效应与列车迎风侧车肩处风攻角诱发的"雷诺数效应"，其中风攻角诱发的"雷诺数效应"如图 8 所示。

3.5　列车－桁架梁系统气动特性

与箱梁主梁断面不同的是列车往往运行在桁架主梁内部，列车和桁架梁之间的气动干扰效应更加复

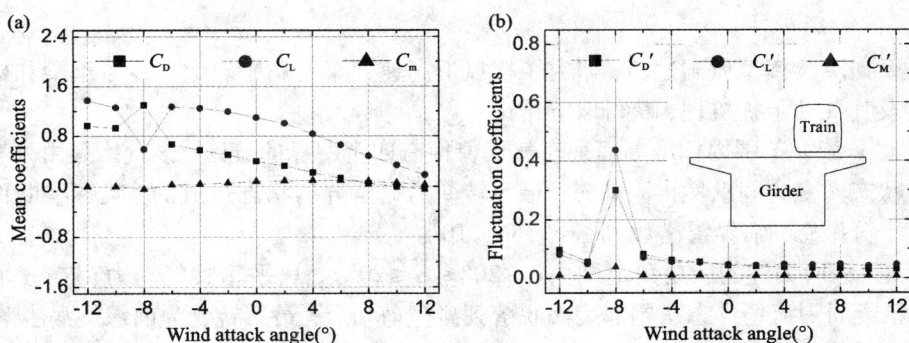

图8　钝体箱梁上列车气动力随风攻角的变化规律

杂。采用二维节段模型试验测试了风攻角，桁架实面积比和桁架宽高比对列车 – 桥梁系统气动特性的影响[10]。

　　列车和桁架梁之间的气动干扰效应可以总结为：桁架主梁和列车之间的互相遮挡效应、桥面板和列车底部之间的旋涡脱落抑制效应以及风攻角诱发的列车车肩处的"雷诺数效应"。如图9和图10所示，桁架主梁和列车之间的互相遮挡效应导致了主梁和列车的阻力系数均小于各自单独的测试结果；桥面板和列车底部之间的旋涡脱落抑制效应使得列车的脉动气动力系数均小于标准断面列车的测试结果。发生在列车车肩处的"雷诺数效应"对风攻角的变化十分敏感。该"雷诺数效应"促使列车阻力系数在某一风攻角下开始大幅减小，如图9(a)所示；此攻角下列车脉动气动力系数也逐渐增大[8, 12]。

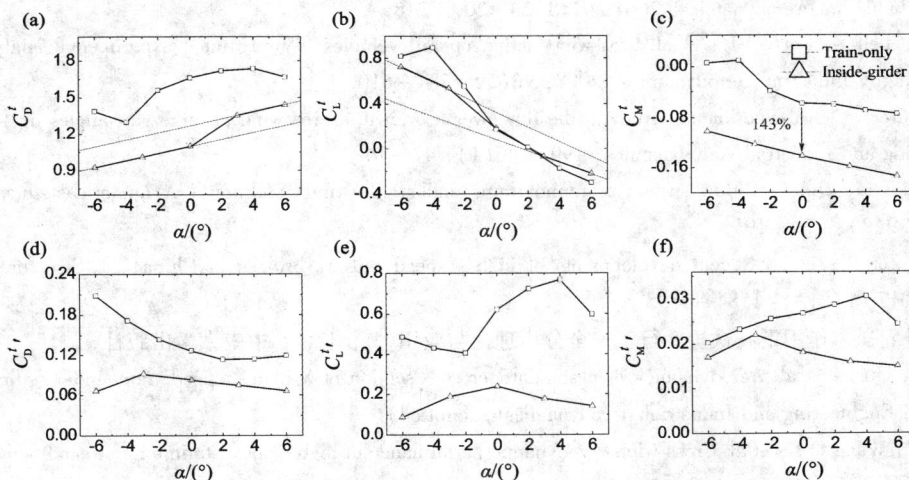

图9　桁架梁内迎风侧轨道处列车气动力随风攻角的变化规律

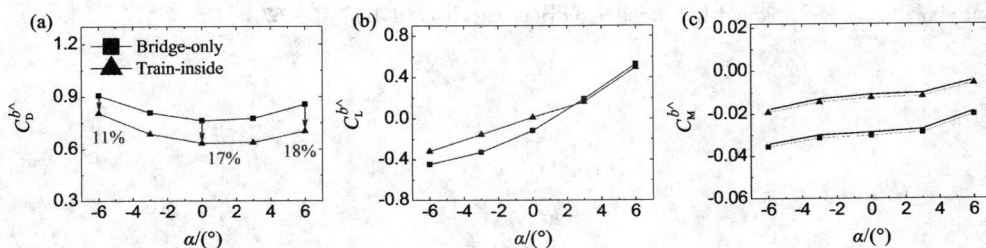

图10　列车位于桁架梁内迎风侧轨道时主梁气动力随风攻角的变化规律

4　结论

本文通过一系列节段模型风洞试验，研究了横风下高速列车－扁平箱梁、钝体箱梁和桁架梁等车－桥系统的气动特性及其气动干扰机理，获得以下结论：

（1）在 $-20° \leqslant \alpha \leqslant 20°$ 范围内标准断面列车气动特性有四个明显的分区，该分区是由列车上下表面气流分别从完全再附状态转变为间歇性再附状态，最后转变为完全分离状态造成的，且标准断面列车气动特性对雷诺数的变化十分敏感，临界雷诺数 $Re_{cr} \approx 1.56 \times 10^5$。

（2）在桥梁风工程所关注的风攻角范围内（ $-20° \leqslant \alpha \leqslant 20°$ ），扁平箱梁气动力存在五个明显的变化区间；该分区是由箱梁周围流场形态从尾部旋涡脱落到碰撞剪切层，最后转变为前缘旋涡脱落引起的。

（3）列车和箱型主梁之间的气动干扰效应主要表现在列车车体底部和桥梁上桥面板间隙区内气流剪切层之间的相互抑制效应，以及列车迎风侧车肩处风攻角诱发的"雷诺数效应"两个方面，其中风攻角诱发"雷诺数效应"的机理为：主梁前缘形成的湍流度较大的加速剪切层，该剪切层诱发列车车肩处流场在较小的雷诺数下发生转捩，使得列车气动力提前进入临界雷诺数区。

（4）列车和桁架主梁之间的气动干扰效应主要表现在桁架主梁和列车之间的互相遮挡效应、桥面板和列车底部之间的旋涡脱落抑制效应及风攻角诱发的"雷诺数效应"等三个方面。

参考文献

[1] 田红旗. 列车空气动力学[M]. 北京：中国铁道出版社，2007.

[2] Khier W, Breuer M, Durst F. Flow structure around trains under side wind conditions：A numerical study[J]. Computers & Fluids, 2000, 29(2)：179 - 195.

[3] Suzuki M, Tanemoto K, Maeda T. Aerodynamic characteristics of train/vehicles under crosswinds[J]. Journal of Wind Engineering & Industrial Aerodynamics, 2001, 91(112)：209 - 218.

[4] Bocciolone M, Cheli F, Corradi R, et al. Crosswind action on rail vehicles：Wind tunnel experimental analyses[J]. Journal of Wind Engineering & Industrial Aerodynamics, 2008, 96(5)：584 - 610.

[5] Chiu T W, Squire L C. An experimental study of the flow over a train in a crosswind at large yaw angles up to 90[J]. Journal of Wind Engineering and Industrial Aerodynamics, 1992, 45(1)：47 - 74.

[6] Khier W, Breuer M, Durst F. Flow structure around trains under side wind conditions：A numerical study[J]. Computers & Fluids, 2000, 29(2)：179 - 195.

[7] He X, Wu T, Zou Y, et al. Recent developments of high - speed railway bridges in China[J]. Structure and Infrastructure Engineering, 2017, 13(12)：1584 - 1595.

[8] 何旭辉，邹云峰. 强风作用下高铁桥上行车安全分析理论与应用[M]. 长沙：中南大学出版社，2018.

[9] Li H, He X H, Hu L, et al. Aerodynamics of a standard cross - section of a high - speed train under normal cross wind[J]. Journal of Wind Engineering and Industrial Aerodynamics(submitted).

[10] Li H, He X H, Wang H F, et al. Cross wind aerodynamic performance of high - speed train on a streamlined flat box girder[J]. Journal of Fluids & Structures(submitted).

[11] Li H, He X H, Wang H F, et al. Aerodynamics of a standard cross - section of a high - speed train under normal cross wind[J]. Experimental thermal and fluid science(submitted).

[12] He X, Li H, Wang H, et al. Effects of geometrical parameters on the aerodynamic characteristics of a streamlined flat box girder[J]. Journal of Wind Engineering and Industrial Aerodynamics, 2017(170)：56 - 67.

Adverse effects of wind-induced building motion on occupant

Kenny C. S. Kwok[1], Steve Lamb[2]

(1. School of Civil Engineering, The University of Sydney NSW 2006, Australia;

2. School of Architecture, Victoria University of Wellington Wellington 6011, New Zealand)

1 INTRODUCTION

Motion sickness is a primary response to building motion. Three factors contribute to the likelihood of experiencing motion sickness: individual susceptibility, severity of motion, and duration of exposure[1]. Prior to the onset of motion sickness, human exposed to long duration mild motion reported sopite syndrome[2] typified by yawning, drowsiness, difficulty concentrating, daydreaming and falling asleep. A multi – disciplinary field study, which used an on – line survey to measure comfort, health, cognitive performance, work performance and response behaviours, was conducted on occupants in 8 buildings in Wellington, New Zealand, for a period of 18 months. This study aims to (1) quantify the effects of exposure to building motion, including reduced work performance, loss due to low motivation, impaired cognitive ability and reduced spatial awareness; and (2) determine the characteristics of motion dosage (interaction of acceleration, frequency and exposure duration) those are associated with sopite syndrome and motion sickness.

2 EFFECTS OF WIND – INDUCED BUILDING MOTION ON OFFICE WORKER

55 participants, across 8 buildings in Wellington with natural frequency ranged from 0. 4 to 1. 49 Hz, participated in the 18 – month study. On selected survey days, the participants completed work environment survey which measures work performance, work environment factors, indoor environmental quality, response to a cognitive multitasking test, work activities, health factors, and closing items. Building accelerations were measured using custom – built remote access measurement of building oscillations (RAMBO) units each fitted with a calibrated miniature tri – axial 15 – bit accelerometer, connected to a 4G – enabled netbook PC. Data were post – processed using a band – pass filter centred at the building's natural frequency.

Fig. 1 shows each building's 10 largest acceleration peaks plotted against AIJ 2004[3] and ISO 10137: 2007[4]. All 80 peaks are above AIJ's H – 50 curve, and about half the peaks above the H – 90 curve, suggesting all study buildings underwent motion perceptible to most occupants. Evidently, 4 of the 8 study buildings exceeded, 2 were at the limit of, and 2 were well within the acceptable acceleration for offices for a one year recurrent interval suggested by ISO 10137: 2007[4].

An acceleration dose was developed to measure the peak spectral density function within the narrow region around the building's natural frequency to reduce noise. The peak value for each 10 – minute period was then averaged across the time each individual was actually in the building. A positive relationship between acceleration dose and occupant perception was observed for the 8 buildings. Increases in acceleration dose were found to associate with higher motion sickness assessment questionnaire (MSAQ) scores. The acceleration dose also has a large effect on reported sleepiness, a cardinal symptom of sopite syndrome. Lower levels of work performance were associated with both increases in acceleration dose and increases in MSAQ scores, suggesting that reductions in work performance are at least partly due to building motion – induced motion sickness.

3 CONCLUDING REMARKS

A multi – disciplinary field study of the effects of wind – induced building motion on office workers have shown that building accelerations are perceptible to building occupants, are frequency – dependent, and individual

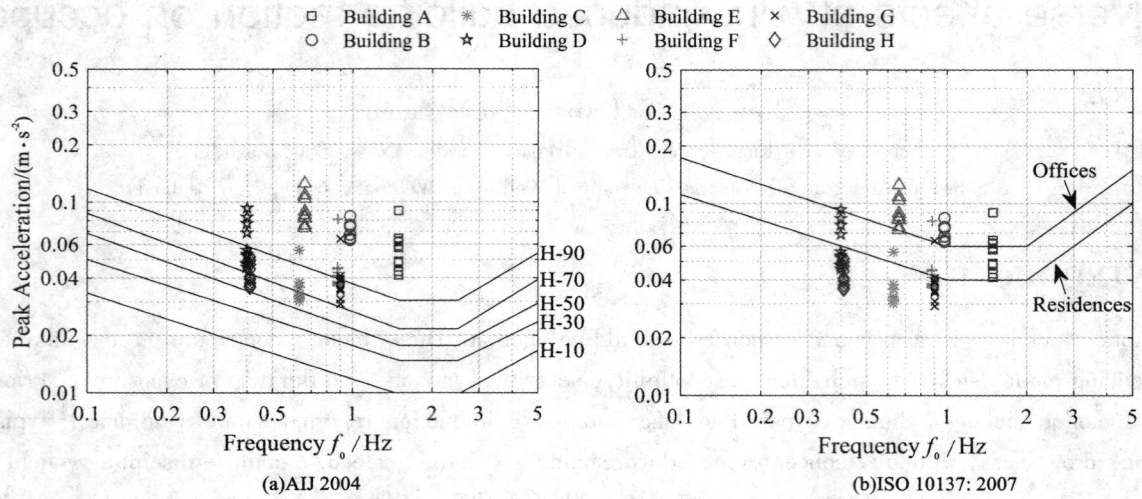

Figure 1   Building peak accelerations against AIJ 2004 and ISO 10137: 2007

perception thresholds vary substantially. Increases in building acceleration have been shown to cause elevated levels of motion sickness and sopite syndrome, which in turn caused reductions in task – based effort leading to reductions in work performance, but the capacity to perform cognitive tasks was only mildly affected. Evidently, building motion, even at relatively low accelerations but for a prolonged period, can cause substantial reductions in occupant comfort and reduced work performance through motion sickness and sopite syndrome.

References

[1] Lamb S, Kwok K C S. The fundamental human response to wind – induced building motion[J]. Journal of Wind Engineering and Industrial Aerodynamics, 2017, 165: 79 – 85.

[2] Graybiel A, Knepton J. Sopite syndrome: A sometimes sole manifestation of motion sickness [J]. Aviation, Space, and Environmental Medicine, 1976, 47(8): 873 – 882.

[3] Architectural Institute of Japan. Guidelines for the evaluation of habitability to building vibration[R]. Tokyo, Japan: Architectural Institute of Japan, 2004.

[4] International Organization for Standardization. Bases for design of structures – serviceability of buildings and walkways against vibration[S]. ISO 10137: 2007. Geneva, Switzerland.

智能结构风工程[*]

赖马树金，黎善武，姜超，金晓威，魏世银，

任贺贺，米俊亦，陈瑞林，陈文礼，李惠

（哈尔滨工业大学土木工程学院 哈尔滨 150090）

1 引言

考虑到结构风工程研究在理论分析、数值模拟、风洞试验等方面遇到的诸多瓶颈，本文基于人工智能算法和数据科学提出了风工程的新范式，具体研究内容包括湍流建模、风场模拟、流体动力学求解、线性抖振系统建模、原型桥梁涡激振动识别与建模的数据驱动方法。

2 基于人工智能算法和数据科学的结构风工程研究

2.1 基于机器学习和数据融合的湍流非局地表征

湍流场中任一点的流动状态受到周围其他位置的非局地影响，这源于压力的全场传播效应，即压力关于速度场的拉普拉斯方程 $\nabla^2 p' = -\partial_{kl}^2(u_k'u_l' - \overline{u_k'u_l'}) - 2\partial_l\bar{u}_k\partial_k u_l'$。同时，这种非局地效应通过湍流应力输运方程对湍流应力的各向异性演化产生显著影响，周培源等[1]对此进行了详尽的分析，同时流场的强非均匀性（如曲率、旋转、分离、二次流等）进一步加强了非局地效应对湍流应力各向异性的影响。然而，传统的湍流建模方法基本都忽略了非局地效应的影响[2]，例如经典的基于 Prandtl 理论的涡黏湍流模式仅考虑了湍流局地应变的影响。本文基于高保真的壁湍流模拟数据，结合机器学习方法提出了湍流脉动非局地表征的理论模型，为构建非局地湍流模型奠定基础。

2.2 基于物理约束和数据驱动的湍流建模

湍流应力的封闭建模是湍流求解的核心问题，然而传统的湍流建模方法存在两个主要问题：（1）对湍流场的非局地效应忽略或考虑不足，导致传统的湍流模型几乎无法同时准确预测流动中的湍流正应力差异性和应力-应变位错关系[2]；（2）根据不同流动工况依次优化模型系数的传统方法，很难有效获取所有模型系数的全局最优和普适性取值[3]。因此，本文构建了考虑非局地物理效应对湍流应力各向异性演化影响的理论模型架构，并利用机器学习对模型系数进行最优化标定。

2.3 基于物理约束和数据驱动的湍流建模

较为准确地模拟真实大气环境下的风场资料，一般采用数值模式（weather research and forecasting model，WRF）与观测值相结合的方法，即 WRF observation-nudging 方法。然而现有的 WRF observation-nudging 方法存在明显的缺陷：权重函数是一种时间和空间上扩散思维的数学表达，没有考虑复杂地形、风向、大气环流等的影响。因此，本文提出基于空间相关性的 observation-nudging 方法用于模拟区域空间风场，可以考虑复杂地形、风向、大气环流等因素以及复杂地形对空间风场不均匀性的影响。

2.4 流体动力学智能求解方法

钝体绕流等流体动力学问题是揭示风工程物理机理的关键，涉及箱梁绕流场和斜拉索绕流场时空特性，而在流体动力学研究中，钝体绕流涉及边界层、分离的自由剪切层和尾流三种剪切层的复杂相互作用，此问题并无解析解；涡激振动是箱梁、斜拉索的典型风致振动现象，其控制方程为典型非线性微分方程。近年来，人工智能技术得到了快速发展，机器学习特别是深度学习、强化学习为建立求解流体力学问题的数据模型，实现流体力学问题的智能、快速、精确求解提供了工具。本研究提出了两类流体力学智能求解方法：建立了基于融合卷积神经网络的圆柱绕流尾流场预测模型，提出了基于强化学习的非线性微分方程求解方法。

* 基金项目：国家重点研发计划（2018YF0705605）；国家自然科学基金重点项目（51638007，U1711265）

2.5　基于 LSTM 网络的线性系统抖振响应建模

经典抖振分析理论主要是基于 Davenport 的随机抖振理论[4]和 Scanlan 的颤振抖振理论[5]。近年来，基于时域的抖振分析方法[6]也得到了广泛的应用。本文提出了一种基于长短期记忆（LSTM）网络的线性系统的时域抖振响应建模方法。对于任意给定的湍流风速序列和系统初始振动条件，该 LSTM 模型均能预测相应的风致位移。

2.6　基于机器学习方法的原型大跨度桥梁涡激振动识别与建模

严格的桥梁涡激振动数理建模需要同时求解 N－S 方程和结构运动方程，但由于 N－S 方程和气固耦合系统的强非线性，涡激振动的严格数理建模难以实现。退而求其次，Simiu 和 Scanlan[7]基于风洞试验结果提出了半经验模型，其中的参数需要通过风洞试验确定。然而，风洞试验结果至今还很难精确拓展到足尺结构桥梁：（1）无法达到足尺桥梁的高雷诺数；（2）难以模拟真实风环境的三维效应；（3）很难模拟真实风环境的非均匀特性。因此，本文基于大跨度桥梁的现场实测大数据，利用机器学习方法提出全新的桥梁涡激振动识别和建模方法。

3　结论

本文基于人工智能算法和数据科学提出了结构风工程的新范式，在湍流建模、风场模拟、流体动力学求解、线性抖振系统建模、原型桥梁涡激振动识别与建模方面进行了深入研究。研究结果表明，人工智能算法和数据科学的相结合在结构风工程的研究上表现出明显的优势和潜力，为突破传统结构风工程中的瓶颈带来了希望。

参考文献

[1] Chou Y P. On velocity correlations and the solutions of the equations of turbulent fluctuation[J]. Quarterly of Applied Mathematics, 1945, 3: 38.

[2] Hamlington P E, Dahm W J A. Nonlocal form of the rapid pressure－strain correlation in turbulent flows[J]. Physical Review E, 2009, 80(10): 1－10.

[3] Craft T J, Launder B E, Suga K. Development and application of a cubic eddy－viscosity model of turbulence[J]. International Journal of Heat Fluid and Flow, 1996, 17: 108－115.

[4] Davenport A G. Buffeting of a suspension bridge by storm winds[J]. Journal of the Structural Division, 1962, 88(3): 233－270.

[5] Scanlan R H. The action of flexible bridges under wind, II: Buffeting theory[J]. Journal of Sound and Vibration, 1978, 60(2): 201－211.

[6] Chen X, Matsumoto M, Kareem A. Time domain flutter and buffeting response analysis of bridges[J]. Journal of Engineering Mechanics, 2000, 126(1): 7－16.

[7] Simiu E, Scanlan R H. Wind effects on structures[M]. John Wiley and Sons, Inc, 1986.

西部深大峡谷桥址区风场特性及大跨缆索桥梁抗风研究[*]

李永乐，张明金，唐浩俊，向活跃，汪斌，廖海黎

（西南交通大学桥梁工程系 成都 610031）

1 引言

针对深切峡谷地形地貌区风场特性的研究主要有以下四种手段：理论推导、数值模拟、模型实验及现场观测。其中理论推导是对复杂地形进行一定的简化，通过求解微分方程组得到相关的风场特征的方法[1]，数值模拟通常是以理论推导公式为基础，借助计算机求解的一种分析方法[2]。模型实验是借助风洞实验室，对关心的地形地貌进行模拟实验的方法。现场观测是目前比较有效也是采用较多的一种研究手段。宋丽莉等[3-9]通过在山区桥位处建立风观测站，对复杂山区地形中的风场特性进行了实测。研究表明，类似西部深切峡谷桥址地风特性通常具有大风攻角、大风向角、非均匀、非平稳等特性。在大风向角、大风攻角以及非均匀来流的作用下，严重影响大跨缆索桥梁的抗风性能。黄坤全等[10]通过风洞试验对北盘江大桥的颤振、涡振性能进行了研究。庞加斌等[11]根据改进的 Deodatis 谱表示法模拟了四渡河桥的随机脉动风场。马存明等[12]通过试验对坝陵河大桥主梁的气动参数进行了研究。

2 深大峡谷桥址区风场特性

2.1 数值模拟

为研究复杂山区地形桥址区风场空间特性变化规律，以位于我国西部深切峡谷区的大渡河大桥、龙江大桥、丽江金安大桥、虎跳峡大桥、绿汁江大桥等为工程背景，利用 Fluent 对深切峡谷桥址区风场特性进行数值模拟，得到复杂山区地形桥址区风场的空间分布特性，进而确定桥址区基准风速。为研究西部高海拔高温差深切峡谷桥址区在热力效应作用下的风场特性变化规律，利用 Fluent 对考虑热力效应的桥址区风场特效进行了数值模拟研究。分析结果表明：当来流风速为 0.0 m/s 时，热力效应引起的竖向风速最大可以达到 3.0 m/s，主梁高度处的水平风速最大可以达到 6.4 m/s。

2.2 风洞实验

进行地形模型试验时，由于所考虑的地形范围有限，使得地形模型在离桥址区有限距离处被截断，因而地形模型边缘通常离开风洞地板一定的高度，这会导致来流在地形模型边缘处发生分离或绕流，为使来流"平滑"地过渡到模型区域，要求在地形模型的边界处布置合理的气流过渡段。通过布置三维渐变式过渡段，试验来流会更加合理地流动到桥址区，试验结果也会更加准确可靠。

2.3 现场实测

为研究复杂山区地形桥址区风场空间特性变化规律，以位于我国西部横断山脉深切峡谷区的大渡河大桥、龙江大桥、丽江金安大桥、绿汁江大桥等为工程背景，在桥址区地面安装了多套 50 m 风观测塔、10 m 自动气象站、声雷达风廓线仪等，在大桥猫道、主缆、桥塔上安装了多套超声风速仪观测系统。对这些位于西部深大峡谷桥址区的风特性进行了长期观测。

3 复杂风环境下大跨缆索桥梁抗风

以具有理想平板断面的简支梁桥和某大跨度钢桁梁悬索桥为研究对象，通过 ANSYS 软件进行了非均匀来流下桥梁的三维全模态颤振分析。研究了来流风攻角和来流风速沿桥跨方向非均匀分布时，桥梁颤振性能的变化情况。风攻角的非均匀分布会显著影响桥梁的颤振性能，但相对于大风攻角均匀分布时所确定的颤振临界状态而言，不会使桥梁颤振稳定性进一步降低。大风攻角对颤振稳定性的降低效果强于小风攻角对颤振稳定性的提高效果，尤其是当大、小风攻角分别使截面呈现流线体和钝体性质时。

* 基金项目：国家自然科学基金项目（51525804）

4　结论

通过对西部横断山脉深大峡谷桥址区风特性及大跨缆索桥梁抗风性能进行研究，可以得出如下结论：

（1）桥位处的大风可以分为两类，一类是受大尺度大气环流影响的大风降温过程，另一类是受小尺度范围内热力驱动而产生日常大风的过程。当来流风速为 0.0 m/s 时，热力效应引起的桥址区竖向最大风速为 3.0 m/s，水平风速为 6.4 m/s。

（3）在地形模型风洞实验中，采用三维渐变式过渡段可以有效解决地形边界截断问题。

（4）风攻角的非均匀分布会显著影响桥梁的颤振性能，但相对于大风攻角均匀分布时所确定的颤振临界状态而言，不会使桥梁颤振稳定性进一步降低。

参考文献

[1] 傅抱璞.山谷风[J].气象科学，1980，1(2)：1-14.

[2] 余锦华，傅抱璞.山谷地形对盛行气流影响的数值模拟[J].气象学报，1995，53(1)：50-61.

[3] 宋丽莉，吴战平，秦鹏，等.复杂山地近地层强风特性分析[J].气象学报，2009，67(3)：452-460.

[4] 朱乐东，任鹏杰，陈伟，等.坝陵河大桥桥位深切峡谷风剖面实测研究[J].实验流体力学，2011，25(4)：15-21.

[5] 沈炼，韩艳，蔡春声，等.山区峡谷桥址处风场实测与数值模拟研究[J].湖南大学学报(自然科学版)，2016，43(7)：16-24.

[6] 刘明，廖海黎，李明水，等.西堠门大桥桥址处风场特性研究[J].铁道建筑，2010，(5)：18-21.

[7] 黄国庆，彭留留，廖海黎，等.普立特大桥桥位处山区风特性实测研究[J].西南交通大学学报，2016，51(2)：349-356.

[8] 何旭辉，史康，邹云峰，等.南广铁路西江大桥桥位处良态风特性实测研究[J].世界桥梁，2016，44(4)：44-49.

[9] 张明金，李永乐，唐浩俊，等.高海拔高温差深切峡谷桥址区风特性现场实测[J].中国公路学报，2015，28(3)：60-65.

[10] 黄坤全，杨鸿波，王达磊.北盘江特大桥抗风性能试验研究[J].公路交通科技(应用技术版)，2011，82(10)：234-236.

[11] 庞加斌，宋锦忠，林志兴.四渡河峡谷大桥桥位风的湍流特性实测分析[J].中国公路学报，2010，23(3)：42-47.

[12] 马存明，李丽，廖海黎，等.特大跨钢桁梁悬索桥主梁气动参数试验研究[J].四川建筑科学研究，2010，36(2)：43-46.

二、边界层特性与风环境

风洞模拟大尺度边界层紊流场的空间结构分析[*]

曾加东[1]，李明水[2]

（1. 海南大学土木建筑工程学院 海口 570028；2. 西南交通大学土木工程学院 成都 631023）

1　引言

由于紊流作用，结构将承受随时间和空间变化而产生波动的脉动风荷载，因此，在结构抗风性能分析中，大气边界层紊流特性有关的研究十分重要，其为结构风荷载及风致响应精细化分析的基础[1]。从大气边界层气象学的角度出发，自然风现场实测是获得大气边界层三维空间结构最直接有效的方法，但由于现场实测不可控因素多，成本高、周期长，不易于实现。因此，有很多学者在风洞中对模拟的边界层紊流进行了深入探索。一般认为被动模拟方法获得的平均风速和紊流度剖面、紊流积分尺度及脉动风速功率谱等基本参数与自然剪切流具有较高相似性，但却较少关注不同尺度紊流风场空间结构的一致性[2]。本文通过被动模拟方法，测得不同地表类型下的边界层紊流参数，重点对其相关系数和相干函数进行分析，将试验结果与理论分析结果进行对比，得到更加符合模拟边界层紊流场的修正相关函数模型。

2　试验概况

紊流风场模拟在 XNJD-3 工业边界层风洞中进行，该风洞试验段长 26 m，试验段截面为 22.5 m（宽）× 4.5 m（高），试验风速范围为 1.0 ~ 16 m/s。该风洞工作段尺寸大，可模拟较大比例尺紊流场，风场特性与大气边界层紊流更加接近，在分析紊流场空间结构时具有一定的尺度优势。模拟紊流风场的实时测量采用 Cobra Probe 探头，空间相关性则采用两个探头同时在垂直于来流的平面内测量，包括横向和竖向的分离间距。本文模拟紊流风场与我国规范[3]中的 B、C 和 D 三类风场一致，如图 1 和图 2 所示。

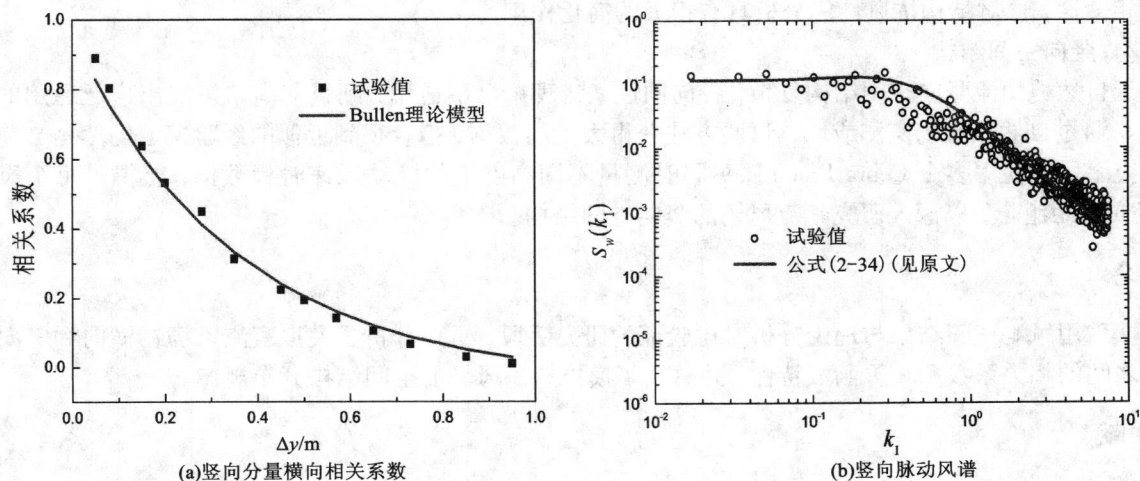

(a)竖向分量横向相关系数　　　　　　　　　　(b)竖向脉动风谱

图 1　B 类风场场竖向脉动分量各向同性特性

* 基金项目：国家自然科学基金项目（51878580）

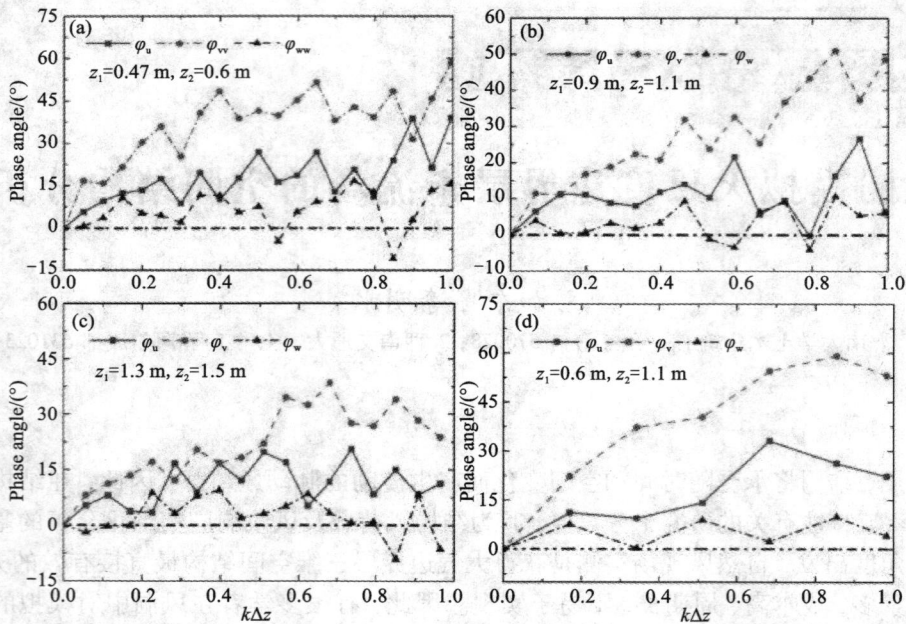

图2　C类风场各脉动风速分量相位角分布情况

3　紊流场空间结构分析

3.1　横向空间结构

为描述脉动风速空间结构，在频域内一般采用相干函数来说明空间任意两点的相关程度，时域内，则采用相关系数来描述[4]。对于水平横向间距，一般更为关注顺风向脉动分量 u 和竖向脉动分量 w 的空间结构，将试验结果与基于各向同性紊流理论的计算结果进行对比，结果表明：竖向分量近似满足水平各向同性假设，脉动风谱与 Kármán 谱吻合良好，横向相关性与实测结果存在一定差别，但误差在可接受范围内，仍较为准确地描述了脉动风速分量在频率内的能量分布及空间结构特性。因此，可认为风洞模拟的紊流风场在水平面上近似符合水平各向同性假设，基于该假设，可较好地描述顺风向脉动风速分量在任意横向间距下的相关性，这对结构抗风性能分析具有很大的简化作用。

3.2　竖向空间结构

由于自然剪切流竖向空间结构复杂，各向同性紊流理论已不适用，到目前尚未发展出广泛通用的理论模型[5]。通过自然风现场实测或风洞试验方法获得大量的数据，拟合得到近似的经验模型仍然是当前最主要的研究手段。使用多个 Cobra Probe 探头同时测量不同高度上的脉动风速时程数据，获得了每个风场中55个竖向间距组合，以深入研究紊流风场的竖向空间结构。

4　结论

本文采用风洞试验结果与理论分析对比验证的研究手段，重点分析了模拟紊流风场在横向和竖向不同空间点之间的相关系数和相干函数特性，并总结了模拟紊流风场的空间结构分布规律。

参考文献

[1] Cao S Y, Tamura Y, Kikuchi N, et al. Wind characteristics of a strong typhoon[J]. Journal of Wind Engineering and Industrial Aerodynamic, 2009, 97(1): 11-21.

[2] 陈凯 毕卫涛, 魏庆鼎. 振动尖塔对风洞模拟大气湍流边界层的作用[J]. 空气动力学报, 2003, 21(2): 212-217.

[3] 建筑结构荷载规范: GB 50009—2012[S]. 北京: 中国建筑工业出版社, 2012.

[4] Mann J. The spatial structure ofnatural atmospheric surface-layer turbulence[J]. Journal of Fluid Mechanics, 1994, 273: 141-168.

[5] 黄东梅, 朱乐东, 丁顺泉. 大气边界层风速竖向相干函数试验研究[J]. 实验流体力学, 2009, 23(4): 34-40.

不同强风系统的近地层风特性分析[*]

陈雯超[1]，王丙兰[2]，黄浩辉[1]，刘爱君[1]，蒋承霖[1]

(1. 广东省气象防灾技术服务中心 广州 510080；2. 中国气象局公共气象服务中心 北京 100081)

1 引言

随着高耸和大跨等风敏感建筑物、构筑物的不断出现，边界层强风特性也越来越成为风工程界关注的热点，风廓线幂指数、湍流强度、湍流积分尺度和湍流功率谱等反映强风特性的参数也在工程设计中起着关键的作用。台风、雷暴风和冬季大风由于产生生成机理不一样，其风特性也会有差别。现场测风是研究近地层风特性的最直接可靠的手段。本文基于广东省近海的海上塔获取的强台风、雷暴风和冬季大风的测风数据，分析在近海下垫面下不同强风系统的近地层平均风和脉动风特性；并尝试对风参数与下垫面粗糙度进行关联分析，数学拟合，以期得到最具破坏力的台风眼壁强风在不同粗糙度下垫面的风参数的经验公式，为台风致灾地区的工程抗风研究和设计应用提供参考。

2 强风样本及观测塔下垫面描述

本文选取了在广东近海海上的崎仔岛气象塔观测的 0816 号强台风"黑格比"、2009 年 8 月的一次持续约 1 h 的雷暴大风和 2008 年 11 月的一次冬季冷空气大风进行分析。鉴于崎仔岛塔所在的海岛面积较小，因此采用海面粗糙长度的计算公式计算强风过程的海面粗糙长度。结果显示，台风强风造成的巨大风浪和海洋飞沫等，使得台风时海面粗糙长度显著大于雷暴风和冬季大风时的粗糙长度，尤其是在台风眼壁附近。粗糙的来风下垫面对近地层湍流特性有显著影响。

3 风特性分析

3.1 风廓线分析

台风过程的眼壁强风区的风廓线呈现 S 形弯曲，风廓线幂指数有增大的现象，眼壁的平均风廓线的幂指数为 0.040。雷暴风平均风廓线的幂指数值为 0.033。冬季大风过程的风廓线变化不大，下垫面山体的加速效应显著，风廓线幂指数明显低于台风和雷暴风过程，甚至出现负值的情况，大风过程的平均风廓线的幂指数值为 −0.007。三个强风过程的平均风廓线幂指数均要低于《建筑结构荷载规范》[1] 给出的 A 类下垫面的风廓线幂指数取值 0.12。

3.2 湍流特性分析

图 1 给出强风过程 60 m 高度处的三维湍流强度（I_u、I_v、I_w 分别为纵向、横向、竖向湍流强度）与 10 min 平均风速的时程变化。在台风强风叠加海浪造成的相对粗糙海面的影响下，台风眼壁的湍流强度显著增大，水平湍流强度为 0.082 ~ 0.153；雷暴风的水平湍流强度为 0.072 ~ 0.120；冬季大风的水平湍流强度为 0.036 ~ 0.094。台风过程的湍流强度平均值（表 1）接近抗风指南[2] 中给出的最光滑的 I 类下垫面的湍流强度参考值（0.11），雷暴风和冬季大风的湍流强度平均值要低于指南推荐值。台风与雷暴风的阵风系数相近，均高于冬季大风的阵风系数。台风过程的湍流积分尺度显著要大于雷暴风和冬季大风，从平均值来看，三个强风过程的纵向和横向湍流积分尺度均要高于抗风指南[2] 推荐的 120 m 和 60 m，尤其是在台风影响期间。台风强风的湍流能谱值要显著高于雷暴风和冬季大风 1 ~ 2 个数量级。

* 基金项目：广东省气象局科学技术研究项目(2015B32)

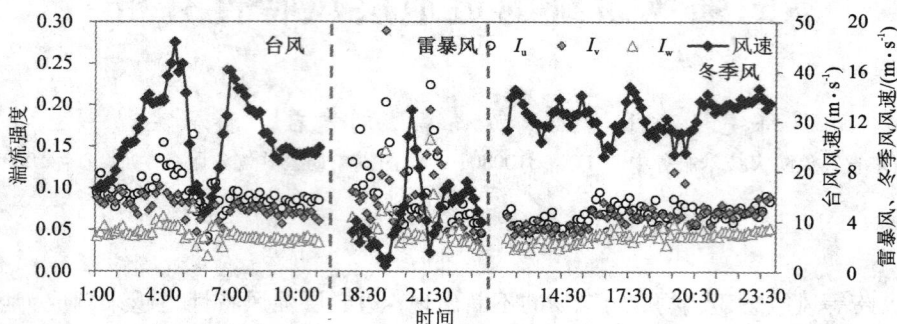

图1 不同强风过程的三维湍流强度和风速时程

表1 强风过程的 60 m 高度的湍流强度、阵风系数和湍流空间积分尺度平均值

风况类型	I_u	I_v	I_w	G	L_u/m	L_v/m	L_w/m
台风	0.108	0.090	0.050	1.29	267.365	166.567	38.621
雷暴风	0.083	0.076	0.043	1.30	145.715	150.782	31.308
冬季大风	0.067	0.064	0.042	1.18	149.821	99.610	47.967

4 台风风参数的评估

鉴于台风风特性与其他大风系统的显著差异,台风风场在叠加不同下垫面地形后的复杂性以及台风观测数据获取的难度较大。本文基于近十几年来在多个观测点获取的具有代表性的台风梯度观测数据,对风参数与下垫面粗糙度进行关联分析,数学拟合,以期得到最具破坏力的台风眼壁强风在不同粗糙度下垫面的风参数的经验公式,为弥补短期观测很难获取典型强台风梯度实测资料的缺憾提供一种较为可行的解决方法,为台风致灾地区的工程抗风研究和设计应用提供参考。

5 结论

基于广东省近海海上的崎仔岛气象塔在 0816 号强台风"黑格比"、雷暴风和冬季大风期间的观测数据,分析不同强风天气系统的风特性差异,结果显示台风眼壁强风的风廓线幂指数值,湍流强度、湍流积分尺度和湍流能谱值均要大于雷暴风和冬季大风的风参数值。在受台风影响的沿海地区的工程设计中,应充分考察当地的台风近地层风场特性,保障工程的设计、施工与运行安全。基于气象测风塔的观测数据拟合得到的台风风参数随粗糙长度的数学关系式,也可为台风致灾地区的工程抗风研究和设计应用提供参考。

参考文献

[1] 建筑结构荷载规范: GB 50009—2012[S]. 北京: 中国建筑工业出版社, 2012: 220 – 221.
[2] 项海帆, 林志兴, 鲍卫刚, 等. 公路桥梁抗风设计指南[M]. 北京: 人民交通出版社, 1996: 15 – 16.

台风外围风场脉动风非高斯特性研究*

崔巍[1]，赵林[1, 2]

（1.同济大学土木工程防灾国家重点实验室 上海 200092；2.同济大学桥梁结构抗风技术交通行业重点实验室 上海 200092）

1 引言

近十年来，国内和国际学者通过大量台风登陆过程的气象记录，已逐渐认识到台风特性在多方面与良态风存在不同[1]，并且对比了太平洋台风和大西洋飓风的不同统计特性[2]，发现台风特性有着很强的地域性。然而，以往大部分台风特性研究从结构安全角度出发，观测结果集中于台风登陆时中心附近的极端高风速记录。由于台风直径尺寸可达 800 ~ 2000 km，除台风中心附近区域外，面积巨大的台风外围区域同样带来巨大的灾害[3]。本文从台风的三维结构出发，通过整理四次影响西堠门大桥的台风外围风场记录，希望建立台风脉动风特性与其距台风距离之间的相关关系。

2 测量设备与实测台风信息

本文的风速数据来源于安装在西堠门大桥上的高频超声风速仪。西堠门大桥位于浙江省舟山市中国东海海岸，是世界第二大跨径跨海悬索桥。在主跨上安装 6 个超声风速仪，型号为英国 Gill 公司的 WindMaster Pro，采样频率为 32 Hz，安装于主跨 1/4、1/2、3/4 处，距离桥面 5 m 高度，距离海平面高度为 62.6 m。为了统一数据采集源，本文所有处理的实测数据均来自于位于主跨跨中的两个风速仪，并根据风向选取迎风向的风速仪。从 2011 年到 2016 年，共采集到四组经过西堠门大桥的台风过程有效风速数据，分别是 2011 年台风梅花（Muifa）、2012 年台风布拉万（Bolaven）、2014 年台风凤凰（FungWong）和 2015 年台风灿虹（ChanHom）。

3 台风结构

气象学中，台风三维结构通常由平面方向的主循环和垂直方向的次循环组成。在平面方向上，台风由从内到外分为三个部分，分别为台风中心、云墙和台风外围。由于地球自转的影响，北半球台风逆时针旋转形成的环向水平风是台风近地面风速的主要部分，称之为台风主循环。风速从平静的风眼区外急剧升高，在台风中心附近风速达到最大值后沿台风外围逐渐降低。

在台风的垂直平面上，高度 3 km 以下为底层气流流入层，因此近地面风速有显著的向内径向分量。气流达到中心风墙附近后，转向上升直至大气层上部然后向四周扩散，然后向下重新流向底层。次循环的径向风速和主循环形成的环向风速共同组成了台风的近地面风速。因此本文中，风速原始记录将依据不同时刻台风中心与西堠门大桥桥址的相对位置，转换至环向分量 U 和径向分量 V，如图 1 所示。

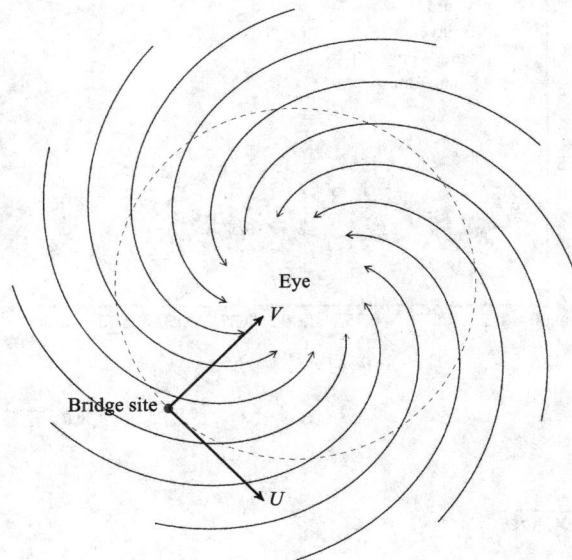

图 1　台风主循环

* 基金项目：国家重点研发计划（2018YFC0809600，2018YFC0809604）和国家自然科学基金项目（51678451）联合资助

4　脉动风非高斯特性结果

　　四次台风的高频风速记录按 10 min 时距分割,对每一段时距内风速分解至 U 和 V 两个分量后,分别进行统计特征分析。图 2 和图 3 分别用点状图说明了台风的偏度(skewness: γ)和峰度(kurtosis: κ)随测点到台风中心距离 d 的变化规律。由于四次台风尺寸 R(闭合气压等值线半径 ROCI)各有不同且随时间变化,因此由 d/R 表示距台风中心的归一化相对距离。图 2 和图 3 均表明台风的非高斯特性特征, κ、γ 与距台风中心距离有一定的相关性。当 $d/R > 1$ 时,径向风 γ 和 κ 离散型较大,环向风 γ 和 κ 离散型较小。当 $d/R < 1$ 时,径向风和环向风 γ 距离 d/R 有一定的变化规律,而 κ 则相对保持稳定。其他的台风脉动风特征将在全文中详述。

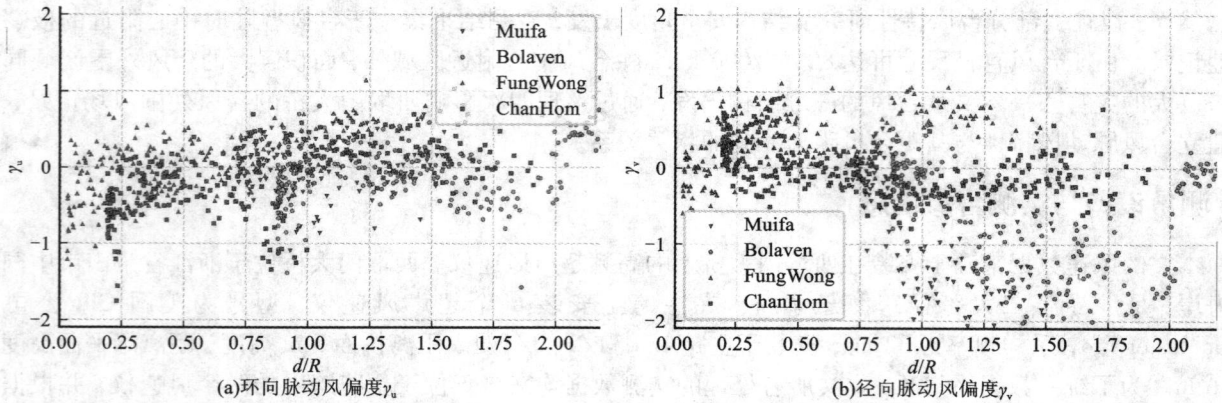

(a)环向脉动风偏度 γ_u　　　　　　　　　(b)径向脉动风偏度 γ_v

图 2　偏度随台风中心距离变化

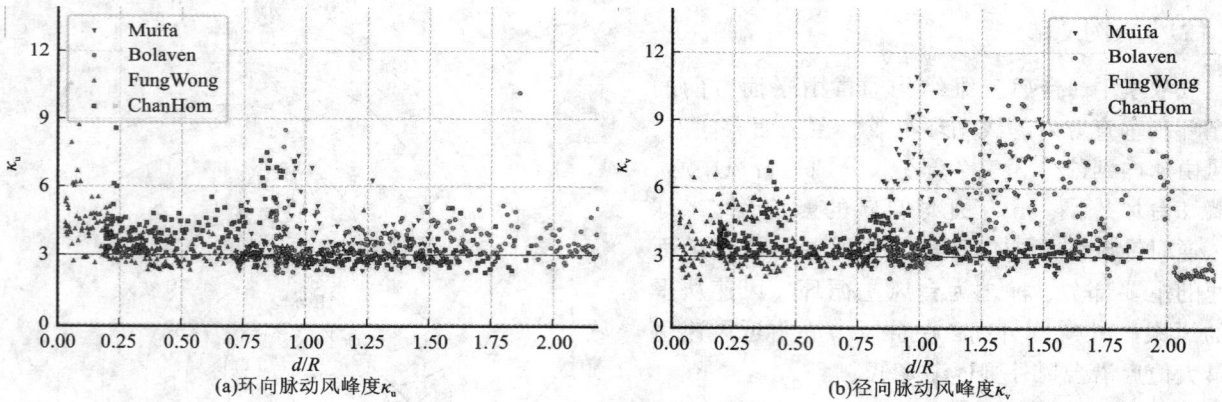

(a)环向脉动风峰度 κ_u　　　　　　　　　(b)径向脉动风峰度 κ_v

图 3　台风峰度随台风中心距离变化

参考文献

[1] Cao S, Tamura Y, Kikuchi N, et al. Wind characteristics of a strong typhoon[J]. Journal of Wind Engineering and Industrial Aerodynamics, 2009, 97(1): 11 – 21.

[2] Li L, Kareem A, Xiao Y, et al. A comparative study of field measurements of the turbulence characteristics of typhoon and hurricane winds[J]. Journal of Wind Engineering and Industrial Aerodynamics, 2015, 140: 49 – 66.

[3] 王小松,郭增伟,袁航,等.台风"布拉万"远端风场阵风特性分析[J].振动与冲击, 2018, 37(8): 34 – 41.

山区峡谷风速非平稳特性分析*

郭增伟，时浩博，王小松

（重庆交通大学土木工程学院 重庆 400074）

1 引言

经过 40 多年的研究和实践，中国结构风工程在经历了 20 世纪 80 年代的学习与追赶、20 世纪 90 年代的跟踪与提高，迎来了创新与超越的新时代[1]，研究成果也在我国许多标志性大跨桥梁、超高层建筑和大跨空间结构中得到广泛应用，并指导了风荷载设计规范的修订与扩充[2]，但结构风工程绝大多数研究成果均是在沿海和地势平坦地区取得的，山区峡谷风场特性、风致响应、风环境等方面的研究大多是以某座风敏感基础设施为背景展开的风速实测或计算分析[3-6]。

2 风速实测及非平稳特性分析

涪陵青草背长江大桥是位于三峡库区的主跨 788 m 的悬索桥，桥位属于典型的峡谷地形，山顶距离水面高差 560 m，桥梁主塔柱上安装采样频率为 20 Hz 的 WindMaster Pro 超声风速仪以获取桥址处实时风速监测记录，为尽量减小塔柱对风速样本造成的影响，在塔柱上沿桥梁展向安装了一个悬臂长度为 9 m 的桁架，并将风速仪安装在悬臂桁架的末端，以尽量避免沿峡谷方向的强风记录受塔柱的干扰。同时在遴选用于分析的风速样本时特意剔除主导风向为沿顺桥向的风速样本序列，通过后期主观遴选进一步消除塔柱对用于分析的风速样本的干扰。西堠门大桥是位于浙江省舟山市跨越金塘岛和册子岛之间海域的世界第二大跨径悬索桥，桥梁上安装 6 个 WindMaster Pro 超声风速仪和 2 个螺旋桨风速仪用来获取风场特性，其中超声风速仪采样频率 32 Hz，安装于主跨 1/4、1/2、3/4 断面处距离桥面 5 m 的灯柱上（距离海平面 62.6 m），螺旋桨风速仪采样频率 1 Hz，安装于桥塔塔顶。

采用轮次检验法和 Hillbert 变换分析了实测风速序列在幅值和频率上的非平稳程度，探讨了风速样本时长和窗口时长对基于 Hilbert 变换的非平稳度指标 DSS 的影响，并与西堠门大桥桥位处 12 月份期间实测风速记录进行对比，实现了山区峡谷风的非平稳特征的定量评价。结果表明：非平稳度 DSS 值可反映出风速序列在不同频率成分上的非平稳特性，且风速频率越高 DSS 越大，同时 DSS 值随风速样本总时长的增大、窗口时长的增大而减小；相比西堠门桥址处风速，青草背长江大桥桥址处山区风风场在幅值和频率均表现出更强的非平稳特性，且短时距高频段的风速分量非平稳特征更为明显；当某段风速序列在给定的窗口时长下的 DSS 值超过良态风速相应的 DSS 极值后，可认为该段风速序列具有较强的非平稳特征。

采用罚函数对比法探讨了以风速样本均值和方差作为风速序列突变判据的时距划分方法，对比分析了风速样本的稳定时距的峰度、偏度、概型分布等统计特性（见表 1）。通过研究发现：采用 P - variance 方法得到的风速序列稳定时距远大于 P - mean 方法，风速平均值的波动趋势明显快于表征风速脉动能量的风速根方差的变化；基于罚函数对比法计算得到的风速稳定时距呈现出明显的正偏态分布特征，且 Weibull 分布可以较好地拟合风速稳定时距；采用 P - mean 算法得到西堠门大桥桥址风场的风速稳定时距均值为 570 s，与规范中 600 s 的计算时距非常接近，在一定程度上为规范 600 s 时距的取值提供了数理依据，也证明了罚函数对比法在计算平均风速统计时距上的合理性；相比于传统 10 min 固定时距，基于罚函数对比法的可变时距下风速序列的顺风向紊流强度和阵风因子的标准差均有不同程度的下降。

* 基金项目：国家自然科学基金项目（51878106）

表 1　风速样本的稳定时距的统计特性

方法	偏度系数		峰度系数		统计平均值/s	
	青草背	西堠门	青草背	西堠门	青草背	西堠门
P－mean	3.53	5.16	25.18	54.92	314	570
P－variance	15.40	2.98	266.42	13.80	1186	4232

3　结论

基于青草背长江大桥和西堠门桥址处获取的长期实测风速数据,分别采用轮次检验法及 Hilbert 变换对所选风速序列在不同序列长度、不同时距下的平稳性进行了详细分析,得到结果如下:

(1)基于 Hilbert 变换的非平稳度 DSS 值可反映出风速序列在不同频率成分上的非平稳特性,且风速频率越高 DSS 越大,同时 DSS 值随风速样本总时长的增大、窗口时长的减小而增大。相比西堠门桥址处风速,青草背长江大桥桥址处山区风风场在幅值和频率均表现出更强的非平稳特性,且短时距高频段的风速分量非平稳特征更为明显。当某段风速序列在给定的窗口时长下的 DSS 值超过良态风速相应的 DSS 极值后,可认为该段风速序列具有较强的非平稳特征。

(2)采用 P－variance 方法得到的风速序列稳定时距远大于 P－mean 方法,表明风速平均值的波动趋势明显快于表征风速脉动能量的风速根方差的变化;基于罚函数对比法计算得到的风速序列的稳定时距呈现出明显的正偏态分布特征,而 Weibull 分布可以较好地拟合风速序列的稳定时距。

(3)利用罚函数对比法 P－mean 算法得到西堠门桥址风速样本的稳定时距均值为 570 s,与我国"公路桥梁抗风设计规范"(JTG/T D60－01—2016)规定的平均风速 600 s 计算时距非常接近,这在一定程度上为规范 600 s 计算时距的取值提供了数理依据,也证明了罚函数对比法在计算平均风速统计时距上的合理性。

(4)相比于传统 10 min 固定时距,基于罚函数对比法的可变时距下风速序列的顺风向紊流强度和阵风因子的标准差均有不同程度的下降。

参考文献

[1] 项海帆.现代桥梁抗风理论与实践[M].北京:人民交通出版社,2015.

[2] 金新阳,陈凯,唐意,等.建筑风工程研究与应用的新进展[J].建筑结构,2011,41(11):111－117.

[3] 孙海,陈伟,陈隽.强风环境非平稳风速模型及应用[J].防灾减灾工程学报.2006,26(1):52－57.

[4] 庞加斌,宋锦忠,林志兴.四渡河峡谷大桥桥位风的湍流特性实测分析[J].中国公路学报,2010,23(3):42－47.

[5] 王浩,杨敏,陶天友,等.苏通大桥桥址区实测强风非平稳风特性分析[J].振动工程学报,2017,30(2):312－318.

[6] Chen J, Hui M C, Xu Y L. A comparative study of stationary and non－stationary wind models using field measurements[J]. Boundary－Layer Meteorology, 2007, 122(1):105－121.

单体建筑周围不同位置污染抛射的数值模拟研究*

姜国义[1,2]，王峰[1,2,3]，胡婷莛[4]

（1. 汕头大学土木与环境工程系 汕头 515063；2. 广东省高等学校结构与风洞重点实验室 汕头 515063；

3. 长安大学公路学院 西安 710064；4. 上海工程技术大学化学化工学院 上海 201620）

1 引言

单体建筑的绕流流动十分复杂，其最主要特征是存在周期性涡脱落现象。流动的高度非定常性使得建筑周围的污染扩散会受到很大影响。目前文献中对单体建筑周围污染扩散的研究，主要集中在污染抛射源位于建筑顶部和建筑后方再循环区域内的情况[1,2]，而抛射源在不同位置情况下的污染扩散特征并没有得到系统的研究。本文基于考虑了低雷诺数壁面效应的标准 $k-\varepsilon$ 模型，对污染源位于建筑周围不同位置情况下的污染扩散特征进行了研究，同时研究了建筑长宽比对流动和污染扩散的影响。

2 计算设置

本文的计算模型如图1所示。长宽高分别为 $80\ mm \times 80\ mm \times 160\ mm$ 和 $20\ mm \times 80\ mm \times 160\ mm$ 的两种建筑模型被放置于同一中性湍流边界层内。建筑高度位置的平均风速 $U_H = 1.4\ m/s$。基于 U_H 和建筑宽度 D 的雷诺数约为 $Re = 7500$。跟踪气体乙烯（C_2H_4，5%）在建筑前方、顶部、及后方的四个不同位置从直径 $\phi = 5\ mm$ 的圆孔内，以流率 $q = 9.17 \times 10^{-6} \times 5\%\ m^3/s$ 被释放，位置分别标记为 P_1、P_2、P_3 和 P_4，其中释放位置 P_3 对应于试验工况，参考浓度为 $C_0 = q/(U_H H^2)$。数值计算中的湍流模型采用标准 $k-\varepsilon$ 模型，并对比了高雷诺数 $k-\varepsilon$ 模型和考虑低雷诺数近壁面效应的低雷诺数 $k-\varepsilon$ 模型。

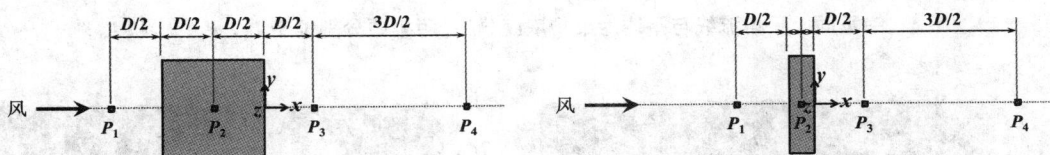

图1　计算模型（建筑截面长宽比分别为1∶1和1∶4）

3 计算结果及分析

图2所示为计算结果与试验对比，包括铅垂线上平均速度和平均污染物浓度。低雷诺数模型与高雷诺数模型计算结果差别不大，总体上能够预测绕单体建筑的平均流动特性。本文选用低雷诺数模型的计算结果。图3所示为铅垂面上平均流线与不同抛射位置的污染物浓度分布。可见污染物的分布受流场影响较大。值得关注的是由于 RANS 模型会过大地预测建筑后方再循环区域大小，使得 P_3 和 P_4 污染源都处于再循环区域之内，因此污染物浓度的分布非常相近。而对于实际情况，P_4 污染的分布有可能完全不同，这有待 LES 计算的检验。图4为近地面水平方向平均流线与 P_3 平均污染物浓度分布。由于长宽比较小的建筑截面可能会导致涡脱落强度偏大，使得污染物在水平方向上的扩散也较为充分。

4 结论

基于低雷诺数 $k-\varepsilon$ 模型，研究了建筑截面长宽比对周围不同位置污染扩散的影响。长宽比较小的截面，建筑后方再循环区域明显偏大，从建筑后方释放的污染物在水平方向上扩散得也较为充分。污染物浓

* 基金项目：国家自然科学基金项目（51508395）；广东省科技计划项目（2013B020200015）

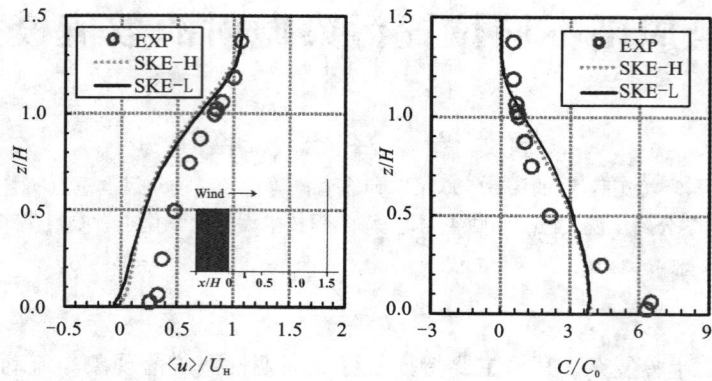

图2 计算结果与试验对比(污染源 P_3)

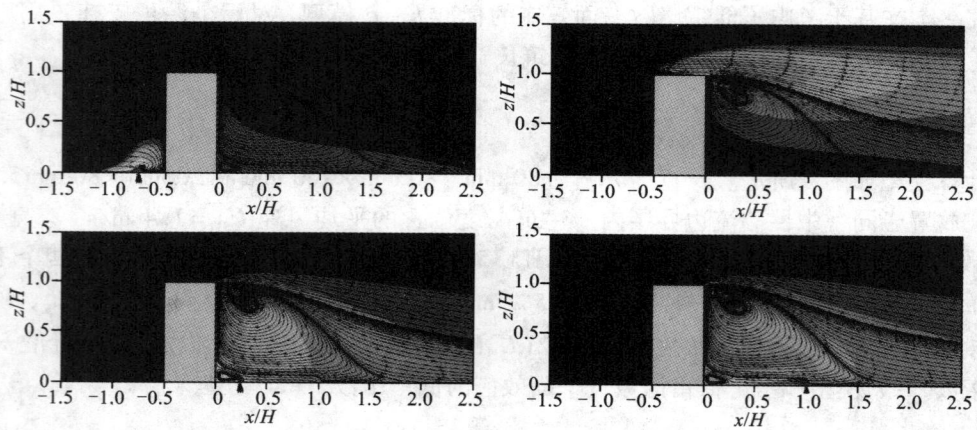

图3 铅垂面上平均流线与平均污染物浓度分布(污染源分别位于 P_1、P_2、P_3 和 P_4)

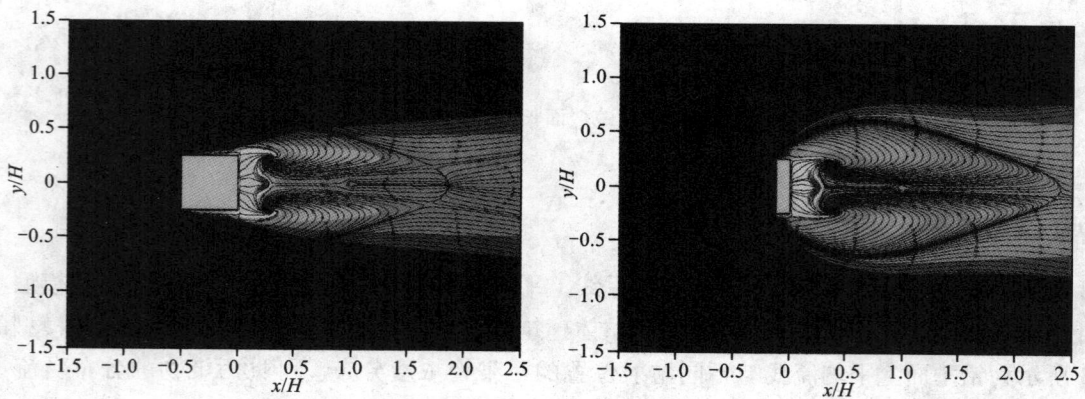

图4 近地面水平方向平均流线与平均污染物浓度分布($z/H=0.0025$, P_3 污染源)

度分布受流场影响较大,而 RNAS 模型又无法准确估计建筑后方再循环区域大小,因此有可能错误地预测 P_4 污染物分布,真实情况有待 LES 计算的检验。

参考文献

[1] Ryuichiro Yoshie, Guoyi Jiang, Taichi Shirasawa, et al. CFD simulations of gas dispersion around high-rise building in non-isothermal boundary layer[J]. Journal of Wind Engineering and Industrial Aerodynamics, 2011, 99: 279-288.

[2] Yoshihide Tominaga, Ted Stathopoulos. CFD simulations of near-field pollutant dispersion with different plume buoyancies[J]. Building and Environment, 2018, 131: 128-139.

大型城市中心上空风速风向特性的激光雷达实测研究[*]

全涌，杨淳，陈泂翔，顾明

（同济大学土木工程防灾国家重点实验室 上海 200092）

1 引言

合理地描述大型城市区域上空的风场特性，对结构设计的经济性和可靠性具有重要意义，我国《建筑结构荷载规范》（GB 50009—2012）对风场特性参数的规定存在一定不足[1]，而又缺乏对城市区域高空风场特性的研究。现场实测能获取风场特性的第一手资料，本文利用激光测风雷达，对上海市同济大学四平路校区土木馆上空的风场特性进行了实测研究，获得了典型大城市中心上空 75 m 到 1000 m 高度范围内的良态强风数据，研究了风速风向特性、观测时距对最大平均风速的影响以及地面粗糙度指数的变化规律等。

2 实测与数据分析结果

2.1 实测概况

Windcube100S 激光雷达自动化程度高，环境适应性强。观测点周边 1.5 km 范围内分布着大量多层与高层建筑，与四周五角场商圈等形成了典型的城市中心地貌。这次观测于 2017 年 1 月至 3 月期间获得了累计 38 h 的冬季季风三维风速数据，筛选并按 10 min 时距划分得到 207 个有效样本。观测数据显示，该地区冬季主导风向为西北风和北风，风速风向在不同高度处均呈现出强烈的波动，且变化具有较高的一致性。

2.2 观测时距对平均风速的影响

Durst[2] 以及 ISO 4354[3] 均提出了不同时距最大平均风速向 1 h 时距对应值转换的公式。图 1 是 300 m 高度处该比值的实测与理论计算结果，可见其随时距的增加而减小，理论曲线在实测值范围之内，而与四日平均值曲线较接近。

2.3 平均风速风向剖面

以 10 min 时距分析主要来流 WNW、N 以及 NNW 方向下的风速时程，并将结果以 2 m/s 的间隔进行划分。图 2 给出了 WNW 方向上的平均风速剖面。受大气对流的热分层现象影响[4]，相比低风速，高风速下其形状规律性更明显，地面粗糙度指数更大，梯度风高度更高，250 m 高度以下地面粗糙度指数 α 的拟合值见表 1。显然，观测到的最大风速仍偏小，未能克服热分层现象的影响，地面粗糙度指数和梯度风高度尚未增大到稳定值。

图 3 为研究方向上 200 m 以下的地面粗糙度指数与 200 m 高度处风速的关系及相应的移动平均线。整体上该值随风速的增大而增大，但均未增大到稳定值；在采集到的最高风速 12 m/s 时，WNW 方向上达到 0.51，远高于 D 类城市市区地貌的地面粗糙度指数规范值 0.30。

上述三个方向上的风向剖面变化有较高的一致性：风向角随高度的增大而增大，且表现出符合 Ekman 螺旋的顺时针转动。图 4 是 WNW 方向上的平均相对风向剖面随来流风速的变化情况。相比于低风速，高风速下近地面的风向剖面更稳定。图 5 为 400 m 高度处全方向上所有样本的风向偏转角随 250 m 高度处风速的变化情况，可见随着风速的增大，偏转角分布的离散程度在降低。

* 基金项目：国家自然科学基金项目（51778493，51278367）

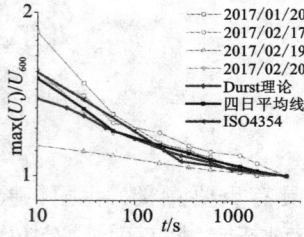

图 1   300 m 处实测与计算值

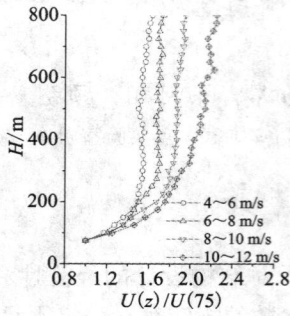

图 2   WNW 方向风速剖面

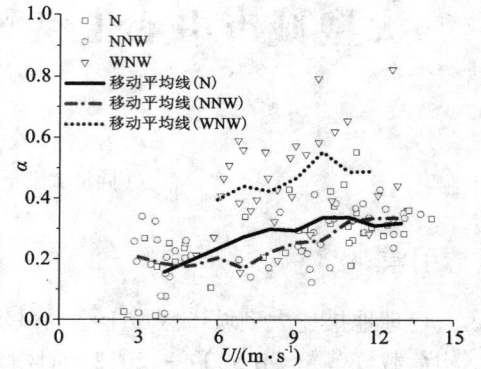

图 3   风剖面指数平均移动线

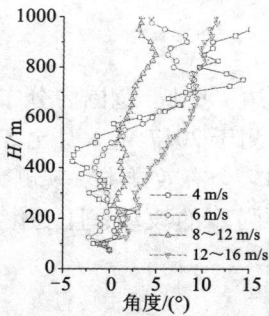

图 4   平均风向剖面

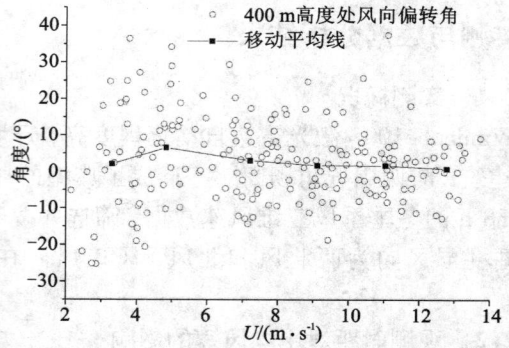

图 5   400 m 高度处风向偏转角

表 1   不同风速下的风剖面指数拟合值

参数		值				
$U/(\mathrm{m \cdot s^{-1}})$		2~4	4~6	6~8	8~10	10~12
α	N	0.12	0.09	0.25	0.30	0.32
	NNW	0.12	—	0.19	0.23	0.32
	WNW	—	0.36	0.39	0.48	0.51

3   结论

实测短时距最大平均风速与 1 h 平均风速比值随时距的增加呈减小趋势,多次观测的平均值与理论结果吻合较好;地面粗糙度指数总体上随来流风速的增大而增大,且存在大于规范值的情况;风速较大时风向剖面具有很强的连续性,风向偏转角随风速增大逐渐趋于定值。

参考文献

[1] 张正维,杜平,Andrew Allsop. 高层建筑抗风设计中存在的问题与对策探析[J]. 建筑结构,2018,48(18):8-14.

[2] Durst C S. Wind speeds over short periods of time[J]. The Meteorological Magazine,1960,89:181-186.

[3] ISO:FDIS 4354,Wind Actions on Structures[S]. 2009.

[4] N J Cook. The designer's guide to wind loading of building structures(Part 1)[M]. London:Butterworths,1985.

基于多尺度耦合的城市小区风环境大涡模拟研究[*]

沈炼[1,2]，韩艳[3]，华旭刚[1]，蔡春声[4]，韦成龙[2]

（1. 湖南大学土木工程学院 长沙 410082；2. 长沙学院土木工程学院 长沙 410022；

3. 长沙理工大学土木工程学院 长沙 410076；4. 美国路易斯安娜州立大学土木与环境工程系 70803）

1 引言

在城市地区，人行高度风环境的优劣关乎小区居民生活品质的好坏，而目前随着城市建筑高度与密度的不断增加，城市小区内部风环境愈加复杂，由高耸建筑物排列不当引发的风环境问题屡见不鲜[1]。但目前对其研究的深度与广度还远远不够，特别是利用数值模拟对实际居民小区风环境的研究还非常缺乏，其主要原因是入口边界条件的给定问题还没有完全解决[2]。

2 数值模型和理论方法

2.1 中尺度模式 WRF

WRF 模式是美国国家大气研究中心（NCAR）、国家环境预报中心（NCEP）及多个大学、研究机构共同研发的新一代中尺度数值模式系统，是一个统一的"共用体模式"。WRF 模式设计理念先进，采用 Fortran 90 语言进行编写，它的特点是灵活、可扩展、易维护和使用计算机平台广泛。WRF 模式由于可以模拟中尺度大气的风场、温度场、湿度场和压力场，近年来得到了广泛应用。其主要包含两个动力框架，分别为 WRF – ARW 模式和 WRF – NMM 模式，本文将用 ARW 模式来获取 CFD 模式的侧向入口边界。

2.2 大涡模拟

LES 是一种发展非常迅速的湍流模型，最早由大气科学家 Deardoff 将其运用在工程领域，其思想是通过滤波函数把每个变量分解成可解尺度 $\bar{\varphi}$ 和不可解尺度 φ' 两部分。

3 基于多尺度耦合的城市小区风环境入口边界条件研究

3.1 WRF 计算域选取与参数设置

最外层网格水平距离为 2025 km，最内层网格水平距离为 50 km。垂直方向设置 50 层，其中 1 km 以下布置 13 层，第一层网格高度为 25 m，初始场选用 2015 年 10 月 25 日 12：00 时的 NCEP1° ×1°再分析资料，积分时间采用 24 h 制，边界条件每 6 h 更新一次，每 15 min 输出一次模拟结果。在分析诊断时不考虑云和降水过程的影响，地形资料采用 NCEP 提供的全球 30 s 地形数据及 MODIS 下垫面分类资料。

3.2 基于多尺度耦合的边界条件精细化分析

为使高度在 25 m 处的风速与实际情况保持一致，本文在近地面（0 ~ 25 m）人为地增加 4 排数据，地面数据为 0 m/s，以 WRF 提供的风速为参考风速。基于上述对数律风场分布规律进行插值，分别得到 0 m、5 m、10 m 和 18 m 四个高度处的风速，从而考虑 25 m 内的风速分布。将换算的插值点风速与 WRF 所模拟的风速进行整合，然后利用多项式拟合的方法可得到 CFD 的入口边界，其示意图如图 1 所示。

3.3 计算结果

长沙夏季受亚热带季风气候影响，吹东南风；冬季受西伯利亚寒流影响，吹西北风，对其进行计算得到的速度云图分别如图 2 和图 3 所示。

* 基金项目：国家自然科学基金项目（51808059，51741802）

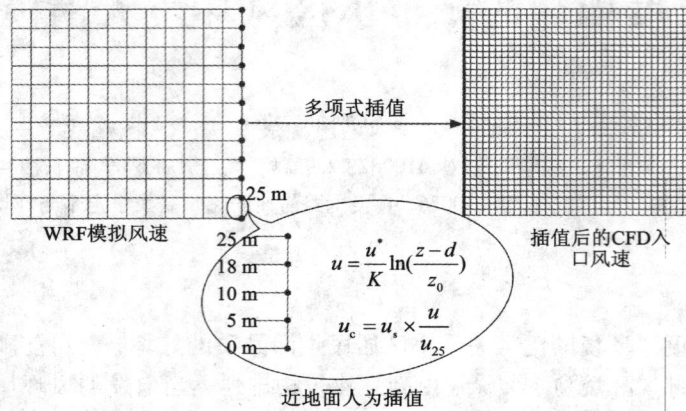

$$u = \frac{u^*}{K}\ln\left(\frac{z-d}{z_0}\right)$$

$$u_c = u_s \times \frac{u}{u_{25}}$$

图 1 网格插值示意图

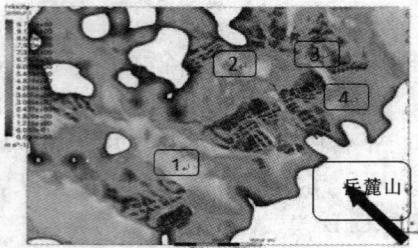

图 2 夏季风作用下小区水平方向速度云图

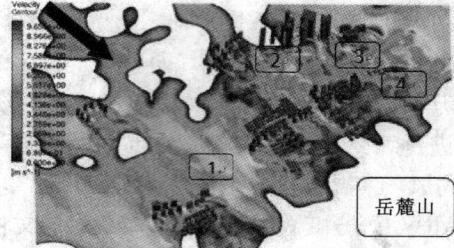

图 3 冬季风作用下小区水平方向速度云图

4 结论

（1）基于 WRF – CFD 多尺度耦合技术，得到了与实际情况一致的入口边界条件，并通过现场实测数据，验证了所提方法的正确性。

（2）通过对小区人行高度风环境进行全方位分析，发现该小区不同区域的风场受局部地物与地貌的影响较大，在建筑群的背风侧一般风速较低，迎风侧风速较大。

参考文献

［1］王宇婧.北京城市人行高度风环境 CFD 模拟的适用条件研究［D］.北京：清华大学，2012.

［2］Han Yan, Shen Lian, Xu Guoji, et al. Multiscale simulation of wind field on a long – span bridge site in mountainous area［J］. Journal of Wind Engineering & Industrial Aerodynamics, 2018, 177：260 – 274.

基于小波变换的实测台风演变谱估计*

王浩，徐梓栋，陶天友

（东南大学混凝土及预应力混凝土结构教育部重点实验室 南京 211189）

1 引言

台风多发区大跨度桥梁安装的结构健康监测系统（structural health monitoring system，SHMS）为台风期间结构响应及风环境研究提供了有效平台[1]。实测研究表明，台风期间风速表现出明显非平稳特征，其功率谱密度存在时变性，有必要针对非平稳台风开展演变功率谱（evolutionary power spectral density，EPSD）估计研究[2]。本文针对苏通大桥 SHMS 实测台风数据，基于小波变换（wavelet transform，WT）开展了台风非平稳脉动风速 EPSD 估计。估计过程采用了 Morlet 小波、复 Morlet 小波、广义谐和小波（generalized harmonic wavelet，GHW）及滤波谐和小波（filtered harmonic wavelet，FHW）作为小波基函数，并将台风脉动风速 EPSD 估计结果进行对比。结果表明，基于复 Morlet 小波及 FHW 可增强 EPSD 估计结果的时域平滑性。实测非平稳脉动风速 EPSD 具有明显时变特征，EPSD 时域均值谱与 Pwelch 方法计算所得功率谱较为吻合，表明了计算结果的可靠性。

2 实测台风非平稳脉动风速 EPSD 估计

2.1 基于 WT 的 EPSD 估计

对任意非平稳随机过程 $f(t)$，EPSD 可由下式估计[3]：

$$S(\omega, b) = \sum_{j=1}^{m} c_j(b) \left| \varphi(\omega a_j) \right|^2 \tag{1}$$

式中，a_j 和 b 分别为小波的尺度因子和平移系数，权系数 $c_j(b)$ 可由下式求得：

$$\sum_{j=1}^{m} \left[\int_{-\infty}^{+\infty} \left| \varphi(\omega a_i) \right|^2 \left| \varphi(\omega a_j) \right|^2 d\omega \right] c_j(b) = E\left[\left| W(a_j, b) \right| \right], \quad i = 1, 2, \cdots, m \tag{2}$$

式中，$W(a_j, b)$ 为非平稳随机过程在尺度 a_j 和时间 b 处的 WT，$\varphi(\omega)$ 为所选小波基。

2.2 基于 SHMS 的实测台风非平稳脉动风

本文以苏通大桥为工程背景，选择该桥主梁跨中风速仪所记录 2018 年台风"Rumbia"8 月 17 日 15∶00—16∶00 时段为典型实测风速数据开展分析，数据长度为 3600，如图 1（a）所示，采用 db10 小波剔除时变平均风速所得脉动风速时程如图 1（b）所示。

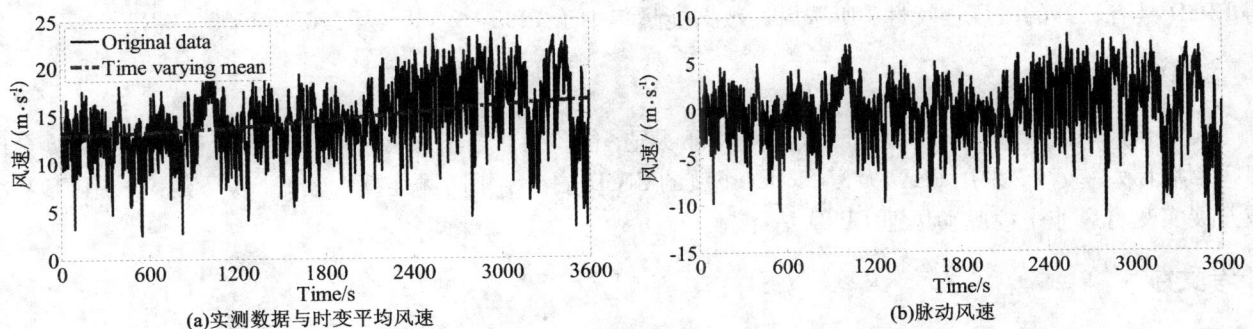

(a)实测数据与时变平均风速   (b)脉动风速

图 1　实测台风数据

* 基金项目：国家自然科学基金优秀青年基金（51722804）；江苏省重点研发计划（BE2018120）

2.3　脉动风速 EPSD 估计

基于 Morlet 小波、复 Morlet 小波、GHW 和 FHW 分别估计所选脉动风速 EPSD，结果见图 2。

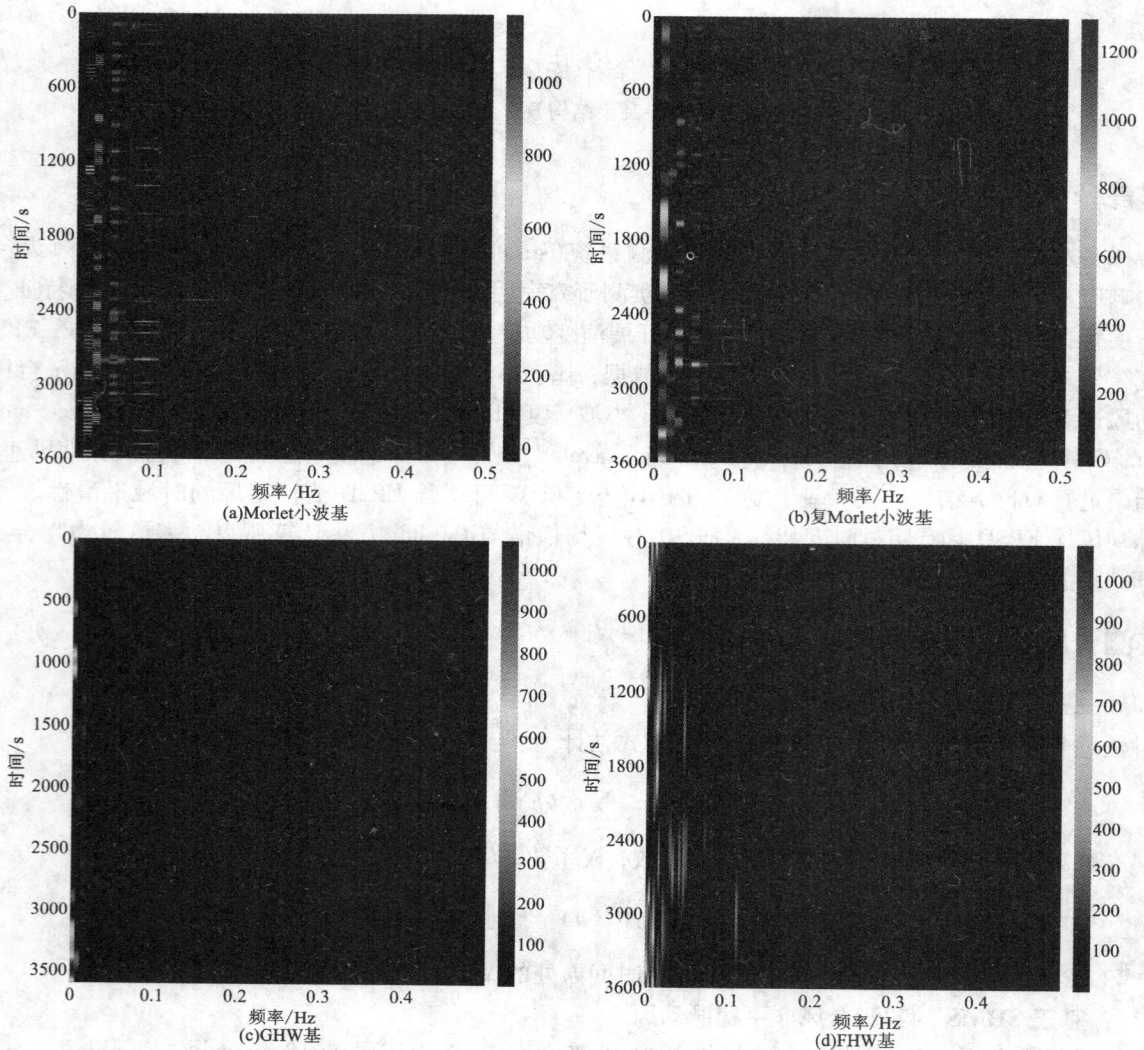

图 2　实测台风 EPSD

由图 2 可知，实测台风脉动风速 EPSD 具有明显的时变特征，且采用复 Morlet 小波与 FHW 为基估计所得 EPSD 具有较好的时域连续性，所选风速数据能量集中于 1200 ~ 2400 s 及 3000 ~ 3600 s 时段。

3　结论

实测台风"Rumbia"脉动风速 EPSD 时变特征明显，能量集中于低频区。基于滤波谐和小波的实测台风 EPSD 估计效率较高，采用 FHW 及复 Morlet 小波的 EPSD 估计结果时频连续性较好，实际建议采用 FHW 小波开展实测台风非平稳脉动风速 EPSD 估计。

参考文献

［1］Wang H, Li A Q, Niu J, et al. Long – term monitoring of wind characteristics at Sutong Bridge site［J］. Journal of Wind Engineering and Industrial Aerodynamics, 2013, 115: 39 – 47.

［2］Tao T Y, Wang H, Wu T. Comparative study of the wind characteristics of a strong wind event based on stationary and nonstationary models［J］. Journal of Structural Engineering, 2016, 143(5): 04016230.

［3］Wang H, Xu Z D, Wu T, et al. Evolutionary power spectral density of recorded typhoons at Sutong Bridge using harmonic wavelets ［J］. Journal of Wind Engineering and Industrial Aerodynamics, 2018, 177: 197 – 212.

来流湍流度和积分尺度对二维陡峭山体风场影响的主动风洞试验研究*

王通[1]，于淼[2]，赵林[2]，曹曙阳[2]，葛耀君[2]

（1. 上海师范大学建筑工程学院 上海 201418；2. 同济大学土木工程防灾国家重点实验室 上海 200092）

1　引言

全面了解山区复杂地形的风场特性对山区风敏感结构的抗风设计和风能资源的开发利用都具有重要的现实意义。山区地形的风场特性因受到地形坡度、地表粗糙度等诸多因素的共同影响而表现出强烈的复杂性，这使得各国在制定抗风设计规范时都无法将复杂的山区地形归类于抗风规范所定义的任何一类地貌，通常建议对复杂的山区地形采取风洞试验或现场实测等特殊手段，单独考虑其风场特性[1-3]。山区复杂地形的风场特性严重依赖于上游来流条件，故在被动风洞试验中就有必要模拟目标区域上游大范围的地形起伏，但受到模型缩尺比的限制，难以同时模拟地表细节，从而影响试验精度。主动风洞可有效克服这一困难，它依靠变频调速风扇阵列，通过调整输入的脉动风谱可生成满足指定风谱特性的来流湍流，从而减少甚至完全避免模拟上游大范围的地形起伏[4]。

相对于其他影响因素，人们对来流湍流作用于复杂地形风场的研究极少，其主要原因是来流湍流模拟技术发展缓慢，难以生成满足指定要求的湍流来流。而作为流场的入口条件，来流湍流对其下游目标区域流场的发展演化影响显著：曹曙阳等[5]通过风洞试验结合数值模拟研究了由地表粗糙度产生的湍流对二维山体绕流的影响，发现上游粗糙度可有效提高山顶附近的增速比；Wang 等[6]通过直接数值模拟定性地研究了来流湍流对二维山体风场的影响，发现来流湍流可有效增大山顶附近的增速比，减小山后回流区长度并显著提高尾流区的湍流强度。现有研究多针对来流湍流度这一个因素进行分析，不考虑积分尺度等其他来流因素的共同作用。本文将借助主动控制风洞，针对一个二维陡峭山体，定量地研究来流湍流度和积分尺度对山体绕流的共同影响。

2　试验设置

本文借助同济大学主动控制风洞 TJ6（图 1）开展试验研究，该风洞由 12×10 的风扇阵列驱动，洞体高 1.80 m、宽 1.50 m、长 10.00 m。二维山体形状采用函数 $y = H\cos^2(\pi x/2L)$ 的正弦曲线，其中山体高度 $H = 0.08$ m，顺流向山体跨度 $2L = 0.40$ m，最大坡度约 32°。山顶距风洞前端 5.00 m，阻塞率约 4.5%，模型布置如图 2 所示。模型中央沿顺流向水平等间距布置有 31 个测压孔，接通扫描阀以测量山体表面风压，并采用眼镜蛇探头采集流场风速。模拟 A 类地貌下的来流湍流，缩尺比为 1:600，来流离地面高度 H 处的平均风速保持 5 m/s 不变，该处的湍流度 σ_{uH} 依次取值 6%、9% 和 12%，在每个湍流度下该处的湍流积分尺度 L_{uxH} 依次取值 0.5 m、1.0 m 和 2.0 m，共计 9 个工况。图 3 对比了 $\sigma_{uH} = 6\%$、$L_{uxH} = 1.0$ m 时的目标风场与模拟风场特性，其中功率谱为上游来流 H 高度处速度 u 的功率谱，平均风、湍流度和积分尺度的模拟结果与目标值很接近，总体上模拟效果较理想。

3　部分结果及分析

图 4 所示为不同积分尺度 L_{ux} 下来流湍流度 σ_u 对山顶近地面平均风剖面的影响，可明显看出 σ_u 对山顶近平均风速的影响程度与 L_{ux} 的相关性很大，L_{ux} 越小，σ_u 的影响越大；另外，σ_u 对平均风的影响范围基本局限在离地面 $0.5H$ 高度以下，$0.5H$ 以上平均风受湍流度的影响规律不明显。山体表面风压有类似结论（图 5）。

* 基金项目：国家自然科学基金项目（51508333）

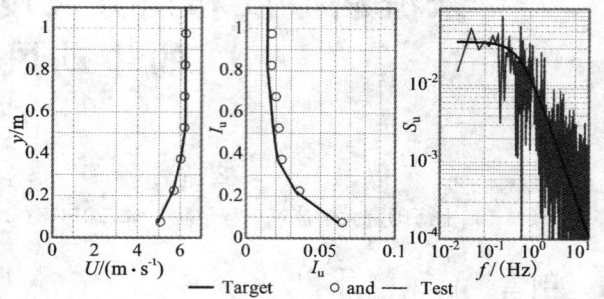

图1　同济大学TJ6风洞　　　　　图2　模型布置　　　　　图3　模拟风场特性

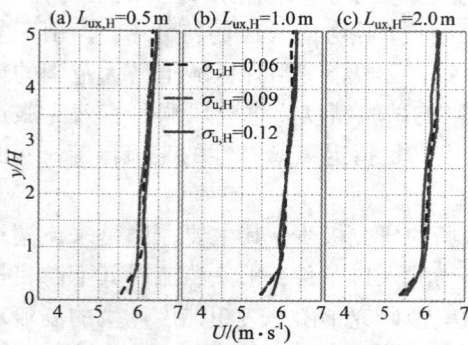

图4　山顶近地面平均风剖面　　　　　　　　　图5　山体表面风压

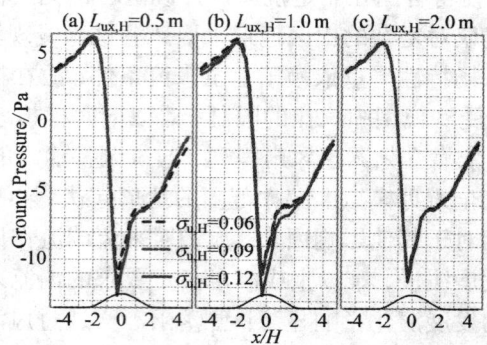

4　结论

本文通过主动控制风洞定量地研究了来流湍流度 σ_u 和积分尺度 L_{ux} 对陡峭二维山体风场的影响，发现：σ_u 对山体绕流的影响程度与 L_{ux} 密切相关，当 L_{ux} 小于或接近模型特征尺度时，来流湍流度可显著提高山顶周围近地面增速比和地表风压，当 L_{ux} 远大于模型特征尺度时，来流湍流度的影响很小；σ_u 对平均风速的影响基本局限在离地面0.5倍的山体高度以下。

参考文献

［1］建筑结构荷载规范：GB 50009—2012［S］.

［2］Architectural Institute of Japan. AIJ recommendations for loads on buildings［S］. Japan, 2004.

［3］ASCE 7－10, Minimum design loads for buildings and other structures［R］.

［4］Cao S, Nishi A, Kikugawa H, Matsuda Y. Reproduction of wind velocity in a multiple fan wind tunnel［J］. Journal of Wind Engineering and Industrial Aerodynamics, 2002, 90：1719－1729.

［5］Cao S, Tamura T. Experimental study on roughness effects on turbulent boundary layer flow over a two－dimensional steep hill［J］. Journal of Wind Engineering and Industrial Aerodynamics, 2006, 94(1)：1－19.

［6］Wang T, Cao S, Ge Y. Effects of inflow turbulence and slope on turbulent boundary layers over two－dimensional hills［J］. Wind and Structures, 2014, 19(2)：219－232.

风洞试验评估都市建筑环境风场之行人风[*]

萧葆羲[1]，林立[2]，林浚弘[1]，王诗铭[1]，陈佑姗[1]，王哲瑜[1]，林信汉[1]

(1. 台湾海洋大学河海工程系大气环境风洞实验室 基隆 20224；

2. 厦门理工学院土木工程与建筑学院 厦门 361024)

1 引言

由于高层建筑物兴建后对于建筑物四周环境风场，尤其是行人风(pedestrian wind，一般系指在高度为 1.5~2.0 m 处的风速)将会改变，而影响行人行走的舒适性与安全性。环境风场常见以数值模拟[1,2]，但在都市地区复杂边界状况，使用风洞模拟量测获得环境风场[3]也为必要的方式。本文建立风洞模型试验结合统计概率分析评估方法，用以预测评估高层建筑环境风场行人风特性。以台湾新北市新庄区副都心内规划兴建住宅式小区为例，其内包含大楼二幢(高度分别为为 102.6 m 与 111.6 m)，针对新建大楼四周环境风场的行人风场进行风洞模拟试验评估及分析，以了解开发行为对建筑物四周邻近行人风环境所造成的冲击程度与影响结果，可作为环境影响评估与开发业者规划设计参考。从而降低因基地建筑物开发对于行人风环境不利影响，便于创造合宜舒适性以及安全的行人风环境。

2 风洞试验与评估方法

依据流体力学之相似性法则(similitude law)理论，模拟都市地况的中性大气紊流边界层(turbulent boundary layer)，本研究采用 1/400 缩尺比例设计主建筑物模型及四周建筑物模型。图 1(a)与(b)分别为主建筑物大楼群与四周建筑物模型照片。本文研究使用的地表面风速计[图 1(c)]，系参考 Irwin[4]的论文并配合本文实验条件设计量测地表面环境风场的行人风。

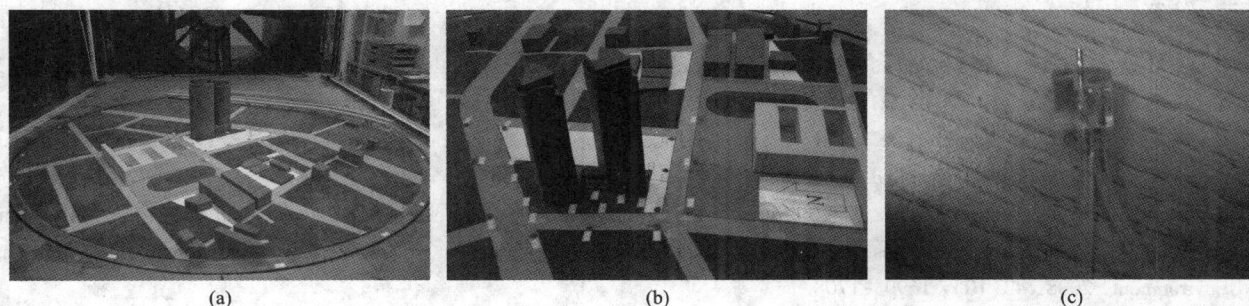

(a)　　　　　　　　　　(b)　　　　　　　　　　(c)

图 1 主建筑物大楼群(照片中两幢红色大楼建筑物)与四周建筑物风洞模型照片以及地表面风速计

风洞试验模拟预测得各测点位置的行人风，量测结果并配合基地邻近气象记录的风向、风速数据来计算强风发生概率，用以判断各测点风速受建筑物影响的程度。若各风向的风速发生概率分布近似伟布函数(Weibull probability distribution)，则可依下式计算风向为 i 时，风速之概率累积分布函数。

$$P_i(\text{wind speed} \leq U) = 1 - \exp[-(U/c_i)^{k_i}] \tag{1}$$

其中 k_i 为伟布概率函数之形状因子参数，c_i 为伟布概率函数之尺度参数，i 代表 1 至 16 的风向(例如 NNE，NE，E，ENE，…)。因此风速 $U \leq$ 的总发生概率为：

$$P(\text{wind speed} \leq U) = \sum_{i=1}^{16} w_i\{1 - \exp[-(U/c_i)^{k_i}]\} \tag{2}$$

行人风的舒适性等级与安全性评估分析，主要依据加拿大 RWDI 顾问公司(Rowan Williams Davies &

* 基金项目：技术顾问研究委托项目(201109 – 01)

Irwin Inc.）[5] 的行人风准则。行人风的舒适性评估标准，系将行人风的舒适性就不同行动情况的状态类别区分成以下四种：（1）坐着（sitting）。（2）站着（standing）。（3）走路（strolling or walking）。（4）不舒适（uncomfortable）。行人风的安全性评估标准：若阵风风速超过 24.4 m/s 的发生概率大于 3 次/年，则会影响到行人的安全。即在此状况下的行人风，其安全性需要考虑。

3　结果分析与讨论

主要考虑雷诺数相似性（Reynolds number similarity）试验，在大气环境风洞进行模拟都市地况的中性大气紊流边界层流（turbulent boundary layer flow），试验的平均风速剖面（mean velocity profile）及紊流强度剖面（turbulence intensity profile））与理论公式及实场资料吻合。

各个测点在各种风向（16 个风向）情况下，以边界层外自由流速（free stream velocity）将量测的行人风平均风速以及阵风风速量纲一化，并以风花图型式呈现（参见全文）。结果显示两栋主建筑物大楼的部分角隅处，由于角隅效应（corner effect），使得在某些风向会出现平均风速稍微偏大的状况。对于角隅区域，某些风向有时候出现稍偏大的阵风风速状况，该等区域可配合植栽种植树木，除绿化美观外，亦将有效减低阵风的风速，使行人风环境风场舒适性提高，更适合较长时间的停留。另外，依据加拿大 RWDI 顾问公司建议的行人风的舒适安全性评估标准，将风洞试验的风速结合气象测站风速风向资料以统计概率分析计算结果，本文研究的大楼兴建后，对于四周的行人风场环境影响的舒适性及安全性基本上皆属合格。

4　结论

本文发展建立风洞模型试验结合气象风速风向资料概率统计分析，应用于预测并评估都市地区高层大楼周围环境风场行人风。文中以实际案例模拟进行试验，结果提供预测评估该高层大楼兴建后对建筑物四周邻近行人风环境所造成的冲击程度与影响。本文发展建立的方法可有效且客观应用于评估高层建筑环境风场行人风，可作为政府相关机构环境影响评估的审查与高层建筑开发业者规划设计者的参考，深具工程应用价值。

参考文献

[1] Letzel M O, Helmke C, Ng E, et al. LES case study on pedestrian level ventilation in two neighbourhoods in Hong Kong[J]. Meteorologische Zeitschrift, 2012, 21(6): 575 – 589.

[2] Ikegaya N, Ikeda Y, Hagishima A, et al. A prediction model for wind speed ratios at pedestrian level with simplified urban canopies[J]. Theoretical and Applied Climatology, 2017, 127(3): 655 – 665.

[3] Kubota T, Miura M, Tominaga Y, et al. Wind tunnel tests on the relationship between building density and pedestrian – level wind velocity: Development of guidelines for realizing acceptable wind environment in residential neighborhoods[J]. Building Environment, 2008, 43(10): 1699 – 1708.

[4] Irwin H P A H. A simple omnidirectional sensor for wind tunnel studies of pedestrian – level wind[J]. Journal of Wind Engineering and Industrial Aerodynamics, 1981, 7: 219 – 239.

[5] Rowan Williams Davies & Irwin Inc., http://www.rwdi.com

复杂地形之风场与污染扩散风洞试验[*]

萧葆義[1]，蔡秉直[1]，林立[2]
(1. 台湾海洋大学河海工程系大气环境风洞实验室 基隆 20224；
2. 厦门理工学院土木工程与建筑学院 厦门 361024)

1 引言

火力发电厂为目前世界各国电力的主要来源之一，可能由于不当操作意外造成废气由烟囱排放至邻近的大气中，引起空气污染的问题。目前有许多数值扩散模式[1-3]，可供参考，基本上均以高斯扩散模式且为单点排放源为基础，该模式基本上是假设平坦地形的边界条件。本文研究新北市深澳电厂，其位置濒临台湾东北海岸，且周遭环境区域地形起伏复杂，高低落差可达百余米。在此地形条件下，气流通过时其流况变得相当复杂，与一般空气污染扩散模式常用的高斯扩散模式的假定周遭为平坦地形条件，多有所出入。此外深澳电厂为双支烟囱排放源，因此贸然直接应用上述的数值扩散模式模拟，其结果将必然会产生严重之误差。由于基隆市与新北市深澳电厂相邻，因此本文发展风洞实验模拟技术及分析探讨复杂地形对于风场与烟囱污染排放扩散的影响效应，获得结果除可供基隆市环境风场与空气质量评估及了解地形变化效应，同时也确认风洞实验应用于复杂地形风场与扩散为有效工具。

2 研究方法

本研究应用风洞试验模拟新北市深澳电厂双支烟囱废气排放后，其周围复杂地形对废气排放之烟流浓度扩散的变化。即选定适当的几何缩尺比例(1/2000)，将电厂区四周环境地形与地物等，依所选择的几何比例缩尺，制作为模型，置于环境风洞试验段的实验转盘上。再依流体力学相似性法则(similitude law)，考虑动力缩尺，且考虑雷诺数(Reynolds number)与福禄数(Froude number)为主控参数，并尝试用各种方式模拟出中性大气紊流边界层(turbulent boundary layer)，作为模拟最佳起始条件的迫近流场。依据基隆气象测站长年的风向数据分析，选取盛行风向以及其他两种影响人口较密集区域的风向，共计三种风向，进行风洞试验模拟烟囱废气排放扩散的变化。同时也配合使用高分辨率与动态反应快速的热线流速仪(hot wire anemometry)，进行迫近流场包括平均风速、与紊流强度(turbulence intensity)等的剖面。排放源将采用甲烷(CH_4)混合标准空气作为追踪气体(tracer gas)，该追踪气体略轻于周遭空气，因此进行排放后将形成浮升羽升流(buoyant plume)。浓度量测方法则使用采样管排抽取追踪气体样品。随后利用火焰离子侦测器(Flame ionization Detector, FID)分析收集采样之每一气袋(air bag)的样品，逐一获得每一采样位置点的浓度，汇整分析每一不同位置点的浓度数据，而求得浓度场。试验模拟考虑实场比例缩尺后之模型尺寸及仿真废气出口速度的合理度，将采用动力尺度l_m(momentum length scale)作为主要因素，进行模拟试验。

$$\frac{l_m}{H} = \frac{1}{2}\left[\frac{\rho_s W_s^2}{\rho_a U^2}\right]^{\frac{1}{2}}\left[\frac{D}{H}\right] \tag{1}$$

式中：H为烟囱高度；W_s为烟囱排气之垂直流速；U为气流流经烟囱之横向速度；D为烟囱直径；ρ_a为环境空气密度；ρ_s为烟气密度；g为重力加速度。浓度扩散变化实验结果趋势接近理论公式值。

3 试验结果

迫近流场风速剖面符合对数律理论公式。图1所示为吹东风时，沿烟囱排放源下游之平均风速剖面[图1(a)]，以及紊流强度剖面[图1(b)]，近地面气流因后方地形的阻挡作用，产生气流下沉的回流(reverse flow)现象，此结果趋势与相关文献研究符合。其他风向结果参见全文。

吹东风时的等值无因次浓度(dimensionless concentration)分布如图2所示。在东风作用下所排放的废

* 基金项目：基隆市政府环境保护局项目(950216-03)

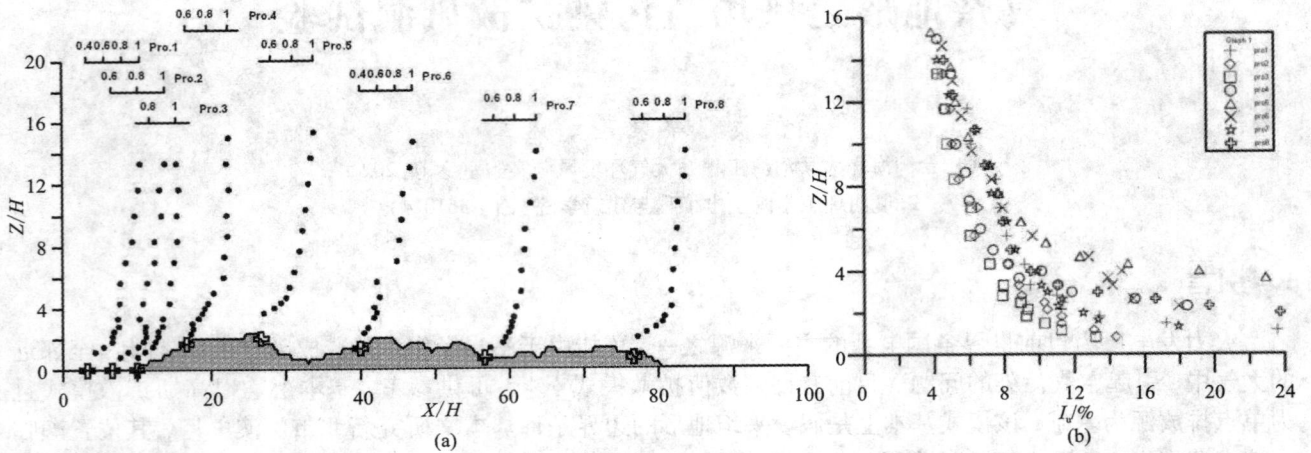

图1   东风之沿排放源下游之平均风速剖面，以及紊流强度剖面

气，在近域处因受到电厂后方地势较高的阻挡作用，导致近地面气流无法翻越形成下沉（downwash）的现象，阻隔排放的废气，且因气流的回流现象，该处产生污染浓度累积现象，趋势与理论现象符合。其他风向结果参见全文。

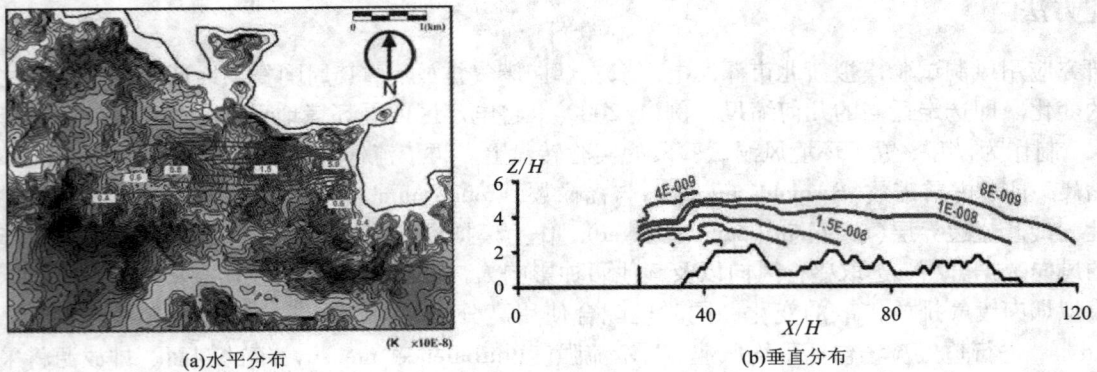

(a)水平分布　　　　　　　　　　(b)垂直分布

图2   东风之等值无因次浓度图（左图为水平分布，右图为垂直向分布）

4   结论

应用流体力学相似性理论在风洞进行复杂地形风环境与烟囱污染排放扩散模拟，实验结果除可提供风环境与空气质量评估，也确认风洞实验为复杂地形风场与扩散研究之有效工具。

参考文献

[1] Yang Y, Shao Y. Numerical simulation of flow and pollutant dispersion in urban atmospheric boundary layers[J]. Environmental Modelling & Software, 2008, 23: 906 – 921.

[2] Kikkert G. Buoyant jets with three – dimensional trajectories[J]. Journal of Hydraulic Research, 2010, 49(3): 292 – 301.

[3] Grant E R, Ross A N, Gardiner B A. Modelling canopy flows over complex terrain[J]. Boundary – Layer Meteorology, 2016, 161: 417 – 437.

展向不均匀粗糙地面对边界层湍流特性的影响[*]

杨渐志[1,2]，朱小伟[3]，William Anderson[3]

（1. 中国空气动力研究与发展中心 空气动力学国家重点实验室 绵阳 621000；
2. 合肥工业大学 土木与水利工程学院 合肥 230009；2. University of Texas at Dallas，Richardson，TX 75080）

1 引言

由于湍流作用，结构将承受随时间和空间变化而产生波动的脉动风荷载，因此，在结构抗风性能分析中，大气边界层湍流特性的相关研究十分重要[1]。地表如植被、城市建筑等粗糙地面对大气边界层湍流特性产生影响[2]。近年来，展向不均匀粗糙地面对湍流边界层特性的影响引起人们的关注。研究发现，湍流边界层结构受表面粗糙的影响，时均流动沿展向呈现大尺度的高、低动量区，并伴随较强的二次流结构[3-6]。目前，对二次流结构的物理认识还不充分。此外，展向不均匀粗糙地面对湍流边界层湍流强度、结构尺度等特性的研究还不足。因此，本文采用大涡模拟方法，对展向不均匀地面湍流边界层流动开展数值模拟研究，分析地面展向不均匀粗糙地面对边界层湍流特性的影响。

2 计算模型

2.1 几何模型

对展向不均匀粗糙地面湍流边界层流动进行数值模拟，粗糙地面是通过在展向不同位置布置离散粗糙元来实现，单个粗糙元几何形状为截断的金字塔形，粗糙元在流向方向连续布置，如图 1 所示。考虑八组不同展向间距（$S_y/\delta = 0.1$、0.32、0.46、0.64、1.0、$\pi/2$、2.0 和 π）的粗糙地面。此外，模拟一组不含粗糙元的均匀粗糙地面作为参照基准。计算区域沿流向（x）、展向（y）、垂直方向（z）三个方向分别为（0，$\pi\delta$）、（0，$\pi\delta$）和（0，δ）。

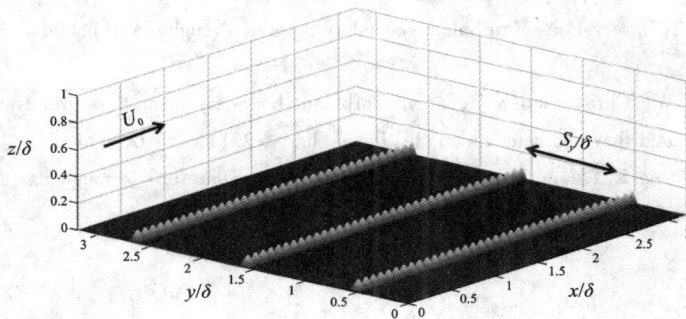

图 1 展向不同间距粗糙表面示意图

3 结果与分析

3.1 对湍流强度的影响

分析粗糙展向间距对边界层湍流强度的影响。图 2 给出了不同粗糙表面湍流边界层 yOz 面上湍流强度的等值线图。

3.2 对湍流尺度的影响

通过预乘谱分析粗糙展向间距对边界层湍流尺度的影响。研究发现随着粗糙展向间距的增加，预乘谱

* 基金项目：空气动力学国家重点实验室开放基金资助（PA2018GKSK0046）；中央高校基本科研业务费专项资金资助（JZ2018HGBZ0106）

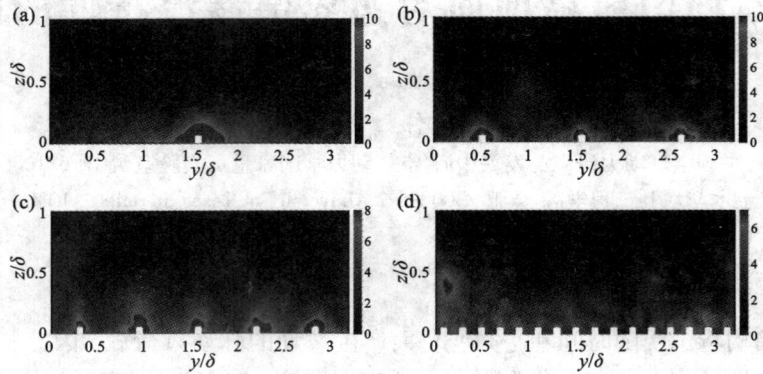

图2　不同展向间距粗糙地面边界层流动横截面上湍流强度的等直线云图

(a)$S_y/\delta = \pi$, (b)$S_y/\delta = 1.0$, (c)$S_y/\delta = 0.64$, (d)$S_y/\delta = 0.2$

峰向小波长偏移，而且对于 $S_y/\delta = \pi$ 时预乘谱强度大小在粗糙高度附近非常大且沿垂直方向快速衰减。

4　结论

采用大涡模拟方法，对不同展向间距的粗糙地面湍流边界层流动开展数值模拟研究。研究表明，粗糙展向间距 S_y/δ 可作为问题变量对边界层湍流特性和湍流结构产生重要影响，当 $S_y/\delta \geqslant 1$ 时，地面粗糙影响可延伸至湍流边界层外区。

参考文献

[1] 曾加东. 矩形高层建筑脉动风荷载空间相关性及结构风振响应研究[D]. 成都：西南交通大学，2017：34.

[2] 朱伟亮，杨庆山. 湍流边界层中低矮建筑绕流大涡模拟[J]. 建筑结构学报，2010，31(10)：41-47.

[3] Mejia – Alvarez R, Barros J M, Christensen K T. Structural attributes of turbulent flow over a complex topography. In：Coherent flow structures at the earth's surface[M]. New Jersey：Wiley – Blackwell, 2013：25-42.

[4] Barros J M, Christensen K T. Observations of turbulent secondary flows in a rough – wall boundary layer[J]. J. Fluid Mech, 2014, 748：R1.

[5] Willingham, D, Anderson W, Christensen K T, et al. Turbulent boundary layer flow over transverse aerodynamic roughness transitions：induced mixing and flow characterization[J]. Phys. Fluids, 2014, 26：025111.

[6] Mejia – Alvarez R, Christensen K T. Low – order representations of irregular surface roughness and their impact on a turbulent boundarylayer[J]. Phys. Fluids, 2010, 22：015106.

某复杂山地地形风场的风洞实验与数值模拟研究*

杨立国，严亚林，李宏海

（中国建筑科学研究院 北京 100013）

1 引言

当风流经过一些地形复杂的地区例如山地、山丘等时，近地面的大气层中流动的风特性如风压、风速轮廓线及湍流结构将会发生显著变化，并且局部风速风向会发生剧烈的变化，与平坦地区风速风压的分布相比出现了明显差异，复杂地形上流场的预测在高效评估风能和结构安全等工程应用中起着非常重要作用[1]。

本文以张家口崇礼地区某待建滑雪场为工程背景，该滑雪场位于典型的山区峡谷地带，地表起伏剧烈，不满足各向同性的风场条件，需要对当地地形条件下风速场分布进行详细的分析研究，从而为优化缆车线路提供依据。本项研究通过风洞实验及数值模拟手段，分别获得了该复杂山地地形上的风场信息，并将实验结果与数值模拟结果进行了对比，两种研究手段获得的结果符合较好。

2 风洞实验研究

风洞实验在中国建筑科学研究院建筑安全与环境国家重点实验室的大气边界层风洞内进行。本项目地形缩尺比例选定为1:4000，模拟了直径为14 km范围内的地形，其中完全覆盖了项目所在区域以及对该项目影响较大的山坡。

根据当地地形条件，实验采用B类地貌。参考张家口地区1984—2013年30年间日最大风速风向统计数据，选取其中风频最大的4个风向（这4个风向风频之和约为75%），即N、ESE、NW、NNW风向，作为本工程试验工况。按照图1所示选择测点平面位置，测点位置包含了缆车线路的最高点及最低点，共24个测点。本次实验采用TFI系列眼镜蛇探头进行测量。

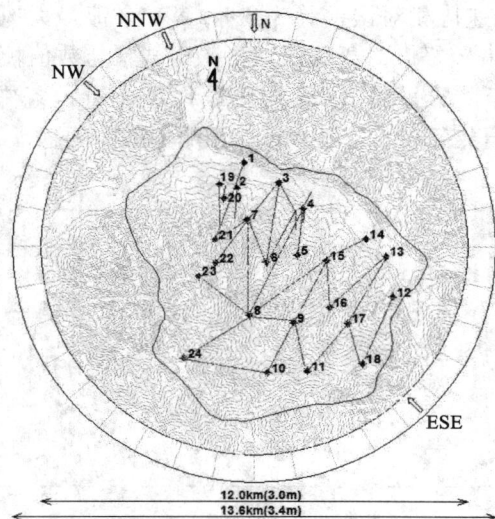

图1 山地等高线及测点位置

图2 风洞实验模型

为了描述方便，将每一来流风向角下的风速测量结果通过来流10 m高度处风速换算成量纲一的风速

---

* 基金项目："十三五"研发计划课题（2017YFC0803302）

比 R。从实验结果来看,测点的平均风速比总体表现为:标高较高的位置风速比较高,标高较低的位置风速比较小。从各个风向来看:对于 N 向来流,18 号测点风速比最大,达到 2.61;对 NNW、NW 向来流,16 号测点风速最大,分别达到 2.31、2.55;对 ESE 来流,8 号测点风速比最大,达到 2.42。

3　数值模拟研究

根据甲方提供的地形等高线图纸,建立了 CFD 数值模拟模型。选取其中风频最大的 8 个风向(这 8 个风向风频之和超过 92%),即 N、NNE、ESE、SE、WSW、WNW、NW、NNW 风向,作为本工程风环境数值模拟的计算工况,获得风速场数据。图 3 和图 4 给出了 NNW 风向下和 N 风向下距地面 10 m 高度处风速比云图。

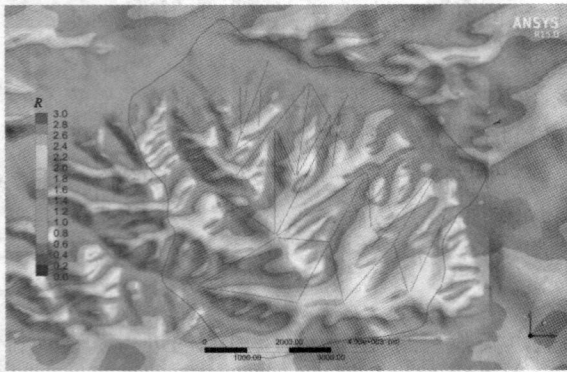

图 3　风速比云图(风向 NNW)

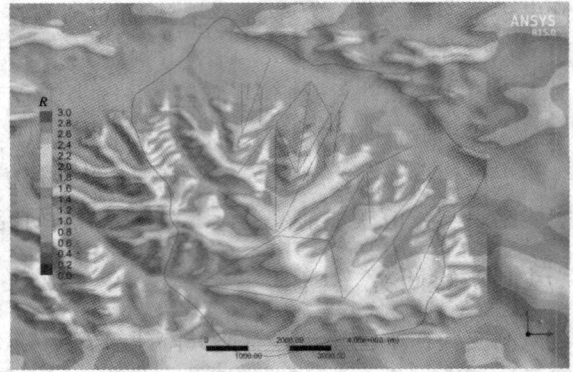

图 4　风速比云图(风向 N)

4　风洞实验与数值模拟结果对比

图 5 给出了不同来流对应的风速比 R 实验值与数值分析结果的对比。从不同标高风速比来看,实验结果与分析结果的分布规律一致。从风速比数值来看,对于不同风向的峰值,实验值与分析值结果接近,其中 N 向来流最大风速比相对误差约为 8%;NNW 来流最大风速比相对误差约为 3%;NW 来流最大风速比相对误差约为 4%。数值模拟结果与风洞实验测试结果符合得较好。对于低风速区域,试验与数值模拟差别较大,数值模拟结果明显大于风洞实验结果,原因是由于试验采用 cobra 探头量程风速量程范围 2～100 m/s,风速精度通常在 ±0.5 m/s,在低风速区域风速较小会存在测量误差较大和测不准的问题。

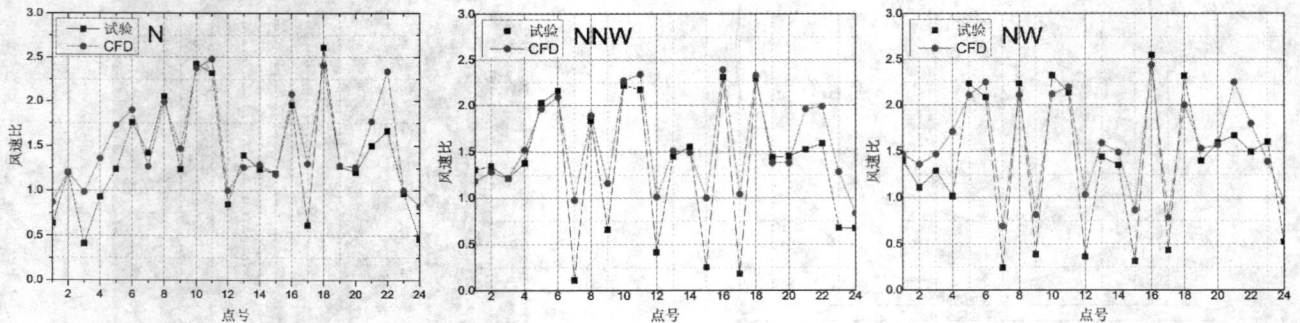

图 5　不同风向下各测点风速比 R 与数值分析结果对比

参考文献

[1] Atsushi Yamaguchi, TakeshiIshihara, YozoFujino. Experimental study of the wind flow in a coastal region of Japan[J]. Journal of Wind Engineering and Industrial Aerodynamics,2003, 91: 247 –264.

台风下某特定地形风场结构特征实测研究[*]

张传雄[1]，王艳茹[1]，李正农[2]，黄张琦[3]，史文海[4]，王澈泉[2]

（1. 温州大学瓯江学院 温州 325035；2. 湖南大学建筑安全与节能教育部重点实验室 长沙 410082；
3. 浙江大学物理学系 杭州 310000；4. 温州大学建筑工程学院 温州 325035）

1 引言

中国具有绵长的海岸线，是世界上遭受台风灾害最为严重的国家，沿海地区由于台风及其次生灾害造成的人员、财产损失都居各种自然灾害首位。因此，对于台风的抗灾减灾分析一直是备受重视的科学问题，而台风风场是其中的重点领域，尤其在风廓线方面，很多学者已进行了相当的观测试验研究。但由于台风影响的复杂性及环境的多样性，在台风风廓线实测方面，仍需要更进一步的实验研究，为高层建筑抗风设计提供更准确的模型参考。

2 应用的理论、公式、规范

本文主要应用对数律、指数律和 D－H 风剖面三种风廓线模型及统计学的 F 检验方法。

3 风廓线、风场特性分析

3.1 平均风速的特性及比较

根据位于浙江温州实验点的声雷达实测风廓线研究样本，在不同时距对其进行了总结分析（图 1）。由图 1 可见，台风影响的登陆期和稳定期，其风场特性中的水平平均速度随台风影响时间的变化而变化，在较短时距、中时距、较长时距，具较为相似的规律，随高度增加而增加，随平均时距的增大而减小，而且时距越大，三维曲面越是圆滑，平均风速变化愈加平缓。

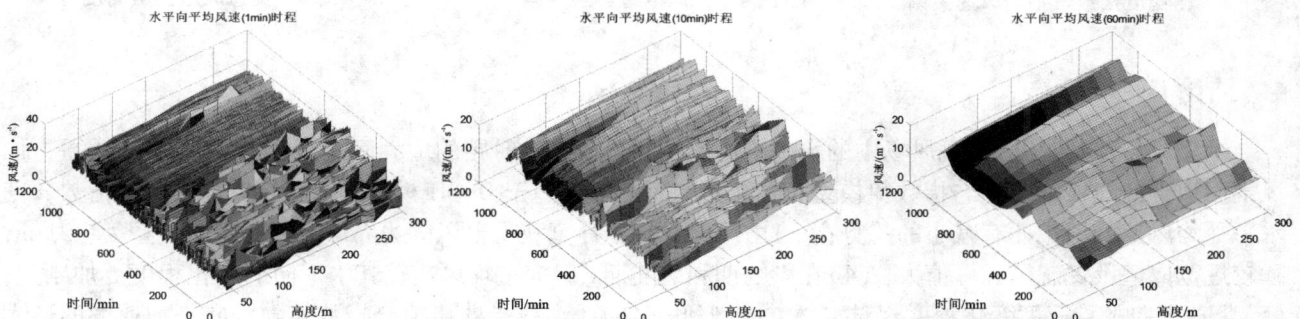

图 1　实测台风的不同时距下风速时程

3.2 风剖面拟合曲线系数分析

可以推断，随着台风靠近实测点，其影响加剧，水平风剖面曲线轮廓将逐渐变陡；指数模型和 D－H 模型分别适用于台风显著影响及较小影响的不同作用阶段（图 2）。应用指数律拟合的指数值与平均风速之间的关系，由图 3 可以得出，随着水平平均风速 V 的增大，指数律拟合的指数 a 逐渐减小。

3.3 边界层高度

根据边界层高度计算式，获得了台风及常态风影响边界层高度的数学期望分别为 1421 m、510 m，分别见图 4 和图 5。上述结果产生的原因可能是登陆前和登陆后阶段试验点只是受到台风外围的影响，而登陆时受到台风核心风区的影响，边界层高度陡然增大，亦与实验点周边的地貌有关，当然也与规范的取值可

* 基金项目：国家自然科学基金项目（51678455，51478366，51508419）；浙江省自然科学基金项目（LY12E08010）

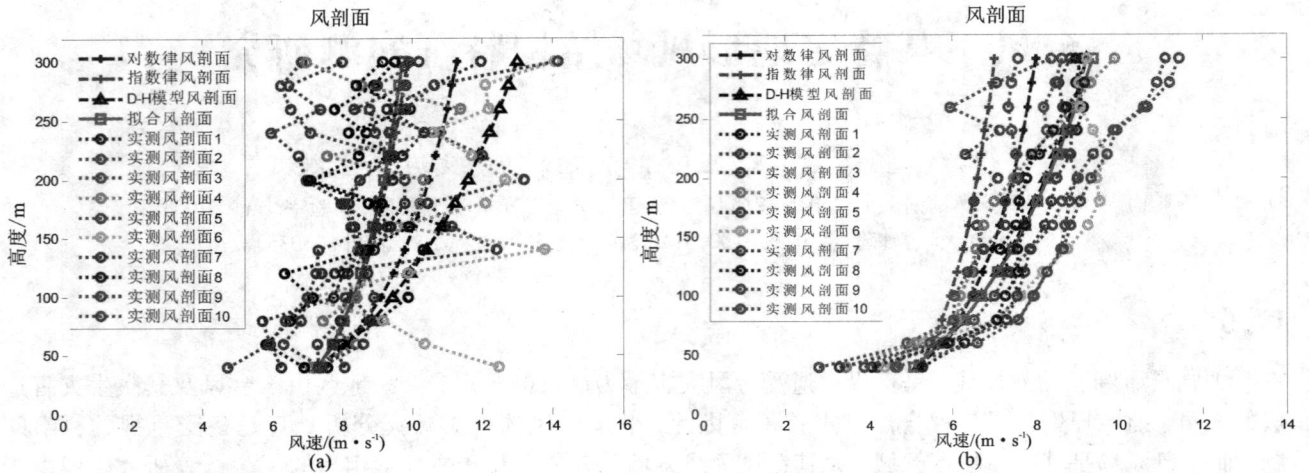

图2　（a）登陆期、（b）稳定期实测风剖面及其拟合

能偏小有关。这个差别将对风场特性的选取、建筑结构表面风压的计算分析产生较大的影响。

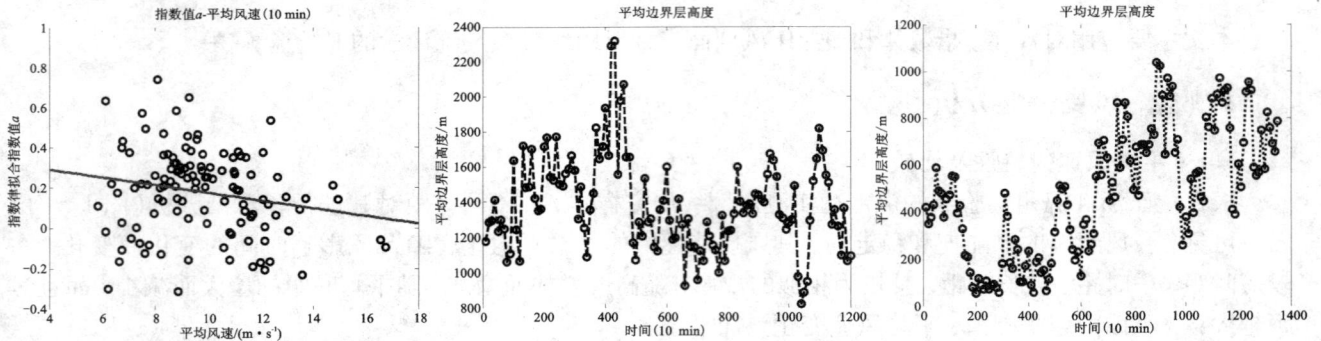

图3　粗糙度指数与平均风速关系　　　图4　台风期边界层高度　　　图5　良态风边界层高度

4　结论

综上分析得到：（1）台风风场中的水平平均速度随台风影响时距的增大而逐渐变得平缓；（2）水平方向风剖面拟合曲线在影响期与指数律模型相当接近，而稳定期趋于 D–H 模型，风剖面拟合粗糙度指数 a 随水平平均风速的增大而有减小的趋势；（3）由风廓线样本计算获得台风的边界层高度的数学期望为1421 m，远较规范取值及良态风计算值大；（4）在影响期和登陆期，竖向平均风速较其水平向的变化程度更加剧烈；（5）竖直方向平均速度变化程度相对水平方向剧烈，竖向风廓线指数律拟合指数 a 随竖向平均速度的增大有增加的趋势。

参考文献

［1］Kikumotoa H, Ookaa R, Sugawarab H, et al. Observational study of power – law approximation of wind profiles within an urban boundary layer for various wind conditions［J］. Journal of Wind Engineering and Industrial Aerodynamics, 2017, 164：13 – 21.

［2］Drew D R, Barlow J F, Lane S E. Observations of wind speed profiles over Greater London, U K, using a Doppler lidar［J］. Journal of Wind Engineering & Industrial Aerodynamics, 2013, 121：98 – 105.

［3］李秋胜，戴益民，李正农，等.强台风"黑格比"登陆过程中近地风场特性［J］.建筑结构学报，2010，31（4）：54 – 61.

［4］李利孝，肖仪清，宋丽莉，等.基于风观测塔和风廓线雷达实测的强台风黑格比风剖面研究［J］.工程力学，2012，29（9）：284 – 293.

［5］方平治，赵兵科，鲁小琴，等.台风影响下福州地区的风廓线特征［J］.自然灾害学报，2013，22（2）：091 – 98.

［6］赵小平，朱晶晶，樊晶，等.强台风海鸥登陆期间近地层风特性分析［J］.气象，2016，42（4）：415 – 423.

基于风场实测的千米高度风剖面特性研究[*]

郑朝荣[1,2]，刘昭[1,2]，武岳[1,2]

（1.哈尔滨工业大学结构工程灾变与控制教育部重点实验室 哈尔滨 150090；
2.哈尔滨工业大学土木工程智能防灾减灾工业和信息化部重点实验室 哈尔滨 150090）

1 引言

当建筑物高度达到千米量级时，结构抗风设计将起控制作用。然而，我国《建筑结构荷载规范》[1]对梯度风高度（300～550 m）以上的风速剖面没有规定，因而无法满足千米级超高层建筑的抗风设计要求。此外，《建筑结构荷载规范》[1]认为建筑高度范围内风向角不变。然而，随着理论研究和风场实测的不断深入，学者们发现水平风向是随高度变化的，有时还很显著。本文基于我国北方地区边界层风廓线雷达实测所得的千米高度风速资料，提出一套质量控制方案以提高其数据精度；基于参考风速和参考风向对平均风速、风向剖面样本进行分组，并采用凝聚的层次聚类方法将平均风速剖面分为 I 型和 R 型；最后分别对平均风速、风向剖面进行拟合，建立了其数学模型，并分析了千米高度平均风速、风向剖面特性。

2 实测资料的质量控制

Liu 等[2]采用边界层风廓线仪（BLP）对大连地区的千米高度风场进行实测，并自行设计了一套质量控制方案（见图1），从而对原始数据中的坏点予以剔除。图2给出了质量控制前与质量控制后的风廓线雷达数据与探空雷达对比结果，由结果可知，质量控制后的风廓线雷达数据的精度得到了极大改善，可用于后续研究。

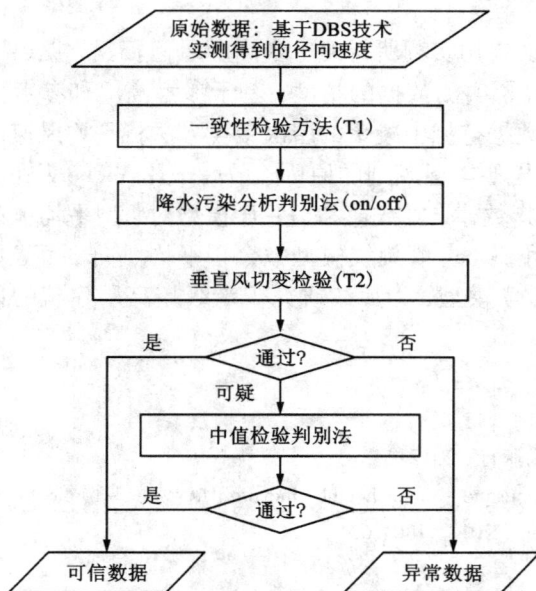

图1 质量控制方案

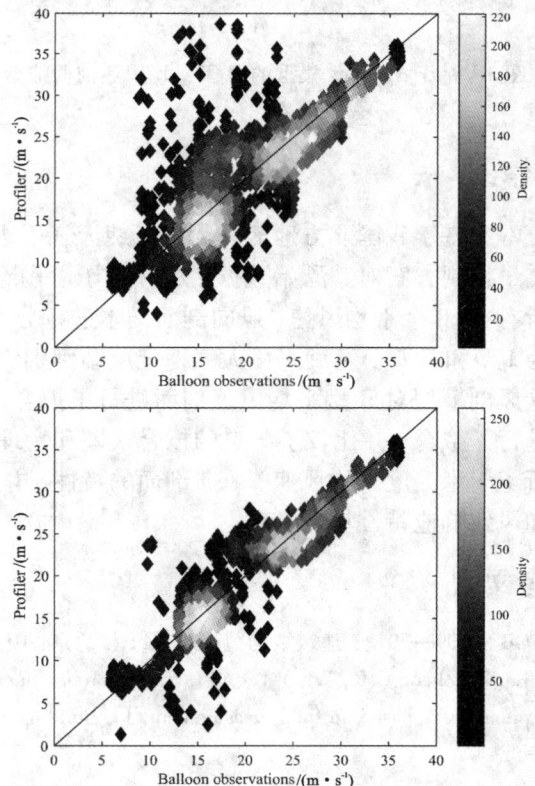

图2 数据质量控制前/后与探空雷达的对比

* 基金项目：国家自然科学基金项目（51578186）

3　千米高度风剖面特性及建模

3.1　R 型平均风速剖面

对于 R 型平均风速剖面，采用 Vickery 经验风剖模型对其进行拟合，图 3 给出了拟合结果与实测结果的对比，由图 3 可知，回归得到的风速剖面能够很好地反映实测值的变化规律，且拟合曲线能够穿过绝大多数测点位置处的 95% 置信区间。

3.2　I 型平均风速剖面

对于 I 型风剖，通过比较发现，当采用对数律进行拟合时，所得到的拟合曲线在底部偏离较大；当采用 D－H 模型时，其拟合得到的气动参数不能正确反映地面粗糙程度；而当采用指数律时，所得到的拟合残差最小，拟合结果最好，如图 4 所示。

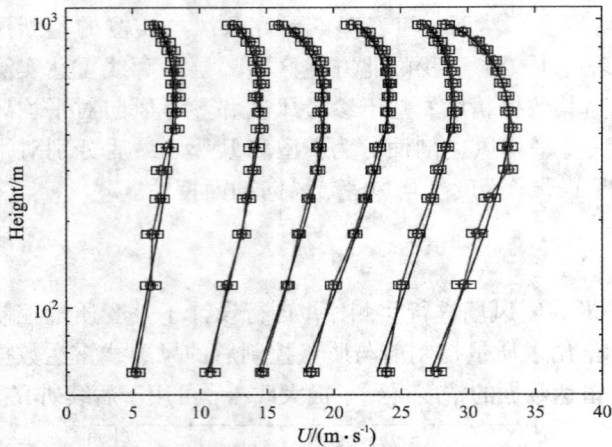

图 3　基于 Vickery 模型的 R 型平均风速剖面拟合　　　　图 4　3 种平均风速剖面模型的拟合残差

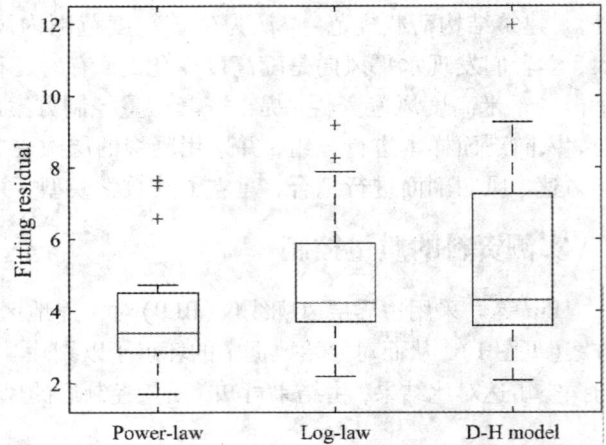

4　结论

本文基于我国北方地区非热带气旋天气下边界层风廓线雷达实测所得的千米高度风速资料，提出了一套质量控制方案对其原始数据中的坏点予以剔除，从而提高了实测数据的精度；基于参考高度和参考风向对所有 4768 个平均风速、风向剖面样本进行分类，并采用数据挖掘中凝聚的层次聚类方法将平均风速剖面分为 I 型和 R 型，之后采用大气稳定层结判别方法分析了出现 R 型风剖的原因；最后采用 Vickery 提出的经验风剖模型对 R 型平均风速剖面进行了拟合，分别采用指数律、对数律和 D－H 模型对 I 型平均风速剖面进行了拟合，并比较了各自的拟合误差和物理意义，采用 Ekman 螺旋线模型拟合了平均风向剖面，从而分析了千米高度平均风速、风向剖面的特性，并建立了其数学模型，为后续研究千米级超高层建筑的风荷载和风致响应特性奠定基础。

参考文献

[1] GB 50009—2012，建筑结构荷载规范[S].北京：中国建筑工业出版社，2012.
[2] Liu Z, Zheng C R, Wu Y, et al. Investigation on characteristics of thousand－meter height wind profiles at non－tropical cyclone prone areas based on field measurement[J]. Building and Environment, 2018, 130：62－73.

三、钝体空气动力学

次临界雷诺数下控制小圆柱体对尾迹湍流特性的干扰效应[*]

包艳[1,2]，闫亭[2]

（1. 上海交通大学船舶海洋与建筑工程学院土木工程系 上海 200240；
2. 上海交通大学水动力学教育部重点实验室 上海 200240）

1 引言

由于和飞机、潜水艇、汽车、高层建筑等许多实际工程应用或自然现象相关，钝体绕流成为一个被学者专家广泛研究的科学问题。圆柱体作为典型钝体，对于流体力学的研究具有重要意义。当流体流动经过圆柱体，因流动分离和旋涡脱落而使圆柱体承受周期性流体动力作用。这种动力作用可能诱发圆柱体大幅度振动而减损其性能和寿命。与此相反，对海流能或潮流能的利用，通过激发流体流动引起的结构振动可获取其周围海流能或潮流能。Lourenco 和 Shih[1]最早开展了次临界雷诺数（$Re = 3900$）下的单个圆柱绕流实验并对流场一二阶统计量进行了定量分析，Kravchenko 和 Moin[2]，Parnaudeau[3]等受其影响，采用大涡模拟对雷诺数为 3900 的单个圆柱绕流进行了数值模拟，得出了比 Lourenco 和 Shih[1]的实验更为准确的结果。已有研究显示[4,5]，在近尾流区适当位置配置小径圆柱体可有效控制主圆柱尾流性态及其发展；但对此问题的现有研究多集中于层流流动范围，这与客观不符。本文研究了次临界雷诺数下在主圆柱后对称放置两个直径为 0.04D（D 为主圆柱直径）的控制小圆珠体的圆柱体绕流，系统性地分析了两个小径圆柱体对主圆柱尾迹湍流特性的干扰效应和影响规律。

2 研究方法

本文采用不可压缩黏性流的纳维－斯托克斯方程，量纲一化后形式如下：

$$\frac{\partial u}{\partial t} = -(u \cdot \nabla)u - \nabla p + \frac{1}{Re}\nabla^2 u$$

$$\nabla u = 0$$

其中 $u \equiv (u, v, w)$ 为速度矢量，t 为时间，p 为统计压强。$Re = U_\infty D/\nu$ 为量纲一化雷诺数，U_∞ 为来流速度，D 为主圆柱直径，ν 为运动黏度。

基于高精度谱单元的直接数值模拟技术，本文采用开源软件 Nektar＋＋求解控制方程，并基于 z 方向周期性边界的假设，对展向进行傅里叶展开。

3 主圆柱体后附加两个小径圆柱体的圆柱绕流

3.1 瞬时流场

通过精细化分析，发现湍流条件下小径圆柱体对主圆柱水动力特性的影响与层流条件下的情形完全不同，小径圆柱体对湍流强度的增强效应十分明显，并显著改变回流区的拓扑结构（见图 1）。

3.2 一阶和二阶湍流统计量

主圆柱与小径圆柱间的喷射流使剪切层湍流的转捩猝发位置向前移动，导致雷诺应力的显著增强和水动力特性的明显改变（见图 2）。

＊ 基金项目：国家自然科学基金项目（51879160，11772193，51679139）

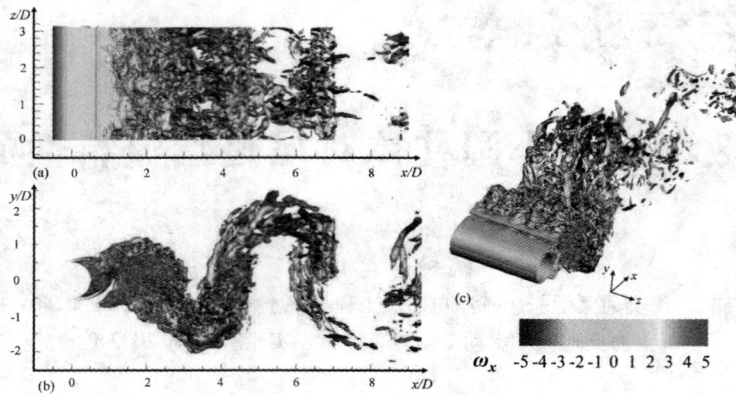

图1　小径圆柱体对主圆柱尾迹湍流特性的干扰效应的可视化结果(二维和三维)

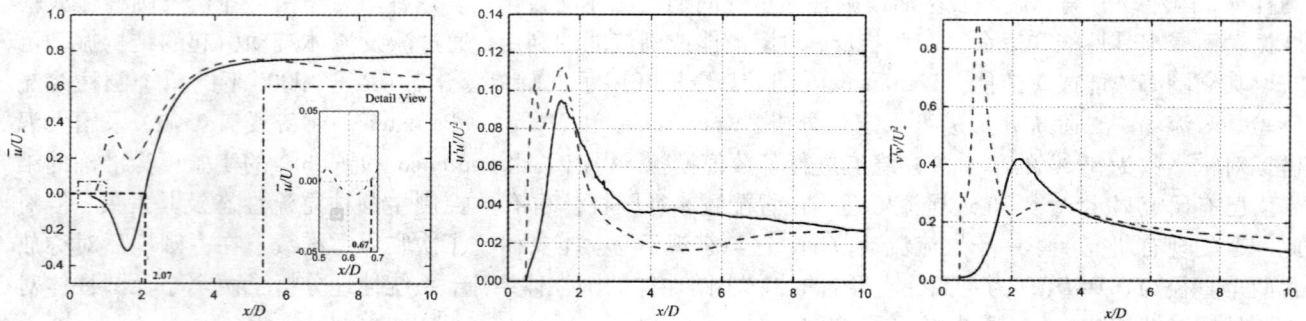

图2　小径圆柱体对主圆柱尾迹湍流特性的干扰效应的量化结果(－无控；—有控)

4　结论

针对亚临界雷诺数条件($Re = 3900$)，本文系统性量化揭示了两个小径圆柱体对主圆柱尾迹湍流特性的复杂干扰效应和影响规律。相比于单个圆柱体绕流，设置两个小径圆柱体显著改变了主圆柱的剪切层动力学特性，回流区长度减少89%。成果揭示了在湍流条件下小径圆柱体对主圆柱尾迹涡动力学特性的干扰效应机理，填补相关领域的空白，对研究钝体绕流的巧妙控制和有效利用具有重要的科学价值和应用意义。

参考文献

[1] L M Lourenco, C Shih. Characteristics of the plane turbulent near wake of a circular cylinder, a particle image velocimetry study [R]. Thermosciences Division, Stanford University, CA, 1994

[2] A G Kravchenko, P Moin. Numerical studies of flow over a circular cylinder at $Re_D = 3900$[J]. Physics of Fluids, 2000, 12(2): 403 – 417.

[3] P Parnaudeau, J Carlier, D Heitz, et al. Experimental and numerical studies of the flow over a circular cylinder at Reynolds number 3900[J]. Physics of Fluids, 2008, 20(8): 085101.

[4] P J Strykowski, K R Sreenivasan. On the formation and suppression of vortex 'shedding' at low Reynolds numbers[J]. Journal of Fluid Mechanics, 1990, 218: 71 – 107.

[5] C H Kuo, L C Chiou, C C Chen. Wake flow pattern modified by small control cylinders at low Reynolds number[J]. Journal of Fluids and Structures, 2007, 23(6): 938 – 956.

结构非定常驰振力精细化模型

陈增顺[1,2]，K T Tse[2]，傅先枝[1]，黄海林[1]，Kenny Kwok[3]

（1. 重庆大学土木工程学院 重庆 400074；2. 香港科技大学工学院 中国香港；3. 悉尼大学 澳大利亚悉尼）

1 引言

驰振是一种大幅度、周期性的自激振动，可导致结构在短时间内失效。学者们通常用准定常理论预测结构的驰振，但准静态理论无法预测低风速驰振（软驰振）和倾斜结构的驰振。这是因为准静态理论没有充分考虑自激力的非定常效应。作者在之前的研究中，采用同步气弹-测压（HAPB）风洞试验提取结构的非定常自激力（USEF），发现 USEF 可以准确预测结构的驰振响应。本文旨在建立非定常自激力模型以预测不同质量-阻尼比结构的驰振响应。为实现这一目标，首先开展了 HAPB 风洞试验，在此基础上识别 USEF，然后建立 USEF 的非线性模型。研究发现，建立的数学模型可以准确预测不同质量-阻尼比结构的驰振响应，解决了准静态理论不能准确预测结构驰振响应的问题。

2 风洞试验

在香港科技大学高风速段进行同步气弹-测压（HAPB）风洞试验。高风速段的尺寸为 3 m（宽）×2 m（高）。模型的尺寸为 50.8 mm（深）×50.8 mm（宽）×915 mm（高），模型顶部平均风速从 2.38 m/s 到 16.68 m/s。模型在风的作用下，在横风向上振动，振动频率 f_s 为 7.8 Hz，阻尼比 ξ_s 为 0.7%，刚度 k_s 为 441.7 N/m，斯克拉顿数为 20.04。采样频率和时间分别为 500 Hz 和 110 s。模型振动时，通过响应同步采样测试模型的非定常压力。两侧面上共布置 72 个测压点，试验装置和测压点的布置如图 1 所示。

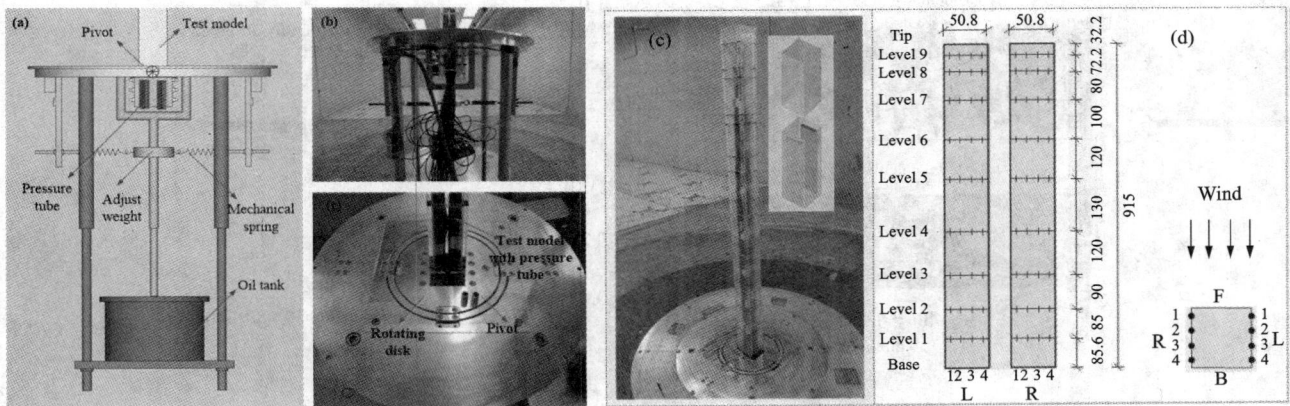

图 1 实验装置及测压孔布置图

试验得到的 USEF 和力谱如图 2 所示。由图 2 可以看到，自激力随着风速的增大而增大，且力谱包含了两个峰值。第一个峰值是由振动引起的，第二个峰值是由漩涡脱落引起的。对于静态模型测到的力，只包含了第二个峰值，振动频率处，没有峰值。这说明刚性模型测到的力不能很好地包含振动的影响（非定常的影响），与实际情况有一定的误差。同时，HAPB 测到的非定常自激力包含了非定常的影响。

3 USEF 非线性模型

通过 HAPB 风洞试验，可以测到结构的非定常压力，沿试验模型高度方向积分，得到作用于结构的 USEF。通过泰勒展开式，将 USEF 表达为：

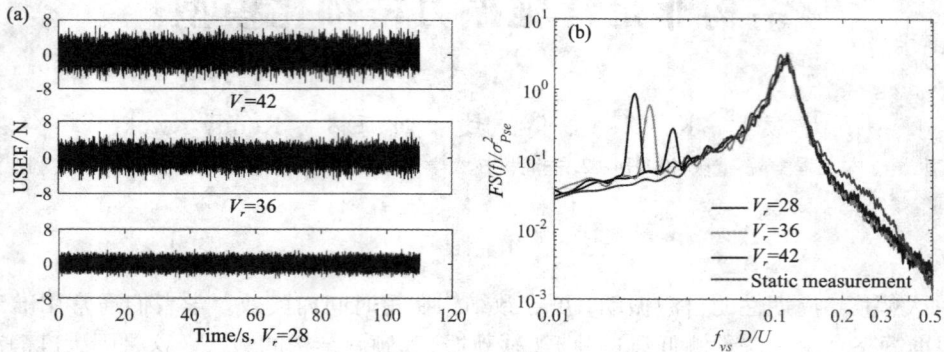

图 2　试验结果

（a）自激力（时域），V_r 代表缩减风速，$V_r = U/f_s D$；（b）自激力（频域），f_{vs} 代表漩涡脱落频率

$$P_{se}(y, \dot{y}) = \sum_{m=1}^{\infty} \sum_{n=1}^{\infty} p_{mn}^* \dot{y}^m y^n = p_{10}^* \dot{y} + p_{01}^* y + p_{11}^* \dot{y} y + p_{20}^* \dot{y}^2 + p_{02}^* y^2 + \cdots + p_{mn}^* \dot{y}^m y^n \tag{1}$$

式（1）包含了无限项，式（1）的阶数取决于高阶力项对振动的贡献。图 2 表明，自激力谱是一阶的，没有高阶项的贡献。通过能量等效原理，剔除对结构不做功的项，或者对结构做功一个周期内为 0 的项，发现只有气动阻尼项和气动刚度项做功，进而式（1）简化为：

$$P_{se}(y, \dot{y}) = \int_0^H 1/2\rho U^2 D\varphi(z)\,\mathrm{d}z \cdot p_1 \frac{\dot{y}}{U} + p_4 y \tag{2}$$

驰振响应的模型预测值与试验值对比如图 3 所示。图 3 表明建立的数学模型可以准确预测结构的驰振响应。

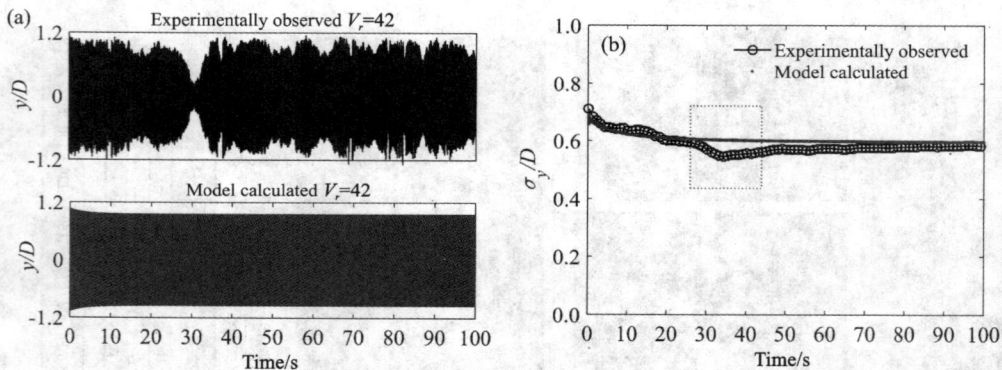

图 3　模型预测值与试验值对比

4　结论

HAPB 可以准确识别结构自激力，识别的自激力中，只有气动阻尼项和气动刚度项对结构做功。建立的自激力的非线性数学模型可以准确预测结构的驰振响应，解决了准静态理论不适用于结构驰振响应预测的问题。

利用机器学习技术预测圆柱表面风压

胡钢，K. C. S. Kwok

（悉尼大学土木工程学院 风水浪研究中心 悉尼 澳大利亚 gang.hu@ sydney. edu. au）

1 引言

自 20 世纪初期起，由于圆柱在基础研究以及工程应用中的重要性，圆柱气动特性已被大量地研究。所采用的研究方法包含风洞实验[1]、现场实测[2]以及计算流体力学模拟[3]。尽管大量的研究已被投入到获取不同尺寸和不同来流条件下圆柱的表面风压分布，耗时且昂贵的风洞实验或计算流体力学模拟依然是测量特定流场下具有特定尺寸的圆柱表面风压不可或缺的手段。幸运的是，过去一个多世纪积累了大量圆柱表面风压的数据集。这些数据集提供了利用机器学习技术建立风压预测模型良好的契机。对于光滑圆柱而言，表面风压和雷诺数，来流风特性以及表面位置密切相关。该研究以雷诺数、湍流强度和表面位置为输入，采用决策树、随机森林以及梯度提升树(GBRT)分别为圆柱表面平均风压和脉动风压建立了机器学习模型。结果表明，梯度提升树算法(GBRT)在该研究中优于决策树和随机森林。同时，训练出的机器学习模型能够准确地预测雷诺数从 $10^4 \sim 10^6$ 和湍流强度从 0% ~15% 条件下圆柱的平均风压和脉动风压。从而相比于昂贵且费时的风洞实验和计算流体力学模拟，该机器学习模型提供了一个高效且经济的圆柱表面风压预测的手段。

2 圆柱表面风压数据集

训练机器学习所采用的数据集如图 1 所示，该数据集从文献中收集，所收集的数据完全来自于风洞实验数据，未包含数值模拟数据。由图 1 可以看出平均风压系数和脉动风压系数大体广泛地分布在雷诺数从 $10^4 \sim 10^6$ 和湍流强度从 0% ~15% 的范围内。

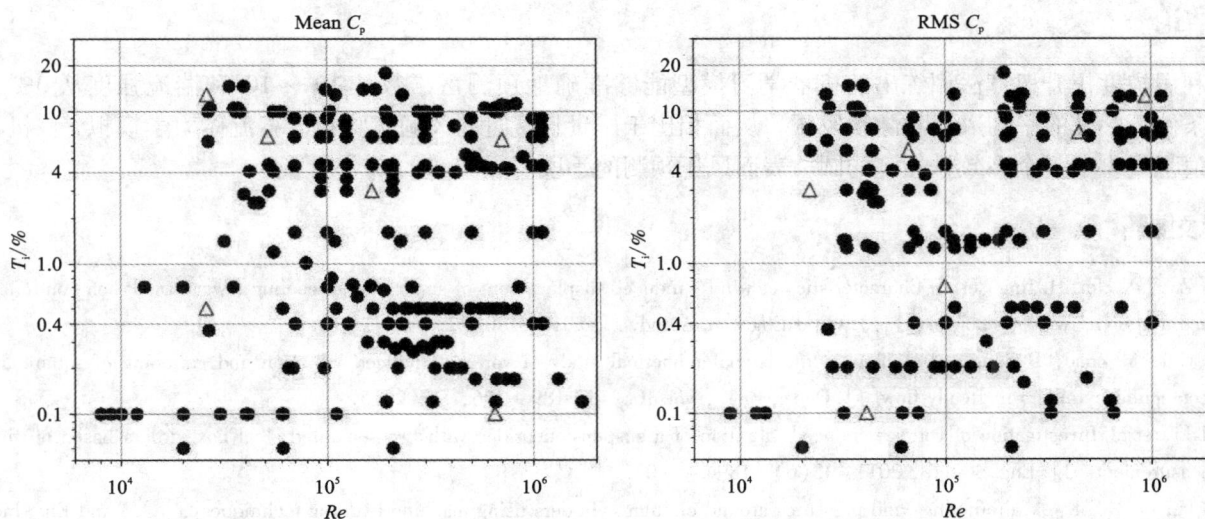

图 1　所采用数据集的平均和脉动表面风压所对应的雷诺数和湍流强度
（三角形为随机抽取的样本，用于最终验证模型）

3 结果和分析

该研究以雷诺数、湍流强度和表面位置为输入，采用决策树，随机森林以及梯度提升树(GBRT)分别为圆柱表面平均风压和脉动风压建立了机器学习模型。采用 10 - 折叠交叉验证方法优化三种机器学习算法的超参数，结果表明梯度提升树算法（GBRT）优于决策树和随机森林。因此最终采用梯度提升树算法为平均风压系数和脉动风压系数训练机器学习预测模型。如图2所示，和风洞实验结果对比表明训练出的机器学习模型具有足够的准确性。由于篇幅限制，脉动风压系数的预测结果未能展示，可参见相关文献[4]。

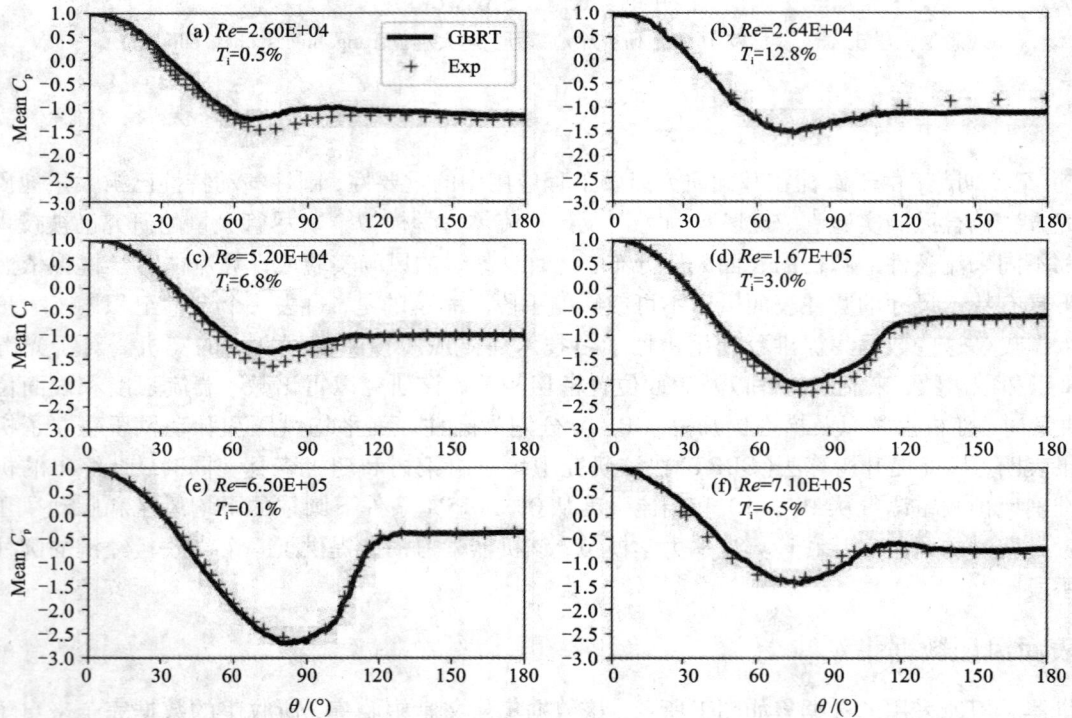

图2　利用梯度提升树（GBRT）建立的机器学习模型预测平均风压和实验值进行对比

4　结论

利用梯度提升树算法训练出的机器学习模型能够准确地预测雷诺数从 $10^4 \sim 10^6$ 和湍流强度从 0% ~ 15% 条件下圆柱的平均风压和脉动风压。从而相比于昂贵且费时的风洞实验和计算流体力学模拟，该机器学习模型提供了一个高效且经济的圆柱表面风压预测的手段。

参考文献

[1] Y Zou, X He, H. Jing, et al. Characteristics of wind – induced displacement of super – large cooling tower based – on continuous medium model wind tunnel test[J]. J. Wind Eng. Ind. Aerodyn. , 2018, 180(22): 201 – 212.

[2] Z Cui, M Zhao, B Teng, et al. Two – dimensional numerical study of vortex – induced vibration and galloping of square and rectangular cylinders in steady flow[J]. Ocean Eng. , vol. 106, pp. 189 – 206, Sep. 2015.

[3] H Li, et al. Investigation of vortex – induced vibration of a suspension bridge with two separated steel box girders based on field measurements[J]. Eng. Struct. , 2011, 33(6): 1894 – 1907.

[4] G Hu, K C S Kwok. Predicting wind pressures around circular cylinders using machine learning techniques[J]. J. Wind Eng. Ind. Aerodyn. , p. Submitted on 21/Aug/2018, 2019.

端板及长细比对圆柱气动力特性的影响[*]

马文勇[1, 2]，黄伯城[2]

（1. 石家庄铁道大学风工程研究中心 石家庄 050043；2. 石家庄铁道大学土木工程学院 石家庄 050043）

1 引言

采用端板减小圆柱端部效应从而近似模拟名义二维圆柱的流动状态是风洞试验中最常用的圆柱气动力测试的技术手段[1]。大量的在低雷诺数下的研究成果也已经证明了端板的效果，并且对端板的影响机理进行了分析[2, 3]。由于试验条件及测试手段的限制，对长细比的研究也有助于研究人员有更自由的选择空间[3]。由于不同雷诺数区，圆柱的绕流状态有明显的差异，因此在将低雷诺数下的研究成果推广至高雷诺数，尤其是与临界雷诺数区时，有很强的不确定性。为了更准确地研究临界雷诺数区圆柱的气动力特性，为干索驰振[4]的试验研究创造条件，本文对亚临界区和临界区端板及长细比对气动力特性的影响进行了试验研究。

2 试验简介

模型采用有机玻璃制作，模型长度 $L = 2$ m，直径 $D = 150$ mm，阻塞率为 7.5%。模型布置 5 圈周向测点，用大写字母 A、B、C、D、E 表示，其距模型中心的距离分别是 570 mm（$3.8D$）、300 mm（$2D$）、0 mm、150 mm（D）、450 mm（$3D$），见图 1（a）。每圈 40 个测点，共 200 个测点。沿模型轴向布置 4 排测点，分别用 W、G、F、H 表示，每排 26 个测点，共 104 个测点，W 排测点正对来流，见图 1（b），图中 θ 为测点的周向角。模型两端安装 4 倍直径的端板，采用移动端板之间的距离来调整模型的长细比 L_e/D，取值分别为 12.73，11，10，9，8，6.8，6.2，5 和 4.2。试验风速为 4.45 ~ 43.68 m/s，对应雷诺数 $Re = 4.3 \times 10^4$ ~ 4.22×10^5。采样频率 330 Hz，采样时长 60 s。

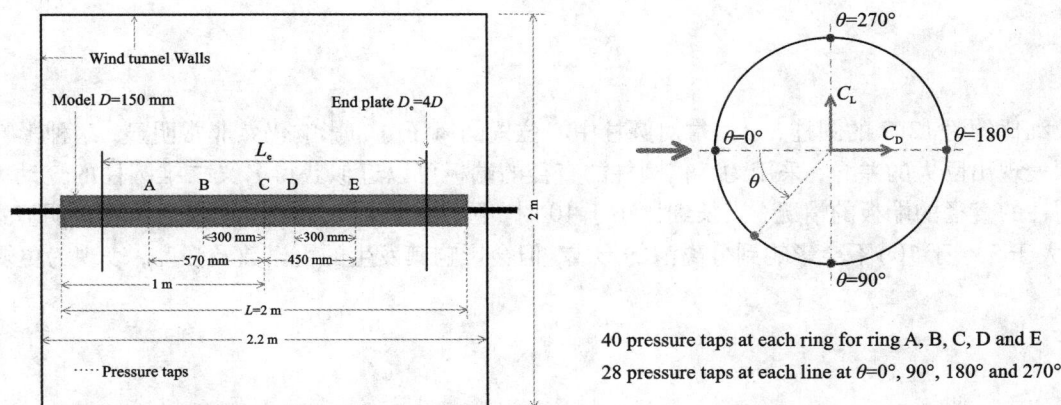

图 1 试验模型及测点布置

3 研究结果

图 2 分别给出了有无端板两种工况下阻力系数 C_D 随雷诺数 Re 的变化规律［见图 2（a）］，不同长细比下阻力系数随雷诺数的变化规律［见图 2（b）］，$L_e/D = 12.73$，8 和 5 三种典型长细比下，平均基准风压系数［图 2（c，d，e）中的空心图例和虚线］和脉动基准风压系数［图（c，d，e）中阴影部分代表的范围］分别在

* 基金项目：河北省自然科学基金项目（E2017210107）

亚临界区[图2(c)]、临界区[图2(d)和(e)]沿圆柱轴向的分布规律。由图2可以看出如下几点规律：
(1)自由端的影响很大，且在亚临界区表现得更明显，采用合适的端板可以获得名义二维圆柱的状态；(2)
不同雷诺数下长细比的影响不同，而且这种影响随着雷诺数的变化并不是连续变化的，需要对不同流动状
态进行单独分析；(3)在雷诺数区域，流动本来就呈现出较强的三维特性，因此端板的影响较小，但是长细
比对三维流动有明显的抑制与减弱作用。

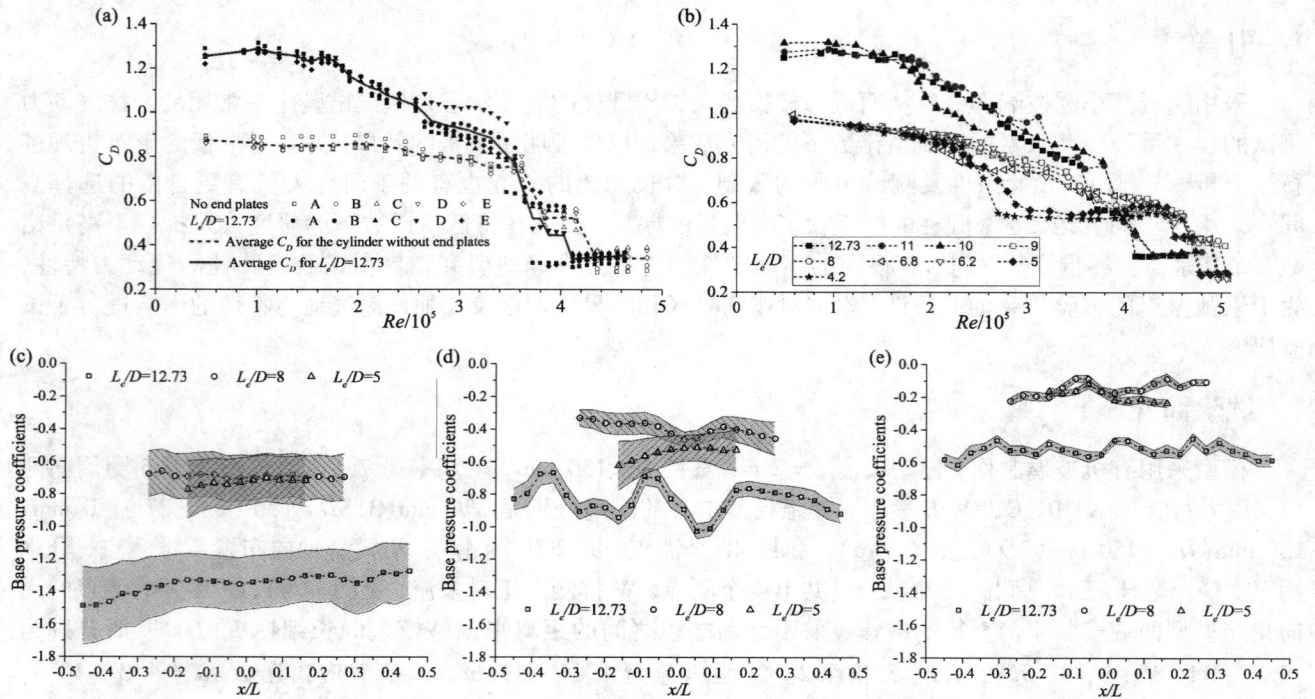

图2　端板及长细比对阻力系数及基准风压系数分布的影响

4　结论

　　对于长细比约为12.7的圆柱，自由端对圆柱中心位置的风压分布影响仍然非常明显，这种影响在不同
雷诺数范围表现出巨大的差异，采用约4倍圆柱的直径的端板可以近似获得名义二维圆柱的气动力；对于
采用4倍圆柱的直径的端板的情况，当长细比小于10时，圆柱表面的气动力与名义二维圆柱明显不同，小
的长细比(大于5小于10)不会影响到分离泡的形成，但会影响其发生的雷诺数及强度，表现为更弱的风压
及气动力。

参考文献

[1] Zdravkovich M M, Flow around circular cylinders(Vol 2: Applications)[M]. New York: Oxford University Press, 1997.

[2] Fox T A, G S West. On the use of end plates with circular cylinders[J]. Experiments in Fluids, 1990, 9: 237 – 239.

[3] Szepessy S, P W Bearman. Aspect ratio and end plates effects on vortex shedding from a circular cylinder[J]. Journal of Fluid Mechanics, 1992, 234: 191 – 217.

[4] Matsumoto M, T Yagi, H Hatsuda, et al. Dry galloping characteristics and its mechanism of inclined/yawed cables[J]. Journal of Wind Engineering and Industrial Aerodynamics, 2010, 98(6 – 7): 317 – 327.

临界雷诺数区圆柱气动力三维特性研究

马文勇，黄伯城，张晓斌

（石家庄铁道大学风工程研究中心 石家庄 050043）

1 引言

圆柱在临界雷诺数区与亚临界气动力特性有较大的差别。在临界雷诺数区，从时间平均上流场沿圆柱不再对称，临界区出现单分离泡，并伴随湍流及再附，形成较大的平均升力，规则的旋涡脱落消失，气动力表现出更强的三维效应[1]。由于干索驰振现象与临界雷诺数区有十分密切的关系，因此这种三维效应可能对干索驰振有重要的影响[2-3]。本文主要研究研究圆柱断面的三维气动力特性及其对干索驰振的影响。

研究采用刚性模型测压以及同步测压测振试验，得到了不同雷诺数下的风压分布，讨论了光滑圆柱在亚临界与临界区沿展向及柱长方向的气动力分布差异，重点讨论了临界雷诺数范围内圆柱沿展向及柱长方向气动力分布的三维特性，并进一步讨论这种气动力分布对干索驰振的影响。

2 试验简介

试验模型材料采用有机玻璃，模型长度 $L=2$ m，直径 $D=150$ mm，阻塞率为 7.5%。模型布置 5 圈周向测点，分别用大写字母 A、B、C、D、E 表示，其距模型中心的距离分别是 570 mm($3.8D$)、300 mm($2D$)、0 mm(0)、150 mm(D)、450 mm($3D$)，见图 1(c)。每圈 40 个测点，共 200 个测点。沿模型轴向布置 4 排测点，分别用 W、G、F、H 表示，每排 26 个测点，共 104 个测点，W 排测点正对来流，见图 1(b)，图中 θ 为测点的周向角。为了有效地减小端部效应的影响，本试验在模型两端安装 4 倍直径的端板。试验风速为 $4.45 \sim 43.68$ m/s，对应雷诺数 $Re=4.3 \times 10^4 \sim 4.22 \times 10^5$。采样频率 330 Hz，采样时长 60 s。

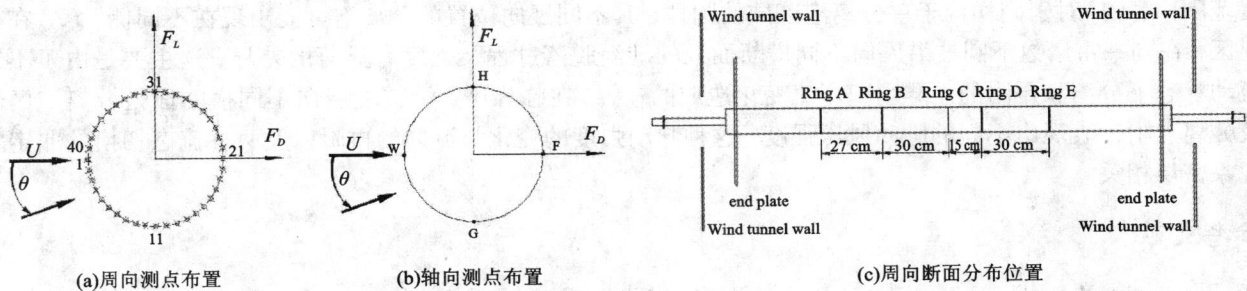

(a)周向测点布置　　　　(b)轴向测点布置　　　　(c)周向断面分布位置

图1 试验模型及测点布置

3 研究结果

在亚临界区，圆柱迎风侧(W)、背风侧(F)以及来流两侧(G、H)的平均风压分布均匀性较好，见图 2(a)。当 $Re=3.30 \times 10^5$ 时，来流两侧(G、H)沿柱长方向平均风压系数有显著的差异，圆柱在 Ring A、B、C 三个横断面处一侧形成单分离泡，进入 TrBL1 流域，见图 2(b)，这与 $Re=3.39 \times 10^5$[见图 2(c)]时圆柱沿柱长方向平均风压分布特性也不相同，说明圆柱在临界雷诺数范围内不同横断面处的流动特性具有较强的三维性，在临界区圆柱发生流动分离、再附及转捩差异强烈地依赖雷诺数，在 $Re=3.75 \times 10^5$ 时，圆柱迎风侧(W)、背风侧(F)以及来流两侧(G、H)的平均风压分布均匀性较好，见图 2(d)，与亚临界区不同的是：来流两侧的负压更强，圆柱两侧均出现了双分离泡区域，即进入 TrBL2 流域。

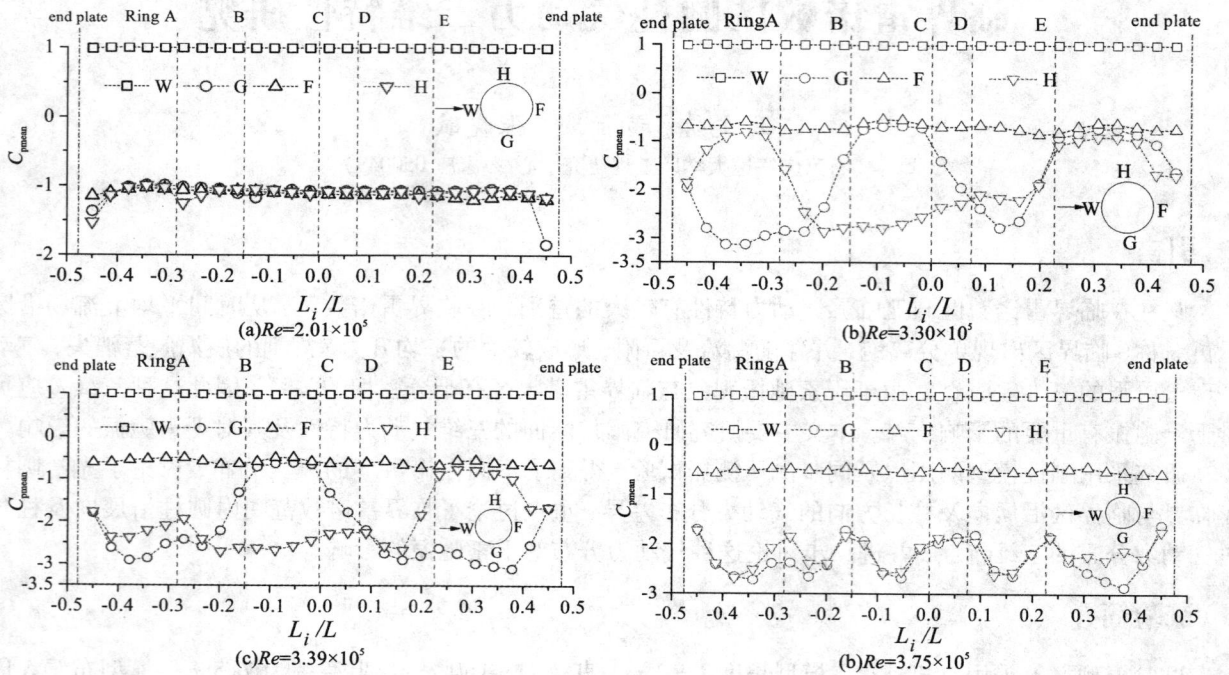

图2　沿圆柱柱长方向风压分布曲线

4　结论

临界雷诺数区光滑圆柱气动力分布的三维特性主要表现在：（1）圆柱沿展向不同位置并不是同时进入临界雷诺数区，因此不同断面位置的流动状态会有明显的差异，单侧的分离泡可能仅出现在圆柱的某个长度范围内；（2）对于同样位于单分离泡区域的圆柱，其不同展向位置的分离泡可能出现在不同侧；（3）在临界区，在同一雷诺数下圆柱沿展向不同横断面处的旋涡脱落过程及强度有显著的差异，这主要是由于不同流动状态下分离和再附的差异引起尾流变化造成的；（4）在临界区，沿圆柱展向不同横断面处分离泡区域及分离点附近表现出不同的脉动风压强度，这种脉动强度的变化与流体的再附以及两种流态切换的非定常现象密切相关。

参考文献

［1］Zdravkovich M M, Flow around circular cylinders（Vol 1：Fundamentals）［M］. New York：Oxford University Press，1997.

［2］Ma W, J H G Macdonald, Q LIU, et al. Galloping of an elliptical cylinder at the critical Reynolds number and its quasi–steady prediction［J］. Journal of Wind Engineering and Industrial Aerodynamics，2017，168：110–122.

［3］Ma W, J H G Macdonald, Q Liu. Aerodynamic characteristics and excitation mechanisms of the galloping of an elliptical cylinder in the critical Reynolds number range［J］. Journal of Wind Engineering & Industrial Aerodynamics，2017，171：342–352.

角部倒圆角处理方柱的风压分布特性[*]

杨群[1]，刘庆宽[2]，刘小兵[2]，马文勇[2]

（1. 石家庄铁道大学土木工程学院 石家庄 050043；2. 石家庄铁道大学风工程研究中心 石家庄 050043）

1 引言

在风作用下，方柱由于气流分离点固定，其流态受雷诺数等的影响比较小；而圆柱则由于表面流动的分离位置更依赖黏性力，结构存在明显的雷诺数效应现象[1-3]。而研究表明，对方柱角部倒圆角处理在一定程度上可以改善方柱的气动性能[4]。目前关于角部倒圆角处理方柱方面的研究相对不多，十分有必要对角部倒圆角处理方柱进行研究。本文通过风洞试验，研究了圆角半径与截面尺寸比为 0.3 时的倒圆角处理方柱的风压分布特征。

2 试验简介

试验在低湍流度的均匀流场中进行，速度场不均匀性小于 0.5%，背景湍流度小于 0.5%。为刚性测压模型试验，模型如图 1 所示。模型边长 120 mm，圆角半径 36 mm，长 1700 mm。测点布置于模型中间处，详情见图 1。模型采用 ABS 板制作且对表面喷漆处理。试验测试了模型 0°~45° 风向下的风压值，风速变化范围为 10~47.5 m/s，对应的雷诺数范围为 $0.8 \times 10^5 \sim 3.9 \times 10^5$。

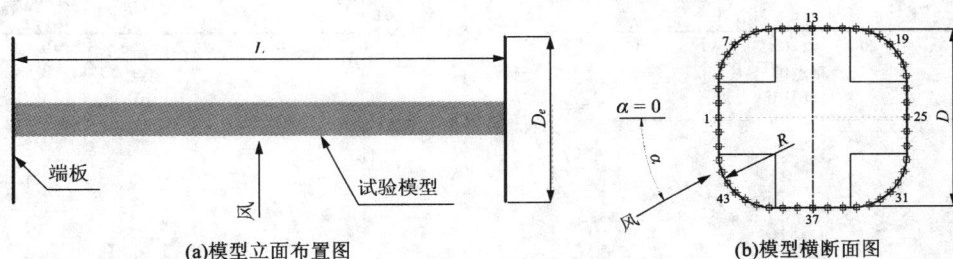

(a)模型立面布置图   (b)模型横断面图

图 1 模型布置图

3 试验结果

在不同方向来流作用下，模型表面风压分布均值及根方差随雷诺数的变化均有着明显的区别。图 2 和图 3 分别为模型在 0°、15° 及 45° 风向时的表面分压系数均值及根方差。来流与模型是对称分布的，但其风压分布并总是对称的。低雷诺数时，模型的分压系数均值首先呈对称分布，之后随着雷诺数的增加分压分布变得不对称，模型一侧分压系数数值显著增大。当来流与模型呈非对称时，模型风压分布也不对称，且随雷诺数的增大在侧风面后端出现大的负压区。分压系数均方根总体上随雷诺数的增加而变小，且来流方向 5° 左右时同比其他风向数值相对小得多。

4 结论

方柱角部倒圆角处理措施对分压系数均值与根方差在不同方向来流作用时均会受到雷诺数的影响。

* 基金项目：国家自然科学基金面上项目（51778381）；河北省自然科学基金重点项目（E2018210044）；河北省高等学校高层次人才项目（GCC2014046）；河北省自然科学基金项目（E2018210105）

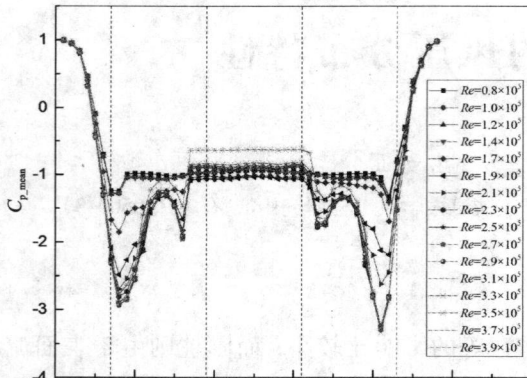

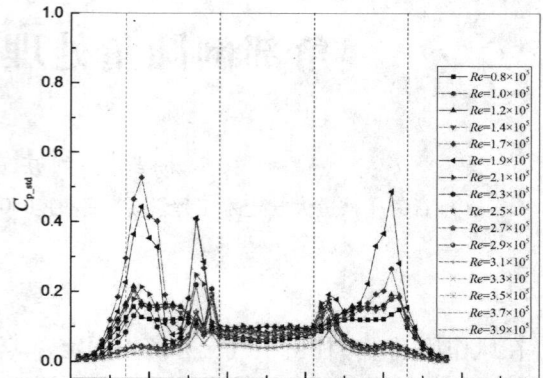

(a)0°

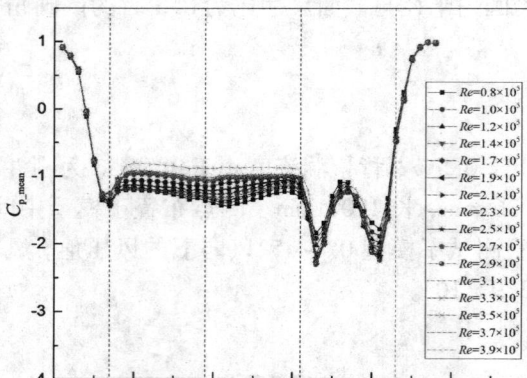

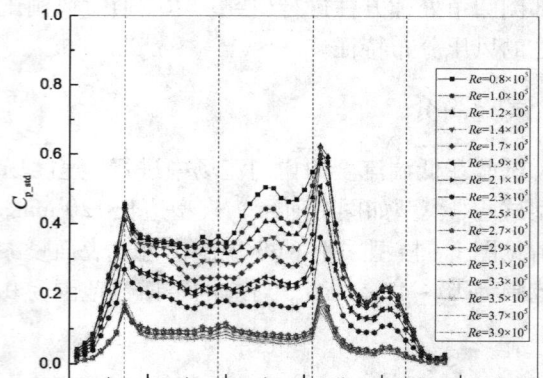

(b)15°

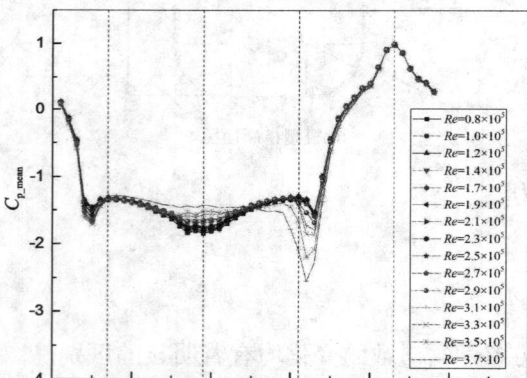

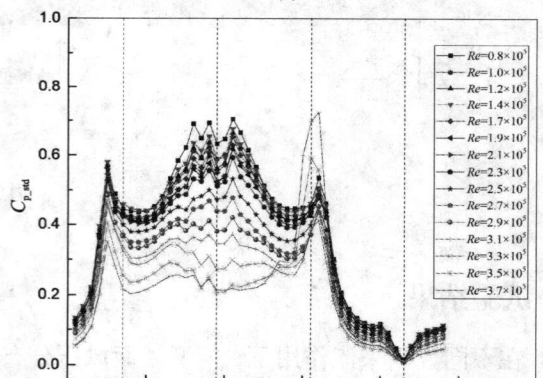

(c)45°

图 2　不同风向时测点风压系数均值　　　　　图 3　不同风向时测点风压系数根方差

参考文献

［1］顾明，王新荣. 工程结构雷诺数效应的研究进展［J］. 同济大学学报（自然科学版），2013，41（7）：961－969.

［2］Tetsuro Tamura, Tetsuya Miyagi. The effect of turbulence on aerodynamic forces on a square cylinder with various corner shapes ［J］. Journal of Wind Engineering and Industrial Aerodynamics, 1999, 83：135－145.

［3］Enrica Bernardini, Seymour M J Spence, Daniel Wei, et al. Aerodynamic shape optimization of civil structures：A CFD－enabled Kriging－based approach［J］. Journal of Wind Engineering and Industrial Aerodynamics, 2015, 144：154－164.

［4］Yi Li, Xiang Tian, Kong Fah Tee, et al. Aerodynamic treatments for reduction of wind loads on high－rise buildings［J］. Journal of Wind Engineering and Industrial Aerodynamics, 2018, 172：107－115.

低雷诺数下振荡方柱尾流的三维稳定性[*]

张洪福[1]，辛大波[1]，欧进萍[2]

（1. 东北林业大学土木工程学院 哈尔滨 150040；2. 哈尔滨工业大学 哈尔滨 150090）

1 引言

钝体在来流作用下的涡激振动是造成许多工程问题的主要因素，如海洋立管大幅涡振、大跨桥梁主梁与斜拉索的涡激共振等。研究钝体尾流尤其是在振荡条件下的尾流特征对于揭示涡激共振机理、提出涡振控制措施具有重要作用。圆柱作为非常典型的钝体，许多专家学者对其尾流特征开展了相关研究[1-3]，研究发现当雷诺数超过临界值后二维圆柱尾流会发生三维转捩，即三维不稳定性[1]。此时，周期性展向涡发生扭曲，升力幅值与阻力降低，这可为涡振控制提供了新的视角。当圆柱发生振荡时尾流三维稳定性与静止状态相比会有所差别，Thompson 等[4]详细描述了振荡圆柱的三维不稳定性特征。方柱也是工程中常见的钝体断面，其尾流与圆柱类似，也出现明显的三维不稳定性，Robichaux 等[5]对此进行了系统研究，然而当方柱发生振荡时其尾流三维稳定性并未见文献报道，因此，本文以方柱作为研究对象，采用基于线性化 N – S 方程的 Floquet 周期稳定性方法分析振荡方柱尾流的三维稳定性问题。

2 数值计算方法

本文采用直接数值模拟（DNS）获取二维基流场，离散方法采用基于连续伽辽金法的高阶谱元法。对于振荡方柱的绕流场计算，本文采用基于源项的方法求解振荡方柱的 N – S 方程。方柱绕流雷诺数为 $Re =$ 200。计算域及网格如图 1 所示，图中 x、y 为坐标轴（已由方柱边长 D 量纲一化），方柱边长为 $D = 1.0$ m。为保证计算准确性，计算域被分解为正交四边形网格单元，在每个单元内插值函数选用 6 阶模态多项式进行空间离散。入口边界以及上下边界采用速度入口边界条件 $U_0 = 1$ m/s；出口采用压力出口边界条件 $P_0 =$ 0 Pa；柱体边界为无滑移壁面。时间项采用三步时间分裂格式，时间积分格式采用 2 阶隐式，压力与速度解耦采用速度 – 修正投影格式。本文中方柱为竖向振荡，尾流分析方法采用基于线性化 N – S 方程的 Floquet 周期稳定性分析。

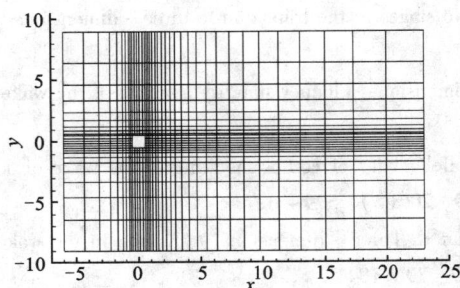

图 1 计算域及网格

3 结果与讨论

如图 2（a）所示，当方柱振荡幅值 $A/D = 0.1 \sim 0.3$ 时，Floquet 乘子均只有一个峰值，且峰值随着振荡振幅的增大而减小，Floquet 乘子峰值对应的最不稳定波数稍微远离静止方柱时的最不稳定波数。在 Floquet 乘子峰值对应的展向波长附近（$0.5 < \beta < 3.5$），Floquet 乘子均为实数。当振荡幅值 $A/D = 0.1$ 时，

* 基金项目：国家自然科学基金项目(51878131)

展向波数 β 约为 1.75，峰值达到最大值（优势模态），说明此波数的三维展向扰动波最不稳定，此时对应的展向波长为 $\lambda_z/D = 3.59$ 与静止方柱尾流三维展向最不稳定波长 $\lambda_z/D = 5.08^{[5]}$ 相差不大。如图 2（b）所示，当 $A/D = 0.1$，$\beta = 1.75$ 时，Floquet 模态对应于 Mode – A 类型，顺流向涡在一个展向涡脱落周期范围内改变两次方向，与静止方柱的 Mode – A 类型 Floquet 模态一致。此外，在远离尾缘区流向涡涡量最大值出现在展向涡核中心，在近尾缘区流向涡涡量最大值出现在展向涡的辫区。

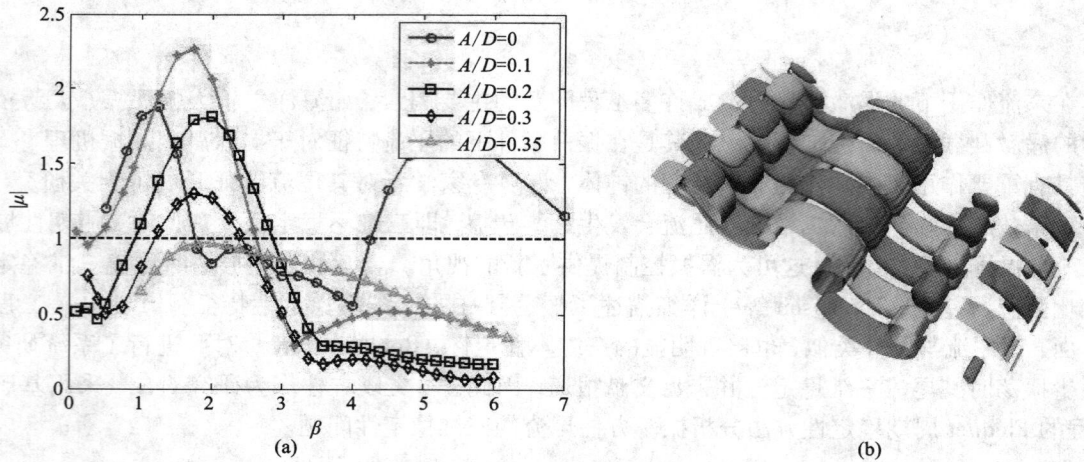

图 2　（a）Floquet 乘子随展向波数变化曲线与（b）Floquet 模态（$A/D = 0.1$，$\beta = 1.75$）

4　结论

本文采用基于 Floquet 周期稳定性的方法分析了一竖向振荡方柱尾流的三维稳定性，研究结果发现，当方柱振荡幅值 $A/D = 0.1 \sim 0.3$ 时，Floquet 乘子均只有一个峰值，且峰值随着振荡振幅的增大而减小，Floquet 乘子峰值对应的最不稳定波数为 $\lambda_z/D = 3.59$ 与静止方柱尾流三维展向最不稳定波长 $\lambda_z/D = 5.08$ 相差不大，尾流三维不稳定形态为典型 Mode – A 模式。

参考文献

[1] Williamson C H K. The existence of two stages in the transition to three – dimensionality of a cylinder wake[J]. Physic of Fluids, 1988, 31(11): 4.

[2] Barkley D, Henderson R D. Three – dimensional Floquet stability analysis of the wake of a circular cylinder[J]. Journal of Fluid Mechanics, 1996, 322: 215 – 241.

[3] Williamson, C. H. K. Oblique and parallel modes of vortex shedding in the wake of a circular cylinder at low Reynolds numbers [J]. Journal of Fluid Mechanics, 1989, 206(3): 579 – 627.

[4] Leontini J S, Thompson M C, Hourigan K. Three – dimensional transition in the wake of a transversely oscillating cylinder[J]. Journal of Fluid Mechanics, 2007, 577: 79 – 104.

[5] Robichaux J, Balachandar S, Vanka S P. Three – dimensional Floquet instability of the wake of square cylinder[J]. Physics of Fluids, 1999, 11(3): 560 – 578.

矩形断面驰振自限幅和分岔现象及其机理[*]

朱乐东[1]，张璧裳[1]，庄万律[2]，陈修煜[1]

（1. 同济大学土木工程防灾国家重点实验室/桥梁结构抗风技术交通运输行业重点实验室/
土木工程学院桥梁工程系 上海 200092；2. 浙江省交通规划设计研究院 杭州 310006）

1 引言

驰振是细长钝体构件或结构容易发的一种风致失稳振动现象，具有强烈的非定常和非线性特性[1-2]，从而具有自限幅特性，并常会出现分岔振动现象。在本文中，作者以宽高比 3:2 矩形断面为例，从阻尼随初始激励幅值的演变角度来阐述驰振分岔振动现象的机理。

2 宽高比 3:2 矩形断面驰振分岔振动现象节段模型试验结果

图 1 为在 TJ-2 风洞中进行的宽高比 3:2 矩形断面节段模型试验照片，断面水平宽度 15 cm，高度 10 cm，节段模型总长 1.5 m，在采用激光位移计测量振动响应的同时还采用两个内置小型动态天平同步测量作用在中间 0.7 m 长的外衣上的动态力，试验风速 0~18 m/s。

图 1 悬挂于 TJ-2 风洞中的节段模型

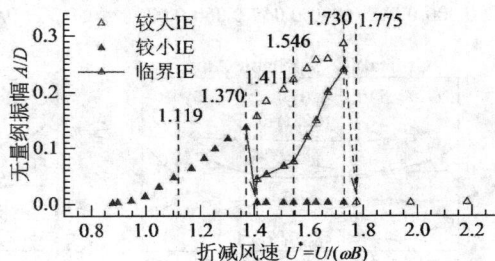

图 2 驰振稳态振幅随折减风速 U^* 的变化（B2 工况）

试验分 A、B、C 三组质量和频率（10.57 kg 和 5.03 Hz，14.58 kg 和 4.29 Hz，10.57 kg 和 3.55 Hz）共 13 种 Scruton 数（Sc）工况进行，对应的 Scruton 数为：A 组 10.60，24.91，30.73，42.63；B 组 9.74，21.88，33.79，45.15；C 组 8.05，18.66，26.33，32.78，40.56。该断面 Strouhal 数约为 0.109，对应的折减风速 U_{st}^* 约为 0.973，所有工况都是在这个 U_{st}^* 附近开始出现具有稳定振幅（A_S）的竖向极限环振动，振幅都较为接近。图 2 为 B2 工况稳定振幅试验结果。当 $0.947 < U^* \leqslant 1.370$ 时，模型会自然地出现竖向驰振极限环振动；当 $1.370 < U^* \leqslant 1.730$ 时，模型出现分岔振动现象，只有当初始激励（A_{IE}）大于临界激励值（A_{CIE}）时，才会出现竖向驰振极限环振动；当 $U^* > 1.730$ 时，模型不发生驰振。A_{CIE}（图 2 中半实心三角连线）值随 Sc 数和 U^* 的增加而增加，分岔振动的 U^* 下限则随 Sc 数的增加而减小。

3 分岔振动机理分析

经过研究，用于预测矩形断面驰振稳态振幅的简化非线性自激力模型可表示为[1]：

$$f_{se} = a_{01}(K)\dot{y} + a_{03}(K)\dot{y}^3 + a_{05}(K)\dot{y}^5 = \rho U^2 BK H_1^*(K)\left(1 + \varepsilon_{03}(K)\frac{\dot{y}^2}{U^2} + \varepsilon_{05}(K)\frac{\dot{y}^4}{U^4}\right)\frac{\dot{y}^4}{U^4} \tag{1}$$

这里，$\dot{y}$ 是振动速度，U 是风速，ρ 是空气密度，$K = B\omega/U$ 折减频率，a_{0i} 和 ε_{0i} 为模型参数，可根据节段模型试验测得的自激力通过两步最小二乘拟合得到[1]。为了阐释驰振自限幅和分岔现象的机理，定义如下基于

* 基金项目：国家自然科学基金项目（51478360）

阻尼力在每个周期中做功等效原则的功等效阻尼系数：

$$c_{total}^{eq} = c_s^e(a_t) + c_{H_1} + c_{\varepsilon 03}^{eq}(a_t) + c_{\varepsilon 05}^{eq}(a_t) \approx c_s^e(a_t) - a_{01} - \frac{3}{4}a_{03}\omega_0^2 a_t^2 - \frac{5}{8}a_{05}\omega_0^4 a_t^4 \quad (2)$$

图 3 给出 6 个典型折减风速（见图 2）处功等效系统总阻尼系数及其各分量随 A_{IE} 的变化曲线。从图中可见：（1）当 $0.947 < U^* \leqslant 1.370$ 时，由于线性气动阻尼系数为负且绝对值较大，因此，即使 $A_{EI} = 0$，等效系统总阻尼系数也小于 0，导致振动会自然发散，直至等效总阻尼系数因气动阻尼非线性而变为 0 时，振幅达到稳态值；（2）当 $1.370 < U^* \leqslant 1.730$ 时，线性气动负阻尼系数绝对值降低，等效总阻尼系数曲线有两个零点，依次对应临界初始激励幅值 A_{CIE} 和稳态振幅 A_S，此时振动出现分岔；当 $A_{IE} < A_{CIE}$，等效总阻尼系数为正，振动幅值会衰减至零；当 $A_{CIE} < A_{IE} < A_S$ 时，等效总阻尼系数为负，振幅会不断发展直至达到稳态值 A_S；当 $A_{IE} > A_S$ 时，等效总阻尼系数又变为正，振幅会衰减至稳态振幅 A_S，此时系统等效阻尼系数因非线性而回到零；（3）当 $U^* > 1.730$ 时，无论初始激励或振动幅值多大，等效总阻尼系数始终为正，系统振动总是会从初始振幅衰减至零，不会发生驰振。

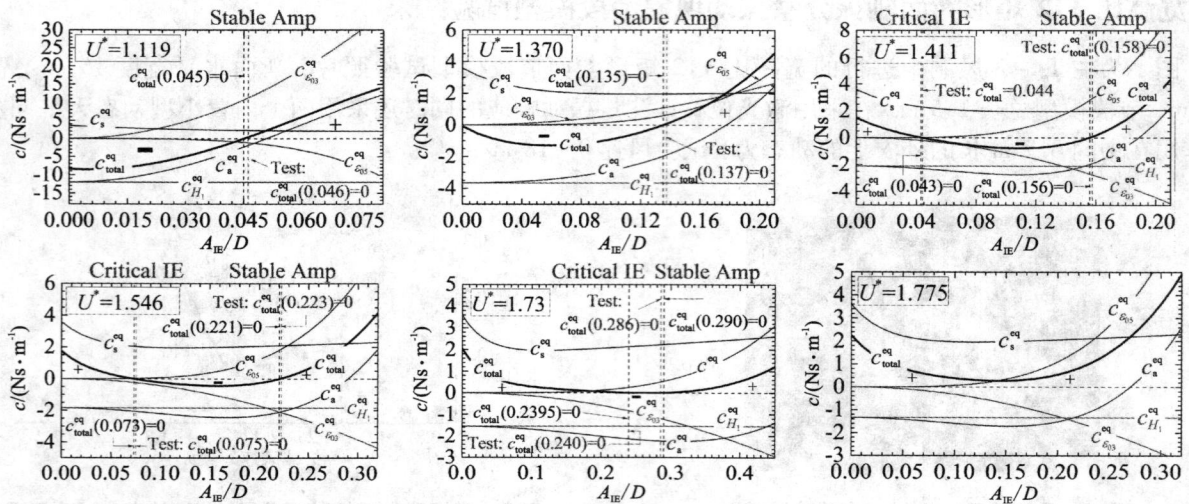

图 3　功等效总阻尼系数及其分量随初始激励幅值的变化曲线

4　结论

基于作者所提出的矩形断面驰振简化非线性自激力模型，定义了周期做功等效的阻尼系数，并通过考察其随初始激励幅的变化规律，阐释了驰振非线性限幅和分岔振动现象的机理。

参考文献

[1] Gao G Z, Zhu L D. Nonlinear mathematical model of unsteady galloping force on a rectangular 2：1 cylinder[J]. Journal of Fluids and Structures, 2017, 70：47－71.

[2] Parkinson G V. Phenomena and modelling of flow－induced vibrations of bluff bodies[J]. Progress in Aerospace Sciences, 1989, 26：169－224.

四、高层与高耸结构抗风

双塔高层建筑之气动力现象研究

蔡明树，陈正玮，聂国昀

（淡江大学风工程研究中心 新北市）

1 引言

在过去的研究中，双塔建筑的气动力干扰效应大多着重在独立建筑群上，然而根据相关法规，独立建筑物的间距是受到规范的，因此间距小于建筑物宽的研究较为罕见。而现今的建筑中以裙楼结构链接塔楼的方式已被普遍使用，此类型的建筑形态会使得塔楼间距相对于独立建筑物来说大幅缩减，且两者的结构形态亦不同，使用过去的研究已无法准确判断。本文针对双塔楼高层建筑间的气动力干扰效应，从表面风压分布、塔楼底层剪力及频谱来进行探讨。

2 风洞试验

本文中共有两组试验模型，分别为相对于实场宽度（B）深度（D）皆为 30 m 的方柱（Type – A），以及宽度（B）30 m、深度（D）15 m 的矩柱（Type – B），两者高度（H）皆为 135 m、1～4 楼均为裙楼。塔楼净间距分别为 $1B$、$0.5B$ 及 $0.2B$ 三种，模型缩尺采用 1∶300，全模型压力点数约有 380 个。

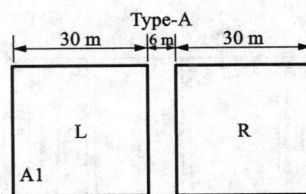

图1 试验配置平面图，以 Type – A、0.2B 为例

3 风场模拟

本试验位于新北市淡水区淡江大学第二风洞实验室，试验段尺寸为 2.0 m×3.2 m×18.0 m，设有一直径 3.0 m 的转盘，试验使用的流场为 $\alpha = 0.25$，为大都市市郊或小市镇的地况，图2所示为本试验的平均风速剖面及紊流强度。

试验模型共分为 Type – A 及 Type – B，量测风向角为 0°～180°，间距 10°，共计 19 个风向角。以电子式压力扫描器同步量测双塔建筑表面所有 380 个压力测点的瞬时风压变化。为了排除裙楼风力对整体塔楼的影响，故以 5 楼底部作为塔楼基底的风力计算依据。

4 结论

5 楼基底 X 及 Y 向平均风力系数在两种配置之下，不同间距有相同的变化趋势，但在扭转向 Type – A 对于塔楼间距的变化敏感度会大于 Type – B。表面平均风压系数，干扰效应较大的几个风向角其变化最大还是在于两塔楼间的相对面上，而由于 Type – B 在该面的宽度较小，使得上游干扰的角度变少，压力回复的速度要比 Type – A 快。5 楼基底扰动风力频谱的部分，在风向角 20°～40° 及 140°～160° 中 Type – B 会出现明显的涡散频率，而当风向角为 90° 理论上的横风向锋值在塔楼间距为 0.2B 时，并未发生。设计风力方面，若假设设计风速不考虑方向性，则基本上 Type – A 及 B 的设计风力是受到栋距最远的状况所控制。若是考虑设计风速的风向性，则 Type – B 于 X 向及扭转向就出现不同的变化，须逐一加以检视。

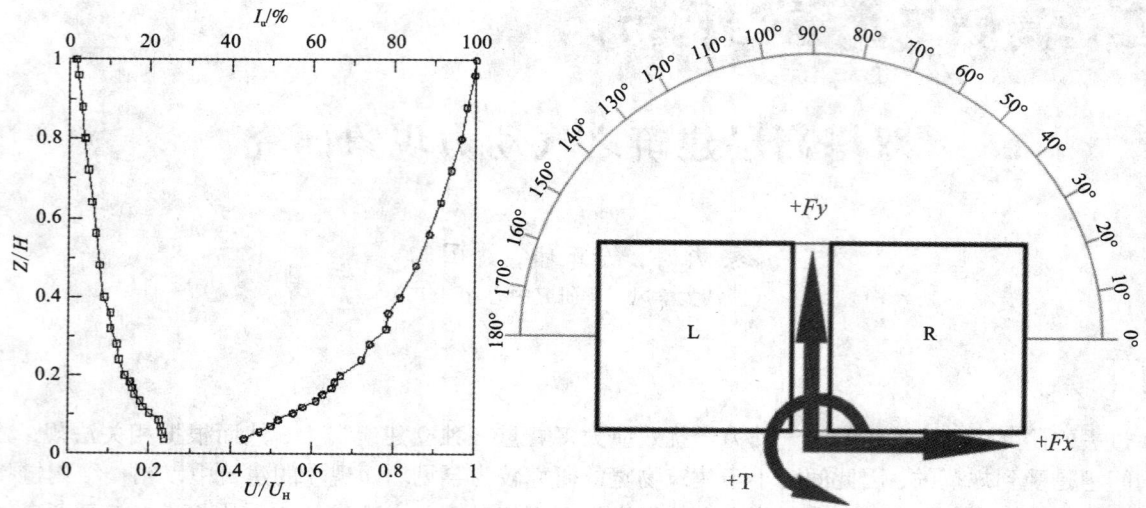

图2 $\alpha = 0.25$ 之平均风速剖面、紊流强度剖面及风向角示意图

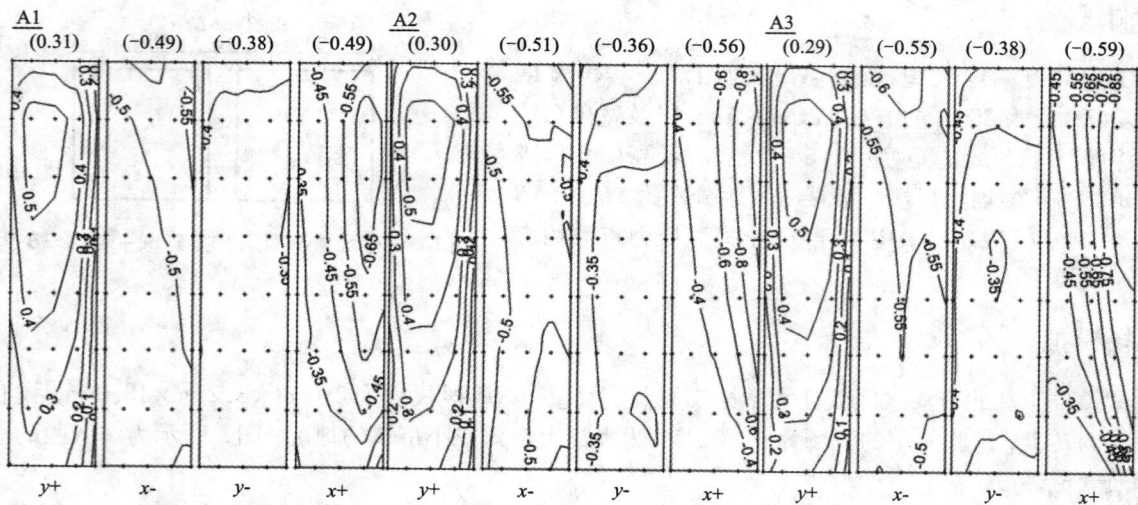

图3 Type-A 在不同净间距下之表面平均风压系数分布

参考文献

[1] K M Lam. Interference effect in wind loading of a row of closely spaced tall buildings [J]. Journal of Wind Engineering and Industrial Aerodynamics, 2008: 96(5): 562-583.

矩形高层建筑风荷载气动导纳研究

陈水福，刘奕

（浙江大学结构工程研究所 杭州 310058）

1 引言

在高层建筑的抗风设计中，基于气动导纳的风荷载计算方法是一种较简便有效的频域分析方法[1]，迄今已有一些学者对其进行了研究[2-5]，其中 Vickery[2] 提出的高层建筑气动导纳模型被广泛使用，但是其未能描述气动导纳随建筑深宽比的变化规律。鉴此，本文对深宽比为 0.11~9 的矩形高层建筑进行了风洞测压试验，研究了正交风向作用下不同深宽比建筑的迎风面、背风面与侧风面上脉动风压与建筑基底阻力的气动导纳的变化规律，并与基于准定常假定的 Vickery 模型和 Solari 模型作了比较；通过拟合分析获得了适用于不同深宽比建筑基底阻力的气动导纳的闭合表达式，并通过算例验证了拟合式的准确性。

2 风洞试验及数据处理

本文风洞试验的来流风场根据工程科学数据库（ESDU）建议的平均风速、湍流度剖面及风速谱进行模拟。试验采用的缩尺模型高 0.5 m，宽 0.06 m，长 0.06~0.54 m，缩尺比为 1:200。试验模型共由 12 段组成，通过拼接组合及摆放角度调整获得不同深宽比的模型工况。对每个深宽比工况进行不同风向角下的测压试验，获得各测点的风压系数。运用插值和积分计算，获得建筑各表面的面积平均风压系数和基底阻力系数。本文针对正交风向情况进行研究，使用的气动导纳按下式计算[1]：

$$\chi^2(f) = \frac{\overline{U}_H^2 S_{CF}(f)}{4\overline{C}_F^2 S_{uH}(f)} \tag{1}$$

式中，$\overline{U}_H$ 为建筑顶部高度处平均风速，$\overline{C}_F$ 为风荷载合力系数均值，$S_{CF}(f)$ 为脉动风荷载系数功率谱，$S_{uH}(f)$ 为建筑顶部高度处的脉动风速谱；本文采用 von - Karman 谱。

3 各立面脉动风压气动导纳

图 1 给出了部分工况下建筑迎风面、背风面和侧风面上的面积平均的脉动风压系数的气动导纳，以及与 Vickery[2] 模型的比较。由图 1 可见，迎风面上气动导纳随频率的变化规律与 Vickery 模型一致，但对于较大深宽比工况，气动导纳在高频区的衰减速度明显变缓，Vickery 模型和 Solari 模型较试验值显著偏小。在背风面及侧风面上，Vickery 模型则不再适用；由于建筑本身产生的非定常流的影响，基于准定常假定的 Vickery 模型值较试验值明显偏小。对于深宽比较小的建筑，由于旋涡脱落效应，侧风面和背风面的气动导纳在高频区存在明显尖峰；对于深宽比较大的建筑，因分离再附及尾缘再分离的影响，侧风面的气动导纳存在较小尖峰。

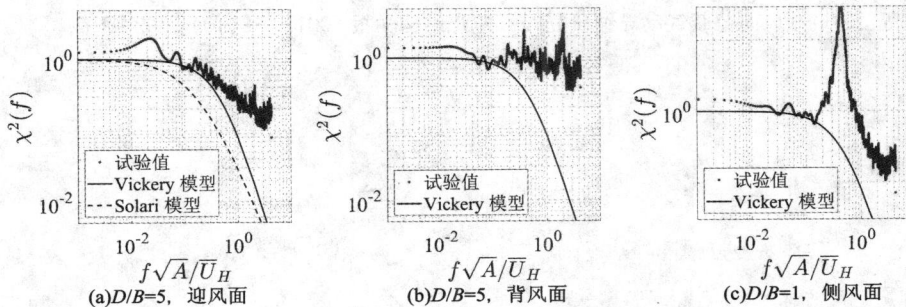

图 1 建筑各立面脉动风压气动导纳及与 Vickery 模型的比较

4　基底阻力气动导纳及其拟合

根据试验结果，基底阻力气动导纳可用幂函数的形式进行表达：

$$\chi^2(f) = \left(1 + b\,\tilde{f}\frac{B}{L_u}\right)^{-a},\ \tilde{f} = \frac{fL_u}{U},\ a = \left(\frac{D}{B}\right)^{-0.5},\ b = 7.5 \cdot \left(\frac{D}{B}\right) \tag{2}$$

上式拟合情况及与试验值的比较如图 2 所示。由图可见，本文给出的表达式拟合情况良好。通过算例分析可进一步验证拟合式的准确性。

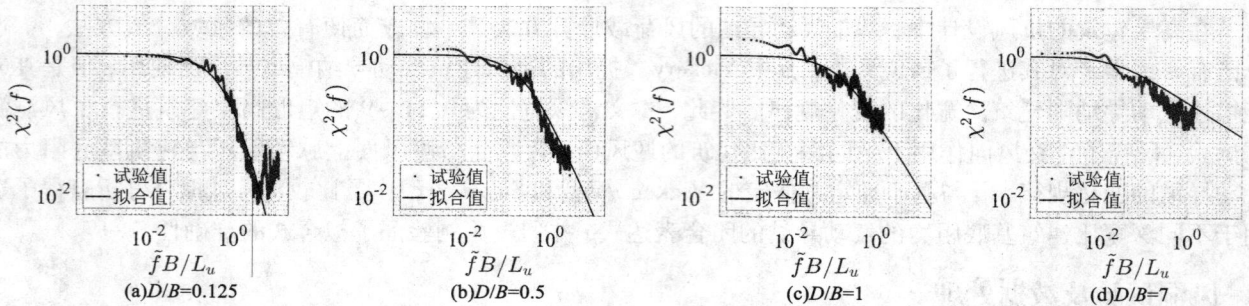

(a)D/B=0.125　　　(b)D/B=0.5　　　(c)D/B=1　　　(d)D/B=7

图 2　建筑基底阻力气动导纳及拟合曲线

5　结论

（1）对于迎风面上脉动风压与基底阻力，当建筑深宽比小于 0.5 时，气动导纳与 Vickery 模型较为接近；但随深宽比增大，气动导纳在高频区的衰减速度明显变缓，Vickery 模型和 Solari 模型较试验值显著偏小。

（2）基于准定常假定的 Vickery 模型对建筑背风面和侧风面上脉动风压的气动导纳不具较好的适用性。由于受旋涡脱落或分离再附后的尾缘再分离的影响，背风面气动导纳在高频区会出现大小不等的尖峰。

（3）本文获得的幂函数形式的基底阻力气动导纳拟合式可以较为准确地预测不同深宽比矩形高层建筑的基底阻力气动导纳。

参考文献

[1] Holmes J D. Wind loading of structures[M]. CRC press, 2015.

[2] Vickery B J. On the flow behind a coarse grid and its use a model of atmospheric turbulence in studies related to wind loads on buildings[J]. NPL Aero Report 1143, 1965.

[3] Kareem A. Synthesis of fluctuating along wind loads on buildings[J]. Journal of Engineering Mechanics, 1986, 112(1): 121 – 125.

[4] Solari G. Gust buffeting. I: Peak wind velocity and equivalent pressure[J]. Journal of Structural Engineering, 1993, 119(2): 365 – 382.

[5] 张建国，顾明. 高层建筑顺风向荷载气动导纳研究[J]. 建筑结构学报，2017, 38(10): 102 – 107.

海峡两岸高层建筑顺风向风荷载比较[*]

董锐[1]，邱凌煜[1]，葛耀君[2]，郑启明[3]

（1. 福州大学土木工程学院 福州 350108；2. 同济大学土木工程防灾国家重点实验室 上海 200092；
3. 淡江大学风工程研究中心 新北 25137）

1 引言

　　海峡两岸的台湾和福建均位于北回归线附近，在气候条件和地形地貌上有诸多相似之处，但由于历史原因，海峡两岸建筑结构风荷载规定存在明显不同，阻碍了两岸之间的工程技术交流与融合。本文以台湾地区 2015 版《建筑物耐风设计规范与解说》（简称台湾规范）和大陆地区 2012 版《建筑结构荷载规范》（简称大陆规范）第 8 章及相关内容为研究对象，对高层建筑顺风向风荷载计算内容进行比较分析。

2 高层建筑顺风向风荷载比较

　　台湾规范根据建筑物的封闭程度，将建筑物分为封闭式、部分封闭式以及开放式三类，根据基频大小分为普通建筑物和柔性建筑物，基频大于等于 1 Hz 的建筑物为普通建筑物，基频小于 1 Hz 的建筑物为柔性建筑物。两岸规范对主要受力结构顺风向风荷载计算规定如表 1 所示。

表 1　建筑物主要受力结构顺风荷载标准值计算公式

		台湾规范	大陆规范
封闭式或部分封闭式	普通	$p = qGC_P - q_i(GC_{pi})$	
	柔性	$p = qG_fC_p - q_i(GC_{pi})$	$w_k = \beta_z\mu_s\mu_z w_0$
开放式		$F = q(z_{Ac})GC_fA_c$	
女儿墙		$p_p = q_p(GC_{pn})$	

3 算例比较

　　本文算例中的建筑物为无女儿墙封闭式平屋顶钢筋混凝土结构，截面尺寸为长 $L = 30$ m，宽 $B = 30$ m，层高 3.0 m，通过改变层数改变其高宽比。假设该建筑位于台北某处，为消除基本设计风速选取不同造成的区别，本文计算中将台北市基本设计风速统一取为 42.5 m/s。由于台湾规范中建议的结构阻尼比取值要远小于大陆规范，导致大陆规范计算出的风荷载标准值较小，为了消除阻尼比不同引起的区别，计算中统一采用台湾规范给出的建议值 $\xi = 0.02$。

　　图 1 为台湾规范与大陆规范计算结果的比较，可以发现，台湾规范计算出的基底响应随高层建筑高宽比的增大而迅速增大，其变化速率明显大于大陆规范。

　　将大陆规范中随高度变化的风振系数按照基底响应等效转化为单一的等效风振系数，如图 2 所示。台湾规范中的阵风反应因子随高层建筑高宽比的增大而增大，且变化幅度较大。而大陆规范计算出的等效风振系数随高宽比的变化基本保持为常数。这种变化规律和两岸规范对顺风向风荷载分布以及基底响应的比较大致相同。这表明风振系数是引起两岸规范顺风向风荷载及基底响应区别的主要原因。

---

　*　基金项目：国家自然科学基金青年项目（51508107）；福建省自然科学基金（2015J05098）

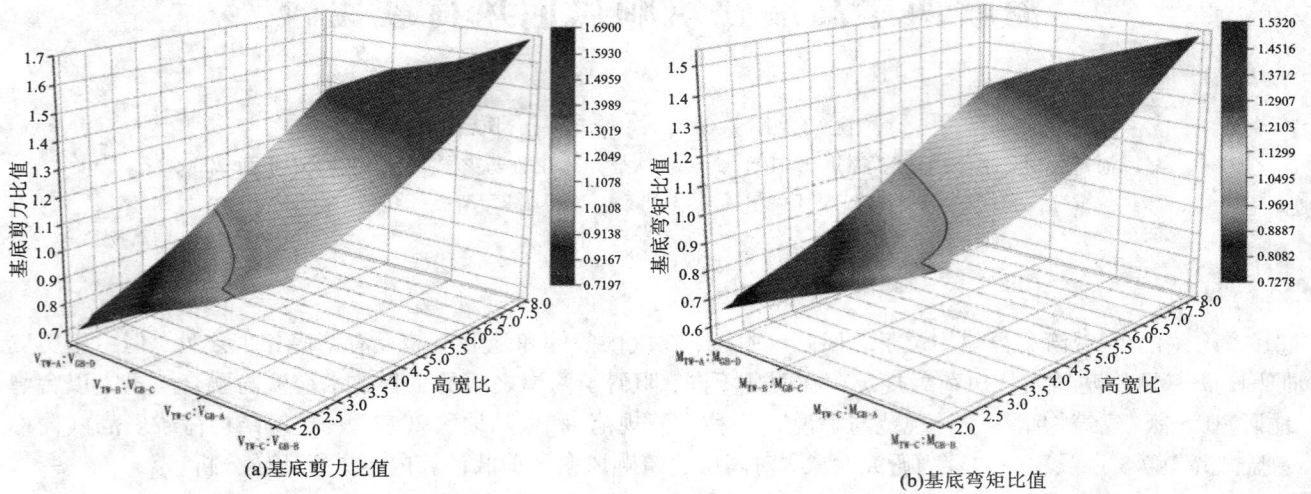

(a)基底剪力比值　　　　　　　　　　　　　　　　(b)基底弯矩比值

图 1　高层建筑顺风向风荷载引起的基底响应比值

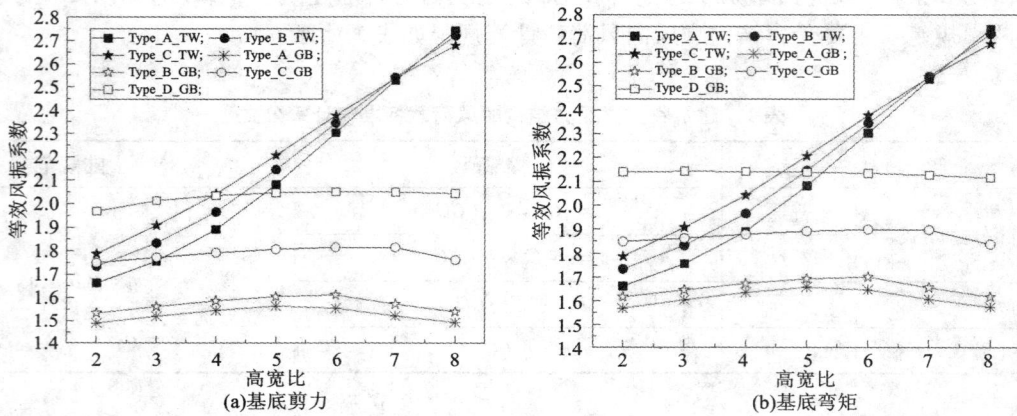

(a)基底剪力　　　　　　　　　　　　　　　　　　(b)基底弯矩

图 2　等效风振系数和阵风反应因子的比较

4　结论

（1）台湾规范计算所得的顺风向风荷载分布和基底响应随着高宽比的增大，其增长速率要快于大陆规范。

（2）大陆规范给出的风振系数随高层建筑高度而变化，但其等效风振系数随高层建筑高宽比的增大变化很小，基本上可视为常数；台湾规范给出的风振系数为单一值，且不随高层建筑高度而变化，但其数值随高层建筑高宽比的增大而增大，且变化幅度较大。这是引起两岸高层建筑顺风向风荷载及基底响应区别的主要原因。

高层建筑覆面风压的非高斯峰值因子方法对比与参数灵敏度分析[*]

黄东梅[1,2]，谢宏灵[1]

（1. 中南大学土木工程学院 长沙 410075；2. 高速铁路建造技术国家工程实验室 长沙 410075）

1 引言

气流经过钝体结构时，在分离流、尾流以及高湍流风场条件下其覆面风压表现出强烈的非高斯特性 – 不对称间歇大幅度脉冲，按高斯假定的峰值因子（一般为 3.5）将严重低估。为此，各学者给出了适用于非高斯风压的各种峰值因子计算方法，如 Hermite 多项式模型类方法[1,2]、高斯空间到非高斯空间的累积概率函数映射类方法（TPP）[3]、基于 Gumbel 模型改进方法[4]。本文将基于建筑表面测压风洞试验，提出一种改进的 Hermite 峰值因子，然后对各方法的峰值因子进行对比验证，最后对各类方法所涉及的参数进行灵敏度分析。

2 风洞实验简介

刚性模型测压试验在中南大学风洞高速段完成［图 1(a)］，根据荷载规范 GB 50009—2012 模拟了 C 类风场。模型高约 1.4 m，几何缩尺比为 $\lambda_L = 1/350$，截面特征尺寸和压力测点布置见图 1(b) 和 (c)。参考点高度为 1.2 m，实验风速为 14 m/s，对应的实际风速为 53.56 m/s，则风速比为 $\lambda_V = 0.2614$，时间比 $\lambda_t = \lambda_L / \lambda_V = 0.0103$。各通道压力测量的采样频率为 625 Hz，采样数取 20000，采样时间为 32 s，采集了 3 组共 15 个标准样本（一个标准样本对应实际时距 10 min，换算为试验时距是 6.18 s）。在试验中采集了 0°、15°、30°、和 45° 风向角的风压时程［图 1(c)］。

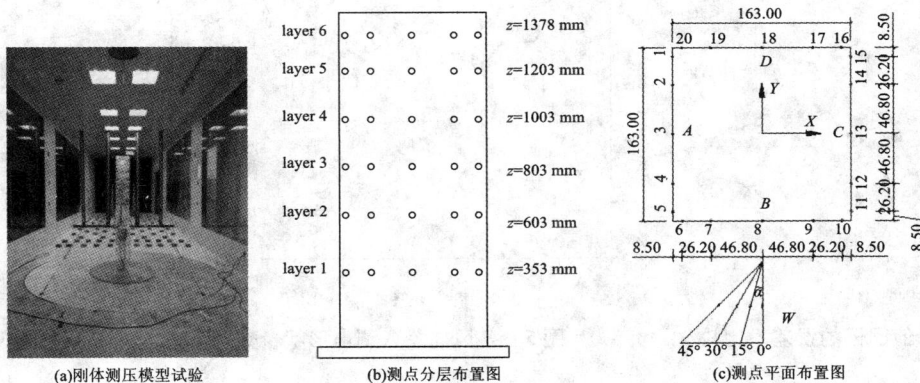

(a)刚体测压模型试验 (b)测点分层布置图 (c)测点平面布置图

图 1 试验模型及测点布置

3 结果分析

3.1 改进的 Hermite 峰值因子 – R_Hermite

根据上述的风洞试验数据，拟合得到了改进的形状参数（h_3 和 h_4）关于偏度和峰度系数（γ_3 和 γ_4）的解析表达式（相关系数见表 1）：

$$h_3 = p_1(\gamma_4 - 3) + p_2(\gamma_4 - 3)^2 + p_3\gamma_3 \tag{1a}$$

$$h_4 = q_1 + q_2(\gamma_4 - 3) + q_3(\gamma_4 - 3)^2 + q_4\gamma_3^{q_5} \tag{1b}$$

这样结合 Kareem 和 Zhao[1] 的 Hermite 非高斯峰值因子计算公式便可以得到相应结果。

* 基金：国家自然科学青年基金（51208524）；湖南省自然科学基金（2017JJ2318）

表1　式(1)系数表

系数\参数	p_1	p_2	p_3	q_1	q_2	q_3	q_4	q_5
h_3	−0.0143	0.000113	0.175	—	—	—	—	—
h_4	—	—	—	0.00478	0.0237	−0.000374	−0.0234	1.67

3.2　不同方法峰值因子比较及参数灵敏度分析

图2和图3分别对0°风向角下第三层测点和四个风攻角下全部测点的各方法的峰值因子进行了比较,结果发现:(1)Davenport峰值因子接近规范值3.5;(2)总体而言,在非高斯区域,new TPP法[3]和STE法[4]的峰值因子比Hermite类方法更接近观察值;GPF法[2]获得低估的峰值因子,而C_Hermit法[1]则高估了峰值因子,R_Hermite比C_Hermit略好。各方法的峰值因子均明显大于Davenport值;(3)在高斯区域,STE峰值因子明显偏大。图4和图5分别给出了各风攻角各测点偏度、峰度与观察峰值因子关系以及形状参数、尺度参数与TPP峰值因子关系,从图中可以看出:偏度系数、峰度系数、形状参数、尺度参数与峰值因子的之间具有明显的对应函数关系,且前两者比后两者离散性稍大;特别是,30°风向角下每层第4测点的对应关系异常(圈起来的部分),值得进一步研究。

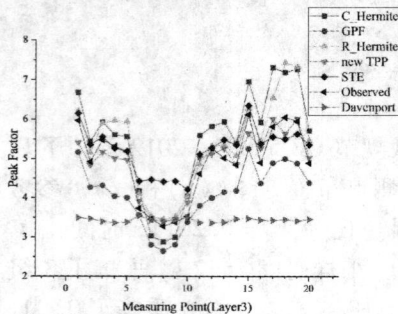

图2　0°风向角下第三层各方法峰值因子比较

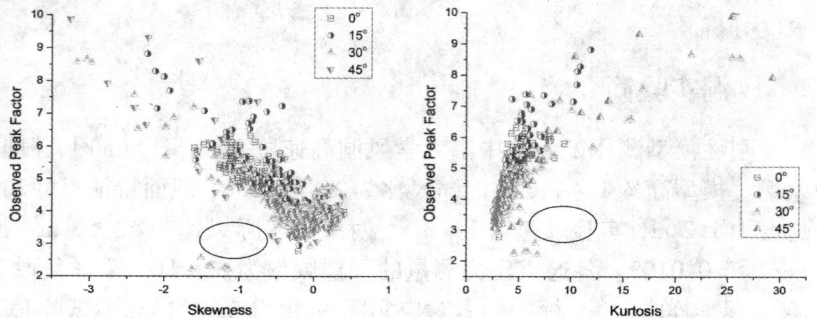

图4　各风攻角各测点偏度、峰度与观察峰值因子关系

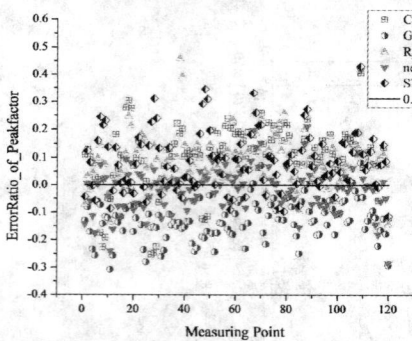

图3　各测点峰值因子的误差率比较

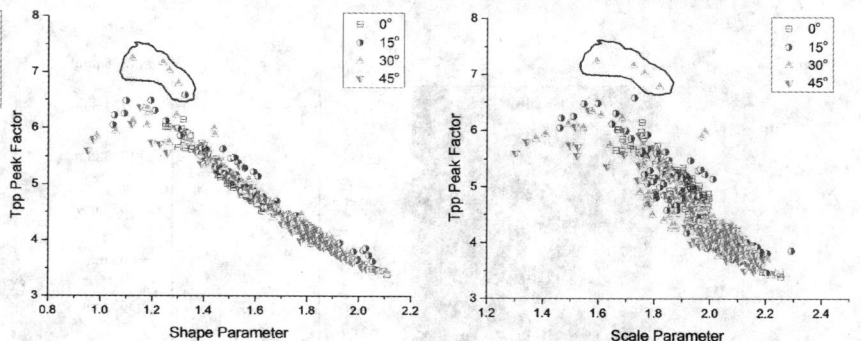

图5　各风向角各测点形状参数、尺度参数与TPP峰值因子关系

4　结论

非高斯峰值因子总体精度从大到小依次为:new TPP法、STE法、Hermite类方法,且均远大于Davenport峰值因子;非高斯峰值因子与偏度、峰度有明显函数关系,但存在例外。

参考文献

[1] Kareem A, Zhao J. Analysis of non – Gaussian surge response of tension leg platforms under wind loads[J]. Journal of Offshore Mechanics and Arctic Engineering, 1994, 116(3): 137 – 144.

[2] Pillai S N, Tamura Y. Generalized peak factor and its application to stationary random processes in wind engineering applications[J]. Journal of Wind Engineering and Industrial Aerodynamics, 2009, 6(1): 1 – 10.

[3] Huang M F, Lou W J, Chan C Li, et al. Peak distributions and peak factors of wind – induced pressure processes on tall building[J]. Journal of Engineering Mechanics, ASCE, 2013, 139(12): 1744 – 1756.

[4] Quan Y, Wang F, Gu M. A method for estimation of extreme values of wind pressure on buildings based on the generalized extreme – value theory[J]. Mathematical Problems in Engineering, 2014: 1 – 22.

附属物布置类型对高层建筑局部风压的影响研究[*]

回忆[1]，袁珂[2]

（1. 重庆大学土木工程学院 重庆 400044；2. 湖南大学土木工程学院 长沙 410082）

1 引言

高层建筑的抗风性能是由多方面因素共同决定的，如建筑本身形状、风向角、建筑表面粗糙程度等。学者们通过大量风洞试验探索了建筑外形对结构整体和局部风荷载的影响以及机理，主要包括横截面几何形状、角部修正（切角、倒角等）、立面开洞、退台、扭转体等方面[1-2]，邓挺等[3]针对方形截面高层建筑的不同退台方式对气动荷载的影响进行了研究，结果表明：不同退台方式可以有效降低作用在结构上的横风向风荷载，其降幅为 75% ~ 79.2%，采用退台旋转方式对横风向荷载的减少量可达 91%。

上述研究显示，通过适当改变建筑外形来优化气动性能是有效的。一些学者研究发现，对建筑结构立面表面进行局部修正同样能够起到优化气动性能的目的，且这种局部修正减少了实际面积的损失，如Stathopoulos[4]。本文用不连续水平薄板来模拟更接近实际的表面附属物分布情况，以附属物水平间距为控制变量，在风洞实验室中进行一系列刚性模型的测压试验。分别研究并对比了含附属物模型与无附属物模型的局部风压系数，在此基础上得出对围护结构最有利的附属物布置方式。

2 实验模型

选取实际高度 150 m 且表面无附属物的方形截面高层建筑为基本研究对象，建筑横截面边长为 30 m，结构高宽比为 5:1。模型几何相似比取 1:300，即风洞试验模型高 $H = 0.5$ m，横截面边长 $B = 0.1$ m。除参考模型（Ref）外，本试验共包含 4 个装配有表面附属物的刚性模型，其中模型 A1 装配连续附属物，A2、A3 和 A4 装配不连续附属物，所有附属物均采用不封角设计，且附属物仅装配在表面风压通常较大的中上部区域。图 1 所示为模型三维视图及平面与立面图，其中用来模拟表面附属物的薄板水平外伸宽度 $d = 0.0125$ m，即 $12.5\%B$。相邻两层附属物的竖向间距 $h = 0.02$ m，同层附属物水平间距 b 由 A1 至 A4 依次均匀增大，其中水平间距比 b_r 为本试验的控制变量，其定义为水平间距 b 与模型横截面边长 B 的比值。

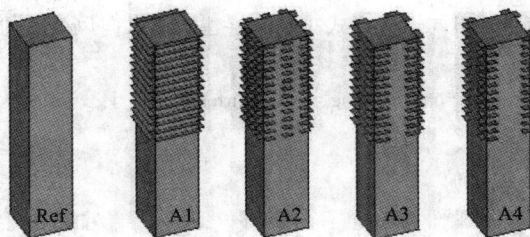

图 1　试验模型三维视图

3 实验结果

图 2 所示为全风向角下侧风面极值负风压系数对比图。从图 2 可以看出，全风向角下模型 A1 ~ A4 侧风面 C_{P_min} 等值线分布形式与无附属物模型差别显著，模型 Ref 侧风面负压系数极值分布范围大约为 [-2，-3.9]，而有附属物模型，特别是模型 A1，其 C_{P_min} 数值分布范围为 [-2，-2.8]，且较大极值主要出现在建筑下部，而上部 C_{P_min} 则严格控制在 -2 左右，这对围护结构设计是极其有利的。

* 基金项目：重庆大学科研启动基金

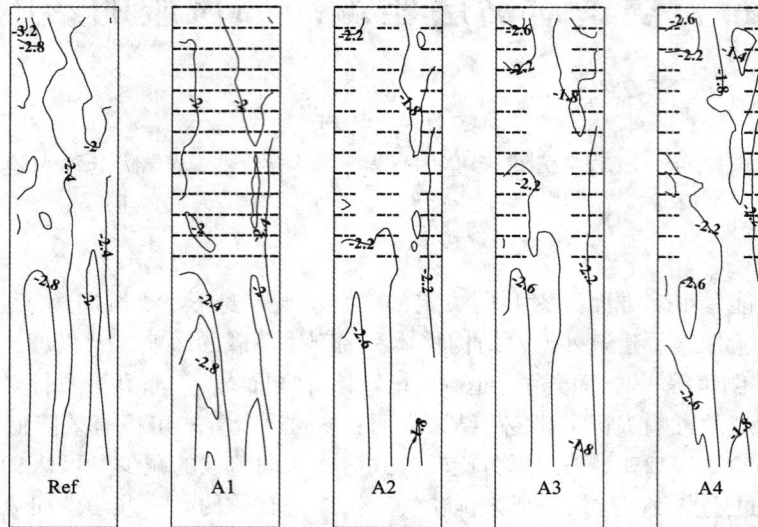

图 2　侧风面极值风压系数

4　结论

　　表面附属物不仅可使整个侧风面极值负风压分布趋于均匀, 有利于围护结构的设计; 而且可以显著削弱负压极值的极大值, 同时随 b_r 减小, 这种削弱效果增强, 模型 A1($b_r=0$) 上部角区被削减程度可达 37%以上。此外, 结构最不利风向角随 b_r 变化, 在围护结构设计时应予以注意。

参考文献

[1] Kwok K C S, Wilhelm P A, Wilkie B G. Effect of edge configuration on wind – induced response of tall buildings[J]. Engineering structures, 1988, 10(2): 135 – 140.

[2] Tanaka H, Tamura Y, Ohtake K, et al. Experimental investigation of aerodynamic forces and wind pressures acting on tall buildings with various unconventional configurations[J]. Journal of Wind Engineering and Industrial Aerodynamics, 2012, 107 – 108(8): 179 – 191.

[3] 邓挺, 谢壮宁, 石碧青. 强台风作用下不同退台方式对超高层建筑横风向风效应的影响[J]. 建筑结构学报, 2016, 37(12): 20 – 26.

[4] Stathopoulos T, Zhu X. Wind pressures on building withappurtenances [J]. Journal of Wind Engineering and Industrial Aerodynamics, 1987, 31(2): 265 – 281.

高层建筑结构风荷载识别及识别与振动控制一体化方法*

黄金山，杨雄骏，卢聚彬，雷鹰

（厦门大学建筑与土木工程学院 厦门 361005）

1 引言

高层建筑的风荷载是建筑物的主要荷载，风荷载对建筑结构设计的安全有重要影响。由风荷载产生的结构振动中，脉动风速起着重要作用。但在实际工程中，要准确测量结构不同位置的脉动风速是十分困难甚至是不可能的，而测量结构的风致响应比直接测量脉动风速更容易。国内外已有学者采用荷载反演方法进行风荷载的识别[1-3]，但相关研究论文还不多，尤其是利用结构响应对脉动风速的随机特性的相关研究开展的还很少。另一方面，以往的高层结构风振控制研究一般均是在风荷载已知的情况下，还缺乏对结构风荷载的识别与振动控制一体化的研究。

本文运用模态卡尔曼滤波方法，通过观测部分结构响应来识别结构所受到的风荷载，然后进一步得到脉动风速，然后利用 Karhunen – Loeve 展开和降维方法构造脉动风速的完备样本集，最后在完备样本集的基础上对脉动风速的随机特性进行识别。另外，在识别风荷载的基础上，进行了结构振动优化控制力的确定，同时采用 MR 阻尼器提供结构所需最优控制力，控制力由相应的控制算法确定。

2 脉动风荷载的识别方法

由于风荷载是连续分布力，所以首先必须将其离散化。本课题组首先提出了在模态空间分解连续风荷载的方法，然后又提出了未知模态力下的模态卡尔曼滤波方法，该方法采用截断模态，实现了基于部分观测结构物理响应实时识别未知激励的目标。

3 76 层 benchmark 模型风速随机特性识别

该建筑是澳大利亚墨尔本市建造的一座 76 层高的 306 m 办公大楼。它是一座钢筋混凝土建筑，由混凝土核心和混凝土框架组成。核心设计用于抵抗大部分风荷载，而框架设计主要承受重力荷载和部分风荷载。建筑物的总质量（包括工厂房间的重型机械）为 153000 t，总体积为 510000 m³，其质量密度为 300 kg/m³，这是混凝土结构的典型特征。建筑高宽比为 306.1/42 = 7.3，因此它是风敏感的。

4 76 层 benchmark 高层建筑模型风荷载识别与振动一体化方法

将装有一个 MR 阻尼器的半主动调谐质量阻尼器（STMD）作为控制设备，装置在结构顶层，提供在风荷载作用下该 Benchmark 模型所需的控制力[8]（图 1 ~ 3）。由于 STMD 系统质量比较大，故装有 STMD 系统的结构可视为一个"77 个自由度模型"。该 MR 阻尼器采用 Bingham 模型来描述其电流变行为。

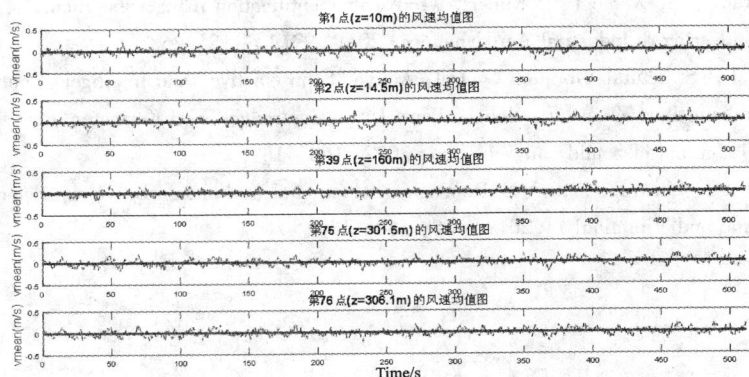

图 1 脉动风速均值

* 基金项目：国家自然科学基金项目（51678509）

第1点(z=10 m)和第1点(z=10 m)风速自(互)功率谱图

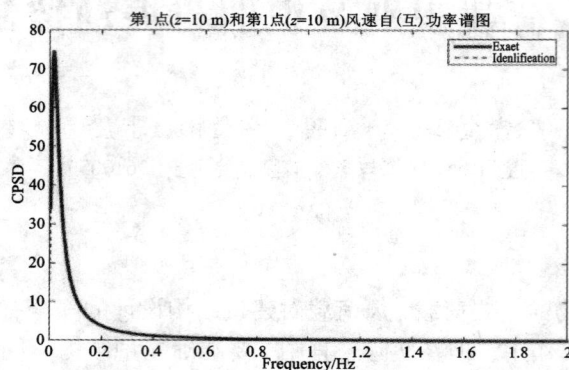

图2　自由度为1位置的脉动风速自功率谱图

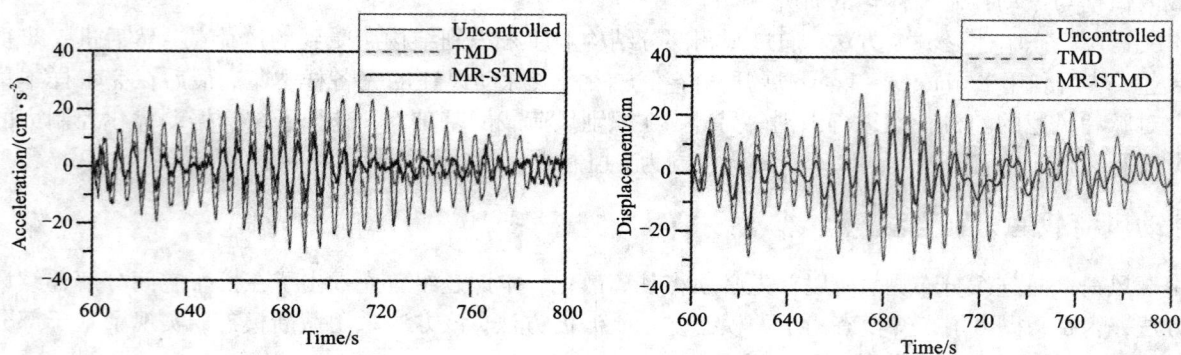

图3　控制效果对比图

参考文献

[1] Niu Y, Fritzen, C P, Jung H. & Buethe I. Online Simultaneous reconstruction of wind load and structural responses – theory and application to canton tower[J]. Computer – Aided Civil and Infrastructure Engineering, 2015, 30: 666 – 681.

[2] Zhi L H, Li Q S, Fang X M. Identification of Wind Loads and Estimation of Structural Responses of Super – Tall Buildings by an Inverse Method. Computer – Aided Civil and Infrastructure Engineering, 2016, 30(31): 966 – 982.

[3] Hwang J S, Kareem A, Kim H. Wind load identification using wind tunnel test data by inverse analysis[J]. Journal of Wind Engineering & Industrial Aerodynamics, 2011, 99(1): 18 – 26.

[4] Ou J P. Structural Vibration Control: Active, Semi – active, and Intelligent Control[M]. Science Press, Beijing, 2003.

[5] Zhangjun Liu, Zixin Liu, Yongbo Peng. Dimension reduction of Karhunen – Loeve expansion for simulation of stochastic processes [J]. Journal of Sound and Vibration, 2017: 168 – 189.

[6] Liu Z J, Liu Z X, Peng Y B. Dimension reduction of Karhunen – Loeve expansion for simulation of stochastic processes. Journal of Sound and Vibration[J]. 2017, 408: 168 – 189.

超高层住宅群舒适度的风致干扰效应*

刘慕广，刘成，余先锋，谢壮宁

（华南理工大学亚热带建筑科学国家重点实验室 广州 510641）

1 引言

高层建筑在风荷载作用下过大的振动会引起居住者的不适或恐慌，建筑人居舒适度是当前超高层建筑设计时的主要控制指标之一，我国规范中也规定了10年重现期下住宅、公寓和办公、旅馆的顶部加速度限值[1]。由于城市建筑群间的复杂干扰效应，极易增大建筑顶部的加速度响应，降低高层建筑的舒适度。当前，关于群体建筑的干扰效应多关注于结构风荷载和围护结构风压方面[2-7]。相对来说，高层建筑舒适度的干扰研究偏少。余先锋等通过刚性模型风洞试验，分析了两栋超高层建筑顺风向加速度的干扰效应。以上研究表明，建筑群体间加速度的干扰效应是不容忽视的。由于现有规范中未对舒适度的干扰效应进行说明，开展群体超高层建筑间风致舒适度的干扰效应与干扰机理研究具有较为重要的理论和工程价值。本文以某实际超高层住宅群为研究对象，通过风洞试验高频天平试验重点分析了2栋典型高层舒适度的干扰效应与机理，相关结果可为类似实际工程提供借鉴。

2 风洞试验概况和数据处理

2.1 试验模型

试验研究对象为某超高层住宅群，包含8栋塔楼，分别命名为T1~T8，高度范围为150~190 m，其中T2和T8塔楼外型和高度相同，T3与T4塔楼外型和高度相同。本文中重点讨论的T2塔楼结构层标高191.1 m，横截面长宽比为2.5；T6塔楼结构层标高150.8 m，横截面长宽比为1.6。测力模型以轻质泡沫外覆一层轻质木片制作而成，几何缩尺比为1:250。该住宅群的建筑轮廓和周边500 m半径内的建筑布置如图1所示。由于周边建筑较多，图中仅标志出了高度超过50 m的建筑信息，其他建筑仅给出轮廓示意。

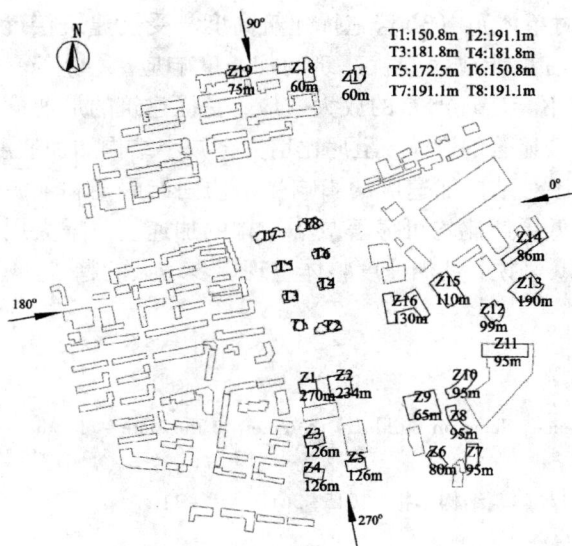

图1　建筑布置示意图

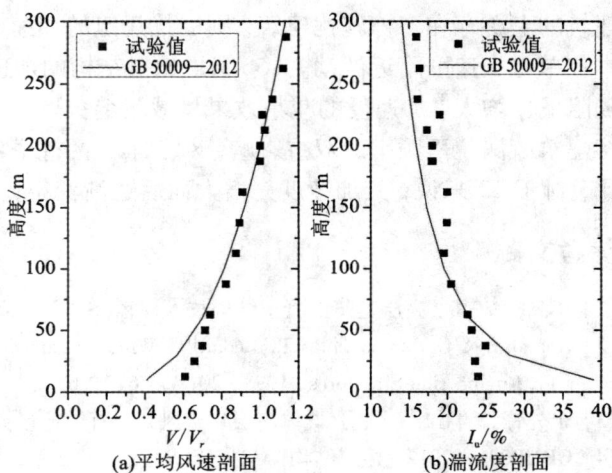

图2　D类地貌风场参数

* 基金项目：中央高校基本科研业务费专项资金（2015ZZ018）；高速铁路建造技术国家工程实验室开放基金（2017HSR06）

2.2　试验参数

高频天平风洞试验在华南理工大学风洞实验室进行。采用尖塔和粗糙元模拟出《建筑结构荷载规范》[4]中的 D 类风场，其平均风速、湍流度剖面模拟结果见图 2。

3　试验结果分析

10 年重现期对应的基本风压为 0.4 kPa，结构顶部峰值加速度响应计算时采用的阻尼比为 2%，峰值因子取 2.5。图 3 中为 T2 塔楼单体和群体状态加速度响应。

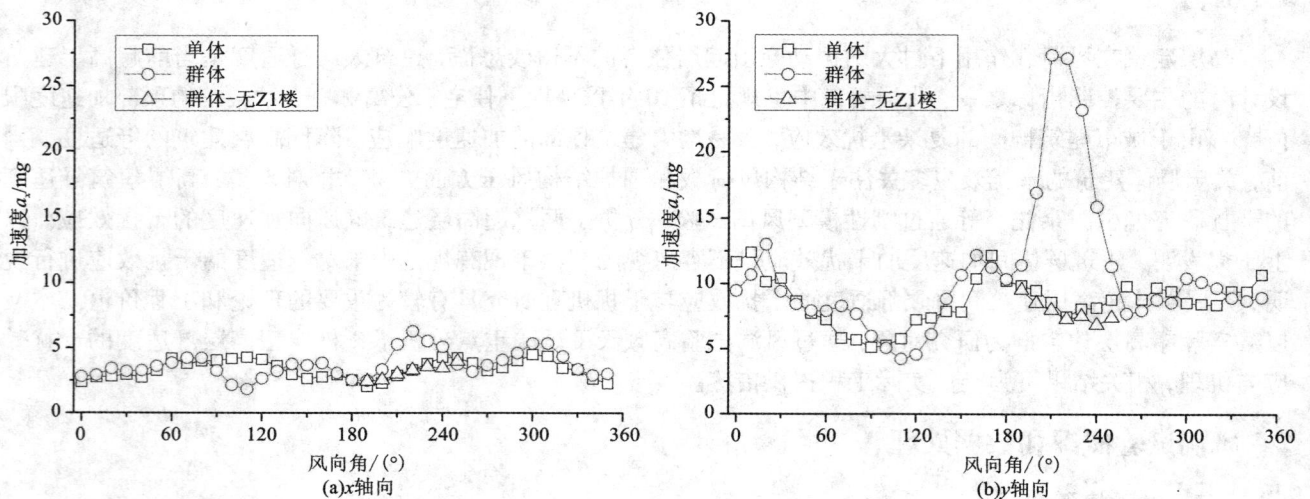

图 3　T2 塔楼峰值加速度响应

4　结论

（1）横截面长宽比为 1.6 的 T6 塔楼和长宽比为 2.5 的 T3 塔楼，弱轴向为横风向的加速度明显高于强轴向为横风向时的加速度；且弱轴向更易受到周边建筑尾流中规律性的漩涡影响，导致加速度大幅增加。（2）处于上游的施扰建筑，若其高度与受扰建筑相近或高于受扰建筑，且迎风面面尺寸大于受扰建筑，则对受扰建筑显现遮挡作用，会降低受扰建筑的加速度（相对单体）。（3）若施扰建筑高度与受扰建筑接近或高于受扰建筑，且迎风面尺寸小于或接近受扰建筑，则极有可能放大受扰建筑的加速度响应。（4）若受扰建筑的上游存在多栋施扰建筑，则受扰建筑的加速度一般不会出现严重的放大效应，受扰建筑的加速度基本在单体加速度附近波动。（5）阻尼比对结构的加速度有较显著的影响，阻尼比增大会减小结构的加速度，随阻尼比增大，加速度的减小效果呈减缓趋势。（6）周期比对结构加速度的影响受结构固有周期和上游施扰建筑漩涡脱落频率的双重影响，对于本文两栋塔楼，降低周期比均可显著减小结构的加速度。增大周期比，对于 T2 来说，其加速度先增大而后逐渐变小；对于 T6 来说，其加速度整体呈现逐步增大的趋势。

参考文献

［1］JGJ 3—2010，高层建筑混凝土结构技术规程［S］.

［2］Khanduri A C，Stathopoulos T，Bédard C. Wind – induced interference effects on buildings：a review of the state – of – the – art［J］. Engineering Structures，1998，20(7)：617 – 630.

［3］余先锋，谢壮宁，顾明. 群体高层建筑风致干扰效应研究进展［J］.建筑结构学报，2015，36(3)：1 – 11.

［4］GB 50009—2012，建筑结构荷载规范［S］.

［5］Xie Z N，Gu M. Simplified formulas for evaluation of wind – induced interference effects among three tall buildings［J］. J. Wind Eng. Ind. Aerod. ，2007，95：31 – 52.

［6］Kim W，Tamura Y，Yoshida A. Interference effects on local peak pressures between two buildings［J］. J. Wind Eng. Ind. Aerod. ，2011，99：584 – 600.

［7］Kim W，Tamura Y，Yoshida A. Interference effects on aerodynamic wind forces between two buildings［J］. J. Wind Eng. Ind. Aerod. ，2015，147：186 – 201.

高层建筑间风致风压干扰效应研究[*]

彭化义，刘喆，刘红军，林坤

(哈尔滨工业大学(深圳)土木与环境工程学院 深圳 518055)

1 引言

近年来，快速推进的城市化，使得高层建筑层出不穷，建筑密集度不断升高，导致建筑间相互干扰的问题显得日益尖锐，如何正确评估周边建筑对风荷载的干扰效应具有较高的理论与实际价值。干扰效应的影响因素与指标众多，目前已有关于影响因素的研究主要涉及折算风速、地貌、施扰建筑的形状和尺寸、风向角以及相对位置等[1, 2]，已有关于指标的研究主要涉及干扰机理、基底荷载以及风压等[3, 4]。然而现实中围护结构在强风作用下破坏的现象却比比皆是，说明人们对峰值风压在受扰作用下的分布特性的理解尚不充分。目前尚无对施扰建筑截面尺寸单参数变化的干扰效应研究。基于上述不足，本课题利用风洞同步测压试验，开展了在不同宽度比与厚度比施扰建筑作用下，受扰建筑立面风压干扰效应的研究，对平均风压进行由面到层到点逐步细化分析，对峰值风压进行面上分布与风压谱综合分析，本文旨在对干扰效应进行细化研究，为进一步研究高层建筑间的干扰效应奠定基础。

2 同步测压试验

2.1 试验模型

试验建筑是高宽比为 6 的方形截面模型(0.13 m×0.13 m×0.78 m)，几何缩尺比为 1∶300，用以模拟实际高度为 234 m 的建筑。模型采用 5 mm 厚的亚克力板粘贴而成，能够保证具有足够的刚度。模型表面上设置了 13 个测点层 A～N，每个测点层平面的每条边上面布置了 7 个测点，用于获得风压时程，截面测点布置如图 1 所示。

2.2 试验工况

试验采样时间为 120 s，考虑施扰建筑截面宽度比与厚度比发生变化所产生的干扰效应。文中定义宽度比为 B_r(施扰建筑截面宽度与受扰建筑宽度的比值)，定义厚度比为 D_r(施扰建筑截面厚度与受扰建筑截面厚度的比值)。图 2 所示为施扰建筑的移动网格，其中 A 为受扰建筑，B 为施扰建筑，黑点表示施扰建筑位置，图中共设置 66 个施扰位置，总计工况 594 个。

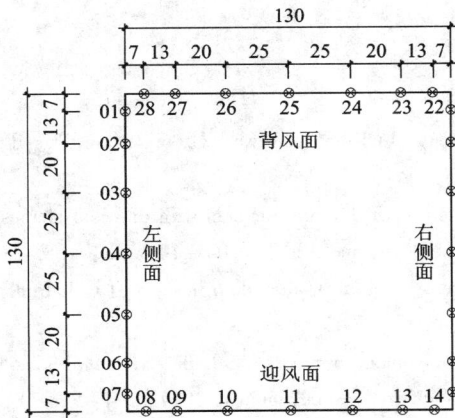

图 1 受扰建筑截面测点布置图

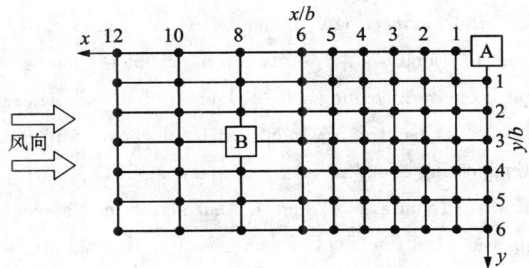

图 2 模型移动网格系统

* 基金项目：国家自然科学基金青年基金项目(51808174)

3 结果与分析

3.1 平均风压的干扰效应

本文首先确定 SIF(层平均风压干扰因子)区域分布图,并锁定干扰效应显著位置。然后通过分析显著位置所有测点层的 FIF(层平均风压干扰因子)了解干扰效应沿建筑高度的变化情况以及确定具有代表性的楼层位置。最后基于所选定代表性楼层上每个测点的 IF 值,全面掌握层风力在受扰作用下的变化情况。结果给出了 SIF 值在所研究区域内的等值线分布图与 SIF 值的相关性公式;提出了不同宽度比与厚度比下, SIF 值与 FIF 值随串列间距的变化公式以及最大最小 IF 值随并列间距的变化公式;并总结了干扰效应随施扰建筑厚度比与宽度比的变化规律。

3.2 峰值风压的干扰效应

本文采用极值 I 型分布的方法获得受扰建筑表面峰值风压。通过对峰值风压干扰因子 PIF 分布情况进行探究(如图 3 ~ 图 4 所示),从而确定典型施扰位置的坐标,并研究串并列下受扰建筑立面峰值风压与脉动风压功率谱变化规律。

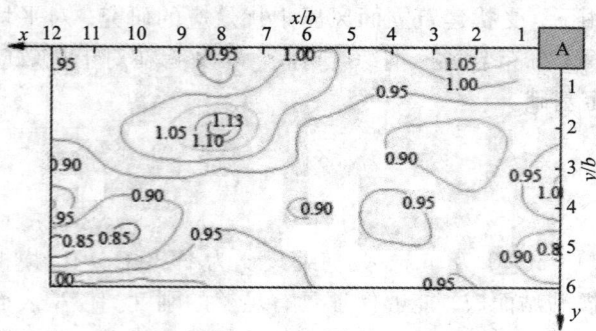

图 3 迎风面 PIF 等值线图

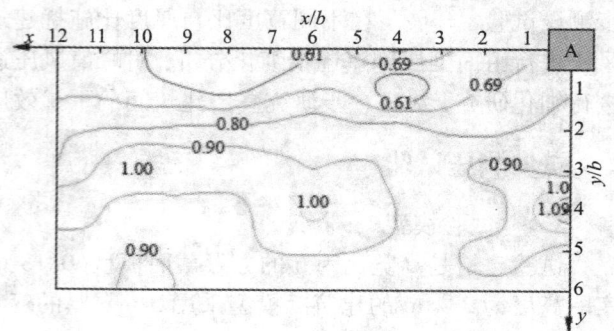

图 4 背风面 PIF 等值线图

4 结论

本文基于风洞同步测压试验的方法,考虑不同宽度比与厚度比施扰建筑作用下受扰建筑立面平均风压与峰值风压的变化情况,得到各种工况下一系列平均风压随两建筑间距变化的实用性公式,以及峰值风压在受扰建筑立面的分布规律,并利用脉动风压功率谱对受扰建筑周边的流场做了初步分析,文中所获得的结论可供工程设计人员使用。

参考文献

[1] Yu X F, Xie Z N, Zhu J B, et al. Interference effects on wind pressure distribution between two high-rise buildings[J]. Journal of Wind Engineering & Industrial Aerodynamics, 2015, 142: 188-197.

[2] Hui Y, Tamura Y, Yoshida A. Mutual interference effects between two high-rise building models with different shapes on local peak pressure coefficients[J]. Journal of Wind Engineering & Industrial Aerodynamics, 2012, 104-106: 98-108.

[3] Lo Y L, Tseng Y F. Interference effects on tail characteristics of extreme pressure value distributions[J]. Journal of Wind Engineering & Industrial Aerodynamics, 2017, 170: 28-45.

[4] Hui Y, Tamura Y, Yang Q. Analysis of interference effects on torsional moment between two high-rise buildings based on pressure and flow field measurement[J]. Journal of Wind Engineering & Industrial Aerodynamics, 2017, 164: 54-68.

高耸烟囱结构等效风荷载的风洞实验研究[*]

苏宁[1]，彭士涛[1]，洪宁宁[1]，李智远[2]

（1. 交通运输部天津水运工程科学研究院 天津 300456；2. 哈尔滨工业大学土木工程学院 哈尔滨 150090）

1 引言

高耸烟囱结构属于风敏感结构，其顺风向及横风向等效静风荷载的确定是结构设计的关键环节之一。本文以某电厂 275 m 混凝土烟囱为例，设计风速为 80 m/s（50 年一遇，开阔地貌，10 m 高，3 s 阵风风速），通过刚性模型风洞试验及风振响应分析确定了该烟囱的等效静风荷载，并与中国规范（建筑结构荷载规范 GB 50009—2012、烟囱设计规范 GB 50051—2013）及美国规范（Minimum Design Loads for Buildings and Other Structures ASCE 7 – 10、Code Requirements for Reinforced Concrete Chimneys ACI 307 – 08）计算结果进行了对比，为类似工程的抗风设计提供依据和参考。

2 风洞试验

刚性模型风洞试验主要考察烟囱结构在周边建筑设施干扰下的风力（表面压力及基底力）。根据建筑图对缩尺刚性测压和测力模型进行制作，同时，根据场地总平面图同比例对周边建筑设施模型进行制作。根据 ASCE 7 – 10，在满足缩尺模型几何相似的情况下，风洞截面阻塞比不超过 5% 的原则，模型几何缩尺比取为 1:200。测压模型在烟囱表面每隔 10 m 布置 10～20 个测点，共计测点数 377 个，各层测点选用不同长度的 PVC 测压管，管长从 0.30 m 变化到 1.65 m，在数据处理时进行了频响修正。测力模型模拟烟囱的气动外形，底部设置与测力天平连接底座，测量烟囱的脉动基底风力。为模拟烟囱在高雷诺数流场的作用，参考 ESDU[1] 数据进行表面刻痕。

本试验在交通运输部天津水运工程科学研究院的 TKS – 400 大气边界层风洞进行。该风洞是一座水平直流吹出式单试验段风洞，风洞试验段尺寸为宽 4.4 m × 高 2.5 m × 长 15 m，为了减小试验段内的轴向静压梯度，试验段两侧壁设置了 0.195° 的当量扩散角，试验段设计空风洞最大风速为 30 m/s。模拟美国规范 ASCE 7 – 10 中的开阔地貌 C 类风场，如图 1 所示。

(a)风洞试验照片   (b)风场模拟情况

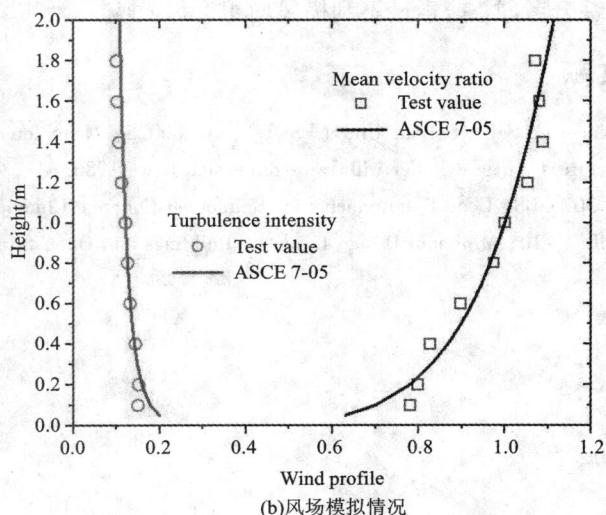

图 1 风洞试验基本情况

* 基金项目：国家重点研发计划资助项目（2016YFE0204800）；中央级公益性科研院所基本科研业务费专项资金（tks160111）

3 等效静风荷载与规范的对比

将刚性模型测压实验得到的最不利风向下风荷载时程加载在结构有限元模型上进行风振响应分析,由风值因子法得到结构极值风振响应,再按照 ACI 307 – 08 中推荐的方法,以基底弯矩为等效目标推得结构各截面的等效静风荷载。根据中、美规范计算的结构顺风向及横风向等效静风荷载,与风洞试验结果的对比如图 2 所示,图中 single 表示单体烟囱试验结果,test 表示考虑周边设施干扰效应的试验结果。

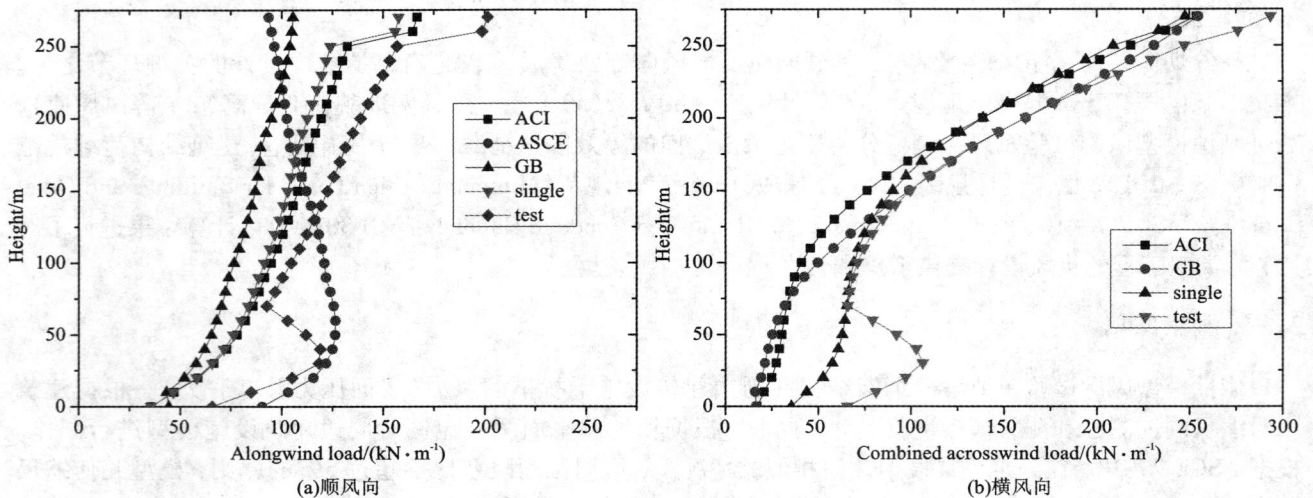

(a)顺风向

(b)横风向

图 2 等效静风荷载

4 结论

通过风洞试验得到的单体烟囱等效静风荷载结果与规范计算值较为接近,但由于烟囱周边的附属设施及建筑对烟囱风荷载可能产生放大效应,应在设计中予以重视。针对烟囱结构,中美规范计算的差异主要体现在对风场湍流度、峰值因子、阻尼比的取值差异,因此,需要在计算中加以区分说明。此外,对于横风向等效静风荷载的考虑,尤其是当设计风速大于临界风速时,需要对设计风速内一定范围内横风向风振效应进行综合考虑,搜索最不利横风向组合风效应。

参考文献

[1] Engineering Science Data Unit (ESDU), No 80025: Mean forces, pressures and flow field velocities for circular cylindrical structures: single cylinder with two – dimension flow, 1986.

[2] ACI 307 – 08, Code Requirements for Reinforced Concrete Chimneys, 2008.

[3] ASCE 7 – 10, Minimum Design Loads for Buildings and Other Structures, 2010.

基于弯剪梁模型的高层建筑风振系数实用计算式

王国砚，张福寿

（同济大学航空航天与力学学院 上海 200092）

1 引言

本文采用基于弯剪梁模型的高层建筑简化基本振型，建立高层建筑风振系数计算的实用算式。算例表明，本文方法既可考虑不同高层建筑振型的特点、提高计算精度，又简单实用。

2 基于弯剪梁模型的简化振型

根据高层建筑的结构和变形特点，工程上可采用弯剪型竖向悬臂梁进行模拟，在作自振特性分析时，相应的自由振动微分方程为[1-5]：

$$EI \frac{\partial^4 y}{\partial z^4} - \frac{mEI}{\chi GA} \frac{\partial^4 y}{\partial z^2 \partial t^2} + m \frac{\partial^2 y}{\partial t^2} = 0 \tag{1}$$

式中，EI 为弯剪梁的弯曲刚度，GA 为剪切刚度；m 为单位梁长质量；χ 为考虑切应力沿截面分布不均匀而引入的修正系数，简称剪切系数。引入刚度特征值 $\lambda = \sqrt{\chi GAH^2 / EI}$，其中 H 为建筑总高度。

通过求解方程（1），根据弯剪型竖向悬臂梁的边界条件，可解得振型函数，但其表达式和计算过程均十分复杂。因此，需要对其简化。文献[5]通过数值分析和拟合计算，给出如下振型表达式：

$$\varphi_1 = 1.5X^\beta - 0.5X^3 \tag{2}$$

式中，$X = z/H$，z 为竖向坐标；β 为振型指数，依据 λ 按下式计算：

$$\beta(\lambda) = 1.29 + 0.4 \arctan(0.67\lambda - 1.1) \tag{3}$$

由此，当高层建筑的刚度特征值 λ 给定时，代入式（3）得出 β 值，再将 β 值代入式（2），可得到与实际高层建筑基本振型十分吻合的简化振型。

3 风振系数算式

本文将上述简化振型表达式代入我国荷载规范[2]给出的高层建筑风振系数计算式，通过数值分析和拟合计算，给出如下的风振系数计算式：

$$\beta(z) = 1 + 2gI_{10}B_z^*(z) \sqrt{1 + R^2} \tag{4}$$

式中，背景分量因子为：

$$B_z^*(z) = B_{z0}^* \frac{\varphi_1(z)}{\mu(z)} = k^* H^{\alpha^*} \rho_x \rho_z \frac{\varphi_1(z)}{\mu_z(z)} \tag{5}$$

其中，k^*、α^* 可按照下式计算：

$$\begin{cases} k^* = k_1(4.33\beta - \beta^2) + k_2 \\ a^* = \alpha_1 + 0.034\beta \end{cases} \tag{6}$$

k_1、k_2、α_1 按地貌取值，如表 1 所示。其余参数均与我国荷载规范[2]中取值一致。

表 1 四类地貌中拟合参数取值

地貌类别	A	B	C	D
k_1	0.0720	0.0543	0.0257	0.0107
k_2	0.5590	0.3900	0.1660	0.0607
α_1	0.1228	0.1544	0.2270	0.3097

4   算例

本文选用我国规范[2]推荐的两组振型,即高层建筑的正切函数振型和高耸结构的三次多项式振型,对应的系数 k、α 取值如表2所示。采用本文的简化振型对它们进行拟合,得到振型指数 β 分别取 1.668 和 1.854。将 β 代入式(6)可得本文简化计算式中 k^*、α^* 值,如表3。对比表2和表3,可见二者具有较高的相似性,尤其对于振型拟合效果更好的高耸结构。

可见,本文的振型简化模型基本可以涵盖我国规范[2]特定振型下的简化计算式,且算式简洁,适用范围也更广。

表2   我国规范[2]的8.4.5−1表中的系数 k、α

地貌类别		A	B	C	D
高层建筑	k	0.944	0.670	0.295	0.112
	α	0.155	0.187	0.261	0.346
高耸结构	k	1.276	0.910	0.404	0.155
	α	0.186	0.218	0.292	0.376

表3   本文简化计算式中的系数 k^*、α^*

地貌类别		A	B	C	D
高层建筑	k^*	0.879	0.631	0.280	0.108
	α^*	0.180	0.211	0.284	0.366
高耸结构	k^*	1.271	0.913	0.406	0.157
	α^*	0.186	0.217	0.290	0.373

5   结论

本文采用等截面匀质弯剪型竖向悬臂梁模型模拟常见的等截面高层建筑,归纳出控制高层建筑基本振型形状的参数 λ;根据文献[5]建立的基本振型简化模型,建立了高层建筑风振系数实用计算式。结果表明,运用文献[5]的简化振型进行高层建筑风振系数计算,能更好地反映不同结构体系建筑高度的振型特点,提高风振系数的计算精度。

参考文献

[1] European Committee for Standardization (CEN). Eurocode 1: Actions on structures – Part 1 – 4: General actions – wind actions [S]. EN 1991 – 1 – 4: 2005.

[2] GB 50009—2012,建筑结构荷载规范[S].北京:中国建筑工业出版社,2012:34 – 53.

[3] 梁枢果,李辉民,瞿伟廉.高层建筑风荷载计算中的基本振型表达式分析[J].同济大学学报.2002,30(5):578 – 582.

[4] 李永贵,李秋胜.基本振型对高层建筑等效静力风荷载的影响分析[J].地震工程与工程振动,2016,36(6):38 – 44.

[5] 王国砚,张福寿.高层建筑简化振型及在结构风振计算中的应用[J].同济大学学报(自然科学版),2018,46(1):7 – 13.

TMDI 在超高层建筑抗风中的应用

王钦华，乔浩帅，祝志文

（汕头大学土木与环境工程系 汕头 515063）

1 引言

随着经济的发展和建筑材料技术的进步，超高层建筑如雨后春笋般拔地而起。超高层建筑由于其轻柔的特点对风荷载非常敏感，如何有效减小超高层建筑的风致加速度响应成为当前研究的一个重点。文献表明[1]，在一定范围内 TMD 机构的质量越大，减小振动的作用越好，但是当 TMD 的质量不断增加时，对于安装、空间占用等需求不断提高，为设计施工带来了新的挑战。而调谐惯性质量阻尼器（Tuned Mass Damper Inertia，TMDI）正是在 TMD 的基础上，通过在 TMD 与结构主体连接的位置加装例如飞轮的惯性耗能机构来起到"质量放大"作用，在避免直接增加 TMD 部分的质量的同时可以更好地减轻结构风致响应。

2 背景理论以及实例分析

2.1 安装 TMDI 结构的运动方程

TMDI 安装在结构上如图 1 所示：

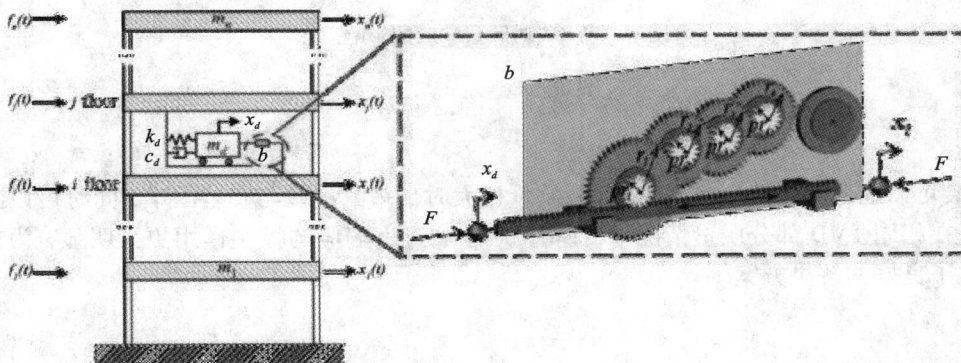

图 1　TMDI 结构示意图及飞轮体系详图[2]

结构安装 TMDI 后运动方程如下：

$$M\{\ddot{D}(t)\} + C\{\dot{D}(t)\} + K\{D(t)\} = \{P(t)\} \tag{1}$$

$$M = M_s^{n+1} + (m_{\text{TMDI}} + b)\mathbf{1}_{n+1}\mathbf{1}_{n+1}^{\text{T}} + b\mathbf{1}_{n-p}\mathbf{1}_{n-p}^{\text{T}} - b(\mathbf{1}_{n+1}\mathbf{1}_{n-p}^{\text{T}} + \mathbf{1}_{n-p}\mathbf{1}_{n+1}^{\text{T}}) \tag{2}$$

$$C = C_s^{n+1} + c_{\text{TMDI}}(\mathbf{1}_{n+1}\mathbf{1}_{n+1}^{\text{T}} + \mathbf{1}_n\mathbf{1}_n^{\text{T}} - \mathbf{1}_{n+1}\mathbf{1}_n^{\text{T}} - \mathbf{1}_n\mathbf{1}_{n+1}^{\text{T}}) \tag{3}$$

$$K = K_s^{n+1} + k_{\text{TMDI}}(\mathbf{1}_{n+1}\mathbf{1}_{n+1}^{\text{T}} + \mathbf{1}_n\mathbf{1}_n^{\text{T}} - \mathbf{1}_{n+1}\mathbf{1}_n^{\text{T}} - \mathbf{1}_n\mathbf{1}_{n+1}^{\text{T}}) \tag{4}$$

其中：$\mathbf{1}_i$ 表示长度为 $n+1$（n 为楼层数），除第 i 位元素为 1 其余元素均为 0 的列向量；M_s^{n+1}、C_s^{n+1}、K_s^{n+1} 是在原始结构的质量、阻尼、刚度矩阵最后一行、一列之后再扩阶一行、一列零元素后形成的新矩阵；p 表示以 TMDI 系统中 TMD 部分安装层数为准，惯性器向下连接所越过的层数；m_{TMDI}、c_{TMDI}、k_{TMDI} 为 TMDI 系统中 TMD 部分的质量、阻尼和刚度；$\{\ddot{D}(t)\}$、$\{\dot{D}(t)\}$、$\{D(t)\}$ 为加速度、速度和位移气动力时程；$\{P(t)\}$ 为于测量所得的荷载时程最后一行之后补相同样本长度的零元素所得到的荷载时程；上标的大写字母 T 表示转置。

2.2 实例分析

本文对一 340 米高装有 TMDI 的超高层建筑进行风振响应分析，其结果如图 2 所示。图 2（a）中表明

TMDI 在控制风振位移方面与 TMD 作用相近，二者在顶层均能达到 18% 的位移减小作用；图 2（b）中表明 TMDI 在控制风振加速度方面优于 TMD，相同 TMD 部分质量下 TMDI 对于顶层加速度相比于 TMD 减小约 29.6%，充分体现出了"质量放大"作用。

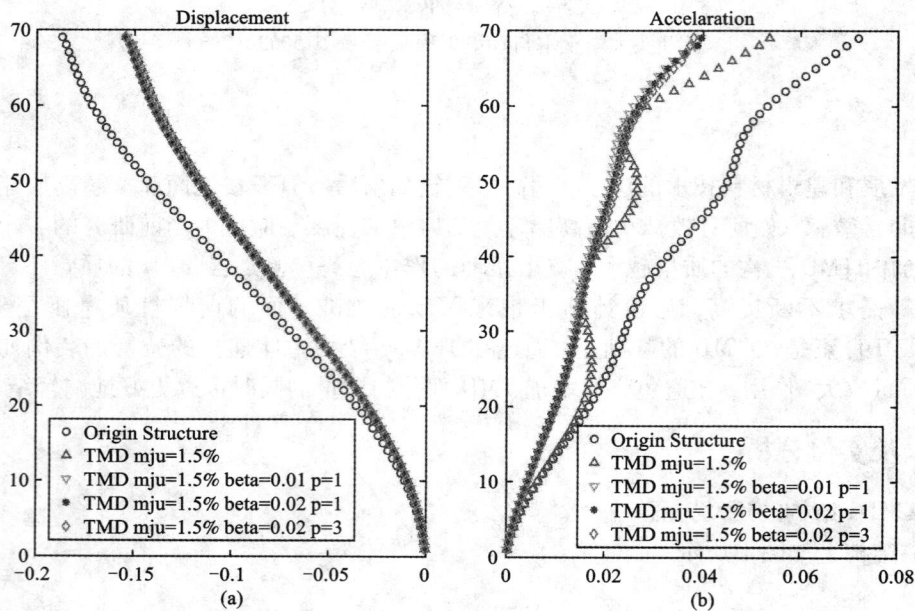

图 2   TMDI 对风致响应的影响

3   结论

TMDI 的安装可以在避免由于所需 TMD 部分质量过大时带来的设计与安装困难，同时可以有效地控制结构风致响应。在相同 TMD 部分质量情况下，TMDI 对于加速度响应的控制作用更为明显，为提高建筑物居住舒适度提供了良好的解决方案。

参考文献

［1］Marian L，Giaralis A. Optimal design of a novel tuned mass – damper – inerter（TMDI）passive vibration control configuration for stochastically support – excited structural systems［J］. Probabilistic Engineering Mechanics，2017，38：156 – 164.

［2］RuizR，Giaralis A，Taflanidis A，et al. RISK – INFORMED OPTIMIZATION OF THE TUNED MASS – DAMPER – INERTER（TMDI）FOR SEISMIC PROTECTION OF BUILDINGS IN CHILE. 16 th World Conference on Earthquake Engineering，16WCEE 2017. Santiago Chile，January 9th to 13th 2017.

平面反对称布置双塔高层建筑风场干扰效应研究[*]

邢琼，苏瑜

（湖北工业大学土木建筑与环境学院 武汉 430068）

1 引言

目前的研究无论方柱、矩形柱还是圆柱的雷诺数多为 $10^3 \sim 10^5$，本文研究的结构的雷诺数范围为 $10^7 \sim 10^8$，而且针对两个梯形柱体风场干扰的研究几乎没有。目前对联体或单栋多体建筑的风场研究，多针对具体建筑结构，结构体型复杂多变，缺乏普遍性和规律性。本文首先利用 CFD 对单方柱绕流进行数值模拟，并与风洞试验结果进行比较，验证数值模型可靠性。再对某双塔高层建筑进行数值模拟，研究在不同间距下两个单塔楼之间的风场干扰及风荷载的变化规律。

2 风洞试验 Fluent 模拟验证

2.1 单方柱绕流数值模拟

单方柱的风洞试验[1]结果，平均阻力系数为 2.1，Strouhal number 为 0.132，没有给出方柱的风压分布结果。数值模拟得到的结果，平均阻力系数为 2.19，Strouhal number 为 0.11。数值模拟的阻力系数和 Strouhal number 与风洞试验结果吻合良好。图 1 所示结果表明，本文数值模拟结果与相近雷诺数的风洞试验及数值模拟结果吻合良好，而且在方柱直角处流场剧烈变化，风压系数随之剧烈变化，数值模拟能够较好且完整地得到方柱风压分布结果。而由于风洞试验相关条件的局限，无法得到方柱直角细节处的风压变化，这也显示了数值模拟方柱绕流的优势。

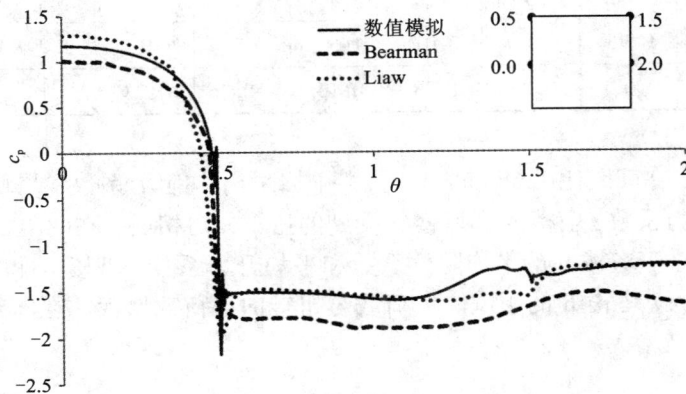

图 1 方柱平均风压系数分布图

3 单栋双塔建筑风场干扰数值模拟

3.1 计算模型

参考建筑荷载等相关规范，高层建筑的风速一般选取 30 m/s 和 50 m/s，本文取计算入口风速 30 m/s。计算选取的湍流度为 1%。高层建筑中部流场受端部流场影响很小，可近似为二维流场，所以本文采用二维模型，雷诺数为 3.25×10^7。结构布置和风向角示意图见图 2。两个塔体受到的风荷载作用可以用阻力系数、升力系数、扭矩系数和 Strouhal number 来反映，通过结构风荷载来分析风场干扰情况。

---

[*] 基金项目：湖北工业大学校级科研启动基金（BSQD2016031）；湖北省自然科学基金青年基金（2018CFB287）

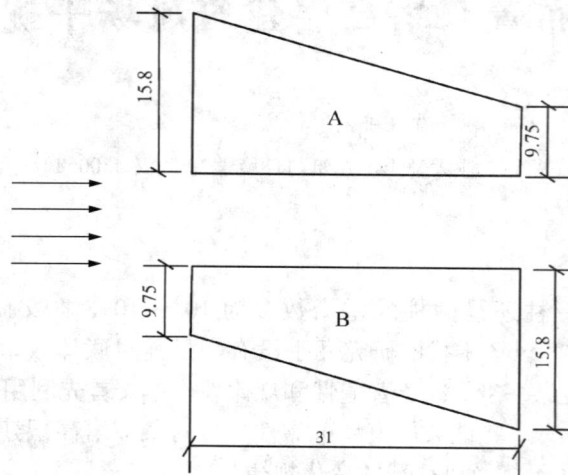

图 2　双塔建筑结构截面示意图

3.2　双塔建筑结构风场干扰分析

　　A、B 塔楼的间距比定义为两塔楼形心在横风向距离与长边长度(15.8 m)之比。实际结构中两塔楼之间的距离为 13 m，间距比为 1.65。为研究两塔体在不同间距下的风场干扰，再取间距 19.5 m(间距比约为2)和 26 m(间距比约为 2.5)。塔体 A 和塔体 B 在这三种间距比下的受力见表 1。

表 1　不同间距下塔体 A 和塔体 B 的受力系数

| | 间距比 1.65 | | | | 间距比 2.0 | | | | 间距比 2.5 | | | |
	$\overline{C_d}$	$\overline{C_l}$	C_m	St	$\overline{C_d}$	$\overline{C_l}$	C_m	St	$\overline{C_d}$	$\overline{C_l}$	C_m	St
塔楼 A	2.15	3.46	0.95	0	2.01	1.51	0.44	0	1.99	−1.74	−0.19	0.064
塔楼 B	1.59	0.5	−0.1	0.26	1.86	0.16	−0.26	0.23	2.13	0.65	−0.37	0.2

　　表 1 所示的结果表明，在间距比 1.65 和 2.0 时，塔楼 A 的平均阻力系数和平均升力系数均大于塔楼 B的平均阻力系数和平均升力系数，塔楼 A 和塔楼 B 受到的扭矩方向相反。在间距比 2.5 时，塔楼 A 的平均阻力系数和平均升力系数小于塔楼 B 的平均阻力系数和平均升力系数，塔楼 A 和塔楼 B 受到的扭矩方向相同。随着塔楼间距的增大，塔楼 B 的顺风向风荷载与扭转向风荷载增大。在间距比较大处，2.0~2.5，塔楼 B 的横风向风荷载突然增大。

4　结论

　　1)横截面为直角梯形的塔楼的平均阻力系数可以依据矩形柱随长宽比的变化规律定性判断，定义梯形柱的长宽比为梯形的高与迎风面长度的比值。

　　2)通过对塔楼 A 和塔楼 B 的平均阻力系数、平均升力系数和平均扭矩系数进行比较，随着塔楼间距的增大，塔楼 B 的顺风向风荷载与扭转向风荷载增大。在间距比较大处，2.0~2.5，塔楼 B 的横风向风荷载突然增大。

参考文献

[1] Lyn D A, Einav S, Rodi W, et al. A laser – Doppler velocimetry study of ensemble – averaged characteristics of the turbulent near wake of a square cylinder[J]. Journal of Fluid Mechanics, 1995, 304: 285 –319.

超高层双塔连体建筑风压分布试验研究*

徐枫[1]，荣沛洋[1]，许伟[2]，段忠东[1]，欧进萍[1]

(1.哈尔滨工业大学(深圳) 深圳 518055；2.广东省建筑科学研究院集团股份有限公司 广州 510500)

1 引言

双塔连体结构作为一类复杂的新型高层建筑结构形式，在实际工程中被越来越多的应用，对其进行深入系统研究具有重要的理论意义和实践指导价值。对于超高层双塔连体建筑，由于塔楼相邻且存在连体，结构周围会形成复杂的风场环境[1]。塔间存在风荷载干扰效应[2]，且会因为连体存在而发生复杂变化。为了对双塔间的干扰效应以及连体的影响做出合理的分析，设计了单塔、双塔无连和双塔连体三组对照模型，在风洞中进行了刚体测压试验并分析，所得结论可以为类似工程的抗风设计提供参考。

2 实验介绍

风洞试验模型使用 ABS 板制成的刚体模型，具有足够的强度和刚度，几何缩尺比为 1∶300。建筑物单塔的实际尺寸为底面 40 m×40 m、高 250 m 的长方体。双塔的每个塔楼外形与单塔结构一致，两塔平行并列布置，形成狭缝的两侧面也相互平行，间距为 40 m。双塔连体结构主塔与双塔无连结构一致，连体为高 20 m、宽 32 m、长 40 m 的长方体结构，布置于双塔之间的中轴线上，顶面标高为 120 m，风洞试验模型如图 1。为测取模型表面的风压，沿高度分为 A～K 共计 11 层，层高分别为 30 m、60 m、85 m、110 m、135 m、160 m、180 m、200 m、215 m、230 m、245 m，每层布置 20 个测点，从 0°到 90°每隔 5°设置一个风向角工况，具体布置形式如图 2 所示。

图 1 风洞试验模型图

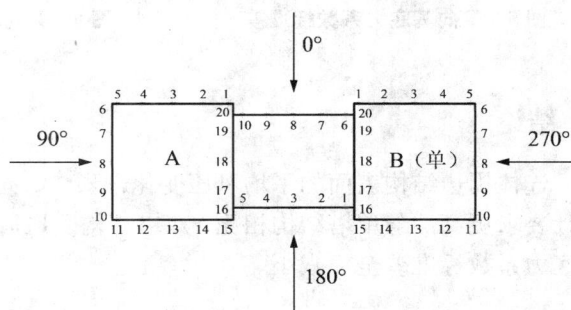

图 2 平面测点分布及风向示意图

3 结果与分析

图 3 和图 4 分别给出了在 0°、45°和 90°这三个特征风向角下，连体双塔和无连双塔工况在连体所在高度处的 A 塔平均风压系数和 B 塔脉动风压系数分布对比图。连体所在高度为 100～120 m，所以选取距离连体最近的上下两层的数据，分别为 85 m 高度处和 115 m 高度处的测点层。图中横坐标为每层测压孔编号，L 代表连体双塔，noL 代表无连双塔。

0°和 45°风向角下，连体的存在使得结构表面平均风压系数相较于无连结构变化剧烈，尤其是连体周边位置，在设计连体周边位置的受力结构和幕墙结构时，应给予特殊考虑，必要时需要进行一定程度的局部加强。对于 0°和 45°风向角下的脉动风压系数，连体的存在使其值在结构内外侧面上有所降低，说明连体的存在有利于连体所在高度处横风向脉动风荷载作用下的幕墙设计。在 90°风向角下，连体存在与否对

* 基金项目：国家重点研发计划资助(2018YFC0809400)；国家自然科学基金项目(U1709207，51778199)

结构表面风压影响不大。

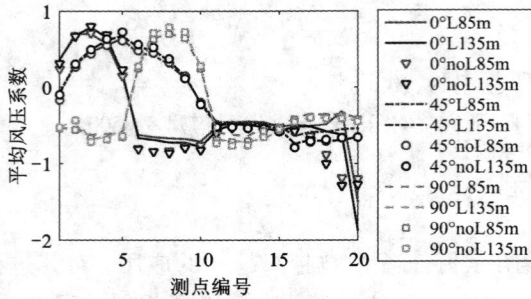

图3　A塔平均风压系数

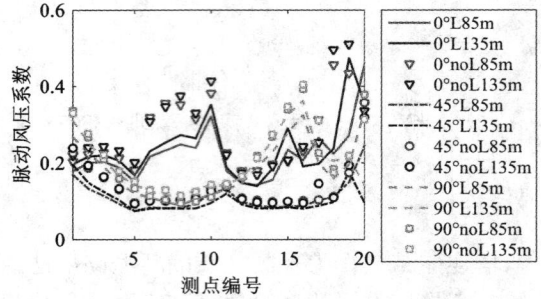

图4　B塔脉动风压系数

图5~图7给出了各风向角下单塔、无连双塔和连体双塔结构基底力系数标准差的变化曲线。与单塔结构相比，无连双塔的塔间干扰效应明显，尤其是大角度情况下的X向基底力系数脉动值[3]，下游塔体更小上游塔体更大。与无连双塔相比，连体双塔各方向的基底力系数标准差全面减小。

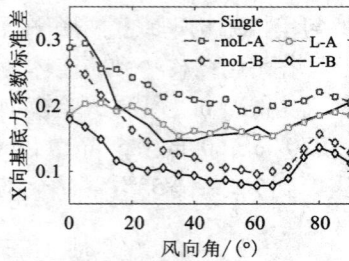

图5　X向基底力系数标准差

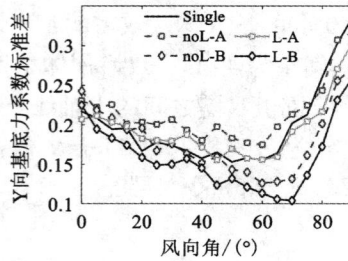

图6　Y向基底力系数标准差

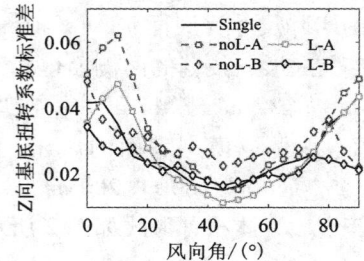

图7　Z向基底扭转系数标准差

4　结论

连体周边结构表面的平均风压变化剧烈[4]，同时一定程度上增加了结构表面的脉动风压，对结构幕墙设计要求更高。与单塔结构相比，双塔结构受风荷载干扰效应明显。与无连双塔相比，连体双塔各方向的基底力系数标准差全面减小。

参考文献

[1] Ming G, Huang P, Tao L, et al. Experimental study on wind loading on a complicated group – tower[J]. Journal of Fluids & Structures, 2010, 26(7): 1142 – 1154.

[2] Kim W, Tamura Y, Yoshida A. Interference effects on aerodynamic wind forces between two buildings[J]. Journal of Wind Engineering & Industrial Aerodynamics, 2015, 147: 186 – 201.

[3] Hui Y, Tamura Y, Yang Q. Analysis of interference effects on torsional moment between two high – rise buildings based on pressure and flow field measurement[J]. Journal of Wind Engineering & Industrial Aerodynamics, 2017, 164: 54 – 68.

[4] Hu G, Tse K T, Song J, et al. Performance of wind – excited linked building systems considering the link – induced structural coupling[J]. Engineering Structures, 2017, 138: 91 – 104.

结构主轴偏转对顺风向风荷载的影响*

严亚林，唐意，陈凯，李宏海

（建研科技股份有限公司 北京 100013）

1 引言

对于近似矩形截面建筑，工程上一般认为其结构主轴方向与矩形的两侧边平行。但由于现代建筑使用功能的多样化，某些建筑虽然建筑截面近似矩形，但由于剪力墙、柱体布置的不对称可能导致其结构主轴与矩形的侧边存在一定夹角[1]。矩形建筑的最大顺风向风荷载一般与建筑截面垂直，当风轴与结构主轴间存在夹角时，结构顺风向振动是结构主轴振动的一个分量，基于《建筑结构荷载规范》[2]公式计算的顺风向风荷载可能存在一定的误差。

2 理论分析

2.1 一般等效风荷载计算方法

高层建筑结构静力风荷载基于风荷载作用下结构某一响应极值等效而来。风致动力等效荷载可以表示成背景分量与共振分量组合的形式，如式（1）所示；对于结构主轴与风轴一致的建筑而言，在主轴方向结构一阶振动贡献量最大，因此在应用中仅考虑结构一阶振动对响应的放大作用。基于一系列简化[2]，并代入平均风荷载，"建筑结构荷载规范"给出基于风轴与主轴一致的计算顺风向计算公式（3）、横风向计算公式（4）。

$$\tilde{F} = \sqrt{F_B^2 + F_R^2} \tag{1}$$

$$F_{Rj} = \omega_j^2 M \varphi_j \sigma_j \tag{2}$$

$$w_k = \mu_s \mu_z w_0 (1 + 2g I_{10} B_z \sqrt{1 + R^2}) \tag{3}$$

$$w_{Lk} = g w_0 \mu_z C_L' \sqrt{1 + R_L^2} \tag{4}$$

2.2 主轴相对风轴偏转的等效风荷载计算方法

如图1所示，当结构主轴与风轴存在夹角 θ 时，则结构在风轴方向的振型可以表示为：

$$\varphi_1 = \begin{Bmatrix} \varphi_{x1} \\ \varphi_{y1} \end{Bmatrix} = \begin{Bmatrix} \varphi_1 \cos\theta \\ \varphi_1 \sin\theta \end{Bmatrix}; \; \varphi_2 = \begin{Bmatrix} \varphi_{x2} \\ \varphi_{y2} \end{Bmatrix} = \begin{Bmatrix} -\varphi_2 \sin\theta \\ \varphi_2 \cos\theta \end{Bmatrix} \tag{5}$$

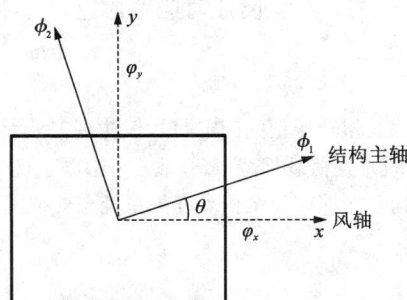

图1 风轴与结构主轴关系示意图

由于结构前两阶分别为结构在两个正交方向的一阶振动，周期的计算值较为接近，因而在考虑风轴方向的共振等效荷载时需要同时结构前两阶振型的贡献。将式（5）代入式（3）、式（4），并基于风轴和结构主

* 基金项目："十三五"研发计划课题（2017YFC0803302）

轴的关系，可将顺风向风荷载表示为式(3)的形式，但其中应共振因子 R 应采用式(6)的方法计算。式(6)中 R_1、R_2、R_{L1}、R_{L2} 分别为顺风向 1、2 阶及横风向 1、2 阶共振因子，可按照"建筑结构荷载规范"计算。

$$R = \sqrt{(R_1 \sin^2\theta + R_2 \cos^2\theta)^2 + \frac{C'_L D}{2\mu_s I_{10} B_z B}[(R_{L1} - R_{L2})\sin\theta\cos\theta]^2} \tag{6}$$

3　主轴偏转的实例分析

B 类地貌下某建筑横截面尺寸为 40 m × 40 m，结构主轴相对风轴转角为 45°建筑，当地基本风压为 0.75 kPa 时，结构 1 阶自振周期[3]为 $0.32H^{0.5}$，阻尼比为 3.5%。结构顺风向风荷载随高度与规范计算结果的比值如图 2 所示。图 2 中，横坐标 H 为建筑物高度，纵坐标 r_a 为顺风向基底弯矩实际结果与规范计算结果的比值，为了反映周期的影响，图中给出了两种周期比对应的曲线。当建筑物较低或结构一、二阶自振周期比较接近时一阶周期时，主轴偏转对顺风向风荷载影响较小；而当结构较高且一二阶周期相差较多，即结构横风向共振响应较大时，主轴偏转对顺风向风荷载放大较多，在本例中最大增加 10%。

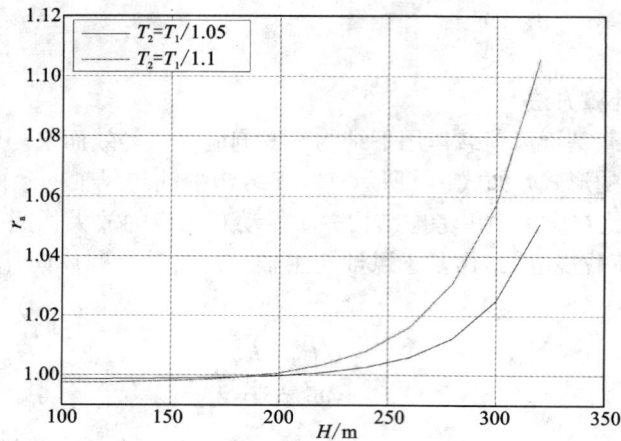

图 2　基底弯矩实际值与规范值的比值随高度变化图

4　结论

本文分析了结构主轴偏转对高层建筑顺风向风荷载的影响。由于结构主轴与风轴存在夹角，结构横风向振动可能传递到顺风向，当横风向风荷载较大时，将会引起结构顺风向风荷载的增加，其增加幅度与结构自振周期及结构主轴与风轴的夹角相关，工程设计时应考虑这一不利影响。

参考文献

[1] 王福智，王依群，邓孝祥. 振型数的选取及扭转振型的确定[J]. 天津理工大学学报，2005，21(3)：81 - 85.
[2] 中华人民共和国住房和城乡建设部. 建筑结构荷载规范[M]. 北京：中国建筑工业出版社，2012.
[3] 徐培福，肖从真，李建辉. 高层建筑结构自振周期与结构高度关系及合理范围研究[J]. 土木工程学报，2014(2)：1 - 11.

由台风"山竹"破坏探讨幕墙抗风设计若干问题

于晓野

（奥雅纳工程顾问 香港）

1 简介

台风"山竹"是近 30 年来吹袭香港的最强台风，其对香港多个建筑的玻璃幕墙造成了不同程度的破坏。为了对风灾破坏程度及导致原因有更深入的了解，作者所在团队对若干破坏现场进行了考察，发现了一些特点，如个别案例建筑中下部幕墙破坏更为严重及存在较明显的飞射物破坏痕迹等。文中将对这些破坏形态进行介绍，并由此出发结合试验及国内外规范对建筑内外风压分布及取值特点进行分析，对当前规范中幕墙设计中可能忽视的问题进行讨论。

2 台风山竹及幕墙破坏介绍

台风山竹诞生于西北太平洋[图 1(a)]；中心最大风速达 250 km/h，为 2018 年区域最强台风；香港天文台在台风距港 1000 km 发出一号戒备信号，为有记录以来首次；天文台维持十号信号达 10 h，是第二记录；"山竹"在横澜岛记录最大风速为 161 km/h，为第二高风速[1]。

通过转换横澜岛风速记录，山竹在香港风速低于规范设计风速；然而它仍带来较广泛的维护结构破坏，包括玻璃幕墙、脚手架、广告及指示牌，尤其是幕墙结构[图 1(b)，图 1(c)]。

造成幕墙破坏的原因可能是多方面的，包括设计、施工质量、外来破坏源等[2]。但在个别案例中发现了一些现象，包括在建筑下半部分幕墙破坏比较严重[图 1(c)]及部分破坏幕墙上明显风致飞射物破坏的痕迹[图 1(d)，图 1(e)]，这些也引起了对于幕墙设计的一些思考。

(a)山竹路径　　(b)幕墙破坏　　(c)幕墙破坏　　(d)飞射物破坏　　(e)飞射物破坏

图 1　"山竹"路径及部分幕墙破坏现场照片

3 当前设计规范中若干条款的讨论

3.1 参考高度

当前香港与大陆规范（规范方法，非风洞试验方法）均采用 z 高度处参考风压（中国大陆规范基本风压、风压高度变化系数与阵风系数的乘积等价于香港规范阵风风压）进行幕墙风压计算，相当于假定了幕墙峰值风压沿高度分布形态与来流阵风风压分布相同；这不符合风洞试验结果中分离区负压峰值沿高度分布相对恒定甚至最小值（最不利值）可能出现在建筑中下部（如图 2 中两高层项目负风压分布图）的现象。当前主要国家抗风规范中欧规直接采用屋顶高度作为参考高度；美规在负压区采用屋顶高度；其更接近风洞试验结果。此外对于城市环境，上风向高大建筑的剪切层和尾流可能显著影响下风向低矮建筑的表面风压，这在试验中也得到验证。欧规有"当某高大建筑超过周边建筑平均高度 2 倍时，周边建筑参考高度不应低于高大建筑高度1/2"。由图3所示结果对比可看出对于100 m高建筑,其临近300 m高建筑时,采用欧规参考高度,幕墙风压在不同高度的增加情况;尤其底部区域增长比较显著。

3.2　意外主导洞口致内压变化

建筑幕墙一般按照无主导洞口考虑内压(内压系数为+0.2 ~ -0.3)。然而当建筑外围护在风暴过程中由于门窗不当开启或因飞射物破坏而形成主导洞口时,建筑内压将急剧增大,从而导致相对应的幕墙净压显著增加(如图4最多可能增加70%)可能造成更多幕墙破坏。然而要求幕墙按可承受主导洞口内压进行设计经济影响巨大,毕竟在风暴中外围护出现主导洞口是一个小概率事件。一个可行的办法是将意外主导洞口作为一个偶然事件,承载力设计时荷载分项系数取值为1.0(如欧规)。这样荷载的增加幅度会由70%减小为20%。

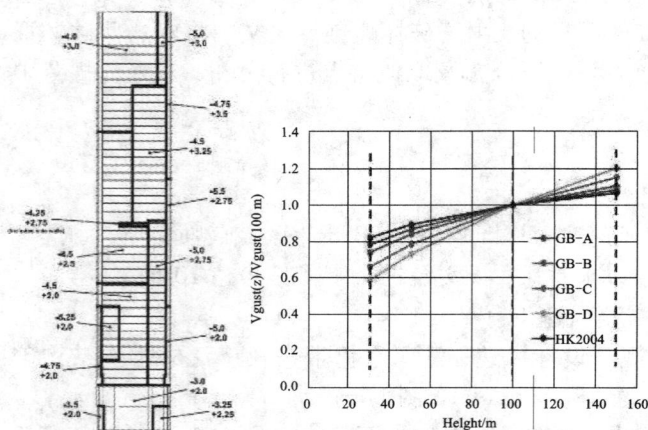

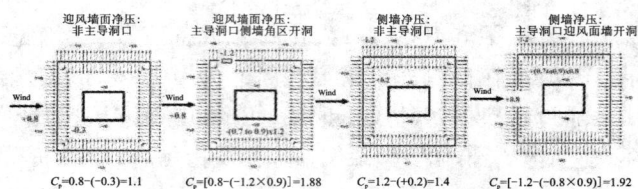

图2　试验负压分布　　图3　风压对比　　图4　主导洞口内压造成的幕墙净压力变化

3.3　飞射物破坏

历次风灾破坏的幕墙破坏调查均显示飞射物破坏是玻璃幕墙破坏的一个重要因素[2]。此次现场调查也显示飞射物是幕墙破坏的一个因素;同时由幕墙碎片产生的二次破坏也不能忽视。对于飞射物的破坏可从几个方面考虑,包括意外主导洞口,飞射物来源,主动防护措施等。美规及澳规对于台风及龙卷风区一定条件下抵抗飞射物设计做出了相关规定;在需要对玻璃幕墙进行性能化设计提出更高的指标要求时可以考虑借鉴。

4　结论

1)通过对于台风"山竹"期间幕墙破坏的现场调查,发现了存在若干建筑中下部幕墙破坏更为严重及外来飞射物破坏的现象。

2)建议幕墙设计负压区参考高度取值为建筑物顶并考虑周边高大建筑的影响。

3)为避免意外主导洞口导致进一步破坏,建议幕墙设计按照意外主导洞口校核内压。

4)对于幕墙设计有更高性能要求的情况下,可考虑防护飞射物破坏。

参考文献

[1] Hong Kong Observatory. http://www.weather.gov.hk/contente.htm

[2] Ahsan Kareem and RachelBashor. Performance of Glass/Cladding of High - Rise Buildings in Hurricane Katrina. https://pdfs.semanticscholar.org/ee06/9f5d947e33c890e8b0eb93a0d04090efda72.pdf

基于模态阵风响应因子的结构风振效应分析*

张军锋，杨军辉

（郑州大学土木工程学院 郑州 450001）

1　引言

一般认为 Davenport 谱[1]所得动力响应比 Simiu 谱[2]更大，但这一结论只是来自不同风谱所得风振响应结果的简单对比，并未见有理论解释。为明确不同风谱对风振效应大小的影响，基于随机振动理论，对一座 58 m 高典型独柱式避雷针的风振效应进行了频域计算，并借助模态力谱的差异对两种风谱计算结果的差异进行了解释。

2　风振理论

多自由结构随机振动的基本方程为式（1），根据模态叠加法可将其分解为 n 个独立方程，n 为体系自由度数量。

$$[M]\{\ddot{y}(t)\} + [C]\{\dot{y}(t)\} + [K]\{y(t)\} = \{P(t)\} \tag{1}$$

$$\{y(t)\} = [\Phi]\{x(t)\} \tag{2}$$

式：$[M]$、$[C]$、$[K]$ 为系统的质量、阻尼和刚度矩阵；$\{P(t)\}$ 和 $\{y(t)\}$ 为荷载和位移时程列向量，与自由度数 n 对应；$[\Phi]$ 为振型矩阵；$x(t)$ 为模态广义位移向量。

$$S_{yi}(f) = \sum_{j=1}^{n} \sum_{i=1}^{n} \varphi_{ji} \varphi_{ki} H_j^*(f) H_k(f) S_{FjFk}(f) \tag{3}$$

$$S_{yi}(f) = \sum_{j=1}^{n} \varphi_{ji}^2 |H_j(f)|^2 S_{Fj}(f) \tag{4}$$

$$S_{FiFj}(f) = \sum_{k=1}^{n} \sum_{l=1}^{n} \varphi_{ik} \varphi_{jl} S_{PkPl}(f) \tag{5}$$

$$H_j(f) = \frac{1}{k_j} \cdot \frac{1}{1 - (f/f_j)^2 + i2\zeta_j(f/f_j)} \tag{6}$$

$$\sigma_{yi} = \sqrt{\int_0^\infty S_{yi}(f)\,\mathrm{d}f} \tag{7}$$

结构第 i 自由度 y_i 的位移谱为 $S_{yi}(f)$；$H_j(f)$ 为第 j 阶振型的位移复频响应函数，$H_j(f)$ 和 $H_j^*(f)$ 共轭；$S_{Fj}(f)$ 为第 j 阶模态力的自谱；$S_{FjFk}(f)$ 为第 j 和 k 阶模态力的互谱；$S_{PkPl}(f)$ 为第 k、l 个节点的节点力互谱，可以由风荷载、风谱及 k、l 两点间的相干函数得到；$\phi_{j,i}$ 为第 j 振型第 i 自由度的振型位移。获得位移响应谱后，即可由式（7）获得节点位移根方差 σ_{yi}。

3　结果对比

根据上节风振理论，分别采用 Davenport 谱和 Simiu 谱（图 1）并依准定常理论对一座高度为 58 m 的高耸避雷针结构进行结构风振响应计算。本避雷针位于新疆某 750 kV 变电站，其前 5 阶频率分别为 0.751 Hz、2.09 Hz、4.31 Hz、7.46 Hz 和 11.66 Hz，场地类型为 B 类，风速 $v_0 = 24$ m/s。

图 2 给出了两种风谱基准工况的总脉动响应 σ_T，Simiu 谱所得结果略小于 Davenport 谱结果，偏小值为 4% ~ 5%。从图 1 可知，Simiu 谱随高度的变化而变化，而 Davenport 谱不受高度的影响，故不能从风谱直接判断结构响应。但是，从式（3）~式（5）可知，直接决定结构响应的是模态力谱。因 σ_T 几乎完全由前 2 阶模态控制，故可仅比较前 2 阶的模态力谱（图 3）。对比 Davenport 谱和 Simiu 谱所得模态力自谱 $S_{F1}(f)$ 和

* 基金项目：国家自然科学基金项目（51508523）

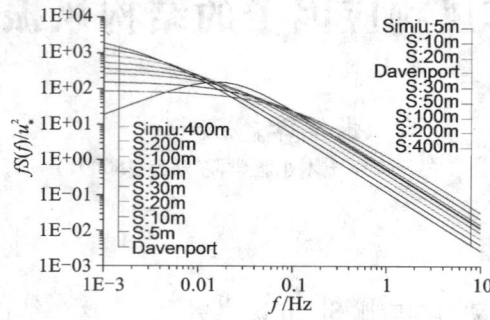

图1　不同高度的风谱

$S_{F2}(f)$ 可知，Davenport 谱所得前 2 阶模态力自谱 $S_{F1}(f)$ 和 $S_{F2}(f)$ 在 0.02 Hz 以上明显大于 Simiu 谱，尤其是第 1 阶最为明显。所以依式（4）得模态广义位移谱及其根方差则有 Davenport 谱所得较大，又因结构响应主要受前两阶模态决定，故最终使 Davenport 谱所得 σ_T 大于 Simiu 谱的结果。分析其原因，尽管 Simiu 谱在 30 m 以下高度范围偏大而 Davenport 在 30 m 高度以上偏大，但因结构作为典型的高耸结构，其前 2 阶的振型位移在 30 m 以上区段较下半段显著偏大，并以第 1 阶最为明显，而在模态力谱实际是对整个高度力谱考虑模态位移的加权综合，故 Davenport 谱所得 $S_{F1}(f)$ 和 $S_{F2}(f)$ 在 0.02 Hz 以上频段偏大。

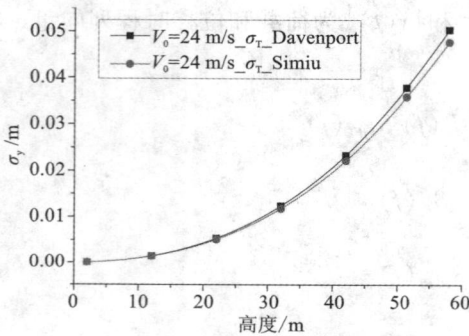

图2　两种风谱的 σ_T 和 σ_B

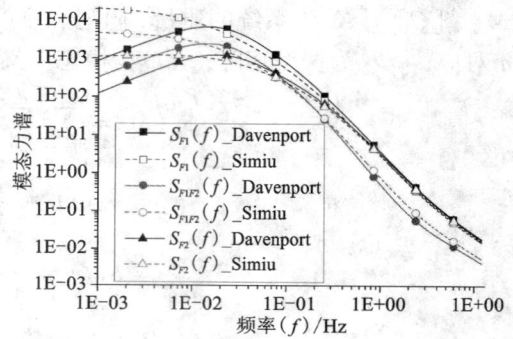

图3　两种风谱所得模态力谱

4　结论

由于 Simiu 谱随高度变化而 Davenport 谱不随高度变化且两者在不同高度互有大小，难以直接从风谱对比评价哪种风谱所得结构风振响应的大小。而模态力谱考虑了整个结构表面风谱的贡献，故可用于判断风振响应的大小，且对于以单一模态为主的响应，可得到准确的评价。对于本例，Davenport 谱的前 2 阶模态力谱在 0.02 Hz 以上明显大于 Simiu 谱，所以 Davenport 谱的总脉动响应和共振响应均大于 Simiu 谱的结果。

参考文献

［1］Davenport A G. The spectrum of horizontalgustnesss near the ground in high winds［J］. J. Royal Meteorol. Soc.，1961，372（87）：194－211.

［2］Simiu E. Wind spectra and dynamic alongwind response［J］. Journal of the Structural Division，1974，100（9）：1897－1910.

高层建筑立面装饰构件设计风荷载探讨

张正维[1]，杜平[2]，Andrew Allsop[2]，隋心[1]

(1. 奥雅纳工程顾问 上海 200031；2. Ove Arup & Partners International Limited London B908AE)

1 引言

现代高层建筑为了考虑遮阳及节能等要求，设计师通常会在建筑立面设置大量的遮阳板与百叶等装饰构件，如图1所示，且幕墙结构的造价已与主体结构相当[1,2]。高层建筑外立面装饰构件可能在角区受到很大的风荷载，但是在非角区由于相互遮挡作用会减小风荷载。若小构件结构较柔，有可能会导致风致振动，以及风致噪声问题。立面装饰构件风荷载的确定取决于许多参数，主要包括建筑立面与平面形式、地面粗糙度类别、周边干扰建筑、百叶形状和支撑系统、百叶在立面上的位置，以及立面细节等[3]。由于立面装饰构件一般尺寸较小，很难通过常规高层建筑风洞试验直接模拟该构件来得到立面装饰构件上的设计风荷载。由于风洞断面阻塞比的限制，大比例整体模型很难模拟周边干扰建筑。而大比例节段模型试验由于很难准确模拟来流风场(湍流强度与湍流积分尺寸)以及干扰建筑的影响，是否合适，需要进一步来研究论证。另外，由于当前计算机能力与湍流模型的限制，能否借助计算流体动力学(CFD)技术来得到外立面装饰构件的设计风荷载，也需要进一步的论证。

图1 常见高层建筑外立面装饰构件形式

为了确保外立面装饰构件的安全性与经济性，需要对高层建筑外立面装饰构件的风荷载取值的合理性进行探讨。本文将比较主要国内外规范(中国规范 GB 50009—2012，日本规范 AIJ—2004，美国规范 ASCE/SEI 7 - 10，欧洲规范 EN 1991 - 1 - 4，澳大利亚/新西兰规范 AS_NZS 1170.2—2011 与 ISO 规范 4354)有关外立面装饰构件荷载的取值，对我国荷载规范 GB 5009—2012 统一取 - 2.0 的体型系数的安全性与经济性进行探讨。然后，基于 ARUP 典型项目的风洞试验，对外立面构件试验方法的合理性与幕墙构件荷载取值进行探讨，指出了当前存在的问题与并给出了相应的对策建议。

2 规范比较

荷载规范 GB 50009—2012[4]中指出"檐口、雨篷、遮阳板、边棱处的装饰条等突出构件，其体型系数统一取 - 2.0"，可能会导致角区装饰构件风荷载不安全而非角区风荷载过于保守。而大多数国际风荷载规范(如 BS6399 - 2、Eurocode、NBC、ASCE、AS/NZS、ISO)[5-11]都认识到建筑边缘/角区附近的风荷载更大，并提供了常规低矮建筑立面小构件的风荷载近似估算。广东省建筑结构荷载规范 DBJ - 15 - 101—2014[12]参考澳大利亚/新西兰规范 AS_NZS 1170.2—2011[11]增加了高层建筑外侧非镂空百叶条局部体型系数取值分为角区与非角区来考虑，并建议"对于采用较为复杂外部型材、百叶等横向或竖向遮阳系统的建筑幕墙，宜通过节段模型试验确定"。节段模型试验方法是否合理以及当前主要国际规范的相关规定是否满足我国高层建筑立面小构件的设计，需要进行进一步的研究。

3　项目案例

对于高层建筑立面的不同尺寸的立面小构件，不同试验单位采取不同的风洞试验方法。有些风洞试验单位通过在遮阳板两侧布置测点来得到遮阳板的风荷载，譬如深圳泰伦广场与上海徐汇滨江 1∶300 模型比例试验；有些风洞试验单位通过在整体模型中直接测试得到立面构件上的风荷载，譬如上海瑞虹新城项目中的金属镂空板；有些风洞试验单位通过大比例节段模型试验，譬如三亚亚特兰蒂斯项目；有些风洞试验单位认为通过得到小构件处的阵风风速，结合气动力系数来得到小构件的设计风荷载。关于连接件节点处设计风荷载，一般是通过考虑构件风压的面积折减效应来得到。只要部分风洞试验单位通过整体大比例试验直接测试整条立面构件的设计风荷载，譬如韩国首尔 Amore pacific 总部大楼项目。

4　结论

1）我国规范针对外立面小构件采用统一体型系数的规定不合理，建议参考国际规范分别给出外立面小构件角区与非角区的体型系数。

2）风洞试验结果表明，关于立面构件连接点的设计风荷载，建议采用以对角线长度为特征长度来考虑面积折减效应。

3）大比例节段试验模型方法并不一定能够提供经济安全的设计风荷载，CFD 与风洞试验结合可能是得到立面小构件风荷载最有效的方法。

参考文献

［1］张正维，杜平，ALLSOP ANDREW，等.高层建筑围护结构风压规范比较与工程应用［J］.建筑结构，2017，47（14）：94－100.

［2］张正维，杜平，Andrew Allsop.高层建筑抗风设计中存在的问题与对策探析［J］.建筑结构，2018，48（18）：8－14.

［3］N J Cook. The designer's guide to wind loading of building structures Part 2：Static structures［M］. London，Butterworths/BRE，1990：302－310.

［4］GB 50009—2012，建筑结构荷载规范［S］.

［5］International Standard ISO 4354，Wind actions on structures［S］.

［6］British Standard 6399－2 1997［S］.

［7］AIJ 2004，Recommendations for loads on buildings［S］.

［8］NBC 2005，National building code of canada［S］.

［9］European Standard EN 1991－1－4，actions on structures［S］.

［10］ASCE/SEI 7－10. Minimum design loads for buildings and other structures［S］.

［11］AS_NZS 1170.2—2011，Australian/New Zealand standard structure design actions Part 2：wind actions［S］.

［12］DBJ－15－101—2014，广东省标准建筑结构荷载规范［S］.

强台风作用下超高层建筑的模态参数识别[*]

郅伦海[1]，孙猛猛[2]，李秋胜[3]

(1. 合肥工业大学土木与水利工程学院 合肥 230009；2. 武汉理工大学土木工程与建筑学院 武汉 430070；

3. 香港城市大学建筑学与土木工程学系 九龙 999077)

1 引言

结构健康监测中经常遇到的一个重要问题是如何根据实测响应准确估计结构模态参数(如固有频率和阻尼比等)，进而考察结构的动力特性。一般来讲，强台风作用下超高层建筑的实测响应信号往往呈现出非平稳、非线性的特征，如何利用这些非平稳、非线性信号识别结构模态参数是超高结构健康监测中的一大难题。本文基于多重信号分类算法的经验小波变换(MUSIC - EWT)[1, 2]，并结合自然环境激励技术和Hilbert变换，对台风"鹦鹉"和"黑格比"作用下香港金融中心二期的实测振动信号进行了时频分析，研究了结构模态参数的瞬时变化特征，有效地识别了结构的自振频率和阻尼比，研究结果为超高层建筑抗风设计提供了有用依据和资料。

2 理论基础

对于建筑物的实测加速度响应$x(t)$，首先采用MUSIC方法划分信号频谱的边界，以此构建经验小波滤波器组，从而对实测加速度响应信号进行经验小波变换得到单分量信号(IMF)。再使用NEXT对单分量信号进行处理得到自由衰减响应，然后通过Hilbert变换得到瞬时幅值和瞬时频率，最后通过曲线拟合的方式得到结构的阻尼比和自振频率。

3 香港金融中心的模态参数识别

3.1 香港金融中心及其监控系统简介

香港国际金融中心二期(2IFC)高420 m，共88层，为香港地区已建的第一高楼(见图1)。该塔楼结构的平面布置为方形，底部尺寸为57 m×57 m，到顶部逐渐变化到39 m×39 m，高宽比大约为8，属于典型的风敏感性结构。现场监测系统主要由两部分组成：数据采集单元及传感器单元。数据采集单元的采样频率为20 Hz，可以实时、同步存储各传感器拾取的数字信号及模拟信号。传感器单元包括风速仪、加速度计、GPS以及风压计。本文对台风"鹦鹉"和"黑格比"作用下香港金融中心二期实测的风致加速度响应进行了时频分析。

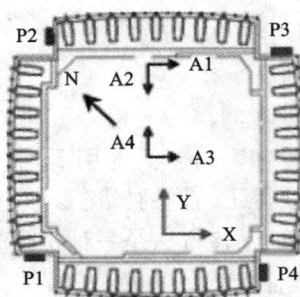

(a)2IFC　　　　　　(b)加速度传感器(A1、A2、A3、A4)布置

图1　2IFC及其传感器布置图

* 基金项目：国家自然科学基金项目(51478371)；霍英东教育基金会资助项目(141074)

3.2 模态参数的识别结果

对两次台风作用下结构的实测加速度数据进行 MUSIC – EWT 分解，首先利用 MUSIC 确定频谱的边界，以此划分频谱，并构造经验小波滤波器组，这样信号就被分解为一系列的单模态信号；接着使用 NEXT 对每一个单模态信号进行处理，得到单模态信号的自由衰减响应，然后对自由衰减响应使用 Hilbert 变换得到瞬时幅值和瞬时频率，最后通过曲线拟合得方法得到结构的阻尼比和自振频率。图 2 给出了台风"鹦鹉"作用下结构各阶模态的拟合曲线，表 1 给出了台风"鹦鹉"和"黑格比"作用下香港金融中心二期的自振频率和阻尼比。

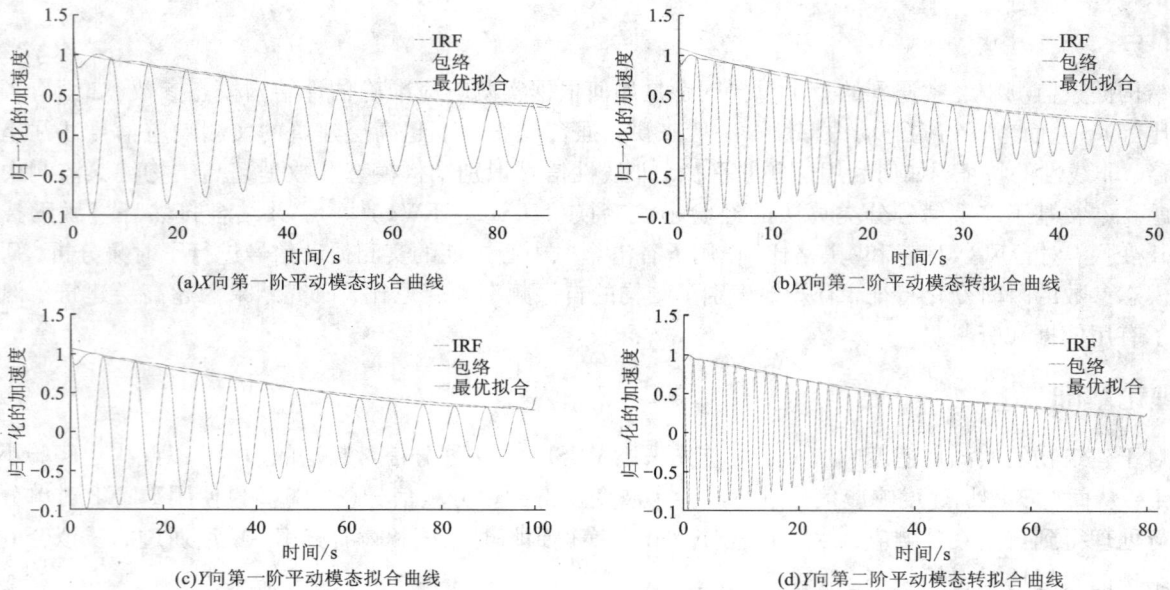

(a)X向第一阶平动模态拟合曲线

(b)X向第二阶平动模态转拟合曲线

(c)Y向第一阶平动模态拟合曲线

(d)Y向第二阶平动模态转拟合曲线

图 2　台风"鹦鹉"作用下结构实测数据的分析结果

表 1　模态参数的识别结果

模态	"鹦鹉"				"黑格比"			
	X 向		Y 向		X 向		Y 向	
	频率/Hz	阻尼比/%	频率/Hz	阻尼比/%	频率/Hz	阻尼比/%	频率/Hz	阻尼比/%
mode1	0.140	1.40	0.146	1.46	0.139	0.842	0.146	1.23
mode2	0.523	1.08	0.558	0.53	0.513	1.06	0.560	0.60
mode3	1.020	0.85	1.151	0.74	1.012	0.75	1.153	0.65

4　结论

MUSIC – EWT 作为一种新的自适应信号分解方法，特别适用于分解非平稳有噪声的振动信号。采用 MUSIC – EWT 对台风"鹦鹉"和"黑格比"作用下香港金融中心的实测加速度数据进行分析，并结合自然环境激励技术和 Hilbert 变换获得了结构的模态参数，包括自振频率和阻尼比。通过两次台风作用下结构模态参数识别结果的对比，验证了该方法是一种精度高、鲁棒性好的结构模态参数识别技术，可以准确地获取结构的自振频率和阻尼比。

参考文献

［1］ Amezquita – Sanchez J P, Adeli H. A new music – empirical wavelet transform methodology for time – frequency analysis of noisy nonlinear and non – stationary signals［J］. Digital Signal Processing, 2015, 45(C): 55 – 68.

［2］ Amezquita – Sanchez J P, Park H S, Adeli H. A novel methodology for modal parameters identification of large smart structures using MUSIC, empirical wavelet transform, and Hilbert transform［J］. Engineering Structures, 2017, 147: 148 – 159.

五、大跨空间结构抗风

大跨曲面屋盖非定常气动力研究

丁威[1], Yasushi Uematsu[2]

(1. 中国矿业大学 徐州 221116；2. 日本东北大学 日本 仙台)

1 引言

　　大跨屋盖一般质量轻、刚度小，在风荷载作用下容易发生变形和振动，这种变形和振动反过来也会影响屋盖表面风压的分布，风与屋盖相互作用的同时产生附加的气动力，本文中称为"非定常气动力"。在这种气动力的作用下可能会引起结构的空气动力失稳[1]。国内外一些学者对气动参数做了一些研究，如 Daw 等[2]采用强迫振动的试验方法研究了紊流度、风速、振动频率和振幅等因素对半球形屋盖结构的气动刚度和气动阻尼的影响。Uematsu 等[3]通过单向悬挂屋盖的气弹模型风洞试验分析了流固耦合效应对结构风致动力响应的机理。但是目前对于普遍采用的大跨度曲面屋盖的风与屋盖相互作用机理尚不清晰。为此，本文采用强迫振动风洞试验的方法，通过分析风速、强迫振动振幅、屋盖的矢跨比和缩减频率对气动刚度系数和气动阻尼系数的影响，说明非定常气动力的特性。

2 非定常气动力

　　结构在风激励作用下的运动方程可以表述为：

$$\ddot{x}_j(t) + 2\zeta_j\omega_j\dot{x}_j(t) + \omega_j^2 x_j(t) = F_j(t)/M_j \tag{1}$$

$$F_j(t) = F_{Wj}(t) + F_{Aj}(x_j, \dot{x}_j, \ddot{x}_j, \cdots) \tag{2}$$

式中 F_{Wj} 代表由来流风和结构尾部紊流引起的风荷载；F_{Aj} 代表由结构振动产生的非定常气动力。非定常气动力根据傅里叶级数在强迫振动频率 f_m 处展开求得，如式(3)。式(3)中 F_{Rj} 是与位移同相位的部分，产生气动刚度。F_{Ij} 是与速度同相位的部分，产生气动阻尼。本文定义了量纲一的气动刚度系数 a_{Kj} 和气动阻尼系数 a_{Cj} 来分析非定常气动力的特性。

$$F_{Aj}(t) = F_{Rj}\cos 2\pi f_m t - F_{Ij}\sin 2\pi f_m t \tag{3}$$

$$a_{Kj} = \frac{F_{Rj}}{q_H A_s(x_0/L)} = \frac{1}{q_H A_s(x_0/L)}\frac{2}{T}\int_0^T F_j(t)\cos 2\pi f_m t\, dt \tag{4}$$

$$a_{Cj} = \frac{F_{Ij}}{q_H A_s(x_0/L)} = \frac{1}{q_H A_s(x_0/L)}\frac{2}{T}\int_0^T F_j(t)\sin 2\pi f_m t\, dt \tag{5}$$

3 风洞试验

3.1 风洞试验概况

　　风洞试验在日本东北大学风洞中进行，工作段长度为 6.5 m，横截面为 1.0 m × 1.4 m。试验模型采用 0.8 mm 厚的聚酯薄膜制作而成，模型的几何尺寸如图 1 所示，模型跨度为 400 mm，矢跨比分别为 0.15 和 0.20。强迫振动装置放置在模型底部，如图 2 所示，强迫模型按照反对称一阶振型振动，沿着模型法向方向的强迫振动振幅为 x_0。模型两端放置了端板，模拟二维流场。在模型表面中心线位置布置 12 个测压点。风洞试验的参数设置如下：风速 $U_H = 5, 7, 10$ m/s；强迫振动振幅 $x_0 = 1, 2.5, 4$ mm；强迫振动频率 $f_m = 1 \sim 25$ Hz，间隔 1 Hz。

3.2 试验结果分析

　　图 3 表明了在不同的强迫振动振幅和风速条件下气动刚度系数 a_K 和气动阻尼系数 a_C 随缩减频率 f_m^* 的

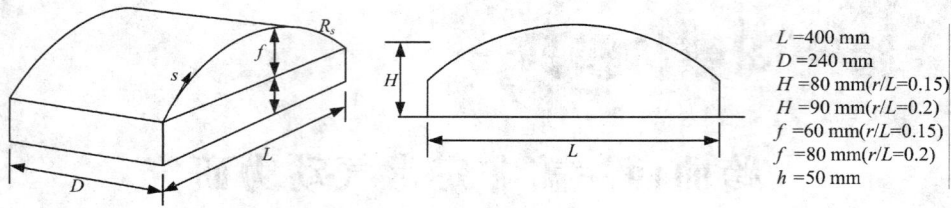

图1   风洞试验模型几何尺寸

$L = 400$ mm
$D = 240$ mm
$H = 80$ mm($r/L = 0.15$)
$H = 90$ mm($r/L = 0.2$)
$f = 60$ mm($r/L = 0.15$)
$f = 80$ mm($r/L = 0.2$)
$h = 50$ mm

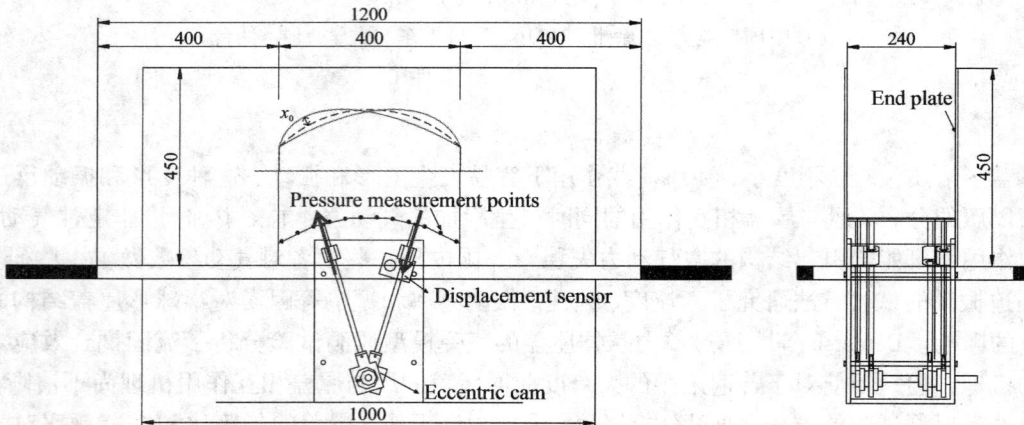

图2   强迫振动试验装置示意图

变化，模型矢跨比 $r/L = 0.15$。从图中可以看出，屋盖的矢跨比、风速和强迫振动振幅对气动刚度系数气动阻尼系数的影响很小，主要随缩减频率的变化而变化。

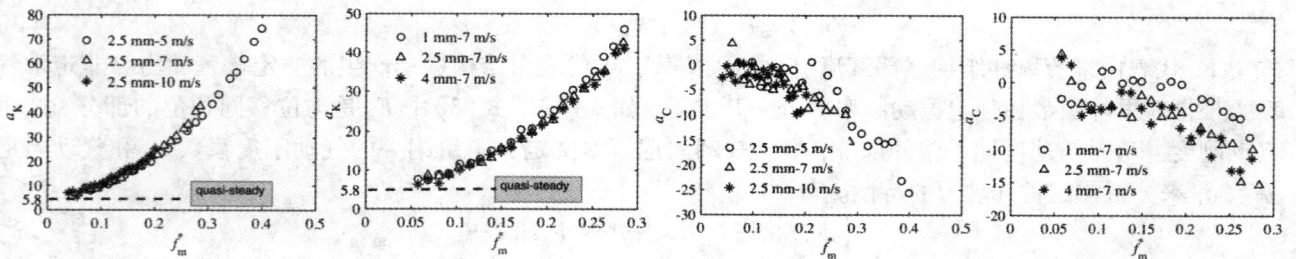

图3   气动刚度系数 a_K 和气动阻尼系数 a_C 随缩减频率的变化图 f_m^* ($r/L = 0.15$)

4   结论

本文主要结论如下：(1)气动刚度和阻尼系数的值主要随缩减频率的变化而变化；风速，矢跨比，强迫振动振幅对气动刚度和阻尼系数的影响较小。(2)屋盖的气动刚度系数为正值，使得结构的总刚度减小；屋盖的气动阻尼系数为负值，使得结构的总阻尼增加。

参考文献

[1] 沈世钊，武岳. 大跨度柔性结构考虑流固耦合效应的风振性能研究[C]. 第十一届全国结构风工程学术会议论文集，2004.

[2] Daw D J, Devenport A G. Aerodynamic damping and stiffness of a semi – circular roof in turbulent wind[J]. J. Wind Eng. Ind. Aerodyn., 1989, 32(1 – 2)：83 – 92.

[3] Uematsu Y, Uchiyama K. Wind – induced dynamic behaviour of suspended roofs[J]. The Technology Reports of the Tohoku University, 1982, 47：243 – 261.

开敞式屋盖风场特性及风振响应实测分析[*]

冯若强[1]，阳小泉[2]

（1. 东南大学土木工程学院 南京 211181；2. 中国建筑设计东北院深圳分院 深圳 518040）

1 引言

工程结构的可靠性是通过合理的设计和正确的施工来保障的，其前提是结构建成以后的实际性能与设计预定性能一致。然而要保障这一点是非常困难的，因为影响工程结构性能的因素很多，如对结构性能认识水平的限制和施工的偏差等。另外，工程结构的实际性能还将随使用情况而改变，如地震和强风等环境因素对结构的损伤，都能够改变结构的原有性能。由此可见，工程结构的实际性能要通过实际测试才能准确评判。

2 屋盖结构及监测系统简介

无锡大剧院位于无锡市五里河的人工岬角，该建筑主要包括两个部分，即下部混凝土结构和上部屋盖钢结构（对下部混凝土结构起遮阳覆盖作用），二者之间相互独立，没有支承作用。屋盖钢结构造型新颖，是整个无锡大剧院建筑最为重要的部分，为超限结构，是现场实测的主要对象。建筑结构如图1所示，屋盖钢结构编号如图2所示。从整体外形上看，大剧院屋盖钢结构犹如8片巨形"树叶"，本文称之为开敞式叶片形空间网格结构，可分为A、B二个区，其中A区由五片树叶状钢结构组成，编号分别为A1～A5，对应区域为大剧院主观演厅；B区由3片树叶状钢结构组成，编号分别为B1～B3，为剧院多功能厅。每片树叶分为立面结构、顶面结构和外端支撑幕墙结构三部分。本次监测对象为A2叶片，其结构最高高度为45 m，中间跨度76.8 m，悬挑长度达到20.2 m，振动测点布置及结构尺寸如图3所示。测量系统主要由速度传感器和风速仪组成，在屋盖部分安装8个941B型速度传感器，其中测点1～测点6测量竖向振动速度，测点7和测点8测量水平向振动速度，传感器及风速仪分别如图4和5所示。

图1 无锡大剧院

图2 屋盖钢结构结构图

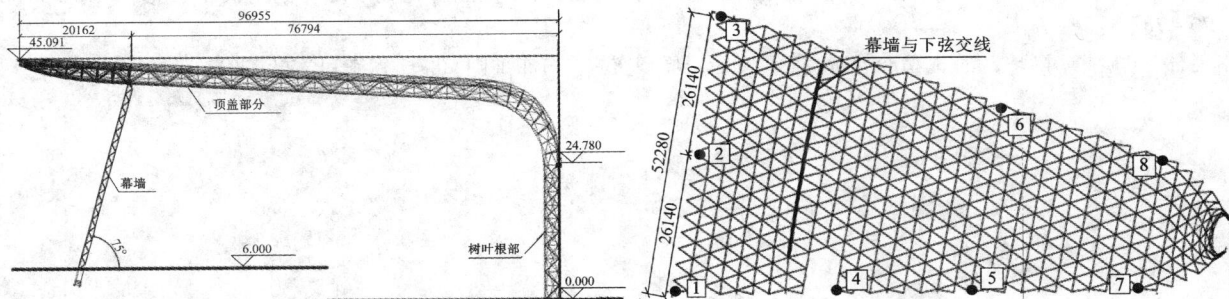

图3 A2屋盖结构测点布置简图

* 基金项目：无锡市重点办项目

图 4 941B 型速度拾振器

图 5 结构 8.52 m 高度处风速仪

3 结论

本文对无锡大剧院开敞式叶片空间网格结构屋盖结构进行了风速和屋盖响应现场实测,得到了结构所出风场特性及实测自振模态,分析了实测结果,结论如下:

(1)现场实测湍流强度变化梯度在 0.3 ~ 0.4 之间,均值为 0.34,实测湍流强度位于我国规范的 C 类与 D 类之间,与结构设计按 B 类地貌计算的湍流强度相差较远。其原因是后期新建建筑使场地环境(粗糙度)发生变化,设计的 B 类地貌已经与场地实际粗糙度不符合,所以在建筑设计中,要考虑建筑周边的规划情况,提前考虑由于新建建筑对场地风环境的影响,否则将使结构偏于不安全。

(2)与 Davenport 谱、Von Karman 谱和 Kaimal 谱相比,实测平均风速谱与经验谱曲线在中低频部分符合较好,但在高频部分有一定差异。

(3)得到了结构实测自振频率和模态,与有限元计算结果相比,两者自振频率相对误差在 10% 以内,竖向模态吻合较好。说明结构设计采用的有限元分析模型与工程实际模型吻合较好,利用有限元模型分析结构动力特性能够满足工程实际要求。

(4)结构最大振动竖向位移发生在屋盖悬挑端部,最大值远小于屋盖位移限值,且振动呈现周期性,主要以结构第一阶振动为主。

参考文献

[1] Ellis B R. Full – scale measurements of the dynamic characteristics of buildings in the UK[J]. Journal of wind engineering and industrial aerodynamics, 1996, 59(2): 365 – 382.

[2] Tamura Y, Suganuma S. Evaluation of amplitude – dependent damping and natural frequency of buildings during strong winds[J]. Journal of wind engineering and industrial aerodynamics, 1996, 59(2): 115 – 130.

[3] Lovse J W, Teskey W F, Lachapelle G, et al. Dynamic deformation monitoring of tall structure using GPS technology[J]. Journal of surveying engineering, 1995, 121(1): 35 – 40.

[4] 李正农,余蜜,吴红华,等.某低矮模型房屋实测风场和风压的相关性研究城市[J].湖南大学学报,2016,38(6): 70 – 78.

[5] 赵林,刘晓鹏,高玲,等.大型冷却塔表面脉动风压原型实测与分布准则[J].土木工程学报,2017,64(1): 1 – 11.

运动态下击暴流作用下的大型厂房风荷载特性试验[*]

黄汉杰[1]，方智远[2]，严剑锋[1]，汪之松[2]

（1. 中国空气动力研究与发展中心低速所 绵阳 621000；2. 重庆大学土木工程学院 重庆 400045）

1 引言

下击暴流（又称雷暴冲击风）是一种常见的强对流特殊气象，在雷雨天气情况下发生的概率高达60%～70%[1]，每年美国大致会发生3500起雷暴冲击风事件，其发生的概率远远高于龙卷风等其余极端气候[2]。其最大风速出现近地面，最大风速往往高于12级。大跨建筑如大型厂房、高铁站、大型公共建筑等，其高度通常在30 m以下，因此近地面风速高且同时带有竖向风场的下击暴流对其作用更为显著[3]，表面风荷载是其主要设计控制荷载。由于同时受到大气边界层风的影响，实际下击暴流往往是移动的，即风暴在气流下沉的同时还伴随水平移动。风暴的移动会改变整体风场结构并影响到大跨建筑的表面风荷载，有必要对考虑移动效应的下击暴流这一非平稳过程开展物理模拟，并研究在其作用下的大跨建筑表面风荷载特性。

2 试验概况

试验在气动中心低速所下击暴流模拟装置进行。装置如图1所示，其主要技术指标为：喷口直径 D_{jet} 为 600 mm；出口风速 V_{jet} 最大值为 27.3 m/s，出口雷诺数最大值超过 1.0×10^6；喷口相对试验平台高度 H_{jet} 在 600～2000 mm 可任意调节，相当于 D_{jet} 的 1.0～3.3 倍。装置喷口移动速度 V_{tr} 最高可达 1.60 m/s 以上，可通过调节电动滚筒改变运动速度，以模拟不同运动速度的非稳态下击暴流，试验中喷口运行速度分别为静止、0.5 m/s 和 1.0 m/s。长宽高分别为 120 m、36 m 和 24 m 的大型厂房刚性测压模型缩尺比为 1:500，模型外形尺寸及测压孔布置见图2。模型A面为迎风面，C面为背风面，B、D面分别为左右侧面，顶面为 E。试验中风向角保持为 0°，重点研究压力系数绝对值较大的 A、E 面的风压分布规律。以 V_{jet} 为参考风速，出口静压为参考压力。

图1　下击暴流模拟装置

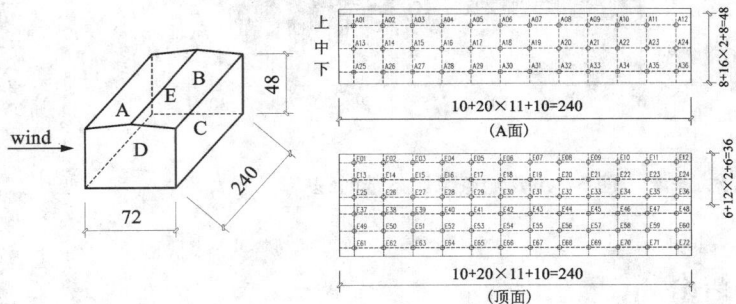

图2　模型外形尺寸及测点布置图（mm）

3 结果与分析

图3给出了使用 Cabro 探头测量得到的，不同运动速度下击暴流的风速时程曲线。显然，当喷口移动时，风速时程曲线存在明显的正负两个波峰，这是由于喷口移动经过测点导致风速的方向发生反转的缘故。喷口静止时，$z/D_{jet} = 0.02$ 高度处的平均风速约为 $1.0V_{jet}$，随着喷口移动且速度不断增大，瞬态极值风速显著增大，移动速度为 0.5～1.0 m/s 时，风速为 $1.2V_{jet}$～$1.4V_{jet}$，说明喷口移动对瞬态风速有放大效应，

* 基金项目：国家自然科学基金项目（51778381）

这对相应的建筑结构会产生更不利的影响。图4给出了静止态下击暴流作用下，大型厂房模型迎风面(A面)平均风压系数随径向距离的变化，随着径向距离的增加气流在扩散中能量快速衰减，风压系数呈减小趋势。

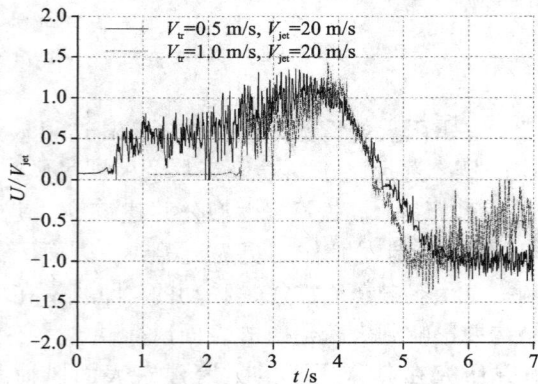

图3　运动态下击暴流风速时间历程($z/D_{jet} = 0.02$)

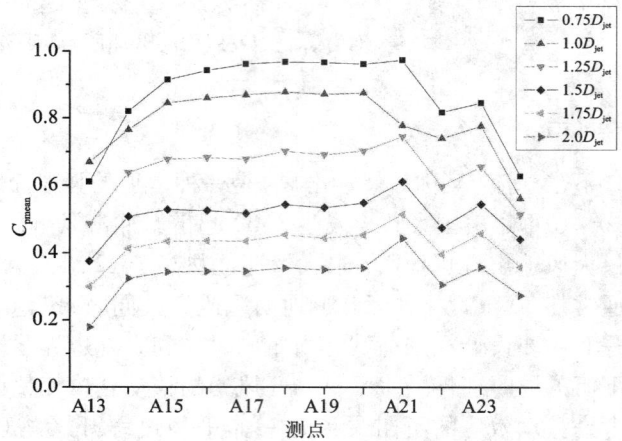

图4　迎风面平均风压系数变化(中层测点, $V_{tr} = 0$)

图5、图6分别给出了不同运动速度下击暴流作用下，A面中线位置测点A18，以及E面迎风中线位置测点E66的瞬时风压系数时间历程。运动冲击效应明显，各点出现压力瞬变，屋顶部分短时间压力变化值可达2.5以上。

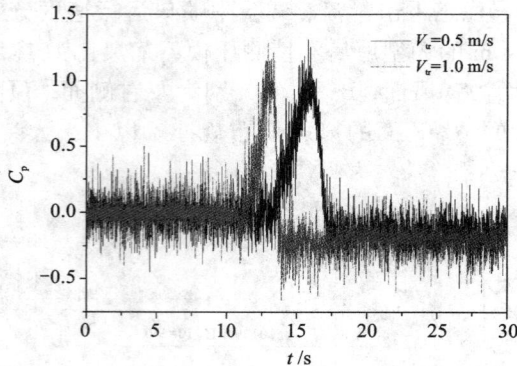

图5　A18测点风压系数时程

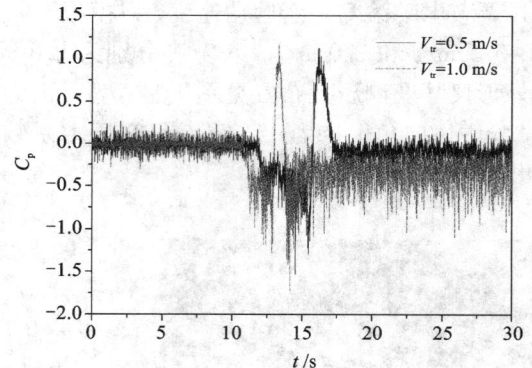

图6　E66测点风压系数时程

4　结论

运动态下击暴流对瞬态风速有明显的放大作用。较大的压力瞬变对柔度相对较大的大跨厂房，特别是门窗等薄弱位置可能带来相当大的安全性问题。

参考文献

[1] Proctor F H. Numerical simulations of an isolated microburst. part I: dynamics and structure[J]. Journal of the Atmospheric Sciences, 1988, 45(21): 3137-3160.

[2] Fujita T T. The downburst: Microburst and macroburst[R]. SMRP Research Paper 210, University of Chicago, 1985, 122[NTIS PB85-148880].

[3] 陈勇, 崔碧琪, 余世策, 等, 稳态冲击风作用下拱形屋面风压分布试验研究[J]. 工程力学, 2009, 24(6): 505-512.

风雪共同作用下大跨屋盖结构的动力稳定[*]

黄友钦

（广州大学 广州 510006）

1　引言

近几年我国发生了多次大范围雪灾，不仅北方地区，南方地区也发生百年一遇的降雪，导致大量屋盖结构发生倒塌。为了防止屋盖结构在雪灾中发生倒塌，除了保证结构设计的合理性，应该研究屋面积雪漂移现象和风雪共同作用下屋盖结构的动力稳定性。本文以近年雪灾中遭到破坏较多的拱形屋盖（单层柱面网壳）为例，从积雪漂移数值模拟、动力稳定分析等方面进行研究，揭示大跨度屋盖结构在风雪共同作用下的动力失稳机理。

2　屋面风、雪荷载

用于分析的单层柱面网壳如图 1 所示，纵向边缘落地支承，弧向跨度为 25 m，纵向长度为 35 m，高度为 9.7 m。杆件为无缝钢管，钢管外径为 0.219 m，壁厚为 0.006 m。网壳上的风荷载通过刚性模型测压风洞试验获取，由同济大学土木工程防灾国家重点实验室在 TJ-2 风洞中完成[1]。由风洞试验获得屋面各点的风压时程，然后根据相似定律得到结构表面的非定常气动力。

假设风与雪之间的关系为单向耦合，通过 CFD 计算得到风吹雪一定时间后屋盖结构表面的积雪不均匀分布形式[2-4]。单层柱面网壳在来流风向角为 90°、初始积雪厚度为 30 cm 且风吹雪时间为 12 h 的结果如图 2 所示。可以看出，在风力作用下网壳表面的积雪发生较大范围的漂移，网壳顶部的积雪发生侵蚀，而网壳迎风面和背风面的积雪发生沉积。

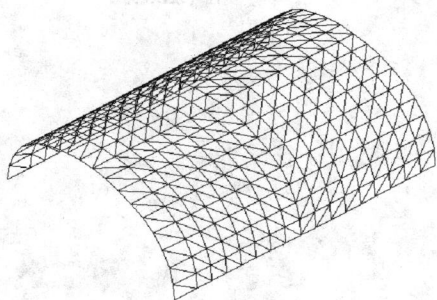

图 1　用于分析的单层柱面网壳

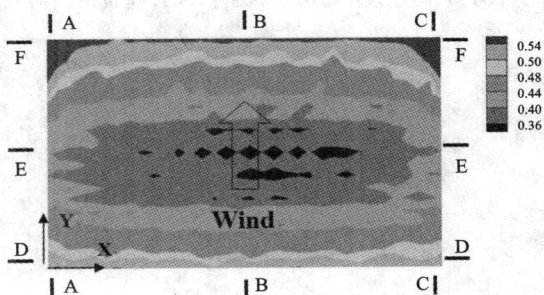

图 2　风吹雪 12 h 后单层柱面网壳上的雪压分布（kPa）

3　动力稳定分析结果

根据最大位移响应 w_{max} 随荷载增大系数 f 的变化曲线，由 B-R 准则可得到不同荷载情况下单层柱面网壳发生动力失稳时对应的荷载增大系数临界值 f_D。图 3 给出了不同荷载情况下 f_D 值随典型风向角的变化。图中考虑 7 种荷载工况：①仅有风荷载（用 Wind 表示）；②风荷载 + 全跨均匀积雪（用字母 A 表示）；③风荷载 + 上游半跨均匀积雪（用字母 B1 表示）；④风荷载 + 下游半跨均匀积雪（用字母 B2 表示）；⑤风荷载 + 全跨不均匀积雪（用字母 C 表示）；⑥风荷载 + 上游半跨不均匀积雪（用字母 D1 表示）；⑦风荷载 + 下游半跨不均匀积雪（用字母 D2 表示）。由图 3 可以看出，积雪对单层柱面网壳结构的动力稳定性有较大影响。

* 基金项目：国家自然科学基金项目（51208126）

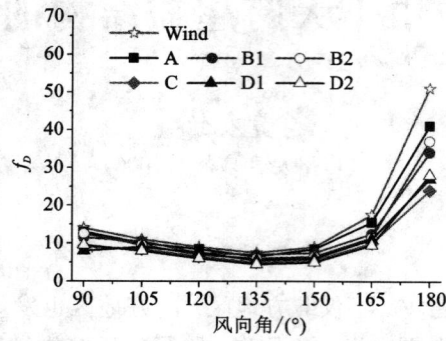

图3   不同荷载情况下单层柱面网壳的 f_D 随典型风向角的变化

4   结语

本文以单层柱面网壳为例，将风洞试验和数值计算方法相结合，研究了大跨度屋盖结构在风雪共同作用下的动力稳定性，并讨论了不同条件下积雪漂移对大跨度屋盖结构动力稳定性的影响。研究结果表明，大跨度屋盖结构上存在积雪时比仅有风荷载的情况更易于发生动力失稳，斜风是其在风雪共同作用下发生动力失稳的控制风向。

参考文献

[1] 米福生. 干煤棚风致响应及干扰效应研究[D]. 上海：同济大学，2007.

[2] 周暄毅，顾明. 首都国际机场3号航站楼屋面雪荷载分布研究[J]. 同济大学学报，2008，27(2)：25 – 28，33，173.

[3] Beyers J H M, Sundsbo P A, Harms T M. Numerical simulation of three – dimensional, transient snow drifting around a cube[J]. Journal of Wind Engineering and Industrial Aerodynamics, 2004, 92(9)：725 – 747.

[4] 中华人民共和国建设部. GB 50009—2001. 建筑结构荷载规范[S]. 北京：中华人民共和国建设部，2002.

前门的开闭对机库风荷载的影响*

李宏海[1]，陈凯[1]，唐意[2]

（1. 建研科技股份有限公司 北京 100013；2. 中国建筑科学研究院有限公司 北京 100013）

1 引言

机库通常采用大跨空间结构，该建筑形式对风荷载非常敏感[1]。在使用过程中要求前门可以大面积开启，而前门的开闭状态直接决定了机库承受风力作用的方式：当前门关闭时，仅机库的外表面有直接作用的风荷载；当前门开启时，机库的内外表面均受到风力的作用。本文以我国南方某城市机场维修机库的风洞试验结果为例，分析前门的开闭对机库风荷载的影响程度。

2 风洞试验

该维修机库屋盖跨度 167 m + 167 m，进深 109.15 m，桁架上弦中心最高点 41.5 m，建筑面积 91960.70 m²，其风洞试验在中国建筑科学研究院有限公司风洞实验室完成[2]。根据前门的开闭状态确定 4 种典型工况：全闭状态、中间开状态、两边开状态和全开状态。刚性测压试验模型比例为 1:250，地面粗糙度类别为 B 类，试验风速为 14 m/s，采样频率为 400.6 Hz。以 10° 为间隔，分别观测 36 个风向下的结构风荷载，并统计得到极值压力。计算时基本风压按 100 年重现期取值，为 0.60 kN/m²。

图 1 机库效果图

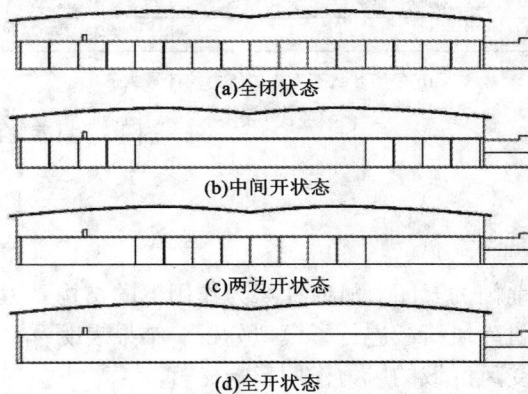

(a)全闭状态

(b)中间开状态

(c)两边开状态

(d)全开状态

图 2 风洞试验工况

3 结果分析

3.1 屋盖的风荷载

在前门全闭状态下，机库屋盖上表面极值压力统计最大值为 0.3 ~ 1.5 kN/m²，屋脊区域风压力较小，中间天沟区域较大，左右两侧区域最大；屋盖上表面极值压力统计最小值为 -4.8 ~ -1.1 kN/m²，中部区域风吸力较小，前后两端区域较大。在前门打开状态下，不论打开的情况如何，屋盖上下表面和整体的极值压力统计值均较为相同，且屋盖上表面的极值压力统计结果与前门全闭状态下基本一致。屋盖下表面极值压力统计最大值为 1.2 kN/m²，最小值为 -0.7 kN/m²，且分布均匀。屋盖整体的极值压力统计最大值为 0.1 ~ 1.2 kN/m²，最小值为 -3.8 ~ -1.4 kN/m²，分布形式与上表面吻合。

* 基金项目：国家重点研发计划项目（2017YFC0803302）

3.2　墙面的风荷载

不论前门开闭状态，机库墙体外立面的极值压力统计最大值均为 $0.7 \sim 2.1 \text{kN/m}^2$，各墙面的中间区域风压力较小，端角部区域较大；机库墙体外立面的极值压力统计最小值为 $-2.4 \sim -0.8 \text{ kN/m}^2$，各墙面的中间区域风吸力较小，端角部区域较大。在前门打开的情况下，墙体内立面的极值压力统计最大值为 1.2 kN/m^2，最小值为 -0.7 kN/m^2，且分布均匀。墙体整体的极值压力统计最大值为 $0.6 \sim 2.1 \text{ kN/m}^2$，最小值为 $-3.0 \sim -1.2 \text{ kN/m}^2$，分布形式与外立面吻合。

3.3　前门的风荷载

在前门全闭状态下，机库前门外立面的极值压力统计最大值为 $1.2 \sim 2.0 \text{ kN/m}^2$，机库前门外立面的极值压力统计最小值为 $-1.6 \sim -0.7 \text{ kN/m}^2$，中间区域风力较小，端角部区域较大。在前门打开的状态下，机库前门内表面的极值压力统计最大值为 1.2 kN/m^2，最小值为 -0.7 kN/m^2，且分布均匀。在中间开状态下，两侧未开前门的外立面极值压力统计最大值为 $1.4 \sim 2.0 \text{ kN/m}^2$，最小值为 $-1.5 \sim -0.7 \text{ kN/m}^2$；整体的外立面极值压力统计最大值为 $0.7 - 1.2 \text{ kN/m}^2$，最小值为 $-1.1 \sim -0.7 \text{ kN/m}^2$。在两侧开状态下，中间未开前门的外立面极值压力统计最大值为 $1.1 \sim 2.0 \text{ kN/m}^2$，即风压力比中间开状态下的结果偏小，最小值基本相同；整体的外立面极值压力统计最大值为 $0.4 \sim 0.9 \text{ kN/m}^2$，即风压力比中间开状态下的结果偏小，最小值为 $-0.7 \sim -0.5 \text{ kN/m}^2$，即风吸力作用偏小。

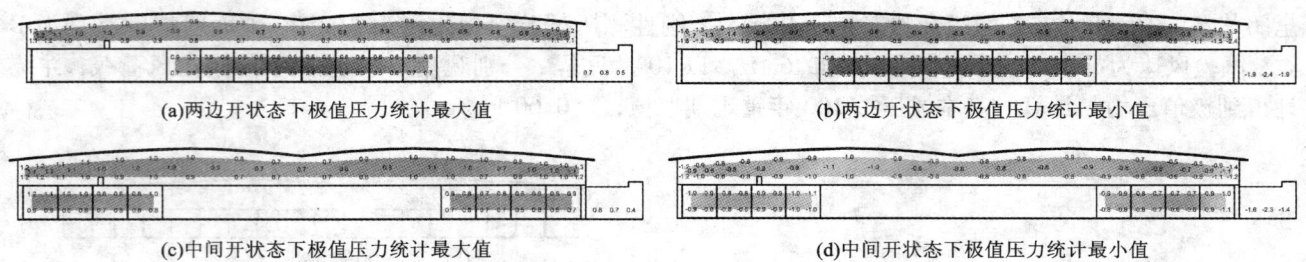

(a)两边开状态下极值压力统计最大值　　　　(b)两边开状态下极值压力统计最小值

(c)中间开状态下极值压力统计最大值　　　　(d)中间开状态下极值压力统计最小值

图 3　机库前门整体的极值压力统计值

4　结论

前门的开闭对机库在风力作用下的结构受力状态影响显著。通过风洞试验技术，对不同前门开闭状态下的机库风荷载进行了模拟分析。结果表明，前门的开闭状态对机库屋盖和墙面的风荷载影响不大，仅对前门受风区域的风力作用影响显著。

参考文献

[1] 裴永忠,朱丹,寇岩滔,等.北京首都机场 A380 机库的风洞试验研究[J].建筑结构,2006,36(增刊):35-38.
[2] 陈凯,唐意,金新阳.中国建筑科学研究院风工程研究成果综述[J].建筑科学,2018,34(9):56-65.

张拉膜结构气弹响应参数识别方法研究

孙晓颖[1,2]，俞润田[2]，武岳[1,2]

（1.哈尔滨工业大学结构工程灾变与控制教育部重点实验室 哈尔滨 150090；

2.哈尔滨工业大学土木工程学院 哈尔滨 150090）

1 引言

膜结构在大跨度建筑中应用广泛，但因其轻柔的特点，是典型的风敏感结构，强风作用下的破坏时有发生[1]。同时，膜结构受风时，结构与风相互作用，需要借助气弹模型对其开展风洞试验研究[2]。而膜结构的气弹响应的气弹响应参数主要包括频率、阻尼比和振型等，其识别方法采用各类模态参数识别方法。武岳等[3]采用随机减量法（RDT）对膜结构气弹模型的气弹响应参数进行了识别。陈昭庆[4]采用改进的希尔伯特-黄变换法（HHT），识别了单向和封闭鞍形张拉膜的气弹响应参数。韩志惠[5]使用随机子空间法（SSI），分析了开敞鞍形张拉膜气弹响应随风向角、风速和膜预张力的变化规律。本文同时还借鉴了桥梁结构[6]和超高层结构[7]的模态参数识别方法，提炼出三种常用参数识别方法，改进了部分算法中提出虚假模态的过程，并通过解析模型算例对其识别精度和抗噪能力进行了比较，得出了适用于膜结构的气弹响应参数识别策略，并应用于单向和鞍形张拉膜结构的识别中。

2 参数识别方法研究

本文总结了结构参数识别和膜结构气弹响应研究的发展过程。将参数识别分别解耦、减量和识别三个过程，分别通过相应的三类技术实现。其中的识别技术是方法的核心，识别技术又分为频域法、时域法和时频域法。参照相关研究[8]，选择了时域法中基于状态空间模型的两种方法：SSI 法和特征系统实现法（ERA），以及时频域法中的希尔伯特变换法，共三种方法作为识别技术。并以这三种识别技术分别为核心，构建起三种常用参数识别方法：HHT 法，SSI 法和自然激励特征系统实现法（NExT-ERA），作为研究对象。

本文建立了两自由度平板颤振解析模型（图1），用以验证和比较三种方法的识别效果。在此模型中，通过颤振导数修正阻尼和刚度矩阵考虑了颤振自激力，通过对模型施加模拟的抖振力时程计算位移并识别出参数，再与修正后阻尼和刚度矩阵计算出的参数理论值作对比。

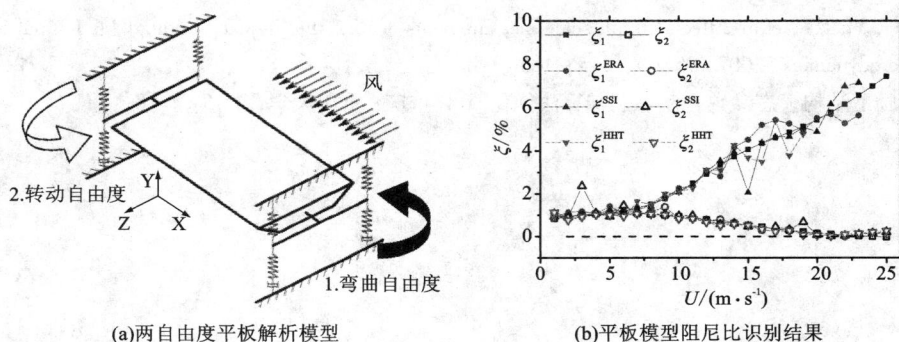

(a)两自由度平板解析模型　　　　　(b)平板模型阻尼比识别结果

图1　平板颤振解析模型及识别结果

本文利用平板解析模型，确认了三种方法的有效性，并利用系统聚类法和基于 OPTICS 聚类的方法对 SSI 和 NExT-ERA 方法的虚假模态剔除过程进行了改进。经解析模型检验比较发现，基于 OPTICS 聚类的 NExT-ERA 方法具有相对较高的识别效率，较好的抗噪性能，特别是针对膜结构较为关注的小阻尼情况具有一定优势，但其在振型识别上将少一个测点的结果。因此得出针对膜结构的气弹响应参数识别策略是，利用基于 OPTICS 聚类的 NExT – ERA 方法识别频率和阻尼，利用 SSI 方法识别振型。

本文将针对膜结构的识别策略应用于单向和鞍形张拉膜结构的气弹响应参数识别中（图 2），得出了不同风向角和膜预张力情况下，各参数随风速的变化规律。

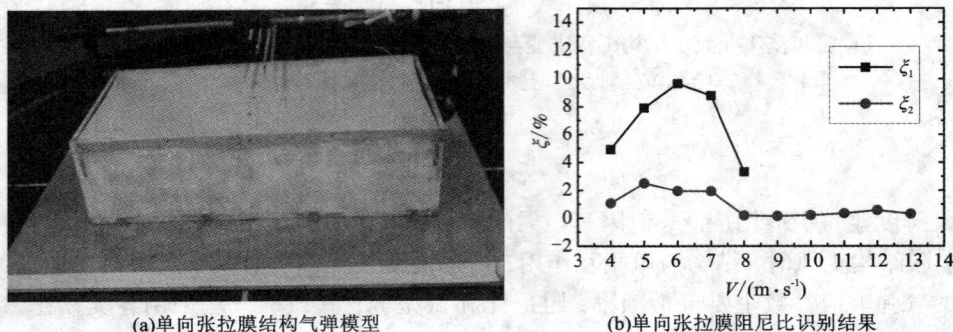

(a)单向张拉膜结构气弹模型　　　　　　(b)单向张拉膜阻尼比识别结果

图 2　单向张拉膜结构气弹模型及识别结果

3　结论

本文比较发现，基于 OPTICS 聚类的 NExT – ERA 方法，相比另两种方法，有更好的识别效率和抗噪性能，且在膜结构关注的小阻尼情况下有优势。基于聚类，特别是基于 OPTICS 聚类的虚假模态剔除，相比于以平均值为基准的传统稳定图法，有更好效果。针对膜结构的气弹响应参数识别，可采用 NExT – ERA 结合 SSI 方法的策略。

参考文献

[1] 杨庆山. 薄膜结构的风致动力效应初探[J]. 空间结构，2002，8(4)：3–10.

[2] 沈世钊，武岳. 大跨度张拉结构风致动力响应研究进展[J]. 同济大学学报，2002，30(5)：533–538.

[3] 武岳，杨庆山，张亮泉，等. 索膜结构风致动力响应性能的风洞实验研究[C]//第十一届全国风工程学术会议论文集. 三亚，2004：254–259.

[4] 陈昭庆. 张拉膜结构气弹失稳机理研究[D]. 哈尔滨：哈尔滨工业大学，2015：1–5.

[5] 韩志惠. 张拉膜结构气弹模型风洞试验及参数识别方法研究[D]. 上海：同济大学，2012.

[6] 常军，张启伟，孙利民. 基于随机子空间结合稳定图的拱桥模态参数识别方法[J]. 建筑科学与工程学报，2007，24(1)：1–5.

[7] Li Q S, Xiao Y Q, Fu J Y, et al. Effects on full scale measurements of wind the jin mao building[J]. Journal of Wind Engineering and Industrial Aerodynamics, 2007, 95(6): 445–466.

[8] 章国稳. 环境激励下结构模态参数自动识别与算法优化[D]. 重庆：重庆大学，2015：2–8.

球面网壳结构风敏感性研究[*]

武岳[1,2]，吴晓同[1]，李悦[3]

（1.哈尔滨工业大学土木工程学院 哈尔滨 150090；
2.哈尔滨工业大学结构工程灾变与控制教育部重点实验室 哈尔滨 150090；
3.哈尔滨工业大学建筑设计研究院 哈尔滨 150090）

1 引言

球面网壳结构作为典型大跨度屋盖结构，被广泛的应用于各种公共建筑中[1]。设计者对结构风敏感性的判断将直接影响到结构抗风设计策略的选择。本文以风敏感度概念为基础，定量地描述了球壳结构在脉动风作用下响应的显著程度，将风洞试验得到的风荷载时程输入结构模型中进行有限元分析，研究了不同球壳结构的风敏感性并通过对单层和双层球壳结构进行了风敏感度分级，为系统构建适用于不同结构的抗风设计方法提供了一种有效途径。

2 结构风敏感度

风敏感性反映了结构在脉动风作用下响应的显著程度，主要受到背景、频率和模态3个关键效应的影响。本文将是否包含上述3种效应的两种结构响应进行对比，得到结构风敏感度的定义为：结构风敏感度是表征结构真实脉动风响应与某一基准脉动风响应的比值。即风敏感度为风敏感性的定量指标，反映结构脉动风响应的显著程度。

为合理地确定结构的某种响应作为分析对象，本文通过大量试算，最终确定以系统应变能作为计算结构风敏感度的响应指标。此外，为了寻找一种不包含上述3种效应的理想状态作为基准脉动风响应，本文将基准态假定为"点状刚性结构"。"点状"是指结构受荷面积足够小，可认为作用在结构上的脉动风荷载完全相关；"刚性"是指结构刚度足够大，可仅考虑结构的脉动风背景响应，忽略共振响应。由此可得到结构风敏感度的具体定义式为：

$$结构风敏感度 = \frac{真实结构的脉动风响应应变能}{点状刚性结构的脉动风响应应变能} \tag{1}$$

基于上述对风敏感度的描述，定义风敏感度 λ 的计算公式为

$$\lambda = \kappa_b \cdot (1 + 2\kappa_n + \kappa_r) \tag{2}$$

式中背景效应系数 κ_b、共振效应系数 κ_r 和耦合效应系数 κ_n 分别用以表征背景效应、多模态参振、背景响应与共振响应的耦合项对脉动风总响应的影响。

3 球面网壳风敏感性研究

本文对不同结构参数的单层及双层球面网壳进行风敏感性分析，结果发现单层球壳的风敏感度与其自振频率与矢跨比有关。单层球面网壳结构风敏感度随频率的增大减小；在 1/7 ~ 1/4 矢跨比下，单层球面网壳结构风敏感度随矢跨比的增大而减小。图1和图2给出单层球面网壳结构风敏感度 λ 随结构自振频率 f 的分布。在四种常用单层球面网壳矢跨比下，1/3 矢跨比单层球面网壳的风敏感度参数分布离散性较小，且值最小，说明该矢跨比的单层球面网壳在风荷载作用下的动力效应较其他矢跨比小。

当单层球面网壳的矢跨比为 1/7 和 1/4 时，结构的脉动风响应以共振响应为主；当矢跨比为 1/3 和 1/2，共振响应占的比重变小。而双层球面网壳由于其结构受力性能好，为低风敏感结构，在其风致振动响应时，可仅考虑其平均风响应。表1为球面网壳风敏感度分级体系及其风振响应简化计算方法分类。

* 基金项目：国家自然科学基金（51578186）

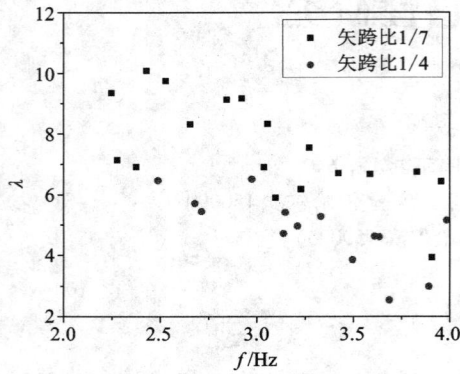

图1　1/7和1/4矢跨比单层球壳结构风敏感度参数分布

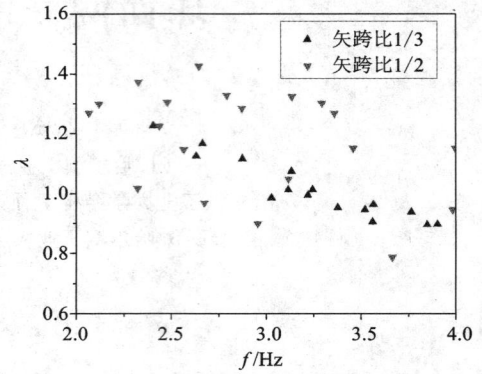

图2　1/3和1/2矢跨比单层球壳结构风敏感度参数分布

表1　球面网壳风敏感度分级体系

矢跨比	单层球面网壳	双层球面网壳
1/7	高风敏感结构	低风敏感结构
1/4	高风敏感结构	低风敏感结构
1/3	低风敏感结构	低风敏感结构
1/2	低风敏感结构	低风敏感结构

4　结论

（1）定义结构风敏感度是表征结构真实脉动风响应与某一基准脉动风响应的比值，即风敏感度为风敏感性的定量指标，反映结构脉动风响应的显著程度。

（2）单层球壳的风敏感度与其自振频率与矢跨比有关。单层球面网壳结构风敏感度随频率的增大减小，1/7～1/4矢跨比的单层球面网壳结构风敏感度随矢跨比的增大而减小。

（3）针对结构不同工况，对单层球面网壳结构进行分风敏感度分级。1/7矢跨比和1/4矢跨比单层球面网壳为高风敏感度结构，1/3矢跨比和1/2矢跨比单层球面网壳为低风敏感度结构。双层球面网壳由于其结构受力性能好，其结构风敏感度较小，为低风敏感结构，可进行简化分析。

参考文献

［1］张毅刚,薛素铎,杨庆山,等.大跨空间结构［M］.2版.北京：机械工业出版社,2013：8－12.

光伏板和底部建筑对大跨空间网格屋盖平均风荷载的影响研究[*]

郑德乾[1]，全涌[2]，顾明[2]，潘钧俊[3]，周健[3]，刘帅永[1]

(1. 河南工业大学土木建筑学院 郑州 450001；2. 同济大学土木工程防灾国家重点实验室 上海 200092；
3. 华东建筑设计研究院有限公司 上海 200011)

1 引言

某大跨镂空网格屋盖结构几何尺寸大、大面积镂空且构件尺寸较小，较难通过风洞试验方法得到用于结构设计的节点风荷载。目前对于网格结构多借助天平试验得到其整体风荷载[1]。CFD 数值模拟方法是用于预测网格结构杆件和节点风荷载的一种解决途径，但现有的研究多针对结构的局部节段模型[2]。本文作者采用 CFD 方法对该结构的平均风荷载进行了前期研究[3]，但未考虑表面光伏板布置和底部建筑等影响。本文进一步采用 Realizable $k-\varepsilon$ 湍流模型，在精细化建模基础上，详细研究了屋盖表面光伏板数量和底部建筑对其平均风荷载分布的影响，最后研究了新屋盖方案的风荷载分布特征，可为该类结构的抗风设计提供参考。

2 数值模拟方法及参数

2.1 研究对象概况

前期数值模拟研究[3]中，屋盖结构几何尺寸约 650 m(长)×150 m(宽)×28 m(高)，由 10 栋标高为 79 m 的建筑支撑(图 1a)，屋盖网格纵横间距 3 m，杆件采用 550 mm(高)×220 mm(宽)截面方管，项目处于 B 类地貌，100 年重现期基本风压为 0.6 kN/m²。本文研究的屋盖长度有所增加，由 11 栋建筑支撑(图 1b)，结构外形进行了重新找形，新屋盖几何尺寸变化为至 740 m(长)×120 m(宽)×20 m(高)，屋盖表面的起伏情况也有所变化，使得屋盖表面风荷载分布情况也将相应发生改变。

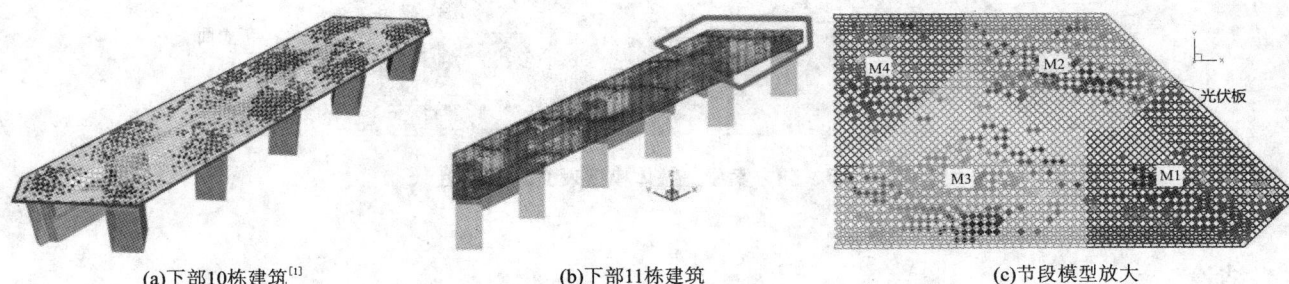

(a)下部10栋建筑[1]　　(b)下部11栋建筑　　(c)节段模型放大

图 1　大跨镂空屋盖几何模型示意图

2.2 数值模拟方法及参数

节段模型考虑了 2 种网格划分方案(CFD1 - 较密、CFD2 - 稀疏)，以及 3 种光伏板布置情况(C1 - 666 块、C2 - 534 块、C3 - 无光伏板)，同时考虑了有(CFD2 - C1)、无(CFD2 - C1 - no)底部建筑影响。屋盖整体模型则考虑了 1 种网格布置情况(CFD2)和光伏板布置情况(C1)。

3 结果与讨论

3.1 节段模型

数值模拟所得网架屋盖各分块总体平均风荷载随风向角的变化与风洞试验具有较好的一致性(图 2)，

* 基金项目：国家自然科学基金项目(51408196)；河南工业大学青年骨干教师培育计划

说明了本文选取的 CFD 方法及参数的有效性。屋盖底部建筑和光伏板布置对平均风荷载的影响规律基本一致，即主要影响屋盖的竖向平均风荷载，底部建筑的影响更加明显，特别是当来流垂直屋盖长边（180°）；底部建筑的存在有利于屋盖结构的整体受力。

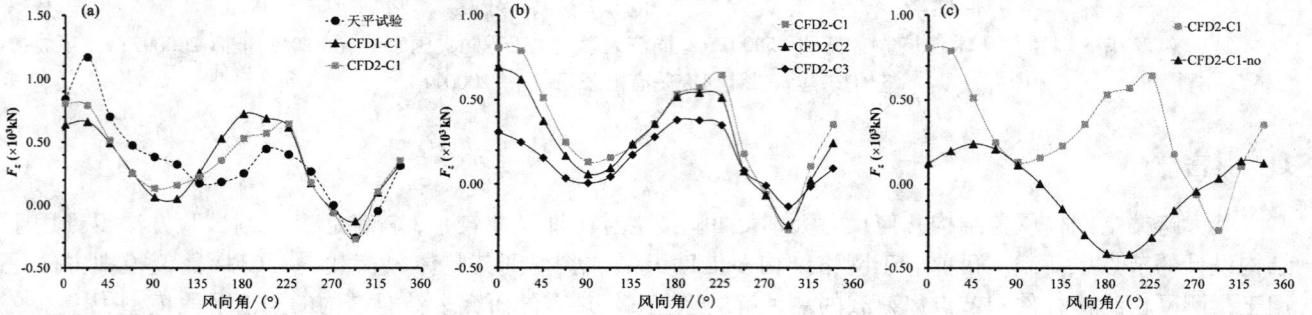

图2　节段模型风荷载比较[（a）与试验结果比较；（b）光伏板密度影响；（c）底部建筑影响]

3.2　整体模型

屋盖上表面以负压（吸力）为主，下表面以正压（压力）为主，均存在明显的不均匀现象，特别是在屋盖各表面的边缘局部位置均存在数值绝对值相对较大的负风压，特别是布置有光伏板且局部负风压也较大的区域，应注意加强光伏板连接件的抗风措施。

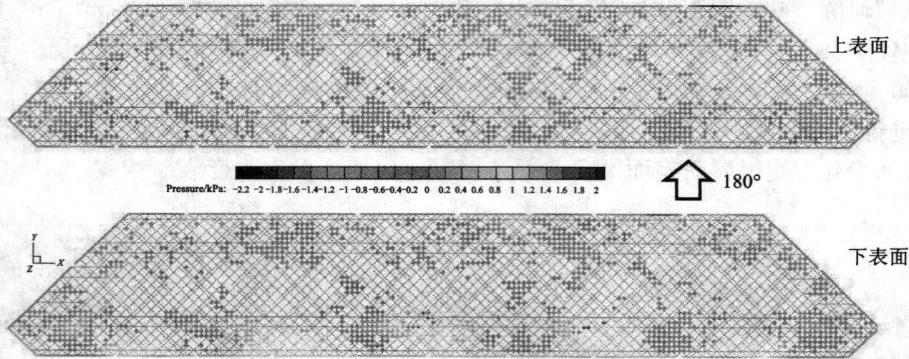

图3　新方案屋盖整体模型表面风压云图

4　结论

采用 CFD 数值模拟方法，对某大跨网格屋盖的平均风荷载进行了研究。通过节段模型与风洞天平试验结果的对比验证了本文方法的有效性基础上，分析了屋盖镂空率和底部建筑对其风荷载的影响，给出了新方案屋盖的整体平均风荷载及其风压分布，还与前期数值模拟结果进行了对比。

参考文献

［1］张庆华，顾明.典型格构式结构风荷载及风致响应规范比较[J].振动与冲击，2015，34(6)：140－145.

［2］党会学，赵均海，张宏杰.三角形格构式塔身杆件风荷载及流动干扰特性[J].力学季刊，2015，36(4)：740－748.

［3］潘钧俊，崔家春，周健，等.大跨镂空屋盖平均风荷载研究[J].广西大学学报(自然科学版)，2018，43(s1)：15－20.

六、低矮房屋结构抗风

高层建筑物对低矮平屋面建筑物的风荷载干扰效应试验研究[*]

陈波[1]，马浩然[1]，商录西[1]，杨庆山[2]

（1.北京交通大学结构风工程与城市风环境北京市重点实验室 北京 100044；

2.重庆大学土木工程学院 重庆 400015）

1 引言

随着我国经济建设的快速发展，许多老城区扩建或改建，低矮建筑群中出现少量高层建筑。高层建筑的存在使得低矮建筑物周围的气流流动模式发生显著改变，直接影响到低矮建筑的抗风安全性。近年来，许多专家学者对低矮建筑屋面风荷载干扰效应研究日渐关注，但大部分研究聚焦于低矮建筑群之间的相互干扰[1,2]，只有少数学者研究了高层与低矮建筑之间的干扰效应[1-4]。

本文通过风洞试验，系统研究了不同高度的施扰高高层建筑在不同间距和不同风向下，低矮平屋面低矮建筑屋面风荷载的干扰效应变化规律。

2 干扰效应试验方案及研究内容

此次高层建筑对低矮平屋面建筑干扰效应的风洞实验在北京交通大学风洞实验室进行。目标建筑物试验模型为 20 cm（长度）×20 cm（宽度）×10 cm（高度）的平屋面建筑模型，测点布置及建筑群布置如图1所示[5]。风洞试验中模拟了 B 类大气边界层，研究在 0°至 180°风向范围内，施扰高层高度变化范围为 10 cm（1 h）到 100 cm（10 h），建筑物间的净距变化范围为 0~100 cm（10 h）时，受扰低矮建筑物屋面风压的变化规律。h 为低矮平屋面建筑模型高度。

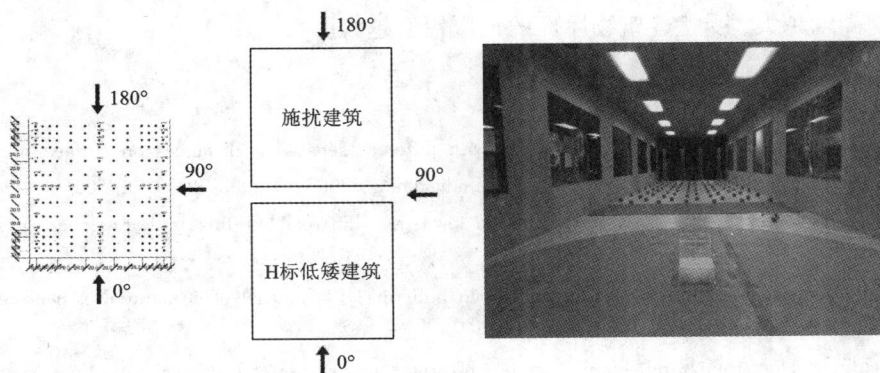

图1 模型测点布置及建筑布置图

通过研究不同风向角下目标建筑物的屋面整体平均风压系数，以及高层建筑物位于低矮平屋面建筑物上游及下游时，受扰低矮建筑物屋面风荷载随施扰物高度和建筑物间距的变化规律。图2和图3给出了建筑物间距为 0.5 h 和 10 h 时，屋面平均升力系数的影响规律，从中可以看出：单体建筑屋面的平均升力系数随风向变化不敏感，均在 -0.6 左右波动。当考虑高层建筑物的干扰效应时，且处于受扰低矮建筑物迎风下游时，低矮建筑物的屋面升力系数呈现遮挡效应，且两建筑物高度比越大，遮挡效应越显著，且当间距较小和两建筑物高度比较大时，屋面平均升力系数从风吸力变为风压力。当高层建筑在受扰建筑物迎风

* 基金项目：国家自然科学基金项目（51378059）；北京市科技新星计划（Z151100000315051）

上游时，当两建筑物高度较小时，呈现遮挡效应，当间距比较小且两建筑物高度比较大（大于3）时，呈现放大效应，两建筑物高度比越大，放大效应越显著。

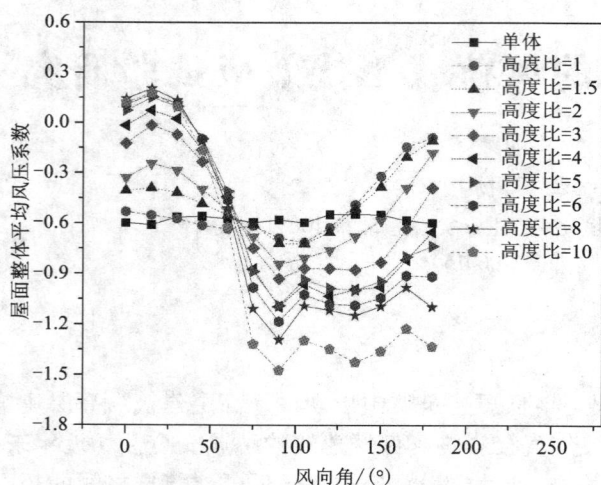

图2　$D/h=0.5$ 屋面整体平均风压系数

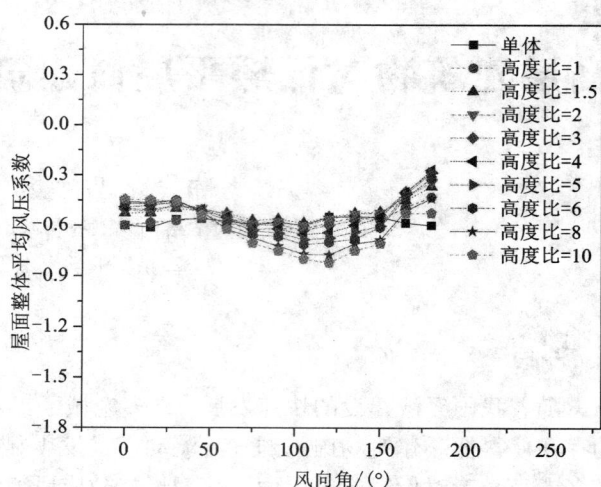

图3　$D/h=10$ 屋面整体平均风压系数

3　结论

高层建筑位于低矮建筑下游时（风向角为0°），由于高层建筑产生的反馈气流与来流气流相互作用，导致屋面风吸力减少，高层建筑越高，反馈气流越强，甚至在某些工况下低矮建筑屋面从负压变为正压，且随着高层建筑高度的增加或两栋建筑物之间间距的缩小，低矮建筑屋面正压力逐渐增加。

高层建筑位于低矮建筑下游时（风向角为180°），当间距比较小时（小于1），受扰建筑物的屋面风压分布较为均匀，明显区别于单体建筑，没有呈现从迎风前缘风压幅值逐渐减小的趋势；当高度比小于2时，受扰建筑物整个屋面的风压幅值很小，呈现遮挡效应；当高度比大于2时，低矮建筑物负压放大效应明显，且随着高层建筑物高度越大，受扰建筑物屋面的负压幅值越大。

参考文献

[1] Chang C H, Meroney R N. The effect of surroundings with different separation distances on surface pressures on low – rise buildings[J]. Journal of Wind Engineering & Industrial Aerodynamics, 2003, 91(8): 1039 – 1050.

[2] Ahmad S, Kumar K. Interference effects on wind loads on low – rise hip roof buildings[J]. Engineering Structures, 2001, 23 (12): 1577 – 1589.

[3] Stathopoulos T. Adverse wind loads on low buildings due to buffeting[J]. Journal of structure Engineering, 1984, 110(10): 2374 – 2392.

[4] English E C. Shielding factors from wind – tunnel studies of prismatic structures[J]. Journal of Wind Engineering & Industrial Aerodynamics, 1990, 36(1): 611 – 619.

[5] 武子斌. 居住区风环境与风荷载的数值模拟研究[D]. 哈尔滨：哈尔滨工业大学, 2009.

[6] Pindado S, Meseguer J, Franchini S. Influence of an upstream building on the wind – induced mean suction on the flat roof of a low – rise building[J]. Journal of Wind Engineering & Industrial Aerodynamics, 2011, 99(8): 889 – 893.

[7] 商录西. 高层建筑对低矮平屋面建筑的风荷载干扰效应研究[D]. 北京：北京交通大学, 2014.

湍流积分尺度对平坡屋面风压分布的影响试验研究*

胡尚瑜[1]，李秋胜[2]，张明[3]，田文鑫[3]

（1. 桂林理工大学广西岩土力学与工程重点实验室 桂林 541004；

2. 香港城市大学土木及建筑工程系 香港 999077；

3. 国家环境保护大气物理模拟与污染控制重点实验室 国电环境保护研究院有限公司 南京 210031）

1 引言

对于低矮房屋这类建筑的风洞试验，通常需要采用较大比例尺模型试验，相应大比例尺湍流流场模拟难度增加，尤其是湍流积分尺度相似性难以满足。本文基于国家环境保护大气物理模拟与污染控制重点实验室，阵风风洞实验实验室。通过主动阵风风洞和被动湍流相结合方式模拟不同湍流积分尺度的流场，开展台风风场原型实测低矮建筑[1] 1:20 缩尺比例测压试验研究，探讨湍流积分尺度对屋面角部区域风压的影响和差异。

2 阵风风洞实验研究

B 类地貌各湍流积分尺度流场的平均风速剖面和湍流剖面比较分别如图 1(b)、图 1(c) 所示：各湍流尺度流场中平均风速剖面风洞实验结果差别不大，表明增加低频湍流分量不影响阵风流场的平均风速剖面，拟合风剖面 α 为 0.15 ~ 0.16；平均湍流强度剖面主动模拟与常规风洞模拟相比较，在平坡屋面实验房 4 m 高度处湍流度增加最为 0.02 ~ 0.03。各不同湍流尺度流场屋面高度处的顺风向、横风向、竖向脉动风速功率谱比较分别如图 2(a) ~ 图 2(c) 所示：在折减频率 $nz/U < 0.02$ 低频范围，主动阵风流场的顺风向脉动风速功率谱大于常规风洞实验值，高频段相差不大，表明增加低频分量不但提高顺风向湍流积分尺度，而相应小尺度湍流分量未明显削弱，与实际流场脉动风速功率谱相接近。横风向流脉动风速功率谱阵风风洞与常规风洞模拟值相差不大，表明不受旁路主动控制影响。同理竖向流脉动风速功率谱具有相似结果。

图 1 (a) 湍流模拟布置及实验　图 1 (b) 近地 B 风场平均风速剖面　图 1 (c) 近地 B 风场平均湍流剖面

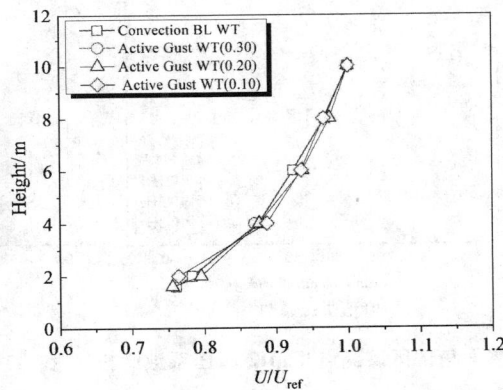

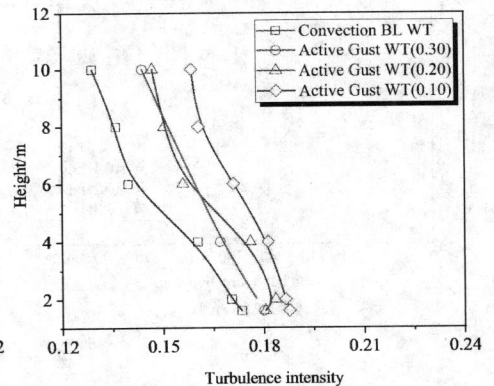

在垂直屋脊 90° 风作用下，不同湍流积分尺度风场中屋面中线区域的平均风压系数、峰值负压系数、脉动压系数的实验值与现场实测值比较分别如图 3(a)、(b)、(c) 所示：平均风压系数（绝对值）各流场工况相接近，差别甚微；迎风屋面屋檐、屋脊区和背风屋面屋檐区域的峰值负压系数和脉动压力系数阵风风洞试验值与常规风洞存在差异，湍流积分尺度增大可能增大平坡屋面气流分离区域的峰值负压和脉动风压。屋面角部边缘测点 Tap12 测点的平均风压系数、峰值负压系数、脉动风压系数的风洞常规风洞实验值

* 基金项目：国家自然科学基金项目（51878198）

和阵风风洞实验值比较分别如图4（a）、（b）、（c）所示：各流场不同湍流积分尺度，对角部区域平均风压影响不大。脉动风压系数与峰值负压系数随低频湍流分量湍流积分尺度增大而增大。

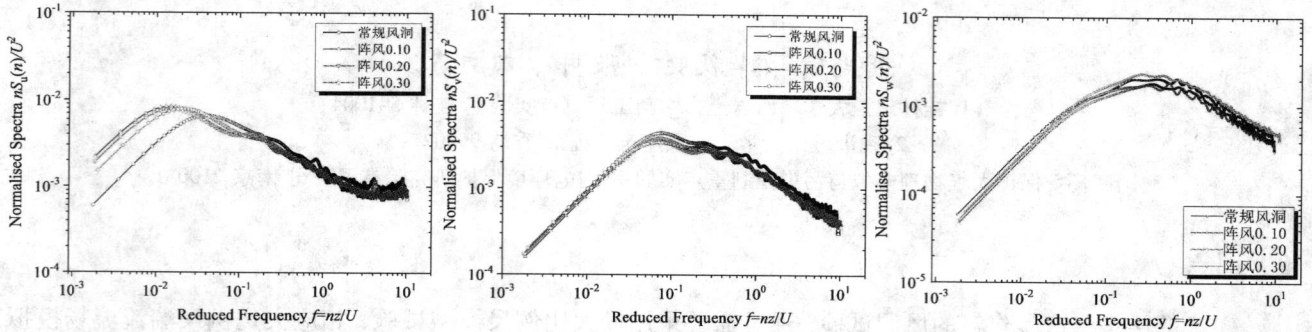

图2　（a）顺风向脉动风速功率谱　　　图2　（b）横风向脉动风速功率谱　　　图2　（c）竖风向脉动风速功率谱

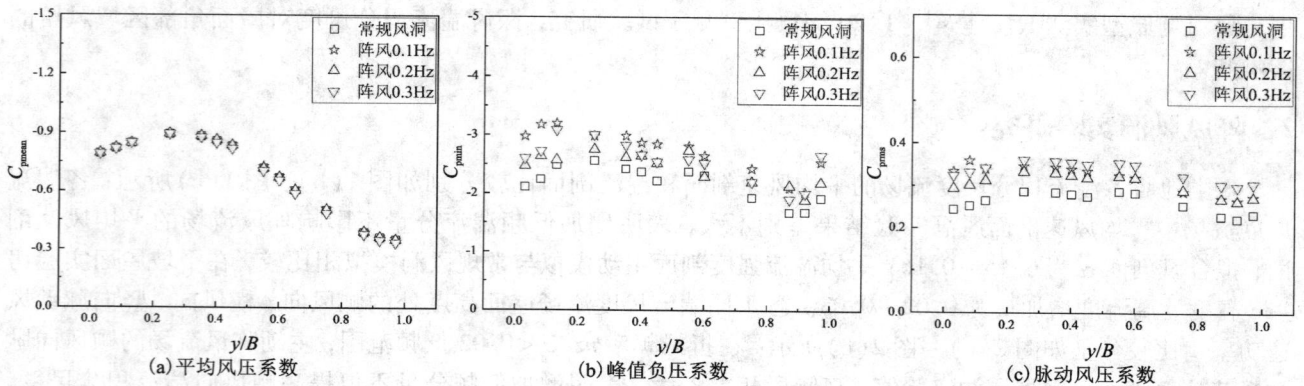

图3　90°风作用下屋面中线区域风压比较

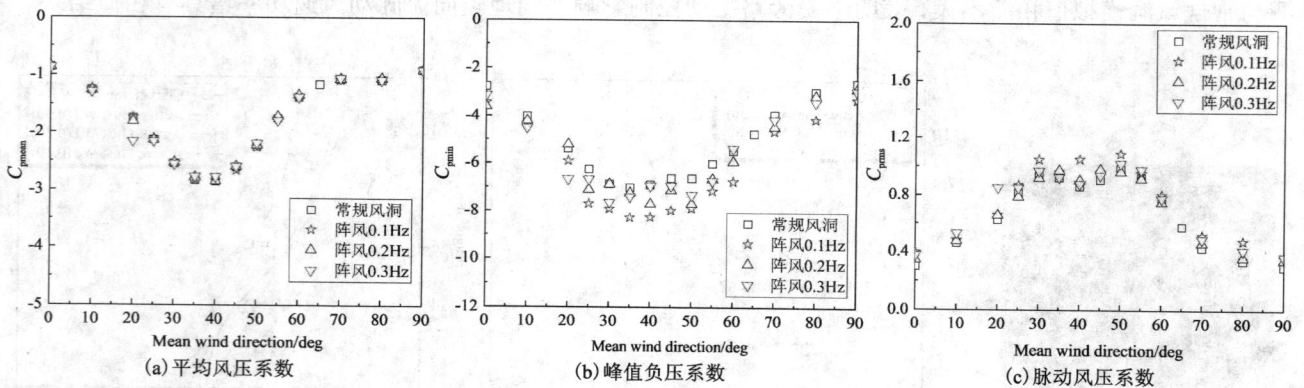

图4　屋面角部区域测点 Tap12 风压系数比较

3　结论

在垂直屋脊90°风作用下，气流分离区域中部区域平均风压不受湍流积分尺度的影响甚微；而屋脊区域的峰值负压和脉动风压系数受湍流积分尺度随湍流积分尺度增大而增加；同理在斜向风作用下，屋面角部边缘区域的平均风压受湍流积分尺度影响不大、而峰值负压和脉动风压系数的随湍流积分尺度增大有所增加。

参考文献

［1］胡尚瑜，李秋胜，戴益民，等. 近地台风风场特性及低矮房屋风荷载现场实测研究［J］. 建筑结构学报，2013，34（6）：30－38.

基于规范设计的门式刚架轻型房屋的可靠度[*]

李寿科[1]，洪汉平[2]，李寿英[3]

（1.湖南科技大学土木工程学院 湘潭 410082；2.加拿大西安大略大学土木与环境工程系 安大略 伦敦 N6A 5B9；
3.湖南大学风工程试验研究中心 长沙 411000）

1 引言

Davenport（1961&1972）指出规范设计风荷载需基于可靠度方法计算得到，需引入风荷载的统计模型关联结构的安全性和可靠度。本文基于《门式刚架轻型房屋钢结构技术规范》GB 51022—2015，计算主刚架构件的可靠度，试图给出更加优化的荷载分项系数。

2 极限状态设计方法

《建筑结构荷载规范》GB 50009—2012 规定，对于承载能力极限状态，采用下列设计表达式进行设计：

$$\gamma_0 S_d \leqslant R_d \tag{1}$$

在本文中，仅考虑恒荷载和风荷载组合下的结构可靠度。依据"门式刚架轻型房屋钢结构技术规范"GB 51022—2015 设计要求，

$$S_{d1} = \max \left\{ \begin{array}{c} \gamma_{G1} G_k = 1.35 G_k \\ \gamma_{G2} G_k + \gamma_W W_k = 1.2 G_k + 1.4 W_k \end{array} \right\} \tag{2}$$

$$S_{d2} = \gamma_{G3} G_k + \gamma_W W_k = 1.0 S_G - 1.4 W_k$$

$$R_d = \frac{R_k}{1.087} \tag{3}$$

结构的极限状态函数可以写为[1]：

$$g = \gamma_R \cdot X_R - \frac{X_G + X_W \cdot \rho}{\gamma_G + \gamma_W \cdot \rho}, \quad X_R = \frac{R}{R_d}, \quad X_G = \frac{S_G}{S_{Gk}}, \quad X_W = \frac{S_W}{S_{Wk}}, \quad \rho = \frac{S_{Wk}}{S_{Gk}} \tag{4}$$

3 风荷载标准值计算方法

"门式刚架轻型房屋钢结构技术规范"GB 51022—2015 中规定高度小于 18 m 高宽比小于 1 的门式刚架轻型房屋，风荷载标准值计算公式为：

$$w_k = \beta \mu_w \mu_z w_0 \tag{5}$$

式中 w_k 为风荷载标准值，w_0 为基本风压，按照现行规范 GB 50009—2012 采用，一般结构为 10 min 平均的 50 年重现期风压。μ_z 为风压高度变化系数，β 为系数，考虑结构为风敏感结构，对主刚架计算基本风压进行适当提高取 1.1；μ_w 为风荷载系数，考虑内、外风压最大值的组合值，其取值与美国 MBMA2006 规范相同。

4 抗力和荷载统计

表 1 抗力和荷载统计参数

参数	Bias	COV	概率分布	参数	Bias	COV	概率分布
抗力	1.21	0.15	Log – normal	风荷载系数	1.55	0.39	normal
恒荷载	1.06	0.07	normal	风压高度变化系数	0.98	0.23	normal

* 基金项目：国家自然科学基金项目（51508184）；湖南省教育厅创新平台开放基金资助（17K034）；湖南省自然科学基金资助（2016JJ3063）

5　风荷载和恒荷载组合下主刚架可靠度

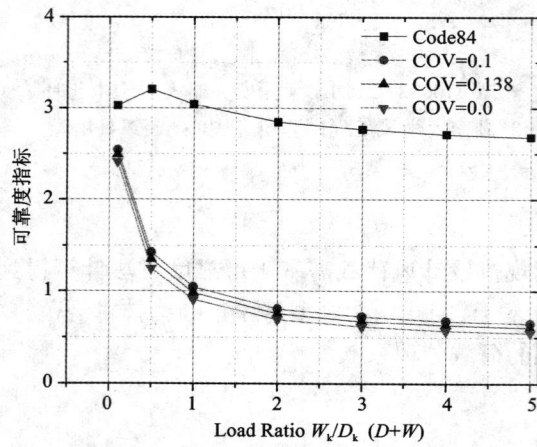

图1　不同年峰值风速变异系数下主刚架可靠度计算结果(风荷载与恒荷载方向相同)

6　结论

本文计算了 GB 51022—2015 设计方法下主刚架的可靠度,结果表明主刚架在恒荷载和风荷载组合作用下,可靠度明显小于规范可靠度指标3.2。

参考文献

［1］ Bartlett F M, H PHong, W Zhou. Load factor calibration for the proposed 2005 edition of the National Building Code of Canada: Statistics of loads and load effects［J］. Canadian Journal of Civil Engineering, 2003, 30(2): 429 – 439.

用湍流机理分析闽南传统屋面构造与装饰的抗风作用

刘汉义

（厦门理工学院机械与汽车工程学院 厦门 361024）

中国古代建筑的屋顶，有歇山顶、悬山顶、硬山顶等多种形式，闽南传统建筑屋顶多为歇山顶，檐角很高的起翘，正脊也做成很大的曲线，形成层叠有趣的轮廓线。明代开始，官式建筑角脊端设置角神，角梁上装饰套兽，称为翼角装饰。"燕尾脊"大量在官员和富豪的民居建筑中应用（图1）。

图1　富豪民居建筑的燕尾脊

闽南沿海多台风，明王世懋奏请用筒瓦。这种能防海风的闽南沿海特有红色筒瓦，一般为官僚、富商宅第使用。经济较差者则与闽山区一样，用板瓦屋面（图2）。由于板瓦比红瓦轻，为防强风掀翻瓦面，故其上压石块、砖块。也有在正脊两端堆砌砖瓦、灰泥以代替脊端暗厝。

图2　经济型板瓦屋面

沿海多风，为了镇风，闽南传统建筑一般在大门的屋顶正脊或朝外的屋坡正中放置一尊或一对"瓦将军""风狮爷"等的镇物（图3）。也有在屋脊正中或垂脊上放置泥塑或陶制"风鸡"（图4）以镇风。

对于闽南传统建筑的筒瓦屋面构造及装饰各种镇物，目前的研究一般都是从美观和迷信的角度分析。事实上风灾是沿海危害最大的自然灾害之一，屋顶坡面的交接转折处和坡面的边缘处是最易受损的部位，在这些部位多加几把泥，多压几层陶片，是保证屋顶牢固可靠的有效措施。而无力使用筒瓦的普通民居，在其板瓦屋面上压石块、砖块的良好抗风作用，反过来促成"风鸡""风狮爷"等镇物的盛行。以至于隐含在其中的流体力学知识，因为被当成了迷信的厌胜物而没有被发掘出来。

图3　屋面上的风狮爷

图4　屋脊上的风鸡

　　有鉴于此，本文用流体力学湍流结构的生成演化及作用机理，分析古民居屋面构造与装饰抗击台风的原理。

　　气体绕过物体的阻力来自边界层，特别是湍流边界层。湍流起源于在大雷诺数下的不稳定性，由流体层流状态向湍流状态转捩（Transition）导致的。无论是旁路（bypass）转捩过程还是自然转捩过程，其后阶段都类似，都存在发卡涡、尖峰和高剪切层等转捩现象。

　　旁路转捩过程与自然转捩过程在转捩后期是否存在共同的机制？现代研究表明：这样的共同机制是湍流的猝发（turbulent bursting），并在实验中找到周期性猝发的物理过程，这个过程伴随着三维非线性波的产生。湍流猝发一般认为是条带的剧烈破碎的过程。实验证明：条带的这种上喷和下扫过程，是湍流猝发的主要活动，也是近壁摩擦阻力的主要来源。

　　通过综合分析证明，石块、砖块和风狮爷的存在增加了旁路转捩，显著增加气体湍流强度。这种规则排列装饰物旁路转捩机制，使条带的剧烈破碎提前，近壁摩擦阻力主要施加于石块等镇物上。2016年"莫兰蒂"台风吹过厦门海翔大道边楼房，二层楼坡屋顶掀顶揭瓦，五层楼凹曲屋顶毫发无损。该现象说明闽南传统建筑的筒瓦屋面构造及装饰各种镇物，应该是与抗风有关，因此开展相应的研究具有重要的基础研究价值和工程实践意义。本文根据湍流旁路转捩机制，用理论力学碰撞原理，结合物体绕流阻力系数研究了圆凹曲柱面、立柱物体绕流和坡屋顶的流动现象，理清流体动力和瓦片安全的主要机制，获得流动的基本参数关系式，并给出相应的数值。分析结果表面：屋顶前沿砖头、"风狮爷"和"风鸡"等镇物既可大量损耗风能，改变风的流向，还可使坡屋顶具有凹曲屋顶的效果；而凹曲屋面离前沿越高风压越大，切向风速却越小，安全性越高。

悬挑女儿墙对屋面风压的影响研究[*]

张祥敏[1,2]，钱长照[1,2]，胡海涛[1,2]，李朱君[1,2]，陈昌萍[1,2]

（1. 厦门理工学院土木工程与建筑学院 厦门 361024；2. 厦门理工学院风工程研究中心 厦门 361024）

1 引言

我国是世界上受台风影响最严重的国家之一，每年平均有 8 个左右在东南沿海登陆，严重影响我国的人员安全和财产安全。造成的人员伤亡和财产损失主要由低矮房屋的风损和风毁造成[1]，所造成的低矮房屋损毁占我国风灾损失的 50% 以上[2]。现如今，由于造价较低且空间和屋顶利用率高，东南沿海农村地区越来越多人建造平屋顶房屋，而女儿墙因其实用功能，也越来越多用于低矮平屋。Kopp 等[3,4]的研究表明，不合理地布置女儿墙可能会使最不利负风压系数的峰值增大，或扩大分离流区域而导致结构荷载增大。一些研究也表明，不同的女儿墙形式对角部区域的风压力有明显的影响[4,5]。

本文以平屋顶的某低矮建筑的缩尺模型为研究对象，利用风洞试验，首先研究了平屋顶屋面受风荷载作用时的分离点位置和再附长度等参数，确定了屋面风压分布及最大负风压的位置。然后，基于壁湍流控制理论，在原模型的基础上增加悬挑女儿墙，分析女儿墙尺寸及角度对屋面风荷载的影响，从而确定较优的低矮平屋屋顶抗风设计方案。研究结果对于如何提高低矮房屋的抗风性能具有一定的指导意义。

2 研究方法和内容

本文主要研究对象是某轻钢结构厂房的缩尺模型，模型缩尺比为 1:100，采用 4 mm 厚亚克力板制作 72 cm×48 cm×24 cm（长×宽×高）的风洞模型。屋面区域共布置测压点 320 个，布置了风压传感器对表面风压进行测量，屋面尺寸及测点布置如图 1 所示，图中 θ 定义为风向与垂直屋檐的直线夹角。测点压力数据利用用 PSI 压力扫描阀传感器采集，其采样频率为 650 Hz，每组数据采集时长为 180 s。

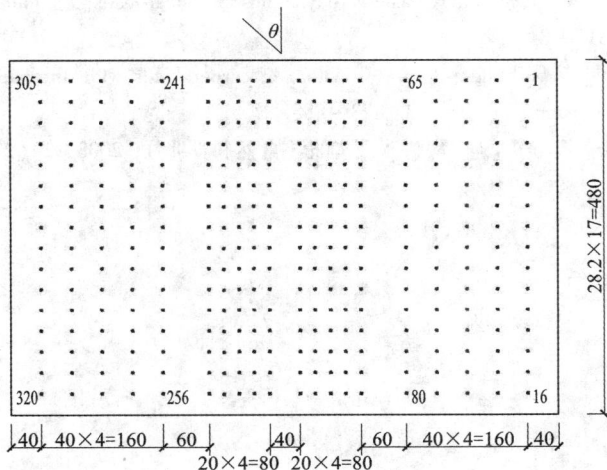

图 1　模型屋顶测点布置图

图 2　悬挑女儿墙设计图

悬挑女儿墙沿屋面四周布置，分别研究女儿墙高度及不同倾角对屋面风压的影响。试验是在厦门理工学院风洞实验室进行。通过调整底盘旋转角度 θ，测量在无女儿墙工况下不同角度来流风速下各个测点的瞬时风压情况，具体测量工况见表 1。在原试验的基础上，在平屋屋面增加各种女儿墙形式，研究在 0°，

* 基金项目：国家自然科学基金项目（51778551）；厦门市科技计划项目（3502Z20161016，3502Z20183050）

45°，90°三种不同的风向工况下，女儿墙高度及不同倾角对屋面风压的影响对屋面平均分压及瞬时风压的影响。

通过对比试验，得到相关测点的瞬时风压，计算出风压系数 C_{pi}，其中

$$C_{pi} = \frac{P_i}{\rho \, U_0^2/2} \tag{1}$$

U_0 为屋面高度处的平均风速，p_i 为第 i 个测点处的实测压力，ρ 为空气密度。对各种工况下风压系数的对比，得到较优的平屋屋顶抗风设计方案。

3　研究结果讨论

本文以某平屋顶的低矮建筑缩尺模型为研究对象，利用风洞试验，得到了无女儿墙时不同来流角度下平屋顶屋面受风荷载作用时的实测风压和风压系数。然后，在原试验模型的基础上，增加不同形式的悬挑女儿墙，研究在0°，45°，90°三种不同的风向工况下，带有不同形式的女儿墙的屋面风压情况，得到女儿墙对低矮平屋在抗风能力的影响。最后，利用流体力学及湍流控制理论分析了影响规律及原因。

（1）悬挑女儿墙倾角可以调节穿过女儿墙的空气流量及收缩和扩散形式，进而控制壁面边界层的气流分离；

（2）悬挑女儿墙对旋涡的扰动能够影响下游气流的分离和再附，进而对屋面风压有较大的影响作用；

（3）悬挑高度对屋面风压有较明显的影响，过高和过低均有某方面的负面作用，需要在设计中充分考虑；

（4）相比实体女儿墙，悬挑女儿墙在构造上更简洁，容易实施，增加的恒载少，本身所受风荷载小等优点，适合于轻钢结构的屋面抗风设计。

参考文献

[1] Hohn D. Holmes. 结构风荷载[M]. 全涌，李加武，顾明，译. 北京：机械工业出版社，2016.

[2] He J, Pan F, Cai C S. A review of wood – frame low – rise building performance study under hurricane winds[J]. Engineering Structure, 2017, 141：512 – 529.

[3] Kopp G A, David S, Christian M. wind effects of parapets on low buildings：Par1. Basic aerodynamics and local loads[J]. Journal of Wind Engineering and Industrial Aerodynamics, 2005, 93：817 – 841.

[4] Kopp G A, David S, Christian M. wind effects of parapets on low buildings：Par4. Mitigation of corner loads with alternative geometries[J]. Journal of Wind Engineering and Industrial Aerodynamics, 2005, 93：873 – 888.

[5] 周显鹏，彭兴黔，张松. 带悬挑女儿墙双坡屋面风压的数值模拟分析[J]. 华侨大学学报（自然科学版），2008, 29（2）：289 – 293.

海岛山区地形下低矮房屋现场实测及与风洞试验对比研究*

钟旻[1]，李正农[2]

（1.河北建筑工程学院土木工程学院 张家口 075000；

2.建筑安全与节能教育部重点实验室（湖南大学）长沙 410082）

1　引言

近 30 年来，国内外学者开展了大量的低矮房屋原型表面风压现场实测研究与风洞试验对比研究，验证和发展了风洞试验模拟手段和方法。Mochida A，He J M 等[1, 2]利用大涡模拟方法，总结了标准模型 TTU 的表面风压及周边流场的分布规律。时凌琳[3]通过对三种不同体型参数组合（山高 Hm，形状因子 R，截面参数 L）的山丘进行大量的数值模拟，研究了山丘周围的风场特性和受山丘影响后低矮建筑表面风压分布规律。本文选取海岛山坡地形下的既有低矮民房作为实测对象，对其在台风"莫拉克"作用下的低矮民房表面风压进行现场实测，并开展相对应的风洞试验进行对比研究，以探究不同地形的风洞试验条件和实际情况中低矮建筑表面所受风压的异同。

2　低矮房屋现场实测及与风洞试验对比研究

2.1　低矮房屋现场实测概况

试验房所在地貌如图 1 所示，观测点架设了 1 座高 10 m 的测风塔，分别在 2.5 m、5 m、7.5 m 和 10 m 塔高处安装了 4 台 WJ-3 型风速风向仪。周边环境及风向角定义如图 3 所示。风速仪正北向安装，因此定义正北风的风向角为 0°，东风为 90°，按顺时针方向递增。采用超宇 64 通道动态数据采集系统对风速风向和风压数据进行同步采集。

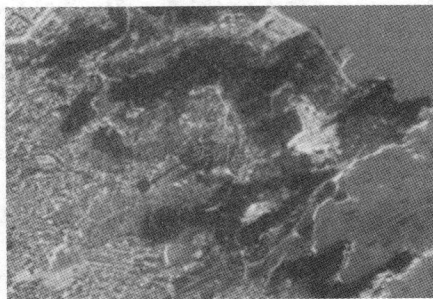

图 1　试验房周边环境　　　　图 2　试验房及测风塔　　　　图 3　观测点位置及风向角定义

2.2　海岛山区地形下低矮房屋风洞试验概况

在湖南大学 HD-3 直流式风洞中开展与现场实测相对应的 1:40 低矮房屋风洞测压试验。以风速较大、湍流度较小、风向角变化稳定的实测数据作为风场的风速及湍流度剖面为依据，对风场进行调试。根据实测中试验房及与周边邻房的位置关系，制作了海岛低矮民房风洞试验模型。

图 4　风洞试验模型

* 基金项目：国家自然科学基金项目（50778072，51178180）

3 各建筑表面上测点风洞与实测对比

将现场实测与风洞试验的平均风压系数与脉动风压系数进行对比,如图5所示。

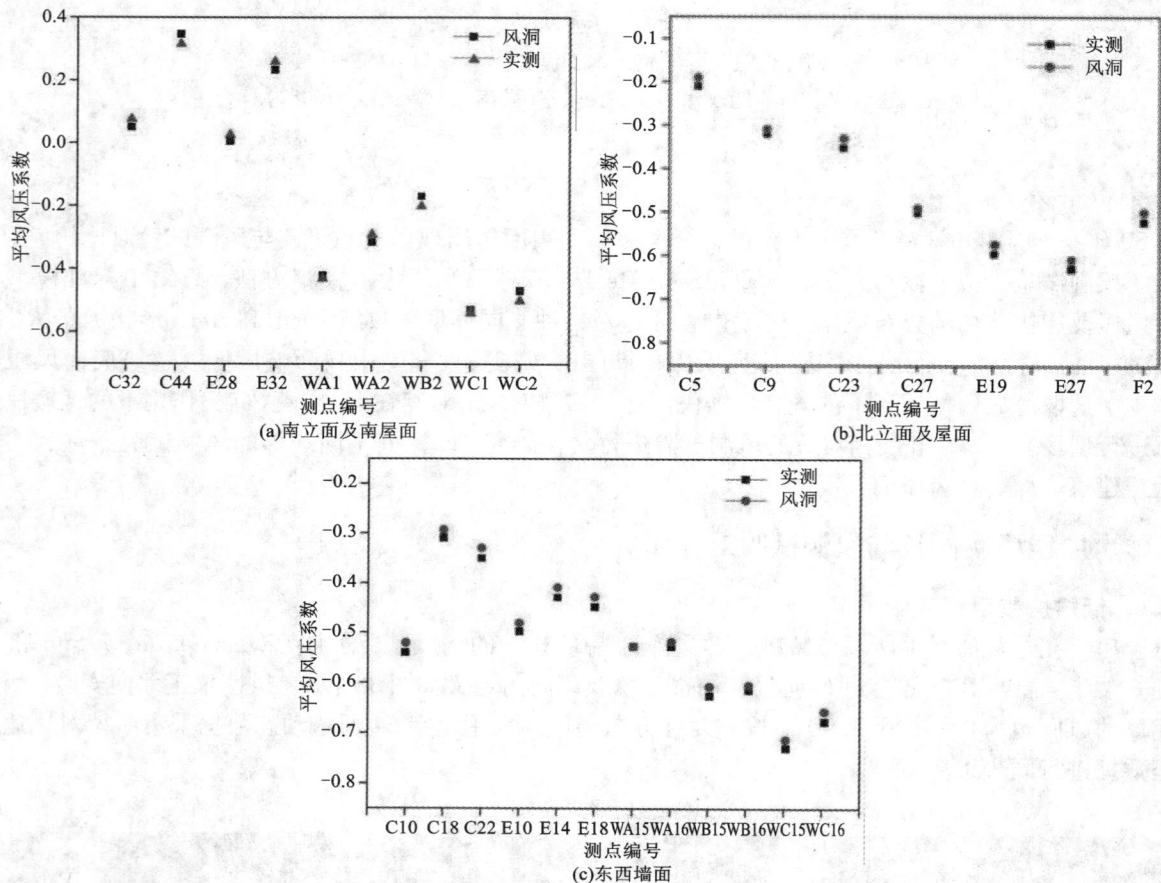

(a)南立面及南屋面

(b)北立面及屋面

(c)东西墙面

图5 平均风压系数对比

由图5(a)可知,迎风屋面(南屋面)测点的实测值与风洞值的分布规律较为一致,且风洞绝对值相对实测绝对值要小。由图5(b)可知,北立面和北屋面测点的平均风压系数分布规律较为一致,风洞与实测的数值均为负值。由图5(c)可知,实测绝对值比风洞绝对值要小,两者均为负值,其中测点 C9、C27 的风洞与实测值相差较小。

4 结论

(1)低矮房屋受到下风向处海岛山地地形的干扰一般较大,导致其表面的风压分布情况较为复杂,其中背风面和屋面受海岛山地地形的影响较大,测点的风压由负压变为正压。

(2)通过风洞与实测的对比,发现墙面和屋面的平均风压系数变化规律较为一致,其中迎风面处更为吻合;各个测点的风洞试验与现场实测的变化规律较为一致,说明利用风洞试验技术模拟近地面实际风场是可行的。

参考文献

[1] Mochida A, Murakami S, Shoji M. Numerical simulation of flow field around Texas Tech building by large eddy simulation[J]. Journal of Wind Engineering and Industrial Aerodynamics, 1993, 46-47: 455-460.

[2] He J M, Song C S. A numerical study of wind flow around the TTU building and the roof corner vortex[J]. Journal of Wind Engineering and Industrial Aerodynamics, 1997, 67-68(4-7): 547-558.

[3] 时凌琳. 复杂山体地形对低矮建筑的风荷载作用效应研究[D]. 泉州: 华侨大学, 2009.

双坡屋盖表面风致积雪重分布的数值模拟研究[*]

周暅毅，张瑜，顾明

（同济大学土木工程防灾国家重点实验室 上海 200092）

1 引言

双坡屋盖在许多国家都是一种典型的屋盖形式。因此，在寒冷多雪地区，合理评估双坡屋盖表面的迁移雪荷载对于结构安全具有十分重要的意义。目前各国规范针对这部分荷载的估计是基于极其有限的实测案例，进一步探索其机理是本文的主要工作。

关于迁移雪荷载的实测，前人已经开展了大量工作[1-2]。然而，由于实测气象条件的不可控制性和不可重复性，实测结果很难揭示迁移雪荷载的机理。相比之下，风洞或者水洞试验可以提供相对稳定的条件，于是大量研究人员开展了试验研究。在试验中，研究人员通常使用一些颗粒来代替雪颗粒，例如麦麸颗粒、硅砂颗粒、坚果壳等其他固体颗粒。除此之外，数值模拟也是研究迁移雪荷载的重要手段之一，相关的研究成果是对现场实测和风洞试验的补充[3-4]。然而，研究人员对迁移雪荷载的形成机理目前还没有系统的研究。本文以二维双坡屋盖为研究对象，基于欧拉——欧拉方法，系统研究了坡度对双坡屋盖表面风致积雪重分布的影响。

2 研究方法和内容

2.1 模拟对象

本文模拟对象为二维双坡屋盖，长 18 m，高 9 m，屋面坡度为 5°～60°，间隔为 5°。根据参考文献，跃移层高度取为 0.1 m。图 1 展示了部分计算域的网格划分。

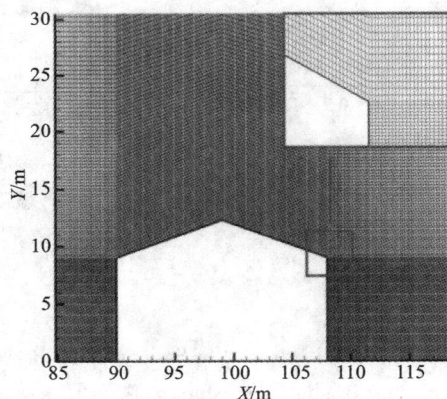

图 1 计算域网格划分

2.2 控制方程

悬移层的控制方程为：

$$\frac{\partial \varphi u_j}{\partial x_j} + \frac{\partial}{\partial x_3}(w_f \varphi) = \frac{\partial}{\partial x_j}\left(D_t \frac{\partial \varphi}{\partial x_j}\right) \tag{1}$$

式中：φ 是雪浓度；w_f 为雪颗粒沉积速度；D_t 为湍流扩散系数，单位为 m^2/s。在本文中，湍流扩散系数采用常数。

* 基金项目：国家自然科学基金项目(51778492)

跃移层的控制方程为：

$$\frac{\partial \varphi u_j}{\partial x_j} = \frac{\partial}{\partial x_j}\left(D_t \frac{\partial \varphi}{\partial x_j}\right)$$ (2)

相比较于公式（1），公式（2）中没有考虑雪的沉积速度[3]。

3　结论

图 2 和图 3 分别为屋盖坡度为 30°时的流场和雪深变化速率。由图 2 和图 3 可知，在屋盖迎风面，来流沿着屋盖表面流动，积雪表现为侵蚀；在屋盖背风面，形成一个旋涡，积雪表现为沉积。

图 4 展示了坡度对屋盖迎风面及背风面平均摩擦速度的影响。由图可知，当坡度为 5°～60°时，屋盖迎风面的平均摩擦始终大于阈值摩擦速度，而背风面则表现出不同性质。坡度在 20°～25°之间有一个临界值，当坡度小于该临界值时，背风面的平均摩擦速度大于阈值摩擦速度，积雪表现为侵蚀；反之，则小于阈值摩擦速度，积雪表现为沉积。

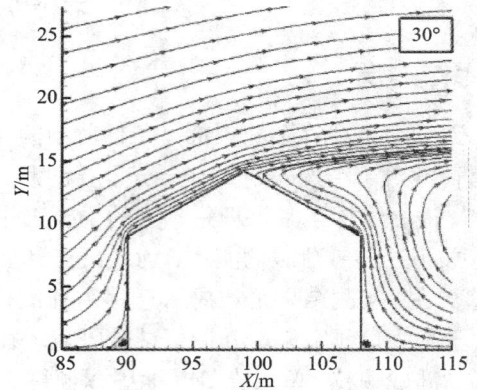

图 2　坡度为 30°的流场图

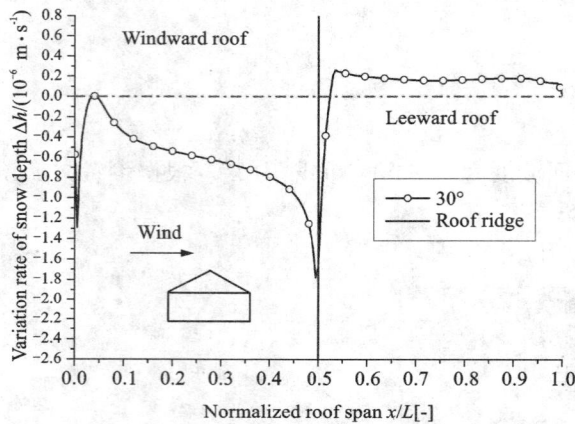

图 3　坡度为 30°的屋面积雪深度变化速率图

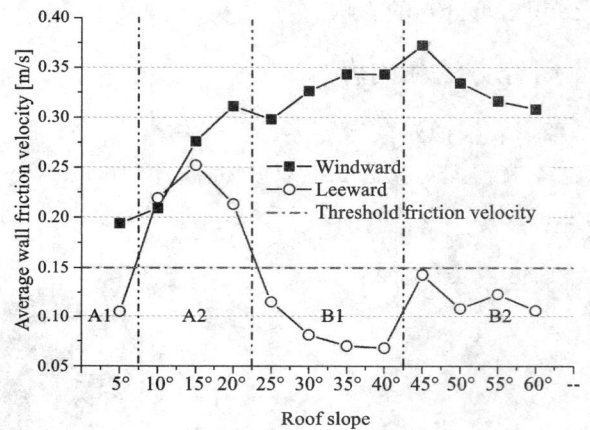

图 4　坡度对屋面平均摩擦速度的影响

参考文献

[1] O'Rourke M, Auren M. Snow loads on gable roofs[J]. Journal of Structural Engineering, 1997, 123(12): 1645 – 1651.

[2] Thiis T K, O'Rourke M. Model for snow loading on gable roofs[J]. Journal of Structural Engineering, 2015, 141 (12): 04015051.

[3] Naaim M, Naaim – Bouvet F, Martinez H. Numerical simulation of drifting snow: erosion and deposition models[J]. Annals of glaciology, 1998, 26: 191 – 196.

[4] Zhou X, Kang L, Gu M, et al. Numerical simulation and wind tunnel test for redistribution of snow on a flat roof[J]. Journal of Wind Engineering and Industrial Aerodynamics, 2016, 153: 92 – 105.

七、大跨度桥梁抗风

斜拉索多模态涡激振动与风雨激振[*]

陈文礼，高东来，李惠

（哈尔滨工业大学土木工程学院 哈尔滨 150090）

1　引言

斜拉桥斜拉索具有很低的阻尼比和较低的质量，在风荷载作用下因此容易发生涡激振动。当斜拉索遭遇小到中雨时，其风致振动的振幅可能被显著放大，发生风雨激振[1]。本文采用一根柔性斜拉索为对象，研究不同来流风速条件下，斜拉索的多模态涡激振动特性；同时模拟水线生成条件，在风洞试验中重现了多模态斜拉索风雨激振现象，对比涡激振动和风雨激振的异同。

2　风洞试验布置

本文采用风洞试验研究柔性斜拉索模型的多模态涡激振动特性，试验在哈尔滨工业大学风洞与浪槽联合实验室（Joint Laboratory of Wind Tunnel and Wave Flume，WTWF）的大试验段完成。柔性斜拉索模型及试验装置如图 1 所示。本章试验最终所采用的柔性模型索长度 L 为 8.31 m，直径为 98.36 mm，倾角 α 为 23.39°，风偏角 β 设为 45°，柔性斜拉索模型质量为 1.03 kg/m。斜拉索模型通过上下两个端板固定在两个支撑架上，支撑架由 8 个特制的装置牢牢固定于试验段洞体中，防止支撑架在风洞试验中发生移动或变形。2 个加速度传感器固定在 $L/6$ 处，用来测试斜拉索振动信号。斜拉索模型平面内和平面外的 1 阶振动频率分别为 2.31 和 2.14 Hz。

本文采用引导上水线形成的方法来激发斜拉索风雨激振。试验中，将一根内径为 5 mm 的塑料软管粘贴、固定在斜拉索模型的上端。为方便水线的识别，用来形成水线进而激发风雨振的水，预先用红色染料标记，如图 1 所示。

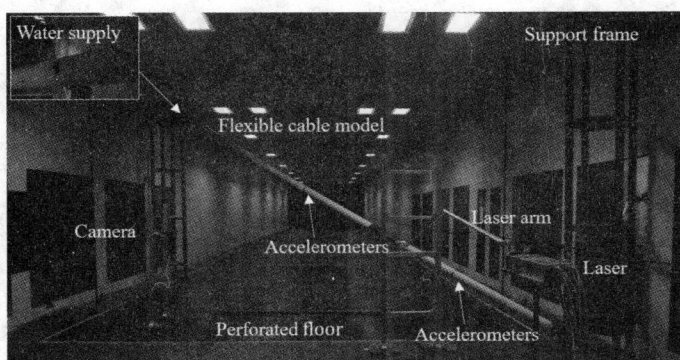

图 1　试验布置图

3　试验结果

当风速从 1.33 m/s 开始增加时，斜拉索模型最初保持稳定，振幅很小。当风速超过 1.67 m/s 时，可以

＊ 基金项目：国家自然科学基金项目（51722805）

观察到斜拉索模型的明显振动。之后，随着风速的增加，斜拉索振动逐渐变大。当风速达到 1.92 m/s 时，斜拉索振幅达到局部最大值。1 阶模态的斜拉索涡激振动发生在 1.67~2.71 m/s 的来流风速范围内，如图 2(a)所示。随着风速继续增加，2 阶和 3 阶模态的涡激振动相继发生。较高模态涡激振动的现象类似于 1 阶模态，2 阶和 3 阶模态的涡激振动的最大振幅分别发生在 3.42 m/s 和 5.42 m/s 的来流风速下。

当风速从 10.01 m/s 增加至 10.43 m/s 时，上水线沿着整个斜拉索表面生成，并可观察到明显的周期性振荡。此时，也可以清楚地注意到圆柱背风侧的下水线，但是它几乎保持静止。在该风速下，即可以容易地通过肉眼观察识别大幅度的斜拉索风雨激振。此时的风雨激振以 1 阶模态为主，如图 2(b)所示。随着风速增加，发现斜拉索发生风雨激振的振幅逐渐加大。在风速为 13.76 m/s 时，风雨激振达到了惊人的幅度。随着风速从 13.76 m/s 变为 14.18 m/s，振动幅度逐渐减小但仍然十分明显。此时风雨激振以 2 阶模态为主。当风速增加到 14.60 m/s 时，振动的主模态将变为 3 阶。在此之后，斜拉索风雨激振的模态以 3 阶振动为主，直到风速增加至 15.85 m/s。

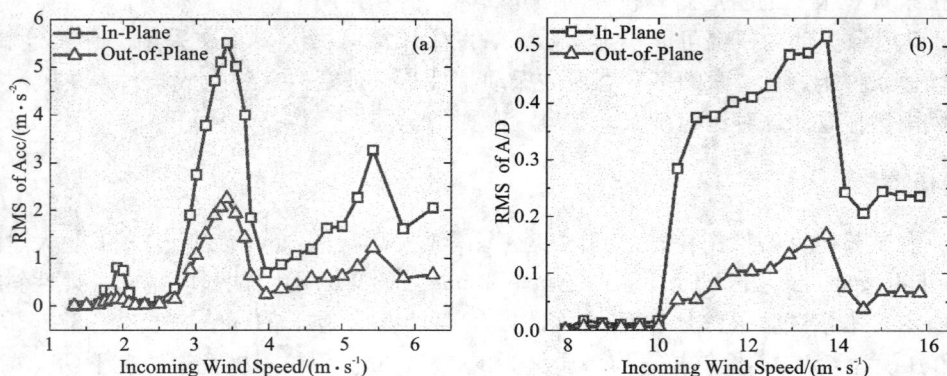

图 2 斜拉索多模态涡激振动(a)与风雨激振(b)

4 结论

本文首次在风洞试验中再现多模态斜拉索涡激振动和风雨激振现象，多模态风雨激振与涡激振动存在一些相似特性。

参考文献

[1] Gao D, Chen W, Chen, Li H. Multi–mode responses, rivulet dynamics, flow structures and mechanism of rain–wind induced vibrations of a flexible cable[J]. Journal of Fluids and Structures, 2018, 82: 154–172.

基于直接计算法的主梁颤振稳定性分析

董国朝，韩艳，康友良，李振鹏

（长沙理工大学土木工程学院 长沙 410002）

1 引言

桥梁颤振问题是一种发散性的自激振动，其发生的主要原因是结构阻尼所耗散的能量小于结构从空气中吸收的能量。桥梁主梁的颤振失稳按振动形态主要有单自由度扭转颤振和弯扭耦合颤振两类。目前，桥梁断面的颤振临界风速主要通过风洞试验和计算流体动力学两种研究手段获取。近年来，随着计算机硬件的不断进步以及 CFD 理论的发展，计算流体动力学方法正越来越多地应用于桥梁风工程中。本文以计算流体动力学软件 FLUENT 为基础，结合动网格技术，将 Newmark $-\beta$ 算法通过 UDF（User Defined Function）编程嵌套入 FLUENT 软件，实现 CSD（Computational Structural Dynamics）和 CFD（Computational Fluid Dynamics）的耦合计算。同时考虑竖向振动以及扭转振动两自由度振动模型，对桥梁主梁断面的颤振稳定性分析进行了研究，同时对两种形式的主梁断面在施工状态下的颤振临界风速进行了数值模拟，给出了推荐方案，为结构断面的选型提供参考。

2 直接计算法

将桥梁断面简化为竖弯振动和扭转振动两自由度弹簧 - 质量 - 阻尼系统，动力学方程为：

$$
\begin{aligned}
m\ddot{h}(t) + c_h \dot{h}(t) + k_h h(t) &= L(t) \\
I\ddot{\alpha}(t) + c_\alpha \dot{\alpha}(t) + k_\alpha \alpha(t) &= M(t)
\end{aligned} \tag{1}
$$

式中 $\ddot{h}(t)$，$\dot{h}(t)$ 和 $h(t)$ 分别为桥梁断面瞬时的竖向加速度、竖向速度和竖向位移；而 $\ddot{\alpha}(t)$，$\dot{\alpha}(t)$ 和 $\alpha(t)$ 分别为桥梁断面瞬时的扭转加速度、扭转速度和扭转位移；$L(t)$ 和 $M(t)$ 分别为桥梁断面收到的瞬时升力和瞬时扭矩。

3 结果分析

分别通过流固耦合计算对两种断面方案进行了颤振稳定性分析，以比选出一种更优的方案，计算缩尺比为 1:1，部分结果如下。

3.1 单箱梁颤振稳定性分析

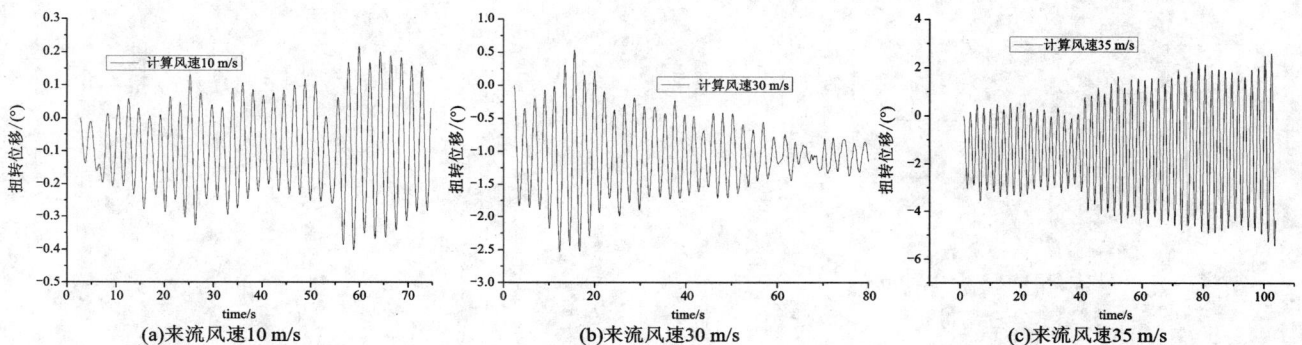

图1 单箱梁不同来流风速的位移响应曲线

由计算结果可知，单箱梁在 35 m/s 来流风速时，扭转位移呈现发散的趋势，出现了明显的颤振，颤振临界风速约为 35 m/s。

3.2　双箱梁颤振稳定性分析

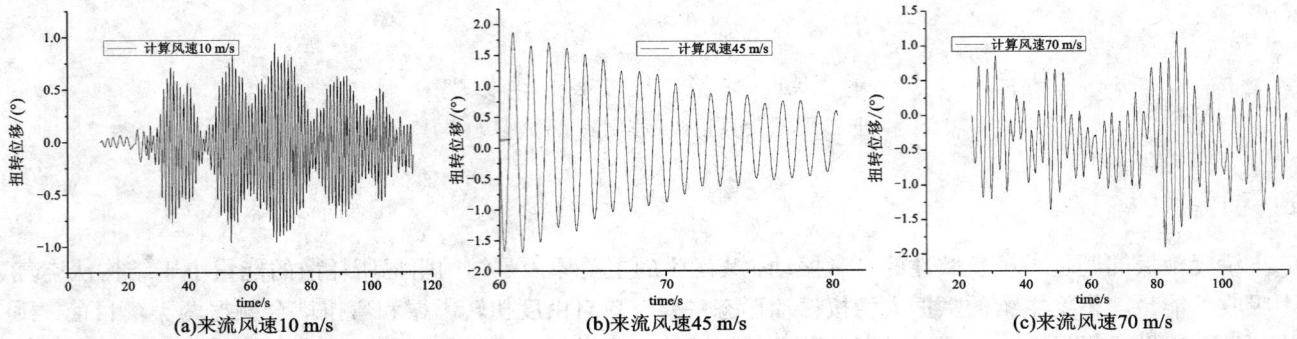

(a)来流风速10 m/s　　　　(b)来流风速45 m/s　　　　(c)来流风速70 m/s

图2　双箱梁不同来流风速的位移响应曲线

由计算结果可知,双箱梁的颤振稳定性计算一直到 70 m/s 的来流风速,扭转位移依然没有体现出明显的发散趋势。

4　结论

通过采用流固耦合方法对两种断面的桥梁主梁断面经行了颤振稳定性分析,结果表明双箱梁比单箱梁的颤振稳定性更加优越,利用本方法可以对桥梁主梁断面的颤振稳定性进行前期计算以指导试验方案的制定。

参考文献

[1] 祝志文,陈政清,陈伟芳.用动网格计算理想平板的颤振导数[J].国防科技大学学报,2002,24(3):13 - 17.

[2] 刘小兵,陈政清,刘志文.桥梁断面颤振稳定性的直接计算法[J].振动与冲击,2013,32(1):78 - 82.

刚性联结并列吊索尾流激振的数值模拟*

杜晓庆[1,2]，吴葛菲[1]，林伟群[1]，赵燕[1]

（1. 上海大学土木工程系 上海 200444；2. 上海大学风工程和气动控制研究中心 上海 200444）

1 引言

并列吊索在大跨悬索桥上应用广泛，受上游吊索尾流干扰，下游吊索常会发生大幅尾流激振[1]。为了减小并列吊索的尾流激振，工程中常将两根或多根吊索通过刚性联结器连成整体[2]，但这种振动控制方法的机理尚未澄清。本文采用数值模拟方法，在 $Re=150$ 时，研究了圆心间距为 $4D$（D 为圆柱直径），无联结（Flexible）及刚性联结（Rigid coupled）串列双圆柱的尾流致涡激振动现象，对比分析了两种情况下双圆柱的动力响应和流场特性，研究了刚性联结对双圆柱尾流激振的减振效果，结合流场特性探讨了双圆柱涡激振动的流固耦合机理。

2 计算模型和计算参数

图 1(a)和 1(b)所示分别为无联结及刚性联结串列双圆柱的计算模型，结构的阻尼比 ζ 为 0，质量比 $m^* = m/(0.25\rho\pi D^2) = 20$（$m$ 为圆柱的单位长度质量，ρ 为空气密度），折减风速 $V_r = V/(f_n D) = 3 \sim 12$（$V$ 为来流风速，f_n 为圆柱的自振频率），$Re=150$。网格计算域采用速度入口边界条件，自由出口边界条件，上下侧面采用对称边界条件，圆柱采用无滑移壁面边界条件。

本文分别对单圆柱及刚性联结双圆柱的涡激振动进行网格独立性检验及结果验证，考虑了网格密度、无量纲时间步长及阻塞率对双圆柱振动特性的影响。确定了本文采用的圆柱周向网格数为 200，量纲一时间步长 $\Delta t^* = 0.005$，阻塞率为 1.67%。由图 2 可知，本文数值模拟结果与文献[2]~[4]吻合较好。

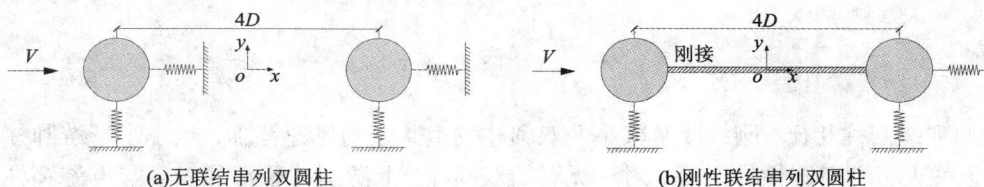

(a)无联结串列双圆柱　　(b)刚性联结串列双圆柱

图 1　计算模型示意图

3 计算结果与分析

为了研究双圆柱间的刚性联结对尾流激振的影响，图 3 给出了不同折减风速下无联结串列双圆柱和刚性联结双圆柱的振幅随折减风速的变化曲线。由图 3 可知，当上、下游圆柱相互独立时，上游圆柱的振动特性与单圆柱类似；而下游圆柱由于受到上游圆柱尾流的干扰，其横风向振幅远大于单圆柱；此外，下游圆柱产生共振的风速范围也有所扩大。双圆柱间的刚性联结降低了下游圆柱的振幅，减小了双圆柱的起振风速、共振风速范围以及横流向振幅极值对应的折减风速，有效地抑制了下游圆柱的振动；而当 $V_r = 5.5$ 及 6.5 附近时，刚性联结双圆柱的振幅分别大于无联结双圆柱的下游及上游圆柱。

进一步对无联结下游圆柱及刚性联结双圆柱在振幅极值时对应的流场形态进行分析，讨论了在单个振动周期内上游圆柱脱落的涡与下游圆柱之间的相互作用。图 4 给出了两种形式串列双圆柱，达到振幅极值时对应的涡量图。对于无联结双圆柱，在 $V_r = 7$ 时下游圆柱振幅达到极值。当下游圆柱运动到最高点时，上游圆柱脱落的涡撞击在下游圆柱迎风侧上，并与下游圆柱顺时针旋转的涡相互融合，使下游圆柱下侧旋

* 基金项目：国家自然科学基金资助（51578330）

涡的强度增强，进而促进了下游圆柱的振动。对于刚性联结双圆柱，在 $V_r = 6.5$ 时振幅达到极值。由图4b可知，当下游圆柱向上运动还未达到最高点时，上游圆柱下侧剪切层脱落的涡撞击到下游圆柱表面并分解成两个子涡，分别从下游圆柱两侧向尾流移动。从下游圆柱上侧通过的涡对下游圆柱产生相反的作用力，一定程度上抑制了下游圆柱的振动。

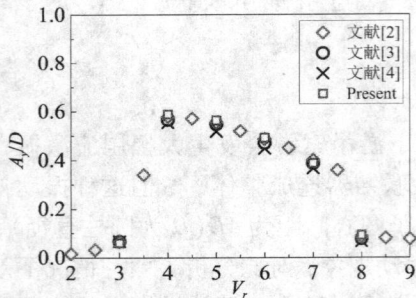

图2   单圆柱涡激振动振幅与文献值对比

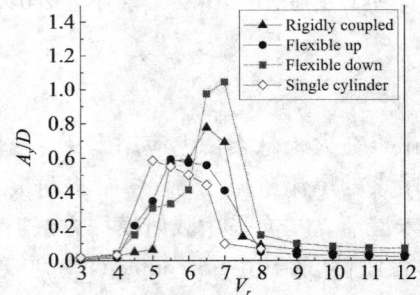

图3   双圆柱横风向振幅随折减风速的变化

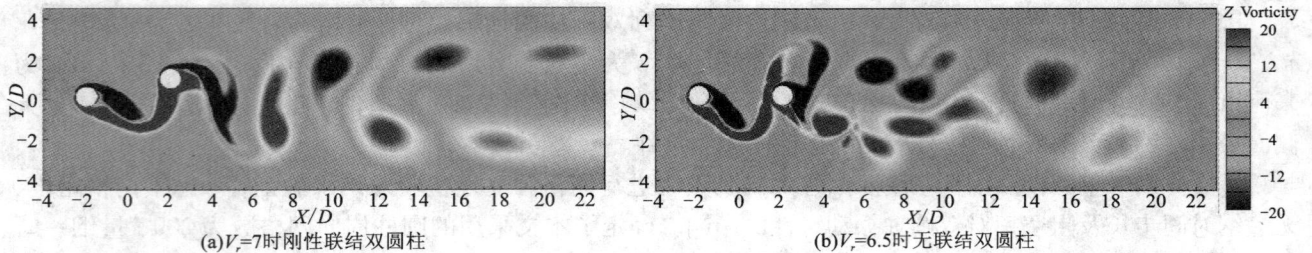

(a)V_r=7时刚性联结双圆柱

(b)V_r=6.5时无联结双圆柱

图4   振幅极值对应的尾流模态

4   结论

与无联结串列双圆柱相比，刚性联结减小了双圆柱发生共振的风速范围，减小了下游圆柱尾流致涡激振动的振幅，但增大了上游圆柱的振幅。对于无联结双圆柱，上游圆柱脱落的涡会与下游圆柱同向旋转的涡相互融合，进而促进了下游圆柱的振动；而刚性联结双圆柱中，上游圆柱脱落的涡会被分解成两个子涡，一定程度上抑制了下游圆柱的振动。

参考文献

[1] Du Xiaoqing, Jiang Benjian, Dai Chin, et al. Experimental study on wake – induced vibrations of two circular cylinders with two degrees of freedom[J]. Wind and Structures, 2018, 26(2): 57 – 68.

[2] Zhao M, Yan G. Numerical simulation of vortex – induced vibration of two circular cylinders of different diameters at low Reynolds number[J]. Physics of Fluids, 2013, 25(8): 083601.

[3] Bao Y, Zhou D, Tu J. Flow interference between a stationary cylinder and an elastically mounted cylinder arranged in proximity [J]. Journal of Fluids and Structures, 2011, 27(8): 1425 – 1446.

[4] Ahn H T, Kallinderis Y. Strongly coupled flow structure interactions with a geometrically conservative ALE scheme on general hybrid meshes[J]. Journal of Computational Physics, 2006, 219(2): 671 – 696.

并列索尾流致气弹失稳及其雷诺数效应[*]

杜晓庆[1, 2]，吴葛菲[1]，林伟群[1]，蒋本建[1]

(1. 上海大学土木工程系 上海 200444；2. 上海大学风工程和气动控制研究中心 上海 200444)

1 引言

近距离并列索在大跨度缆索承重桥中应用广泛。当多根索相邻布置时，下游索受到上游索的尾流干扰常会发生大幅尾流激振[1]，根据阻尼控制机理和刚度控制机理分为尾流驰振和尾流颤振两种类型。雷诺数和表面粗糙度对静止单圆柱的气动性能有很大影响[2]，但其对双圆柱尾流激振的影响规律研究很少。本文以中心间距为 $4D$（D 为圆柱直径）的串列及错列双圆柱为研究对象，通过风洞试验研究了下游圆柱的尾流致气弹失稳现象，分析了风向角、阻尼比、表面粗糙度和折减风速对下游圆柱振动特性的影响，并探讨了气弹失稳的雷诺数效应。

2 风洞试验

试验采用有机玻璃制成的刚性圆柱节段模型来模拟并列索，示意图见图 1。两圆柱直径 D 均为 180 mm，中心间距 P 为 $4D$，模型质量为 12.6 kg/m，振动频率为 1.7。双圆柱的布置形式分别为上下游圆柱均光滑（SS）、上游圆柱光滑而下游圆柱粗糙（SR）、上游圆柱粗糙而下游圆柱光滑（RS）及上下游圆柱均粗糙（RR）4 种，试验风攻角 $\alpha = 0° \sim 20°$，阻尼比 ζ 分别为 0.10%、0.34%、0.55% 和 0.87%，试验风速为 1.5 ~ 14 m/s（相应雷诺数为 18000 ~ 168800）。

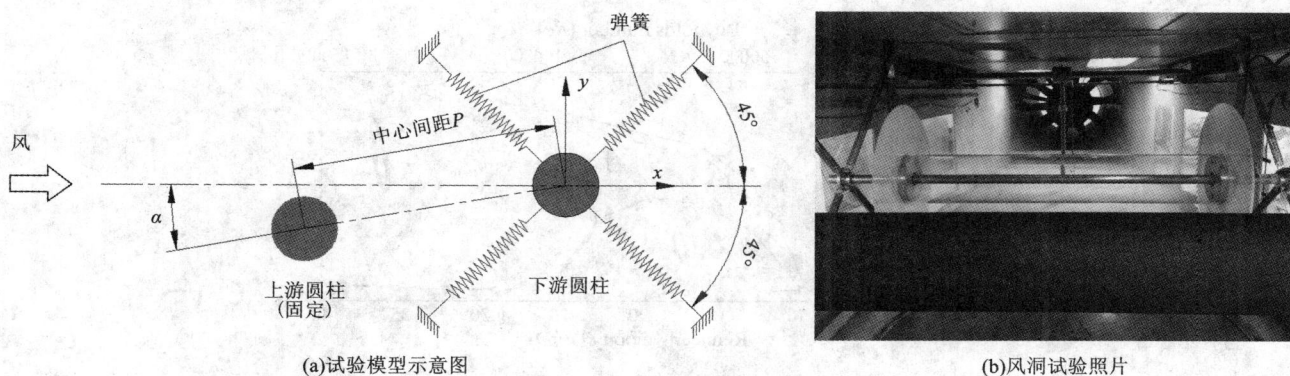

(a)试验模型示意图   (b)风洞试验照片

图 1　试验装置及参数定义

3 计算结果与分析

图 2 给出了 SS 工况，下游圆柱在典型风向角下最大振幅 A（$A = \sqrt{(X/D)^2 + (Y/D)^2}$）随折减风速 V/fD 的变化曲线，图中还给出了下游圆柱在典型风速下的运动轨迹。由图 2 可知，在 $V_r = 6$ 附近，下游圆柱在不同风向角下均产生了尾流致涡激振动。在较高的折减风速下，当 $\alpha = 0°$ 时，下游圆柱并未出现尾流致气弹失稳现象；当 $\alpha = 5°$，$V_r > 10$ 时，下游圆柱的振幅随着折减风速的增大而增大，且振动以横风向为主，表现为经典的尾流驰振。而当 $\alpha = 15°$ 时，下游圆柱振幅在 $V_r = 15$ 附近达到极大值后，随着折减风速的增大，下游圆柱的振幅存在先减小后增大的趋势，呈现明显的雷诺数效应；下游圆柱的振动轨迹也发生了剧烈变化，在较高折减风速下出现较大的顺风向振动，这与以横风向振动为主的经典驰振不同，呈现双自由度尾

* 基金项目：国家自然科学基金资助（51578330）

流颤振的振动形态。

　　为了进一步研究阻尼比对尾流激振的影响,在 SS 工况下分别讨论了下游圆柱在不同阻尼比下,最大振幅随折减风速的变化情况。可知,提高阻尼比可以有效抑制尾流致涡激振动,对尾流驰振的减振效果也较为明显;在 α = 5°时,下游圆柱尾流驰振的振幅大幅减小,而在 α = 10°时则完全抑制了尾流驰振。对尾流颤振而言,提高阻尼比只能提高下游圆柱的起振风速,一旦起振,振动并没有得到控制,减振效果较差。

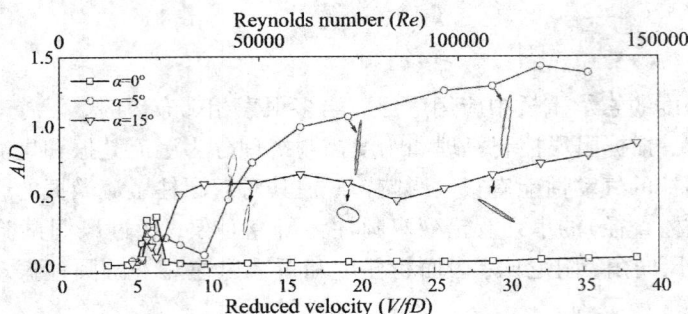

图 2　下游圆柱振幅随折减风速的变化曲线.

　　图 3 给出了 α = 5°时,下游圆柱在不同表面粗糙度下最大振幅随折减风速的变化情况。对比工况 SS 和 RS 可知,当下游圆柱光滑时,上游圆柱的表面粗糙度对下游圆柱的气弹失稳影响较小。当下游圆柱粗糙时,其振幅随折减风速的变化呈现明显的雷诺数效应,下游圆柱仅在特定的折减风速范围内发生尾流激振。此外,下游圆柱由原先的发散性振动转变为限幅振动,说明增大表面粗糙度有可能扰乱了下游圆柱的尾流模态,进而有效地抑制了下游圆柱的气弹失稳。

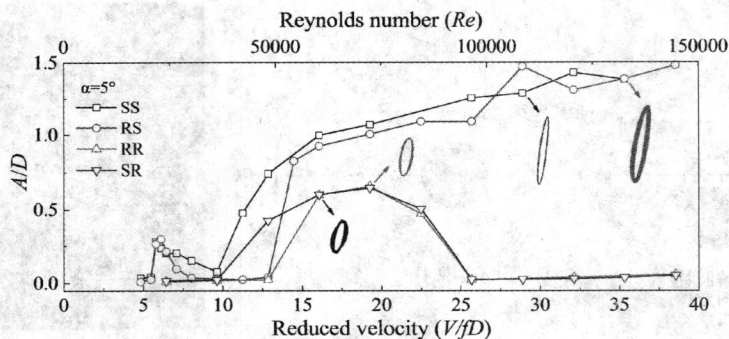

图 3　不同表面粗糙度布置形式下游圆柱振幅随折减风速的变化曲线

4　结论

　　研究表明:下游圆柱存在两种不同类型的尾流致气弹失稳,其中尾流驰振发生在较小的风向角下,尾流颤振则发生在较大的风向角下;提高阻尼比能有效的抑制尾流驰振,但对尾流颤振的减振效果则较差。此外,尾流致气弹失稳有明显的雷诺数效应,在同一个风向角下,随着雷诺数的增大,尾流驰振会转变为尾流颤振,但两种气弹失稳的流场机理尚不明确,有待进一步研究。

参考文献

[1] Du Xiaoqing, Jiang Benjian, Dai Chin, et al. Experimental study on wake – induced vibrations of two circular cylinders with two degrees of freedom[J]. Wind and Structures, 2018, 26(2): 57 – 68.

[2] Sumner D. Two circular cylinders in cross – flow: a review[J]. Journal of Fluids and Structures, 2010, 26(6): 849 – 899.

桥梁断面气动阻尼非线性多项式模型之间的内在关联性探讨*

高广中[1,2]，朱乐东[2]，李加武[1]，韩万水[1]

（1. 长安大学公路学院桥梁系 西安 710064；2. 同济大学土木工程防灾国家重点实验室 上海 200092）

1 引言

前期风洞试验[1-2]表明，钝体桥梁断面在较大振幅时表现出非线性自激振动特性，在不同折减风速下表现为涡激共振和软颤振/驰振响应。目前已经提出了多种非线性自激力模型，其中，非线性多项式模型由于数学形式简单、与自激力的高次倍频成分有直观的对应关系，在非线性自激力建模中应用比较广泛。研究结果表明，钝体断面自激力的非线性主要体现在气动阻尼的非线性效应，气动刚度的非线性效应一般比较弱、可以忽略。采用多项式形式的非线性自激力模型时，气动阻尼有两种非线性形式，即 Van der Pol 型和 Rayleigh 型：

Van der Pol 型：

$$f_{d,\text{V}} = (1 + c_1 q^2 + c_2 q^4 + \cdots) \frac{R_L \dot{q}}{U} \tag{1}$$

Rayleigh 型：

$$f_{d,\text{R}} = \left(1 + d_1 \left(\frac{R_L \dot{q}}{U}\right)^2 + d_2 \left(\frac{R_L \dot{q}}{U}\right)^4 + \cdots\right) \frac{R_L \dot{q}}{U} \tag{2}$$

式中，$f_{d,\text{V}}$ 和 $f_{d,\text{R}}$ 分别表示 Van der pol 型和 Rayleigh 型非线性气动阻尼力；q 和 $\dot{q}$ 分别为广义位移和速度；c_i 和 d_i 为无量纲的气动参数，为折减频率 $K = \omega R_L / U$ 的函数以考虑非定常效应；R_L 为参考长度，可以取桥面宽度或高度。在上述两种阻尼型式中，Scanlan 的单自由度非线性涡激力模型、马如进和张朝贵的软颤振自激力模型、朱乐东等建立的中央开槽断面涡激扭矩建模均采用了 Van der Pol 型，而近期孟晓亮等建立的竖向涡激力模型、作者建立的软驰振[1]和软颤振[2]非线性自激力模型则采用了 Rayleigh 型式。本文将通过理论分析揭示上述两种气动阻尼模型之间的内在关联性。

2 两种气动阻尼模型及其等效形式

2.1 两种非线性气动阻尼模型的内在关联

上述非线性气动阻尼力的等效线性化形式[1]如下：

Van der Pol 型：

$$f_{d,\text{V}} = \left(1 + c_1 \frac{1}{4} a^2 + c_2 \frac{1}{8} a^4 + \cdots\right) \frac{R_L \dot{q}}{U} \tag{3}$$

Rayleigh 型：

$$f_{d,\text{R}} = \left(1 + d_1 \frac{3K^2}{4} a^2 + d_2 \frac{5K^4}{8} a^4 + \cdots\right) \frac{R_L \dot{q}}{U} \tag{4}$$

式（3）~（4）表明，Van der Pol 型和 Rayleigh 型非线性气动阻尼随振幅的变化规律完全一致，对于非线性振动响应为以基频为主的弱非线性自激振动，Van der Pol 型和 Rayleigh 型的非线性气动阻尼的气动参数满足如下关系

$$c_1 = 3K^2 d_1, \quad c_2 = 5K^4 d_2, \quad \cdots \tag{5}$$

2.2 风洞试验验证

通过不同高宽比双边肋断面弹簧悬挂节段模型软颤振和扭转涡激共振试验，验证了上述非线性自激力

* 基金项目：国家自然科学基金项目（51808052）；中央高校基金项目（300102218307）；桥梁结构抗风技术交通行业重点实验室开放课题基金（KLWRTBMC18 - 02）；广东省高等学校结构与风洞重点实验室开放基金（201804）

模型之间的内在关联性，如图 1 ~ 图 3 所示。

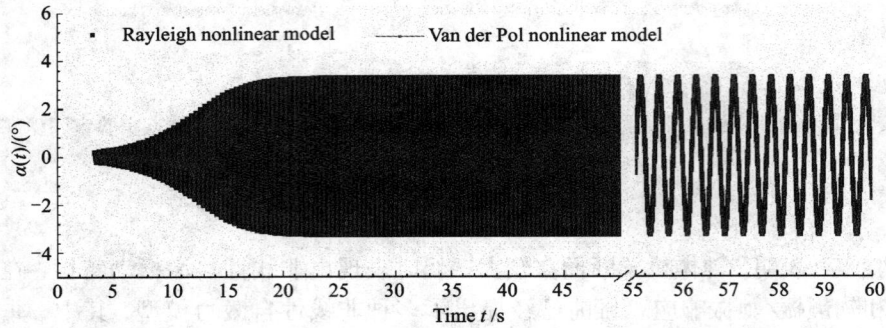

图 1　双边肋断面软颤振响应时程计算结果对比（$\xi_s = 0.0842\% \sim 0.135\%$，$U^* = 3.772$）

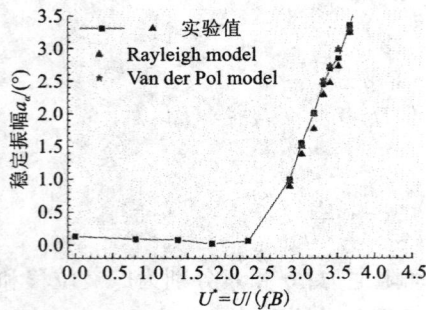

图 2　宽高比 7.77 双边肋断面模型软颤振稳定振幅计算结果与实验值对比

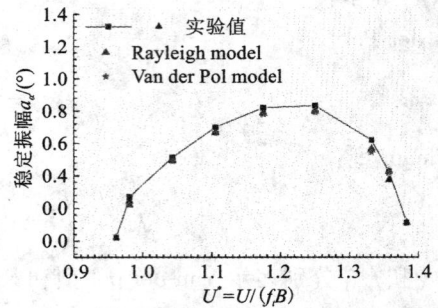

图 3　高比为 11.9 双边肋断面扭转涡激共振稳定振幅计算结果与实验值对比

3　结论

　　前期试验表明，桥梁断面非线性自激振动响应往往以基频为主，气动刚度非线性比较微弱，本文在此基础上通过理论推导，揭示了桥梁非线性自激振动建模中两种常用的非线性气动阻尼模型具有内在关联性，两者随瞬时振幅变化的函数形式完全一致，气动阻尼参数具有简单的对应转化关系。这个关联性对竖向振动和扭转振动都是适用的。

参考文献

[1] Gao G Z, Zhu L D. Nonlinear mathematical model of unsteady galloping force on a rectangular 2：1 cylinder[J]. Journal of Fluids and Structures, 2017, 70：47 - 71.

[2] Gao G Z, Zhu L D, Han W S, et al. Nonlinear post - flutter behavior and self - excited force model of a twin - side - girder bridge deck[J]. Journal of Wind Engineering and Industrial Aerodynamics, 2018, 177：227 - 241.

大跨径桥梁的颤振数值分析：基于新型三维流固耦合方法

郝键铭[1,2]，吴腾[2]

（1. 长安大学公路学院 西安 710064；2. University at Buffalo Buffalo USA NY 14260）

1 引言

颤振发散现象是破坏最为严重的桥梁风致振动现象之一，需要通过桥梁抗风设计来避免颤振的发生。随着桥梁跨径的日益增大，桥梁的颤振分析也需更加精细化。当前大跨径桥梁的三维颤振分析主要基于多模态耦合颤振理论与有限元结构分析技术的结合[1-3]。这种分析方法主要是通过线性桥梁气动力模型来模拟风-桥相互作用的机理。虽然目前有学者提出了更为精细化的非线性桥梁气动力模型[4]，但这种气动力模型仍然只能近似地模拟复杂的风-桥相互作用关系。本文提出了一种通过计算流体动力学（CFD）数值模拟的方法来精确和高效地进行大跨径桥梁的三维颤振分析。

2 研究方法和内容

当前研究中通常使用的的三维 CFD 数值模拟方法是将结构完全建立并浸入在流体计算域中，然后进行三维流固耦合模拟。然而这种方法对于有着相对较高雷诺数的大跨径桥梁结构来说，需要耗费大量的计算资源，而现有的计算资源几乎无法实现这种需求。因此，本文建立了一种新型的大跨径桥梁三维风-桥耦合的数值计算模型，从而高效并精确地实现对大跨径桥梁的颤振分析数值模拟。

本文所提出的数值计算方法是将三维风场离散为多个二维的风场截面，通过片条理论，将三维分析转化为对于每个二维风场截面处的二维流固耦合分析，然后与三维有限元结构相结合，从而计算桥梁的三维动力响应。这种方法称为 2D CFD-3D CSD 流固耦合模拟方法。区别于使用传统的弱耦合的方法来考虑空气和结构之间的耦合作用，该方法采用强耦合分区交错算法来突出风和桥梁结构在非线性气弹性失稳过程中的能量传递，同时提高模拟的精确性和数值计算的稳定性。本文使用开源的 CFD 程序 OpenFOAM 来实现流固耦合的模拟，其中有限体积法（FVM）用于离散整个流体计算域，通过使用非稳定的雷诺数平均纳维尔斯托克斯方程（URANS）来作为不可压缩非稳定黏性流的控制方程。在处理动网格问题时，将建立的流体控制方程格式推广至 ALE（Arbitrary Lagrangian Eulerian）描述形式来有效地处理流场动边界问题。图 1 为使用该 2D CFD-3D CSD 流固耦合模拟方法进行大跨径桥梁三维颤振模拟的结果示意图。

图 1 大跨径桥梁三维颤振模拟结果示意图

基于本文所提出的计算方法概念，作者在 OpenFOAM 中开发了一种新的流体求解器，多截面流固耦合求解器。该求解器可以和结构动力分析求解器相结合，并实现对多个二维流固耦合截面的求解。该求解器的流程示意图见图 2。

本文采用一大跨径悬索桥作为工程实例来应用和验证该数值计算方法，基于该方法对大跨径悬索桥进行三维颤振分析，并与传统的二维颤振分析以及实验结果进行对比。

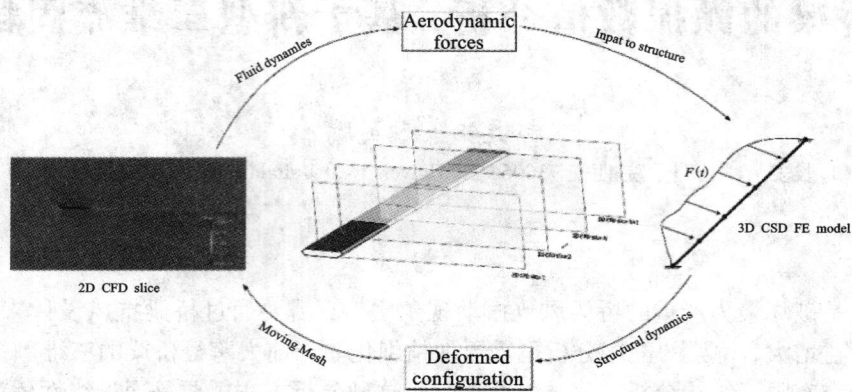

图2　多截面流固耦合求解器求解流程示意图

3　结论

　　本文提出了一种基于片条理论的 2D CFD – 3D CSD 流固耦合分析方法，这种方法可以相对高效地对大跨径桥梁进行更为精确的风 – 桥耦合数值分析。本文基于这种分析方法对大跨径悬索桥进行的三维颤振分析，分析结果验证了这种数值分析方法可以有效的应用于大跨径桥梁的三维流固耦合模拟。

参考文献

[1] 谢霁明，项海帆. 桥梁三维颤振分析的状态空间法[J]. 同济大学学报，1985(3)：1 – 13.

[2] Ge Y J, Tanaka H. Aerodynamic flutter analysis of cable – supported bridges by multi – mode and full – mode approaches[J]. Journal of Wind Engineering and Industrial Aerodynamics, 2000, 86：123 – 153.

[3] 陈政清. 桥梁颤振临界风速上下限预测与多模态参与效应. 结构风工程新进展及应用[M]. 上海：同济大学出版社，1993：197 – 203.

[4] Wu T, Kareem A. Modeling hysteretic nonlinear behavior of bridge aerodynamics via cellular automata nested neural network[J]. Journal of Wind Engineering and Industrial Aerodynamics, 2011, 99：378 – 388.

双排斜拉索尾流驰振响应特性试验研究[*]

何旭辉[1,2]，敬海泉[1,2]，程依[1,2]，蔡畅[3]

(1. 中南大学土木工程学院 长沙 410075；2. 高速铁路建造技术国家工程实验室 长沙 410075；

3. 中铁第四勘察设计院集团有限公司 武汉 430063)

1 引言

以实际工程中为背景，通过一系列风洞试验，研究了双排斜拉索尾流驰振的响应特性以及风攻角风偏角对尾流驰振的影响。试验观察到下游拉索发生明显的尾流驰振，尾流驰振的振幅及轨迹受风攻角与风偏角的影响显著。当风攻角为5°、风偏角为10°时下游拉索振幅最大，而且最容易发生大幅尾流驰振，即起振风速最低。

2 拉索尾流驰振响应特性

风洞试验拉索模型外径为 47.5 mm，模型长度为 2.71 m，拉索模型质量为 1.753 kg/m。拉索模型截面中心为一根直径 5 mm 的钢丝绳，通过张拉钢丝绳为拉索模型提供刚度。沿着钢丝绳均匀布置一系列圆柱型配重块，调整配重块的距离使拉索模型满足设计质量要求。沿着斜拉索全长套上了一层泡沫海绵管，可以在保证几何外形相似的条件下，不产生附加刚度。

试验在中南大学风洞高速试验段进行，该试验段宽 3.0 m、高 3.0 m、长 15.0 m，试验风速在 $0 \sim 94$ m/s 范围内连续可调。试验中拉索模型采用变间距布置，桥面和桥塔间距分别为 $5.7D$ 和 $9.0D$，其中 D 为模型索直径，拉索模型阻尼比低于 0.1%，风攻角 α 为 0°、5°，风偏角范围为 $-30° \leqslant \beta \leqslant 30°$。

各个工况下游拉索模型振动响应统计如表 1。当 $\alpha = 0°$、$\beta = 0°$ 时，下游拉索振动较小，当有一定的风攻角时（风偏角变化也会导致风攻角变化）下游拉索更容易产生振动且振动幅度更大。各工况前三阶模态最大位移 RMS 值可以看出下游拉索振动主要表现为一阶模态，当 $\alpha = 5°$、$\beta = 20°$ 时，下游拉索发生了二阶尾流驰振，其余工况二三阶模态振动响应均很小。取 40 s 采样时长数据进行分析处理绘制出下游索轨迹图，轨迹图中每小格边长为 $1D$，最大位移对应的第一阶模态振动轨迹可以分为"空心"与"实心"两种，当 $\alpha = 0°$ 及 $\beta = 20°$、$\beta = 30°$ 或 $\alpha = 5°$ 及 $\beta = -20°$、$\beta = 10°$、$\beta = 30°$ 时下游拉索振动轨迹为"空心"状，"空心"轨迹对应于下游拉索发生大幅稳定尾流驰振，且振动轨迹基本都呈现为正椭圆型。其余工况下游拉索振动轨迹呈"实心"状，"实心"轨迹对应于下游拉索未发生明显尾流驰振或尾流驰振不能稳定存在，振动轨迹呈椭圆型、圆形或线形，椭圆型轨迹主轴方向非水平或竖直；产生"实心"轨迹的原因可能是由于拉索本身非平行布置加上风攻角及风偏角的变化使得下游拉索各个部位受到上游来流的作用力差异较大导致大幅振动不能稳定存在，同时上述二阶尾流驰振出现也可能是此原因导致。

3 结论

非平行布置的错列斜拉索的下游拉索在不同风攻角、不同风偏角来流下发生大幅尾流驰振；且在几个特殊攻角和偏角下，下游拉索尾流驰振的起振风速很低；由于拉索本身非平行布置加上风攻角及风偏角的变化使得下游拉索各个部位受到上游来流的作用力差异较大，导致部分工况一阶尾流驰振不稳定，可能出现高阶尾流驰振。试验结果对于实际工程中双排斜拉索设计具有参考价值。

* 基金项目：高铁联合基金重点项目（U1534206）；国家重点研发计划子课题（2017YFB1201204）；中国铁路总公司项目（2017T001 - G）

表1　各工况下游拉索模型 1/4 跨振动响应

$\alpha/(°)$	$\beta/(°)$	起振风速 $/(m \cdot s^{-1})$	各风速下最大位移 RMS/mm			最大位移对应第一阶模态振动轨迹
			第一阶模态	第二阶模态	第三阶模态	
0	−30	无	3.3	1.2	0.4	
	−20	无	6.1	0.9	0.5	
	−10	93.6	10.1	2.3	0.8	
	0	83.2	14.7	1.0	0.6	
	10	104.0	16.3	1.5	0.9	
	20	83.2	50.9	0.8	3.6	
	30	43.7	34.1	1.9	0.2	
5	−30	无	7.7	1.8	0.5	
	−20	93.6	39.0	0.7	1.2	
	−10	56.2	11.8	1.6	0.8	
	0	37.4	11.3	3.6	1.4	
	10	37.4	53.6	1.3	8.0	
	20	无	7.2	11.1	1.5	
	30	83.2	53.0			

参考文献

[1] Assi G R S. Wake – induced vibration of tandem and staggered cylinders with two degrees of freedom[J]. Journal of Fluids & Structures, 2014, 50: 340 – 357.

[2] 吴其林, 华旭刚, 胡腾飞. 基于能量方法的拉索尾流驰振风洞试验研究[J]. 振动与冲击, 2017, 36: 218 – 225.

[3] 李永乐, 王涛, 廖海黎. 斜拉桥并列拉索尾流驰振风洞试验研究[J]. 工程力学, 2010: 216 – 221.

[4] Xuhui He, Chang Cai, Zijian Wang, t al. Experimental verification of the effectiveness of elastic cross – ties in suppressing wake – induced vibrations of staggered stay cables[J]. Engineering Structures, 2018, 167: 151 – 165.

大跨度桥梁竖向涡振限值的讨论[*]

黄智文，陈政清，华旭刚

（湖南大学土木学院风工程试验研究中心 长沙 410082）

1 引言

目前国内外很多重要的桥梁设计规范都给出了桥梁竖向涡振性能的评价指标，但各评价指标差异较大，规范中也普遍缺乏对涡振限值取值依据的讨论。已有的工程实践表明桥梁涡振限值通常是由其正常使用极限状态决定的[1]。本文首先对桥梁涡振限值的规范取值进行了综述，然后从人体振动舒适性和行车视距安全两种正常使用极限状态对桥梁涡振限值的取值依据进行讨论，最后以大带东桥为例计算对比了不同规范和评价标准下的竖向涡振限值。

2 桥梁竖向涡振限值的规范值比较

图 1(a)和图 1(b)所示分别以加速度和位移的形式对不同规范下的涡振限值进行了比较。从图 1(a)可以看到，在同一涡振频率下，各规范值之间差异显著。例如当涡振频率 $f_b = 0.1$ Hz 时，中日规范中的加速度幅值允许值为 0.16 m/s²，大约只有《英国法则》涡振限值的 1/7，RWDI 英国涡振限值的 1/2.5。当 0.1 Hz $< f_b <$ 0.25 Hz 时，中日涡振限值最严格；而当 0.25 Hz $< f_b <$ 1.0 Hz 时，RWDI 英国涡振限值最严格。可以推测，上述差异必然会给设计阶段大跨度桥梁的涡振性能评估带来困难。

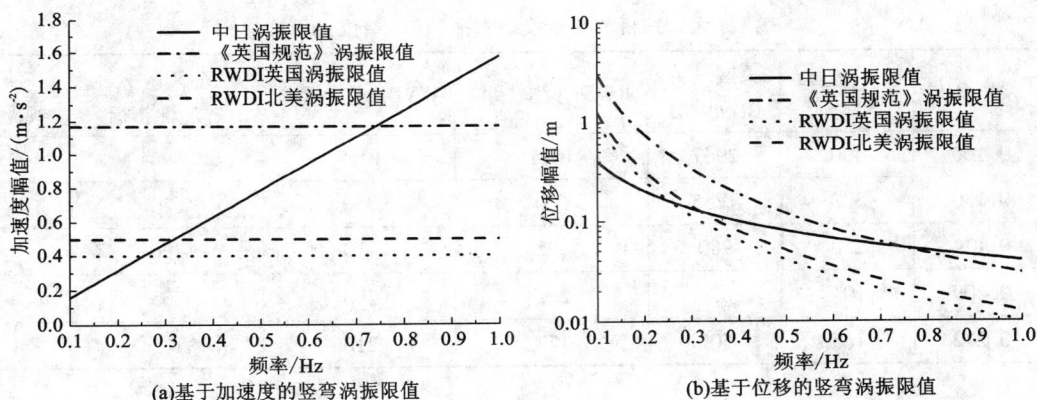

(a)基于加速度的竖弯涡振限值　　(b)基于位移的竖弯涡振限值

图 1　不同规范竖弯涡振限值比较

3 以人体振动舒适性为依据的桥梁竖向涡振限值

当桥梁发生大幅竖向涡振时，车辆乘员或桥梁工作人员将感知到桥梁的竖向振动。而且因为车辆悬架系统的振动频率一般远大于桥梁竖向涡振频率，所以车辆乘员或桥上工作人员承受全身竖向振动的幅值和频率与其所处桥梁位置的涡振幅值和频率基本相同。因而可以直接从桥梁涡振的幅值和频率出发来评价车辆乘员的振动舒适性，反之也可通过相应的舒适度指标来直接确定该工况下的桥梁涡振限值。

国际振动舒适性标准 ISO - 2631 - 3—1985 给出了可能导致运动病的人体振动加速度均方根限值，称为"极度不舒适限定值"，它与人体承受振动的时间及振动频率(0.1 ~ 0.63 Hz，与大跨度桥梁竖向涡振频率吻合)有关。考虑桥上行车时，可以保守地选择"30 分钟运动病限值"作为考虑车辆乘员舒适性影响的桥

* 基金项目：国家自然科学基金项目(51808210)

梁竖弯涡振限值。据此,当 $0.1\ \mathrm{Hz} < f_\mathrm{b} < 0.315\ \mathrm{Hz}$ 时,竖向涡振的容许加速度均方根值等于 $1.0\ \mathrm{m/s^2}$;当 $0.315\ \mathrm{Hz} < f_\mathrm{b} < 0.63\ \mathrm{Hz}$ 时,容许加速度均方根限值按照每倍频程增加 $10\ \mathrm{dB}$ 的规律从 $1.0\ \mathrm{m/s^2}$ 增加到 $3.15\ \mathrm{m/s^2}$。总体来看,当前各国规范中的涡振限值都比 ISO $-2631-3$—1985 给出的 30 分钟"极度不舒适限定值"要严格。

另一方面,桥梁在通车前后都存在施工或维护人员在桥上长时间工作的情况,此时宜按 ISO $-2631-3$—1985 给出的"8 小时运动病限值"曲线评价涡振时桥上工作人员的振动舒适性。可以看到,这要求涡振加速度均方根值低于 $0.25\ \mathrm{m/s^2}$,即加速度幅值低于 $0.35\ \mathrm{m/s^2}$,桥上工作人员的舒适性才有保障。日本东京湾大桥、丹麦大带东桥以及中国西堠门大桥都是在正式通车前就观测到了显著的涡激共振,其中大带东桥的涡激共振正是由施工人员首先观察到的。

4　以行车视距安全为依据的桥梁竖向涡振限值

大跨度桥梁发生竖向涡振时会造成路面起伏,进而影响行车视距。桥梁发生竖向涡振时桥面竖曲线因涡振振型而异,且随振动做周期变化。如果涡振振型是数个波谷和波峰的组合,那么当车辆位于波谷时驾驶人对前方邻近波谷的视线最容易受到前方波峰的阻挡。

以有 3 个半波的涡振振型为例,可以用几何作图法对涡振位移达到最大时的行车视线进行分析。假定桥梁的振型为简谐波形式,且相邻 2 个驻点之间的间距为 L_1。驾驶人的目高 $h_1 = 1.2\ \mathrm{m}$,障碍物高度 $h_2 = 0.1\ \mathrm{m}$。由此可以近似计算满足桥梁涡振时桥面行车不存在视觉盲区的涡振振幅限值 $h_\mathrm{a} = 0.35\ \mathrm{m}$。

5　涡振限值计算算例

表 1 以位移为指标计算了不同规范和评价标准下大带东桥前 5 阶竖弯模态的涡振限值。

表 1　大带东桥前 5 阶模态涡振限值(单位:mm)

模态编号	频率/Hz	中日规范	英国规范 BD 49/01	RWDI 英国标准	RWDI 北美标准	本文振动舒适性指标	本文行车视距安全指标
2	0.100	400	2967	1014	1268	896	350
3	0.130	308	1755	600	750	530	350
4	0.174	230	980	335	419	296	350
5	0.209	191	679	232	290	205	350
6	0.242	165	507	173	216	153	350

6　结论

(1)各国规范推荐的桥梁涡振限值存在较大差别,侧重点各有不同。大跨度桥梁的涡振限值应综合考虑人体舒适性和行车安全性的要求,仅满足单个规范要求可能是不够的。

(2)大跨度桥梁的竖向涡振容易引起桥上工作人员的不适反应,是导致桥梁涡振特别受到公众关注的重要原因,宜以 ISO $-2631-3$—1985 给出的"8 小时运动病限值"曲线作为桥梁涡振限值的取值依据。

参考文献

[1] Macdonald J H G, Irwin P A, Fletcher M S. Vortex – induced vibrations of the second severn crossing cable – stayed bridge—full – scale and wind tunnel measurements[J]. Proceedings of the ICE – Structures and Buildings, 2002, 152(2): 123 – 134.

曲线桥梁结构之等值静力风荷载研究

黄明慧[1]，林堉溢[2]，陈振华[3]

（1. 淡江大学风工程研究中心 台北；2. 淡江大学土木工程系 台北；

3. 国立高雄大学土木与环境工程学系教授 台北）

1　引言

对于曲线桥梁，由于曲线几何造成其结构耦合特性明显，在计算其静力风载重时，则必须要考虑振态间的相关性。本文旨在为曲线型的耦合桥梁结构提供一合适的风载重计算方法，内容包含两大部分，第一部分介绍本研究中所提出之静力风载重计算方式，Holmes[1]提出权重因子的概念，利用权重因子等值静力风荷载转化为线性的叠加关系；而后 Chen 与 Kareem[2]进一步引入振态间的相关性使其更适合处理构耦合度高的结构，本研究依此计算方法为基础进行应用与衍伸，本文所提的静力风荷载，为一以单一特定位置的位移极值反应为目标的计算方式，该方法是基于散漫理论的率域数值方法，因此亦可藉由颤振导数考虑桥梁的气弹影响。而第二部分则为验证的部分，本文选定一座中短跨径的人行拱桥作为研究标的，并使用结构系统力学能来作为参予振态选择上的参考。数值案例中分别以主梁中点拖曳向、边跨垂直向以及中点扭转向为目标计算其等值静力风载重，结果显示所，本文所提出等值静力风荷载可以合适的重现桥梁之位移极值反应，且对于耦合度高的曲线桥梁结构应考虑多振态的贡献为佳。

2　研究方法和内容

2.1　等值静力风荷载

本文所提供的等值静力风荷载以桥梁特定位置的极值位移反应为等值目标。为一基于频域计算之分析方式。一个 N 个自由度的桥梁结构而言，在扰动风力作用下力反应，若仅考虑 M 个振态的贡献，若以结构第 j 自由度之极值位移反应为目标针，则结构 p 自由度上之等值静力风荷载可表达如下。

$$p_p^{eswl,j} = \sum_{m=1}^{M} \frac{\sum_n^M \varphi_{jn}\rho_{qmn}\sigma_{qn}}{\sigma_{Xj}} g_j \left(\sum_{s=1}^{N} m_{ps}\varphi_{sm} \right) \omega_m^2 \sigma_{qm} \tag{7}$$

式中 m_{ps} 与 φ_{sm} 分别为结构质量矩阵与振态形状矩阵的元素；σ_{qm} 与 σ_{qn} 分别表示第 m 与 n 振态均方根值反应，而 ρ_{qmn} 则为两者的相关系数；ω_m 为 m 振态的振态圆周频率；σ_{Xj} 与 g^j 为第 j 自由度的位移反应均方根值反应与尖峰因子。

2.2　数值案例研究及结果

算例中选用一座中跨径的曲线人行钢拱桥为标的桥梁，其示意图如图 1 所示。主梁为 S 型双曲几何设计，投影长度约 136.8 m，主梁双端点分别为沿切线向的铰支承与滚支承；钢拱高度约 20.2 m，双边拱端为固定端；主梁与钢拱间藉由 13 根钢拱肋传递垂直荷重；主梁与钢拱之断面皆为倒梯形形状，其宽、深分别为 6.6、0.7 m 与 1.2、1.0 m。

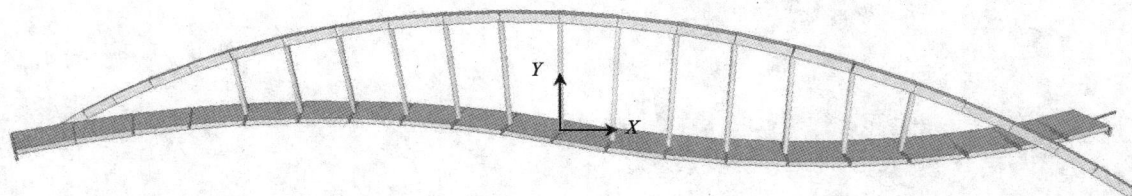

图 1　标的桥梁示意图

　　以约 1/4 跨处之主梁 Y 向（垂直向）为目标，其结果绘于图 2。施加静力风载重所得到垂直向静力位移为 10.18 mm，而该位置的垂直向动力反应包络线值为 9.93 mm，有良好的吻合度。然而本文所介绍的计算方式可将等值静力载重转化为振态间的线性叠加关系，借此特性，可探讨前 15 个振态的贡献度，由右图可知，边跨目标位置的位移反应是包含了数个振态的贡献，并无法藉由考量任何单一振态来获得准确的结果。

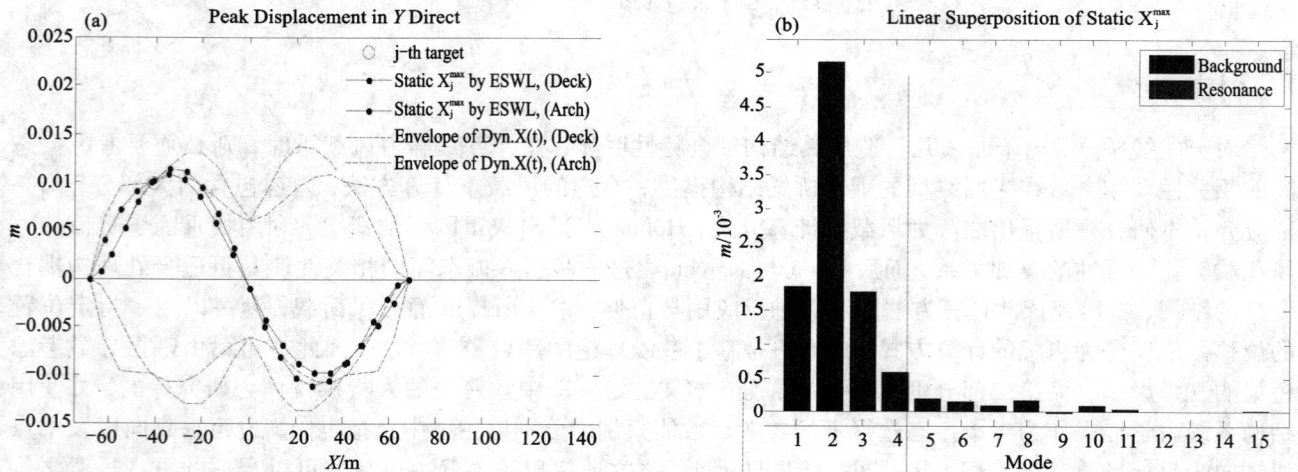

图 2　主梁边跨垂直方向之结果

3　结论

　　本文中采用一座中跨径的曲线人行钢拱桥为计算例，以 200 振态的抖振数值结果做为桥梁之真实极值反应；而后再藉由振态平均力学能大小为依据，选用前 15 振态作为静力载重分析的参予振态，并分别以主梁中点拖曳向、边跨垂直向以及中点扭转向为目标计算其等值静力风载重。在本案例计算中，三个主梁目标均无法以单一参与振态获得等值效果良好的静力载重，且绝大部分的贡献还是集中在低阶振态，特别是在前 10 振态内。

参考文献

[1] Holmes J D. Effective static load distributions in wind engineering[J]. Wind Engineering and Industrial Aerodynamics, 2002, 90: 91 – 109.

[2] Chen X Z, Kareem A. Equivalent static wind loads for buffeting response of bridges[J]. Structural Engineering, 2001, 127: 1467 – 1475.

引入颤振导数不确定性的桥梁颤振分析

冀骁文[1]，黄国庆[2]

（1.北京工业大学建筑工程学院 北京 100124；2.重庆大学土木工程学院 重庆 400044）

1 引言

颤振失稳导致桥梁整体坍塌破坏，在施工、成桥阶段中需严格杜绝。颤振导数是描述桥梁断面自激力的重要气动参数，由于识别手段、实验操作和随机振动等多种复杂因素的存在，颤振导数识别结果必然存在一定程度的不确定性。因此，研究颤振导数不确定性对桥梁颤振临界状态的影响具有重要意义[1]。文中针对桥梁颤振，提出考虑颤振导数不确定性的颤振失稳分析方法。首先，介绍闭合解以及简化闭合解的颤振分析方法。之后，基于 Nataf 变换多元变量模拟，提出考虑颤振导数不确定性的颤振分析方案；另外，针对简化闭合解的适用情形，提出解析法。文中算例对所提方法做理论研究和数值验证，最后给出相应结论。

2 颤振分析闭合解

对于桥梁颤振失稳中常见的耦合失稳，其主要由一阶竖弯振型和一阶扭转振型控制[71]，如一阶正对称（反对称）竖向弯曲和一阶正对称（反对称）扭转。根据文献[2]，桥梁耦合失稳可以表示为闭合求解形式。一般情况下，桥梁失稳源于扭转振型的阻尼比低于零，对应的阻尼比 ξ_t 的闭合解可以由下式表示：

$$\xi_t = \xi_{s2}(\omega_{s2}/\omega_2) - 0.5\nu A_2^* - 0.5\mu\nu D^2 \Psi' \sin\psi' \tag{1}$$

基于一系列假设，Chen[3] 提出了关于上式的近似形式，即简化闭合解，并说明了其适用条件。扭转振型阻尼比 ξ_t 的简化闭合解求解公式为：

$$\xi_t = \xi_{s2}(\omega_{s2}/\omega_2) - 0.5\nu A_2^* + 0.5\mu\nu D^2 H_3^* A_1^* [1 - (\omega_{s1}/\omega_2)^2]^{-1} \tag{2}$$

3 颤振导数不确定性

3.1 基于模拟的不确定性分析

文中提出基于 Nataf 转换多元变量模拟颤振导数的两方案，以在颤振分析中考虑颤振导数的不确定性。其中，方案 S1 的基本思想为事先模拟得到各个颤振导数随折减风速变化的函数曲线；方案 S2 的基本思想则为在颤振分析迭代求解过程中对各个颤振导数进行模拟，最终得到各个风速下的扭转振型阻尼比均值以及方差。

3.2 基于简化闭合解的解析法

针对简化闭合解适用的情况，提出扭转振型阻尼比均值以及方差的解析公式。经研究，其均值可由确定性分析结果代替，其方差则可以表达为：

$$D[\xi_t] \approx Q_1^2 \widehat{H_3^*} + Q_2^2 \widehat{A_1^*} + Q_3^2 \widehat{A_2^*} + Q_4^2 D[U_{R_t}] \tag{3}$$

式中，$\widehat{H_3^*}$ 等表示相应颤振导数的方差曲线；Q_i 表示颤振导数不确定性的影响程度，且与颤振导数变异性无关。

4 算例

选用美国阳光高架桥节段模型作为算例，试验数据来自意大利佛罗伦萨的 CRIACIV 风洞实验室，试验共进行了 10 组。例如，左图为颤振导数 A_2^* 的统计结果。经文中所提的考虑颤振导数不确定性方法分析，可以得到右图临界风速的概率累积分布。

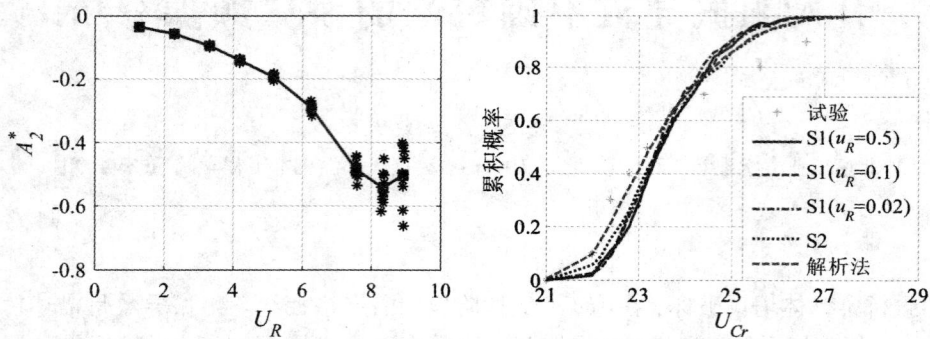

图1   颤振导数 A_2^* 统计结果以及临界风速概率分布

5   结论

颤振导数的不确定性导致桥梁颤振失稳临界风速具有变异性。模拟方案 S1 和 S2 均能准确估计得到颤振临界风速的概率分布。对于简化闭合解适用情形，利用解析法可以更快捷有效地计算扭转模态阻尼比的方差，进而估计颤振临界风速的概率分布；并且，该方法可以有效分析颤振临界风速对单个颤振导数不确定性的敏感程度。

参考文献

[1] Argentini T, Pagani A, Rocchi D, et al. Monte Carlo analysis of total damping and flutter speed of a long span bridge: Effects of structural and aerodynamic uncertainties[J]. Journal of Wind Engineering & Industrial Aerodynamics, 2014, 128(5): 90 – 104.

[2] Chen X, Kareem A. Revisiting multimode coupled bridge flutter: some mew insights[J]. Journal of Engineering Mechanics, 2006, 132(10): 1115 – 1123.

[3] Chen X. Improved understanding of bimodal coupled bridge flutter based on closed – form solutions[J]. Journal of Structural Engineering, 2007, 133(1): 22 – 31.

桥梁抖振响应机器学习时域建模[*]

赖马树金[1,2]，陈瑞林[2]，李惠[1,2]

(1.哈尔滨工业大学结构灾变与控制教育部重点实验室 哈尔滨 150090；

2.哈尔滨工业大学土木工程学院 哈尔滨 150090)

1　引言

在强风影响下，大跨度桥梁主梁的抖振效应明显。传统抖振计算主要采用 Davenport 抖振理论或者 Scanlan 的颤抖振理论。理论模型的前提是需通过风洞试验获得较为准确的气动力参数，包括气动力系数、气动导纳、气动导数 气动力空间相关性等。但由于雷诺数效应的影响、实际风场的不均匀性及风速、风向的多变性等，风洞试验无法完全获得准确的气动参数，因此传统抖振理论很难准确计算原型桥梁的抖振响应，尤其在时域层面内。原型监测为传统理论的不足提供了有效途径。然而由于传感器数量的限制，原型监测数据普遍存在空间不完备问题，很难直接建立力学分析模型。但原型监测积累了海量的监测数据，具有典型的大数据特征，因此可以从数据驱动的角度建立桥梁结构抖振模型。基于此，本文提出了基于大数据的桥梁风致振动机器学习建模方法，建立了基于长短期记忆神经网络(LSTMs)的结构风致振动预测模型。

2　抖振响应机器学习建模

LSTM 网络是递归神经网络(RNN)的主要变体之一，特别适用于序列建模。每个 LSTM 单元内步均嵌有 3 个控制门(遗忘门、输入门和输出门)，用于控制信息的存储与更新。LSTM 单元的内部操作机制如下式所示：

$$
\begin{aligned}
\boldsymbol{f}^{(t)} &= \sigma(\boldsymbol{W}_f \boldsymbol{h}^{(t-1)} + \boldsymbol{U}_i \boldsymbol{x}^{(t)} + \boldsymbol{b}_f) \\
\boldsymbol{i}^{(t)} &= \sigma(\boldsymbol{W}_i h^{(t-1)} + \boldsymbol{U}_i x^{(t)} + \boldsymbol{b}_i) \\
\tilde{\boldsymbol{C}}^{(t)} &= \tanh(\boldsymbol{W}_C \boldsymbol{h}^{(t-1)} + \boldsymbol{U}_C x^{(t)} + \boldsymbol{b}_c) \\
\boldsymbol{C}^{(t)} &= \boldsymbol{C}^{(t-1)} \odot \boldsymbol{f}^{(t)} + \boldsymbol{i}^{(t)} \odot \tilde{\boldsymbol{C}}^{(t)} \\
\boldsymbol{o}^{(t)} &= \sigma(\boldsymbol{W}_o h^{(t-1)} + \boldsymbol{U}_o x^{(t)} + \boldsymbol{b}_o) \\
\boldsymbol{h}^{(t)} &= \boldsymbol{o}^{(t)} \odot \tanh(\boldsymbol{C}^{(t)})
\end{aligned}
\tag{1}
$$

用于线性系统抖振响应建模的 LSTM 网络构架如图 1 所示。该网络由 1 个输入层、3 个 LSTM 隐藏层和 1 个线性输出层组成，且当 $t \geqslant 3$ 时，具有输出递归连接，即同时接受前一时刻网络自身的预测输出 $\boldsymbol{y}^{(t-1)}$ 和当前时刻的风速 $\boldsymbol{u}^{(t)}$ 作为网络当前时刻的输入。另考虑到系统初始条件(初始位移和初始速度)的影响，在 $t=1$ 和 $t=2$ 时刻需分别提供真实值 $\boldsymbol{y}^{(0)}$ 和 $\boldsymbol{y}^{(1)}$。隐藏层 LSTM 单元的尺寸大小均为 64，输出层的神经元个数与预测任务一致。采用 Adam 优化算法对网络进行训练，并定义均方误差函数(MES)作为损失函数来衡量预测结果。

3　预测结果

保持前述网络构架和风速输入不变，分别训练了对应于不同目标输出向量(包括不含噪声的向量 $[y_1]$、$[y_1, y_2]$、$[y_1, y_2, y_3]$，及含噪声的向量 $[y_{n1}]$、$[y_{n1}, y_{n2}]$、$[y_{n1}, y_{n2}, y_{n3}]$)下的 6 个模型。其中 y_i($i=1$,2,3)为对应于体系自由度 i 上的位移，噪声为信噪比为 10 的高斯白噪声。图 2 为目标输出向量为 $[y_1, y_2, y_3]$ 时 10 min 的位移预测结果，图 3 分别为含噪声的目标输出向量为 $[y_{n1}, y_{n2}, y_{n3}]$ 时 10 min 的位移预测结

* 基金项目：国家自然科学基金(51508138)

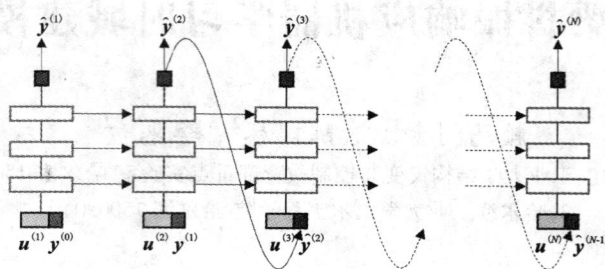

图1 LSTM 网络构造

果。训练结果表明，给定任意长度的风速序列和体系初始条件，模型均能较好地预测相应的位移响应。该模型的泛化能力强，当目标输出含噪声或缺少自由度信息时，预测输出均能反映出实际的抖振位移响应。

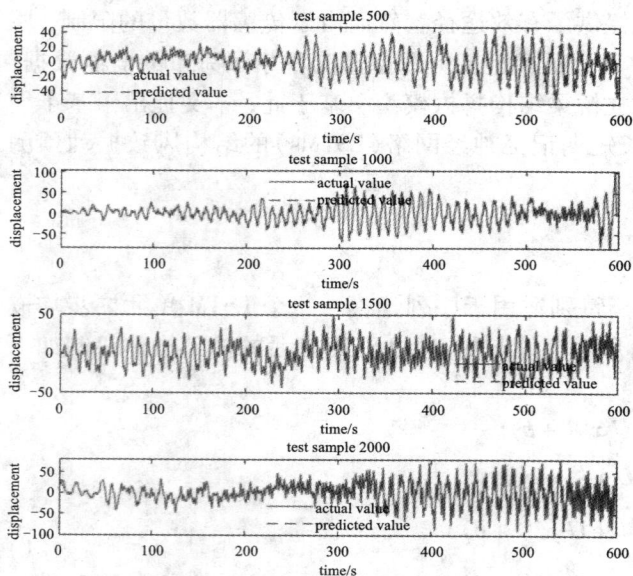

图2 10 min 的位移预测结果

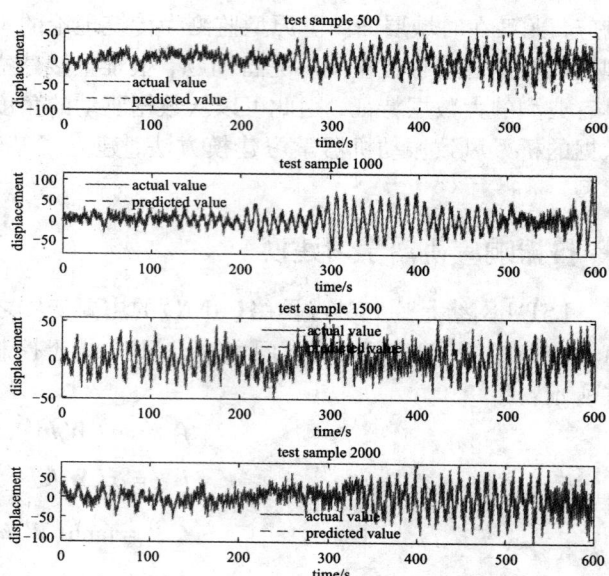

图3 10 min 的位移预测结果(含噪声)

4 结论

基于监测大数据，LSTM 能够建立桥梁结构抖振预测模型。

参考文献

[1] Sepp Hochreiter, JürgenSc hmidhuber. Long short – term memory[J]. Neural Computation, 1997, 9(8): 1735 – 1780.

悬吊双层桥断面气动性能

李加武[1]，张耀[1]，党嘉敏[1]，洪光[1]，吴明远[2]

（1. 长安大学公路学院 西安 710064；2. 中交公路规划设计研究院有限公司 100088）

1 引言

为了缓解交通压力以及渠化交通流，大跨度桥梁中采用双层桥面设计已经成为一种必然趋势。在风荷载作用下，双层桥面的气动性能复杂，既不同于双幅桥间的气动干扰[1]，也不同于"地面效应"[2]。近年，有学者关于分离式公铁两用双层桥的气动干扰[3]以及双层桥面桁架梁的颤振性能[4]进行了研究。但针对悬吊双层断面气动性能的研究较少，本文采用风洞试验与数值模拟相结合的方法，研究了双层间距对悬吊双层断面周边流场特性、悬吊双层断面的静力干扰效应的影响，以及悬吊刚度及下层梁型式对悬吊双层断面气动响应的影响。

2 层间距对气动特性的影响

2.1 悬吊双层断面的周边流场特性

层间距对双层桥面的周边绕流特性有影响，而且影响的幅度及范围与断面几何外形有关。图1给出了 II 型断面双层及单层桥面的流速分布图。计算结果显示，下层桥面的存在对上层桥面的下缘流场有较大压缩，上层桥面的背压区高度被压缩。

图3~图4给出了双层桥面几何形状相同时，断面周边的流速分布及流线图。结果表明，流线型断面的周边绕流及 II 型断面的层间风速均出现明显的巷道效应。上层桥面下缘的分离区均被压缩，流线型的下游分离涡被压缩或消除，而 II 型断面的上游分离涡尺寸被缩减。

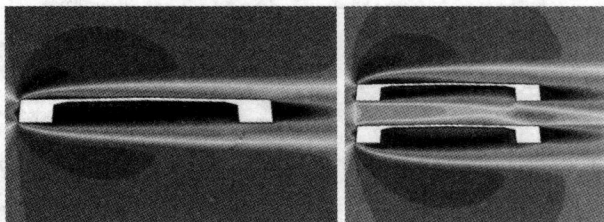

图1 π型断面及双层断面速度云图

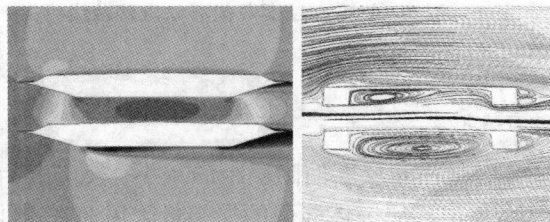

图2 π型断面及双层断面涡量云图

2.2 悬吊双层断面的静力干扰效应

对不同层间距悬吊双层断面的静力三分力系数进行了计算，图3~图5为 II 型断面的三分力系数随层间距的变化而变化的结果。计算表明，层间距为2.5D时，三分力系数出现峰谷值，但是流线型断面与 II 型断面有所不同。

3 悬吊双层断面的气动响应

由于双层桥面的下层桥面存在，对上层桥面的下缘流场进行了压缩，层间出现巷道效应，上层桥面的涡振特性受到影响。本文采用了改变悬吊刚度及下层桥面特性及层间距，研究了双层桥涡振特性。图6与图7所示为单层 π 型钝体断面与双层刚性连接 π 型钝体断面扭转位移随风速变化。由两图比较可以看出，双层桥面的竖弯涡振起振风速有所降低，但幅值有所减小，涡振风速区间被显著压缩。

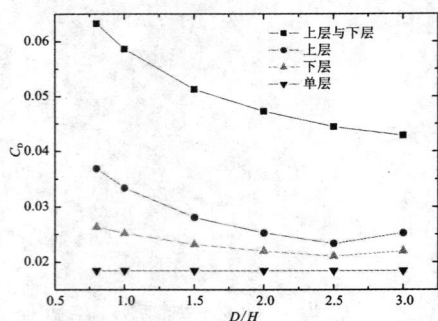

图3　阻力系数 C_D 曲线图　　　　图4　升力力系数 C_L 曲线图　　　　图5　升力矩系数 C_M 曲线图

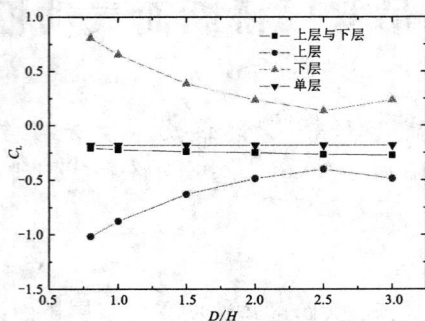

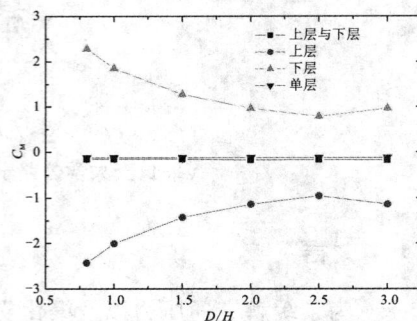

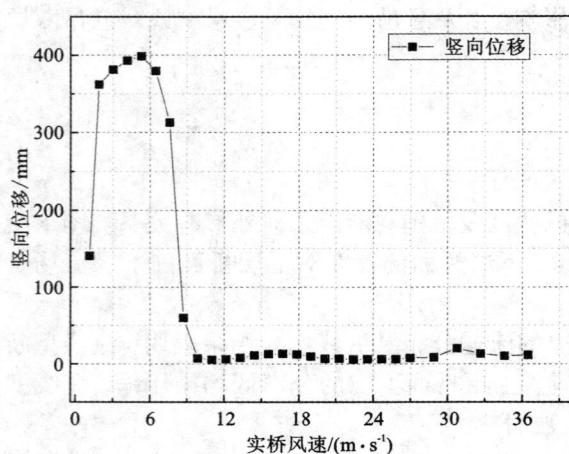

图6　单层 π 断面竖向振动位移曲线　　　　　　图7　双层刚性连接 π 断面竖向振动位移曲线

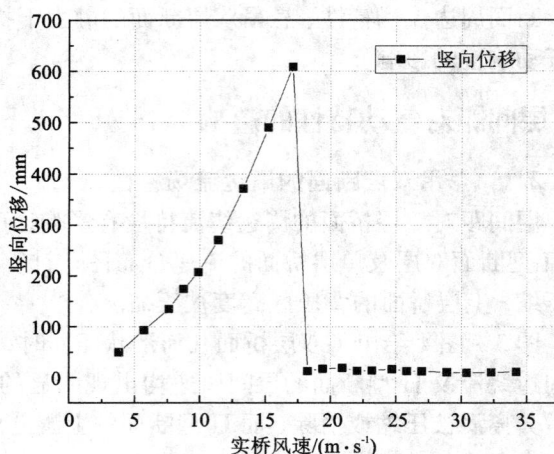

4　结论

（1）悬吊双层断面随层距的减小，表现出"巷道效应"，悬吊双层流线型断面的层间最大风速在桥宽中央，而悬吊双层钝体断面的层间最大风速在最小净距附近；

（2）悬吊双层流线型上下层断面的静风荷载均随层距的增大而减小，层间距 $2.5H$ 时，三分力系数出现峰谷值。

（3）与单层断面相比，双层桥面的竖弯涡振起振风速有所降低，但幅值有所减小，涡振风速区间被显著压缩。

参考文献

[1] 刘小兵，李少杰，杨群，等.并列双箱梁的气动干扰效应对阻力系数的影响[J].中国公路学报，2017，30（11）：108－114.

[2] 周志勇，毛文浩.地面效应对近流线型断面涡激共振性能的影响[J].振动与冲击，2017，36（6）：168－174.

[3] 李永乐，姜孝伟，苏洋，等.分离式公铁双层桥面相互气动干扰及对列车走行性的影响[J].振动与冲击，2016，35（9）：74－78.

[4] 徐昕宇，李永乐，廖海黎，等.双层桥面桁架梁三塔悬索桥颤振性能优化风洞试验[J].工程力学，2017，34（5）：142－147.

基于颤振导数沿桥面分配原理的颤振稳定性分析与气动抑振机制探索[*]

李珂[1]，李少鹏[1]，葛耀君[2]

（1. 重庆大学山地城镇建设与新技术教育部重点实验室 重庆 400044；

2. 同济大学土木工程防灾国家重点实验室 上海 200092）

1 引言

基于气动风压对颤振自激力的贡献，比拟 Scanlan 颤振导数定义提出了沿桥面分布的"壁面颤振导数"概念。在 Chen 颤振稳定性表达基础上，推导并提出了桥面各区域气动风压对模态阻尼和模态频率贡献程度的计算方法。该方法将气动自激力对颤振性能的影响沿桥面进行分配，可以更直观地了解风速变化和气动外形变化对桥梁颤振稳定性的影响机制。基于该方法，对一典型闭口箱梁断面进行了颤振稳定性分析，获得了不同折减风速下"壁面颤振导数"的分布模式，给出了不同高度稳定板对气动阻尼沿桥面分布规律的影响。

2 基于壁面颤振导数的颤振性能分配原理

当前颤振分析方法主要以 Scanlan 颤振导数[1]为基础着眼于气动力整体效应，难以分析桥面各区域对颤振稳定性的贡献。基于气动风压对颤振自激力的贡献，可以扩展 Scanlan 颤振导数定义，通过"壁面颤振导数"（式（1））为颤振性能沿桥面的分配提供支持。

$$F_{se,j} = (\bar{p}_j - p_j) \left\{ \begin{array}{c} s_j \cdot n_y \\ f_j \times s_j \cdot n_z \end{array} \right\} = \left\{ \begin{array}{c} \dfrac{1}{2}\rho\, U^2 2b \left(k\, \breve{H}_{1,j}^* \dfrac{h}{U} + k\, \breve{H}_{2,j}^* \dfrac{b\,\dot{\alpha}}{U} + k^2 \breve{H}_{3,j}^* \alpha + k^2 \breve{H}_{4,j}^* \dfrac{h}{b} \right) \\ \dfrac{1}{2}\rho\, U^2 2\, b^2 \left(k\, \breve{A}_{1,j}^* \dfrac{h}{U} + k\, \breve{A}_{2,j}^* \dfrac{b\,\dot{\alpha}}{U} + k^2 \breve{A}_{3,j}^* \alpha + k^2 \breve{A}_{4,j}^* \dfrac{h}{b} \right) \end{array} \right\} \quad (1)$$

其中，$F_{se,j}$ 为自激力 F_{se} 在桥面 j 处的分量，满足 $F_{se} = \sum_j F_{se,j}$；"壁面颤振导数"以 $\breve{H}_{i,j}^*$，$\breve{A}_{i,j}^*$（$i = 1 \sim 4$）表示，与原 Scanlan 颤振导数之间满足 $H_i^* = \sum_j \breve{H}_{i,j}^*$ 和 $A_i^* = \sum_j \breve{A}_{i,j}^*$ 关系。"壁面颤振导数"的提取基于非定常气动风压展开，如图 1 所示。其中，p_j 和 $\bar{p}_j$ 分别为桥面 j 区域气动风压的瞬时值和平均值；s_j 为桥面 j 区域的外法向量，其值等于 j 区段的长度；f_j 从扭转中心指向 j 区域中心；n_y 和 n_z 分别是桥轴线方向和竖向的单位向量。

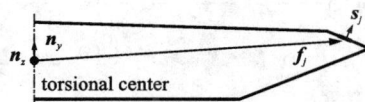

图 1 "壁面颤振导数"计算示意图

将上述定义代入 Chen 颤振稳定性表达[2]，假定结构动力特性不变，对系统阻尼和频率求全微分，可以获得桥面各区域气动特性变化对模态阻尼和模态频率变化的贡献。

$$\mathrm{d}\xi_{1,j} = \left(\frac{\gamma^{-2}\mu\nu\, H_3^* A_1^*}{(1-\gamma^{-2})^2 \omega_1} - \frac{\omega_h \xi_h}{\omega_1^2} \right)\mathrm{d}\omega_{1,j} + \frac{\gamma^{-1}\mu\nu\, H_3^* A_1^*}{(1-\gamma^{-2})^2 \omega_1}\mathrm{d}\omega_{2,j} + \frac{\mu\nu\, A_1^*}{2(1-\gamma^{-2})}\mathrm{d}\breve{H}_{3,j}^* + \frac{\mu\nu\, H_3^*}{2(1-\gamma^{-2})}\mathrm{d}\breve{A}_{1,j}^* - \frac{1}{2}\mu\mathrm{d}\breve{H}_{1,j}^*$$
$$(2)$$

$$\mathrm{d}\xi_{2,j} = \frac{\gamma\mu\nu\, H_3^* A_1^*}{(1-\gamma^2)^2 \omega_2}\mathrm{d}\omega_{1,j} - \left(\frac{\omega_\alpha \xi_\alpha}{\omega_2^2} + \frac{\gamma^2 \mu\nu\, H_3^* A_1^*}{(1-\gamma^2)^2 \omega_2} \right)\mathrm{d}\omega_{2,j} + \frac{\mu\nu\, A_1^*}{2(1-\gamma^2)}\mathrm{d}\breve{H}_{3,j}^* + \frac{\mu\nu\, H_3^*}{2(1-\gamma^2)}\mathrm{d}\breve{A}_{1,j}^* - \frac{1}{2}\nu\mathrm{d}\breve{A}_{2,j}^* \quad (3)$$

其中，$\mu = \rho b^2/m_h$，$\nu = \rho b^4/m_\alpha$ 且 $\gamma = \omega_1/\omega_2$；模态阻尼比 ξ 和模态频率 ω 的变化被分配至桥面各区域，下标 1，2 分别代表竖弯模态和扭转模态，满足 $\mathrm{d}\xi_1 = \sum_j \mathrm{d}\xi_{1,j}$ 以及 $\mathrm{d}\xi_2 = \sum_j \mathrm{d}\xi_{2,j}$。

* 基金项目：国家自然科学基金青年项目（51808075）；中国博士后科学基金（2017M620413）；中央高校基本科研业务费（2018CDXYTM0003）；国家 135 重点研发计划资助（2016YFC0701202）

3 壁面颤振导数分布

图 2 ~ 图 3 分别给出了不同折减风速下"壁面颤振导数"$\tilde{H}_{1,j}^*$ 和 $\tilde{H}_{2,j}^*$ 在桥梁上表面的占比。可以看出，构成直接颤振导数的气动压力贡献在不同折减风速下沿桥面的分布基本不变；构成间接导数的气动压力贡献在高折减风速下更多地由迎风侧提供。

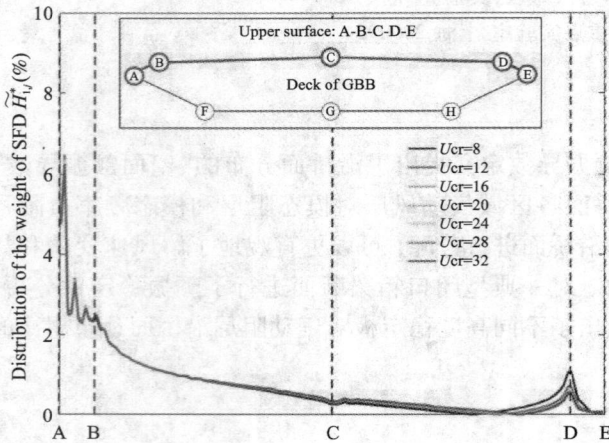
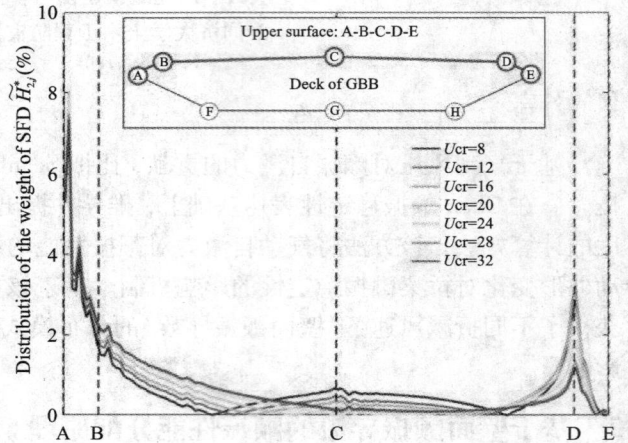

图 2　$\tilde{H}_{1,j}^*$ 沿桥梁上表面的占比　　　　图 3　$\tilde{H}_{2,j}^*$ 沿桥梁上表面的占比

4 壁面气动阻尼变化

图 4 ~ 图 5 分别给出了稳定板高度从 0 ~ 0.2H（H 为主梁高度）倍主梁高度变化过程中引起的气动阻尼分布的变化。可以看出，当稳定板高度较低时对颤振稳定性有很好的提升（上表面背风侧为主）；当稳定板高度继续增加，桥梁背风侧开始出现不利的气动阻尼贡献。

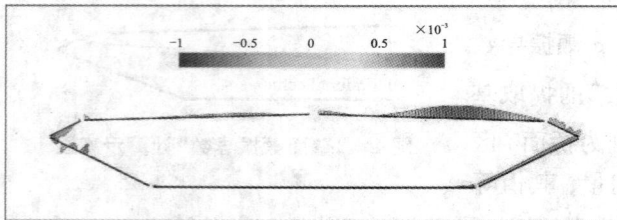
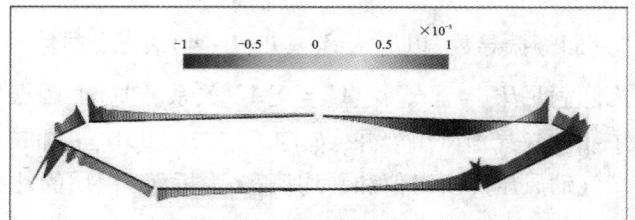

图 4　稳定板高度改变(0 ~ 0.1H)引起的气动阻尼分布的变化　　图 5　稳定板高度改变(0.1H ~ 0.2H)引起的气动阻尼分布的变化

5 结论

基于"壁面颤振导数"概念可以分析桥面不同位置气动压力对 Scanlan 颤振导数的贡献，明确不同折减风速下颤振导数演变的内在原因；基于"壁面颤振导数"得到的气动阻尼分布可以解释闭口箱梁颤振稳定性随稳定板高度增加出现的先增强后抑制现象。

参考文献

[1] Scanlan R H, J J Tomko. Airfoil and bridges deck flutter derivatives[J]. Journal of the Engineering Mechanics Division, 1971, 97: 1717 – 1733.

[2] Chen X. Improved understanding of bimodal coupled bridge flutter based on closed – form solutions[J]. Journal of Structural Engineering, 2007, 133(1): 22 – 31.

1500 m 以上超大跨度公路悬索桥
抗风稳定性定量评价方法研究

李龙安，苗润池

（中铁大桥勘测设计院集团有限公司 武汉 430056）

1 引言

进入 21 世纪以来，我国公路桥梁建设紧跟世界桥梁发展的步伐，已进入了主跨超过 1500 m 的超大跨度时代，世界上主跨超过 1500 m 的主要桥梁统计见表 1。

表 1 世界上主跨超过 1500 m 的主要桥梁统计表

NO	桥名	国家	主跨/m	主梁	建设情况		
					已建	在建	拟建
1	墨西拿海峡大桥	意大利	3300	三箱梁			设计中
2	恰纳卡莱大桥	土耳其	2023	钢箱梁		在建	
3	明石海峡桥	日本	1991	钢桁梁	1998 年建成		
4	南京仙新路长江大桥	中国	1760	钢箱梁			设计中
5	浙江双屿门大桥	中国	1756	钢箱梁			设计中
6	武汉杨泗港长江大桥	中国	1700	钢桁梁		在建	
7	虎门二桥	中国	1688	钢箱梁		在建	
8	舟山西堠门大桥	中国	1650	钢箱梁	2009 年建成		
9	Storebaelt East 桥	丹麦	1624	钢箱梁	1998 年建成		
10	光阳大桥	韩国	1545	双箱梁	2012 年建成		

表 1 所列出的为主跨超过 1500 m 的超大跨度桥梁，超大跨度桥梁的桥型无一例外地均为悬索桥，且有"塔高、跨大、梁轻、结构柔、阻尼弱"的结构特点。结构动力特性计算分析还表明：主跨 1500 m 以下的悬索桥对塔梁处的约束条件较为敏感，而主跨 1500 m 以上的悬索桥对塔梁处的约束条件不敏感，同时，主跨 1500 m 以上的悬索桥的抗风稳定性更加难于满足。在方案设计阶段如何快速评判超大跨度桥梁的抗风能力，现阶段的颤振稳定性（抗风稳定性）的评价方法，一般采用现行《公路桥梁抗风规范》的第 6.3 条进行，该评价方法公式简单，分级明确，但考虑的因素太少，在实际的抗风设计中往往达不到准确判断的目的。

参考文献[2]主要是针对 1000 m 以下跨度的公路斜拉桥和悬索桥而进行评价的。本文选取的扭弯频率比等 12 个因素，则重点针对 1500 m 的特点（如主梁宽跨比更小、频率更低、桥址处风环境更恶劣）作为评价指标，利用模糊数学方法对超大跨度悬索桥的抗风稳定性进行定量评价，将超大跨度桥梁的抗风稳定性划分为四种级别，研究成果对超大跨度桥梁抗风稳定性的快速准确评价有一定的指导意义。

2 研究方法和内容

2.1 公路大跨度桥梁抗风稳定性评价指标的选取

公路超大跨度桥梁抗风稳定性评价，主要是评估强风对桥梁结构的危害性有多大，一般来说，风对结构的危害性以桥址处风环境的严峻性与桥梁结构的易损性的乘积来表征。根据公路超大跨度桥梁的结构特性和桥址处风环境特点，选取七大结构因子和五大风环境因子作为评价指标。

超大跨度桥梁抗风稳定性的决定因素是多方面的，所选取的 12 个因素对超大跨度桥梁抗风稳定性的影响程度也不尽相同，其各自作为刻画超大跨度桥梁抗风稳定性的级别的标志与界限具有外延的模糊性，即对于单个指标值很难确定只属于某一稳定级，表 2 针对超大跨度悬索桥的抗风稳定性各影响因素提出了分级标准。

表 2　超大跨度桥梁抗风稳定性影响因素分级标准

			稳定型V_1	次稳定型V_2	次不稳定型V_3	不稳定型V_4
结构因子	扭弯频率比	x_1	>3.0	2.0~3.0	1.5~2.0	1.0~1.5
	密度比	x_2	>50	35~50	20~35	<20
	惯性半径比	x_3	>0.5	0.4~0.5	0.3~0.4	<0.3
	主梁宽跨比	x_4	$>\frac{1}{30}$	$\frac{1}{40}$~$\frac{1}{30}$	$\frac{1}{50}$~$\frac{1}{40}$	$<\frac{1}{50}$
	竖弯基频	x_5/Hz	>0.15	0.10~0.15	0.05~0.1	<0.05
	扭转基频	x_6/Hz	>0.45	0.3~0.45	0.15~0.3	<0.15
	形状系数	x_7	>1.0	0.7~1.0	0.5~0.7	<0.5
风环境因子	攻角系数	x_8	0.9~1.0	0.7~0.9	0.5~0.7	<0.5
	偏角系数	x_9	>0.9	0.6~0.9	0.4~0.6	<0.4
	基本风速	x_{10}/(m·s^{-1})	<25	25~35	35~45	>45
	地表粗糙度系数	x_{11}	0.30	0.22	0.16	0.12
	基准高程	x_{12}/m	<30	30~50	50~70	>70

2.2　公路超大跨度桥梁抗风稳定性评价模型的建立

上述分析表明，公路超大跨度桥梁抗风稳定性的定量评价，采用模糊数学的方法将更为合理。进行公路超大跨度桥梁抗风稳定性评价模型的建立按以下步骤进行：(1)确定隶属度；(2)确立各个因子的权值分配原则；(3)建立抗风稳定性定量评价模型；(4)定量评定公路超大跨度桥梁的稳定性等级。

3　结论

(1)超大跨度桥梁抗风稳定性是超大跨度桥梁结构设计的关键，由于影响因素的多样性和复杂性，现行的评价方法，将一个不确定的问题用一种确定的方法来解决，其方法不妥。

(2)本文根据公路超大跨度桥梁的结构特性，尤其是桥址处风环境的特点，针对主梁宽跨比等七大结构因子和攻角效应系数等五大风环境因子作为全部的评价指标，利用模糊数学方法对超大跨度桥梁的抗风稳定性进行定量评价。

(3)该方法有"方法独特、逻辑性强、计算简便、准确度高"的特点，运用该方法可以定性地快速判定某一超大跨度桥梁的抗风能力是否满足要求，通过典型的工程算例，得到的结论与风洞试验是吻合的，研究成果对公路超大跨度桥梁抗风设计有重要的参考价值。

参考文献

[1] JTG/T D60-01—2004, 公路桥梁抗风设计规范[S].
[2] 王爱勤, 李龙安. 公路大跨度桥梁抗风性能评价方法[J]. 长安大学学报(自然科学版), 2006, 26(5): 58-61.

雷暴风作用下 5∶1 矩形断面非平稳气动力特性试验研究*

李少鹏[1]，彭留留[1]，杨庆山[1]，曹曙阳[2]

（1.重庆大学土木工程学院 重庆 400045；2.同济大学土木工程防灾国家重点实验室 上海 200092）

1 引言

雷暴风是一种在短时间内平均风速和脉动风速会发生剧烈变化的极端局部强风，其瞬时风速最大可达 70 m/s[1]。雷暴风具有显著的非平稳性、巨大的破坏性以及高频发性。从世界范围来看，美国是雷暴风发生最为频繁的国家，对中国而言，雷暴风影响范围基本覆盖全国，且西南地区发生尤为频繁。随着西部大开发和"一带一路"国家战略的稳步推进，西部山区大跨桥梁、输油管道以及输电塔等风敏感结构迅速发展，而目前的结构抗风设计方法主要针对平稳强风环境，雷暴风作用下的结构非平稳风荷载以及风效应则研究相对较少，亟需深入开展相关方面研究。

本文主要基于同济大学多风扇主动控制风洞开展雷暴风的非平稳特性模拟，并在此基础上深入研究线状细长结构（B/D = 5∶1 的矩形断面）的非平稳风荷载特性，为进一步提出雷暴风作用下结构非平稳风荷载模型提供科学依据。

2 雷暴风特性及风效应试验研究

雷暴风在短时间内变化非常剧烈，非平稳特性显著，难以通过常规边界层风洞进行模拟。而源自于日本宫崎大学的多风扇主动控制风洞技术由多阵列风机组成，每个风机由伺服电机独立控制，可较好的模拟平稳/非平稳强风特性[2]。本文研究基于同济大学多风扇主动控制风洞进行雷暴风特性模拟（见图 1），该风洞为直流式风洞，试验段尺寸 1.5 m（宽）×1.8 m（高），由 120 个风机独立控制（10×12 阵列），最大风速 18 m/s，最大输入频率 6 Hz。由于条件限制，本文模拟的流场主要为顺流向，研究的重点是顺流向非平稳脉动风对结构气动力的影响。

(a)多风扇主动控制风洞　　(b)5:1矩形断面测压试验

图1 基于主动控制风洞的雷暴风模拟及 5:1 矩形断面测压试验

雷暴风模拟参考美国德州理工大学 RFD 实测雷暴风数据，风洞模拟结果如图 2 所示。

风洞试验结果表明：多风扇主动控制风洞能够较好的模拟雷暴风平均风速和脉动风速短时剧烈变化特性，而其演化功率谱则表明模拟风场能够反映雷暴风的非平稳时频变化特征。

3 矩形断面非平稳风荷载特性

基于刚性节段模型测压试验，进一步研究了雷暴风作用下矩形断面（B/D = 5∶1）的非平稳风荷载特性，

* 基金项目：国家自然科学基金青年项目（51608074）

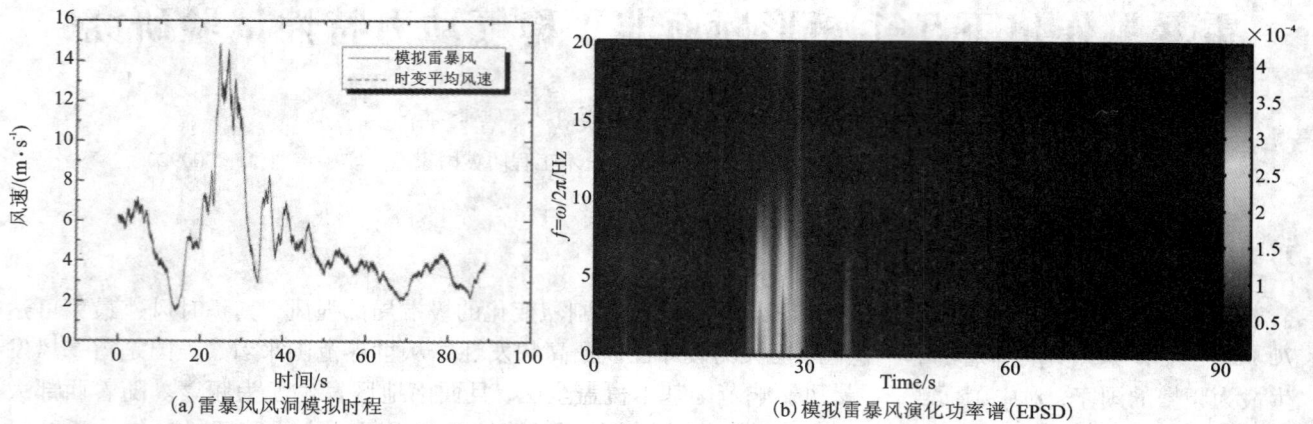

(a)雷暴风风洞模拟时程

(b)模拟雷暴风演化功率谱(EPSD)

图 2　风洞模拟雷暴风时频变化特性

图 3 给出了非平稳升力的时频变化特征。

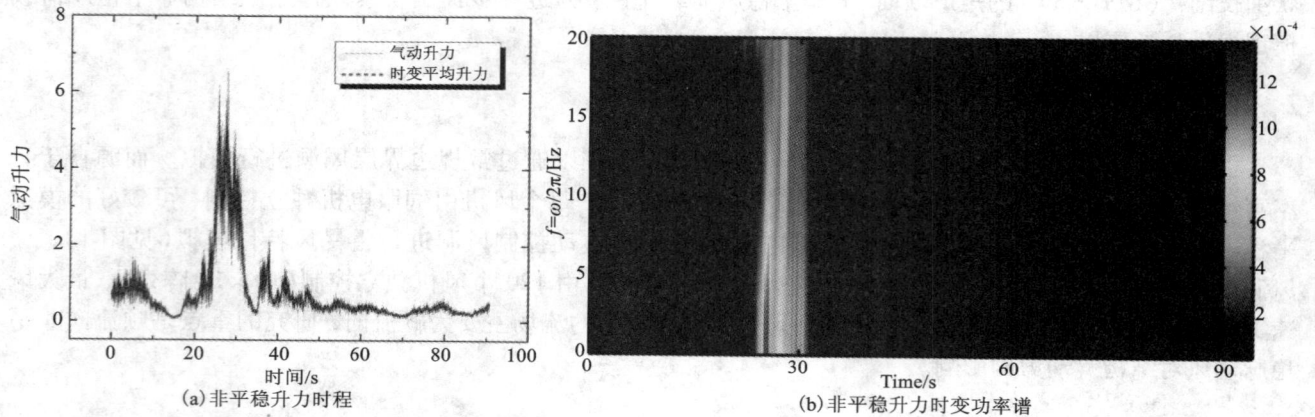

(a)非平稳升力时程

(b)非平稳升力时变功率谱

图 3　矩形断面(B/D=5∶1)非平稳升力时频变化特性

研究结果表明：在雷暴风作用下，矩形断面的抖振升力表现出非常显著的非平稳时变特征(尤其在风速剧烈变化时刻)，因此有必要深入研究雷暴风作用结构的非平稳风荷载。

4　结论

基于多风扇主动控制风洞，研究了雷暴风的风洞模拟方法，明确非平稳雷暴风作用下矩形断面抖振力的时频变化特征，为进一步研究结构的非平稳风荷载模型提供重要依据。

参考文献

[1] Fujita T T. The downburst：microburst andmacroburst：report of projects NIMROD and JAWS [R]. Satellite and Mesometeorology Research Project, Department of the Geophysical Sciences, University of Chicago, 1985.

[2] Cao Shuyang, Nushi A, Kikugawa H, et al Y. Reproduction of wind velocity history in a multiple fan wind tunnel[J]. Journal of Wind Engineering and Industrial Aerodynamics, 2002, 90：1719 – 1729.

悬索桥吊索尾流致振现场观测与理论分析*

李寿英，邓羊晨，雷旭，陈政清

（湖南大学土木工程学院 长沙 410082）

1 引言

随着桥梁跨度的增大，悬索桥吊索长度不断增大。由于吊索具有自重轻、柔度大、阻尼低的特点，极易发生风致振动[1-2]。本文对西侯门大桥2号吊索进行了长时间的现场观测。在此基础上，建立了基于三维连续索的尾流致振理论模型，采用有限差分法对运动方程进行数值求解，得到了吊索的振动响应。最后，对吊索的振动机理进行了研究分析。

2 西侯门大桥吊索现场观测

图1给出了西侯门大桥2号吊索2014年1月14日的实测数据，其中包括：风速、风向以及吊索顺、横桥向加速度响应。从图1可以看出，2号吊索在18：00—22：00时间段发生了明显的振动，对应的平均风速和风向分别约为6 m/s和170°。其中，处在下风侧的A索峰值加速度明显大于处于上风侧的B、C索，特别是纵桥向的加速度。该振动特性与多结构体间的尾流致振特性相类似，表明西侯门大桥2号吊索可能发生尾流致振。

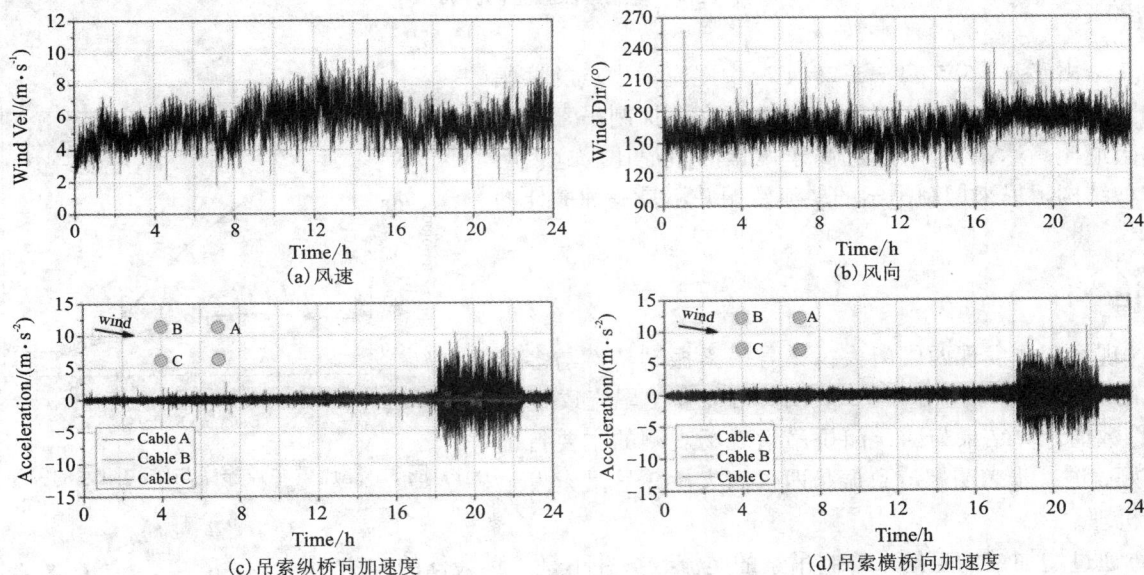

(a) 风速 (b) 风向

(c) 吊索纵桥向加速度 (d) 吊索横桥向加速度

图1 西侯门大桥2号吊索实测数据（2014 – 01 – 14）

3 尾流致振三维连续索理论模型

尾流索的运动控制方程如下所示：

$$\frac{\partial}{\partial z}\left[(T+\tau)\frac{\partial u}{\partial z}\right]+F_x(z,t)=M\frac{\partial^2 u}{\partial t^2}+c_1\frac{\partial u}{\partial t} \tag{1}$$

* 基金项目：国家自然科学基金项目（51578234）；国家重点基础研究发展计划（2015CB057702）

$$\frac{\partial}{\partial z}\left[(T+\tau)\frac{\partial v}{\partial z}\right]+F_y(z,\ t)=M\frac{\partial^2 v}{\partial t^2}+c_2\frac{\partial v}{\partial t} \tag{2}$$

式中：τ为吊索振动过程中弹性变形产生的动张拉力；u和v分别为拉索在x、y方向偏离静平衡位置的位移；$F_x(z,\ t)$和$F_y(z,\ t)$分别是尾流索在x、y轴方向的单位长度气动力；M为单位长度吊索质量；c_1、c_2分别表示吊索在x、y方向的单位长度线性阻尼系数；T为静张拉力。

4　数值算例

图 2 分别给出了尾流索中点和四分之一点处稳定振动时最大单边合成振幅(A_{max}/D)的空间分布。从图 2 中可以看出，尾流索在 $0.25\leqslant Y\leqslant 1.75$ 的空间范围内发生了明显的振动，其中，最大振幅约为 $1.66D$，发生在 $X=5.75$、$Y=0.25$ 位置处。整体上，尾流索中点处振幅大于四分之一点处的振幅。

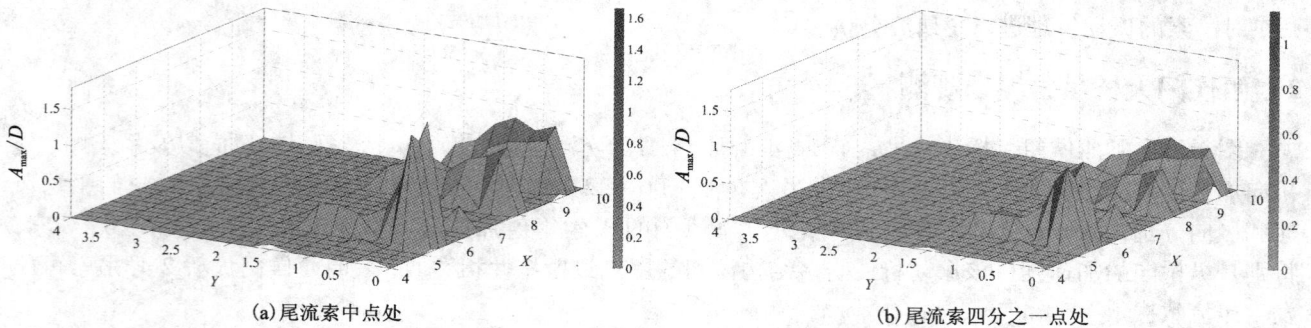

(a)尾流索中点处　　　　　　　　　　(b)尾流索四分之一点处

图 2　尾流索振幅空间分布

图 3 给出了 $X=5.5$、$Y=1.25$ 工况中尾流索中点的振幅与结构阻尼的关系。从图 3 中可以看出，完全抑制吊索振动所需的阻尼比高达 2.5%，远远高于吊索的阻尼比。这说明通过增加结构阻尼来抑制吊索的尾流致振并不是一种最佳的方法。

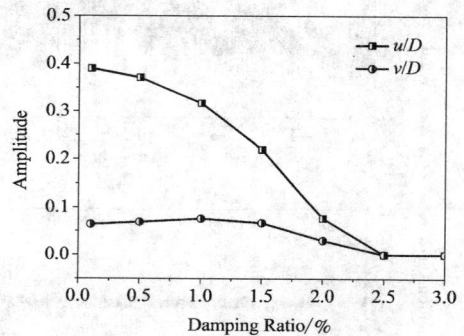

图 3　尾流索中点振幅与结构阻尼的关系

5　结论

（1）现场观测发现西侯门大桥 2 号吊索振动特性与多结构体间的尾流致振特性相吻合，表明其可能发生尾流致振。

（2）数值计算结果与西侯门桥吊索现场观测的主要特征吻合较好，进一步表明尾流致振是西侯门大桥 2 号吊索发生振动的机理之一。

（3）通过增加结构阻尼来抑制吊索的尾流致振并不是一种最佳的方法。

参考文献

[1] FUJINO Y, KIMURA K, TANAKA H. Wind Resistant Design of Bridges in Japan：Developments and Practices[M]. Springer Japan, New York, 2012.

[2] 陈政清, 雷旭, 华旭刚, 等. 大跨度悬索桥吊索减振技术研究与应用[J]. 湖南大学学报(自科版), 2016, 43(1)：1-10.

大跨度斜拉桥拉索高阶振动机理与控制 *

刘志文[1,2]，沈静思[1,2]，陈政清[1,2]

（1. 湖南大学风工程与桥梁工程湖南省重点实验室 长沙 410082；

2. 湖南大学土木工程学院桥梁工程系 长沙 410082）

1 引言

大跨度斜拉桥拉索具有刚度低、质量小、阻尼比小等特点，在风作用下存在多种复杂的振动现象，如拉索风雨振、多模态振动、高阶振动等。Main J. A. 与 Jones N. P. 对美国 Fred Hartman Bridge 桥拉索振动响应进行了实测研究，发现不同风速和雨量条件下，拉索存在风雨振和高阶振动现象[1]。储彤等针对金塘大桥拉索风致振动响应进行了实测研究，结果表明该桥 CAC20 号斜拉索加速度最大值约为 6.5 m/s²，其他斜拉索相对较小，且该索发生了多阶模态振动，振动频率范围为 5~15 Hz[2]。日本多多罗大桥在运营期观测到了部分短索在没有雨的条件下发生了中等幅度的振动现象[3]。Matsumoto 等建立了长度为 30 m 的拉索风致振动观测系统进行实测研究，发现拉索在没有雨的条件下存在多阶、高阶振动现象，有雨条件下存在风雨振现象[4]。陈文礼等对柔性拉索多阶涡振进行了风洞试验研究，研究表明在不同来流风速下斜拉索存在单模态和多模态涡振现象[5]。国内多座大跨度斜拉桥拉索在运营期也发生了风雨振和高阶振动现象。与斜拉索类似，海洋立管结构在水流作用下也存在明显的多阶、高阶振动现象[6]。本文以苏通长江公路大桥为依托进行拉索高阶振动的机理与气动控制措施研究。

2 拉索高阶振动特征

图 1 所示为 2018 年 8 月 15 日苏通长江公路大桥 NJU30 号拉索面内、面外振动响应加速度时程曲线和对应的频谱曲线。从图 1 中可以看出，该拉索在 3：08—4：43 时段内拉索发生了较为明显的振动现象，面内、面外加速度最大值分别约为 28 m/s²、15 m/s²，面内、面外振动对应的振动卓越频率均为 12.3 Hz，为第 52 阶振动模态，属于高阶涡振。根据苏通大桥健康监测系统可知该时段 10 min 平均风速为 7~9 m/s，风向为横桥向从下游吹。

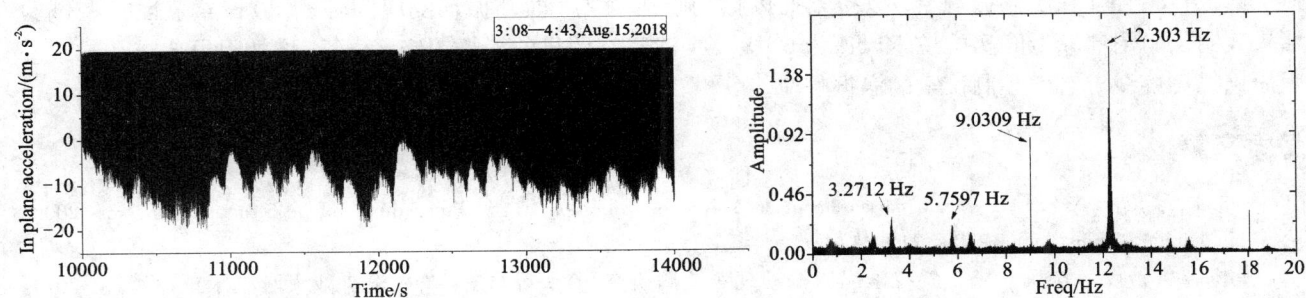

图 1　2018 年 8 月 15 日 NJU30 号拉索面内加速度响应时程和频谱曲线（3：08—4：43）

3 斜拉索节段模型风洞试验结果

采用拉索节段模型（几何缩尺比为 1:1）进行拉索涡振试验研究，试验模型分别采用表面凹坑和"表面光滑 +2 mm 直径螺旋线（螺距 14D，D 为拉索直径）"拉索足尺模型，模型由江苏法尔胜缆索有限公司提供。拉索节段模型质量比为 1:6，试验过程中通过调整阻尼比实现拉索 Sc 数的改变，图 3 所示为拉索节段

* 基金项目：国家自然科学基金项目（51478180，51778225）

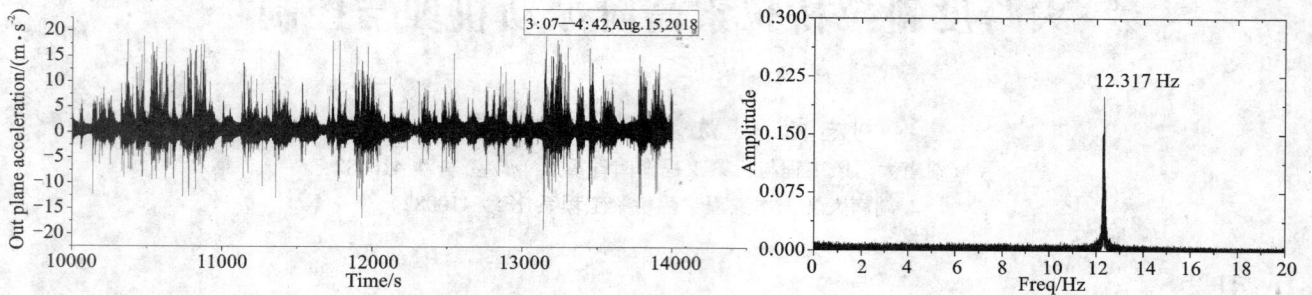

图2　2018年8月15日NJU30号拉索面外加速度响应时程和频谱曲线（3：08—4：43）

模型试验照片。试验结果表明：当拉索阻尼比较低时原索在实桥风速为6~8 m/s风速范围内存在较为明显的涡振锁定区，最大振动响应跟方差达10 mm；增加阻尼比拉索振动响应跟方差减小；在拉索外表面缠绕直径为 $d = 10$ mm、螺距为 $L = 12D$（D 为拉索直径）的双螺旋、三螺旋线亦可有效控制拉索的涡振响应。

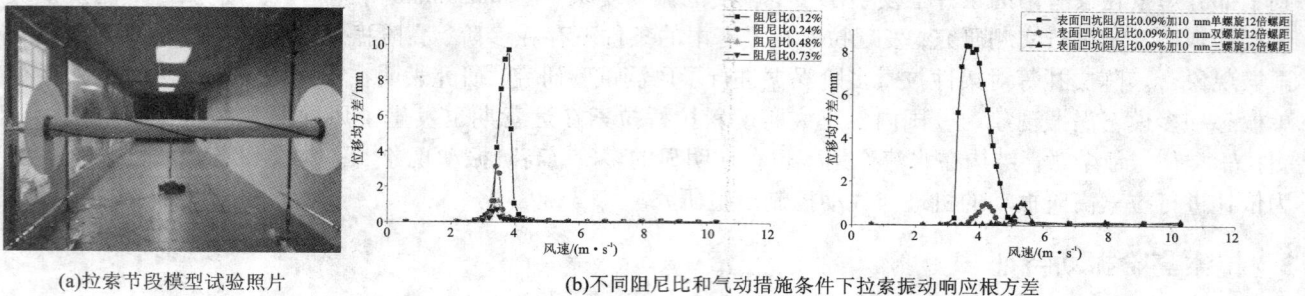

(a)拉索节段模型试验照片　　　　　(b)不同阻尼比和气动措施条件下拉索振动响应根方差

图3　斜拉索节段模型涡振试验照片与结果

4　结论

通过对苏通大桥斜拉索高频振动的现场实测和风洞试验研究，可以得到如下主要结论：（1）在常遇风速下部分拉索存在高阶涡振现象，以拉索面内振动响应为主，面外振动响应为辅；（2）拉索节段模型试验结果表明当阻尼器较低时实桥拉索风速为6~8 m/s时存在明显的涡振锁定区；（3）增加阻尼比或在拉索外表面缠绕螺旋线可有效控制拉索的涡振响应。

参考文献

[1] Main J A, Jones N P. Full-scale measurements of stay cable vibration[C]// Proceedings of the Structures Congress 2000. Philadelphia, Pennsylvania. 2000：21-24.

[2] 储彤.某大跨度斜拉桥风场与斜拉索涡激振动现场监测研究[D].哈尔滨：哈尔滨工业大学土木工程学院，2013：27-31.

[3] Susumu Fukunaga, Masahiro Takeguchi. Aerodynamic characteristics of indent stay cables of Tatara bridge[C]//IABSE Madrid Symposium：Engineering for Progress, Nature and People, 2749-2756.

[4] Matsumoto Masaru, Shirato Hiromichi, Yagi Tomomi, et al., Field observation of the full-scale wind-induced cable vibration[J].Journal of Wind Engineering and Industrial Aerodynamics, 2003, 91：13-26.

[5] Wen Li Chen, Qiang qiang Zhang, Hui Li, et al. An experimental investigation on vortex induced vibration of a flexible inclined cable under a shear flow[J].Journal of Fluids and Structures, 2015, 24：297-311.

[6] 陈伟民，付一钦，郭双喜，等.海洋柔性结构涡激振动的流固耦合机理和响应[J].力学进展，2017，47：25-91.

中央开槽断面竖向涡激力跨向相关性研究[*]

孟晓亮[1,2]，朱乐东[2]，杜林清[3]

（1. 上海工程技术大学城市轨道交通学院 上海 201620；2. 同济大学土木工程防灾国家重点实验室 上海 200092；
3. 同济大学建筑设计研究院（集团）有限公司 200092）

1 引言

钝体外部绕流往往具有明显的三维特性，由此导致漩涡脱落作用于钝体表面的周期性作用力沿跨向呈不完全相关。以往结构涡振分析中，考虑到结构的运动使涡脱步调沿展向趋于同步，相应的，涡激力的不完全相关特性常常被忽略[1]。然而，针对一些简单钝体断面的研究表明，涡振时作用于钝体表面压力的跨向相关性与结构振幅有关，且相关系数远小于1.0。

近期有学者开始关注涡振时桥梁断面所受涡激力的跨向相关特性，利用自由振动试验方法研究了扁平封闭箱梁断面涡激力的跨向相关性[2]，但对于中央开槽分离双箱断面这种颤振性能更优，绕流形式更复杂的大跨度桥梁典型断面形式却鲜有提及。因此，本文利用节段模型同步测压测振风洞试验，研究中央开槽风离双箱断面竖向涡激力的跨向相关特性。

2 试验概况

本文采用节段模型同步测压测振技术获得中央开槽分离双箱断面模型涡振时表面的瞬时压力信号和振动位移信号，再通过表面压力积分技术得到作用于模型某个断面的瞬时气动升力时程曲线，最后通过对作用于各个断面的气动力时程进行空间相关性分析，得到竖向涡振时模型表面气动力的跨向相关性。试验采用模型几何缩尺比为 1:20，节段模型跨向长度 $L = 3.600$ m，宽 $B = 1.700$ m，梁高 $D = 0.175$ m。节段模型频率为 4.297 Hz，阻尼比约为 0.3%。

3 涡激力跨向相关性

试验得到的涡振振幅－风速曲线如图 1 所示。中央开槽分离双箱断面节段模型涡激共振锁定区间约在试验风速为 5.05 ~ 6.94 m/s，模型竖向最大振幅单峰值约为 10.7 mm，对应风速为 5.54 m/s。图 2 给出了涡振峰值时模型表面的脉动压力分布图。由图 2 可以看出，下游箱的脉动压力总体上要比上游箱的脉动压力显著，特别是下游箱底板与腹板交界处，出现脉动压力峰值，由此推测此处产生剧烈的流动分离。

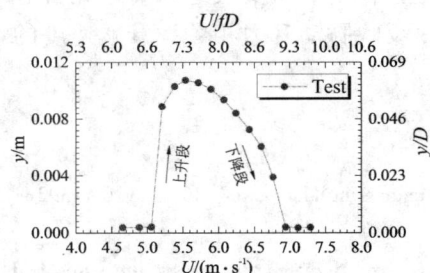

图 1　锁定区间振幅－风速曲线

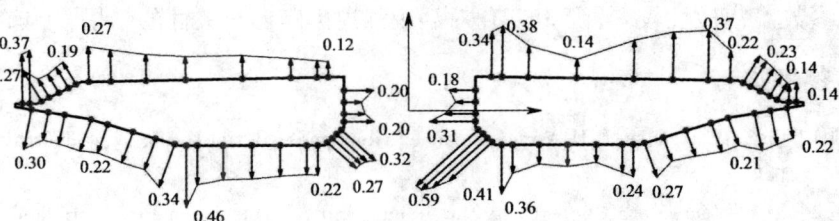

图 2　涡振最大振幅时模型表面脉动压力分布图

图 3 和图 4 分别给出了各折减风速下脉动升力相关系数随距离的变化规律拟合曲线和相关系数－风速－距离拟合曲面。与文献 2 扁平封闭箱梁涡激力沿跨向相关性不同，中央开槽箱梁一旦发生涡振，动态

* 基金项目：国家自然科学基金项目（51478360）

升力的相关性急剧增强，其基本可看作完全相关，最大振幅处对应的相关系数最大，约为 0.99，但随风速进一步增长，脉动升力相关性开始减弱，当折减风速为 $U/fD = 8.30$ 时，振幅为 8.4 mm，脉动升力开始明显不完全相关，个别断面上脉动升力相关系数甚至不足 0.8，此后，风速继续增加，涡振振幅开始迅速减小，脉动升力相关性也进一步降低，直到来流折减风速 $U/fD = 9.23$ 时，锁定终止，脉动升力的跨向相关性也变得很差。

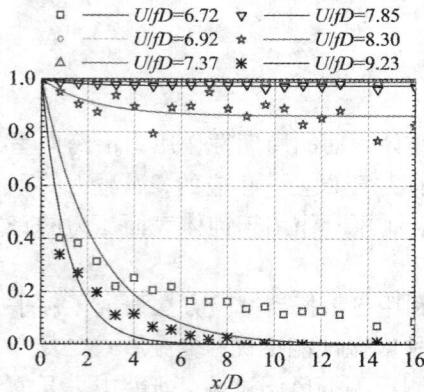

图3 各折减风速下相关系数　　　　图4 相关系数－风速－距离曲面　　　　图5 拟合参数随振幅变化规律

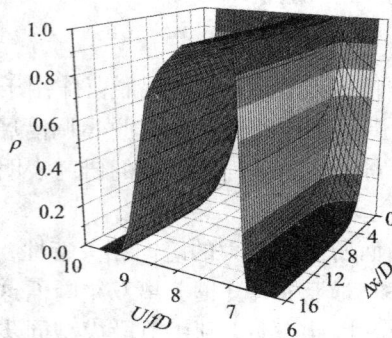

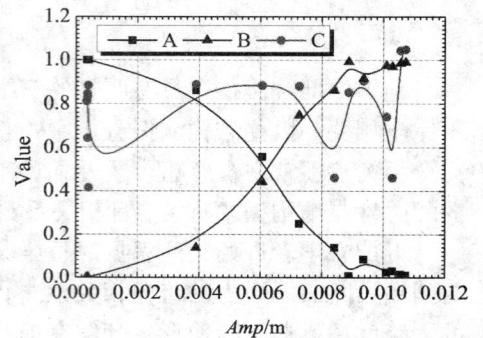

按文献[2]建议的方法，采用 e 指数函数 $\rho = A e^{-C|\Delta x/D|} + B$ 对相关系数进行拟合，其中，A、B、C 为参数，A 表示衰减范围，B 表示间距足够远时，脉动升力的跨向相关系数，C 则表示距离增大单位长度时，跨向相关系数的衰减速度。图 5 给出了拟合得到的各参数随振幅的变化规律，可以看出，随着振幅的增加，相关系数衰减范围 A 迅速降低，但反映距离无穷远时的脉动升力相关程度的参数 B 却随振幅增长而增强，而由于测压断面数量受测压设备的限制，衰减速度参数 C 随振幅变化的拟合离散性较大，虽然如此，通过数值计算最大最小 C 值对应的相关系数曲线，发现 C 值变化程度对涡脱强迫力跨向相关性结果的影响不是很大。

4 结论

通过节段模型同步测压测振风洞试验技术，研究中央开槽分离双箱断面竖向涡激力的跨向相关性，对于中央开槽分离双箱断面，一旦进入锁定区间，脉动升力沿跨向的相关性马上增强，并接近于完全相关，其后，随着涡振振幅在锁定区间内逐渐减小，脉动升力的相关性逐渐变差；通过对脉动升力相关系数进行 e 指数函数拟合发现，随着振幅的增加，反应相关系数衰减范围的参数 A 迅速降低，而反映跨向间距无穷远时的脉动升力相关程度的参数 B 随振幅增长而增强，受试验条件的限制，反映脉动升力相关性衰减速度的参数 C 离散性较大，但其变化对涡脱强迫力跨向相关性的结果影响较小。

参考文献

[1] Ehsan F, Scanlan R H. Vortex-induced vibrations of flexible bridges[J]. Journal of Engineering Mechanics, 1990, 116: 1392-1411.

[2] Xiao-LiangMeng, Le-Dong Zhu, You-Lin Xu, et al. Imperfect correlation of vortex-induced fluctuating pressures and vertical forces on a typical flat closed box deck[J]. Advances in Structural Engineering, 2015, 18(10): 1597-1618.

基于主动格栅脉动气流的桥梁断面抖振力特性研究[*]

牛华伟，李威霖，赵军杰，陈政清

（湖南大学风工程与桥梁工程湖南省重点实验室 长沙 410082）

1 引言

　　大跨度桥梁抖振分析方法延续了基于准定常理论和片条假定的 Davenport 理论，它引入气动导纳函数来考虑紊流非定常特性和抖振力沿构件截面方向的不完全相关性，因此桥梁断面气动导纳函数识别的精确与否直接决定抖振响应分析的精确程度，气动导纳函数是大跨度桥梁抖振力表达和抖振响应准确预测的控制性参数。为了深入研究不同桥梁断面的气动导纳函数，国内多名学者研究了基于主动格栅或类似主控脉动气流生成技术。日本 Kawatani、Hatanaka 等开发了双主动格栅系统，实现了基于特定风谱的脉动紊流场模拟，并依据可控的随机紊流脉动风场对扁平矩形和桥梁断面的气动导纳函数进行了识别研究[1-2]；Cigada、Diana 等开发了能够产生准正弦脉动分量的单主动格栅装置，并依之提出了桥梁断面复气动导纳函数识别技术[3-4]，可以同时表示脉动来流与抖振力之间在幅值和相位上的传递关系；为了精细化研究墨西拿海峡悬索桥方案的气动力荷载，Diana、Zasso 等开发了新的主动格栅装置、强迫振动系统和内置测力系统的三节段测力模型，其开发的主动格栅是仅能产生一维竖向准正弦脉动风场[5]；同济大学赵林等基于多风扇主动控制风洞和振动翼栅相结合来形成二维可控脉动风场[6]；朱乐东开发了一种竖直安装的振动翼栅，并提出了一种自谱、交叉谱综合最小二乘复气动导纳识别方法[7]；韩艳、陈政清等开发了一种伺服电机控制的双向主动格栅系统，该系统同时产生频率为倍频关系的顺风向和竖向二维脉动流，并依之进行了桥梁断面的 6 个复气动导纳函数识别研究[8]。本文将介绍湖南大学在竖向和顺风向主动格栅脉动气流生成技术方面的新进展。

2 数控主动格栅装置

　　为了准确识别与竖向和顺风向脉动风速相关的气动导纳函数，在格栅设备开发时分两个独立的方向来分别开发了两套主动格栅系统，如图 1 所示。

(a)顺风向脉动格栅　　　　　　　　(b)竖向脉动格栅

图 1　数控主动格栅照片

3 脉动气流与抖振力特性分析

3.1 脉动气流特性

　　测试发现主动格栅脉动频率不同，其产生的脉动气流频谱中的高频分量也不一样，总体而言，高频分

　　* 基金项目：国家自然科学基金项目（51478181）

量与一阶分量相比较小，典型的顺风向脉动风速和频谱如图 2 所示。

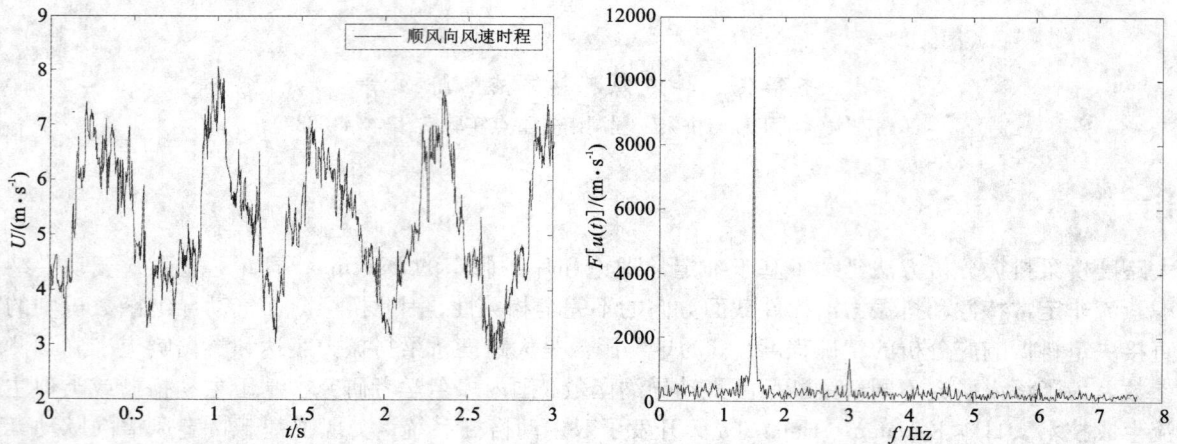

图2   旋转叶栅以 **0.75 Hz** 运动 **5 m/s** 平均风速时产生的顺风向准正弦脉动风及其频谱

3.2   抖振力特性

基于前述脉动气流风场，测试了典型桥梁断面的抖振力荷载，分析了从脉动风场特性到抖振力特性之间的差异，探讨了抖振力的非线性特性。

4   结论

通过本文开发的主动格栅系统，可以在风洞内产生单一频率简谐运动、多频率简谐运动的组合运动等，从而在风洞内产生特定脉动特性的风场，为抖振力特性和气动导纳函数的研究奠定了基础。

参考文献

［1］ Hatanaka, H Tanaka. New estimation method of aerodynamic admittance function［J］. Journal of Wind Engineering and Industrial Aerodynamics, 2002, 90: 2073 – 2086.

［2］ Hatanaka, H Tanaka. Aerodynamic admittance functions of rectangular cylinders［J］. Journal of Wind Engineering and Industrial Aerodynamics, 2008, 96: 945 – 953.

［3］ Cigada, G Diana, E Zappa. On the response of a bridge deck to turbulent wind: a new approach［J］. Journal of Wind Engineering and Industrial Aerodynamics, 2002, 90: 1173 – 1182.

［4］ G Diana, S Bruni, et al. Complex aerodynamic admittance function role in buffeting response of a bridge deck［J］. Journal of Wind Engineering and Industrial Aerodynamics, 2002, 90: 2057 – 2072.

［5］ G Diana, D Rocchi, T Argentini. An experimental validation of a band superposition model of the aerodynamic forces acting on multi – box deck sections［J］. Journal of Wind Engineering and Industrial Aerodynamics, 2013, 113: 40 – 58.

［6］ T T Ma, L Zhao, et al. Investigations of aerodynamic effects on streamlined box girder using two – dimensional actively – controlled oncoming flow［J］. Journal of Wind Engineering and Industrial Aerodynamics, 2013, 12: 118 – 129.

［7］ 朱乐东, 李思翰, 郭震山. 基于振动翼栅脉动风场测力试验的桥梁断面气动导纳识别方法研究［C］// 第十三届全国结构风工程学术会议论文集, 北京, 2009: 228 – 235.

［8］ 韩艳, 陈政清. 薄平板复气动导纳函数的试验与数值模拟研究［J］. 振动工程学报, 2009, 22(2): 200 – 206.

桥梁断面气动导数识别的相关函数法[*]

钱长照[1,2]，李朱君[1,2]，胡海涛[1,2]，陈昌萍[1,2]，周光伟[1,2]

（1. 厦门理工学院土木工程与建筑学院 厦门 361024；2. 厦门理工学院风工程研究中心 厦门 361024）

1 引言

气动导数识别是空气动力学研究的基础问题之一，也是大跨度桥梁结构颤振分析中最重要的研究方向[1]。气动导数识别的实质是对动力系统的参数识别[2]。国内外对桥梁断面气动识别方法进行了大量的研究，识别结果的精确性也已经在试验中得到验证[3]。

在桥梁气动导数识别中，根据参数识别过程中获取的信号数据不同，可分为自由振动法、强迫振动法，包括自由振动时域识别法、自由振动频域识别法、强迫振动时域识别法和强迫振动频域识别法等[3]。除此之外，学者们也在探索利用随机信号识别系统参数的方法[4]。

本文利用随机振动理论，推导了随机激励下两自由度振动响应的相关函数方程，利用最小二乘法构造参数识别方程。研究结果表明，该方法得到的识别结果具有较高的精度。

2 参数识别方法

在风洞试验中，桥梁的竖弯和扭转耦合振动通常可由两自由度刚性节段模型模拟，如图 1 所示。在仅考虑气动自激力作用的情况，根据 Scanlan 的颤振分析理论，其运动方程可表示为方程(1)所示

$$\ddot{h} + 2\xi_h\omega_h\dot{h} + \omega_h^2 h = \omega H_1\dot{h} + \omega H_2\dot{\alpha} + \omega^2 H_3\alpha + \omega^2 H_4 h \tag{1a}$$

$$\ddot{\alpha} + 2\xi_\alpha\omega_\alpha\dot{\alpha} + \omega_\alpha^2\alpha = \omega A_1\dot{h} + \omega A_2\dot{\alpha} + \omega^2 A_3\alpha + \omega^2 A_4 h \tag{1b}$$

式中 m 和 I 分别是模型单位长度的质量和质量惯性矩，h 和 α 分别是模型的竖向位移和扭转角。H_i 和 A_i （$i=1$，2，3，4）是 H_i^* 和 A_i^* （$i=1$，2，3，4）的代换参数，而 H_i^* 和 A_i^* （$i=1$，2，3，4）是与折算频率 K 有关的无量纲系数，写成矩阵形式

$$\ddot{Y} + C\dot{Y} + KY = 0 \tag{2}$$

由方程(2)可以看出，当初始位移和初始速度为零时，无论风速如何，模型振动响应为零，然而风洞试验中，在气动力作用下，无论有无初始条件，模型均有振动响应。这说明 Scanlan 气动力假设所推导的方程与风洞试验中的实际情况是不相符的。究其原因，Scanlan 的气动力假设仅考虑了平均风速的气动力作用，而忽略了脉动风速的影响。事实上，无论是风洞中的风还是自然界的风，风速均是随机过程，产生的气动力也会是一个随机过程，因此，在 Scanlan 气动力的基础上增加一个随机气动力或随机气动力矩是合理的，方程(2)可重写为

$$\ddot{Y} + C\dot{Y} + KY = X \tag{3}$$

式中 X 未随机过程。考虑随机激励 $X(t)$ 作用下系统响应 $Y(t)$ 满足方程(3)，则 $t+\tau$ 时刻的响应 $Y(t+\tau)$ 满足方程

$$\ddot{Y}(t+\tau) + C\dot{Y}(t+\tau) + KY(t+\tau) = X(t+\tau) \tag{4}$$

将上式右乘 $Y^{\mathrm{T}}(t)$，再求期望可得

$$E[\ddot{Y}(t+\tau)Y^{\mathrm{T}}] + CE[\dot{Y}(t+\tau)Y^{\mathrm{T}}] + KE[Y(t+\tau)Y^{\mathrm{T}}] = E[X(t+\tau)Y^{\mathrm{T}}] \tag{5}$$

假设 X 为白噪声，由随机振动理论[5]可知，相应 Y 为平稳随机过程，且 $X(t+\tau)$ 与 $Y(t)$ 不相关。由随机理论中相关函数的定义，方程(5)可表示为

* 基金项目：国家重点研发计划项目（2017YFC0806000）；国家自然科学基金项目（51778551）；厦门市科技计划项目（3502Z20183050，3502Z20161016）

$$R_{\ddot{Y}Y} + C R_{\dot{Y}Y} + K R_{YY} = 0 \tag{6}$$

利用最小二乘法，可构造参数识别方程

$$\sum_{i=1}^{N} R_{\ddot{Y}Y}(\tau_i)\left[R_{\dot{Y}Y}(\tau_i)\right]^{\mathrm{T}} + C \sum_{i=1}^{N} R_{\dot{Y}Y}(\tau_i)\left[R_{\dot{Y}Y}(\tau_i)\right]^{\mathrm{T}} + K \sum_{i=1}^{N} R_{\dot{Y}Y}(\tau_i)\left[R_{YY}(\tau_i)\right]^{\mathrm{T}} = 0 \tag{7}$$

$$\sum_{i=1}^{N} R_{\ddot{Y}Y}(\tau_i)\left[R_{YY}(\tau_i)\right]^{\mathrm{T}} + C \sum_{i=1}^{N} R_{\dot{Y}Y}(\tau_i)\left[R_{YY}(\tau_i)\right]^{\mathrm{T}} + K \sum_{i=1}^{N} R_{\dot{Y}Y}(\tau_i)\left[R_{YY}(\tau_i)\right]^{\mathrm{T}} = 0 \tag{8}$$

由方程(7)(8)可求解参数 C 和 K。值得指出的是，理论上讲，利用几个有限点的相关函数值即可求解出所要识别的系统参数，但实际上，为了提高识别精度，可以通过较多的数据进一步优化识别结果。本文采用多段数据识别并求平均值的方法，识别的效果比较理想。图1显示了利用某二自由度节段桥梁模型识别阻尼系数和刚度系数的结果，其中 DIM 为利用传统方法直接识别结果，CFM 为本文方法识别结果，结果表明在低风速时识别结果吻合度较好。

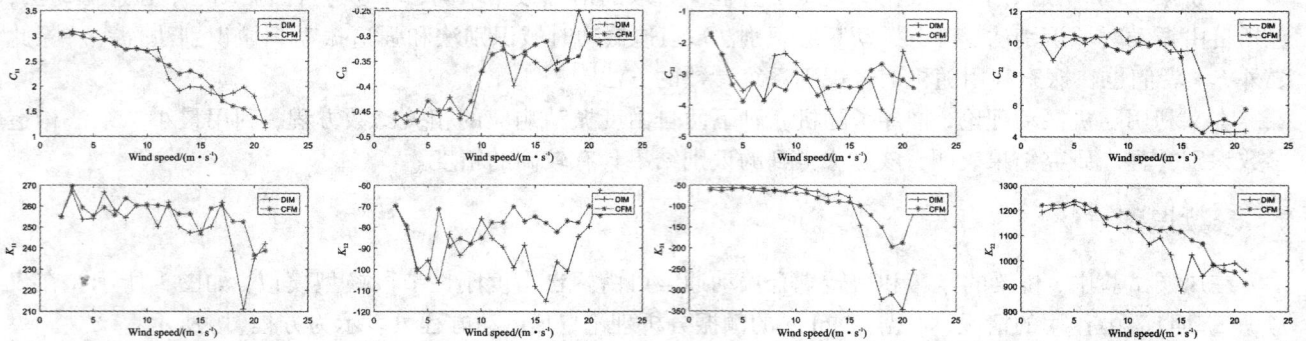

图1　某二自由度节段桥梁模型动力参数识别结果比较

3　结论

利用随机振动了理论，推导出利用随机响应的相关函数识别桥梁气动参数的方程。数值算例证明，利用本方法，随机激励两自由度运动系统的识别结果可以达到相当高的精度。利用厦门理工学院风洞试验室所得数据，比较了本方法与自由振动时域识别法，结果表明，在低风速条件下，本方法所得结果与自由振动时域识别法获得的结果接近。

参考文献

[1] Xu F Y. Direct approach to extracting 18 flutter derivatives of bridge decks and vulnerability analysis on identification accuracy[J]. J. Aero. Eng, 2014, 28(3): 04014080.

[2] 陈政清, 胡建华. 桥梁颤振导数识别的时域法与频域法对比研究[J]. 工程力学, 2005, 22(6): 127 - 133.

[3] Han Y, Liu S Q, Hu J X, et al. Experimental study on aerodynamic derivatives of a bridge cross - section under different traffic flows[J]. J. Wind Eng. Ind. Aerod, 2014, 133: 250 - 262.

[4] 王雄江. 基于随机方法的桥梁气动参数识别研究. 同济大学博士学位论文. 2008(导师, 顾明).

[5] 朱位秋. 随机振动(第一版)[M]. 北京: 科学出版社, 1992.

Π形断面主梁斜拉桥涡振抑振措施研究[*]

唐煜[1,2]，华旭刚[1]，陈政清[1]，崔健峰[3]

（1. 湖南大学风工程研究中心 长沙 410082；2. 西南石油大学土木工程与建筑学院 成都 610500；

3. 湖南省交通规划勘察设计院有限公司 长沙 410008）

1 引言

Π形断面作为一种常见的钢－混凝土叠合梁组合形式，因其质量轻、受力合理、造价较低等优点，近年来在一些大跨度斜拉桥建设中得以发展应用，如福州青洲闽江大桥、武汉二七长江大桥、宜昌香溪河大桥等。Π形断面属开口断面，其外形整体较钝，迎风端大纵梁处大尺度的流动分离易诱发涡激共振[1-2]，过大的振幅可能带来结构疲劳和行人行车舒适度问题。

本文通过节段模型试验对某 500 m 主跨钢－混凝土叠合梁斜拉桥的主梁涡激振动性能进行研究，重点考察阻尼措施和气动措施对其涡激振动的抑制效果。

2 工程背景与试验概况

某大桥为双塔双索面组合梁斜拉桥，结构整体为半漂浮体系。主梁由工字型纵梁＋工字型横梁构成的钢板格构体系与 UHPC 高性能混凝土桥面板叠合而成，主梁标准断面见图 1。按该断面制作几何缩尺比为 1:50 的主梁刚性节段模型，采用弹性悬挂的方式在湖南大学 HD－2 风洞试验室中测试其涡振性能，见图 2。

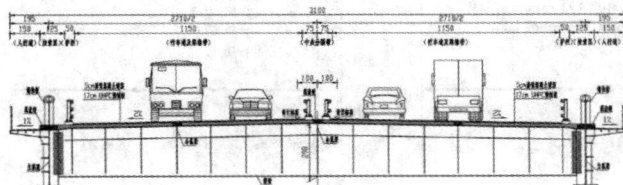

图 1 主跨叠合梁标准断面图（单位：cm）

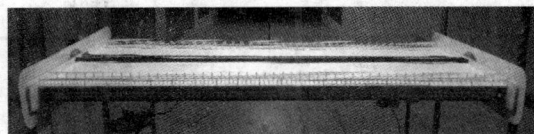

图 2 弹性悬挂的主梁节段模型

3 主梁涡振性能

3.1 原始断面的涡振特性

在试验阻尼比为 0.005 的条件下，原始断面主梁在 -3°、0°、+3° 三个风攻角下的涡振响应如图 3 所示。Π形断面的竖弯涡振问题较为突出，在 +3°风攻角时的涡振振幅为最大，存在两个涡振区间，且两涡振区间风速近似为整数倍关系，这与其他具有类似断面的已有报道结果基本一致。

据现行桥梁抗风设计规范，成桥状态该桥容许的竖弯涡振位移幅值为 121 mm，容许的扭转涡振位移幅值为 0.271°。主梁原始断面的竖弯涡振振幅已超限，有必要研究相应的抑振方法。

3.2 抑振方法

针对涡振最不利风攻角 +3°的情况，研究阻尼比和各种气动措施对竖弯涡振响应的影响，试验结果见图 4。其中，组合气动措施为设置 1 道上中央稳定板 + 2 道下竖向稳定板 + 局部封闭人行栏杆（3.5 m 封闭 14.0 m 透风）。

* 基金项目：国家自然科学基金项目（51808470，51422806）

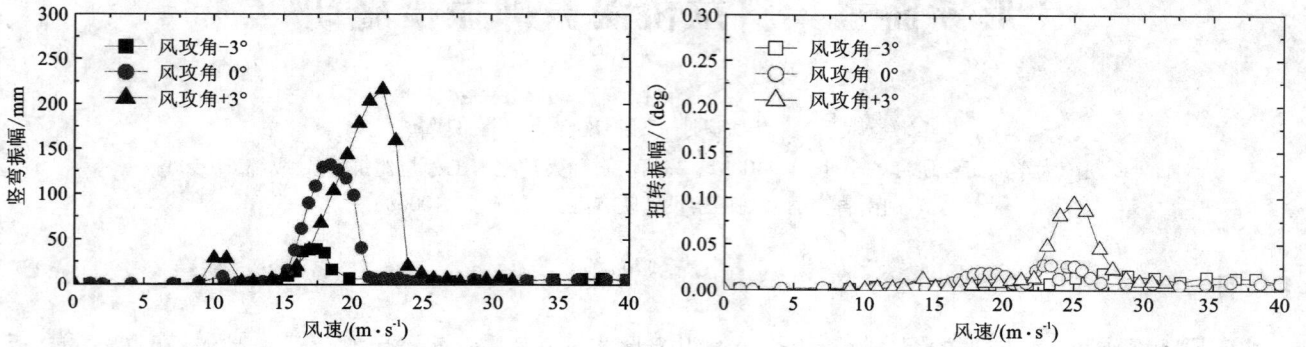

图 3　原始断面的涡振响应（阻尼比 0.005）

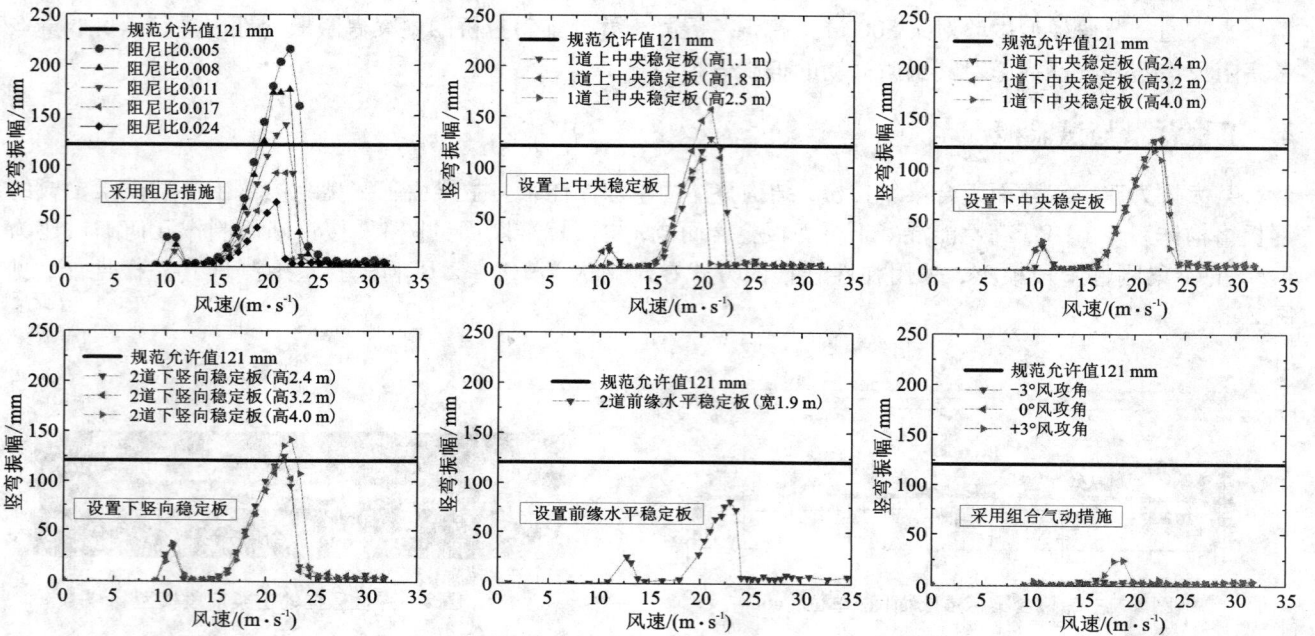

图 4　不同抑振措施下竖向振动振幅与风速的关系曲线（风攻角 +3°）

4　结论

（1）增大阻尼比可有效抑制涡振振幅，但当阻尼比达到一定程度后，该措施减振效率有所降低。

（2）单一的气动措施对该断面涡振的减振作用并不十分理想，采用恰当的组合气动措施可获得较好的减振效果。

参考文献

[1] Kubo Y, Sadashima K, Yamaguchi E, et al. Improvement of aeroelastic instability of shallow π section[J]. Journal of Wind Engineering & Industrial Aerodynamics, 2001, 89(14): 1445–1457.

[2] 战庆亮，周志勇，葛耀君. 开口叠合梁断面气动性能的试验研究[J]. 桥梁建设，2017，47(1): 17–22.

计入静风附加风攻角效应的大跨度桥梁颤振频域计算方法

王骑[1,2]，廖海黎[1,2]，董佳慧[1,2]，梅瀚雨[1,2]

（1. 西南交通大学桥梁工程系 成都 610031；2. 风工程四川省重点实验室 成都 610031）

1 引言

频域分析方法是三维颤振分析广为应用的重要方法，代表性的方法如 PK – F 法[1]、M – S 法[2]和复模态分析法[3]等。自 Booyapinya 等（1994）[4]首次提出静风失稳临界风速计算方法以来，静风产生的附加风攻角也开始计入颤振计算中，但一般只能在时域里实现考虑静风效应的颤振分析[5]。除了理论计算，朱乐东等[6]通过节段模型试验的方法验证了附加风攻角对大跨度桥梁颤振性能的不利影响，使得静风效应对颤振的影响再一次受到重视。考虑到常规的时域颤振分析方法计算效率低，因此本文提出了一种能够考虑静风效应的频域计算方法。

2 计算方法

采用三维复模态颤振分析理论，在频域分析搜索过程中引入静风非线性效应产生的附加攻角，修正气动矩阵，则可得到考虑静风非线性效应的大跨桥梁颤振临界风速。上述过程可以概括地分为四个部分：结构非线性静风效应计算、结构动力特性的分析、状态空间方程的建立、颤振临界风速的搜索。

本文算法的核心思想是找到考虑静风效应的颤振临界风速上界和下界，从而可以显著缩短搜索时间。颤振临界风速上界为不考虑任何附加风攻角影响获得的颤振临界风速，将此上限风速施加到结构上可获得最大的非线性静风附加风攻角，再由此修正气动力矩阵，计算得到的颤振临界风速为下界风速，最后采用二分法在此两个风速之间迭代，当静风产生的附加风攻角对应的风速与在此条件下计算获得的颤振临界风速一致时迭代停止，对应的结果即为考虑附加风攻角效应的最终颤振临界风速。

实际计算中采用的流线型箱梁断面如图 1 所示，其中静风附加攻角计算采用 ANSYS 软件实现，静力三分力采用静力测力试验实现，颤振导数采用强迫振动节段模型风洞试验获得。

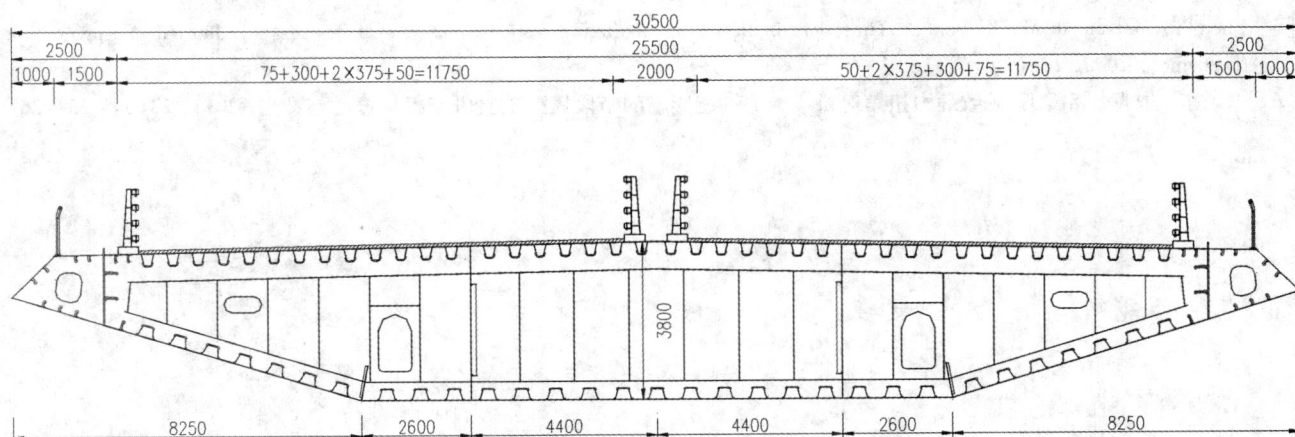

图 1　计算用流线型箱梁横截面

3 计算结果和讨论

采用上述计算方法对主跨 1500 m 的超大跨度概念设计斜拉桥进行考虑三维静风效应的颤振频域分析，计算结果见表 1。由表 1 可知，在 0°初始风攻角下静风效应对颤振的影响较小，相比于不考虑静风的情况，考虑静风的颤振临界风速下降了 2.95 m/s，降幅达到 3.51%；3°初始风攻角下考虑静风效应的颤振临界风速下降了 10.22 m/s，降幅达到 13.57%；5°初始风攻角下静风效应对颤振结果的影响最大，相比于不考虑静风的情况，考虑静风的颤振临界风速下降了 10.17 m/s，降幅达到 16.36%。

从以上结果整体看来，考虑静风非线性效应时的颤振临界风速相比未考虑时都有降低，尤其是在有初始风攻角条件下，即未考虑静风非线性效应时的颤振分析是不安全的。

表 1　主跨 1500 m 特大跨度斜拉桥颤振分析结果（阻尼比 0.5%）

静风响应	0°攻角		3°攻角		5°攻角	
	颤振临界风速 /(m·s⁻¹)	颤振频率 /Hz	颤振临界风速 /(m·s⁻¹)	颤振频率 /Hz	颤振临界风速 /(m·s⁻¹)	颤振频率 /Hz
不考虑	84.07	0.2468	75.31	0.3431	62.15	0.3439
考虑	81.12	0.2432	65.09	0.3391	51.98	0.3401

4　结论

（1）通过引入颤振临界风速的上界和下界，结合非线性静风计算，可采用三维颤振频域计算方法在计入静风产生的附加风攻角条件下获得合理的颤振临界风速。

（2）计算结果表明，计入静风效应后大跨度桥梁的颤振临界风速会显著降低，本文提出的计算方法较时域计算方法显著提升了考虑静风效应的颤振计算效率。

参考文献

[1] Namini A, Albrecht P, Bosch H. Finite element – based flutter analysis of cable – suspended bridges[J]. Journal of Structural Engineering, 1992, 118(6): 1509 – 1526.

[2] 陈政清. 桥梁颤振临界状态的三维分析机理研究[C]. 1994 年斜拉桥国际学术会议论文集，上海，1994，302 – 306.

[3] Chen X, Kareem A, Matsumoto M. Multimode coupled flutter and buffeting analysis of long – span bridges[J]. Journal of Wind Engineering and Industrial Aerodynamics, 2001, 89(7 – 8): 649 – 664.

[4] Boonyapinyo V, Yamada H, Miyata T. Wind – induced nonlinear lateral – torsional buckling of cable – stayed bridges[J]. Journal of Structural Engineering, 1994, 120(2): 486 – 506.

[5] Chen X, Matsumoto M, Kareem A. Time domain flutter and buffeting response analysis of bridges[J]. Journal of Engineering Mechanics, 2000, 126(1): 7 – 16.

[6] 朱乐东，朱青，郭震山. 风致静力扭角对桥梁颤振性能影响的节段模型试验研究[J]. 振动与冲击，2011，23(5): 23 – 26.

矩形断面涡激振动锁定区间内气动力展向相关性分析[*]

温青[1]，华旭刚[2]，王修勇[1]，孙洪鑫[1]

（1. 湖南科技大学土木工程学院 湘潭 411201；2. 湖南大学风工程与桥梁工程湖南省重点实验室 长沙 410082）

1 引言

气动力展向相关性研究结果表明：运动状态的方形、矩形长条和桥梁主梁等刚性模型上的气动力展向相关性强于静止状态，且随着展向间距增大呈现先减小后基本保持不变的特征，可以表示成指数衰减加常数型展向相关性函数[1]。然而，对于高宽比 1:5 矩形断面，实测结果表明：在锁定区间内，随着振幅增大，实测气动力展向相关性反而减弱[2]。鉴于此，本文通过理论分析和风洞试验解释了锁定区间内气动力展向相关特征。

2 气动力展向相关性函数

假设远动状态矩形断面实测气动力包括完全相关的运动诱发气动力 C_s 和具有随机特征的气动力噪声 C_o（包括卡门涡脱气动力），则实测气动力可以表示为：

$$C_L(t, x) = C_S(t, x) + C_O(t, x) \tag{1}$$

对于节段模型，根据展向相关性基本原理，可以推导出：

$$R_{LL}(s) = (1 - a_1)\exp(-s/a_2) + a_1, \quad (s \geqslant 0) \tag{2}$$

式中：

$$s = \frac{-|x_1 - x_2|}{D}, \quad a_1 = a_O + 2a_{SO}, \quad a_2 = \Lambda, \quad a_O(x) = \frac{E[C_O^2(t, x)]}{E[C_L^2(t, x)]}, \quad a_{SO}(x) = \frac{E[C_S(t, x)C_O(t, x)]}{E[C_L^2(t, x)]} \tag{3}$$

式中，Λ 为展向相关长度。由此可知，气动力噪声能量比越小，运动诱发涡脱升力能量比越大，展向相关性趋向于完全相关。

3 风洞试验

节段模型风洞试验参数如表 1 所示。为了测试各截面脉动风压，分析气动力及其展向相关性，在展向变间距布置了 13 测压截面。每个测压截面上布置了 32 个测压点，如图 1 和图 2 所示。

表 1   1:5 矩形断面弹性悬挂涡激振动试验

D/mm	B/mm	L/mm	L/D	m_E/(kg·m^{-1})	f/Hz	ζ/%	Sc	U^*/(m·s^{-2})
60	300	1540	25.6	6.23	7.04	0.44	74.22	3~6

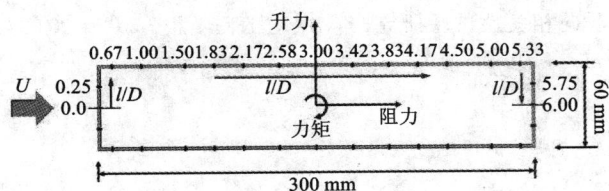

图 1   截面风压测点布置图

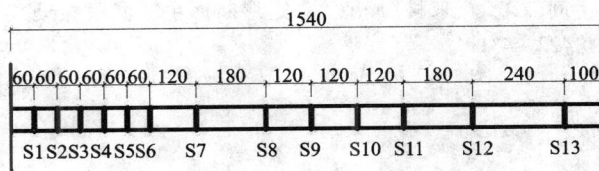

图 2   测压截面展向布置图

---

* 基金项目：国家自然科学基金项目（51708208）

4　锁定区间内展向相关性分析

实测节段模型涡激振动特征以及不同状态的气动升力均方根值特征如图3所示，展向相关性特征如图4所示。在锁定区间内，气动升力均方根值先增大后减小，气动升力展向相关性在气动升力均方根值最大处全强，随着气动升力均方根值减小而减弱。假设涡激力在展向完全相关，外界干扰和测试噪声等实测结果保持不变，由公式（1）至公式（3）可知，当实测气动力均方根随着风速增大而减小，则远动诱发气动力标准差会随着风速增大而减小，导致相关系数 α_1 随着风速增大而减小，气动总力展向相关性减弱。

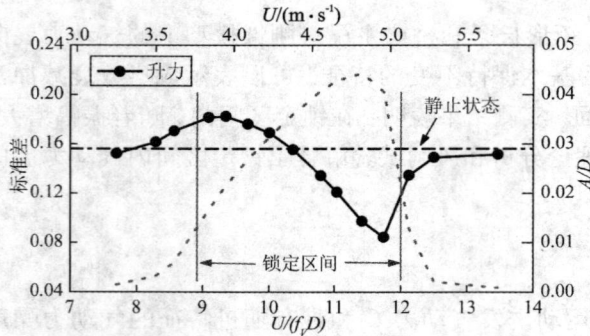

图3　气动升力与涡振振幅

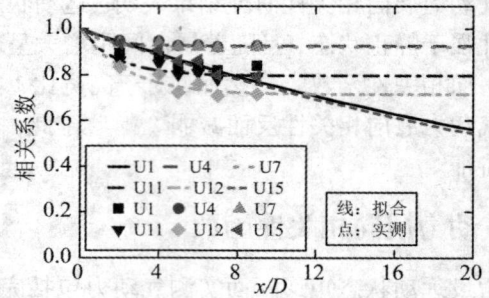

图4　气动升力展向相关性

表2　气动力展向相关函数系数

编号	Ur	$A/D(10^{-2})$	升力标准差	$1-\alpha_1$	α_2	α_1
U4	9.09	1.67	0.182	0.073	1.16	0.927
U7	10.01	3.14	0.169	0.078	1.06	0.922
U11	11.41	4.43	0.097	0.202	1.77	0.798
U12	11.74	4.05	0.084	0.284	2.32	0.716

5　结论

实测锁定区间内气动力展向相关性随着展向间距增大先减小后基本保持不同，气动升力可用指数加常数型函数表示。因基本不变的气动力噪声和随风速增大而减小的气动总升力，导致实测气动升力展向相关性显示出随风速增大而减弱的特征。

参考文献

［1］ Ricciardelli F. Effects of the vibration regime on the spanwise correlation of the aerodynamic forces on a 5∶1 rectangular cylinder［J］. Journal of Wind Engineering and Industrial Aerodynamics, 2010, 98（4－5）: 215－225.

［2］ 刘志文, 黄来科, 陈政清. 矩形断面主梁涡激振动气动力展向相关性试验研究［J］. 振动工程学报, 2017, 30（3）: 422－431.

大幅振动桥梁非线性气动特性风洞试验研究[*]

许福友，曾冬雷

（大连理工大学风洞实验室 大连 116024）

1 引言

桥梁跨度不断增大，结构刚度越来越小，风致振动问题越发严重。传统的线性理论框架仅适用于小幅振动，大幅振动存在明显的气动非线性效应，相关研究尤为重要。本文采用自行研发的可实现大振幅自由振动试验装置，对两种典型桥梁主梁断面（薄平板断面和 H 型断面）进行均匀流场和紊流场中大幅振动（扭转振幅 > 10°）风洞试验研究。

2 风洞试验

2.1 主梁节段模型

本文两种断面包括薄平板和 H 型断面，见图 1。薄平板模型总长 2400 mm，宽 500 mm，厚为 17 mm，等效质量为 12.86 kg/m，等效质量惯矩为 0.379 kg·m²/m，竖弯和扭转频率分别为 1.01 和 1.68 Hz。H 型断面模型总长 3000 mm，宽 45 mm，翼缘高为 80 mm，宽 25 mm，腹板厚度为 12 mm，等效质量为 7.33 kg/m，等效质量惯矩为 0.36 kg·m²/m，竖弯和扭转频率分别为 1.58 和 3.2 Hz。本文主要研究不同条件下的风致振动，位移采用日本基恩士公司 IL－300 激光位移计。

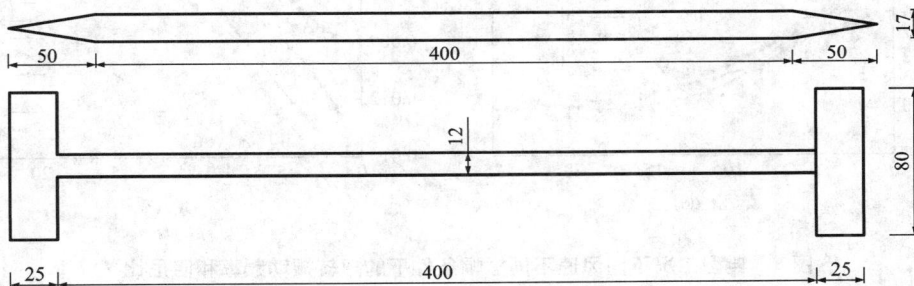

图1 两种节段模型横断面图（单位：mm）

图2 两种节段模型横断面图（单位：mm）

2.2 试验工况

试验在大连理工大学风洞实验室完成，主要工况包括零风速条件下大幅初始激励条件下模型振动测试，均匀流场和紊流场中 0 度和 +5 度初始攻角在不同风速条件下的模型振动测试。

＊ 基金项目：国家自然科学基金面上项目（51478087）

3　试验结果及分析

　　图 3 给出了一些典型大幅扭转振动位移时程，图 4 给出了一些在不同风速不同振幅条件下的扭转振动频率和阻尼比，由此可以对比薄平板断面和 H 型断面在不同试验条件下的大幅风致振动响应特点。限于篇幅，在此不再展开论述，详见全文。

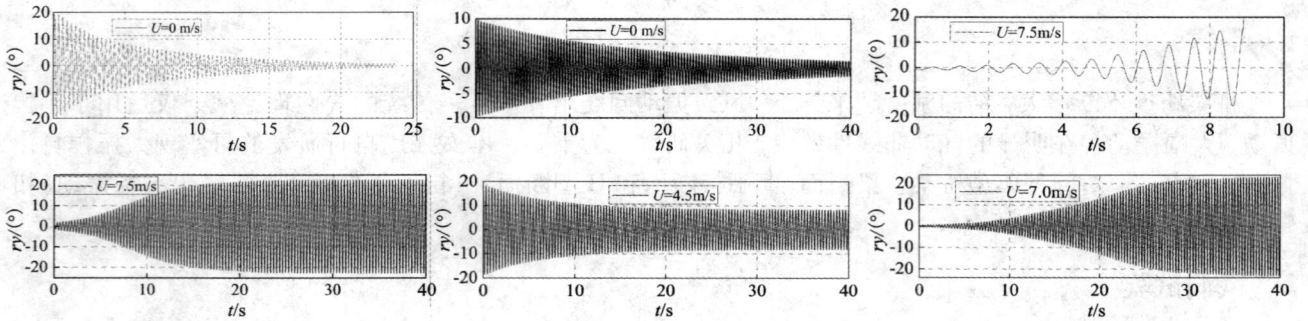

图 3　典型工况大幅扭转振动位移时程

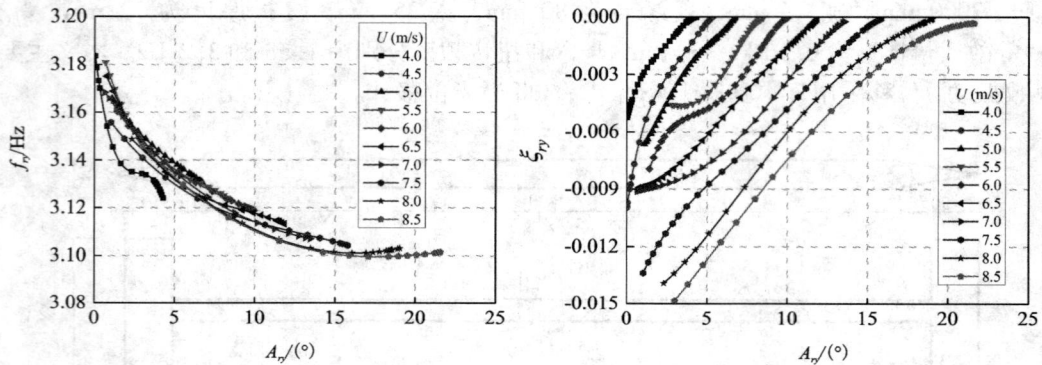

图 4　典型工况不同风速不同振幅条件下的扭转振动频率和阻尼比

4　结论

　　对平板流线型断面和 H 型钝体断面风致大幅振动开展了风洞试验研究，新研发的自由振动试验装置能够实现大幅自由扭转振动，解决了传统自由振动装置面临的非线性问题。两种断面振动形式差异悬殊，具体振动特点与风速、初始激励、风场、初始攻角等条件均有关系。

参考文献

[1] 曾冬雷.大幅振动桥梁非线性气动特性风洞试验研究[D].大连：大连理工大学，2018.

基于调谐惯性质量阻尼器的大跨桥梁涡激振动控制[*]

许坤[1]，葛耀君[2]，赵林[2]，杜修力[1]

（1. 北京工业大学城市与工程安全减灾教育部重点实验室 北京 100124；

2. 同济大学土木工程防灾国家重点实验室 上海 200092）

1 引言

涡激振动是大跨桥梁较易发生的一种大振幅振动现象，会对行人行车安全、构件疲劳寿命等产生较大危害。涡激振动一般发生在平缓的中低风速，自然界中这种平缓的中低风速出现的概率极高，需采取合理措施对大跨桥梁涡激振动进行控制，使其满足规范要求。

调谐质量阻尼器（TMD）是一种最常用涡振控制方案。目前实际观测到涡振现象的桥梁大部分采用了 TMD 来抑制涡振，如东京海湾桥[1]、巴西 Rio - Niteroi 桥[2] 和即将竣工的港珠澳跨海工程非航道孔桥。然而 TMD 装置用于桥梁振动控制面临两项挑战：1）弹簧在重力作用下的"大变形"问题；2）质量块"大行程"问题，这使其难以用于梁高较小的扁平型箱梁内部。而扁平型箱梁（如流线型闭口箱梁和分离式双箱梁等）是超大跨径桥梁最常用主梁形式。因此，亟待提出具有"小质量块""小静变形""小行程"特性的涡振机械控制方案，用于超大跨径桥梁主梁涡振控制。

本文采用新型调谐惯性质量阻尼器（TMDI）对大跨桥梁涡激振动进行控制，首先提出 TMDI 在主梁内部的布置方式，其次推导 TMDI - VIV 系统控制方程和 TMDI 参数优化方法，最后以一个大跨桥梁涡振案例为背景，对 TMDI 装置的控制效果和鲁棒性进行研究。

2 调谐惯性质量阻尼器

惯容器是一种可以将水平运动转换成转动的装置，其实现方式可以有齿轮、滚珠丝杆或液压等。惯容器产生的轴向力与作用于装置两端的加速度成正比。该装置利用物体的转动质量远大于物理质量这一特征，实现质量块的"质量放大"。

调谐惯性质量阻尼器是将惯容器与传统调谐质量阻尼器（TMD）装置结合的一种新型控制方案，其在箱梁内部的安装形式如图 1 所示。

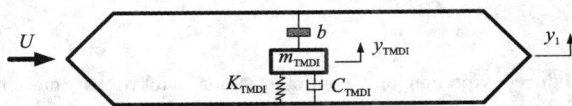

图 1 附加 TMDI 的主梁涡振系统示意图

3 TMDI 参数优化

TMDI - VIV 系统需要通过寻找最优设计参数（弹簧刚度、阻尼）实现涡振的最优控制。值得注意的是，VIV 系统的气动阻尼是结构振幅的非线性函数，在优化过程中，系统的传递函数与结构振幅相关，需通过迭代计算得到。此外，气动阻尼的非线性特性会导致 TMDI - VIV 系统失去稳定性，需在迭代过程中加入系统稳定特性判断准则，以确保得到稳定解。参数优化过程中的优化目标选主梁响应的均方根（RMS），优化目标是获取最优参数使主梁涡振响应最小。

* 基金项目：国家自然科学基金青年基金项目（51708011）；中国博士后特别资助项目（2018T110022）

4　案例分析

本文选取闭口箱梁作为案例进行研究，该桥总长 596 m，桥面高度 2.5 m，宽度 13.6 m，模态频率 0.392 Hz，模态阻尼比 0.24%，模态质量 7460 kg/m。采用上述优化方法进行优化，得到的最优设计参数为：$f_{TMDI} = 1.3$ Hz，$\xi_{TMDI} = 3.526\%$。TMDI 控制效果如图 2 所示。

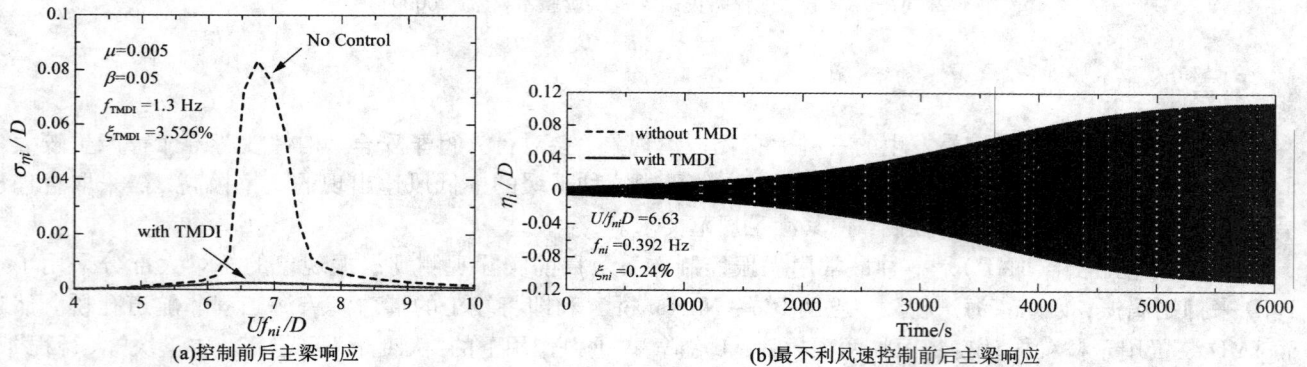

图 2　TMDI 控制效果

值得注意的是，当惯容参数 β 设置为 0 时，TMDI 系统变成了传统 TMD 系统，此时优化得到的最优参数是：$f_{TMD} = 0.39$ Hz，$\xi_{TMDI} = 3.523\%$。TMD(TMDI)静变形可由下式估算得到：$x_{\text{static\_stretching}} \approx 0.25/f^2_{TMDI}$。针对该案例，采用 TMD 装置的静变形为 1.64 m，而采用 TMDI 装置静变形仅为 0.148 m。考虑到本案例桥面高度仅 2.5 m，采用 TMDI 装置将极大减小箱梁内部空间需要，便于实际应用。

5　结论

本文采用新型 TMDI 装置对大跨桥梁涡振进行控制，提出了 TMDI 箱梁内部布置方案，建立了系统控制方程和参数优化方法，并以实际案例为背景对 TMDI 装置性能及鲁棒性进行分析。TMDI 装置能够有效控制主梁涡振响应。由于惯容器的"质量放大"效应，不需要将 TMDI 装置与结构频率调为一致，从而提高了 TMDI 装置的最优频率，降低了其静变形。相对传统 TMD 装置，该装置优势更为明显，能够由于流线型箱梁等梁高较小的大跨桥梁主梁内部。

参考文献

[1] Fujino Y, Yoshida Y. Wind – induced vibration and control of trans – tokyo bay crossing bridge[J]. Journal of Structural Engineering, 2002, 128: 1012 – 25.

[2] Battista R C, Pfeil M S. Reduction of vortex – induced oscillations of Rio – Niterói bridge by dynamic control devices[J]. Journal of Wind Engineering & Industrial Aerodynamics, 2000, 84: 273 – 288.

拱桥圆钢吊杆风致涡振作用的静态力计算方法[*]

徐昕宇[1]，郑晓龙[1]，王应良[1]，曾永平[1,2]，陈星宇[2]

（1.中铁二院工程集团有限责任公司 成都 610031；2.西南交通大学桥梁工程系 成都 610031）

1　引言

　　吊杆具有质量小、长细比大、阻尼比小等特点，在低风速下，易产生涡激共振现象，可能会造成吊杆疲劳损害、影响行车舒适性[1]。本文以拱桥圆钢吊杆为研究对象，采用数值模拟方法，运用动网格技术，首先通过对比分析，验证了建立的涡振模型的可靠性，并进一步开展了风速、阻尼比、初张力等因素对圆钢吊杆涡振性能的影响；通过公式推导和曲线拟合，得到了考虑吊杆涡振动力作用的静态力计算方法。

2　风致涡振数值模拟方法及验证

　　采用流体动力学软件 FLUENT 建立风致涡振模型，采用 Newmark − β 法对圆钢吊杆的动力特性进行模拟。计算模型计算采用长方形断面，尺寸为 0.24 m × 0.04 m，长宽比为 1:6。气动力系数结果对比如表 1 所示。

表 1　长方形断面的气动力系数

	阻力系数均值	升力系数幅值	St 数	Re 数
本文模型	0.97	0.085	0.10	4690
2D CFD[2]	0.99	0.088	0.10	4690
风洞试验[2]	—	—	0.11	4690

3　基于 CFD 的参数影响研究

3.1　风速的影响

　　本文研究吊杆长 35 m，外径 0.394 m，吊杆一阶弯曲频率为 2.48 Hz，阻尼比取 0.1%。CFD 计算网格如图 1 所示，吊杆涡振振幅随风速变化曲线如图 2 所示。最大振幅达到 33.5 mm，对应风速为 5.4 m/s，吊杆位移时程如图 3 所示，振动频率为 2.48 Hz，与吊杆自振频率重合。

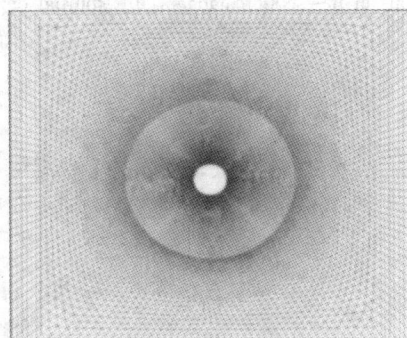

图 1　CFD 模型网格示意　　图 2　涡振振幅随风速变化曲线　　图 3　5.4 m/s 风速下涡振位移时程

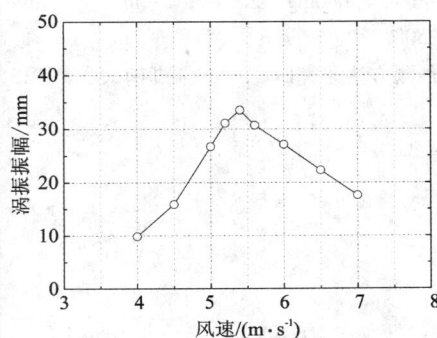

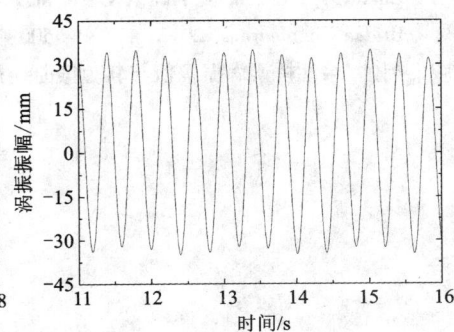

＊　基金项目：国家重点研发计划项目（2017YFB1201204）；中铁二院院控课题（KYY2016051(16−18)）

3.2　阻尼比的影响

国内外抗风规范对钢结构的阻尼比取值建议不一。本文对比了不同阻尼比(0.02% ~0.5%)的圆钢吊杆涡振性能,分析结果发现,随着阻尼比的减小,涡振锁定区间逐渐增大,最大涡振振幅增大,但阻尼比的改变并未显著影响最大涡振振幅对应的风速和涡振频率。

3.3　初张力的影响

本文对比了初张力0 ~4000 kN 对吊杆涡振的影响,分析结果可得,随着初张力增大,吊杆自振频率增大,涡振风速也相应增大,初张力对涡振的最大振幅无显著影响。

4　静态力计算方法

涡振锁定区间内的吊杆升力可描述为简谐力。结构发生涡激共振时,吊杆稳态谐振振幅

$$y \doteq F_L/(2k\xi) \tag{1}$$

式中,y 为涡振振幅;F_L 为升力;k 为结构刚度;ξ 为阻尼比。

考虑通过静力加载简化,将式(1)等号左右两端同乘以刚度 k,并代入升力公式,可得

$$\hat{F} = \rho C_L f^2 D^3/(4\xi St^2) \tag{2}$$

式中,$\hat{F}$ 为涡振作用静态力;ρ 为空气密度;C_L 为升力系数;f 为结构频率;D 为圆钢吊杆的直径;St 为圆钢吊杆的斯托罗哈数,$St = fD/U$,U 为风速。

根据已有研究,当吊杆的自振频率7 Hz $\leqslant f <$ 10 Hz 时,吊杆不易发生涡振,考虑引入频率折减系数 k_f。风速的增加会导致湍流增加,使完全稳定状态的相关扰动增大,导致横向荷载的减少,故引入风速折减系数 k_v。圆钢吊杆风致涡振作用的静态力计算公式可表示为

$$\hat{F} = k_f k_v \rho C_L f^2 D^3/(4\xi St^2) \tag{3}$$

通过静态力加载试算,与上述数值模拟对比,拟合得到静态力作用范围如下式所列。

$$\begin{cases} L_{\hat{F}}/D = 0.4314L/D - 2.36 \geqslant 5 & \text{实心圆钢吊杆} \\ L_{\hat{F}}/D = 0.4314L/D - 18.7 \geqslant 5 & \text{空心圆钢吊杆} \end{cases} \tag{4}$$

式中,$L_{\hat{F}}$ 为涡振作用静态力的作用范围;L 为吊杆长度。

5　结论

随着阻尼比的减小,涡振锁定区间逐渐增大,最大涡振振幅增大。随着初张力增大,吊杆自振频率增大,涡振风速也相应增大,改变初张力的大小对吊杆涡振的最大振幅无显著影响,提出了圆钢吊杆作用的静态力计算公式及作用范围。

参考文献

[1] Chen Z Q, Liu M G, Hua X G, et al. Flutter, galloping, and vortex – induced vibrations of h – section hangers[J]. Journal of Bridge Engineering, 2012, 17(3): 500 – 508.

[2] 周帅. 柔性桥梁涡振幅值与软驰振曲线预测方法研究[D]. 长沙: 湖南大学, 2013.

桥梁主梁断面颤振发散过程的数值模拟[*]

应旭永[1, 2, 3]，许福友[4]

（1．在役长大桥梁安全与健康国家重点实验室 南京 211112；2．苏交科集团股份有限公司 南京 211112；

3．江苏省公路桥梁工程技术研究中心 南京 211112；4．大连理工大学桥梁工程研究所 大连 116024）

1 引言

发散性颤振是桥梁严格杜绝的振动形式。风洞试验是研究桥梁颤振性能最直接有效的方法，但风洞试验流场可视化较困难，且颤振发散过程很难通过试验方法实现。为了摆脱风洞试验的局限性，基于计算流体动力学（CFD）技术的数值模拟方法为研究桥梁颤振问题提供了一种可行的方法。本文基于 CFD 技术搭建的风振响应数值计算模型，模拟大贝尔特桥主梁断面在不同风速下的风致振动响应及颤振临界状态，将模拟结果与风洞试验结果进行对比分析，并进一步分析颤振过程中主梁断面周围的漩涡变化过程，同时结合数值计算得到的发散性振动过程中断面表面的压力场，分析模型表面不同位置的气流能量输入特点。

2 数值计算模型

本文数值模拟计算域尺寸和边界条件设置如图 1 所示。在整个计算域内采用结构化/非结构化混合网格。为保证断面运动过程中近壁面网格质量，将近壁附加的一个椭圆区域视为刚性网格区域，该区域随桥梁断面一起做相应的运动，而外域网格采用动网格技术对网格进行变形重构。断面的振动系统可以简化为质量－弹簧－阻尼系统，采用弱耦合方法进行断面在一定初始激励下的振动响应计算。结构基本参数设置为：质量 $m = 9.4748$ kg/m，质量惯矩 $I = 0.4002$ kg.m^2/m，侧弯基频 $f_{h0} = 0.49$ Hz，竖弯基频 $f_{h0} = 0.97$ Hz，扭转基频 $f_{\alpha0} = 2.7$ Hz，侧弯固有阻尼比 $\xi_{p0} = 0.005$，竖弯固有阻尼比 $\xi_{h0} = 0.005$，扭转固有阻尼比 $\xi_{\alpha0} = 0.005$。

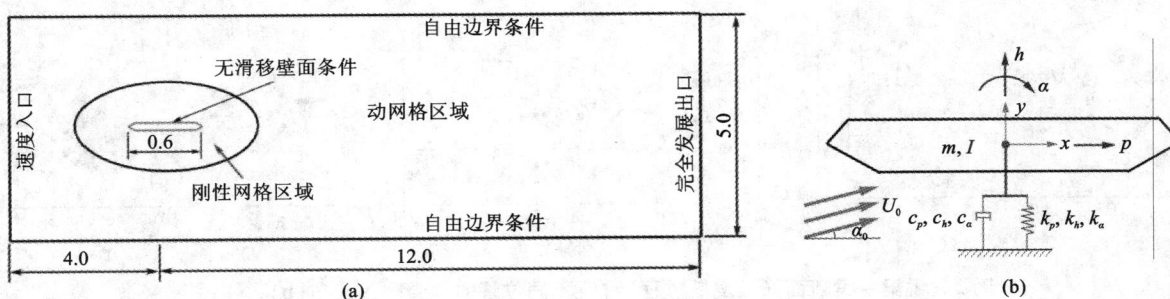

图 1 计算域（a）及断面振动系统（b）

3 颤振响应的数值模拟分析

表 1 给出了本文数值模拟得到的大贝尔特桥实桥颤振临界风速和颤振频率与文献结果的对比。可知，本文模拟得到的结果与试验结果及其他数值模拟结果基本吻合，验证了本文数值模型进行桥梁断面风致振动模拟的可靠性。此外，通过 2 - DOF（竖弯和扭转）模拟和 3 - DOF（侧弯、竖弯和扭转）模拟得到的颤振临界状态基本一致，说明侧弯振动对大贝尔特桥的颤振稳定性的影响很小，可以忽略不计。

* 基金项目：国家自然科学基金项目（51478087）；江苏省自然科学青年基金项目（BK20180150）

表1　大贝尔特桥的颤振临界风速和颤振频率

方法		颤振临界风速/(m·s⁻¹)	颤振频率/Hz
本文2-DOF模拟	自由振动法	74.15	0.1915
本文3-DOF模拟	自由振动法	74.08	0.1923
有限元法模拟[1]	强迫振动法	68.8	0.1833
节段模型试验[2]	自由振动法	74	—

4　颤振发散过程的能量输入特性

对于浸没在风流场中振动的桥梁主梁断面，在其表面单位面积上一个振动周期内的气动功为：

$$\Delta w_A(\vec{x}) = \int_{t_0}^{t_0+T} P(\vec{x}, t) \cdot \vec{v}(\vec{x}, t) \cdot \vec{n}(\vec{x}, t)\,\mathrm{d}t \tag{1}$$

式中：t_0为非定常流场的任意时刻；$P(\vec{x}, t)$为主梁表面在$\vec{x}$处的静压；$\vec{v}(\vec{x}, t)$为主梁表面在点$\vec{x}$处的速度矢量；$\vec{n}(\vec{x}, t)$为主梁表面在$\vec{x}$处的内法线方向的单位向量。可见非定常累计功$\Delta w_A(\vec{x})$是位置$\vec{x}$的函数，通过计算$\Delta w_A(\vec{x})$的分布可以分析主梁表面的"气动危险区域"。图2给出了主梁断面在发散振动过程中三个不同阶段内气动功，图中三个不同阶段的能量值Δw_{A1}、Δw_{A2}和Δw_{A3}分别对应T_1阶段、T_2阶段和T_3阶段三个时间区域内通过气流输入到系统的能量值。图3给出了断面在颤振发散过程中不同时刻的瞬时流线图。可见，主梁断面在发散性颤振过程中，主梁表面的能量输入分布与振幅相关。当振幅较小时，断面上表面前缘、上游斜腹板和底板交角附近区域和下表面后缘是系统的最主要的能量来源区域；随着振幅的增大，由于分离涡的生成和迎风面驻点位置的转移，断面表面的能量输入区域不断增大，直到断面表面几乎所有区域均为系统能量吸收区域，最终导致主梁振幅迅速增大而破坏。

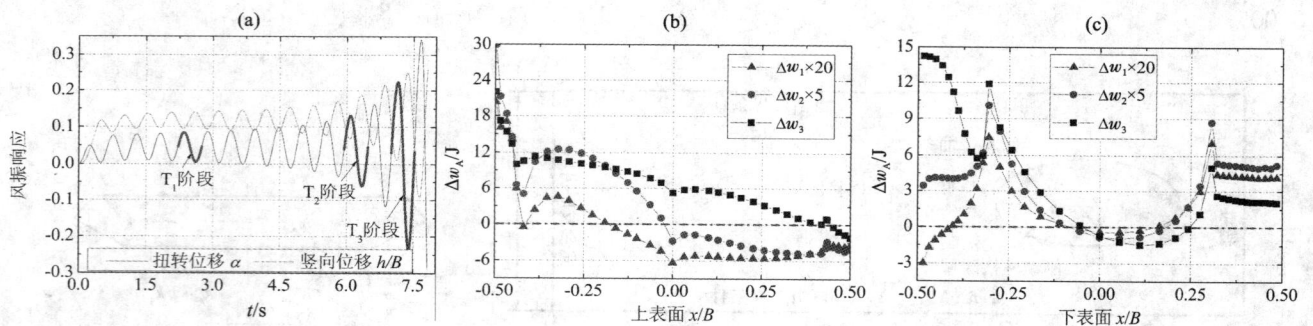

图2　桥梁主梁断面颤振发散过程(a)及不同位置的能量输入分布(b),(c)

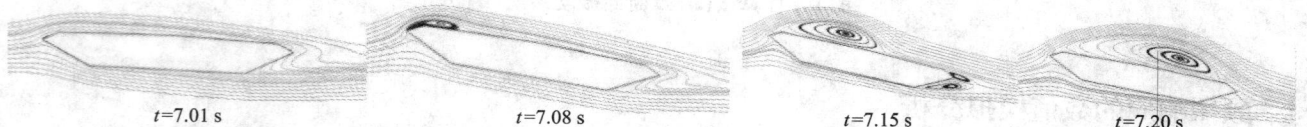

图3　主梁断面在发散振动过程中的瞬时流线图

参考文献

[1] Stærdahl J, Sørensen N, Nielsen S. Aeroelastic stability of suspension bridges using CFD[C]. International Symposium of the International Association for Shell and Spatial Structures, Venice, Italy, 2007.

[2] Frandsen J B. Numerical bridge deck studies using finite elements. Part I: flutter[J]. Journal of Fluids & Structures, 2004, 19 (2): 171-191.

大跨桥梁风致灾变全过程模拟[*]

张文明[1]，葛耀君[2]

（1. 东南大学土木工程学院 南京 211189；2. 同济大学土木工程防灾国家重点实验室 上海 200092）

1 引言

静风失稳、颤振、抖振和涡振是同一事物的四个方面，它们是桥梁结构风振响应中人为剥离出来的不同形态。桥梁风致灾变全过程模拟旨在用一个统一的数学模型解决风速从小到大全过程的所有结构风振形式模拟问题，具体就是低风速时的涡振、设计风速时的抖振、极限风速时的静力和动力失稳。由于涡振理论的滞后及问题的复杂性，本文暂不计入涡振的模拟。而目前关于静力扭转发散、随机抖振和颤振发散的综合研究仅限于三者之间的两两组合。

本文基于统一气动力模型，建立了能进行包括静力扭转发散、随机抖振和颤振发散的桥梁结构灾变全过程模拟方法，编制了相应的计算程序；并建立了多种灾变形式的判定准则[1]。在统一气动力模型中，不再区分传统的静风力、抖振力和自激力作用效果。

2 统一气动力模型

如图 1 所示，将结构振动速度等效成来流风速，即将主梁的侧向振动速度 $\dot{p}$ 等效成来流顺风向的风速，将主梁的竖向振动速度 $\dot{h}$ 和 $r\dot{\theta}$ 等效成来流垂直向的风速；顺风向风速和垂直向风速合成为相对风速 V_r，其与运动中主梁的夹角称为有效瞬时风攻角 α_e，包含三部分：初始风攻角 α_0、风速的垂直成分产生的攻角 ψ，以及主梁的扭转角 θ；然后利用三分力系数、有效瞬时风攻角和相对风速统一表达作用在主梁上的气动力[2]。基于准定常假定，相对风轴上的气动阻力 D、升力 L 和升力矩 M 可表示为

$$D(t) = \frac{1}{2}\rho V_r^2(t)BC_D[\alpha_e(t)] \tag{1a}$$

$$L(t) = \frac{1}{2}\rho V_r^2(t)BC_L[\alpha_e(t)] \tag{1b}$$

$$M(t) = \frac{1}{2}\rho V_r^2(t)B^2 C_M[\alpha_e(t)] \tag{1c}$$

式中，ρ 为空气密度，B 为主梁宽度，C_D、C_L 和 C_M 是主梁风轴静力三分力系数，它们是有效瞬时风攻角 α_e 的函数。

统一气动力模型是准定常气动力，需要进行非定常修正[1]，详见本论文全文。

3 风致灾变模拟和判定准则

在风荷载作用下，桥梁运动微分方程可以表示为：

$$M\ddot{X} + C\dot{X} + KX = F(X, \dot{X}) \tag{2}$$

式中，$F(X, \dot{X})$ 为用统一气动力模型表示的风荷载列阵，它除了与风速有关外，还是结构位移与速度的非线性函数。由于考虑几何非线性的影响，且作用在大跨度桥梁上的气动力与每时刻结构的响应有关，因此，风荷载作用下桥梁运动微分方程式是一个非线性方程，可以通过直接积分法进行求解。笔者实现了大跨度桥梁风致灾变过程模拟程序（SWICP）开发，流程图如图 2 所示。

根据各风速下的位移响应，可以判断桥梁结构在某级风速下的稳定状态：在较低风速下可通过均值、根方差和功率谱等统计指标来评价结构的抖振性能；随着风速的增长，如果振动形式逐渐从随机振动过渡到谐波发散振动，振幅逐渐增大，相应振动的阻尼将逐渐减小到 0 时就是颤振；采用 B－R 准则和动态增

---

* 基金项目：国家自然科学基金项目(51678148)；江苏省自然科学基金项目（BK20181277）

量法的结合来判定紊流场中的静力扭转发散，建议将位移极值（均值与 3.5 倍根方差之和）作为特征响应。

利用经典算例和桥梁风洞试验结果验证了本文方法的可行性和有效性，详见论文全文。

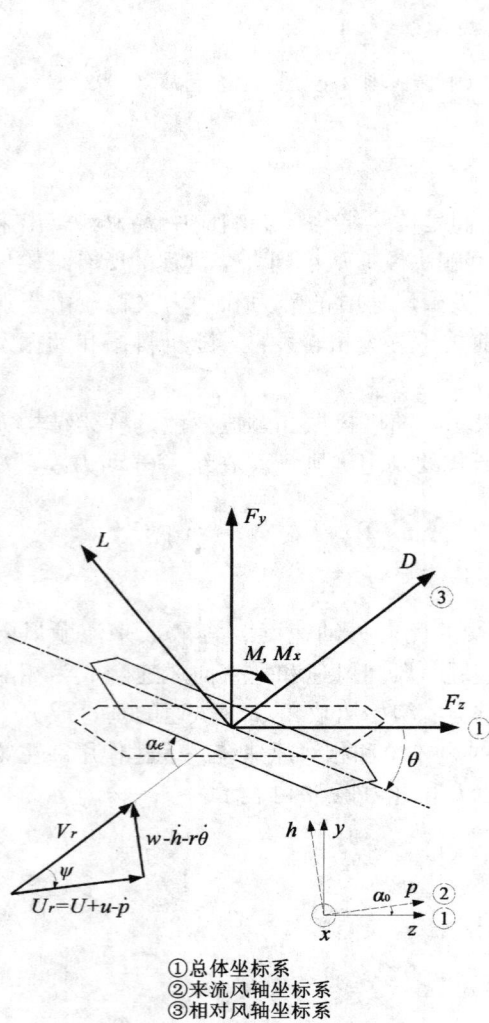

图1　相对风速和有效瞬时风攻角

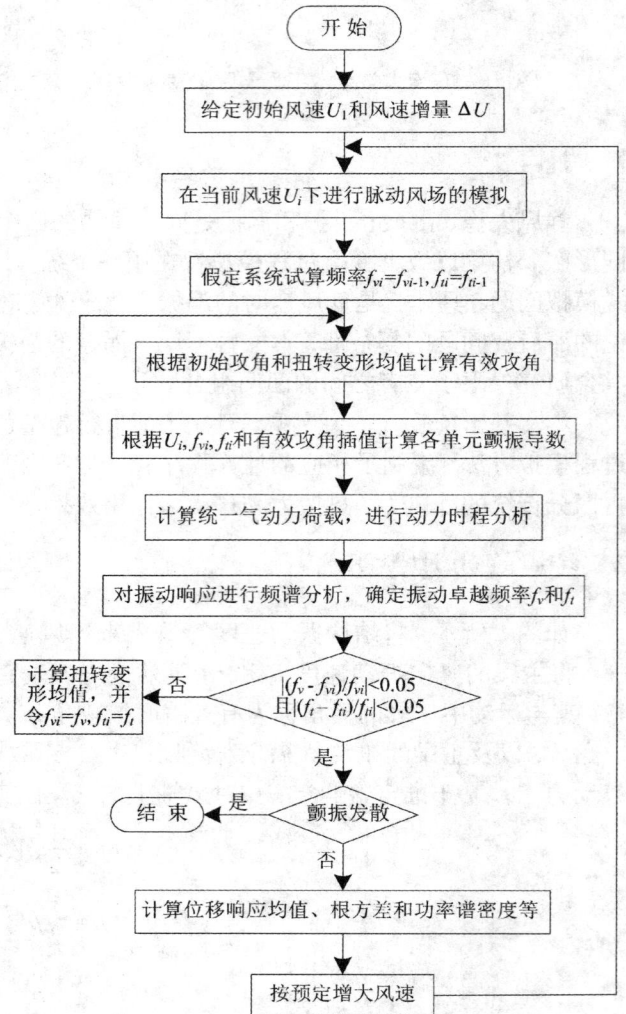

图2　风致灾变过程模拟程序流程图

4　结论

本文提出的方法可以实现静力扭转发散、随机抖振和颤振发散的桥梁结构灾变全过程模拟；脉动风降低了结构的扭转发散临界风速，而且改变了失稳形式，即从静力扭转发散转换成大振幅的动力失稳，气动阻尼对这种动力失稳具有延迟作用；紊流能大幅提高颤振临界风速；气动导纳取 Sears 函数时的颤振临界风速高于气动导纳取 1 时的结果；几何非线性能延迟颤振的出现；在抖振计算中，忽略气动力高阶项的计算结果可能是偏于不安全的。

参考文献

[1] 张文明. 多主跨悬索桥抗风性能及风致灾变全过程研究[D]. 上海：同济大学，2011.

[2] Kovacs I, Svensson H S, Jordet E. Analytical aerodynamic investigation of cable – stayed helgeland bridge[J]. Journal of Structural Engineering, ASCE, 1992, 118(1): 147 – 168.

结合CFD数值模拟与数学优化策略的桥梁断面气动选型[*]

赵林[1,2]，陈逸群[3]，展艳艳[1]，葛耀君[1,2]

（1.同济大学土木工程防灾国家重点实验室 上海 200092；2.同济大学桥梁结构抗风技术交通行业重点实验室 上海 200092；

3.上海市政工程设计研究总院（集团）有限公司 上海 200025）

1　引言

　　主梁外形显著影响大跨度桥梁的抗风性能，为得到最优断面须进行气动外形的比选和优化。目前气动选型的主要手段为通过数值计算或物理风洞试验实现多种方案的遍历性比较。此方法时间成本高且易受优化参数数量制约，当几何外形控制参数较多时，难于系统总结不同参数对抗风性能的影响规律[1,2]。针对上述问题，结合CFD数值仿真与数学规划算法，探索主梁断面气动选型的高效方案。利用"试验设计＋趋势模型"数学优化方法解决气动选型过程中几何控制参数多、可变范围广、潜在组合方案多的问题。本文以中央开槽箱梁为研究对象实施了上述研究方案。

2　优化参数及优化方法

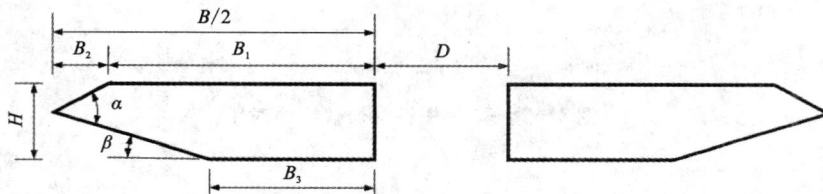

图1　中央开槽断面几何参数

　　以中央开槽箱梁断面为例验证"试验设计＋趋势模型"这一思路的可行性。中央开槽箱梁在提高颤振性能的同时使涡振性能下降，其气动外形优化须兼顾二者。兼顾二者的方法为："基于颤振性能的气动外形整体优化"＋"基于涡振性能的气动外形局部比选"。根据已建桥梁统计资料和相关学者的研究，确定桥梁气动外形待优化参数和取值范围；利用均匀试验设计方法选取代表性参数组合工况，通过CFD分析所选工况的颤振临界风速，建立几何参数–颤振临界风速趋势模型；通过该模型数值化遍历完全试验下所有参数组合方案，以潜在颤振性能最优断面为基础，进行不同断面的涡振性能比选，得到涡振性能最优断面。

3　优化方法

3.1　基于颤振性能的气动外形整体优化

　　使用二维CFD数值模拟进行颤振分析，几何缩尺比为1:60，风速比取为1:5，最小网格尺寸为梁高的1/200，采用RANS湍流模型。几何参数–颤振临界风速Kriging趋势模型用来描述断面几何参数和颤振性能之间的关系，其建立以CFD数值计算结果为基础。趋势模型通过对已有离散数据的拟合建立物理量之间的关系，可利用有限已知信息预测大量未知信息。通过构造满足精度要求的趋势模型来代替实际的物理试验或数值分析中的部分工况，可以显著提高优化设计效率、减少工作量。本文几何参数–颤振临界风速趋势模型的建立借助Kriging模型完成，模型的建立通过Matlab平台DACE工具箱实现。采用上述两种搜索策略更新15次之后满足终止条件。变量随更新次数的变化见图2（a）。使用优化方法后总的计算数目为21（初始点）＋12（加密点）＋15×2（更新点）=63，与不使用优化方法（2^{13}，图2（b））相比，工作量前者是后者的0.68%。

＊　基金项目：国家重点研发计划（2018YFC0809600，2018YFC0809604）；国家自然科学基金项目（51678451）

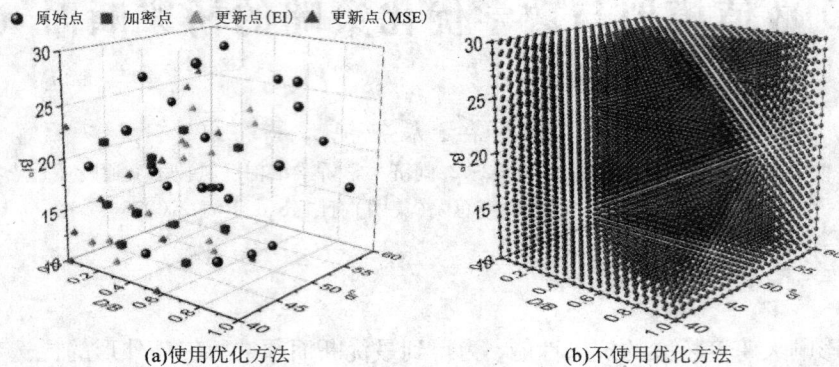

(a)使用优化方法　　　　　　　　　(b)不使用优化方法

图2　计算总量对比

3.2　基于涡振性能的气动外形局部比选及全局最优方案确定

基于颤振性能的气动外形优化是在整个优化设计空间进行的，亦需是在颤振性能最优断面的基础上进行涡振性能局部比选和检验。针对不同风致响应对应的最优断面外形不同，综合考虑颤振和涡振，风致自激振动性能最优断面选为参见图3。

————原始断面　　————颤振性能最优　　……涡振性能最优

图3　颤振、涡振性能最优断面对比

4　结论

"均匀试验设计 + Kriging 趋势模型"优化方法可以显著减少计算工作量，且在此基础上建立的趋势模型精度满足要求；振性能最优断面几何尺寸可能与涡振性能最优断面不同，气动选形须权衡二者，"基于颤振性能的气动外形整体优化 + 基于涡振性能的局部断面比选"是可行方法之一，"均匀试验设计 + Kriging趋势模型"优化方法可以在试验效果无明显降低的前提下显著减小计算或试验工作量。

参考文献

[1] Kareem A, Spence S M J, Bernardini E, et al. Using computational fluid dynamics to optimize tall building design[J]. Sallal, 2013(Ⅲ)：38 – 43.

[2] Bernardini E, Spence S M J, Wei D, et al. Aerodynamic shape optimization of civil structures：a CFD – enabled kriging – based approach[J]. Journal of Wind Engineering & Industrial Aerodynamics, 2015, 144：154 – 164.

螺旋线对斜拉索振动特性影响的试验研究*

郑云飞[1]，刘庆宽[2,3]

（1.石家庄铁路职业技术学院 石家庄 050041；2.石家庄铁道大学风工程研究中心 石家庄 050043；

3.河北省风工程和风能利用工程技术创新中心 石家庄 050043）

1 引言

由于斜拉索具有质量小、阻尼低、柔度大等特点，导致其在风荷载的作用下容易发生振动，特别是在风雨条件下发生的风雨振，振幅大、破坏严重[1]。为了防止风雨振的发生，在斜拉索表面缠绕螺旋线成为一种常见措施[2]，而螺旋线的直径和缠绕间距的选取是设计人员关心的问题，采用何种参数组合能达到最优的抑振效果是值得研究的问题。

除了斜拉索风雨振之外，无降雨时，在高雷诺数下斜拉索周围存在特殊的流场，从而引起斜拉索发生振动，称之为干索驰振，而目前针对螺旋线参数对干索驰振影响的研究较少，因此有必要明确螺旋线参数对干索驰振的影响。

2 试验模型及工况

本研究在石家庄铁道大学风工程研究中心的大气边界层风洞完成。研究包括两部分内容：（1）螺旋线参数对斜拉索风雨振的影响，该部分试验在风洞的射流区完成。试验模型采用无缝钢管外包 PE 材料，保证了表面材料与真实斜拉索一致，试验模型如图 1 所示。研究中考虑了 5 种螺旋线直径和 4 种螺旋线间距；（2）螺旋线参数对干索驰振的影响。该部分试验在风洞高速试验段完成。试验模型由机玻璃管制成，为了保证模型的刚度在模型中心增加了直径为 33 mm 的钢管，试验模型如图 2 所示。研究中考虑了 5 种螺旋线直径和 5 种螺旋线间距。

图 1 风雨振模型

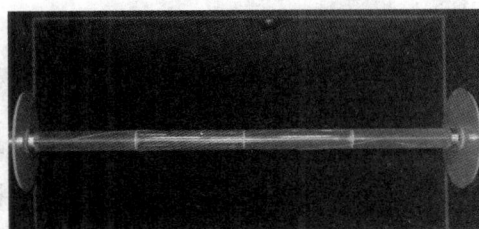

图 2 干索驰振模型

3 螺旋线参数对斜拉索振动特性的影响

不同螺旋线参数对斜拉索风雨振振幅的影响，如图 3 所示。可以看出：在斜拉索表面缠绕螺旋线后，其振幅较无螺旋线时有所减小，说明螺旋线能够抑制斜拉索风雨振的发生。

不同螺旋线参数对干索驰振的影响，如图 4 所示。可以看出：斜拉索表面缠绕螺旋线后，干索驰振的振幅明显减小，说明斜拉索在高雷诺数下的气动稳定性得到提高。

* 基金项目：国家自然科学基金项目（51778381）；河北省自然科学基金重点项目（E2018210044）；河北省高等学校高层次人才项目（GCC2014046）

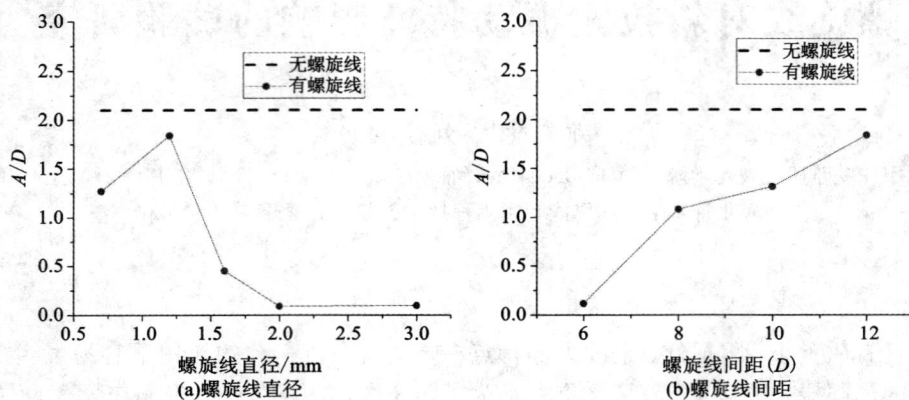

图 3   螺旋线对风雨振振幅的影响

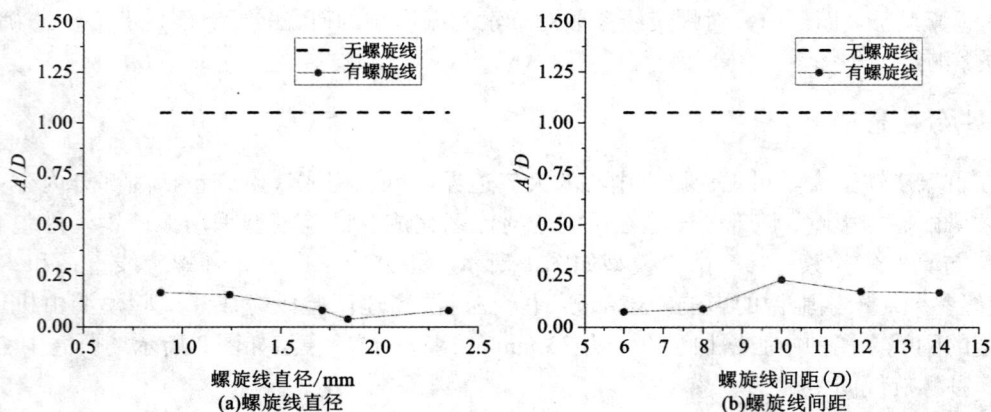

图 4   螺旋线对干索驰振的影响

4   结论

本文通过风洞试验的方法，研究了不同螺旋线参数组合对斜拉索风雨振和高雷诺数下斜拉索振动的影响，得到如下结论：

（1）为了提高螺旋线的抑振效果，可适当增大螺旋线直径或减小螺旋线间距。

（2）在斜拉索表面缠绕螺旋线后，抑制了干索驰振的发生，提高了其气动稳定性。

参考文献

［1］HIKAMI Y, SHIRAISHI N. Rain – wind induced vibrations in cable stayed bridge［J］. Journal of wind Engineering and Industrial Aerodynamics, 1988, 29：409 – 418.

［2］刘庆宽，郑云飞，赵善博，等. 螺旋线参数对斜拉索风雨振抑振效果的试验研究［J］. 工程力学, 2016, 33（10）：138 – 144.

降雨对斜拉索振动特性影响的试验研究[*]

郑云飞[1]，刘庆宽[2,3]

（1. 石家庄铁路职业技术学院 石家庄 050041；2. 石家庄铁道大学 风工程研究中心 石家庄 050043；

3. 河北省风工程和风能利用工程技术创新中心 石家庄 050043）

1 引言

干索驰振或斜拉索的驰振是指斜拉索在没有雨、冰等明显附着物的条件下发生的一种大幅风致振动[1,2]。关于干索驰振的引发机理，目前还未形成统一的共识，因此，有必要进行深入研究。

除了干索驰振之外，在风雨的作用下斜拉索也会发生大幅振动，如斜拉索风雨振。而风雨振发生的风速较低，针对高风速下，风雨作用对斜拉索振动的研究较少，明确风雨作用对高风速下斜拉索振动特性的影响，对于斜拉索的设计是十分有必要的。

2 试验模型及工况

本研究在石家庄铁道大学风工程研究中心的大气边界层风洞的高速试验段内完成。试验包括两部分内容：（1）干索驰振引发机理研究。试验模型采用有机玻璃制成，为了保证模型的刚度，在模型中心设置了直径为 33 mm 的钢管，试验模型如图 1 所示。（2）风雨作用对高雷诺数区斜拉索振动特性的影响。试验模型由 PVC 材料制成，保证了雨水在其表面的存在形式与真实斜拉索的情况一致，试验模型如图 2 所示。

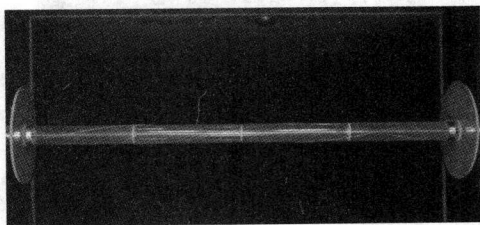

图 1　无降雨试验模型

图 2　降雨试验模型

3 降雨对斜拉索振动特性的影响

斜拉索的振动特性随雷诺数的变化规律，如图 3 所示。从图中可知，斜拉索模型的平衡位置和振幅在临界区发生明显改变，其发生明显改变的雷诺数范围内，升力系数发生改变的雷诺数范围一致。

风雨作用下斜拉索的振动特性随雷诺数的变化规律，如图 4 所示。从图中可以看出：在风雨的作用下，斜拉索的平衡位置和振幅在试验的雷诺数范围内，未发生明显改变，说明风雨作用抑制了斜拉索在高雷诺数下的振动。

4 结论

本文通过风洞试验的方法，分析了干索驰振的引发机理和风雨作用对高雷诺数区斜拉索振动特性的影响，得到了如下结论：

（1）干索驰振发生的雷诺数范围与斜拉索气动力改变的雷诺数范围一致，说明临界区气动力的改变可能是引发干索驰振的原因。

* 基金项目：国家自然科学基金项目（51778381）；河北省自然科学基金重点项目（E2018210044）；河北省高等学校高层次人才项目（GCC2014046）

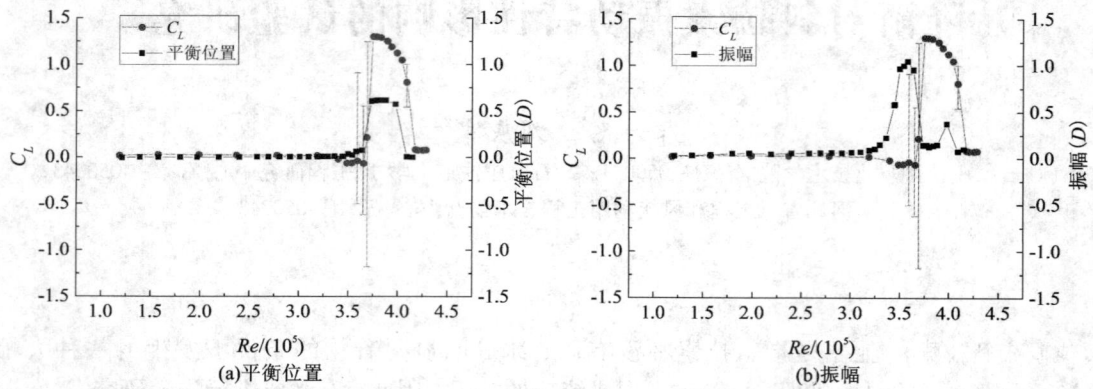

图 1　斜拉索振动特性随雷诺数的变化规律

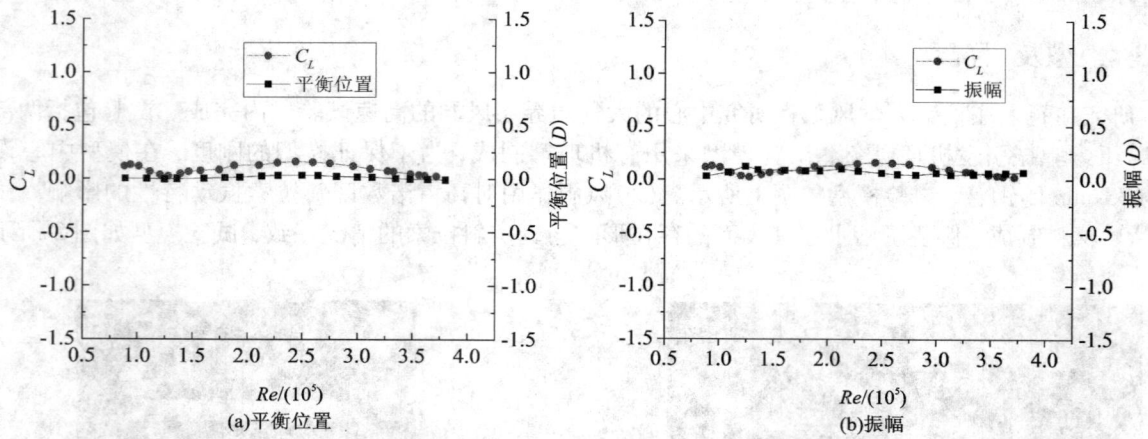

图 2　风雨作用下斜拉索振动特性随雷诺数的变化规律

（2）风雨作用抑制了高雷诺数条件下斜拉索的振动，提高了其气动稳定性。

参考文献

［1］ CHENG S, IRWIN P A, TANAKA H. Experimental study on the wind – induced vibration of a dry inclined cable – – Part I：Phenomena［J］. Journal of Wind Engineering and Industrial Aerodynamics, 2008, 96：2231 – 2253.

［2］ 刘庆宽, 张峰, 马文勇, 等. 斜拉索雷诺数效应与风致振动的试验研究［J］. 振动与冲击, 2011, 30(12)：114 – 119.

山区非均匀风场的大跨铁路桥梁抖振分析[*]

周川江，徐昕宇，郑晓龙，曾永平

（中铁二院工程集团有限责任公司 成都 610031）

1 引言

山区地形复杂多变，局部风环境十分复杂。当山区桥梁跨度较大时，风速沿主梁各点的分布不再均等，主梁上不同点平均风速可能存在很大差异，这会导致作用在桥梁上的风荷载较为复杂[1]。随着山区铁路建设的增多，山区大跨度桥梁的建造也越来越多。因此，对于山区大跨度铁路桥梁而言，考虑非均匀风场影响的桥梁抖振分析研究非常迫切。

本文以某大跨铁路斜拉桥为研究对象，建立全桥有限元模型，并模拟了非均匀风场和均匀风场，开展了两种风场分布对大跨铁路桥梁抖振响应的影响研究。

2 工程概况

本文以某六线钢桁梁铁路斜拉桥为研究对象，跨径布置为 $(81 + 162 + 432 + 162 + 81)$ m，全长 918 m，主桥上层为四线铁路客运专线，下层为两线货运线路。斜拉桥钢桁梁横断面采用两片主桁结构形式，主桁高 15.2 m，宽 24.5 m，节间距 13.5 m。斜拉索布置采用平行扇 PH 形双索面布置形式，沿主梁顺桥向索距为 13.5 m。

对桥梁结构进行动力特性分析，得到主梁 1 阶正对称横弯、正对称竖弯和对称扭转的频率分别是 0.288、0.428 和 0.928（Hz）。通过地型模型风洞实验得到[1]，当来流风向与桥轴线成 40° 夹角时，以跨中点为基准，平均风速沿主梁各关键桥跨点的变化规律如表 1 所示，表中 P1～P7 为桥梁主梁沿桥轴线的七个等间距布置点，P4 点为桥梁的跨中位置。

表 1 平均风速沿主梁各关键桥跨点的变化规律

布置点	P1	P2	P3	P4	P5	P6	P7
比例系数	0.919	0.953	0.991	1.000	0.875	0.538	0.507

3 风场模拟与抖振分析方法

采用谱解法，模拟了非均匀风场与均匀风场分布下，主梁各风速模拟点的脉动风场。模拟结果显示，总体上非均匀风场下脉动成分的幅值小于均匀风场。本论文研究采用的抖振力模型，是基于准定常假设推导出的 Davenport 准定常抖振力模型[2]。

4 大跨铁路斜拉桥的抖振分析

当跨中风速模拟点平均风速为 20 m/s 时，斜拉桥的横向抖振位移最大值和均方根值如图 1 所示。从图中可以看出，非均匀风场作用下主梁各位置的横向抖振位移最大值、均方根值均小于均匀风场作用下的响应，尤其是在主跨跨中位置；非均匀风场作用下，边跨与次边跨的横向抖振位移响应关于主梁跨中出现较为明显的非对称现象，桥梁左侧边跨、次边跨的响应略大于右侧，这主要是由于非均匀风场分布下，左边跨的平均风速更大所导致的。

本文模拟了主跨跨中平均风速为 15 m/s、20 m/s、25 m/s 三种不同风速的非均匀风场和均匀风场。三

* 基金项目：国家重点研发计划项目（2017YFB1201204）；中铁二院院控课题（KYY2016051（16 – 18））

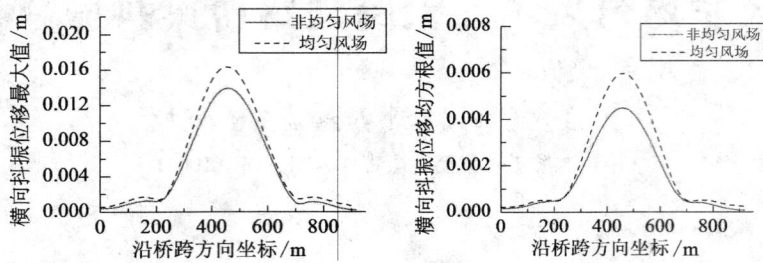

图1　横向抖振位移最大值和均方根值

种不同平均风速的非均匀风场和均匀风场作用下，桥梁横向抖振位移的均方根值对比如图2所示。从图中可以看出，随着风速的增大，非均匀风场与均匀风场作用下的桥梁横向抖振响应均增大。

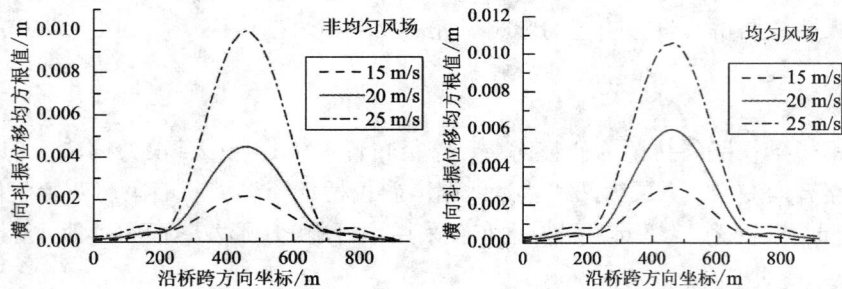

图2　不同风速作用下横向抖振位移均方根值

5　结论

（1）非均匀风场分布下，桥梁的抖振响应小于均匀风场分布下的响应。这是由于非均匀风场分布导致了主梁各关键桥跨点的平均风速均小于跨中点的基准风速。因此，在进行山区桥梁抖振响应计算时应该考虑非均匀风场分布的影响，否则会使得抖振响应结果较大，导致设计较为保守。

（2）非均匀风场分布下，桥梁的抖振响应关于主跨跨中出现明显非对称现象。这是由于平均风速沿主梁各关键桥跨点的分布非对称导致。

（3）随着风速的增大，非均匀风场与均匀风场作用下的桥梁横向抖振响应均增大。

参考文献

[1] 徐昕宇. 复杂山区铁路风—车—桥系统耦合振动研究[D]. 成都：西南交通大学，2017.

[2] Davenport A G. Buffeting of a suspension bridge by storm winds[J]. Journal of the Structual Division, 1962, 88(3)：233-270.

大跨度结构二维空间非高斯随机波风速时程的模拟*

周海俊[1,2]，文齐[1,2]，George Deodatis[3]，Michael D. Shields[4]

（1. 深圳大学广东省滨海土木工程耐久性重点实验室 深圳 518061；

2. 深圳大学城市智慧交通与安全运维研究院 深圳 518061；

3. Department of Civil Engineering and Engineering Mechanics Columbia University New York United States 10027

4. Department of Civil Engineering Johns Hopkins University MD USA 21218）

1 引言

提出了一种有效、准确地模拟大跨度结构任意多点处二维空间（纵向－竖直方向）相关非高斯风速时程的方法。谱表示法（SRM）是目前广泛应用于脉动风速场模拟的一种方法。为了解决谱表示方法中 Cholesky 分解的计算难题，最近提出了一种基于 SRM 的频率波数谱（FK）。该方法避免了 Cholesky 分解，使得计算效率得到了很大的提升，目前该方法主要用于一维或二维高斯风场的有效模拟。本文基于 SRM 的 FK 谱将其扩展到二维非高斯随机波的非高斯风速模拟。非高斯波以频率波数（FK）谱和边缘概率密度函数（PDF）为特征. 这使得非高斯风速可以在结构长度和高度上的几乎无限个点上模拟。根据平移过程理论及迭代平移近似方法，保证了 FK 谱和边缘 PDF 的兼容性。该方法在迭代过程中不需要生成任何样本函数，显着地提高了迭代效率。为了提高一维频域和二维波数域上三重求和的计算效率，采用了快速傅里叶变换。数值算例表明，模拟的非高斯波样品具有理想的光谱和相干特性。

2 演化频率波数谱

本文采用 Kaimal 双边谱的自功率谱（PSD），形式如下：

$$S^{\text{Kaimal}}(z, \omega) = \frac{50zu_*^2}{\pi U(z)\left[1 + 50\frac{\omega z}{2\pi U(z)}\right]^{5/3}} \tag{1}$$

二维空间（纵向－竖直方向）的相干函数采用 Simiu 和 Scanlan[2] 提出的形式，则经过使用双重傅里叶变换后二维空间上的 FK 谱可表示为：

$$S^{(FK)}(z, \kappa_y, \kappa_z, \omega) = S^{\text{Kaimal}}(z, \omega) \cdot \rho^{(FK)}(\kappa_y, \kappa_z, \omega)$$

$$= \frac{50zu_*^2}{\pi U(z)\left[1 + 50\frac{\omega z}{2\pi U(z)}\right]^{5/3} 2\pi C_{1z} C_{1y}\left(\frac{1}{2\pi U_{10}}|\omega|\right)^2}$$

$$\frac{1}{\left(1 + \left[\left(\frac{1}{C_{1y}}\kappa_y\right)^2 + \left(\frac{1}{C_{1z}}\kappa_z\right)^2\right] / \left(\frac{1}{2\pi U_{10}}|\omega|\right)^2\right)^{3/2}} \tag{2}$$

3 非高斯随机波的模拟方法

非高斯随机波由其边缘非高斯 CDF $F_{NG}(\cdot)$ 和非高斯 FK $S_{NG}^{\text{T}}(\kappa_z, \kappa_y, \omega)$ 定义。本文所采用的方法为对 Shields 和 Deodatis 等[3] 提出方法的一个推广。初始猜测 $S_G(\kappa_z, \kappa_y, \omega)$ 等于指定的非高斯 FK $S_{NG}^{\text{T}}(\kappa_z, \kappa_y, \omega)$。这里 $S_G(\kappa_z, \kappa_y, \omega) = S^{(WF)}(z, \kappa_y, \kappa_z, \omega)$。当给出高斯 FK 谱 $S_G^{(i)}(\kappa_z, \kappa_z, \omega)$ 在第（i）次迭代时，相应的高斯 ACF $R_G^{(i)}(\xi_z, \xi_y, \tau)$ 可通过如下变换求得：

$$R_G^{(i)}(\xi_z, \xi_y, \tau) = \int_{-\infty}^{\infty}\int_{-\infty}^{\infty}\int_{-\infty}^{\infty} S_G^{(i)}(\kappa_z, \kappa_y, \omega) e^{i(\kappa_z\xi_z + \kappa_y\xi_y + \omega\tau)} d\kappa_z d\kappa_y d\omega \tag{3}$$

* 基金项目：国家自然科学基金项目（51578336，51108269）；深圳市基础研究计划项目（JCYJ20170818102511790）

则在第(i)次迭代时的标准化高斯自相关函数计算如下：

$$\rho_G^{(i)}(\xi_z,\,\xi_y,\,\tau) = \frac{R_G^{(i)}(\xi_z,\,\xi_y,\,\tau)}{\sigma_G^2} \tag{4}$$

式中σ_G^2基础高斯随机波（均值为0）的方差。

非高斯 ACF $R_{NG}^{(i)}(\xi_z,\,\xi_y,\,\tau)$使用下面经典的非线性映射转换过程：

$$R_{NG}^{(i)}(\xi_z,\,\xi_y,\,\tau) = \int_{-\infty}^{\infty}\int_{-\infty}^{\infty} F_{NG}^{-1}\{F_G[\psi_1]\}\cdot F_{NG}^{-1}\{F_G[\psi_2]\} \times \Phi\{\psi_1,\,\psi_2;\,\rho_G^{(i)}(\xi_z,\,\xi_y,\,\tau)\}\,\mathrm{d}\psi_1\mathrm{d}\psi_2 \tag{5}$$

最后，第(i)次迭代时相应的非高斯 FK $S_{NG}^{(i)}(\kappa_z,\,\kappa_y,\,\omega)$为：

$$S_{NG}^{(i)}(\kappa_z,\,\kappa_y,\,\omega) = \frac{1}{(2\pi)^3}\int_{-\infty}^{\infty}\int_{-\infty}^{\infty}\int_{-\infty}^{\infty} R_{NG}^{(i)}(\xi_z,\,\xi_y,\,\tau)\,\mathrm{e}^{-i(\kappa_z\xi_y+\kappa_z\xi_y+\omega\tau)}\,\mathrm{d}\xi_z\mathrm{d}\xi_y\mathrm{d}\tau \tag{6}$$

高斯 FK 在第$(i+1)$次时的迭代更新采用如下公式：

$$S_G^{(i+1)}(\kappa_z,\,\kappa_y,\,\omega) = \left[\frac{S_{NG}^{\mathrm{T}}(\kappa_z,\,\kappa_y,\,\omega)}{S_{NG}^{(i)}(\kappa_z,\,\kappa_y,\,\omega)}\right]^{\beta} S_G^{(i)}(\kappa_z,\,\kappa_y,\,\omega) \tag{7}$$

当计算的非高斯 FK $S_{NG}^{(i+1)}(\kappa_z,\,\kappa_y,\,\omega)$与目标非高斯 FK 之间的相对差满足要求时停止迭代：

$$\varepsilon_{(i+1)} = 100\sqrt{\frac{\sum\limits_{i,\,j,\,m}\left[S_{NG}^{(i+1)}(\kappa_i^z,\,\kappa_j^y,\,\omega_m) - S_{NG}^{\mathrm{T}}(\kappa_i^z,\,\kappa_j^y,\,\omega_m)\right]^2}{\sum\limits_{i,\,j,\,m}\left[S_{NG}^{\mathrm{T}}(\kappa_i^z,\,\kappa_j^y,\,\omega_m)\right]^2}}$$

4　模拟生成非高斯随机波风速样本

将迭代结束时生成的高斯 FK $S_{NG}^{(i+1)}(\kappa_z,\,\kappa_y,\,\omega)$代入如下公式生成随机风场：

$$u(z,\,y,\,t) = \sum_{i=1}^{N_{\kappa_z}}\sum_{j=1}^{N_{\kappa_y}}\sum_{m=1}^{N_\omega}\sqrt{4S_G^{i+1}(z,\,\kappa_i^z,\,\kappa_i^y,\,\omega_m)\Delta\kappa_z\Delta\kappa_y\Delta\omega}\,\frac{1}{2}\times\left[\cos(\kappa_i^z z + \kappa_j^y y + \omega_m t + \varphi_{ijm}^1) + \right.$$
$$\left.\cos(\kappa_j^z z + \kappa_j^y y - \omega_m t + \varphi_{ijm}^2) + \cos(\kappa_i^z z - \kappa_j^y y + \omega_m t + \varphi_{ijm}^3) + \cos(\kappa_i^z z - \kappa_j^y y - \omega_m t + \varphi_{ijm}^4)\right] \tag{8}$$

式中φ_{ijm}^1，φ_{ijm}^2，φ_{ijm}^3和φ_{ijm}^4是四个不同的均匀分布在$[0,\,2\pi]$的随机相位角。为了提高计算效率采用快速傅里叶变换（FFT）形式[4]：

$$u(z,\,y,\,t) = \mathrm{Re}\{FFT_{\kappa_z}[FFT_{\kappa_y}[FFT_\omega(B^{(1)})]] + FFT_{\kappa_z}[FFT_{\kappa_y}[IFFT_\omega(B^{(2)})]] +$$
$$FFT_{\kappa_z}[IFFT_{\kappa_y}[FFT_\omega(B^{(3)})]] + FFT_{\kappa_z}[IFFT_{\kappa_y}[IFFT_\omega(B^{(4)})]]\} \tag{9}$$

$$B_{ijm}^{(n)} = 2\sqrt{S^{WF}(z,\,\kappa_i^z,\,\kappa_i^y,\,\omega_m)\Delta\omega\Delta\kappa_z\Delta\kappa_y}\cdot\exp[i\varphi_{ijm}^{(n)}] \tag{10}$$

式中$FFT(\cdot)$和$IFFT(\cdot)$分别表示正 FFT 和逆 FFT。

参考文献

[1] Kaimal J C, Wyngaard J C, et al. Spectral characteristics of surface – layer turbulence[J]. Q. J. R. Meteorol. Soc. 1972, 98: 563 – 589.

[2] Simiu E, Scanlan R H. Wind effects on structures[M]. The third ed. John Wiley & Sons, 1996.

[3] Shields M D, Deodatis G, et al. A simple and efficient methodology to approximate a general non – Gaussian stationary stochastic process by a translation process[J]. Probabilistic Eng. Mech, 2011, 26: 511 – 519.

[4] Benowitz B, Deodatis G. Simulation of wind velocities on long span structures: A novel stochastic wave based model[J]. WEIA, 2015, 147: 154 – 163.

大跨度悬索桥多种风致效应的非线性特性[*]

周锐[1]，葛耀君[2]，杨詠昕[2]，刘十一[2]，杜彦良[1]

（1. 深圳大学城市智慧交通与安全运维研究院 深圳 518060；2. 同济大学土木工程防灾国家重点实验室 上海 200092）

1　引言

随着桥梁跨径不断地增长，大跨度悬索桥的风致振动问题日趋突出，特别是台风多发海域及强风多发地区[1]。为了考虑强/台风经历全过程对大跨度悬索桥的整体气动性能影响，本文提出了一个统一的非线性非定常气动力时域模型，研究风速从小增大的全过程中桥梁结构与风相互作用的演变规律和非线性运动特性，并预测各种风速区间下桥梁的准三维非线性风致响应，这对于确保大跨度悬索桥全寿命周期的安全性和使用性具有非常重要的意义。

2　统一的非线性非定常气动力模型

2.1　统一的气动力时域模型

为了模拟任意输入下主梁断面的气动力，统一非线性非定常气动力模型的表达式如下[1]：

$$\begin{cases} F = (F_H \quad F_V \quad F_M)^{\mathrm{T}} = \boldsymbol{f}_{st}(u, \theta) + \boldsymbol{f}_m(\ddot{p}, \ddot{h}, \ddot{\alpha}) + \boldsymbol{f}_{dyn}(\dot{\alpha}, \dot{\theta}, \dot{u}) + \boldsymbol{f}_{lag}(u, \theta, \boldsymbol{\varphi}) \\ \dot{\boldsymbol{\varphi}} = \boldsymbol{g}(u, \theta, \dot{\alpha}, \dot{\theta}, \dot{u}, \boldsymbol{\varphi}) \end{cases} \quad (1)$$

式中，$\boldsymbol{f}_{st}$ 表示定常气动力分量：当输入保持静止一段时间后，最终达到的稳定气动力状态，它与 u，θ 有关；$\boldsymbol{f}_m$ 表示气动惯性力分量（附加质量）：由气动附加质量引起，与结构运动加速度 $\ddot{p}$，$\ddot{h}$，$\ddot{\alpha}$ 有关；$\boldsymbol{f}_{dyn}$ 表示气动状态分量：由结构运动状态和来流风速引起，受到瞬时相对风速 u 和瞬时相对风攻角 θ 的影响，与结构运动状态有关的 $\dot{\theta}$，$\dot{u}$ 是 $\dot{\theta}_m$，$\dot{u}_m$，$\dot{\theta}_a$，$\dot{u}_a$，$\dot{\alpha}$，，与来流风速有关的 $\dot{\theta}$，$\dot{u}$ 是 $\dot{\theta}_w$，$\dot{u}_w$；$\boldsymbol{f}_{lag}$ 表示记忆效应分量的非定常部分，模拟过去的输入对当前气动力的影响，它与附加气动力状态量 $\boldsymbol{\varphi}$ 有关，内部自由度 $\boldsymbol{\varphi}$ 反映了流场运动状态。基于该气动力表达式，构造了任意姿态下的三维非线性气动力单元，其中一个气动力单元的自由度可包括：一组自激力子系统自由度、一组抖振力子系统自由度、一组竖向涡振力子系统自由度和一组扭转涡振力子系统自由度，它们的表达式具体如下。

1）自激力子系统的非线性微分方程表达式为：

$$\frac{B}{u}\dot{\boldsymbol{\varphi}}_m + \frac{B}{u}\dot{\boldsymbol{\varphi}}_a = -\boldsymbol{K}_m(\theta, \boldsymbol{\varphi}_m) - \boldsymbol{K}_a(\theta, \boldsymbol{\varphi}_a) + \boldsymbol{G}_\alpha\left(\theta, \frac{B}{u}\dot{\alpha}\right) + \boldsymbol{G}_m\left(\theta, \frac{B}{u}\dot{\theta}_m\right) +$$
$$\boldsymbol{H}_m\left(\theta, \frac{B}{u^2}\dot{u}_m\right) + \boldsymbol{G}_a\left(\theta, \frac{B}{u}\dot{\theta}_a\right) + \boldsymbol{H}_a\left(\theta, \frac{B}{u^2}\dot{u}_a\right) \quad (2)$$

2）抖振力子系统的非线性微分方程表达式为：

$$\frac{B}{u}\dot{\boldsymbol{\varphi}}_w = -\boldsymbol{K}_w(\theta, \boldsymbol{\varphi}_w) + \boldsymbol{G}_w\left(\theta, \frac{B}{u}\dot{\theta}_w\right) + \boldsymbol{H}_w\left(\theta, \frac{B}{u^2}\dot{u}_w\right) \quad (3)$$

3）竖向涡振子系统的非线性微分方程表达式为：

$$\frac{B}{u}\dot{\boldsymbol{\varphi}}_m = -\boldsymbol{K}_m(\theta, \boldsymbol{\varphi}_m) - \boldsymbol{K}_w(\theta, \boldsymbol{\varphi}_w) + \boldsymbol{G}_m\left(\theta, \frac{B}{u}\dot{\theta}_m\right) + \boldsymbol{H}_m\left(\theta, \frac{B}{u^2}\dot{u}_m\right) + \boldsymbol{G}_w\left(\theta, \frac{B}{u}\dot{\theta}_w\right) + \boldsymbol{H}_w\left(\theta, \frac{B}{u^2}\dot{u}_w\right) \quad (4)$$

4）扭转涡振子系统的非线性微分方程表达式为：

$$\frac{B}{u}\dot{\boldsymbol{\varphi}}_a = -\boldsymbol{K}_a(\theta, \boldsymbol{\varphi}_a) - \boldsymbol{K}_w(\theta, \boldsymbol{\varphi}_w) + \boldsymbol{G}_a\left(\theta, \frac{B}{u}\dot{\theta}_a\right) + \boldsymbol{H}_a\left(\theta, \frac{B}{u^2}\dot{u}_a\right) + \boldsymbol{G}_w\left(\theta, \frac{B}{u}\dot{\theta}_w\right) + \boldsymbol{H}_w\left(\theta, \frac{B}{u^2}\dot{u}_w\right) \quad (5)$$

上式中，矩阵 $\boldsymbol{K}_m$、$\boldsymbol{K}_w$、$\boldsymbol{K}_a$、$\boldsymbol{G}_\alpha$、$\boldsymbol{G}_m$、$\boldsymbol{H}_m$、$\boldsymbol{G}_a$、$\boldsymbol{H}_a$、$\boldsymbol{K}_w$、$\boldsymbol{G}_w$、$\boldsymbol{H}_w$ 均为量纲一系数，它们是 θ 的函数。基

* 基金项目：国家自然科学基金项目(51678436，51323013)

于二维 CFD，结合非线性最小二乘法和 4 阶 Runge – Kutta 法来分别拟合桥梁主梁的自激力、抖振力、竖向涡振力和扭转涡振力这四种气动力子系统的参数。

3 桥梁多种风致效应的非线性特性分析

西堠门大桥为跨度 578 m + 1650 m 的中央开槽式分体箱梁悬索桥[2]，建立其三维非线性有限元模型，完成主缆找形和初应变施加后，一共 1171 个单元。

3.1 颤抖振响应

在 $U = 88.85$ m/s 均匀流时开始出现软颤振，竖向和扭转位移幅值限制在 2 倍梁高和 10°以内，当 $U = 95$ m/s 时主梁的跨中出现明显的变形；在 $U = 80$ m/s 紊流时扭转位移在 200 s 后表现为限幅振动，最大的扭转位移为 15°以内，当 $U = 85$ m/s 时主跨靠近边跨的四分点处多跟吊杆断裂。均匀流和紊流的振动形态均为一阶对称侧弯、高阶对称竖弯和一阶对称扭转耦合。

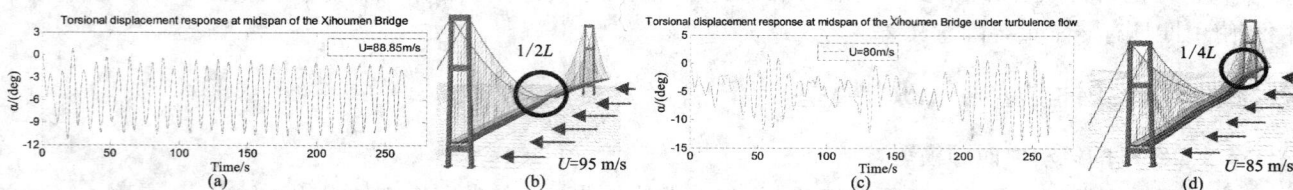

图 1 颤抖振响应

（a – b）均匀流的扭转位移时程和破坏模式；（c – d）紊流的扭转位移时程和破坏模式

3.2 涡振响应

在风速 $U = 6.8$ m/s 时竖向涡振位移达到了 0.2 m（对应于第 7 阶竖弯模态 $f_n = 0.228$ Hz，同现场实测结果[3]吻合），在 $U = 8$ m/s 时扭转涡振位移达到了 0.12°（对应于 1 阶正对称扭转模态），具有典型的自限幅振动特性，发生 hopf 分岔系统从不稳定的状态趋于稳定的极限环。

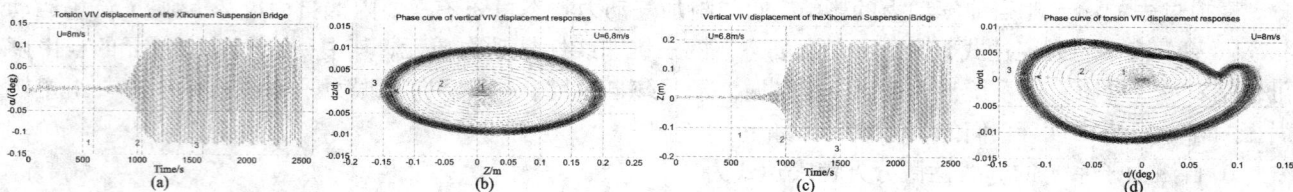

图 2 桥梁的涡振响应

（a – b）竖向涡振的位移时程和相平面；（c – d）扭转涡振的位移时程和相平面

4 结论

统一的非线性非定常气动力时域模型可以用于准确地模拟风速从小到大过程中大跨度悬索桥的多种风振效应；该桥在 0.94U_{cr} 风速的均匀流发生 hopf 分岔出现了高阶弯扭耦合运动的软颤振，考虑紊流后系统发生了阵发性分岔走向混沌，桥梁的破坏模式由跨中主梁出现破坏变为主跨四分点处多根吊杆断裂；还有效地模拟了该悬索桥涡振响应的非线性特性。

参考文献

［1］周锐. 大跨度桥梁三维风致效应的非线性全过程分析方法［D］. 上海：同济大学，2017.

［2］葛耀君. 西堠门大桥悬索桥抗风性能及风振控制研究［R］. 上海：同济大学土木工程防灾国家重点实验室，2005.

［3］Li H, Laima S, Zhang Q Q, et al. Field monitoring and validation of vortex – induced vibrations of a long – span suspension bridge［J］. Journal of Wind Engineering & Industrial Aerodynamics, 2014, 124(7)：54 – 67.

大跨桥梁结构高阶涡振效应研究[*]

周帅[1,2]，陈政清[2]，华旭刚[2]，牛华伟[2]

（1. 中国建筑第五工程局有限公司 长沙 410004；2. 湖南大学风工程与桥梁工程湖南省重点实验室 长沙 410082）

1 引言

风洞试验是评估大跨度桥梁抗风性能的主要研究手段。全桥气弹模型由于缩尺比小，模型断面误差概率大、Reynolds 效应突出、模型制作复杂、试验周期长；节段模型由于缩尺比相对较大，能够更为便利地研究结构断面的变化对涡振性能产生的影响，并且试验周期短、费用低，是涡振研究的常用方式。

关于节段模型与实桥涡振幅值之间的修正系数目前已有较多的理论研究报道[1-3]，文献[4]采用一根刚性吊杆和 1:1 节段模型通过对比风洞试验研究了基频最大涡振幅值的换算系数，而关于高阶模态最大涡振幅值与节段模型的换算系数的实测验证研究，目前尚未看到公开的研究报道。

综上所述，本文将通过一组 3D 气弹模型和 1:1 节段模型开展对比风洞试验，对节段模型与实桥高阶模态最大涡振幅值的 3D 效应修正系数进行实测研究，为后续研究工作提供参考和借鉴。

2 试验模型及参数

选取气弹模型第 5、6、7 阶竖弯模态的几何参数和动力参数与相应的 1:1 节段模型参数进行对比如表 1 所示。从表中可以看出，气弹模型与节段模型截面尺寸一致，固有频率、阻尼比、Scruton 数以及 Reynolds 数等参数存在一定程度的偏差，但相对偏差范围均在 5% 以内。

表 1　气弹模型与 1:1 节段模型参数对比

模态	参数类型	符号	单位	气弹模型	节段模型	相对偏差
第 5、6、7 阶模态	长度	L	mm	8100	1530	—
	横风向尺寸	D	mm	40	40	0
	顺风向尺寸	B	mm	240	240	0
	阻尼比	ξ_5	—	0.0061	0.0058	-4.92%
6th 竖弯模态	竖弯频率	f_6	Hz	6.74	6.84	1.48%
	阻尼比	ξ_6	—	0.0063	0.0061	-3.17%
7th 竖弯模态	竖弯频率	f_7	HZ	7.86	8.15	3.69%
	阻尼比	ξ_7	—	0.0063	0.0062	-1.59%
	Scruton 数	Sc_7	—	125	129	3.07%
	Reynolds 数	Re	—	8383	8693	3.70%

气弹模型 5、6、7 阶竖弯模态涡振锁定区间量纲一幅值响应曲线与 1:1 节段模型实测的风振曲线对比分别如图 2 ~ 图 4 所示，最大响应幅值对比如表 2 所示。

* 基金项目：国家自然科学基金项目（51708202）；湖南省科技创新计划（2017XK2025，2018JJ3577）；中建股份 CSCEC - 2017 - Z - 18 - 1

图 1　风洞试验中的多点弹性支撑气弹模型试验

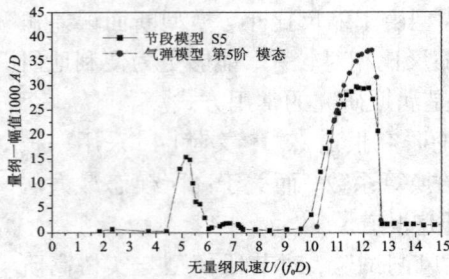

图 2　第 5 阶响应对比

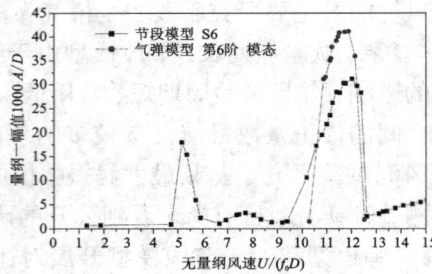

图 3　第 6 阶响应对比

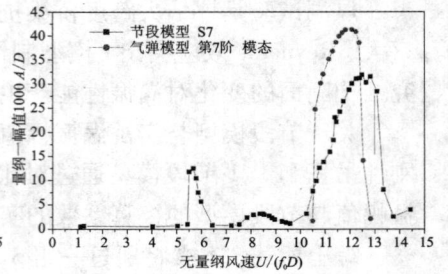

图 4　第 7 阶响应对比

表 2　气弹模型与节段模型最大涡振幅值换算系数对比

模态阶次	实测无量纲涡振幅值 $1000A/D$	气弹模型与节段模型最大涡振幅值比值系数		
		实测值	线性模型估算值	非线性模型估算值
气弹模型第 5 阶模态	37.2	1.25	1.38	1.20
节段模型 S5	29.7			
气弹模型第 6 阶模态	41.1	1.32	1.24	1.15
节段模型 S6	31.2			
气弹模型第 7 阶模态	41.3	1.29	1.37	1.20
节段模型 S7	31.9			

3　结论

（1）基于柔性多点弹性支撑气弹模型风洞试验实测的 5、6、7 阶模态涡振响应，制作了 1∶1 节段模型并开展了测振风洞试验，对应不同的模态阶次，气弹模型与节段模型实测的涡振锁定区间在起振风速点、区间跨度上吻合良好。

（2）无缩尺比气弹模型与节段模型之间消除了质量、阻尼、Reynolds 数、Strouhal 数等因素影响，气动力展向相关性和振型修正效应是幅值差异的主要因素，实测最大涡振幅值比值关系为 1.3。

参考文献

［1］陈政清.工程结构的风致振动、稳定与控制［M］.北京：科学出版社，2013：274－275.
［2］张志田，陈政清.桥梁节段与实桥涡激共振幅值的换算关系［J］.土木工程学报，2011，44（7）：77－82.
［3］朱乐东.桥梁涡激共振试验节段模型质量系统模拟与振幅修正方法［J］.工程力学，2005，10（5）：204－208.
［4］周帅，陈政清，牛华伟.矩形细杆涡振幅值和驰振性能的对比风洞试验研究［J］.中国公路学报，2012，29（1）：176－186.
［5］Ruscheweyh H. Practical experience with wind inducced vibrations［J］. Journal of Wind Engineering and Industrial Aerodynamics，1990，33：211－218.
［6］陈文.多点弹性支承连续梁多模态涡激振动特性研究［D］.长沙：湖南大学，2013：59－77.

基于压力 POD 的中央开槽箱梁断面涡激力分布模型*

朱青[1, 2, 3]，朱乐东[1, 2, 3]

(1. 同济大学土木工程防灾国家重点实验室 上海 200092；2. 同济大学土木工程学院桥梁工程系 上海 200092；

3. 同济大学桥梁结构抗风技术交通运输行业重点实验室 上海 200092)

1 引言

涡激共振是大跨度桥梁典型风致振动的一种，虽然涡激共振不会直接引起桥梁失稳破坏，但是由于其可以在较低风速下发生，频繁的涡激共振将影响桥梁的疲劳寿命和使用安全。

影响疲劳寿命的关键是应力变化幅值，而要进行精确应力分析，就需要用到精细化的、以板壳单元或实体单元建立的有限元模型，同时需要采用分布的涡激力荷载。现有的大跨度桥梁涡激力模型、涡激力识别方法和涡振分析方法都是基于按截面集中的涡激力。这样的分析方法无法应用于考虑局部精细化模型的有限元模型，计算得到的应力响应的精度无法保证，影响了涡振作用下大跨度桥梁的疲劳损伤的准确预测。

另一方面，如果要对一个桥梁断面上的所有压力点建立压力模型，则需要识别的参数过多，难以实际应用。因此，本文提出了一种基于压力本征正交分解(POD)的半经验涡激力模型，并以某涡激共振问题较为突出的中央开槽断面[1]为研究对象，通过对弹簧悬挂节段模型测压试验上得到涡激压力分布进行POD[2]，实现用较少的参数描述断面涡激力分布。

2 基于压力 POD 的涡激力分布模型

通过 POD，测压试验得到的桥梁断面上的涡激压力可以表示为如下形式：

$$P_{VI}(t) = \sum_{j=1}^{N} a_j(t) \boldsymbol{\varphi}_j \tag{1}$$

式中：$P_{VI}(t)$ 是断面上 N 个测点测得的涡激压力时程组成的随时间 t 变化的向量；$\boldsymbol{\varphi}_j$ 是正交坐标系第 j 阶模态向量；$a_j(t)$ 是第 j 阶主坐标。

中央开槽箱梁断面非线性竖向涡激力简化模型可以表达成如下形式[3]：

$$F_{VI} = 0.5\rho U^2 B (Y_1 \dot{y} + Y_1 \varepsilon y^3) \tag{2}$$

式中：ρ 是空气密度；U 是来流平均风速；B 是主梁断面宽度；y 和 $\dot{y}$ 分别是竖向位移和速度；Y_1 和 ε 是涡激力模型中有待通过风洞试验识别的参数。

假设断面上各点的涡激压力也可以表达为类似形式：

$$P_{VI, i} = 0.5\rho U^2 B (Y_{1, i} \dot{y} + Y_{1, i} \varepsilon_i \dot{y}^3) \tag{3}$$

式中：$Y_{1, i}$ 和 ε_i 是针对断面上第 i 点上涡激压力的待识别的参数。则第 j 阶主坐标可以表示为

$$a_j = 0.5\rho U^2 B \sum_{1}^{N} (Y_{1, i} \dot{y} + Y_{1, i} \varepsilon_i \dot{y}^3) \cdot \varphi_{j, i} = 0.5\rho U^2 B (C_{1, j} \dot{y} + C_{2, j} \dot{y}^3) \tag{4}$$

其中，$\varphi_{j, i}$ 是第 j 阶基向量在第 i 点上的值；

$$C_{1, j} = \sum_{1}^{N} Y_{1, i} \cdot \varphi_{j, i}; \quad C_{2, j} = \sum_{1}^{N} Y_{1, i} \varepsilon_i \cdot \varphi_{j, i} \tag{5}$$

通常只要少量压力模态就可以较好地反映断面上的压力分布。因此，并不需要对每个测压点测得的压力时程进行拟合，只需要基于压力 POD 得到的前几阶主坐标拟合出的若干组 $C_{1, j}$ 和 $C_{2, j}$，就可以实现以少量参数表达整个断面上的涡激压力分布。

* 基金项目：国家自然科学基金项目(51608389)

3 涡激力分布模型应用实例

为了验证以上涡激力分布模型的适用性,在同济大学 TJ - 3 号风洞中进行了某中央开槽箱梁悬索桥 1∶20 节段模型的弹簧悬挂模型同步测力测振测压试验。试验测得了在涡激共振状态下,节段模型断面上共 80 个测压点上的涡激压力时程,并对其进行了 POD,第一阶模态如图 1 所示。结果显示,前 5 阶 POD 模态就贡献了超过 90% 的能量(见表 1)。因此,一共只需要 10 个参数就可以较好地反映断面的涡激力分布。用最小二乘法进行参数识别后,得到了该断面截面的涡激力分布模型。用识别得到模型重构涡激力的结果显示,该方法能够很好地反映断面上的涡激力分布。

wind →

图 1 第一阶 POD 模态图

表 1 前十阶 POD 模态能量贡献

模态号	1	2	3	4	5	6	7	8	9	10
$E_\varphi/\%$	65.18	23.41	7.26	0.40	0.32	0.30	0.20	0.19	0.19	0.18
$\Sigma E_\varphi/\%$	65.18	88.59	95.85	96.25	96.57	96.86	97.07	97.26	97.45	97.63

4 结论

本文提出了一种基于压力 POD 的半经验涡激力模型。通过对某中央开槽断面进行弹簧悬挂节段模型测压试验研究,验证了该模型的有效性。利用该模型,可以只用 10 个待拟合参数表达整个断面上的涡激压力分布。

参考文献

[1] Li H, Laima S, Ou J, et al. Investigation of vortex – induced vibration of a suspension bridge with two separated steel box girders based on field measurements[J]. Engineering Structures, 2011, 33(6): 1894 – 1907.

[2] Grenet E T D, Ricciardelli F. Spectral proper transformation of wind pressure fluctuations: Application to a square cylinder and a bridge deck[J]. Journal of Wind Engineering & Industrial Aerodynamics, 2004, 92(14/15): 1281 – 1297.

[3] Zhu L D, Meng X L, Du L Q, et al. A simplified model of vortex – induced vertical force on bridge decks for predicting stable amplitudes of vortex – induced vibrations[C]//The 2016 World Congress on Advances in Civil, Environmental, and Materials Research(ACEM16), Jeju island, Korea, 2016.

考虑拉索涡振的多荷载作用下钢锚箱应力监测[*]

祝志文[1]，陈政清[2]

（1. 汕头大学土木与环境工程系 汕头 515063；2. 湖南大学土木工程学院 长沙 410082）

1 引言

由于斜拉索为柔性和低阻尼构件，且倾斜的拉索存在垂度，因而它在风、风雨及交通荷载作用下极易发生多种形式的风致振动。其中涡激振动是斜拉索常见的振动形式之一。斜拉索涡激振动是由于其尾流非定常漩涡脱落引起的，也即当斜拉索漩涡脱落频率 f_v 与斜拉索某阶固有频率 f 接近时，将激发斜拉索的涡激振动。斜拉索漩涡脱落频率 f_v 与其直径 d、来流风速 U 和涡脱 Strouhal 数 S_t 的关系为 $f_v = S_t U/d$。对圆柱截面，当 Re 数在 1×10^5 量级及以下，S_t 取 $0.19 \sim 0.2$。如假定拉索的直径为 0.15 m，S_t 为 0.2，来流风速为 $3 \sim 25$ m/s，则对应的涡脱频率为 $4 \sim 33$ Hz。由于拉索的基频通常在 $0.2 \sim 2$ Hz，因此涡激振动通常激发的是拉索的高阶模态，有时是多个高阶模态共同参与的涡激振动[1]。斜拉索涡激振动位移幅值虽然不大，但由于发振的模态较高，高频率导致拉索振动的模态加速度大，因而涡激振动的惯性力大。这样对钢主梁斜拉桥而言，在拉索与主梁相连的钢锚箱上将产生较大的附加力作用。需要指出，斜拉索钢锚箱焊接构造细节的应力响应属于主体结构受力，对大跨度斜拉桥而言，桥面车辆加载在这些构造细节上产生的应力响应影响线很长。当桥面货车通行加载与拉索涡激振动附加力产生叠加时，可能会在斜拉索钢锚箱焊接构造细节上产生较大的应力幅，从而可能影响钢锚箱的疲劳性能。由于涡激振动能在较低的风速下发生，而这种发振风速在桥位非常常见，在桥面车辆正常通行下，频繁的拉索涡激振动作用可能会造成斜拉索锚固系统的疲劳损伤。

2 斜拉索的振动特征

荆岳长江大桥是湖北随州至岳阳高速跨越长江的大跨度桥梁，主桥跨度组合为 $(100+298)$ m $+816$ m $+(80+2\times75)$ m，采用双塔不对称混合梁斜拉桥方案。其中中跨和北边跨主梁为钢箱梁、南边跨为混凝土箱梁。2017 年 7 月 27 日到 2017 年 8 月 1 日，对荆岳长江大桥主桥北塔东侧的 JB01 拉索进行了振动现场实测。图 1 显示了当风速从 0 m/s 增至 1.2 m/s 时，加速度从 0.030 m/s^2 增加到了 0.039 m/s^2，模态频率由第 3 阶显著占优变成第 3 ~ 第 9 阶的多模态振动。

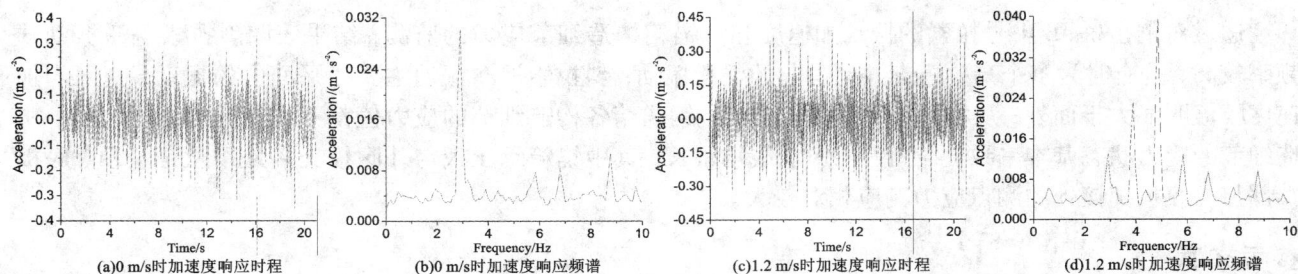

图 1　风速 0 m/s 和 1.2 m/s 时面外振动的时域和频域特征

3 考虑拉索涡振的钢锚箱构造细节运营状态应力实测

对荆岳桥 JB01 号拉索钢锚箱焊接构造的应力进行了长时间监测，图 2、图 3 分别为 JB01 号拉索钢锚

* 基金项目：国家重点基础研究发展计划（"973"计划）项目（2015CB057701）；国家自然科学基金项目（51878269）；汕头大学人才引进科研启动经费项目（NTF18014）

箱处外腹板测点布置图和锚垫板测点布置图。

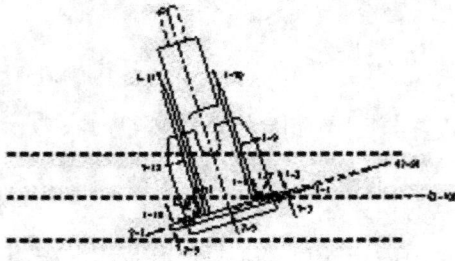

图 2 外腹板测点布置图

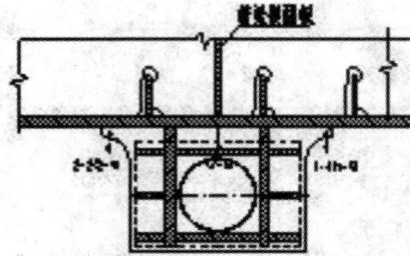

图 3 锚垫板测点布置图

通过对钢锚箱构造细节的 1 h 应力时程的分析可以得到,与拉索平行的测点多是拉应力主导,与拉索垂直的测点多是压应力主导。其中,锚箱顶底板的上端部与腹板连接处的构造细节 1 - 10 和 1 - 11 应力较其他构造细节大。各构造细节若按疲劳等级 E 计算得到的常幅疲劳极限为 31 MPa,大于大部分构造细节的最大应力幅,因而为无限寿命。测点 1 - 10、1 - 11 最大应力幅大于常幅疲劳极限,其疲劳寿命计算为 11.2 a (测点 1 - 10)和 28.5 a(测点 1 - 11)。图 4、图 5 及图 6 为钢锚箱不同构造细节的 70 s 应力时程,从中可以看出钢锚箱各构造细节应力值都不大,不同位置的同一构造细节的应力状态基本一致,且各测点的影响线都很长。

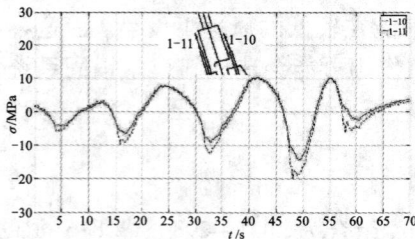

图 4 测点 1 - 10、1 - 11 之 70 s 应力时程图

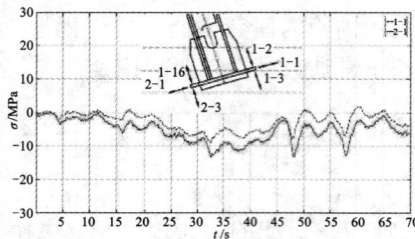

图 5 测点 1 - 1、2 - 1 之 70 s 应力时程图

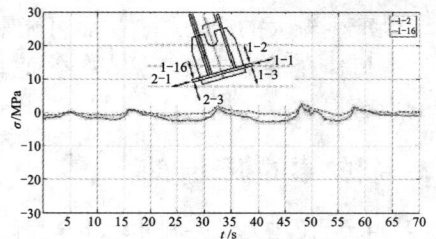

图 6 测点 1 - 2、1 - 16 之 70 s 应力时程图

4 结论

通过对荆岳桥 JB01 号拉索的振动加速度和钢锚箱构造细节应力的监测,结果表明斜拉索涡激振动的频率较高,且有时为多个高阶模态共同参与的涡激振动;斜拉索涡激振动主要为平面内的振动,其面内加速度幅值明显大于面外;从实测应力谱可以看出,钢锚箱各构造细节的应力值都不大,不同位置的同一构造细节的应力状态基本一致,各测点的影响线均很长,其中锚箱承压板与外腹板交接处以及锚箱顶、底板端部与外腹板交接处的测点应力响应相对较大。

参考文献

[1] 陈文礼. 大跨度斜拉桥斜拉索涡激振动机理及其流动控制研究[R]. 哈尔滨工业大学博士后研究工作报告,哈尔滨工业大学土木工程学院,2014.
[2] 刘庆宽,强士中,张强,等. 斜拉桥锚箱式索梁锚固区应力分析[R]. 桥梁建设,2001(5):14 - 17.

增设观光电梯的超大跨桥梁塔柱风荷载与气动干扰特性*

祝志文[1]，袁涛[2]，王钦华[3]

（1. 汕头大学土木与环境工程系 汕头 515063；2. 湖南省建筑设计院有限公司 长沙 410012）

1 引言

在已经建成大跨度悬索桥的塔顶上再建设旅游观光平台，目前在国内外都没有实际案例。从建筑功能上为了解决竖向垂直交通及消防疏散问题，需依附现有桥塔分居布置楼电梯（图1）。桥塔柱与上下横梁等结构一旦建成，其抗力特征亦即确定，与其对应所能允许承载的外力也随之限定。新增电梯宽度 4.2 m，新增楼梯宽度 3.8 m，原桥塔横向宽度从根部 14.87 m 收进至附塔 7 m，新增桥塔迎风面积平均约 50%，由此直接导致原桥塔的塔身承受的水平荷载增大。本文结合在已建成桥塔上建设观光平台的论证，就结构设计难点中新桥塔风荷载取值及气动干扰特性进行重点研究，为同类工程应用提供参考。

2 原桥塔柱内力系数及风荷载计算

杭瑞洞庭湖大桥是杭州至瑞丽国家高速公路跨越洞庭湖的大跨度桥梁，主桥跨度组合为 460 m + 1480 m + 491 m，采用双塔不对称桁架梁悬索桥方案。其中两岸桥塔均采用门形结构，由塔柱和横梁组成，包括上塔柱、下塔柱、上横梁和下横梁。单根塔柱呈三个阶梯状变化，塔柱在顺桥向由上至外向外倾斜，斜率为 0.7174%。塔柱为普通钢筋砼结构，横梁为预应力混凝土构件。君山岸桥塔上塔柱高 166.75 m，下塔柱高 39.338 m，总高 206.088 m。

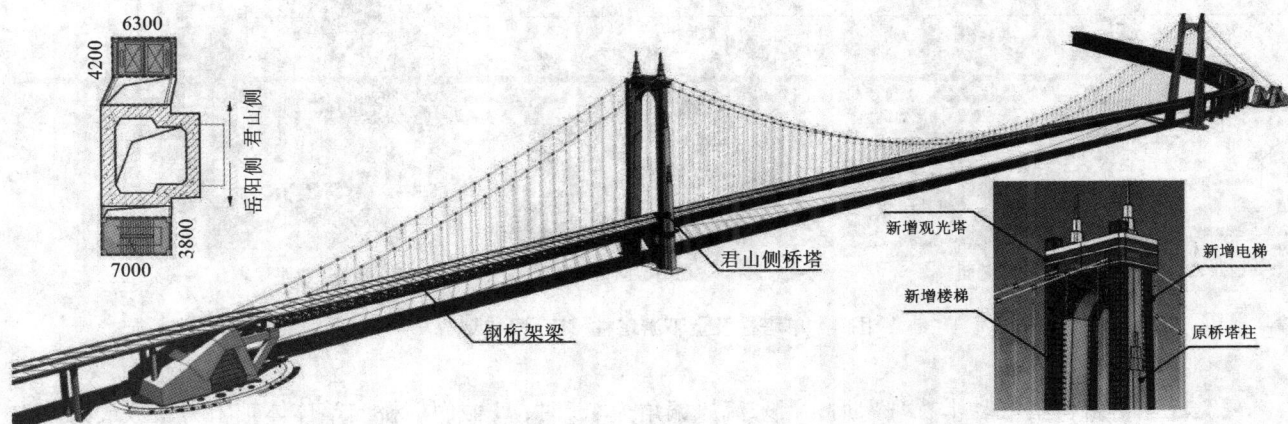

图1 悬索桥主塔塔柱增设观光电梯布置方案（单位：mm）

CFD 数值模拟计算选取桥塔立面具有代表的典型断面 G、H、I 截面（图2）进行计算，拟采用雷诺时均 N－S 方程和 SST $k-\omega$ 湍流模型来计算原塔柱及新塔柱的气动力，SST $k-\omega$ 湍流模型被认为是涡黏湍流模型中综合考虑计算量和计算精度最好的模型之一[1]。计算完成后并与原桥塔设计所进行的风洞试验结果进行对比，从而更加验证了本方法的可靠性。

* 基金项目：国家重点基础研究发展计划（"973"计划）项目（2015CB057701）；国家自然科学基金项目（51878269）；汕头大学人才引进科研启动经费项目（NTF18014）

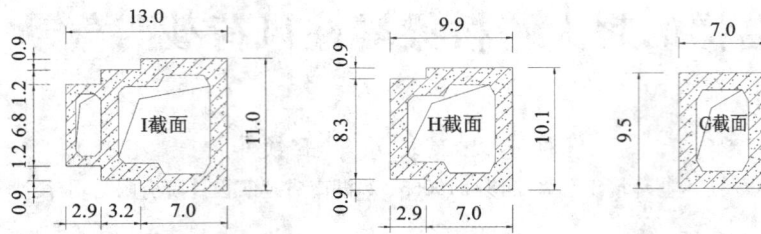

图2 悬索桥主塔塔柱增设观光电梯布置方案(单位: m)

3 新桥塔柱风荷载与气动干扰特性

基于现状桥塔因新增迎风面导致上、下横梁斜截面抗剪验算不满足规范要求,本文利用 CFD 数值模拟手段,尝试多种气动优化措施,研究发现新增楼电梯与原桥塔间镂空和外侧圆角的气动优化措施,可以显著减少桥塔柱横向阻力,从而减少对既有结构横向风荷载的增加。

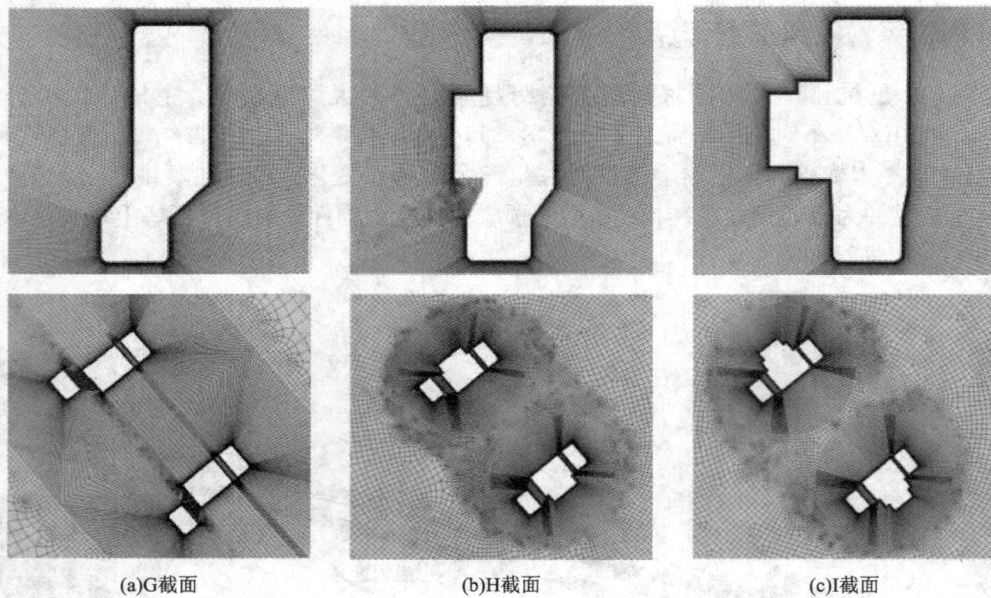

(a)G截面　　　　　　(b)H截面　　　　　　(c)I截面

图3 单塔柱及上下游塔柱 CFD 网格划分

考虑上、下游桥塔气动干扰现象后,当来流风偏角为40°时,G 截面横桥向整体体轴阻力系数最大值为3.27;当来流风偏角为30°时,H 截面横桥向整体体轴阻力系数最大值为2.8;当来流风偏角为20°时,H 截面横桥向整体体轴阻力系数最大值为2.8。与未考虑气动干扰效应塔柱相比,其最大阻力系数对应来流风偏角均为0°。

4 结论

通过与原桥塔连接镂空处理和周边外邻边的圆角处理,可以显著降低桥塔横向阻力系数;超大超高双肢桥塔的横桥向阻力系数不可按现行公路桥梁抗风设计规范建议采取;与桥塔相连的上下横梁抗剪验算可能存在不足,同类研究及工程开展时对此类问题时应进行重点研究。

参考文献

[1] 祝志文. 基于两种湍流模型的桥梁颤振导数识别研究及比较[J]. 湖南大学学报(自然科学版), 2010, 37(11): 6-12.

八、车辆空气动力学及抗风安全

移动车辆作用下轨道扣件失效的向量式有限元动态响应分析

顾久仁[1]，马中琴[2]

（1. 汕头大学土木与环境工程系教授 汕头 515000；2. 汕头大学土木与环境工程系硕士研究生 汕头 515000）

1 引言

随着轨道交通的大力发展，列车运行速度及载重量不断攀升，轨道使用频率逐渐增加，轨道在长期使用过程中，轨道下支撑处不免会存在一定扣件的松动及脱落[1]。针对该类问题，萧新标等[2]采用有限元方法进行了系列的研究，并将扣件刚度乘以一定刚度折减系数来模拟扣件松脱、失效过程。本文则是基于向量式有限元方法建立轨道模型，而扣件失效、松脱过程的模拟方法与有限元素理论相同。

丁承先等[3,4]首先提出向量式有限元方法，其采用"点值"描述结构行为，在计算过程中无需建立和求解偏微分方程及矩阵，在处理结构复杂行为有一定优势，该方法自提出以来，广泛应用于桥梁及钢结构。施柔依[5]基于向量式有限元方法将车–轨–桥系统独立为车、轨道、桥梁三大独立系统，求解模拟车–轨–桥的互制行为，并证明该方法能有效模拟车轨桥动力互制反应。王仁佐等[6]采用向量式有限元分析车轮和桥三维互制问题，其使用钢架结构来建立桥梁模型，车轮与桥之间通过弹簧与阻尼连接互制，藉由向量式有限元可进行空间大位移和旋转运动的能力，模拟脱轨车厢。Duam等[7]基于向量式有限元研究双轴车辆与多跨简支梁桥的动态耦合分析，验证该方法在多节车厢运行于多跨梁桥振动分析的高效性及可行性，然而，该论文在模拟轨道时并未考虑轨道刚度，仅采用轨道不平整方程及弹簧模拟轨道参振效应。

鉴于向量式有限元的以上优点，本文采用向量式有限元建立离散支承轨道模型，并借该模型进行移动车辆作用下扣件失效分析，可为后续使用该方法进行缺陷轨道模拟提供基础。

2 研究方法

本文轨道部分使用向量式有限元（Vector Form Intrinsic Finite Element，VFIFE，V–5）中平面弯曲杆件模拟，轨下部分则采用合理等效弹簧及阻尼模型，从而建立车辆、轨道、轨下部分的运动方程。通过计算在移动车辆作用下轨道及车辆本身的动态响应，并与现有文献进行对比，以验证该方法建立车轨互制行为正确性；除此，通过计算在移动荷载作用下轨道与理想弹性基础的动态响应，并与有限元方法进行比对，以验证该方法在建立轨下部分的正确性。经过前两个步骤验证后的程序，仅需将各个程序拼接便可建立移动车辆、轨道、轨下结构三部分互制的向量式有限元计算程序。

2.1 研究内容

本研究旨在基于向量式有限元这一方法，建立车辆与轨道及轨下结构耦合动力程序，并借此程序结合以往缺陷轨道模拟方法，分析轨道在扣件不同程度疲劳及失效条件下的动态响应。向量式有限元法将轨道结构离散为空间质点，质点间通过无质量的单元结构元素链接，运用牛顿第二定律描述空间点的运动，采用中央差分法进行显示积分计算。由于弹簧、阻尼单元与每个质点链接，所以，可以很直观地描述失效扣件下轨道的型态；同时，建模过程无需求解偏微分方程及大型矩阵。通过计算结果显示向量式有限元在处理结构物大变形、大变位、非线性上具有极大优势，因此，该方法能有效地模拟轨道结构及轨下结构，在模拟轨下扣件失效时快速、简洁，并能克服传统数值分析方法在结构非线性和不连续行为计算中的困难，从而揭示结构的破坏机理。因此，本文借此优势，建立轨道及轨下扣件模型，期能类比轨下扣件动态失效过程，从而观察移动车辆作用下因受损扣件失效之瞬间的轨道动态响应。在移动车辆作用下的计算结果显示：该方法能快速、有效地类比轨道结构及轨下结构；通过7种不同工况下（如下表）扣件失效分析发现，失效扣件对轨道动态响应影响很大，且相邻间失效扣件会互相影响，扣件连续失效会使轨道动态响应成倍数增长，因此，当轨道存在失效扣件时，应当及时进行修理，以免轨下扣件进一步损坏。

工况编号	失效状态	失效因子
1	无扣件失效	$\lambda_i = 0$，$i = 1 \sim N$
2	一个不完全失效	令 $\lambda_{20} = 0.5$
3	一个扣件失效	令 $\lambda_{20} = 1$
4	不完全失效 + 失效	令 $\lambda_{20} = 1$，$\lambda_{21} = 0.5$
5	两个连续失效	令 $\lambda_{19} = 1$，$\lambda_{20} = 1$
6	两个间隔失效	令 $\lambda_{19} = 1$，$\lambda_{21} = 1$
7	三个连续失效	令 $\lambda_{19,20,21} = 1$

3　结论

　　通过采用向量式有限元模拟轨道在扣件失效下的动态响应分析，该方法在建立轨道模拟过程中无需建立大型矩阵；轨下结构模型的建立是简洁直观的，尤其在模拟扣件失效情况时，无需对程序做任何修正，只需对失效扣件进行失效因子赋值的设定，因此，很有必要将向量式有限元理论应用到缺陷轨道的分析中。

　　本文采用一定的失效因子来模拟扣件失效的程度，经设计了 7 种不同工况进行分析计算，计算结果显示：在扣件失效的情况下，移动车辆经过时轨道会产生比正常轨道产生更大的动态响应，并且失效扣件会影响相邻扣件的正常工作，如果失效扣件不进行及时修理，对轨道的使用会有很大影响，同时还发现连续失效扣件对轨道的危害极大。

参考文献

[1] 翟婉明. 车辆 – 轨道耦合动力学(第四版)[M]. 北京：科学出版社，2007.

[2] 肖新标，金学松，温泽峰. 钢轨扣件失效对列车动脱轨的影响[J]. 交通运输工程学报，2006，6(1)：10 – 15.

[3] 丁承先，段元锋，吴东岳. 向量式结构力学[M]. 北京：科学出版社，2012.

[4] Ting E C, Shih C, Wang Y K. Fundamentals of avector form intrinsic finite element：Part I. basic procedure and a plane frame element[J]. Journal of Mechanics，2004，20(2)：113 – 122.

[5] 施柔依. 矢量式有限元用于车轨桥互制数值模拟分析[D]. 国立中央大学土木工程学，2010.

[6] 王仁佐，王仲宇，林炳昌，等. 向量式有限元应用于车辆脱轨运动分析[J]. 土木工程学报，2012，48(S1)：312 – 315.

[7] Duan Y F, et al. Entire – process simulation of earthquake – induced collapse of a mockup cable – stayed bridge by vector form intrinsic finite element(VFIFE) Method[J]. Advances in Structural Engineering，2014，17(3)：347 – 360.

风－车－桥耦合振动研究现状及发展趋势[*]

韩万水，刘晓东，许昕

（长安大学公路学院 西安 710064）

1 引言

为推动风－车－桥耦合振动理论和应用研究的进一步深入开展，从分析框架、气动干扰、评价准则和大跨桥梁设计荷载四个方面系统梳理了风－车－桥耦合振动国内外学术研究进展和热点前沿，并探讨了研究不足和发展趋势。

2 风－车－桥耦合振动发展现状

2.1 风－车－桥分析系统

依据车辆元素类别，风－车－桥系统耦合振动分为两类：风－列车－桥系统耦合振动和风－汽车－桥系统耦合振动。其中风－列车－桥系统耦合振动研究开始较早，取得的成果也较为丰富。风－汽车－桥系统较风－列车－桥系统发展稍晚，在研究中很多借鉴了后者的成果。早期的风－列车－桥分析系统在基本元素模拟和耦合关系构建方面较为粗略。西冈隆最早采用外力替代方式对风荷载进行处理，以模型试验方法研究了横风作用下的车－桥系统的动力响应[1]。葛玉梅等[2-3]分别提出了一套风环境下列车通过大跨桥梁时的分析框架，用于分析风作用下列车通过桥梁时车辆及桥梁响应。周立[4]和李岩[5]分别对风和汽车荷载所导致的主梁和斜拉索疲劳问题进行了研究。

2.2 气动干扰

风－车－桥分析系统中的车－桥之间的相互作用不仅体现在车－桥耦合作用，还表现于车、桥之间的气动干扰。车桥间的气动干扰研究主要基于数值模拟和风洞试验方法。随着数值模拟技术的提升和风洞试验装备测试水平的提高，车桥间的气动干扰方面经历了由不考虑到考虑的过程，在模拟的精细程度上经历了由仅考虑主梁与车辆到还考虑桥梁附属构造物和抗风构造的过程，在分析过程上经历了由考虑车辆行驶于主梁的一般状况到易发生交通事故的特殊区域和特殊工况。

对公路车辆而言，风致车辆事故通常有三种类型：侧翻事故、偏转事故和侧滑事故。针对车辆事故的多个变量问题，BAKER 提出了量化方法[6]。韩万水[7]基于车辆突然遭受侧向阵风作用并且驾驶员来不及反应的假定基础上，建立了车辆安全性分析框架。CAI 等[8,9]采用"先整体后局部"的方法进行车辆安全分析，该分析系统尽管引入了驾驶员反应行为模型，但是存在整体分析和局部分析是分离的，没有耦合在一起的不足。Baker 评价准则是采用确定性指标对车辆安全进行评价，李永乐等[10]针对风致车辆侧倾事故和侧滑事故的评判准则，指出采用包含概率统计因子的车轮与地面的作用力作为车辆事故评判依据更为合理，可提高风致公路车辆事故分析的可靠性。以往的评价准则主要集中于车辆系统的评价，侧重于评价准则应用时车辆响应的精确计算方法方面，对于风和交通荷载联合作用下的正常运营状态和具有代表性的极端最不利情况下的评价指标和评价准则的研究更是几乎属于空白。

2.3 大跨桥梁设计荷载

风和汽车荷载是大跨桥梁在役期间最常见和最主要的动力荷载[11]，也是导致大跨径桥梁结构振动、损伤及破坏的主要因素[12]。目前大跨度桥梁汽车荷载标准制定和验证方面的研究还是一个薄弱环节，风荷载的准确模拟、确定方法和风－桥作用机理还未成熟，而在风和汽车荷载联合作用下的大跨桥梁响应分析以及荷载组合方面的研究成果更少。

* 基金项目：国家自然科学基金青年基金资助项目(51408053)；国家自然科学基金面上项目(51478366)；中央高校基本科研业务费自然科学类项目(310821162008)

3　结论

随着桥梁大跨化、轻型化的发展趋势，对风和汽车荷载越来越敏感，为满足精细化分析的需要，风 –车 –桥精细分析系统的建立亟待进行。本文从耦合振动本身包括风 –车 –桥分析框架、气动干扰、评价准则和大跨桥梁设计荷载四个方面进行了回顾，系统归纳和总结了主要成果。总体而言，风 –车 –桥耦合振动研究由于开展较晚，虽随着数值分析理论、风洞试验设备技术和计算机技术的发展，研究日渐成熟和完善，但进一步研究的空间仍然很大。最后，对今后该领域的发展趋势做了初步探讨，供后续研究者参考。

参考文献

[1] 西冈隆.横风作用下におげる長大橋上の鉄道車両に関する実験の研究[C].土木学会論文報告集,1981.
[2] 葛玉梅,李永乐,何向东.作用在车 –桥系统上风荷载的风洞试验研究[J].西南交通大学学报,2001,36(6):612 –616.
[3] 夏禾,阎贵平,陈英俊.列车 –斜拉桥系统在风载作用下的动力响应[J].北方交通大学学报,1995,19(2):131 –136.
[4] 周立.大跨度桥梁风振和车辆振动响应及其疲劳性能研究[D].上海:同济大学,2008.
[5] 李岩.大跨度斜拉桥风 –车 –桥动力响应及拉索疲劳可靠性研究[D].哈尔滨:哈尔滨工业大学,2008.
[6] BAKER C J. The quantification of accident risk for road vehicles in cross winds[J]. Journal of Wind Engineering & Industrial Aerodynamics. 1994, 52 (1 –3): 93.
[7] 韩万水.风 –汽车 –桥梁系统空间耦合振动研究[D].上海:同济大学,2006.
[8] CAI C S, CHEN S R. Framework of vehicle – bridge – wind dynamic analysis[J]. Journal of Wind Engineering and Industrial Aerodynamics, 2004, 92 (7 –8): 579 –607.
[9] CHEN S R, CAI C S. Accident assessment of vehicles on long – span bridges in windy environments[J]. Journal of Wind Engineering & Industrial Aerodynamics, 2004, 92 (12): 991 –1024.
[10] 李永乐,赵凯,陈宁,等.风 –汽车 –桥梁系统耦合振动及行车安全性分析[J].工程力学,2012,29(5):206 –212.
[11] HAN W S, MA L, CAI C S, et al. Nonlinear dynamic performance of long – span cable – stayed bridge under traffic and wind [J]. Wind and Structures, 2015, 20(2): 249 –274.
[12] WU J, CHEN S R, LINDT J W V D. Fatigue assessment of slender long span bridges: reliability approach[J]. Journal of Bridge Engineering, 2012, 17(1): 47 –57.

大跨度钢桁悬索桥在随机车流荷载和风荷载联合作用下的疲劳可靠度评估[*]

韩艳[1]，李凯[1]，蔡春声[1, 2]

（1. 长沙理工大学土木工程学院 长沙 410114；
2. 路易斯安那州立大学土木与环境工程系 路易斯安那 巴吞鲁日 LA70803）

1 引言

随着桥梁跨度的不断增长，大跨桥梁将会变得越来越柔，对风荷载也会越来越敏感，在风致振动下将会变得越来越脆弱。近几十年来，我国修建了大量的跨海、跨峡谷、跨江的大跨度悬索桥，在这些地方强风频袭，风环境极其复杂。此外随着经济的增长，车流量也在飞速增长。因此在日益增长的交通量和复杂风环境下的大跨度钢结构悬索桥将面临日益严重的构件疲劳损伤问题，甚至会导致整个桥梁结构的失效。近十几年来国内学者开始以可靠度的理论来评估疲劳损伤问题，Li[1]、Zhou[2]、Deng[3]等基于长期监测的动态应变响应数据来进行疲劳可靠度评估，此法虽可获得较为准确的应力响应信息，但对所有疲劳关键位置安装应变仪显然是不经济的，而且获得长期的监测数据也很耗时。相反，数值模拟的方法能够更加方便地模拟各种风荷载和车辆荷载联合作用下的动态应力响应。但由于数值模拟方法分析局部应力响应极其耗时，因此目前主要用来研究结构的整体位移响应以及加速度响应[4-5]。因此本文基于一种高效的应力分析方法提出一种大跨桥梁在随机风荷载和车流荷载联合作用下的高效的疲劳可靠度评估框架。首先建立有限元模型并通过初步的瞬态分析结果确定待分析的疲劳关键细节，然后基于 Matlab 自编程序产生 30000 个随机车辆荷载样本和 30000 个随机风场样本，进而获得 30000 个随机应力响应样本。再基于大量的样本拟合出日等效应力和日等效应力循环次数的概率密度分布函数，最后再基于极限状态方程运用 Monte Carlo 方法求得相应细节的疲劳失效概率和时变疲劳可靠度指标。

2 疲劳可靠度评估

2.1 有限元模型

采用 ANSYS 软件建立大桥空间桁架有限元模型，其中钢桁架加劲梁各构件以及索塔均模拟为 beam188 梁单元，主缆和吊杆模拟为 Link10 杆单元。为了准确模拟车辆荷载的效应，对钢 - 混组合桥面系进行了精细化模拟，其中 shell63 单元模拟混凝土桥面板，beam188 单元模拟钢纵梁。

2.2 疲劳关键位置确定

首先对钢桁架杆件进行分类并编号，如图 1 所示。再在移动车辆荷载作用下进行瞬态分析，如图 2 所示，其中车辆荷载等效为集中力荷载施加到节点上，车速为 18 m/s，计算时间步为 0.1 s。通过比较不同类型构件的最大应力幅值选取 C，F，H，I，J，K 类型杆件做为疲劳损伤分析的杆件类型，再比较同类型杆件沿跨长方向不同位置杆件的最大应力幅值，选取 C71，F73，H74，I107，J30，K112 号杆件作为本文疲劳分析的杆件，最后再对所选杆件进行精细化划分，以确定最终的疲劳关键位置和关键细节。

2.3 动态应力响应样本模拟

首先基于矮寨大桥桥址处的交通量统计数据获得车型、车速、车重、车间距的概率分布参数，然后基于概率分布函数运用 Monte Carlo 方法生成随机车流样本。基于吉首气象站近 30 年的风速风向数据以及现场实测桥址处的风场数据运用 Gumbel 极值分布模型拟合桥面处的风速风向联合概率密度函数，再运用 Monte Carlo 方法生成随机风场样本。最后基于一种高效的应力分析方法运用 Matlab 编制集成化程序实现随机动态应力响应样本的自动生成。图 3 为生成的一个应力响应样本。

* 基金项目：国家自然科学基金项目（51678079，51778073，51628802）

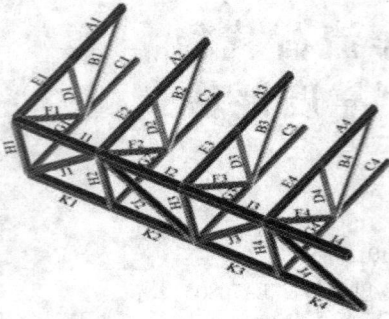

图1　杆件编码

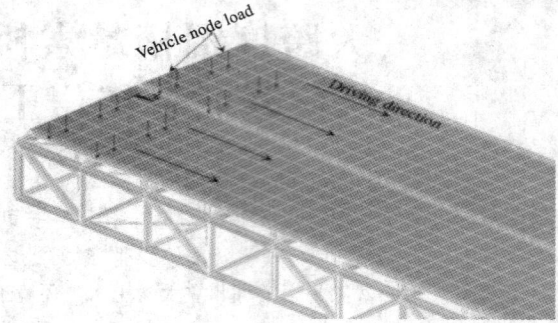

图2　车辆荷载工况

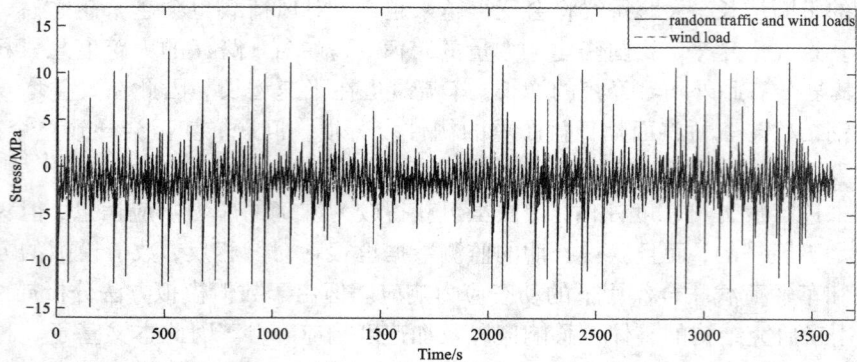

图3　J30细节的应力响应样本(稀疏车流 + 平均风速9.2 m/s)

2.4　时变疲劳可靠度指标计算

对于变幅应力循环,本文基于大量的动态应力响应样本采用线性损伤累积法则计算出每个样本的日等效应力 S_{eq} 和日等效应力循环次数 N_d,进而依据大量 S_{eq} 和 N_d 拟合出 S_{eq} 和 N_d 的概率密度分布函数,从研究中我们发现对于某些风敏感的细节,当考虑风荷载作用后能够增大 S_{eq} 概率密度分布函数的变异系数。最后根据极限状态方程,运用 Monte Carlo 方法计算出每一个细节的时变失效概率和时变疲劳可靠度指标,由此发现矮寨大桥钢桁主梁构件的疲劳可靠度指标都很高,但对于风敏感的构件风荷载能够大大降低构件的疲劳可靠度指标。此外本文也研究了交通量和轴重线性增长对疲劳可靠度指标的影响。

3　结论

本文通过对大跨度钢桁悬索桥疲劳可靠度的分析,发现对于一些风敏感的构件尤其要考虑风荷载的影响,否则会严重高估细节的疲劳可靠度,其次交通量和轴重的增长会持续降低细节的疲劳可靠度,应当值得关注。

参考文献

[1] Li Z X, Chan T H T, Zheng R . Statistical analysis of online strain response and its application in fatigue assessment of a long - span steel bridge[J]. Engineering Structures, 2003, 25(14): 1731 - 41.

[2] Zhou Y. Assessment of bridge remaining fatigue life through field strain measurement[J]. J. Bridge Eng. ASCE, 2006, 11(6): 737 - 744.

[3] Deng Y, Li A Q, Feng D M. Fatigue reliability assessment for orthotropic steel decks based on long - term strain monitoring[J]. Sensors, 2018, 18(181): 64 - 77.

[4] Cai C S, Chen S R. Framework of vehicle - bridge - wind dynamic analysis[J]. J. Wind Eng. Ind. Aerodyn., 2004, 92(7 - 8): 579 - 607.

[5] Chen S R, Wu J. Dynamic performance simulation of long - span bridge under combined loads of stochastic traffic and wind[J]. J. Bridge Eng., 2010, 15(3): 219 - 230.

横向风对桥上高速列车的气动噪声的影响*

黄林，潘永林，谭红飞，黄菲，刘鹏

（西华大学土木建筑与环境学院 成都 610039）

1 引言

当列车的运行速度达到 300 km/h 时，气动噪声成为高速列车的主要噪声源[1]，成为限制高速列车速度的唯一因素[2]。高速列车的气动噪声是宽频噪声，整车的气动噪声能量集中在频率 630~4000 Hz[3]。中高频率的高速列车气动噪声研究已取得了很好的研究成果。低频噪声（频率在 10/20~250 Hz 的噪声）具有绕射能力强、衰减慢等特点，会影响人们的睡眠休息，是正常生理节奏的潜在破坏者[4]。德国、英国等为此制定了低频噪声的国家标准。高速列车的低频气动噪声主要来源于列车表面附近的大尺度旋涡[5]。高架桥将高速列车的噪声源位置提高了，使得桥上高速列车的低频气动噪声的传播距离更远、对环境的噪声污染更严重。横向风将进一步改变高速列车表面附近的流场结构，改变列车周围的气动噪声分布。本文以 ICE 高速列车为例，研究横向风风速对桥上高速列车的气动噪声的影响。

2 数值模拟

2.1 CFD 数值模拟模型

ICE 列车（头车+中间车+尾车，如图1，约长 67 m，高 3.61 m，宽 3.02 m）以 300 km/h 在简支梁桥迎风侧（如图2）匀速行驶。计算缩尺比取 1∶20。横向风速 V_y = 1.0 m/s、5.0 m/s、10.0 m/s、15.0 m/s、20.0 m/s、25.0 m/s，风攻角取零度。列车沿 -x 方向运行（头车鼻尖最前端 x = 0 m），横向风沿 +y 方向，竖向向上为 +z 方向，列车底面位于 z = 0 m 处。计算区域：长 370 m（列车位于中部）、宽 164 m、高 114.6 m。采用多重参考系 MRF 模拟列车与桥梁间的相对运动。采用 URANS 方程结合 RNG $k-\varepsilon$ 湍流模型进行风车桥系统的流场数值模拟。

图 1 ICE 列车模型

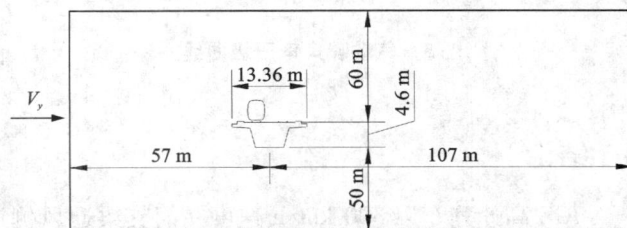

图 2 ICE 列车位于桥梁迎风侧示意

2.2 气动噪声计算

将列车和桥梁表面作为控制面，以非定常计算得到的列车表面和桥梁表面的脉动静压作为噪声源。应用 FW-H 方程，忽略四极子声源，采用 Farassat 的厚度噪声和载荷噪声的时域积分表达式，在非定常流场 CFD 计算时同步计算各监测点的气动声压。最后，对各监测点的气动噪声采用 FFT 变换计算其频谱分布及声压级。非定常流场计算的时间步长为 1×10^{-4} s。气动噪声监测点设置在列车所在的轨道中心线两侧 30 m 和 50 m 处，沿高度方向 z = 0.0 m、1.2 m、2.5 m、3.5 m、5.0 m，沿长度方向布置在 x = -10.0 m、0.0 m、10.0 m、35.0 m、67.0 m、77.0 m，合计 120 个监测点。

---

* 基金项目：四川省教育厅项目（17ZA0367）

3 风车桥系统的气动噪声特性

同一水平位置处，列车底面以上 5.0 m 高度范围内的气动噪声的结果比较接近。迎风侧和背风侧气动噪声的变化趋势基本一致，迎风侧的气动噪声的总声压级略低。以 $z = 0.0$ m，背风侧 30 m 和 50 m 监测点为例，气动噪声总声压级与横向风速的关系分别如图 3 和图 4 所示。横向风作用下气动噪声的总声压级明显增大，横向风速 10 m/s 以上时总声压级已超出 70 dB。

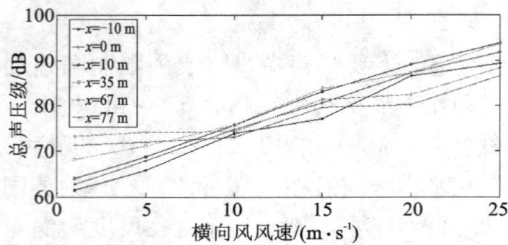

图 3 背风侧 30 m 气动噪声的总声压级变化曲线　　图 4 背风侧 50 m 气动噪声的总声压级变化曲线

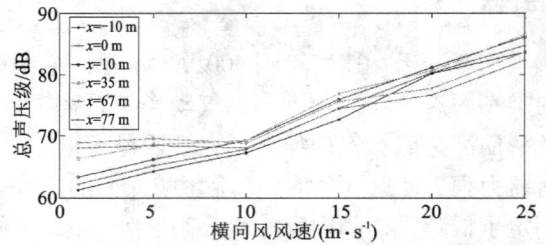

图 5 所示为背风侧 50 m、$x = 0.0$ m、$z = 0.0$ m 监测点的气动噪声的声压级曲线，图 6 为背风侧 50 m、$x = 67.0$ m、$z = 0.0$ m 监测点的气动噪声低频部分，其余监测点类似。横向风明显改变了列车周围的气动噪声，列车的气动噪声的各频率声压级值均随横向风风速 V_y 增大而增大。横向风速增大易导致低频气动噪声的声压级值超出标准值。

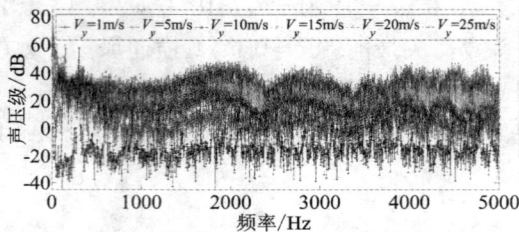

图 5 气动噪声声压级曲线　　　　　　　　图 6 低频气动噪声

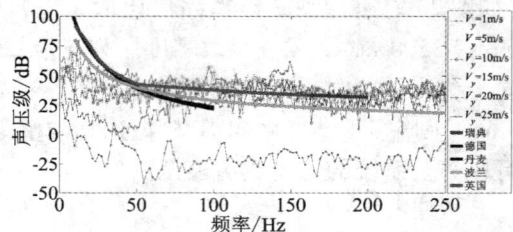

4 结论

ICE 高速列车以 300 km/h 速度在简支梁迎风侧运行时，列车两侧的气动噪声的总声压级随横向风风速的增大而增大，横向风易引起列车两侧的低频气动噪声超出标准值。横向风风速显著改变了高速列车周围的气动噪声分布，对桥上高速列车的气动噪声的影响不容忽视。

参考文献

[1] Talotte C. Aerodynamic noise: A critical survey[J]. Journal of Sound and Vibration, 2000, 231(3): 549 – 562.

[2] 沈志云. 高速列车的动态环境及其技术的根本特点[J]. 铁道学报, 2006, 28(4): 1 – 5.

[3] 张亚东, 张继业, 李田. 高速列车整车气动噪声声源特性分析及降噪研究[J]. 铁道学报, 2016, 38(7): 40 – 49.

[4] Shehap A M, Shawky H A, El – Basheer T M. Study and assessment of low frequency noise in occupational settings[J]. Archives of Acoustics, 2016, 41(1): 151 – 160.

[5] 杨晓宇, 高阳, 程亚军, 等. 高速列车气动噪声 Lighthill 声类比的有限元分析[J]. 噪声与振动控制, 2011(4): 80 – 84, 127.

公铁同层桥上轨道位置优化风洞试验研究[*]

敬海泉[1,2]，周旭[1,2]，何旭辉[1,2]

（1. 中南大学土木工程学院 长沙 410075；2. 高速铁路建造技术国家工程实验室 长沙 410075）

1 引言

公铁同层桥梁桥面一般设置较宽，列车轨道在桥面有多种布置方式，横风作用下列车在桥面位置的不同势必会引起车桥周围流场的变化，进而导致其横风作用受力的不同。本文以基于风洞试验，研究了国内某公铁同层桥上列车横向布置为对车桥系统气动特性的影响规律，优化了列车轨道布置方案。

2 风洞试验

车桥风洞试验的节段模型如图 1 所示，几何缩尺比为 1∶50，桥梁模型长 $L=2.04$ m，高 $H=0.09$ m、宽 $B=0.99$ m；列车模型长 2.04 m，高度和宽度分别为 0.070 m 和 0.068 m。试验采用电子扫描阀测量风压，在模型跨中截面布置测压孔 139 个，其中桥梁模型测压孔 109 个，如图 2 所示。

图1 车－桥节段模型

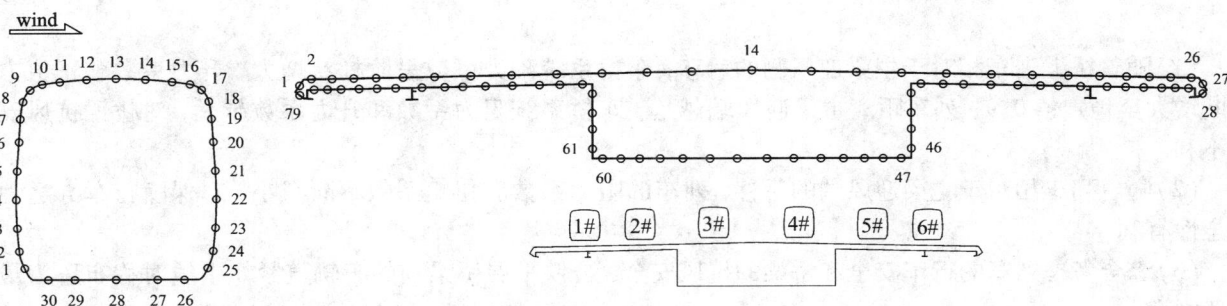

图2 测压孔布置及轨道工况

0°风攻角下列车在桥面不同位置处时，车桥一体三分力系数如图 3（a）所示，列车三分力系数如图 3（b）所示。随着列车顺风向后移，阻力系数呈阶梯状增大，列车在桥面中心附近，车桥阻力系数变化较小；升力系数随着列车的后移不断增大，且在下游半幅桥面趋于定值；列车阻力系数和扭矩系数的绝对值不断减小，且近似呈线性递减趋势；当列车位于迎风侧桥面时，升力系数为负值。图 4 所示为列车位于迎风侧轨道时桥梁、列车的风压分布。

3 结论

本文研究了轨道位置对公铁同层车桥气动力特性的影响，得到以下主要结论：

* 基金项目：高铁联合基金重点项目（U1534206）；国家重点研发计划子课题（2017YFB1201204）；中国铁路总公司项目（2017T001－G）

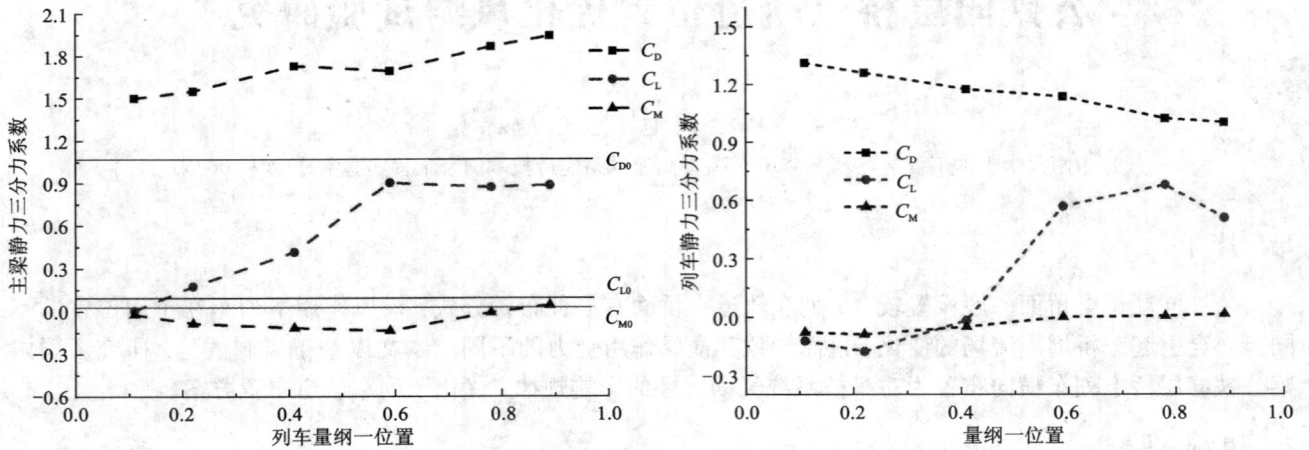

图 3   车、桥气动力系数随列车无量位置的变化曲线

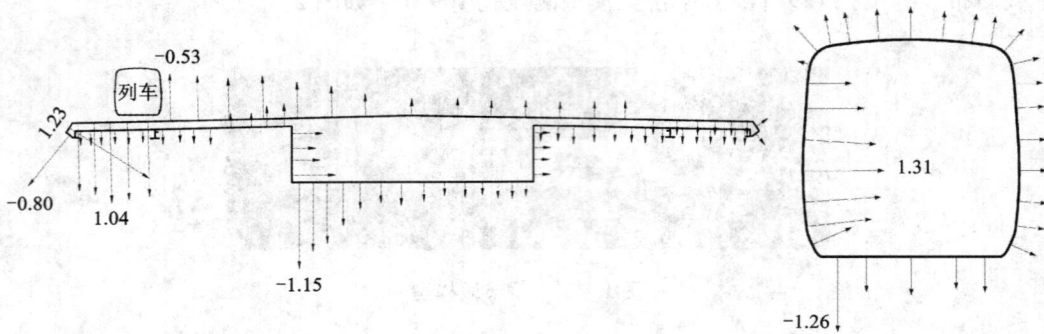

图 4   列车位于迎风侧轨道时桥梁、列车的风压分布

（1）随着桥上列车相对于主梁迎风侧的后移，车桥系统阻力系数呈阶梯状增大，升力系数朝正值方向不断增大至稳定值 0.9；列车距离主梁迎风端越远，车桥系统阻力系数和升力系数越大，对桥梁抗风安全越不利。

（2）随着列车相对于主梁迎风端的后移，列车的阻力系数和扭矩系数不断减小，对保障行车舒适性和安全性有利。

（3）综合考虑列车的行车安全和桥梁的抗风安全，公铁平层桥梁列的车轨道紧靠中线对称布置为最优布置方案。

参考文献

［1］何旭辉，邹云峰，周佳，等.运行车辆风环境参数对其气动特性与临界风速的影响［J］.铁道学报，2015（5）：15－20.

［2］刘庆宽，杜彦良，乔富贵.日本列车横风和强风对策研究［J］.铁道学报，2008（1）：82－88.

［3］田红旗.列车空气动力学［M］.北京：中国铁道出版社，2007.

［4］F Cheli, F Ripamonti, D Rocchi, et al. Aerodynamic behavior investigation of the new EMUV250 train to cross wind［J］. Journal of Wind Engineering & Industrial Aerodynamics, 2010, 98（4－5）：189－201.

［5］邹云峰，何旭辉，李欢，等.风屏障对车桥组合状态下中间车辆气动特性的影响［J］.振动工程学报，2016，29（1）：156－165.

［6］向活跃.高速铁路风屏障防风效果及其自身风荷载研究［D］.成都：西南交通大学，2013.

［7］陈政清.桥梁风工程［M］.北京：人民交通出版社，2005.

随机车流 – 风 – 浪联合作用下沿海大跨桥梁结构疲劳可靠度研究[*]

朱金[1]，李永乐[1]，张伟[2]，吴梦雪[3]

（1. 西南交通大学土木工程学院 成都 610031；2. 美国康涅狄格大学土木与环境工程学院 康涅狄格州 斯托斯市 06269；
3. 西南石油大学土木工程与建筑学院 成都 610500）

1 引言

跨海大跨桥梁通常结构轻柔，而且在施工和运营阶段通常会面对非常复杂的极端海洋环境比如强风和大浪，再加上桥上的车流的作用，形成了复杂的风 – 浪 – 车 – 桥耦合动力作用系统。此外，由于桥上风浪荷载和车流荷载的反复作用，不仅影响了桥上行车的舒适性和安全性，还会导致桥梁局部构件产生累计疲劳损伤，在损伤超过疲劳抗力后影响桥梁的安全性和使用寿命。由于作用在桥梁结构上的风浪荷载和车流荷载具有随机性的特点，也增加了桥梁结构的分析难度。因此，研究海洋环境荷载作用下桥梁结构在全寿命周期内的动力特性和疲劳损伤对于保证桥梁的安全运营和国民经济建设具有重要的意义。

本文在作者编制的风 – 浪 – 车 – 桥耦合系统数值模拟平台的基础上，基于可靠度理论，提出了评估沿海桥梁结构在全寿命周期内随机荷载作用下疲劳可靠度的方法。首先，基于桥址处环境参数的长期实测数据，建立了能反映桥址处联合风浪分布的 Copula 模型以及能反映桥址处交通状况的随机车流模型，并将其作为风 – 浪 – 车 – 桥系统的外部激励。进一步地，为了获取荷载作用下关键疲劳细节的应力时程，利用多尺度数值模拟技术将主梁跨中节段的详细有限元模型"嵌入"桥梁结构的整体有限元模型中，从而将"大尺度"的荷载效应传递至"小尺度"的疲劳细节。此外，考虑到外荷载的随机特性，采用传统的 Monte – Carlo 方法遍历所有可能的荷载工况组合会大幅增加计算工作量，本文采用机器学习的方法建立了随机荷载与关键疲劳细节等效日疲劳累计损伤量之间的输入 – 输出预测模型。在此基础上，通过建立相应的极限状态方程，可以评估桥梁结构的疲劳可靠度。最后，本文以一座沿海大跨桥梁为例，研究了全寿命周期内风、浪、车流荷载共同作用下的疲劳可靠度。

2 随机荷载的模拟

首先，通过桥址处测站得到的历史观测数据（1980—2012 年），对联合风浪要素中 5 个关键参数（风速 V_w，风向 θ_w，卓越浪高 H_s，波浪方向 θ_s 和波浪周期 T_p）进行分析，并在此基础上对联合风浪要素进行概率分布的拟合。本文采用 Copula 模型进行拟合，如图 1 所示。由于公路桥梁的车流量具有很强的随机性，采用实测统计数据建立随机车流概率模型是研究桥梁结构在车流作用下动力响应和疲劳可靠度的基本前提。本文基于动态称重（WIM）系统的数据，建立了沿海某大跨斜拉桥随机车流概率模型，如图 2 所示。

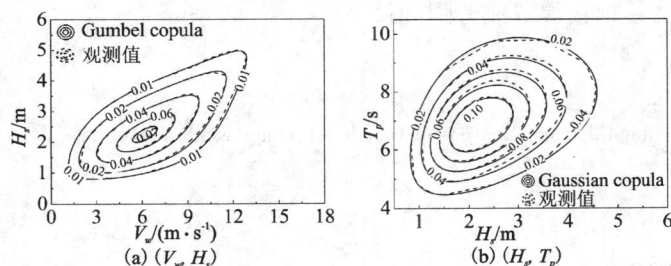

图 1　风浪要素的联合概率密度分布的观测值和拟合值

* 基金项目：美国国家自然基金项目（National Science Foundation）；Fatigue Prognosis of Coastal Slender Bridges（NSF Grant CMMI – 1537121）

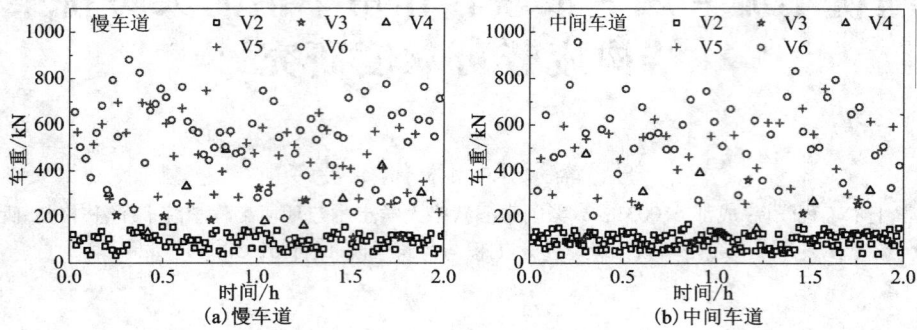

图 2　随机车流

3　算例

　　本文以一座斜拉桥为工程背景,基于本文提出的疲劳可靠度分析方法,研究了桥梁的疲劳可靠度。该桥跨度布置为 60 + 176 + 700 + 176 + 60 m,限于篇幅,关于该桥的详细信息请参考文献[1]。图 3 给出了 U 肋对接焊缝的等效日疲劳累计损伤的预测值和概率分布,发现其服从 Weibull 分布。图 4 给出了 3 种疲劳细节的可靠度指标。由图 4 可以看出,3 种焊缝中,U 肋对接焊缝最易发生疲劳破坏,而 U 肋 – 顶板焊缝疲劳强度最高。

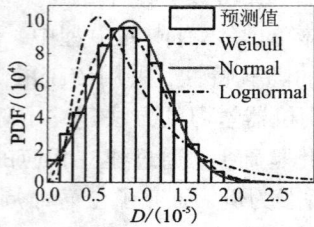

图 3　D 的预测值和概率分布拟合

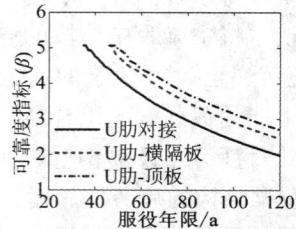

图 4　3 种关键疲劳细节的可靠度指标

4　结论

　　本文基于可靠度理论,提出了沿海桥梁结构在全寿命周期内随机荷载作用下疲劳可靠度研究的新方法。为了克服传统 Monte – Carlo 模拟所带来计算效率低下的问题,本文采用机器学习的算法建立了输入(荷载) – 输出(等效日疲劳累计损伤)的预测模型。最后,本文以一座斜拉桥为例评估了该桥在全寿命周期内车流荷载和联合风浪荷载共同作用下 3 种关键疲劳细节的疲劳可靠度。计算结果表明 U 肋对接焊缝最易发生疲劳破坏,而 U 肋 – 顶板焊缝疲劳强度最高。

参考文献

[1] Zhu J, Zhang W, Wu M. Coupled dynamic analysis of vehicle – bridge – wind – wave system[J]. Journal of Bridge Engineering, 2018, 23: 1 – 17.

九、输电塔线抗风

输电塔线体系风致破坏特性气弹模型风洞试验研究[*]

陈波[1]，吴镜泊[1]，欧阳怡勤[1]，李文斌[2]

（1. 武汉理工大学道路桥梁与结构工程湖北省重点实验室 武汉 430070；2. 广东省输变电工程有限公司 广州 510160）

1 引言

输电塔线体系是重要的电力基础设施和生命线工程。作为一种典型的高柔结构，输电塔线体系在强台风作用下容易发生损伤破坏甚至倒塌，这将导致严重的社会经济损失和次生灾害。在强台风灾害中输电杆塔多发损伤破坏甚至倒塌事故。输电杆塔强台风作用下的性能关系到输电线路的安全性和可靠性，常规的输电杆塔设计基于静力效应分析，不能充分考虑输电塔线体系风致耦合振动效应，更无法考虑输电杆塔的风致破坏非线性过程。实际上由于杆塔形式差异、导地线档距差别、强风荷载的复杂性，使得输电线路在强台风作用下的服役性能特别是损伤破坏机制尚未完全明确。目前，气弹模型的风洞试验仍然是深入研究各种复杂的风致耦合振动现象的有效手段之一。基于此，本文开展了输电塔线体系气弹模型风洞试验，研究了典型输电杆塔的风致振动特点和规律，掌握了其强风破坏机理和特征。文中首先阐述了输电塔线体系的气弹模型设计制造方法，进一步研究了气弹模型的动力特性，最后研究了输电杆塔风致破坏的机理和破坏特征。

2 输电塔线体系气弹模型设计

某典型猫头型输电塔位于广东南部沿海强台风地区，该地区多发风致倒塔事故。该塔总高 43.6 m，呼高 35.7 m，具体如图 1 所示。结构所用的杆件均为角钢，斜杆选用 Q235 钢材，主材选用 Q345 钢材，弹性模量为 2.01×10^{11} N/m^2，密度为 7850 kg/m^3。该输电塔线体系左档距为 376 m，右档距为 461 m。导线分两相，两边相导线水平排列，通过绝缘子分别挂于塔架横担悬臂上。中相导线单独在猫头窗中部。两边相导线水平排列，通过绝缘子分别挂于塔架横担悬臂上，水平间距 14 m，中相导线单独在猫头塔窗部，边相线与中相线间距为 7 m，每相导线为 2×LGJ240/30 钢芯铝绞线二分裂导线，中间无间隔棒。地线采用 GJ-50 镀锌钢绞线。试验在西南交通大学 XNJD-3 风洞实验室进行，风洞试验段尺寸为 22.5 m×36 m×4.5 m，在此基础上确定模型的几何相似比 $n=1/20$。考虑到实验室尺寸限制，输电导线考虑了二次缩尺，采用 Davenport 提出的等效设计方法，跨度相似比为 1/40。气弹模型的设计除满足几何相似，质量与刚度分布与原型一致，还需要满足 Froude 数、Strouhal 数、Cauchy 数、Reynolds 数等。

3 输电塔线体系破坏特征

实验前通过布置尖劈、挡板和多排分布粗糙元，模拟了 1/20 比例的 B 类地貌紊流风场，如图 2 和图 3 所示。调试结果表明模拟风场在对应梯度风高度内符合规范要求，在模型高度范围内梯度风对平均风影响小，对湍流度影响大。研究表明：在强风作用下，该输电杆塔中下部位置主材杆件首先发生承载力不够引起的损伤破坏，进而引起该区域的应力集中并导致其他周边杆件迅速发生破坏，最终导致整体杆塔失去承载力而倒塌。

---

* 基金项目：国家自然科学基金（51678463）；南方电网公司科技项目（GDKJXM20161994（030800KK52160004））；武汉市青年科技晨光计划（2016070204010107）

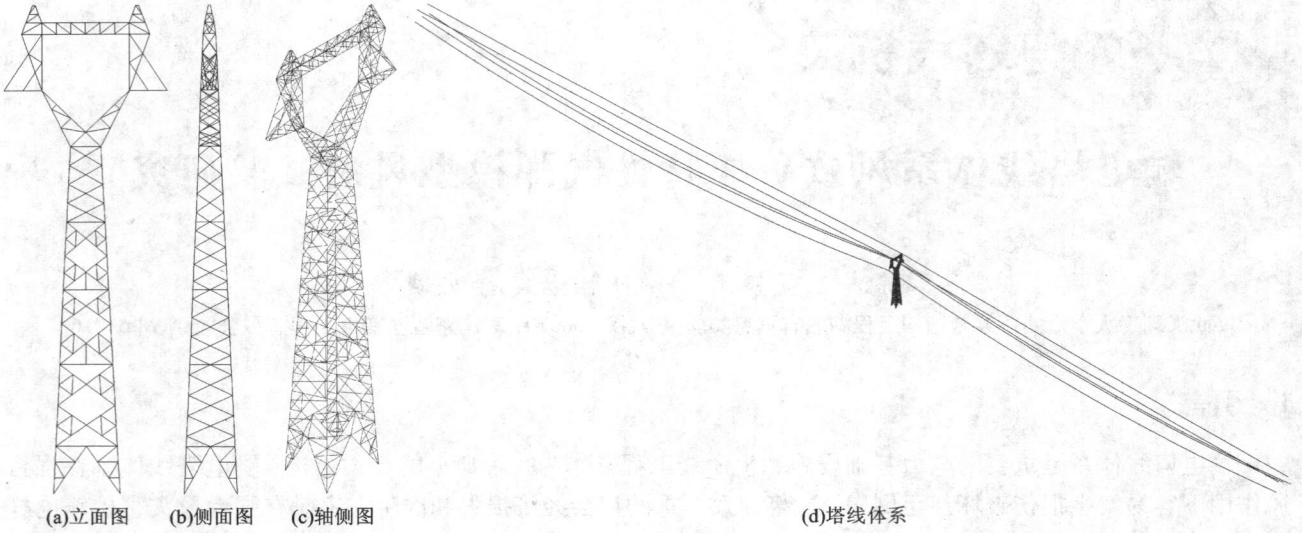

(a)立面图　(b)侧面图　(c)轴侧图　　　　　　　　　(d)塔线体系

图1　输电塔线体系示意图

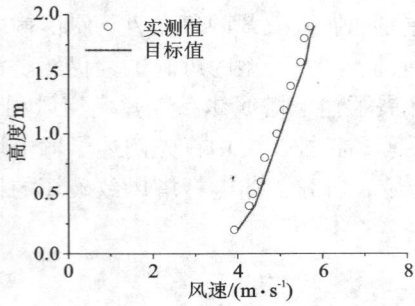

图2　风速剖面曲线

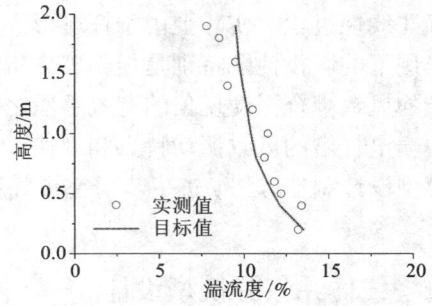

图3　湍流度沿高度变化曲线

图4　输电杆塔破坏倒塌过程示意图

4　结论

本文进行了输电塔线体系气弹模型的风洞试验，研究了其风致破坏的机理和特征，为这类结构的分析设计和抗风加固提供了参考和依据。

参考文献

[1] Chen B, Zheng J Qu, W L. Control of wind – induced response of transmission tower – line system by using magnetorheological dampers[J]. International Journal of Structural Stability and Dynamics, 2009, 9(4): 661 – 685.

输电塔结构风雨荷载作用模型研究*

付兴，李宏男

（大连理工大学海岸和近海工程国家重点实验室 大连 116023）

1 引言

风是大跨越输电塔线体系的主要设计荷载，但由于对环境荷载作用下的高压输电塔线体系动力响应特性认识上的不足，在强风雨下造成结构体系破坏的事例时有发生。因此，非常有必要开展输电塔雨荷载作用模型方面的研究工作，更全面地揭示铁塔倒塌机理。在现有的雨荷载数学模型中，均将降雨的碰撞过程做了大量的简化[1-3]，忽略了雨滴在碰撞过程中的飞溅、碰撞后雨滴速度变化等微观特性，而是把雨滴碰撞力看成一个定值，但现有研究结果表明[4]雨滴的碰撞力时程曲线非常复杂。根据这些假设提出的雨荷载数学模型，得到的计算结果误差可能非常大[5]。因此，非常有必要开展雨荷载作用机理及数学模型的相关研究工作，进而应用到输电塔结构上，分析雨荷载对结构动力反应或倒塌的贡献。

2 雨荷载计算模型

雨滴直径为 D 时的雨压强表达式[4]为：

$$P_{rain}(V_a, R, D, H, \alpha) = \frac{M_r(V_h, D, R)}{\frac{1}{V_h}} = k\rho_r S(\gamma(H, D, \alpha)V_a, R)n(D, R)\gamma^3(H, D, \alpha)V_a^3 D^3 \quad (1)$$

在一个降雨事件中，由于输电塔各杆件是离散的，输电塔的前后面均会与雨滴发生碰撞，所以碰撞面积为 $2A$[1]。因此，对式(1)进行积分即可得到雨荷载计算公式：

$$F_{rain}(V_a, R, H, \alpha, A) = 2\int_0^\infty P_{rain}(V_{10}, R, D, H, \alpha)A dD$$

$$= 2k\rho_r A V_a^3 \int_0^\infty S(\gamma(H, D, \alpha)V_a, R)\gamma^3(H, D, \alpha)n(D, R)D^3 dD \quad (2)$$

3 数值仿真及风洞试验

加工制作的输电塔气弹模型如图1所示，人工降雨装置如图2所示，图中的降雨装置由多个喷头组成。详细的模型尺寸及风洞参数在之前文献[6]中已有详细介绍，不再赘述。

图1 输电塔气弹模型

图2 人工降雨装置

* 基金项目：国家自然科学基金项目（51708089）；中国博士后科学基金（2017M620101）

将数值模拟和风洞试验的加速度均方根结果及对应的增大百分比进行对比，如图3所示。由图3可明显看出数值模拟的曲线与试验曲线非常接近。

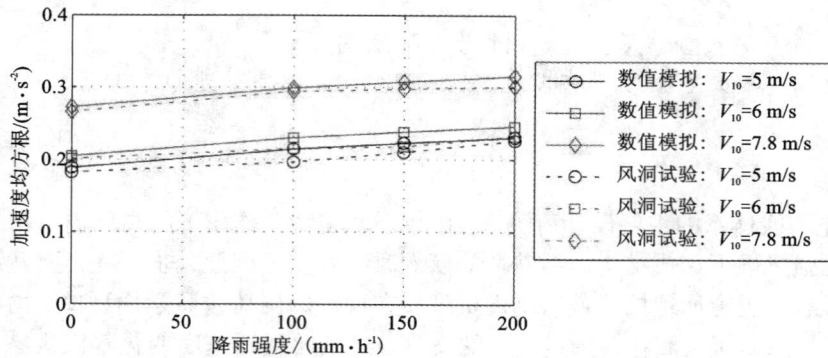

图3 数值模拟和风洞试验加速度均方根对比

表1计算了数值模拟和风洞试验加速度均方根的相对误差，从表中可明显看出加速度均方根最大相对误差只有9.00%，说明采用本文提出的雨荷载计算模型来模拟雨荷载是可行的，且数值模拟结果具有一定的可靠性。

表1 数值模拟和风洞试验加速度均方根相对误差（单位：%）

基本风速 $V_{10}/(\text{m}\cdot\text{s}^{-1})$	降雨强度 $R/(\text{mm}\cdot\text{h}^{-1})$			
	0	100	150	200
5	3.44	9.00	5.97	1.92
6	1.77	7.01	9.26	5.81
7.8	2.49	1.60	3.33	4.75

注：相对误差＝（数值模拟－风洞试验）/风洞试验×100%。

4 结论

本文提出了一种新的雨荷载计算模型，研究了输电塔在风雨耦合荷载作用下的动力响应，同时通过风洞试验对提出的雨荷载计算方法进行了验证。数值仿真及风洞试验结果均表明，雨荷载对输电塔动力反应的影响需要引起足够重视。

参考文献

[1] FU X, LI H N, YI T H. Research on motion of wind-driven rain and rain load acting on transmission tower[J]. Journal of Wind Engineering and Industrial Aerodynamics, 2015, 139: 27-36.
[2] 付兴, 林友新, 李宏男. 风雨共同作用下高压输电塔的风洞试验及反应分析[J]. 工程力学, 2014, 34(1): 72-78.
[3] 李宏男, 任月明, 白海峰. 输电塔体系风雨激励的动力分析模型[J]. 中国电机工程学报, 2007, 27(30): 43-48.
[4] 付兴. 风雨致输电塔线体系动力反应及倒塌分析[D]. 大连：大连理工大学, 2016.
[5] FU X, LI H N, YANG Y B. Calculation of rain load based on single raindrop imping experiment and applications[J]. Journal of Wind Engineering and Industrial Aerodynamics, 2015, 147: 85-94.
[6] 付兴. 风雨荷载共同作用下高压输电塔的动力反应分析及风洞试验研究[D]. 大连：大连理工大学, 2013.

基于现场实测的输电塔线台风风偏易损性分析[*]

黄铭枫[1]，徐卿[1]，楼文娟[1]，卞荣[2]

（1.浙江大学结构工程研究所 杭州 310058；2.国网浙江省电力公司经济技术研究院 杭州 310008）

1 引言

现场实测是获取输电塔线真实台风作用及其响应性状的重要手段，也为运行输电线路开展气象灾害破坏预警提供了基础数据和依据[1]。但由于在输电线路上传感器较难进行大规模布置，目前已有的针对输电塔线体系的安全监测工作主要集中在输电铁塔上。考虑到输电线路沿线的监测数据往往十分有限，利用线路结构的有限元模型结合实测数据进行反演和分析能够有效弥补现场监测数据的不足，同时互相验证有限元模型和实测数据的有效性。

本文在某输电线路上布置了一套包含风速风向等气象要素以及塔线动力响应的多元状态监测系统，利用该监测系统采集得到了 2017 年 18 号超强台风"泰利"影响下的风速风向，塔线振动与导线张力响应等数据。同时建立了该实际输电线路的有限元模型，考虑输电线路参数的客观不确定性，开展了输电线路在本次台风以及不同风灾水平下的风偏动力分析以及风偏易损性分析，计算得到了不同风险等级下的风偏闪络失效概率。

2 输电线路现场实测

本文所监测的输电塔线位于浙江省舟山市，其位置及周边地形示意见图 1。该线路位于沿海丘陵地带，其周边分布有大量丘陵。在该输电塔线上布置了风速风向仪，拉力传感器以及加速度传感器，其中风速仪安装于塔 1 和塔 2 顶部；拉力传感器安装于输电塔 1 水平绝缘子串与导线连接处，用来监测导线耐张端水平张力；加速度传感器安装方向为垂直于导线，用于监测导线水平向风致振动。采用上述监测系统获得了 2018 年台风"泰利"作用下的风场和风致响应数据，图 2 所示为台风"泰利"作用下 2018 年 9 月 15 日 17 时至 18 时的风速时程，该时段内 10 min 平均风速约为 9 m/s，瞬时最大风速达 17 m/s。

图 1 某线路铁塔位置及周边地形

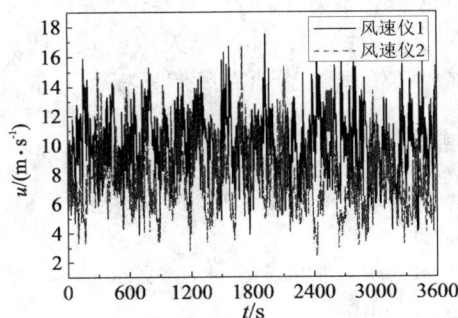

图 2 实测台风风速

3 输电线路风偏可靠度分析

导线风偏过大会导致导线与直线塔之间的距离、跳线与耐张塔构件之间的距离、导线与地线之间的距离以及导线与周边树木等物体之间的距离减小，直至无法满足线路的电气绝缘要求，就会发生击穿放电，称为风偏闪络。为了全面评估该线路在不同风灾水平下的风偏可靠度特性，基于线路风偏闪络失效模式，

* 基金项目：国家自然科学基金资助（51578504，51838012）；国家电网科技项目（5211JY17000M）

可以定义如下性能函数 Z：

$$Z = f(R, S) = R - S$$

其中 R 为输电线路导线与输电铁塔的间隙距离；S 为导线与输电塔之间的最小绝缘间隙。当 $Z < 0$ 时，表明电气间隙小于最小绝缘间隙，有可能发生风偏闪络。

　　利用实测风场以及导线风致响应数据，更新结构参数以及承受的风荷载开展风偏分析，计算得到最小电气间隙随风速的变化关系，见图 3。输电线路风偏最小电气间隙随风速的增加而显著减小，本次台风作用下输电塔 2 中悬垂绝缘子串下端点至塔身距离最小值为 3.215 m，远大于电气绝缘要求的最小空气间隙距离 1.08 m，因此本次台风作用下不会发生风偏闪络事故。以风偏闪络发生的失效概率 P_f 为纵坐标绘制不同风险等级下的易损性曲线，如图 4 所示。从图中可见，随着基本风速的增加，风偏闪络失效的风险和概率也明显增大。当风速为 50 年重现期的基本风速时，不同风险等级下的风偏闪络失效概率为 49.7%，10.8%，0.43%。

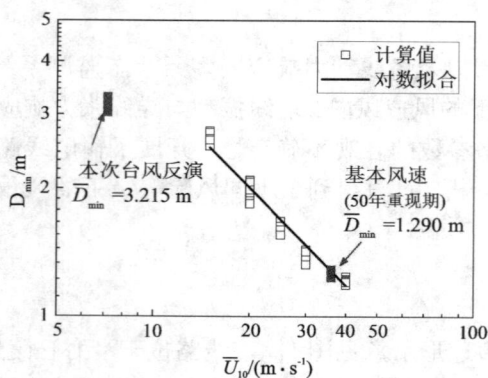

图 3　最小电气间隙随风速变化曲线

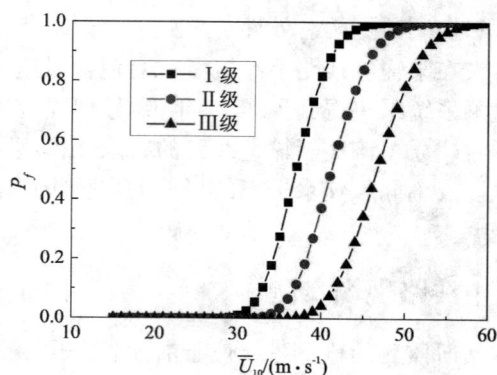

图 4　输电线路风偏闪络易损性曲线

4　结论

　　本文利用实测系统采集得到了某实际输电线路在台风"泰利"影响下的周边风场，导线风致振动以及动张力等响应数据。建立了输电线路的有限元模型，并完成了本次台风作用以及不同风灾水平下线路风振分析。针对输电线路的风偏闪络失效模式，通过考虑参数不确定性提出了基于最小电气间隙的风偏闪络性能函数，完成了输电线路动力风偏易损性分析，得到了线路在不同风灾等级下的风偏闪络失效概率。

参考文献

[1] 汪江, 杜晓峰, 田万军, 等. 500 kV 大跨越输电塔振动在线监测与模态分析系统[J]. 电网技术, 2010, 34(10): 180 – 184.

[2] ASCE No. 74 Guidelines for electrical transmission line structural loading thirdeditioni[S]. Virginia: American Society of Civil Engineers, 2010.

[3] 王海涛, 谷山强, 吴大伟, 等. 基于数值天气预报的输电线路风偏闪络预警方法[J]. 电力系统保护与控制, 2017, 45(12): 121 – 127.

台风中受损线路所处复杂地形的风加速效应数值仿真研究

罗啸宇，谢文平，雷旭，聂铭

（广东电网有限责任公司电力科学研究院 广州 510080）

1 引言

作为电网的骨架，输电线路不可避免地会有一部分建设在山地、丘陵等复杂地形，而实际地形的风加速效应并不能简单地按照规范来计算，因此，采用数值模拟的方法能够实现线路附近风场的高分辨分析，从而在台风来临前快速判断线路风荷载较大的危险点，或是用于灾后分析倒塔事故发生的原因。

2 强台风"天鸽"中受损线路

2017 年，强台风"天鸽"（编号 1713）登录我国广东地区，根据气象部门的记录，登录过程中的最大瞬时风速达到了 51.9 m/s。"天鸽"给珠海的电力设施造成严重损坏，110 kV 及以上线路发生多起倒塔事故。图 1 所示为该线路所处地形的数字高程图。

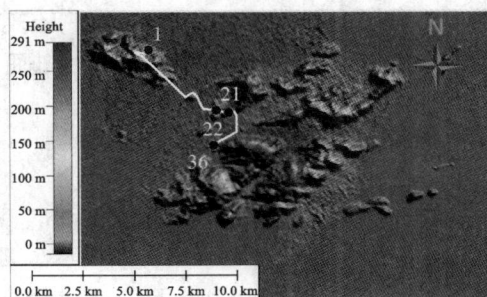

图 1 受损线路所处地形的数字高程地图

3 流场建模

在众多湍流模型中，SST $\kappa-\omega$ 模型可以较好地预测流体的平均速度以及壁面切应力，同时对计算资源的要求较低。本文针对风场模拟采用的可压缩流的雷诺平均方程可表示为：

$$\frac{\partial U_i}{\partial x_i} = 0 \tag{1}$$

$$\frac{\partial U_i U_j}{\partial x_j} = -\frac{1}{\rho}\frac{\partial p}{\partial x_i} + \frac{\partial}{\partial x_j}\left(\nu\frac{\partial U_i}{\partial x_j} - \overline{u_i u_j}\right) \tag{2}$$

式中：U_i 和 u_i 分别为 x_i 方向的平均风速和脉动风速；p 为气压；ρ 和 ν 分别为空气密度和黏度。

计算区域大小为 18 km×16 km，计算域高度 2 km。参照我国建筑结构荷载规范中的规定，CFD 模型的入口风速采用 B 类地貌的指数率风剖面形式，地面为非滑移壁面边界，顶面为对称边界，侧面及出口均采用速度出口。

4 结果分析

图 2 所示为计算区域离地表 20 m 高度的风速比云图，从图中可以看到由于地形的影响，风速比的分布差异巨大，有些区域最大风速比达到 1.8，而在有些区域则远远小于 1。显然，风速在山地的迎风面被逐渐加速，而在背风面则逐渐减速，该区域内最大的风速比正是出现在最高的山峰。

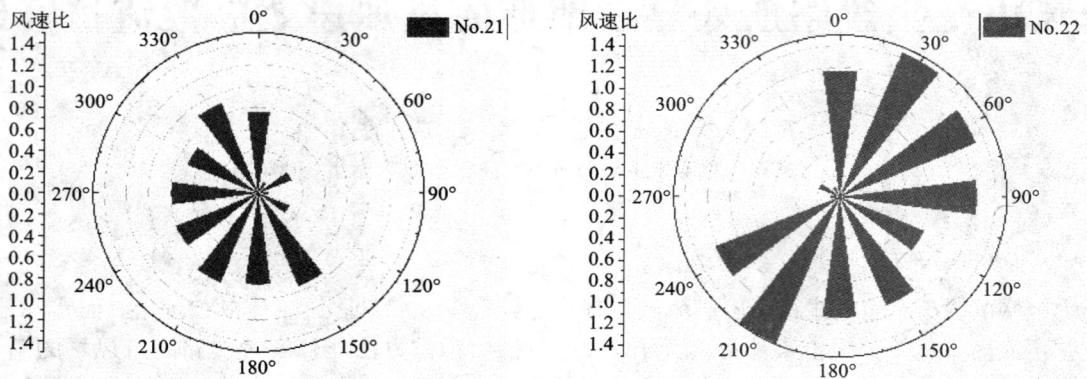

图 2　离地 20 m 高度处各个方向的风速比

5　结论

　　本文对强台风"天鸽"中受损线路周边的风场进行了数值模拟，分析了复杂地形对风场所产生的影响。结果显示 22#塔所周边的地形对该点的来流风产生了显著的加速效应，而对同样倒塌的 21#塔带来了遮蔽效应。从风荷载的角度看，22#塔在大多数风向角下的风速比均显著大于 21#塔，且在实际的台风风向下，风速比达到 1.17～1.45，从而推断 22#塔由于风荷载超限而倒塌，并进而导致 21#塔受到倒塔产生的拉力而发生破坏。

参考文献

[1] E Savory, H Hangan, A E Damatty, et al. Modeling and prediction of failure of transmission lines due to high intensity winds [C]//Structures Congress, Crossing Borders ASCE, 2008.

[2] T W LI, S Jiang, J Zhao, et al. Wind accident analysis of transmission line in China Southern Power Grid's Coastal Regions[C]// International Conference on Electric Utility Deregulation and Restructuring and Power Technologies IEEE, 2016: 1700 - 1704.

[3] W S Gao, R Zhou, D Zhao. Heuristic failure prediction model of transmission line under natural disasters[J]. Iet Generation Transmission & Distribution 11.4, 2017, 24(3): 935 - 942.

[4] 张宏杰, 杨靖波, 杨风利, 等. 台风风场参数对输电杆塔力学特性的影响[J]. 中国电力, 2016, 48(2): 41 - 47.

[5] 郑焘, 李晴岚, 王兴宝, 等. 台风对深港局地风影响数值模拟及地形敏感性试验[J]. 气象, 2018(3): 361 - 371.

[6] ASCE7 - 10, Minimum design loads for buildings and other structures[S]. ASCE, 2010.

[7] Architectural Institute of Japan, Recommendations for loads on building[S]. AIJ, 2004.

[8] GB 50009—2012, 建筑结构荷载规范[S]. 中国建筑工业出版社, 2012.

特大跨越输电塔线体系的风洞试验*

沈国辉[1]，姚剑锋[1]，郭勇[2]，张帅光[1]，楼文娟[1]

（1. 浙江大学结构工程研究所 杭州 310058；2. 浙江省电力设计院 杭州 310007）

1 引言

研究输电塔线体系的风致响应和耦合作用具有重要的意义。目前，通常采用数值模拟方法[1-3]来研究塔线体系的风致响应，也有采用气弹模型[1,4]进行风致响应的研究。本文针对某特大跨越输电线路进行气弹模型风洞试验，研究四塔三线体系的风致响应特征。

2 特大跨越输电塔线体系的风洞试验模型

某跨越塔高380 m，主跨度2626 m，三跨全长4193 m，为目前世界上最高的输电塔和最大的跨越段，如图1所示。塔线体系的模型缩尺比为1:200，风速比为1:8，由2基跨越塔和2基锚塔组成。跨越塔采用离散刚度法制作，共有1552个杆件；输电线上层为两根地线，第二、四层为两组四分裂导线，第三、五层为四组四分裂导线，气弹模型采用特制的线材制作，气弹模型的风洞试验情况如图2所示。

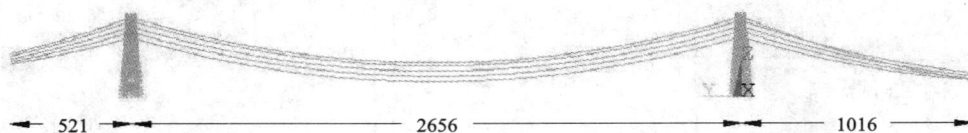

图1 塔线体系的跨度示意图

图2 塔线体系的气动弹性模型

在西南交大XNJD-3大气边界层进行风洞试验，试验段为22.5 m(宽)×4.5 m(高)，在模拟输A类地貌的风场中进行试验。图3给出了输电塔塔身顶部在不同风速下顺风向位移，由图可知塔顶位置的顺风向位移的平均值和标准差均随着风速的增加而增大。图4给出了输电塔塔身顶部在不同风速下的加速度标准差，由图可知塔顶加速度标准差随着风速的增加而增大；顺风向和横风向的加速度非常接近。

图5和图6给出了塔线体系下悬垂绝缘子在不同风速下风偏角的平均值和标准差，由图可知：平均值随着风速的增加而增大；标准差随风速的增加而基本不变；在64 m/s的风速下，平均风偏角可达47.5°，风偏角的标准差小于1°。

* 基金项目：国家自然科学重点基金项目(51838012)

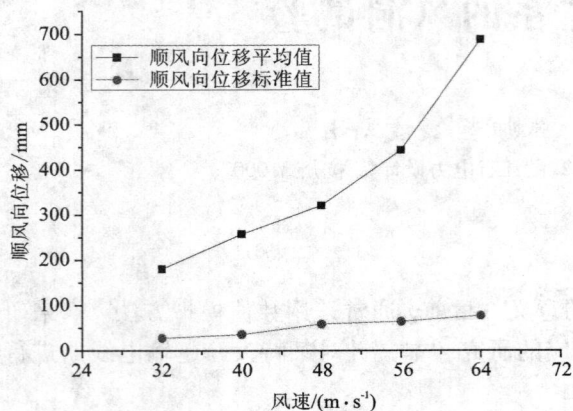

图 3　输电塔塔身顶部的顺风向位移

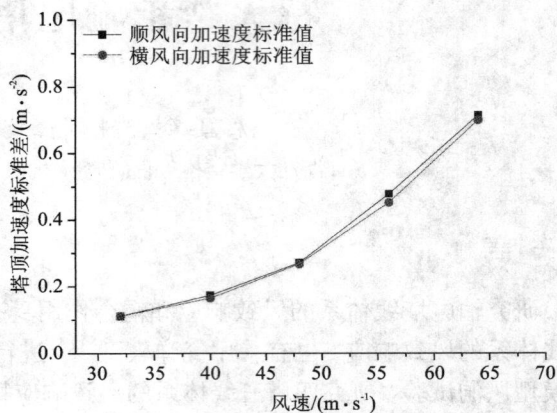

图 4　输电塔塔身顶部的加速度

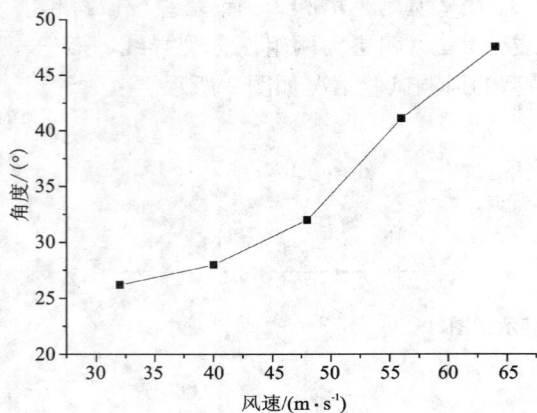

图 5　悬垂绝缘子风偏的平均值

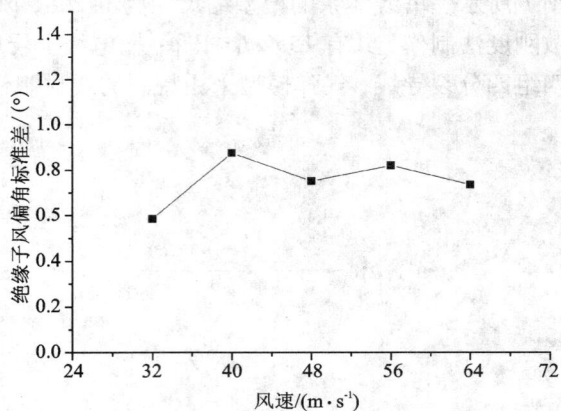

图 6　悬垂绝缘子风偏的标准差

3　结论

设计并制作了特大跨越塔线体系的气弹模型,塔和线的几何缩尺比均为 1:200。输电塔和输电线的响应均随着风速的增加而增大;塔顶加速度标准差随着风速的增加而增大;顺风向和横风向的加速度非常接近;在梯度风 64 m/s 风速下,悬垂绝缘子的平均风偏角达 47.5°。

参考文献

[1] 郭勇. 大跨越输电塔线体系的风振响应及振动控制研究[D]. 杭州:浙江大学,2006.

[2] 贺业飞. 大跨越输电塔结构的风振控制研究[D]. 杭州:浙江大学,2005.

[3] 郭勇,孙炳楠,叶尹,等. 大跨越输电塔线体系气弹模型风洞试验[J]. 浙江大学(工学版),2007,41(9):1482-1487.

[4] 梁政平,李正良. 特高压输电塔线体系的气弹模型设计[J]. 重庆大学学报,2009,32(2):131-136.

福建沿海地区输电杆塔结构台风风荷载计算研究[*]

王飞[1]，李正[1]，杨凤利[1]，汪长智[1]，许军[2]，翁兰溪[3]

（1. 中国电力科学研究院有限公司 北京 100055；2. 国网福建省电力有限公司电力科学研究院 福州 350001；

3. 中国电建集团福建省电力勘测设计院有限公司 福州 350003）

1　引言

随着全球变暖趋势不断加剧，台风等极端气候频发，对福建沿海地区输电线路危害日趋增大。现行的输电线路工程设计标准并未针对福建等沿海地区的输电杆塔结构的台风风荷载进行差异化设计，台风作用下的输电杆塔结构安全性能成为了一个重点研究方向[1-5]。湛江电力工业局的陈山针对1996年15号台风"莎莉"过境后造成的倒塔进行了大量分析[6]。浙江省电力勘测设计院有限公司叶尹等人对台风"桑美"造成的温州电网架空输电线路事故进行了分析[7]。浙江大学楼文娟等人通过在风洞中模拟台风风场的风剖面、湍流强度等风参数，研究了台风风场下输电塔的风振响应差异[8-9]。本文在分析福建沿海地区历史气象数据的基础之上，对福建沿海地区输电杆塔结构台风风荷载参数取值进行研究，并计算了厦门沿海地区的一基500 kV输电杆塔的台风荷载，并与常规风作用下的风荷载进行了对比分析。

2　福建地区台风统计分析

统计了福建地区历史台风数据，主要包括台风年均登陆个数、发生时间、台风强度比例、县区分布、台风路径情况等。

3　福建沿海地区台风风场实测

本文收集整理了台风"卡努"（Khanun 0515）、"麦莎"（Matsa 0509）、"苏力"（Soulik 1307）、"菲特"（Fitow 1323）、"杜鹃"（Dujuan 1521）5个台风近地面不同高度处的风速实测数据。

4　福建沿海地区输电杆塔结构台风风荷载计算

4.1　厦门地区极值风速预测

1961年以来，根据福建省厦门地区10 m高度处最大平均风速，采用Gumbel方法、Gringorten方法、矩法和有限样本矩法对福建厦门地区不同重现期的最大年平均风速进行预测。用有限样本矩法得到的联合风速重现期的最大平均风速来考虑厦门沿海地区的最大平均风速，设计风速取为37.27 m/s。

4.2　福建沿海地区台风风荷载参数取值

台风和常规风风场特性的参数取值如表1所示。

表1　两类风场风场特性参数取值

风场类别	平均风速/（m·s⁻¹）	风剖面系数 α	湍流强度 I_0
A类地貌常规风场	37.27m/s	0.12	0.12
预测台风风场	37.27m/s	0.08	0.15

4.3　杆塔结构风荷载计算

计算杆塔采用漳州～泉州500 kV Ⅰ、Ⅱ回开断进集美变线路工程SZCK–108杆塔。

在预测台风与常规风作用下，塔身、横担风荷载主要存在以下差异：

* 基金项目：国家电网公司总部科技项目（GCB17201700135）

（1）随着塔身、横担风压分段高度的增加，预测台风与常规风作用下风压高度变化系数 μ_z 不断增加，常规风最大的风压高度变化系数 μ_z 为 2.251，台风最大的风压高度变化系数 μ_z 为 2.451。

（2）随着塔身、横担风压分段高度的增加，预测台风与常规风作用下风荷载调整系数 β_z 不断增加，常规风最大的风荷载调整系数 β_z 为 2.612，台风最大的风荷载调整系数 β_z 为 2.898。

5　结论

收集了 5 个典型台风实测数据，提出台风作用下杆塔结构风荷载的计算方法。与良态气候下的常规风相比，台风与常规风的差异及其对输电杆塔的影响主要体现在：

（1）台风样本的风速普遍偏高，在回归台风极值风速时引入常规风样本将导致输电杆塔设计风速被低估。

（2）在台风时段内，风剖面系数和湍流强度变化范围大、特异性较强。

（3）预测台风风场下的塔身、横担风荷载比常规风大，塔腿处的荷载最大增大了 38.61%。

参考文献

[1] 何宏明，雷旭，聂铭，等. 台风作用下输电塔塔周风场与动力响应实测分析[J]. 建筑结构学报，2018，39(8)：1-9.

[2] 池金明. 福建沿海输电杆塔台风作用分析研究[J]. 福建建筑，2018(6)：123-126.

[3] 邓洪洲，段成荫，徐海江. 良态风场与台风风场下输电塔线体系气弹模型风洞试验[J]. 振动与冲击，2018，37(8)：257-262.

[4] 张荣伦，黄仁谋，杨雯乔，等. 基于 YanMeng 台风风场的输电线路极值风速推算方法[J]. 防灾减灾工程学报，2018，38(1)：131-136，202.

[5] 安利强，张志强，黄仁谋，等. 台风作用下输电塔线体系动力响应分析[J]. 振动与冲击，2017，36(23)：255-262.

[6] 陈山，曹传保. 9615 号台风造成杆塔倒塌原因初探[J]. 广东电力，1997(2)：40-42.

[7] 吴明祥，包建强，叶尹，等. 超强台风"桑美"引起温州电网输电线路事故的分析[J]. 电力建设，2007(9)：39-41.

[8] 楼文娟，蒋莹，金晓华，等. 台风风场下角钢塔风振特性风洞试验研究[J]. 振动工程学报，2013，26(2)：207-213.

[9] 楼文娟，夏亮，蒋莹，等. B 类风场与台风风场下输电塔的风振响应和风振系数[J]. 振动与冲击，2013，32(6)：13-17.

台风"莫兰蒂"造成 500 kV 输电铁塔倒塌分析[*]

张宏杰[1]，杨风利[1]，周强[2]，翁兰溪[3]，王飞[1]

(1. 中国电力科学研究院有限公司 北京 100055；2. 西南交通大学 成都 610031；

3. 中国电建集团福建省电力勘测设计院有限公司 福州 350003)

1 引言

1614 号台风"莫兰蒂"于 2018 年 9 月 15 日凌晨 2 点左右登陆福建厦门，重创厦门电网。与以往台风灾害不同的是，在其他台风中少有破坏的 500 kV 输电线路铁塔，在本次台风过境后倒塔 5 基。通过现场事故调查分析，发现这些铁塔均位于山区，且靠近山峰，其他临近 500 kV 输电线路未出现倒塔现象。初步的现场灾害分析显示，单纯提高验算风速无法解释同一塔型为何没有全部发生破坏，破坏形态也不完全一致，反映出部分设计参数还不够精确、验算工况不够全面等问题。本文通过开展详细的气象资料收集、数据分析、仿真模拟和力学分析，结合现场破坏情况比对力学分析结果，确定了最为合理的破坏工况，分析得到了与实际破坏形式一致的受力分析结果。

2 基于海量地面观测数据的塔位处最不利工况选取

本文基于气象台站提供的 1111 个气象台站在台风生成至登陆后的 72 h 内的风速、风向变化数据，结合输电线路现场破坏情况，初步确定了可能造成输电线路倒塔的风速、风向。

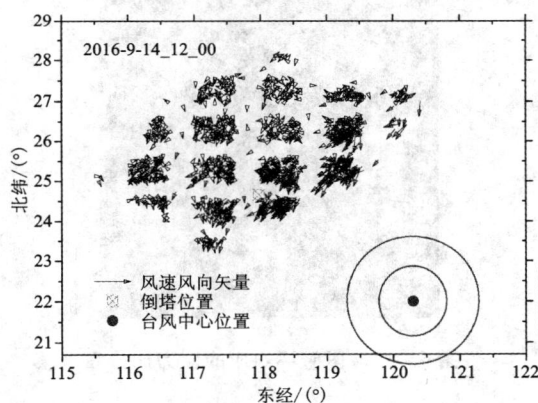

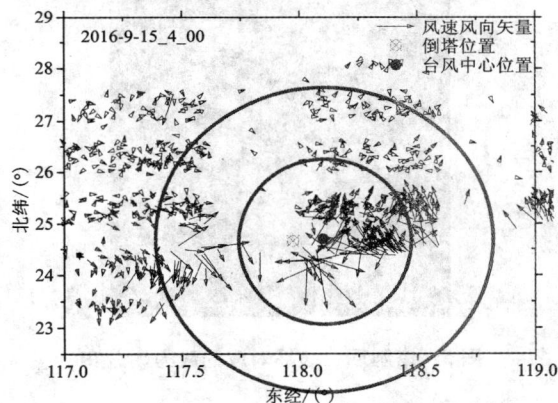

图 1 接近中的台风风速风向矢量场　　　　图 2 受损铁塔位于台风 10 级风圈内风速风向矢量场

针对距离 127 号铁塔空间距离最近的少数几个气象台站矢量风场进一步精细化分析，由图 3 可知，从风速量值和铁塔倒塌方向对应的风向来看，最有可能导致铁塔倒塌的那股气流应当会被 F2188 站和 F2185 站记录下来。其中，F2188 站采集到的最大 10 min 平均风速为 32.1 m/s，风向 344°；F2185 站采集到的最大 10 min 平均风速为 41.7 m/s，风向 320°。后续铁塔受力分析时，将依据这两个工况对应的风速、风向计算导地线和铁塔风荷载。

从整个福建高电压等级输电线路的破坏情况来看，发生倒塔事故的高电压等级铁塔全部位于可能存在微地形加速效应的山顶或峡谷处，这表明沿海台风多发地区尤其是第一道山脉前的输电线路，有必要开展考虑台风和微地形共同作用下的校核验算。本文针对发生倒塔的漳泉 II 路 127 号铁塔周边微地形开展了 CFD 仿真分析，获取了塔位处各个风向角下的风速加速比如图 4 所示。

---

* 基金项目：国家自然科学基金项目(51508537)；国家电网公司科技项目(GCB17201600017)

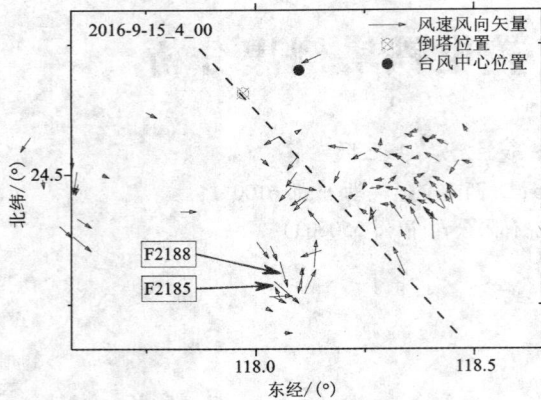

图3　倒塌铁塔附近微观矢量风场

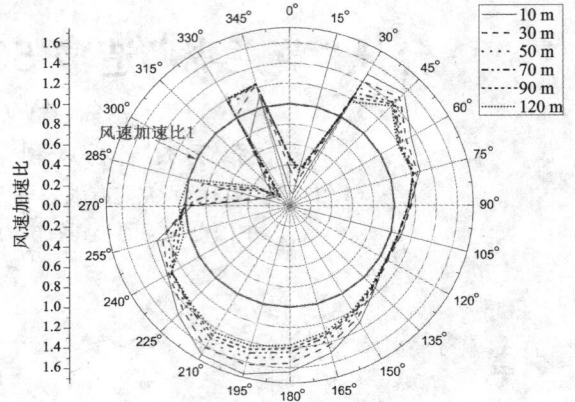

图4　倒塌铁塔周边微地形风速加速比

3　考虑微地形、台风共同作用的铁塔倒塌力学分析

借助铁塔常用分析软件 TTA 和导地线荷载计算表，综合考虑了台风风剖面系数、湍流强度和微地形不同风向上风速加速比的影响，台风过境时在 F2188 站和 F2185 微观风场作用下，发生了两种主要形式的倒塌破坏，一种是塔腿弯曲，一种是变坡段屈曲破坏。

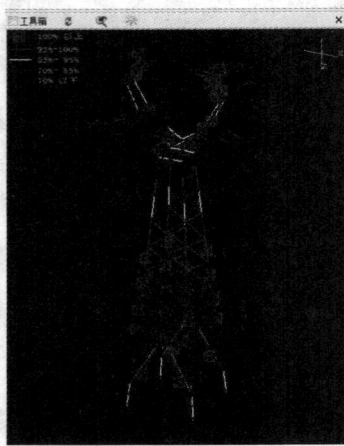

图5　塔腿屈曲破坏对应的应力比分布

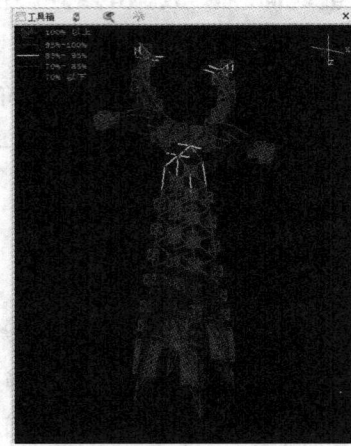

图6　变坡段破坏对应的应力比分布

4　结论

（1）台风并不是导致 127 号铁塔倒塔的唯一原因，必须将微地形的风速加速效应叠加在一起考虑才能得到与现场破坏形式一致的受力分析结果。

（2）如不考虑地形的遮挡效应，而采用 F2185 站 41.7 m/s 的风速进行输电线路设计，将使许多铁塔设计偏于保守，造成大量材料、资金的浪费。

（3）沿海第一道山脉前的输电线路有必要开展考虑台风和微地形综合影响的设计校核验算，从而提高这一地区输电线路的经济性和安全性。

参考文献

[1] 李永乐，蔡宪棠，唐康，等.深切峡谷桥址区风场空间分布特性的数值模拟研究[J].土木工程学报，2011，44（2）：116 - 122.

[2] 李正良，孙毅，魏奇科，等.山地平均风加速效应数值模拟[J].工程力学，2010，27（7）：32 - 37.

[3] 周志勇，肖亮，丁泉顺，等.大范围区域复杂地形风场数值模拟研究[J].力学季刊，2010，31（1）：101 - 107.

格构式输电塔横担风荷载直接测力法试验研究

周奇[1,2]，马斌[1]，孙平禹[1]

（1.汕头大学土木与环境工程系 汕头 515063；2.广东省高等学校结构与风洞重点实验室 汕头 515063）

1 引言

本文称现有横担阻力系数测试方法为间接测力（IFM）法，即通过将塔身和横担连体模型、塔身模型的测力试验结果相减间接地获得阻力系数。这种方法存在以下几点问题：（1）两次试验的精度无法做到统一。（2）横担模型风荷载并非连体模型与塔身模型的风荷载线性相减。（3）试验结果往往波动比较明显，试验误差可能较大。（4）无法直接准确地获得单侧横担的风荷载。为此，本文提出了直接测力（DFM）法，即利用多台微型天平对横担进行直接同步测力的风洞试验方法。DFM 避免了 IFM 可能存在的问题，但为了确保 DFM 的正确性，本文分别采用 DFM 和 IFM 对某格构式角钢横担风荷载进行了测试，并对比分析了试验结果。

2 风洞试验介绍

横担节段模型包括上补偿段、塔身段、横担段和下补偿段，各段长度分别为 0.316 m、0.876 m、0.388 m 和 0.324 m。两侧横担模型完全相同，单横担模型正立面挡风面积为 0.006 m²，实积率为 0.209。试验风速分别为 15 m/s、18 m/s、20 m/s 和 22 m/s，风偏角变化范围为 0°~90°，角度间隔为 5°。图 1 给出了两种试验方法下节段模型安装方法。

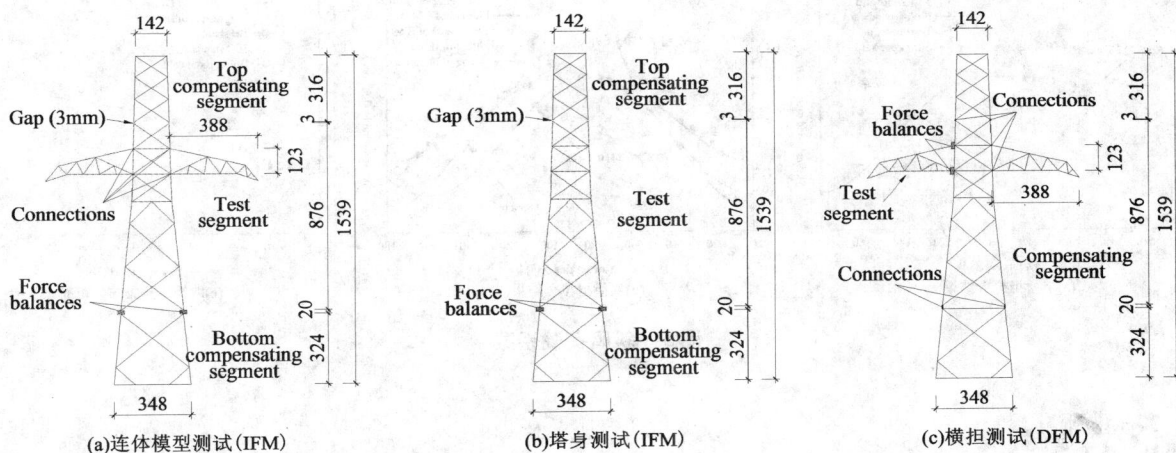

图1 试验中节段模型布置图

3 试验结果分析

3.1 阻力系数

图 2 分别给出了上游横担、下游横担和双横担的阻力系数的 IFM 和 DFM 测试结果。从图中可以看出，由于遮挡效应下游横担阻力系数小于上游横担，90°风偏角时上下游横担阻力系数基本一致。对于双横担阻力系数，DFM 结果要明显大于 IFM 结果，通过对比 90°风偏角阻力系数与规范值发现：DFM 结果非常准确，而 IFM 结果明显偏低。

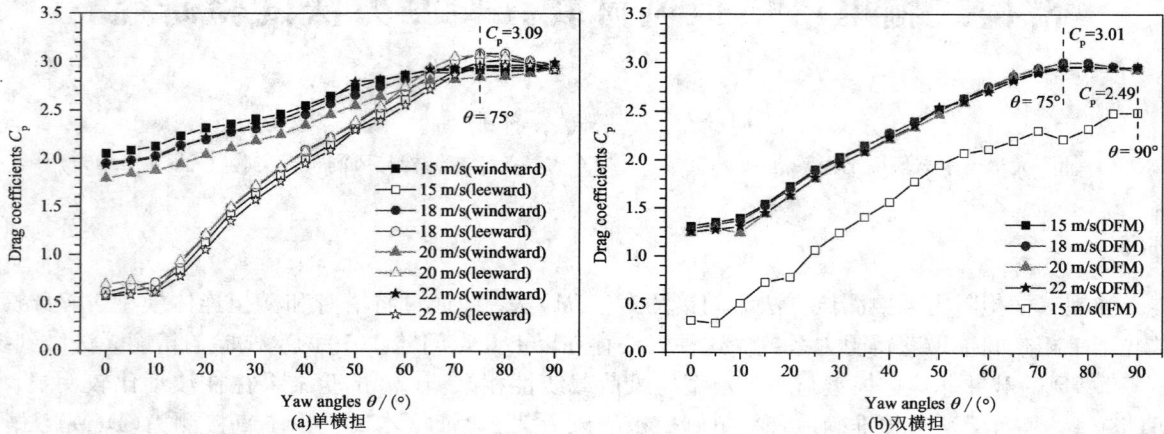

图2   阻力系数结果对比

3.2   斜风荷载系数

图3分别给出了上游横担、下游横担和双横担的斜风荷载系数试验结果和拟合结果，其中本文提出的斜风荷载系数拟合公式为：

$$K_\theta = 1 - |k_1 \cos^3 \theta|$$

式中：K_θ 为斜风荷载系数，θ 为风偏角，k_1 为角度风系数，本文提出的计算公式为：$k_1 = 1 - \eta$，η 为横担顺线向和横线向阻力系数比值。

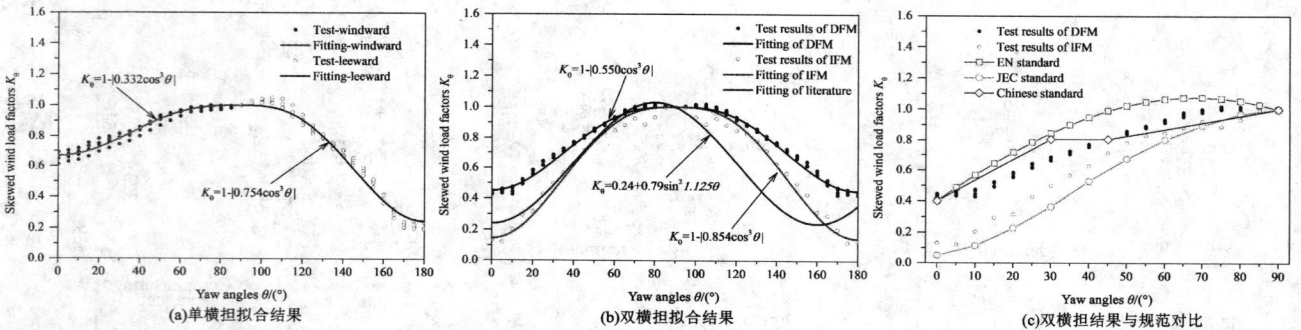

图3   斜风荷载系数

4   结论

获得研究结论有：DFM获得横线向阻力系数与除中国规范以外的各国规范值十分接近，DFM结果与各国规范值偏差均较大；斜风荷载系数对比表明各国规范值与风洞试验值存在较大差异；荷载分配系数对比表明 ASCE(2010)计算值与试验值最为接近，而其他各国规范均存在明显差异；本文提出的斜风荷载系数公式和角度风系数公式与试验结果吻合较好，并且形式简洁，普遍适用。

参考文献

［1］ Yang F L. Study on skewed wind load factor on cross-arms of angle steel transmission towers under skewed wind[J]. Engineering Mechanics, 2017, 34(4): 150-159.

［2］ Yang F, Dang H, Niu H, et al. Wind tunnel tests on wind loads acting on an angled steel triangular transmission tower[J]. J. Wind Eng. Ind. Aerodyn., 2016, 156: 93-103.

多跨格构式构架风振响应研究[*]

邹良浩[1]，李峰[1]，梁枢果[1]，陈寅[2]

（1.武汉大学土木建筑工程学院 湖北省城市综合防灾与消防救援工程技术研究中心 武汉 430072；
2.中国电力工程顾问集团中南电力设计院有限公司 武汉 430071）

1 引言

本文将多跨格构式构架细分成多个典型节段，采用单节段模型的高频测力天平风洞试验得到风荷载自谱[1]；通过双节段模型的同步高频测力天平风洞试验得到风荷载相干性模型，从而得到精细的动力风荷载模型。对某大型变电构架进行风振响应分析，通过比较气弹模型风洞试验结果和基于高频测力天平风洞试验的计算结果可以得到[2]，采用拟合的相干函数公式、考虑气动阻尼比后，计算结果和试验结果较为吻合，验证了多跨格构式构架风振响应研究方法的可行性。

2 风洞试验

单节段刚性模型测力天平风洞试验以某大型变电构架为原型，取 5 个典型结构节段进行风洞试验。典型节段如图 1 所示，几何缩尺比为 1∶30。双节段刚性模型测力天平风洞试验取 2 个典型节段进行风洞试验，如图 2 所示。

以某 1000 kV 变电构架为原型，采用刚性节段加 V 型弹簧片的方法设计制作气弹模型进行风洞试验，如图 3 所示。试验测量 X 轴向和 Y 轴向典型位置位移和加速度。

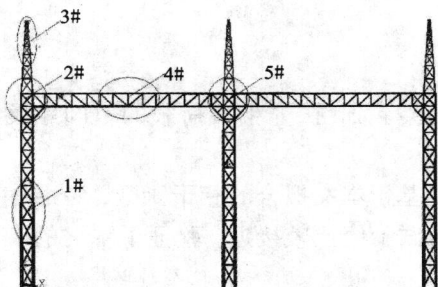

图 1 单节段典型节段　　　　图 2 双节段模型同步试验　　　　图 3 变电构架气弹模型

3 风振响应

基于单节段模型高频测力天平风洞试验，由基底弯矩进行处理得到典型节段风荷载自谱，进而由相似原理得到变电构架所有节段风荷载自谱。基于双节段模型高频测力天平风洞试验研究各节段间动力风荷载的相干特性。通过分析相干函数的衰减性特征，采用最小二乘法进行拟合，采用拟合的相干函数，得到节段风荷载的空间分布。基于节段模型高频测力天平风洞试验得到的风荷载模型，联合运用经验模态分解和随机减量方法识别气弹模型的气动阻尼比后，分别计算采用不同的相干函数，考虑气动阻尼比和不考虑气动阻尼比情况下气弹模型风振响应，并与气弹模型响应结果比较。图 4 和图 5 所示为各测点响应。图中，RAEM 表示气弹模型响应试验值；基于本文拟合的相干函数，RFA 表示考虑气动阻尼比的响应计算值，RF表示不考虑气动阻尼比的响应计算值；基于 Shiotani 相干函数，RSLA 表示考虑气动阻尼比的响应计算值，RSL 表示不考虑气动阻尼比的响应计算值；基于 Davenport 相干函数，RDLA 表示考虑气动阻尼比的响应计

---

* 基金项目：国家自然科学基金项目（51478369）

算值，RDL 表示不考虑气动阻尼比的响应计算值。

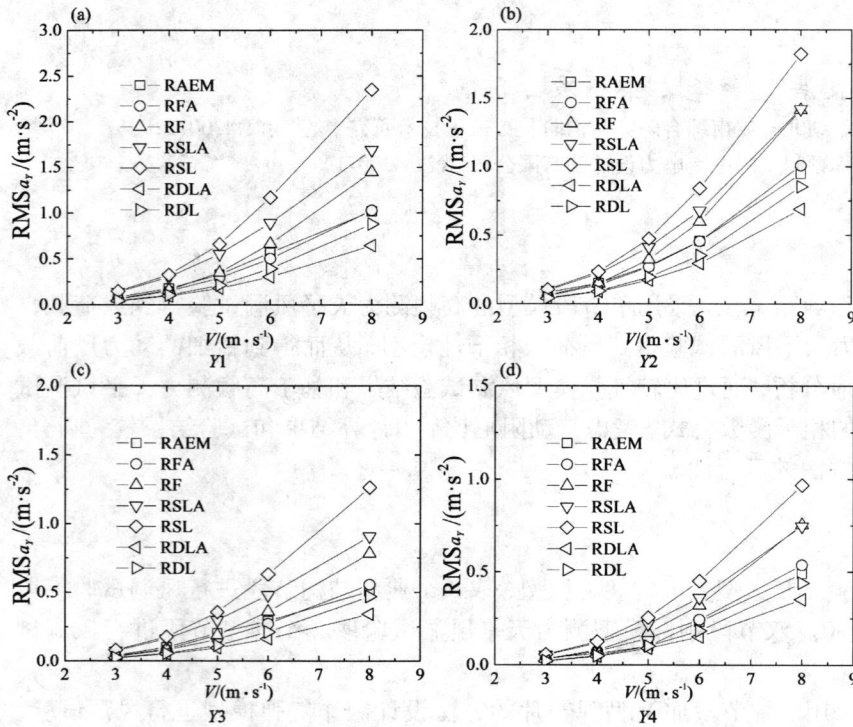

图 4 顺风向加速度均方根

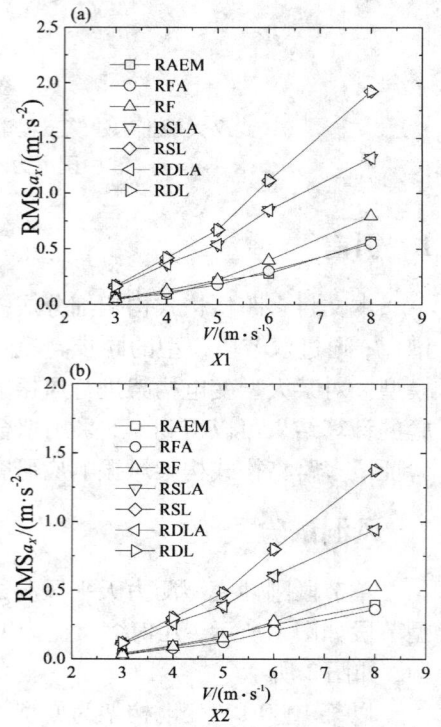

图 5 横风向加速度均方根

4 结论

本文由节段模型 HFFB 风洞试验研究了多跨格构式构架节段风荷载特征，探究了风荷载的空间相关性，并根据相似原理，得到了多跨格构式构架精细化风荷载信息。

气动阻尼比和相干函数均对格构式构架风振响应的影响较为显著。基于本文拟合的相干函数，考虑气动阻尼比后，计算得到的加速度响应均方根与气弹模型风洞试验得到的试验值比较接近，验证了本文的多跨格构式构架风振响应计算方法的准确性。

参考文献

[1] 张庆华，顾明，黄鹏. 典型输电塔塔头风力特性试验研究[J]. 振动工程学报，2008，5：452 - 457.
[2] ZOU L，SHI T，SONG J，et al. Application of the high - frequency base balance technique to tall slender structures considering the effects of higher modes[J]. Engineering Structures，2017，151：1 - 10.

十、特种结构抗风

地面光伏电站龙卷风荷载特性及关键参数[*]

操金鑫[1]，曹曙阳[2]，葛耀君[3]

（1.同济大学土木工程防灾国家重点实验室 上海200092；2.同济大学土木工程学院桥梁工程系 上海200092）

1 引言

近年来，太阳能开发利用规模快速扩大，技术进步和产业升级加快，成本显著降低，已成为全球能源转型的重要领域。我国光伏发电累计装机从2010年的86万kW增长到2015年的4318万kW，到2020年底，太阳能发电装机将达到1.1亿kW以上。光伏发电规模的快速扩大使其设计和施工中关心的结构风荷载问题越来越受到国内风工程界的关注，相关研究成果已纳入结构荷载规范条文[1]和光伏设计规程[2]中。然而，上述成果和规范主要针对常规边界层风作用的抗风问题。近年来，我国严重龙卷风灾害多发，集中式光伏电站受龙卷风灾害风险大、破坏影响较大。因此有必要对龙卷风多发区的光伏电站设计考虑龙卷风灾害风险。本文基于龙卷风模拟装置开展光伏组件风荷载识别物理实验，以研究龙卷风参数和光伏设计参数对光伏系统气动力系数的影响规律，为光伏系统抗龙卷风设计提供支持和参考。

2 实验概况

2.1 龙卷风模拟器

实验在同济大学风洞试验室的移动式龙卷风模拟器（图1）中开展。该装置的风机和导流板位于装置顶部，气流通过导流板和外围圆筒在升降平台与蜂窝网间形成龙卷风涡旋。实验（图2）通过改变模拟器顶部导流板角度来模拟不同旋转程度的龙卷风气流，通过平移模拟器的可移动风扇部分来考虑不同龙卷风中心位置对结果的影响。

2.2 实验模型

实验模型以某地面光伏电站64组光伏阵列为设计原型（图2），每组阵列的尺寸为20 m×3.2 m，共包含尺寸为1 m×1.6 m的组件40块，几何缩尺比1:250。测压模型采用上、下表面同步测压，每组阵列包含上、下表面测点各20个。实验中考虑光伏板件倾角的变化。

图1 龙卷风模拟器

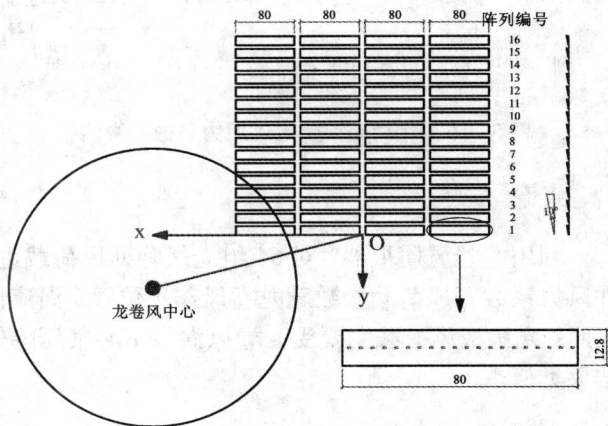

图2 实验模型及参数

* 基金项目：国家自然科学基金项目（51878504）

3　结果与讨论

3.1　风压系数

龙卷风气流最典型的特点为风速的"M"型分布(风速最大值出现在涡核半径处)和气压降作用(气压降最大值出现在涡核中心附近)。图3和图4结果表明:组件上、下表面风压系数主要受气压降影响,其最不利值出现在涡核中心附近。随着与涡核中心距离的增大,风压系数逐渐减小。

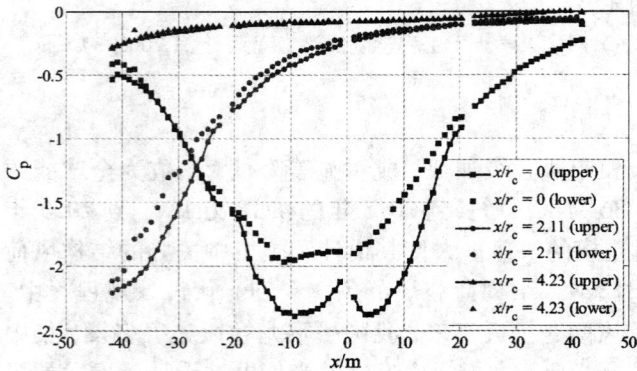

图3　不同相对距离 x/r_c 对风压系数的影响

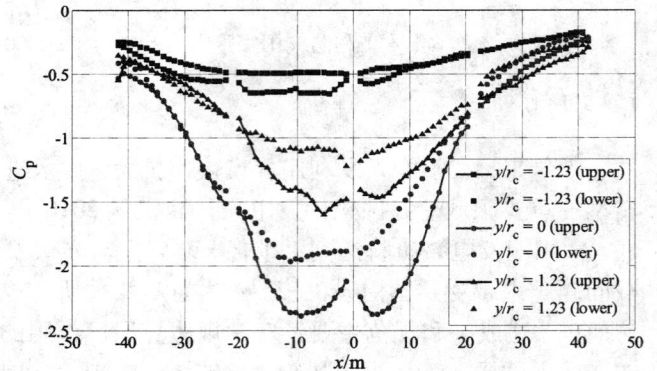

图4　不同相对距离 y/r_c 对风压系数的影响

3.2　风力系数

与风压系数的变化规律类似,风力系数的最不利值也出现在涡核中心处,且图5和图6的风力系数相对表面风压系数有显著减小,且与边界层风洞实验中的结果类似。

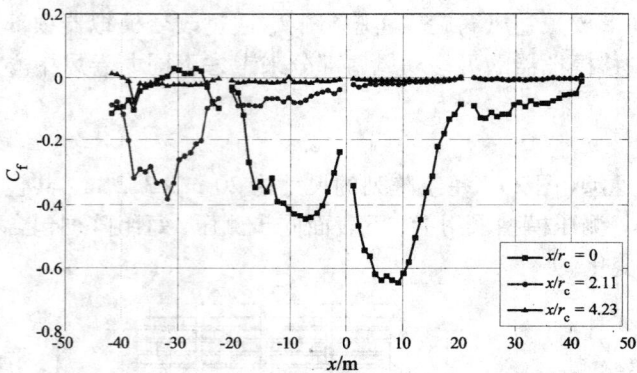

图5　不同相对距离 x/r_c 对风力系数的影响

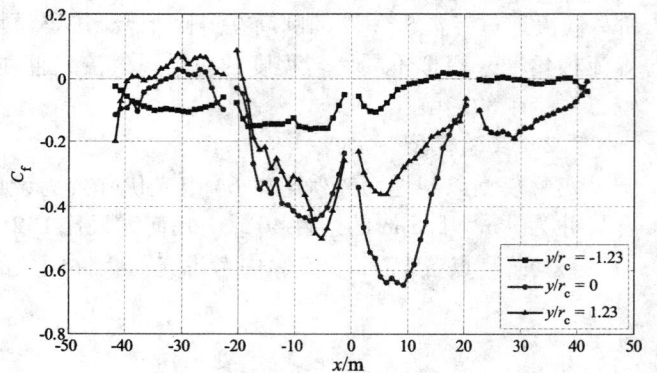

图6　不同相对距离 y/r_c 对风压系数的影响

4　结论

利用龙卷风模拟器,对64组光伏阵列风荷载进行了刚体模型测压实验,研究了组件表面风压系数、组件风力系数等风荷载参数随龙卷风作用位置、涡流比、光伏板倾角、光伏板位置等参数的变化规律。结果表明:光伏板风荷载主要受龙卷风涡核中心气压降作用的影响,且风力系数结果与常规边界层风洞实验的结果类似。

参考文献

[1] American Society of Civil Engineers, ASCE Standard ASCE/SEI 7 – 16, Minimum design loads and associated criteria for buildings and other structures[S]. 2017.

[2] Japanese Industrial Standards Committee, Design guide on structures for photovoltaic array (JIS C 8955: 2011)[S]. Japanese Standards Association, 2011.

单板滑雪跳台防风网挡风效果研究[*]

贾娅娅[1,2]，刘庆宽[1,2]，刘小兵[1,2]

（1. 石家庄铁道大学风工程研究中心 石家庄 050043；2. 河北省风工程和风能利用工程技术创新中心 石家庄 050043）

1 引言

单板滑雪项目从 1924 年第一届冬奥会即被列为比赛项目，该项目是指运动员借助滑雪板沿着跳台的倾斜助滑道下滑，借助速度和弹跳力，使身体跃入空中，表演各种花式技巧。该在比赛过程中，场地风场特性将对跳台滑雪运动产生显著影响，进而影响比赛成绩，因此在单板滑雪大跳台滑道两侧设置挡风措施十分有必要。本文采用 CFD 数值计算方法对不同透风率的防风网挡风效果进行研究，以得到最佳的防风网设计方案。

2 计算方法

单板滑雪大跳台滑道模型如图 1 所示，滑道中间的曲线为运动员跳跃高度线，滑道两侧设置防风网，选取图 1 中两个典型位置截面进行不同透风率的防风网挡风效果计算，其中截面 - 1 为运动员飞跃至最高点位置，截面 - 2 位于跳台助滑道中间位置。防护网透风率分别为 30%、20%、10%、5% 和不透风 5 种情况。

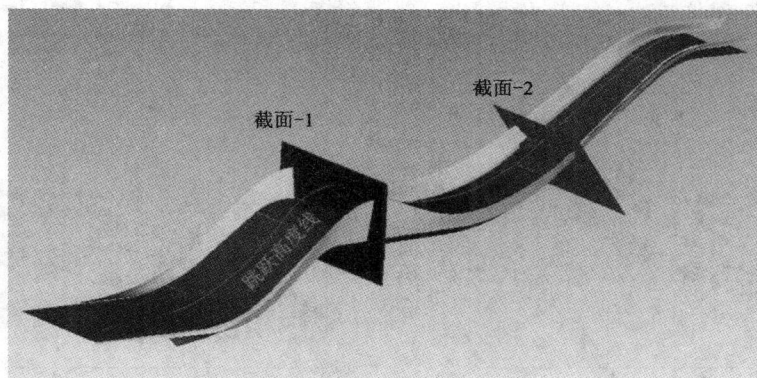

图 1　两个典型位置截面示意图

CFD 数值计算采用大型通用计算流体动力学（CFD）软件 FLUENT。压力和速度的耦合采用 SIMPLE 算法，控制方程采用分离式方法求解。选用 RNG $k - \varepsilon$ 湍流模型，该模型是目前两方程模型中适用范围广，精度高，而且比较可靠的湍流模型。湍流模型各参数按 FLUENT 默认取值，控制方程的对流项采用二阶迎风格式，计算收敛准则取残差值为 5×10^{-4}。

3 防风网挡风效果研究

图 2 分别显示了防风网不透风与 30% 透风率时截面 - 1 处滑雪道上空的流场特性，由图可得，在滑雪道两侧设置防风网可以有效降低滑道上空的风场速度，但当防风网不透风，即为实体挡风墙时，在运动员跳跃高度处将产生明显的向上风速分量。一般而言，此向上风速分量对跳台滑雪运动是有利的，可以使运动员跳得更高、在空中停留的时候更久，进而取得更好的成绩。但是，此向上风速分量与来流风速密切相关，在比赛时间内来流风的变化将造成滑雪的性能的改变，进而影响比赛的公平性。因此，在滑道两侧采

* 基金项目：国家自然科学基金项目（51778381）；河北省自然科学基金（E2018210044）

用有一定透风率的防风网,不仅可以降低来流风速,而且可以消除运动员跳跃高度处的向上风速分量。

通过数值计算得到截面 -1 和截面 -2 在四种不同防护网透风率情况时的滑雪道上方的风场分布,如图 3 所示,为直观起见,选取 A、B、C 三个典型位置显示具体的风速比,其中 B 为滑雪面的中间位置,A 和 C 分别为滑雪面的 1/4 和 3/4 位置。由整体而言,并非透风率越小挡风效果越好。对于截面 -2,以上 4 种透风率中,20% 透风率的防护网挡风效果最优,此时在运动员跳跃高度范围内,不仅横向风速比基本小于 0.2,并且竖直向上风速也非常小;而对于截面 -1,则 10% 透风率的防护网挡风效果最优。

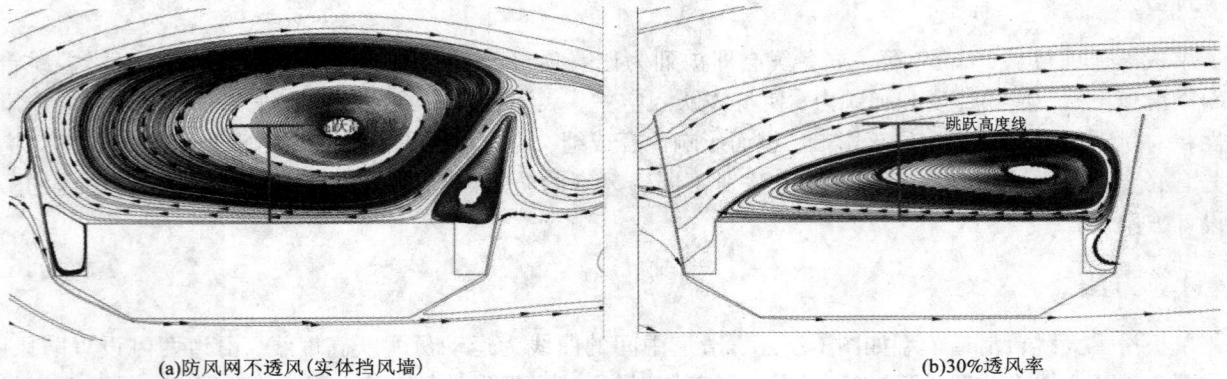

(a)防风网不透风(实体挡风墙)　　　　　　　　(b)30%透风率

图 2　滑雪道上空风速流线图

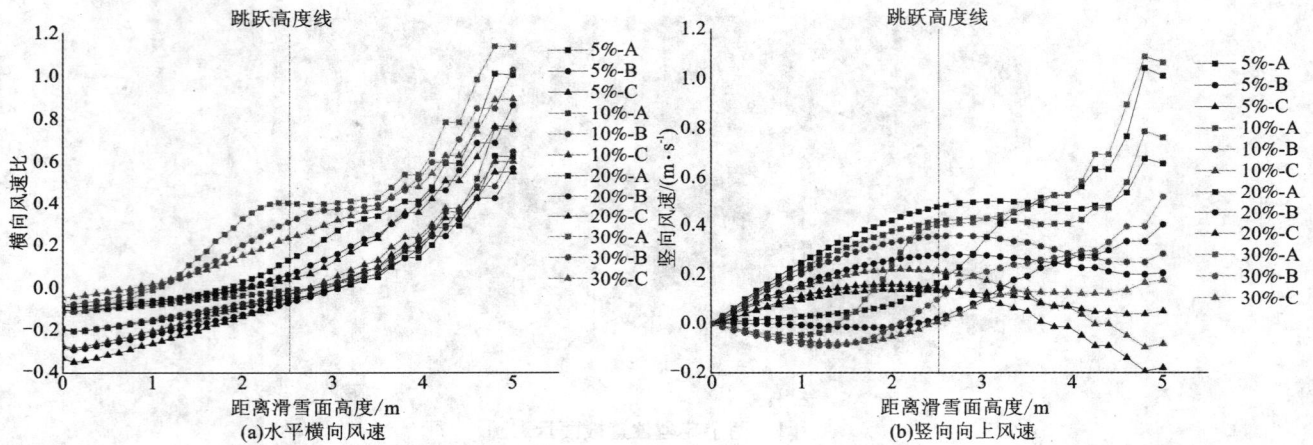

(a)水平横向风速　　　　　　　　(b)竖向向上风速

图 3　截面 -2 跳台滑雪道上方的风场分布

4　结论

在滑雪道两侧设置防风网可以有效降低滑道上空的风场速度,但当防风网不透风时,在运动员跳跃高度处将产生明显的向上风速分量,从而影响比赛的公平性。因此,在滑道两侧采用有一定透风率的防风网,不仅可以降低来流风速,而且可以消除运动员跳跃高度处的向上风速分量。随着防风网透风率的逐渐缩小,其挡风效果变优,但当透风率缩小到一定程度,防风网挡风效果反而变差,10% ~ 20% 为防风网最佳透风率。

台风过境全过程大型风力机气动力与风振特性

柯世堂[1]，王浩[1]，王同光[1]，赵林[2]，葛耀君[2]

（1.南京航空航天大学航空宇航学院 南京 210016；2.同济大学土木工程防灾国家重点实验室 上海 200092）

1 引言

风自身结构的复杂性导致当大型风力机处于台风不同生命周期影响下的振动特征差异巨大，目前针对多阶段台风效应对大型风力机结构安全的影响研究尚属空白。本文旨在研究不同台风过境阶段对风力机振动特性及其结构设计标准的影响规律，并定量评价其影响程度。建立了风力机台风多过程效应研究的理论框架；在此基础上，基于叶素动量理论、多体动力学方法、频谱分析和数据统计等方法，系统研究了不同台风过境阶段下大型风力机的气动荷载和动态响应分布特征，并揭示了台风多阶段效应对大型风力机振动特征的作用机理。

2 台风多阶段风场模拟和刚－柔多体动力学模型建立

2.1 台风多阶段风场

台风场模拟需要考虑以下基本因素：①平均风速；②平均和湍流度剖面；③脉动风谱；④相关系数。以往研究中大多将上述参量视为不变参量，然而，台风过境过程中的眼壁强干扰阶段、外围涡旋干扰阶段和台风中心阶段风场特性差异显著。本文针对台风场典型阶段（图1）建立了多阶段台风风场模拟方法。

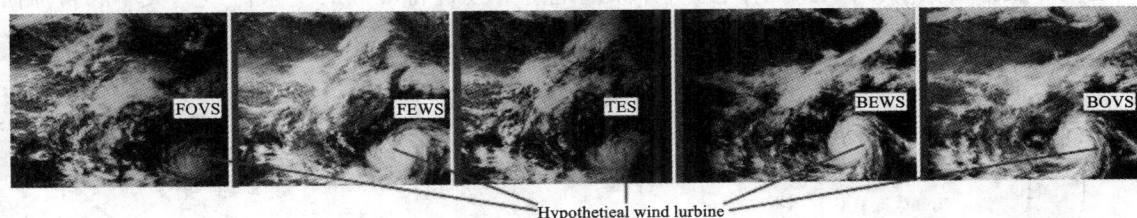

图 1 风力机处于台风不同过境阶段示意图

2.2 大型风力机刚/柔多体动力学模型

应用计算多体系统动力学中的 R－W 方法来建立柔性叶片的多体动力模型。叶片多体系统模型中引入超级单元对柔性叶片进行动力学建模，结合目前已有的大型风力发电场实际风机制造情况，将轮毂与机舱之间的连接作用考虑为利用扭转弹簧进行连接。大型风力机刚－柔混合多体动力学模型如图2所示。

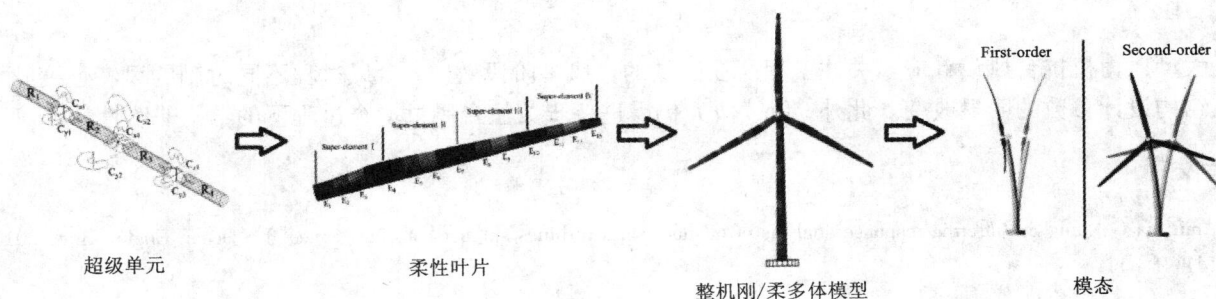

图 2 大型风力机刚/柔多体动力学模型等效建模与模态示意图

3　气动力分布与风振特性

3.1　气动荷载

基于本文建立的台风多阶段风力机分析框架,得到了台风过境典型阶段时风力机的气动力分布,如图 3 给出了风速时程、脉动风谱和典型气动力分布。FEWS 和 BEWS 阶段的塔筒弯矩显著大于其他几个台风过境阶段,FOVS、TES 和 BOVS 阶段塔筒底部弯矩以 M_y 为主,而 FEWS 和 BEWS 阶段以 M_x 为主。

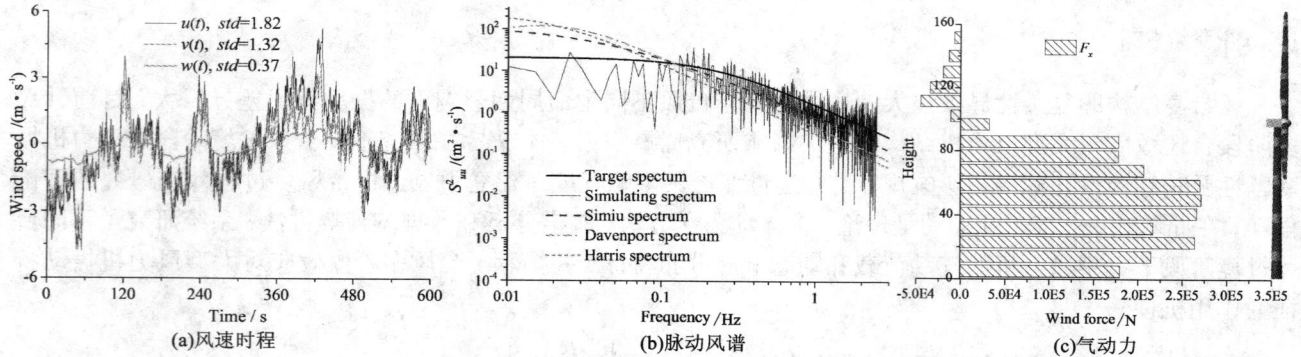

图3　台风过境影响下风力机典型气动荷载示意图

3.2　风振响应

图 4 给出 FEWS 阶段时典型目标脉动响应及台风过境全过程下风振系数取值。台风作用下大型风力机结构的共振效应不可忽略,参与共振的模态随台风过境呈现周期化变化规律。不同目标下的位移和弯矩均呈现出典型的非线性增长规律,反映出风力机体系的响应非线性特征同时受来流风速大小和台风阶段的影响。

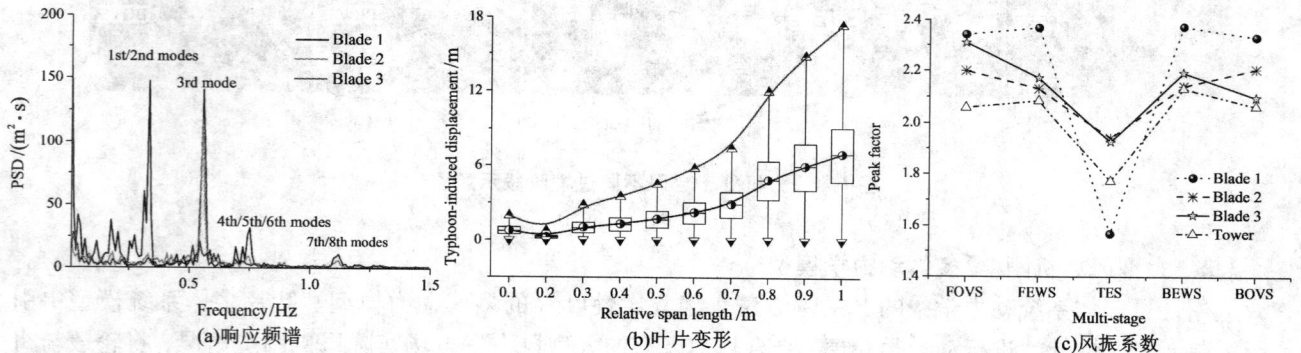

图4　台风过境影响下风力机典型风振响应示意图

4　结论

大型风力机抗台风设计应当关注工程所在区域的台风多阶段效应,台风过程不同时刻的风特性变化将导致结构设计参数的明显改变。此外,后续研究仍需进一步关注台风过境全过程下的结构非线性特征。

参考文献

[1] Amirinia G, Jung S. Buffeting response analysis of offshore wind turbines subjected to hurricanes[J]. Ocean Engineering, 2017, 141: 1-11.

截球形雷达天线罩风荷载计算比较研究

孔德怡

（东海工程设计院 上海 200434）

1 引言

雷达天线罩通常位于高山海岛，对其威胁最大的因素之一就是强风[1]。由于球面流体计算机理较为复杂，设计人员常常无法较为准确计算天线罩上的风荷载。本文基于现行设计中主要采用的两种计算方法，比较了异同，分析了原因，给出了推荐的设计思路和方法。

2 荷载规范方法

根据"建筑结构荷载规范"（GB 50009—2012）[2]（以下简称"规范"），垂直于围护结构表面上单位面积风荷载标准值，应按下列公式计算：

$$w_{k1} = \beta_{gz}\mu_{s1}\mu_z w_0 \tag{1}$$

将近似的旋转壳顶体型系数代入式（1），沿球面积分别向三向直角坐标系投影，则：

$$F_x = 2C_{D1}\beta_{gz}\mu_z w_0 R^2 \tag{2}$$

$$F_z = 2C_{L1}\beta_{gz}\mu_z w_0 R^2 \tag{3}$$

$$M_w = h_0 \times F_x = 2C_{M1}\beta_{gz}\mu_z w_0 R^3 \tag{4}$$

其中 C_{D1} 为推力计算系数；C_{L1} 为升力计算系数；C_{M1} 为倾覆力矩计算系数。

$$C_{D1} = 0.25\pi(0.375\varphi_0 - 0.1875\sin2\varphi_0 - 0.25\sin^3\varphi_0\cos\varphi_0) \tag{5}$$

$$C_{L1} = -0.25\pi(\cos^4\varphi_0 - 1) \tag{6}$$

$$C_{M1} = C_{D1}\cos(\pi - \varphi_0) \tag{7}$$

3 拟合公式法

在文献[3]中提出了用以下公式（8）计算作用在罩体表面的风荷载 w_{k2}。

$$w_{k2} = k_3 k_4 \mu_{s2} w_0 \tag{8}$$

$$\mu_{s2} = -1.3 + 0.1801\sin\varphi\cos\theta + 0.78\sin^2\varphi + 0.78\sin^2\varphi\cos2\theta + 0.14\sin^3\varphi\cos3\theta + 0.42\sin^3\varphi\cos\theta \tag{9}$$

经推导，得到推力计算系数 C_{D2}、升力计算系数 C_{L2} 和倾覆力矩计算系数 C_{M2}。

$$C_{D2} = 0.09005\pi(-\cos\varphi_0 + 0.333\cos^3\varphi_0 + 0.667) +$$
$$0.21\pi(-0.2\sin^4\varphi_0\cos\varphi_0 - 0.8\cos\varphi_0 + 0.267\cos^3\varphi_0 + 0.533) \tag{10}$$

$$C_{L2} = -0.65\pi\sin^2\varphi_0 + 0.195\pi\sin^4\varphi_0 \tag{11}$$

$$C_{M2} = C_{D2}\cos(\pi - \varphi_0) \tag{12}$$

4 对比分析

首先比较不同仰角 φ 处的风载体型系数，进一步对平均风压 C_P 进行了比较，最后对量纲一推力系数 C_{PD}、升力系数 C_{LD} 和倾覆力矩系数 C_{MD} 进行比较。

5 与风洞数据对比

接下来分别按以上两种方法计算罩体表面平均风压分布，并与文献[4]某截球形雷达天线罩模型风洞实验数据对比，进一步评价两种方法的适用性。

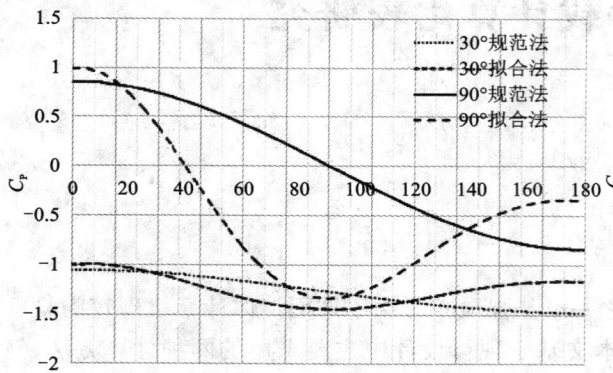

图1　两种方法不同仰角 φ 处的 C_P 对比

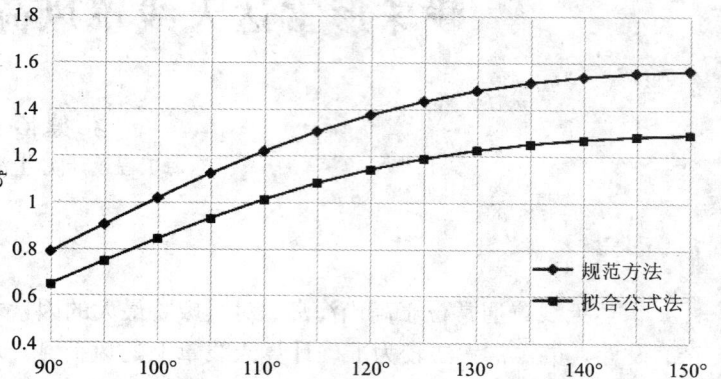

图2　C_{PD} 对比图

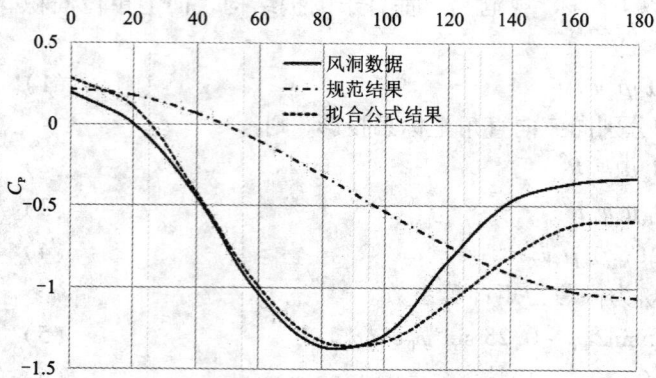

图3　仰角 60° 时的 C_P 对比图

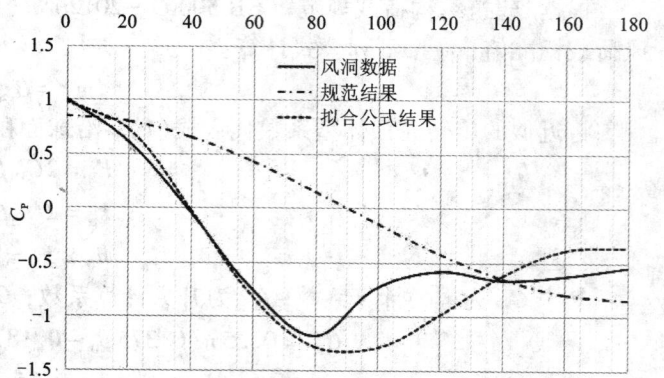

图4　仰角 90° 时的 C_P 对比图

6　结论

一是规范给出的旋转壳顶风载体型系数并不完全适用于截球形天线罩；二是拟合公式给出的风载体型系数与风洞实验数据吻合较好，能够较为真实的反应风荷载在球罩表面的分布情况；三是对于风推力和倾覆力矩，拟合公式计算结果小于规范结果；对于风升力，拟合公式计算结果大于规范计算结果；四是建议在天线罩及基础设计时，用式(9)计算风载体形系数代入式(1)，按规范方法计算球罩表面风荷载。

参考文献

[1] 张强. 天线罩理论与设计方法[M]. 北京：国防工业出版社，2014.

[2] GB 50009—2012，建筑结构荷载规范[S].

[3] 朱颐龄. 玻璃钢结构设计[M]. 北京：中国建筑工业出版社，1980.

[4] 贺德馨. 风工程与工业空气动力学[M]. 北京：国防工业出版社，2006.

海上浮式风力机缩尺模型叶片的优化设计[*]

李朝，文皓，肖仪清

（哈尔滨工业大学(深圳)土木与环境工程学院 深圳 518055）

1 引言

海上浮式风力机的发展研究绕不过模型试验，如何在模型试验中模拟出大型风力机的真实工作环境是摆在我们面前的一个难题。如图1所示，由于雷诺数差异引起的尺度效应导致几何相似叶片的气动性能与原型风力机不匹配便是其一[1]。本文将以 NREL-5MW 风力机为例，缩尺比为 1:50，提出一种简单可行的方法设计一款与其性能相似的叶片。

2 缩尺叶片设计

2.1 翼型的升阻力系数计算

在低雷诺数环境下，NREL-5MW 风力机叶片所采用的翼型的升力系数大幅降低，无法满足要求，本文在 UIUC 翼型数据库中找到适用于低雷诺数的 SD7032 翼型[2]作为模型叶片优化基础，采用 Xfoil 软件计算翼型的升阻力系数，从图2中可以看到，SD7032 翼型在低雷诺数下的升力系数较 NACA64-618 翼型有很大的提升。

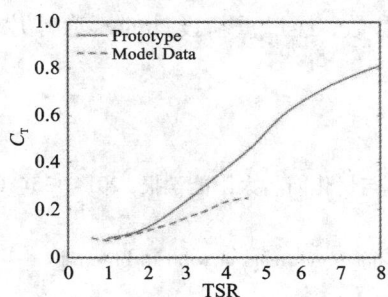

图1 原型和几何缩尺叶片模型风机的推力对比

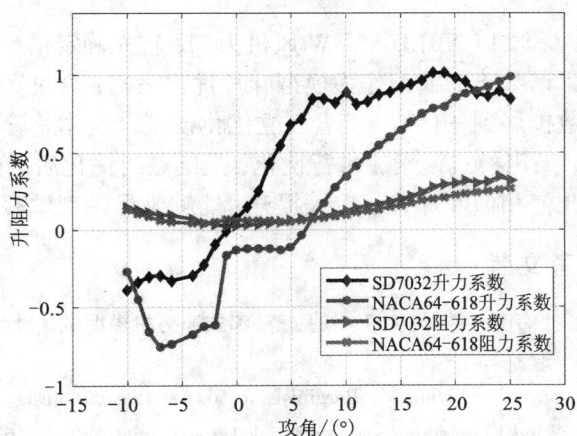

图2 $Re=3.25\times10^4$ 时两种翼型的升阻力系数对比

由于叶片在不同工况下的风速及转速不同，模型叶片的所处工作环境的雷诺数范围在 1.0×10^4 ~ 5.0×10^4，所以只需采用 Xfoil 计算 $Re=1\times10^4$、2×10^4、3×10^4、4×10^4、5×10^4 情况下小攻角范围的升阻力系数曲线，其他雷诺数情况下的升阻力系数曲线采用差值方式获取，再采用 Airfoilprep[3]将升阻力系数扩展到 ±180°。

2.2 设计原理及方法

在模型试验中影响风机系统整体响应的主要是叶片产生的推力、转矩及陀螺力矩[4]。陀螺力矩的影响因素主要是叶片的转速及质量分布，其中转速严格满足相似条件[5]，而质量分布在模型叶片的建模中有考虑。推力与转矩之间往往难以同时满足，而推力对风机系统的运动及响应影响比力矩大一个量级，故设计之初的目标为不同叶尖速比下的风轮推力系数。

* 基金项目：国家自然科学基金(51778200)；深圳市科技计划基础研究学科布局项目(JCYJ20170811160652645)

在模型叶片的优化方法中，采用基于叶素－动量理论的 FAST 软件计算叶片推力，模式搜索作为优化算法，建立优化模型后，将优化算法与优化模型整合在 MATLAB 平台中，基于 MATLAB 与 FAST 之间的数据交互得到满足推力目标的模型叶片参数。优化后的推力系数如图 3 所示。不同桨距角下的模型风轮推力系数曲线如图 4 所示。

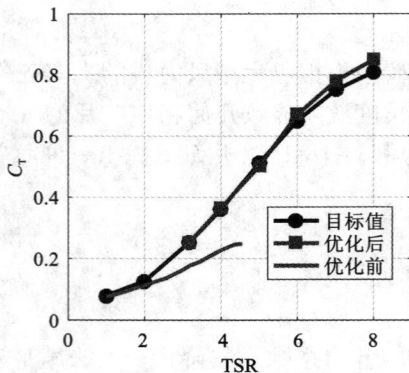

图 3   优化后的模型叶片推力系数与目标值对比

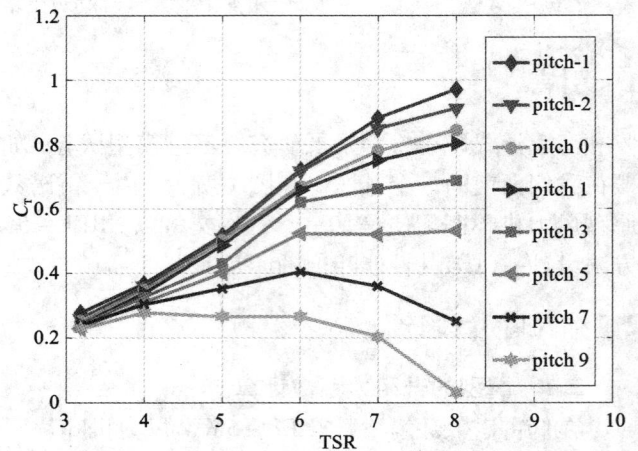

图 4   不同桨距角下的模型风轮推力系数曲线

3   结论

本文以 NREL－5MW 风机为例，首先确定模型叶片需要满足相似条件及相关参数，再选择一款适用于低雷诺数下的翼型作为模型叶片优化基础，通过 Xfoil 计算翼型的升阻力系数，并采用 Airfoilprep 将升阻力系数扩展到 ±180°，接着建立优化模型，然后将基于叶素－动量理论的 FAST 与 MATLAB 结合实现数据交互，采用模式搜索法进行优化，最终获得优化后的模型叶片关键参数，经过重新设计的模型叶片气动性能较几何相似叶片有了较大提升，能够满足模型试验要求。

参考文献

[1] 杜炜康，赵永生，王明超，等. 浮式风力机模型试验叶片气动力性能计算与优化[J]. 太阳能学报，2014，35(10)：1923－1929.

[2] Bayati I, Belloli M, Bernini L, et al. Aerodynamic design methodology for wind tunnel tests of wind turbine rotors[J]. Journal of Wind Engineering and Industrial Aerodynamics, 2017, 167: 217－227.

[3] 郭子伟，何炎平，赵永生，等. 基于性能相似的浮式风力机水池模型试验叶片设计方法研究[J]. 大连理工大学学报，2018(1)：50－56.

[4] Fowler M J, Kimball R W, Thomas D, et al. Design and testing of scale model wind turbines for use in wind/wave basin model tests of floating offshore wind turbines: Proceedings of the ASME 2013 32nd International Conference on Ocean, Nantes, France, 2013[C]. Offshore and Arctic Engineering.

[5] 孟龙，何炎平，赵永生，等. 海上风力机模型试验平台与技术研究及实践[J]. 中国科学：物理学，力学，天文学，2017(10).

户外单立柱广告牌设计风荷载的试验研究[*]

汪大海[1]，张裕锦[1]，罗烈[2]，沈之容[2]，申琪[1]，李志豪[1]，邓宇帆[1]

（1. 武汉理工大学土木工程与建筑学院 武汉 430070；2. 同济大学土木工程学院 上海 200092）

1 引言

大型单立柱广告牌结构是一种典型的风灾易损性结构。其兼具高耸、轻柔、面板迎风面积大等特点，风荷载集中作用在上部面板，因此整个结构头重脚轻，风振响应显著[1-2]。经过大量灾害调查分析，将单立柱广告牌风致破坏模式分为三类：面板蒙皮撕裂、面板支撑结构的屈曲、单立柱的失稳或整体倾覆。现有的广告牌风荷载计算及设计方法有待完善，尤其缺乏面板气动力荷载特征，以及整体风振动力响应规律的试验研究[3-5]。

本文以典型的三面广告牌结构为研究对象，通过刚性模型的面板测压风洞试验和气动弹性模型的高频天平测力风洞试验，系统地研究了三面广告牌上部面板结构的气动力荷载及整体结构的风振响应规律。研究为大型广告牌结构的风荷载计算和抗风设计提供了理论依据和重要数据支撑。

2 风洞试验模型与设计

选取《户外钢结构独立柱广告牌图集》中具有代表性三面 G3 - 6 × 18 广告牌作为试验原型。刚性测压模型和气弹测力模型如图1～图2所示。

图1 三面广告牌刚性测压模型

图2 三面广告牌气弹测力模型

3 试验分析

3.1 广告牌面板风压特性分析

通过刚性模型面板测压风洞试验，研究了面板风压的分布规律。考察了局部风压的非高斯特性，计算了非高斯测点的极值风压分布。同时得到了平均风压的包络分布，并给出了面板最大正压和负风压分区及对应的局部体型系数，如图3所示。

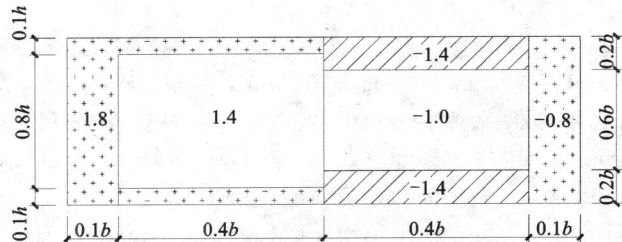

图3 三面广告牌面板局部体型系

3.2 广告牌结构风荷载分析

进一步根据刚性测压风洞试验，分析了上

---

* 基金项目：国家自然科学基金项目(51878527)；土木工程防灾国家重点实验室开放课题(SLDRCE13 - MB - 04)

部结构平行面板方向、垂直面板方向和扭转荷载的风力系数随风向角的变化规律，并针对最不利工况，给出了面板体型系数和集中风力系数，如图4所示。

3.3　广告牌结构风振响应分析

通过整体结构的气弹模型测振试验，研究了三面柔性广告牌基底反力风振响应随风向角变化规律和特征。对气弹参数进行了识别和分析。给出了大型单立柱广告牌结构顺风向和扭转向脉动风振响应的理论计算方法。如图5所示，理论计算方法的精度取决于气动导纳和气动阻尼的准确性。

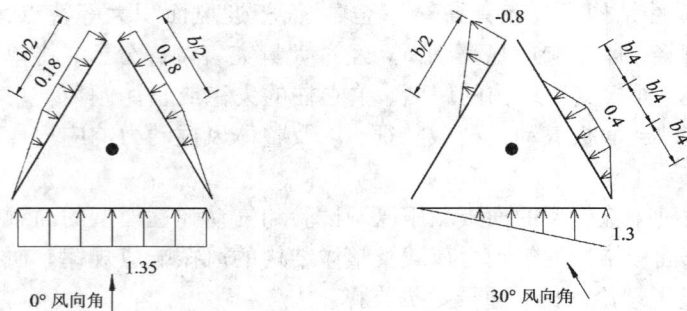

图4　三面广告牌面板分布体型系数

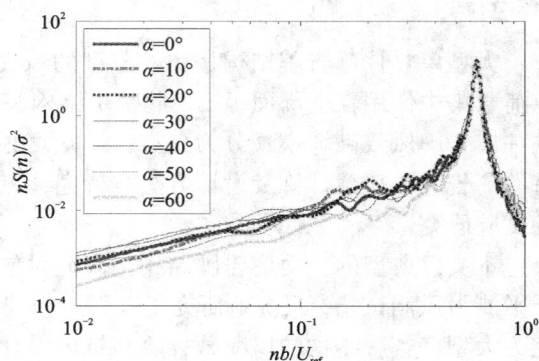

图5　脉动风振扭转响应功率谱

4　结论

本文以我国典型的单立柱广告牌结构为研究对象，系统开展了广告牌结构面板的气动力荷载特性及整体结构的气弹性风振响应规律研究，得到如下结论：

（1）最大正负风压均值基本出现在面板边缘和角部气流分离区域，且具有显著的非高斯特征，在估计风压极值时不可忽略。面板设计风压应考虑局部风压体型系数，以提高面板及连接设计的抗风可靠度。

（2）双面和三面广告牌整体风荷载顺风向及扭转风荷载最不利风向角分别为0°和60°、0°和30°。本文给出了对应的风荷载体型系数分布的建议。刚性模型测力试验对应的风力系数与气弹测振试验中基底剪力系数及基底扭矩系数的均值吻合一致。

（3）理论计算表明，对于柔性悬臂的单立柱广告牌结构，风振响应的共振分量显著；整体振动可视为在垂直面板方向和扭转方向分别以第一阶频率的集中质点结构，来进行风振响应的分析和计算；理论方法计算的风振响应与气弹动力试验的结果能吻合很好。理论方法的精度主要取决于气动导纳及气动阻尼取值的准确性。

上述研究为完善大型广告牌结构的抗风设计，提供了风荷载计算理论方法的探索及风洞试验数据的支撑。

参考文献

［1］Smith D A, Zuo D L, Mehta. Characteristics of wind induced net force and torque on a rectangular sign measured in thefield［J］. Journal of Wind Engineering and Industrial Aerodynamics, 2014, 133：80-91.

［2］韩志惠, 顾明. 大型户外独立柱广告牌风致响应及风振系数分析［J］. 振动冲击, 2015, 34(19)：131-137.

［3］Wang Dahai, Chen Xinzhong, Li Jie. Wind load characteristics of large billboard structures with two-plate and three-plate configurations［J］. Wind and Structures, 2016, 22(6)：703-721.

［4］Letchford C W. Wind loads on rectangular signboards and boardings［J］. Journal of Wind Engineering and Industrial Aerodynamics, 2001, 89：135-151.

［5］Zhihao Li, Dahai Wang, Xinzhong Chen, et al. Wind load effect of single-column-supported two-plate billboard structures［J］. Journal of Wind Engineering & Industrial Aerodynamics, 2018, 179：70-79.

节段模型试验在超长煤棚风荷载分析中的可行性研究[*]

岳煜斐[1,2]，何连华[1,2]，陈凯[1,2]，武林[1,2]

（1. 建研科技股份有限公司 北京 100013；2. 中国建筑科学研究院 北京 100013）

1 引言

近年来，随着电厂规模或港口存储规模的不断扩大，煤棚的长度、高度、跨度均不断增加，同时材料技术的进步不断降低煤棚的质量，这使得煤棚结构对风荷载越来越敏感[1]。对于超长煤棚，当缩尺模型长度满足风洞尺寸要求时，其在高度或跨度方向就会太小，不利于捕捉风压变化规律。本文以某煤棚项目为例，提出选取端部、中部具有代表性段落的节段模型代替整体模型的方法进行风洞试验，以期得到能够代表煤棚不同位置的风压分布情况。

2 模型及风洞试验简介

2.1 模型制作

超长煤棚可具有两种形式，分段煤棚和整仓封闭煤棚。本文两种方案煤棚长度均达 855 m（可分为 9 个段落），长高比接近 1∶20，为超长煤棚。试验时选取 5 个段落组成节段模型，包含了端部、中部的基本形状。节段模型的在风洞试验中的缩尺模型如图 1 所示。

图 1　风洞试验模型

2.2 试验参数

试验采用 A 类风速剖面，参考风速为 14 m/s。试验中分段方案还考虑了煤棚内的堆垛堆放形式，包括空堆（无煤）、半堆（一侧堆煤）、满堆（两侧堆煤）3 种工况。

3 数值模型

3.1 计算原理

大气边界层内的建筑物绕流为三维黏性不可压流动，控制方程包括连续方程和动量方程，以及湍流模型。

3.2 模型建立

见全文。

3.3 计算条件

计算域入口采用速度边界条件，出口采用完全发展的出流边界条件。计算域顶面和侧面为对称边界条件，地面及建筑物表面为无滑移固壁条件，并设置相应粗糙度，进行稳态计算。

* 基金项目：国家"十三五"重点研发计划课题（2017YFC0806102）

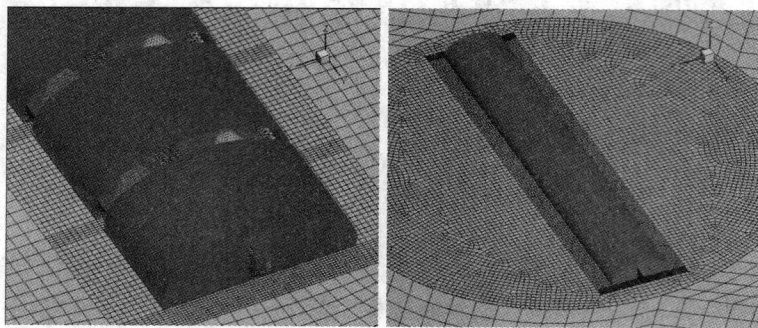

图2　数值模拟模型及网格划分

4　结果对比

提取0°和50°风向角下，数值模拟得到的煤棚表面平均风压系数的分布云图，并与风洞试验结果比较（篇幅所限，图3仅放置了一组结果）。从云图对比来看，数值模拟结果与风洞试验结果符合良好；风洞试验中模拟得到完整模型中间部分的风压系数沿条仓方向变化不大；堆放形式，并不明显影响罩棚表面风压系数的分布。整仓罩棚分析结果与分段罩棚类似。

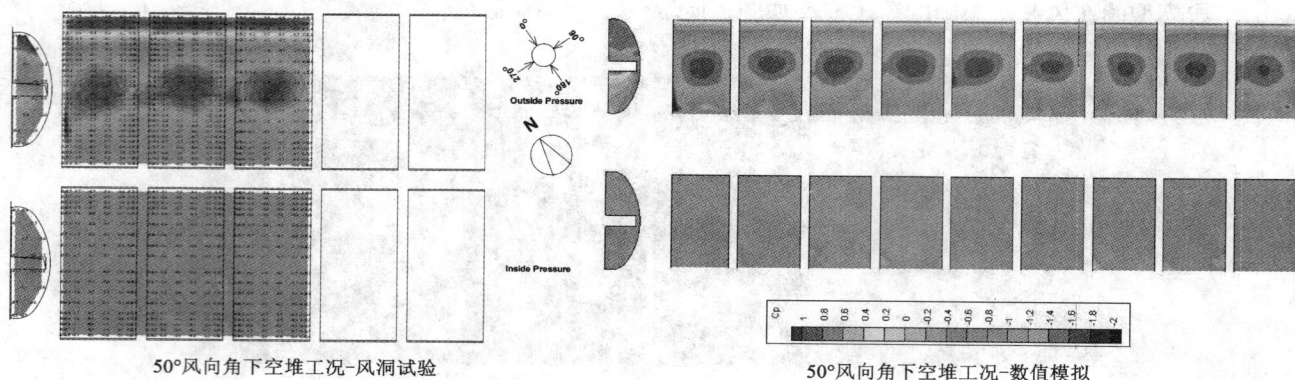

50°风向角下空堆工况-风洞试验　　　　　　　　　　　　　50°风向角下空堆工况-数值模拟

图3　分段方案节段模型风洞试验与数值模拟结果比较

除风压系数云图外，还比较了不同工况下，风洞试验与CFD模拟不同区域段落的平均风压系数最大值和最小值，结果显示，分段方案满堆、半堆、空堆的边2跨和中间跨的数值模拟得到的风压最大值、最小值和风洞试验符合良好；整仓封闭模方案数值模拟与风洞试验得到的负压最大值与最小值在边2跨上符合较好，但在中间跨上负压绝对值数值模拟大于风洞试验，位置出现在天窗下方向，这可能是由于数值模型和风洞试验中天窗构造的差异构成。

5　结论

本文对超长煤棚的两种形式分段煤棚、整仓封闭煤棚，节选了首尾和中间部分段落进行了风洞试验，并对完整模型进了CFD数值模拟。结果表明，CFD模拟得出的风压系数与风洞试验得到的风压系数符合良好；风洞试验选取的试验段落能代表罩棚不同位置的风压分布情况，节段模型试验方案可行。

参考文献

[1] 王鑫. 干煤棚表面风压与响应干扰效应分析[J]. 建筑结构，2016(S1)：969 – 973.

槽式聚光镜的风致响应分析*

邹琼[1]，李正农[2]，吴红华[2]，吴邦本[3]

(1.湘潭大学土木工程与力学学院 湘潭 411105；2.建筑安全与节能教育部重点实验室(湖南大学) 长沙 410082；
3.湖南绿碳建筑科技有限公司 长沙 410082)

1 引言

槽式聚光系统是一种具有较好商业化基础的聚光系统，广泛应用于太阳能热发电技术。槽式聚光镜镜面结构形式为弧形，且高度较低，所受风荷载较为复杂，所处工况不同其所受风荷载不同，目前我国对槽式聚光镜结构抗风设计并没有相应的规范或技术标准。聚光镜的动力效应在其结构抗风设计时是非常重要的部分，目前少有学者对槽式聚光镜的风致响应进行分析，作者所在团队已对槽式聚光镜组系统进行了一系列风洞试验[1,2]，文章采用 ANSYS 对槽式聚光镜进行了有限元分析，将风洞测压试验所得风荷载数据施加到有限元模型上，获得聚光镜在风荷载作用下的位移峰值响应和风振系数等，获得其结构抗风设计风荷载参数，所得结论可为后续进行槽式聚光镜结构抗风设计或优化分析提供依据。

2 槽式聚光镜的风荷载时程

本文在进行槽式聚光镜原型风致响应分析时，将风洞测压试验[1]中获得的聚光镜风压时程加载在聚光镜有限元模型上。风致响应分析时需要将风洞试验测得的槽式聚光镜模型上的镜面风压时程转换成原型结构的风压时程，基于相似定理，可以推导出原型结构风压时程：

$$\frac{n_m B_m}{V_m} = \frac{n_p B_p}{V_p} \tag{1}$$

$$P_{i,p}(t) = C_{i,m}(t)\frac{1}{2}\rho V_{p^2} \tag{2}$$

式中，m 表示模型，p 表示原型，n 为频率，B 为几何尺度，V_m、V_p 分别为聚光镜模型和原型在参考点高度处风速，i 为测点编号。

3 槽式聚光镜的风致响应

3.1 槽式聚光镜有限元模型

本文采用 ANSYS 软件对槽式聚光镜进行风致响应分析，首先对槽式聚光镜原型进行建模，聚光镜镜面采用具有弯矩和薄膜特性的 Shell63 壳单元，其他构件均采用 Beam188 梁单元，聚光镜结构中的螺栓连接均设置为 bond 边界条件，两侧立柱支座与地面采用固接。

3.2 槽式聚光镜的位移风致响应

由于槽式聚光镜的工作原理对镜面变形有较为严格的要求，入射的太阳光线经反射后必须聚焦在集热管，镜面的较大变形会导致能量的流失，甚至会导致镜面的破坏，因此槽式聚光镜结构在风荷载作用下的位移响应是设计过程中需要重点考虑的因素。本文通过有限元分析得到了槽式聚光镜的风致位移响应。图1 给出了槽式聚光镜峰值位移响应随仰角和风向角的变化曲线图。可以看出：①镜面峰值位移响应最大值出现在聚光镜仰角80°工况，位移值达到了 21.7 mm，为其他工况下的 1.2～2.2 倍；②四个仰角工况下位移响应均在风向角90°达到最小值，可认为风向角90°时聚光镜处于有利工况；聚光镜的位移响应最大值出现在60～180 工况，位移值为 25.7 mm；③峰值位移响应最大值出现的位置均位于镜面长边中点附近的边缘部位，这是由于该部位离两端立柱最远，且离主梁支撑最远，该处的镜面支撑刚度最小；此外，在风向角为0°或180°时，气流在靠近来流风的镜面长边边缘处分离，由于镜面很薄，迎风尺度非常小，在镜面边缘

* 基金项目：国家自然科学基金项目(51708478，51278190)

处有较强烈的旋涡脱落等现象,此时由脉动风引起的位移响应也会增大。④镜面在离支撑结构较远的部位位移峰值响应值较大,故在进行结构设计时应加强此处支撑结构刚度,以抵抗风荷载导致的光路偏移造成的能量损失或结构破坏(文章中的 60~180 工况指的是"仰角-风向角",即仰角为 60°,风向角为 180°的工况)。

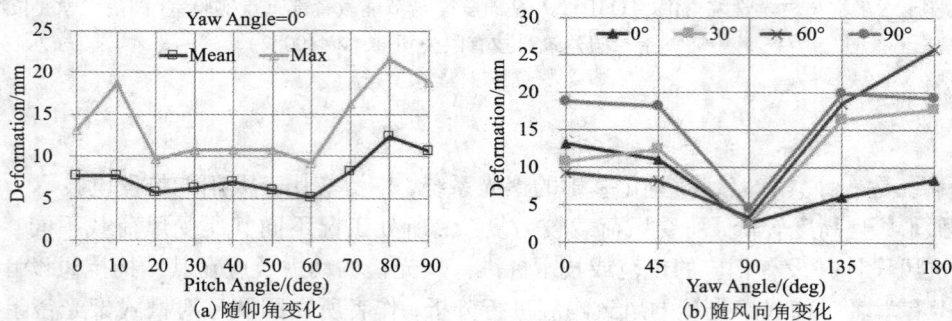

图 1   槽式聚光镜的位移响应

4   结论

本文结合风洞试验所得数据,对槽式聚光镜进行了风致响应分析,得到了以下结论:

(1)聚光镜的位移响应最大值出现在 60~180 工况,位移值为 25.7 mm,且各工况下的峰值位移响应最大值均出现在镜面长边中点附近的边缘部位,这是由于该处的镜面支撑刚度最小,且旋涡脱落较为强烈,故在进行结构设计时应加强此处支撑刚度。

(2)槽式聚光镜在不同仰角工况下风振系数相差较大,其取值在 1.5~3.4 之间,聚光镜结构抗风设计时必须要考虑风荷载的动力效应。

参考文献

[1] Zou Q, Li Z, Wu H, et al. Wind pressure distribution on trough concentrator and fluctuating wind pressure characteristics[J]. Solar Energy, 2015, 120: 464 – 478.

[2] Zou Q, Li Z, Wu H. Modal analysis of trough solar collector[J]. Solar Energy, 2017, 141: 81 – 90.

[3] Hosoya N, Peterka J A, Gee R C, et al. Wind tunnel tests of parabolic trough solar collectors[C]//National Renewable Energy Laboratory, Golden, CO, NREL/SR – 550 – 32282, 2008.

[4] Andre M, Mier – Torrecilla M, Wüchner R. Numerical simulation of wind loads on a parabolic trough solar collector using lattice Boltzmann and finite element methods[J]. Journal of Wind Engineering and Industrial Aerodynamics, 2015, 146: 185 – 194.

十一、计算风工程方法与应用

复杂地形风场多尺度数值模拟

董浩天[1]，曹曙阳[2]，葛耀君[2]

（1. 上海大学上海市应用数学和力学研究所 上海 200092；2. 同济大学土木工程防灾国家重点实验室 上海 200092）

1 引言

复杂地形大气边界层风场是结构抗风、风资源开发和污染控制等领域的研究热点之一。多尺度数值模拟是数值气象模式(NWP)同计算流体动力学(CFD)结合的数值模拟方法，通过结合 NWP 实时模拟、不依赖边界条件假定与 CFD 湍流模拟精度高、复杂地形适应性高等特点，可以成功实现对复杂地形近地风场的实时模拟[1]。

2 多尺度数值模拟方法

采用超声风速观测对多尺度数值模拟方法进行验证，测站(Tiksi 气象站 71.6N 128.9E)位于北冰洋沿岸。如图 1 所示，多尺度数值模拟按以下三步展开。①在 Weather Research and Forecasting(WRF)中尺度气象模式[2]中进行嵌套的 NWP 计算，最内层网格尺寸为 500 m × 500 m；通过引入粗糙度修正技术，改善了平均风场的模拟精度[3]；输出风、温平均场。②通过时、空插值与人工湍流生成结合，实现降尺度过程，得到包含湍流信息的风、温场。③风、温场输入 CFD 模拟，采用 Bousinnesq 近似的大涡模拟(LES)方法，进行复杂地形风场瞬态计算，输出近地风场；由于在计算中考虑了温度效应可以有效模拟背风波的影响[4]。

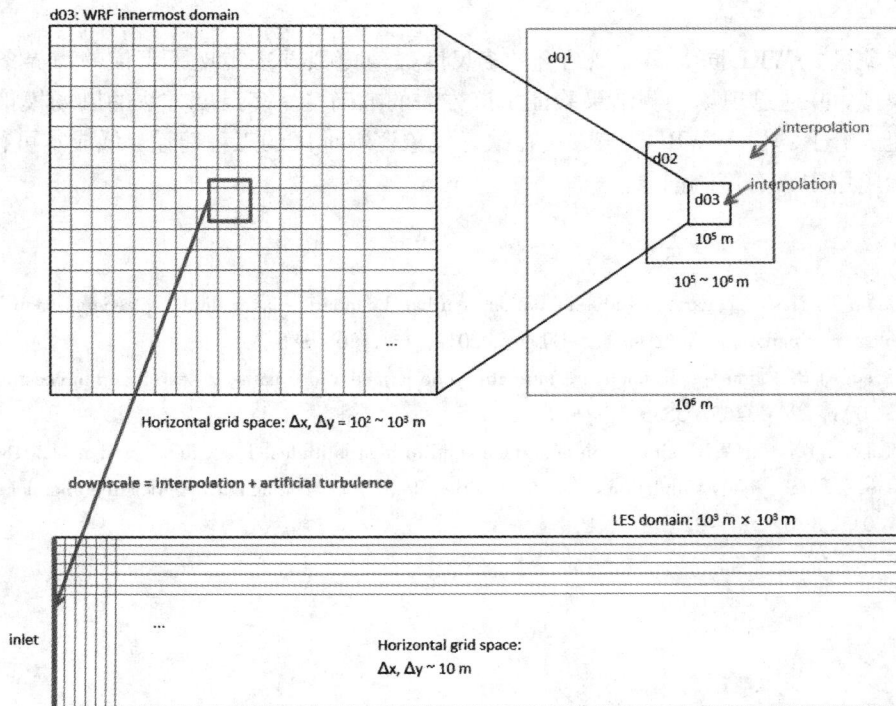

图 1　多尺度数值模拟方法

3　复杂地形风场模拟结果

图 2 比较了考虑温度效应的多尺度模拟(CFD – stable)、不计温度的多尺度模拟(CFD – neutral)、气象模型(WRF)、现场实测(Sonic sensor)得到的 Tiksi 测站 9 m 高度处风场的时域和频域结果。从图 2(a)的 10 min 风速时程比较来看,多尺度方法可以获得较好的平均风速结果,而 WRF 结果相对现场实测平均风速偏低;全文中指出了这是由于复杂多尺度方法对于复杂地形的模拟效果更好,可以得到更真实的风剖面形状。此外,从图 2(a)上看,WRF 的风速时程(频率 0.9 Hz)在 10 min 内基本是平直的,而多尺度方法(频率 10 Hz)与观测结果(频率 10 Hz)都是随时间剧烈变化的。图 2(b)同样表明,多尺度方法的风速结果相对于 WRF 高频成分增加显著;但同实测或 Karman 谱相比,高频成分仍偏弱。提高地形数据精度和网格精度有望进一步增强风速高频成分。

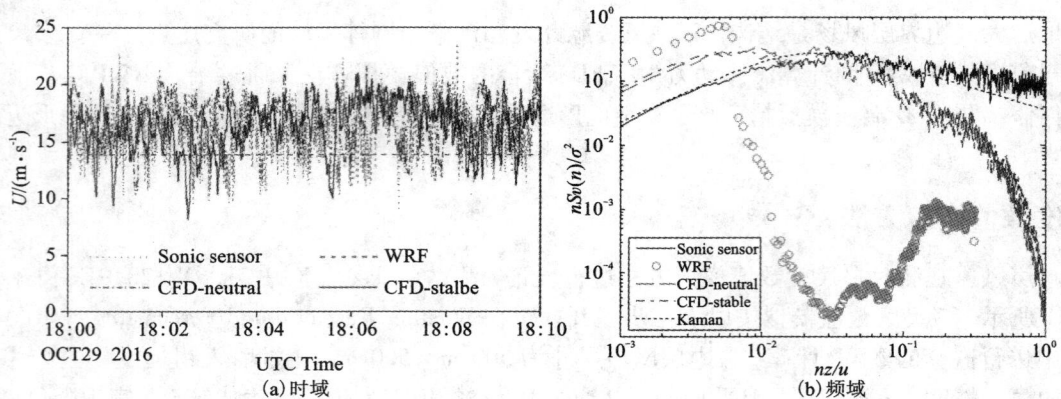

(a)时域　　(b)频域

图 2　Tiksi 测站 9 m 高度处多尺度方法风场模拟结果同 WRF、超声测量结果比较

4　结论

采用中尺度气象模式 WRF 同大涡模拟结合的多尺度数值模拟方法实现了不依赖边界条件假定的复杂地形风场高精度模拟,并通过现场实测结果验证了该方法的准确性。多尺度方法的风场模拟结果在平均风速精度和高频风速成分上均优于 WRF。该方法在缺乏气象资料地区的工程建设、低成本可行性研究、山区风资源评估等工程应用中具有广阔前景。

参考文献

[1] Nakayama H, Takemi T, Nagai H. Large – eddy simulation of urban boundary – layer flows by generating turbulent inflows from mesoscale meteorological simulations[J]. Atoms. Sci. Lett., 2012, 13: 180 – 186.

[2] SkamarockW C, Klemp J B. A time – split nonhydrostatic atmospheric model for weather research and forecasting applications[J]. J. Comput. Phys., 2008, 227: 3465 – 3585.

[3] Dong H, Cao S, Takemi T, et al. WRF simulation of surface wind in high latitudes[J]. J. Ind. Aerodyn., 2018, 179: 287 – 296.

[4] Dong H, Cao S, Ge Y. Large – eddy simulation of stably stratified flow past a rectangular cylinder in a channel of finite depth[J]. J. Ind. Aerodyn., 2017, 170: 214 – 225.

单元型光滑有限元流固耦合数值模拟*

何涛

（上海师范大学建筑工程学院 上海 201418）

1 引言

在土木工程中，超高层与高耸结构、空间结构、大跨桥梁及长径线缆等风致振动均属典型流固耦合现象[1]。控制方程因耦合作用引入动边界，数值计算难度大，亟待发展精确流固耦合模拟技术。相比传统有限元法，单元型光滑有限元法（Cell – based smoothed finite element method，CS – FEM）具备精度高、能适应扭曲网格等优势[2]。本文运用 CS – FEM 空间离散流固耦合系统，提出简单有效的光滑 Galerkin 弱式积分规则，计算效果理想。

2 CS – FEM 基本原理

根据高斯定理，任意场变量 b 的光滑梯度可近似表示为[2]：

$$\widetilde{\nabla}b(\mathbf{x}_c) = \int_\Omega \nabla b(\boldsymbol{x})W(\boldsymbol{x}-\boldsymbol{x}_c)\mathrm{d}\Omega = \frac{1}{A_c}\int_\Gamma \nabla b(\boldsymbol{x})\boldsymbol{n}(\boldsymbol{x})\mathrm{d}\Gamma \tag{1}$$

式中，$\widetilde{\Omega}$ 为光滑域（见图 1），W 为光滑函数，一般取为光滑域面积的倒数 $1/A_c$。CS – FEM 采用四节点四边形（Q4）单元，4 个光滑域及形函数构造如图 2 所示。根据有限元原理，式（1）中第二个等式可方便转换为代数形式计算[3]。

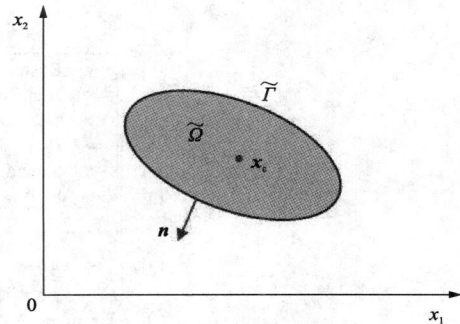

图 1 梯度光滑示意图

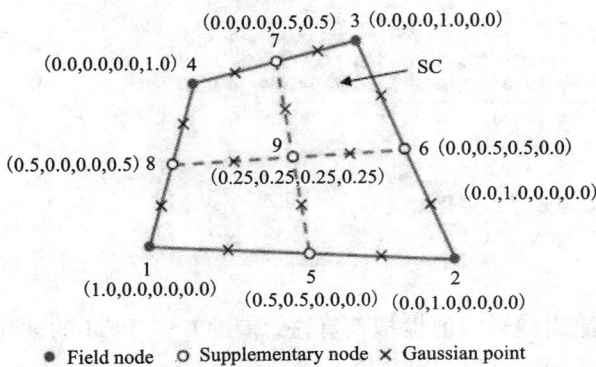

图 2 光滑域划分与形函数

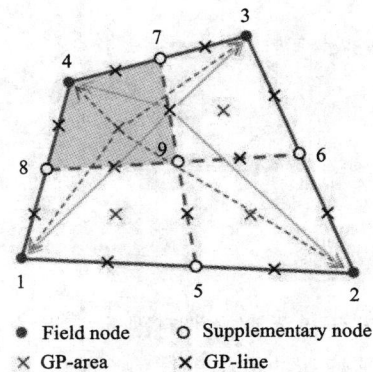

图 3 光滑弱式积分

3 流固耦合控制方程

3.1 不可压缩 Navier – Stokes 方程

量纲一化不可压缩黏性 Navier – Stokes 方程可写为：

$$\nabla \cdot \boldsymbol{u} = 0 \tag{2}$$

$$\frac{\partial \boldsymbol{u}}{\partial t} + \boldsymbol{c} \cdot \nabla \boldsymbol{u} + \nabla p - \frac{1}{Re}(\nabla \boldsymbol{u} + (\nabla \boldsymbol{u})^{\mathrm{T}}) - \boldsymbol{g} = 0 \tag{3}$$

* 基金项目：国家自然科学基金项目（51508332）

式中，u 为速度，$c = u - w$ 为对流速度，w 为网格速度，p 为压力，g 为体力，t 表示时间，Re 为雷诺数。这里运用稳定化二阶特征线分裂法[3]求解式（2）和式（3），可对速度和压力进行等阶插值，便于编程。经空间离散后，在光滑 Galerkin 弱式中令 2×2 高斯点与光滑域一一对应即可方便进行高斯积分，如图3所示[3]。

3.2 结构运动方程

刚体或弹性体运动方程的一般形式可写为：

$$M\ddot{d} + C\dot{d} + Kd = F \tag{4}$$

式中，d 为位移，M 为质量，C 为阻尼，K 为刚度，F 为外力。时间步进方案采用广义 α 法[4]。

3.3 动网格与耦合算法

网格变形方法采用背景网格结合弹簧近似法[5]，可大幅节省网格更新时间。流固耦合算法采用 Block - Gauss - Seidel 迭代技术，具体实施步骤可详见文献[3]。

4 数值算例

运用本文方法对低 Re 下弹性支撑圆柱单自由度涡激振动进行模拟，圆柱振幅与频率比随 Re 变化曲线如图4所示。相比之下，本文结果更为符合物理实验。

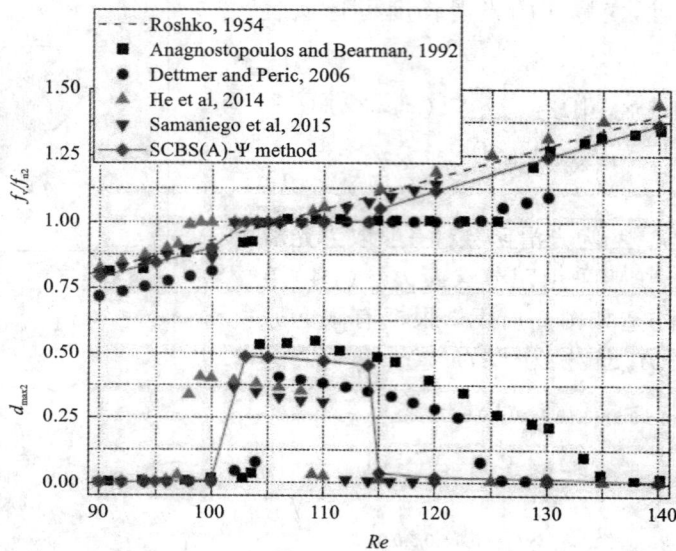

图4 低 Re 下圆柱振幅与频率比变化曲线

5 结论

本文基于单元型光滑有限元（CS - FEM）技术提出流固耦合数值模拟新算法，借助 CS - FEM 的软化刚度矩阵和适应扭曲网格等优势，模拟了低 Re 下圆柱涡激振动问题，成功捕捉典型流致振动现象。

参考文献

[1] 何涛. 流固耦合数值方法研究概述与浅析[J]. 振动与冲击，2018，37(4)：184 - 190.

[2] Liu G R, Dai K Y, Nguyen T T. A smoothed finite element method for mechanics problems[J]. Computational Mechanics, 2007, 39(6)：859 - 877.

[3] He T, Zhang H, Zhang K. A smoothed finite element approach for computational fluid dynamics：applications to incompressible flows and fluid - structure interaction[J]. Computational Mechanics, 2018, 62(5)：1037 - 1057.

[4] Chung J, Hulbert G M. A time integration algorithm for structural dynamics with improved numerical dissipation：the generalized - α method[J]. Journal of Applied Mechanics - ASME, 1993, 60(2)：371 - 375.

[5] He T, Wang T, Zhang H. The use of artificial compressibility to improve partitioned semi - implicit FSI coupling within the classical Chorin - Témam projection framework[J]. Computers & Fluids, 2018, 166：64 - 77.

孤立三维山丘一致涡结构大涡模拟研究[*]

刘震卿，M. Y. S Alnajjar

（华中科技大学土木工程与力学学院 武汉 430074）

1 引言

针对光滑表面三维山丘上空流场已开展较多实验与仿真研究，均发现了位于尾流区域横风向脉动风速的双极值点现象，而针对此现象目前仍未给出明确的机理解释。本文通过数值仿真的方法以及流场显示技术揭示三维山丘尾流一致涡结构，并给出横风向脉动风速的双极值点现象的合理解释。

2 数值模型

采用与 Ishihara et al.[1-3] 风洞实验相同的几何尺寸建立数值风洞，见图1(a)，通过自定义函数指定粗糙元添加区域以模拟湍流入口[图2(b)]。使用嵌套网格技术在山丘迎风区与背风区 15 h 范围内加密网格，以捕捉山丘附近由地形扰动而形成的细小涡结构，见图1(d，e)。通过逐级加密网格的方法，确定当网格总数为 25000000 数值结果满足网格无关条件，见图1(f)。

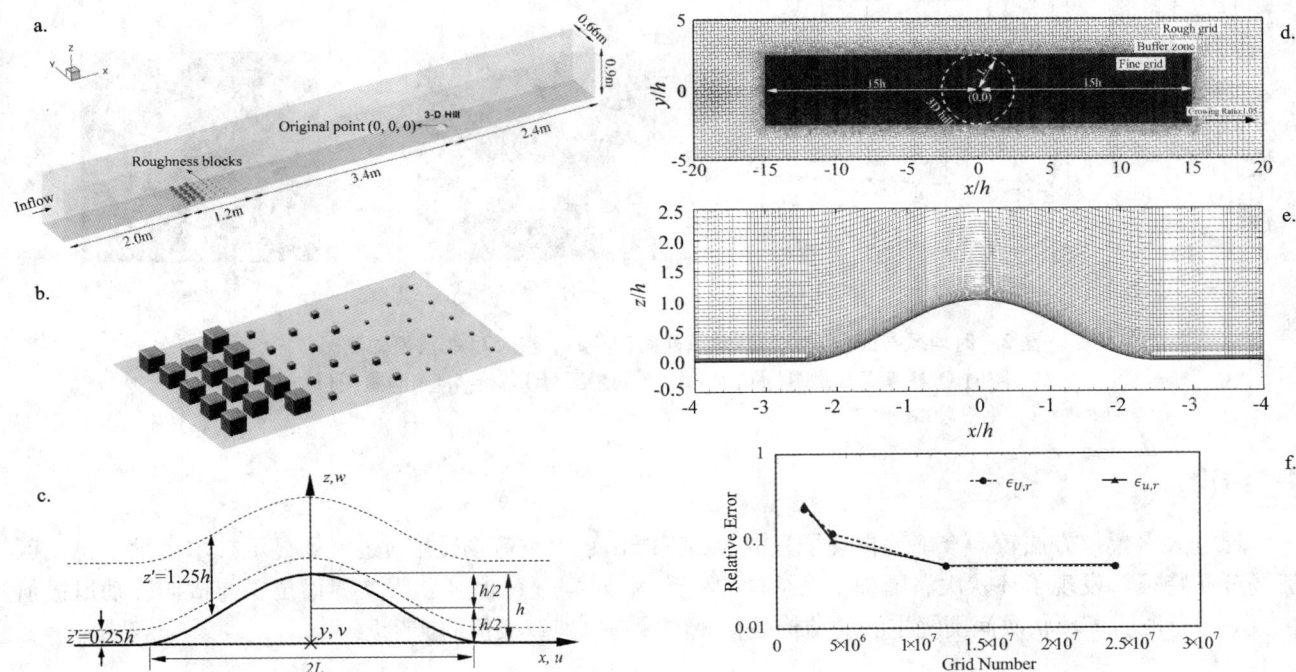

图1 计算模型(a)，粗糙元分布(b)，山丘模型(c)，水平网格分布(d)，竖向网格分布(e)，网格无关验证(f)

3 结果分析

图2(a~e)为三维山丘尾流区平均风速与脉动风速剖面分布，本数值仿真较为准确地再现了风洞实验室结果，误差较大的位置位于 $x=1.25h$ 与 $x=2.5h$ 的近尾流区，且误差主要集中于时均竖向风速与横风向脉动风速，最大相对误差分别达到 25% 与 16%。数值模拟在 $x=2.5h$ 与 $x=3.75h$ 同样获得了横风向脉动风速双峰值的剖面。为了解释此现象，使用 Q-准则可视化尾流流场，并取 $x=3.5h$ 与 $x=6.5h$ 两个剖面

* 基金项目：国家自然科学基金青年科学基金项目(51608220)；国家重点研发计划(2016YFE0127900)

绘制顺风向涡量分布。通过 Q - 准则等值面分布可清楚识别尾流区三种涡旋结构：（a）类似卡门涡街的周期性主涡旋；（b）围绕主涡旋的环状次涡旋结构；（c）主涡旋竖向周期性波动。而围绕主涡旋的环状次涡旋结构在 $x = 3.5h$ 与 $x = 6.5h$ 两个剖面得以更加清晰的呈现，可以发现次涡围绕主涡且两者旋转方向相反，造成了在次涡与主涡交界位置的瞬时风剪切，此风剪切位置恰位于横风向脉动风速极值处，由此可以推断围绕主涡的环状次涡结构是横风向脉动风速双极值的产生原因。

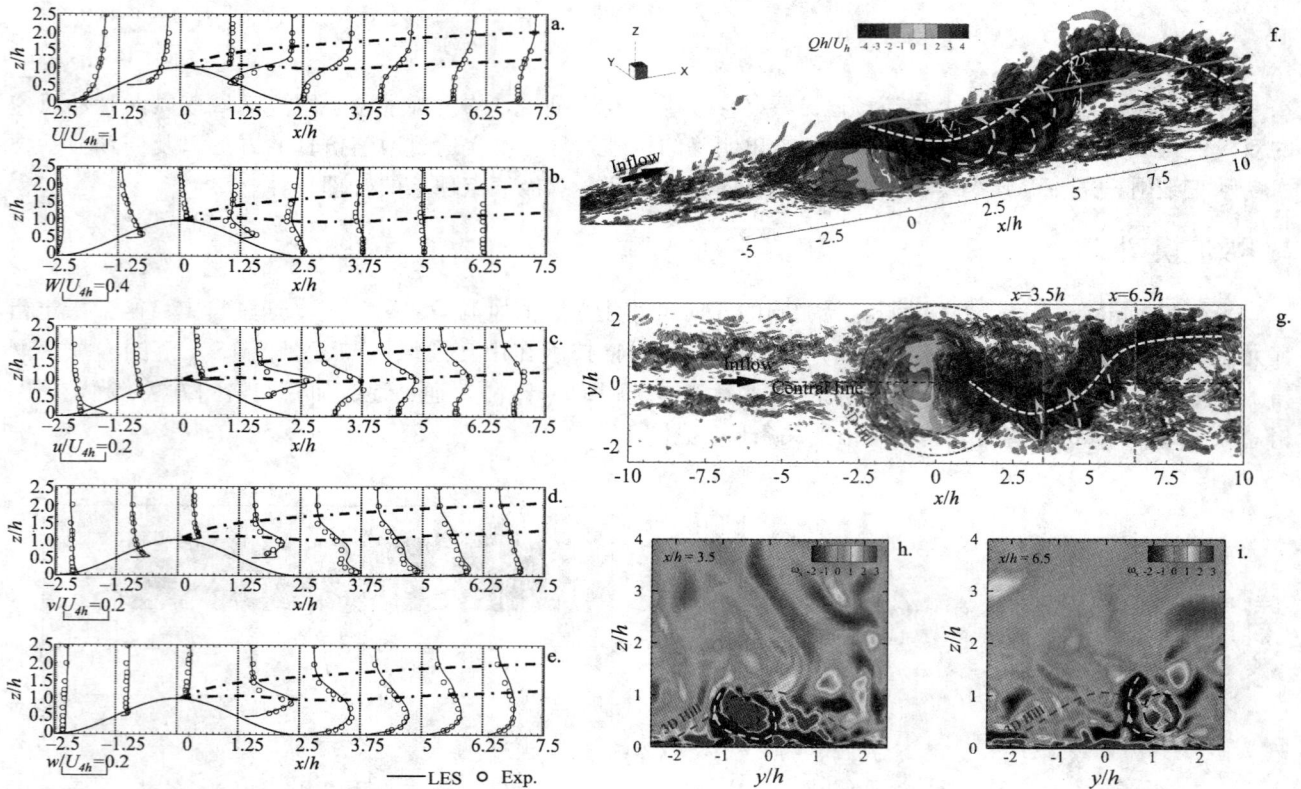

图2　时均风剖面（a，b）与脉动风剖面（c~e），瞬时 Q 等值面轴测图（f），
瞬时 Q 等值面俯视图（g），$x = 3.5h$ 涡量图（h），$x = 6.5h$ 涡量图（i）

4　结论

通过大涡模拟方法较为准确地再现了光滑表面三维山丘上空流场，并通过流场显示技术揭示了尾流区流场分布特征。发现了环状次涡围绕主涡结构的一致涡结构形态，且主次涡交界面位置与横向脉动风极值位置一致，证明了环状次涡围绕主涡的结构是横风向脉动风速双极值的产生原因。

参考文献

[1] Ishihara T, Hibi K. An experimental study of turbulent boundary layer over steep hills[J]. Proc of the 15th National Symposium on Wind Engineering, Japan, 1998: 61 - 66.

[2] Ishihara T, Oikawa S, Hibi K. Wind tunnel study of turbulent flow over a three - dimensional steep hill[J]. J Wind Eng Ind Aerodyn, 1999, 83: 95 - 107.

[3] Ishihara T, Fujino Y, Hibi K. A wind tunnel study of separated flow over a two - dimensional ridge and a circular hill[J]. J Wind Eng, 2001, 89: 573 - 576.

基于分离涡方法的复杂超高层建筑流固耦合风效应数值模拟[*]

卢春玲[1,2]，刘宇杰[1]，黄博[1]

（1. 桂林理工大学土木与建筑工程学院 桂林 541004；2. 广西岩土力学与工程重点实验室 桂林 541004）

1 引言

超高层建筑具有质量小、柔度大、频率低、阻尼低等特性，对于台风多发地区的超高层建筑，风荷载是其所受主要荷载之一[1]。这些建筑与风场的流固耦合效应[2]很明显，因此，研究超高层建筑结构的风致振动特性时，考虑结构与流场之间的耦合作用是必要的[3]。目前在结构风工程领域，利用分离涡模拟进行流场计算的流固耦合数值模拟研究的工作尚不多见[4-5]。本文兼顾网格、精度和计算效率的需求，以准确预测超高层建筑流固耦合效应为目标，基于分离涡方法，以台北 101 大楼为研究对象对该超高层建筑刚体模型进行建筑表面风压分布与周围流场分布的数值模拟，并对其进行风致响应分析；基于 Workbench 平台对该超高层建筑考虑有固耦合作用下的气弹模型进行双向流固耦合模拟计算与风致响应分析。

2 研究方法和内容

（1）建立台北 101 大楼 ANSYS 三维有限元模型，前五阶振型对应的自振频率计算值与实测值[6-7]差距在 15% 以内。将 Fluent 通过 UDF 监测到的刚性建筑模型在 DES 湍流模型下沿顺风向、横风向与扭转向风荷载的时程数据施加在其 ANSYS 有限元模型上，通过有限元瞬态动力计算，得到台北 101 大楼沿顺风向、横风向的位移及加速度时程数据，并分别利用规范计算、时域分析与频域分析的方法求得建筑物的等效静力风荷载，将计算结果与风洞实验结果进行对比。

（2）本文依据结构动力特性相似原理建立了简化的台北 101 大楼气弹模型[8]，并将前两阶振型对应的自振频率与 ANSYS 有限元模型进行对比，简化的台北 101 大楼气弹模型前两阶振型对应的自振频率与 ANSYS 有限元模型结果相差在 5% 以内。基于 ANSYS Workbench 平台 Fluid Flow（Fluent）与 Transient Structural 模块对台北 101 大楼气弹模型进行双向流固耦合计算，对建筑物表面风压、周围风场分布与位移情况进行分析，将气弹模型加速度与位移时程与有限元模型对比，将气弹模型周围流场的湍流特性与刚性模型对比。

3 结论

根据上述相关试验，本文得出主要结论如下：

（1）利用规范计算、频域分析、时域分析三种方法计算得到的台北 101 大楼等效静力风荷载与风洞试验数据对比见表 1。从表 1 可见：计算结果与风洞试验结果较为吻合。

表 1 建筑物等效静力风荷载计算值与风洞试验值对比（结构阻尼比 =2%）

	Mx (10^{10} N·m)	My (10^{10} N·m)	Fx (10^8 N)	Fy (10^8 N)
风洞	2.446	2.657	1.033	0.971
时域	1.990	2.369	0.994	0.612
频域	1.681	2.445	1.305	0.724
规范	—	—	0.975	0.837

* 基金项目：国家自然科学基金项目（51568015）；广西岩土力学与工程重点实验室（2015 - B - 08）；桂林理工大学博士启动基金

（2）在 10 年重现期[9]风速条件下，台北 101 大楼的横风向加速度响应占据主导地位。考虑流固耦合作用的气弹模型（以下简称气弹模型）顺风向最大加速度为 0.095 m/s²，最大位移为 0.56 m，横风向最大加速度为 0.15 m/s²，最大位移为 0.32 m；未考虑流固耦合作用的 ANSYS 有限元模型（以下简称 ANSYS 有限元模型）顺风向最大加速度为 0.06 m/s²，最大位移为 0.59 m 横风向最大加速度为 0.38 m/s²，最大位移为 0.75 m。对比两组模型的加速度时程数据可以看出，ANSYS 有限元模型顺风向最大加速度及最大位移与气弹模型接近，而横风向最大位移、最大加速度比气弹模型模型结果大 30% 以上。台北 101 大楼最高居住层居民在 10 年重现期风速条件下会感到不适，但在可接受范围之内，满足在工程实践中的要求。

（3）台北 101 大楼刚性模型与气弹模型涡量分布规律基本一致，但刚性模型涡量分布范围较广。对于考虑双向流固耦合的气弹模型，建筑下侧的来流向下形成涡旋，两侧来流在越过迎风面后，在建筑物侧面流速增大，并在建筑背风面形成数个明显的回流漩涡。越过建筑顶面的来流分离后下降再附着，之后贴近建筑背风面上升，形成较小的闭合绕流回路。而在刚性模型中，来流越过迎风面后分离剥落，在背风面破碎成为体积小数量多的涡旋并附着在背风面上，并随发展与其他涡旋合并脱落，在尾流处留下不规则的脱落涡旋。对比气弹模型和刚性模型可以看出，双向流固耦合作用下建筑背面尾流区域较刚性模型存在明显的旋涡脱落现象。当旋涡脱落与尾流激励引起振动的频率与结构自振频率一致时，将引发自振。尾流的涡结构与脱落模式是影响建筑结构振动形成的本质原因，而结构的振动对尾流又存在影响，这也是考虑流固耦合作用后流场周围涡旋分布更加复杂的原因。

参考文献

［1］李宇，付曜，李琛. 超高层建筑结构抗风性能研究［J］. 建筑科学与工程学报，2018，35（2）：63－70.

［2］袁玲. 高层建筑横风向风荷载特性与风振效应研究［D］. 广州：广州大学，2014.

［3］李晓刚. 风荷载作用下高层建筑流固耦合数值模拟［D］. 西安：西安建筑科技大学，2017.

［4］Zhang Y，Habashi W G，Khurram R A. Hybrid RANS/LES method for FSI simulations of tall buildings. In：Volume of Abstracts of the 2012 World Congress on Advances in Civil，Environmental，and Materials Research（ACEM12），310，Techno－Press，Seoul，Korea.

［5］Rooh A. Khurram，YueZhang，Wagdi G. Habashi. Multiscale finite element method applied to the Spalart－Allmaras turbulence model for 3D detached－eddy simulation［J］. Computer Methods in Applied Mechanics and Engineering，2012，233－236（8）：180－193.

［6］李秋胜，郅伦海，段永定，等. 台北 101 大楼风致响应实测及分析［J］. 建筑结构学报，2010，31（3）：24－31.

［7］Irwin PA. Wind engineering challenges of the newgenerations of super－tall buildings［J］. Journal of Wind Engineering and Industrial Aerodynamics，2009，97（78）：328－334.

［8］廖建宝. 考虑流固耦合作用下超高层建筑的风荷载数值模拟［D］. 重庆：重庆大学，2013.

［9］卢春玲. 复杂超高层及大跨度屋盖建筑结构风效应的数值风洞研究［D］. 长沙：湖南大学，2012.

面向非平稳风场快速模拟的二维插值法[*]

陶天友[1]，王浩[1]，Ahsan Kareem[2]

(1. 东南大学土木工程学院 南京 211189；

2. Department of Civil & Environmental Engineering & Earth Sciences, University of Notre Dame USA IN 46556)

1 引言

台风、下击暴流等极端风环境常表现出明显的非平稳特征，采用传统平稳风场模拟方法难以描述极端风场的时变特性，因而随机脉动风场的数值模拟逐渐由平稳向非平稳过渡。基于 Monte Carlo 模拟思想的谐波合成法被广泛应用于单变量或多变量的非平稳随机过程的数值模拟[1-2]。谐波合成法的核心步骤主要包括互演变谱密度计算、互演变谱密度矩阵的 Cholesky 分解以及谐波叠加。这三大核心步骤也是制约谐波合成法模拟效率的关键因素，尤其当模拟点数量较多时，谐波合成法的模拟效率亟待提高[3]。在非平稳脉动风场模拟中，Li 和 Kareem 对分解后的互演变谱密度矩阵进行了时频谱解耦后，进而通过引入快速傅里叶变换(FFT)显著提升了谐波叠加的效率[4]。然而，在模拟相干函数时变效应明显的非平稳风场过程中，互演变谱密度计算与互演变谱密度矩阵的 Cholesky 分解仍严重制约谐波合成法的模拟效率[5]。为此，本文以谐波合成法为基本框架，提出了一种二维降阶 Hermite 插值的非平稳随机脉动风场快速模拟方法，该方法大幅度缩减了互演变谱密度计算与 Cholesky 分解的计算量，同时也实现了时频谱解耦，因而显著提升了非平稳风场的模拟效率。

2 二维降阶 Hermite 插值法

对于 Cholesky 分解后的互演变谱密度矩阵(简称 H 矩阵)，其任意元素为关于时间和频率的联合函数。因此，在传统谐波合成法中，互演变谱密度矩阵的计算与 Cholesky 分解需在每一时刻与每一频率处进行，这便需要耗费较长的计算时间。本文对互演变密度矩阵的 Cholesky 分解引入降阶 Hermite 插值，通过系列给定时刻与频率确定插值点的位置，从而以插值点处的函数值和一阶导数为基础建立 H 矩阵元素的插值近似。因此，互演变谱密度矩阵的计算与 Cholesky 分解只需在插值点处进行，这便大幅度缩减了这两大步骤的计算量。H 矩阵中的任意元素可表示为式(1)。将式(1)代入谐波合成法的框架中，任意模拟点处的非平稳风速时程则可表示为式(2)。由于式(1)中 Hermite 插值为系列时间函数与频率函数乘积之和，因而也实现了 H 矩阵的时频谱解耦，从而式(2)可调用 FFT 提高谐波叠加的计算效率。

$$H_{jm}(\omega, t) \approx \sum_{c=1}^{p-1} \sum_{b=1}^{q-1} \sum_{A=c}^{c+1} \sum_{B=b}^{b+1} \left[a_{A,B}^{I}(t)\varphi_{B}^{I}(\omega) + a_{A,B}^{II}(t)\varphi_{B}^{II}(\omega) \right] \tag{1}$$

$$V_j(t) = 2\sqrt{\Delta\omega}\mathrm{Re}\left\{ \sum_{m=1}^{j} \sum_{c=1}^{p-1} \sum_{b=1}^{q-1} \sum_{A=c}^{c+1} \sum_{B=b}^{b+1} a_{A,B}^{I}(t) \sum_{l=1}^{N} \varphi_{B}^{I}(\omega_l)\mathrm{e}^{i(\omega_l t + \varphi_{ml})} + a_{A,B}^{II}(t) \sum_{l=1}^{N} \varphi_{B}^{II}(\omega_l)\mathrm{e}^{i(\omega_l t + \varphi_{ml})} \right\} \tag{2}$$

基于上述简化方法，对某大跨度斜拉桥的全桥非平稳风场进行模拟，其中典型脉动风速样本如图 1 所示。为验证所模拟非平稳脉动风场的有效性，分别计算了 1000 条风场样本的演变谱密度与相关函数，并将其与目标值进行了对比。对比结果表明：模拟样本的演变谱密度、相关函数均与目标值吻合较好，表明所模拟的非平稳脉动风场具有较高的保真度。

3 结论

本文以传统谐波合成法为基本框架，通过引入二维降阶 Hermite 插值对互演变谱密度矩阵的 Cholesky 分解进行插值近似，从而发展了一种基于二维降阶 Hermite 插值的非平稳随机脉动风场快速模拟方法。采用二维降阶 Hermite 插值后，简化方法只需在插值点处进行固定次数的 Cholesky 分解，使得非平稳风场模

* 基金项目：国家自然科学基金项目(51722804)

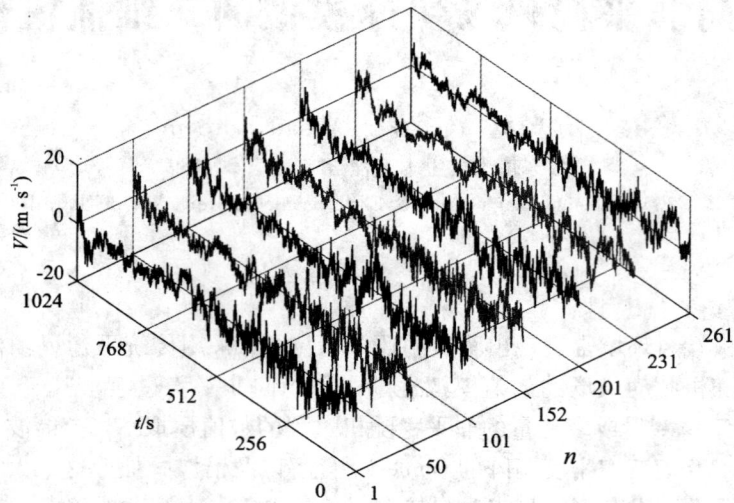

图1　典型非平稳风速样本

拟中的 Cholesky 分解与模拟效率相互独立。同时，二维 Hermite 插值解决了互演变谱密度矩阵计算/存储占用内存大的问题，并同时实现了时频谱解耦，因而谐波叠加的效率可通过调用 FFT 的形式显著提高。数值算例表明：基于二维降阶法模拟的非平稳脉动风速的演变谱密度、相关函数均与目标值吻合较好，表明所模拟的非平稳脉动风场具有较高的保真度。

参考文献

[1] Deodatis G. Non – stationary stochastic vector processes: seismic ground motion applications [J]. Probabilistic Engineering Mechanics, 1996, 11: 149 – 168.

[2] Shinozuka M, Deodatis G. Simulation of stochastic processes by spectral representation[J]. Appl. Mech. Rev., 1991, 44(4): 191 – 203.

[3] Tao T Y, Wang H, Yao C Y, et al. Efficacy of interpolation – enhanced schemes in random wind field simulation over long – span bridges[J]. ASCE Journal of Bridge Engineering, 2018, 23(3): 04017147.

[4] Li Y, Kareem A. Simulation of multi – variate non – stationary random processes byFFT[J]. ASCE Journal of Engineering Mechanics, 1991, 117(5): 1037 – 1058.

[5] Huang G. Application of proper orthogonal decomposition in fast Fourier transform – assisted multivariate nonstationary process simulation[J]. ASCE Journal of Engineering Mechanics, 2015, 141(7): 04015015.

组合布局下风阻效应对上游建筑风驱雨影响特性研究[*]

王辉，刘敏，孙建平

（合肥工业大学土木与水利工程学院 合肥 230009）

1 引言

风驱雨（Wind – Driven Rain，简称 WDR）是建筑壁面最主要的水分来源之一，影响建筑的耐久性与温湿性能[1]，深入研究降雨时建筑立面 WDR 分布特性是解决工程问题的重要基础。风阻效应是由于建筑物的存在对风场产生的扰动作用。文献[1-2]分别研究了 4 种典型孤立建筑模型的 WDR 分布情况，结果表明尺度变化下的风阻效应是影响孤立建筑迎风立面 WDR 分布的重要因素之一。2009 年，Blocken 等[3]结合组合布局对不同尺度的建筑开展 WDR 场研究，结果表明下游建筑造成的风阻效应使上游建筑的 WDR 雨强减小，但并未对这一削减作用进行定量分析。因此，有必要结合特定组合布局定量开展风阻效应对建筑 WDR 分布影响研究。基于 EM 模型建立 WDR 数值模拟方法[4-5]，针对两栋建筑串列布局模拟分析风阻效应对上游建筑迎风立面 WDR 分布的影响，获取有关规律和特性。

2 模拟结果分析

以两幢建筑组成的串列布局为研究对象（图 1），风向垂直于建筑立面，风速 $U_{10} = 10$ m/s，水平降雨强度 R_h 设定为 0.25、0.5、1、2 mm/h，迎风上游建筑尺寸为 $L_1 \times B_1 \times H_1 = 50$ m × 10 m × 10 m，下游建筑 $L_2 \times B_2 = 50$ m × 10 m，高度 H_2 分别为 0、10 m、20 m、30 m、40 m、50 m，两建筑间距为 $D = 20$ m。依据体积分数占优原则，选取 0.25 ~ 3 mm（间隔 0.25 mm）共 12 种雨滴粒径。

2.1 迎风立面 WDR 抓取率最大值

与孤立建筑布局情况相同，串列布局下上游建筑迎风立面抓取率的最大值 η_{max} 同样出现于上边缘拐角处，风阻效应不改变上游建筑迎风立面 WDR 抓取率最大值出现的位置，但会导致抓取率最大值发生变化。由图 2 可知，当 $H_2 = H_1$ 时，上游建筑迎风立面 η_{max} 较孤立建筑布局时稍有增大；当 $H_2 > H_1$ 时，上游建筑迎风立面 η_{max} 较孤立建筑布局时显著减小，且随着下游建筑的高度增加而不断减小。

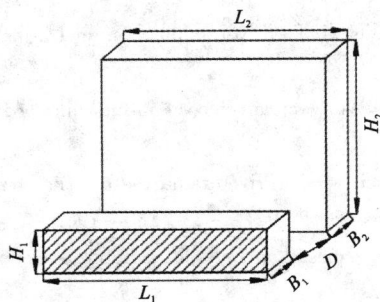

图 1 串列布局模型

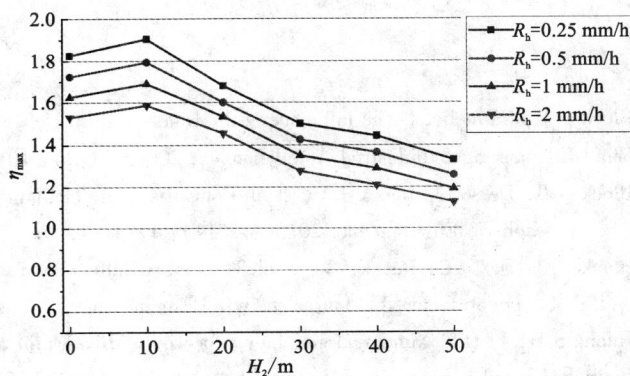

图 2 上游建筑迎风立面 WDR 抓取率最大值 η_{max} 的变化曲线

[*] 基金项目：亚热带建筑科学国家重点实验室开放课题（2016ZB08）；教育部留学回国人员科研启动基金（教外司留〔2011〕1568 号）；安徽省自然科学基金（11040606M116）

2.2　迎风立面竖直中线 WDR 抓取率

相对于孤立建筑情况，采用比值 η/η_{ISOL} 定量分析风阻效应对上游建筑迎风立面竖直中线位置 WDR 的影响，其中 η_{ISOL} 表示孤立建筑的迎风立面抓取率。由图 3 可知：①当 $H_2 = H_1$ 时，上游建筑迎风立面 WDR 抓取率较孤立建筑布局时略有增大；②当 $H_2 > H_1$ 时，上游建筑迎风立面 WDR 抓取率较孤立建筑布局显著减小，且减小幅度随 H_2 的增大而增大；③无论 $H_2 = H_1$ 或 $H_2 > H_1$，η/η_{ISOL} 值沿着上游建筑高度增加逐渐趋向 1.0，即表明串列布局下的风阻效应对上游建筑迎风立面 WDR 抓取率影响沿着高度增加将逐渐趋向孤立建筑情况。

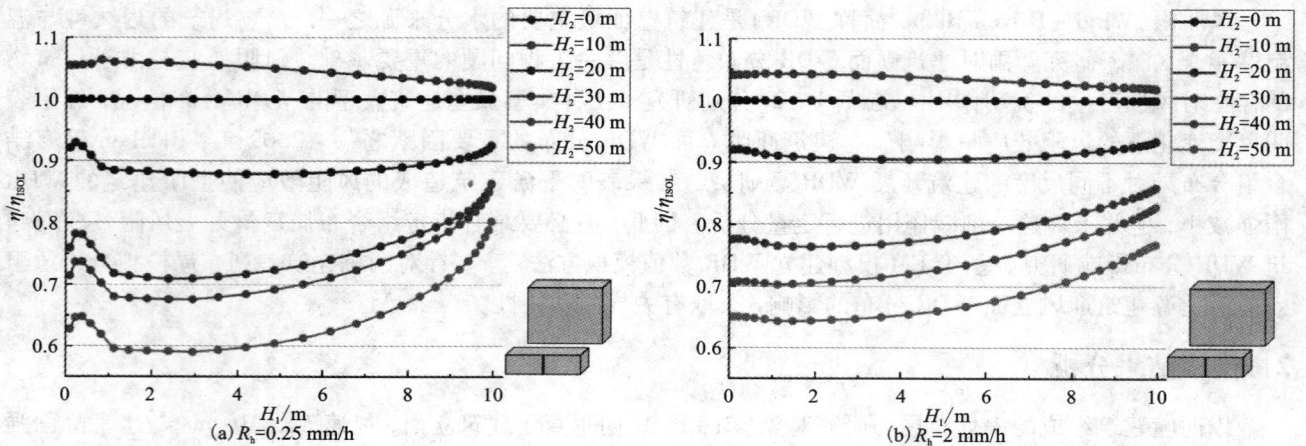

图 3　上游建筑迎风立面竖直中线位置 η/η_{ISOL} 沿高度的分布

3　结论

（1）串列布局下上游建筑迎风立面 WDR 分布规律与孤立建筑情况基本相同，仅量值存在差异。

（2）下游建筑高度的变化对上游建筑迎风立面的 WDR 抓取率存在影响。当 $H_2 > H_1$ 时，上游建筑迎风立面 WDR 抓取率较孤立建筑布局显著减小，且减小幅度随 H_2 的增大而增大。

（3）串列布局下风阻效应对上游建筑迎风立面 WDR 抓取率的影响沿高度增大将逐渐趋向孤立建筑情况。

参考文献

[1] Blocken B, Carmeliet J. The influence of the wind – blocking effect by a building on its wind – driven rain exposure[J]. Journal of Wind Engineering & Industrial Aerodynamics, 2006, 94(2): 101 – 127.

[2] Blocken B, Dezsö G, Beeck J V, et al. Comparison of calculation models for wind – driven rain deposition on building facades [J]. Atmospheric Environment, 2010, 44(14): 1714 – 1725.

[3] Blocken B, Dezsö G, Beeck J V, et al. The mutual influence of two buildings on their wind – driven rain exposure and comments on the obstruction factor[J]. Journal of Wind Engineering & Industrial Aerodynamics, 2009, 97(5 – 6): 180 – 196.

[4] Huang S H, Li Q S. Numerical simulations of wind – driven rain on building envelopes based on Eulerian multiphase model[J]. Journal of Wind Engineering & Industrial Aerodynamics, 2010, 98(12): 843 – 857.

[5] Wang H, Hou X Z, Deng Y C. Numerical simulations of wind – driven rain on building facades under various oblique winds based on Eulerian multiphase model[J]. Journal of Wind Engineering & Industrial Aerodynamics, 2015, 142: 82 – 92.

CFD 与风洞实验气动力数据库整合运用下风力频谱以神经网络修正之研究

王人牧[1,2]，黎益肇[2]，郑启明[2]，张正兴[1,2]

（1. 淡江大学土木工程系；2. 淡江大学风工程研究中心）

1 引言

计算流体力学（CFD）的发展日渐进步，虽然有些微误差，但相对于风洞实验所耗费的人力与时间较少，对于未来扩增气动力数据库的数据将更为方便。然而若要提升 CFD 的准确度，网格数量势必会增加，导致计算时间庞大，因此淡江大学近期以 CFD 建置气动力数据库的计划中，期望以最少数量的网格来达成最大仿真效益为目标进行网格绘置，因为网格数相对减少，使得模拟结果相对变差，所以本研究将风洞实验与 CFD 数值模拟所求出的基底弯矩频谱在各频率的比值称为修正系数谱，将之进行类神经网络仿真，期望能利用类神经网络的预测能力与 CFD 模拟的便利性，来大幅降低未来进行风洞实验所耗费的时间与人力。

本论文的研究目标为使用者输入 CFD 模拟的频谱，透过 CFD 频谱修正信息系统，运用所学习的修正系数谱神经网络，即可得到修正后更为准确的风力频谱，以作为计算设计风载重，与后续扩建气动力数据库的重要依据。

2 研究范围

在本论文研究中数据的范围和神经网络的架构整理于表 1，类神经网络预测的范围为 A 地况（大都市市中心）、B 地况（大都市市郊、小市镇等）和 C 地况（平坦开阔地面、草地、海湖岸等）三种地况下矩形断面建筑物的顺风向、横风向及扭转向的修正系数谱。其矩形断面建筑物的尺寸介于深宽比为 0.33 ~ 3、高宽比为 3 ~ 7，共 29 个案例。

表 1　矩形断面建筑物数据范围和神经网络架构

预测范围	顺风向、横风向、扭转向之 A、B、C 三种地况 深宽比为 0.33 ~ 3，高宽比为 3 ~ 7 的修正系数谱
训练资料	各预测范围中高宽比 3、5、7 为 15 笔修正系数谱
验证数据	各预测范围中高宽比 4、6 为 10 笔修正系数谱
测试数据	高宽比 3.5、4.5、5.5、6.5 各一为修正系数谱
神经网络架构	Radial Basis Function Neural Network
神经网络输入项	地况（α）、深宽比、高宽比、修正系数谱
神经网络输出项	修正系数谱
辐状基底函数	高斯函数
中心点选取法	随机选取法 + 网络增长法
评估标准	均方根误差 RMSE

3 研究方法

本研究以类神经网络为核心，建构 CFD 频谱修正系统。第一步透过数据前处理，分析、整理频谱资料，并进一步将其分类。而类神经网络的建置在淡江大学风工程研究中心相关研究中，曾应用类神经网络来预测风力频谱有相当的成效，因此，参考之前的模式方法，修正系数谱的类神经网络建置以三个风力作用方向撰写三个辐状基底函数类神经网络（RBFNN）程序，训练、验证、测试案例如表1所述。最后再将预测的修正系数谱乘上 CFD 模拟的频谱，得出修正后的风力频谱，并与实验频谱进行误差比对分析。

在本研究中，原始数据的频率范围由 0.001 ~ 0.9，撷取至频率 0.01 ~ 0.55 共 303 笔频谱，对其进行平滑，消除多余的扰动；实验频谱以 CFD 仿真频谱的频率为基准，将实验频谱的频率内插为相同值，并计算两者间的修正系数。接着针对输入项进行数值标准化高宽比部分同除 7（原始数据之高宽比为 3 ~ 7），深宽比部分均同除 3（原始数据为 0.33 ~ 3）。案例的命名方式，B 为迎风面建筑宽，D 为建筑深，H 为高宽比，以深宽比 0.33、高宽比 5 为例，案例的命名方式为 D1B3H5。

4　结果与结论

评估 ANN 网络的均方根误差值 RMSE，范围分为整段频谱与特定频率（频率范围为 0.15 ~ 0.4）两种进行评估，训练与验证案例误差微小。最后测试阶段用 CFD 计划案[1]中相同案例比较误差如表2所示，神经网络之误差皆较 CFD 小且稳定。然而扭转向模拟结果不如预期，即使在特定频率段也未见明显改善，未来须针对这一部分进行多方面的测试，深入探讨发生之原因。神经网络在预测接近网络两端的案例时，容易出现较大误差。其发生原因为使用的辐状基底类神经网络，其数据点数完整性会影响到预测结果，未来还须增加 CFD 案例，已臻完善。还有其他网络参数也会影响预测的结果，如中心点、标准偏差和权重的学习速率、目标门坎值等，而这些因素都还有进一步研究探讨的空间，未来亦可尝试应用不同的类神经网络来预测预测。未来，此模式将应用于缺乏风洞实验的案例（如削角、或特殊断面等），以 CFD 数值仿真，并经由此模式得到修正后的仿真案例，以利后续耐风设计的计算、应用，以及气动力数据库的扩建。

表2　ANN 与 CFD 方法之 RMSE 比较

Root Mean Square Error（RMSE）		整段频谱（0.01 ~ 0.55）		特定频率（0.15 ~ 0.4）	
		CFD	ANN	CFD	ANN
顺风向 C_{my}	训练	0.9286	0.2266	0.8227	0.1972
	验证	1.0109	0.2462	0.8964	0.2111
	测试	0.8666	0.6560	0.7606	0.5955
横风向 C_{mx}	训练	0.8029	0.2832	0.6835	0.1998
	验证	0.8222	0.2729	0.7221	0.1885
	测试	0.5483	0.6207	0.4827	0.3703
扭转向 C_{mz}	训练	0.7129	0.2968	0.5609	0.2029
	验证	0.7348	0.2962	0.5633	0.1999
	测试	0.5911	0.6423	0.5228	0.5911

参考文献

[1] 赖冠廷，张正兴，郑启明. 高层建筑风力数值模拟分析[C]//第六届全国风工程研讨会论文集. 台北：2016.

带密目式安全网的低矮建筑表面风荷载 CFD 数值模拟[*]

吴玖荣，黄昕，傅继阳

（广州大学－淡江大学工程结构灾害与控制联合研究中心 广州 510006）

1 引言

对在施工期间带脚手架外覆安全网的低矮建筑，难以进行风洞测压试验的原因是由于缩尺效应，因为即使是采用大几何缩尺比也将会导致脚手架管的直径和安全网的孔径过小难以对其进行缩尺模型加工。在 CFD 数值模拟计算中，流体流过不同的过滤介质时的流动特性等诸多问题可通过多孔介质模型进行模拟，本文应用多孔介质模型数值模拟的一种简化应用——多孔阶跃面，模拟建筑脚手架密目式安全网的多孔结构，采用 CFD 模拟设置密目式安全网的在建低矮建筑表面风荷载。

2 CFD 模拟中多孔介质的动量方程

在计算流体动力学中，通过加入一个动量源项，包括黏性阻力项和惯性阻力项，可以用以此来对计算域中的多孔性材料对流体的流动阻力进行模拟。即为多孔介质模型的动量方程，其源项的具体形式如下：

$$S_i = -\left(\sum_{j=1}^{3} D_{ij}\mu\nu_j + \sum_{j=1}^{3} C_{ij} \frac{1}{2}\rho|\nu_j|\nu_j \right)(i = x, y, z) \tag{1}$$

其中，S_i 为第 i 个 $(i = x, y, z)$ 动量方程的源项；D 为黏性阻力损失系数矩阵；C 为惯性阻力损失系数矩阵；ν_j 是第 j 个坐标方向上的速度分量；μ 是动力黏度。

对于简单的均匀多孔介质的情况：

$$S_i = -\left(\frac{\mu}{\alpha}\nu_i + C_2 \frac{1}{2}\rho|\nu_i|\nu_i \right)(i = x, y, z) \tag{2}$$

式中 α 是渗透率，C_2 是惯性阻力系数，C 被指定为关于 C_2 的对角矩阵。

3 设置密目式安全网的低矮建筑表面定常风荷载 CFD 数值模拟

3.1 计算模型及网格划分

采用日本 TPU 气动数据库中 0° 风向角下宽长高比值为 160∶400∶160 的平屋顶低矮建筑模型，模型缩尺比为 1∶100，尺寸为高×宽×长 = 160 mm×160 mm×400 mm，屋面坡度 β 等于零。用密目式安全网覆盖的脚手架被放置在距建筑物外墙 1.50 m（原型）的地方。模拟的计算域尺寸为：X 向（长）为 5430 mm，Y 向（深/宽）为 2000 mm，Z 向（高）为 1000 mm。采用两种不同疏密程度的安全网（A 型网和 B 型网），A 型网和 B 型网的惯性阻力系数分别为 $C_2 = 2037$ m^{-1} 和 $C_2 = 3110$ m^{-1}，渗透率分别为 6.946×10^{-9} m^2 和 5.172×10^{-9} m^2。

3.2 四周覆网对建筑物表面平均风压系数的影响

图 1 和图 2 分别为考虑覆网与否对建筑迎风和背风面上的测点平均风压系数对比图，外围设置密目式安全网将导致主建筑物的迎风面平均风压系数减小，当安全网越密时，迎风面测点的平均风压系数降低的幅度越大；主建筑物的背风面平均风压系数增大明显，当安全网越密时背风面测点的平均风压系数升高的幅度越大。

3.3 覆网脚手架不同布置时主建筑物表面的风压特性分析

在前述研究的基础上，利用 Fluent 软件建立了以下四种模型：

（1）仅主建筑物的迎风面布置覆网脚手架的三维模型；

（2）仅主建筑物的一个侧风面（此处布置于 $-Y$ 面）布置覆网脚手架的三维模型；

* 基金项目：国家自然科学基金项目（51778161，51578169）

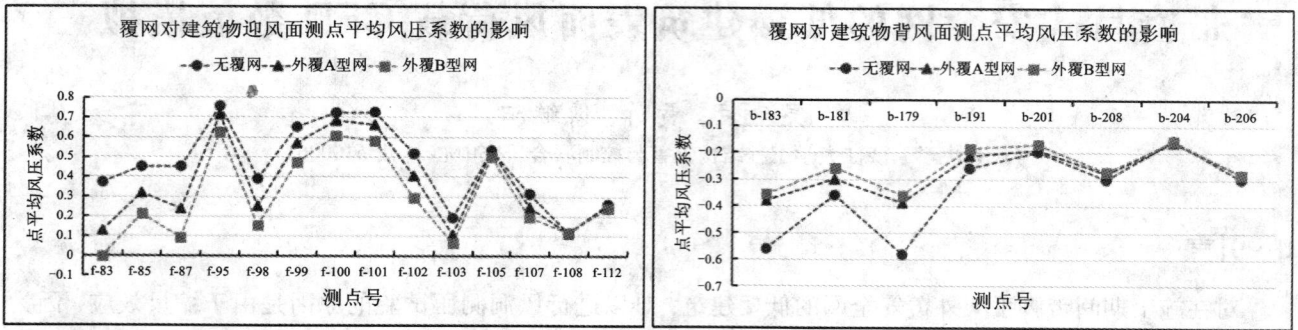
图 1(2) 考虑覆网与否主建筑物迎风面（背风面）测点的平均风压系数

（3）主建筑物的迎风面和一个侧风面布置覆网脚手架的三维模型；

（4）主建筑物的四周都布置覆网脚手架的三维模型。

图 3 和图 4 所示分别为采用 A 型王网且考虑覆网脚手架不同布置时建筑迎风和背风面上的测点平均风压系数对比图，在覆网脚手架模型①③④工况下，外围设置密目式安全网将导致主建筑物迎风面平均风压系数明显减小。在覆网脚手架模型④工况下主建筑物背风面平均风压系数明显增大。

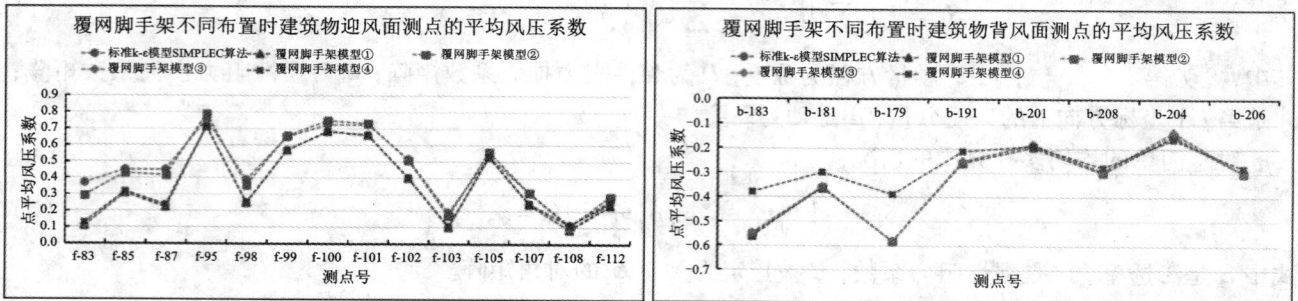
图 3(4) 覆网脚手架不同布置时主建筑物迎风面（背风面）测点的平均风压系数（A 型网）

4 结论

外围设置密目式安全网将导致主建筑物的迎风面平均风压系数减小明显，主建筑物的背风面平均风压系数增大明显；通过对覆网脚手架不同布置时主建筑物表面的风压特性，发现没有设置覆网脚手架的建筑物表面测点平均风压系数近乎等同于无覆网工况；而被设置覆网脚手架的建筑物表面测点平均风压系数曲线变化明显。

参考文献

［1］ Yue F, Yuan Y, Li G Q, et al. Wind load on integral－lift scaffoldsfortall building construction［J］. Journal of Structural Engineering, 2005, 131：816－824.

［2］ Irtaza H, Beale R G, Godley M H R. A wind－tunnel investigation into the pressure distribution around sheet－clad scaffolds［J］. Journal of Wind Engineering and Industrial Aerodynamics, 2012, 103.

基于 WRF 中尺度数值模式的台风风场模拟[*]

吴玖荣，曾祥锋，何运成

（广州大学－淡江大学工程结构灾害与控制联合研究中心 广州 510006）

1 引言

土木工程领域，除了需要考虑常态风对结构物的作用之外，另一个需要关注的就是结构物在台风这种极端气候下的抵抗能力，需要考虑台风风场对结构物的影响。中尺度数值模拟方法可以为台风灾害易损性、风险性分析提供风场信息。在土木工程领域，结合气象学的的结构分析思路，即将中尺度 WRF 模式的输出结果作为 CFD 模式的初始条件，从而计算得到复杂地形条件下目标点的风场条件。这两种方法的相结合，实现了台风的降尺度模拟，可以得到研究区域更加多和精确的台风风场特征。

2 WRF 中尺度数值模式对台风"约克"风场的模拟方案选择

台风"约克"模拟的网格设置是在综合考虑台风本身特性和计算条件后设定的：采取三层嵌套，第一层区域网格数（d01）为 100×100，第二层区域网格数（d02）为 112×112，第三层区域网格数为 136×136。网格的格点距分别为 18 km，6 km 和 2 km。在垂直方向上，垂直方向分 30 层，模式大气层顶气压为 50 hPa。地图投影采用 Mercator 投影。本文中采用三种边界层方案，分别是 Yonsei University scheme（YSU）方案、Mellor – Yamada – Janjic scheme（MYJ）方案和 NCEP Global Forecast System scheme（NFS）方案。同时采用三种积云对流参数化方案：新 Kain – Fritsch scheme（KF）方案、Betts – Miller – Janjic scheme（BMJ）方案和 Grell – Devenyi ensemble scheme（GD）方案。模拟开始于 1999 – 19 – 14 的 18 时，结束于 1999 – 09 – 17 的 00 时，时间采用世界时间（UTC）。

3 WRF 模拟结果分析

3.1 路径对比分析

模拟路径各时间点的位置是根据模拟结果中心最低气压值确定的。表 1 所示为各方案模拟的台风对应各个时刻的位置与实际记录点的距离和标准差。

表 1 各方案模拟点与实测点距离（km）平均值和标准差

均值	YK – YSU – KF	YK – YSU – BMJ	YK – YSU – GD	YK – MYJ – KF	YK – MYJ – BMJ	YK – MYJ – GD	YK – NFS – KF	YK – NFS – BMJ	YK – NFS – GD
平均值	92.92	123.40	72.15	79.00	89.71	57.89	78.09	131.19	58.98
标准差	40.40	49.43	30.91	43.23	41.37	37.93	51.13	70.72	33.68

当采用相同边界层条件时，不同积云参数化方案的选取会对模拟的路径造成很大的影响，而采用 Grell – Devenyi 积云参数化方案时路径偏移平均值最小且标准差也最小，因此该积云参数化方案更适合用来模拟 9914 台风"约克"的路径。

3.2 台风中心近地面最低气压对比分析

各模拟方案下台风中心近地面最低气压与中国气象局热带气旋资料中心提供的最低气压的对比以及各时间点气压的平均偏差和标准差如表 2 所示。

---

* 基金项目：国家自然科学基金项目（51778161，51578169）

表2　各方案模拟点与实测点气压(hPa)偏差平均值和标准差

均值	YK－YSU－KF	YK－YSU－BMJ	YK－YSU－GD	YK－MYJ－KF	YK－MYJ－BMJ	YK－MYJ－GD	YK－NFS－KF	YK－NFS－BMJ	YK－NFS－GD
平均值	0.60	2.30	－1.90	3.20	4.40	1.70	2.00	3.80	1.40
标准差	7.34	7.73	10.07	6.52	7.30	8.65	6.88	6.26	8.00

　　模拟的台风中心最低气压与台风中心实测最低气压呈现相同的变化趋势，并且在中间模拟阶段具有很好的模拟效果，最低气压与实测数据较为接近。而在同一边界层条件下，采用 Kain－Fritsch 方案和 Betts－Miller－Janjic 方案模拟的中心气压较为接近且与实测数据相差较小，而采用 Grell－Devenyi 积云参数化方案时模拟的中心气压最小且与实测数据相差较大。

3.3　近台风中心 10 m 高度处最大风速对比分析

　　各模拟方案下近台风中心处 10 m 高度 2 min 最大平均风速与中国气象局热带气旋资料中心提供的最大风速的对比以及模拟风速与实测风速的偏差平均值和标准差如表3所示。

表3　各方案模拟点与实测点风速偏差平均值和标准差

均值	YK－YSU－KF	YK－YSU－BMJ	YK－YSU－GD	YK－MYJ－KF	YK－MYJ－BMJ	YK－MYJ－GD	YK－NFS－KF	YK－NFS－BMJ	YK－NFS－GD
模拟平均值	23.95	26.28	27.18	22.71	25.75	24.51	23.65	25.67	23.95
实测平均值	26.30	26.30	26.30	26.30	26.30	26.30	26.30	26.30	26.30
偏差平均值	－2.35	－0.02	0.88	－3.59	－0.56	－1.79	－2.66	－0.63	－2.35
标准差	4.91	6.94	7.65	4.25	6.98	6.44	4.95	5.90	5.18

　　各模拟风速在中间模拟阶段具有很好的模拟效果，风速与实测数据较为接近。分析表3可知：同一边界层条件下，采用 Betts－Miller－Janjic 方案时，10 m 风速偏差最小，但波动较大。采用 Grell－Devenyi 方案时，10 m 风速平均偏差介于另外两种方案之间，且标准差在采取 MYJ 方案和 NFS 方案时也是介于另外两种方案之间。

4　结论

　　选取的三种积云参数化方案中，采取 Grell－Devenyi 方案的模拟效果会更好，且与 MYJ 边界层方案组合的效果最为接近。结合路径、风压和风速的分析，台风"约克"的最佳模拟方案为 Eta Mellor－Yamada－Janjic TKE 边界层方案和 Grell－Devenyi 积云参数化方案的组合。

参考文献

[1] 杨剑.WRF 与 CFD 嵌套的局地台风风场数值模拟研究[D].哈尔滨：哈尔滨工业大学，2015.
[2] 周昊，朱伟军，彭世球.不同微物理方案和边界层方案对超强台风"鲇鱼"路径和强度模拟的影响分析[J].热带气象学报，2013，29(5)：803－812.
[3] 孙敏，袁慧玲.WRF 模式中微物理和积云对流参数化方案对台风"莫拉克"模拟敏感性分析[J].热带气象学报，2014，30(5)：941－951.

中央开槽箱梁涡激振动绕流场的数值模拟[*]

战庆亮[1,2]，周志勇[2]，葛耀君[2]

（1.大连海事大学交通运输工程学院土木工程系 大连 116026；2.同济大学土木工程防灾国家重点实验室 上海 200092）

1 引言

为解决超大跨桥梁的颤振问题，开槽断面由于其良好的颤振性能作为一种较新型的断面形式越来越受到认可。然而随着开槽箱形断面的广泛应用，也发现了其较不利的风致振动性能。已有研究表明[1]，经过开槽后，断面的颤振性能和扭转涡激振动性能均可得到改善，而往往导致竖向涡激振动问题的产生。本文针对中央开槽箱型主梁的涡激振动问题进行绕流场模拟，通过自主开发的桥梁三维流场模拟程序，结合流固耦合求解策略，模拟了涡激振动现象，得到了绕流流场信息，包括起振全过程流场形态演化。

2 模拟方法

采用非结构化网格的有限体积方法，C++语言开发了不可压缩流体模拟的计算程序，并实现了大涡模拟及统一湍流模型，对三维湍流场进行求解。本文采用整体计算域平动的方法求解运动参考系流体控制方程，来进行竖向涡激振动的模拟[2]。当求解运动的参考系方程时，流体微团的加速度要考虑运动参考系的影响。离散的控制方程为：

$$\frac{\partial \rho \varphi}{\partial t} V + \sum_f^n \rho_f \vec{v}_{fr} \cdot \vec{A}_f = \sum_f^n \Gamma_f \nabla \varphi_f \cdot \vec{A}_f + S_\varphi V \tag{1}$$

式中 n 为围成单元体面的个数，φ_f 为通过面 f 待求解变量 φ 的通量；S_φ 表示源项、V 表示控制体的体积。本文的运动参考系下离散格式中，控制体表面质量通量的计算表达式 $\rho_f \vec{v}_{fr} \cdot \vec{A}_f$，即相对速度的质量通量。

参考研究报告[3]中的动力特性计算结果和试验设计参数，本算例的结构参数设置如表1。

表1 涡振模拟参数

参数名称	符号	单位	实桥值	节段模型相似比	计算模型取值
宽度	B	m	36	1:20	1.8
高度	H	m	3.5	1:20	0.175
质量	m	kg/m	27511	1:502	68.7775
竖弯风速比	—	—	—	1:1	—
对称竖弯	f_h	Hz	0.1005	20:1	2.010
竖弯阻尼比	ζ_h	%	—	1:1	0.25

在进行绕流计算中，对断面进行如下简化处理，如图1所示。①不考虑非通长构造：行车道和人行道栏杆的立柱不予考虑，开槽部位的连接横梁不予考虑。②对检修轨道进行了简化处理，用矩形代替。③忽略人行道栏杆中的钢丝绳，仅保留人行道扶手。

3 模拟结果

如图2所示，计算所得的运营状态涡激振动模拟所得涡振锁定风速区间与风洞试验吻合很好。对比运营状态主梁的涡激振动振幅可发现，其振幅比施工状态偏小。根据流场显示，在计算得到的振幅下，在中

* 基金项目：中央高校基本科研业务费（3132018105）

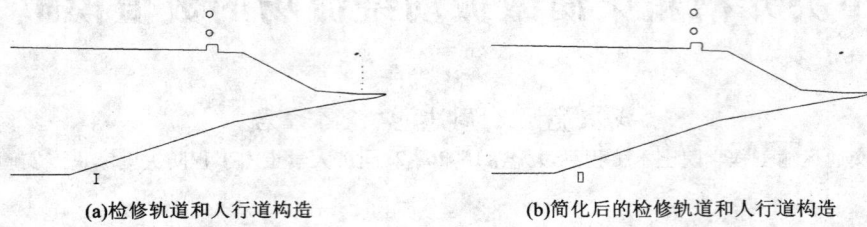

(a)检修轨道和人行道构造　　　　　　　　　(b)简化后的检修轨道和人行道构造

图1　计算模型示意图

央开槽处并没有形成交替的卡门涡脱，边界层由于栏杆及开槽发生失稳并产生涡脱导致了下游断面表面的大尺度涡结构。

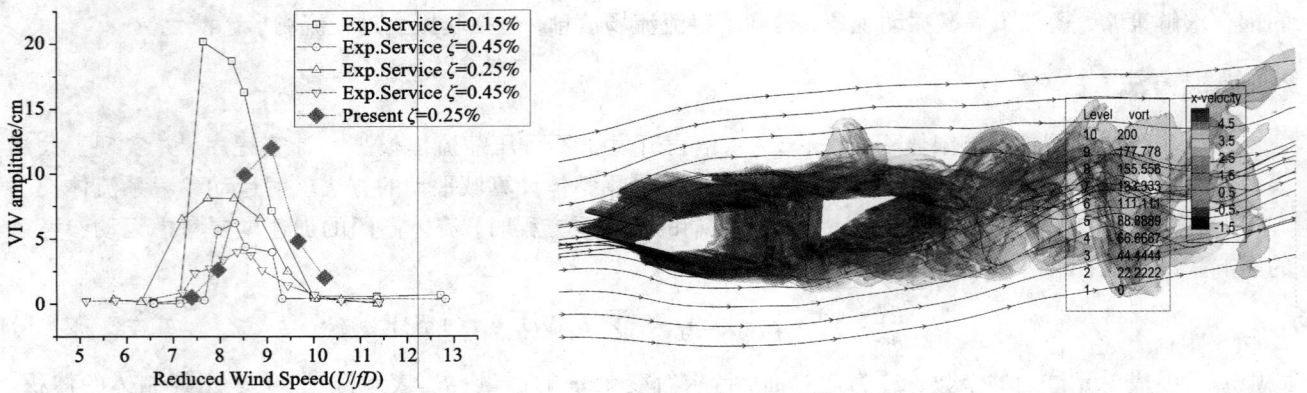

图2　运营状态振幅及运营状态最大振幅瞬时涡量图

4　结论

本文采用计算流体力学的方法，使用基于 c + + 语言的有限体积法计算程序，对实际工程中的中央开槽主梁进行了绕流涡激竖向振动的模拟计算。模拟结果与风洞试验一致性较高，得到涡振起振全过程流场演变过程，发现涡激振动的原因为单层剪切层失稳涡脱所致。

参考文献

［1］ Ge Y J, H F Xiang. Bluff body aerodynamics application in challenging bridge span length［C］//Proceedings of 6th International Colloquiumon Bluff Bodies Aerodynamics&Applications. 2008. Milano, Italy.

［2］ 战庆亮，周志勇，葛耀君. 无变形网格下运动参考系求解平动流固耦合问题［J］. 振动与冲击，2017，36(6)：114 – 121.

［3］ 同济大学. 西堠门大桥悬索桥抗风性能精细化研究第二阶段研究报告［R］. 同济大学土木工程防灾国家重点实验室：上海，2015.

十二、其他风工程和空气动力学问题

非高斯风效应极值估计：基于矩的转换过程法之偏差和抽样误差[*]

刘敏[1]，杨庆山[1,2]，陈新中[1,3]

（1. 重庆大学土木工程学院 重庆 400044；2. 北京交通大学城市风环境与结构风工程北京市重点实验室 北京 100044；

3. 德州理工大学国家风工程研究中心 美国德州 拉伯克 TX79409）

1 引言

结构抗风设计需要准确估计给定重现期下的非高斯风效应极值。在众多非高斯随机过程极值估计方法中，基于矩的转换过程法具有充分利用高斯随机过程极值估计的理论解、需要的样本时程短和存在解析表达式便于使用等优点而得到广泛应用[1-5]。研究发现由于前四阶矩仅代表非高斯随机过程概率分布的部分特征，这导致基于矩的转换过程法进行非高斯极值估计时可能存在一定的偏差（bias）[3,5]。此外，当采用不同长度时程样本计算前四阶统计矩时，前四阶统计矩的计算结果会有一定的变异性——统计学中称之为抽样误差（sampling error），这导致极值估计时也存在抽样误差。本文首先介绍了针对基于矩的转换过程法中常用的 Hermite 矩模型和三参数 Gamma 分布方法的偏差问题，提出了改进方法；其次，从理论上推导了基于矩的转换过程法的抽样误差估计的解析表达式；最后，采用鞍型屋盖长时距表面非高斯风压随机过程验证了本文所提方法的有效性。

2 基于矩的转换过程法的偏差

2.1 三参数 Gamma 分布方法及其改进模型

采用三参数 Gamma 分布拟合非高斯随机过程的概率密度函数时，其位置、尺度和形状参数可通过矩估计法由非高斯随机过程的前三阶矩（均值、方差和偏度）估计得到。研究发现非高斯随机过程极值相比偏度，受峰度的影响更大。本文提出采用非高斯随机过程的均值、方差和峰度来估计三参数 Gamma 分布的位置、尺度和形状参数，以减少三参数 Gamma 分布的偏差。采用文献[3]中的鞍型屋盖长时距风洞试验风压数据验证了改进方法的有效性，效果如图 1 所示，估计偏差大大降低。

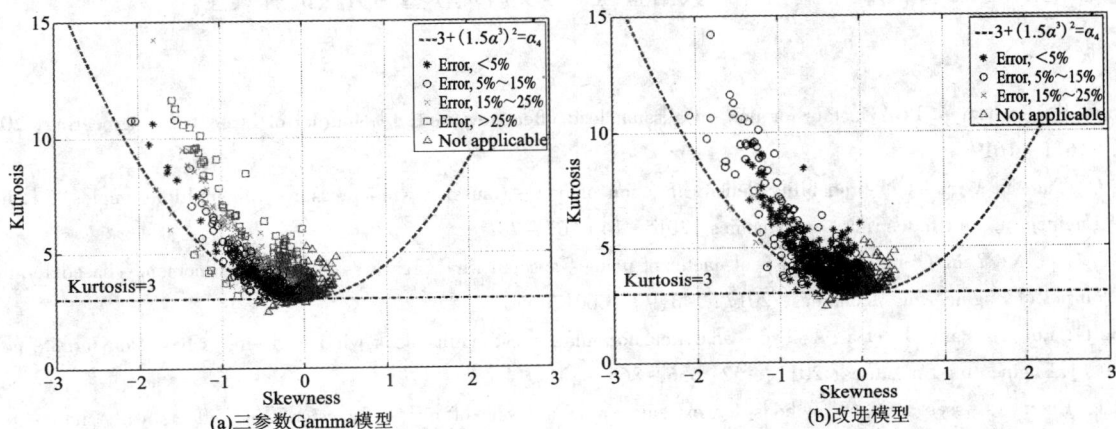

图 1　三参数 Gamma 模型及改进模型的偏差估计效果

* 基金项目：国家自然科学基金项目（51808077，51720105005）；中国博士后科学基金（2017M622966）

2.2 Hermite 矩模型及其改进模型

Hermite 矩模型系数采用非高斯时程整体数据计算的前四阶来进行估计。本文作者提出在非高斯时程中位值处分开,用大于和小于中位值的数据计算两套前四阶矩分别求非高斯母本概率密度左尾和右尾对应的转换函数,从而得到极大值和极小值的概率分布。改进方法提出的两套前四阶可以更好地代表非高斯概率密度分布,有效降低 Hermite 矩模型的偏差,解决了 Hermite 矩模型受单调性限制存在适用范围的问题。采用文献[3]中的鞍型屋盖长时距风洞试验风压数据验证了改进方法的有效性[3]。

3 基于矩的转换过程法的抽样误差

本文基于 Cramer[6]给出的高斯白噪声随机过程前四阶矩抽样误差估计表达式,提出了非高斯相关随机过程前四阶矩的抽样误差估计公式。进一步采用一次二阶矩理论给出了基于矩的转换过程法计算非高斯随机过程峰值因子和极值时的抽样误差估计公式。采用文献[3]中的鞍型屋盖长时距风洞试验风压数据验证了所提估计方法的有效性。图 2 给出了基于本文所提估计方法得到的三参数 Gamma 模型和 Hermite 矩模型的抽样误差估计效果。由图 2 可见,本文所提方法可有效估计抽样误差。

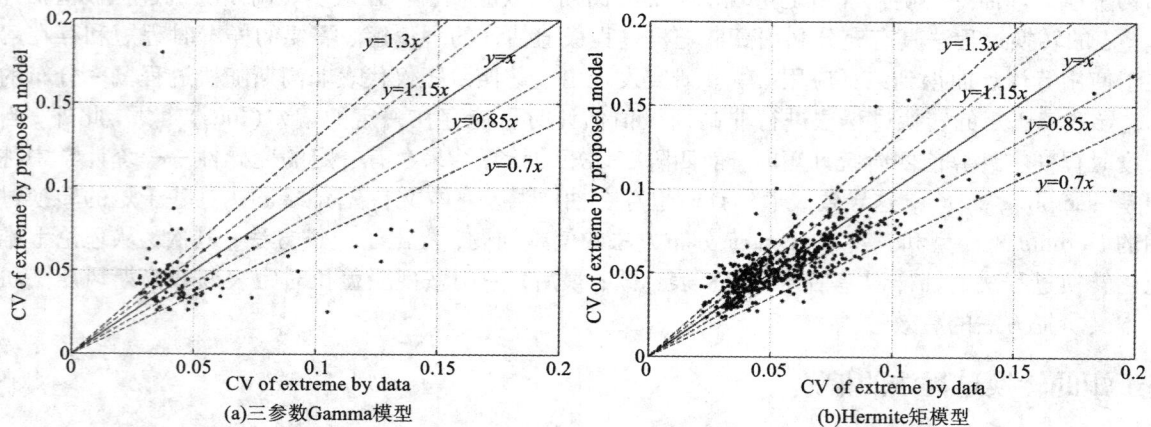

(a)三参数Gamma模型　　　　(b)Hermite矩模型

图 2　基于 Hermite 矩模型的极值抽样误差估计结果(横坐标:基于数据;纵坐标:基于所提模型)

4 结论

本文针对基于矩的转换过程法的偏差和抽样误差问题,提出了改进模型和抽样误差估计的解析表达式;采用鞍型屋盖表面长时距非高斯风压数据验证了本文所提模型和方法的有效性。

参考文献

[1] Kwon D K, Kareem A. Peak factors for non – Gaussian load effectsrevisited[J]. Journal of Structural Engineering, 2011, 137 (12): 1611 – 1619.

[2] Yang Q, Tian Y. A model of probability density function of non – Gaussian wind pressure with multiplesamples[J]. Journal of Wind Engineering and Industrial Aerodynamics, 2015, 140: 67 – 78.

[3] Liu M, Chen X, Yang Q. Estimation of peak factor of non – Gaussian wind pressures by improved moment – basedHermite model [J]. Journal of Engineering Mechanics, 2017, 143(7): 06017006.

[4] Huang G, Luo Y, Yang Q, et al. A semi – analytical formula for estimating peak wind load effects based onHermite polynomial model[J]. Engineering Structures, 2017, 152: 856 – 864.

[5] Ding J, Chen X. Assessment of methods for extreme value analysis of non – Gaussian wind effects with short – term time historysamples[J]. Engineering Structures, 2014, 80: 75 – 88.

[6] Cramér H. Mathematical methods of statistics (PMS – 9)[M]. Princeton University Press, 2016.

基于全阶法考虑风向的结构风荷载

罗颖[1]，黄国庆[2]

（1. 长沙理工大学土木工程学院 长沙 410114；2. 重庆大学土木工程学院 重庆 400044）

1 引言

在结构的抗风设计中，为了确保结构的安全和可靠，需要对极值风荷载进行合理地评估。结合风速和风荷载系数的概率特性，假定极值风荷载由年最大平均风产生，Cook 和 Mayne 提出了计算极值风荷载的一阶法（first - order method）[1]。为了合理地考虑产生极值风荷载的各阶风速，Harris 提出了计算极值风荷载的全阶法（full - order method）[2-3]。Chen 和 Huang 采用更为简洁直观的方式对全阶法进行了表述[4]。考虑风向的影响，基于 copula 函数，Zhang 和 Chen 提出了计算极值风荷载的一阶法[18]。本文将探讨考虑风向情况下计算极值风荷载的全阶法，并将计算结果与一阶法进行对比，最后，给出相关结论。

2 考虑风向的极值风荷载

假定年最大风速 $\widehat{U}_i$ 和极值风荷载系数 C_i 均服从 Gumbel 分布，即

$$F_{\widehat{U}_i}(\widehat{u}_i) = \exp\{-\exp[-(\widehat{u}_i - \alpha_{\widehat{u}_i})/\lambda_{\widehat{u}_i}]\}; \; F_{C_i}(c_i) = \exp\{-\exp[-(c_i - \alpha_{c_i})/\lambda_{c_i}]\} \tag{1}$$

i 风向下的风荷载 X_i 可表示为 $X_i = 0.5\rho_{air}U_i^2 C_i$ [8]，将其进行如下的量纲一化

$$Y_i = X_i/(0.5\rho_{air}\alpha_{\widehat{u}_i}^2\alpha_{c_i}) = (U_i/\alpha_{\widehat{u}_i})^2 C_i/\alpha_{c_i} = V_i^2 W_i \tag{2}$$

$\widehat{V}_i$ 和 W_i 的分布形式如下：

$$F_{\widehat{V}_i}(\widehat{v}_i) = \exp\left\{-\exp\left[-\frac{\Pi_{\widehat{u}_k}\lambda_{\widehat{u}_k}}{\lambda_{\widehat{u}_i}}\left(\widehat{v}_i - \frac{\Pi_{\widehat{u}_i}\lambda_{\widehat{u}_i}}{\Pi_{\widehat{u}_k}\lambda_{\widehat{u}_k}}\right)\right]\right\} \tag{3}$$

$$F_{W_i}(w_i) = \exp\left\{-\exp\left[-\frac{\Pi_{c_k}\lambda_{c_k}}{\lambda_{c_i}}\left(w_i - \frac{\Pi_{c_i}\lambda_{c_i}}{\Pi_{c_k}\lambda_{c_k}}\right)\right]\right\} \tag{4}$$

其中，$\Pi_{\widehat{u}_i} = \alpha_{\widehat{u}_i}/\lambda_{\widehat{u}_i}$，$\Pi_{c_i} = \alpha_{\widehat{c}_i}/\lambda_{\widehat{c}_i}$。基于一阶法和全阶法，分别有

$$F_{\widehat{Y}_1\widehat{Y}_2}(y_1, y_2) = \int_0^\infty\int_0^\infty F_{\widehat{V}_1\widehat{V}_2}(v_1, v_2)f_{W_1W_2}(w_1, w_2)\mathrm{d}w_1\mathrm{d}w_2;$$

$$-\ln F_{\widehat{Y}_1\widehat{Y}_2}(y_1, y_2) = \int_0^\infty\int_0^\infty -\ln F_{\widehat{V}_1\widehat{V}_2}(v_1, v_2)f_{W_1W_2}(w_1, w_2)\mathrm{d}w_1\mathrm{d}w_2 \tag{5}$$

为了对比一阶法和全阶法的差异，以一阶法的结果作为参考，定义如下的相对误差：

$$\eta_T = y_{T, full}/y_{T, first} - 1 \tag{6}$$

3 全阶法与一阶法对比

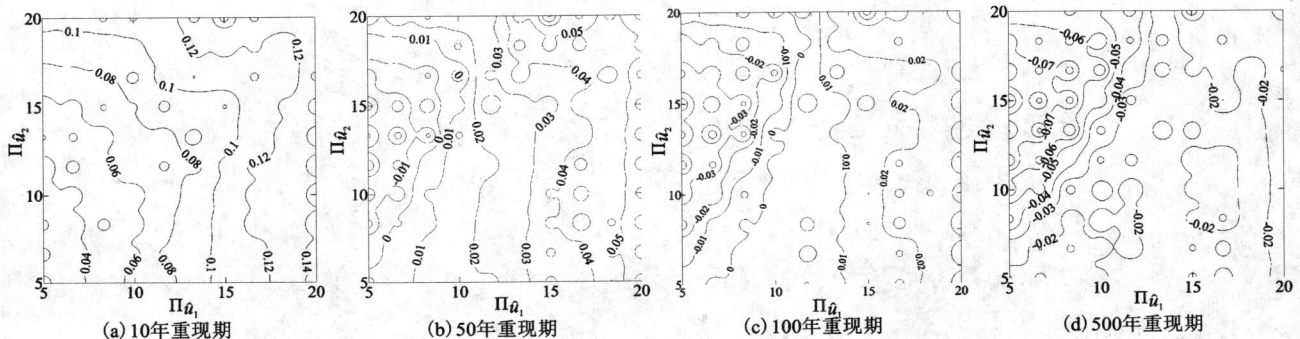

(a) 10年重现期　(b) 50年重现期　(c) 100年重现期　(d) 500年重现期

图1　不同重现期下的 η_T 等值线图（$\Pi_{c_1} = \Pi_{c_2} = 5$，$\lambda_{\widehat{u}_2}/\lambda_{\widehat{u}_1} = \lambda_{c_2}/\lambda_{c_1} = 1$，$\rho_{\widehat{u}, 12} = \rho_{c, 12} = 0$）

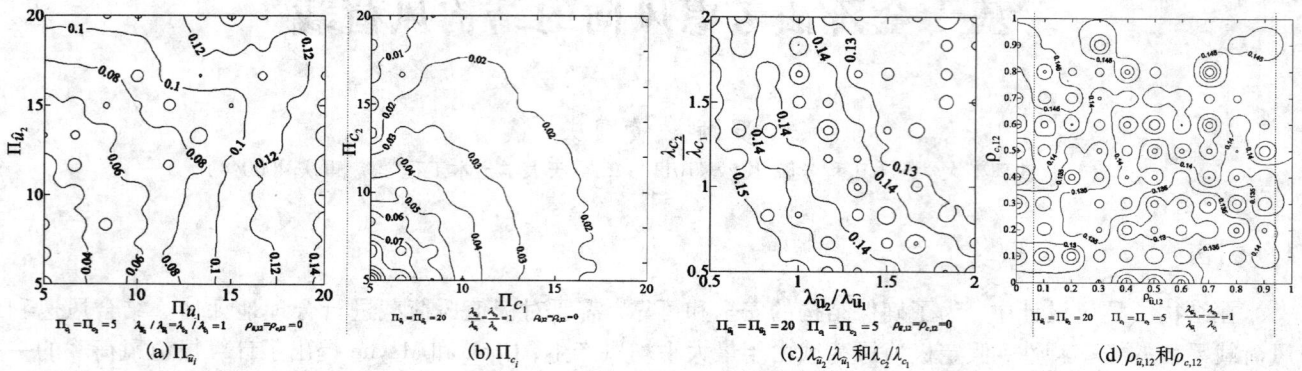

图2　10年重现期下不同参数变化的 η_T 等值线图

4　结论

本文探讨了考虑风向情况下计算极值风荷载的全阶法，并以两个风向为例，对比了全阶法与一阶法结果的差异，结果表明：在100年以上的较长重现期情况下，考虑风向的全阶法与一阶法结果差异不大；对于较短重现期，当 $\Pi_{\hat{u}_i}$ 较大，Π_{c_i} 较小时，全阶法与一阶法存在较为明显的差异；$\dfrac{\lambda_{\hat{u}_2}}{\lambda_{\hat{u}_1}}$，$\dfrac{\lambda_{c_2}}{\lambda_{c_1}}$，$\rho_{\hat{u}, 12}$ 和 $\rho_{c, 12}$ 对全阶法与一阶法的差异没有明显的影响。

参考文献

[1] Cook N J, Mayne J R. A novel working approach to the assessment of wind loads for equivalent static design[J]. Journal of Wind Engineering and Industrial Aerodynamics, 1979, 4(2): 149 – 164.

[2] Harris R I. An improved method for the prediction of extreme values of wind effects on simple buildings and structures[J]. Journal of Wind Engineering and Industrial Aerodynamics, 1982, 9(3): 343 – 379.

[3] Harris R I. A new direct version of the Cook – Mayne method for wind pressure probabilities in temperate storms[J]. Journal of wind engineering and industrial aerodynamics, 2005, 93(7): 581 – 600.

[4] Chen X, Huang G. Estimation of probabilistic extreme wind load effects: combination of aerodynamic and wind climate data[J]. Journal of Engineering Mechanics, 2010, 136(6): 747 – 760.

[5] Zhang X, Chen X. Assessing probabilistic wind load effects via a multivariate extreme wind speed model: A unified framework to consider directionality and uncertainty[J]. Journal of Wind Engineering and Industrial Aerodynamics, 2015, 147: 30 – 42.

平面壁面射流风场发展规律分析[*]

晏致涛[1,2]，钟永力[2]

（1. 重庆科技学院建筑工程学院 重庆 401331；2. 重庆大学土木工程学院 重庆 400045）

1 引言

下击暴流是一种在雷暴天气中由强下沉气流猛烈冲击地面形成并经由地表传播的近地面短时破坏性强风[1]。对输电塔等柔性构筑物有较大的危害。对澳大利亚 94 次输电线结构破坏事故的调查表明，80% 以上的输电塔－线结构是由雷暴引起的下击暴流所致[2]。由于下击暴流的生命周期短，并且发生随机性强，对下击暴流的研究主要集中于实验及数值模拟，国内外对下击暴流的研究大部分基于冲击射流模型。Holmes[3] 以及 Cassar[4] 最早采用冲击射流装置对下击暴流进行实验研究；Lin 和 Savory[5] 提出了一种新的物理模型，采用平面壁面射流模拟下击暴流的出流段特征，通过限制模拟区域，从而实现较大几何缩尺比的下击暴流风洞实验。以往的下击暴流研究主要都集中于对风剖面特征方面[6,7]，对下击暴流出流段风场的发展如特征长度以及特征速度的变化规律研究较少。本文基于平面壁面射流模型，采用 CFD 对下击暴流出流段的发展规律进行研究，进一步验证了平面壁面射流模型的有效性。

2 数值模拟设置

2.1 模拟参数

采用 Fluent17.0 对三维冲击射流和壁面射流进行数值模拟，计算域及边界条件如图 1 所示。平面壁面射流入口由射流速度入口以及协同流速度入口组成，壁面采用无滑移壁面，速度入口两侧面采用对称边界。壁面射流高度 $b = 30$ mm，由于壁面射流会卷吸周围环境流体，因此在壁面射流模拟中通常会采取协同流来提供卷吸流体，定义协同流和壁面射流速度之比 $\beta = U_E / U_j$，而在下击暴流中，协同流通常还可以看作下击暴流的云层平动。为了反映真实下击暴流情况，本文中 β 取值为 0.1、0.15、0.2、0.25、0.3。

2.2 网格及湍流模型

计算域采用结构网格进行划分，以保证网格的质量，并且在近壁面都进行加密，第一层网格高度满足量纲一参数 $y^+ < 1$。平面壁面射流模型网格数约为 260 万，湍流模型采用 Reynolds Stress Model 中的 Stress Omegam（SORSM）模型，该模型对壁面射流的模拟具有较高的准确性[8]。

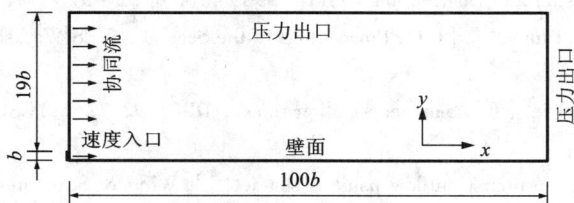

图 1 计算模型示意图

图 2 平面壁面射流计算网格图

3 结果分析

在进行协同流分析时，采用雷诺数为 60000。不同风速比时半高 $y_{1/2}$ 与顺流距离关系如图 3 所示，可以看出，斜率 A_1 随着风速比的增大而减小，而对截距 B_1 的影响不大，截距 B_1 表示壁面射流喷口附近的虚拟半高值，这说明协同流对壁面射流的初始发展阶段（$x < 5b$）影响不大，因此在采用有协同流壁面射流模拟下

* 基金项目：国家自然科学基金项目（51478069）

击暴流风场时，应该重点考虑壁面射流的完全发展阶段，才能合理利用协同流对下击暴流的移动效应进行模拟。同时，与 Eriksson 等[9]的典型无协同流壁面射流试验进行对比发现，$\beta=0.1$ 时半高的扩展率与试验结果非常接近，但是截距有一定差异，这是由于试验与数值模拟的入口条件以及试验流体的不同导致。图4 为不同风速比时最大风速所在高度，可以看出，风速比对最大风速高度 y_m 的影响非常小，这与 Zhou 等[10]试验得到的结论一致，由于试验中射流出口的速度剖面形状不能完全达到均匀，而数值模拟采用的入流平均剖面是完全均匀的，因此与数值模拟的 y_m 的顺流向上的发展略有差异。

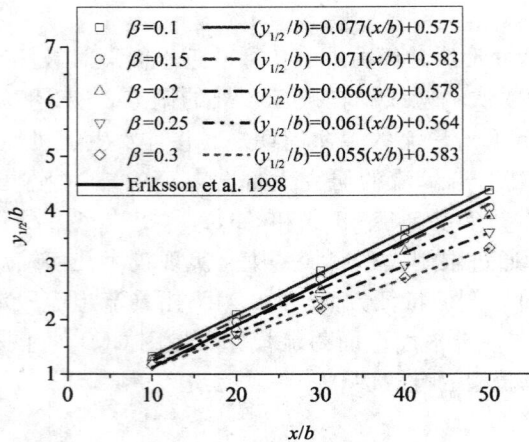

图3 β 对平面壁面射流半高的影响

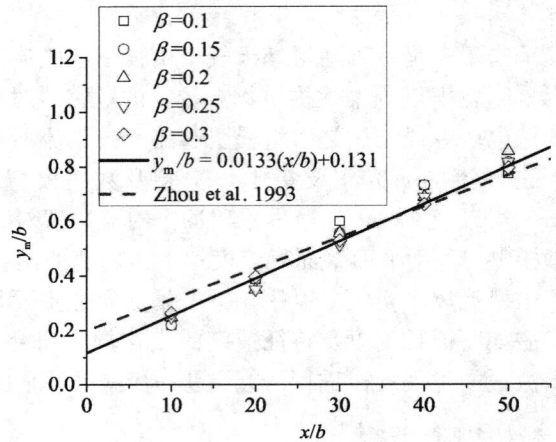

图4 β 对平面壁面射流 y_m 的影响

4 结论

本文基于平面壁面射流模型模拟下击暴流风场的出流段，采用 CFD 方法分析了不同参数对其风场发展的影响，得到了壁面射流风场的发展规律，为壁面射流风洞中进行下击暴流出流段风场研究提供了一定的参考。

参考文献

[1] Fujita T T, Wakimoto R M. Five scales of airflow associated with a series of downbursts on 16 July 1980[J]. Monthly Weather Review, 1981, 109(7): 1438 – 1456.

[2] Dempsey D, White H. Winds wreak havoc on lines[J]. Transmission and Distribution World, 1996, 48(6): 32 – 37.

[3] Holmes J D. Physical modeling of thunderstorm downdrafts by wind tunnel jet[C]//Proceedings of the Second AWES Workshop, Monash University, 1992: 29 – 32.

[4] Cassar R. Simulation of a thunderstorm downdraft by a wind tunnel jet [R]. Summer vacation report, DBCE 92/22(M)CSIRO, Australia, 1992.

[5] Lin W E, Savory E. Large – scale quasi – steady modelling of a downburst outflow using a slot jet[J]. Wind & Structures An International Journal, 2006, 9(6): 419 – 440.

[6] 邹鑫，汪之松，李正良. 稳态雷暴冲击风风速剖面模型研究[J]. 振动与冲击，2016，35(15)：74 – 79.

[7] 汪之松，王超，刘亚南，等. 非稳态雷暴冲击风场的瞬态数值模拟[J]. 振动与冲击，2017，36(3)：51 – 57.

[8] Yan Z T, Zhong Y L, Lin W E, et. al. Evaluation of RANS and LES turbulence models for simulating a steady 2 – D plane wall jet [J]. Engineering Computations, 2018, 35(1): 211 – 234.

[9] Eriksson J G, Karlsson R I, Persson J. An experimental study of a two – dimensional plane turbulent wall jet[J]. Experiments in Fluids, 1998, 25(1): 50 – 60.

[10] Zhou M D, Wygnanski I. Parameters governing the turbulent wall jet in an external stream[J]. AIAA Journal, 1993, 31(5): 848 – 853.

超高层建筑烟囱效应的现场实测、风洞试验和数值模拟[*]

杨易，解学峰，万腾骏，谢壮宁

（华南理工大学亚热带建筑科学国家重点实验室 广州 510641）

1　引言

烟囱效应（图 1）是仅在已建成的实际超高层建筑中、在特定的季节发生的一种非受控空气渗透现象。研究表明，烟囱效应压差主要与室内外温差以及建筑高度有关[1-3]，即 $\Delta p_s = \rho_0 [(T_i - T_0)/T_i] g (H_{NPL} - H)$，其中 T_i 和 T_0 分别为室内、外温度，H_{NPL} 为中和面高度。由于相似性条件难以满足，在实验室环境下几乎无法模拟这一特殊效应，因此这类问题的研究非常欠缺，导致人们对超高层建筑烟囱效应的发生强度及分布特性、发生概率及缓解措施等的认识还远不足够；反映在有关工程设计标准还不完善。很多耗费巨资建成的地标性现代化摩天大楼，建成后均出现意想不到的严重的烟囱效应，严重影响建筑的正常使用，而它们均是国际著名建筑设计公司设计的。针对这一交叉学科问题，作者在国家自然科学基金资助下，近年来开展了一系列研究[4-6]，本文报告了近年在现场实测、风洞试验和数值模拟方面的研究进展。

2　现场实测研究

2017—2018 年冬季，作者和电梯厂商合作，对我国从北至南的 5 座城市（哈尔滨、上海、无锡、广州和长沙）的 12 座超高层建筑先后开展了烟囱效应的冬季现场实测，这些建筑均可反映冬季出现的较严重的烟囱效应，导致电梯故障的"问题建筑"。其中哈尔滨所测的 6 栋建筑均为高层住宅，上海、无锡、长沙和广州测的 6 栋超高层建筑均为商业建筑（办公或商住公寓用途），其中包括高度为 530 m 的广州东塔（CTF Finance Centre，至 2018 年位列全球最高的建筑第 7 位）。

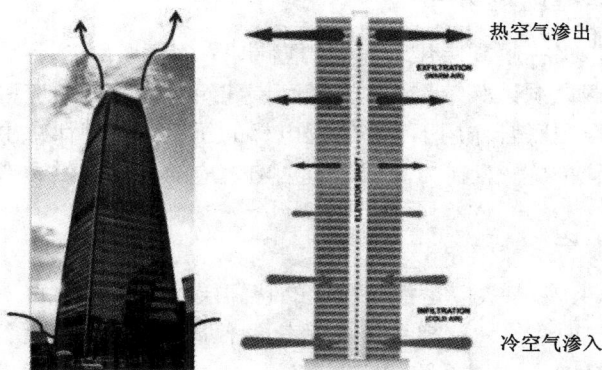

图1　高层建筑冬季烟囱效应室内外气流运动示意图

通过实测，获得了真实建筑在实际气象条件下烟囱效应压差分布特性的一手数据，为提高电梯产品的抗压性能设计，以及优化高层建筑设计打下了基础。表 1 给出哈尔滨实测的 6 栋高层住宅建筑中最大压差结果。

表1　哈尔滨地区 6 栋高层住宅建筑烟囱效应实测最大压差结果

测试建筑	测试位置	总层数	防火门开		防火门关	
			电梯门压差/Pa	门缝风速/(m·s⁻¹)	电梯门压差/Pa	门缝风速/(m·s⁻¹)
H1 号楼	负一层	50	170.0	12.0	61.3	8.7
	首层	50	50.0	—	164.0（外门压差）	—

3　风洞试验研究

由于温差效应在缩尺风洞试验模型中几乎无法模拟，作者基于风压模拟电梯门机系统的热压作用效应

* 基金项目：国家自然科学基金项目（51478194）

的新思路,设计了一种全尺寸试验台架,首次在大型边界层风洞实验室中进行了真实电梯门机系统的风洞试验研究(图2),获得了电梯厅门的风压特性分布规律(图3),以及电梯门机系统在不同风压作用下的开闭运动机械性能表现,并验证和定量评估了一种提高产品抗压性能的改善措施的有效性,为电梯产品设计及产品优化提供了参考数据。

图2　实尺电梯门系统风洞实验室

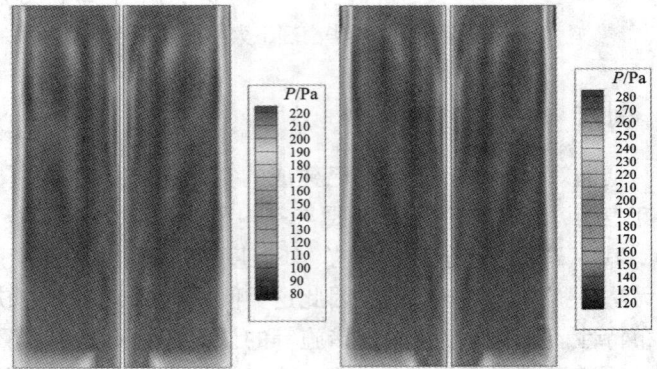

图3　8 m/s 和 9 m/s 风速下电梯门压差分布

4　数值模拟研究

以1栋超高层建筑深圳湾壹号 T7 栋大厦(340 m)为案例,采用多区域网络模型方法,并参考围护结构风荷载风洞试验结果,建立了高层建筑考虑烟囱效应 - 风压联合作用的数值分析模型,研究在冬、夏季温差和风压联合作用下,高行程电梯的压差分布规律;并从建筑室内空间布局角度,研究缓解过强烟囱效应的优化措施,意在为高层建筑烟囱效应的评估提供参考[4]。

5　结论

(1)烟囱效应是指在建成的超高层建筑中发生的一种特殊物理现象。由于室内外温度场和压力场存在梯度,而建筑 - 电梯系统设计考虑不周,导致电梯设备承压过载出现故障和气动噪声、能源浪费等问题。这是建筑 - 电梯系统的问题,目前国内外研究和设计规范的不足导致问题频发。

(2)超高层建筑的烟囱效应问题主要影响首层、地下负一层、负二层(如有并和外界连通),以及顶层,这些楼层的电梯门将承受最大的压差,如压差超过了电梯门机的闭合力,将导致电梯无法正常闭合,并由于电梯井道强烈的气流,导致强烈气动噪声。

(3)与建筑、机电专业合作,综合现场实测、风洞试验和数值模拟手段,结合气象统计资料,建立和完善基于超越概率的超高层建筑烟囱效应预测和模拟评估方法体系,将有助于这一问题的缓解和解决。

参考文献

[1] Tamura G T, A G Wilson. Pressure differences caused by chimney effect in three high buildings[J]. ASHRAE Transactions, 1967, 73(2): II. 1. 1.

[2] Tamura G T, A G Wilson. Building pressures caused by chimney action and mechanical ventilation[J]. ASHRAE Transactions, 1967, 73(2): II. 2. 1.

[3] ASHRAE. . ASHRAE Handbook—Fundamentals F16. 7, 2009.

[4] Yi Yang, Huabin Yin, ZhuangningXie. Evaluation of the stack effect on the elevator shaft of high - rise building[C]//14th international conference on wind engineering. Porto Alegre, Brazil, 2015.

[5] 殷华斌. 超高层建筑烟囱效应模拟与风压联合作用分析[D]. 广州:华南理工大学土木与交通学院, 2015.

[6] 杨易,万腾骏,王葵,等. 高层建筑烟囱效应及风压联合作用的模拟研究[J]. 湖南大学学报(自然科学版), 2018, 45(11): 10 - 19.

基于实测资料的桥址区设计风速推算方法改进[*]

张田，孙铭悦，何理

（大连海事大学交通运输工程学院 大连 116026）

1 引言

抗风设计是桥梁设计的重要组成部分，桥址区设计风速的推算是桥梁抗风设计的基础。一般是按实测资料序列计算统计参数均值、标准差、离差系数和偏差系数，由以上参数确定理论频率分布曲线[1]，由此计算不同重现期下的设计风速值。然而，由于实测资料观测年限与总体相比相差很远，而且经验频率点分布不是一条光滑连续曲线，因此直接由统计参数得到的理论频率分布曲线与经验频率点偏离较大。可以采用适线法，通过调整统计参数值，以一定的准则选出一条与经验频率点拟合最好的理论频率分布曲线，进而推算设计风速。

2 理论频率分布曲线

由于气象记录中的极大风速值是观测期内的极大值，工程中可能遇到的极端风速情况不能简单地取气象资料中观测到的极大值，而需要利用最大风速的频率分布来推算桥位处的风速极值。常用的风速频率分布曲线形式有极值 – Ⅰ型和 Pearson – Ⅲ型[2-3]。

2.1 极值 – Ⅰ型分布曲线

设风速值为随机变量 x，则极值 – Ⅰ型分布函数为：

$$F(x) = P(X_{\max} \leqslant X) = e^{-e^{-\alpha(x-\mu)}} \tag{1}$$

式中，α 和 μ 分别为分布的尺度参数和位置参数，只要利用已知的样本序列 $x_1, x_2, \cdots, x_{n-1}, x_n$ 合理估计出参数 α 和 μ 的值，则 $F(x)$ 就可确定。

2.2 Pearson – Ⅲ型分布曲线

设风速值为随机变量 x，则 Pearson – Ⅲ型曲线的密度函数为：

$$f(x) = \frac{\beta^{\alpha}}{\Gamma(\alpha)}(x - x_0)^{\alpha-1} e^{-\beta(x-x_0)} \qquad (x_0 \leqslant x < \infty) \tag{2}$$

式中，$\Gamma(\alpha)$ 为 α 的伽马函数，α、β 和 x_0 为曲线的参数，可以用样本序列的三个统计参数即均值 $\bar{x}$、离差系数 C_v 和偏差系数 C_s 来表示。

3 频率分布曲线的调整方法

3.1 适线准则

根据概率论与数理统计相关计算方法，适线准则可以采用离（残）差平方和最小准则（OLS 准则）、离（残）差绝对值和最小准则（ABS 准则）及相对离（残）差平方和最小准则（WLS 准则）。

3.2 模拟退火算法

基于物理中固体物质退火降温过程与优化问题的相似性而提出的一种优化算法，其基本思想[4]是：从给定的初始解开始，根据一定的方法，在决策变量的邻域中随机产生一个新解，按照某一控制参数 t 决定的接受准则允许目标函数在有限范围内变坏，其作用类似于物理过程中的温度 T，对于控制参数 t 的每一取值，反复进行"随机产生新解—接受准则判断—接受或舍弃新解"的迭代过程。

4 计算实例

以某气象站多年的实测风速资料按不同的推断方法推算气象站 10 m 高度处的设计风速值，根据实际

* 基金项目：国家自然科学基金项目（51608087，U1434205）；辽宁省自然科学基金项目（201602075）；中央高校基本科研业务费专项资金资助项目（3132018121，3132016341）

观测资料可以计算经验频率点据图,同时计算各统计参数的初始值,即 α_0、μ_0,$\bar{x}_0$、C_{v0}、C_{s0}。为了使理论频率曲线与经验频率点群吻合得更好,采用提出的模拟退火算法,按三种适线准则逐步调整统计参数以获得最优解,并拟合理论频率曲线,如图 1 所示。

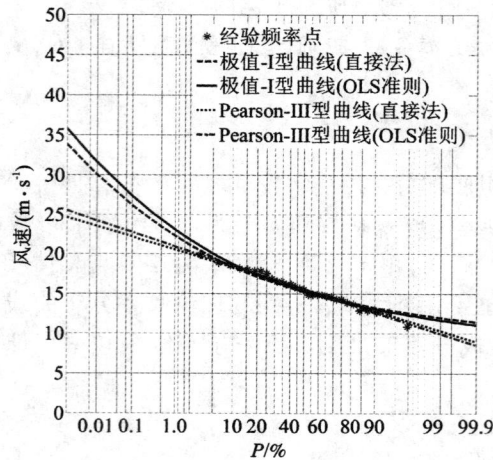

图 1　经验频率点及拟合频率曲线

5　结论

在桥址区风速推断时,采用适线法,不断调整统计参数,使理论频率曲线与经验频率点据尽可能吻合得好。通过实例分析,得到如下结论:①基于经验频率点,采用适线法优化统计参数比由观测数据直接计算统计参数能使理论频率曲线与经验频率点据拟合得更好;②给出的三种适线准则都能很好地用于优化统计参数;③采用模拟退火算法,可以避免求解统计参数时的大量求导运算,迭代过程简单,对三种适线准则,都能使目标函数快速地收敛。

参考文献

[1] 张忠义,刘聪,居为民.南京长江第二大桥桥位风速观测及设计风速的计算[J].气象科学,2000(2):200-205.
[2] 庞文保,白光弼,滕跃,等.P-Ⅲ型和极值Ⅰ型分布曲线在最大风速计算中的应用[J].气象科技,2009,37(2):221-223.
[3] 刘峰,许德德,陈正洪.北盘江大桥设计风速及脉动风频率的确定[J].中国港湾建设,2002(1):23-27.
[4] 许小勇,张海芳,钟太勇.求解非线性方程及方程组的模拟退火算法[J].航空计算技术,2007,37(1):44-46.

第二部分

第五届全国
风工程研究生论坛

一、边界层风特性与风环境

大城市中心上空风场特性的风洞试验研究[*]

陈洞翔，全涌，杨淳，顾明

（同济大学土木工程防灾国家重点实验室 上海 200092）

1 引言

城市地貌特征直接影响其下垫面的空气动力学参数，从而影响其上空的风场特性。此外，远场与近场地貌的差异、地貌长度及来流性质等对风剖面的形成与发展均有不同程度的影响。本文选取上海市某中心区域的地貌制作了缩尺模型，通过风洞试验研究了特大城市中心市区地貌的地面粗糙度指数、梯度风高度的变化规律和风速剖面模型的适用性等，考察了城市地貌及来流特性等因素对风场的影响程度，为相关荷载规范风场参数的修订[1]提供参考。

2 试验概况与风场特性影响因素分析

2.1 试验概况

本文用 1∶1000 的泡沫刚性模型还原了上海市同济大学四平路校区土木馆 WNW 方向上 8 km × 1.8 km 范围内的真实地貌，并将其等分成 8 个连续的地块，如图 1 所示。通过改变地块的摆放顺序，设计了 14 个不同工况，分析相同来流经过不同地貌后的风场特性变化，研究不同因素对风场特性参数的影响。以观测点为原点，从远到近依次排放地块，其地块号形成地块序列。例如摆放地块 1 反映土木馆前 1 km 的地貌视为工况 1，其地块序列为 1；工况 1~8 依次增加一个地块；工况 8 即对应 8 km 内的实际地貌，地块序列为87654321；各工况的地块序列见表 1。本试验在同济大学 TJ - 1 大气边界层风洞中进行，当均匀来流从入口经过空风洞到达观测点时，该处的平均风速剖面及纵向湍流度与荷载规范 A 类海面地貌的相应参数值一致。

表 1 不同工况的地块序列

工况号	1	2	3	…	8	9	10	11	12	13	14
地块序列	1	21	321	…	87654321	87	8765	876543	5678	678	78

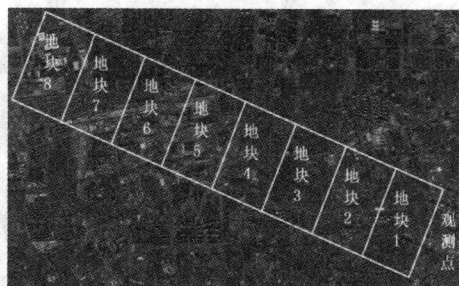

图 1 真实地貌与地块号

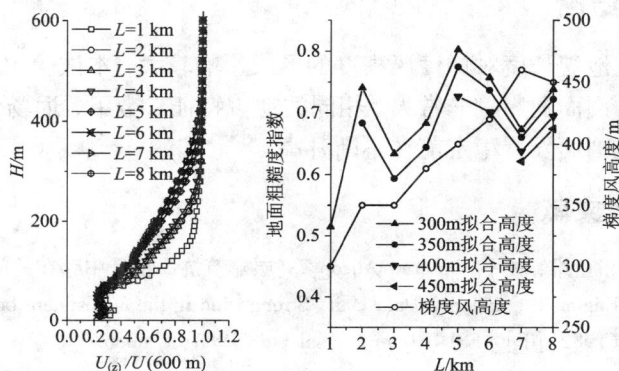

图 2 工况 1 ~ 工况 8 的平均风剖面及风场参数

* 基金项目：国家自然科学基金项目（51778493，51278367）

2.2　地貌长度 L 对风剖面的影响

地貌长度指的是来流经由特定方向到达观测点所经过的地貌范围。图2是经过不同地貌长度后观测点处风场的归一化风速剖面以及相应的风场参数。整体上讲，梯度风高度随着 L 的增大而增大；梯度风高度以下，相同高度处，L 越大，风速越小。同时，50 m 高度以下的风剖面均未发展出稳定的规律，该高度远大于 D 类地貌下风压高度变化系数的截断高度 30 m；此外，$L \geq 5$ km 后，风剖面形状随 L 的变化程度较小，说明地貌起点距观测点的距离超过一定值后，远场地貌对风剖面的影响程度会减弱[2]。

2.3　地貌特征对风剖面的影响

为研究地貌特征的影响，本试验设置了三个工况组：工况2、9和14；工况3和13；工况4、10和12；对应的地貌长度 L 分别为 2 km、3 km 和 4 km。

图3是以观测点 500 m 高度处的风速为参考，各工况组的归一化风剖面。由图3(a)可知，相同的 L 下，工况2由于三个地貌特征参数均较大，其风剖面形状与另两个工况差异极大，在近地面附近尤其明显。工况9和14的地貌特征参数值虽然一致，但近地面风剖面形状仍存在差异，而且二者风剖面的变化趋势在 120 m 高度处发生了明显的变化；该现象产生的原因是 L 较小时，来流发展不充分，地貌对风剖面的影响仅反映在其高度较低的区段上，高度较高区段上的风剖面还未受到影响，因此风剖面形状变化呈现出分段特征。类似地，由图3(b)可知，工况3和工况13的地貌特征参数的差异导致二者风剖面差异较大。对比工况13与工况组一中的工况14，发现在 L 增大 1 km 后，风剖面形状的变化已不再表现出分段特征。

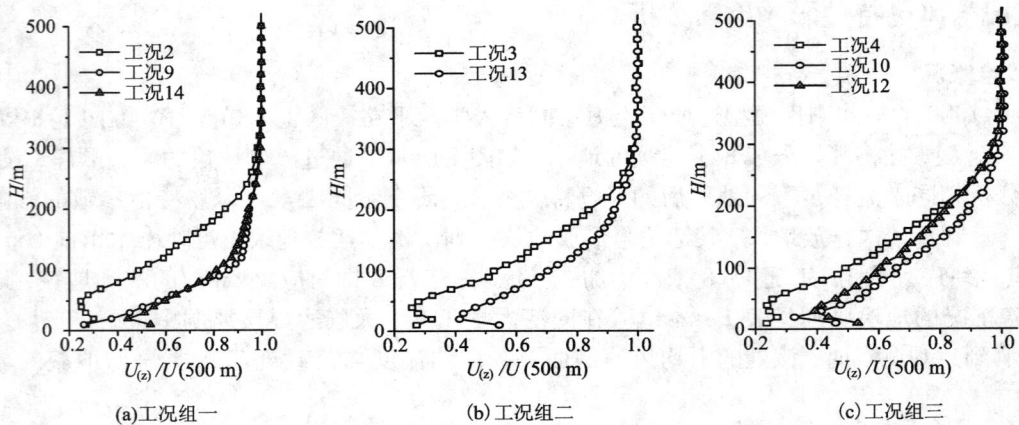

(a)工况组一　　　　　　　(b)工况组二　　　　　　　(c)工况组三

图3　各工况组的归一化风剖面

3　结论

地貌长度对梯度风高度的形成影响较大，本试验中来流性质对风剖面的影响并不明显，地貌特征参数对风剖面的影响非常大。相同的地貌特征参数下，远场到近场的地貌特征变化趋势也有一定影响，梯度风在风剖面发展稳定前在不断升高。

参考文献

[1] 张正维,杜平,Andrew Allsop. 高层建筑抗风设计中存在的问题与对策探析[J]. 建筑结构,2018,48(18):8-14.

[2] Engineering Science Data Unit. Strong wind in the atmosphere boundary lyer. Part 1：Mean-hourly wind speeds. ESDU Data Unit (1982)[P]. ESDU International Ltd,1983,London.

台风"安比"非平稳风特性分析

傅国强，全涌，黄子逢，顾明

（同济大学土木工程防灾国家重点实验室 上海 200092）

1　引言

国内外对台风风特性现场实测研究已经取得了不少进展，但需要指出的是，大部分的实测研究都是基于风速为各态历经的平稳随机过程，而忽略了风速统计特征值的时变特性。本文利用 Chen 等[1] 提出的非平稳风速模型，对上海环球金融中心顶部超声风速仪实测得到的台风"安比"风速数据进行了处理，对其平稳和非平稳风特性进行了对比分析。研究成果可丰富我国华东地区高空的台风特性数据库，并为相近地区的超高层建筑精细化抗风设计提供参考。

2　台风安比概况

2018 年 7 月 18 日第 10 号台风"安比"于 20 时在西北太平洋洋面生成，先向东北方向移动随后向西北方向移动。2018 年 7 月 22 日 12 时，台风"安比"在上海市崇明岛沿海登陆，登陆时中心附近最大风力达 10 级，中心最低气压为 982×10^2 Pa。图 1 为台风"安比"的路径图。图 2 为实测台风"安比"10 min 平均风速和风向角。

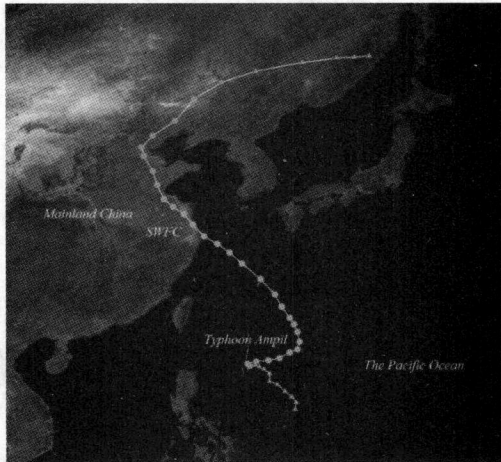

图 1　台风"安比"路径图

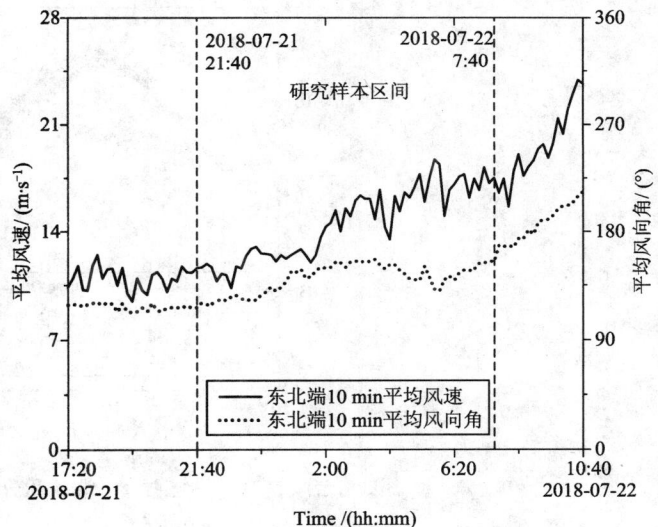

图 2　10 min 平均风速和风向角

3　非平稳风速模型

Chen 等[1] 指出，顺风向风速可看做为一个具有时变均值的均匀调制过程，即风速由一个确定的时变平均风速加上一个非平稳均匀调制过程，即：

$$U(t) = \tilde{U}^*(t) + \sigma_u(t)\alpha(t) \tag{1}$$

其中，$U(t)$ 为顺风向风速；$\tilde{U}^*(t)$ 为时变平均风速；$\sigma_u(t)$ 为时变标准差；$\alpha(t)$ 为单位方差的归一化脉动分量。

时变趋势的提取是使用非平稳风速模型分析风特性时最为关键的一步。本文采用离散小波变换方法提取时变均值。时变标准差估计方法选用 Huang 等[2] 最近提出的 ARMA – GARCH 方法，该方法在估计时变标准差方面相比于核回归法等传统方法具有更好的效果。

4 脉动风特性

台风"安比"选取 2018 年 7 月 21 日 21:40 至 2018 年 7 月 22 日 07:40 共 10 h 连续风速数据进行分析，平均风速为 14.55 m/s，最大 10 min 平均风速为 18.75 m/s，湍流积分尺度采用广义谱拟合方法求出。对于非平稳风速模型，应用 ARMA 模型对归一化脉动分量 $\alpha(t)$ 进行分析，并估计顺风向风速谱。台风"安比"的湍流强度、湍流积分尺度和脉动风功率谱密度如图 3 所示。

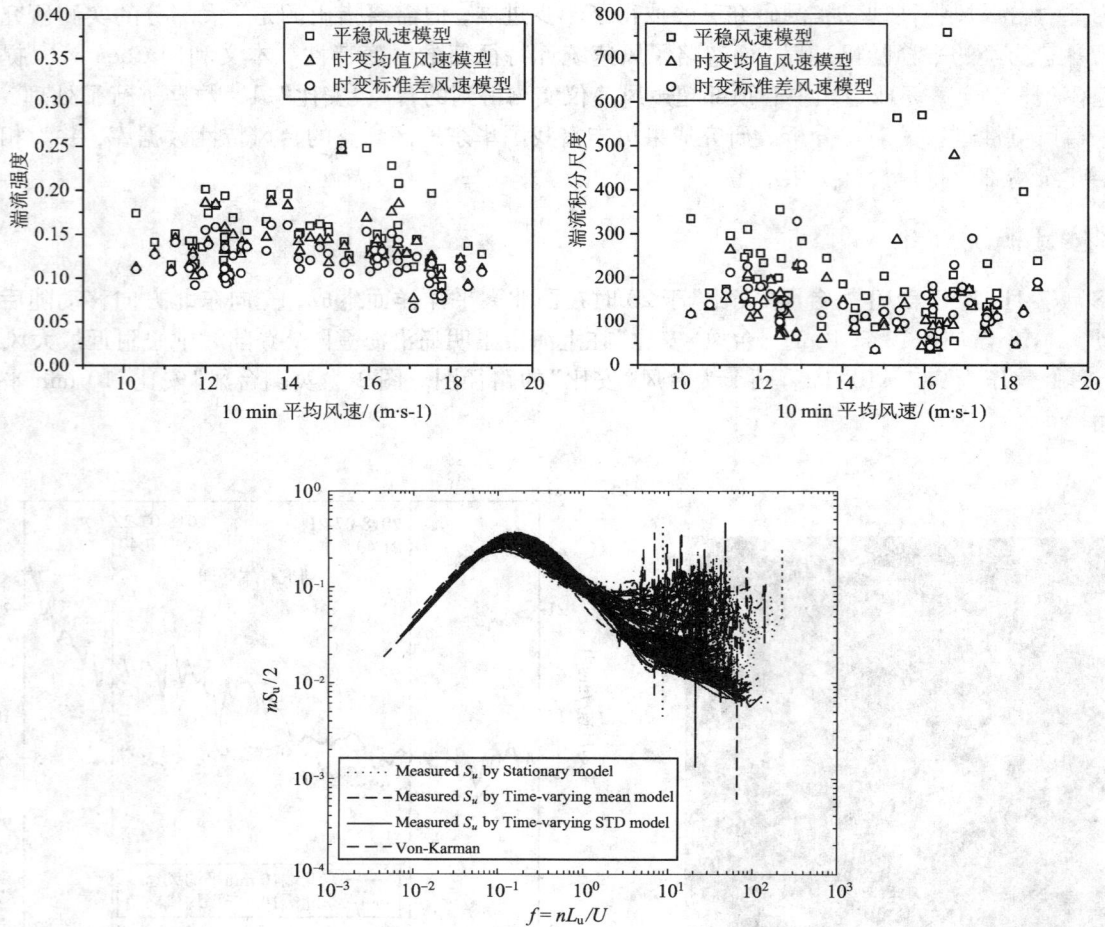

图 3 台风"安比"湍流强度、湍流积分尺度和脉动风功率谱密度图

5 结论

通过对台风"安比"平稳和非平稳风特性对比分析，可以得到如下结论：①平稳和非平稳风速模型的湍流强度变化趋势基本吻合，平稳风速模型会明显高估湍流强度；②湍流积分尺度受平均风速影响的规律性不明显，非平稳风速模型的湍流积分尺度偏小；③实测顺风向风速谱与 Von Karman 谱存在一定差异。

参考文献

[1] Chen L, Letchford C W. Proper orthogonal decomposition of two vertical profiles of full-scale nonstationary downburst wind speeds [J]. Journal of Wind Engineering and Industrial Aerodynamics, 2005, 93(3): 187-216.

[2] Zifeng Huang, Ming Gu. Characterizing nonstationary wind speed using the ARMA-GARCH model [J]. Journal of Structural Engineering, 2019, 145(1): 04018226-1-15.

某风电场风特性参数实测研究 *

高超[1]，贾娅娅[2, 3]，刘庆宽[2, 3]

（1. 石家庄铁道大学土木工程学院 石家庄 050043；2. 石家庄铁道大学风工程研究中心 石家庄 050043；

3. 河北省风工程和风能利用工程技术创新中心 石家庄 050043）

1 引言

风力发电作为一种绿色无污染的发电方式得以大力发展，而建立风电场的前提是充分了解场区内风场特性，现场实测是目前应用较多也比较有效的一种研究手段。本文基于现场实测数据，分析了风速、风向、风剖面指数和湍流强度的变化规律，对风电场区内的风场特性进行了描述。但是，由于风场的复杂性和不确定性，仅仅根据经验公式和确定性的模型描述风场特性，会给后续风荷载的确定带来风险。因此本文将随机变量引入经验公式，根据实测数据获得随机变量的概率分布模型，为风电场区内风场特性的可靠度分析提供依据。

2 风场特性分析

本研究数据来源于河北省内某风电场，该风电场位于县城周边，地貌平坦开阔略有起伏，属 B 类地貌。分别在 10 m、30 m、60 m、80 m、100 m 设置 5 个测风点，共收集到 2015 年 9 月至 2016 年 10 月一完整年的测风数据，剔除不合理数据，共筛选出 18786 条有效的风速时程数据进行统计分析。

根据实测数据可知 10 m 高度处 6 m/s 以内的风速出现的次数较多，超过 8 m/s 的风速出现次数相对较少。10 m 高度处的主风向为 SSW，次主风向为 SW。根据经验公式用实测数据计算该风电场的风剖面指数和 10 m 高度处顺风向湍流度，风剖面指数和 10 m 高度处湍流度与 10 m 高度处 10 min 平均风速的关系分别如图 1 和图 2 所示，从图中可以看出风剖面指数和湍流度的数值离散度较大，且离散度随着风速的增加而降低。根据统计结果可知，只考虑平均风速大于 8 m/s 的实测数据时，风剖面指数的均值为 0.15，湍流度的均值为 0.20。

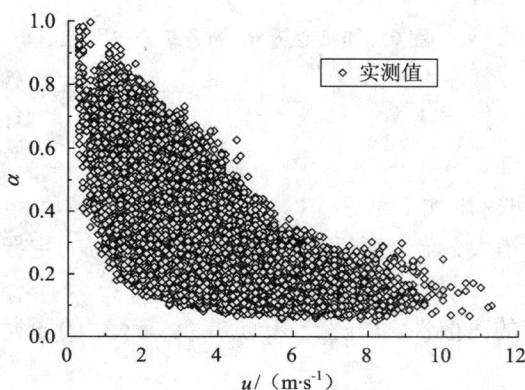

图 1 风剖面指数与 10 m 高度处平均风速关系散点图

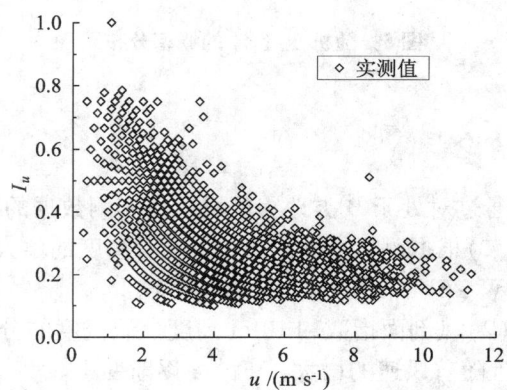

图 2 湍流强度与 10 m 高度处平均风速关系散点图

* 基金项目：国家自然科学基金面上项目（51778381）；河北省自然科学基金重点项目（E2018210044）；河北省高等学校高层次人才项目（GCC2014046）

3   概率模型分析

对风剖面指数和湍流度分别采用式（1）和式（2）进行独立拟合[1]，然后对 A_1、B_1 和 A_2、B_2 四个拟合参数的概率分布进行统计，统计结果如图 3~6 所示，随机变量的概率分布均满足正态分布的假设。

$$\alpha = A_1 / \ln(u/B_1) \tag{1}$$

$$I_u = A_2 / \ln(u/B_2) \tag{2}$$

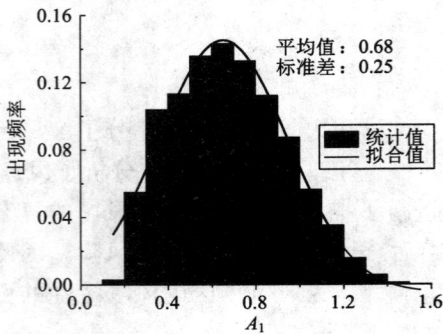

图3   随机变量 A_1 的概率分布图

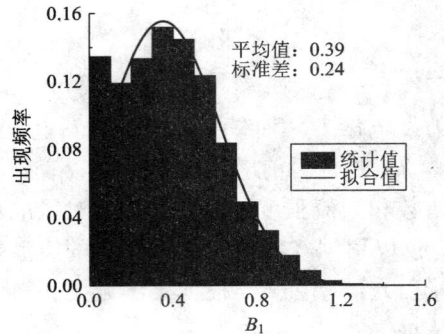

图4   随机变量 B_1 的概率分布图

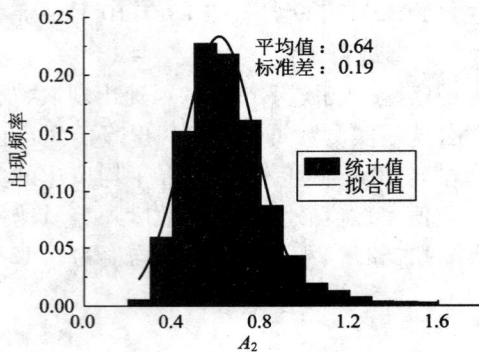

图5   随机变量 A_2 的概率分布图

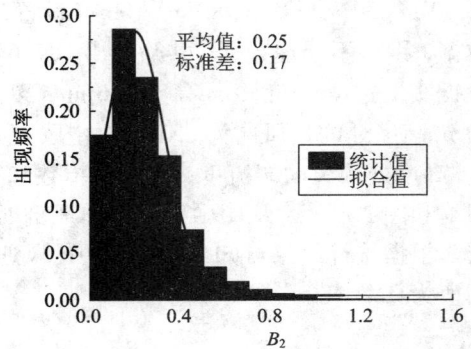

图6   随机变量 B_2 的概率分布图

4   结论

通过对处于 B 类地貌的风电场实测数据的统计分析，可得出如下结论：

（1）根据测风塔数据可知，随着高度的增大，风速逐渐增大，湍流度逐渐减小；该风电场区的主导风向为 SSW~SW，其他风向分布相对较少。

（2）风剖面指数和 10 m 高度处湍流度的分布具有一定的离散性，均随着 10 m 高度处风速的增大而减小，且随着风速的增大，离散度逐渐变小。

（3）引入随机变量分别描述风剖面指数和 10 m 高度处湍流度与 10 m 高度处风速的关系，得出随机变量的概率分布模型，可为相似地貌下风场特性的定量分析提供依据。

参考文献

[1] Ishizaki H. Wind profiles, turbulence intensities and gust factors for design in typhoon-prone regions[J]. Journal of Wind Engineering & Industrial Aerodynamics, 1983, 13(1): 55-66.

台风"山竹"风场的 WRF 模拟和比较研究*

金博崇，杨易

（华南理工大学亚热带建筑科学国家重点实验室 广州 510641）

1 引言

大气边界层（Atmospheric Boundary Layer，ABL）风场特性是风工程研究的一个基础内容，随着超高层建筑的兴建，边界层高空风场参数的获取已成为工程界亟待解决的问题。然而目前有关规范[1]仍缺乏对梯度风高度以上边界层风场模拟的合理建议，因此对大气边界层风场模拟的研究具有十分重要的意义。针对大气边界层的风场模拟具有一定的复杂性，边界层内的湍流涡旋运动覆盖了从几米到上千千米的尺度，并且各类地貌下垫面物理特征复杂多样[2]，基于上述难点，数值模拟手段被广泛应用于风场模拟研究。气象学中的中尺度模式——WRF 模式（Weather Research and Forecast，WRF）是研究大气中尺度流动的主要数值模拟手段。本文基于 WRF 模式对深圳气象塔所处边界层进行研究，通过对台风"山竹"进行高精度模拟以获取较为准确的边界层风场信息，并将其与观测数据进行对比以验证该方法的准确性与适用性。

2 研究概况

2.1 WRF 模拟

本文选定深圳气象塔位置（113.8983°E，22.6468°N）作为模拟区域中心，对台风"山竹"风场进行 WRF 模拟。网格划分采用 3 层双向嵌套方案，由外到内水平分辨率依次为 9 km，3 km，1 km，最外层网格点数为 172×172，第二层为 292×292，最内层为 292×292，垂直方向划分为 50 层。计算起止时间为北京时间 2018 年 9 月 16 日 2 时至 2018 年 9 月 16 日 24 时，其中前 11 小时作为模式的起转时间。数值模拟中微物理过程选用 WSM3 方案，积云对流参数化采用 Kain-Fritsch 方案，边界层方案使用 YSU 方案，陆面过程选用 NOAH 方案[3]。

2.2 现场实测

位于深圳龙岗石岩水库的深圳气象观测塔高达 356 m，竖直方向沿 10 m 至 350 m 高度共设置 13 个观测平台，可对风速、风向等数据进行监测，也是亚洲目前建成的最高气象观测塔。

3 结果分析

基于 WRF 模式进行模拟计算，并与上海气象局提供的最佳路径进行对比，图 1 给出了"台风"山竹于 2018 年 9 月 16 日 2 时至 24 时的路径图，可见，二者路径走势基本一致，起转时间结束后，WRF 方法在海面区域模拟效果较好，但在 20 时后出现一定程度的路径偏差。将 WRF 模拟的边界层风速与气象塔观测值进行对比，图 2 给出了 2018 年 9 月 16 日 20 时与 8 时气象塔处风廓线图（其余时刻风速比较见全文），由图可见，WRF 模式对近地面风场模拟精度较高，随着高度的增加模拟误差相应增大（数值模拟与气象塔观测数据误差分析见全文）。

4 结论

本文采用 WRF 模式对台风"山竹"的路径和边界层内平均风速进行了模拟，并与卫星观测数据以及气象塔测量结果进行初步对比。结果表明，WRF 模拟结果路径与台风实际路径基本一致；WRF 模式对近地面风场模拟效果优于高空风场。由于篇幅关系，数值模拟与气象塔观测数据二者差异的原因将在全文做进一步分析。

* 基金项目：国家自然科学基金项目（51478194）

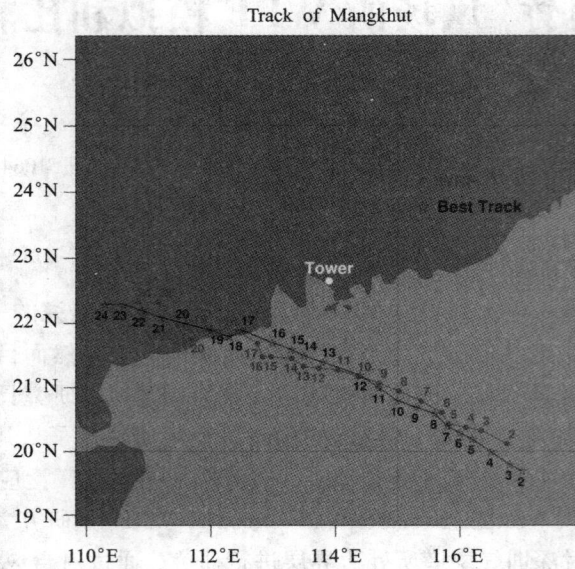

图 1　WRF 模拟和卫星观测的台风"山竹"路径对比

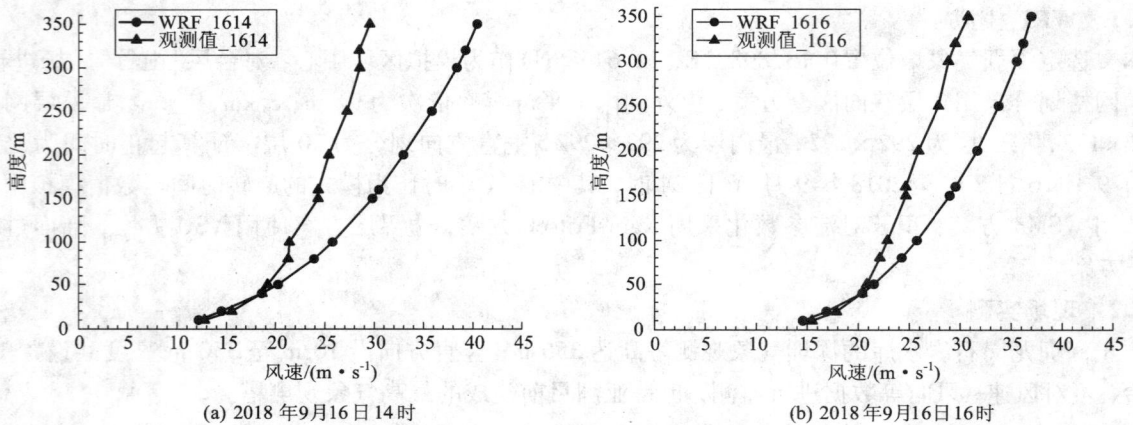

(a) 2018 年9月16日14时　　　　　　　(b) 2018 年9月16日16时

图 2　WRF 模拟和气象塔位置观测风廓线对比

参考文献

［1］GB 50009—2012，建筑结构荷载规范［S］. 北京：中国建筑工业出版社，2012.

［2］Mughal M O, Lynch M, Yu F, et al. Forecasting and verification of winds in an East African complex terrain using coupled mesoscale-And micro-scale models［J］. Journal of Wind Engineering & Industrial Aerodynamics, 2018, 176(C)：13 - 20.

［3］Temel O, Bricteux L, Beeck J V. Coupled WRF - OpenFOAM study of wind flow over complex terrain［J］. Journal of Wind Engineering & Industrial Aerodynamics, 2018, 174：152 - 169.

水库区桥位风场水位影响规律试验研究[*]

靖洪淼[1]，廖海黎[1,2]，马存明[1,2]

（1. 西南交通大学土木工程学院 成都 610031；2. 西南交通大学风工程试验研究中心 成都 610031）

1 引言

随着我国经济的飞速发展，作为重要交通设施之一的大跨度桥梁，由于其优秀的跨越能力，在我国西南部山区得到了广泛的应用。而大跨度桥梁由于其柔性大的特点，对风荷载特别敏感，需要根据桥址处风场特性做充分的抗风设计。因此，十分有必要开展对山区峡谷桥址区风场特性的研究，例如张明金等[1-2]在现场建立测风塔，安装风场实时监测系统，得到了较为完备的山区峡谷地形桥位处的风场特性；白桦等[3]采用地形模型风洞试验方法，研究了复杂山区峡谷地形桥址处的风场空间分布特性；李永乐等[4-5]采用地形 CFD 数值模拟方法，得到了较大范围复杂地形的风场特性。同时由于我国西南部山区水利资源十分丰富，建设有众多的水电站。这些水电站的水库在蓄水前后的水面高度差非常巨大，在一定程度上会改变山区峡谷地形，地形的改变势必会对风场特性产生一定的影响。据此，本文选取我国西南部山区的虎跳峡地形，开展了山区峡谷桥址区风场特性受水位影响的风洞试验研究。

2 地形和风洞模型

为了满足风洞试验的阻塞率要求，以及充分表达地形地貌细节，选取了 1∶800 的模型比例尺，同时选择了以桥位为中心的直径为 12 km 的圆形地形制作风洞试验模型。该地形中河道水面到最高山峰的高度差约为 1.44 km，而且河道狭窄，对风场影响非常大。风洞地形模型中河道水位分为低水位和高水位两种情况，其水位高度差约 200 m，如图 1 所示。地形模型的边界采用平滑的曲线过渡到底边，高低水位模型除了河道其他条件完全相同。另外，该地形模型风洞试验的阻塞度为 17%，根据 Chowdhury 等[6]的研究结果，该阻塞度对地形表面风速的影响较小，可以得到较为准确的试验结果。

(a) 低水位   (b) 高水位

图 1　风洞试验地形模型

3 测量细节和工况

在跨度为 680 m 的拟建桥梁的主梁和不同跨度选取了 33 个观测点，其中主梁上 9 个测点，1/4 跨、中跨和 3/4 跨各 8 个测点。采用湍流测量设备（TFI J - Cobra）采集各测点风速数据，其中采样频谱 1024 Hz，采样时间 60 s。试验工况按水位高低（H、L），来流风剖面（均匀流 - U、D 类风剖面 - D）和来流方向（上游

* 基金项目：国家自然科学基金项目（51778545）

– U、下游 – D），共分为 8 个工况。

4　试验结果和分析

处理上述 8 个工况的试验数据，分别得到了平均风特性、湍流统计特性和脉动风功率谱。平均风特性包括主梁上的平均风速、平均风攻角和不同跨度处的平均风速剖面。湍流统计特性包括主梁不同跨度处的紊流强度、紊流积分尺度和三维脉动风速分量的概率密度函数。同时分析了产生上述试验结果差异的原因。

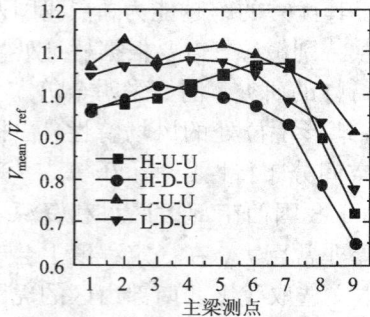

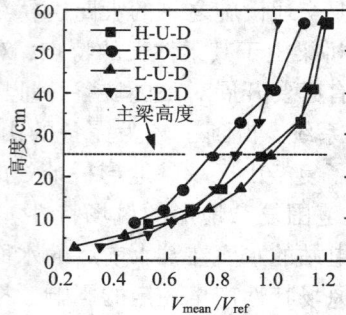

图 2　主梁平均风速　　　　图 3　3/4 跨处风剖面　　　　图 4　1/4 跨处 u 方向功率谱

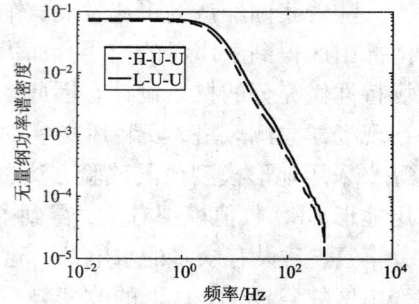

5　结论

通过上述地形模型的风洞试验，得到以下结论：①无论上下游来流，水位升高后主梁上的平均风速降低为低水位时的 90%，不同跨度处相应位置的平均风速剖面的值也减小，但线型均基本保持不变；平均风攻角受水位变化的影响较大，没有发现明显的规律性。②水位升高后，紊流强度和紊流积分尺度有稍微升高，而脉动风速的标准差变小，但其分布形式不会发生变化，即高斯分布形式。③山区峡谷桥址风场中的脉动风功率谱符合一般大气边界层功率谱形式，水位升高后三个方向的风速谱仅发生稍微变化，几乎可以认为不受水位变化的影响。最终，建议根据河道最低预期水位，进行山区峡谷大跨度桥梁的抗风设计。

参考文献

［1］张明金，李永乐，唐浩俊，等. 高海拔高温差深切峡谷桥址区风特性现场实测［J］. 中国公路学报，2015，28（3）：60 – 65.

［2］黄国庆，彭留留，廖海黎，等. 普立特大桥桥位处山区风特性实测研究［J］. 西南交通大学学报，2016，51（2）：349 – 356.

［3］白桦，李加武，刘健新. 西部河谷地区三水河桥址风场特性试验研究［J］. 振动与冲击，2012，31(14)：74 – 78.

［4］李永乐，蔡宪棠，唐康，等. 深切峡谷桥址区风场空间分布特性的数值模拟研究［J］. 土木工程学报，2011，44（2）：116 – 122.

［5］于舰涵，李明水，廖海黎. 山区地形对桥位风场影响的数值模拟［J］. 西南交通大学学报，2016，51（4）：654 – 662.

［6］Chowdhury Mohammad Jubayer，Horia Hangan. A hybrid approach for evaluating wind flow over a complex terrain［J］. Journal of Wind Engineering and Industrial Aerodynamics，2018，175：65 – 76.

基于分类统计模型的台风移动路径模拟[*]

刘大伟，黄文锋

（合肥工业大学土木与水利工程学院 合肥 230009）

1 引言

随着研究的深入和更大范围内风险评估的需要，多种基于整个海域范围内的全路径模拟方法被先后提出。第一种方法为以 Vickery 等[1]为代表的参数化的回归模型。第二种方法为 Mark Powell 等[2]为代表的用马尔科夫过程模拟台风路径。第三种方法为以 Hall 等[3]为代表的非参数化的统计模型；最后一种方法为以 Emanuel 等[4]为代表提出的动力模型。本研究拟在 Hall 模型的基础上发展基于分类统计模型的台风移动路径模拟方法。

2 分类统计模型

2.1 路径分类

考虑到西北太平洋地区台风路径的复杂性，为更加准确地研究西北太平洋地区的台风移动特性，本研究依据台风移动特点和转向位置将西北太平洋地区的台风分为 5 类进行研究具体分类如下：①西行直线路径；②西北行直线路径；③转向路径且转向点纬度小于 20°N；④转向路径且转向点纬度大于等于 20°N，小于等于 30°N；⑤转向路径且转向点纬度大于 30°N。

2.2 起点模型

起点模型包含发生数量和发生位置两个部分。本文分别采用一维和三维高斯核密度函数对台风的年发生量和发生位置进行模拟。基本的概率密度函数如式（1）所示。

$$f(x) = \frac{1}{nh} \sum_{i=1}^{n} K\left(\frac{x - x_i}{h}\right) \tag{1}$$

式中：x 为被估计的向量；x_i 为第 i 个样本向量；n 为样本数量；h 为窗宽；$K(\cdot)$ 为核函数，本研究采用高斯核函数。模拟结果如图 1 所示，具有较高的精度。

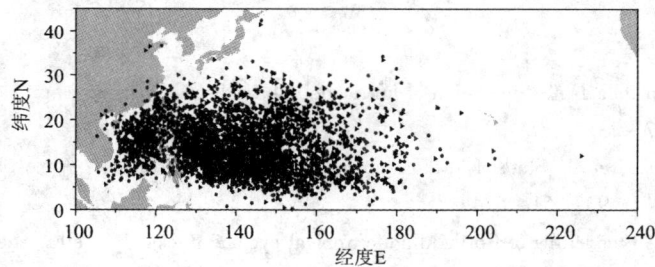

图 1 起点模拟结果

2.3 行进模型

基于台风历史数据，对台风在经纬度两个方向进行控制，建立基于平均距离加方差扰动的行进模型，以经度方向为例，计算公式如下式所示：

$$x = \bar{x} + \zeta_x S_{x\_rms} \tag{2}$$

式中：x 为经度方向位移模拟值；$\bar{x}$ 为落在当前点对应范围内所有 $6h$ 历史位移在经度和纬度方向的加权平

* 基金项目：国家自然科学基金项目（51408174）；中央高校基本科研业务费项目（JZ2017YYPY0262）；安徽高校自然科学研究重点项目（KJ2016A294）

均值; ζ_x 为标准化系数; S_{x_rms} 为经度方向的均方根误差; S_x 为偏离系数。模拟结果如图2所示, 模拟台风路径与历史台风路径具有相似的运动趋势和特征。

图2   1854次台风模拟路径

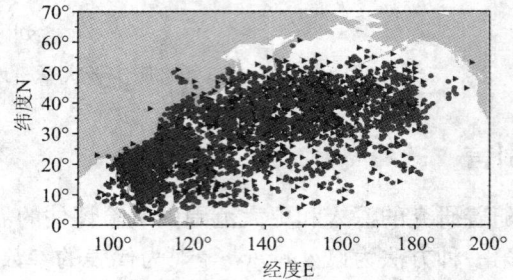

图3   终点模拟结果

2.4   终点模型

本研究采用终止概率控制台风的终点, 某个当前点的终止概率模型如式(3)所示。同时, 为防止部分移动路径过长, 对模拟步数加以限制, 控制所有模拟台风的步数在100步以内。

$$P(r) = \frac{\sum_i \Theta_i e^{-d_i^2/2L^2}}{\sum_i e^{-d_i^2/2L^2}} \tag{3}$$

式中: $P(r)$ 为某个当前点 r 处的终止概率; Θ_i 为终止因子, 当 i 为某个台风的终点时, $\Theta_i = 1$, 否则 $\Theta_i = 0$; d_i 为大圆距离; L 为范围尺度。计算出终止概率以后, 随机生成以一个0到1之间随机数, 若终止概率大于改随机数, 则以该点作为台风模拟的终点。模拟结果如图3所示, 30次模拟计算出的平均相关性达0.9879, 具有较高的可信度。

3   结论

本文介绍了一种基于分类统计模型的台风全路径模拟技术, 并将该模型应用于西北太平洋地区的台风路径模拟以验证其可靠性。可知: 模拟台风与历史台风的起点与终点在地理位置分布上重合度较高, 两者之间有很大的相关性, 表明起点模型与终点模型的可靠性较高。模拟台风移动特征与历史台风移动特征有很高的相似度, 但模拟台风与历史台风相比在地区上较为发散。

参考文献

[1] Vickery P J, Skerlj P F, Twisdale L A. Simulation of hurricane risk in the U. S. using empirical track model[J]. J. Struct. Eng ASCE, 2000, 47(10): 2497 – 2517.

[2] Powell M, Soukup G, Cocke S, et al. State of Florida hurricane loss projection model: Atmospheric science component[J]. J. Wind Eng Ind Aerodyn. , 2005, 93: 651 – 674.

[3] Hall TM, Jewson S. Statistical modelling of North Atlantic tropical cyclone tracks[J]. Tellus. Series A, 2007, 59A: 486 – 498.

[4] Emanuel K, Ravela S, Vivant E, et al. A statistical deterministic approach to hurricane risk assessment[J]. Bull Am Meteorol Soc, 2006, 87(3): 299 – 314.

基于现场实测的台风"梅花"风场特性分析[*]

刘圣源[1]，王守强[3]，赵林[1,2]，葛耀君[1,2]

（1. 同济大学土木工程防灾国家重点实验室 上海 200092；2. 同济大学桥梁结构抗风技术
交通运输行业重点实验室 上海 200092；3. 上海城建市政工程（集团）有限公司 上海 200241）

1 引言

台风的风场特征与良态风有很大区别，因此，国内外很多学者对台风的风场结构展开了大量研究[1-3]。利用一座位于舟山 400 m 高测风塔上四个高度处的风速仪，选取 2018 年 8 月 6 日 10 时到 2018 年 8 月 6 日 21 时共 12 小时的风速数据对台风梅花的风剖面进行分析，探讨了台风剖面与指数律、对数律剖面模型的区别。通过选取上海长江大桥跨中 81.5 m 高和塔顶 215.7 m 高两个三维风速风向仪在台风"梅花"过境前后 42 h 数据，并按照 10 min 时距分割成 252 段，对不同高度处台风过境过程的风场特性进行分析，并与规范建议值进行比较，寻找台风与良态风的风场特性差异。

2 台风风场特性

2.1 平均风剖面

利用舟山 400 m 测风塔风速数据来研究台风的剖面特征，图 1 给出了台风梅花在不同风速区间的风剖面。台风的风速随高度增大呈现先增大后减小再增大的变化趋势，与良态风的风剖面形状有很大区别。通过指数律风剖面模型拟合的风速小于 9.6 m/s 指数 $\alpha = 0.0124$，风速大于 9.6 m/s 指数 $\alpha = 0.0084$，远小于《公路桥梁抗风设计规范》（以下简称《规范》）推荐值，且剖面指数随风速增大而减小。图中还给出了按照对数律模型得到的风剖面，可以发现，对数律模型在低空与台风剖面较为接近，而指数律模型在高空与台风剖面较为吻合。

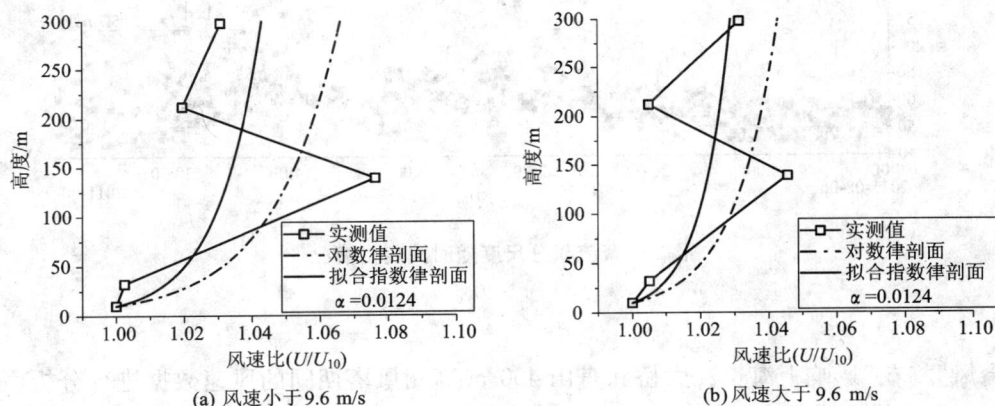

(a) 风速小于 9.6 m/s

(b) 风速大于 9.6 m/s

图 1 台风"梅花"风剖面

2.2 紊流强度

台风"梅花"登陆上海长江大桥前后顺风向和横风向紊流强度如图 2 所示，可以看出紊流强度随着高度的增加而减小，不过横风向紊流强度不如顺风向变化明显；台风登陆前后紊流强度比较散乱，而台风登陆时则相对平稳。

* 基金项目：国家自然科学基金项目（51778495，51678451）；国家重点研发计划（2018YFC0809600，2018YFC0809604）

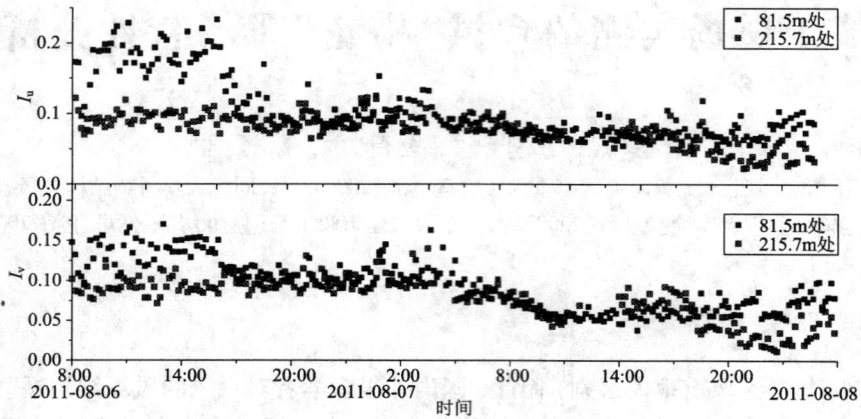

图2　紊流强度随时间变化情况

2.3　紊流积分尺度

计算得到顺风向和竖向脉动风在 x 方向的 10 min 紊流积分尺度（L_u^x 和 L_v^x），如图 3 所示。可知，81.5 m 处 L_u^x、L_v^x 的平均值分别为 143.2 m、85.4 m，有 $L_v^x = 0.596 L_u^x$；215.7 m 处 L_u^x、L_v^x 的平均值分别为 211.8 m、121.7 m，有 $L_v^x = 0.575 L_u^x$；实测台风 L_u^x、L_v^x 均大于《规范》所给出的参考值，特别是 L_v^x 相差达到 16.4%；L_u^x、L_v^x 均随高度的增加而增加，215.7 m 处 L_u^x、L_v^x 分别是 81.5 m 处的 1.479 倍和 1.425 倍，这一结果可以为《规范》提供参考。

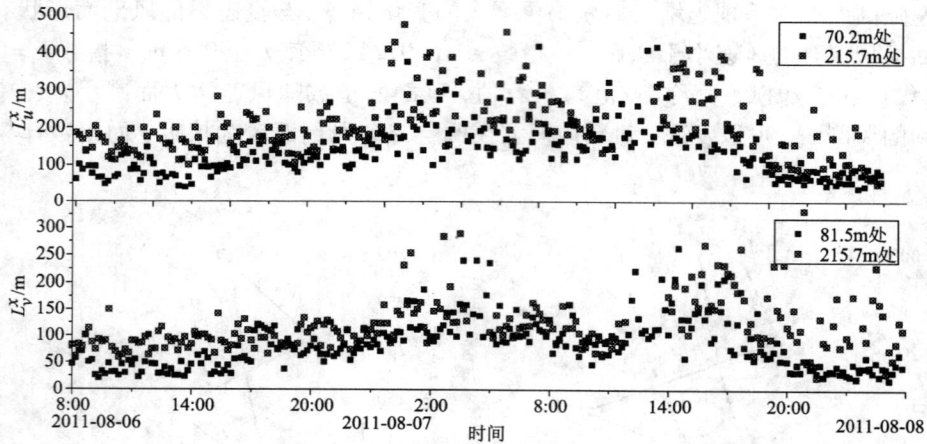

图3　紊流积分尺度随时间变化情况

3　结论

本文对台风"梅花"影响上海长江大桥和舟山 400 m 高测风塔期间的风速数据进行分析。台风剖面与指数律模型和对数律模型有较大差异，风速随高度增加先增大后减小再增大；台风登陆前后紊流强度离散性较大，台风登陆时相对平稳；台风紊流积分尺度与良态风相比其值较大且随高度增加而增大。

参考文献

[1] 李利孝，肖仪清，宋丽莉，等. 基于风观测塔和风廓线雷达实测的强台风黑格比风剖面研究[J]. 工程力学，2012，29(9)：284−293.

[2] Fenerci A, Øiseth O. Strong wind characteristics and dynamic response of a long-span suspension bridge during a storm[J]. Journal of Wind Engineering and Industrial Aerodynamics, 2018, 172: 116−138.

[3] 谢以顺，李爱群，王浩. 润扬悬索桥桥址区实测强风特性的对比研究[J]. 空气动力学学报，2009，27(1)：47−51.

基于准 $\kappa-\varepsilon-v^2$/LES 模型的城区风环境模拟[*]

刘翔[1,2]，陈秋华[1]，钱长照[1]，陈昌萍[1,2]

(1. 厦门理工学院海西风工程研究中心 厦门 361024；2. 厦门大学建筑与土木工程学院 厦门 361000)

1 引言

目前城市风环境的模拟研究中多数采用时均化的 RANS 涡黏模型，当有必要描述更为细腻的湍流结构或涡脱随时间变化机理时，往往选择大涡模拟(LES)算法，而介于两者之间的 DES 算法在风环境仿真计算中应用较少，本文基于 DES 的准 $\kappa-\varepsilon-v^2$/LES 混合湍流模型，以厦门市五缘湾五通区域为例，模拟了该区域主导风向下的行人高度处风环境。

2 准 $\kappa-\varepsilon-v^2$/LES 混合湍流模型

LES 对湍流捕捉较准确但在近壁面附近需要设置大量网格，RANS 对网格要求较低但对湍流的展现不足。DES(Detached Eddy Simulation, 分离涡模拟法)是一种介于两者之间的混合湍流模型方法，其主要原则是在壁面附近采用 RANS 算法、湍流远场区域采用 LES 算法，这样两种基本方法的特性便得到互补。

本文采取的准 $\kappa-\varepsilon-v^2$/LES 混合湍流模型是 DES 混合湍流模型中的一种，计算时近壁区域内湍流为各向异性，可更加准确地模拟流动分离等现象。该混合模型由 RANS 中的 $\kappa-\varepsilon-v^2$ 湍流模型方程简化为代数形式后得出[1-2]，在 Fluent 软件中编写 UDF 程序，将简化后的湍流黏度写入计算即可开始模拟。

3 模拟区域概况

五缘湾是福建省厦门市集生态、居住、旅游、商业一体的复合区域，本文的模拟区域位于厦门市五缘湾五通商务区内，范围约为 1 km × 1 km。模拟区域具体建筑群模型如图 1 所示。

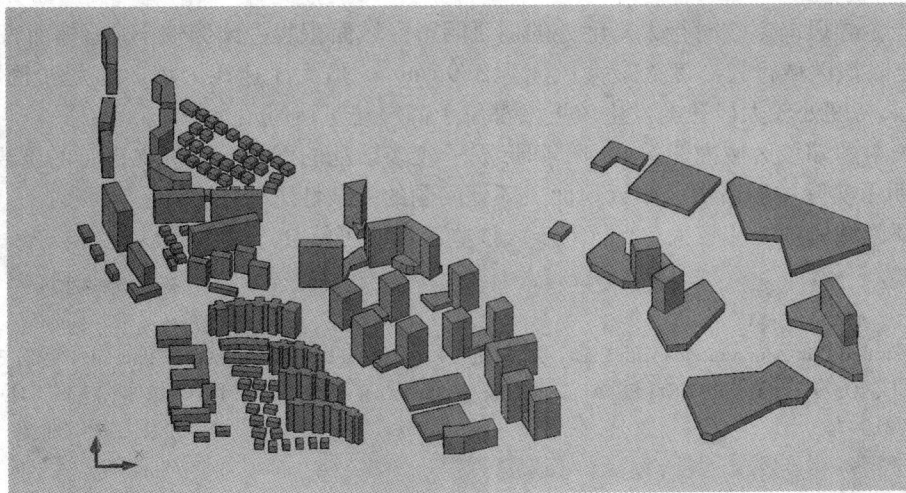

图 1　模拟区域建筑模型

* 基金项目：国家自然科学基金(51778551)；厦门市科技计划项目(3502Z20161016, 3502Z20183050)

4　模拟参数设置与模拟结果

　　来流平均风速剖面按指数律 A 类地貌给出，根据气象资料取 10 m 参考高度处的平均风速为 3.5 m/s，模拟主导风向 E 向来流的情形。计算域尺寸为 8700 m×7500 m×1000 m，建筑群位于计算域纵向前约 1/3 处，采用混合网格将长方体计算域分为内外两部分，内部流域采用四面体网格加密，外部采用较稀疏的结构化网格，首层网格质心距地面高 0.25 m，生成约 410 万个网格单元。入流面为速度入口边界条件，出流面为完全出流条件，顶面与两侧面采用对称边界条件。

　　时间步长设置为 1.8 s，完成 1000 个时间步计算后对数据进行 500 个时间步的采样计算，行人高度处（1.75 m）采样时间步内的风环境模拟平均值结果如图 2 所示。

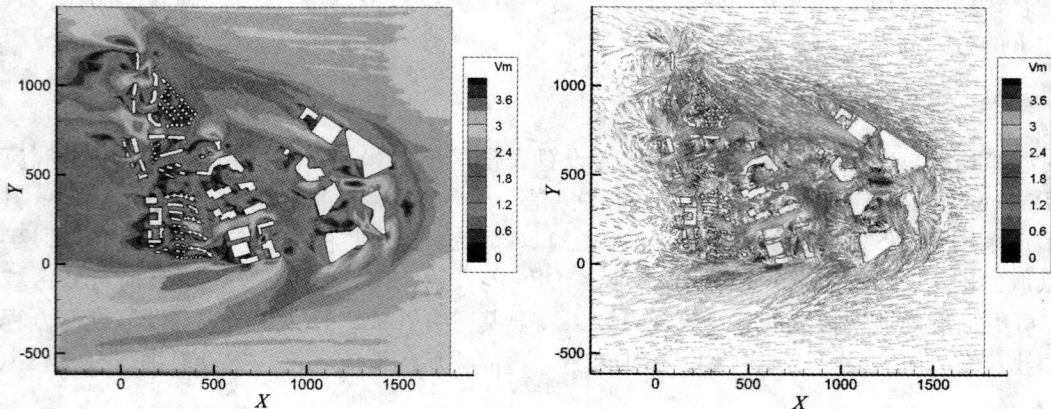

图 2　行人高度处风速云图与速度矢量图（单位 m/s）

5　结果分析

　　（1）该区域受主导风向影响时行人高度处的弱风阴影区域面积所占比例较小，总体而言通风良好。

　　（2）E 向来流时该区域行人高度处最大风速为 3.96 m/s，最大风速比为 1.36，属于尚可接受的范围，从图 2 可看出行人高度处较大风速的发生位置大都位于高层建筑迎风角点处。

　　（3）由速度矢量图知该区域内建筑群内部间形成了较多杂乱的涡旋，建筑物排布的不规则是其重要的成因，这间接说明了实际的城市街区中近地面风环境问题的复杂性。

　　（4）有些局部区域风速变化较大，当行人步入该些区域时可能会产生不适感。

参考文献

[1] DURBIN P. Separated flow computations with the k - epsilon - v - squared model[J]. AIAA Journal, 1995, 33(4): 659 - 664.

[2] Wang M, Chen Q. On a Hybrid RANS/LES Approach for Indoor Airflow Modeling (RP - 1271)[J]. Hvac & R Research, 2010, 16(6): 731 - 747.

跨长江特大桥拉索涡激振动与风特性观测[*]

刘宗杰[1]，祝志文[1, 2]，陈魏[1]，陈政清[1]

（1. 湖南大学土木工程学院 长沙 410082；2. 汕头大学土木与环境工程系 汕头 515063）

1 引言

斜拉索为斜拉桥的主要受力构件之一。主梁和桥面系恒载以及桥上活载大部分通过拉索传递到桥塔。斜拉索因长度大，往往呈现刚度小和阻尼低的特点，容易在外部激励，如自然风作用下发生大幅度振动。斜拉桥工程实践表明，斜拉索的风致振动包括：涡激振动、尾流驰振、参数振动和风雨振等[1]。涡激振动是拉索在常遇风速下发生的一种风致振动现象，其发生频次高，使得拉索本身尤其是其锚固系统或机械阻尼控制装置易发生长期的疲劳损伤，且拉索涡激振动还会使得管养单位和桥面通行人员有不安全感，从而给桥梁正常运营带来隐患。本文以荆岳长江大桥为研究对象，通过自开发的拉索振动监测系统和大桥健康监测系统，对平均风速和风向、湍流度，以及拉索振动进行监测，通过记录拉索振动数据对拉索的多模态振动特性进行分析，并对拉索振动与风场相关性进行了研究。

2 测量系统介绍

荆岳长江大桥为双塔三跨斜拉桥，主跨 816 m。本文分别在靠近北塔的 JB01 和 JB02 号拉索上安装双向加速度传感器，加速度传感器采样频率为 100 Hz。同时在北塔和南塔的塔顶处安装超声风速仪，采样频率为 1Hz，在跨中桥面处安装螺旋桨风速仪，实测数据通过桥梁健康监测系统进行传输。

3 结果与讨论

3.1 桥址风场特性

本文选取了 2018 年 10 月 11 号 9 点到 2018 年 10 月 12 号 9 点的 24 h 风速数据，其 10 min 平均风速如图 1 所示，可见桥址风速的非平稳特性显著；跨中桥面与塔顶风速在 9：00 到 18：00 之间的变化趋势保持一致，但在晚上 12 点左右，塔顶风速与桥面风速变化差距较大，塔顶最大风速超过 11 m/s。图 2 为北塔塔顶处风速计给出的 1 min 时距湍流度随风速的变化，可见低风速下湍流度远高于规范值，规范中湍流度沿高度分布塔顶处计算值为 0.085。随着风速增大，湍流度逐渐减小，风速 8 m/s 时湍流度与规范值接近，但增大风速湍流度进一步减小。图 3 为南北塔顶的风玫瑰图，可见北塔处主导风向为东风、北风和东北风，南北塔顶风向有差别。

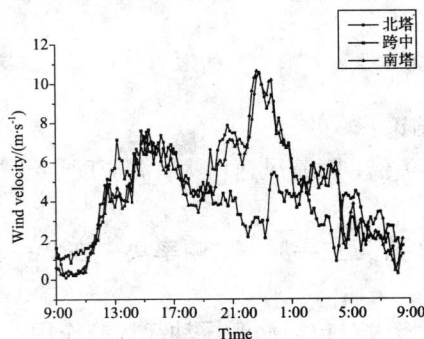

图 1 10 min 平均风速时程曲线

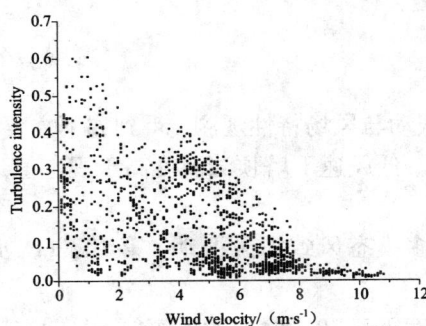

图 2 北塔塔顶湍流度随风速变化曲线

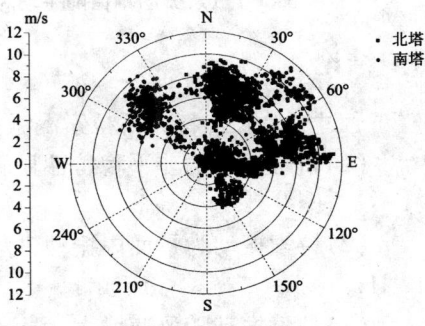

图 3 塔顶玫瑰图

* 基金项目：国家重点基础研究发展计划（"973"计划）项目（2015CB057701）；国家自然科学基金项目（51878269）；湖南省研究生创新项目（521293361）

3.2　拉索振动特性

选取了上述时段中 12 点到 18 点的数据进行分析，该时段 JB01 号拉索的振动明显大于 JB02 号拉索。图 4 展示了 JB01 号拉索的加速度时程，可见面内加速度远大于面外加速度，最大的面内加速度为 2.76 g，而对应时刻的面外加速度响应是 0.16 g。12 点到 18 点的面内加速度时程频谱图如图 5 所示，显然，拉索涡激振动为多阶模态振动，相邻两阶模态频率之差 0.99 Hz，拉索的基频，该时程的主导频率分布在 9 ~ 12 Hz，分别为拉索的 10，11，12 阶模态。

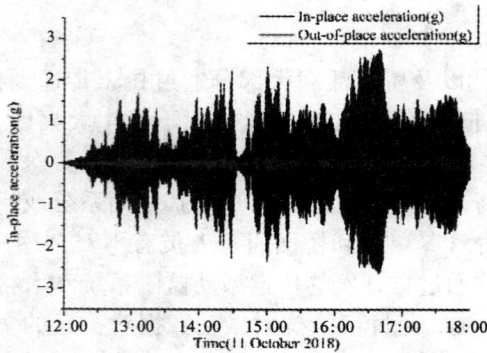

图 4　加速度时程曲线

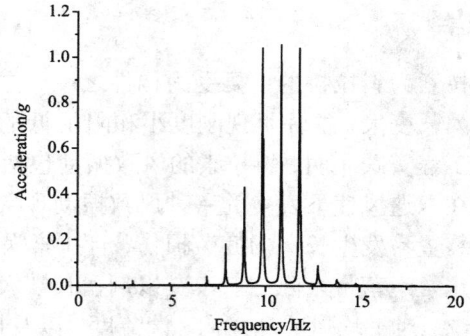

图 5　加速度时程频谱图

3.3　拉索振动与风场相关性分析

图 6 和图 7 所示为拉索振动加速度随平均风速以及湍流度的变化，图 6 表明，拉索的振幅随着平均风速增大，风速位于 5 ~ 8 m/s 时拉索的振幅最大。图 7 表明，拉索振动主要发生在湍流度小于 40% 的范围内，当湍流度大于 0.4 之后振动幅值明显减小。

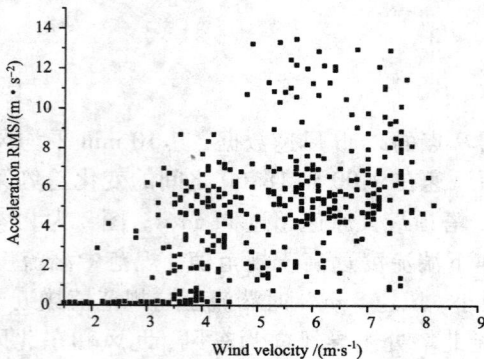

图 6　拉索振动幅值随平均风速变化

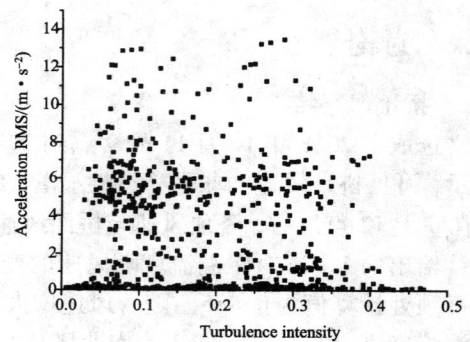

图 7　拉索振动幅值随湍流度变化

4　结论

通过对跨长江特大桥拉索涡激振动与风场特性观测，得到如下主要结论：

（1）桥址风速的非平稳特性显著，低风速下塔顶湍流度高于规范值近 7 倍，随着风速增大，湍流度逐渐减小。

（2）拉索振动为平面内振动，为多模态风致涡激振动，第 10，11，12 阶为主导频率，频率集中在 9 ~ 12 Hz。

（3）拉索振动随风速增大，湍流度小于 40% 时拉索振幅较大，湍流度增大对拉索涡激振动起抑制作用，拉索振动减小。

参考文献

［1］储彤. 某大跨度斜拉桥风场与斜拉索涡激振动现场监测研究［D］. 哈尔滨：哈尔滨工业大学，2013.

［2］王修勇，陈政清，倪一清，等. 环境激励下斜拉桥拉索的振动观测研究［J］. 振动与冲击，2006（2）：138 - 144，191.

基于机器学习的风灾类型识别算法[*]

马腾[1]，崔巍[1]，赵林[1,2]

(1. 同济大学土木工程防灾国家重点实验室 上海 200092；2. 同济大学桥梁结构抗风技术交通行业重点实验室 上海 200092)

1 引言

在结构设计中，风速是抗风设计的基础，尤其是对于大跨度桥梁、高层建筑等柔性结构，风荷载更是主要的控制荷载之一[1]。为了同时满足结构抗风设计的经济性和安全性，需准确预估不同设计周期的相应极值风速。传统的极值风速预估方法在建立概率分布模型时只考虑年最大风速，这导致模型评判标准太过单一，忽略了不同风灾类型的概率分部模型的不同。

近年来，国内外学者提出了考虑不同风灾类型时极值风速预估方法，并指出在混合风气候地区该模型比传统极值预估方法更准确[2]。然而，常规气象站只观测风向、风速、气压、降水等常规数据，对风灾类型不做单独记录。气象记录中风灾类型数据缺失制约了混合气候极值风速预估模型的研究与发展。从机器学习分类算法出发，整理东南沿海的 6 个气象站数据并建立分类算法，建立适用于我国东南沿海地区风灾类型自动识别模型，并以此为基础预测混合气候地区不同回归周期的相应极值风速，并与传统年极值算法结果比较。

2 数据处理和特征工程

气象原始数据均来源于美国气象局全球综合地表数据库（NOAA Global Integrated Surface Database）。共选择 6 个位于我国东南沿海的气象站：上海、舟山、温州、福州、厦门、汕头，相邻气象站间距离为 300～500 km，确保各站极值风速记录独立。选择风向、风速、气压、温度、降水量 5 组时间序列用作为训练、测试机器学习模型的原始数据，时间跨度均为 1990—2016 年，采样周期为 3 h。

为简化模型运算量，只有极值风速相关原始数据作为机器学习模型训练的输入数据，即将 27 年的多维时间序列数据筛选切分为若干个以大于预设阈值风速为中心时间点，时间跨度 96 h 的风灾数据片段。通过分析数据片段特征并对比历史台风数据库，将风灾数据片段人工分类为台风、季风和其他三种类型。人工识别大风气候类别将作为本研究中监督机器学习模型的监督数据。

为提高模型学习效率，风灾数据片段需进行特征提取和筛选，即提取原始时间序列中与风灾类型相关度高的信息作为特征以供模型训练。采用基于统计量的特征提取方法来描述切片后的低频多维时间序列数据，对每条时间序列共选择 8 个常规统计量：均值、方差、峰度、偏度、众数、中位数、极大值、极小值以及各类气候数据之间的相关系数等参数作为初始特征。此外，对初始特征进行了相关性筛选，以初始特征与风灾类型的相关系数为指标，剔除了相关系数低的特征，仅保留 15 个高相关性的统计量特征。在保留原始数据大部分信息的前提下，对数据降维，以提升算法效率。

表 1 风灾类型高相关度特征表

特征名称	相关系数	特征名称	相关系数	特征名称	相关系数
无风记录点数量	−0.26	风向众数点数量	0.45	风向改变量均值	−0.57
风向改变量方差	0.46	风向改变量极差	−0.41	风向改变量峰度	0.24
风向改变量中位数	−0.52	风向改变量峰值	−0.50	风速最小值	0.40
风速方差	−0.47	风速偏度	−0.37	风速峰度	0.42
气温极差	−0.38	气压极差	−0.34	降水量最大值	0.20

* 基金项目：国家重点研发计划（2018YFC0809600，2018YFC0809604）；国家自然科学基金项目（51678451）

3   机器学习模型及评估

在人工智能领域，机器学习算法可以只从数据中寻找规律，进而对未知类型数据进行预测，这是机器学习模型与传统模型的最大不同。提出的机器学习为监督学习算法，即使用已有类标（label）的训练数据来构件模型[3]。模型基于对训练集中风灾类型已知的风灾数据块的学习，实现对新样本数据的风灾类型预测。

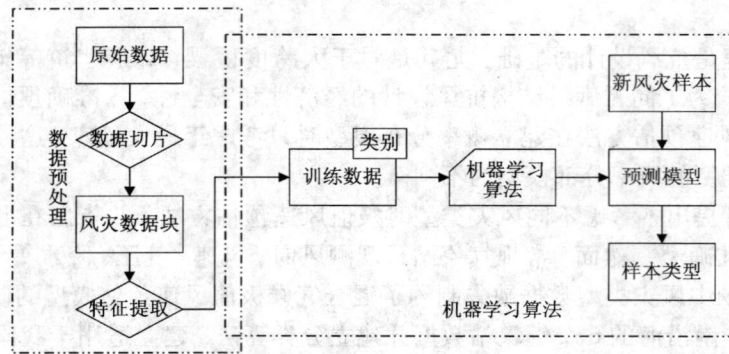

图1   风灾类型识别算法流程图

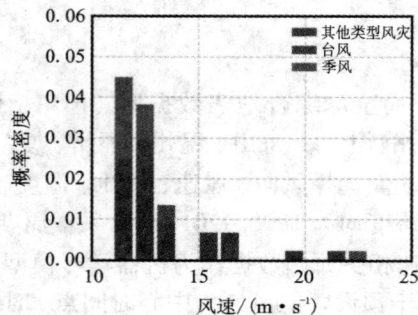

图2   舟山站 10 m/s 以上最大风速概率分布直方图

机器学习分类模型评估使用舟山定海气象站 1990—01—01 - 2016—12—31 共 27 年数据进行处理。原始数据以 8 m/s 的风速阈值切片后得到 477 个风灾数据片段，其中训练集与测试集的比例为 7∶3。经测试，目前预测效果最好的分类算法为交叉验证支持向量机（Cross - validate support vector machine），其预测准确率达 83.3%，对台风的预测准确率达 88.2%。机器学习模型参数将在后续研究中进一步优化，参数优化结果和最终模型预测评估结果将在全文中详述。

4   结论

舟山市 1990—2016 年的 477 个风灾数据片段经分类后，分别进行统计特征分析，台风的年平均发生次数为 1.54（占比 8.4%），季风的为 9.12（占比 49.7%），其他大风气候为 7.69（占比 41.9%）。图 2 用直方图表示了三种类型风灾的风速概率密度分布规律，季风和其他风灾对总体年最大风速的概率峰值起决定性作用，而大部分历年最大风速的高风速段由台风贡献，其他不同类型风灾风速统计结果将在全文详述。

参考文献

[1] 楼文娟，段志勇，庄庆华. 极值风速风向的联合概率密度函数[J]. 浙江大学学报（工学版），2017，51（6）：1057 - 1063.

[2] Gomes L，Vickery B J. Extreme wind speeds in mixed wind climates[J]. Journal of Wind Engineering and Industrial Aerodynamics，1978，2(4)：331 - 344.

[3] Murphy K P. Machine Learning：A Probabilistic Perspective[M]. MIT Press，2012.

丘陵地区近深切峡谷风谱特性实测研究[*]

谭卜豪，张志田，陈添乐

（湖南大学风工程试验研究中心 长沙 410082）

1 引言

随着我国经济以及高速公路网的发展，在西部多山地区将架设越来越多的跨峡谷大桥。为确保大桥在风荷载的作用下能够满足行车安全、舒适的要求，需要对山区峡谷地形的风特性进行细致的研究。本文根据峡谷风场特性的观测，分析山区峡谷风谱的变化变化规律；基于 Von Karman[1]、Kaimal[2]、Davenport[4]、Harris[5]、石沅[2] 等人通过理论和经验推导出的风谱与实测风谱对比，再基于理论分析提出风谱拟合的方法，得到拟合效果较好的深切峡谷风场的风谱公式。

2 峡谷地形特点

江底河大桥拟建于距云南省楚雄市永仁县西南 25 km 左右的深切峡谷中。峡谷近似东西走向，南部海拔约 1712 m，北部海拔大约 1640 m，谷底海拔约为 1393 m，测风塔位于峡谷北侧海拔约 1610 m 的平台上。峡谷两岸的植被以低矮灌木为主，整体来看两岸属连绵起伏的丘陵地形。

3 功率谱密度拟合

图 1 所示是实测风谱与常用风谱的拟合结果。由图 1 可知，山区实测风谱在低频下只有 Von Karman 谱拟合较好，而在高频下常用风谱普遍低于实测谱（石沅谱只是在这个特例中吻合较好），选择 Von Karman 谱作为低频区段拟合风谱。

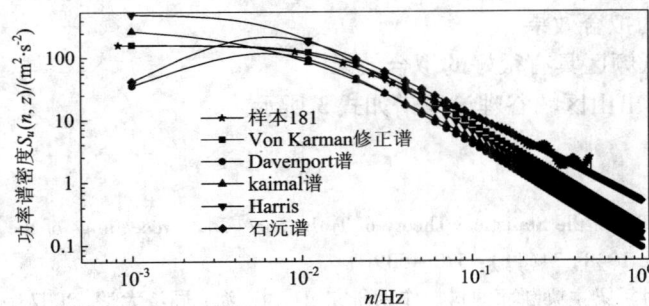

图 1　常用风谱与实测风谱对比

根据纵向折算风谱式可知高频风谱满足式（1）：

$$nS_u(n, z) = 0.26u_*^2 f^{-2/3} \tag{1}$$

引入带有地形系数 α 的剪切流动速度公式（2）拟合 α 值。

$$u_* = \alpha U(Z)k/\ln\frac{Z}{Z_0} \tag{2}$$

将带有地形系数的剪切速度带入 Kaimal 谱用于高频区段拟合风谱，再加入过渡函数得到式（3）作为深切峡谷地区经验风谱。

* 基金项目：国家自然科学基金项目（51578233）

$$S_u(n, Z) = \begin{cases} \dfrac{4\sigma_u^2 f_1}{n\,(1 + 70.\,8f_1^2)5/6}(n \leqslant n_a) \\[3mm] \dfrac{4\sigma_u^2 f_1}{n\,(1 + 70.\,8f_1^2)5/6}\dfrac{n_b - n}{n_b - n_a} + \dfrac{200u_*^2 f_2}{n\,(1 + 50f_2)5/3}\dfrac{n - n_a}{n_b - n_a}(n_a < n \leqslant n_b) \\[3mm] \dfrac{200u_*^2 f_2}{n\,(1 + 50f_2)5/3}(n_b < n) \end{cases} \tag{3}$$

根据上式对样本进行风谱拟合如图 2 所示。

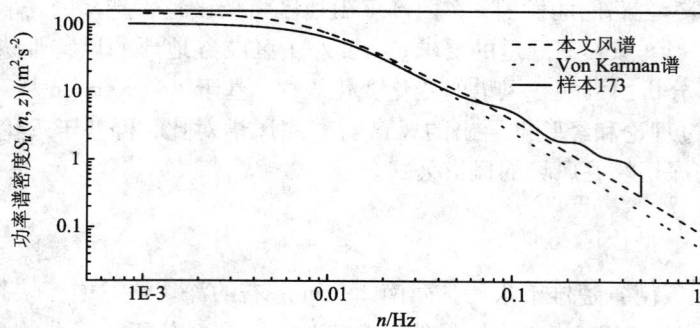

图 2　本文提出的风谱、Von Karman 谱与实测风谱对比

4　结论

本文根据江底河大桥近深切峡谷桥址处风观测数据进行收集、采样和分析，得出以下结论：

（1）依据地表粗糙度得剪切速度公式不能够反映山区风场剪切速度大小，需要引入地形系数 α 进行修正。通过修正的剪切速度应用在 Kaimal 谱和折算风谱与实测风谱在高频区拟合效果较好。Kaimal 谱在较为低频的过渡段也有很好的拟合效果。

（2）Von Karman 谱在低频区具有很好的拟合效果。

（3）基于上两条结论得出山区峡谷理论风谱如式 3 所示。

参考文献

［1］ Kármán V, Theodore. Progress in the Statistical Theory of Turbulence［J］. Proceedings of the National Academy of Sciences of the United States of America, 1948, 34(11): 530 – 539.

［2］ 李鹏飞. 脉动风特性及其对桥梁主梁断面的抖振作用研究［D］. 上海: 同济大学, 2007.

［3］ 埃米尔·希缪, 罗伯特·H·斯坎伦. 风对结构的作用: 风工程导论［M］. 上海: 同济大学出版社, 1992.

［4］ Davenport A G. The spectrum of horizontal gustiness near the ground in high winds［J］. Quarterly Journal of the Royal Meteorological Society, 2010, 376(88): 197 – 198.

［5］ Harris R I. Some further thoughts on the spectrum of gustiness in strong winds［J］. Journal of Wind Engineering & Industrial Aerodynamics, 1990, 33(3): 461 – 477.

台风风场下三维湍流强度概率模型

唐亚男，段忠东

(哈尔滨工业大学(深圳) 深圳 518055)

1 引言

近地边界层风具有强的湍流特性，且该湍流特性会对作用于结构上的风荷载造成显著影响。风工程中通常采用湍流强度、湍流积分尺度等参数来描述风的湍流特性。大量实测数据表明，台风风场下湍流强度随平均风速的增加而减小，且减小的速率逐渐变缓[1, 2]。一些学者提出了相应的经验公式来计算湍流强度。本文将随机变量引入经验公式中，并根据实测台风数据获得了顺风向湍流强度的概率模型。同时，根据三向湍流强度的比例关系，获得了横风向和竖向湍流强度的概率模型。最后，假定台风风场下的平均风剖面满足指数律，给出了不同高度处湍流强度的计算方法。

2 顺风向湍流强度

Ishizaki[2]提出了一经验公式来描述顺风向湍流强度和平均风速的关系：

$$I_u = B_u / \ln(\bar{u}/u_0) \tag{1}$$

式中，I_u为顺风向湍流强度；B_u为常数，Ishizaki 分别取 0.4、0.6 和 0.8 为其上限值、均值和下限值；u_0为常数，Ishizaki 取为 1 m/s；$\bar{u}$为平均风速。本文取 $u_0 = 2$ m/s，并将 B_u 处理为随机变量，根据实测数据得到 B_u 满足 $\mu = -1.07$，$\sigma = 0.30$ 的对数正态分布。将顺风向湍流强度的 95% 上下限结果与实测结果进行对比如图 1 所示。从图 1 中可以看出，本文提出的概率模型能够很好地反映湍流强度的变化规律。

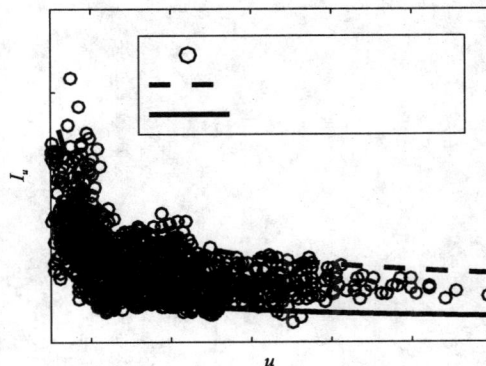

图1　湍流强度与平均风速关系图

3 不同方向的湍流强度

良态风风场中假定不同方向的湍流强度呈特定的比例关系，根据实测数据，本文将该假定引入台风风场中，同时假定各向湍流强度满足同一种概率分布类型。因此，各项湍流强度与平均风速呈现出如下的相关关系：

$$I_\varepsilon = B_\varepsilon / \ln(\bar{u}/2) \tag{2}$$

式中，$\varepsilon = u, v, w$ 分别代表顺风向、横风向和竖向。各向湍流强度满足如下恒等式：

$$I_\varepsilon = I_u (I_\varepsilon / I_u) \tag{3}$$

将式(3)在 $I_u = E[I_u]$，$I_\varepsilon/I_u = E[I_\varepsilon/I_u]$ 处进行泰勒展开，保留一阶项，得到：

$$I_\varepsilon = -E[I_u]E[I_\varepsilon/I_u] + E[I_\varepsilon/I_\varepsilon]I_u + E[I_u](I_\varepsilon/I_\varepsilon) \tag{4}$$

式中，$E[\cdot]$ 表示期望的结果。基于实测数据，结合式（2）可以得到随机变量 B_ε 的均值和协方差为：

$$m_B = \begin{Bmatrix} 0.36 \\ 0.27 \\ 0.15 \end{Bmatrix}; \quad C_B = \begin{bmatrix} 0.0125 & 0.0093 & 0.0051 \\ 0.0093 & 0.0091 & 0.0044 \\ 0.0051 & 0.0044 & 0.0038 \end{bmatrix} \quad (5)$$

根据式（5）结果，且 B_ε 满足对数正态分布，可以得到各向湍流强度的联合概率分布。

4　不同高度处湍流强度

假定不同高度处的湍流强度与平均风速呈现相同的相关关系，且台风风场近地边界层平均风剖面满足指数律，即 $\bar{u}(z) = \bar{u}_{10}(z/10)^\alpha$。因此，不同高度处湍流强度可以按照下式计算得到。

$$I_\varepsilon = B_\varepsilon / [\ln(\bar{u}_{10}/2) + \alpha\ln(z/10)] \quad (6)$$

式中，$\bar{u}_{10}$ 为 10 m 高度处平均风速；α 为风剖面指数；z 为离地面高度。

5　结论

本文基于实测数据得到了不同方向、不同高度处湍流强度的联合概率分布模型，可以为考虑台风风场特性参数影响的结构可靠度分析提供依据。

参考文献

[1] Tamura Y, Shimada K, Hibi K. Wind response of a tower (Typhoon observation at the Nagasaki Huis Ten Bosch Domtoren)[J]. Journal of Wind Engineering & Industrial Aerodynamics, 1993, 50: 309 – 318.

[2] Ishizaki H. Wind profiles, turbulence intensities and gust factors for design in typhoon – prone regions[J]. Journal of Wind Engineering & Industrial Aerodynamics, 1983, 13(1): 55 – 66.

基于全路径模拟的中国东南沿海台风极值风速估算[*]

王卿，黄铭枫

（浙江大学建筑工程学院 杭州 310058）

1 引言

中国地处西北太平洋沿岸，台风登陆频率高、影响范围广、致灾强度大，是受台风灾害影响最严重的国家之一。工程结构抗风性能设计有必要考虑台风作用。然而，近地台风实测记录时间序列较短、空间差异较大，在进行台风危险性分析时经常面临历史样本不足的问题，为了弥补这种局限，研究人员逐步发展了基于 Monte Carlo 思想的台风数值模拟方法[1-2]。本文以中国东南沿海地区为研究对象，基于 CMA - STI 热带气旋最佳路径数据集统计得到西北太平洋热带气旋历史样本信息，采用 Vickery[3] 回归模型模拟西北太平洋台风路径及强度演化全过程，通过比较基于历史台风和模拟台风得到的沿岸站点台风关键参数统计值来检验全路径模型的有效性。本文分别采用 Yan Meng 模型[4]和改进的 Thompson and Cardone 模型[5]计算中国东南沿海 10 座重点城市的模拟台风风速，进而通过极值统计确定不同重现期下台风极值风速。此外结合杭州地区近地良态风实测风速序列，估计得到杭州地区混合气候重现期极值风速，并与规范设计风速进行比较。

2 西北太平洋热带气旋全路径模拟

根据中国气象局（CMA）整编的自 1949 年以来的西北太平洋热带气旋最佳路径数据集[6]信息，统计得到了影响我国浙江、福建和广东三个沿海省份 100 km 范围内的历史热带气旋路径。西北太平洋热带气旋全路径模拟包括建立起始点模型、建立行进模型、建立强度模型、建立终止模型以及路径及强度模拟结果检验五个部分。

3 中国东南沿海部分重点城市台风重现期极值风速估计

采用 Yan Meng 模型[4]和改进的 Thompson and Cardone 模型[5]计算得到了 B 类地貌（粗糙长度 z_0 取为 0.05 m）下距地面 10 m 高度处的 10 min 平均风速序列，利用极值概率分布模型对台风风速序列进行极值统计分析，进而估计得到了 10 座城市不同重现期的极值风速，并且与 Li[7] 和 Xiao[8] 的数值模拟结果进行对比。Xiao 采用局部路径模拟方法，台风样本偏少，结果偏大。Li 与本文均采用全路径模拟，相较而言二者的值与规范数值更接近。

表 1 中国东南沿海重点城市不同重现期台风极值风速（单位：m/s）

城市	$R=10$ 年				$R=50$ 年					$R=100$ 年				
	规范	全路径		Xiao	规范	全路径		Li	Xiao	规范	全路径		Li	Xiao
		YM	TC			YM	TC				YM	TC		
上海	25.3	21.7	22.2	30.5	29.7	29.0	31.3	28.9	43.2	31.0	31.1	32.7	31.7	48.3
杭州	21.9	23.2	22.8	/	26.8	26.8	27.2	/	/	28.3	28.0	28.5	/	/
宁波	21.9	26.0	25.6	30.4	28.3	30.9	31.3	30.0	42.2	31.0	33.8	34.4	33.0	44.9
温州	23.7	24.9	24.2	31.2	31.0	31.8	33.0	34.0	43.8	33.5	34.2	35.8	36.5	48.8

* 基金项目：国家自然科学基金资助（51578504，51838012）；浙江省基础公益研究计划（LGG18E080001）

针对杭州混合气候地区进行极值风速估计，可采用如下所示计算公式

$$P(v_{\text{mix}} \leqslant V) = P(v_{\text{TC}} \leqslant V)P(v_{\text{M}} \leqslant V) \tag{1}$$

基于本文的经验全路径模型以及 Yan Meng 风场模型[4]，模拟得到了如图 1 所示的台风年极值风速概率分布曲线，良态风实测数据由地面气象观测站获取得到。

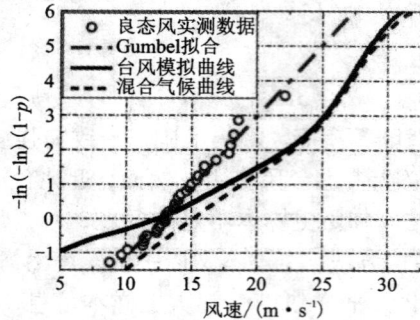

图 1　杭州地区混合气候年极值风速概率分布

4　结论

分别采用 Yan Meng 模型[4]和改进的 Thompson and Cardone 模型[5]并通过极值统计分析确定了中国东南沿海部分重点城市的不同重现期台风风速。同时结合杭州地区的近地良态风实测数据，估计得到了杭州地区混合气候重现期极值风速。采用本文方法给出的 10 年重现期下混合气候极值风速略大于规范规定的杭州地区设计风速。

参考文献

[1] 肖玉凤，段忠东，肖仪清，等. 基于数值模拟的台风危险性分析综述(Ⅰ)——台风风场模型[J]. 自然灾害学报，2011，20(2)：82-89.

[2] 段忠东，肖玉凤，肖仪清，等. 基于数值模拟的台风危险性分析综述(Ⅱ)——随机抽样模拟与极值风速预测[J]. 自然灾害学报，2012(2)：1-8.

[3] Vickery P J, Skerlj P F, Twisdale L A. Simulation of hurricane risk in the U.S. using empirical track model[J]. Journal of Structural Engineering, 2000, 126(10): 1222-1237.

[4] Meng Y, Matsui M, Hibi K. An analytical model for simulation of the wind field in a typhoon boundary layer[J]. Journal of Wind Engineering & Industrial Aerodynamics, 1995, 56(2-3): 291-310.

[5] Thompson E F, Cardone V J. Practical modeling of hurricane surface wind fields[J]. Journal of Waterway, Port, Coastal and Ocean Engineering, 1996, 122(4): 195-205.

[6] Ying M, Zhang W, Yu H, et al. An overview of the china meteorological administration tropical cyclone database[J]. Journal of Atmospheric & Oceanic Technology, 2014, 31(2): 287-301.

[7] Li S H, Hong H P. Typhoon wind hazard estimation for China using an empirical trackmodel[J]. Natural Hazards, 2016, 82(2): 1-21.

[8] Xiao Y F, Duan Z D, Xiao Y Q, et al. Typhoon wind hazard analysis for southeast China coastal regions[J]. Structural Safety, 2011, 33(4): 286-295.

三维街道峡谷内浮升力对污染物扩散影响的数值模拟研究*

王盛，姜国义，杨浩凯，李国栋

（汕头大学土木与环境工程系 汕头 515063）

1 引言

街道峡谷内污染物扩散传递规律的研究，对于减轻城市热岛效应和居民区的空气污染问题具有非常重要的意义，国内外有关科学工作者也已经取得了一定的研究进展。如 Mochida 和 Tominaga[1]研究了修正 $k-\varepsilon$ 模型和 LES 模型在中性条件下对单体建筑的影响。Yang 等[2]通过数值模拟研究了街道峡谷内不同建筑物布局的空气对流对街谷内气流运动和污染物扩散的影响。目前文献中对浮升力存在情况下的空气流动和污染扩散问题研究较少，而对于考虑浮升力影响的研究，简化二维城市街区的研究较多。因此，在浮升力影响下三维城市街区内的空气流动和污染物扩散规律还有待研究。

2 计算设置

建筑街区内的建筑尺寸为 10 m×10 m×10 m，两侧建筑各取一半，两侧面采用对称边界条件，表示两侧建筑物实际为对称布置。各个建筑之间的间距均为 10 m。迎风首排建筑物与入流面的间距为 60 m，末排建筑距离出流面的间距为 100 m，建筑物底部平面距上方边界距离为 100 m，在建筑街区中心位置地面处放置一处宽度为 3 m 的线性污染源，其长度与街谷等长。图 1 为本文数值模拟研究所用的计算区域的俯视图。

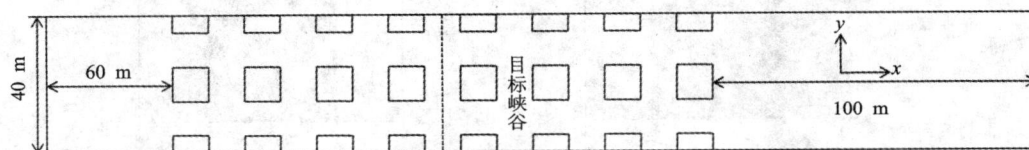

图 1 数值模拟计算区域俯视图

本文采用控制变量的方法，仅对地面加热温度进行了不同设置，仅考虑了在地面加热条件下，浮升力对建筑群内流场结构、污染物扩散及迁移输运特性的影响。地面加热温度分别为 25℃、30℃、35℃、40℃、45℃、50℃、55℃、60℃、65℃。

3 计算结果及分析

针对浮升力存在的不稳定条件，以东京工艺大学真实尺度风洞试验实测值作为对比，评估了不同施密特数下的 SKE 模型和 LES 模型对城市街区污染扩散问题的模拟能力，结果如图 2。综合对比之后采用施密特为 0.5 的 SKE 模型对建筑群内不同浮升力影响下的污染源扩散进行了数值模拟研究，得出不同工况下的浓度分布如图 3 所示。

4 结论

本文运用 SKE 湍流模型对建筑群内不同浮升力影响下的污染源扩散进行了数值模拟研究。从而得出了结论：不同地面温度下，街道峡谷内均出现了顺时针的漩涡，由于在迎风壁面前缘顶角处从剪切层向街道峡谷内的向下流动，驱动了污染物从迎风面向背风面的流动，因此在建筑背风面出现了比迎风面更高的

* 基金项目：广东省科技计划项目（2013B020200015）

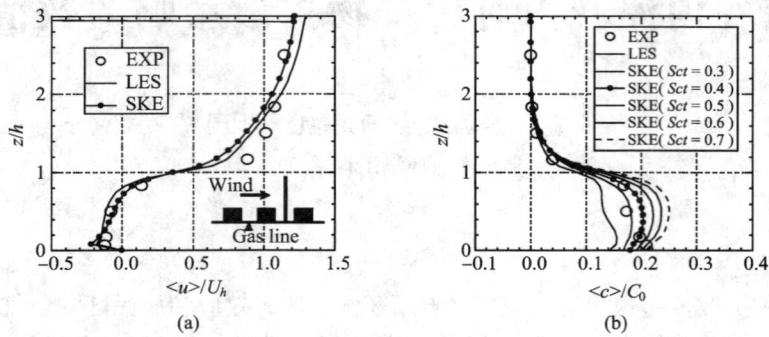

图2 模拟结果与真实尺度风洞实测试验数据的对比(左为速度,右为浓度)

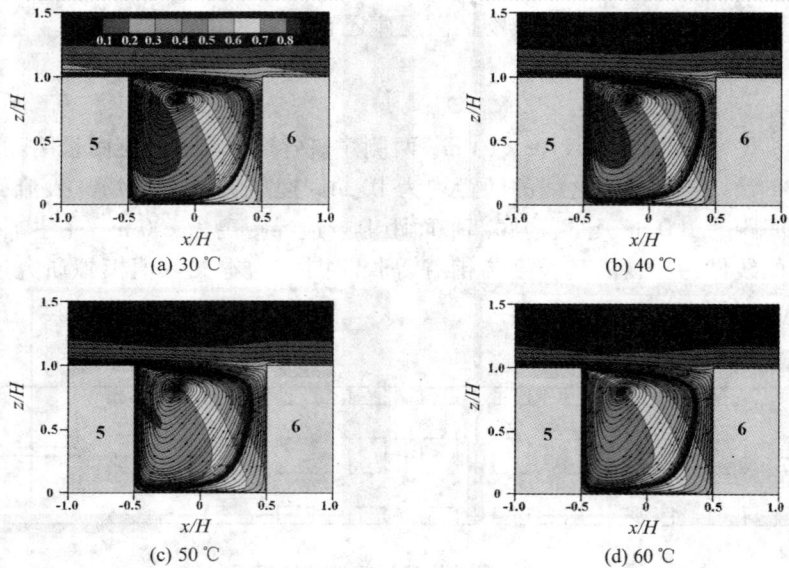

(a) 30 ℃   (b) 40 ℃

(c) 50 ℃   (d) 60 ℃

图3 标准化后不同地面温度下峡谷内的污染物浓度 C/C_0

污染物浓度区域。而随着地面加热温度升高,热浮升力增加,建筑背风面的高浓度区域明显缩小。这一结论表明,浮升力的增加对于降低街道峡谷内污染物浓度是有利的,可以对改善居民区空气污染问题提供参考。

参考文献

[1] A Mochida, Yoshihide Tominaga, et al. Comparison of various k - ε model and LES applied to flow around a high - rise building model with 1:1:2 shape placed within the surface boundary layer[J]. Wind and Engineering and Industrial Aerodynamics. 2008m 96(4):227 - 244.

[2] YANG F, GAO Y W, ZHONG K, et al. Impacts of crossventilationon the air - quality in street canyons with different building arrangements[J]. Building and Environment, 2016, 104:1 - 12.

复杂地形中输电线路沿线的多尺度台风风场模拟及验证[*]

王义凡，黄铭枫，徐卿，吴烈阳，楼文娟

（浙江大学结构工程研究所 杭州 310058）

1　引言

统计资料表明，每年登陆我国东南沿海的台风及超强台风的影响区域基本覆盖我国已建及规划建设的近海输电线路结构。我国沿海陆地输电铁塔结构的台风灾害事故时有发生，如 2014 年超强台风"威马逊"造成海南电网 35kV 及以上输电线路跳闸共 117 条、倒塌 27 基[1]；2015 年 10 月 6 日，台风"彩虹"重创湛江电网，抢修铁塔共 24 基。这些频繁发生的输电塔线体系风致灾害主要引起的一个原因就是，对于风荷载作用机理的复杂性仍存在理论认识上的不足，主要是对于台风地区的风荷载作用机理研究较少并且缺少相应的实验和观测资料。因此，有必要对复杂山地地区输电线路沿线的水平风场和近地面风廓线进行深入研究。有研究表明[2]，局部地形会引起局部回流并且改变大气稳定度从而影响近地面湍流特性。虽然目前采用 CFD - LES 数值方法对理想山体和真实山地进行了大量模拟分析，但是 CFD 模型在如何考虑真实来流边界条件、实际地形地貌影响以及温度对流机制方面仍存在挑战性[3]。在气象学领域，中尺度气象数值模式如 WRF 不仅能够反演三维台风风场，同时其多重网格嵌套功能和 LES 模块能够考虑复杂地形下由于地貌和温度引起的风场不均匀性[4]。因此，本文利用 WRF - LES 模式对浙江舟山复杂山地位置的真实台风风场进行多尺度反演，同时基于输电线路沿线的多点风速实测数据，对比分析了输电线路沿线的水平风场不均性特性，以及近地面风廓线的时空演化特征，旨在为复杂地形地区输电线路结构的抗台风设计提供参考和依据。

2　WRF - LES 模式计算结果及验证

本文设计七层单向嵌套网格，水平网格精度依次为 36 km、12 km、4 km、1.333 km、0.444 km、0.148 km 和 0.049 km，同时在近地面 1 km 范围内采用 16 层垂直拉伸网格。该方案最内两层网格采用 WRF - LES 模式精细化解析复杂山地输电线路沿线位置的风场特性。在准确模拟出台风路径结果的基础上，本文针对 2017 年台风"泰利"进行了从 2017 年 9 月 14 日到 9 月 16 日共 48 小时的 WRF - LES 模拟，其中局部水平风场和不同位置的风速时程模拟结果如图 1 和图 2 所示。从图 1 可以看出，第七层网格采用 LES 模式可以解析出局部地形小尺度风场特征，其风向模拟结果表明输电线路位置近地面风场明显受台风"泰利"外围风场影响。图 2 给出了台风"泰利"登陆期间 WRF - LES 模拟的 10 min 平均风速和 10 min 间隔极值风速与输电线路现场实测数据的对比。对比分析结果表明，WRF 的第五层网格采用边界层参数方案可以合理地解析出输电线路沿线附近的平均风速变化趋势；通过植入高精度地形和地表类型数据，第七层 LES 网格方案可以较为合理地捕捉到输电线路沿线不同位置的风速极值。

3　结论

本文基于 WRF - LES 模拟结果和输电线路多点实测结果分析了复杂地形地区输电线路沿线的水平风场非均匀特性和近地面垂直风场时空演化特征。分析结果表明，WRF - LES 模式能够合理解析出复杂地形的水平风场非均匀特性以及不同地形位置的风剖时空演化特征。

* 基金项目：国家自然科学基金资助(51578504，51838012)；国家电网科技项目(5211JY17000M)

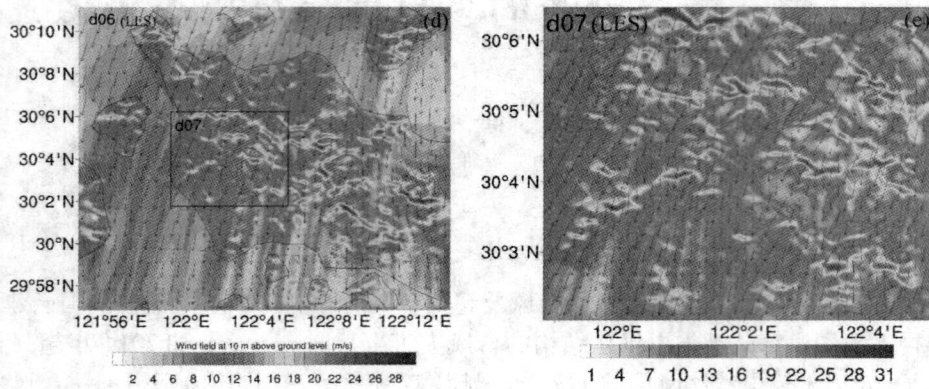

图 1 输电线路沿线离地面 10 米高度 WRF – LES 台风风场模拟结果

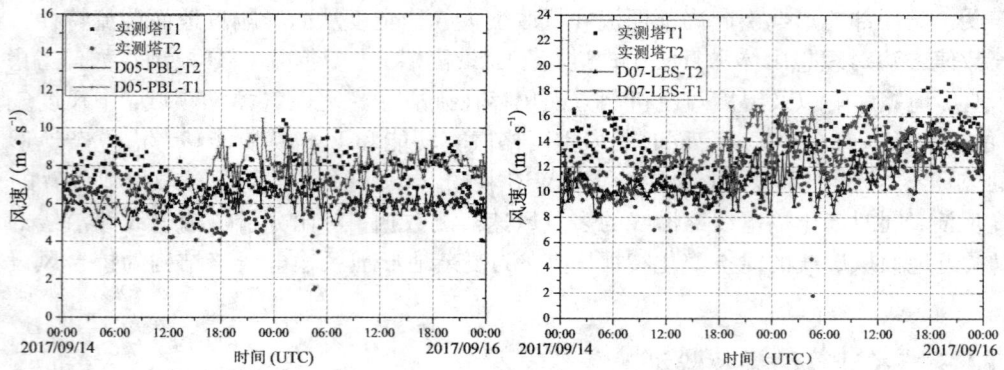

图 2 输电线路沿线 WRF – LES 风场 10 min 平均风速和极值风速模拟结果与实测风速数据的比较

参考文献

[1] 安利强,张志强,黄仁谋,等. 台风作用下输电塔线体系动力响应分析[J]. 振动与冲击,2017,36(23):255 – 262.

[2] Zhong S, Chow F K. Meso – and Fine – Scale Modeling over Complex Terrain:Parameterizations and Applications[M]// Mountain Weather Research and Forecasting. Springer Netherlands,2013:591 – 653.

[3] Emeis S. Observational techniques to assist the coupling of CWE/CFD models and meso – scale meteorological models[J]. Journal of Wind Engineering & Industrial Aerodynamics,2015,144:24 – 30.

[4] Liu Y,Warner T,Liu Y,et al. Simultaneous nested modeling from the synoptic scale to the LES scale for wind energy applications[J]. Journal of Wind Engineering & Industrial Aerodynamics,2011,99(4):308 – 319.

复杂山体的三维风场研究*

翁文涛，张帅光，赵英能，沈国辉
（浙江大学结构工程研究所 杭州 310058）

1 引言

在我国有大量复杂的山地地形，本文采取风洞试验方法研究复杂山体水平向和竖直向的三维风场，研究各风向角下典型位置水平风加速比和竖向风速占比的分布特征，将典型风向的水平风加速比与规范进行比较，最终依据试验结果提出复杂山体三维风场的设计建议，研究结果供相关设计人员参考。

2 复杂山体的三维风场特征研究结果

选取山体的典型位置山顶、山腰、峡谷和山脚，采用眼镜蛇三维脉动风速测量仪进行不同风向角的风速测量，研究其水平向加速效应。由图3和图4可知：①所有风向角下，山顶位置各高度均存在着显著的加速效应；②山顶加速比均大于1，最大加速比约为1.5，出现在180°风向角的30 m高度；③峡谷中水平风加速比随着高度增加而增大；④由于侧面山体遮挡，30°和60°风向角下贴近地面的加速比有明显的谷值。

图1 复杂山体的风洞试验情况

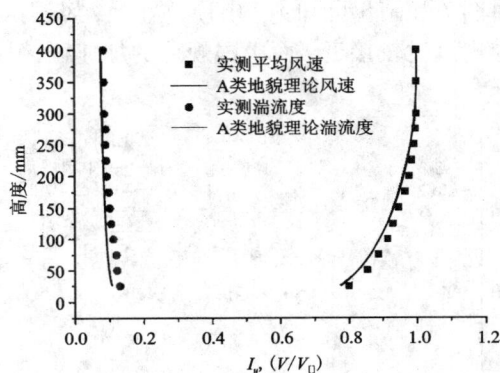

图2 风洞中的平均风速和湍流度剖面

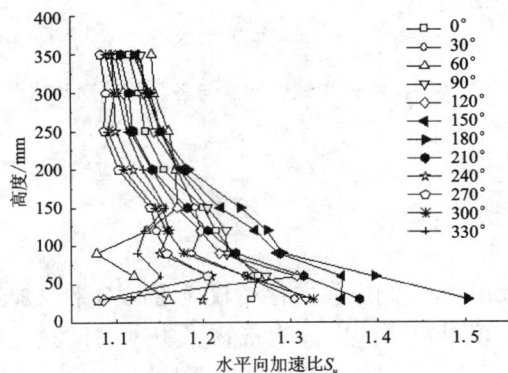

图3 山顶位置的水平向加速比

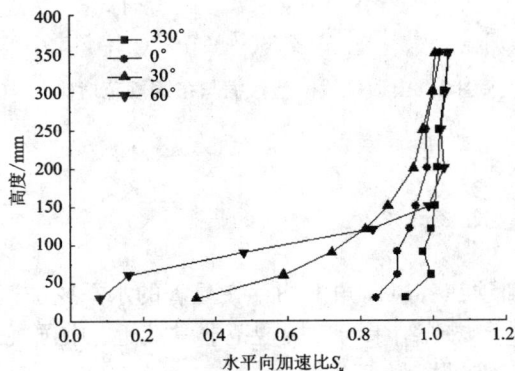

图4 峡谷位置的水平向加速比

* 基金项目：国家自然科学基金项目（51838012）

　　由图 5 和图 6 可知：①在侧风面（330°和 150°风向角附近），山腰位置的加速比达到最大值，最大值接近 1.2，说明侧风面由于"孤峰绕流效应"[1]存在着较显著的加速比；②在侧风面（180°和 0°风向角附近），山脚位置的加速比达到最大值，最大值接近 1.3。

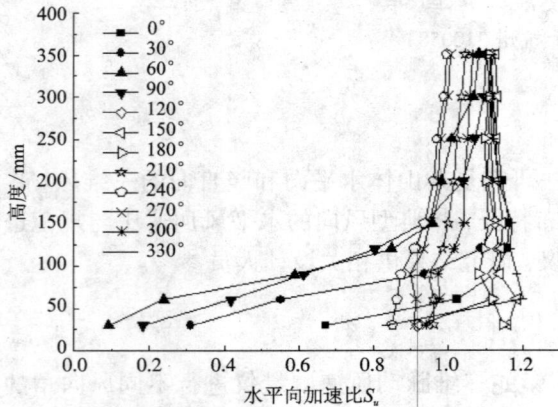

图 5　山腰位置的水平向加速比

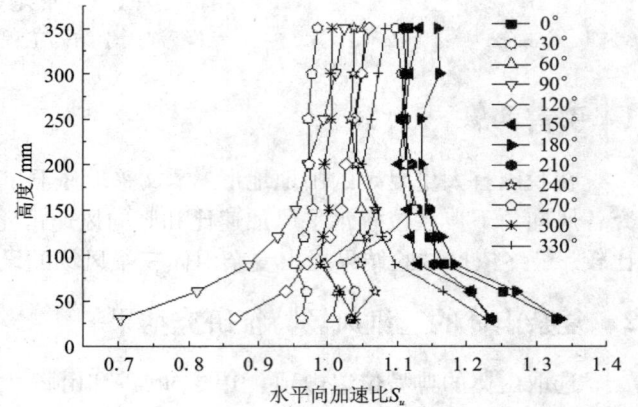

图 6　山脚位置的水平向加速比

3　规范比较

　　由图 7 和图 8 可知：②山顶位置处，风洞试验结果与美国规范比较接近；③山腰位置处，风洞试验结果与美国规范比较接近，而中国规范的加速比计算结果较大。

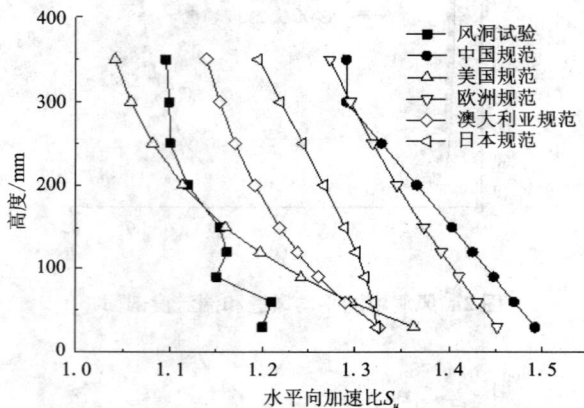

图 7　山顶位置试验数据与各国规范对比

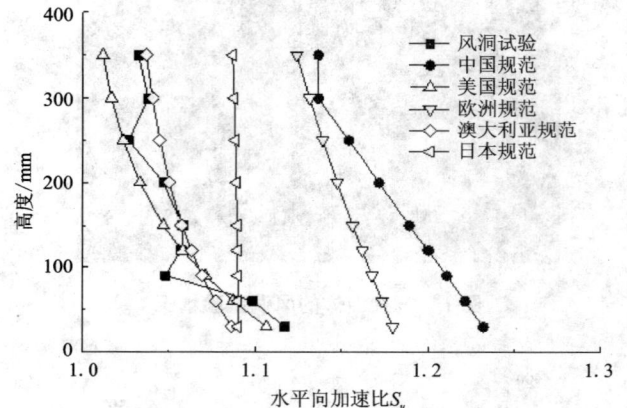

图 8　山腰位置试验数据与各国规范对比

4　结论

　　山顶在各风向角下均存在显著的水平风加速效应；山腰和山脚在侧风风向存在较显著的水平风加速效应；风洞试验结果与美国规范非常接近，中国规范偏保守；建议对重要的山体构筑物采用风洞试验方法获得其三维风场。

参考文献

[1] 姚旦. 山丘地形风场特性及对输电塔的风荷载作用研究[D]. 杭州：浙江大学，2014.

基于风气候观测数据格式的极值风速概率分析方法研究[*]

肖钰川，全涌

（同济大学土木工程防灾国家重点实验室 上海 200092）

1 引言

随着经济的全球化，建筑结构技术方面也在逐步向全球化发展，各种国际国内几年一届的有关风工程的会议如期举办，风工程上最新研究的成果及时得到交流与应用。在这种氛围下，各国规范相互参考，其基本风速的大多数影响参数或因子逐渐向相同或相似发展，力求各国或区域之间的交流合作更方便。但是在风气候观测数据格式方面，各国却仍就存在很多的差异，而这种差异主要体现在观测时距的选取上。这是因为时距与各国的气候条件有关，还与气象台风速仪的测量有关，同时，还与历史规范的继承与延续有关。而对于在同一种风环境下预测不同重现期的风速极值，不同的观测时距必然会产生不同的预测结果。这种差异同样存在于结构风荷载设计参考风速的选取中，一般情况下，若时距越长，在该时距内所包含的低速风成分越大，所得到的平均风速样本就越小。故时距对设计参考风速取值具有较大影响，对不同数据观测格式造成的极值风速预测差异的研究显得日益重要。

本文基于美国 12 座城市详细风速观测数据[1,2]，分别按照改进的独立风暴法和阶段极值法，并结合极值 I 型概率分布，处理为时距跨度从 1~60 min 的不同重现期的极值，并对所得到的极值风速的差异展开分析。以此为基础，得到详细的不同时距下极值风速的转换比例，以便解决各国和各区域之间风气候观测数据格式不统一的问题。

2 风速样本的选取与预处理

美国气象台近期公布了一个相对新的数据集，他提供了从 2000—2016 年美国 12 个城市 1 min 采样间隔的风速值和风向角，这大大增加了数据的完整性。笔者经过对这些数据的处理，分别得到了每 1 min 平均值（即原始值）、每 2 min 平均值、每 3 min 平均值直至每 60 min 平均值样本，并对这些数据进行了分析，如图 1 和图 2 所示（以美国中部城市托皮卡市为例）。

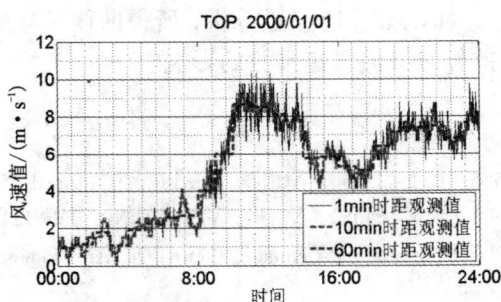

图 1 TOP 一天内不同时距风速处理结果示意图

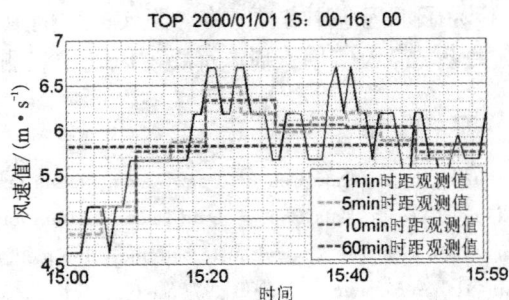

图 2 TOP 任一小时内不同时距风速处理结果示意图

* 基金项目：国家自然科学基金项目（51778493）

3　不同采用方式对应的极值拟合与预测

　　本文分别采用 Harris 改进的独立风暴法[3]和月阶段极值法,并结合极值 I 型概率分布,对不同重现期的极值风速进行预测。并以 10 min 时距下的极值风速为单位 1,得到极值风速在不同时距下的转换比例,如图 3 和图 4 所示。

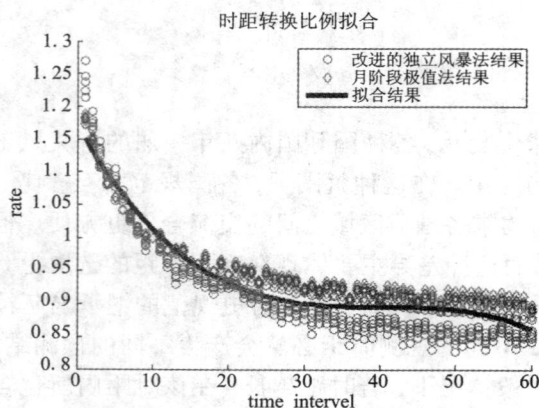

图 3　采样时距转换比例拟合图

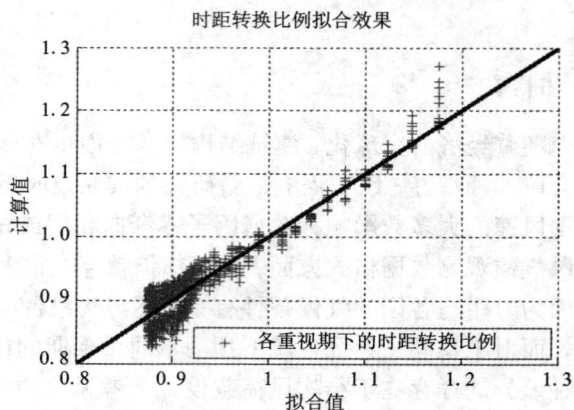

图 4　拟合效果分析图

　　由图 3 可以看出,改进的独立风暴法和月阶段极值法存在一定差异:在短时距下,改进的独立风暴法所得到的时距转换比例会高于月阶段极值法;而在长时距下结果相反。这意味着改进的独立风暴法对采样时距的变化更为敏感。但二者变化趋势相同,整体满足三次曲线:

$$R(t) = -4.23 \times 10 - 6t^3 + 5.1 \times 10 - 4t^2 - 0.02t + 1.17 \tag{1}$$

其中,t 为观测时距,$R(t)$ 为该时距下极值风速转换为 10 min 标准时距极值风速时的转换比例。

　　图 4 给出了拟合值与计算值的对比分析,可见,拟合误差较小,拟合结果可靠。

4　结论

　　(1)不同的风气候观测数据格式会导致极值风速的预测产生显著差异。随着选取的时距变大,所包含的低速风成分也变多,所得到的平均风速样本值就越小,导致极值风速的预测值逐渐变小,故应用时距转换比例加以修正。

　　(2)为了工程应用方便,将时距转换比例拟合为一条三次曲线式(1)经过分析,所得曲线基本能反映时距比例关系,简单实用,基本解决了风气候观测数据格式差异对极值风速预测的影响。

参考文献

[1] National Climatic Data Center, Data Documentation for Data Set 3505 (DSI – 3505), NCDC, Ashville, NC, April 25, 2008.

[2] National Climatic Data Center, Data Documentation for Data Set 6405 (DSI – 6405), NCDC, Ashville, NC, July 12, 2006.

[3] Harris R I. XIMIS, a penultimate extreme value method suitable for all types of wind climate. JournalOf Wind Engineering And Industrial Aerodynamics, 2009, 97(5 – 6): 271 – 286.

台风"云雀"近地层脉动风特性实测研究[*]

谢文，黄鹏

（同济大学土木工程防灾国家重点实验室 上海 200092）

1 引言

2018 年 7 月 25 日 05 时，第 1812 号台风"云雀"（Jongdari）在西北太平洋洋面生成，2018 年 8 月 3 日 10 点 30 分，台风"云雀"在上海金山附近登陆，登陆时中心气压 985 hPa，中心附近最大风力 9 级，最大风速 23 m/s，移动速度为 20 km/h。开展探究台风近底层脉动风特性的工作有着十分重要的社会意义。有关学者就此开展了一系列的研究，取得了一些有意义的成果[1-3]。同济大学浦东实测基地在临海开阔区域建设一 40 m 高测风塔持续展开实测工作，获得了大量宝贵的实测数据，取得了一定的成果[4-6]。本文根据台风"云雀"实测数据，进行了一系列分析并总结了其近地层脉动风特性的变化规律。

2 实测基地介绍

同济大学实测基地测风塔位于北纬 31°11′46.36″、东经 121°47′8.29″，紧邻临海泵站入海口处。选用 R. M. Young 81000 型风速仪安装于测风塔 40 m 高度处，该三维超声风速仪可直接同步测量三维风速时程、水平风向角时程以及竖向风向角时程。风向角定义为北风为 0°，按俯视顺时针增大。

3 实测结果与分析

本文采用"矢量分解法"对实测台风"云雀"影响较大的 24 h（2018 年 8 月 2 日下午 18 时 00 分到 2018 年 8 月 3 日下午 18 时 00 分）数据进行了分析处理，得到了台风"云雀"影响下 40 m 高度处风速仪采集数据的平均风速、平均风向。图 1 给出了"云雀"经过上海时 40 m 高度处 10 min 平均风速、平均风向角随时间的变化。从图中，可以直观地发现在 2018 年 8 月 3 日凌晨 3 点左右风速有个明显的峰值，达到了 18.5 m/s。此后风速开始下降到 8 m/s 左右，并多次出现风速增强然后减弱的峰段。

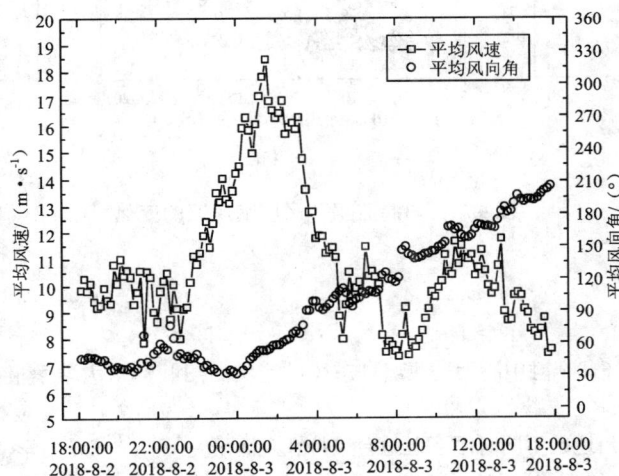

图1 平均风速和平均风向随时间变化

图 2 给出了 40 m 高度处实测各向湍流度随 10 min 平均风速的变化。可以发现，纵向的湍流度随平均风速的增大呈现减小的趋势，而横向和竖向的湍流度随平均风速的变化趋势不明显，横向湍流度的均值为

* 基金项目：国家自然科学基金项目（51678452，51378396）

0.11，而竖向湍流度的均值为 0.08；横向与纵向湍流度的比值在 0.69 附近，竖向与纵向湍流度的比值在 0.49 左右。

　　图 3 给出了 3 s 时距峰值因子随 10 min 平均风速的变化情况。可以看出，峰值因子基本上不随平均风速的变化而变化，其均值为 2.12。

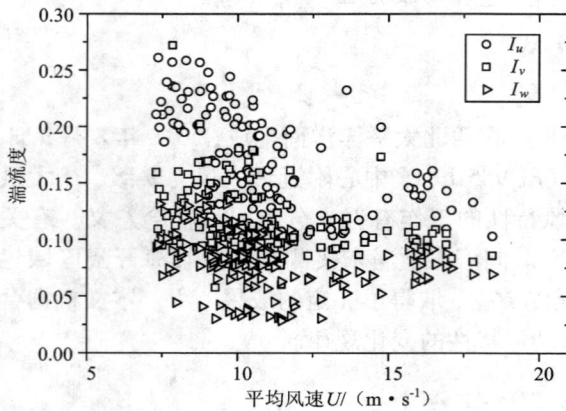

图 2　各向湍流度随平均风速变化图

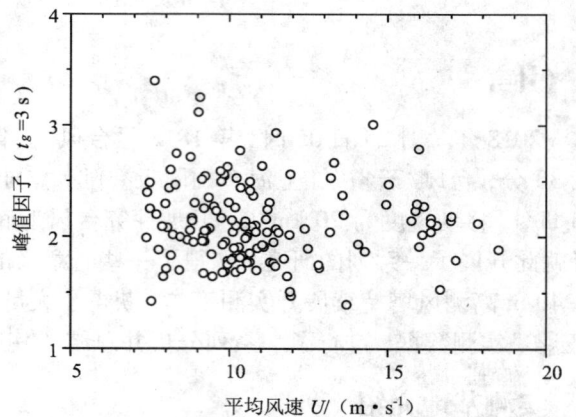

图 3　峰值因子随 10 min 平均风速的变化

　　图 4 中给出了采用 10 min 为基本时距，纵向、横向及竖向湍流积分尺度随 10 min 平均风速的变化关系。可以看出，各向的湍流积分尺度均有随平均风速的增大而增大的趋势，并且发现随着平均风速的增大，其离散度也略有增大。

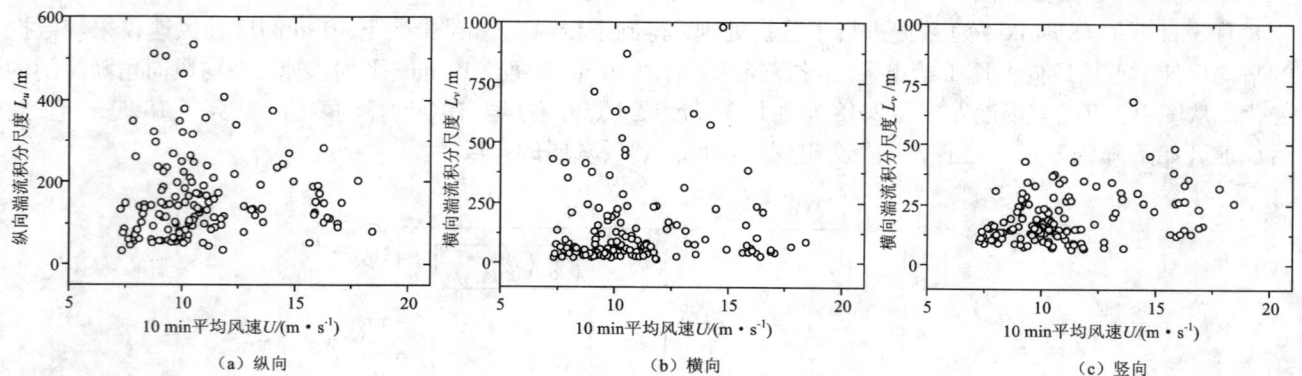

（a）纵向　　　　　　　　　　（b）横向　　　　　　　　　　（c）竖向

图 4　各向湍流积分尺度随风速的变化

参考文献

[1] 顾明，匡军，韦晓，等. 上海环球金融中心大楼顶部良态风风速实测[J]. 同济大学学报（自然科学版），2011，39（11）：1592 - 1597.

[2] 史文海，李正农，张传雄. 温州地区不同时距下近地台风特性观测研究[J]. 空气动力学学报，2011，29（2）：211 - 216.

[3] 龙水，李秋胜，王云杰. 强台风"尤特"近地风特性实测分析[J]. 自然灾害学报，2014，23（6）：70 - 78.

[4] 黄鹏，夏波文，顾明. 台风"浣熊"影响下近地风特性及低矮房屋屋面风压实测研究[J]. 土木工程学报，2015，48（S1）：53 - 57.

[5] 王旭，黄超，黄鹏，等. 台风"海葵"近地风脉动特性实测研究[J]. 振动与冲击，2017，36（11）：199 - 205 + 241.

[6] 王旭，安毅，黄鹏，等. 基于台风"海葵"实测的近地脉动风速功率谱及相关性研究[J]. 振动与冲击，2017，36（22）：125 - 130 + 238.

考虑垂直平流过程的边界层台风风场模型[*]

杨剑，段忠东

(哈尔滨工业大学(深圳) 深圳 518000)

1 引言

台风是沿中心旋涡快速旋转移动的强对流中尺度天气现象。除强风以外，台风致灾因素还包括由于台风强降水引发的城市内涝、泥石流、滑坡等。台风降水强度受空气比湿和气流上升速度控制。目前，工程台风风场模型的研究主要集中在计算水平风场，而对于垂直风速的研究较少。为了提高台风降水危险性分析的准确性，本研究改进了现有风场模型，使之能较为合理地计算出台风风场内的垂直风速。

2 模型建立

根据 Chow[1] 和 Cardone[2] 的研究成果，并假设边界层内风速为梯度风速和摩擦风速之和。把边界层内台风风场空气微团的动力学平衡方程分解为梯度风速平衡方程和摩擦风速平衡方程。通过求解梯度风速平衡方程，可得到梯度风速为：

$$v_g = \frac{c \cdot \sin(\theta - \varphi) - fr}{2} + \sqrt{\left(\frac{fr - c \cdot \sin(\theta - \varphi)}{2}\right)2 + \left(\frac{r}{\rho}\frac{\partial p}{\partial r} + fr \cdot p_\lambda\right)} \tag{1}$$

其中，c 为台风移动速度，θ 为计算风速处的相对角度，φ 为台风移动方向的角度，f 为科氏力系数，r 为计算风场半径，ρ 为空气密度，p 为台风气压场，p_λ 为地转风速的切向分量。

对摩擦风速平衡方程进行量纲分析，略去高阶小项，但为计算垂直风速，保留垂直对流过程，方程可简化为：

$$\frac{v_g}{r}\frac{\partial u}{\partial \lambda} - \left(\frac{2v_g}{r} + f\right)v + w\frac{\partial u}{\partial z} = K_v\frac{\partial^2 u}{\partial z^2} \tag{2}$$

$$\frac{v_g}{r}\frac{\partial v}{\partial \lambda} + \left(\frac{\partial v_g}{\partial r} + \frac{v_g}{r} + f\right)u + w\frac{\partial v}{\partial z} = K_v\frac{\partial^2 v}{\partial z^2} \tag{3}$$

在式(2)和式(3)中，等号左边的前两项为水平对流项，第三项为垂直对流项；等号右边为湍流项。该方程组采用类似 Kepert[3] 的线性化方法进行求解，区别于 Kepert，本研究考虑了台风风场内的垂直对流过程，使风场计算更为合理。边界层内风速可表示如下：

$$u_b(\lambda, z) = u(\lambda, z) + c_r \tag{4}$$

$$v_b(\lambda, z) = v(\lambda, z) + v_g + c_\lambda \tag{5}$$

$$w_b(\lambda, z) = -\frac{1}{r}\left[\int_0^z \frac{\partial(ru_b)}{\partial r}\mathrm{d}z + \int_0^z \frac{\partial v_b}{\partial \lambda}\mathrm{d}z\right] \tag{6}$$

通过连续性方程可知，某一高度的垂直速度是由该高度以下整层的水平散度之和所决定，很难求出解析解。为此，本研究采用迭代方法计算 w，先设 $w = 0$，解出 u_b、v_b、w_b；再把 w_b 带入方程，解出新的 u_b、v_b、w_b，直至计算稳定。

3 模型验证和结论

为验证本文改进模型的合理性，以 WRF 为基准对比 YanMeng 模型、Kepert 模型和 MSA 模型在 1 km 高度处平均切向风速、径向风速和垂直风速，见图1。从图中可以看出，MSA 模型模拟的切向风速、径向风速和垂直风速均优于 YanMeng 模型和 Kepert 模型；但径向风速和垂直风速相比于 WRF 还有较大差距，其原因可能是关键参数的选取与 MSA 模型并不完全对应导致。

* 基金项目：国家重点研发计划资助(2018YFC0809400)

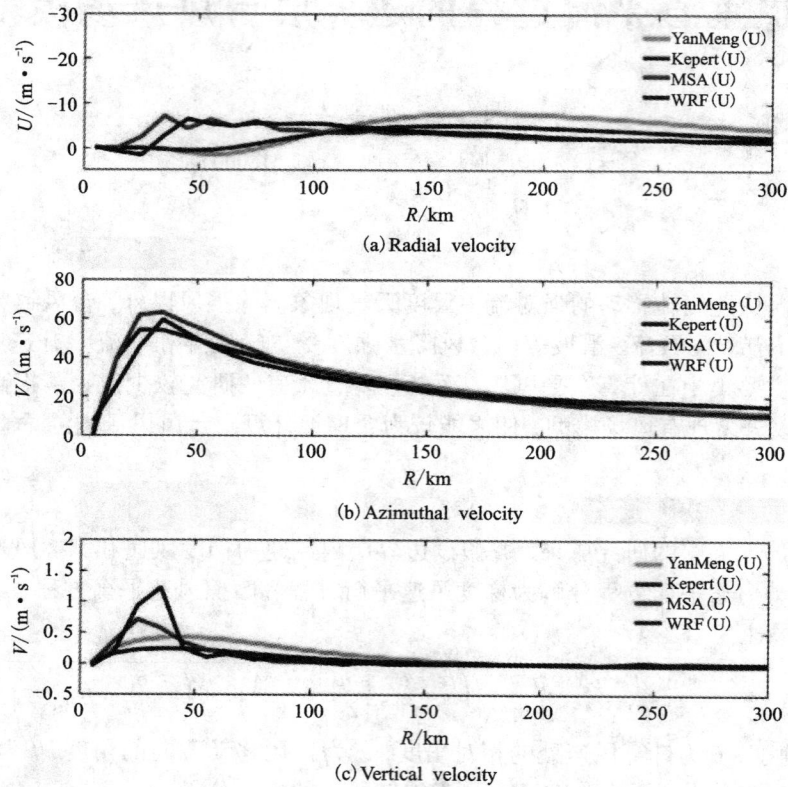

图 1　本文模型 MSA 与 MM5、YanMeng 模型和 Kepert 模型的对比

4　结论

　　为了提高台风降水危险性分析的准确性，本研究考虑了边界层内垂直对流过程对风场的影响。结合线性化方法和数值迭代运行，本改进模型能较为快速地计算出边界层内各高度处风速。通过与 YanMeng 模型和 Kepert 模型的对比发现，本改进模型更为合理。

参考文献

[1] Chow S h. A study of the wind field in the planetary boundary layer of a moving tropical cyclone, Graduate Division of the School of Engineering and Science, New York University, 1971.

[2] Cardone V J, Greenwood C V. Unified program for the specification of hurricane boundary layer winds over surfaces of specified roughness. U. S. Army Corps of Engineers, 1992.

[3] Kepert J. The dynamics of boundary layer jets within the tropical cyclone core. Part I: Linear theory [J]. Journal of the Atmospheric Sciences, 2001, 58: 2469 - 2484.

超强台风"山竹"（Mangkhut1822）近地层外围风速剖面演变特性现场实测[*]

杨绪南[1]，赵林[1,2]，宋丽莉[3]，葛耀君[1,2]

（1.同济大学土木工程防灾国家重点实验室 上海 200092；2.同济大学桥梁抗风技术
交通行业重点实验室 上海 200092；3.中国气象局公共气象服务中心 北京 100081）

1 引言

台风是一种与良态风在平均风特性和脉动风特性方面均存在显著差异的中尺度气象现象，准确掌握台风设计风参数对建筑结构设计的经济性和安全性具有重要的指导意义。已有的台风研究资料[1,2]不够形成系统的科学理论以指导工程。利用多普勒激光雷达对超强台风"山竹"进行观测获取实测位置受台风影响的完整的外围风场风速剖面演变数据，为建筑抗风设计和数值模型研究提供借鉴。

2 实测概述

此次实测定点观测地点在广东省徐闻县 20.242°N，110.165°E。

3 风速剖面演变过程分析

实测期间合风速、风攻角和风向随时间和空间的变化如图 1 所示。实测期间的风速剖面演变过程可以划分为 4 个阶段，分别是：

1）起测时间—2018 年 9 月 15 日 18:00。由图 1(b)可知该阶段风攻角为正且变化较为剧烈，说明这一时期观测点处在台风外围弱下沉气流和上升气流的交界处；

2）2018 年 9 月 15 日 18:00—16 日 12:00。图 1(b)表明该阶段风攻角为负且集中在 -2°~0°，说明这一时期观测点处在台风外围弱下沉气流的影响范围内。由图 1(a)可知，距地面 200~800 m 高度处有一股低空急流；

3）2018 年 9 月 16 日 12:00—17 日 02:00。这一阶段台风中心与测点的距离进一步减小。观测位置的风攻角为负，风向受台风影响随时间持续逆时针变化，从 N 方向逐渐过渡到 W 方向；

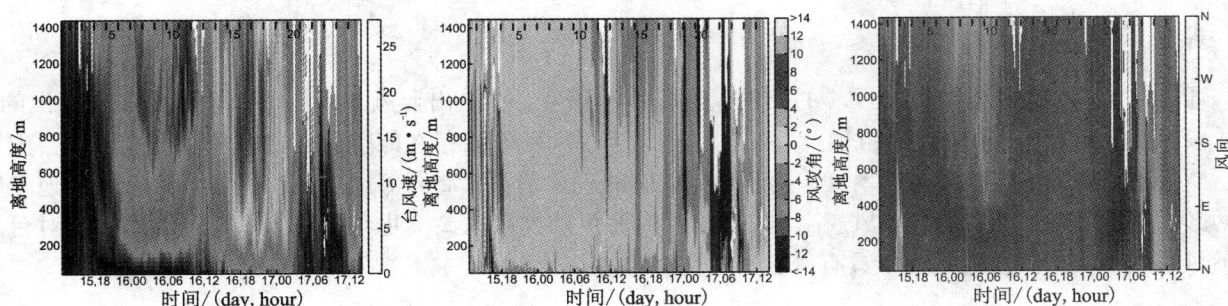

图 1 风参数随时间和空间的变化

4）2018 年 9 月 17 日 02:00—实测结束。这一阶段台风逐渐远离观测点，风向也逐渐从阶段 1、2、3 的陆风过渡到海风。图 1(a)表明阶段 4 后期风速有所增加，这可能是由于风从陆风过渡到海风后，地表粗糙度的骤降使得地表摩擦对边界层风速的衰减效应降低。

取 400~800 m 高度范围内的平均风速为参考风速 U_r。以参考风速为标准，对各个阶段的风剖面数据

* 基金项目：国家重点研发计划（2018YFC0809600，2018YFC0809604）；国家自然科学基金项目（51678451）

按照 5 m/s 的间距进行分组。用指数律模型对各阶段水平平均风速剖面进行拟合,结果如图 2 所示。图 2 表明指数律只能与 300 m 高度范围内的风剖面有较好的拟合度。

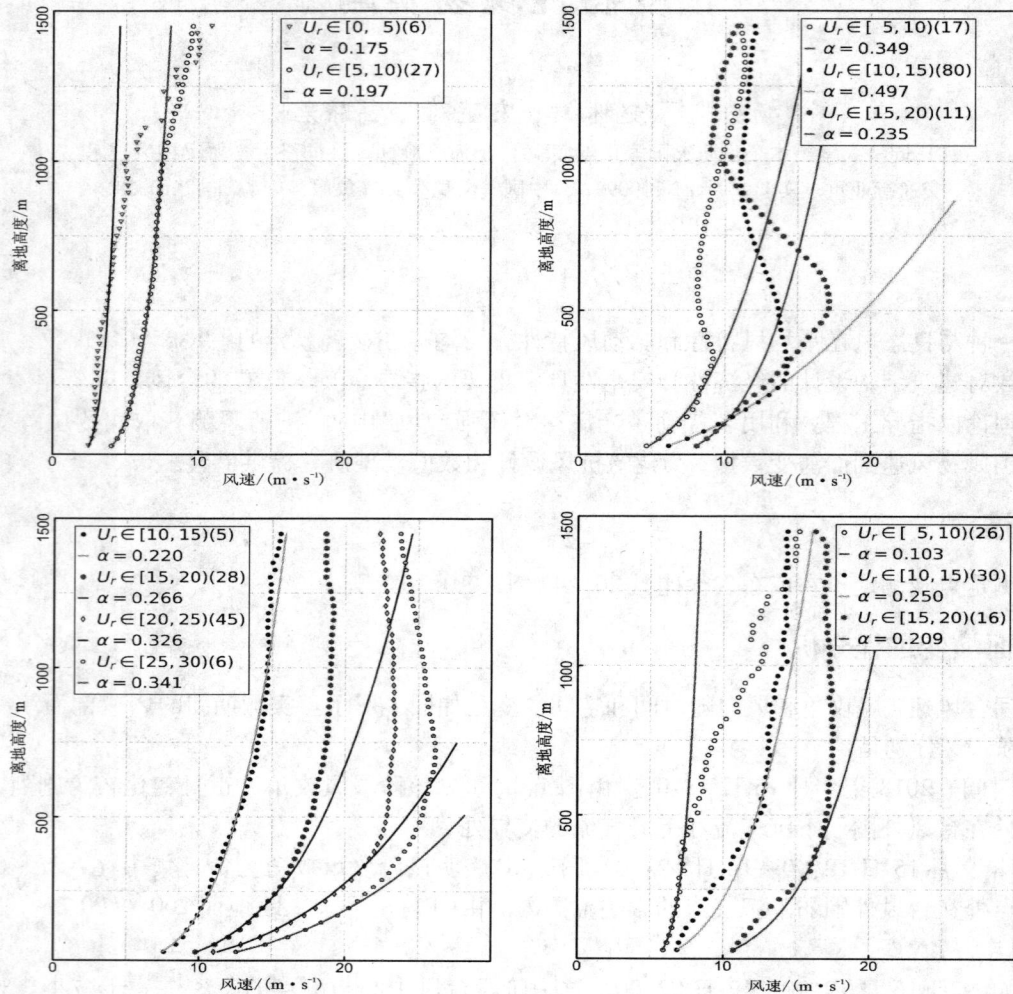

图 2　水平平均风速剖面指数律拟合

4　结论

通过对 1822 号超强台风"山竹"的外围风场作实测研究,总结出台风外围风场风速剖面演变过程的 4 个阶段,得出如下结论:①台风由远及近的过程中,远端风场可能存在低空急流的现象,极值风速会先增大后减小,极值风速高度会持续增大,直至低空急流的现象消失;②同等风力条件下,海面来风受地表摩擦的影响小于陆地来风,使海风风速高于陆风,同时海风的梯度风高度也小于陆风;③指数律模型对台风外围风场边界层内的风速剖面不具有普遍适用性。

参考文献

[1] Choi E C C. Characteristics of typhoons over the south china sea[J]. Journal of Wind Engineering & Industrial Aerodynamics, 1978, 3(4): 353 – 365.

[2] Fang G, Zhao L, Cao S, et al. A novel analytical model for wind field simulation under typhoon boundary layer considering multi – field correlation and height – dependency[J]. Journal of Wind Engineering & Industrial Aerodynamics, 2018, 175: 77 – 89.

苏通桥址区"温比亚"台风特性实测研究[*]

张寒，王浩，陶天友，徐梓栋

（东南大学混凝土及预应力混凝土结构教育部重点实验室 南京 210096）

1 引言

苏通长江大桥位于我国东部沿海地区，易受台风袭击。2018 年 8 月 17 日台风"温比亚"于上海登陆，正面袭击苏通大桥，导致其一根斜拉索阻尼器断裂，进而大桥被实施特级管制，引起国内外广泛关注。我国东南沿海地区经济相对发达，水网密集，一些大规模的跨江、跨海工程也将先后建设于此，数千公里的海岸线均暴露在台风侵袭范围内。因此，为保证上述工程的安全性与可靠性，有必要进行大量实测，并对台风特性进行分析研究，正确地指导工程结构及其附属物的抗风设计[1-2]。本文通过对台风"温比亚"实测数据进行分析，得到了平均风速和风向、紊流强度、阵风因子、紊流积分尺度，拟合了紊流积分尺度的概率密度，估计了其紊流功率谱密度。

2 台风特性实测数据分析

2018 年 8 月 17 日 04 时台风"温比亚"登陆上海，袭击苏通大桥。本文选取苏通大桥结构健康监测系统（Structural Health Monitoring System，SHMS）所记录的台风过境期间 72 h 风速风向数据进行风特性分析。图 1 所示为"温比亚"跨中和南塔顶平均风速风向，二者变化趋势一致，验证了实测风速数据的有效性。

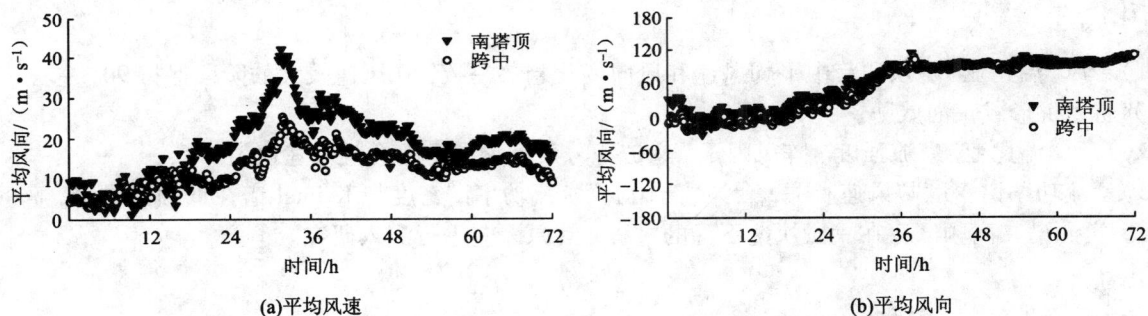

图 1 台风"温比亚"平均风速

在上述数据的基础上，分析了台风"温比亚"的风特性，得到其紊流强度、阵风因子结果如表 1 所示。

表 1 台风"温比亚"紊流强度和阵风因子

位置	I_u	I_v	$I_u:I_v$	阵风因子
跨中	0.10	0.08	0.81	1.25
塔顶	0.19	0.08	0.42	1.40
规范建议值	0.10	—	0.88	1.17

由对数正态分布拟合所得概率密度函数可得到概率密度峰值对应的紊流积分尺度值，其中跨中顺风向为 120 m，跨中横风向为 62 m，相应的规范建议值为 120 m 和 60 m。塔顶顺风向为 124 m，塔顶横风向为

* 基金项目：国家自然科学基金优秀青年基金（51722804）

86 m，相应的规范建议值为 180 m 和 90 m。

　　选取台风"温比亚"过境前(阶段 Ⅰ：16～17 h)、过境时(阶段 Ⅱ：33～34 h)和过境后(阶段 Ⅲ：53～54 h)三个阶段各一个小时数据，采用 Welch 方法[3] 估计台风"温比亚"跨中三个阶段的顺风向紊流功率谱密度，并与 Kaimal 谱对比如图 2 所示。

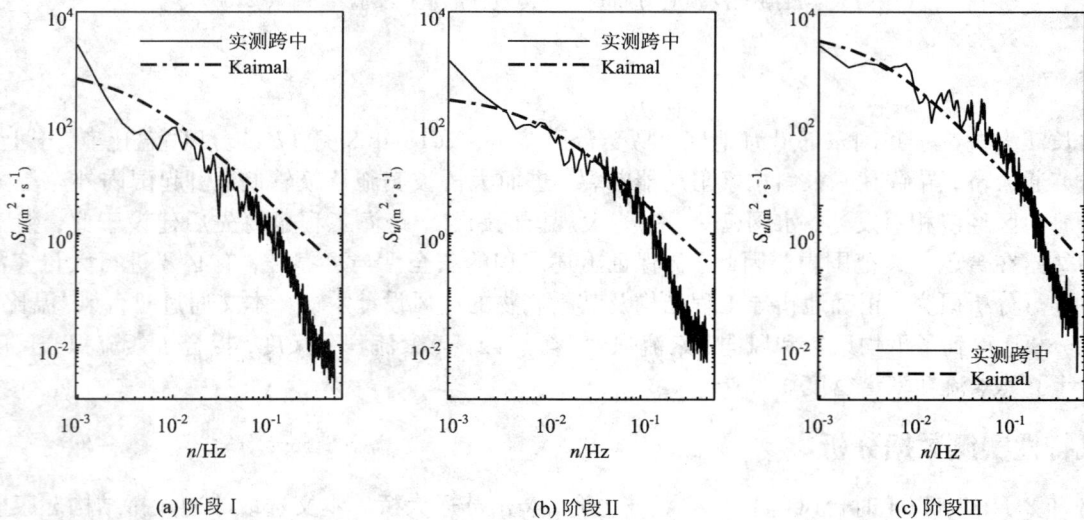

(a) 阶段 Ⅰ　　　　　　　　　(b) 阶段 Ⅱ　　　　　　　　　(c) 阶段 Ⅲ

图 2　台风"温比亚"跨中三阶段顺风向紊流功率谱密度

3　结论

　　(1)台风"温比亚"塔顶和跨中平均风速和风向变化趋势一致，在风速较大的阶段保持 90°左右，"温比亚"对苏通大桥形成正面威胁。

　　(2)台风"温比亚"紊流强度、阵风因子、紊流积分尺度均基本符合规范建议值。

　　(3)紊流功率谱密度与风速有关，台风"温比亚"紊流功率谱密度与 Kaimal 谱在低频区吻合，高频区差异较大。实测谱在高频区存在一段快速下降的过程，其原因应进行深入研究。

参考文献

[1] 项海帆. 现代桥梁抗风理论与实践[M]. 北京人民交通出版社，2005.

[2] Xu Y, Zhu L, Wong K, et al. Field measurement results of Tsing Ma suspension bridge during typhoon Victor[J]. Structural Engineering & Mechanics, 2000, 10(6).

[3] Welch P. The use of fast Fouriertransform for the estimation of power spectra: a method based on time averaging over short, modified periodograms[J]. IEEE Transactions on Audio and Electroacoustics, 1967, 15(2): 70 - 73.

基于现场实测的深切峡谷竖向风特性研究[*]

张景钰，张明金，李永乐，郭俊杰

（西南交通大学桥梁工程系 成都 610031）

1 引言

桥址区风特性研究是桥梁抗风研究的基础，风特性的准确评估有利于桥梁的抗风设计[1]。李永乐等采用数值模拟方法对深切峡谷桥址区研究，揭示了复杂地形桥址区的空间风场的分布特征，研究了桥址区风速沿竖向和主梁方向的变化特点[2]。此外，Li 等基于风洞试验，建立了 1:1000 的地形模型，研究了某深切峡谷桥址区的风场特性，探讨了不同来流方向对该区域的影响[3]。相比于上述的两种方法，现场实测依然是最为直接可靠的方法，朱乐东等人对坝陵河大桥进行了风特性实测，探讨了峡谷风剖面的特性[4]。本文中，在深切峡谷桥址区，建立了一座 50 m 风观测塔，塔上不同高度处共布置了 3 套风传感器。基于近一年的数据，对该桥址区的风特性进行了分析。

2 实测概况简述

某拟建大跨度悬索桥位于中国西部山区。大桥桥址区所处的峡谷为典型的 U 形深切峡谷，其地貌陡峭且复杂多变。在桥址区处，设置了一座 50 m 高的竖向大风检测塔，桥塔上共安装了 3 套风速仪，每套由一个二维螺旋桨风速仪和三维超声风速仪组成。桥址区地形图和检测塔上的一套风速仪如图 1 所示。本论文基于 14 个月的长期监测数据进行分析。

| （a）桥址区地形图 | （b）风速仪局部放大图 |

图 1

3 数据结果与分析

3.1 不同高度的风速、风向及紊流度

不同高度处的风速风向联合分布如图 2 所示。由图 2 可知：随着高度的增加，风速逐渐增大，离散性也逐步减小，其 10 m、30 m、50 m 高度处的最大风速分别为 13.28 m/s、15.17 m/s 以及 17.87 m/s。同时，可以发现主风向主要是南偏东，与河流的走向基本相同。表 2 列出了不同高度处不同方向上的紊流度。由表可以得知，紊流度在顺风向和横风向上随着高度的增大而增大，但是在竖向上呈现相反的变化趋势，该差异可能与风攻角的逐渐减小有关。10 m、30 m、50 m 高度处的 $I_u/I_v/I_w$ 比值分别为 $1:0.82:0.41$、$1:0.84:0.57$ 以及 $1:0.89:0.65$，与规范要求的 $1:0.88:0.5$ 存在一定的差异。

* 基金项目：国家自然科学基金项目（51525804，51708464）；交通运输部建设科技计划项目（2014318800240）；四川省创新团队（2015TD0004）

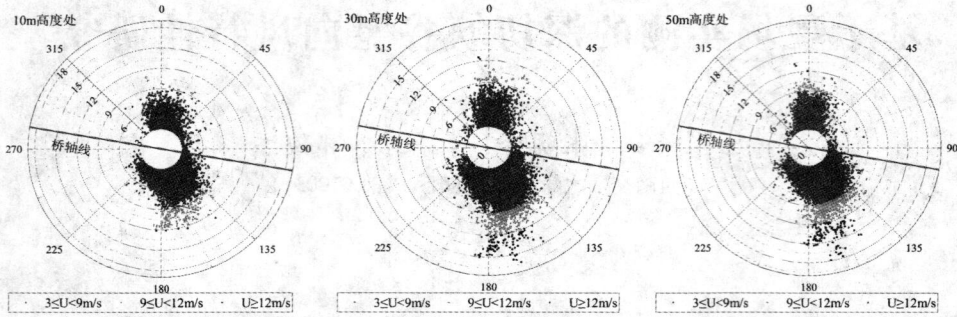

图2　不同高度处风速风向联合分布图

表1　不同高度处不同方向的紊流度

位置	I_u	I_v	I_w	I_v/I_u	I_w/I_u
10 m 高度处	0.243	0.199	0.099	0.82	0.41
30 m 高度处	0.198	0.167	0.113	0.84	0.57
50 m 高度处	0.182	0.162	0.119	0.89	0.65

3.2　不同高度处的相干系数

实测数据的相干系数采用 MATLAB 计算，并采用 Davenport 法对实测数据进行拟合。不同高度间的相干系数如图3所示，横轴为折减频率，图中的拟合系数 C 即为相干系数。由图可知，相干系数在 0.1 Hz 的折减频率内快速衰减，竖风向上，衰减系数相比于其他两个方向偏小，而顺风向上呈现出较强的相干性。随着仪器距离的增大，相干性系数减小。

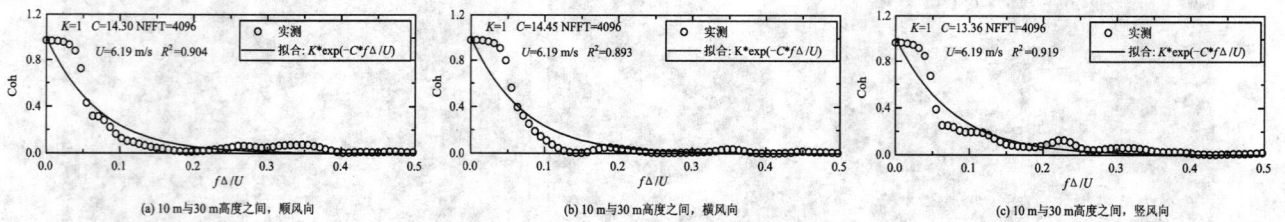

(a) 10 m与30 m高度之间，顺风向　　　(b) 10 m与30 m高度之间，横风向　　　(c) 10 m与30 m高度之间，竖风向

图3　不同高度处相干系数

4　结论

深切峡谷竖向风特性受地表环境影响显著，随着测点高度的增加，风速逐渐增大，主风向基本与河流走向一致。顺风向和横风向的紊流度随着高度的增大而增大，竖风向的变化规律则相反，且三个方向上的比值与规范建议值存在一定差异。对于相干系数，其在 0.1 Hz 内迅速衰减，顺风向较其他两个方向较强，且随着风速仪间距的增大而减小。

参考文献

[1] Hui M, Larsen A, Xiang H. Wind turbulence characteristics study at the Stonecutters Bridge site: Part I—Mean wind and turbulence intensities[J]. Journal of Wind Engineering & Industrial Aerodynamics, 2009, 97: 22 – 36.

[2] 李永乐，蔡宪棠，唐康，等. 深切峡谷桥址区风场空间分布特性的数值模拟研究[J]. 土木工程学报，2009, 42(11): 611 – 614.

[3] Li Y L, Hu P, Xu X Y, et al. Wind characteristics at bridge site in a deep – cutting gorge by wind tunnel test[J]. Journal of Wind Engineering & Industrial Aerodynamics, 2017, 160: 30 – 46.

[4] 朱乐东，任鹏杰，陈伟，等. 坝陵河大桥桥位深切峡谷风剖面实测研究[J]. 实验流体力学，2011, 25(4): 15 – 21.

山地机场的风环境研究与应用[*]

张宇航，韩兆龙，周岱，董之坤，曹宇

（上海交通大学船舶海洋与建筑工程学院 上海 200240）

1 引言

我国西部地区多崇山峻岭，地势起伏明显，在这种复杂环境下修建机场面临着许多的问题。山区地形沟壑纵横，机场需要较大的净空条件，并且考虑到交通、噪声等原因必须远离城市，建跑道不得不削山填谷。山区气象条件复杂，可见度、气压、温度和风环境等都考验着飞行员的操作本领以及飞机的性能，飞机起降较为困难。山地机场的削山填谷对地形改变较为显著，气流的流动受遮挡物的影响又比较明显，因此局部的风场肯定会发生改变。而我国现在更多是在修建之前进行实地观测分析，并未考虑到机场修建后地形改变所带来的影响。修建之后如果因为风场改变导致无法正常使用无疑损失惨重，所以对山地机场修建前后风环境进行分析对于山地机场选址有着重大意义[1-2]。

2 研究方法

本文从山地风环境角度进行研究，对机场修建前后的真实地形进行数值模拟。采用数字高程模型技术（Digital Elevation Model，DEM）[3]获取实际山地地形数值模拟的地形数据。利用高程提取软件 Google Earth 进行地形数据采集并转化为三维模型，采用 Fluent 有限元软件进行数值模拟，先对已有数据的相关模型进行验证，来证明此方法的可行性，再对所要研究的内容进行数值计算，并进行数据处理与分析。

3 研究内容

3.1 不同扩展尺度、基准标高对山体流场的影响

实际中，风在吹入研究区域前要经过十分复杂的地形，这些地形会改变风速风向，使其不再规则。此外，研究区域四周尤其是风向下游与左右两侧的地形产生的回流等会对区域风场产生极大影响。随扩展尺度的增大，距离研究区域过远的地形起伏所产生的影响因为中间地形的缓冲而逐渐越弱[4]。所以为了减小计算量与保证计算精度的要求，需要确定一个合理的地形扩展尺度。本文以研究区域内的最大山高作为尺度，分别对原尺寸与扩展 4、6、8、10 倍山高尺寸的真实地形进行建模分析，得到不同的流场分布。

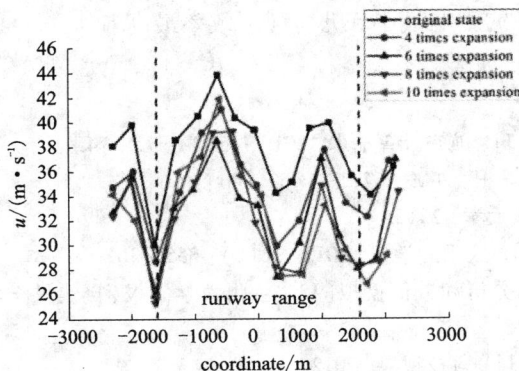

图 1　风速对比图

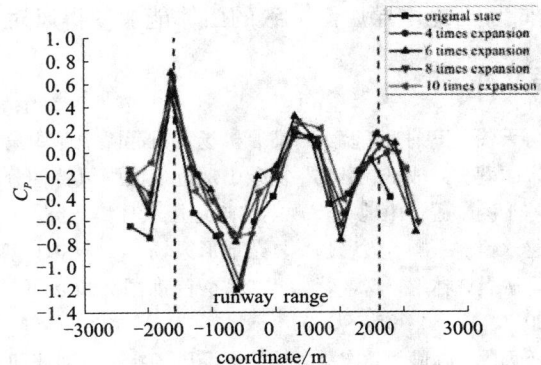

图 2　风压系数对比图

* 基金项目：国家自然科学基金资助项目（11772193，51679139，51490674）；上海领军人才计划项目（编号：20）；上海市自然科学基金（18ZR1418000，17ZR1415100）；上海浦江人才计划项目（17PJ1404300）

当研究对象地势平坦时，直接将地面设为基准点零点，整个模型的入口风速与真实情况接近。但对于实际山体建立的模型而言，因地形起伏明显，所以基准点零点可以有不同的选择，当选择不同的基准零点标高时，整个研究对象入口的风速分布与数值不完全相同，研究对选择不同的基准零点标高的模型进行分析对比，得到较为简单而且可以保证精确度的方案。

3.2　机场修建前后风场的改变及影响

以六盘水月照机场附近地形作为研究对象，研究机场修建前后的风场变化，来评估飞机起降的安全性[5]。对 12 个不同风向、修建前后两个模型共 24 种工况分别进行模拟研究。并对沿着跑道方向的顺逆风和垂直跑道方向的风速数值进行处理，对各种工况下顺逆风与侧风进行对比[6]。

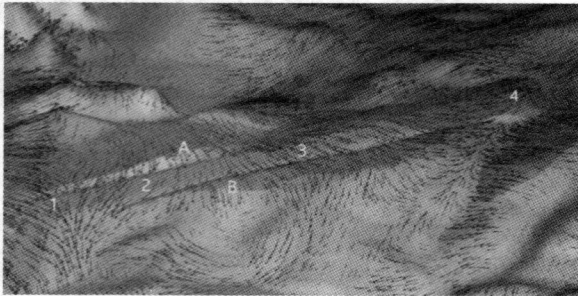

图3　0°风向角机场修建后风流线图　　　　　图4　0°风向角机场修建前风流线图

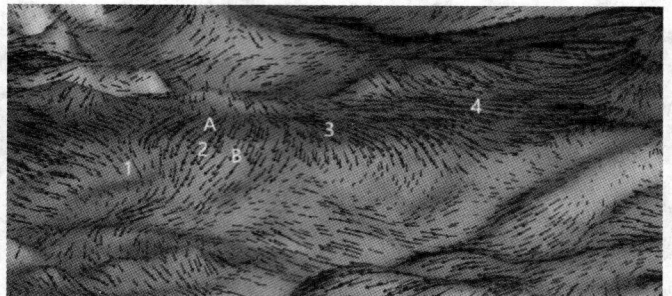

4　结论

扩展尺度对于风环境的影响与周围的地形有关。本次选择了海拔高度相似的群山区域。通过不同尺度的多组试验对比发现，当扩展尺度小于区域内最大山高的 6 倍时，随着扩展尺度的增大，风速与风压变化明显；当扩展尺度大于 6 倍最大山高时，风速、风压的变化可以忽略。因此研究采用 8 倍扩展尺度可达到较高精度。

基准零点标高对于山地风环境的模拟结果影响较小。将整个地形提升，风速与风压数值有上升趋势，但是对比发现改变基准标高对数值的影响不大。由于本文选取的研究对象地形外边缘的高差不大，因此选择研究地形的最低点作为基准零点。

研究发现，当风向与跑道走向大致垂直时，地形的改变对于风场的改变较小；当风向与跑道的走向平行时，地形的改变使得风速更加平稳，但也使得数值上略有上升或下降。所以在山脊修建机场选址时，选择走向与当地主导风向一致的山体能够使得风对于飞机起降的影响最小，机场利用效率最高。

参考文献

[1] 蒋天俊，王菊，王晓江. 高原机场飞机起降滑跑距离计算与分析[J]. 航空计算技术，2015，45(2)：72-74.

[2] 宋丽莉，吴战平，秦鹏. 复杂山地近地层强风特性分析[J]. 气象学报，2009，67(3)：452-460.

[3] 陈士凌. 适于山地城市规划的近地层风环境研究[D]. 重庆：重庆大学，2012.

[4] 赵永锋，康顺，梁思超. 复杂地形风场 CFD 模拟计算域的讨论[J]. 太阳能学报，2015，36(2)：355-361.

[5] 马敏劲，林超，赵素蓉，等. 北京首都国际机场低空风切变观测分析和数值模拟[J]. 兰州大学学报(自然科学版)，2013，49(3)：354-360.

[6] 任远际，陈静，龚杰昌. 林芝机场风场特征及对飞机起降的影响[J]. 科技视界，2012，27：41-43.

基于 WRF 模式的强台风模拟参数分析[*]

范喜庆[1]，肖凯[2]，赵子涵[1]，李朝[1]，肖仪清[1]，聂明[2]

(1. 哈尔滨工业大学(深圳)土木与环境工程学院 深圳 518055；2. 广东电网公司电力科学研究院 广州 510080)

1 引言

伴随全球气候变暖，我国台风登陆强度呈现出的增大趋势[1]，使得沿海地区的台风灾害风险分析受到重视。台风路径和强度模拟一直是气象和结构风工程领域研究关注的重点。随着中尺度数值气象模式的发展，台风路径的模拟精度逐年增加，但对台风的强度模拟依旧存在不足。其原因一方面是，台风运动由大尺度环境风控制，数值模式改进、观测技术提高和数据同化系统进步都能改善大尺度环境的模拟，而台风强度的演变则受大尺度动力学和热力学环境、下边界条件(下垫面状况，海洋的热含量)和内核过程[2]的综合影响。

结合中尺度 WRF 模式，本文以(超)强台风"威马逊"(2014 年 9 号)、"彩虹"(2015 年 22 号)、"天鸽"(2017 年 13 号)的后报模拟为算例，围绕嵌套方式、网格分辨率、海洋混合层方案及边界层参数化方案存在的不确定性，讨论了数值计算结果的参数敏感性。根据台风的移动路径特征，参考中国气象局热带气旋资料中心提供的最佳路径数据及部分气象梯度塔资料，分别采用固定和移动嵌套方式评价了台风路径和强度的计算效果。

2 数值方案及模拟结果

2.1 强台风的基本算例设计

采用美国国家环境预报中心提供的历史再分析资料(每 6 小时更新一次)作为初始条件和边界条件。综合考虑模式的发展适应阶段(Spin-up)和路径的偏移控制，模拟时段选为 24 h，均包含了台风登陆前后影响最大时间段。模式的部分物理过程方案统一设置，微物理过程采用 WSM3 方案，积云对流采用 Kain-Fritsch 方案，边界层过程采用 YSU 方案，近地面层采用 Monin-Obukhov 方案，陆面过程采用 Noah 方案，长、短波辐射分别采用 RRTM 和 Dudhia 方案。

台风强度的发展对于阻力系数 C_d 和焓交换系数 C_k 很敏感，由于台风条件下边界层缺乏观测数据，并且随着风力的增加，海汽相互作用也更加复杂，近台风中心处的这些系数往往难以确定。为了考虑海洋混合层对台风模拟结果的影响，本文耦合 WRFV3.7 内置的一维海洋混合层模型，设置了"威马逊"和"彩虹"的海洋混合层变更算例。根据我国南海海洋混合层深度的相关资料数据，选取海洋混合层深度为 50 m，混合层下温度降低速率为 0.15 k/m，采用 Donelan 阻力系数(式(1))和常热力粗糙长度焓交换系数(式(2))。

$$C_d = \left(\frac{k}{\ln(10/z_0)} \right)^2 \tag{1}$$

$$C_k = \left(\frac{k}{\ln(10/z_0)} \right)\left(\frac{k}{\ln(10/z_{0q})} \right) \tag{2}$$

2.2 数值计算结果对比

台风"威马逊"，"彩虹"和"天鸽"的模拟路径和实测对比结果如图 1 所示，可知"威马逊"和"彩虹"模拟所得路径均偏北，"天鸽"所得路径略偏南，两种嵌套方式所得路径比较接近。就台风强度而言，耦合海洋混合层模型后，近中心最大风速显著提高[图 2(a)，(c)]，中心最低气压也有明显下降。其中"威马逊"最大风速提高 10 m/s 以上，而"彩虹"最大风速提高 4~6 m/s。

* 基金项目：广东电网有限责任公司科技项目(GDKJQQ20153009)；国家自然科学基金项目(51778200)

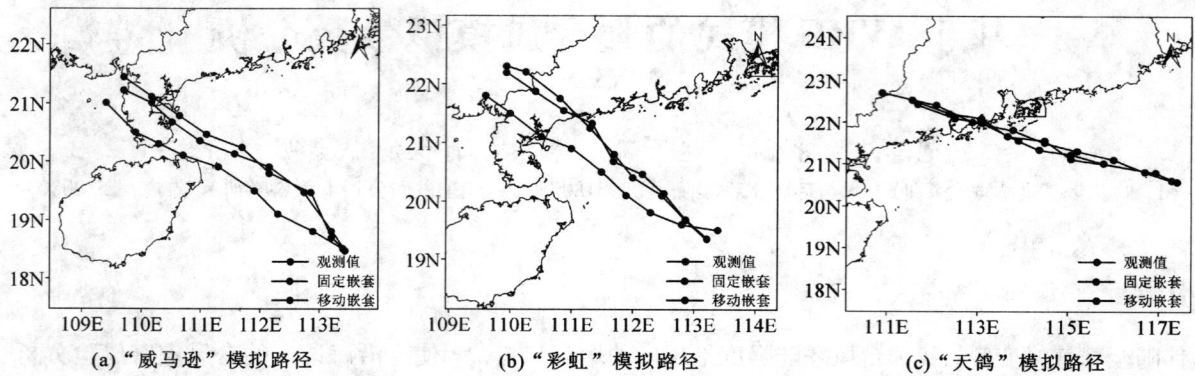

(a)"威马逊"模拟路径　　　　(b)"彩虹"模拟路径　　　　(c)"天鸽"模拟路径

图1　强台风算例24 h 路径模拟结果对比

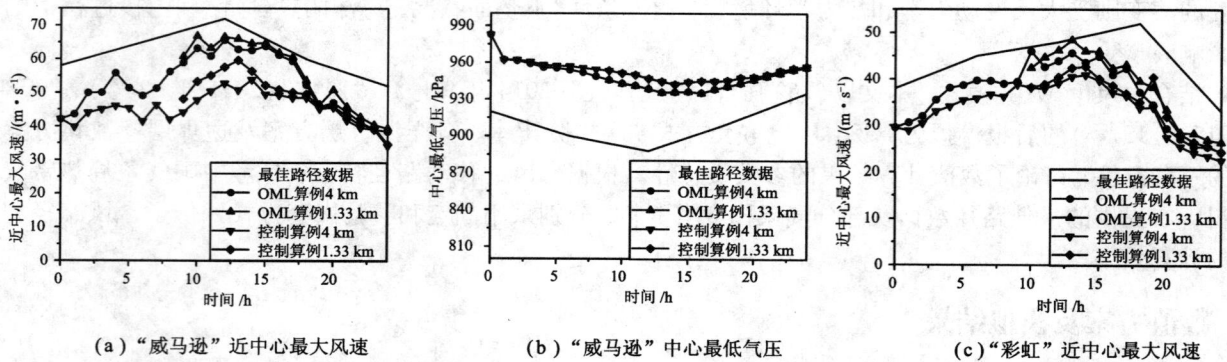

（a）"威马逊"近中心最大风速　　　（b）"威马逊"中心最低气压　　　（c）"彩虹"近中心最大风速

图2　一维海洋混合层模型对台风强度的影响对比

3　结论

　　结合数值计算结果，本文主要得到以下结论：①台风的路径误差跟具体台风个例及初始场有关，固定嵌套和移动嵌套方式对路径误差影响不大，三个台风算例24 h 的路径误差基本维持在 50 km 以内，同一台风不同嵌套方式的路径差别平均在 10 km 以内；②考虑海洋混合层模型可以有效改善台风强度，尤其是最大风速模拟结果；③边界层参数化方案对模拟结果有影响，但影响并不显著，但其对台风强度的影响有可能与该方案下路径的计算结果有关。

参考文献

［1］康斌. 我国台风灾害统计分析［J］. 中国防汛抗旱，2016(2)：36－40.

［2］Davis C，Wang W，Chen S S，et al. Prediction of Landfalling Hurricanes with the Advanced Hurricane WRF Model［J］. Monthly Weather Review，2008，136(6)：1990－2005.

二、钝体空气动力学

亚临界区二维圆柱来流紊流特征对脉动风压分布的影响

常颖，赵林，葛耀君

（同济大学土木工程防灾国家重点实验室 上海 200092）

1 引言

圆柱绕流是经典的钝体空气动力学问题，其理论广泛应用于船舶、海洋、桥梁、建筑等多个领域。基于前人的研究，圆柱绕流的基本特征已经达成了共识。特征紊流是圆柱脉动压力的主要影响因素，同时，来流紊流对它也有很大的影响，这在一定程度上反映了涡旋脱落的特征。在圆柱测压实验中，脉动压力还与脉动力、圆柱升、阻力系数的计算直接相关。Norberg[1]对雷诺数 $47 \sim 2 \times 10^5$ 范围内圆柱绕流进行了研究，得到了 0.1% 和 1.4% 两个紊流度下圆柱环向脉动压力随雷诺数的分布变化。实验的紊流度较低，仅有，并且没有考虑紊流积分尺度的影响。Nishimura 和 Taniik[2]通过分析瞬时压力，得到了升力的变化与驻点、流动分离点之间的关系。Khabbouchi[3]对紊流度 0.25% ~ 6.2%，紊流积分尺度 $Ls/D = 1.7 \sim 2.2$ 的圆柱绕流流场进行了研究。研究关注点主要在剪切层的演变和特征上，没有研究圆柱本身的受力情况。

对圆柱绕流流场的特征和影响因素的研究，不仅是对经典流体力学的补充，同样有利于工程结构设计。目前针对紊流度对圆柱绕流的影响研究较少，对紊流积分尺度的研究近乎空白。本文依托于同济大学 TJ-2 被动风洞和 TJ-5 主动风洞，通过一系列的测压模型实验，研究了雷诺数和紊流特性（紊流度、积分尺度、宽/窄带频谱）对于圆柱脉动压力的影响。

2 风洞实验

同济大学的 TJ-5 多风扇主动控制风洞为国内首个多风扇主动控制风洞。该风洞断面宽 1.5 m，高 1.8 m，10 m。动力系统由 120 台相同规格的风扇组成，可实现大气边界层气流特性的主动控制模拟。选取直径 7.5 cm 的圆柱测压模型，在中央设置一个测压断面，通过多风扇模拟不同紊流度以及紊流积分尺度的流场，如图 1 所示。

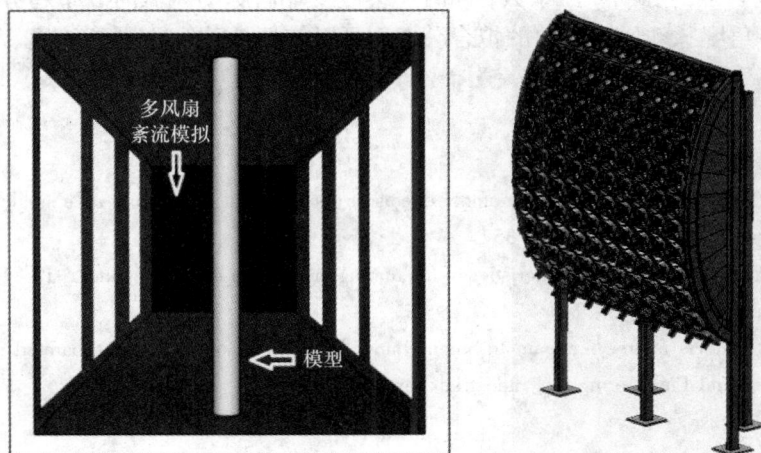

图 1 风洞实验示意图

3　实验结果及参数分析

3.1　紊流特性对脉动风压的分布影响

图 2 给出不同来流条件下脉动风压分布的变化，在窄、宽带两种风谱下，脉动风压分布的趋势一致。紊流度越大，积分尺度越小，脉动风压系数的平均值越大。在迎风区，随着脉动特性的变化，脉动风压分布在驻点处逐渐向外凸出。

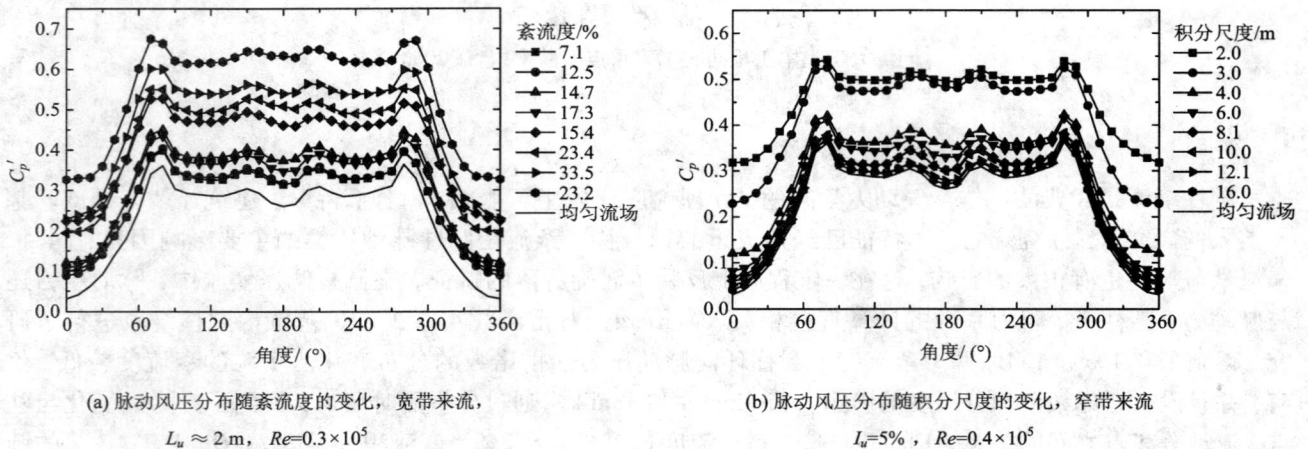

(a) 脉动风压分布随紊流度的变化，宽带来流，
$L_u \approx 2\,\mathrm{m}$，$Re = 0.3 \times 10^5$

(b) 脉动风压分布随积分尺度的变化，窄带来流
$I_u = 5\%$，$Re = 0.4 \times 10^5$

图 2　脉动风压分布随紊流特性的变化

3.2　紊流参数的影响和拟合

由紊流度和紊流积分尺度的物理意义可知，紊流度 I_u 决定了流场脉动的总能量，而紊流积分尺度 L_u 决定了流场脉动能量在各个频率上的分配问题，二者同时决定了脉动能量。根据脉动风压系数随紊流特性的变化曲线，可建立脉动风压随紊流度和紊流积分尺度的拟合公式：

$$C'_{pi} = C'_{pi\_0} + aI_u\,(L_u/D)^b \tag{1}$$

用最小二乘法对式（1）中每个角度的 a_1、a_2 进行拟合，可得平均误差 15% 的各角度脉动风压拟合公式。

4　结论

紊流特性不仅影响各点的脉动风压系数，同时还会改变环向脉动风压的分布趋势。本文针对亚临界区的脉动风压，提出了各角度脉动风压系数的拟合公式，可以较好地估算不同紊流度、紊流积分尺度下脉动风压系数及分布。

参考文献

［1］Norberg C, Sunden B. Turbulence and Reynolds number effects on the flow and fluid forces on a single cylinder in cross flow［J］. Journal of Fluids and Structures 1987, 1, 337 – 357.

［2］Nishimura H, Taniike Y. Aerodynamic characteristics of fluctuating forces on a circular cylinder［J］. Journal of Wind Engineering and Industrial Aerodynamics, 2001, 89: 713 – 723.

［3］Khabbouchi, I., et al. Effects of free – stream turbulence and Reynolds number on the separated shear layer from a circular cylinder［J］. Journal of Wind Engineering and Industrial Aerodynamics, 2014, 135: 46 – 56.

圆柱涡激振动的被动套环吹气控制[*]

陈冠斌，陈文礼，李惠

（哈尔滨工业大学土木工程学院 哈尔滨 150090）

1 引言

圆柱构件在土木工程领域应用广泛，尤其是拉索类构件。随着桥梁跨度的增大，拉索的长度也随之增加，刚度和阻尼降低，因此拉索经常发生各种风致振动。如何使得拉索保持良好的气动稳定性成为亟需解决的课题。1904 年，Prandtl 首先提出流动控制的概念并进行了抽吸气试验来控制圆柱绕流的流动。随着控制技术的成熟，许多控制方法已经从试验室走出进入工业领域中得到应用。流动控制主要分为主动流动控制、被动流动控制等。主动控制一般需要外界提供持续的能量输入，成本非常高，应用受限；而被动控制无需外界输入能量，优势凸显，因而广泛地应用于工程中，目前被动控制方法有分流板[1]，中央开槽[2]和螺旋线[3]等。本文采用一种新型的被动吹气流动控制来抑制圆柱形结构的涡激振动。

2 模型与实验介绍

试验在哈尔滨工业大学风洞与波浪水槽联合实验室进行，装置如图 1(a)所示，圆柱仅在竖向采用弹簧悬挂，采用自由振动试验得到模型竖向自振频率为 5.62 Hz，阻尼比为 0.34%。圆柱外径为 $D = 200$ mm，壁厚为 5 mm，长度为 1.2 m。24 个进/出气孔均匀分布于套环表面，进/出气孔宽度对应的圆心角为 7.5°，通气孔道的宽度为 12 mm，如图 1(b)所示。套环高度：86 mm，进出气孔的高度：43 mm。套环外径为 224 mm，其内径与圆柱外径相等如图 1(c)所示。套环外套于圆柱，套环间距为 S，本文研究了四种间距($S = 0.5D$；$S = 1.0D$；$S = 1.5D$；$S = 3.0D$)下对圆柱涡激振动的影响。首先采用激光位移计测量无控和四种控制工况的位移响应，分析被动吹气控制方法对圆柱涡激振动的控制效果；采用压力扫描阀系统测量试验模型表面压力分布特性，测压截面位于圆柱的跨中位置，36 个测压孔均匀分布于测压环外表面。同时，采用 cobra probe 测量折算风速为 5.99 时的无控和控制工况 $S = 0.5D$ 在 $x = 3D$ 位置处的速度剖面，以此获得控制工况下尾流宽度的变化。

3 结果与分析

试验风速在 4.49 m/s 到 9.19 m/s 变化，共取 18 个风速，对应的折算风速($U_0/(f_0 D)$)为 4.0 ~ 8.17，图 2 为无控和四种控制工况下圆柱位移幅值随折算风速的变化图。从图中可以看出无控圆柱模型的涡激振动发生区间为 5.31 ~ 6.55，当折算风速为 5.99 时，涡激振动幅值达

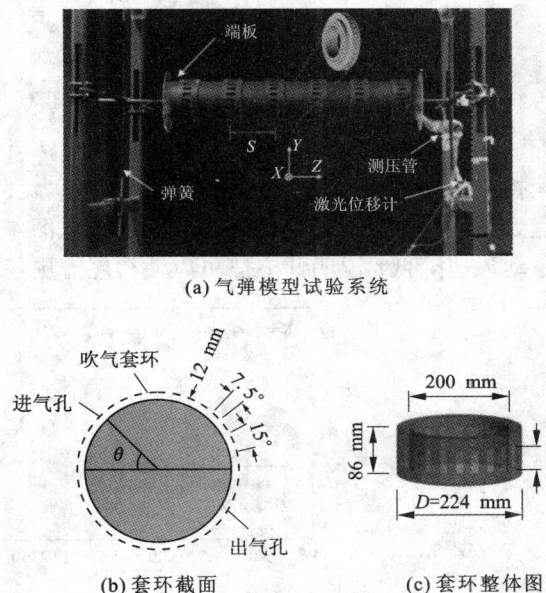

(a) 气弹模型试验系统

(b) 套环截面 (c) 套环整体图

图 1 节段模型装置及套环几何尺寸图

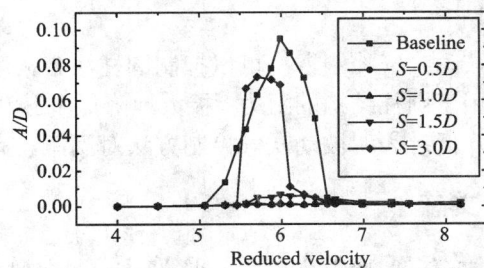

图 2 模型涡振响应

* 基金项目：国家自然科学基金(NSFC51578188，51378153)

到了最大值,这与 Chen 等[4]结论相接近。对于 $S=0.5D$ 和 $S=1.0D$ 工况,被动吹气控制方法可以完全抑制圆柱涡激振动,而 $S=1.5D$ 工况的涡激振动幅值也几乎得到完全控制;即使是 $S=3.0D$ 工况,不仅锁定区减小,涡激振动最大幅值也得到一定程度的控制。圆柱涡激振动响应控制结果表明被动吹气控制方法可以大幅度降低甚至完全抑制圆柱发生涡激振动。

　　图 3 为无控工况和两种典型控制工况在折算风速为 5.99 时的压力系数分布图。平均压力系数的结果表明,$S=3.0D$ 工况的平台区与无控较为接近,而 $S=0.5D$ 工况的平台区显著提升,表明后者所受到的平均阻力降低。从图 3(b)脉动压力系数结果,可以得到 $S=0.5D$ 工况相对于无控工况,其表面压力系数脉动值得到极大降低,而 $S=3.0D$ 工况也有所减小。脉动压力系数的控制结果与圆柱振动响应的控制结论相一致。

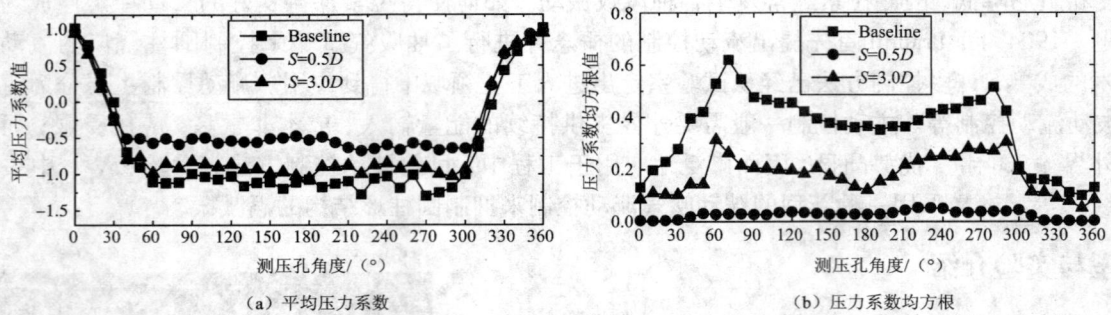

（a）平均压力系数　　　　　　　　　　　　　　（b）压力系数均方根

图 3　表面压力分布系数

　　图 4 为 $x=3D$ 处 $Y/D=-3.25$ 到 0($Y/D=0$ 为平衡位置的圆心处)的速度剖面图。从图 4 左图可以看出无控工况速度最小值比控制工况 $S=0.5D$ 大,说明无控工况速度恢复快,此由于被动吹气使得剪切层在更远处形成的旋涡,此外尾流宽度变小。从图 4 右图可以得到:由于被动吹气控制措施的存在,使得顺流向脉动风速降低,说明此方法可以使得尾流更稳定。

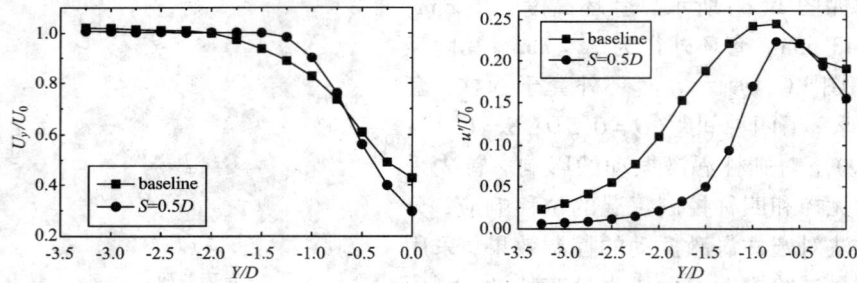

图 4　平均速度剖面(左)脉动速度剖面(右)

4　结论

　　被动吹气控制方法可以抑制圆柱涡激振动的产生,套环间距越小控制效果越显著;而且此方法可以减小作用于圆柱结构的阻力,极大地降低了脉动压力值;另外使得尾流宽度减小,顺流向流体速度脉动成分数值降低。表明被动吹气控制方法对涡振具有显著的控制作用。

参考文献

[1] Liang S, Wang J, Xu B, et al. Vortex – induced vibration and structure instability for a circular cylinder with flexible splitter plates[J]. Journal of Wind Engineering and Industrial Aerodynamics, 2018, 174: 200 – 209.

[2] Baek H, Karniadakis G E. Suppressing vortex – induced vibrations via passive means[J]. Journal of Fluids and Structures, 2009, 25(5): 848 – 866.

[3] 钟卫. 缠绕螺旋线拉索气动参数研究[D]. 长沙:湖南大学. 2012

[4] Chen W L, Xin D B, Xu F, et al. Suppression of vortex – induced vibration of a circular cylinder using suction – based flow control[J]. Journal of Fluids and Structures, 2013, 42(4): 25 – 39.

两类双方柱的气动干扰特性研究[*]

陈如意[1]，王思崎[1]，杜晓庆[1,2]，许汉林[1]，马文勇[3]

(1. 上海大学土木工程系 上海 200444；2. 上海大学风工程和气动控制研究中心 上海 200444；

3. 石家庄铁道大学风工程研究中心 石家庄 050043)

1 引言

超高层建筑群在城市中普遍存在，其平面布置形式及来流风向会使建筑群体之间产生不同的气动干扰效应[1]。水平双方柱(图1(a))和对角双方柱(图1(b))是两类常见的平面布置形式。针对水平双方柱，以往学者研究了不同间距和风向角下的流场机理，但对于对角双方柱的研究较少。本文通过风洞试验重点研究了对角双方柱的气动力系数、表面风压分布和 Strouhal 数等气动性能随风向角的变化，并与水平双方柱进行比较，探讨了风向角对两类双方柱气动性能的影响。

2 试验模型

图1为试验模型示意图。试验风洞的背景湍流度 $I \leqslant 0.2\%$，均匀来流 $U = 10$ m/s，以方柱边长 B 为特征尺寸计算得雷诺数约为 8.0×10^4，P 为双方柱中心间距，且间距比 $P/B = 1.75$，风向角 $\alpha = 0° \sim 90°$，共 23 个工况。试验采用刚性节段模型，尺寸为 120 mm × 120 mm × 1620 mm，上、下游方柱分别布置了四个测压截面，每个截面的测点数为 44 个，共计 352 个测点。

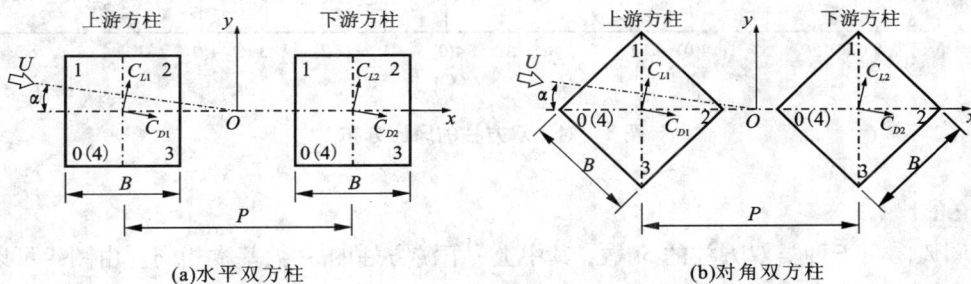

图 1   试验模型示意图

3 结果与分析

3.1 气动力系数

图 2 为两类双方柱的平均阻力系数随风向角的变化曲线。由图 2 可见，对角上游方柱的平均阻力系数在 $20° \leqslant \alpha \leqslant 50°$ 时小于水平上游方柱，而在其他工况下则明显大于水平上游方柱。对角下游方柱在 $\alpha \leqslant 10°$ 时受到负阻力作用，但在 $25° \leqslant \alpha \leqslant 65°$ 时，其平均阻力系数远大于水平下游方柱。此外，对角双方柱的平均阻力系数在 $\alpha = 20°$ 和 70°时均出现极小值。

3.2 表面风压分布

在不同风向角下，对角双方柱的表面风压分布呈现四种不同的形式，据此将风向角分为四个区间：$\alpha = 0° \sim 20°$、$25° \sim 40°$、$45° \sim 65°$ 和 $70° \sim 90°$。图 3 所示为各区间典型风向角下对角双方柱的平均风压分布。由图可见，在 $\alpha = 0° \sim 20°$时，上、下游方柱间存在负压区，随着风向角的增大负压区强度逐渐减小；当 $\alpha \geqslant 25°$时，对角双方柱间的负压区消失，上、下游方柱的停滞点向上产生不同程度的偏移，说明双方柱间可能存在间隙流。

* 基金项目：国家自然科学基金项目(51578330)

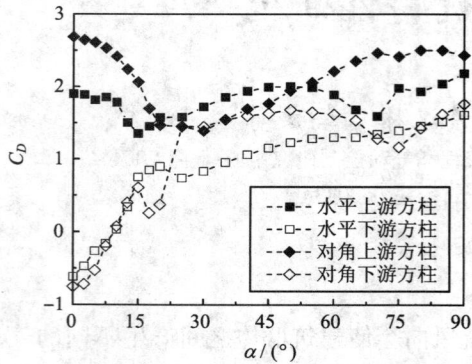

图2　两种布置形式双方柱的平均阻力系数

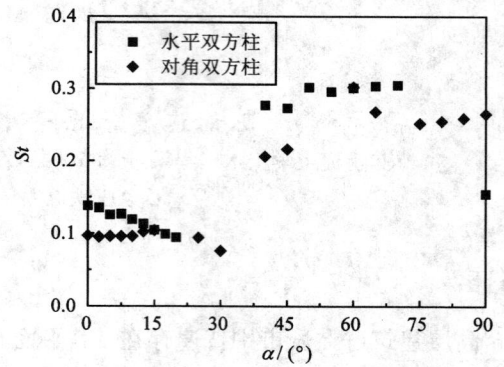

图4　两种布置形式双方柱的 St 数

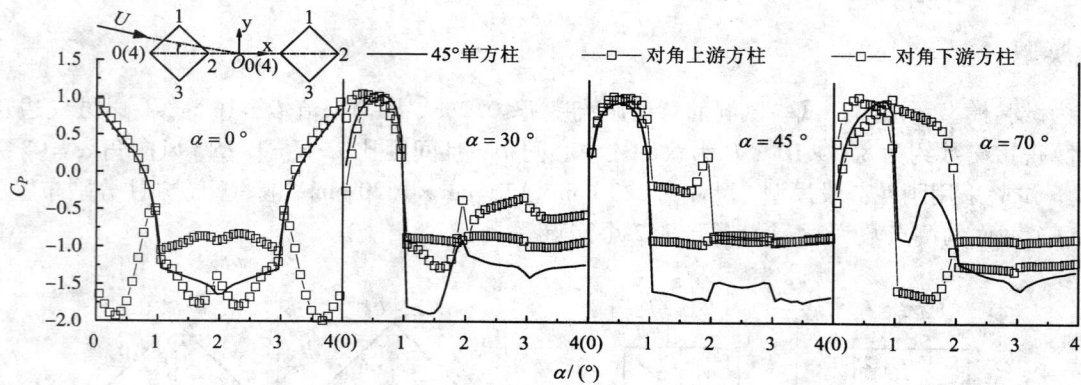

图3　对角双方柱的风压分布

3.3　Strouhal 数

图4为不同风向角下两类双方柱的 St 数，其中上、下游方柱的 St 数基本相同。由图4可以看到，水平双方柱的 St 数整体随风向角的增大呈先减小后增大的趋势，而对角双方柱的 St 数随风向角的变化趋势与水平双方柱类似，但在大部分风向角下小于水平双方柱。

4　结论

研究表明两类双方柱的气动性能随风向角的变化有很大差异。在小风向角区间内，对角双方柱间存在强负压，使上游方柱平均阻力系数大于水平上游方柱，而下游方柱则受到负阻力的作用；当风向角较大时，对角双方柱的风压停滞点会产生不同程度的偏移；对角双方柱的 St 数随风向角的变化趋势与水平双方柱类似，且在绝大部分风向角下较小。

参考文献

[1] Xu A, Xie Z N, Gu M. Experimental study of wind effects on two neighboring super–tall buildings[J]. Advances in Structural Engineering, 2018, 21(3): 500–513.

[2] Reinhold T A, Tieleman H W, Maher F J. Interaction of square prisms in two flow fields[J]. Journal of Wind Engineering & Industrial Aerodynamics, 1977, 2(3): 223–241.

矩形立柱驰振三维分析与气弹模型试验[*]

陈修煜[1, 2]，朱乐东[1, 2, 3]

（1. 同济大学土木工程防灾国家重点实验室 上海 200092；2. 同济大学土木工程学院
桥梁工程系 上海 200092；3. 同济大学桥梁结构抗风技术交通行业重点实验室 上海 200092）

1 引言

驰振多发生于钝体断面，在桥梁工程中施工时的钢塔阻尼小、质量小，加之没有斜拉索或主缆的约束，极易发生驰振。驰振具有显著的非线性特性，表现为自限幅的极限环振动[1]，朱乐东等[2,3]提出非线性非定常自激力模型，准确地预测了矩形断面节段模型振动位移响应。驰振分析的最终目标是预测实际三维结构的响应，需要考虑振型、来流风速随高度变化等因素。本文建立了基于节段模型获得的非线性自激力预测三维结构驰振响应的基本方法，并通过风洞试验验证了该方法和所用非线性自激力模型的适用性。结果发现，该方法能重构三维结构软驰振现象，并能较为准确地预测位移响应。

2 三维结构驰振分析方法

本文采用的非线性非定常驰振自激力模型表达形式为：

$$f_{se}(y_z, \dot{y}_z) = \frac{1}{2}\rho U^2 (2B) K H_1^*(K) \left(1 + \varepsilon_{03}(K)\frac{\dot{y}_z^2}{U^2} + \varepsilon_{05}(K)\frac{\dot{y}_z^4}{U^4}\right)\frac{\dot{y}_z}{U} \tag{1}$$

其中，H_1^*，ε_{03}，ε_{05}分别为自激力参数，$K = \omega B/U$。

均匀流场中结构发生驰振时以某阶振型振动，运动微分方程的广义化形式为：

$$M[\ddot{v}(s) + 2\xi K_1\dot{v}(s) + K_1^2 v(s)] = \rho B^2 K H_1^*\left[\dot{v}(s)\int\Phi^2(z)\mathrm{d}z + \varepsilon_{03}\dot{v}^3(s)\int\Phi^4(z)\mathrm{d}z + \varepsilon_{05}\dot{v}^5(s)\int\Phi^6(z)\mathrm{d}z\right] \tag{2}$$

其中，$\Phi(z)$为结构振型函数，$v(s)$为模态坐标，$M = \int_0^H m\Phi^2(z)\mathrm{d}z$为广义质量。

3 宽高比3∶2矩形断面气弹模型试验

本文试验在同济大学 TJ – 5 多风扇主动控制风洞（图1）进行。风洞断面尺寸为宽1.5 m×高1.8 m，试验风速为3~4 m/s。气弹模型（图2）尺寸为顺风向150 mm×横风向100 mm×棱柱高度1750 mm。模型底部固接，顶部自由。模型顺风向抗弯惯矩远大于横风向抗弯惯矩，保证结构振动时为横风向一阶竖弯振型。位移时程信号采用 OPTOTRAK 系列动态测量系统获得。结构自振频率为2.588 Hz，结构阻尼比约为0.96%。

4 试验结果与理论计算对比

如图3(a)所示，均匀流场中，宽高比3∶2矩形断面气弹模型发生软驰振现象，采用上述矩形立柱驰振三维分析方法反算振动幅值，发现除低风速小振幅段由于受到漩涡脱落影响导致预测偏差外，其余风速均能够较为准确地预测振幅，最大相对误差约为10%。图3(b)进一步考虑风速随高度变化的低紊流度 A 类地貌，发现位移响应预测也符合得很好。

---

* 基金项目：国家自然科学基金面上项目（51478360）

图1　主动控制风洞外观

图2　宽高比3∶2矩形断面气弹模型安装图

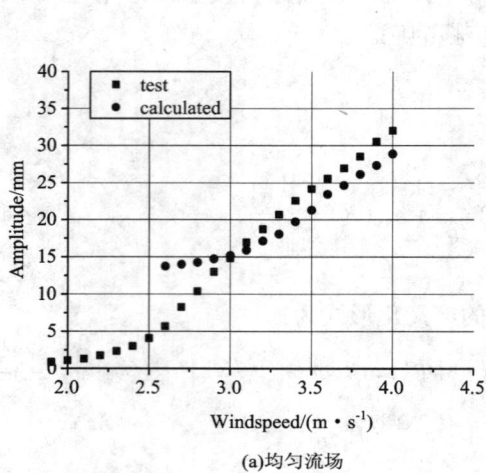

(a)均匀流场

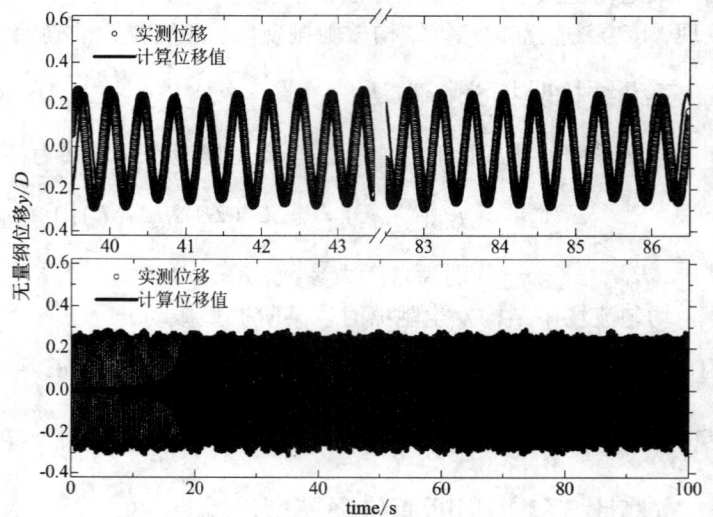

(b)低紊流度A类地貌

图3　位移响应试验实测值与理论计算值比较

5　结论

矩形立柱气弹模型发生软驰振现象，驰振发生后稳态振幅随风速近似线性增加。采用基于节段模型获得的非线性自激力建立的驰振三维分析方法对位移响应进行预测，发现均匀流与低紊流度 A 类地貌两种流场中均符合得很好。

参考文献

[1] Mannini C, Marra A M, Bartoli G. Experimental investigation on the VIV – galloping instability of a 3∶2 rectangular cylinder [R]. AIMETA, 2013.

[2] Gao G Z, Zhu L D. Nonlinear mathematical model of unsteady galloping force on a rectangular 2∶1 cylinder[J]. Journal of Fluids and Structures, 2017, 70: 47 – 71.

[3] 朱乐东, 庄万律, 高广中. 矩形断面非线性驰振自激力测量及间接验证中若干重要问题的讨论[J]. 实验流体力学, 2017, 31(3): 16 – 31.

方形截面悬臂柱的驰振稳定性分析

陈宇辉，全涌

（同济大学土木工程防灾国家重点实验室 上海 200092）

1 引言

随着技术的进步，为了更大的经济效益、社会效益和提高土地使用效率，结构物的高度及高宽比不断增加，其刚度将偏于更柔，质量偏于更小，阻尼偏于更小，这使得其驰振稳定性问题逐渐突显出来。现如今，尽管高层建筑驰振稳定性研究和干扰效应的研究已经取得了比较丰富的成果，仍然存在一些问题：自Den – Hartog(1932)提出驰振临界判据以来[1]，研究人员提出了多种方法对驰振稳定性和振幅进行了研究，但是多集中于来流方向垂直于振动方向的情况，对来流风向与驰振方向不正交的情况研究较少。本文通过刚性模型高频天平测力风洞试验对其进行研究，研究目标是在任意风向下的方形截面悬臂柱的稳定性，同时推导出一种可用于计算超高层建筑驰振振幅的计算公式，并对其准确性进行了验证。

2 驰振力系数计算理论

本文通过建立广义坐标系，将谢兰博(2016)推导的风轴坐标系和体轴坐标系下任意风向的驰振运动方程[2]用于高层建筑的基阶模态振动。如图1(a)所示，将直角坐标系原点建立在超高层建筑底部中心，高度方向为 z 轴，关注的侧弯振动的振动方向为 y 轴，x 轴与 y 轴正交，来流与 x 轴的夹角为 α，结构顶部高度处的来流风速为 v_H，结构顶部位移为 y。将广义坐标设置于结构物顶部，并将该结构的一阶侧弯模态振型简化为线性函数 $\varphi_1(z) = zH - 1$，同时认为建筑质量密度均匀分布，则谢兰博(2016)体轴坐标系的驰振运动方程[2]可改写为

$$\ddot{y} + \left\{ 4\pi\zeta_1 f_1 + \frac{3\rho_a v_H B}{4\rho_s} \left[C'_{Fy}(\alpha)\cos\alpha + 2C_{Fy}(\alpha)\sin\alpha \right] \right\}\dot{y} + 4\pi^2 f_1^2 y = \frac{3\rho_a v_H^2 C_{Fy}(\alpha) B}{4\rho_s} \tag{1}$$

其中，ζ_1 为结构阻尼比，f_1 为结构一阶频率，ρ_a 为空气密度，ρ_s 为建筑物密度，B 为建筑物特征宽度，定义 $G_{al} = C'_{Fy}(\alpha)\cos\alpha + 2C_{Fy}(\alpha)\sin\alpha$ 为驰振力系数，其决定了结构物气动阻尼的正负与大小，表征结构物在一定风速下的驰振稳定性。对于驰振运动公式，Parkinson(1961)的理论只考虑来流方向垂直于振动方向的情况[3]，对于任意风向角的情况不再适用。本文考虑对体轴坐标系下的气动力系数 C_{Fy} 进行多项式拟合。由于截面是关于来流方向对称的，因此在无干扰情况下 C_{Fy} 是 α 的奇函数，同时对其进行量纲—处理，并利用Lindstedt – Poincare法[4]对其进行求解，可得：

$$Y = L + K_0\cos T + \varepsilon\left(K_1\cos T + \Gamma\sin T + \frac{1}{3}\Phi\sin 3T + \frac{1}{5}\Omega\sin 5T \right) \tag{2}$$

3 试验概况

试验在同济大学土木工程防灾国家重点实验室风洞试验室完成，所利用的风洞设备为 TJ – 1 边界层风洞。根据研究的需要，采用尖劈、格栅和粗糙元以被动模拟方法模拟了考察湍流度影响为目的的四类风场，在风场布置的过程中，力求模型顶部高度处(0.6 m)的湍流度达到 0%，5%，10%，15%，并形成合理的风速剖面、湍流度剖面。试验制作的模型尺寸为 630 mm × 70 mm × 70 mm。试验模型由截面宽度和厚度均为 50 mm 壁厚为 1 mm 的铝合金方管为芯棒来提供刚度，在铝棒外部包裹航空木板提供光滑表面，模型与天平组成的系统的频率在 60 Hz 左右，大约是气动力卓越频率的 3 倍。M_x 是和 M_y 分别为实验测得的绕 x 轴和 y 轴的基底弯矩，则建筑在 x 轴和 y 轴方向的基阶模态广义气动力系数分别为 $C_{Fx} = M_y$ $(0.5\rho_a v_H^2 B H^2) - 1$、$C_{Fy} = M_x(0.5\rho_a v_H^2 B H^2) - 1$。

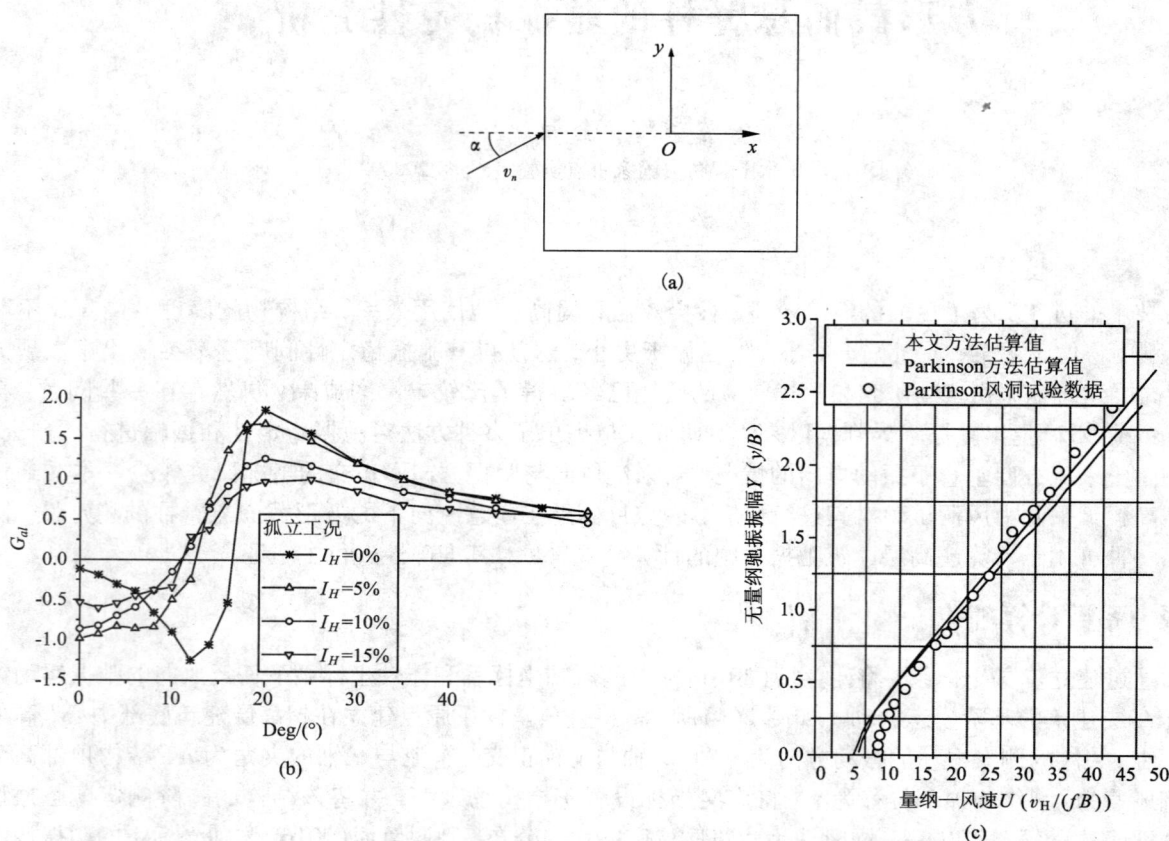

图1　风向角及坐标示意图和驰振力系数、振幅结果图

4　驰振力系数试验结果和振幅公式比对结果

图1(b)给出了建筑物的驰振力系数随湍流度和风向角的变化情况。由于流场和模型都是轴对称的，因此这里只给出了风向角为正值的结果。以建筑在5%的湍流场中为例进行驰振振幅验证计算，过程全部由 MATLAB 编程实现，通过调整结构质量得到了和 Parkinson 一样的驰振临界风速，取同样的阻尼比0.00152，一阶频率为0.075，空气质量密度为 1.25 kg/m³，通过计算与 Parkinson 的理论值和试验值结果进行了对比[3]，如图1(c)所示。

5　结论

本文通过刚性模型高频天平测力风洞试验，在4种模拟风场中，分析得到37个风向下的方形截面超高层建筑的驰振力系数，并结合千米级超高层建筑的结构参数，验证了驰振振幅公式的准确性，得到如下结论：

（1）独立方形截面超高层建筑，在无湍流风场中，风向与结构体轴的夹角为12°时的驰振稳定性最差。

（2）在湍流风场中，风向角为0°时驰振发生的可能性最大，且湍流度或风向角增加，驰振发生的可能性都会逐渐减小。

（3）本文得到的理论值与 Parkinson 得到的理论值在较低的折减风速下基本一致，在较高的折减风速下本文的理论值与 Parkinson 得到的试验值更接近。

参考文献

[1] DenHartog J P. Transmission Line Vibration Due to Sleet[J]. AIEE Transaction, 1932.51.

[2] 谢兰博. H形截面结构非线性自激气动力及驰振特性研究[D]. 成都：西南交通大学，2016.

[3] Parkinson G V, Brooks N P H. On theaeroelastic instability of bluff cylinders [J]. Appl. Mech, 1961, 28：252-258.

[4] 张相庭. 高层建筑抗风抗震设计计算[M]. 上海：同济大学出版社，1997.

斜置圆柱中间区域风荷载分布及其动力特性研究[*]

崔子晗[1]，马文勇[2]，汪冠亚[3]

（1. 石家庄铁道大学土木工程学院 石家庄 050043；2. 河北省风工程和风能利用工程技术
创新中心 石家庄 050043；3. 河北省邯郸市国家电网集团 邯郸 056000）

1 引言

圆柱是工程中常见的一种结构，其受力特性是结构抗风中需要重点考虑的因素之一。与垂直于来流的圆柱不同，流体流过斜置圆柱时的流动机理更复杂，尤其是有限长斜置圆柱在大风偏角下的流动状态尚不清楚。在实际中圆柱的轴向并不总是垂直于来流的方向，与其有一定的夹角，可以通过流体流过斜置圆柱来模拟这一现象。对此，顾明等[1]通过对圆柱斜拉索模型的研究，指出在不同风偏角下的平均和脉动的风压系数，随着风偏角的增大驻点和分离点都会发生移动，风偏角的变化是斜圆柱与直圆柱相比流动差异的主要原因。鉴于此，本文研究了斜置圆柱在不同风向角下的风压分布以及气动力分析。

2 试验概况

2.1 试验概况

本次试验在石家庄铁道大学风洞试验室的低速试验段进行，该试验段长度 24 m，宽度 4.38 m，高度 3 m，最大风速约为 30 m/s。图 1 为模型安装示意图，模型采用有机玻璃制作，两端通过钢管固定钢架上，模型长度随着风偏角 β 的不同而变化，风偏角为 0°时模型的长度为 3.0 m，风偏角为 60°时模型的长度为 6 m。沿模型的展向分别布置了 A、B、C、D 四圈测点，每圈布置 44 个测压孔，距模型展向中心位置的距离分别为 1300 mm、650 mm、0 mm、780 mm，测压孔的位置用周向角 θ 表示，沿模型展向布置 E、F、G、H 共 4 排测点，对应周向角 θ 分别为 0°、90°、180°、270°，每排测点的个数为 56。其中 E 排测点正对来流方向，每相邻两个轴向测点的间距为 100 mm。

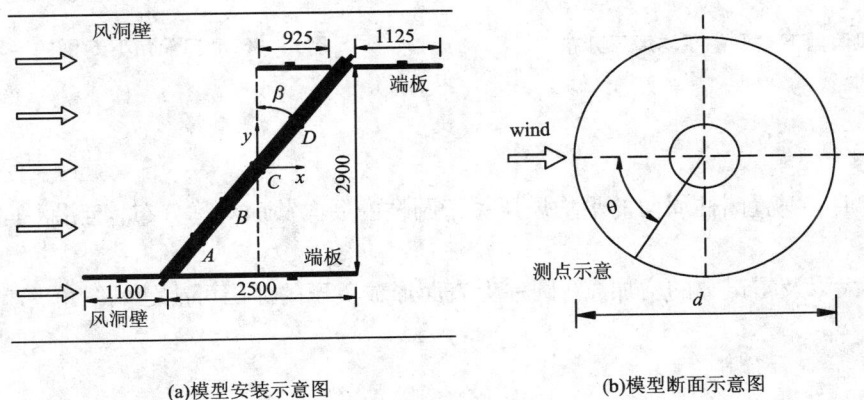

(a)模型安装示意图   (b)模型断面示意图

图 1 模型安装及断面示意图

2.2 试验参数

论本文的风压系数是基于来流的垂直于圆柱的分量定义的，公式如下：

$$C_{pn}(t) = \frac{P_{\theta}(t) - P_0}{0.5\rho\,(U\cos\beta)^2} \tag{1}$$

* 基金项目：河北省自然科学基金项目（E2017210107）；河北省教育厅重点项目（ZD2018063）

式中: θ 为周向角, $C_{pn}(t)$ 为测点风压系数时程, $P_\theta(t)$ 为测点处风压力, P_0 为静压, ρ 为空气密度, β 为风偏角, U 为测点处风速。风压系数时程 $C_{pn}(t)$ 的算术平均值为平均风压系数, 用 C_{pn} 表示。

3　试验结果分析

通过测压试验得到了在风偏角分别为 $\beta = 0°$、$17.4°$、$30°$、$38.6°$ 下 C 圈的平均风压分布, 如图 2、3、4、5 所示。

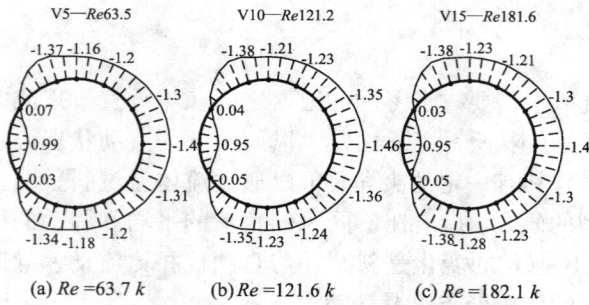

图 2　0° 风偏角下 C 圈的平均风压分布

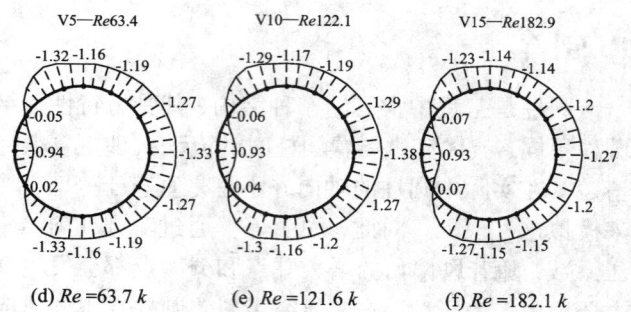

图 3　17.4° 风偏角下 C 圈的平均风压分布

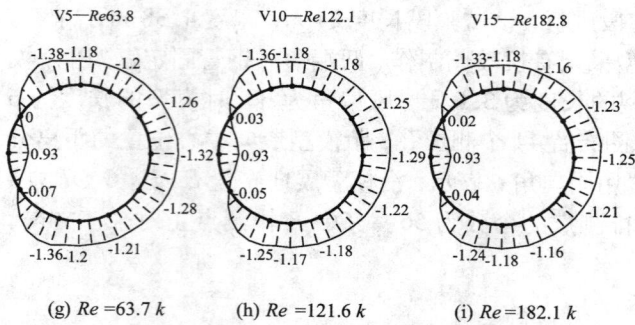

图 4　30° 风偏角下 C 圈的平均风压分布

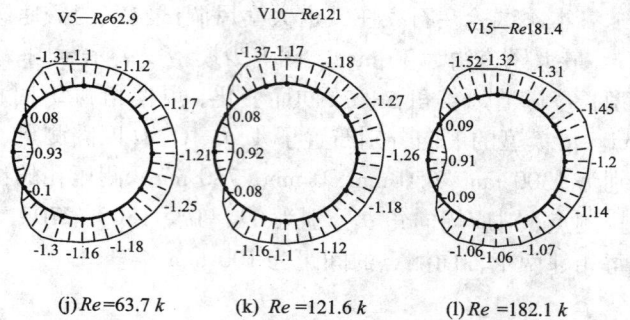

图 5　38.6° 风偏角下 C 圈的平均风压分布

4　结论

在风偏角为 0° 时, 斜置圆柱周向的平均风压关于圆柱的展向截面对称分布, 且沿展向的周向风压分布基本一样。

随着风偏角增大以及雷诺数的增加, 在圆柱上表面形成负压的原因可能是风偏角的增大使中间断面的临界区提前到来。

参考文献

[1] 顾明, 杜晓庆. 不同风向角下斜拉桥拉索模型测压试验研究[J]. 振动与冲击, 2005, 24(6): 5 - 8.

两类悬索桥吊索尾流致振试验研究[*]

邓羊晨，黄君，李寿英

（湖南大学土木工程学院 长沙 410082）

1 引言

大跨度悬索桥中常采用一个吊点并列两根或多根索股的并列吊索形式，当多根索股相邻布置时，下游索股在上游索股的尾流干扰下常会发生尾流致振现象[1-2]。本文针对平行钢丝吊索和钢绞线吊索，分别制作了外表光滑、粗糙的双圆柱试验模型，进行了一系列风洞测振试验。首先，研究分析了两类尾流圆柱，在 $X \in [2.5, 11]$，$Y \in [0, 4]$ 空间范围内气动失稳区间，其次，分别研究了风速和阻尼比对两种尾流圆柱响应特性的影响。

2 风洞试验概况

试验在湖南大学 HD-2 风洞试验室的高速试验段进行。分别针对平行钢丝吊索和钢绞线吊索，制作了表面光滑、粗糙索股模型，两种吊索模型直径 0.088 m、迎风圆柱长 1.54 m、尾流圆柱长 1.33 m，尾流圆柱端部端板直径为 0.25 m。尾流圆柱采用 4 根相互垂直的弹簧支撑，可作横风向和顺风向的振动，迎风圆柱固定在两自由度移测架上，以此来调整两圆柱的相对位置，两类吊索模型的试验照片分别如图 1 和图 2 所示。

图 1 平行钢丝吊索模型试验照片

图 2 钢绞线吊索模型试验照片

3 试验结果

图 3 和图 4 分别给出了光滑和粗糙双圆柱工况来流风速为 15 m/s、结构阻尼比为 0.52% 时，尾流圆柱单边最大振幅 (A_{max}/D) 的空间分布。对比图 3 和图 4 可以看出，相比较于光滑圆柱，粗糙尾流圆柱不稳定区域较小，但最大振幅略大于光滑下游圆柱。

4 风速和阻尼比的影响

图 5 分别给出了光滑双圆柱和粗糙双圆柱典型工况中尾流圆柱最大振幅随折减风速变化趋势。对于光滑圆柱 $X = 3.25$，$Y = 0.25$ 工况，尾流致振起振折减风速约为 $U/fD = 85$，随后随着折减风速的增大，顺风向和横风向振幅呈增大趋势，当折减风速到达 99 时，横风向振幅达到最大值，而顺风向振幅突然大幅下降，之后，顺风向和横风向振幅几乎保持不变。对于粗糙圆柱 $X = 3.25$，$Y = 0.75$ 工况，尾流致振起振折减风速约为 $U/fD = 71$，起振后，随着折减风速增加，增幅呈增大趋势，且顺风向振幅始终大于横风向振幅。

* 基金项目：国家自然科学基金项目(51578234)；国家重点基础研究发展计划(2015CB057702)

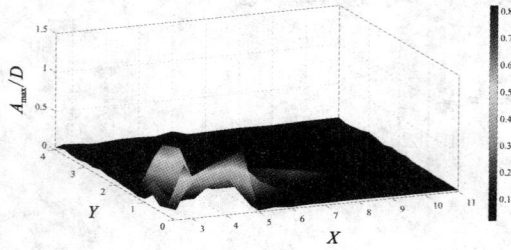

图3　光滑尾流圆柱振幅空间分布

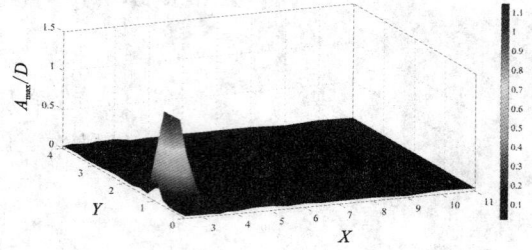

图4　粗糙尾流圆柱振幅空间分布

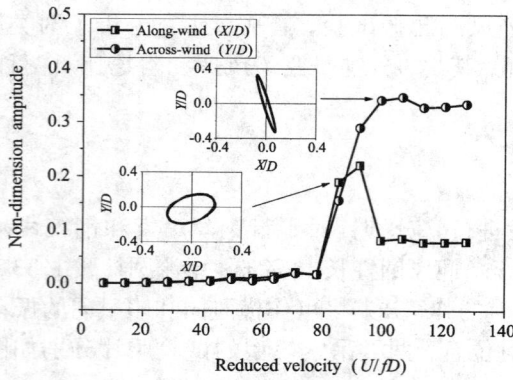

(a)　光滑尾流圆柱 $X=3.25$，$Y=0.25$

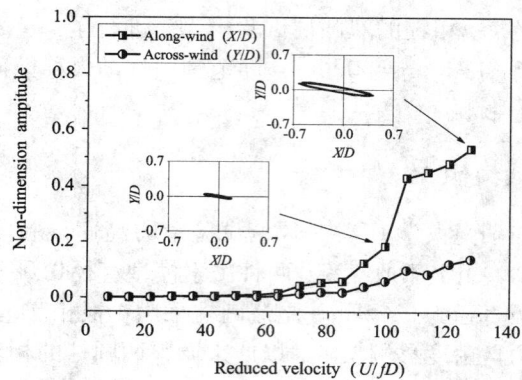

(b)　粗糙尾流圆柱 $X=3.25$，$Y=0.75$

图5　尾流圆柱最大单边振幅随与减风速关系图（$\xi_{x,y=0.52\%}$）

　　图6给出了光滑双圆柱和粗糙双圆柱典型工况不同阻尼比情况下尾流圆柱最大振幅随折减风速变化趋势。从图6中可以看出，随着阻尼比的增大，两种尾流圆柱的最大振幅呈现减小趋势，且起振风速均有一定提高。

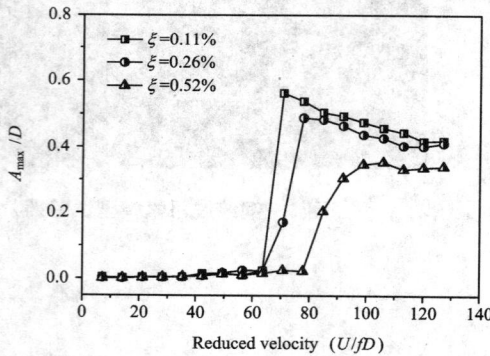

(a) 光滑尾流圆柱 $X=3.25$，$Y=0.25$

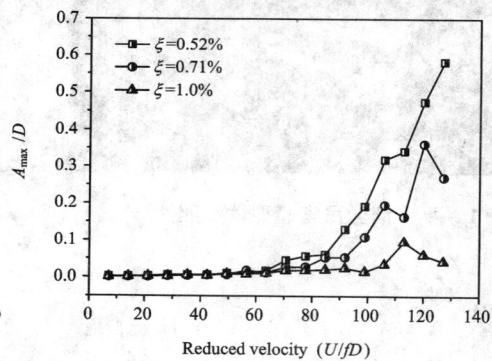

(b) 粗糙尾流圆柱 $X=3.25$，$Y=0.75$

图6　不同阻尼比下光滑下游圆柱振幅与风速关系图

5　结论

（1）相比于光滑下游圆柱，粗糙下游圆柱发生振动的区域较小，但最大振幅略大于光滑下游圆柱。

（2）风速对两种尾流圆柱振动响应特性均存在较大影响。

（3）提高阻尼比，可以减小两种尾流圆柱振动振幅，并对起振风速有一定提高作用。

参考文献

［1］Yoshimura T. Aerodynamic stability of four medium span bridges in kyushu district［J］，Journal of Wind Engineering and Industrial Aerodynamics，1992，42（1－3）：1203－1214.

［2］Caetano，Elsade S. Cable vibration in cable－stayed bridge，2007，IABSE.

切角对方柱风压非高斯特性的影响机理[*]

方立文[1,2]，刘延泰[1,2]，杜晓庆[1,2]，许汉林[1,2]，田新新[1,2]

（1. 上海大学土木工程系 上海200444；2. 上海大学风工程和气动控制研究中心 上海200444）

1 引言

切角处理是高层和超高层建筑的主要抗风措施之一。以往的研究表明，采用合适的角部处理能显著减小建筑的风荷载和风致振动[1]，但对于切角方柱改善气动性能的流场作用机理尚未被澄清。本文采用大涡模拟数值方法，在雷诺数 $Re = 2.2 \times 10^4$ 时，分析了切角方柱在不同风向角下的风压分布及其非高斯特性，并与标准方柱（未切角方柱）进行对比，结合流场特性探讨了切角措施改善方柱气动性能的作用机理。

2 计算模型与参数

图1为切角方柱的计算模型示意图，其中，切角方柱切角率 $D/B = 1/7$（D 为切角尺寸，B 为方柱边长）。本文在 $Re = 2.2 \times 10^4$，来流湍流度为0，风向角为 $\alpha = 0° \sim 45°$。图2为计算域与边界条件示意图，最大阻塞率为3%。以风攻角 $\alpha = 0°$ 的标准方柱为研究对象，进行了结果的网格独立性检验和结果验证，详见文献[2]。

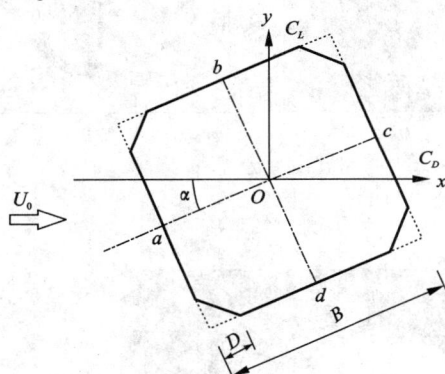

图1 计算模型示意图

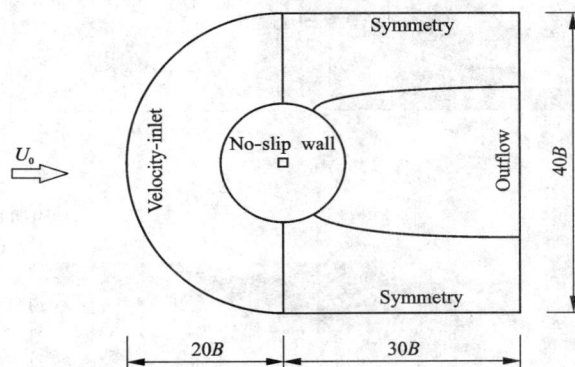

图2 计算域与边界条件示意图

3 结果与讨论

图3(a)和图3(b)所示分别为标准方柱、切角方柱在0°和45°风向角下的偏度 S 和峰度 K。在0°风向角下，标准方柱在侧风面下侧角部附近峰度与偏度出现极值，切角方柱明显减小，但是背风面却稍有上升，形成了非高斯区域。在45°风向角下，标准方柱非高斯特性更加显著，，其偏度绝对值趋势相似，偏性相反，切角对峰度和偏度更加不敏感，在背风面角部表现出明显的改善效果。

根据楼文娟[3]等人提出的非高斯条件界限 $|S| > 0.2$；$K > 3.5$，0°风向角下标准方柱和切角方柱分别在侧风面和背风面出现非高斯区域。而45°风向角下，标准方柱非高斯区域增大，切角未出现非高斯区域，峰度和偏度的极大值位置并未发生改变。

图4为0°风向角下标准方柱、切角方柱的平均风压等值线图和流线图，从图中可以看出角部措施对方柱周围流场的平均风压有明显的改善。标准方柱在侧风面和背风面有较强的负压区，切角措施使侧风面和背风面的负压明显减小。从流线图中可以看出，切角措施使得气流的分离点后移，剪切层靠近方柱壁面，尾流宽度减小，侧风面的回流区更小。

为了进一步讨论切角措施改善风压非高斯特性的流场机理，图5给出了标准方柱和切角方柱在0°风向

* 基金项目：国家自然科学基金项目（51578330）

角下的典型瞬态涡量图。由图可见，0°风向角下，切角方柱剪切层更加靠近壁面，抑制了壁面附近涡的大小，使得气流沿着切角斜面直接进入尾涡区，并且尾涡回旋更加贴近背风面，在后角部的回旋长度剪短，这使得切角措施背风面非高斯增大，而角部减弱。

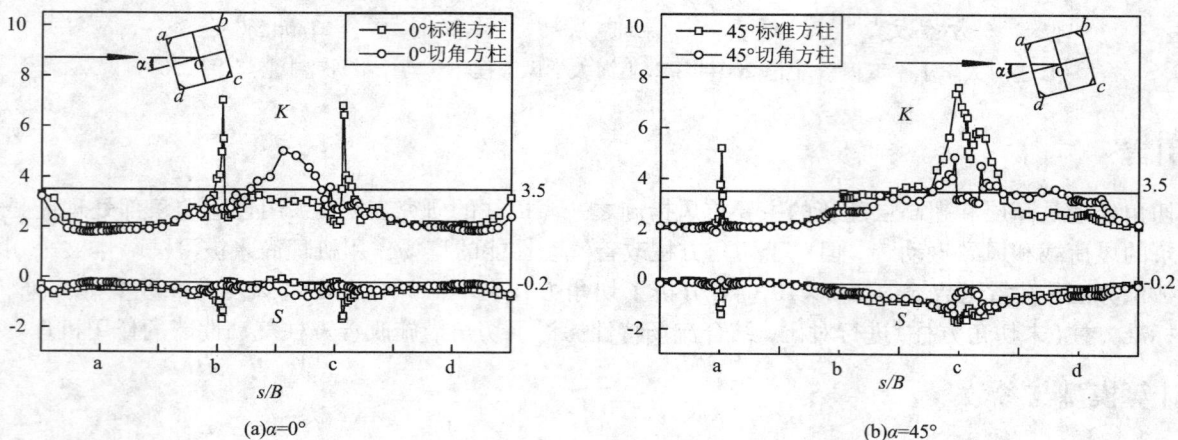

(a)α=0°   (b)α=45°

图3　标准方柱和切角方柱的偏度与峰度

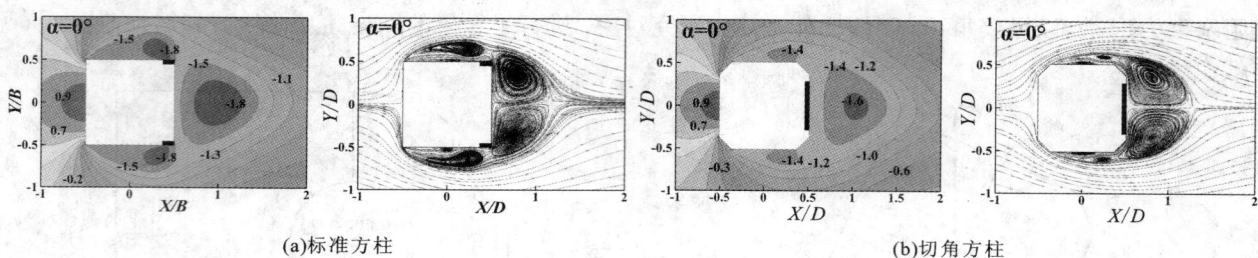

(a)标准方柱   (b)切角方柱

图4　平均风压图和流线图

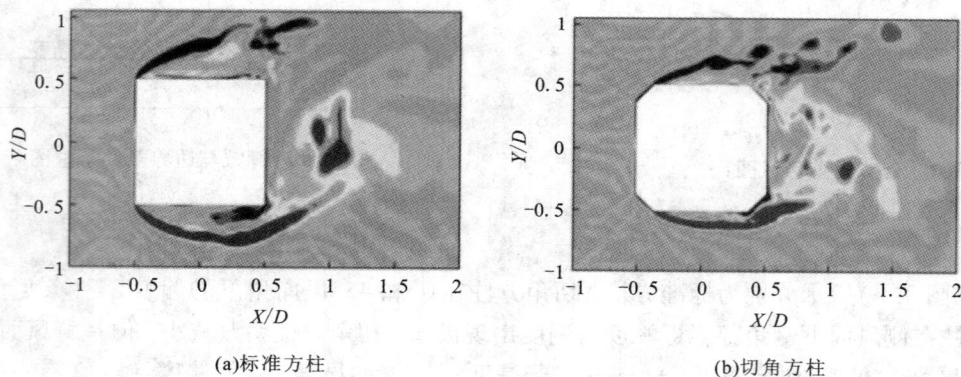

(a)标准方柱   (b)切角方柱

图5　0°风向角下标准方柱与切角方柱瞬时涡量图

4　结论

与标准方柱相比，切角方柱的剪切层更靠近壁面，回流区更长，对方柱的表面风压均有较大的改善作用；0°风向角下，切角化处理后，剪切层更加靠近壁面，使得卷起程度减弱，气流直接进入尾流区，回旋流更加贴近背风面，导致背风面出现非高斯区域。

参考文献

［1］Tetsuro Tamura, Tetsuya Miyagi. The effect of turbulence on aerodynamic forces on a square cylinder with various corner shapes［J］. Wind Engineering and Industrial Aerodynamic, 1999, 83(1－3): 135－145.

［2］杜晓庆，田新新，李二东，等. 圆角化对方柱气动性能影响的流场机理［J］. 力学学报，2018，50(5): 1013－1023.

［3］楼文娟，李进娟，沈国辉，等. 超高层建筑脉动风压的非高斯特性［J］. 浙江大学学报，2011，45(4): 671－677.

双圆柱的脉动气动力特性及其流场机理[*]

顾李敏[1]，吴葛菲[1]，杜晓庆[1, 2]，王玉梁[1]

（1. 上海大学土木工程系 上海 200444；2. 上海大学风工程和气动控制研究中心 上海 200444）

1 引言

　　圆柱型结构在工程中应用广泛，如冷却塔群、烟囱群及并列吊索等。双圆柱之间存在的气动干扰会使结构的风荷载与单圆柱有明显区别，甚至会导致尾流激振现象的发生。以往针对错列双圆柱的研究主要集中于平均气动力，对于脉动气动力的研究较少；上游圆柱受下游圆柱的流场干扰机理研究也较少[1]。本文在高雷诺数下（$Re = 1.4 \times 10^5$），采用大涡模拟方法分析了上、下游圆柱的脉动气动力系数随风攻角及间距的变化规律，基于脉动风压系数和瞬态流场特性探讨了上、下游圆柱之间相互干扰的流场机理。

2 计算模型

　　本文计算所采用的双圆柱间距比 P/D 分别为 1.5、2、3 和 4（D 为圆柱直径，P 为双圆柱中心间距），风攻角 $\beta = 0° \sim 90°$，计算工况示意图如图 1。计算采用 O 型计算域，计算域直径 46D，阻塞率为 2% ~ 4 %，模型展向长度为 2D，圆柱近壁面 $y^+ \approx 1$，网格总数约为 270 万 ~ 320 万，量纲—时间步 Δt^*（$\Delta t^* = \Delta t U_0 / D$，其中 Δt 为实际计算时间步，U_0 为来流风速）为 0.005，计算雷诺数为 1.4×10^5。计算域采用速度入口边界条件，出口采用自由出口边界条件，展向两端采用周期性边界条件，圆柱采用无滑移壁面条件。本文的网格验证见参考文献[2]。

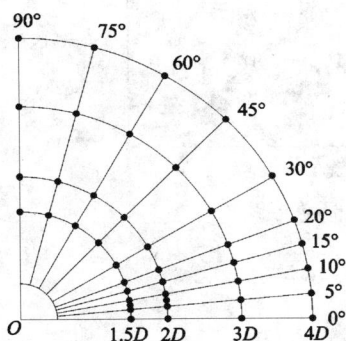

图 1　计算工况图

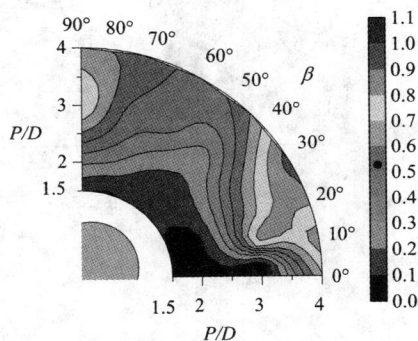

图 2　下游圆柱脉动升力系数等值线图

3 结果与分析

　　图 2 为下游圆柱的脉动升力系数等值线图，图例中黑点代表了本文单圆柱的脉动升力系数。由图可知，下游圆柱的脉动升力系数在不同间距比及风攻角下存在较大差异。当风攻角和间距较小时，下游圆柱的脉动升力系数较小，并在 $P/D = 1.5 \sim 2$、$\beta = 0° \sim 10°$ 时出现极小值。随着风攻角及间距的增大，下游圆柱的脉动升力系数逐渐增加，并在 $P/D = 3 \sim 4$、$\beta = 10° \sim 30°$ 时出现脉动升力系数的极大值。

　　限于篇幅，图 3 给出了 $P/D = 1.5$ 和 3 典型风攻角下双圆柱的脉动风压系数分布。在 $P/D = 1.5$、$\beta = 5°$ 时，下游圆柱脉动风压系数明显小于单圆柱，并在迎风侧上下表面分别出现脉动风压系数峰值；上游圆柱脉动风压系数变化趋势与单圆柱类似，但由于受下游圆柱干扰，其值远小于单圆柱。在 $P/D = 3$、$\beta = 20°$ 时，下游圆柱下表面出现两个脉动风压系数峰值，呈现明显的非对称性；上游圆柱则与单圆柱脉动风压分

---
* 基金项目：国家自然科学基金项目（51578330）

布基本一致，受下游圆柱干扰较弱。

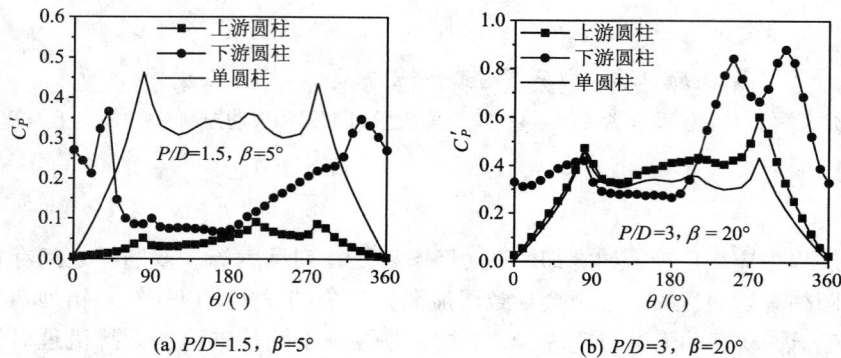

(a) $P/D=1.5$，$\beta=5°$　　　　(b) $P/D=3$，$\beta=20°$

图3　圆柱脉动风压系数

图4给出了 $P/D=1.5$、$\beta=5°$及 $P/D=3$、$\beta=20°$下，升力系数峰值时刻的涡量图。在 $P/D=1.5$、$\beta=5°$时，下游圆柱的存在影响了上游圆柱尾流涡的形成，而上游圆柱的上侧剪切层则直接作用在下游圆柱的迎风侧上，上下游圆柱间干扰剧烈。在 $P/D=3$、$\beta=20°$时，上游圆柱上下侧剪切层交替脱落形成旋涡，受下游圆柱干扰较弱；而上游圆柱尾流中形成的涡却与下游圆柱下侧剪切层之间存在相互作用，进而影响了下游圆柱的尾流涡脱。

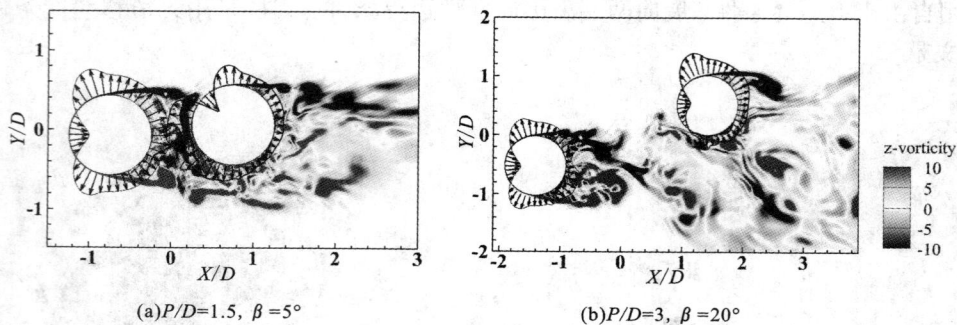

(a) $P/D=1.5$，$\beta=5°$　　　　(b) $P/D=3$，$\beta=20°$

图4　瞬态涡量图

4　结论

本文在 $Re=1.4\times10^5$下，对双圆柱绕流进行了大涡模拟研究，结合上下游圆柱的脉动气动力及流场特性，探讨了上下游圆柱间的干扰机理。当 $P/D=1.5\sim2$、$\beta=0°\sim10°$时，上游圆柱剪切层直接作用在下游圆柱上，而下游圆柱同时也影响了上游圆柱尾流旋涡的形成，使得上下游圆柱的脉动气动力系数均小于单圆柱；当 $P/D=3\sim4$、$\beta=10°\sim30°$时，下游圆柱对上游圆柱干扰较弱，而上游圆柱尾流中脱落的涡则会与下游圆柱下侧剪切层相互作用，使下游圆柱迎风侧下表面出现两个脉动风压极值，导致下游圆柱脉动升力系数增大。

参考文献

［1］Zhou Y, Alam M M. Wake of two interacting circular cylinders：A review［J］. International Journal of Heat and Fluid Flow，2016，62：510－537.

［2］杜晓庆，施春林，孙雅慧，等. 高雷诺数下串列圆柱尾流致涡激振动的机理研究［J］. 振动工程学报，2018，31(4)：688－697.

二维钝体断面的气动荷载特性的风洞试验研究及其应用

何勇，谢壮宁

（华南理工大学亚热带建筑科学国家重点实验室 广州 510641）

1 引言

本文对二维矩形柱体做了同步测压实验，分析了装置表面的气动力与来流风速，风向角以及湍流度的关系。试验结果证明，该装置可以识别来流风速，风向角，并进一步识别顺风向风速谱，计算来流风湍流度（该方法将用于风速风向实测，并已申请国家专利[1]）。

2 主要研究方法和内容

试验模型装置高 829 mm，A、B 层测点高度分别为 523 mm，726 mm（图 1）。两个测压模块尺寸：长 144 mm、宽 144 mm、高 200 mm。每个面上均匀布置了 9 个测压点，两个模块之间呈 45°角（图 2，图 3）。试验在华南理工大学大气边界层风洞进行（图 4），模型表面风压用采样频率 330 Hz 的 PSI 电子式压力扫描阀采集。

试验设置了 3 种工况：空风洞（$I_u = 0$），低湍流度（$I_u = 3.15\%$），高湍流度（$I_u = 15\%$）；每一湍流度下，均设置了三种风速，低风速（6 m/s），中风速（9 m/s），高风速（12 m/s）；由于装置的高度对称性，本次试验风向角在 0°~90°之间按特定步长取了 33 个风向角。

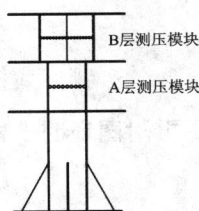

图 1 装置示意图

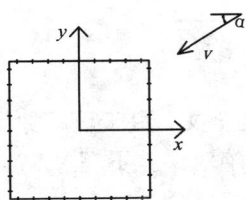

图 2 A 层测压点

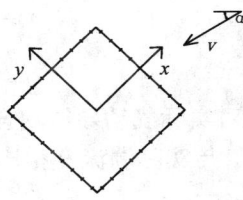

图 3 B 层测压点

图 4 装置实物图

3 实验结果分析

3.1 气动力推导来流风向角

根据试验得到风压数据，可得 A 层与 B 层测压模块的气动力 $P_x(I_u, v, \alpha)$ 与 $P_y(I_u, v, \alpha)$。对气动力做如下计算

$$C_x(I_u, v, \alpha) = P_x(I_u, v, \alpha) / \sqrt{P_x(I_u, v, \alpha)^2 + P_y(I_u, v, \alpha)^2} \tag{1}$$

$$C_y(I_u, v, \alpha) = P_y(I_u, v, \alpha) / \sqrt{P_x(I_u, v, \alpha)^2 + P_y(I_u, v, \alpha)^2} \tag{2}$$

对不同湍流度下不同风速 $C_x(I_u, v, \alpha)$ 曲线，$C_y(I_u, v, \alpha)$ 曲线分析发现，$C_x(I_u, v, \alpha)$ 与 $C_y(I_u, v, \alpha)$ 对 v 不敏感（篇幅有限，此处不附图说明，具体见全文）。图 5、图 6 分别给出 A 层与 B 层不同湍流度下 $C_x(I_u, \alpha)$，$C_y(I_u, \alpha)$ 曲线。由图可知，A 层测压模块的 C_x，C_y 曲线在 20~70°时，对 I_u 不敏感。B 层测压模块的 C_x、C_y 曲线在 0~20°，70~90°，对 I_u 不敏感。因此可根据 A、B 两个模块 C_x 与 C_y 曲线求出 0~90°所有风向角。

3.2 气动力推导来流风向角

对 A 层测点，根据已知的气动力 $P_x(I_u, v, \alpha)$ 和 $P_x(I_u, v, \alpha)$，做如下计算：

$$C(I_u, v, \alpha) = \frac{\sqrt{P_x(I_u, v, \alpha)^2 + P_y(I_u, v, \alpha)^2}}{0.5\rho v^2} \tag{3}$$

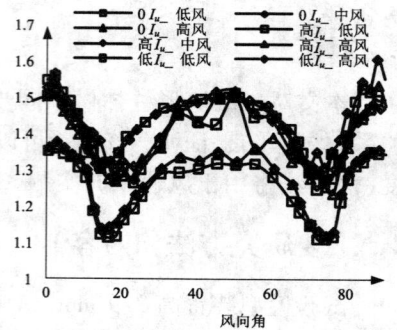

图 7 给出不同 I_u 不同 v 下的 C 曲线。考虑到设备精度问题以及试验过程中存在的误差因素，不妨认为同一湍流度下的 $C(I_u, v, \alpha)$ 对风速 v 不敏感。$C(I_u, v, \alpha)$ 曲线在 $I_u = 0$ 时与 $I_u \neq 0$ 时，数值上差异较为明显。由于现实中风的湍流度一般不为 0，故可不考虑湍流度为 0 的情况。因此可近似认为 C 曲线对来流风速 v 和湍流度 I_u 不敏感，只是风向角 α 的函数。根据之前求得风向角，可以得到 $C(I_u, v, \alpha)$。再由方程（3），可以求得来流风速 v。

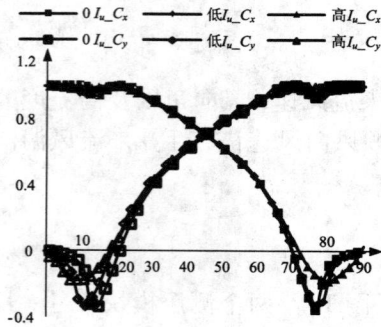

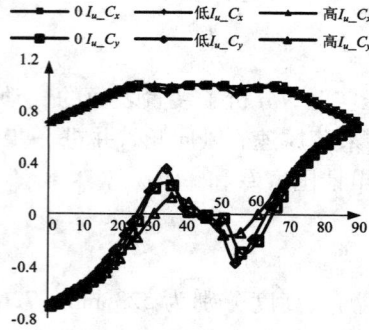

图 5 A 层测点不同 I_u 下 C_x 与 C_y 曲线　图 6 B 层测点不同 I_u 下 C_x 与 C_y 曲线　图 7 不同 I_u 不同 v 下 C 曲线

3.3 气动力推导来流风湍流度

根据试验求得的实际气动导纳与经典气动导纳公式[9]，发现来流风垂直吹向模型表面的时候，二者吻合的较好；当风向角逐渐增大至 45°时，二者之间偏差较大，经典气动导纳公式不再适用。本文根据实际气动导纳，拟合了可以适合所有风向角的气动导纳公式

$$\chi(f) = \cfrac{1}{1 + k(\alpha)\cfrac{f\sqrt{A}}{U^{0.4}}} \tag{4}$$

具体证明该气动导纳公式对实际气动导纳吻合情况见全文，由于篇幅原因，此处不再附图证明。根据此气动导纳公式计算的湍流度，与实际湍流度相比，最大绝对误差不超过 3%。

4 结论

通过以上试验分析，该试验装置可以识别来流风速，来流风向角以及来流湍流度。将该装置用于风速风向实测的做法是可行的。

参考文献

[1] 谢壮宁，段静，何勇. 一种基于压差的二维风速风向测量装置[P].
[2] 武岳，孙瑛，郑朝荣，等. 风工程与结构抗风设计[M]. 哈尔滨：哈尔滨工业大学出版社，2014.

长细比对光滑圆柱气动力特性的影响[*]

黄铮汉[1]，马文勇[2]，黄伯城[3]

（1. 石家庄铁道大学土木工程学院 050043；2. 石家庄铁道大学风工程
研究中心 石家庄 050043；3. 中国铁路济南局集团有限公司 济南 250000）

1 引言

工程中存在大量的圆形断面细长结构，其在强风下常常会发生大幅振动，这类结构在发生大幅振动时，其雷诺数常进入临界区，因此，临界雷诺数区是影响细长圆柱结构气动不稳定性的重要因素之一。在细长圆柱的风荷载测试中，由于风洞尺寸的限制，常常采用不同长细比的试验模型进行测试。Wissink 等[1]通过 DNS 的方法研究了 $Re=3900$、$L/D=4\sim8$ 的圆柱绕流，并指出 $L/D=4\sim8$ 时几乎没有改变流场的时均特征。本文采用刚性模型测压试验以及弹性悬挂同步测压、测振风洞试验，研究了长细比对光滑圆柱气动力特性的影响。得到了不同长细比下圆柱在亚临界区、临界区及超临界区的阻力系数、升力系数、脉动阻力系数及升力系数、斯托罗哈数等气动力参数随长细比的变化规律。

2 风洞试验概况

2.1 试验概况

本次试验在石家庄铁道大学的 STDU – 1 风洞试验室高速试验段进行，该试验段截面尺寸为 2.2 m×2 m，其长度为 5 m，最大风速约为 80.0 m/s，来流湍流度 <0.5%，速度场不均匀性 ≤0.2%。本次静态试验模型横截面形状为圆形，模型用有机玻璃制作，直径 $D=150$ mm，长度 $L=2$ m，沿模型展向分别布置 5 圈测点，用字母 A、B、C、D、E 表示，每圈 40 个测点，共 200 个测点，其距模型中心的距离分别是 570 mm（$3.8D$）、300 mm（$2D$）、0 mm、150 mm（D）、450 mm（$3D$），对应每圈测点的测压管长度分别为 530 mm、780 mm、930 mm、790 mm、620 mm。沿模型轴向位置布置了 4 排测点，分别用 W、G、F、H 表示，每排 26 个测点，共 104 个测点，每排测点对应的测压管长度为 930 mm。模型内部安装一根钢管以保证其支撑刚度，钢管直径 d 为 30 mm，长度 l 为 3 m。图 1 和图 2 分别为模型周向测点以及轴向测点布置示意图。

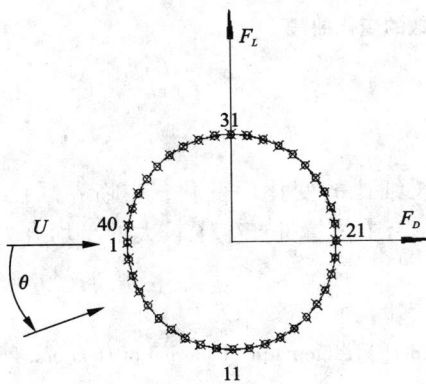

图 1 模型周向测点布置

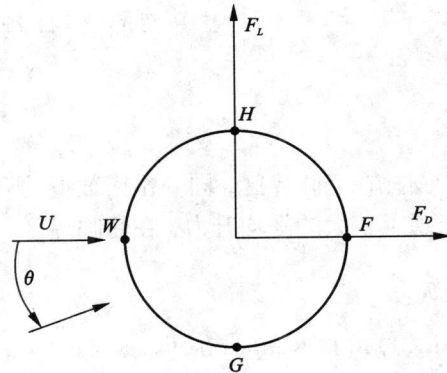

图 2 模型轴向测点布置

* 基金项目：河北省自然科学基金项目（E2017210107）

2.2　试验参数

升力系数计算公式为

$$C_L(t) = \frac{F_L(t)}{0.5\rho U^2 D} \tag{1}$$

式中，$F_L(t)$ 是升力，采用周向压力积分获得，$C_L(t)$ 为升力系数，U 为自由来流风速，$D = 150$ mm 为圆柱直径，ρ 为空气密度。

3　长细比对光滑圆柱平均升力的影响

图 3 为不同雷诺数下升力系数随长细比的变化规律曲线。在亚临界区，同一雷诺数下的升力系数基本不随长细比的变化而变化，见图 3(a) 亚临界图例所示；在进入临界区后，在一定的雷诺数范围内（$2.71 \times 10^5 \leqslant Re \leqslant 3.46 \times 10^5$），当 $L/D \leqslant 11$ 时，其升力系数基本为 0，即并未产生较大的平均升力，但在 $L/D \approx 6$ 附近时则出现了较大的升力系数，即平均升力较大，与文献[2]结论一致。如图 3(b) 所示。在超临界区，可以看到在同一雷诺数下，当 $L/D \leqslant 9$ 时，圆柱跨中产生较大的平均升力，在 $L/D \geqslant 10$ 时，在同一雷诺数下升力系数基本不随长细比的变化而变化，约为 0，见图 3(a) 超临界图例。

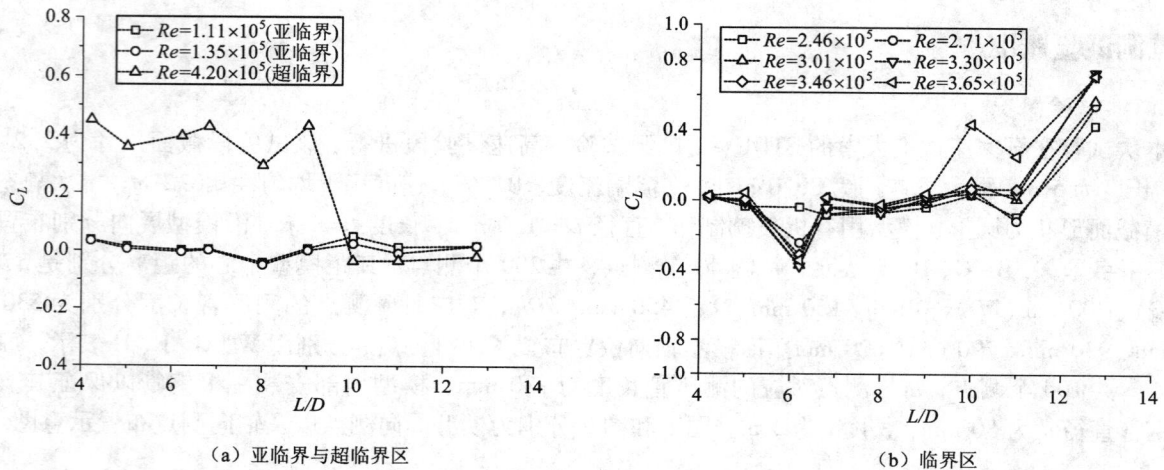

(a) 亚临界与超临界区　　　　　　　　　　　　(b) 临界区

图 3　不同长细比下升力系数随雷诺数的变化曲线

4　结论

光滑圆柱在亚临界区，同一雷诺数下的升力系数基本不随长细比的变化而变化，在临界区在 $L/D \approx 6$ 附近时出现了较大的平均升力，在超临界区，$L/D \leqslant 9$ 时，圆柱在跨中位置处产生了较大的平均升力。

参考文献

[1] WISSINK J, RODI W. Numerical study of the near wake of a circular cylinder[J]. International Journal of Heat and Fluid Flow, 2008, 29(4): 1060 – 1070.

[2] 顾明, 王新荣. 工程结构雷诺数效应的研究进展[J]. 同济大学学报(自然科学版), 2013, 41(7): 961 – 969.

方柱表面风压非高斯特性的流场机理[*]

靳晓雨[1]，许汉林[1]，杜晓庆[1, 2]，刘延泰[1]

（1. 上海大学土木工程系 上海 200444；2. 上海大学风工程和气动控制研究中心 上海 200444）

1　引言

　　研究方柱表面风压的非高斯特性对超高层建筑围护结构的设计具有重要意义，以往对风压非高斯特性的研究主要局限于风洞试验[1]，而针对风压非高斯分布与流场特性之间的相关性分析较少。本文采用大涡模拟，研究了单方柱在均匀来流下的气动性能和风压非高斯特性随风向角的变化规律，探讨了方柱表面风压非高斯特性的流场机理。

2　研究方法与计算模型

　　图 1 所示为计算域及边界条件，计算域为 $50D \times 40D \times 2D$，考虑来流湍流度影响，来流风速为 U_0，方柱边长为 D，阻塞率为 2.5%，雷诺数为 $Re = 2.2 \times 10^4$。图 2 为计算模型局部网格图，通过参数比选和结果验证[2]，最终采用计算方案为周向网格数 200，展向网格尺寸为 $0.1D$，近壁面最小网格为 $0.001D$，近壁面 $y^+ \approx 1$，计算量纲—时间步 $\Delta t^* = 0.025$。

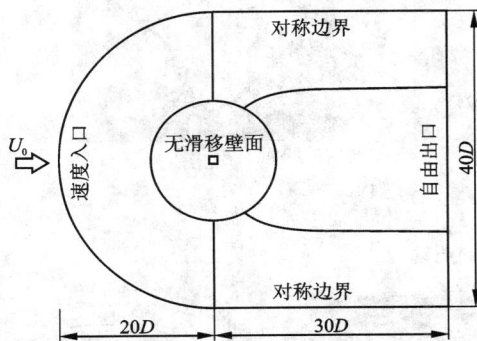

图 1　计算域及边界条件

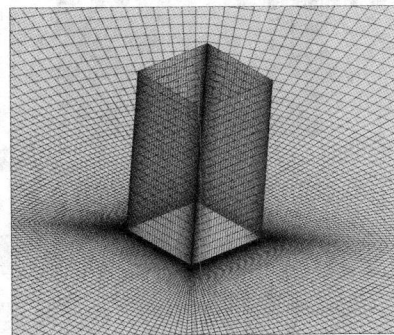

图 2　计算模型局部网格图

3　结果分析

　　图 3 所示为不同风向角下方柱的表面分压分布。对于平均风压见图 3(a)，风向角对方柱的平均风压分布影响较大，在迎风面 ad 和侧风面 ab 上尤为显著，而对背风面 bc 的影响较小。在 $\alpha = 12.5°$ 时，方柱上侧风面负压绝对值突然减小，缘于上侧风面的剪切层再附形成分离泡。对于脉动风压即图 3

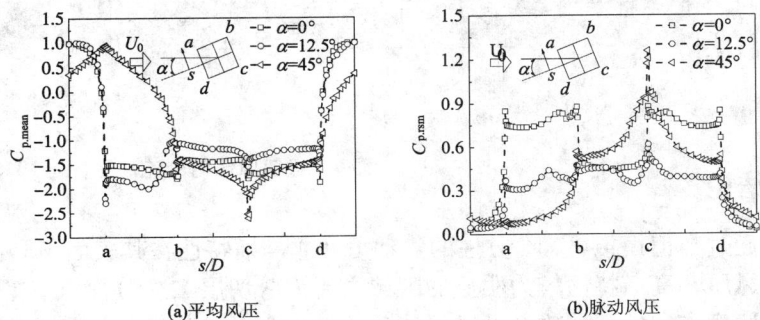

(a)平均风压

(b)脉动风压

图 3　方柱的风压系数

(b)，方柱迎风面几乎不受风向角变化的影响，但背风面和侧风面受风攻角变化的影响较大，进一步说明其尾流流场的复杂性。在 $\alpha = 0°$ 时，方柱侧风面上的脉动风压最大。在 $\alpha = 45°$ 时，上侧风面 ab 的脉动风压最小并在角部 c 点附近达到极值。

　　* 基金项目：国家自然科学基金项目（51578330）

　　图 4 所示为不同风向角下方柱表面
风压非高斯特性,本文参照文献[3]的标
准来判断风压的非高斯界限。由图 4 可
知:在相同风攻角下,方柱的风压非高
斯特性在迎风面上存在一定的差异,但
在其他面上大致相似。除了 $\alpha = 0°$ 外,
均在上侧风面上趋于稳定并在角部 b 点
形成峰值;在背风面上其绝对值逐渐增
大并在角部 c 附近产生二次峰值。结合
流场图,可明显看出方柱表面非高斯特

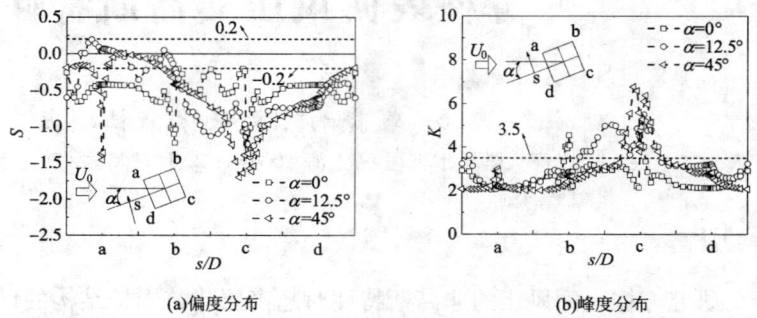

(a)偏度分布　　　　　　　(b)峰度分布

图 4　方柱的风压非高斯特性

性较为显著的区域主要为剪切层二次分
离点、背风面及未发生再附的方柱侧面,但稳定的分离泡并不会使方柱产生明显的风压非高斯特性。

　　图 5 所示为不同风向角下的湍动能,由图 5 可以看出:迎风面和分离泡处的湍动能较小且为高斯区域,
而靠近尾流的下侧风面和背风面的湍动能较大,则表现出明显的非高斯现象。图所示 6 为 $\alpha = 12.5°$ 时方柱
表面不同测点在极值风压时刻的流场图,由图 6 可以发现:方柱背风面上侧回流区在向下运动的过程中,
与下侧风面的间隙流在近壁面相互挤压,使得背风面中点 M 点产生极值风压;而下侧风面回流区在角部 c
点形成的二次旋涡则使非高斯特性极值 N 点产生极值风压方柱。

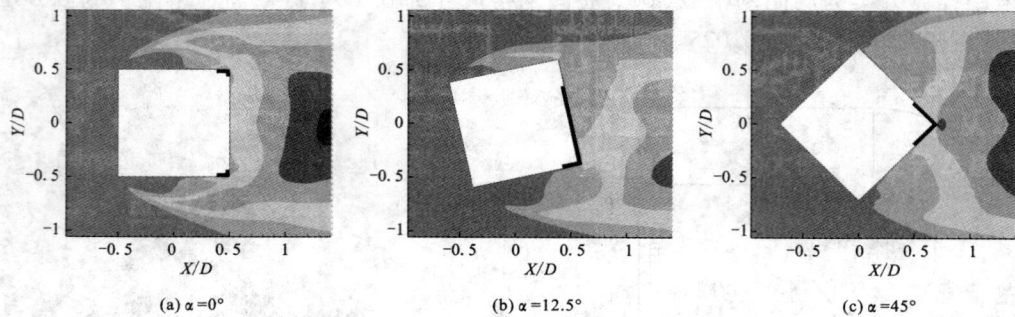

(a) $\alpha = 0°$ 　　　　　　(b) $\alpha = 12.5°$ 　　　　　　(c) $\alpha = 45°$

图 5　方柱在不同风向角下的湍动能

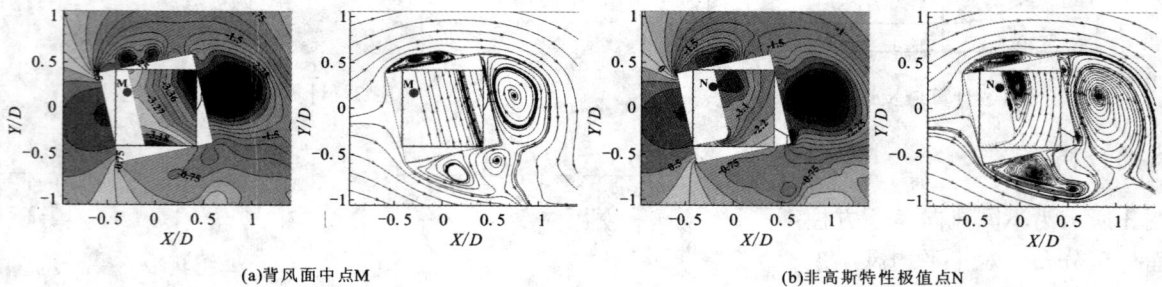

(a)背风面中点M　　　　　　　　　　　(b)非高斯特性极值点N

图 6　极值风压时刻流场图($\alpha = 12.5°$)

4　结论

　　通过数值模拟可知,方柱的气动力和非高斯特性在其表面不同位置处随风向角的变化差异显著。方柱
表面风压非高斯特性较为明显的区域主要为剪切层二次分离点、尾流回流区及未发生再附时的方柱侧面;
来流速度方向的交替改变及风压波动较大均会形成明显的非高斯区域,但稳定的分离泡和固定分离点的非
高斯特性则较弱。

参考文献

[1] Nag Ho, Ki Pyo You, Young Moon Kim. The effect of non – Gaussian local wind pressures on a side face of a square building
　　[J]. Journal of Wind Engineering and Industrial Aerodynamics, 2005, 93: 383 – 397.
[2] 杜晓庆, 田新新, 等. 圆角化对方柱气动性能影响的流场机理[J]. 力学学报, 2018, 50(5): 1013 – 1023.
[3] 楼文娟, 李进娟等. 超高层建筑脉动风压的非高斯特性[J]. 浙江大学学报, 2011, 45(4): 671 – 677.

基于强迫振动的 1:5 矩形断面气动力展向相关性研究 *

雷永富[1,2]，孙延国[1,2]，王孝楠[1,2]

(1. 西南交通大学土木工程学院 成都 610036；2. 西南交通大学风工程四川省重点实验室 成都 610036)

1 引言

流体流经钝体结构表面时，会发生流动分离，形成漩涡脱落，产生涡激力。同时，结构的振动又会产生自激力。当钝体结构在气流的作用下振动时，涡激力与自激力相互干扰，会影响结构表面的气动力展向相关性。Wilkinson[1]利用强迫振动试验，研究了方柱表面气动力的相关性，提出气动力的展向相关性与展向间距和振动幅值有关。Parker 和 Welsh[2]研究了不同高宽比矩形断面的涡脱机理。Ricciardelli[3]针对 1:5 的矩形断面，在不同的风致振动区域开展气动力展向相关性研究，提出气动力展向相关性不仅与振幅有关，还与结构的振动状态有关。Mannini[4]等采用 DES 模型对 1:5 的矩形断面进行了数值模拟，研究了表面压力系数以及展向相关性变化规律。Bruno[5]等回顾了近年来 1:5 矩形断面的研究成果，总结了矩形表面的气动力分布与展向相关性规律。本文针对 1:5 矩形断面，利用强迫振动方法分别研究了振动频率以及风速对断面不同区域气动力展向相关性的影响。

2 试验装置与参数

风洞试验在 XNJD - 1 风洞中进行，该风洞为回流式、串列双试验段风洞，试验段断面尺寸为 16 m（长）×2.4 m（宽）×2 m（高），风速范围为 0.5 ~ 45 m/s，紊流度低于 0.5%，满足本试验对均匀流场的要求。模型尺寸为 200 cm（长）×40 cm（宽）×8 cm（高），总质量为 4.18 kg。模型表面共布置 6 排测点，每排 54 个测点，共计 324 个测点。测点沿展向呈不等间距布置，总计产生 15 个不同的展向间距组合。同步测压仪器采用 DMS - 3400 电子压力扫描阀，每个阀有 64 路采集点，采样次数 $n = 15000$ 次，采样频率 $f = 256$ Hz。

3 试验结果分析

3.1 振动频率对气动力相关性的影响

依据过往研究文献，1:5 矩形断面的上下表面气动力分布大致包含三个区域，分别为回流区、主涡区和再附区。为了研究三个区域内气动力的展向相关性，分别选取三个区域中有代表性的点作为研究对象，其中回流区为 37 号测点，主涡区为 44 号测点，再附区为 50 号测点。强迫振动试验选取的风速 $U = 5$ m/s，振幅 $A = 4$ mm。结合图 1、图 2 可知，不同区域内相关系数的变化规律并不完全一致，当模型振动频率 f_m 较小时，矩形断面主要受涡激力的作用，自激力影响较小，因此各区域的展向相关性都较弱，相关系数较小。随着振动频率的增大，回流区与再附区的相关系数随着频率的增大，先增大后降低，而主涡区的相关系数随着频率的增大近乎呈线性增长。由试验测试得出矩形断面的 $St = 0.121$，试验风速对应的涡脱频率 f_s 为 7.56 Hz，而回流区与再附区内的相关系数最大值并没有出现在该频率附近，而是在振动频率为 6.20 Hz（$f_m/f_s = 0.82$）时达到最大值，随后反而随着频率的增大而逐渐减小。

3.2 风速对气动力相关性的影响

为了研究风速对相关性的影响，固定振动频率 $f_m = 6$ Hz，振幅 $A = 2.4$ mm 进行试验，选取再附区的测点进行分析。当风速较小时，模型表面主要受自激力的作用，气动力的相关性较好，相关系数较大；随着风速的增加，涡激力对自激力的影响增大，两者互相干扰导致相关系数减小；而当风速增大到涡脱频率 f_s 与振动频率 f_m 接近时，模型处于共振范围，进入"涡振区"，相关系数逐渐增大；当过了"涡振区"后，相关性减弱，相关系数逐渐减小。

---

* 基金项目：国家自然科学基金项目（51408505）

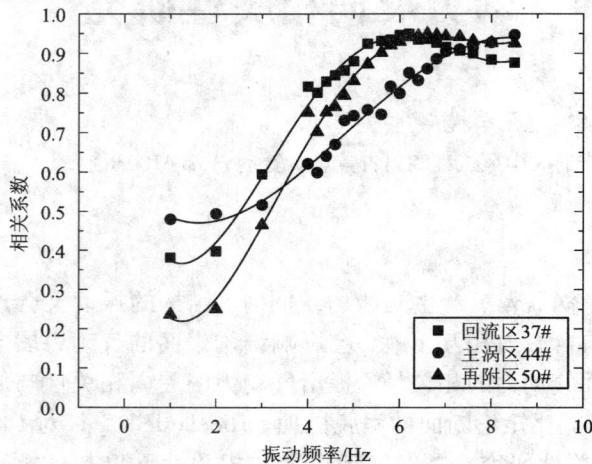

图1 不同气动力分布区域的展向相关性

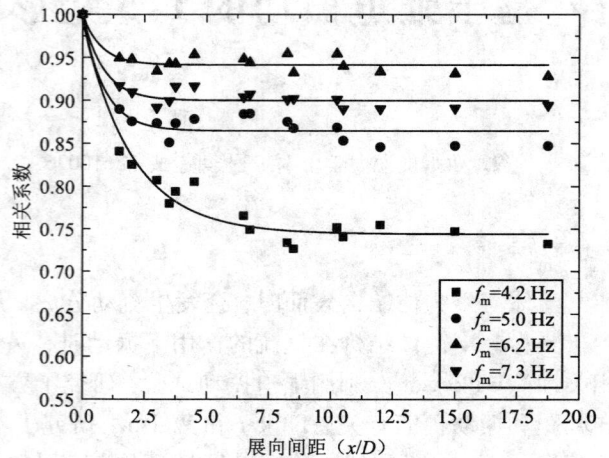

图2 不同振动频率下的气动力展向相关性

4 结论

针对1:5矩形断面，在均匀流场中进行强迫振动试验，研究了振动频率以及风速对断面不同区域处气动力展向相关性的影响，主要结论如下：

（1）在不同振动频率下，矩形上下表面三个区域内的气动力展向相关性变化规律不完全相同，振动频率较小时，相关系数都较小。回流区与再附区的相关系数随着振动频率的增大，先增大，后逐渐减小，相关系数的最大值出现在振动频率为6.20 Hz（$f_m/f_s = 0.82$）处；主涡区的相关系数随着振动频率的增大而增大。

（2）在一定振动频率下，矩形断面的气动力相关系数由于自激力与涡激力的相互影响，随着风速的增大，会先减小，然后在"涡振区"内逐渐增大，过了"涡振区"后再逐渐减小。

参考文献

［1］ Wilkinson R H. Fluctuating pressures on an oscillating square prism. Part II. Spanwise correlation and loading［J］. Aero Quarterly, 1981, 32(2): 111 – 125.

［2］ Parker R, Welsh M C. Effects of sound on flow separation from blunt flat plates［J］. Int. J. Heat and Fluid Flow, 1983, 4: 113 – 127.

［3］ Ricciardelli F. Effects of the vibration regime on the spanwise correlation of the aerodynamic forces on a 5:1 rectangular cylinder ［J］. Journal of Wind Engineering and Industrial Aerodynamics, 2010, 98: 215 – 225.

［4］ Mannini C, Šodab A, Schewec G. Numerical investigation on the three – dimensional unsteady flow past a 5:1 rectangular cylinder［J］. Journal of Wind Engineering and Industrial Aerodynamics. 2011, 99(4): 469 – 482.

［5］ Bruno L, Maria V S, Ricciardelli F. Benchmark on the aerodynamics of a rectangular 5:1 cylinder: An over view after the first four years of activity［J］. Journal of Wind Engineering and Industrial Aerodynamics. 2014, 126: 87 – 106.

风向角对方形断面柱体涡激共振特性的影响研究[*]

李飞强[1]，马文勇[2]，岳光强[3]

（1. 石家庄铁道大学土木工程学院 石家庄 050043；2. 河北省风工程和风能利用工程
技术创新中心 石家庄 050043；3. 中国铁路上海局集团有限公司徐州工务段 徐州 221000）

1 引言

当构件的自振频率与漩涡的发放频率相接近时会使结构发生涡激共振。目前，研究涡激共振问题主要有理论分析、风洞试验以及 CFD 数值模拟三种方法，并且在相关研究中对方形断面结构研究较少。本文基于风洞试验，通过刚性节段模型测压和弹性悬挂刚性节段模型的同步测压测振试验，对方形断面柱体在不同风向角下涡激共振的锁定区间、最大振幅和气动力等参数进行分析[1-2]，为方形断面高耸结构涡激共振的抗风设计提供参考。

2 试验概况

试验模型采用 ABS 板制作，模型断面边长 $D = 180$ mm，长 $L = 2900$ mm，试验阻塞度为 3.9%，为提高模型刚度在其中间安装直径为 50 mm 的钢管，模型沿展向在 S1、S2、S3、S4 四个断面位置各布置 50 个测压孔，通过安装带有整流罩的导流板来消除端部效应。

静态试验时将模型固定于试验架上，弹性试验时将模型通过上下弹簧悬挂，组成质量 – 弹簧 – 阻尼体系，如图 1 所示。试验数据采集采用电子压力扫描阀系统和激光位移计系统[3]。试验风速范围为 2.0 ~ 10.0 m/s，风速间隔约为 0.1 m/s。在进行涡激共振弹性试验时，选取 0°、10°、20°、30°、45°五个典型风向角进行分析。

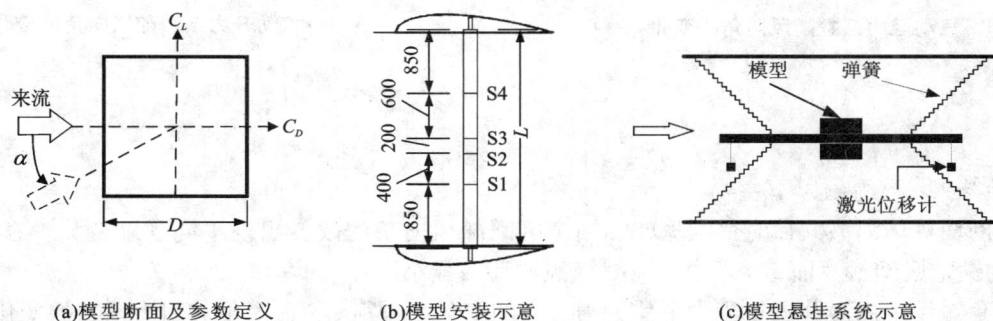

(a)模型断面及参数定义　　　　(b)模型安装示意　　　　(c)模型悬挂系统示意

图 1　试验模型及参数定义

3 试验结果

通过对结构自身动力特性进行测试，结构的自振频率 $f_n = 2.98$ Hz，阻尼比 $\xi = 0.613\%$。图 2 给出了最大量纲振幅 h_{max} 随风向角的变化。图 3 给出了涡激共振锁定区间 L_R 随风向角的变化。通过分析，结构在 10°风向角下最大振幅最小，涡激共振锁定区间最大。图 4 和图 5 分别给出了静止（涡激共振锁定区外）和位于锁定区最大振幅处方柱的平均阻力系数 C_D、$C_{D\max}$ 以及平均升力系数 C_L、$C_{L\max}$ 随风向角的变化。

* 基金项目：国家自然科学基金项目（51408505）

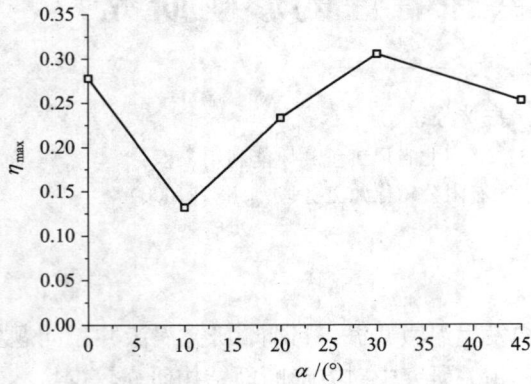

图2   涡激共振最大量纲振幅随风向角的变化

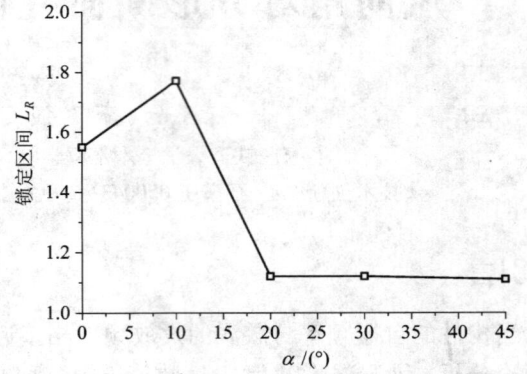

图3   涡激共振锁定区间随风向角的变化

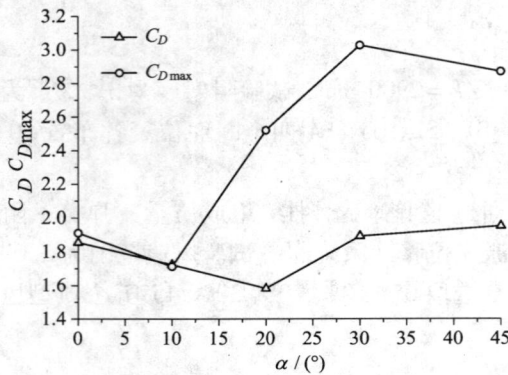

图4   气动阻力系数随风向角的变化

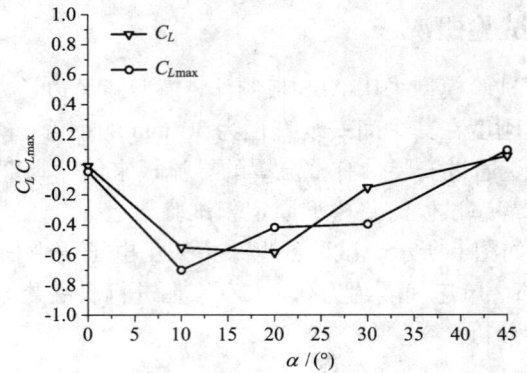

图5   气动升力系数随风向角的变化

4   结论

根据试验结果，可得出以下主要结论：

（1）方形断面柱体涡激共振时最大振幅和锁定区间随风向角的改变出现不同程度变化。在10°风向角下涡激共振的锁定区间最大而最大振幅最小，横风向荷载最小。

（2）风向角对发生涡激共振过程中平均升力系数的变化影响很小；而对平均阻力系数的变化影响较大，其中在20°~30°风向角下影响最为明显。

参考文献

［1］谷家扬，杨琛，朱新耀，等. 质量比对圆柱涡激特性的影响研究［J］. 振动与冲击，2016，35（4）：134－140.

［2］徐枫，欧进萍. 低雷诺数下弹性圆柱体涡激振动及影响参数分析［J］. 计算力学学报，2009，26（5）：613－619.

［3］马文勇，刘庆宽，刘小兵，等. 风洞试验中测压管路信号畸变及修正研究［J］. 实验流体力学，2013，27（4）：71－77.

并列二维板尾流及气动力研究

李振圻[1, 2]，王汉封[1, 2]，曾令伟[1, 2]

（1. 中南大学土木工程学院 长沙 410075；2. 中南大学高速铁路建造技术国家工程实验室 长沙 410075）

1 引言

钝体绕流是流体力学的经典问题，并列多钝体绕流与单钝体绕流有本质区别，探索其特点对实际的工程设计和器械制造有积极的指导作用。郑宇华等[1]利用 PIV 流速测量技术，在一定流量下通过改变并列双矩形柱的间距比研究矩形柱的绕流特性，结果表明当大于或小于某临界间隙比时，两矩形柱开缝下方形成的漩涡个数及紊动强度有较大差异；饶勇等[2]采用 Lattice Boltzmann 方法对并列双方柱绕流问题进行数值模拟，方柱间距比为 0.2~2.5 共 11 种情况，给对应的流线图、方柱升力图及阻力图，结果表明 $s/d = 1.5$ 为流动从偏流型向对称型转换的临界间隙比；庞建华等[3]通过数值模拟，对高雷诺数下并列双圆柱的二维绕流特性进行研究，提出了利用间隙中点速度区别宽窄尾流的方法，并讨论了脉动流体力特点、尾流特征及斯特哈尔数特征。国内多为并列圆柱或方柱研究，并列板研究文献较少。Hayashi 等[4]实验研究发现并列板之间的间隙流并不会像并列圆柱、方柱那样随时间随机偏流，在无外界干扰时，并列板的间隙流能保持在稳定偏流状态；Higuchi 等[5]研究了低雷诺数下并列二维板后的涡结构，当间隙较小时，类似于单板绕流，随着间隙比不断增大，间隙流偏移，并列板后形成大尺寸的对称涡和小尺寸的非对称涡。本文通过风洞试验，对实心及多孔并列二维板进行尾流及气动力研究。

2 研究方法和内容

本文通过风洞实验，对间隙比为 0、0.5、0.75、1.0、1.25、1.5、1.75、2.0、2.5，开孔率为 0、20%、40% 的并列二维板进行研究。利用烟线进行初步流动显示，观察间隙流偏移方向，大致确定产生偏流的临界间隙比。利用测力天平同时测定两个二维板的阻力，分析阻力系数随间隙比的变化趋势。利用 PIV 对不同间隙比下板后流场进行分析，观察流速变化及紊动强度变化。改变板的开孔率，依据上述方法对并列二维板进行分析，对比开孔板与实心板的差异，找寻最优开孔率。烟线结果见图 1，从上至下间隙逐渐增大（左侧实心板右侧开孔板）；实心板不同间隙下的流向速度分布如图 2-4 所示。

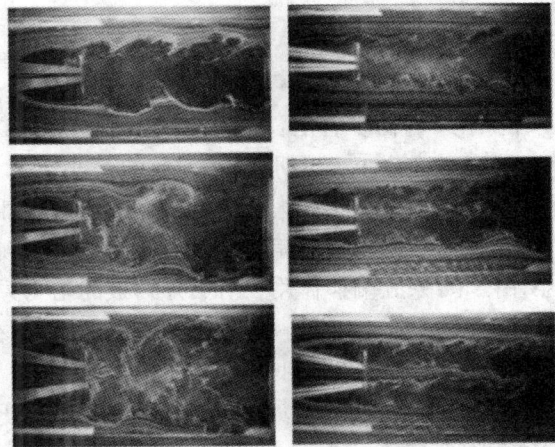

图 1 不同间隙比下的尾流状态

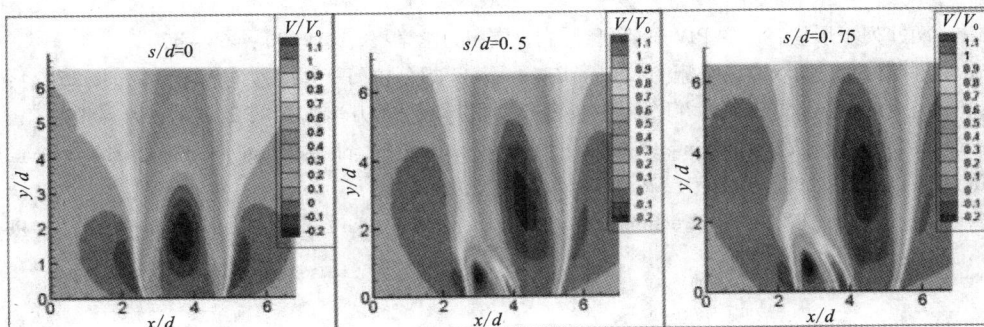

图 2 实心板 $s/d = 0$、0.5、0.75 时流向时均速度

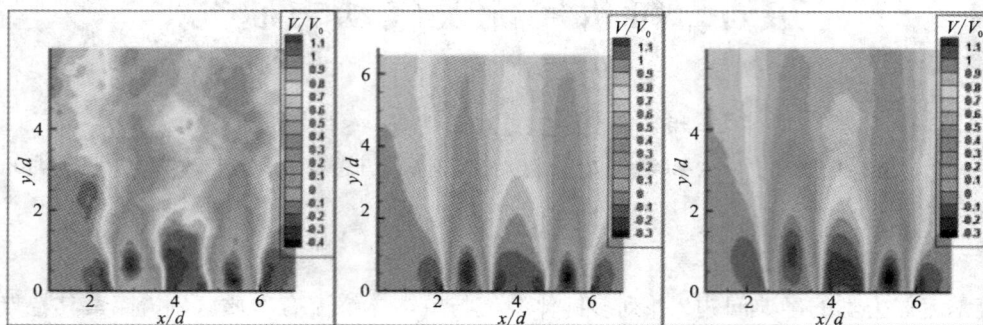

图3　实心板 s/d(间隙比)= 2.0 时偏左、不偏、偏右三种类型流向时均速度

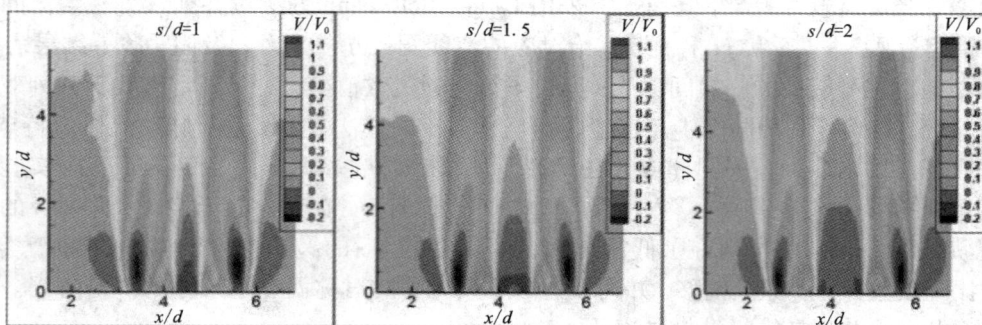

图4　开孔率 20% 板 s/d(间隙比)= 1.0、1.25、1.5、2.0 时流向时均速度

3　结论

由烟线结果可初步看出：当间隙比小于 0.5 时，并列板的绕流类似单板绕流，间隙流较少，对尾流干扰较小，尾流对称分布；当间隙比大于 0.5，小于 2.0 时，可观察到明显的间隙流偏移，尾流由于偏流形成宽尾流和窄尾流；当间隙比大于 2.0 时，由于两板距离较远，间隙流干扰较弱，绕流情况类同于两块独立平板绕流。实心板与开孔板有明显差异，开孔后偏流较弱或不产生偏流，两并列板相互干扰较弱。测力结果表示：由于间隙流偏移作用，两块并列板的阻力系数发生分岔。

PIV 结果显示：并列板不同于并列柱体，不存在小间隙比时的双稳态现象。对于实心板，当 $0.5 \leqslant s/d \leqslant 1.75$ 时，间隙流固定朝一个方向偏移，$s/d = 2$ 时，间隙流不再固定偏向一个方向，存在偏左、偏右和不偏三种情况 $s/d = 2.5$ 时，尾流对称无偏移；对于开孔率 20% 并列板不存在固定偏移现象，间隙比小于 0.75 时，存在类似柱体的双稳态现象，0.75 后呈偏流不明显；对于开孔率 40% 并列板，偏流影响较小，尾流几乎对称。

参考文献

[1] 郑宇华, 顾杰. 两并列矩形柱绕流的 PIV 试验研究[J]. 应用力学学报, 2018(3)：465 – 470.

[2] 饶勇, 倪玉山, 刘超峰. 并列双方柱绕流的 Lattice Boltzmann 模拟分析[J]. 应用力学学报, 2008, 25(2)：192 – 197.

[3] 庞建华, 宗智, 周力. 基于高雷诺数的并联双圆柱绕流研究[J]. 船舶力学, 2017, 21(7)：791 – 803.

[4] Hayashi M, Sakurai A, Ohya Y. Wake interference of a row of normal flat plates arranged side by side in a uniform flow[J]. Journal of Fluid Mechanics, 1986, 164：1 – 25.

[5] Higuchi H, Lewalle J, Crane P. On the structure of a two - dimensional wake behind a pair of flat plates[J]. Physics of Fluids, 1994, 6(1)：297 – 305.

不同计算域下的二维圆柱绕流的数值模拟

刘刚[1]，刘闪闪[1]，周奇[1,2]

（1. 汕头大学风洞实验室 汕头 515063；2. 汕头大学土木与环境工程系 汕头 515063）

1 引言

针对圆柱绕流国内外诸多学者做了大量研究，研究结果反映了圆柱绕流的基本规律。目前关于圆柱绕流数值模拟的研究中，计算域尺寸对模拟结果的影响还有待深入研究，计算域尺寸的不同会导致阻塞率的差异，也会影响流场的发展。本文设定 6 种尺寸的计算域对圆柱做数值模拟，对比分析压力场、速度场、升力系数及阻力系数的模拟结果，研究计算域尺寸对数值模拟的影响规律，探究数值模拟中计算域合适的尺寸，防止计算域过大影响计算效率，也避免计算域过小导致计算结果不可靠。

2 数值模拟参数及结果

2.1 数值模拟参数

本文设定雷诺数为 200，圆柱直径 D 为 1 m。入口设置为 Velocity Inlet，速度为 1 m/s；出口为 Outflow；圆柱表面采用无滑移壁面；上下边界定义为对称边界。先使用 SIMPLE 算法计算定常流场至稳定，再采用 PISO 算法计进行瞬态计算；分析各计算域下的速度场、压力场、升力系数时程、阻力系数时程及频谱。将模拟结果分为两组对比分析，第一组：CS – 1、CS – 2、CS – 3 和 CS – 4；第二组：CS – 3、CS – 5 和 CS – 6（表1，图1）。

表1 计算工况介绍

名称	d/D	L/D	B/D
CS – 1	5	20	20
CS – 2	9	20	20
CS – 3	12	20	20
CS – 4	15	20	20
CS – 5	12	20	12
CS – 6	12	20	30

注：d 为圆柱到上游入口的距离、L 为圆柱到下游出口的距离、B 为计算域宽度。

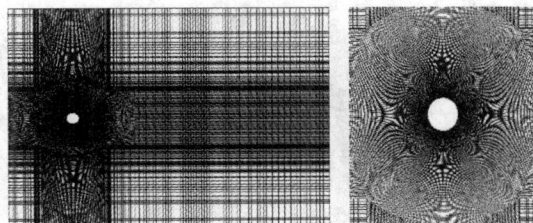

图1 网格示意图

2.2 阻力系数

图2 和图3 分别为第一组和第二组工况阻力系数时程图。

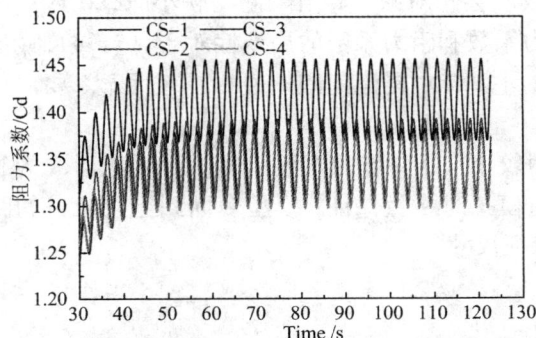

图2 第一组工况阻力系数时程

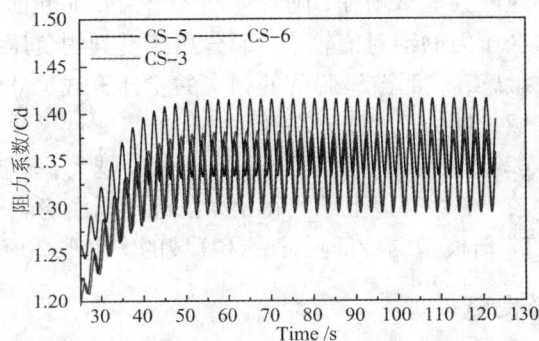

图3 第二组工况阻力系数时程

2.3　升力系数

图 4 和图 5 所示分别为第一组和第二组工况升力系数时程图。

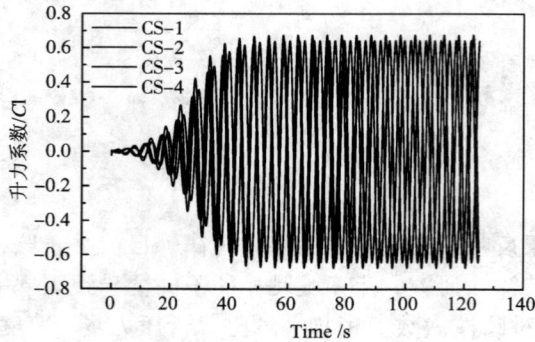

图 4　第一组工况升力系数时程

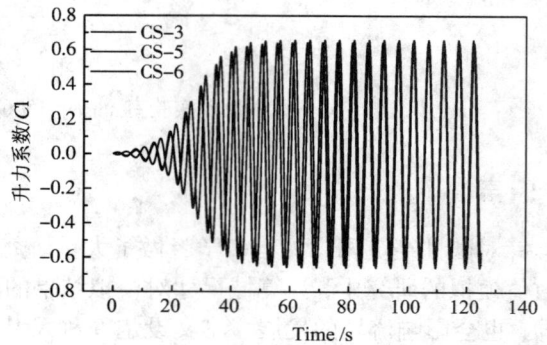

图 5　第二组工况升力系数时程

2.4　频谱分析

图 6 和图 7 给出了两组工况下的阻力、升力系数时程及升力系数的频谱，通过对比发现计算域的尺寸对模拟结果影响较大。计算域尺寸过小时模拟结果与计算域足够大时模拟结果存在显著差异，如 CS-1 的主频与 CS-2、CS-3、CS-4 的主频存在较大的差值；阻力系数对于计算域尺寸尤其敏感。

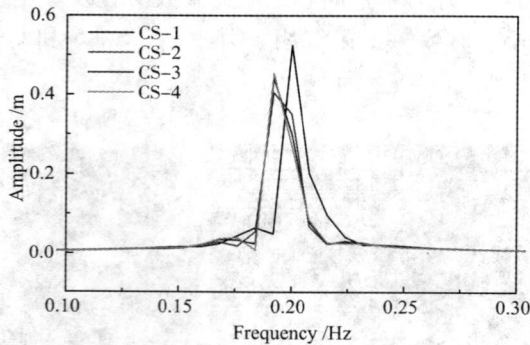

图 6　第一组工况升力系数主频

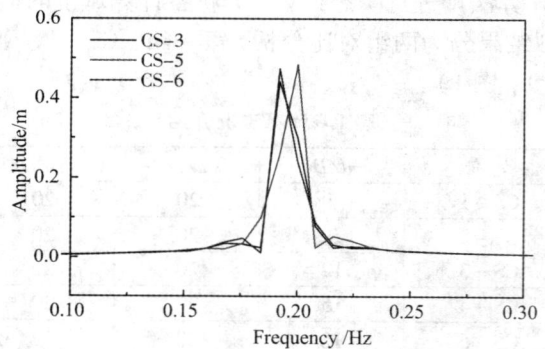

图 7　第二组工况升力系数主频

3　结论

（1）从风速场及压力场的模拟结果可以看出，流体流经圆柱时流通断面会收缩，收缩断面上局部区域流体速度会显著增加，随计算域的增大收缩断面上的这种效应会相对减弱；当阻塞比较小时，在迎风区和背风区压力的绝对值较小，而分离区受到的负压较大。升力系数和阻力系数的周期性对于计算域尺寸的大小较敏感，表明漩涡脱落的频率的受计算域尺寸影响较大，计算域对尾流的周期性影响较明显，要保证流场区域足够大，才能确保计算结果的可靠性。

（2）圆柱表面到速度入口的距离 d 越大，尾流旋涡间距较小；计算域的宽度 B 越大，尾流形成的旋涡尺寸较小；综合以上结论得出，在进行圆柱绕流等相关数值模拟时尽量保证：模型表面到上游入口的距离 d 取 12 倍模型的特征尺寸；计算域的宽度取 20 倍模型的特征尺寸。

参考文献

[1] 徐枫，等. 方柱非定常绕流与涡激振动的数值模拟[J]. 东南大学学报，2005.
[2] 吴言超，等. 低雷诺数圆柱绕流特性的数值模拟[J]. 大庆石油学院学报，2011.
[3] 郝鹏，等. 圆柱绕流流场结构的大涡模拟研究[J]. 应用力学学报，2012.

平滑流场内倒角和切角方柱非定常绕流大涡模拟[*]

刘帅永[1]，郑德乾[1, 2]

（1. 河南工业大学土木建筑学院 郑州 450001；2. 同济大学土木工程防灾国家重点实验室 上海 200092）

1　引言

钝体绕流问题一直是研究热点，而作为最简单的钝体绕流模型之一的方柱绕流，由于其断面形式简单且分离点位置较为确定，一直是计算流体动力学的基础研究对象之一[1-2]，张伟等[2]采用 PIV 试验以及数值模拟两种方法，得到结果与试验数据吻合较好。本文采用非定常绕流大涡模拟方法，在雷诺数为 22000下，分别研究了均匀流场下的标准方柱、倒角方柱和切角方柱周围的风压场和速度场，从流场的角度分析倒角和切角气动措施对方柱气动力的作用机理。

2　大涡模拟方法及参数设置

方柱 $D = 0.1$ m，倒角和切角对应直角边长 $B = 0.1D$，对应切角率和倒角率均为 10%。方柱计算域展向长度为 $20D$，顺风向长度为 $35D$，网格均采用非均匀结构化形式，标准方柱、倒角方柱和切角方柱网格总数分别为 171 万、162 万、137 万，对近壁面处网格进行适当加密处理，加密区域的放大网格如图 1 所示，最小网格尺度小于 $0.00005D$，对应壁面 $y^+ < 0.1$。采用均匀流场，不考虑紊流度的影响。结构表面采用无滑移固壁边界，入口采用速度入口边界，出口采用压力出口边界，上下及展向采用对称边界。采用动态亚格子模型，时间离散格式为二阶隐式，空间离散格式采用有限中心差分格式。

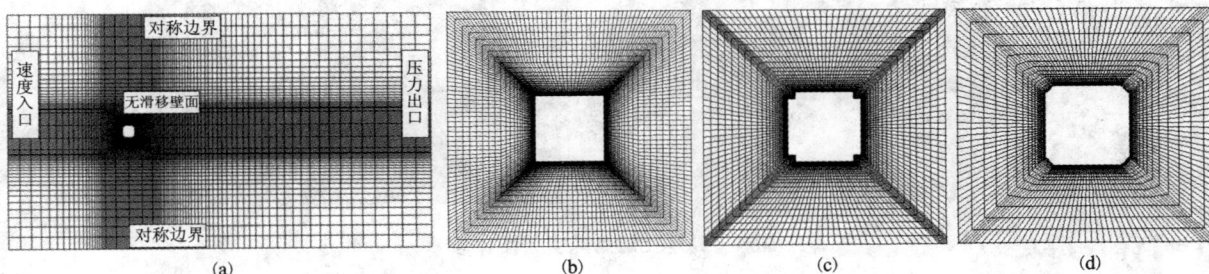

图 1　边界条件及网格示意图

3　结果与讨论

首先，将本文大涡模拟所得方柱的风压系数与文献[3-4]试验结果和文献[5]大涡模拟结果进行了对比分析，如图 2 所示，图中风压系数均以来流风速进行量纲化，即：$C_{pi} = P_i / 0.5 \rho_a U^2{}_0$。$P_i$ 为测点风压大小，ρ_a 为空气密度，U_0 为来流风速，C_{pimean} 为平均风压系数，C_{pirms} 为脉动风压系数。由图可见，标准方柱的平均风压系数和文献[3-5]中的试验结果和大涡模拟结果吻合很好，说明本文数值模拟方法的有效性。由于角部区域存在倒角和切角的原因，导致切角和倒角方柱的风压系数在角部区域稍有起伏，其余部分风压系数变化不甚明显。

图 3 为倒角方柱和切角方柱的平均和脉动风速云图。

---

* 基金项目：国家自然科学基金项目（51408196）

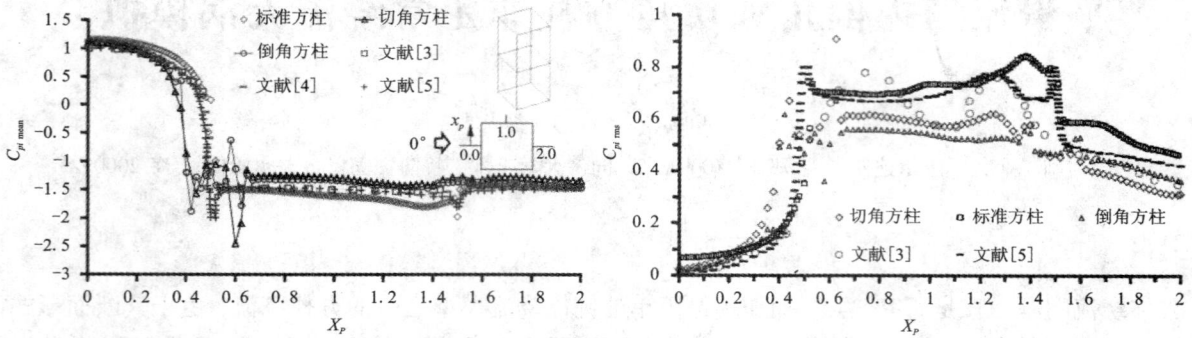

图2　测点风压系数对比

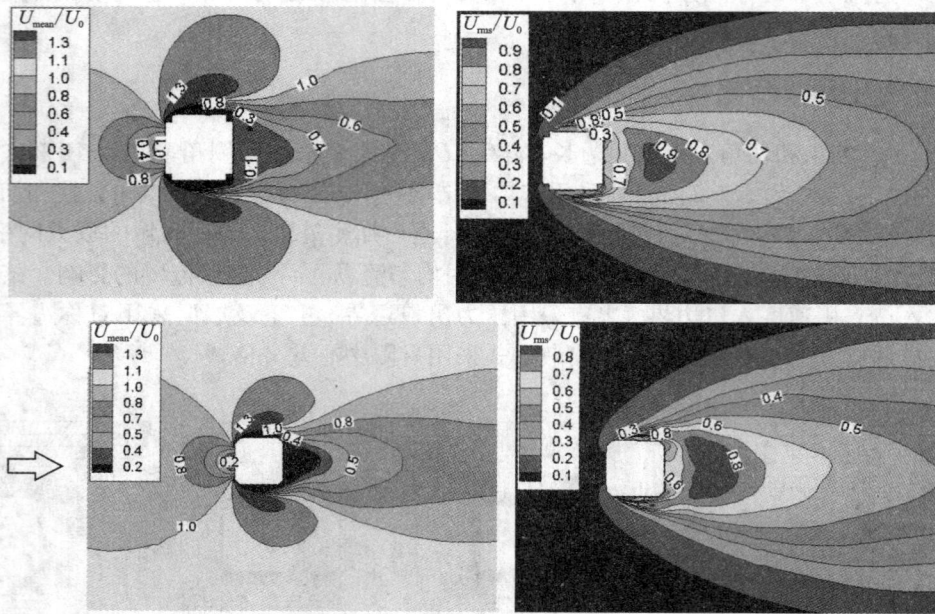

图3　倒角及切角速度云图比较

4　结论

本文通过大涡模拟的方法，研究了倒角和切角方柱的周围风压场和速度流场的变化，分析了倒角和切角等气动措施对方柱风荷载的作用机理。

参考文献

［1］张伟，葛耀君. 微方柱绕流粒子图像测速试验与数值模拟［J］. 同济大学学报（自然科学报），2009，37（7）：857 - 861，892.

［2］张海涛，曹曙阳. 基于动态亚格子模型的方柱绕流大涡模拟［J］. 沈阳建筑大学学报（自然科学报），2013，29（3）：434 - 439.

［3］Lee B E. The effect of turbulence on the surface pressure field of a square cylinder［J］. Journal of Fluid Mechanics，1975，69（2）：263.

［4］Bearman P W，Obasaju E D. An experimental study of pressure fluctuations on fixed and oscillating square - section cylinders［J］. Journal of Fluid Mechanics，1982，119：297 - 321.

［5］Tamura T. LES analysis on aeroelastic instability of prisms in turbulent flow［J］. Journal of Wind Engineering and Industrial Aerodynamics，2003，91（12 - 15）：1827 - 1846.

非一致表面仿生斜拉索绕流特性试验研究[*]

闵祥威，陈文礼，李惠

（哈尔滨工业大学土木工程学院 哈尔滨 150090）

1 引言

海豹依靠胡须捕猎，其胡须的独特形状可以极大限度地减小海豹在游动过程中胡须自身尾流的影响，因此海豹具有高超的探测能力，对海豹胡须外形的研究发现海豹胡须形状可以有效地抑制涡激振动。大跨度桥梁斜拉索的振动控制是国内外研究的热点问题，本文借鉴海豹胡须的外形设计了一种具有椭圆形横截面和波浪表面特点的非一致表面仿生斜拉索，采用风洞试验研究其表面压力、气动力和流场特性，评估非一致表面对斜拉索的流动控制效果。

2 模型与试验介绍

Hanke 等[1]通过统计定量描述了海豹胡须的几何外形，海豹胡须具有椭圆形的倾斜的控制截面和波浪状的表面。本文提出的非一致表面仿生斜拉索模型具有椭圆形控制截面和波浪状表面的特点，考虑到斜拉索的制作工艺和复杂的风环境，斜拉索应尽量接近圆形且表面的变化幅度不宜过大。因此，本文中设计的仿生斜拉索具椭圆形控制截面，该横截面垂直于结构主轴且长短轴之比为 1.1（长半轴长 R_s 为 38.5 mm，短半轴长 r_s 为 35 mm，相邻控制截面间距 λ 为 140 mm），相邻控制截面的长轴和短轴相互错开 90°形成了非一致的表面，此外制作了半径为 35 mm 的标准圆柱模型作为对照，形状如图 1 所示。试验在哈尔滨工业大学风洞与浪槽联合实验室附属的二号精细化风洞进行，采用压力扫描阀对两个截面（控制截面和位于相邻控制截面中间的过渡截面）进行表面压力的测量；然后采用六分量天平测量模型整体的气动力，测力试验中模型两端加上直径 3.5D 的端板减小端部效应；最后采用粒子图像测速技术（PIV）进行顺流向流场和展向流场的测量。试验风速取为 10 m/s，雷诺数（Re）约为 5×10^4，该雷诺数接近实际斜拉索的雷诺数，试验过程中来流风的角度从 0°增加到 90°，间隔 15°，其中在 0°工况下被测控制截面的长轴方向与来流风的方向一致。

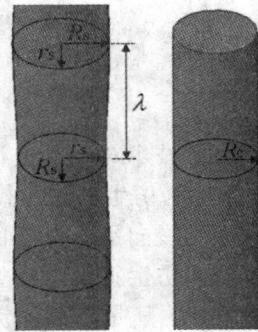

图 1 仿生斜拉索和标准圆柱模型

3 试验结果

本文的试验结果主要分为三部分，第一部分为模型表面两个被测截面的压力分布，包括压力系数平均值和脉动值；第二部分为模型的气动力系数，研究不同来流风角度下模型的标准化阻力系数平均值和升力系数均方根值的特点；第三部分为流场结构，对顺流向流场和展向流向进行综合评估，从流场的方向解释流动控制机理。

图 2 给出了仿生模型两个截面表面压力系数均方根值在不同角度下的分布，测压结果表明非一致表面极大地减小了模型表面压力系数的均方根值，在来流风角度为 0°和 90°效果较为显著。将仿生斜拉索的气动力系数除以标准圆柱的结果得到标准化的气动力结果，如图 3 所示，可以看到在来流风角度为 0°时仿生斜拉索的阻力系数很小，当来流风角度变大时阻力系数呈现先增加后减小的趋势。升力系数也展现了类似的规律，与标准圆柱相比较，升力系数的均方根值最大降低了 59.6%，说明仿生表面成功地减小了斜拉索受到的气动力。

———————————
* 基金项目：国家自然科学基金项目（51722805，51378153，51578188）

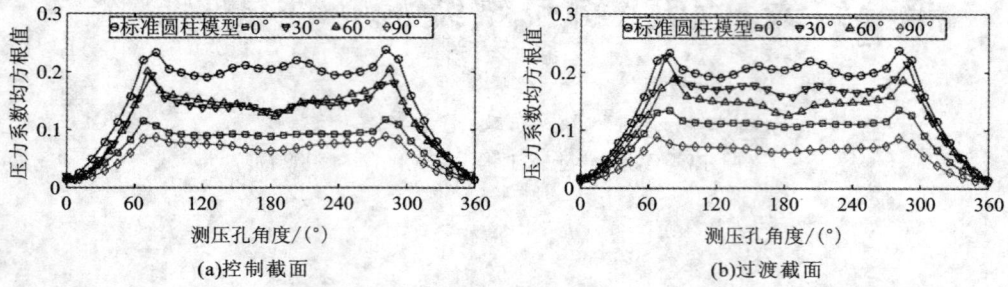

(a)控制截面

(b)过渡截面

图2   表面压力系数均方根值

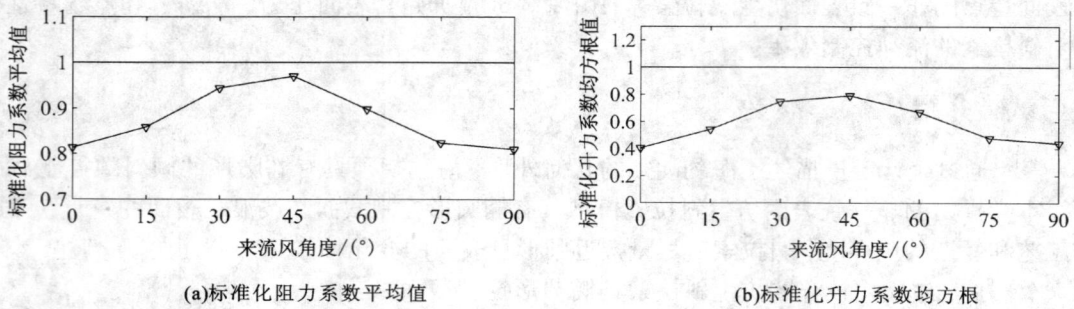

(a)标准化阻力系数平均值

(b)标准化升力系数均方根

图3   气动力结果

利用 PIV 技术对流场进行可视化测量了模型的流场图,图4 为仿生斜拉索模型在来流角为 0°时通过模型轴心的展向平面流场的湍动能(TKE)和流线图。可以看出仿生斜拉索模型尾流区湍动能低于标准圆柱模型,尤其是在近尾流区湍动能的数值处在较低的水平,湍动能的降低使得尾流区的流动更加稳定。图中红色虚线表征了尾流区旋涡的边界,可以看出仿生斜拉索模型尾流旋涡形成区向下游推移,旋涡尺度沿展向表现出了规律的变化。

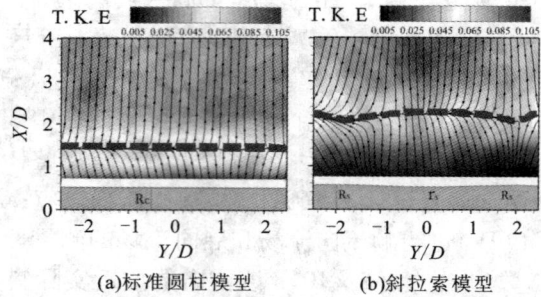

(a)标准圆柱模型

(b)斜拉索模型

图4   展向流场结果图

4   结论

基于海豹胡须的非一致表面仿生斜拉索在测压和测力的结果中均表现出了良好的控制效果,一定程度上增大了负压区的压力系数平均值和减小了斜拉索所受到的阻力。极大限度地减小了压力系数脉动和升力系数脉动,可以潜在地抑制斜拉索的涡激振动。通过对流场的测量也解释了仿生表面的控制机理,仿生表面使得流动呈现三维特性,将尾流旋涡形成区向下游推移,改变了流动沿展向的相关性,有利于减小结构的风致振动。

参考文献

[1] Hanke W, Witte M, Miersch L, et al. Harbor seal vibrissa morphology suppresses vortex – induced vibrations. [J]. Journal of Experimental Biology, 2010, 213(15): 2665.

串列双方柱尾流激振的数值模拟研究*

邱涛[1]，杜晓庆[1,2]，赵燕[1]

（1. 上海大学土木工程系 上海 200444；2. 上海大学风工程和气动控制研究中心 上海 200444）

1 引言

方形截面超高层建筑在实际工程中十分常见，并且常以建筑群的形式出现。建筑之间的气动干扰会导致群体超高层建筑的风荷载与单体建筑有明显区别，并可能会导致尾流激振现象的发生[1]。但以往针对双方柱气动干扰引起的尾流激振的研究很少[2]，双方柱尾流激振的流场干扰机理尚未被澄清。本文在雷诺数为150时，对上、下游均具有双自由度的串列双方柱的尾流致涡激振动进行了数值模拟研究，分析了上、下游方柱的动力响应特性及流场特性，探讨了气动力与振动之间的耦合关系。

2 计算模型与网格验证

图1给出了串列双方柱计算模型，上、下游方柱均具有两个自由度，结构阻尼比取0，双方柱中心间距为$4B$（B为方柱边长），质量比$m^* = m/(\rho B^2) = 3$（m为方柱的单位长度质量，ρ为空气密度）。$Re = 150$、折减风速$V_r = V/(f_n B) = 1 \sim 15$（$V$为来流风速，$f_n$为方柱的自振频率）。本文分别考察了网格密度、量纲—时间步长

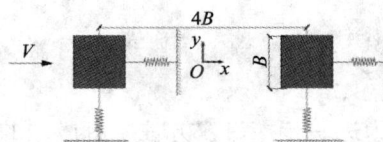

图1 双方柱计算模型

及阻塞率对单方柱动力特性的影响，同时与文献结果进行对比，确定了本文周向网格数为200，量纲时间步长为0.01，阻塞率为1.67%。

3 计算结果及分析

图2给出了双方柱和单方柱的振动响应随V_r的变化规律。其中，顺风向振幅$A_x = (X_{max} - X_{min})/2$，横风向振幅$A_y = (Y_{max} - Y_{min})/2$，$X_{max}$、$X_{min}$、$Y_{max}$、$Y_{min}$分别为位移在顺风向的最大值和最小值以及横风向的最大值和最小值。可见，在$V_r \leqslant 4$时，上、下游方柱在横、顺风向基本不发生振动；在$4 < V_r \leqslant 10$时，双方柱与单方柱分别在不同的折减风速下起振，并取得不同的振幅极值，其中双方柱的振幅极值大于单方柱；在$V_r > 10$时，双方柱与单方柱的振幅均趋于稳定，值得指出的是，下游方柱仍保持较大的横风向振幅。

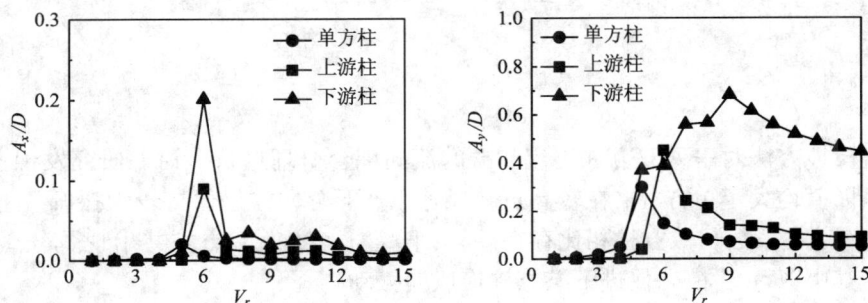

图2 双方柱振动响应随折减速度的变化

图3给出了双方柱和单方柱脉动升力系数$C_{L, rms}$随V_r的变化曲线。可见，上游方柱与单方柱的$C_{L, rms}$随V_r变化趋势基本一致，而下游方柱则有所不同。在$V_r \leqslant 4$时，双方柱的$C_{L, rms}$均小于单方柱；在$4 < V_r \leqslant 7$

* 基金项目：国家自然科学基金资助（51578330）

时，双方柱与单方柱的 $C_{L, \text{rms}}$ 随折减风速变化依次达到极大值，且上、下游方柱 $C_{L, \text{rms}}$ 极大值大于单方柱；在 $V_r > 7$ 时，上游方柱与单方柱的 $C_{L, \text{rms}}$ 均趋于稳定，而下游方柱却随着折减风速的增大继续增大，并远大于单方柱。图 4 则给出了双方柱和单方柱平均阻力系数 $C_{D, \text{mean}}$ 随 V_r 的变化曲线。可见，上游方柱与单方柱的 $C_{D, \text{mean}}$ 随 V_r 增加的变化趋势基本一致；而下游方柱 $C_{D, \text{mean}}$ 在 $V_r \leqslant 4$ 时出现负值；在 $V_r > 4$ 时，下游方柱 $C_{D, \text{mean}}$ 负值消失，且下游方柱横风向振幅有较明显增大，说明负阻力抑制了下游方柱横风向的振动。总的来说，上、下游方柱之间的气动干扰，使其气动力系数与单方柱存在明显差异。

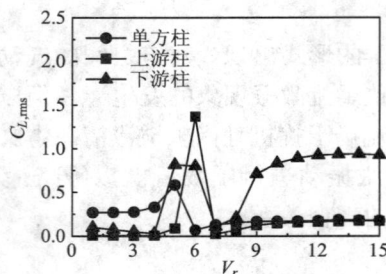

图 3　脉动升力系数　　　　　　　　　　图 4　平均阻力系数

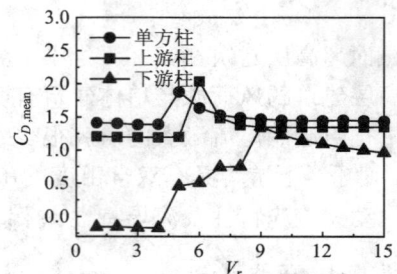

为进一步探讨双方柱尾流激振的流固耦合机理，图 5 给出了不同折减风速下的典型尾流模态图，即分离再附模态、"2S"模态（单个振动周期内交替脱落一对反向涡）以及"P + S"模态（单个振动周期内脱落一个单独涡和一对反向涡）。其中，在 $V_r \leqslant 4$ 时为分离再附模态（图 5（a）），此时的双方柱振动响应较小；在 $7 \leqslant V_r \leqslant 9$ 时为"P + S"模态（图 5（b）），此时的下游方柱的横向振幅随折减风速的增大而增大，说明"P + S"模态促进了下游方柱横风向振动；在 $9 < V_r \leqslant 15$ 时为"2S"模态（图 5（c）），双方柱振动响应趋于稳定。

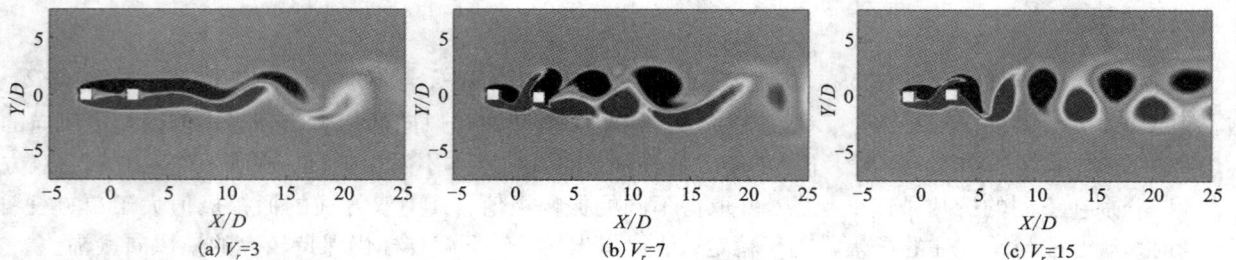

(a) $V_r = 3$　　　　　　　　(b) $V_r = 7$　　　　　　　　(c) $V_r = 15$

图 5　双方柱尾流模态

4　结论

本文采用数值模拟方法对串列双方柱尾流激振的流固耦合机理进行探讨。研究发现：上、下游方柱横风向及顺风向振幅极值均大于单方柱；在较高折减风速下，下游方柱仍保持较大振幅。上、下游方柱间存在气动干扰，使其气动力系数与单方柱相比存在差异；随着 V_r 变化，双方柱共出现了分离再附、"P + S"以及"2S"三种模态，其中"P + S"模态促进下游方柱横风向振动。

参考文献

[1] P A Bailey, K C S Kwok. Interference excitation of twin tall buildings[J]. Journal of Wind Engineeringand Industrial Aerodynamics, 1985, 21(3)：323 – 338.

[2] Jaiman R K, Pillalamarri N R, Guan M Z. A stable second – order partitioned iterative scheme for freely vibrating low – mass bluff bodies in a uniform flow[J]. Computer Methods in Applied Mechanics and Engineering, 2016, 301：187 – 215.

微椭圆截面二维柱体气动稳定性研究*

孙一飞[1]，刘庆宽[2,3]，肖彬[1]

（1. 石家庄铁道大学土木工程学院 石家庄 050043；2. 石家庄铁道大学
风工程研究中心 石家庄 050043；3. 河北省风工程和风能利用工程技术创新中心 石家庄 050043）

1 引言

圆形作为一种常见的结构截面形式，在实际工程中应用十分广泛，并常以细长杆件的形式出现，如桅杆、斜拉索、导线等[1]。这类构件一般具有长细比大、质量小、频率低和阻尼小等特点，在风荷载的作用下很容易发生风致振动。除了涡激共振、尾流驰振、斜拉索风雨振、干索驰振或临界雷诺数区的振动问题[2,3]也逐渐引起研究人员的重视。圆形柱体在使用过程中可能出现覆冰或者挤压碰撞的情况，导致截面的圆滑度变差。本文以微椭圆截面柱体来近似模拟圆滑度变差后的圆柱体，并研究雷诺数和风攻角对气动稳定性的影响。

2 风洞试验

本研究针对 3 种长短轴之比的微椭圆截面二维柱体进行了风洞测振试验，长短轴之比 $\theta = L/D = 1.05$、1.10、1.15，模型截面如图 1 所示。测振试验采用节段模型弹簧悬挂系统，模型材质为 ABS 板，中间贯穿钢管，塑料管内间隔一定间距设置环形加劲肋，长度为 1700 mm，内部钢管长度为 2400 mm，钢管伸出风洞侧壁，两端分别与 4 根弹簧相连，共同组成弹簧悬挂模型系统，如图 2 所示。模型两端安装了 5 倍模型直径端板，以消除模型的端部效应。

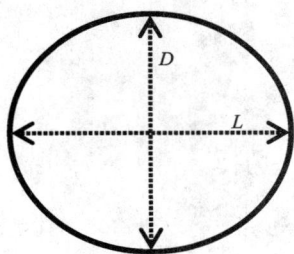

图1 模型截面

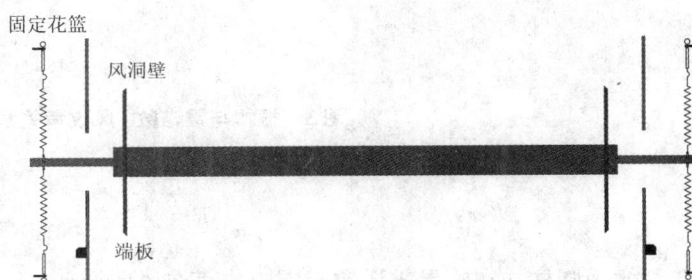

图2 模型系统

3 结果分析

本研究主要分析了雷诺数和风攻角对微椭圆柱体的风致振动特性的影响规律，3 种模型的量纲—振幅随雷诺数和风攻角范围的变化规律如图 3 所示。

由图 3 可知，左侧的云图展示的是根据 Den Hartog 驰振机理求解出的 Den Hartog 系数与 Re 与 a 的关系，其中灰色区域是 $d_D < 0$ 的区域，即可能发生大幅驰振的区域，对于三种模型而言，可能发生驰振的雷诺数范围基本相同，并与风洞试验中实际发生振动的区域是基本吻合的，据此可以初步证实微椭圆柱体可能在试验雷诺数范围内发生不同于干索驰振的驰振，并可以通过 Den Hartog 驰振判别式进行初步预测。

* 基金项目：国家自然科学基金项目（51778381）；河北省自然科学基金重点项目（E2018210044）；河北省高等学校高层次人才项目（GCC2014046）

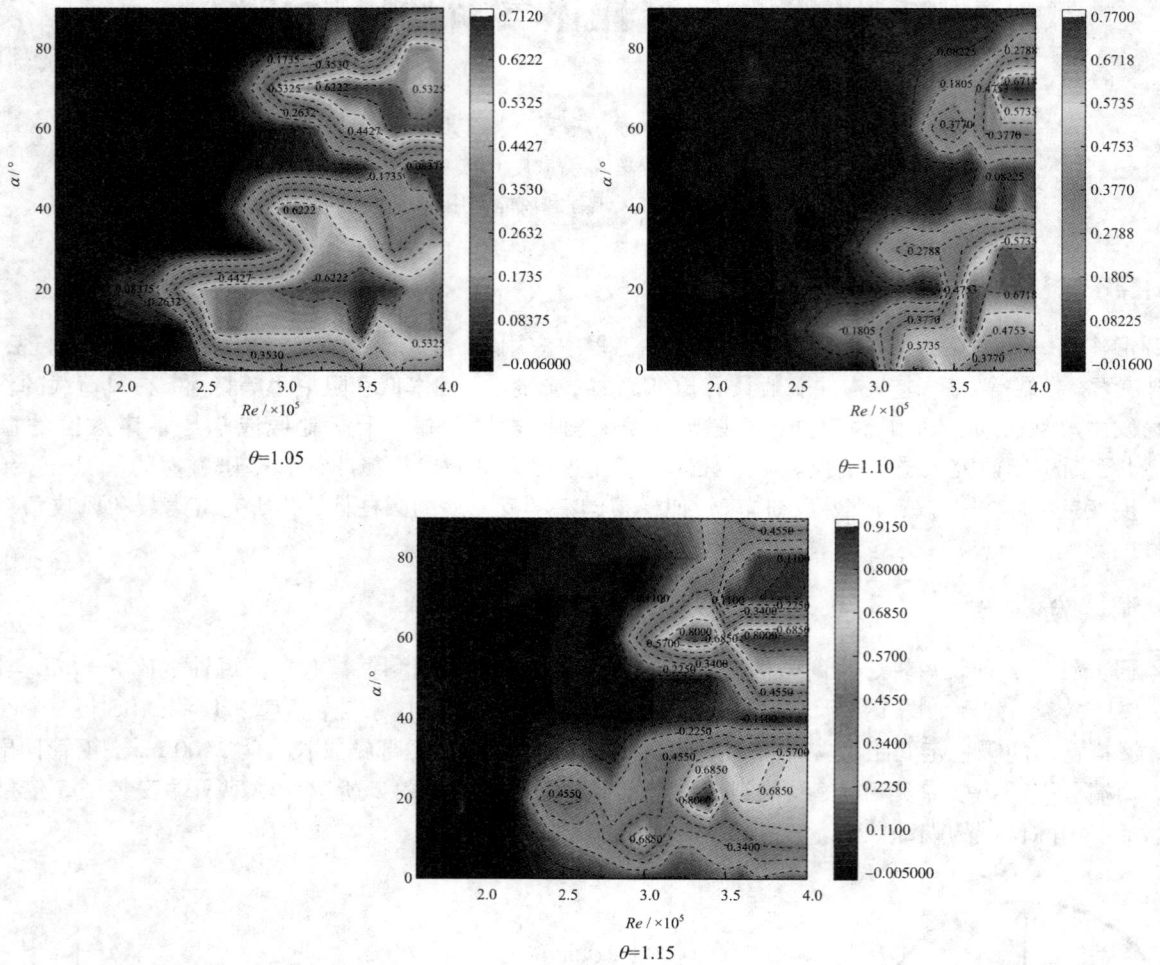

$\theta=1.05$

$\theta=1.10$

$\theta=1.15$

图3　振幅与雷诺数、风攻角关系云图

4　结论

（1）3 种微椭圆柱均在临界雷诺数范围内均存在风致振动，且主要发生在 2 个风攻角范围。

（2）当长短轴比相同时，风攻角对于椭圆柱的风致振动特性影响显著，包括振幅、起振的雷诺数以及发生振动的雷诺数范围，存在最不利风向。

（3）当长短轴比不同时，椭圆柱振幅随风攻角、雷诺数的整体变化规律基本不变，但是发生振动的风攻角范围、雷诺数范围和振幅数值会有一定程度的改变。

参考文献

［1］希缪. 风对结构的作用－风工程导论［M］. 刘尚培，项海帆，等译. 上海：同济大学出版社，1992：111－113.

［2］Macdonald J H G, Larose G L. A unified approach to aerodynamic damping and drag/lift instabilities, and its application to dry inclined cable galloping［J］. Journal of Fluids and Structures, 2005, 22(2)：229－252.

［3］Matteoni G, Georgakis C T. Effects of bridge cable surface roughness and cross－sectional distortion on aerodynamic force coefficients［J］. Journal of Wind Engineering and Industrial Aerodynamics, 2012, 104－106：176－187.

串列双方柱气动特性的干扰效应研究[*]

陶韬[1]，孙亚松[1]，赵会涛[1]，刘小兵[2,3]

（1. 石家庄铁道大学土木工程学院 石家庄 050043；2. 石家庄铁道大学
风工程研究中心 石家庄 050043；3. 河北省风工程和风能利用工程技术创新中心 石家庄 050043）

1 引言

双方柱在土木工程结构中应用广泛，例如桥塔、桥墩、超高层建筑群等。当流体流经两个靠近的方柱时会发生复杂的气动干扰效应。与单方柱相比，双方柱的风压分布和气动力都存在很大差异[1-3]。因此，研究双方柱气动特性的干扰效应具有十分重要的意义。

2 风洞试验概况

试验在石家庄铁道大学风洞试验室低速试验段进行。先进行单方柱试验，然后进行串列双方柱在多种间距比下的试验。试验选择 L/D（L 为两个模型横断面中心距离，D 为模型横断面边长）为 1.2 ~ 8，共 14 个间距比进行研究，模型横断面及测点布置情况如图 1 所示。

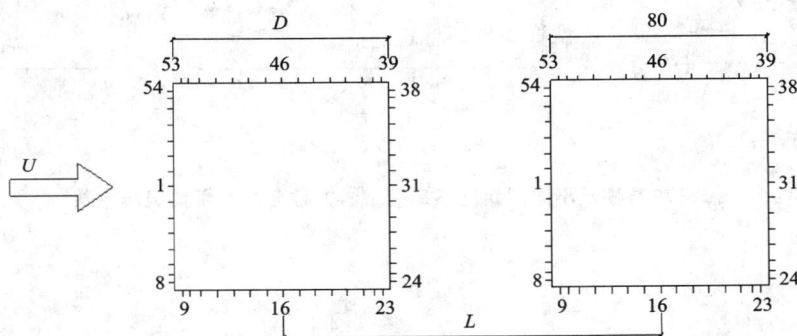

图 1 模型横断面及测点布置（单位：mm）

3 串列双方柱风压系数的干扰效应

图 2 和图 3 所示为串列双方柱测点风压系数随间距比的变化规律。从图可知风压分布随间距比的变化可分为 $1.2 \leqslant L/D \leqslant 3.0$、$3.5 \leqslant L/D \leqslant 4$ 和 $4.5 \leqslant L/D \leqslant 12.0$ 三个主要阶段。

4 串列双方柱气动力系数的干扰效应

图 4 所示为上、下游模型的平均阻力系数和脉动升力系数随间距比的变化。由图可知气动力系数随间距比的变化可分为 $1.2 \leqslant L/D \leqslant 3$、$3.5 \leqslant L/D \leqslant 4$、$4.5 \leqslant L/D \leqslant 12$ 三个主要阶段。

5 结论

（1）串列双方柱的临界间距比为 $3.5 \leqslant L/D \leqslant 4$。在此范围内，绕流会出现双稳态现象。

（2）当 $1.2 \leqslant L/D \leqslant 3$ 时，上、下游模型平均阻力系数和脉动升力系数均小于单方柱模型，且下游模型减小幅度更大。当 $4.5 \leqslant L/D \leqslant 8$ 时，上游模型平均阻力系数和脉动升力系数均接近单方柱模型，下游模型平均阻力系数和脉动升力系数均小于单方柱模型。

* 基金项目：河北省自然科学基金面上项目（E2018210105）；河北省大型基础设施防灾减灾协同创新中心资助项目

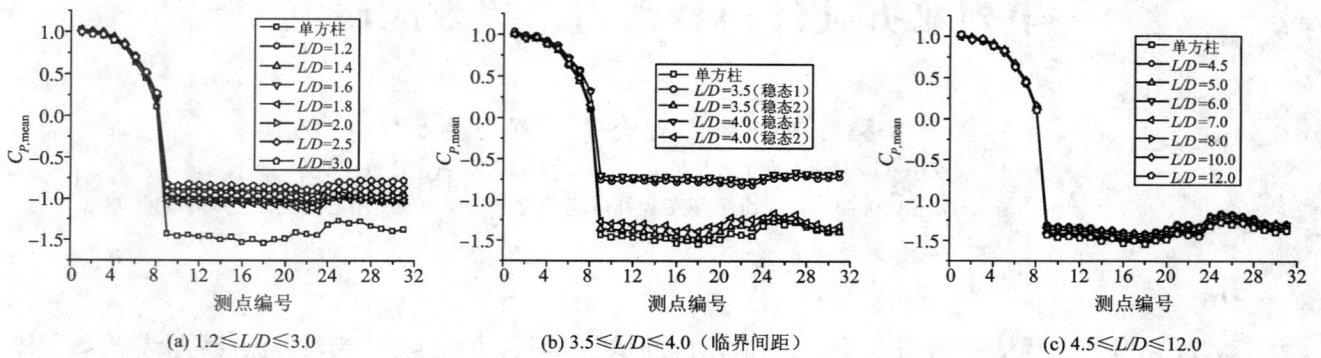

(a) 1.2≤L/D≤3.0　　　　(b) 3.5≤L/D≤4.0（临界间距）　　　　(c) 4.5≤L/D≤12.0

图2　单方柱及不同间距比下串列上游方柱各测点平均风压系数

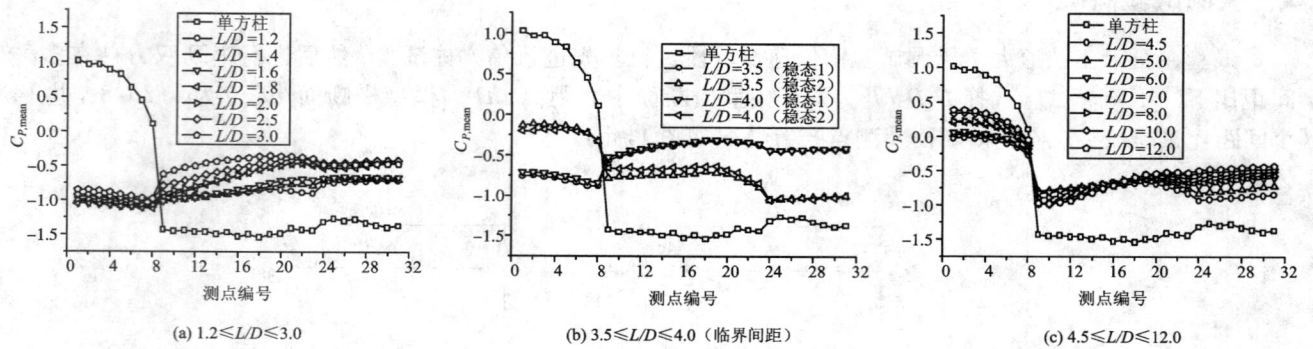

(a) 1.2≤L/D≤3.0　　　　(b) 3.5≤L/D≤4.0（临界间距）　　　　(c) 4.5≤L/D≤12.0

图3　单方柱及不同间距比下串列下游方柱各测点平均风压系数

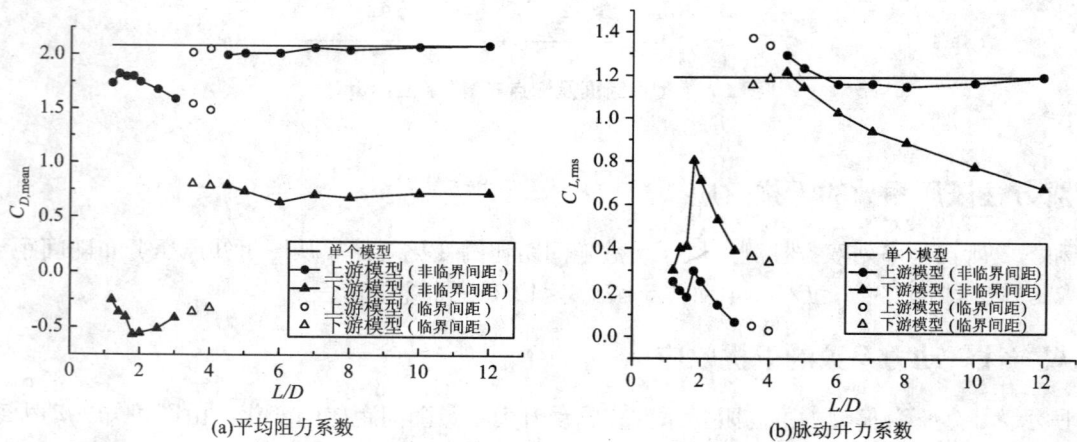

(a)平均阻力系数　　　　(b)脉动升力系数

图4　上、下游模型气动力系数随间距比的变化

参考文献

[1] Liu C H, Chen J M. Observations of hysteresis in flow around two square cylinders in a tandem arrangement[J]. Journal of Wind Engineering and Industrial Aerodynamics, 2002, 90: 1019 - 50.

[2] Kim M K, Kim D K, Yoon S H, et al. Measurements of the flow fields around two square cylinders in a tandem arrangement[J]. Journal of Mechanical Science and Technology, 2008, 22(2): 397 - 407.

[3] D MAM, M M, K T. Suppression of fluid forces acting on two square prisms in a tandem arrangement by passive control of flow[J]. Journal of Fluids and Structures, 2002, 16(8): 1073 - 1092.

被动涡发生器控制圆柱涡激振动的风洞试验研究[*]

王锐[1,3]，辛大波[2]，欧进萍[1,3]

（1. 哈尔滨工业大学土木工程学院 哈尔滨 150090；2. 东北林业大学
土木工程学院 哈尔滨 150040；3.结构工程灾变与控制教育部重点实验室 哈尔滨 150090）

1 引言

沉浸在流体中的圆柱形结构常常面临着涡激振动的问题，例如桥梁的斜拉索、吊杆、海洋管道、输电线等。频繁的涡激振动可能导致结构的疲劳损伤，较大幅度的涡激振动可能直接损害结构的使用性能。目前控制圆柱涡激振动的方法主要有机械控制和流动控制。其中，被动流动控制方法由于控制效果显著、装置结构简单、安装和维护成本低廉，适宜应用于柔性圆柱形结构的涡激振动控制。常见的圆柱形钝体被动流动控制方法包括：缠绕螺旋线、圆柱中央开槽、安装导流翼板以及被动的吸吹气方法[1-4]。本文旨在研究一种基于被动涡发生器的圆柱涡激振动被动流动控制方法，通过风洞试验检验控制效果，并进行参数研究。

2 风洞试验设置

2.1 试验模型与测试系统

风洞试验在哈尔滨工业大学风洞与浪槽联合实验室的风洞小试验段（长 25 m，宽 4 m，高 3 m）进行。风洞试验采用的圆柱模型长 1.5 m，直径 150 mm。试验风速范围从 3.69 ~ 10.31 m/s，雷诺数范围从 $3.82 \times 10^4 \sim 10.67 \times 10^4$。模型支撑系统如图 1 所示，圆柱模型由 8 根弹簧水平悬挂，组成单自由度质量 – 阻尼系统。振子部分单位长度质量为 4.04 kg/m，系统竖向自振频率为 8.1 Hz，阻尼比为 0.58%，系统斯克拉顿数 $S_c = 16.025$。试验中采用两台激光位移计采集圆柱两端的位移，采样频率 1000 Hz，采样时长为 30 s。

2.2 试验测试工况

被动涡发生器采用 0.4 mm 厚 ABS 塑料板制作，沿圆柱模型轴线方向布置上下两组，两组涡发生器关于过圆柱轴线的水平面对称粘贴在圆柱表面，如图 2 所示。试验研究的涡发生器的几何参数与布置位置工况包括波长 λ、高度 H、长度 L、偏角 α 和周向位置 β。

图 1 试验模型支撑系统

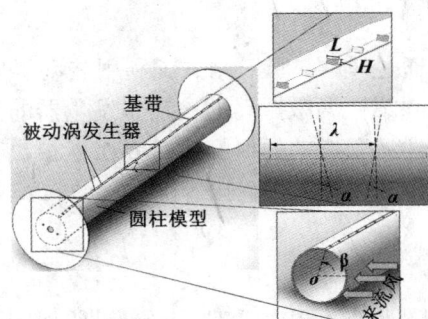

图 2 涡发生器几何参数与布置位置

* 基金项目：国家自然科学基金面上项目（51878131）

3   风洞试验结果

风洞试验中依次测量了被动涡发生器的五个参数，即波长 λ、高度 H、长度 L、偏角 α 和周向位置 β，分别对圆柱涡激振动控制效果的影响，并与裸圆柱的涡激振动振幅对比。风洞测试结果表明，涡发生器的波长 λ 在 $0.2 \sim 2D$ 范围内具有较好的控制效果，最高可以控制超过90%的涡激振动振幅；涡发生器在所有高度和长度工况下均能抑制圆柱的涡激振动，但 $H = 0.01D$ 以及 $L = 0.02D$ 的工况下控制效果较弱；所有的偏角工况下，圆柱涡激振动均得到被动涡发生器的有效控制，振幅控制效果均超过80%；涡发生器的周向位置 β 须在 $\pm 70° \sim \pm 80°$ 范围内，涡发生器才能实现较好的控制效果。特别需要指出的是，涡发生器的控制效果对周向位置敏感，当 β 小于上述范围时，涡激振动振幅将被恶化；当 β 大于上述范围时，也即涡发生器布置在圆柱分离点（$\beta = \pm 80° \sim \pm 85°$）之后，则没有控制效果。

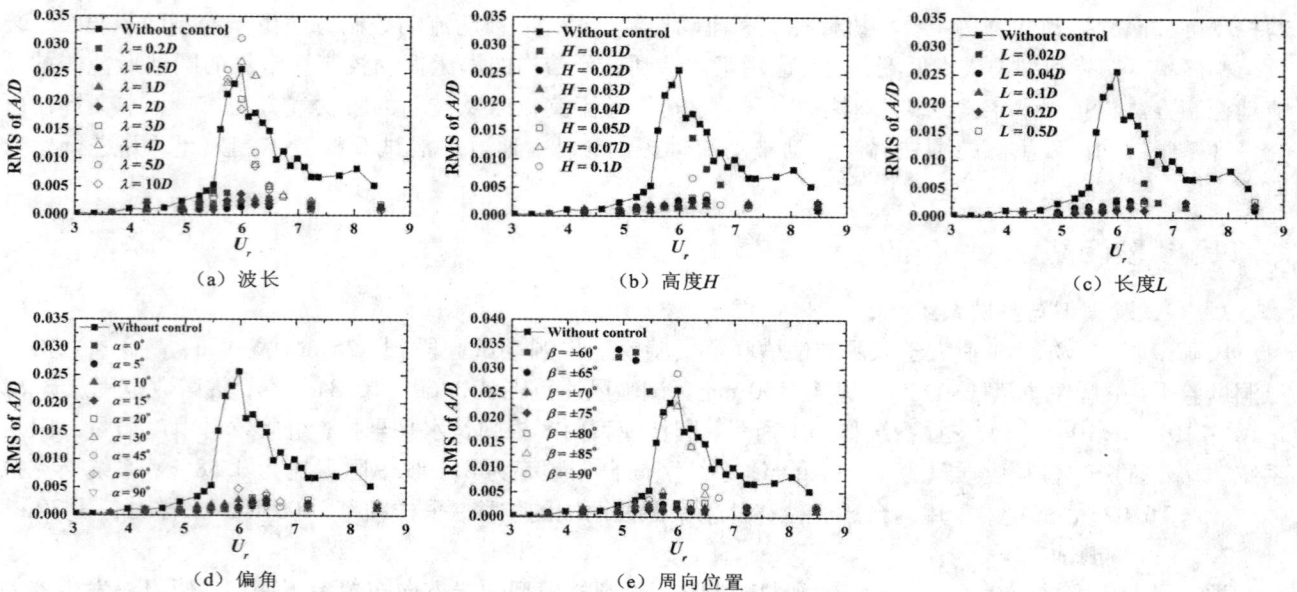

（a）波长   （b）高度 H （c）长度 L

（d）偏角   （e）周向位置

图3   不同涡发生器参数对应的涡激振动振幅均方根和折减风速的关系

4   结论

本文通过风洞试验，测试了利用被动涡发生器控制圆柱形结构涡激振动的可行性，并通过参数研究，确定了控制圆柱涡激振动的被动涡发生器的最佳参数范围。测试结果表明，参数适宜的被动涡发生器，可以降低圆柱涡激振动的振幅超过80%，最高可达90%以上。同时被动涡发生器的控制效果对其在圆柱表面的周向位置敏感，这意味着按本文的布置方法，被动涡发生器适于控制来流方向固定的圆柱涡激振动。

参考文献

[1] Zdravkovich M M. Review and classification of various aerodynamic and hydrodynamic means for suppressing vortexshedding[J]. Journal of Wind Engineering and Industrial Aerodynamics, 1981, 7(2): 145 – 189.

[2] Anatol Roshko. On the wake and drag of bluffbodies[J]. Journal of the aeronautical sciences, 1955, 22(2): 124 – 132.

[3] Fu H, Rockwell D. Shallow flow past a cylinder: control of the nearwake[J]. Journal of Fluid Mechanics, 2005, 539: 1 – 24.

[4] Chen W L, Gao D L, Yuan W Y, et al. Passive jet control of flow around a circular cylinder[J]. Experiments in Fluids, 2015, 56(11): 201.

矩形柱体在非零攻角正弦脉动流下的风洞试验研究[*]

吴波[1,2]，李少鹏[1,2]，张亮亮[1,2]，李浩弘[1,2]

（1. 重庆大学土木工程学院 重庆 400045；2. 山地城镇建设安全与防灾协同创新中心 重庆 400045）

1 引言

作为一种典型的钝体断面，矩形气动性能的研究将为其他结构的气动性能研究提供参考。目前，国内外研究者对于矩形断面已进行了许多研究，但大部分均在均匀流条件下进行，而在自然条件中的大气存在脉动流速成分。Armstrong 等[1]发现，对均匀流场施加扰动后，漩涡强度和脱落频率均会增加。Griffin 和 Hallzai[2]发现流场受到扰动后，流速和升力的脉动值均会增大。可见，研究脉动来流作用下的钝体绕流情况具有重要意义。但目前少量关于脉动风的研究均是针对机翼、风力机叶片之类的流线型结构。作者在以往的研究中[3]，采用计算流体力学手段（CFD）研究了 5∶1 矩形断面在正弦脉动来流作用下的空气动力学特性。本文在多风扇主动控制风洞中产生顺流向的正弦脉动来流，研究 5∶1 矩形柱体在非零攻角下的气动力及表面压力分布特性，并与均匀流下的情况进行对比。

2 风洞试验及风场特性

模型测压试验在同济大学多风扇主动控制风洞（TJ－6）风洞中进行，试验段 1.5 m×1.8 m（宽×高）。模型尺寸 0.3 m×0.06 m（$B/D=5$），展向尺寸 1.3 m。测试段沿展向不同间距设置 6 个测压带，每个测压带包括 38 个测点。脉动压力以 DMS 3400 压力扫描阀进行同步测量，采样频率 200 Hz，整体气动力经测压点数据积分得到。试验来流为顺流向正弦脉动来流：

$$u(t) = U + \Delta u \sin(2\pi f_u t) \tag{1}$$

其中，U 为均匀流风速（8 m/s），Δu 为脉动幅值（0.5～2 m/s），f_u 为脉动风频率（0.2～1.2 Hz）。试验中模型位置处的顺流向速度时程及其频谱如图 1 所示以工况 $U=8$ m/s，$\Delta u=1$ m/s；$f_u=0.4$ Hz 为例）。

3 非零攻角正弦脉动流下 5∶1 矩形柱体的气动力特性

不同攻角均匀流及脉动流（以 $U=8$ m/s，$\Delta u=1$ m/s，$f_u=0.4$ Hz 为例）作用下，柱体表面升力系数频谱如图 2 所示。各攻角均匀流作用下的频谱均只有一个峰值，对应于旋涡脱落频率（$St=f_s D/U$）。而在脉动流作用下，频谱中除 St 峰值外，还在来流频率处存在峰值。零攻角时，脉动流下的 St 数低于均匀流。而在非零攻角下，脉动流下的 St 数明显高于均匀流。另一方面，脉动流攻角对 St 的影响与均匀流一致，均在 2°攻角达到最大值，而后逐渐下降。

在均匀流及脉动流作用下，柱体阻力系数及升力系数的时均值均随攻角增大而增大（升力系数在 6°～8°变化时出现稍许下降），且两种来流条件下的差异很小，说明本实验条件下的脉动流对柱体时均气动力无明显影响。这与各攻角下柱体表面压力系数在均匀流和正弦脉动来流作用下一致的结论吻合。另一方面，不同攻角脉动流下的阻力、升力及上下表面压力系数的脉动值均高于对应的均匀流情况，说明来流脉动成分对柱体周围瞬态流动状态也产生了明显影响。由于篇幅所限，摘要中仅给出两种来流条件下的阻力、升力及表面压力系数的脉动值（图 3），时均值将在全文中给出。

4 结论

本文采用多风扇主动控制风洞研究了不同攻角顺流向正弦脉动来流作用下 5∶1 矩形气动特性与均匀流下的差异。研究表明，脉动流作用下柱体升力系数受旋涡脱落频率和来流脉动频率的双重影响，而均匀流下则仅与旋涡脱落频率有关。正弦脉动流对柱体升/阻力系数及表面压力系数的时均值无明显影响，说明

* 基金项目：国家自然科学基金项目（51778193，51608074）；重庆市研究生科研创新项目（CYB17042）

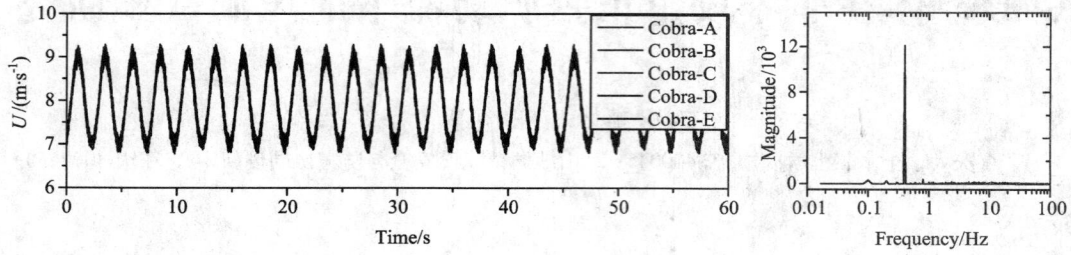

图1　主动控制风洞中正弦脉动来流的时程及其频谱

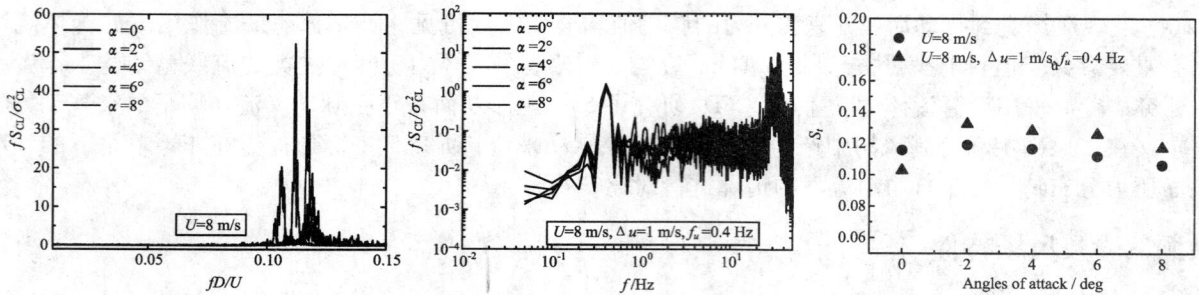

图2　不同攻角下均匀流与正弦脉动来流作用下的升力系数频谱对比

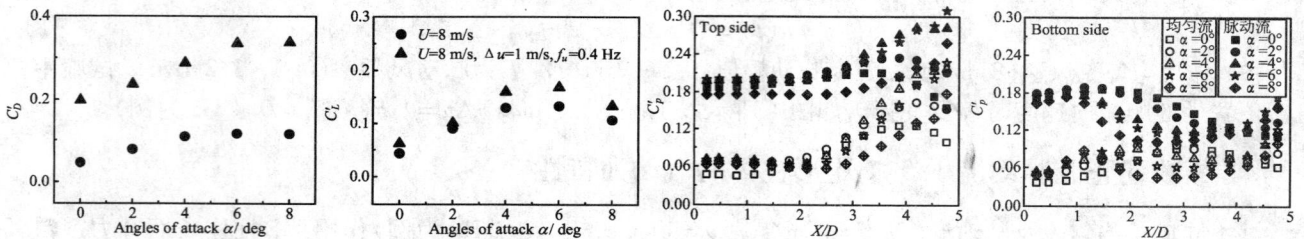

图3　不同攻角均匀流与正弦脉动来流作用下的阻力、升力及上下表面压力系数的脉动值对比

本实验条件下的来流频率和幅值对于平均流场无明显影响。另一方面,脉动流作用下柱体升/阻力系数及表面压力系数的脉动值均明显高于均匀流情况,说明来流脉动成分对柱体周围瞬态流动状态也产生了明显影响。

参考文献

[1] Armstrong B J, Barnes F H, Grant I. The effect of a perturbation on the flow over a bluff cylinder[J]. Physics of Fluids, 1986, 29(7): 2095 - 2102.

[2] Griffin O M, M S Hall. Review - vortex shedding lock - on and flow control in bluff body wakes[J]. Journal of Fluids Engineering, 1991, 113(4): 526 - 537.

[3] 吴波,李少鹏,张亮亮,等. 顺流向正弦脉动风作用下矩形柱体的空气动力学特征[J]. 建筑结构学报, 2018(S1): 183 - 188.

微椭圆形截面斜拉索气动力特性试验研究*

肖彬[1]，刘庆宽[2]，王晓江[1]

（1. 石家庄铁道大学土木工程学院 石家庄 050043；2. 石家庄铁道大学风工程
研究中心 石家庄 050043；3. 河北省风工程和风能利用工程技术创新中心 石家庄 050043）

1 引言

近年来，由于自身的造型形态、结构形式和所处的风环境等因素的影响，大跨度斜拉桥风荷载及其响应的问题十分复杂，风荷载常常是这类桥梁结构设计的关键控制因素之一[1-2]。根据相关资料统计，斜拉索上的风荷载一般占桥梁整体结构风荷载的 60% ~70%[3]，然而斜拉索又具有自身质量较小、结构刚度较小、结构阻尼较小和长细比较大的特性，导致斜拉索极容易发生风（雨）致振动，对桥梁结构的安全性能产生很大的影响。因而，准确计算和掌握斜拉索上的气动力对于研究和解决大跨度斜拉桥风荷载及其响应的问题是非常重要的。

目前大多数桥梁斜拉索都采用标准圆形截面，然而斜拉索在生产、存放、运输、吊装以及使用中容易遭受加工误差、风吹日晒、表面冰冻的危害，导致斜拉索的截面可能会变为微椭圆形截面。针对这类斜拉索截面，通过风洞试验测试和掌握其气动力特性具有重要的意义。

2 试验概况

针对两种微椭圆形截面斜拉索模型和标准圆形截面斜拉索模型进行同步测力试验研究，得到了雷诺数对不同截面斜拉索模型气动力的影响规律，并考虑了在不同风攻角和不同截面类型下模型气动力的变化规律，为今后进行斜拉桥结构设计和相关研究提供参考和建议。

本文测力试验在石家庄铁道大学风工程研究中心风洞高速试验段中进行，标准圆形截面模型的直径和微椭圆形截面短轴均为 120 mm，两种微椭圆形截面模型定为模型 A 和 B，模型 A 和 B 长短轴之比分别为 1.05 和 1.10。模型两端设置了补偿模型和圆形端板，以消除试验模型的端部效应[4]，模型长度为 1700 mm，端板到洞壁距离为 90 mm。图 1 为模型安装和实物图。

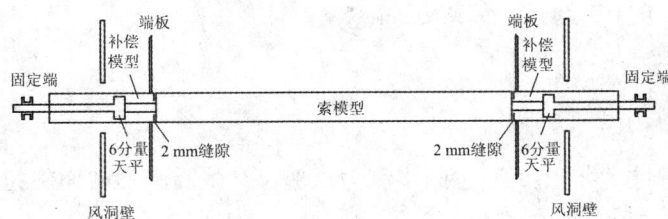

(a) 模型安装图　　　　　　　　　　　　　　　(b) 模型实物图

图 1　模型安装和实物图

3 结果分析

如图 2 ~3 所示，本文模型截面形状类似光滑圆柱，光滑圆柱气动力随雷诺数具有明显的变化规律。因而，在雷诺数临界区附近，随着雷诺数的增大，微椭圆形截面模型阻力系数都会大幅度减低；相对于圆形截面模型来说，微椭圆形截面模型在风攻角 0° ~60°范围内都会出现雷诺数临界区提前现象，在风攻角 70° ~90°范围内都会出现雷诺数临界区后移的现象。

---

* 基金项目：国家自然科学基金项目（51778381）；河北省自然科学基金重点项目（E2018210044）；河北省高等学校高层次人才项目（GCC2014046）；石家庄铁道大学研究生创新资助项目（YC2018002）

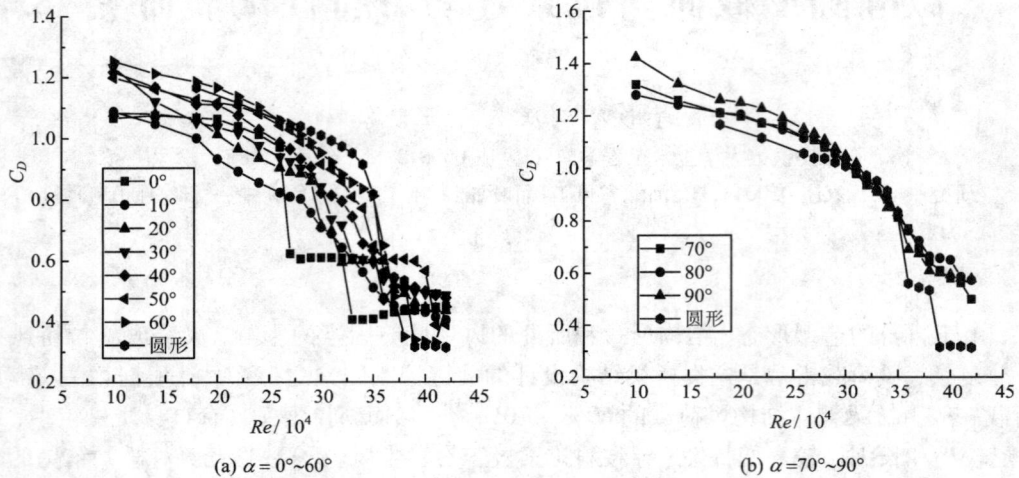

(a) $\alpha = 0° \sim 60°$　　　　　　　　(b) $\alpha = 70° \sim 90°$

图2　风攻角和雷诺数对模型 A(1:1.05) 阻力系数的影响规律

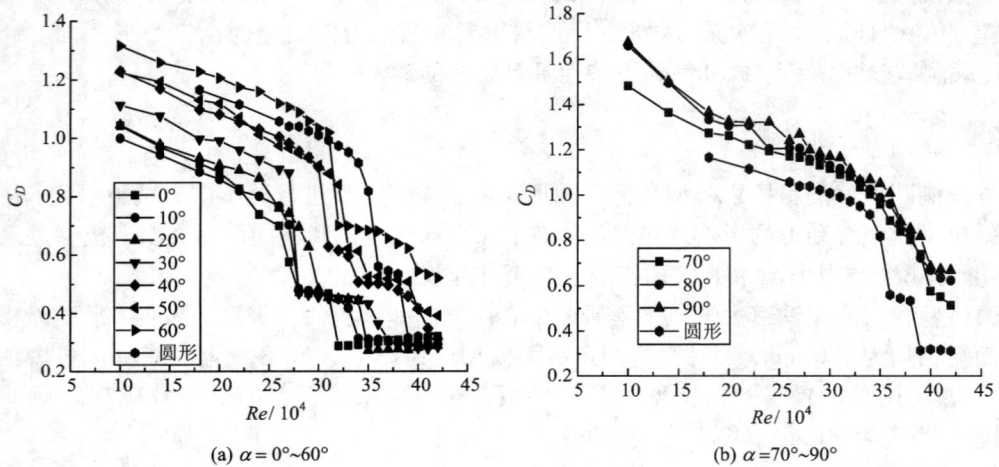

(a) $\alpha = 0° \sim 60°$　　　　　　　　(b) $\alpha = 70° \sim 90°$

图3　风攻角和雷诺数对模型 B(1:1.10) 阻力系数的影响规律

4　结论

　　针对标准圆形截面斜拉索模型和微椭圆形截面斜拉索模型，通过同步测力试验，对微椭圆形截面斜拉索的气动力特性进行了较为深入的研究和探讨，研究结论如下：

　　(1)随着雷诺数的不断增大，两种微椭圆形截面斜拉索模型阻力系数都会大幅度降低。

　　(2)相对于圆形截面模型来说，微椭圆形截面斜拉索模型在风攻角 0°～60° 范围内会出现雷诺数临界区提前现象，并且随着模型截面椭圆程度的增加，雷诺数提前程度也会增大。

　　(3)相对于圆形截面模型，微椭圆形截面斜拉索模型在风攻角 70°～90° 范围内会出现雷诺数临界区后移的现象，即向高雷诺数区域发生移动。

参考文献

[1] 希缪著，刘尚培，项海帆，等译. 风对结构的作用 – 风工程导论[M]. 上海：同济大学出版社，1992：111.

[2] JTG/T D60 – 01 – 2004 公路桥梁抗风设计规范[S]. 北京：人民交通出版社，2004.

[3] 刘庆宽，乔富贵，张峰. 考虑雷诺数效应的斜拉索气动力试验研究[J]. 土木工程学报，2011，44(11)：59 – 65.

[4] 郑云飞，刘庆宽，刘小兵. 端板尺寸对斜拉索节段模型气动特性的影响[J]. 工程力学，2017，34(S1)：192 – 196.

考虑面内－外耦合振动的斜拉索风雨振模型[*]

杨雄伟[1]，李暾[2]，李明水[1]

（1. 西南交通大学风工程试验研究中心 成都 610031；2. 广西科技大学土木建筑工程学院 柳州 545006）

1 引言

以往所建立的理论模型斜拉索大都采用抛物线型，随着拉索长度的增加，以抛物线型近似代替实际状态下的拉索线型的精度也越来越低，本文基于悬链线静态线型建立考虑面内－外耦合振动的运动水线连续弹性拉索风雨激振理论模型，研究斜拉索风雨激振的振动特性。

2 基于悬链线型的考虑面内－外拉索风雨激振理论模型

将悬链线型表达式[1]代入拉索轴向表达式[2]，经推导得到拉索振动微分方程如下：

$$\ddot{q}_{v,n}(t) + 2\xi_{v,n}\omega_{v,n}\dot{q}_{v,n}(t) + \omega_{v,n}^2 q_{v,n}(t) + \chi_{v,n}q_{v,n}^2(t) + \vartheta_{v,n}q_{v,n}^3(t) + p_{v,n}(t) = \frac{2}{M_cL}\int_0^L F_y\sin\frac{n\pi x}{L}dx \quad (1)$$

$$\ddot{q}_{w,k}(t) + 2\xi_{w,k}\omega_{w,k}\dot{q}_{w,k}(t) + \omega_{w,k}^2 q_{w,k}(t) + \vartheta_{w,k}q_{w,k}^3(t) = \frac{2}{M_cL}\int_0^L F_z\sin\frac{n\pi x}{L}dx \quad (2)$$

拉索单元上水线振动微分方程[2]为：

$$mR\frac{\partial^2\theta}{\partial t^2} + c_rR\frac{\partial\theta}{\partial t} + sgn\left(\frac{\partial\theta}{\partial t}\right)F_0 = -f_\tau + m\left(g\cos\alpha - \frac{\partial^2\theta}{\partial t^2}\right)\cos(\theta_0 - \theta) \quad (3)$$

式中具体参数，限于篇幅原因，这里暂不给出。

3 不同线型不同拉索对拉索风雨激振的振动特性影响

以洞庭湖大桥 S19 号索为例，每隔 0.1 m/s 为一个工况进行计算，得到各风速下拉索面内－外前 12 阶模态振幅及拉索在 x/L = 1/2、1/3、1/4 和 1/6 截面处振幅如图 1～2 所示。对比抛物线型模型[2]可以发现，拉索风雨激振有较大差异：两种线型的主要参振模态有很大的不同，抛物线型的主要参振模态一般稳定在 1～3 个，为第 2～5 阶模态，而悬链线型的主要参振模态更多，一般为第 2～7 阶模态；各风速下拉索的振幅也不尽相同，大部分风速下抛物线的振幅要比悬链线的振幅要稍大；拉索起振风速范围也不一致，抛物线的起振风速范围要比悬链线型的起振风速范围稍小。

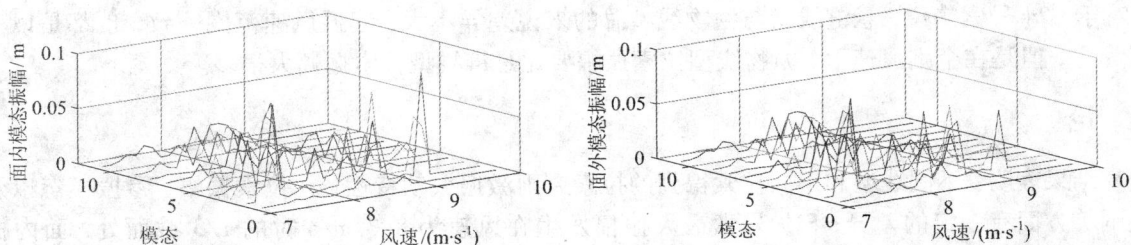

图 1　S19 号索各阶模态振幅随来流风速变化曲线（悬链线型）

对白沙洲大桥 C24 号索进行计算，图 3～4 给出拉索各模态振幅和各截面处振幅。对比图 1～2 可以看出：两索振动特性也表现出较大差异，S19 号索起振风速范围在 7.1～9.9 m/s，而 C24 号索的起振风速范围在 6.8～9.4 m/s；在大多数风速下，第 9～12 阶模态为 C24 号索的主要参振模态，而 S19 号索的主要参振模态很少有达到过这么高的参振模态。

* 基金项目：国家自然科学基金（51368008）

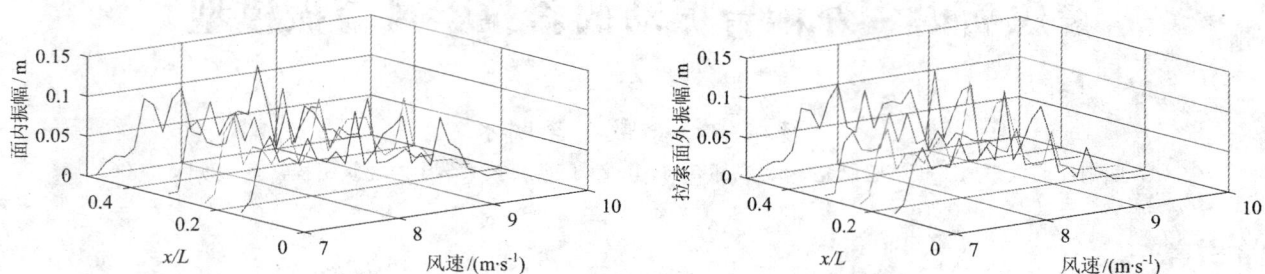

图2　S19号索各截面处振幅随来流风速变化曲线(悬链线型)

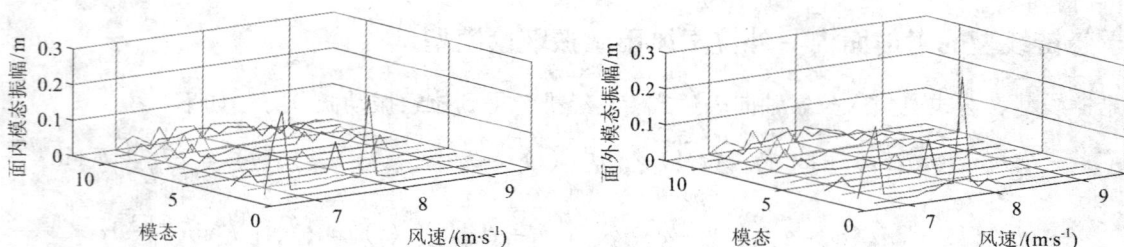

图3　C24号索各模态振幅随来流风速变化曲线(悬链线型)

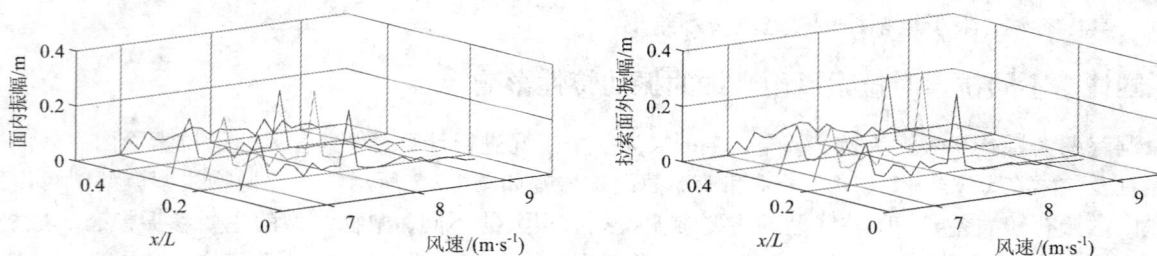

图4　C24号索各截面处振幅随来流风速变化曲线(悬链线型)

对于 C24 号索,本文亦计算了文献[2]的结果,限于篇幅原因,图形这里暂不给出。与本文模型对比发现:对于 C24 号索来说,悬链线型与抛物线型总的来说差异不大,起振风速范围一致,也都是以高阶模态参振为主,但是在个别风速下,抛物线型拉索振幅要比悬链线型拉索振幅大很多。

5　结　论

研究结果表明:不同线型和不同拉索得到的拉索风雨激振振动特性,在拉索振幅、参振模态以及起振风速范围等方面有一定的差异;S19 号索最大振幅发生在风速为 8.3 m/s 时的 1/3 截面处,面内振幅为 0.0982 m,面外振幅为 0.1125 m,C24 号索最大振幅发生在风速为 8.0 m/s 时的 1/4 截面处,面内振幅为 0.285 m,面外振幅为 0.340 m,拉索风雨激振有"限幅"、"限速"的振动特性。

参考文献

[1] 李国强,顾明,孙利民. 拉索振动、动力检测与振动控制理论[M]. 1 版. 北京:科学出版社,2014:1-5.
[2] 李暾. 拉索风雨激振理论模型研究及其振动特性分析[D]. 长沙:湖南大学土木工程学院,2013:118-150.

典型钝体断面非稳态运动条件气动力特性[*]

展艳艳[1]，赵林[1, 2]

（1. 同济大学土木工程防灾国家重点实验室 上海 200092；

2. 同济大学桥梁结构抗风技术交通行业重点实验室 上海 200092）

1 引言

气动力是大跨桥梁风致响应分析的基础。目前的研究多针对稳态运动条件下的气动力特性，建立了相应的气动力模型体系[1, 2]；非稳态运动条件下的气动力研究较少且多以数值模拟为基础，需要风洞试验的验证和深化。本文以强迫振动风洞试验为基础，以 Hilbert-Huang Transform（HHT）为工具，研究典型钝体断面在等振幅、时变频率运动条件下的气动力特性。

2 风洞试验

节段模型测力强迫振动风洞试验采用水平均匀流场，风速 10 m/s。断面为典型箱梁断面，模型长 750 mm，长宽比为 3∶1，截面尺寸见图 1。模型做扭转自由度线性调频运动，运动频率随时间线性递增，振幅保持不变，位移时程见图 2。

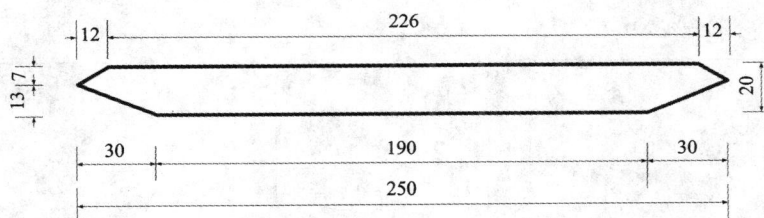

图1 模型断面（单位：mm）

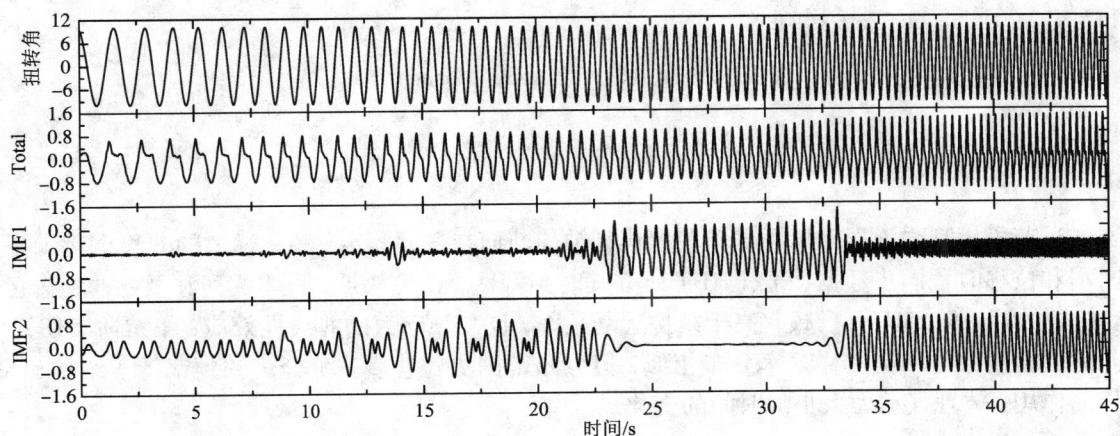

图2 气动扭矩时程总量及 IMF 分量

* 基金项目：国家重点研发计划(2018YFC0809600，2018YFC0809604)；国家自然科学基金项目(51678451)

3   结果分析

本节利用 HHT 分析时变振幅条件下的气动力特性，包括气动力本征模态函数（IMF）及 Hilbert – Huang 时频谱。为区分气动力的时频特性，Hilbert – Huang 时频谱为归一化的常用对数谱。限于篇幅，下文以气动扭矩为例进行气动力特性的分析和说明。图 2 展示了位移及气动力时程，包括完整时程及经验模态分解后的前两阶 IMF 分量；图 3 为位移及气动力的 Hilbert – Huang 时频谱，表现气动力的频率和幅值随时间的变化，图 b)、c)、d)中的黑色直线为扭转位移的频率分布。由图 2、图 3 的对比可知，非稳态运动下的气动扭矩呈现出宽频分布的特征，能量分布以结构运动基频为主，同时在高于和低于结构运动频率一定范围内均有能量分布。一阶 IMF 分量的频率高于结构运动频率；二阶 IMF 分量的频率与结构运动频率接近；三阶 IMF 分量的频率低于结构运动频率，起到调节气动力大小的作用。

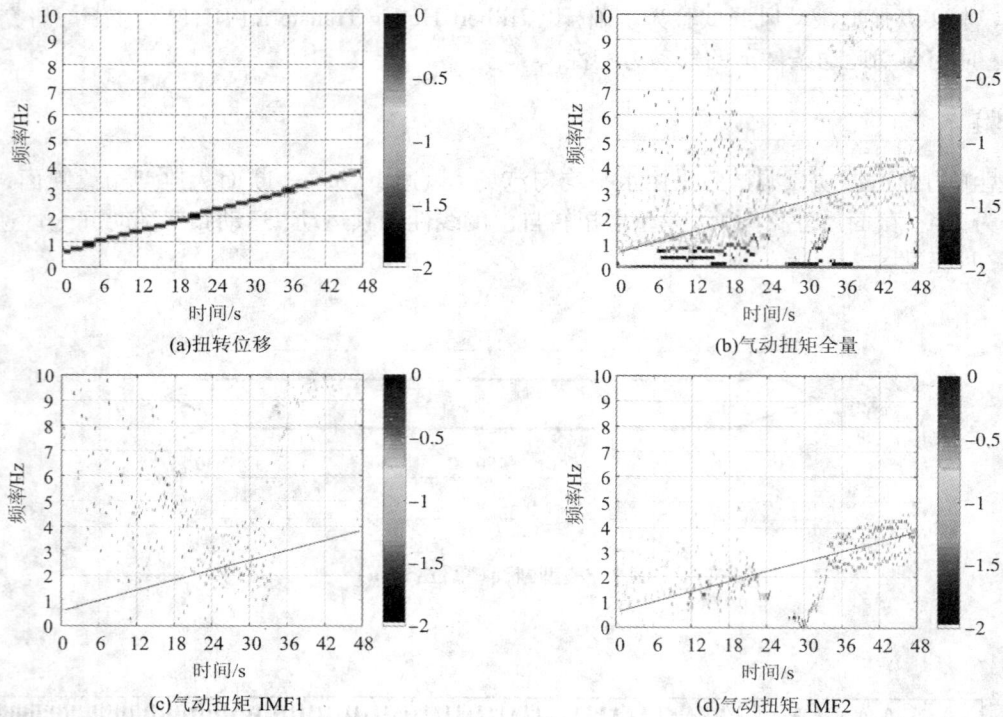

(a)扭转位移 (b)气动扭矩全量 (c)气动扭矩 IMF1 (d)气动扭矩 IMF2

图 3   位移及气动力 Hilbert – Huang 时频谱

4   结论

本文通过节段模型强迫振动风洞试验获取典型钝体断面在振幅固定、频率递增的非稳态运动条件下的气动力时程和位移时程同步数据，通过 HHT 研究其时频特性。研究表明，在本文所涉及的非稳态运动形式中，气动扭矩的第一阶 IMF 分量频率高于结构运动频率，反映气动力的非线性效应；第二阶 IMF 分量的频率随时间的变化规律与结构位移频率分布相似，但分布范围更宽；第三阶分量的频率低于结构运动频率，起到调幅的作用，体现气动力大小随时间的变化。

参考文献

[1] Scanlan R. H. Airfoil and Bridge Deck Flutter Derivatives[J]. Journal of Asce, 1971, 6：1717 – 1737.

[2] Sarkar P. P., Jones N. P., Scanlan R. H. Identification of Aeroelastic Parameters of Flexible Bridges[J]. Journal of Engineering Mechanics, 1994, 120(8)：1718 – 1742.

驰振准定常理论的局限性探讨[*]

张璧裳[1,2]，朱乐东[1,2,3]

(1. 同济大学土木工程防灾国家重点实验室 上海 200092；2. 同济大学土木工程
学院桥梁工程系 上海 200092；3. 同济大学桥梁结构抗风技术交通运输行业重点实验室 上海 200092)

1 引言

经典的驰振理论由 Glauert, Den Hartog, Sisto, Novak[1] 等人建立，该理论采用了准定常假设，认为结构的周边绕流和所受到的驰振力仅与运动结构的当前相对姿态有关，忽略了实际绕流的振动历程和频率依赖性等引起的非定常效应。然而，一些学者已经在试验中观察到了驰振的非定常振动现象[2]，因此，有必要对驰振准定常理论的适用性进行检验。本文以宽高比为 3∶2 矩形断面节段模型风洞试验为例，分析了试验得到的稳态振幅-风速曲线与准定常理论计算结果之间的差异，并结合朱乐东等人[3]提出的驰振非定常非线性自激力模型(Zhu-Gao 模型)，从能量演化和等效阻尼变化规律等方面出发比较驰振准定常和非定常自激力模型的差异以及与实际情况的符合程度，探讨了驰振准定常理论的局限性。

2 宽高比为 3∶2 矩形断面节段模型风洞试验

为了检验驰振准定常理论的适用性，于同济大学 TJ-2 风洞进行了 3∶2 矩形断面静力测力和自由振动同步测力测振节段模型试验，试验照片如图 1 所示。两套模型断面宽和高均分别为 0.15 m 和 0.1 m。测力试验模型由测力段和补偿段组成，长度分别为 0.486 m 和 0.5 m。测振模型长 1.5 m，质量为 10.573 kg，竖向振动频率为 5.03 Hz，阻尼比变化范围 0.14% ~ 0.6%，试验风速为 2 ~ 18 m/s。试验驰振响应呈现发展到限幅的过程，具有明显的非线性特性。以 Scruton 数(Sc 数)为 22.17 的工况为例，稳态幅随着折算风速近似呈线性增加的趋势(如图 2 所示)。

图 1　3∶2 宽高比矩形断面测力及同步测力测振节段模型试验

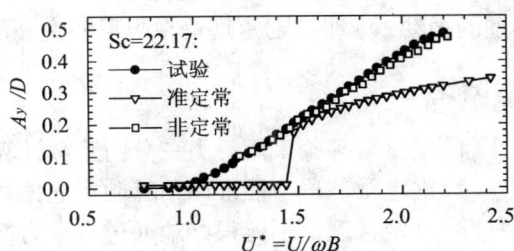

图 2　稳态振幅随风速变化曲线

3 驰振响应计算

采用准定常理论和非定常自激力模型对试验中节段模型系统的驰振响应就行了计算。准定常和 Zhu-Gao 非定常自激力数学模型分别如式(1)-(2)和式(3)所示，

$$F_y = \frac{1}{2}\rho U^2 D C_{F_y} \tag{1}$$

$$C_{F_y} = A_1 U + A_3 (U)^3 + A_5 (U)^5 + \cdots + A_{2i+1}(U)^{2i+1} \tag{2}$$

$$F_y = \frac{1}{2}\rho U^2 (2B) K H_1^*(K)\left(1 + \varepsilon_{03}(K)\left(\frac{\dot{y}}{U}\right)^2 + \varepsilon_{05}(K)\left(\frac{\dot{y}}{U}\right)^4\right)\left(\frac{\dot{y}}{U}\right) \tag{3}$$

* 基金项目：国家自然科学基金项目(51478360)

其中准定常自激力模型参数 A_{2i+1} 通过对准定常驰振力系数 C_{Fy} - $\tan\Delta\alpha$ 曲线的拟合得到[1]，拟合结果如图3所示。非定常自激力模型参数通过对实测自激力周期做功时程拟合得到[3]。

然后，利用准定常和非定常驰振力，采用 Runge – Kutta 法计算不同折算风速下的模型驰振响应。$Sc = 22.17$ 工况对应的驰振响应计算结果也绘制于图2中，分别用空心倒三角线和空心小方框线表示。结果显示：非定常理论计算结果与实验结果相符很好，而准定常理论计算结果与试验或非定常计算结果之间无论是稳态幅值还是起振振风速都存在显著差异。

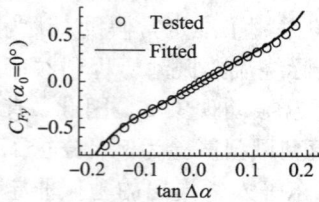

图3　实测 C_{Fy} 曲线及拟合结果　　　图4　等效阻尼 – 振幅曲线和自激力 – 位移相图

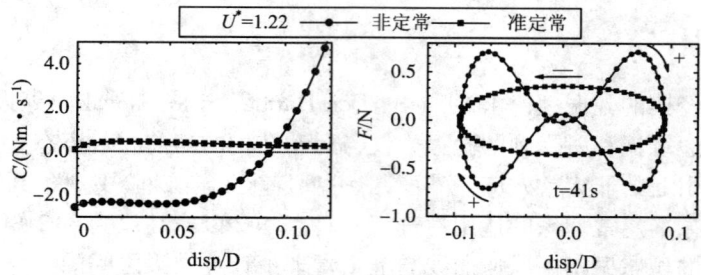

4　等效阻尼和能量演化规律

从等效阻尼变化和能量演化的角度，比较了准定常和 Zhu – Gao 非定常自激力模型的差异。图4为以 $U^* = 1.22$ 为例的等效阻尼 – 振幅曲线和自激力 – 位移相图的准定常和非定常结果比较，其中等效阻尼 – 幅值曲线的零点对应稳态振幅。从图中可见：Zhu – Gao 非定常自激力模型能够很好地通过等效阻尼 – 振幅曲线预测稳态振幅，而准定常理论的等效阻尼曲线始终为正，意味着按准定常模型在该风速下不能起振，与实际情况不符。此外，在稳态振动时，Zhu – Gao 模型所得的自激力 – 位移滞回曲线呈顺时针走向"绳结形"，表示非定常自激力非线性强，并做正功，能够克服阻尼力所做的负功而维持驰振振动；而准定常理论所得的滞回曲线呈逆时针走向的椭圆形，表示准定常自激力非线性较弱，并做负功，所以不能维持模型的振动，证明准定常理论在阻尼演变和能量演化的机理方面与实际情况不符。

5　结论

（1）准定常理论采用静力三分力系数计算动态响应，忽略了绕流的非定常效应，存在显著缺陷；

（2）准定常理论不能准确估算驰振起振风速，且计算得到的稳态振幅也与实测值差异较大；

（3）准定常理论不能很好地通过自激力能量和等效阻尼演变规律阐释驰振的非线性机理，而 Zhu – Gao 非定常非线性模型却可以实现。

参考文献

[1] Novak M. Galloping oscillations of prismatic structures[J]. Journal of Engineering Mechanics, 1972, 98(1): 27 – 46.

[2] C. Mannini, A. M. Marra & G. Bartoli. VIV – galloping instability of rectangular cylinders: review and new experiments[J]. Journal of Wind Engineering and Industrial Aerodynamics. 2014, 132: 109 – 124.

[3] Guangzhong Gao, Ledong Zhu. Measurement and verification of unsteady galloping force on a rectangular 2:1 cylinder[J]. Journal of Wind Engineering and Industrial Aerodynamics, 2016, 157(10), 76 – 94.

斜向风下方形断面结构驰振不稳定性研究[*]

张璐[1]，马文勇[2]，邓然然[3]

（1. 石家庄铁道大学土木工程学院 石家庄 050043；2. 河北省风工程和风能
利用工程技术创新中心 石家庄 050043；3. 金华市交通规划设计院有限公司 金华 321000）

1 引言

横风向驰振现象通常发生在截面形状特殊的细长结构上，是由于在定常风的作用下结构在横风向的平移振动气动阻尼是负值，系统不断地从外界吸收能量引起的一种气动力失稳现象。结构发生驰振时会在垂直于来流方向发生振幅较大的振动，在一倍 B（横风向特征长度）至 10 倍 B 之间，甚至更大。方形或近似方形断面的高层建筑及桥塔是可能会产生驰振的结构之一，应引起重视。本文主要对斜向风作用下方形断面结构的驰振稳定性进行了研究。

2 试验概况

2.1 模型介绍

试验所用方柱模型如图 1 所示。试验时定义来流风速与垂直于模型轴向的分量之间的夹角为风偏角 L，对 $L = 0° \sim 60°$（间隔 10°）的工况进行了试验研究。试验中以模型的中心 O 为旋转中心旋转模型来改变风偏角，并对模型进行截断处理，来流与轴线夹角每改变 10° 就将模型两端对称截掉相同的长度。试验时沿模型展向布置 A、B、C、D 四圈测点，每圈 44 个测点。试验风速为 5，10，15 m/s。

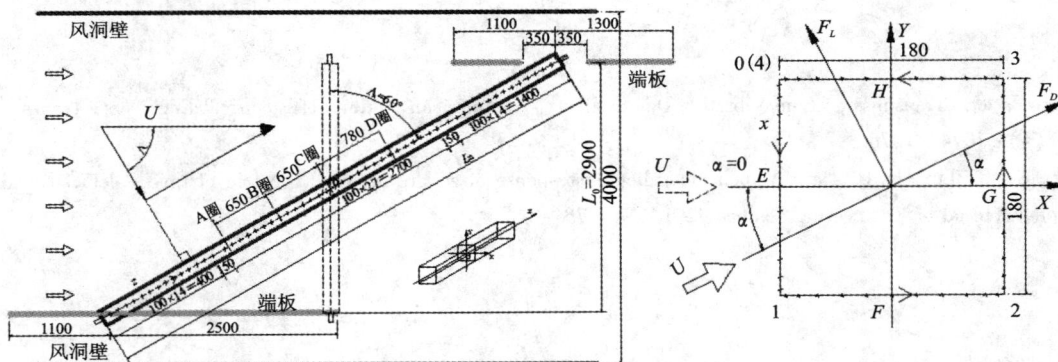

图 1 模型及试验测点布置

2.2 参数定义

风压系数可以用来反映模型表面风荷载分布情况，由于本文中的分析基于传统风速分解法，所以用垂直于轴向的速度分量来代替来流风速，风压系数的定义即为：

$$C_{Pn} = \frac{P(i) - P_0}{\frac{1}{2}\rho(U\cos\Lambda)^2} \tag{1}$$

式中，i：测点编号，$P(i)$：测点处风压，P_0：静压，U：来流风速，ρ：空气密度，取 $\rho = 1.25$ kg/m³，L：风偏角。

* 基金项目：河北省自然科学基金项目（E2017210107）；河北省教育厅重点项目（ZD2018063）

3　Den Hartog 驰振理论及不稳定区域

当结构在初始扰动或者风荷载作用下产生垂直于来流的微小振动时，来流与结构之间的相对风速及风向都发生变化，结构的气动力也随之发生改变。对于方形断面柱体来说，在 $\alpha = 0° \sim 15°$ 范围内随着风向角（攻角 a）的增大升力降低，根据 DenHartog[24] 基于准定常理论的分析可知，系统出现负阻尼不断地从外界吸收能量从而导致结构出现大幅振动[25]，结构发生驰振。

当结构发生振动时，按照相对攻角理论，忽略结构周围的非定常流，仍然认为围绕在结构周围的气流是定常的。由于结构的驰振稳定取决于结构上的平均阻力系数以及平均升力系数，驰振力系数小于零时的范围为驰振不稳定区域。经过在 $L = 0° \sim 36°$ 下方形模型四个断面上平均升力、阻力随风向角的变化规律的试验，即可从 B 断面上看出 $\Lambda = 0° \sim 30°$ 范围内驰振不稳定区域均为 $\alpha = 0° \sim 12°$，$\Lambda = 36°$ 时为 $\alpha = 6° \sim 12°$；C、D 断面上 $\Lambda = 0°$ 时驰振不稳定区域均为 $\alpha = 0° \sim 12°$，$\Lambda = 10° \sim 36°$ 范围内为 $\alpha = 0° \sim 14°$，因此整体上看斜向风作用下结构的驰振不稳定区域有所增大。

4　结论

本文通过对方形断面柱体在多个风偏角、雷诺数 $Re = 1.27 \times 10^5$ 时平均力系数的规律，以及驰振力系数的分析对比，得到以下结论：

（1）$L = 0° \sim 36°$ 时方柱模型的平均升、阻力系数随风向角的增大先减小后增大，在 $\alpha = 14°$ 时取得最小值。

（2）斜向风作用下结构的驰振不稳定区域比垂直风向时有所增大，增大了驰振发生的可能性。

（3）整体上看，斜向风作用下引发结构产生驰振的临界风速较垂直风向下有所降低。从 D 断面驰振特性看，实际工程中结构可能会整体处于 D 断面的状态下，也可能是结构的大部分均处于 D 断面状态下，此时结构发生驰振的可能性就大大增加。

参考文献

［1］ J. P. Den Hartog. Transmission Line Vibration Due to Sleet［J］. American Institute of Electrical Engineers，Transactions of the，1932，51（4）：1074 – 1076.

［2］ L. Wang，W. B. Liu，H. L. Dai. Aeroelastic galloping response of square prisms：The role of time – delayed feedbacks［J］. International Journal of Engineering Science，2014，75：79 – 84.

剪切来流作用下串列布置三圆柱流致运动特性研究[*]

张志豪，谭潇玲，涂佳黄

（湘潭大学土木工程与力学学院 湘潭 411105）

1 引言

目前，国内外学者们对圆柱体结构涡激振动问题的研究已经获得了相当系统的成果，并进行了相应的归纳总结[1-2]。但实际工程中，海洋立管、桥梁拉索、高耸建筑等大多都以结构群的形式出现，由于柱体群与流体之间的相互作用，导致结构的运动状态更加复杂，引起了众多学者的广泛关注。一些学者对非均匀来流作用下柱体流致振动问题开展了相关研究，主要集中于剪切来流、Poiseuille 管道流及周期性来流。

2 研究方法

本文采用弱耦合分区算法，对流体域和固体域分别求解。基于四步半隐式 CBS 稳定化有限元方法求解流体控制方程，获得 $t(n+1)$ 时刻的流场速度、压力。再将流体力作用于结构物，以 Newmark $-\beta$ 时间积分法求解结构运动控制方程，得到 $t(n+1)$ 时刻结构物的动力响应。采用动网格方法对网格进行更新后，返回第一步开始计算 $t(n+2)$ 时刻，并循环至系统达到稳定为止。

3 计算模型与算例验证

本文计算域尺寸为 $[-30D, 60D] \times [-10D, 10D]$，上游圆柱（upstrecylinder，UC）、中游圆柱（midstream cylinder，MC）和下游圆柱（downstream cylinder，DC）的圆心位置分别为 $(5.5D, 0)$、$(0, 0)$ 与 $(5.5D, 0)$，如图1所示。计算域堵塞率 $B = 5\%$。本文算例参数为：雷诺数 $Re = 100$，质量比 $m_r = 2.0$，间距比 $L_x = 5.5D$（D 为柱体直径），固有频率比 $r = f_{n,x}/f_{n,y} = 1.0$，剪切率 $k = 0.0, 0.05, 0.1$，折减速度 $U_r = U_c/(f_{n,x}D) = 3 - 21$。对于弹性支撑结构，忽略结构阻尼的影响。为了验证本文所用数值方法的可靠性，选取文献[3]在均匀来流作用下，串

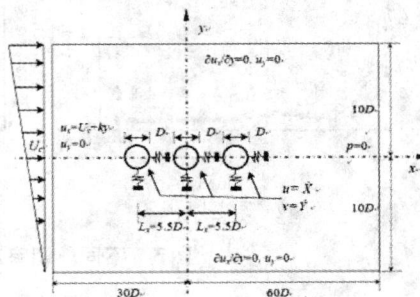

图1 计算模型示意图

列布置双圆柱体结构两自由度流致振动问题进行验证，由图2可知，不同折减速度工况下，本文所计算的双圆柱体结构振动位移统计结果（X_{rms}/D、Y_{max}/D）与文献[3]中的结果相当吻合，本文数值方法的可靠性与适用性得到验证。

4 结果分析

由于柱体之间的空间较大，导致中下游圆柱对上游圆柱尾流发展的影响较小，上游圆柱的动力响应与单圆柱工况类似。剪切率的变化对 UC 顺流向振幅的影响较大，然而横流向振幅受其影响较小。随折减速度的增加，UC 振幅先增大，在 $U_r = 5$ 达到峰值后，逐渐减小最后趋于稳定，如图3（a）所示。

相对于 UC，MC 的最大振幅曲线在区域 B 范围内呈现出较大的不规则性，如图3（b）所示。随剪切率的增加，X_{max}/D 普遍增大，而 Y_{max}/D 仅在区域 C 范围内出现明显的增大。当 $3 \leqslant U_r \leqslant 7$ 时，Y_{max}/D 随剪切率的增加而减小。随折减速度的增加，均匀来流工况下，X_{max}/D 增大至最大值后趋于稳定。剪切来流工况下，X_{max}/D 在 $U_r = 7$ 工况下达到第一个峰值 0.51（$k = 0.1$），同时，当 $U_r = 12$ 时，会达到另一个峰值 0.39（$k = 0.1$）。另一方面，对于横流向振幅，在区域 B-D 范围内，随折减速度的增加，Y_{max}/D 先增大，达到最

＊ 基金项目：国家自然科学基金青年项目（11602214）；中国博士后科学基金资助项目（2017M622593）；湖南省自然科学基金青年项目（2016JJ3117）

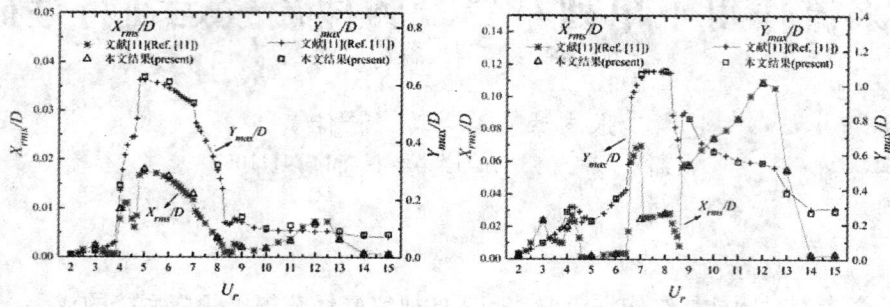

图 2 串列双圆柱振幅随折减速度变化的对比

大振幅 1.11（$U_r = 8$，$k = 0.05$），然后减小并趋于稳定。由图 3（c）可知，DC 的最大振幅随折减速度的变化趋势与 MC 基本相同，但是，在区域 B 范围内 DC 的振幅波动性相对较小。大多数工况下，X_{max}/D 随剪切率的增加而增大，而 Y_{max}/D 在 $U_r = 3 \sim 9$ 范围内随剪切率的变化存在较大的差异性。DC 两个方向的振幅随折减速度的变化曲线基本一致，在区域 C 内获得最大振幅。

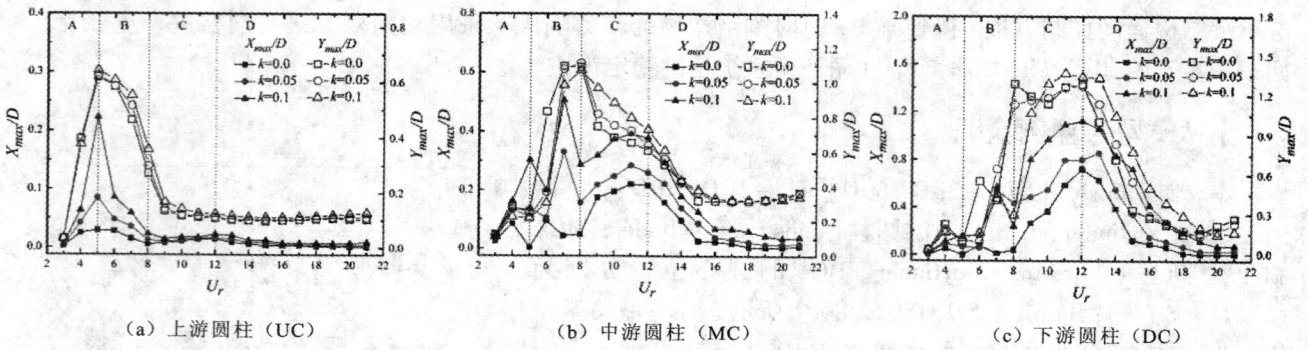

（a）上游圆柱（UC）　　　　　　（b）中游圆柱（MC）　　　　　　（c）下游圆柱（DC）

图 3 不同剪切率工况下，x、y 两个方向最大振幅随折减速度的变化

5 结论

随剪切率和折减速度的变化，上游圆柱的振幅变化规律与单圆柱工况类似。两个参数的变化对中下游两个圆柱体振动幅度的影响较大。中游圆柱的最大振幅随折减速度的变化呈现出较大的不规则性。随剪切率的增加，中游圆柱体顺流向振幅普遍增大，而横流向振幅仅在部分折减速度范围内出现明显的增大。随剪切率与折减速度的变化，下游圆柱振幅变化曲线趋于一致，振幅最大值及大振幅区域范围明显大于中上游圆柱。

参考文献

[1] Bearman P W. Vortex Shedding from Oscillating BluffBodies[J]. Annual Review of Fluid Mechanics, 1984, 16(1): 195 – 222.

[2] Williamson C., Govardhan R. Vortex – inducedvibrations[J]. Annual Review of Fluid Mechanics, 2004, 36(1): 413 – 455.

[3] Prasanth T, Mittal S. Vortex – induced vibration of two circular cylinders at low Reynolds number. Journal of Fluids and Structures, 2009, 25(4): 731 – 741.

高雷诺数平板分离再附流动特性研究

闫渤文[1]，赵乐[1]，舒臻孺[2]，李秋胜[2]

（1.重庆大学山地城镇建设教育部重点实验室土木工程学院 重庆 400030；

2.香港城市大学建筑与土木工程系 香港 九龙）

1 引言

钝体平板绕流问题常见于机械、航空、海洋以及土木等多个工程领域，相对于流线形结构的绕流流动，钝体平板流动涉及流动分离和再附、分离泡振荡等复杂的流动现象。钝体结构发生流动分离通常对结构产生不利影响，比如在低矮房屋屋顶处及高层建筑的表面由于流动分离会产生高负压区（Melbourne，1980）。钝体平板的分离泡内的脉动风压会显著增大，这不仅会引发结构的疲劳安全问题，还会引起结构的流致振动和气动噪音。因此，对钝体平板的分离及再附问题进行深入的研究具有重要的理论价值和工程意义。

近年来，随着试验技术的不断发展进步，为进一步探究钝体平板分离再附流动的特性，国内外研究者采用高频同步测压系统和粒子图像测速技术（Particle Image Velocimetry，简称 PIV）开展了风洞实验研究。Taylor 等（2012，2014）通过测压模型和 PIV 流显设备研究了不同尺寸细长钝体的流动特性。Shu 和 Li（2017）采用测压模型对不同前缘形状平板的分离再附流动特性以及气动力进行了研究。但目前对于考虑高雷诺数的来流流场参数以及平板前缘形状对钝体平板绕流流场特性的研究还存在不足，本文结合计算流体动力学方法（Computational Fluid Dynamics，简称 CFD）以及测压模型和 PIV 风洞试验结果，分析来流及前缘形状对平板气动力和绕流流场特性的影响，揭示平板气动力的极值产生机理，对平板分离再附的流动特性开展了深入的试验及模拟研究。

2 研究方法

2.1 风洞实验

试验在香港城市大学实验风洞进行。该风洞为半回流式（semi – close type）风洞，试验段截面尺寸为 4.2 m 宽 ×2.0 m 高 ×20 m 长，最大风速可达 20 m/s。风洞试验中考虑了不同前缘形状的平板（见图 1，其中 D 为平板前缘宽度），并改变来流风场特性，研究了钝体平板的分离再附流动特性。

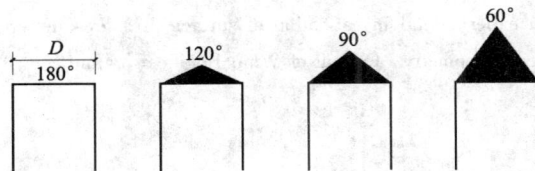

图 1 平板的前缘形状

2.2 数值模拟

本文基于非定常湍流模型，包括 LES（Large eddy simulation）及 IDDES（Improved Delayed Eddy Simulation）对高雷诺数钝体平板绕流问题进行了数值模拟研究。从平板气动力（平均及脉动风压）以及流场结构（涡量场，分离泡尺寸以及 Q 准则识别湍流涡结构）等来研究平板分离再附流动特性。

本文在试验及数值模拟中进行了考虑平板前缘形状（$\alpha = 60° \sim 180°$）、雷诺数（$Re = 1.8 - 3.1 \times 10^4$）、湍流强度（均匀流、$I_u = 3.1\%$，$9.5\%$，$15.8\%$）、湍流积分尺度（$L_x = 2.0D$，$4.1D$，$6.0D$，$7.6D$）四个参数影响，共 10 种工况，对平板分离再附流动特性开展研究。

3　结果与讨论

图 2 给出了不同前缘形状对平均风压系数和脉动风压系数的影响,可见,随着平板前缘角度 α 的增大,最小平均风压系数减小,最大脉动风压系数增大。同时,最小平均风压系数和最大脉动风压系数值出现在在平板上的位置逐渐向下游移动。

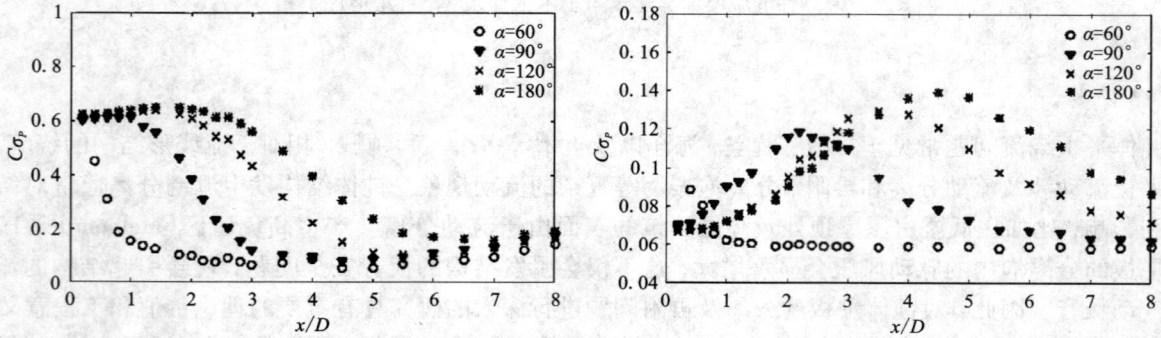

图 2　不同前缘形状下平均风压系数(左)、脉动风压系数(右)分布

4　结论

本文结合数值模拟和测压模型试验,对具有不同前缘形状的钝体平板的高雷诺数分离再附流动特性开展了研究。在均匀流及不同湍流条件下,考虑了雷诺数效应、前缘形状、湍流强度和湍流积分尺度对平板分离再附流动特性的影响。

参考文献

[1] Melbourne, W. H. , 1980. Turbulence, bluff body aerodynamics and wind engineering. In: Proceedings of the 7th Australasian Conference on Hydraulics and Fluid Mechanics 1980: Institution of Engineers, Australia.

[2] Taylor Z. J. , Gurka, R. , &Kopp, G. A. , 2012. Simultaneous PIV/pressure measurements of the flow around elongated bluff bodies. The Seventh International Colloquium on Bluff Body Aerodynamics and Applications (BBAA7), China, Shanghai.

[3] Taylor Z. J. , Gurka, R. , &Kopp, G. A. , 2014. Effects of leading edge geometry on the vortex shedding frequency of an elongated bluff body at high Reynolds numbers. Journal of Wind Engineering and Industrial Aerodynamic, 128, 66 – 75.

[4] Shu. Z. R. & Li. Q. S. , 2017. An experimental investigation of surface pressures in separated and reattaching flows: effects of freestream turbulence and leading edge geometry. Journal of Wind Engineering and Industrial Aerodynamics, 165, 58 – 66.

三、高层与高耸结构抗风

"垂直森林"建筑结构风压分布及气动力特性研究

程一峰，王钦华，祝志文，Ankit Garg

（汕头大学土木与环境工程系 汕头 515063）

1 引言

"垂直森林"为 2016 年米兰建成的两栋住宅塔楼，它将建筑物与绿色植被进行融合以提高住宅品质。现今，垂直森林作为绿色建筑的代名词，成为新一代建筑体系。高层建筑对风荷载较为敏感，植被改变结构外形后，结构表面局部压及气动力将产生明显的影响。操金鑫和田村幸雄[1]对绿色屋顶建筑屋顶升力进行风洞试验，研究发现绿色屋顶的升力系数能够减少 17%。王钦华[2]将树木视为多质量调谐阻尼器，通过数学模型计算垂直森林的风致响应，结果表明树木能降低风致位移、加速度响应和等效静风荷载。对米兰"垂直森林"分别进行均匀流场下刚性模型同步测压及高频底座力天平试验，研究树木对结构表面局部风压和气动力弯矩（扭矩）的影响。

2 刚性模型测压试验

刚性模型试验在汕头大学大气边界层风洞进行。建筑物原型高 110 m，三种树木原型分别高 3 m、6 m、9 m，缩尺比为 1:150，模型试验如图 1 所示。试验采用均匀流场，风速为 11 m/s，风向角间隔为 15°，共 24 个工况。测验点布置如图 2 所示，考虑树木、阳台对外立面的影响及角部可能出现的湍流分离和再附区域，测压点布置较为密集。对结构风压系数、体型系数及典型测压点压力功率谱进行分析，利用层风压系数变化及立面云图研究树木对结构局部风压分布的影响，0°、90° 风向角下 89 m 处测点层风压系数分别如图 4、图 5 所示。

图 1 风洞试验鸟瞰图

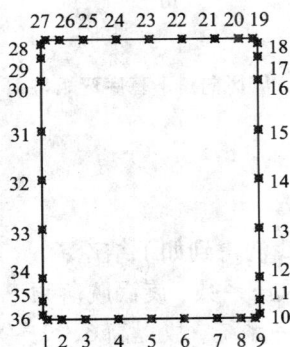

图 2 测压点剖面布置图

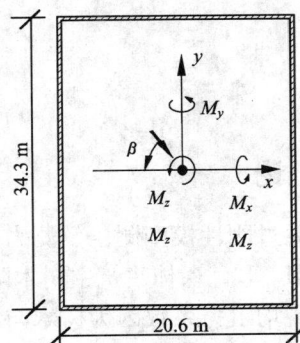

图 3 风向角及参考坐标系

3 刚性模型测力试验

对结构进行基底六分力系数及基底弯矩功率谱分析，利用高频压力积分技术将测压所得基底弯矩与测力数据进行对比，两种试验结果在脉动基底弯矩功率谱上较为接近，在此结果上讨论垂直森林建筑中树木对结构气动力的影响。树木使得结构特征湍流更为复杂，其横风向气动力谱带宽增加，峰值降低；进行 0°、90°横风向气动力谱的比较（如图 6 所示），验证及研究不同长宽比横截面下的频域特征。

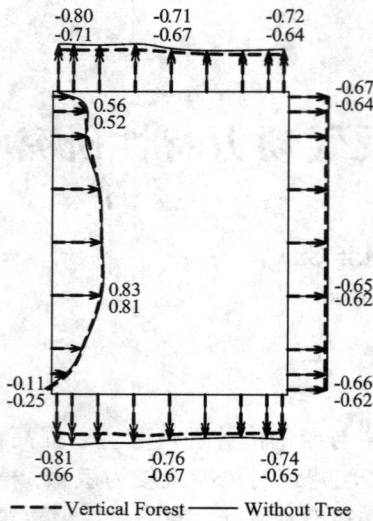

图 4　0°风向角下典型层平均风压系数

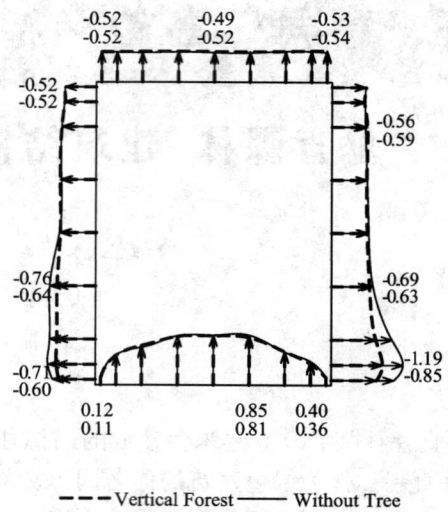

图 5　90°风向角下典型层平均风压系数

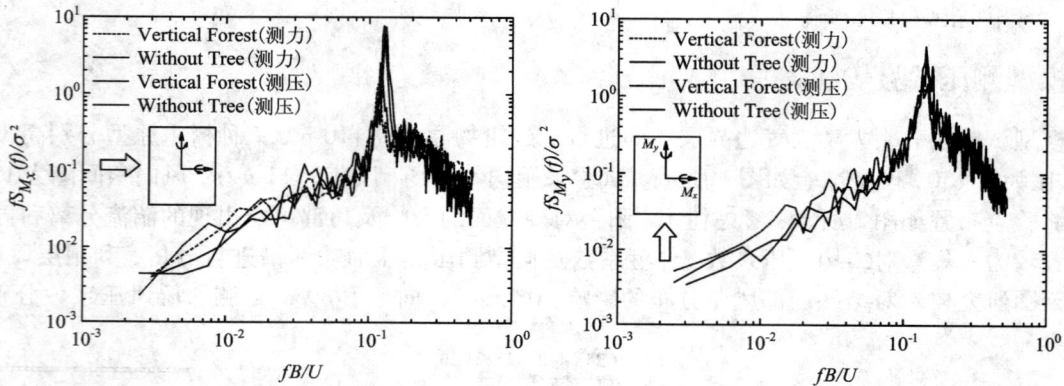

图 6　0°、90°风向角下基底弯矩与 M_y 功率谱

4　结论

通过刚性模型测压及测力试验研究，我们得到如下结论：

（1）垂直森林建筑中树木降低侧风面风压系数、旋涡脱落频率及其对应的峰值强度；0°和90°风向角下结构平均阻力系数因为树木与结构组成同一系统，故提高 6.0% ~6.9%。

（2）基底顺风向气动力谱与均匀流特征较为吻合，横风向气动力则与迎风面与侧风面宽度比值（W/D）有关。比值为 1.67 时，横风向气动力谱表现为窄带过程；比值为 0.6 时，则表现为带宽增加，峰值降低。

参考文献

[1] Cao J, Y Tamura, A Yoshida. Wind tunnel investigation of wind loads on rooftop model modules for green roofing systems[J]. Journal of Wind Engineering and Industrial Aerodynamics, 2013, 118: 20 – 34.

[2] Wang Q, Fu W, Yu S, L Allan, A Garg and Gu M. Mathematical model and case study of wind – induced responses for a vertical forest[J]. Journal of Wind Engineering and Industrial Aerodynamics, 2018, 179: 260 – 272.

高烟囱破坏案例统计分析[*]

樊星妍[1]，王磊[1,2]，刘伟[1]，梁枢果[2]

（1. 河南理工大学土木工程学院 焦作 454000；2. 武汉大学土木建筑工程学院 武汉 430072）

1　引言

高烟囱结构的筒体中空壁薄、横截面小、高宽比大，是一种典型的高柔结构。长期以来，高柔烟囱的破坏实例屡见不鲜。大量学者对一些烟囱的破坏实例进行了个案分析和统计总结[1,2]。本文尽可能地查阅了目前所有见诸报道的相关文献，对 739 座烟囱破坏实例进行了统计分析，涉及多种破坏因素和材料类型，更为全面地介绍砖烟囱、钢混烟囱和钢烟囱在横风向共振、顺风向风荷载、温度应力、地震、施工等因素造成的一些破坏案例。并通过大量的统计总结，得到了一些规律性的结论，旨在提高人们对烟囱破坏的宏观认识，为相关设计、施工和研究人员提供参考。

2　结构破坏统计分析

本研究尽可能地查阅目前所有见诸报道的相关文献，共收集了 739 座烟囱结构的破坏情况并对其进行统计分析，采用的文献资料均描述事故的发生过程和原因，具有较高可信度。

2.1　烟囱破坏等级统计

参考既有的分类标准，对 739 座烟囱按破坏等级分为基本完好、轻微破坏、中等破坏、严重破坏和掉头或倒塌五个等级。图 1 为不同破坏等级烟囱占比情况，中等破坏以上的烟囱共 355 座，即约一半烟囱破坏程度比较严重，需要加强、特殊处理或拆除重建。

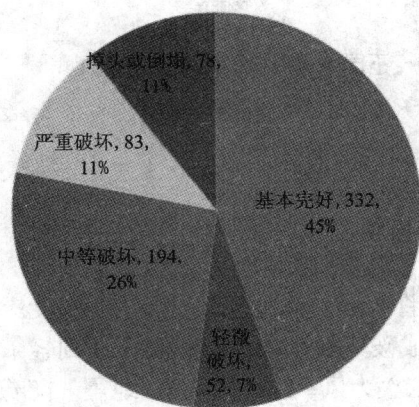

图1　烟囱破坏等级分布

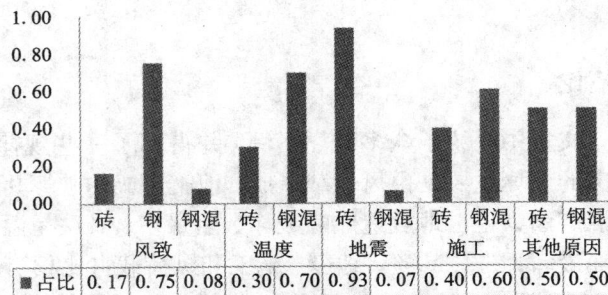

	砖 风致	钢	钢混	砖 温度	钢混	砖 地震	钢混	砖 施工	钢混	砖 其他原因	钢混
■占比	0.17	0.75	0.08	0.30	0.70	0.93	0.07	0.40	0.60	0.50	0.50

图2　同一致因各类型烟囱破坏占比直方图

2.2　破坏致因与材料类型、破坏等级、烟囱高度的关系

图 2 为同一致因下，砖烟囱、钢烟囱和钢混烟囱破坏的占比情况。从表中分析可得，钢烟囱的破坏均是由风荷载造成，占风致破坏总数的 75%。地震因素中砖烟囱破坏达到了 90%，由于砖烟囱存在年久失修等问题，砖烟囱在地震中破坏数目巨多，考虑这一因素，图 3 给出了除砖烟囱外，各致因造成的破坏数目占比情况。从图 3 可以看出，温度应力造成的钢混烟囱的破坏约为 50%，地震、施工和风荷载占比相当。

图 4 为各因素产生烟囱破坏的平均等级。从图中可以看出，各因素造成破坏的严重程度由重到轻依次为风、地震、温度、施工。其中，风致破坏平均等级在 4 级以上，说明风致破坏一旦发生，造成的破坏往往

* 基金项目：国家自然科学基金项目（51178359，51708186）

比较严重。图 5 为不同原因造成破坏的烟囱高度平均值。通过图 5 可以看出，由于地震原因造成破坏的烟囱平均高度相对较低，约为 75 m。风致破坏的烟囱平均高度约为 130 m，这印证了相对较高的烟囱更易在风的作用下破坏。

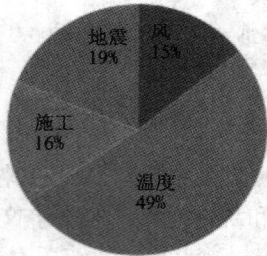

图 3   不同致因造成的烟囱破坏占比

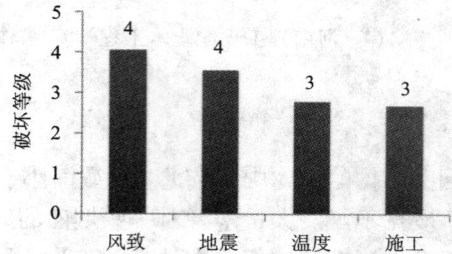

图 4   各因素造成破坏的严重程度

2.3   烟囱高度与破坏等级关系

图 6 为不同破坏等级烟囱的平均高度。可以看出，随着破坏高度的增大烟囱破坏等级也大致在逐步提高。低等级破坏的烟囱高度大都在 130 m 以下，烟囱高度超过 130 m 后，破坏等级往往大于 3 级。

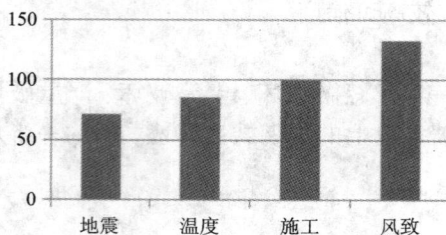

图 5   不同致因下破坏烟囱的平均高度

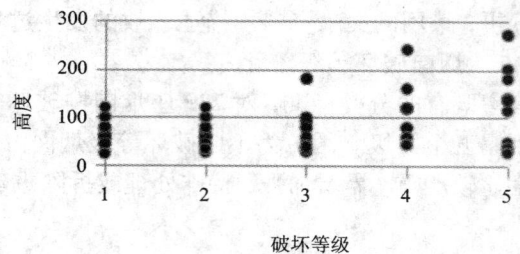

图 6   不同破坏等级下烟囱的平均高度

3   结论

本文集中介绍了众多破坏案例，并得到了一些规律性的结论，旨在提高人们对烟囱破坏的宏观认识。钢烟囱的破坏主要是由风荷载造成，地震造成的破坏 90% 为砖烟囱，温度原因和施工原因造成破坏的烟囱以钢混烟囱为主。地震造成的破坏数目最多，其次是温度应力。不将砖烟囱作为统计对象时，温度应力造成破坏最多，约占 50%，地震、施工和风荷载占比相当。各因素造成破坏的平均严重程度由重到轻依次为风、地震、温度、施工。各因素造成破坏烟囱的平均高度从高到低依次为风、施工、温度、地震。随着破坏高度的增大烟囱破坏等级大致呈增大趋势。

参考文献

[1] Breccolotti M, Materazzi A L. The role of the vertical acceleration component in the seismic response of masonry chimneys[J]. Materials & Structures, 2016, 49(1-2): 29-44.

[2] Minghini F, Bertolesi E, Grosso A D, et al. Modal pushover and response history analyses of a masonry chimney before and after shortening[J]. Engineering Structures, 2016, 110: 307-324.

高斯宽带过程下疲劳损伤的不确定性[*]

范宇航[1]，黄国庆[1, 2]，姜言[1]

（1. 西南交通大学土木工程学院 成都 610031；2. 重庆大学土木工程学院 重庆 400045）

1 引言

随机疲劳理论的疲劳损伤分析研究主要集中于随机过程的平均疲劳损伤估计。相比而言，关于疲劳损伤计算模型的不确定性研究较少。且大多局限于高斯窄带过程中，当将这些方法直接应用在高斯宽带过程时容易产生较大的误差。因此，为了更准确的分析高斯宽带过程下疲劳损伤的不确定性，本文通过考虑相邻应力幅之间的相关性，提出了一种新的分析方法。

2 研究方法

由于在计算疲劳损伤的方差时，相邻应力幅之间的相关性对结果具有较大影响。因此，本文主要对疲劳损伤计算模型的不确定性进行分析。关键是如何确定相邻应力幅之间的相关性，具体如下：

对于一个零均值的平稳高斯随机过程 $X(t)$ 来说，其疲劳损伤的方差可以表示为[1]：

$$\text{Var}[D] = N\sigma_d^2 + 2\sigma_d^2\chi \tag{1}$$

式中

$$\begin{aligned}
\sigma_d^2 &= E[d_0^2] - E^2[d_0] \\
&= \left[\frac{2^{2m}}{C^2}\int_0^\infty p^{2m}f_P(p)\,\mathrm{d}p\right] - \left[\frac{2^m}{C}\int_0^\infty p^m f_P(p)\,\mathrm{d}p\right]^2
\end{aligned} \tag{2}$$

其中 m、C 为 $S-N$ 曲线中的材料参数

$$\chi = \sum_{k=1}^{N-1}(N-k)\rho_{d_0 d_k} \tag{3}$$

则可得：

$$\text{CoV}^2 = \frac{\text{Var}[D]}{\overline{D}^2} = \frac{\sigma_d^2(N+2\chi)}{\overline{D}^2}; \quad \overline{D} = NE[d_0] \tag{4}$$

由上可知，确定疲劳损伤模型的不确定性关键是获得应力幅分布函数 $f_P(\cdot)$ 和应力幅值 p_0 和 p_k 之间的联合概率密度函数 $f_{P_0 P_k}(\cdot)$。由于宽带高斯随机过程复杂的分布形式，很难从理论上得到相应的 $f_{P_0 P_k}(\cdot)$ 解析结果，目前仅有的研究只是针对较为简单的宽带过程[2]（即由多个窄带过程组成的宽带过程且不同窄带过程间相互独立）。

本文基于 T–B 谱方法来研究宽带高斯疲劳计算模型的不确定性。首先应力幅分布经验公式为[3]：

$$\begin{aligned}
f_P(p) &= bf_{LC}(p) + (1-b)f_{RM}(p) \\
&= b\alpha_2\frac{p}{\sigma_X^2}e^{-\frac{p^2}{2\sigma_X^2}} + (1-b)\frac{p}{\alpha_2^2\sigma_X^2}e^{-\frac{p^2}{2\alpha_2^2\sigma_X^2}}
\end{aligned} \tag{5}$$

将公式（5）代入公式（4）中可得：

$$\text{CoV}^2 = \frac{N+2\chi}{N^2}\left(\frac{\Gamma(1+k)[b+(1-b)\alpha_2^{2m-1}]}{\Gamma^2(1+k/2)[b+(1-b)\alpha_2^{m-1}]^2} - 1\right) \tag{6}$$

由上式可知，确定参数 χ 即可得到宽带高斯随机过程的疲劳损伤计算模型的不确定性。这里的关键是获得联合概率密度函数 $f_{P_0 P_k}(\cdot)$。

本文通过观察公式（5）发现应力幅分布函数可由两个 Rayleigh 分布类型的概率密度函数的线性组合，

* 基金项目：国家自然科学基金（51578471）

即 $f_{LC}(\cdot)$ 和 $f_{RM}(\cdot)$。假设它们之间相互独立且分别对应的变量为 u_i 和 v_i，则可得应力幅 p_i 可表示为：

$$p_i = Iu_i + (1-I)v_i \tag{7}$$

式中，I 为：

$$I = \begin{cases} 1 & P(I=1) = b \\ 0 & P(I=0) = 1-b \end{cases} \tag{8}$$

则应力幅 p_i 和 p_j 的联合概率分布函数为：

$$\begin{aligned}
F(c_1, c_2) &= P(p_i \leqslant c_1, p_j \leqslant c_2) \\
&= P(u_i \leqslant c_1, u_j \leqslant c_2)b^2 + P(v_i \leqslant c_1, v_j \leqslant c_2)(1-b)^2 \\
&\quad + P(u_i \leqslant c_1, v_j \leqslant c_2)b(1-b) + P(v_i \leqslant c_1, u_j \leqslant c_2)b(1-b)
\end{aligned} \tag{9}$$

式中，$P(u_i \leqslant c_1, u_j \leqslant c_2)$ 和 $P(v_i \leqslant c_1, v_j \leqslant c_2)$ 为应力幅值间的联合概率密度函数。由于它们相应的应力幅都服从 Rayleigh 分布，则 $P(u_i \leqslant c_1, u_j \leqslant c_2)$ 和 $P(v_i \leqslant c_1, v_j \leqslant c_2)$ 可由随机窄带高斯过程不确定性获得，因此可得 $f_{p_i p_j}(\cdot)$ 为

$$f_{p_i p_j}(u, v) = b^2 f_{P_i P_j}(u, v) + 2f_{LC}(u)f_{RM}(v)b(1-b) + (1-b)^2 f_{P_i P_j}(u, v) \tag{10}$$

式中，$f_{P_i P_j}(u, v) = f_{P_0 P_k}(u, v)$。将上式代入公式（3）可得 χ，将参数 χ 其带入公式（6）进而得到相应的变异系数 CoV。

3　结论

本文基于 T - B 谱方法提出了一个新计算公式，用于分析宽带高斯疲劳计算模型的不确定性。并通过计算不同基频下的高层建筑的顺方向、横风向及其耦合作用下的疲劳响应，对比雨流法在相同条件下的计算结果，得出以下结论：第一，随着风速增加，不确定性呈现先减少后增加的趋势。由于阻尼仅影响共振响应的结果，因此风速越大，共振响应的比重就越大，相应的阻尼的影响就越大；第二，相比窄带假设法而言，本文所述方法与雨流法计算结果较为接近。这是因为本文所述方法将宽带过程分成两个窄带过程来处理，同时也考虑了相邻应力幅之间的相关性对结果的影响；第三，随着材料参数 m 值的增加，疲劳计算模型的不确定性越大。这是因为随着 m 的增加，响应的不确定性影响将增加。

参考文献

[1] Y M Low. Variance of the fatigue damage due to a Gaussian narrow band process[J]. Structural Safety, 2011, 34(1).

[2] Y. M. Low. Uncertainty of the fatigue damage arising from a stochastic process with multiple frequency modes[J]. Probabilistic Engineering Mechanics, 2014, 36.

[3] Benasciutti D, Tovo R. Spectral methods for lifetime prediction under wide - band stationary random processes[J]. International Journal of Fatigue, 2005, 27(8): 867 - 877.

串列布置开洞超高层建筑风致净压的试验研究*

高菁旋，余先锋，谢壮宁

（华南理工大学亚热带建筑科学国家重点实验室 广州 510640）

1 引言

强台风频繁登陆沿海城市，会对城市超高层建筑的外覆幕墙等围护结构造成破坏，尤其是幕墙发生局部破坏后，气流涌入室，极易引发围护结构的二次破坏。风工程研究者对低矮民居风致内压[1]和屋盖内外压差（即净压）[2]进行了大量研究，也初步对受扰开洞超高层建筑风致内压开展了研究，然而少有研究开洞超高层建筑风致净压的干扰效应。文中针对一典型开洞超高层建筑，进行多参数风洞试验，分析串列布置时受扰主建筑的面平均净风压分布特性及其干扰规律。

2 风洞试验与数据处理

2.1 风洞试验概况

刚性模型同步测压试验在华南理工大学风洞试验室进行，该风洞试验段长×宽×高为 24 m×5.4 m× 3 m。根据《建筑结构荷载规范》（GB 50009—2012）模拟了 B 类地貌风场。试验主模型长×宽×高为 150 mm ×150 mm×900 mm，按缩尺比 1∶200 模拟一高度为 $H = 180$ m 的超高层建筑，以其 $0.8H$ 高度处的楼层空间（如空中大堂）为研究对象，迎风面开洞尺寸（高×宽）为 25 mm×50 mm，墙面开洞率为 16.7%，开洞中心高度为 $0.8H$，并在空间内部布置了 3 个内压测点和 29 个外压测点。为满足内压相似准则，以建筑本身空腔作为补偿体积，补偿后的体积为所研究的楼层空间自身体积的 16 倍，风洞试验刚性模型见图 1 所示。

试验中考虑了两种开洞方向：①正面开洞（0°风向）；②侧面开洞（90°风向）。在每种开洞方向下，分别考虑了 3 种截面宽度施扰建筑对主建筑净压的干扰影响，风洞试验工况设置见图 2 所示，图中 l_x 为施扰建筑与受扰建筑的顺风向间距间距，b 为受扰建筑的截面宽度。

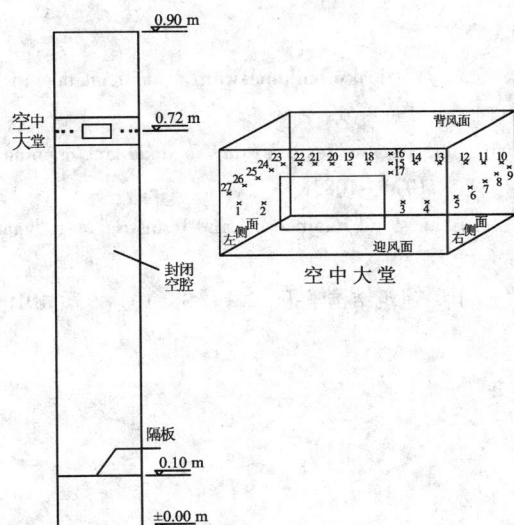

图 1 风洞试验刚性模型

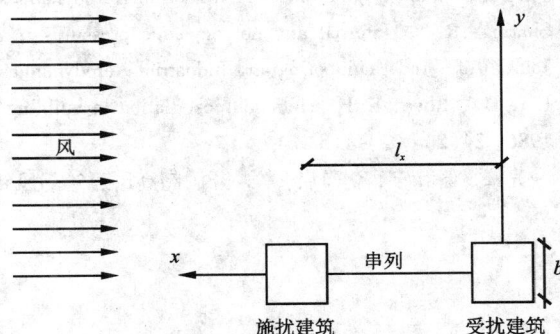

图 2 风洞试验工况设置

* 基金项目：亚热带建筑科学国家重点实验室开放基金（2019ZB28）

2.2   试验结果分析

在基本配置(受扰建筑与施扰建筑等高等宽,正面开洞)下,迎风墙面净压系数平均值和标准差随串列间距比 l_x/b 的变化关系见图 3。从图中可知,串列布置且正面开洞时,当 $l_x < 3.5b$ 时,洞口净压平均值接近为 0,随着串列间距的逐渐增大,直到 $l_x \geqslant 3.5b$ 后净压平均值呈现正值。

图 4 为正面开洞时迎风墙面平均净压干扰因子随串列间距比的变化,从图中可知三种宽度比 B_r 下的平均净压干扰因子均小于 1,表现为遮挡效应;当串列间距比 l_x/b 较小时,B_r 为 0.8 和 1 时的平均净压干扰因子小于 0,随着 l_x/b 的增大,净压重新表现为正值。另外,随着 B_r 的增大,平均净压干扰因子呈减小趋势。

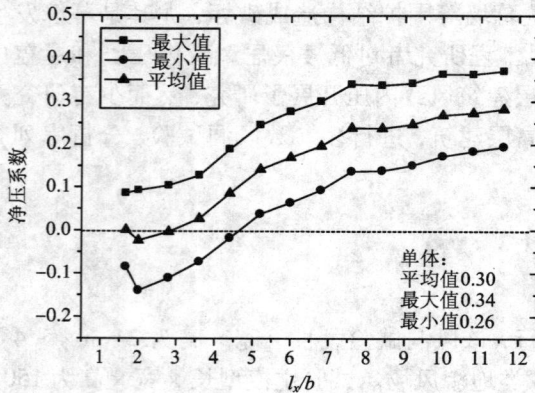

图 3   迎风墙面净压系数随间距比变化

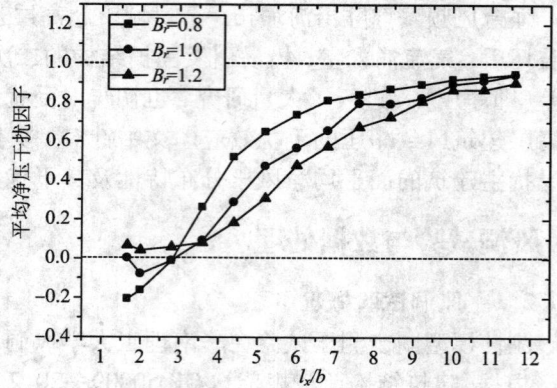

图 4   迎风墙面净压干扰因子随间距比的变化

3   结论

(1)串列布置且正面开洞时,迎风墙面平均净压系数随着串列间距比的增大而增大。

(2)串列布置且正面开洞时,在三种宽度比 B_r 下迎风墙面平均净压干扰因子均小于 1,表现为遮挡效应。另外,随着 B_r 的增大,平均净压干扰因子呈减小趋势。

参考文献

[1] Guha, T. K., Sharma, R. N., Richards, P. J. Internal pressure dynamics of a leaky building with a dominant opening[J]. Journal of Wind Engineering and Industrial Aerodynamics, 2011, 99(11): 1151 - 1161.

[2] Sharma, R. N. Internal and net envelope pressures in a building having quasi-static flexibility and a dominant opening[J]. Journal of Wind Engineering and Industrial Aerodynamics, 2008, 96(6 - 7): 1074 - 1083.

[3] Liu, H., Rhee, K. H. Helmholtz oscillation in building models[J]. Journal of Wind Engineering and Industrial Aerodynamics, 1986, 24(2): 95 - 115.

[4] 余先锋,谢壮宁,李尚启,等. 开洞超高层建筑的风致内压干扰效应[J]. 建筑结构学报,2017,38(10):95 - 101.

方形高层建筑风洞试验阻塞效应研究

郤阳，全涌，顾明

（同济大学土木工程防灾国家重点实验室 上海 200092）

1 引言

风洞试验是在实验室中模拟大气边界层风环境和建筑结构的外形特征及动力特性，从而再现风对结构的作用过程，考察实际结构的风效应，是结构抗风研究中最主要的方法之一[1]。阻塞效应是风洞试验过程中普遍存在的重要基础问题，尤其是当为了得到更精确的荷载信息，而采用大尺寸的试验模型时，试验模型对风洞断面的遮挡较大，风洞洞壁会改变模型附近流场特征，从而引起试验结果的偏差。本文针对这一问题展开了深入的研究。

2 试验概况

2.1 风洞条件及隔板安装

本试验在同济大学 TJ-1 大气边界层风洞中进行。该风洞为直流闭口式低速风洞，试验段尺寸为 1.8 m 宽、1.8 m 高、14 m 长，风速在 0.5~30 m/s 连续可调。距离试验段入口 10.5 m 处设有转盘，用于改变模型的方位角。

由于本次试验的目的是研究高层建筑气动力的阻塞效应，需要得到一系列不同阻塞比条件下目标建筑的气动力。为得到不同的阻塞比，参考 Awbi[2] 的方法，本文所采用的方法是固定建筑模型的尺寸，通过移动安装在风洞内的活动隔板以及顶板，改变流场截面的尺寸，从而实现阻塞比的改变。

2.2 试验工况及风场信息

表 1 中给出了本文各工况实验断面的尺寸信息以及对应的阻塞比（模型迎风面积与风洞试验段面积的比值）。为了得到较大的阻塞比值，同时要求隔板到试验模型的距离不至于过小，B_w（两隔板间距）和 H_w（顶板到风洞地面的距离）的最小取值分别为 500 mm 和 800 mm。阻塞比的变化范围为 1.85%~15%。

表 1 试验工况设置及阻塞比信息

工况编号	B_w/mm	H_w/mm	H_w/B_w	BR/%
C01	1800	1800	1.00	1.9%
C02	1500	1500	1.00	2.7%
C03	1200	1200	1.00	4.2%
C04	1200	1000	0.83	5.0%
C05	800	1000	1.25	7.5%
C06	800	800	1.00	9.4%
C07	500	1000	2.00	12.0%
C08	500	800	1.60	15.0%

3 数据处理方法

对高频天平试验得到的试验结果数据进行模型 – 天平系统频响函数修正以及频域滤波，得到修正后的基底气动力时程。由于基底剪力的变化规律与基底弯矩的变化规律相似，且基底弯矩与结构基阶广义力呈简单的比例关系，因此本文以基底弯矩为代表，分析建筑模型气动力随阻塞比的变化规律。建筑模型顺风向及横风向气动力系数均值和均方根值的计算采用如下公式：

$$C_{F_X, \text{ mean}} = \frac{M_{Y, \text{ mean}}}{0.5\rho U_H^2 B_m H_m^2}$$

式中，ρ 为空气密度；U_H 为模型顶部风速；B_m 为模型迎风面宽度；H_m 为模型高度；$M_{X, \text{ mean}}$ 为 M_X 的平均值。

4 试验结果分析

顺风向气动系数均值及其阻塞因子随阻塞比的变化规律，如图 1 所示。

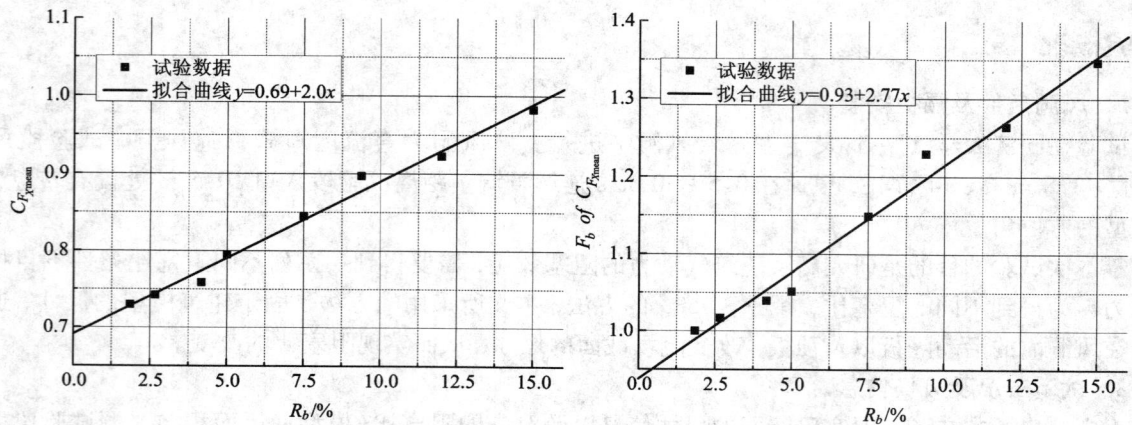

图1   顺风向气动力系数均值随阻塞比的变化规律

5 结论

通过改变活动隔板以及顶板的位置，构造不同截面尺寸的流场，进行方形建筑模型的高频天平测力试验。在气流流向与模型体轴一致时，阻塞比变化范围分别为 1.9% ~ 15%。随着阻塞比的增大，模型顺风向气动力系数均值呈线性增大。当阻塞比由 1.9% 增大逐渐到 15% 时，顺风向气动力系数均值由 0.73 线性增大到 0.98，增加了 35%。当阻塞比为 5% 时，顺风向气动力均值的增大幅度在 5% 以下。

参考文献

[1] 顾明. 土木结构抗风研究进展及基础科学问题[C]//第七届全国风工程和工业空气动力学学术会议论文集，F，成都，2006.

[2] Awbi H B. Wind-tunnel-wall constraint on two-dimensional rectangular-section prisms[J]. Journal of Wind Engineering and Industrial Aerodynamics, 1978, 3(4): 285 – 306.

考虑风向偏转效应的结构风致响应分析*

古俊等[1]，李利孝[1]，张艳辉[2]，肖仪清[2]

（1. 深圳大学土木工程学院 深圳 518060；2. 哈尔滨工业大学深圳研究生院 深圳 518055）

1 引言

边界层风对结构的影响不仅与风速有关还与风向有关，相同风速从不同方向作用于结构时风致相应通常不同。对于超高层建筑，科氏力引起的风向沿高度的偏转将使得结构底部与顶部区域处于不同风向风荷载的作用。目前，考虑旋转风荷载对超高层建筑的影响研究相对较少。Yeo[1]提出超高层建筑需要考虑风向旋转的影响，并进行考虑与不考虑风向偏转效应的试验；得到旋转效应对柱子的抗剪、抗扭影响明显，对层间位移角和顶部加速度的影响可以忽略；但该研究没有真考虑偏转效应。因而，深入地探讨风的偏转效应对结构风致振动响应具有重要意义。

2 结构初始风荷载模拟

2.1 数值模型

本文基于 CFX 平台对超高层建筑的旋转风荷载进行数值模拟，模型尺寸为长 65 m × 宽 65 m × 高 504 m，计算模型采用缩尺比为 1:400，计算域为 7.56 m × 2.52 m × 2.52 m 的六面体区域。采用基于 Monte Carlo 模拟随机数法的线性滤波法（AR）来模拟脉动风速的时间序列，风速谱选用 Davenport 谱。通过编制 MATLAB 程序生成入口处多点空间相关的脉动风速时程。

2.2 风压系数

沿结构 8 个高度共设置 160 个监测点（每个高度 20 个监测点）得到的风压时程数据，总风压系数、平均风压系数和脉动风压系数处理分析。

$$C_{pi} = \frac{P_i(t)}{0.5 \times V_{ref}^2} \tag{1}$$

$$\overline{C}_{pi} = \sum_{i=1}^{N} C_{pi}/N \tag{2}$$

$$C_{pi,rms} = \sqrt{\sum_{j=1}^{N} (C - \overline{C})^2/(N-1)} \tag{3}$$

式中，$P_i(t)$ 为 i 点在 t 时刻的监测风压（Pa）；V_{ref} 为建筑结构模型顶点高度远处来流风速（m/s）；ρ 为空气的密度，取 1.225 kg/m³。

2.3 风力系数

风力系数如图 1 所示。考虑风向偏转后，阻力系数的平均值减小较为明显，高度越高减小越显著；升力系数均值从底部为零沿高度增高呈先增大后又减小趋势，但其值在整个高度上均为正值。

3 风致响应分析

3.1 有限元模型建立与旋转风荷载的施加

结构有限元模型采用实体单元 SOLID45 进行建立，以结构动力特性（自振频率）相似为原则，在实体材料的弹性模量和密度等方面对真实结构进行等效处理。为了更好地体现旋转风荷载效应和风荷载的空间相关性，直接在有限元模型的每个节点上施加风荷载时程。在荷载时程处理过程中，为减少工作量，通过编制 MATLAB 程序以及在 ANSYS 中施加时通过编制 APDL 程序，采用 DO 循环自动读入每个时间步的风荷载数据并求解计算。

---

 * 基金项目：国家自然科学基金项目（51778373）；广东省自然科学基金项目（2017A030313286）

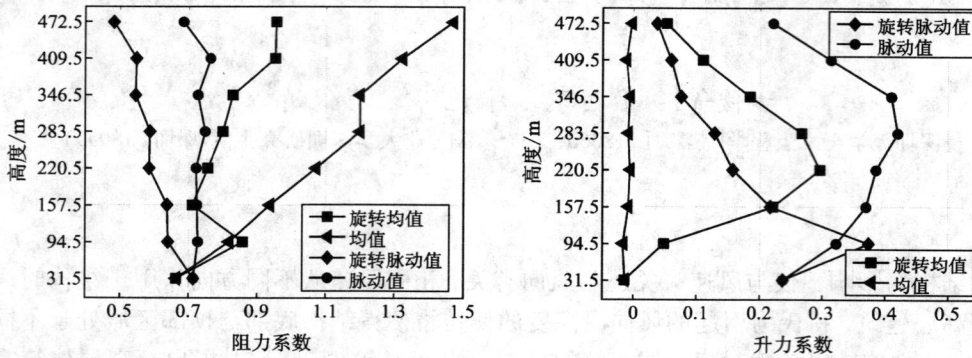

图1　风向偏转下风力系数

3.2　响应时程与结果分析

在风荷载模拟过程中采用的是刚性模型，通过振型叠加法进行求解。分别对考虑（工况1）或不考虑风向偏转（工况2）情况下的结构顶部位移及加速度响应进行对比分析。由表1可知：考虑旋转风荷载效应后，在其他参数保持不变的情况下，结构顶部的位移响应、加速度响应都有一定程度的降低，但横风向响应有所增大。这是因为当风向偏转后，结构对风流场的阻扰作用减小，而变得更有利于流场的流动，风对结构的作用也就减小。

表1　两种工况的结构顶部响应

结构顶部响应		工况1			工况2		
参数		位移/mm		加速度最大值 /(mm·s⁻²)	位移/mm		加速度最大值 /(mm·s⁻²)
		最大值	最小值		最大值	最小值	
忽略偏转	X 向	4.834	4.056	0.597	0.519	0.173	0.528
	Y 向	2.153	0.028	0.830	0.386	-0.003	0.320
	总响应	5.297	4.056	0.852	0.647	0.173	0.494
偏转	X 向	3.155	2.936	0.270	0.386	0.146	0.335
	Y 向	0.975	-0.732	0.431	0.134	-0.047	0.100
	总响应	3.302	3.026	0.445	0.409	0.153	0.280

4　结论

考虑风向偏转后，迎风面上平均风压系数最大值位置随风向转移，高度越高，风向旋转越大，位置偏移越多；整个左侧风面上的风压系整体逐渐由负变为正，受力性质发生改变；脉动风压系数方面，高度越高，其值越小；考虑旋转风向后，阻力系数均值和脉动值均有明显减小；升力系数的脉动性明显减弱，波动性变小。考虑旋转风荷载效应后，其他参数保持不变，结构顶部的位移、加速度响应都有一定程度的降低，除横风向响应有所增大。

参考文献

[1] Yeo D H. Practical estimation of veering effects on high - rise structures：A database - assisted design approach[J]. Wind and Structures, 2012, 15(5)：355 - 367.

超高层建筑烟囱效应的数值模拟分析*

解学峰，杨易，谢壮宁

（华南理工大学亚热带建筑科学国家重点实验室 广州 510641）

1　引言

超高层建筑的"烟囱效应"是指由于建筑室内外温差形成的空气密度差造成的热压作用，在建筑围护结构及内部垂直井道产生的非受控空气渗透，形成影响程度不等的室内外空气对流循环现象。强烟囱效应将导致高行程电梯营运故障，电梯井道气动噪声及空调能源浪费。当前，由于国内外建筑规范中关于烟囱效应的规定不完善，很多超高层建筑设计时都未考虑烟囱效应问题，导致电梯故障频发。本文在总结10余栋超高层建筑烟囱效应实测研究的基础上，提炼总结其共同建筑设计特征，基于结构风工程中CAARC标准高层建筑模型（用作评估建筑风洞模拟技术的标准模型）设计了一种分析室内外空气渗透作用的高层建筑烟囱效应的通用模型，采用多区域网络模型方法，利用通用建筑模型预测受烟囱效应影响最大的电梯类型，并分析不同因素影响下电梯门压差变化，给出解决烟囱效应不利影响的合理措施。

2　通用数值模型建立及模拟分析

2.1　通用标准高层建筑模型简介

烟囱效应的通用数值模型参考CAARC标准高层建筑模型，尺寸30.48 m×45.72 m×182.88 m（100ft×150 ft×600 ft），CAARC模型是检验不同风洞试验结果的一个标准模型。作者基于对10余栋超高层建筑烟囱效应的实测研究，总结发现这些建筑室内设计方面均存在一些共性，例如通高电梯（通高电梯受烟囱效应影响最大）、电梯前厅开敞、大堂与电梯前厅之间无任何阻隔等，故通过提炼这些共同建筑设计特性，可以设计通用建筑模型的基本条件，如层数、电梯井道布置、室内空间分割、门窗幕墙结构渗透特性等建筑室内设计特征，以及室内外温度、风速风向等气象条件，基于多区域网络模型方法建立通用数值模拟仿真分析模型，分析不同因素影响下建筑室内外空气渗透造成的内压分布规律，预测电梯承压状况，为分析导致故障原因、缓解烟囱效应以及优化建筑设计和改进电梯产品等提供参考。现场实测中发现，并不是每一栋出现烟囱效应问题的建筑都可以获得详细的图纸资料，因此这项工作具有实践和理论意义。

2.2　通用数值模型构件参数选取

参考ASHRAE（American Society of Heating Refrigerating and Air conditioning Engineers，美国采暖、制冷与空调工程师学会）手册[1]和文献[2]，给出了通用建筑模型各构件包括幕墙、外门、内门和电梯门的气密性参数，见表1所示。

表1　构件气密性参数

建筑构件	幕墙	双开门	单开门	推拉外门	电梯门	大厅旋转门
气密性数据	3级	EqlA10 120 cm²/扇	EqlA10 70 cm²/扇	7.5 m³/(h·m²)，$\Delta P = 10$ Pa	115 L/(s·m⁻²)，$\Delta P = 75$ Pa	32 m³/h，$\Delta P = 10$ Pa

2.3　通用数值模型模拟及结果分析

采用多区域网络模型分析软件CONTAMW建立通用高层建筑的烟囱效应分析模型（图2），它由美国国家标准和技术研究所（NIST）下属的建筑和火灾研究实验室研发的开放性模拟分析工作。建筑模型高度为182.88 m，共计45层，内部有通高电梯和短程电梯两类电梯，室内温度设为20℃，室外温度设为−10℃。

* 基金项目：国家自然科学基金项目（51478194）

数值模拟考虑了如下三个因素的影响，分别是：①不同的幕墙气密性等级；②大厅推拉门敞开和闭合；③电梯厅设置和未设置前室门。

结果如图3-5所示，以通高电梯首层电梯门为例，幕墙气密性等级从3级提高到4级后首层电梯门压差由原来的63 Pa降低至54.7 Pa；大厅推拉门敞开后使首层电梯门压差由原来的63 Pa提升至111.4 Pa；电梯前室推拉门的设置会使首层电梯门压差由63 Pa降低至8.59 Pa。三种方式均能降低电梯门两侧压差，但设置电梯前室门的方法比其他两种方法更有效的降低电梯门两侧压差。

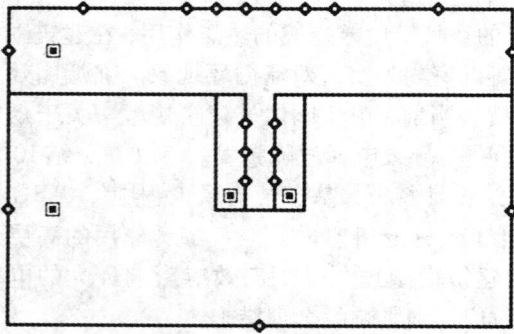

图2   通用数值模型（首层）

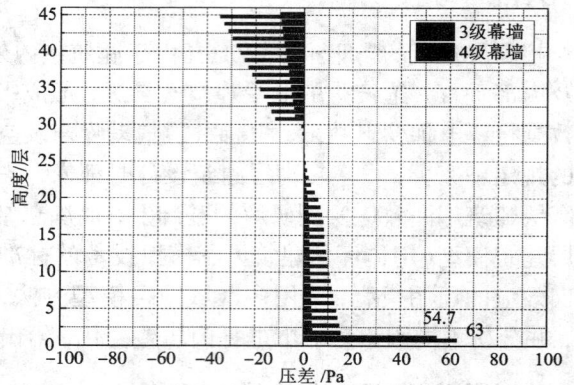

图3   不同幕墙气密性等级下电梯门压差对比图

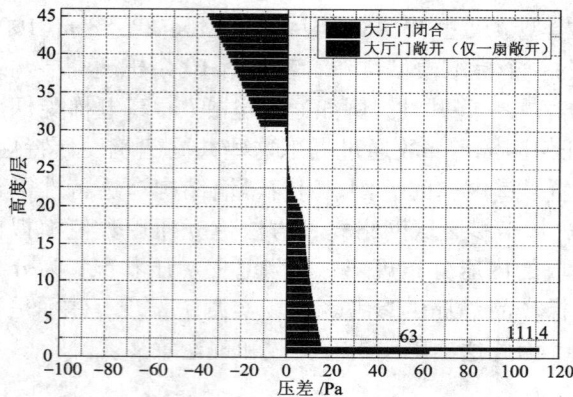

图4   大厅推拉门开关和闭合条件下电梯门压差对比图

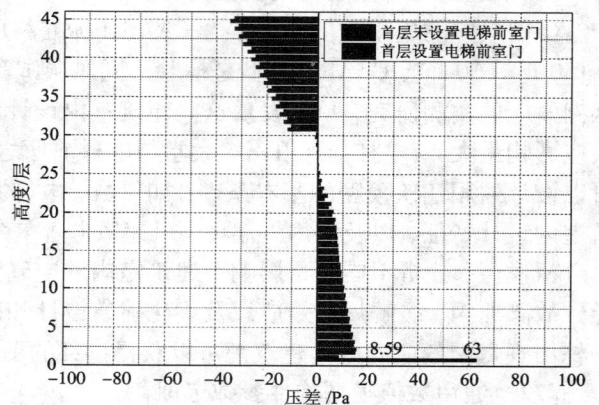

图5   首层电梯前室门设置和未设置下电梯门压差对比图

4 结论

本文设计了一种通用标准高层建筑烟囱效应分析模型，采用多区域网络模型方法预测分析不同影响因素对通高电梯门压差的影响，结果表明：

（1）相较于其他类型电梯，通高电梯更易受烟囱效应影响在其底层和顶层出现最大压差；

（2）提高幕墙围护结构的密封等级、增加电梯前室门及适当降低电梯井道高度（采取分段设计、中间换乘）等措施，可有效缓解烟囱效应导致的过大压差；

（3）治理烟囱效应不利影响最简单易行的方法是做好建筑内部的水平隔断，使作用于建筑内的热压大部分由水平隔断承担，由此减小电梯门两侧的压差。

参考文献

[1] ASHRAE. (2009). ASHRAE Handbook—Fundamentals F16.7.

[2] Jo J H, Lim J H, Song S Y, et al. Characteristics of pressure distribution and solution to the problems caused by stack effect in high-rise residential buildings[J]. Building & Environment, 2007, 42(1): 263-277.

超高层建筑自振频率对风振响应相关性及等效静力风荷载组合系数的影响[*]

李子毅，王钦华

（汕头大学土木与环境工程系 汕头 515063）

1 引言

建筑结构的自振频率是结构本身固有的特性，与结构振动受力分析、抗风性能分析有直接影响，同时结构的自振频率可能对风振响应相关性及等效静力风荷载（ESWLs）的组合系数产生影响。目前，很少有文献讨论自振频率对风振响应分量之间的相关性以及等效静力风荷载组合系数的影响，本文首先基于一栋330 m 的超高层建筑的结构分析模型，提取了其质量矩阵以及刚度矩阵，并在此基础上建立了结构在不同自振频率下的风振响应分析模型；其次，对超高层建筑进行同步多点测压风洞试验并对不同自振频率下的建筑结构进行风振响应时程分析。最后，讨论了自振频率对 ESWLs 组合系数的影响，通过实例分析结果表明：自振频率对超高层建筑结构的等效静力风荷载的组合系数会产生影响，随着结构自振频率的增大，超高层建筑等效静力风荷载组合系数有增大的趋势。本文的结论为超高层建筑的抗风设计提供参考。

2 研究方法和内容

建筑结构自阵频率是结构本身固有的特性。目前，有一些文献进行超高层建筑等效静力风荷载的组合系数方面的研究，Solari 忽略结构的顺风向和横风向响应的相关性，提出了其风振响应组合方法[1]；Asami 在 Solari 方法基础上，考虑了顺、横风向风荷载之间的相关性提出了适用于任意两个方向的风荷载组合的改进方法[2, 3]；Xinzhong Chen 重新评估了 Turkstra 法则[4]，并根据分析公式而不是时程分析来计算线性组合相关风荷载效应的极值情况[5]；Tamura 讨论了风的动力特性，并证明了风向角对风荷载的组合系数有着显著影响[6]。但是，很少有文献讨论高层建筑自振频率对风振响应分量之间的相关性以及等效静力风荷载组合系数的影响。本文首先建立了超高层建筑在不同自振频率的风振响应分析模型，然后基于一栋330 m 的超高层建筑进行同步多点测压模型风洞试验，在此基础上，采用十个不同自振频率的样本进行分析。最后分析高层建筑自振频率对风致基底弯矩和扭矩响应相关性以及等效静力风荷载组合系数的影响。同时，我们将用 Asami 方法（如图 1）来讨论高层建筑自振频率对 ESWLs 组合系数的影响。

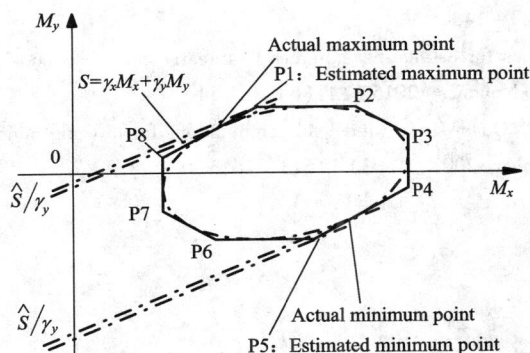

图 1 Asami 方法示意图

* 基金项目：国家自然科学基金（51208291）；广东省高等学校优秀青年教师培训计划（Yq2013071）

表 1 根据 Asami 方法计算的组合系数(前五组)

自振频率	0.102	0.111	0.125	0.144	0.167
工况 1	$(M_y, 0.40M_x, 0.40M_z)$	$(M_y, 0.40M_x, 0.40M_z)$	$(M_y, 0.40M_x, 0.40M_z)$	$(M_y, 0.40M_x, 0.40M_z)$	$(M_y, 0.40M_x, 0.40M_z)$
工况 2	$(0.64M_y, M_x, 0.63M_z)$	$(0.53M_y, M_x, 0.66M_z)$	$(0.68M_y, M_x, 0.69M_z)$	$(0.71M_y, M_x, 0.75M_z)$	$(0.75M_y, M_x, 0.81M_z)$
工况 3	$(0.64M_y, 0.63M_x, M_z)$	$(0.53M_y, 0.66M_x, M_z)$	$(0.68M_y, 0.69M_x, M_z)$	$(0.71M_y, 0.75M_x, M_z)$	$(0.75M_y, 0.81M_x, M_z)$

表 2 根据 Asami 方法计算的组合系数(后五组)

自振频率	0.249	0.334	0.509	0.623	1.067
工况 1	$(M_y, 0.40M_x, 0.40M_z)$	$(M_y, 0.40M_x, 0.40M_z)$	$(M_y, 0.40M_x, 0.40M_z)$	$(M_y, 0.40M_x, 0.40M_z)$	$(M_y, 0.40M_x, 0.40M_z)$
工况 2	$(0.76M_y, M_x, 0.92M_z)$	$(0.78M_y, M_x, 0.96M_z)$	$(0.78M_y, M_x, 0.97M_z)$	$(0.78M_y, M_x, 0.86M_z)$	$(0.75M_y, M_x, 0.81M_z)$
工况 3	$(0.76M_y, 0.92M_x, M_z)$	$(0.78M_y, 0.96M_x, M_z)$	$(0.78M_y, 0.97M_x, M_z)$	$(0.78M_y, 0.86M_x, M_z)$	$(0.75M_y, 0.81M_x, M_z)$

从表 1 - 2 可以看出:自振频率对超高层建筑结构的等效静力风荷载的组合系数会产生影响。用 Asami 方法计算三种工况下的组合系数,工况一下的等效静力风荷载组合系数没有变化,工况二和工况三下的组合系数随着高层建筑自振频率的增大,有增大的趋势。

3 结论

本文基于一栋超高层建筑的结构分析模型,提取了其质量矩阵以及刚度矩阵,并在此基础上建立了结构在不同自振频率下的风振响应分析模型;通过 10 个不同高层建筑自振频率的样本分析表明:自振频率对高层建筑结构的等效静力风荷载的组合系数会产生影响。用 Asami 方法得到的组合系数在工况一下没有变化,但是工况二和工况三下的等效静力风荷载组合系数产生了比较大的变化,随着高层建筑自振频率的增大,高层建筑等效静力风荷载组合系数有增大的趋势。

参考文献

[1] Solari G, Pagnini L C. Gust buffeting and aeroelastic behaviour of poles and monotubular towers[J]. Journal of Fluids & Structures, 1999, 13(2): 877 - 905.

[2] Asami Y. Characteristics of wind loads of high-rise building and assessment of wind loads for design[D], Tokyo: Tokyo Polytechnic University, 2006: 1 - 2.

[3] Asami Y. Combination method for wind loads on high-rise buildings[C]// Proceedings of the 16th National Symposium on Wind Engineering. Tokyo, Japan: 2000: 531 - 534.

[4] Naess A and Røyset J Ø. Extensions of Turkstra's rule and their application to combination of dependent load effects[J], Structural Safety, 2000, 22(5): 129 - 143.

[5] Chen X. Revisiting combination rules for estimating extremes of linearly combined correlated wind load effects[J]. Journal of Wind Engineering & Industrial Aerodynamics, 2015, 141(6): 1 - 11.

[6] Tamura Y, Kikuchi H, and Hibi K. Quasi-static wind load combinations for low-and middle-rise buildings[J]. Journal of Wind Engineering & Industrial Aerodynamics, 2003, 91(3): 1613 - 1625.

强风作用下深圳卓越世纪中心的实测研究[*]

刘春雷，张乐乐，谢壮宁，石碧青

（华南理工大学亚热带建筑科学国家重点实验室 广州 510641）

1 引言

超高层建筑结构动力特性是影响结构动力响应的重要参数，原型实测分析准确获取的这些参数对于结构抗风具有重要意义，在该领域的多数文献的研究大多都是基于结构微振（最大峰值加速度在 3 mg 以下）的分析结果，罕有结构振动较为显著的分析结果。本文以深圳卓越世纪中心为背景，分析了该建筑近 9 年来所经历的几次影响较大的台风作用下的结构响应信号，得到结构自振频率和阻尼比识别结果，并进一步将实测结果和风洞试验进行了比较。

2 台风风况和结构相关参数简介

本文选用 5 个对该建筑有明显作用的台风数据，这五个台风分别为 2012 年的"韦森特"、2013 年的"天兔"、2017 年的"天鸽"和"帕卡"以及 2018 年的"山竹"，由这五个台风所引起的结构顶部的最大峰值加速度分别为 11.0 mg、3.2 mg、4.5 mg、6.4 mg 和 23.9 mg。该结构的模态主轴和结构 x、y 轴基本重合，前 1、2 阶模态分别在 y 和 x 方向。文献[1]曾经仔细分析了"韦森特"的数据并和风洞试验做了对比。

3 参数识别结果及分析

3.1 结构自振频率和阻尼比的识别结果

图 1 为通过 PSD、RDT 和 MBSDA 三种方法识别得到的前两阶自振频率随对应时段最大峰值加速度的变化曲线，图中的水平直线为前期结构设计时采用有限元建模方法得到的固有频率结果。由图可知，对于同一时段数据，采用三种方法得到的自振频率识别结果具有良好的一致性；固有频率随加速度变化有一定的波动性，但波动幅值相对较小，固有频率与加速度之间无明显线性关系；实测得到的结构自振频率大于有限元建模分析得到的自振频率，x 方向更为显著。同时，在"天鸽"、"帕卡"和"山竹"三次台风作用下得到的结构前两阶固有频率明显小于"韦森特"和"天兔"，这和该结构后期顶部装修增加两个楼层有关。

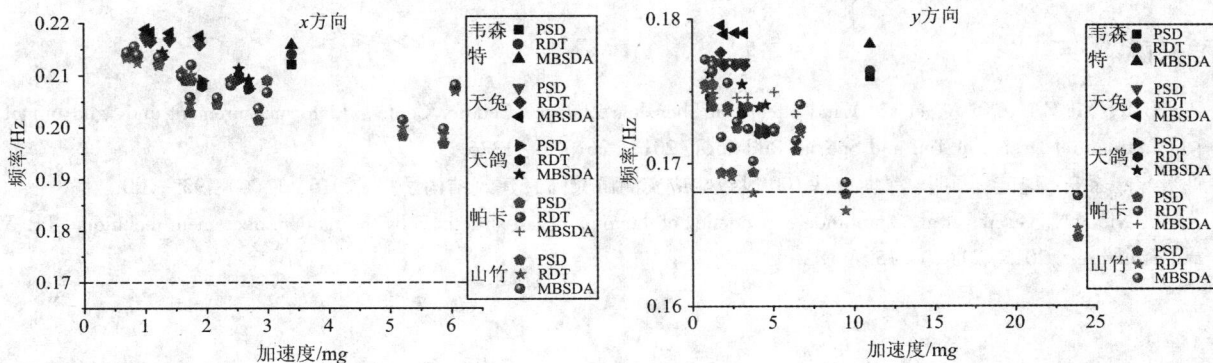

图 1 频率和峰值加速度的关系

图 2 为通过 MBSDA 和 RDT 方法识别得到的前两阶模态阻尼比对应时段最大峰值加速度的变化曲线，由图可见：对于同一时段数据，采用两种方法得到的阻尼比识别结果具有较好的一致性；整体阻尼比识别

* 基金项目：国家自然科学基金项目（51278204）

结果离散性较大,在 x 方向的阻尼比随峰值加速度的增加有增加的趋势,但在 y 方向的规律性更差,在记录的最大加速度时段识别的阻尼比相对反而有下降的趋势,整体上阻尼比和结构加速度响应之间不存在明显的相关特征,这个结果进一步证实了文献[2-3]得到的结论。

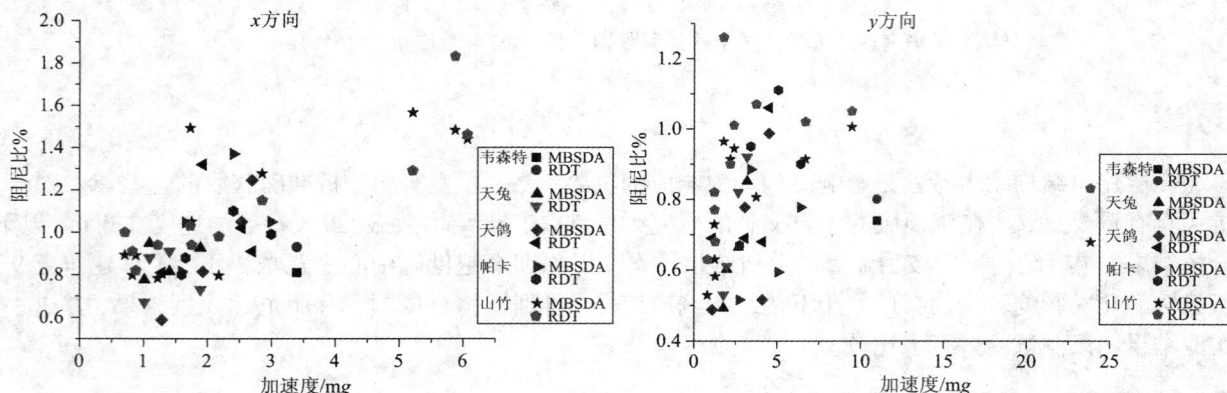

图 2 阻尼比和峰值加速度的关系

3.2 实测和风洞试验结果的对比

在利用风洞数据计算时直接采用"山竹"中实测得到的自振频率,分别为:0.167 Hz、0.198 Hz 和 0.670 Hz,相应的模态阻尼比参照实测分析结果取 0.8% 、1.4% 和 1.0% 。计算时将该建筑附近的平安塔顶的风速视为梯度风风速,据此结合风洞数据可计算得到该建筑测试设备安装高度处的峰值加速度如图 3 所示,图中同时给出了在最大风速下结构顶部的实测结果。由图可见风洞试验结果和实测结果具有非常好的一致性,实测得到峰值加速度和相近风向角附近的试验计算结果的相对误差只有 5.9%(y 方向)和 4.6% (x 方向)。

4 结论

(1)卓越世纪中心的结构阻尼比仍呈离散性,和结构振动强度不具有明显的相关特征;

(2)该建筑弱轴方向(南北)和强轴方向(东西)的阻尼比分别为 0.8% 和 1.4%;

(3)该建筑附近的平安塔顶的风速数据可以较好地代表其附近的高空风速情况,按此风速进行计算的风洞试验结果和实测结果具有较好的一致性。

参考文献

[1] Pan H R, Xie Z N, Xu A, et al. Wind effects on Shenzhen Zhuoyue Century Center: Field measurement and wind tunnel test [J]. Structural Design of Tall and Special Buildings, 2017, 26(13): 1376.

[2] 谢壮宁,徐安,魏琏,顾明. 深圳京基 100 风致响应实测研究[J]. 建筑结构学报, 2016, 37(6): 93 - 100.

[3] Xu A, Xie Z N, Gu M, et al. Amplitude dependency of damping of tall structures by the random decrement technique[J]. Wind and Structures, 2015, 21(2): 159 - 182.

高层异形结构风压特性试验研究*

刘惠敏[1]，陈伏彬[1]，李秋胜[2]

（1. 长沙理工大学土木工程学院 长沙 410114；2. 香港城市大学建筑学与土木工程学系 香港 999077）

1 引言

本文以某超高层建筑为研究对象，在大气边界层风洞中对其进行了单体建筑刚性模型测压试验，讨论了模型表面风压的分布规律，深入分析了典型位置处风压测点的风压谱特性，研究了建筑表面风压概率密度分布特征。

2 试验概况

本文研究的超高层建筑整体为梯形状，但在转角处采用圆角处理，上部大圆角的圆角率[1] $R/D = 0.155$，下部小圆角为 0.151（R 为圆角半径，D 为模型迎风面厚度）。建筑表面大部分区域按等距设置了凸起；建筑外形采用渐变形式，且左右对称。

风洞试验在中南大学高速铁路建造技术国家工程实验室下属的风洞实验平台内完成。试验过程中采用二元尖塔和粗糙元模拟我国建筑结构荷载规范[2]中 C 类地貌的平均风速和湍流度强度。试验中采用的模型比例为 1:300，在模型上共设 19 个测点层，布置了 438 个风压测点。取参考点高度位置为 83.5 cm，相对高度为 250.5 m，试验风速为 10 m/s。

3 结果分析

3.1 风压特性

测点为迎风面时平均风压系数基本为正值，范围在 0.5～1 之间，且随着高度的增加而不断增大；测点为背风面时平均风压系数均为负值，而且越靠近边缘，测点的平均负风压系数越大。在斜向风作用下，建筑表面出现负风压，当来流方向平行于建筑表面时气流分离明显，特别是圆弧倒角处出现高负压，平均风压系数达到了 -2.33，发生在小圆角位置。

根据风压系数得出的风荷载体型系数在 x 和 y 方向的最大绝对值分别为 1.12 和 1.71，对于 x 方向，45°较为不利；对于 y 方向，180°较为不利。由《荷规》可知，矩形单体建筑的风荷载体型系数最大绝对值为 1.4，与其中的表 2 结果对比可知，该异形结构与标准结构的风荷载体型系数还是有较大差距。

3.2 典型测点脉动风压功率谱特性

如图 1 所示，为了探讨此建筑的脉动风压功率谱特性，本研究选取了该测点层上的圆弧中心点（18 号）、圆弧边缘点（17 和 19 号）以及平面中心点（15 号）作为典型测点。

在 0°风向角下，圆弧边缘点风压谱图与 Karman 谱吻合较好，无明显峰值突变情况；而处于背风面的 15 号测点，受尾流的影响，其风压谱图中出现明显波动。当风向角为 180°时，此时处于迎风面的

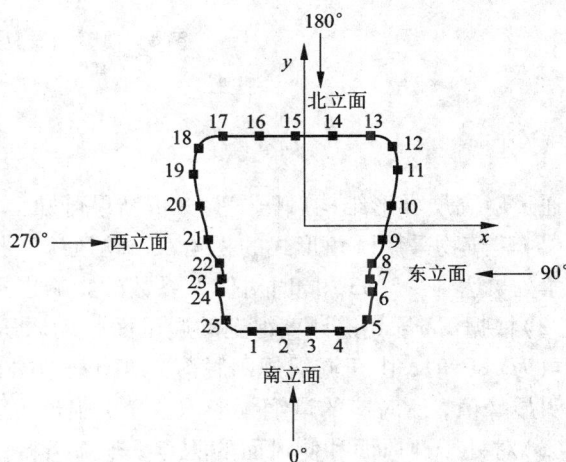

图 1 M 层测点布置及风向角示意图

* 基金项目：国家自然科学基金资助项目（51778072，51408062）；湖南省创新平台与人才计划项目（2015RS4050）；中国博士后基金（2015M572238）；湖南省教育厅项目（15C0054）；长沙理工大学土木工程湖南省优势特色重点学科创新性项目

15 号测点的风压谱在低频段和高频段均与 Karman 谱吻合的较好；而在侧面的 18 号和 19 号测点，受分离气流的影响，其风压谱在量纲频率 (fz/U) 在 0.1 附近出现明显峰值，根据试验结果，得到了本试验异形结构的斯托罗哈数：$St = 0.167$。该数值与均匀流场中半圆截面的斯托罗哈数 0.16 非常接近。试验结果对比如图 2 和图 3 所示。

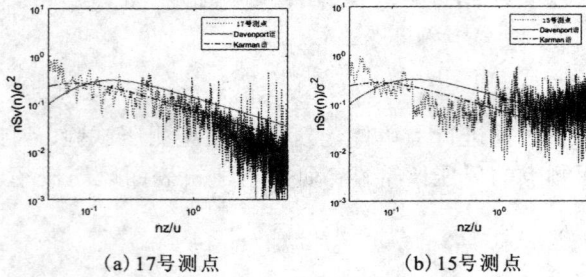

(a) 17 号测点　　　　　(b) 15 号测点　　　　　(a) 15 号测点　　　　　(b) 18 号测点

图 2　0°风向角风压功率谱图　　　　　　图 3　180°风向角风压功率谱图

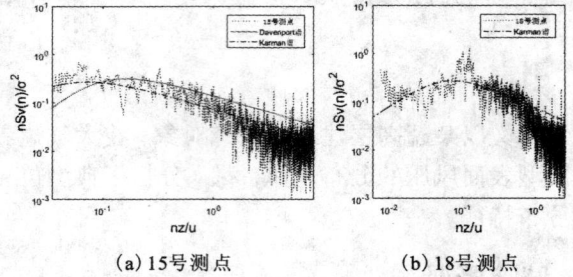

3.3　典型测点概率密度分布

根据概率分布关系，对建筑物表面测点的概率密度分布做了统计。图 4 给出了典型测点在各风向角下风压系数概率密度非高斯分布统计结果，其中横坐标中 C_p 为风压系数，C_{pmean} 为平均风压系数，C_{pstd} 为风压系数均方根值，纵坐标为风压系数概率密度。从图 4 可以发现，位于尾流区域、圆角区域的测点，其风压呈现明显的非高斯特性。

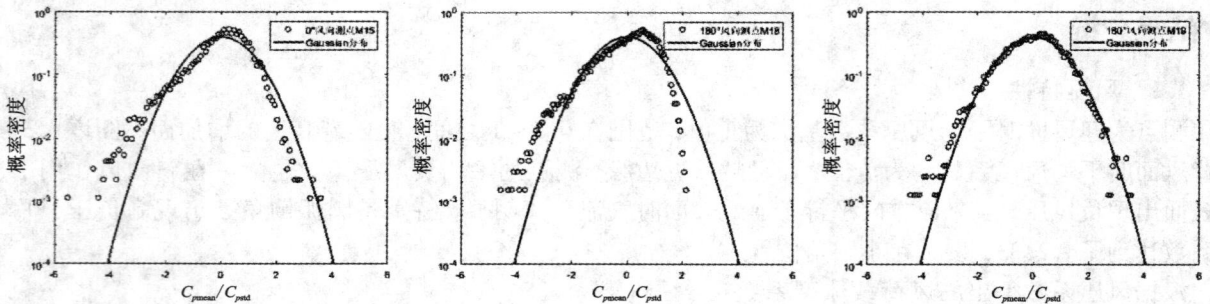

图 4　典型测点风压时程概率密度分布图

4　结论

通过对高层异形结构风压试验分析结果可知：

（1）建筑物采用圆角形式的拐角对平均风压和脉动风压的分布影响很大，最大平均负风压系数出现在小圆角处，达到 −2.33，同时对体型系数的影响也不可忽视，圆角处为整个建筑物风荷载的最不利位置处。

（2）根据 Karman 谱计算得到的迎风面脉动风压功率谱与试验结果在低频段和高频段均吻合较好。当风向角为 180°时，由于漩涡规则脱落，结构圆角中心以及圆角边缘出现气流分离现象，其脉动风压功率谱出现明显峰值，所对应的量纲频率均在 0.1 附近，且与半圆型截面的斯托罗哈数非常接近。

（3）对处于迎风面和侧风面的测点，非高斯特性不明显，风压分布基本符合高斯分布；而圆角位置处的测点呈现出明显的非高斯风压作用，属于非高斯性较强的区域。

高柔结构连续壳体气弹模型通用制作方法*

刘伟[1]，王磊[1,2]，樊星妍[1]，张振华[1]，梁枢果[2]

（1. 河南理工大学土木工程学院 焦作 454000；2. 武汉大学土木建筑工程学院 武汉 430072）

1　引言

对大型高柔结构风洞试验来说，气弹模型是一种较为精确的试验方式，气弹模型的精确制作是试验过程的关键点和难点。从高柔结构连续气弹模型的既有制作方法来看，不同研究者的制作方法差别较大，各有优势与不足[1~2]。本文以某 300 m 拟建超高烟囱为例，介绍了一种圆截面高柔结构连续气弹模型的通用制作方法，并对模型进行了动力特性测量，验证了模型制作的精度。

2　连续气弹模型的制作

本文创新性地采用开模、灌胶、破碎内模再拆外模的方式制作烟囱连续壳体气弹模型。模型制作过程中的主要部件见下图。

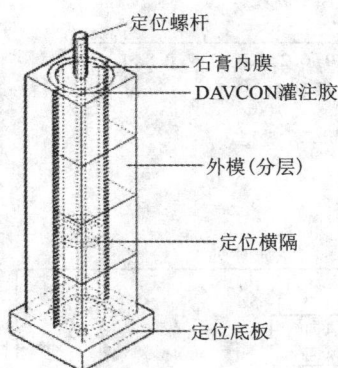

图1　模型制作示意图　　　　图2　成型石膏内模　　　　图3　制作完成的烟囱模型

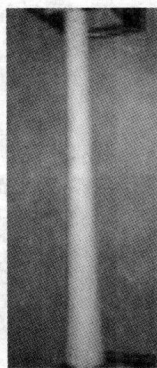

具体制作步骤如下：

2.1　制作石膏内模

制作石膏内模前，先雕刻出控制石膏尺寸的辅助外模，该辅助外模用有机玻璃雕刻而成。制作石膏内模时，首先借助定位底板将铝质螺杆置于辅助外模内筒的中心位置，然后灌注石膏浆液，待石膏浆液固化后拆掉辅助外模，即形成石膏内模。

2.2　制作有机玻璃外膜

将拆掉后的辅助外模继续雕刻，制成灌注外模。通过定位螺杆和定位底板来控制石膏内模与灌注外模的缝隙间距，使该间距与气弹模型的设计壁厚相等。

2.3　灌注 DEVCON 胶剂

由于 DEVCON 胶剂的自流动性有限，自上而下一次性灌注是无法实现的，因而本文采用分层灌胶的方法。多次尝试表明，每层高度设置在 30 cm 以内，可达到较好的灌注效果。在石膏内模和灌注外模的标定下，由下至上分四层灌注 DEVCON 胶剂。

2.4　拆模

灌胶结束后，胶剂充分固化时间约为 48 h。待 DEVCON 胶固化后，用敲击或冲钻的方式可破碎石膏内

* 基金项目：国家自然科学基金项目(51178359，51708186)

模，然后拆除外模即成烟囱连续壳体模型。

2.5   动力特性测试与风洞试验

在模型制作完成后，对烟囱模型的动力特性进行测量，测量内容为烟囱顶部自振位移和不同高度的自振加速度。从烟囱模型的自振加速度功率谱、自振衰减曲线和不同高度加速度的相干性，可以识别得到烟囱的各阶频率、阻尼比和平动振型。从模型的测试结果（图4）来看，前两阶振型频率与目标值较为一致，表明该模型能够精确模拟出实际结构的动力特性。

对气弹模型简易吹风试验，试验测试对象为不同风速下气弹模型的加速度响应。从图5可以看出，横风向响应功率谱共有三个谱峰，依次对应了漩涡脱落频率、模型一阶平动频率（26 Hz）和二阶平动频率（116 Hz）。从图6来看，加速度响应在折算风速 $V_r = 5$ 附近显著增大，呈现出了一定程度的涡激共振现象。

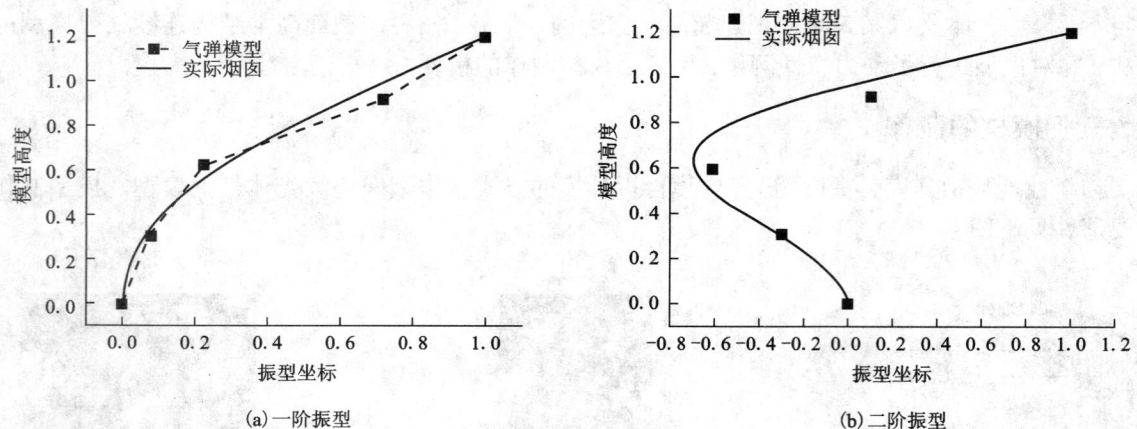

(a)一阶振型

(b)二阶振型

图4   气弹模型与实际烟囱振型对比

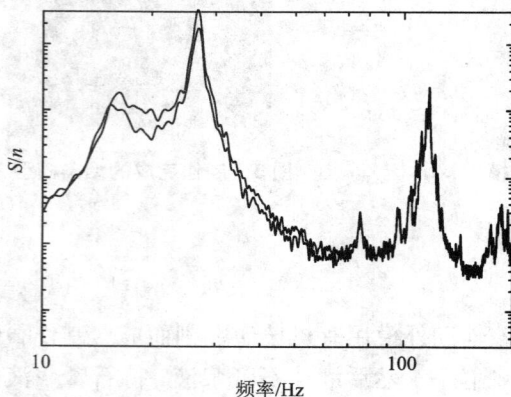

图5   横风向加速度功率谱

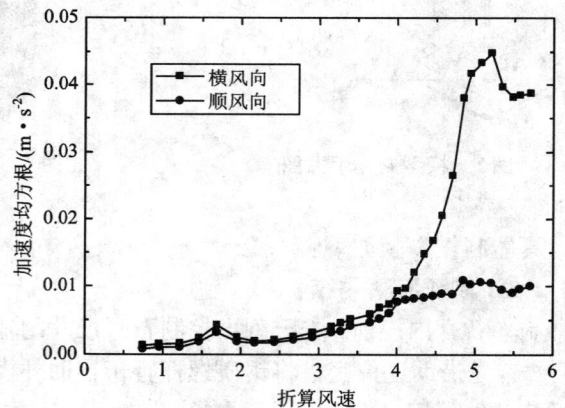

图6   加速度响应根方差

3   结论

本文以烟囱为例介绍了连续壳体气弹模型的制作方法，其中，开模和灌注两个关键环节是本文首创。此制作方法适用于多种建筑外形以及多种结构形式，制作周期短、造价低且精度较高，能够较好地模拟结构动力特性和风致振动现象，可为连续气弹模型的制作提供指导。

参考文献

[1] Niemann H J, Kopper H D. Influence of adjacent buildings on wind effects on cooling towers[J]. Engineering Structures, 1998, 20(10)：874－880.

[2] Armitt J, Wind Loading on cooling towers [J]. Journal of Structural Division, 1980, 106(ST30)：623－641.

基于未知输入模态卡尔曼滤波的高层建筑风荷载识别与振动控制一体化方法

卢聚彬，雷鹰

（厦门大学建筑与土木工程学院 厦门 361001）

1 引言

风荷载是高层建筑设计安全的重要影响因素，但通过荷载反演的方法进行风荷载识别仍有许多问题尚未得到解决。同时，高层结构的风振控制研究一般是在风荷载已知的前提，还缺乏对风荷载识别与振动控制一体化的研究。本文提出了一种新的风荷载识别与振动控制一体化方法，应用一种本文所提出的一种新的风荷载在模态下的分解方法，再基于作者提出的未知输入下模态卡尔曼滤波的方法（MKF – UI）对高层建筑所受的风荷载进行识别，同时计算最优控制力。首先，根据 MKF – UI，在部分响应观测下，识别出建筑所受的风荷载及结构状态；然后，在识别的风荷载基础上，进行结构振动最优控制力的计算。本文采用内置 MR 阻尼器的调谐质量阻尼器（STMD）作为控制设备，对一 76 层高层建筑风振控制的 Benchmark 模型[1-4]进行风荷载识别及振动控制，从而验证所提方法的有效性。

2 研究内容

2.1 脉动风荷载的识别方法

模态下风荷载下的运动方程可表示为：

$$\dot{X}(t) = A_c X(t) + B_c d(t) \tag{1}$$

其中：$X(t) = \begin{Bmatrix} q(t) \\ \dot{q}(t) \end{Bmatrix}$，$A_c = \begin{bmatrix} 0 & I \\ -\overline{M}^{-1}\overline{K} & -\overline{M}^{-1}\overline{C} \end{bmatrix}$，$B_c = \begin{bmatrix} 0 \\ \overline{M}^{-1}\eta \end{bmatrix}$，$\overline{M} = \Phi^T M \Phi$，$\overline{C} = \Phi^T C \Phi$，$\overline{K} = \Phi^T K \Phi$，$\eta = \Phi^T \Phi$，$d_{m \times 1}(t)$ 为各阶模态力。

增加观测方程：

$$Y_{k+1} = H X_{k+1} + D d_{k+1} + v_{k+1} \tag{7}$$

式中：Y_{k+1} 为实际传感器观测的结构物理响应；H，D 为两个测量转换矩阵，分别与状态和激励相关；v_k 是观测误差，其误差协方差矩阵为 R。

运用作者提出的未知输入下模态卡尔曼滤波方法，可以识别出模态状态和模态风荷载，继而可重构出结构状态 $\hat{Z}_{k|k}$ 和风荷载 $\hat{W}_{k|k}$

2.2 控制算法

根据第 2.1 节识别过程可以识别在风荷载作用下受控结构的状态 $\hat{Z}_{k|k} = (\hat{x}_{k|k} \quad \dot{\hat{x}}_{k|k})^T$，则可构造控制力计算相关矩阵：

$$Z_k^{lqg} = \begin{pmatrix} \hat{x}_{k|k} \\ \dot{\hat{x}}_{k|k} \end{pmatrix}, \quad A_{lqg} = \begin{bmatrix} 0 & I \\ -M^{-1}K & -M^{-1}C \end{bmatrix}, \quad B_{lqg} = \begin{bmatrix} 0 \\ M^{-1}\eta^c \end{bmatrix} \tag{21}$$

应用经典的最优二次型高斯控制算法可以得到 k 步最优主动控制力 U_k^{lqg}。采用 MR 阻尼器提供半主动控制力，同时应用 Hrovat 半主动控制算法可得半主动控制力。

3 算例验证

通过在已知风荷载与结构状态信息下纯粹控制下的控制效果与所提出的控制识别一体化方法下的控制效果对比来验证本文提出方法的有效性。图 1 为风荷载识别结果。

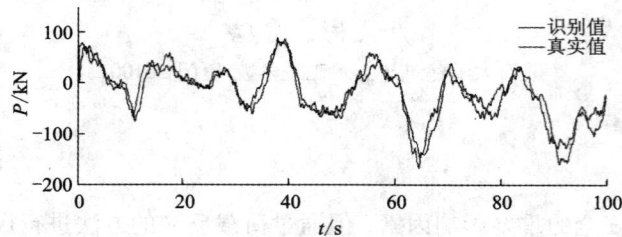

图 1 风荷载识别结果对比

2 结论

本文提出了一种风荷载识别和振动控制一体化的方法。作者提出的未知输入下的卡尔曼滤波方法识别结构状态及风荷载。出于智能建筑的目的，在建筑上采用磁流变液阻尼器对结构进行半主动控制，采用适当的控制算法确定半主动控制力。最后通过 76 层 benchmark 模型，验证了该方法的有效性。

参考文献

[1] L. HZhi, B Chen, M. X Fang. Wind load estimation of super – tall buildings based on response data[J]. Structural Engineering & Mechanics, 2015, 56(4): 625 – 648.

[2] J. He, Q. Huang, Y. L. Xu. Synthesis of vibration control and health monitoring of building structures under unknown excitation [J]. Smart Mater. Struct, 2015, 23: 105025.

[3] C Wang, W. X Ren, Z. C Wang, et al. Time-varying physical parameter identification of shear type structures based on discrete wavelet transform [J]. Smart Structures and Systems, 2014, 14(5): 831 – 845.

[4] J. PO. Structural Vibration control: active, semi – active, and intelligent control[M]. Beijing: Science Press, 2003.

高层建筑围护结构风压计算方法对比分析*

吕显辉，全涌

（同济大学土木工程防灾国家重点实验室 上海 200092）

1 引言

计算高层建筑围护结构风压时，全概率方法精度虽高，但计算过程复杂，输入参数太多，不便于应用。工程常用的最不利方法虽计算简便，易于使用，但没有考虑风速和风压系数的概率特性及方向性，精度较低。本文将常用的三种计算方法与可视为精确方法的 Monte Carlo 模拟方法进行对比分析，以说明各种方法的优劣。

2 计算方法介绍

2.1 最不利方法

$$P_{des} = 0.5\rho v_R^2 \cdot \max_{dir} C_{pdes,dir} \tag{1}$$

其中，P_{des} 为极值风压设计值，ρ 为空气密度，v_R 为全风向 R 年重现期极值风速估计值，$C_{pdes,dir}$ 为各风向极值风压系数设计值。最不利方法 1 采用峰值因子法计算 $C_{pdes,dir}$，最不利方法 2 采用 Cook – Mayne 方法计算 $C_{pdes,dir}$。

2.2 风向折减因子法

$$P_{des} = \max_{dir}\left[0.5\rho\,(c_{dir}v_R)^2 Cp_{des,dir}\right] \tag{2}$$

其中，c_{dir} 为风速风向折减因子，使 $c_{dir}v_R$ 为 dir 风向 R 年重现期极值风速。c_{dir} 取值范围为 $(0,1)$，最大值小于 1。风向折减因子法 1 采用峰值因子法计算 $C_{pdes,dir}$，风向折减因子法 2 采用 Cook – Mayne 方法计算 $C_{pdes,dir}$。

2.3 归一化风向折减因子法[2]

与风向折减因子法唯一的不同在于这里的风向折减因子 c'_{dir} 定义为单个风向内 R 年重现期极值风速与其最大值的比值，即

$$c'_{dir} = \frac{c_{dir}v_R}{\max_{dir}(c_{dir}v_R)} = \frac{c_{dir}}{\max_{dir}c_{dir}} \tag{3}$$

c'_{dir} 的取值范围为 $(0,1]$，最大值为 1。归一化风向折减因子法 1 采用峰值因子法计算 $C_{pdes,dir}$，归一化风向折减因子法 2 采用 Cook – Mayne 方法计算 $C_{pdes,dir}$。

2.4 蒙特卡洛模拟方法（"准确方法"）与 Harris 理论

本文用 Harris[1] 方法对气象站得到的极值风速数据进行拟合，用 Gumbel 分布对风洞试验得到的极值风压系数进行拟合，并根据拟合参数分别对极值风速和极值风压系数进行蒙特卡洛模拟，最后将二者结合，给出给定重现期的极值风压。

3 结果对比

各种计算方法与可视为精确方法的 Monte Carlo 模拟方法对比结果如图 1 所示。

图 1 中计算结果越靠近黑线越精确。可以看出对于几乎全部测点，无论正压还是负压：最不利方法的计算结果均大于准确值较多，不经济；风向折减因子法和归一化风向折减因子法 1 的计算结果均低于准确值较多，不安全。归一化风向折减因子法 2 对于大部分测点无论正压还是负压的计算结果均适当超出准确值，在一定程度上兼顾了经济性和安全性。

* 基金项目：国家自然科学基金面上项目（51778493，51278367）

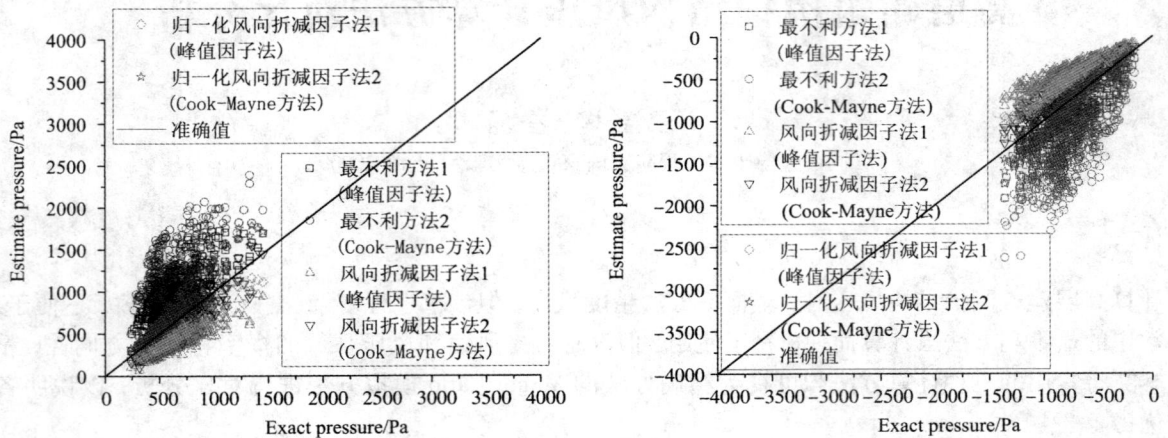

图1　成都地区六种方法得到的399个测点50年重现期正压(左)、负压(右)与准确值对比

4　结论

本文将常用的三种计算方法与可视为精确方法的 Monte Carlo 模拟方法进行对比分析，得出以下结论：①Cook-Mayne 方法对风压系数的计算结果大于峰值因子法；②最不利方法的计算结果高出理论值较多，较保守，不经济；③折减因子法计算结果低于理论值较多，不安全，工程中不宜使用；④基于 Cook-Mayne 方法的归一化折减因子法的计算结果适当超出理论值，一定程度上兼顾了安全性和经济性。

参考文献

［1］Harris，R. I. Improvements to the 'Method of Independent Storms'［J］. Journal of Wind Engineering and Industrial Aerodynamics，1999，80(1－2)：1－30.

［2］张秉超. 建筑围护结构极值风压的全概率分析方法研究［D］. 上海：同济大学土木工程学院，2014.

基于极值相关性的高层建筑风荷载组合方法研究*

潘小旺，邹良浩，梁舒果

（武汉大学结构风工程研究所 武汉 430072）

1 引言

在高层建筑结构抗风设计中，为兼顾安全性与经济性，对风荷载进行合理组合一直为人们所关心。[1, 2] 此前的研究对极值相关性考虑较少，基于此，本文基于高宽比为 10 的五种长宽比矩形截面超高层建筑刚性模型高频测力天平试验，对不同长宽比高层建筑三维风荷载各轴向风荷载极值间相关性进行了系统研究，在此基础上提出了不同长宽比的超高层建筑拟静力项三维风荷载组合方法。

2 风洞试验

使用高频测力天平对高层建筑刚性模型进行测力试验，模型几何缩尺比为 1:300，模型截面尺寸见表1，风洞试验图片见图1。

表1 试验模型截面尺寸

工况	B/D	B/mm	D/mm	H/mm	模型示意图
1	1/3	58	174	1000	
2	1/2	70	140	1000	
3	1/1	100	100	1000	
4	2/1	140	70	1000	
5	3/1	174	58	1000	

本次风洞试验在武汉大学 WD-1 风洞试验室中进行。模拟地貌为 C 类，模拟的风速谱为 von Karman 谱。高频测力天平采样频率 500 Hz，采样时间 600 s，时间缩尺比 1:60，按时间采样时程为 60 个子样本。对得到的每个工况风荷载时程数据进行统计分析处理，对子样本时程的风荷载极值相关性进行分析研究。

3 高层建筑方截面风荷载效应极值与同步值分析

对每个子样本风荷载力系数时程，记录其 X 方向力系数极值 $C_{X\max}$，与外两个方向力系数同步值 $C_Y(C_{X\max})$、$C_T(C_{X\max})$，类似的得到其余两组系数 $\{C_{Y\max}, C_X(C_{Y\max}), C_T(C_{Y\max})\}$ 和 $\{C_{T\max}, C_X(C_{T\max}), C_Y(C_{T\max})\}$，研究风荷载效应极值与同步值的分布（方截面 Y 轴向取 $C_{Y\max}$ 时，X、T 轴向同步值分布见图2、3）。

图1 方截面试验模型

* 基金项目：国家自然科学基金项目（51478369）

4　长宽比对组合的影响与组合系数

　　为研究不同截面形式对高层建筑基底风荷载极值同步效应的影响,将五个工况数据进行对比,并分析对比各工况数据的统计规律(不同工况下当 Y 轴向取 $C_{Y\max}$ 时, X、T 轴向同步值分布见图4、5)。当一轴向风荷载取极值时,应用蒙特卡洛法,定义其余轴向在一定保证率下的同步比值为该保证率下的组合系数,并与日本规范[3]进行对比(图6、7为其中一组组合系数与日本规范的对比,图中 γ_{YX} 表示 Y 为主轴向, X 为组合轴向)。

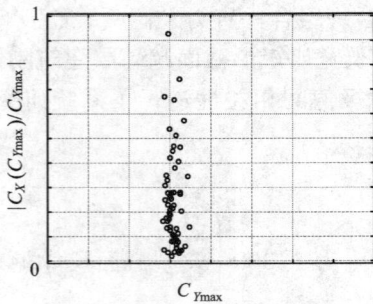

图 2

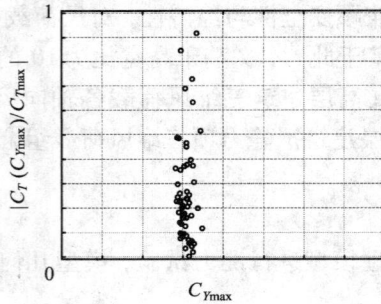

图 3

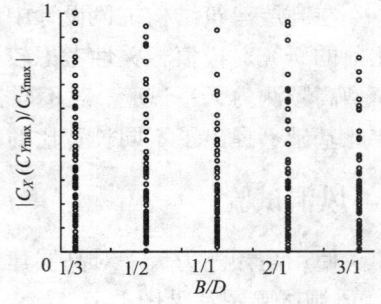

图 4

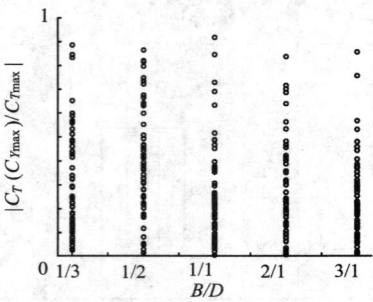

图 5

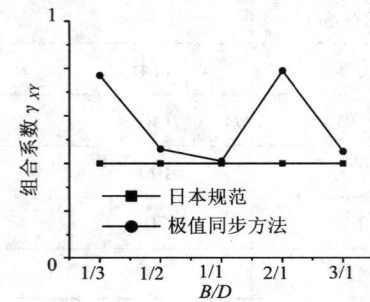

图 6

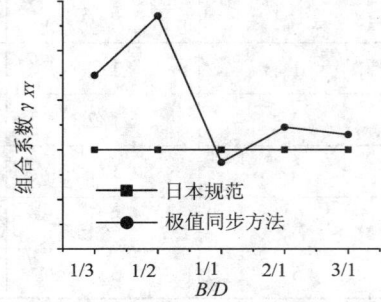

图 7

5　结论

　　(1)通过对方截面和矩形截面刚性模型基底风荷载极值与同步值分布的分析表明,高层建筑风荷载效应的极值在任意两轴向之间,都可能存在较为明显的相关性,在进行风荷载效应组合时应该考虑极值相关性的影响。

　　(2)通过对不同长宽比截面模型数据的对比,分析了高层建筑风荷载效应极值同步效应随建筑长宽比的变化。类比等效风荷载中风振系数的概念,提出基于三维风荷载效应极值相关性的考虑建筑外形的风荷载效应组合系数,并与日本规范[3]进行对比,可供设计人员进行参考。

参考文献

[1] TAMURA Y, KIKUCHI H, HIBI K. Quasi-static wind load combinations for low-and middle-rise buildings[J]. Journal of Wind Engineering & Industrial Aerodynamics, 2003, 91(12): 1613-25.

[2] 涂志斌, 黄铭枫, 楼文娟. 基于 Copula 函数的建筑动力风荷载相关性组合[J]. 浙江大学学报(工学版), 2014, 48(8): 1370-5.

[3] AIJ Recommendations for loads on building(2004)[S].

TMDI 在超高层建筑抗风中的应用

乔浩帅，王钦华，祝志文

（汕头大学土木与环境工程系 汕头 515063）

1 引言

随着经济的发展和建筑材料技术的进步，超高层建筑如雨后春笋般拔地而起。超高层建筑由于其轻柔的特点对风荷载非常敏感，如何有效减小超高层建筑的风致加速度响应成为当前研究的一个重点。文献表明[1]，在一定范围内 TMD 机构的质量越大，减小振动的作用越好，但是当 TMD 的质量不断增加时，对于安装、空间占用等需求不断提高，为设计施工带来了新的挑战。而调谐惯性质量阻尼器（Tuned Mass Damper Inertia, TMDI）正是在 TMD 的基础上，通过在 TMD 与结构主体连接的位置加装例如飞轮的惯性耗能机构来起到"质量放大"作用，在避免直接增加 TMD 部分的质量的同时可以更好地减轻结构风致响应。

2 背景理论及实例分析

2.1 安装 TMDI 结构的运动方程

TMDI 安装在结构上如图 1 所示：

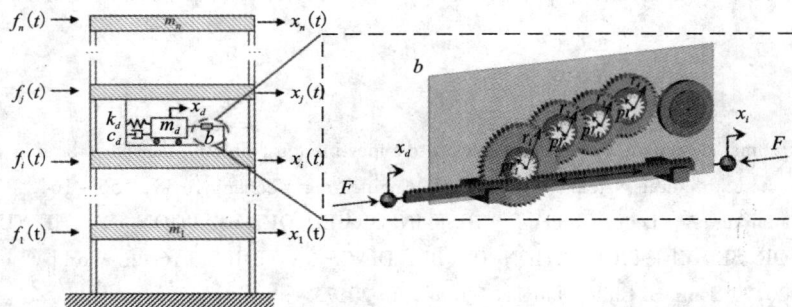

图 1 TMDI 结构示意图及飞轮体系详图[2]

结构安装 TMDI 后运动方程如下：

$$M\{\ddot{D}(t)\} + C\{\dot{D}(t)\} + K\{D(t)\} = \{P(t)\} \tag{1}$$

$$M = M_s^{n+1} + (m_{TMDI} + b)1_{n+1}1_{n+1}^T + b\,1_{n-p}1_{n-p}^T - b(1_{n+1}1_{n-p}^T + 1_{n-p}1_{n+1}^T) \tag{2}$$

$$C = Cn + 1_s + c_{TMDI}(1_{n+1}1_{n+1}^T + 1_n 1_n^T - 1_{n+1}1_n^T - 1_n 1_{n+1}^T) \tag{3}$$

$$K = Kn + 1_s + k_{TMDI}(1_{n+1}1_{n+1}^T + 1_n 1_n^T - 1_{n+1}1_n^T - 1_n 1_{n+1}^T) \tag{4}$$

其中：1_i 表示长度为 $n+1$（n 为楼层数），除第 i 位元素为 1 其余元素均为 0 的列向量；M_s^{n+1}、C_s^{n+1}、K_s^{n+1} 是在原始结构的质量、阻尼、刚度矩阵最后一行、一列之后再扩阶一行、一列零元素后形成的矩阵；p 表示以 $TMDI$ 系统中 TMD 部分安装层数为准，惯性器向下连接所越过的层数；m_{TMDI}、c_{TMDI}、k_{TMDI} 为 $TMDI$ 系统中 TMD 部分的质量、阻尼和刚度；$\{\ddot{D}(t)\}$、$\{\dot{D}(t)\}$、$\{D(t)\}$ 为加速度、速度和位移气动力时程；$\{P(t)\}$ 为于测量所得的荷载时程最后一行之后补相同样本长度的零元素所得到的荷载时程；上标的大写字母 T 表示转置。

2.2 实例分析

本文对一 340 m 的超高层建筑进行风振响应分析。不同情况下的加速度结果如图 2 所示。在所有风向角下，均可以明显观察到 TMD 和仅有前者一半质量比的 TMDI 对原始结构相近的加速度减小作用。

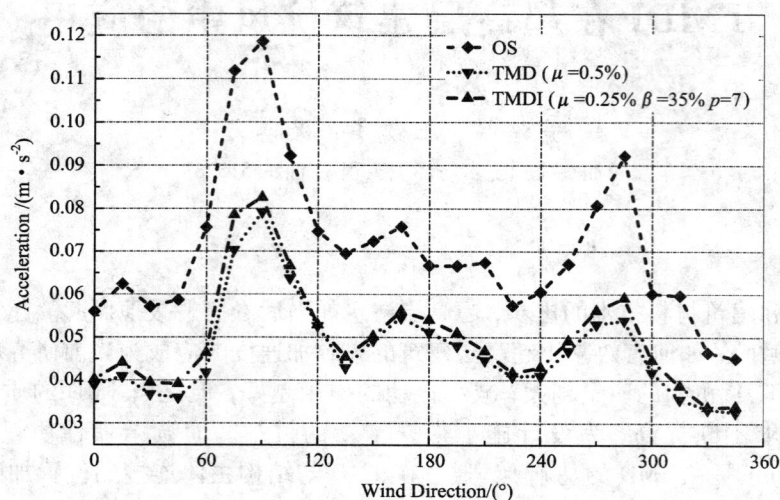

图 2　0°～345°顶层加速度极值

3　结论

　　TMDI 的安装可以在避免由于所需 TMD 部分质量过大时带来的设计与安装困难，同时可以有效的控制结构风致响应。通过参数分析与优化，可以有效提升 TMDI 的减振效果，为提高建筑物居住舒适度提供了良好的解决方案。

参考文献

［1］Marian L, Giaralis A. Optimal design of a novel tuned mass-damper-inerter（TMDI）passive vibration control configuration for stochastically support-excited structural systems. Probabilistic Engineering Mechanics, 38, 156 – 164.

［2］RuizR, Giaralis A, Taflanidis A, Lopez-Garcia D. RISK-INFORMED OPTIMIZATION OF THE TUNED MASS-DAMPER-INERTER（TMDI）FOR SEISMIC PROTECTION OF BUILDINGS IN CHILE. 16 th World Conference on Earthquake Engineering, 16WCEE 2017. Santiago Chile, January 9th to 13th 2017.

冷却塔龙卷风作用最不利风荷载与结构性能*

沈晓敏，陈旭，赵林

（同济大学土木工程防灾国家重点实验室 上海 200092）

1 引言

  龙卷风在我国部分地区属于易发性极端气候，大型冷却塔在此类极端气候下所受到的安全性愈发受到关注。龙卷风作为一种特异风，其强烈的涡旋所产生的流场，会对受风作用敏感的高耸结构造成极大破坏。借助风洞试验的数据结果，探讨龙卷风极端气候下，大型冷却塔处在风场不同位置时，内外表面受到的风荷载特性，并通过结构有限元分析方法，比较塔体结构不同位置处的风振响应，分析龙卷风作用下最不利风荷载效应。

2 研究方法

  利用同济大学土木工程防灾国家重点实验室的龙卷风模拟器进行的某大型冷却塔刚性模型测压试验。考虑冷却塔处于龙卷风移动路径不同位置处，内外表面风荷载分布特性。结合同济大学风洞实验室开发的WindLock软件，对冷却塔结构进行有限元分析，并计算塔体支柱和塔筒壳体的内力响应，分析龙卷风作用下的大型冷却塔结构内力效应。

3 内容

3.1 龙卷风风洞试验及其风场特性

  描述龙卷风风场的参量中，造成结构破坏的主要因素是切向速度和气压降。龙卷风涡核结构的控制因素是涡流比，提高涡流比会增加龙卷风涡核半径和最大切向速度[1]。表1是相关风洞试验概况，考虑光滑地表、龙卷风涡核比为 0.72 时的冷却塔结构效应。

表1 风洞试验情况

项目	概况
风洞试验装置	同济大学龙卷风模拟器（TVS）
冷却塔试验模型	原型总高度 215 m，缩尺比为 1:1500
测点数	塔筒外压测点布置 6 层共 72 个，内压测点在塔筒喉部布置一层共 12 个

3.2 冷却塔表面风荷载分布

  冷却塔在龙卷风风场的不同位置处，所受到得到风荷载具有明显的差异。设定龙卷风沿直线经过冷却塔模型，冷却塔相对龙卷风的位置如图 1 所示。当龙卷风涡核处于塔筒中心时，冷却塔的内、外表面受到负压；当龙卷风距塔筒位置稍远时，冷却塔内、外表面负压减小[2]。本文主要关注冷却塔模型在风场不同位置处的内外表面风荷载分布特性（图 2 给出了塔筒喉部位置处的净压均值分布，冷却塔在四个位置处侧风区负压绝对值均比规范值小[3]）。

3.3 龙卷风作用下塔筒结构内力响应

  基于 WindLock 软件对该大型冷却塔进行结构有限元分析，通过模态分析计算得到自振频率为 0.84 Hz（1～2 阶）。当冷却塔处于龙卷风涡核半径时，结构风振响应最不利，因此着眼该位置处塔筒下部的内力响应（图 3 是塔筒下部位置处的子午向弯矩分布图）。

* 基金项目：国家自然科学基金项目（51678451）

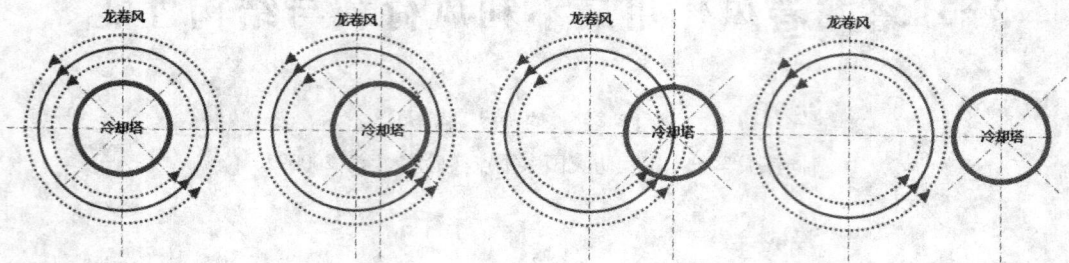

图1   冷却塔相对龙卷风的位置($z = 0.20r_0$)

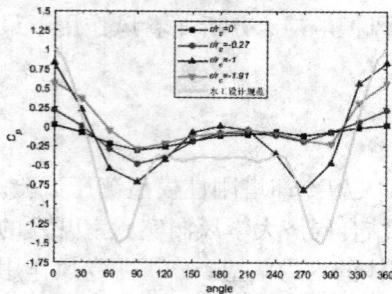

图2   塔筒喉部净压极值分布

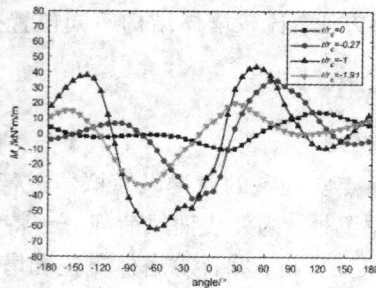

图3   塔筒下部子午向弯矩分布

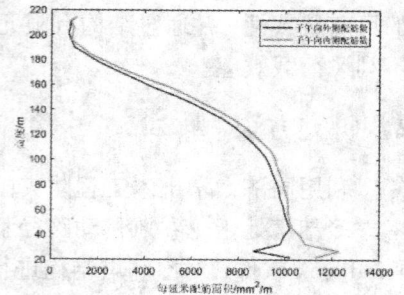

图4   塔筒子午向配筋包络图

3.4   基于配筋率衡量的结构内力效应

结构设计所需配筋量能有效反映荷载对结构的效应[4]，图4给出了冷却塔位于龙卷风涡核半径时的塔筒配筋包络图。从图中能够观察到，塔筒壳体的内侧配筋量沿子午向时大于外侧配筋量。

4   结论

在龙卷风移动过程中，根据冷却塔表面风荷载的分布特性，发现在龙卷风涡核半径处作用最为显著。结合结构有限元分析，当冷却塔位于龙卷风涡核半径时，内力响应的最不利位置在塔筒下部切向来流的迎风区，同时配筋塔筒壳体的内侧配筋量沿子午向时大于外侧配筋量。在全文中应当一步完善结构分析结果。

参考文献

[1] Cao S Y, Wang J, Cao J X, Zhao L, Chen X. Experimental study of wind pressures acting on a cooling tower exposed to stationary tornado-like vortices[J]. Journal of Wind Engineering and Industrial Aerodynamics. 2015, 145: 75 – 86.

[2] 赵林，陈旭，曹曙阳，葛耀君. 特异气候下大型冷却塔表面风荷载特性[J]. 电力勘察设计，2017(S1): 276 – 284.

[3] DL/T 5339 – 2006，火力发电厂水工设计规范[S].

[4] Zhao L, Zhan Y Y, Ge Y J. Wind-induced equivalent static interference criteria and its effects on cooling towers with complex arrangements[J]. Engineering Structures, 2018, 172: 141 – 153.

基于强迫振动风洞试验的矩形高层建筑扭转向气弹效应研究[*]

施天翼，邹良浩，梁枢果

（武汉大学土木建筑工程学院 湖北省城市综合防灾与消防救援工程技术研究中心 武汉 430072）

1 引言

高层建筑结构设计的控制因素往往是其上部居住者的舒适度，阻尼比的准确评估是评估舒适度的重要前提。目前，常用于结构气弹效应评估的试验方法主要有气弹模型和强迫振动风洞试验，气弹模型制作复杂，各参数识别结果较为离散，而强迫振动风洞试验方法通过稳定的频率和振幅，可以得到稳定的气弹效应评估结果[1-2]，因而被广泛应用。扭转响应对高层建筑角点的加速度响应的贡献不可忽略，特别是刚度中心与质量中心不重合的高层建筑，扭转向响应对总响应的贡献更为显著。本文采用扭转强迫振动试验装置，基于同步测试风洞试验方法得到不同长宽比的模型的表面风压时程和位移时程，在此基础上进行了结构扭转向气弹效应的评估。

2 风洞试验

本次风洞试验在武汉大学 WD－1 号边界层风洞（3.2 m 宽×2.1 m 高×16 m 长）完成，试验风场类别为 C 类风场。模型几何缩尺比均为 1/400，用来模拟 360 m 高的矩形截面高层建筑，模型表面风荷载通过多点测压方式得到，每个模型布置 192 个测点，如图 1。模型扭转振动频率和振幅通过强迫振动装置来实现，采用电机带动偏心轮转动，通过调节偏心轮的偏心距离与转速来实现结构沿固定的频率与振幅做正弦振动。为了准确得到结构振动振幅，试验时采用激光位移计同步测试模型边缘的位移，试验时模型振动频率 n_0 为 Hz，振幅分别采用 0 度（刚性模型）、2 度、4 度、6 度和 8 度，模型顶部试验风速范围为 3 ~ 15 m/s。

　　（a）模型1（长宽比1:1）　　　　　（b）模型2（长宽比1:2）　　　　　（c）模型3（长宽比2:1）

图 1　风洞试验模型

3 试验结果

图 2 为计算得到扭转向气动刚度比，低风速情况下，结构的扭转向气动刚度比随风速变化基本一致，随着风速的增大，不同振幅情况下气动刚度比略显离散，但总体趋于一致。当风速小于折算风速时，扭转向气动刚度比随折算风速增大呈下降趋势，当风速达到临界风速，扭转向气动刚度比迅速增大。对于三种长宽比的模型，不同风速不同振幅下的模型的气动刚度比小于 3%，对结构振动频率的影响可以忽略不计。

图 3 为计算得到扭转向气动阻尼比，扭转向气动阻尼在低折算风速时十分接近，总体趋势是一致的。模型 1 和 2 的气动阻尼比较小且在低风速在均为正值，但当风速达到临界风速时，气动阻尼比迅速下降变为负气动阻尼，模型 1 的气动阻尼比最大约为 0.2%，最小约为 － 0.4%，模型 2 的气动阻尼比最大约为

＊ 基金项目：国家自然科学基金项目（51478369，51008240）

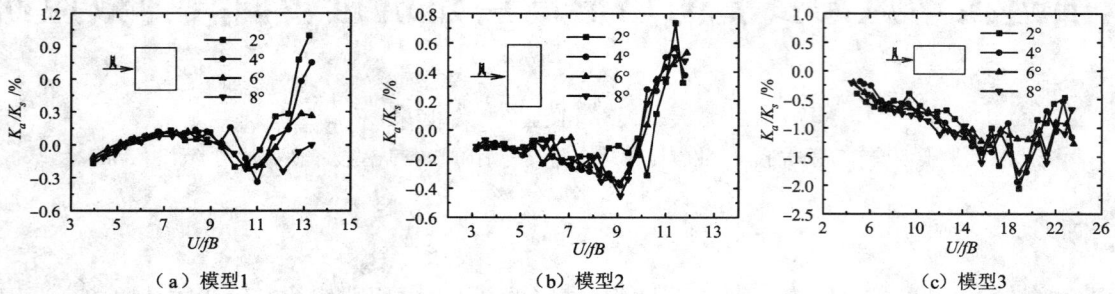

（a）模型1   （b）模型2   （c）模型3

图2   扭转向气动刚度比随折算风速和振幅的变化

0.5%，最小约为 −0.2%，气动阻尼比对结构响应影响不大。对于长宽比为 2∶1 的模型，随着风速的增加，气动阻尼比逐渐减小，最小可以接近 −2%，大大减小了结构的总阻尼比。

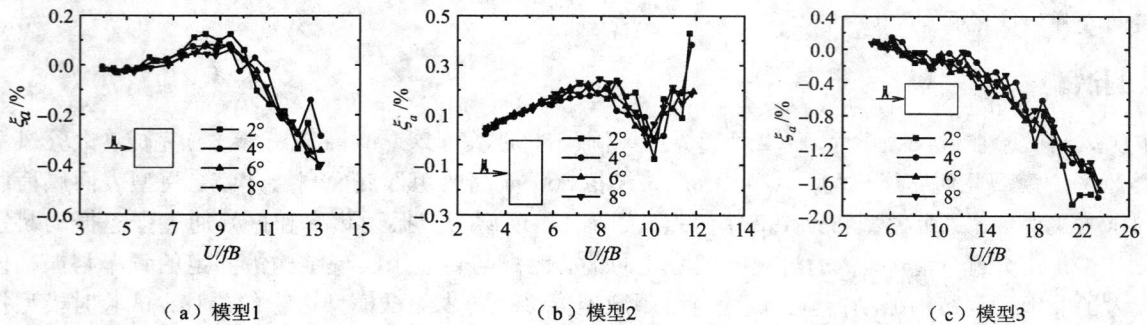

（a）模型1   （b）模型2   （c）模型3

图3   扭转向气动阻尼比随折算风速和振幅的变化

4   结论

本文基于扭转强迫振动风洞试验对不同长宽比的矩形高层建筑气弹效应进行了系统的研究，得出了以下结论：①对于不同长宽比的高层建筑，其扭转向气弹效应差异显著；②气动刚度比和气动阻尼比受高层建筑响应的影响较小；③高层建筑的扭转向气动刚度比较小，但扭转向气动阻尼比较大，对结构响应的贡献不可忽视，尤其是当风速接近和达到临界风速时，可能产生负气动阻尼，在结构设计时应考虑其影响。

参考文献

[1] Cooper K R, Nakayama M, Sasaki Y, et al. Unsteady aerodynamic force measurements on a super-tall building with a tapered cross section [J]. Journal of Wind Engineering and Industrial Aerodynamics, 1997, 72(Supplement C)：199 – 212.

[2] 宋微微, 梁枢果, 邹良浩, 等. 超高层建筑气动弹性效应双向受迫振动风洞试验研究 [J]. 建筑结构学报, 2015, 36(11)：84 – 91.

超高层建筑不同风向角下风压非高斯特性[*]

谢宏灵[1]，黄东梅[1,2]

（1. 中南大学土木工程学院 长沙 410075；2. 中南大学高速铁路建造技术国家工程实验室 长沙 410075）

1 引言

目前多数工程设计中，风荷载设计基于脉动风压服从高斯分布的假设，但实际中并不总是可靠。韩宁等[1]通过风洞刚性模型动态测压试验对方形高层建筑风压非高斯特性进行了研究。从偏度、峰度系数及其相互关系进行分析，结果表明：风向角对结构非高斯特性的影响较大，来流风作用面，会同时出现正偏和负偏，峰度值也较小；分离流和尾流作用面，均为负偏且峰度值较大。李晓进等[2]基于上虞六和大厦刚性模型风洞试验分析标准层各阶统计量随风向角的变化，结果表明：高阶矩取得最值的风向角和均值、极值取得最值的风向角不同，说明具有非高斯特性的测点并非风压极值就最大。可见，风向角对建筑风压的非高斯影响显著，韩宁等[1]侧重偏度与峰度的关系进行讨论，李晓进等[2]在风向角影响风压特性部分侧重以极值结合其他统计矩进行研究，本文通过概率分布，高阶统计量的分布并在此基础上以 Gumbel 峰值因子代表极值风压针对不同风向角的风压非高斯特性进行讨论，试图通过不同角下风压非高斯特性的变化、峰值因子的变化及其与高阶矩的关系对建筑非高斯区域变化、最不利风向角的寻找以及极值风压设计提供参考。

1 风洞试验介绍

某方形截面超高层建筑试验在中南大学高速铁路建造技术国家工程实验室风洞实验室内完成，几何缩尺：1:350；风速比：0.2614；采样频率：625 Hz。模型和测点布置见图1。

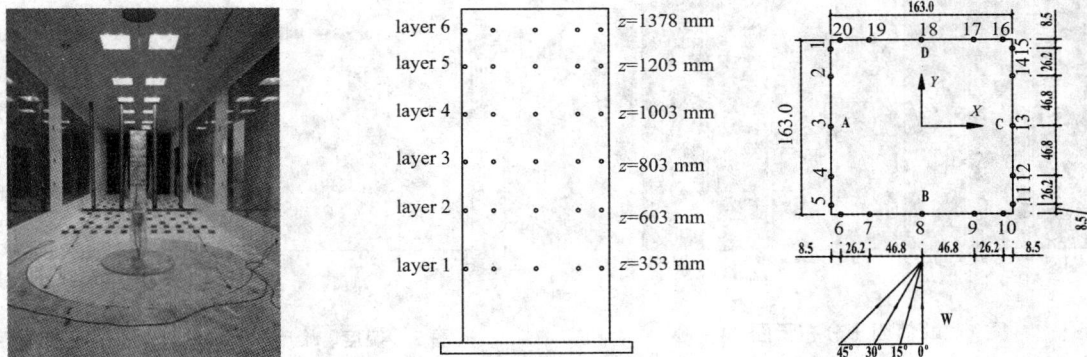

图1 试验模型及测点布置

2 结果分析

对代表测点概率密度曲线的对比如图2，可见非0°风向角时，中心测点风压具有非高斯削弱效应；以A、B面为例，偏度和峰度分布见图3，峰值因子分布见图4，15°风向角下偏度、峰度和峰值因子在A面内关于中轴对称且中轴处数值接近高斯态，说明此时的测点风压接近高斯分布，风压极值较小；45°风角下，A面的偏度、峰度和峰值因子关于对角线与B面对称分布且各代表量分布均匀、数值较小，是因为此时A、B对称处于迎风区内。30°风向角下各代表量分布不对称且出现具有高偏态、大峰态时峰值因子却很小的奇异现象，此外，最大偏态、峰态和峰因子都出现在45°风角下C、D交接处，此处风压极值需特别关注。

* 基金项目：国家自然科学青年基金(51208524)；湖南省自然科学基金(2017JJ2318)

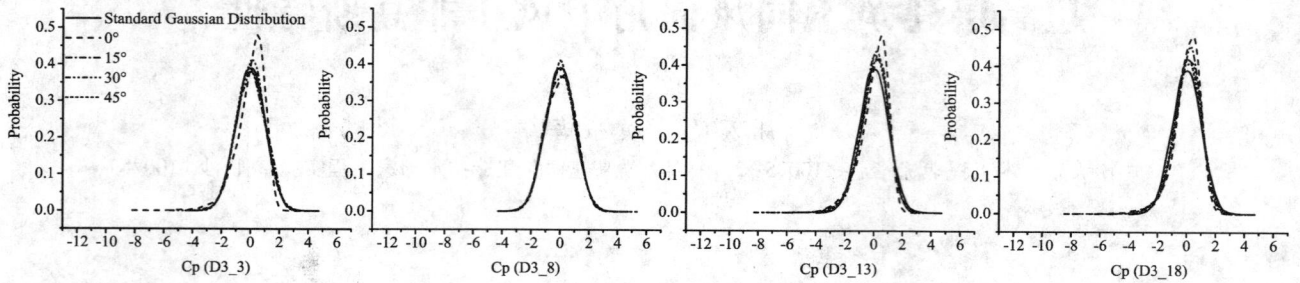

图2 测点概率分布

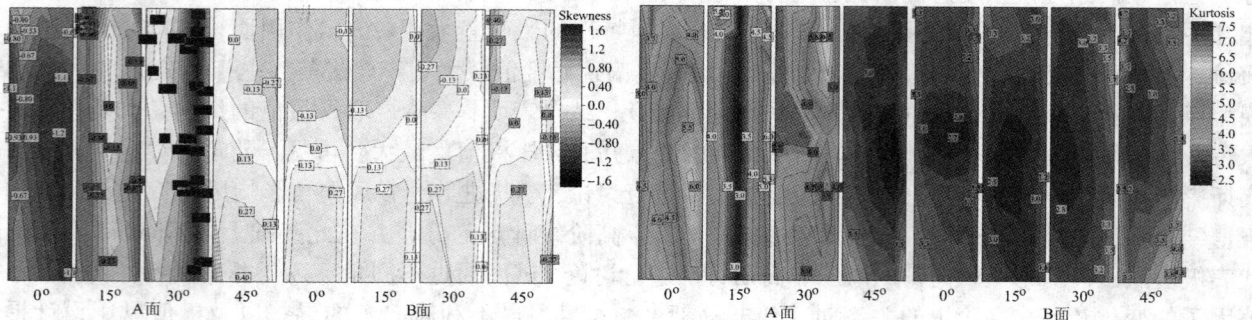

图3 偏度系数(左)、峰度系数(右)分布云图(A、B面)

图5给出了偏度、峰度与Gumbel峰值因子的关系,可见高阶统计量与峰值因子具有较强的相关性,图5圈出部分即是30°风向角时的奇异现象,说明在有限试验条件下高阶统计量对峰值因子的影响并不总是可靠或者规律并不单一。

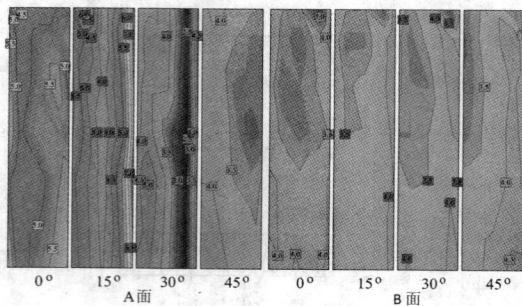

图4 峰值因子分布云图

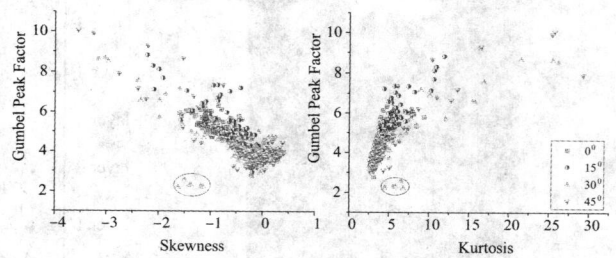

图5 偏度、峰度与Gumbel峰值因子的关系

3 结论

非0°风向角时中心测点风压具有不同程度的非高斯削弱效应;15°风角下偏度、峰度,峰因子在A面内关于中轴对称且中轴处数值靠近高斯情况;高阶统计量与峰值因子具有较强的相关性,30°风角下各个非高斯代表量分布不对称且出现奇异现象,说明在有限试验条件下高阶统计量对峰值因子的影响并不总是可靠或者规律并不单一,需进一步研究。最大偏态、峰态和峰因子都出现在45°风角时C、D交接处,说明45°尾流中心附近风压属强非高斯区,风压极值需特别关注。

参考文献

[1] 韩宁,顾明.方形高层建筑风压脉动非高斯特性分析[J].同济大学学报(自然科学版),2012,40(7):971-976.
[2] 李晓进.高层建筑幕墙表面风压特性研究.杭州:浙江大学建筑工程学院,2010:27-75.
[3] Gumbel E J. Statistical-Theory of Extreme Values[J]. Journal of the Royal Statistical Society, 1954, 118(1).

冷却塔双塔干扰荷载模式及其影响因素[*]

邢源[1]，王小松[2]，赵林[1]，葛耀君[1]

（1. 同济大学土木工程防灾国家重点实验室 上海 200092；2. 重庆交通大学桥梁工程系 重庆 400074）

1 引言

冷却塔属薄壁、风敏感性较强的水工建筑结构。群塔干扰效应造成的不同荷载分布模式对于承载力和稳定性影响非常敏感[1]。目前荷载分布模式的研究主要集中在单塔，分别考虑了粗糙元、雷诺数、紊流度。对于群塔干扰的荷载分布模式的研究相对较少，有对于荷载分布采用统计分析[2]。各国规范仍然采用对于单塔荷载整体放大的方式考虑群塔干扰下的荷载分布，随着冷却塔高度的不断增加，对于干扰造成的荷载分布模式的准确描述非常重要。

群体干扰受来流角度、间距比、建筑数量以及来流参数等众多因素的影响。通过对于特定塔间距复杂八塔的研究，发现干扰效应主要以双塔为主，与 Gu[3] 对于群体建筑干扰研究的结论一致。以双塔为例，对常见间距比和来流角度下荷载分布模式进行研究，并对特征点取值规律和相关性进行分析。

2 荷载分布理论分析

均匀流作用下圆柱的压力分布根据势流理论可以表述为

$$C_p^* = \sin^2\left(\frac{\pi\theta^*}{2}\right) \tag{1}$$

对于双圆柱的压力分布推导如下：

$$C_p = 1 - |e^{-i\alpha} + e^{i\alpha}(-t^{-2} + \frac{2}{t+\lambda^2} - \frac{4}{(t+\lambda^2)^2} + \frac{2}{t+4\lambda^2} - \frac{4}{(t+4\lambda^2)^2})|^2 \tag{2}$$

式中，$t = e^{i\theta}$，间距比 $\lambda = L/a$，θ 为圆柱环向角度，α 为来流角度，$|a|$ 表示对 a 取模。当 λ 为 0 的时候，式（3）与单圆柱结果式（2）一致，进而验证了其正确性。

压力分布与来流角度与间距比密切相关，式（3）不能很好的得到压力分布与间距比和来流角度的关系，因此采用对式（2）引入修正参数的方式来探讨压力分布曲线

$$C_p^* = \lambda(k\pi)\sin^n(k\pi\theta^*) \tag{3}$$

3 风洞试验

风洞试验在同济 TJ-3 风洞展开，风场剖面和紊流度模拟结果与规范吻合较好（图 1a），塔高 180 m，塔筒喉部直径 79.2 m，模型几何缩尺比 $\lambda_L = 1:300$。测压模型（1b））外表面沿塔高布置 12 层测点，对应图中 Sec1~Sec12 层，内表面布置 4 层测点，通过调整风速和改变表面粗糙度来模拟雷诺数效应，试验中双塔间距比为 1.6、1.8、2.0、2.2 和 2.4，来流角度以 22.5° 为增量分布在 0~180° 之间。

4 平均风荷载分布模式

建议的风压分布公式对于荷载分布模式的反映非常重要。按照荷载分布模式在尾流区规则性和不规则分布特征，采用不同区间组合的方式建议最终风压分布。

$$C_p = \begin{cases} \text{区域 I} \quad C_{p\min} + (C_{p\max} - C_{p\min})\sin^n(0.5\pi(\theta-\theta_{\min})/(\theta_{\max}-\theta_{\min})), 0 < \theta < \theta_{\min} \\ \begin{cases} \text{区域 II} \begin{cases} C_{p\min} + (C_{ps} - C_{p\min})\sin^n(0.5\pi(\theta-\theta_{\min})/(\theta_s-\theta_{\min})), \theta_{\min} < \theta < \theta_s \\ \text{区域 III} \quad\quad C_{ps}, \theta_s < \theta < \pi \end{cases} \end{cases} \\ \text{区域 II - III}\{C_{p\min} + (C_{pw} - C_{p\min})\sin^n(0.5\pi(\theta-\theta_{\min})/(\theta_w-\theta_{\min})), \theta_{\min} < \theta < \pi \end{cases} \tag{4}$$

* 基金项目：国家自然科学青年基金（51208524）；湖南省自然科学基金（2017JJ2318）

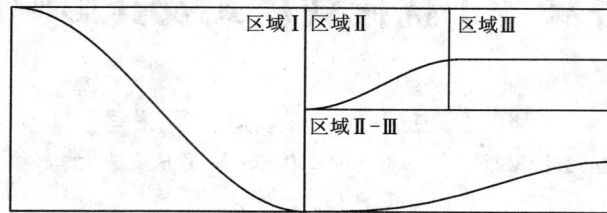

图 1　风压分布示意图

表 1　荷载分布影响参数取值

特征点	取值	局部性	参数 n
C_{pmax}	$C_p = 1.1(59.4e^{-4.25\lambda} + 0.94)$	区域 I	$n = -0.37\sin(-2.63\alpha + 6.11) + 0.93$
C_{pmin}	$C_p = -1.1(3830e^{-6.39\lambda} + 0.86)$	区域 II	$n = 1.12\sin(\alpha - 0.29) - 0.13\sin(\alpha + 1.30)$
C_{ps}	$C_p = -0.6(18.9e^{-2.78\lambda} + 0.78)$	区域 II - III	$[2, 41.5]$

5　结论

以双塔为例开展了群塔干扰效应下的荷载分布模式的研究,对于其影响参数间距比和干扰角进行了详细的讨论,最终建议群塔干扰下荷载分布模式公式,主要结论有:

(1)干扰效应以对荷载的阻挡为主,只有在较小的工况出现不利效应,分别为 67.5°、90° 和 157.5°,在 157.5° 区域所有特征值点趋向于最大,最具有代表性;

(2)施扰塔诱导的流场类似于剪切场,双塔之间的间隙流对于压力的局部改变效应比较明显。干扰效应造成的规则和不规则压力分布都能够用公式(4)较好的拟合,最终推荐了干扰效应造成的压力分布公式。

参考文献

[1] Zhang JF, Ge YJ, Zhao L, Zhu B. Wind induced dynamic responses on hyperbolic cooling tower shells and the equivalent static wind load. Journal of Wind Engineering & Industrial Aerodynamics. 2017, 169: 280 – 9.

[2] Zhao L, Chen X, Ge Y. Investigations of adverse wind loads on a large cooling tower for the six – tower combination. Applied Thermal Engineering. 2016, 105: 988 – 99.

[3] Gu M, Peng H, Lin T, Zhou X, Zhong F. Experimental study on wind loading on a complicated group – tower. Journal of Fluids & Structures. 2010, 26: 1142 – 54.

高层建筑表面风压相关性影响因素实验研究*

许俊，周林立，胡尚瑜

（桂林理工大学广西岩土力学与工程重点实验室 桂林 541004）

1　引言

基于南京国电环境保护研究院主动阵风风洞，模拟 1:300 缩尺比例不同湍流积分尺度的边界层流场，开展 CAARC 高层建筑标准模型测压试验。通过定量分析，比较不同湍流积分尺度对高层建筑表面风压系数及脉动风压相关性系数的影响。

2　风洞试验

风洞试验模拟了常规和施加 0.3 Hz 阵风频率（旁路机械闭合频率）两类流场分别命名为 BL 和 BL + gust0.3 Hz。流场风剖面、湍流强度和积分尺度见图 2 和图 3，顺风向脉动风功率谱见图 4。可见施加阵风扰动对平均风速影响不大；对湍流强度影响也较小，湍流度最大差值为 2.2%；但使得湍流积分尺度增大同时功率谱中的低频段能量显著上升。1:300 CAARC 模型尺寸为 100 mm×150 mm×600 mm，测点布置与风向角方向见图 1。

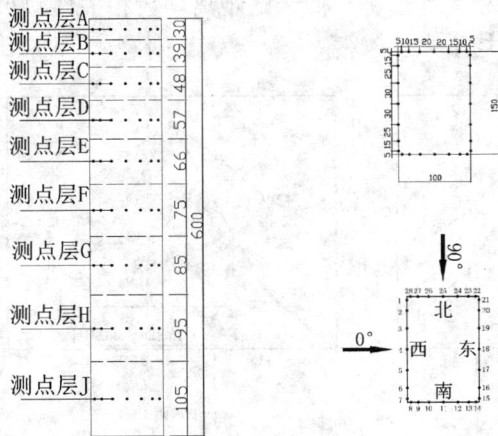

图 1　1:300 CAARC 高层建筑标准模型

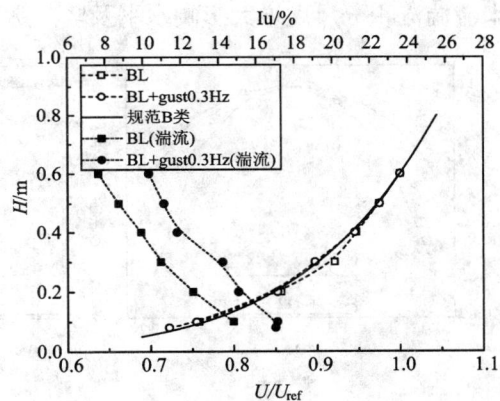

图 2　平均风速及湍流剖面图

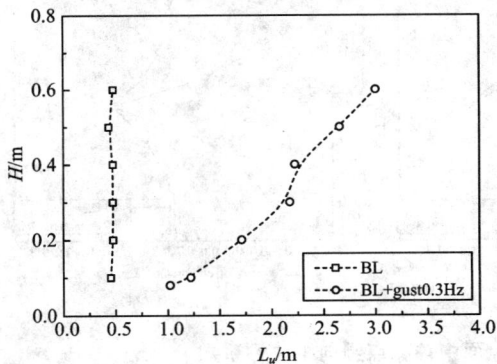

图 3　湍流积分尺度剖面

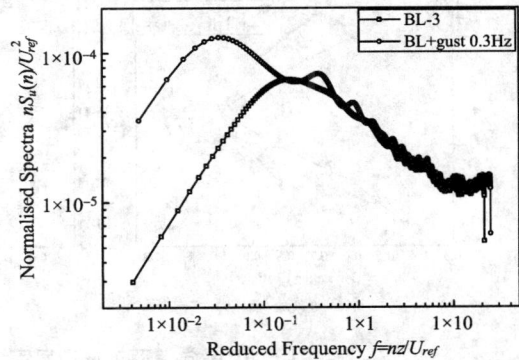

图 4　顺风向脉动风速功率谱

* 基金项目：国家自然科学基金项目（51878198）

3　数据分析

如图 5 以 0°风向角下 F 层为例分析来流湍流积分尺度对风压系数的影响。可知来流湍流积分尺度增大对平均风压系数影响很小。脉动风压系数受积分尺度影响较大整体增加 0.1 左右。迎风面峰值负压受积分尺度影响较小侧面和背风面则随积分尺度增大峰值负压绝对值均有增大。

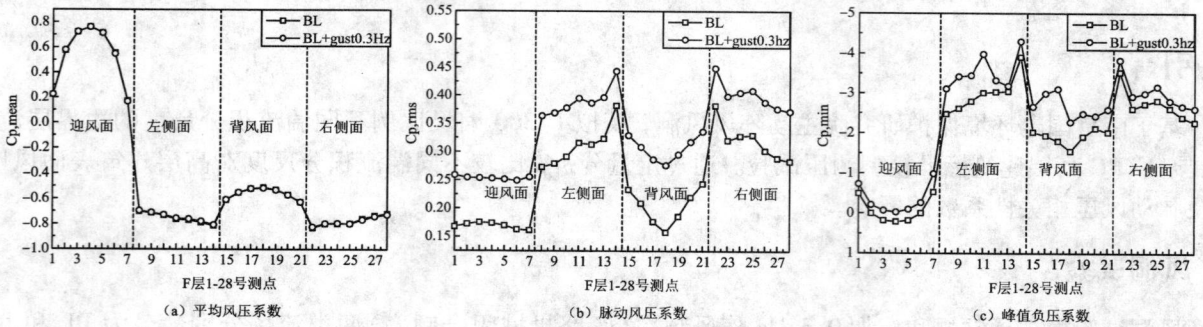

(a) 平均风压系数　　　　(b) 脉动风压系数　　　　(c) 峰值负压系数

图 5　0°风向角两工况 F 层 1－28 号测点风压系数

在 0°风向角下以 F 层各面中间测点为参考点分别计算各面测点水平和竖向间脉动风压相关性，如图 6、图 7 所示。两工况下 F 层水平迎风面和背风面测点风压相关系数基本以参考点对称分布相关性随距离增大而减小，侧面由于来流分离影响参考点上风处相关性良好在 0.8 以上参考点下风处旋涡脱落强度变大脉动增强使得相关性系数随距离增大出现骤降。各面风压竖向相关性趋势类似都随距离增大相关性减小。同时受来流湍流积分尺度增大影响水平及竖向脉动风压相关性均增大。

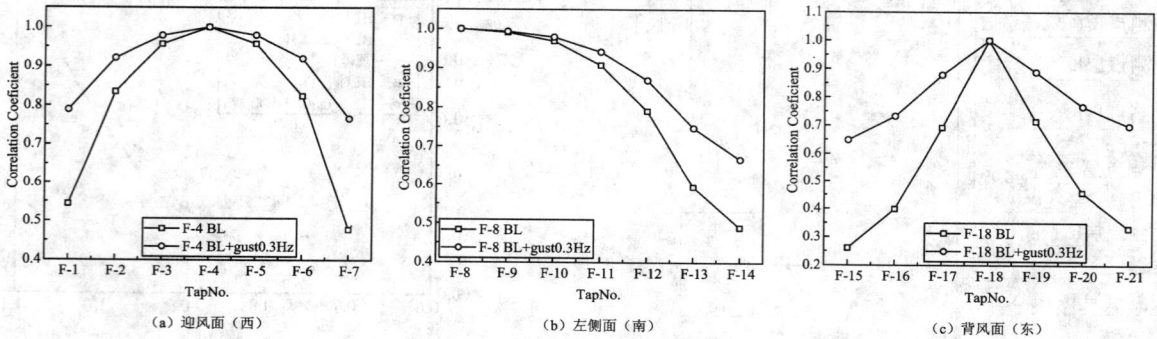

(a) 迎风面（西）　　　　(b) 左侧面（南）　　　　(c) 背风面（东）

图 6　0°风向角两工况 F 层迎风面、左侧面和背风面测点水平相关性系数

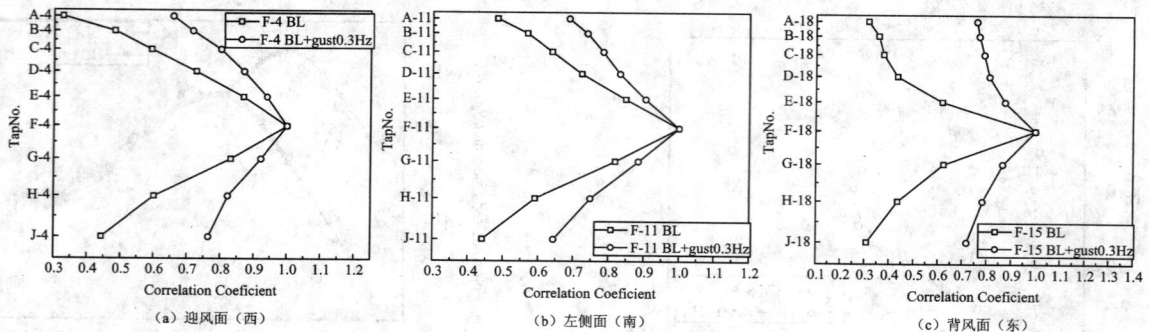

(a) 迎风面（西）　　　　(b) 左侧面（南）　　　　(c) 背风面（东）

图 7　0°风向角两工况迎风面、左侧面和背风面中轴测点竖向相关性系数

4　结论

高层建筑表面各面脉动风压系数和峰值负压系数绝对值随来流湍流积分尺度的增大而增大，而平均风压系数受湍流积分尺度的影响甚微。同时同一高度水平方向各测点表面脉动风压及沿高度方向竖向测点间脉动风压的相关性的随来流湍流积分尺度增大而增强。

风振时域计算中背景和共振分量分离方法*

杨军辉，张军锋，陈淮

（郑州大学土木工程学院 郑州 450001）

1 引言

在风振结构分析中，背景和共振分量的概念往往源于频域计算[1~2]，但实际结构的时域计算较频域计算更为直接便捷，且共振分量频域计算仅对单自由度结构有明确的计算表达式。本文以单自由度弹簧振子和多自由度高耸避雷针结构为例给出了背景和共振分量在时域内的定义及实用计算方法，并与频域方法所得结果进行了对比，验证了方法的正确性。

2 计算原理及结果分析

2.1 频域和时域计算

单自由度结构在随机荷载作用下的动力平衡方程为式（1），根据 Davenport 方法，频域内位移 y 的总脉动响应 σ_T、背景分量 σ_B 和共振分量 σ_R 计算分别如式（2）~式（4）。

$$m\ddot{y}(t) + c\dot{y}(t) + ky(t) = p(t) \tag{1}$$

$$\sigma_T^2 = \int_0^\infty S(f) \mid H(f) \mid 2\mathrm{d}f \tag{2}$$

$$\sigma_B^2 = \frac{1}{k^2}\int_0^\infty S(f)\,\mathrm{d}f \tag{3}$$

$$\sigma_R^2 = S(f_0)\int_0^\infty \mid H(f) \mid^2 \mathrm{d}f = \frac{1}{k^2}\frac{\pi f_0 S(f_0)}{4\zeta} \tag{4}$$

$$\sigma_{BR} = \sigma_T^2 - \sigma_B^2 - \sigma_R^2 \tag{5}$$

其中：m、c、k 为系统的质量、阻尼和刚度；$p(t)$ 和 $y(t)$ 为荷载和位移时程；$S(f)$ 为荷载 $p(t)$ 的单边功率谱；f_0 和 ζ 为系统的基频（Hz）和阻尼比；$\mid H(f) \mid^2$ 为复频响应函数模的平方。

在时域计算中，对式（1）如忽略惯性效应则退化为式（6），显然后者的响应完全由荷载自身的脉动性决定。对式（1）和式（6）分别进行动力和拟静力求解则可得精确意义的动力响应时程 $y_T(t)$ 和背景响应时程 $y_B(t)$，两者相减则可得精确意义的共振响应 $y_R(t)$。

$$k\,y_B(t) = p(t) \tag{6}$$

$$y_R(t) = y_T(t) - y_B(t) \tag{7}$$

显然，σ_T、σ_B 和 σ_R 分别与 $y_T(t)$、$y_B(t)$ 和 $y_R(t)$ 对应，并且耦合分量 σ_{BR} 同样可由式（5）计算。结构的共振分量 σ_R 在频域内仅能对单自由度结构给出表达式而无法对多自由度结构给出计算方法，但各分量在时域中的提取方法可以针对任意的多自由结构。

为验证时域方法所得背景和共振分量的准确性，以单自由度的弹簧振子和多自由度的避雷针高耸结构的风振响应进行说明。两种结构的脉动风时程采用谐波叠加法模拟。当然，尽管式（6）和式（7）对 σ_B 和 σ_R 的定义是精确的，但受脉动风数值模拟和时程数值计算过程中误差的影响，时域结果本身仍会存在一定误差。

2.2 弹簧振子

以一系列不同频率的单自由度弹簧振子模型为例进行说明，频率 f_S 在 $0.25 \sim 6.0$ Hz 之间变化。由图 1 可知，时域和频域所得 σ_B 几乎完全一致。除个别频率外，时域所得 σ_T 和 σ_R 各自偏差分别在 2% 和 5% 以

* 基金项目：国家自然科学基金（51508523）

内，偏差偏大则是由于部分频率点处风荷载模拟误差较大。由此可知，对于单自由度结构，时域方法同样可以得 σ_B、σ_R 和 σ_{BR}，且与频域所得结果几乎一致。

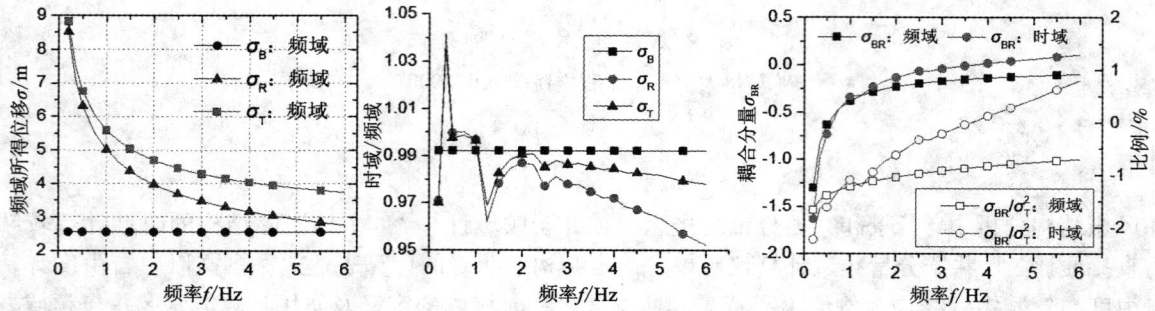

图1　时域和频域各分量计算结果对比

2.3　高耸结构

某 750 kV 变电站避雷针塔身高 58 m，其前 5 阶频率 $f_1 \sim f_5$ 分别为 0.751 Hz、2.09 Hz、4.31 Hz、7.46 Hz 和 11.66 Hz。计算可知，时频域所得位移的 σ_T 和 σ_B 一致性良好，偏差分别在 2.5% 和 3.5% 以内；由于无法通过频域得到准确的 σ_R，因此只比较了 σ_T 和 σ_B，两者的一致性也说明所提出的在时域中提取背景和共振分量的方法是准确的。

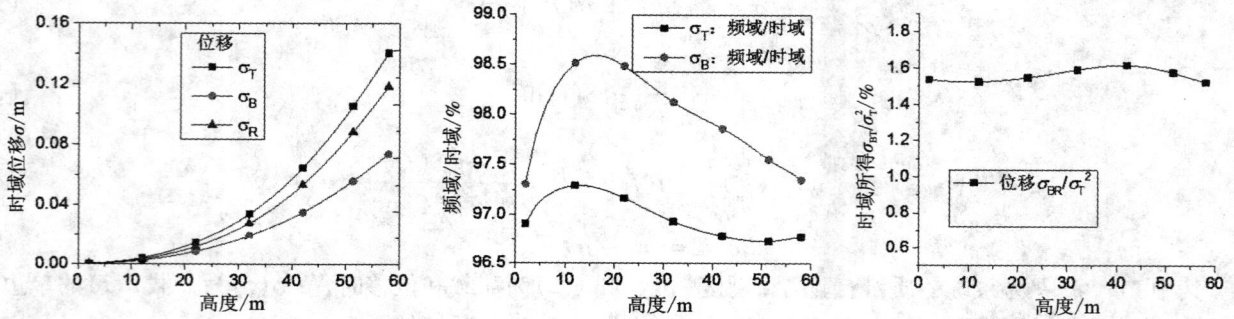

图2　避雷针结构时域和频域所得结果

3　结论

在时域中，对动力方程求解可得总脉动响应时程 $y_T(t)$，忽略惯性效应进行拟静力求解可得背景响应时程 $y_B(t)$，两者相减即可得共振响应时程 $y_R(t)$。三者分别与频域中的 σ_T、σ_B 和 σ_R 对应。

参考文献

[1] Davenport A G. Gust loading factors[J]. Journal of the Structural Division, 1967, 93(3): 11 – 34.

[2] Simiu E, Scanlan R H. Wind Effects on Structures: Fundamentals and Applications to Design, 3ed Edition[M]. New York: John Wiley & Sons Ltd, 1996: 212 – 215.

自由端狭缝吸气控制三维方柱绕流[*]

曾令伟[1]，王汉封[1, 2]，彭思[1]

(1.中南大学土木工程学院 长沙 410075；2.高速铁路建造技术国家工程实验室(中南大学) 长沙 410075)

2 引言

随着高层建筑高度不断增加以及轻质材料的广泛应用，其刚度与阻尼比将降低，从而导致建筑物对风荷载的敏感性不断增强[1]。工程中采用了多种措施改善这一现象，比如建筑物外形的变化、倒角、圆角、增加建筑物侧面螺旋线、沿高度方向改变建筑物横截面积等[2-3]。高层建筑物风荷载、涡激振动和控制常见的措施有被动控制和主动控制措施[2-3, 4]。对于有限长钝体，其尾流中自由端剪切流与沿高度方向的剪切流是相互连接并构成一个相关体系，因此有可能通过控制自由端剪切流控制整个结构的气动力与涡激振动。文献[5]表明通过顶部吸气可以成功抑制高宽比为5的高层建筑物模型气动力，但是控制的机理不清楚。因此本文通过数值模拟，在高宽比 $H/d = 5$ 的高层建筑模型顶部正方形截面上开设吸气孔，施加定常吸气控制(吸气强度 $Q = (= U/U_\infty)0$，1 和 3)，尝试给出不同吸气系数下流场的详细结构，通过气动力分析、流场分析、Q 准则分析来揭示顶部吸气这一新型控制方法的作用机理。

2 研究方法

本文采用的数值模拟控制方程是大涡模拟(Lager eddy simulation，LES)，它是一个以空间特征尺度(Δ)过滤后的不可压 N - S 方程和连续性方程，如式(1)、(2)所示

$$\frac{\partial \overline{u_i}}{\partial t} + \frac{\partial (\overline{u_i u_j})}{\partial x_j} = -\frac{1}{\rho}\frac{\partial \overline{p}}{\partial x_i} + v\frac{\partial^2 \overline{u_i}}{\partial x_j \partial x_j} - \frac{\partial \tau_{ij}}{\partial x_j} \tag{1}$$

$$\frac{\partial \overline{u_i}}{\partial x_i} = 0 \tag{2}$$

$\overline{u_i}$ 为过滤特征尺度之后三个方向的速度 i、$j = 1$，2，3；X_i 为三个方向的坐标；$\overline{p}$ 为过滤特征尺度之后的压力；ρ 为流体的密度，v 为气体的运动黏性系数；τ_{ij} 为亚网格尺度的剪切应力；t 为时间。

3 内容

由图 1 可知，$Q = 0$ 时，模型的顶部和模型自由端下游形成 2 个涡旋，吸气强度 $Q = 1$ 时模型顶部出现驻点和再附分离现象，再附现象并非集中在顶部 $y = 0$ 平面，而是在两侧对称出现，$Q = 3$ 时模型表明的流动分离被完全抑制，流动紧贴着表面向下游发展，在模型下游区出现流动分离现象。图 2 可知此 $Q = 0$ 和 3 时，尾涡出现连续对称分布的结构，而 $Q = 1$ 时，尾涡结构却破碎不连续，且发展程度不如 $Q = 0$ 和 3；在 $Q = 1$ 时模型顶部等值面分布不会出现 $Q = 0$ 下连续下扫现象，而是出现多条间断向下扫掠现象，$Q = 3$ 时，由于顶面流动分离被抑制，模型顶部等值面出现的空缺现象。

4 结论

(1)$Q = 1$ 时对模型整体的气动力控制效果最佳，相对于 $Q = 0$ 工况，时均阻力、脉动阻力和脉动升力分别减少了 3.75%、19.08% 和 40.91%。

(2)狭缝吸气对模型气动力的影响，其机理一方面是由于吸气作用下改变了分离流特性，$Q = 1$ 时模型顶部流动分离被显著抑制，出现分离再附现象，而 $Q = 3$ 时流动分离被完全抑制；另一方面在于对尾流的影响，从时均尾流结构 Q 准则分析中可以看出，$Q = 0$ 下 Q_c 等值面是连续结构，$Q = 1$ 连续性和完整性被破坏，$Q = 3$ 时再次恢复完整性。

* 基金项目：国家自然科学基金项目(11472312)

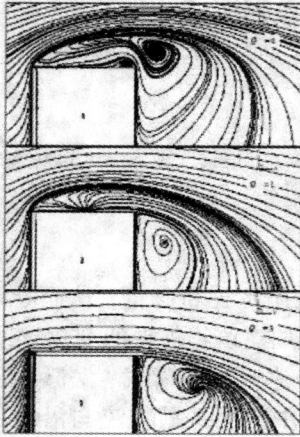

图1　y=0 平面不同吸气强度下模型的时均流线图

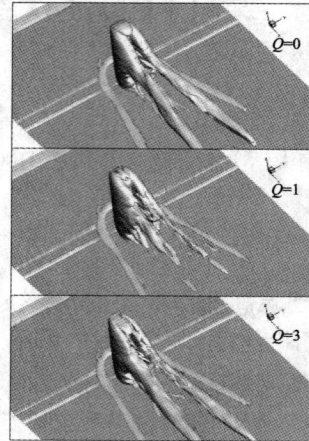

图2　Q=0，1和3的尾流Q准则分析

参考文献

[1] Zhang H, Xin D, Ou J. Steady suction for controlling across-wind loading of high-rise buildings[J]. Structural Design of Tall & Special Buildings, 2016, 25(15): 785 – 800.

[2] KIM Y C, BANDI E K, YOSHIDA A, et al. Response characteristics of super-tall buildings Effects of number of sides and helical angel[J]. Journal of Wind Engineering and Industrial Aerodynamics, 2015, 145: 252 – 262.

[3] TANAKA H, TAMURA Y, OHTAKE K, et al. Experimental investigation of aerodynamic forces and wind pressure acting on tall buildings with various unconventional configurations[J]. Journal of wind Engineering and Industrial Aerodynamics, 2012, 107/108: 179 – 191.

[4] 郑朝荣, 张继同, 张智栋. 凹角与吸气控制下高层建筑平均风荷载特性试验研究[J]. 建筑构学报, 2016(10): 125 – 131.

[5] Hanfeng Wang, Si Peng, Ying Li, et al. Control of the aerodynamic forces of a finite-length square cylinder with steady slot suction at its free end[J]. Journal of Wind Engineering & Industrial Aerodynamics 179 (2018) 438 – 448.

开洞高层建筑风力特性风洞试验研究[*]

张明月[1,2]，李永贵[1,2]，刘思嘉[1,2]

（1. 结构抗风与振动控制湖南省重点实验室 湘潭 411201；2. 湖南科技大学土木工程学院 湘潭 411201）

1 引言

在高层建筑立面开洞会改变建筑立面的风压分布规律，建筑周围的风环境也会变得复杂。李秋胜[1]等以烟草大厦为背景，对在洞口中设置风机对高层建筑结构风荷载的影响及开洞高层建筑的风能利用效能进行了系统地研究；陈伏彬[2]等指出开洞可以降低结构风荷载，且上部开洞的减荷效果优于下部开洞；Irwin[3]等指出：水平双向开洞能够显著减小建筑顺风向与横风向的风荷载与风致响应。本文研究了开洞率、厚宽比及洞口中心高度等因素对开洞高层建筑风力特性的影响规律，试验结果为此类高层建筑结构抗风设计提供参考。

2 试验概况

风洞试验在湖南科技大学风工程试验研究中心大气边界层风洞中进行。试验模型缩尺比为 1∶200，采用 5 mm 厚 ABS 板制作，测点与扫描阀之间采用长 400 mm、直径 1 mm 的 PVC 管连接。模型详细信息见表1，H、B、D、R、z/H 分别为模型的高度、宽度、厚度、开洞率和洞口中心高度。当厚宽比为 0.67 时，改变了开洞率和洞口中心高度比；开洞率为 4% 时，改变了厚宽比和洞口中心高度，所有模型均在 C 类地貌中完成风洞试验。

表1 试验模型参数

开洞方式	开洞率	厚宽比	洞口中心高度比
单向开洞	全封闭、2%、4%、6%、8%、10%	0.67	2/6H、3/6H、4/6H、5/6H
	全封闭、4%	0.5、1、1.5、2	
双向开洞	4%	1	

3 试验结果分析

3.1 层风力系数

在 C 类地貌中对开洞高层建筑进行风洞试验，研究洞口中心位置、开洞率、厚宽比及开洞方式对开洞高层建筑层风力特性的影响规律，各工况下模型的层平均阻力系数沿高度方向的分布如图1所示。

3.2 基底弯矩系数

图2分别描述了开洞率、厚宽比、洞口中心高度和开洞方式对顺风向平均基底弯矩系数的影响公式（1）、（2）对这种规律进行拟合，拟合效果如图2所示。

$$C_{MD} = \left(25.4 \times \frac{z}{H} - 8.9 \right) \times R^2 + \left(-4.02 \times \frac{z}{H} + 0.9 \right) \times R + 0.6373 \quad (1)$$

$$C_{M_D} = 0.172 \times \left(\frac{D}{B} \right)^3 - 0.636 \times \left(\frac{D}{B} \right)^2 + \left(0.04 \times \frac{z}{H} + 0.56 \right) \times \frac{D}{B} + \left(-0.126 \times \frac{z}{H} + 0.503 \right) \quad (2)$$

式中，C_{M_D} 为顺风向平均基底弯矩系数；R 为开洞率；$\frac{z}{H}$ 为洞口中心高度与模型高度之比；$\frac{D}{B}$ 为厚宽比。

* 基金项目：国家自然科学基金项目（51878271、51508183、51708207）；湖南省教育厅开放基金项目（15K044）

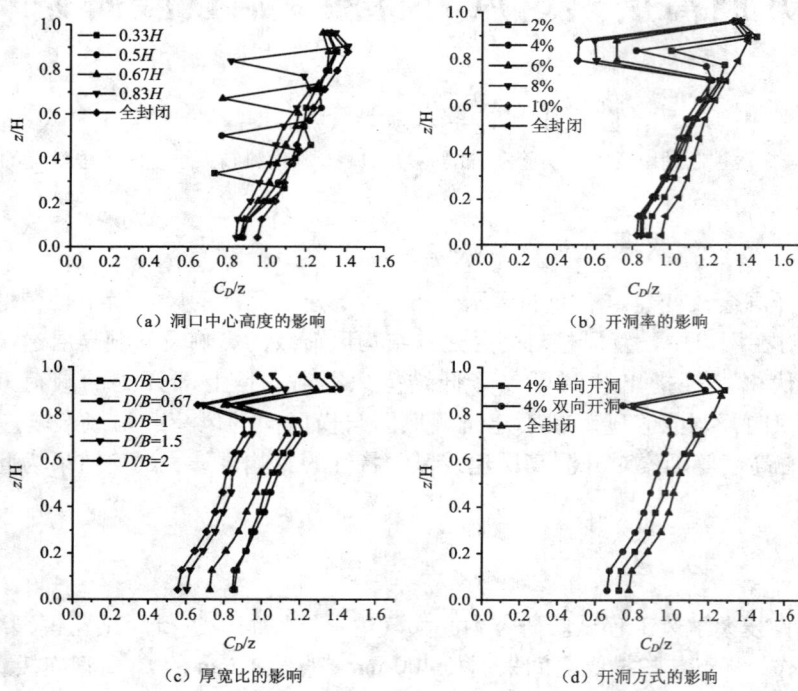

（a）洞口中心高度的影响

（b）开洞率的影响

（c）厚宽比的影响

（d）开洞方式的影响

图1 层平均阻力系数

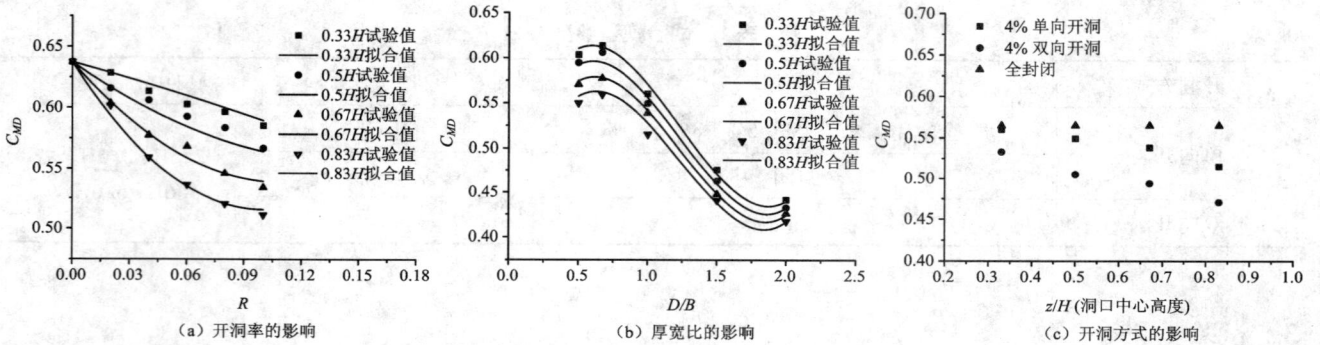

（a）开洞率的影响

（b）厚宽比的影响

（c）开洞方式的影响

图2 顺风向平均基底弯矩系数

4 结论

（1）开洞能有效减小顺风向平均风力，开洞率越大、洞口中心高度越高，减小效果越明显，双向开洞减小顺风向风力的效果更为明显；随着厚宽比增加，顺风向平均风力和顺风向脉动风力均先增大后减小，厚宽比为0.67时最大；

（2）拟合出基底力矩系数随开洞率、厚宽比及洞口中心高度等因素变化的计算公式，拟合效果较好。

参考文献

［1］Li Q S, Chen F B, Li Y G, et al. Implementing wind turbines in a tall building for power generation：A study of wind loads and wind speedamplifications［J］. Journal of Wind Engineering & Industrial Aerodynamics，2013，116(116)：70 – 82.

［2］陈伏彬，李秋胜. 大开洞对高层建筑风效应的影响研究［J］. 湖南大学学报(自科版)，2015(3)：84 – 88.

［3］Irwin P A. Wind engineering challenges of the new generation of super-tallbuildings［J］. Journal of Wind Engineering & Industrial Aerodynamics，2009，97(7)：328 – 334.

方形高层建筑风压相关性研究[*]

周佳豪[1]，马文勇[2]，侯莉倩[3]

（1. 石家庄铁道大学土木工程学院 石家庄 050043；2. 石家庄铁道大学风工程研究中心 石家庄 050043；3. 河北铁建勘测设计有限公司 石家庄 050043）

1 引言

　　高层建筑在实际中的使用越来越广泛，风荷载是高层建筑中所受的重要控制荷载之一。研究高层建筑的风荷载特性不仅可以为建筑结构抗风的设计提供依据，而且也能够为建筑周围风环境和风能利用提供理论支持。对于典型的方形或者矩形断面结构，在以往的研究当中对结构的风压系数研究较多，而对三维等效静力风荷载研究，气动措施研究，以及干扰效应研究等方面较少。如梁枢果，邹良浩等[1]通过对对称截面高层建筑的三维等效静力风荷载研究，得出对于高层建筑的等效静风荷载，二阶振型的贡献是不可忽视的。顾明等[2]对方形建筑的风荷载幅值做了分析，发现方形建筑高宽比的增大导致会升力系数的根方差明显增大。

2 试验概况

2.1 模型简介

　　试验模型采用典型的方形断面结构，高宽比为 1:6，图 1 为试验模型以及坐标定义的示意图。其中 B =10 cm，H=60 cm，模型的坐标原点位于底部中心，符合右手定则坐标定义，来流方形与 x 轴正向平行。

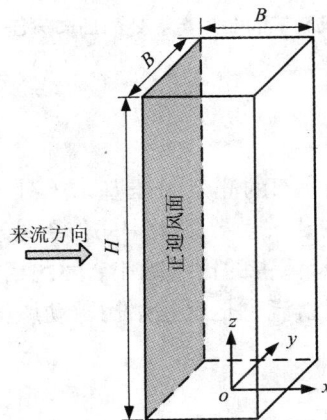

图1　模型坐标示意图

　　本次试验采用刚性模型测压试验，在石家庄铁道大学风工程研究中心的大气边界层风洞低速试验段内进行。试验在 3 种风场下进行，分别为均匀流场（J）以及两个边界层风场（A，B）。模型材料采用有机玻璃制作，在模型四周的每个面上分别布置 11 排测压点，每排 20 个测点，高度分别为 10 cm、20 cm、30 cm、35 cm、40 cm、45 cm、50 cm、54 cm、56 cm、58 cm、59.5 cm。

2.2 试验参数定义

　　采用量纲的风压系数描述结构表面风荷载分布，风压系数定义如下：

$$c_{pi}(t) = \frac{p_i(t) - P_0}{P_r} = \frac{p_i(t) - P_0}{0.5\rho U_r^2} \tag{1}$$

＊ 基金项目：河北省自然科学基金项目（E201721010）；河北省教育厅重点项目（ZD2018063）

其中 $c_{pi}(t)$ 为风压系数，$p_i(t)$ 为测点 i 处的风压，P_0 为静压平均值，P_r 为参考点动压平均值，本文取模型顶部高度处来流动压，ρ 为空气密度，U_r 为参考点高度处来流的风速平均值。

3　试验数据分析

通过测压试验，得出风压系数。图 2 为不同风场下结构顶部处的测点风压沿周向相关系数。图 3 为 2/3 高度处的测点风压沿周向相关系数。

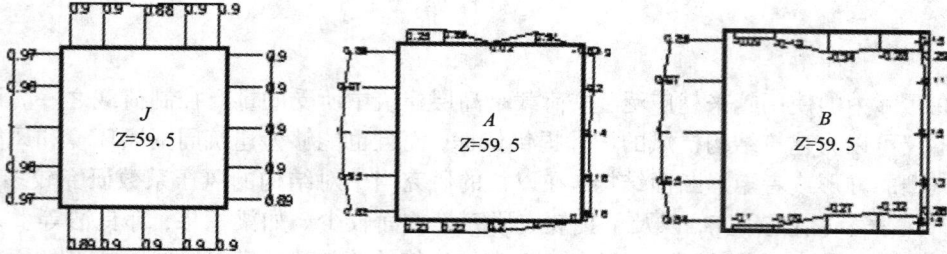

图 2　不同风场下的顶部周向风压系数相关性

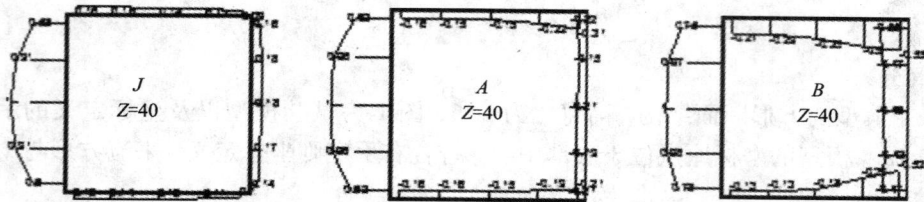

图 3　不同风场下的 2/3 高度处的周向风压系数相关性

4　结论

（1）方形建筑在均匀流场下，其结构顶部的测点风压基本上处于三维流体分离当中，沿周向分布的风压相关性很强，在同种风场下结构顶部的相关性要强于中间位置处。

（2）在紊流条件（A、B 风场）下特征紊流占的比重减小，因此相关性减弱。结构在中间位置，其来流的紊流越大，周向测点的相关性越强，来流紊流也是引起结构脉动风荷载的主要原因。

参考文献

［1］邹良浩，梁枢果，汪大海，等. 基于风洞试验的对称截面高层建筑三维等效静力风荷载研究［J］. 建筑结构学报，2012，33（11）：27－35.

［2］顾明，叶丰，张建国. 典型超高层建筑风荷载幅值特性研究［J］. 建筑结构学报，2006，27（1）：24－29.

考虑钢筋混凝土材料非线性的冷却塔极限风荷载分析[*]

朱冰，张军锋

（郑州大学土木工程学院 郑州 450001）

1 引言

冷却塔所受荷载种类较少，运营阶段仅有自重、温度荷载、风荷载和地震荷载，其中风荷载是其传统的设计控制荷载，而国内对冷却塔触及考虑材料非线性的极限承载能力的研究案例仍寥寥无几。为此，本文以一座大型冷却塔为例，采用分层壳单元[1][2]建立考虑混凝土和钢筋材料非线性的有限元模型，详细分析双曲冷却塔的破坏过程并明确其极限风荷载。

2 有限元建模及结果

本研究考虑两种荷载组合作用：自重和风荷载组合作用及自重、冬温荷载和风荷载组合作用。采用 ABAQUS 建模计算，塔筒选用壳单元 S4R 模拟，下支柱和顶端檐口采用三维线性梁单元 B31 模拟[3][4]（图 1）。塔筒沿子午向根据施工模板划分为 130 个单元；为便于下支柱与塔筒的连接，环向划分 $48 \times 9 = 432$ 个单元；下支柱下端固定，下支柱上端与附近塔筒节点建立刚性梁连接。顶端檐口与塔筒附近节点建立 Tie 约束。塔筒壳单元局部坐标系：单元 X 方向为塔筒子午向，单元 Y 方向为塔筒环向。环向角度 θ 以迎风点为 $\theta = 0°$，逆时针转动为正值；并且环向 $\theta = 90°$ 与 $\theta = -270°$ 表示同一个位置。以 h_S/H_S 表示塔筒相对高度，环向角度 θ 以迎风点为 $\theta = 0°$，逆时针转动为正值。

将塔筒分层壳划分为 8 层混凝土，各层混凝土均为平面应力层，保护层厚度设为 30 mm，核心混凝土厚度按 $1:1.5:2:2:1.5:1$ 分配。塔筒内外侧子午向和环向钢筋（共 4 层钢筋网）模拟为 4 层单向受力钢板层，通过 * rebar layer 实现。

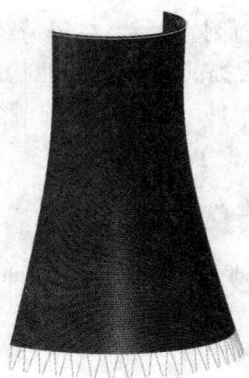

图 1 半结构有限元模型

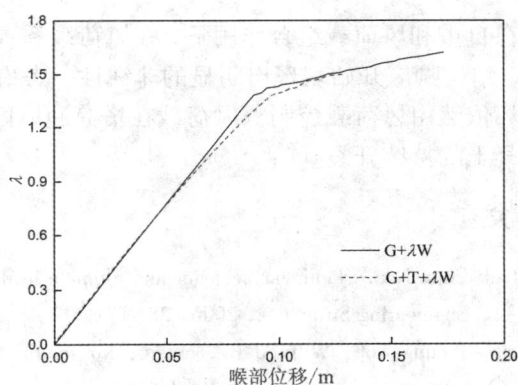

图 2 喉部荷载位移曲线

图 2 给出了喉部荷载位移曲线。由图可知，对于自重和风荷载组合作用，在 λ 达到 1.38 之前，结构响应保持为线弹性，之后随着风荷载的增加，结构开始产生明显的非线性。而考虑冬温荷载后，当 λ 达到 0.9 时结构响应即开始表现出非线性，且结构的承载力偏小，由前文分析可知，冬温荷载在结构上产生的双向弯矩加剧了结构在迎风区子午向和侧风区环向弯曲损伤。而随着风荷载继续增加，两种荷载组合作用下的荷载位移曲线近乎重合，表明温度荷载对结构的影响逐渐削弱，结构的最终破坏依然由风荷载控制。最终，由于塔筒上产生的裂缝过多而导致计算停止，在自重和风荷载组合作用下的极限风荷载系数为 1.62，考虑

* 基金项目：国家自然科学基金（51508523）

冬温荷载后的极限风荷载系数为 1.50。

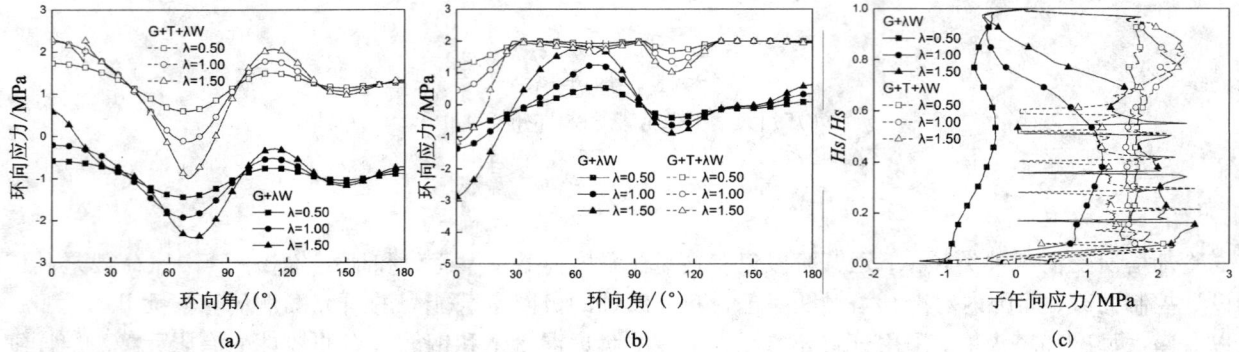

图3　应力分布

图3给出了两种荷载组合作用下的应力分布，可知两种荷载组合作用下的应力分布规律基本一致。由图3(a)(b)知：在自重和风荷载组合作用下，塔筒外侧主要表现出 $\theta=0°$ 度区域子午向受拉和 $\theta=70°$ 区域环向受拉；考虑冬温作用后，由于冬温产生了较大的双向弯矩，因此在 λ 较小时结构外侧即作用有较大的拉应力并表现出拉应力整体增大，在 $\theta=70°$ 区域环向拉应力先达到破坏强度并产生裂缝，然后开裂区域增加而开裂后应力一直维持较高水平，表明该区域开裂后产生较多的小裂缝，裂缝宽度增长十分缓慢。由图3(c)知：在自重和风荷载组合作用下，塔筒外侧、$\theta=0°$ 子午线上主要表现出子午向受拉，当 $\lambda=1.50$ 时，0度子午线上中间和下部区域塔筒外侧混凝土应力衰退至0，由于 $\theta=0°$ 区域塔筒在风荷载作用下主要表现为子午向受拉，因此混凝土开裂后将产生贯穿塔筒厚度的裂缝；考虑冬温作用后，0°子午线上混凝土在风荷载加载初期即处于受拉状态，且拉应力值较大，使得该区域混凝土对风荷载极为敏感，因此混凝土应力衰退较早，裂缝提前产生且裂缝带增多。最终塔筒的破坏始于 $\theta=0°$ 区域混凝土的持续开裂。

3　结论

在自重和风荷载组合作用下，在风荷载系数为 1.38 之前结构响应保持线性，在风荷载系数达到 1.38 之后，结构响应开始表现出明显的非线性。考虑温度荷载后，冷却塔会提前进入非线性状态，但结构的最终破坏依然由风荷载控制。风荷载在塔筒迎风区产生了巨大的子午向拉伸效应，结构的最终破坏始于迎风区混凝土的持续开裂。

参考文献

[1] Hyuk Chun Noh. Nonlinear behavior and ultimate load bearing capacity of reinforced concrete natural draught cooling tower shell [J]. Engineering Structures, 2006, 28(3): 399 – 410.

[2] Sam – Young Noh, Wilfried B. Kratzig, Konstantin Meskouris. Numerical simulation of serviceability, damage evolution and failure of reinforced concrete shells[J]. Computers and Structures, 2003, 81(8): 843 – 857.

[3] 刘家宝. 混凝土薄壳结构非线性稳定性分析[D]. 北京: 中国建筑科学研究院, 2017.

[4] 周长东, 王朋国, 田苗旺, 等. 多维地震下钢筋混凝土双曲线冷却塔结构易损性分析[J]. 振动与冲击, 2017, 36(23): 106 – 113, 151.

四、大跨空间结构抗风

考虑缩尺比和湍流度影响的大跨度屋盖风压特性试验研究[*]

冯帅，宣颖，谢壮宁

（华南理工大学亚热带建筑科学国家重点实验室 广州 510641）

1 引言

低矮或大跨空间结构由于其本身的形态特点，大多处于大气边界层的底部，使得结构周围的来流分离、绕流运动复杂，易在屋面的转角，屋檐和屋脊等部位发生破坏。近些年来，国内外学者对低矮房屋风荷载特性展开了大量研究，其中 Alrawashdeh 和 Stathpoulos[1] 通过风洞试验研究了不同跨度和高度的平屋面风压分布特征并和相关规范做了比较；Akon 和 Kopp[2] 研究了入口边界层湍流强度和长度尺度对低层建筑屋顶平均附着长度和表面平均压力分布的影响。本文通过风洞试验模拟了 1:150、1:300、1:500 三种不同缩尺比的流场，研究了不同湍流度及不同缩尺比对大跨度结构屋面局部平均、脉动以及极值风压分布的影响。

2 试验概况

本试验在华南理工大学大气边界层风洞（SCUT－1）中进行。通过不同装置模拟得到相同地貌类别不同缩尺比的风洞试验流场，并调试出平均风剖面不变而湍流度沿高度分布可调的流场。各工况流场的地貌均按照 ESDU 方法中规定的开阔地貌取值，对应于我国《建筑结构荷载规范》中规定的 B 类地貌。风洞试验及流场特性如图 1、图 2 所示。

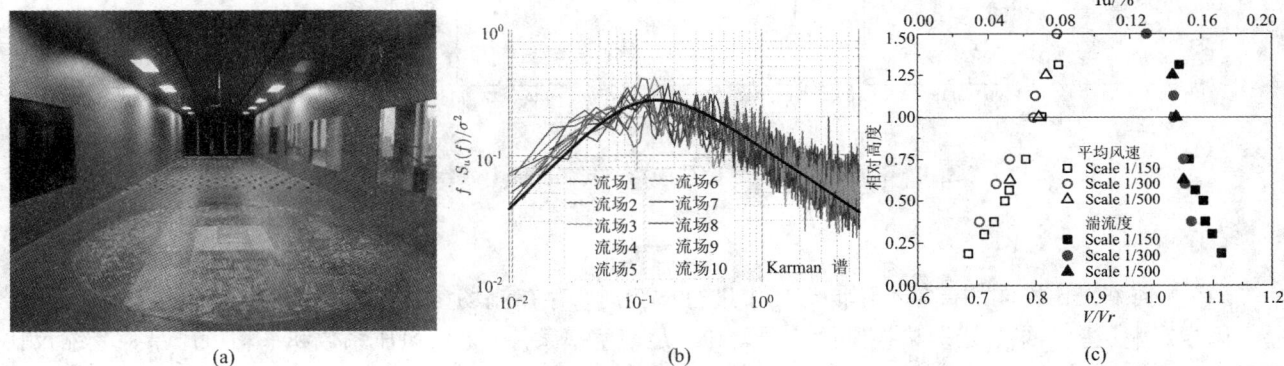

图 1 模型风洞试验、不同流场脉动风速功率谱和不同缩尺比流场

3 试验结果

图 3 表示 30°风向角下不同缩尺比模型角部区域极值风压系数等值线图。从图 3 可得，不同缩尺比模型角部的极值风压系数的等值线轮廓相似，位置基本相同。由于试验不同流场间存在模型误差和流场特性误差等因素，因此造成等值线数值略有不同。图 4 表示不同缩尺比模型在 0°风向角下 16 测点随湍流度变化的极值、平均和脉动风压系数。由图 12 可知，极值、脉动风压系数绝对值随湍流度的增大总体呈增大趋势；16 测点的平均风压系数变化范围分别为 1.07 ~ 1.38，说明湍流度对平均风压影响较小。

* 基金项目：国家自然科学基金项目（51778243）

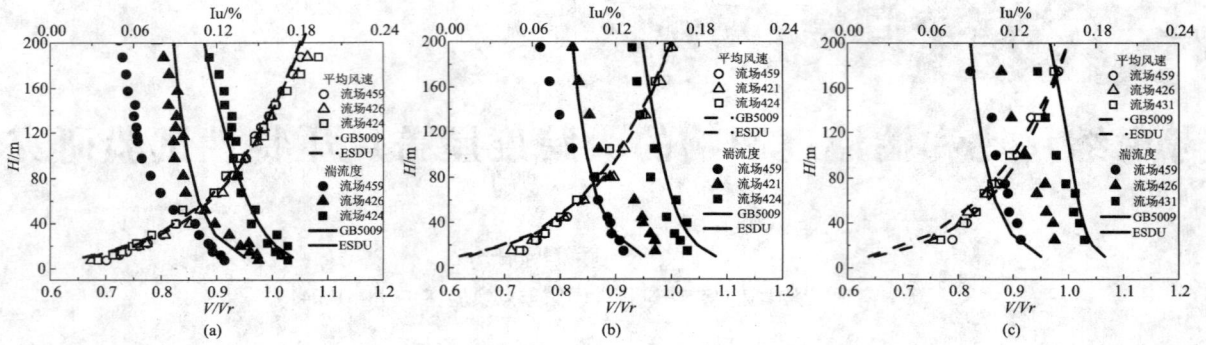

图2   缩尺比 1/150、1/300、1/500 不同湍流度流场的平均风速与湍流度剖面

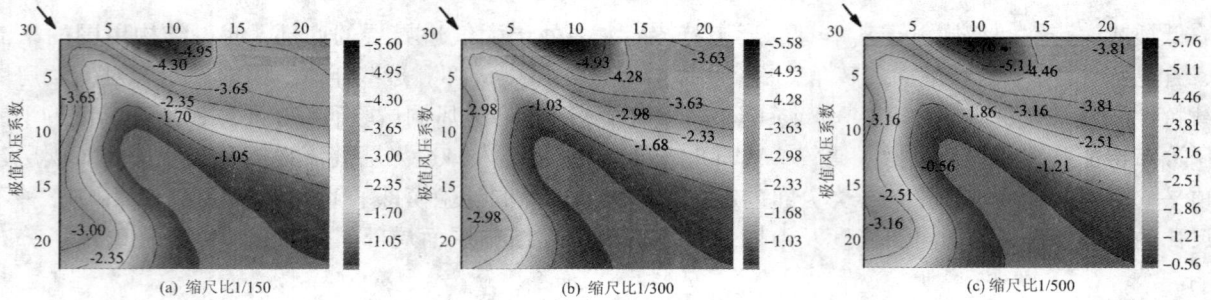

图3   30°风向角不同缩尺比模型角区极值风压系数等值线

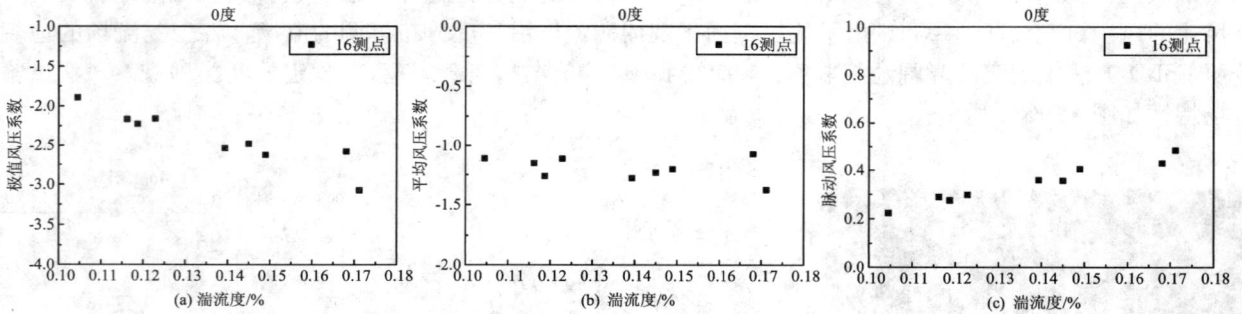

图4   不同缩尺比模型 0°风向角不同湍流度 16 测点风压系数

4   结论

（1）几何缩尺比不同的模型在不同流场中进行试验时，存在流场参数误差、模型尺寸误差和风向角误差等因素影响试验结果。当严格控制试验误差和满足堵塞率条件，极值风压系数和平均风压系数受缩尺比的影响较小。

（2）湍流度对大跨度平屋盖结构表面风压影响明显。随着湍流度的增大，极值风压系数绝对值和脉动风压系数呈现增大的变化趋势，平均风压系数的总体变化趋势受风向角的影响，当来流垂直于屋面边缘正面吹向屋盖时，平均风压系数总体变化较小；当来流呈一定角度斜风向吹向屋盖时，平均风压系数绝对值总体呈增大趋势。

参考文献

［1］ Alrawashdeh H, Stathopoulos T. Wind pressures on large roofs of low buildings and wind codes and standards［J］. Journal of Wind Engineering and Industrial Aerodynamics. 2015, 147：212 - 225.

［2］ Akon A F, Kopp G A. Mean pressure distributions and reattachment lengths for roof - separation bubbles on low - rise buildings ［J］. Journal of Wind Engineering and Industrial Aerodynamics. 2016, 155：115 - 125.

基于 POD 方法的大跨屋盖多目标等效静力风荷载计算

雷伟，王钦华

（汕头大学土木与环境工程系 汕头 515041）

1 引言

大跨屋盖结构的多目标等效静力风荷载问题实质上是选取多组荷载向量进行组合，将其作为静力荷载作用到结构，产生的响应与实际动力极值响应相等，而如何选取多组荷载向量则是关键。本文通过 POD 方法选取脉动风荷载主要本征模态[1]，并选取主导振动模态的模态惯性力[2]，以此构造等效静力风荷载的基本向量，并采用最小二乘法[3]计算组合系数，将组合后的等效静力作用到结构产生的响应与随机振动 CQC 方法计算的极值响应作比较，两者极值符合良好，验证了该方法的有效性。

2 多目标等效静力风荷载计算理论

2.1 多目标等效静力风荷载基本分量的选取

多目标等效静力风荷载的荷载向量选取如下

$$\{F_e\} = [c_1\{G\}_1 + c_2\{G\}_2 + \cdots + c_{n1}\{G\}_{n1}] + [c_{n1+1}\{F_r\}_1 + c_{n1+2}\{F_r\}_2 + \cdots + c_{n1+n2}\{F_r\}_2] = [F_0]\{C\} \quad (1)$$

其中$\{F_e\}$为脉动风荷载的本征模态$\{G\}$和模态惯性力$\{F_r\}$的组合向量，$\{C\}$为各分量的组合系数。

2.2 多目标等效静力风荷载的修正方法

目标响应极值与影响函数的关系可表示为

$$\{i_r\}_i^T\{F_e\} = \{i_r\}_i^T[F_0]\{C\} = \{\hat{R}\}_i \quad (2)$$

其中$\{i_r\}_i^T$为影响函数，$\{\hat{R}\}_i$为目标响应极值。由于主要本征模态向量和主导振动模态的模态惯性力向量数目小于等效目标数，因此采用最小二乘法求解上述方程。

3 算例分析

3.1 结构风洞试验概况及风振响应分析

风洞试验主要参数如下，采样频率 312.5 Hz，采样长度 10240，几何缩尺比 1:300，试验参考高度 0.6 m，参考风速 12 m/s，试验在 B 类风场中进行。在 0°风向角下分析试验数据，平均风压系数如图 1 所示，脉动风压系数如图 2 所示。

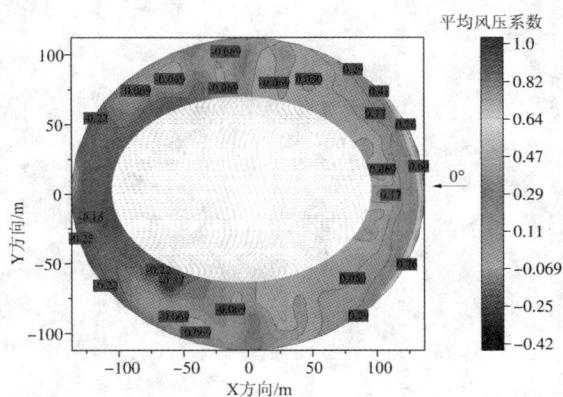

图 1 平均风压系数分布

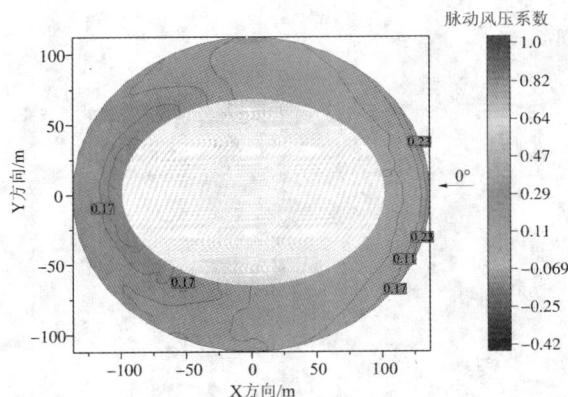

图 2 脉动风压系数分布

3.2 多目标等效静力风荷载结果分析

在 0°风向角下节点的竖向静力位移与极值位移对比如图 3，等效静力风荷载分布如图 4。

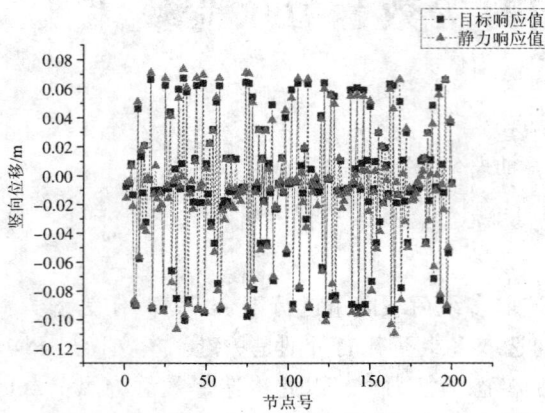

图3　典型节点等效静力竖向位移与目标竖向位移对比

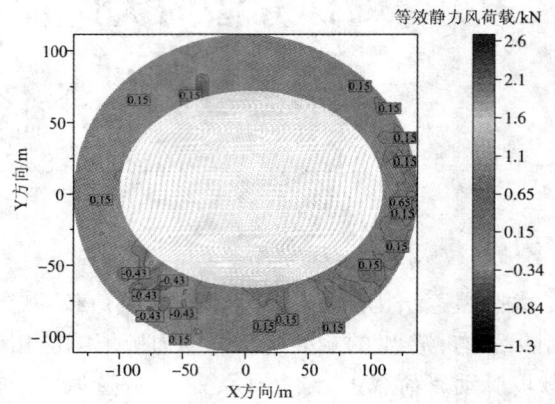

图4　竖向位移的多目标等效静力风荷载

4　结论

对大跨屋盖结构进行测压风洞试验，得出结构平均风压系数分布特性和脉动风压系数分布特性，采用时域法计算了结构的风振响应，并用 CQC 方法计算了位移响应方差。采用 POD 方法选取脉动风荷载的主要本征模态，并和主导振动模态的模态惯性力组合成多目标等效荷载向量，将静力荷载作用到结构的响应与目标响应比较，两者关键节点响应吻合且分布合理。

参考文献

[1] Sun WY, Gu M, Zhou XY. Universal Equivalent Static Wind Loads of Fluctuating Wind Loads on Large-Span Roofs Based on POD Compensation[J]. Advances in Structural Engineering, 2015, 18(9): 1443 – 1459.

[2] Chen B, Yang QS, Wu Y. Wind-Induced Response and Equivalent Static Wind Loads of Long Span Roofs[J]. Advances in Structural Engineering, 2012, 15(7): 1099 – 1114.

[3] A. Katsumura, Y. Tamura, O. Nakamura. Universal wind load distribution simultaneously reproducing largest load effects in all subject members on large-span cantilevered roof[J]. Journal of Wind Engineering and Industrial Aerodynamics, 2007, 95(9 – 11): 1145 – 1165.

非典型城市风环境下极复杂形体建筑的风压风场分析*

李煜，周岱，韩兆龙，汪汛

（上海交通大学船舶海洋与建筑工程学院 上海 200240）

1 引言

作为大跨空间结构的重要组成部分之一，极复杂形体建筑拥有造型美观，感性表达丰富等优点，越来越多地被应用[1]。其结构稳定的安全性会直接影响到使用者的人身、财产等安全问题。极复杂形体建筑结构的风荷载敏感性强，风荷载作为控制荷载之一，在结构设计中的重要性不言而喻。在非典型城市风环境下，极复杂形体建筑结构风效应和风场绕流更为复杂[2-5]，不同季节、不同天气下的风荷载会让其承受不同的风效应和风场绕流。因此，作为主要的荷载形式之一，风效应和风场绕流具有重要的研究意义[6]。本文囊括了国内外极复杂形体建筑的风压风场分析，进行数值模拟，目的是为其抗风设计优化提供建议。

2 研究方法

在风压分布与风场绕流的数值模拟中，运用计算流体动力学 CFD 方法，求解不可压缩黏性流体 Navier–Stokes 方程和连续方程，并引入雷诺平均法和 RNG $k-\varepsilon$ 湍流模型[2]，该模型考虑了均流中的旋转和旋流，且对湍流黏度进行修正，因此在处理应变率较高且流线曲率大的情形中，数值模拟结果更准确。

3 研究内容

3.1 重檐圆攒尖顶古建筑风效应数值模拟

选取祈年殿为典型的重檐圆攒尖顶研究对象，系统分析重檐圆攒尖这类高耸古建筑风荷载特性，能为此类古建筑的修缮与重建提供一些切实可行的工程性建议，具有实际工程意义。

 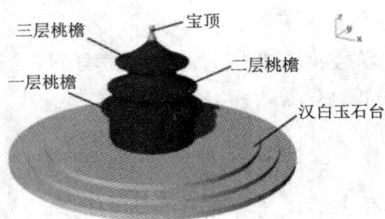 

图1 祈年殿　　　　　图2 建筑模型　　　　　图3 风场域网格划分

数值模拟方法合理性说明——网格有效性验证，由于摘要篇幅有限，故将这部分内容放在全文中一并提交。

3.2 悉尼歌剧院风场数值模拟

悉尼歌剧院作为澳大利亚的地标建筑闻名世界，被评为 20 世纪最具特色的建筑之一。

本章节从角度、距离等方面对复杂地形下的悉尼歌剧院进行风场研究，以期得到部分风场风压分布规律，为类似的实际工程提供合理建议。

* 基金项目：国家自然科学基金资助项目（11772193，51679139，51490674）；上海领军人才计划项目（编号：20）；上海市自然科学基金（18ZR1418000，17ZR1415100）资助；上海浦江人才计划项目（17PJ1404300）；上海交通大学新引进人员科研启动基金（WF220401005）；上海高校特聘教授（东方学者）岗位计划；上海市国际科技合作基金项目（18290710600）

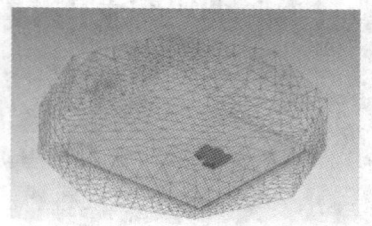

图 4　悉尼歌剧院　　　　　　　　　图 5　建筑模型　　　　　　　　图 6　风场域网格划分

悉尼歌剧院其实并非位于山地地形下，但该算例通过计算山地地形下极复杂形体建筑悉尼歌剧院的风压分布，主要目的是为已建或待建工程提供技术参考，更侧重于方法上的可行性与准确性。

4　结论

（1）本章以高耸结构的中国典型古建筑天坛为背景研究发现：随着重檐层数的增加，重檐圆攒尖顶古建筑的负风压系数绝对值变大，即负风压增强；对风场的影响也更复杂，一是出现更多的漩涡，二是受建筑周围到影响成为低速区的区域面积变大。随着重檐坡度增加，建筑结构整体所受竖向合力减小，整体面平均风压系数曲线不断向上移动，即所受的风压力增加，所受的风吸力减小。随着重檐间高度的增加，建筑表面平均风压系数先随着高度增加减小，重檐间高度达到 3.5 米时又增加，风场的分布也随着高度的增加更加复杂。

（2）通过悉尼歌剧院的风压风场研究发现：在山地旁边的建筑要考虑到由于山体表面对气流的回弹作用使得建筑背风面的风压系数有所提高，且在靠山侧容易形成涡旋。90°风向角下，所有叶片的上下表面压力差均为负值，此风向角下叶片上下表面的最大压力差为所有风向角下最大值，且屋顶叶片坡度越高，其接受正面来风时上下表面压力差越大。此角度下，建筑周围风场的涡旋是最为普遍的。从减少气流涡旋的角度考虑，建筑不宜在此来风方向下布置。

参考文献

[1] 李光耀，秦洁. 建筑布局对空间舒适性影响的数值模拟[J]. 同济大学学报(自然科学版)，2015，43(6)：853–858.

[2] 李正良，魏奇科，孙毅. 复杂山地风场幅值特性试验研究[J]. 工程力学，2012，29(3)：184–191.

[3] 李永乐，蔡宪棠，唐康，等. 深切峡谷桥址区风场空间分布特性的数值模拟研究[J]. 土木工程学报，2011，44(2)：116–122.

[4] 张宏杰，赵金飞，蔡达章，等. 垭口地貌要素对风速分布规律影响的风洞试验研究[J]. 实验流体力学，2014，28(4)：25–30.

[5] 姚剑锋，沈国辉，姚旦，等. 峡谷和垭口地形风场特征的 CFD 数值模拟[J]. 哈尔滨工业大学学报，2016，48(12)：165–171.

[6] 黄剑，顾明. 均匀流中矩形高层建筑脉动风压的阻塞效应试验研究[J]. 振动与冲击，2014，33(12)：28–41.

[7] 方平治，顾明，谈建国. 计算风工程中基于 $k-\varepsilon$ 系列湍流模型的数值风场[J]. 水动力学研究与进展，2010，26(6)：519–523.

大跨波浪形悬挑屋盖风压分布特性及风振响应分析[*]

刘彪[1]，谢壮宁[1]，黄用军[2]

（1. 华南理工大学亚热带建筑科学国家重点实验室 广州 510641；

2. 深圳市欧博工程设计顾问有限公司 深圳 518053）

1 引言

目前大跨屋盖结构的风振响应分析主要有时域法和频域法。谐波激励法（HEM）[1]解决了传统 CQC 方法内存占用大和计算效率低的问题；Ritz – POD 法[2-3]考虑了风荷载分布特性，仅用少量的基于荷载的 Ritz 模态便可达到较高的精度，但该方法对大型屋盖的风振计算仍存在内存占用大和计算效率低的问题。基于以上方法的思路，本文通过 Ritz – POD 法生成 Ritz 振型，再结合 HEM 实现风振响应的快速计算，将这种方法应用于深圳国际会展中心的风振分析并和 SAP2000 时程分析的结果进行比较，结果表明本文方法的高效性和有效性。

2 风洞试验及屋面的风压分布特征

深圳国际会展中心系由九个标准展厅、一个非标准展厅、登录大厅、中央廊道及附属用房组成的大型建筑群，图 1 为建筑效果图。本文以西南角的标准展厅为研究对象，标准展厅南北向长 250 m，东西向宽 210 m，屋面呈波浪形且四周均有不同程度的悬挑。风洞试验采用中国规范中的 A 类地貌，模型的几何缩尺比为 1/150。标准展厅屋面布置了 592 个测点，每个测点记录了 9000 个数据，风向角间隔均为 10 度，共 36 个风向角，屋面测点布置及风向角定义如图 2 所示。图 3 为根据极值分析得到的风敏感风向的极值负压系数分布。

图 1 深圳国际会展中心效果图　　图 2 屋面测点布置图　　图 3 极值负压分布

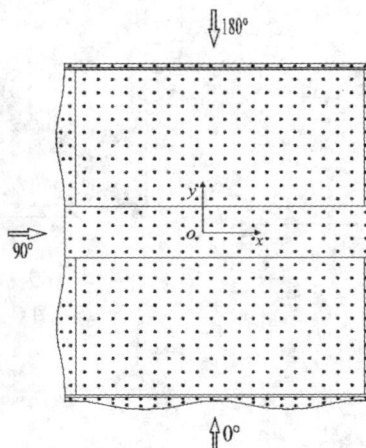

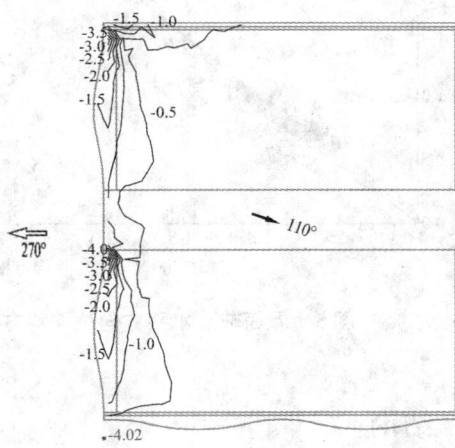

3 风振计算结果对比分析

图 4 给出 0°风向角下 HEM 采用传统模态分析法分别取 80、240、500 阶参振模态的屋面竖向位移均方根分布图，模态阻尼比取为 2%。由图可知，结构在不同位置的误差分布有比较明显的区别，若没有足够的参振模态，将导致部分节点位移均方根远远偏小。

* 基金项目：国家自然科学基金项目（51778243）

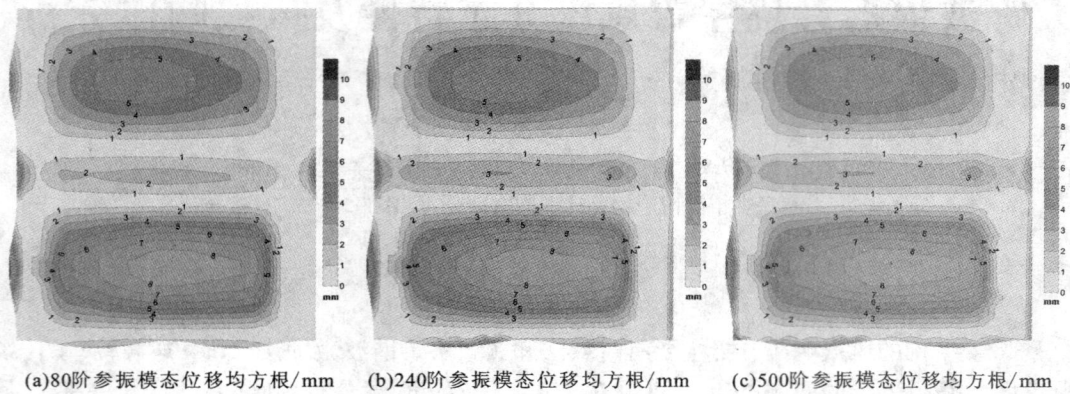

(a)80阶参振模态位移均方根/mm (b)240阶参振模态位移均方根/mm (c)500阶参振模态位移均方根/mm

图4 屋面节点竖向位移均方根分布

图5 和图6 分别给出 0°风向角下 HEM(已编入 PWISR)采用的 Ritz 模态阶数为 80、120 阶以及传统模态阶数为 240、320、400、500 阶与时域法屋面节点在水平方向(Y 方向)和竖向(Z 方向)位移均方根的结果对比。由图可见，采用 120 阶基于风荷载本征正交分解的 Ritz 振型即可达到传统特征向量法取 500 阶 Modal 振型同样的计算精度。

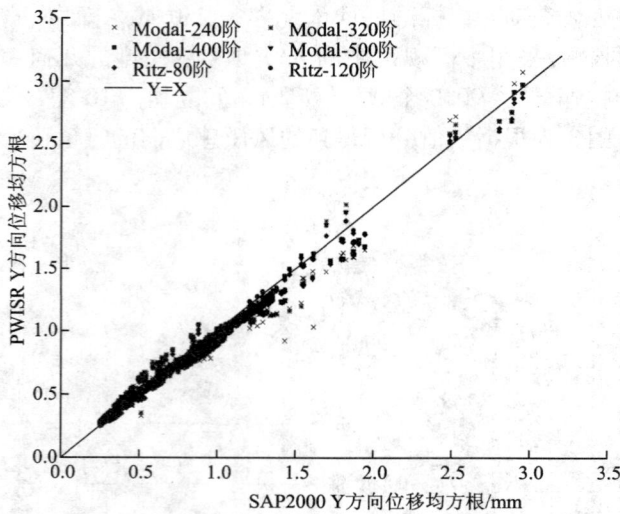

图5 屋面节点水平方向位移均方根

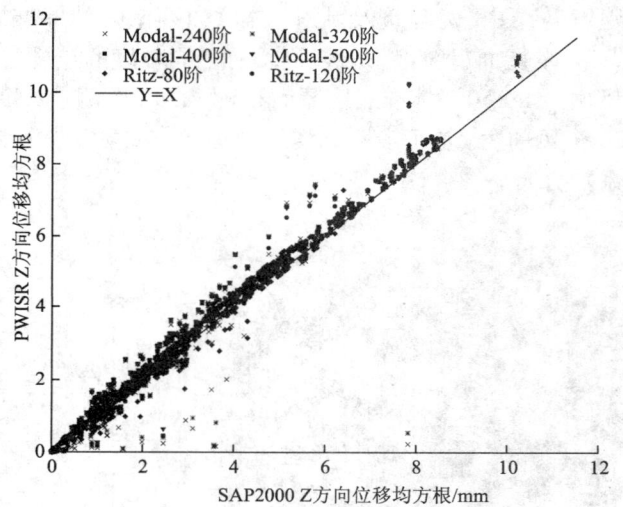

图6 屋面节点竖向位移均方根

4 结论

采用频域法计算大跨屋盖风振响应时，必须考虑足够多的参振模态，对于本工程，需要 500 阶才能得到较为满意的结果。而采用 120 阶基于荷载的 Ritz 振型就能达到传统特征向量法取 500 阶振型的计算精度，大大减少了 HEM 的运算量，从而显著提高计算效率，充分显示了本文方法的优越性。

参考文献

[1] 谢壮宁.风致复杂结构随机振动分析的一种快速算法—谐波激励法[J].应用力学学报,2007,24(2):263-266.

[2] Bo C, Yue W, Shizhao S. A New Method for Wind-Induced Response Analysis of Long Span Roofs[J]. International Journal of Space Structures, 2006, 21(2):93-101.

[3] 陈波,武岳,沈世钊. Ritz-POD 法的原理及应用[J].计算力学学报,2007(04):499-504.

基于有限质点法的大跨屋盖风振响应问题的研究

刘飞鸿，王钦华，喻莹

（汕头大学土木与环境工程系 汕头 515000）

1 引言

体育场屋盖为满足造型审美和大跨度、高净空的需求，一般都同时具有大跨和轻质的特点，这就导致屋盖结构对脉动的风荷载十分敏感；因此在实际的大跨屋盖结构设计中，荷载往往由风荷载控制[1]。时程分析方法是一种确定结构在荷载时程下响应的常用方法，它能较好地反映结构在一定动力荷载输入下响应的极值以及趋势，因此在工程中得到了广泛的应用。

有限质点法基于向量式结构力学和固体力学[2]。由于引入了"点值描述"和"途径单元"的基本概念，对于非线性问题是一个自适应的过程。不需要形成刚度矩阵的特点，使得其在分析倒塌和机构运动分析时不需要做额外的处理。有限质点法将有连续质量的结构，集中为一个个质点，并通过质点的运动来描述结构在力的作用下的响应。因此采用有限质点法分析结构的动力输入下的响应就是其内在方法本身。

本文将在第二部分介绍有限质点法的基本原理。在第三部分首先将展示采用模态叠加法和完全方法求解大跨结构动力时程响应的结果，然后将通过有限质点法计算大跨结构的动力响应，并和传统动力学方法对比并探讨其计算的结果，以及一些相关问题。

2 有限质点法基本原理

有限质点法中，结构构件从连续分布的质量向结点处凝聚成集中质量[3]，例如可以以 m_1 表示，其中下标"1"代表凝聚的位置。由牛顿第二定律，质点 1 始终满足如下关系：

$$m_1 \ddot{d}_1 = F_1^{ext} + F_1^{int} + F_1^{dmp} \tag{1}$$

其中，$\ddot{d}_1$ 表示质点 1 的加速度向量；F_1^{ext} 表示质点所受外力向量；F_1^{int} 表示质点的内部抗力（由凝聚前的连续体得到）。

3 计算实例

本节所采用计算实例为某体育场，屋盖为马鞍形，最大长约为 275 m，最大宽约为 225 m，最大高度约为 38 m。输入风荷载由风洞试验实测并计算得到。

3.1 某体育场采用时程分析法风振响应的结果与分析

传统时程分析方法的部分结果对比见图 1、2。屋盖结构的振型众多且接近，叠加前 30 阶计算的结果与叠加前 100 和前 200 阶计算结果有一定差异。完全法和模态叠加法部分结点响应相比结果偏大或者偏小。

3.2 有限质点法风振响应的结果与分析

采用有限质点法计算的部分结果见图 3、图 4。由于阻尼模型的问题，有限质点法计算的整体的趋势与传统方法十分接近，但是由于阻尼构造方式的问题，响应极值略有差异。

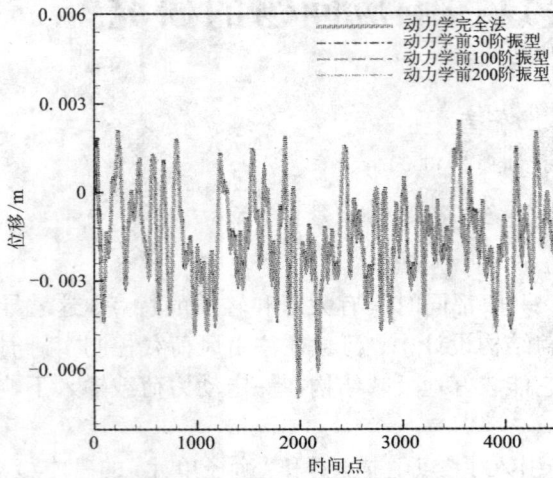

图1　结点898Z方向模态叠加法与完全法的对比

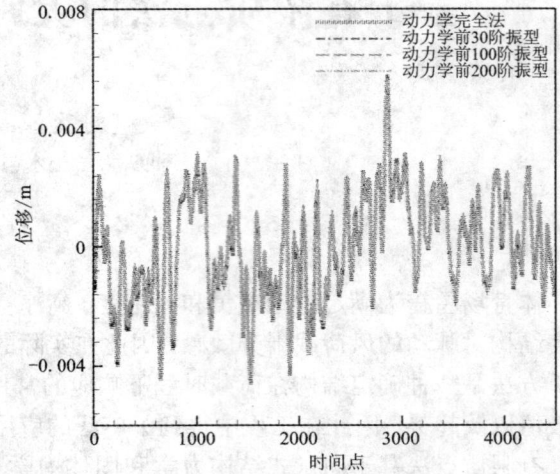

图2　结点1630Z方向模态叠加法与完全法的对比

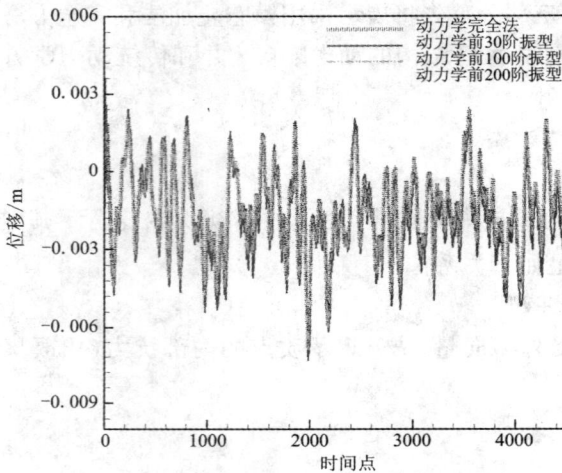

图3　结点898Z方向传统方法与有限质点法的对比

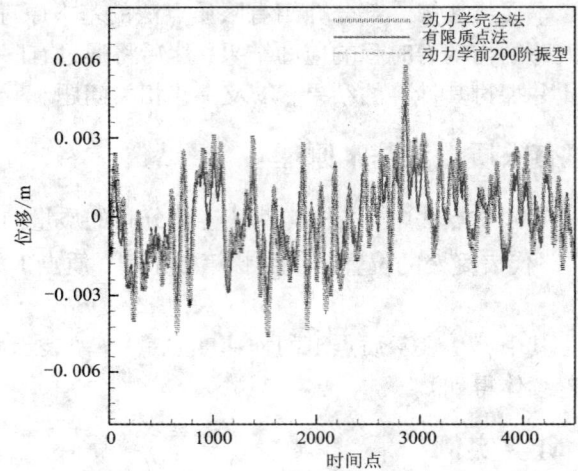

图4　结点1630Z方向传统方法与有限质点法的对比

4　结论

　　本文回顾了计算大跨结构风振响应的传统时程分析方法，并为大跨空间结构分析提供了有限质点法这一新的方法和思路。结果表明，有限质点法与传统动力学计算结果均较为接近。此外，有限质点法关于阻尼构造等问题则需要进一步的深入研究。

参考文献

［1］ZHOU X, GU M. AN APPROXIMATION METHOD FOR COMPUTING THE DYNAMIC RESPONSES AND EQUIVALENT STATIC WIND LOADS OF LARGE－SPAN ROOF STRUCTURES［J］. International Journal of Structural Stability & Dynamics, 2010, 10(05): 1141－65.

［2］喻莹. 基于有限质点法的空间钢结构连续倒塌破坏研究［D］. 浙江大学, 2010.

［3］CHANG P. Y, LEE H H, TSENG G W, et al. VFIFE METHOD APPLIED FOR OFFSHORE TEMPLATE STRUCTURES UPGRADED WITH DAMPER SYSTEM［J］. Journal of Marine Science & Technology, 2010, 18(4): 473－83.

异形孪生体育馆风干扰效应研究

刘岩，王峰，党嘉敏

（长安大学公路学院 西安 710064）

1 引言

随着我国经济的发展，越来越多的城市开始兴建文体中心，且常以建筑群的形式出现，异形孪生体育馆就是其中的一种形式。现行抗风设计规范[1]为常规单体建筑结构的设计风参数提供了建议值，但对于复杂建筑物的风干扰问题并没有太多的参考。体育馆为大跨屋盖结构，风荷载作用下顶面薄弱，易产生大面积的负压区，在场馆群的干扰作用下，风压分布情况可能更为复杂，甚至引起风致破坏[2]。已有研究成果表明[3]，周边建筑物对作用在结构上的风荷载有干扰效应，尤其是建筑物之间距离较近的时候。本研究以两个相邻异形体育馆为研究对象，通过风洞试验研究作用在异形体育馆上风荷载的分布特点及其风干扰效应。

2 风洞试验

风洞试验在长安大学 CA – 1 风洞中进行。模型几何缩尺比为 1：180，试验风场为风剖面指数 $\alpha = 0.15$ 的紊流场，考虑不同的干扰建筑物相对位置，共进行了 16 个工况的风洞试验。干扰模型与被测模型外形相同，被测模型表面共布置了 122 个单面测压点。

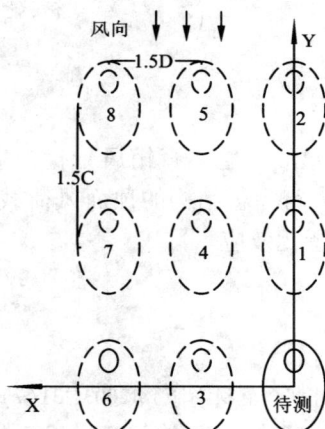

图1 平行布置工况示意

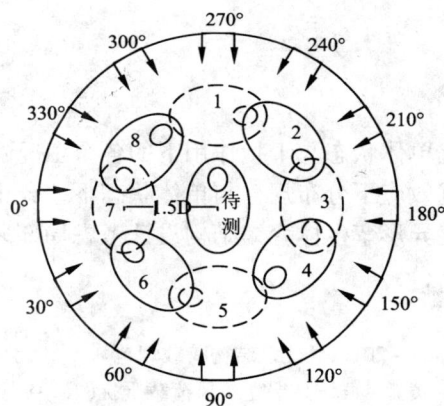

图2 斜交布置工况示意

2.1 平行布置干扰试验

如图 1 所示，待测模型位于右下侧，改变干扰模型的位置，沿 X 轴依次增加 $1.5D$（D 为模型短轴长度），沿 Y 轴依次增加 $1.5C$（C 为模型长轴长度），共计 8 个工况，改变干扰模型的位置进行试验，研究干扰模型在不同位置时对被测模型屋面风荷载的干扰效应。

2.2 斜交布置干扰试验

如图 2 所示，待测模型位于中心位置，改变干扰模型的位置，绕圆心顺时针依次增加 45°；绕圆周 360°；共计 8 个工况。干扰模型与被测模型中心间距保持不变，始终为 1.5D。改变干扰模型的位置进行试验，研究干扰模型在不同位置对被测模型顶面风荷载的干扰效应。

3 结果分析

（1）图 3（a）为独立模型顶面平均风压系数分布，整个顶面均为负压区，迎风侧尖端（Ⅰ区域）负压系数最大,能达到 -0.51,建筑物顶面突起处(Ⅱ区域)负压值较大,最大能达到 -0.34,整个顶面风压系数分布较均匀,数值在 $-0.3 \sim -0.2$ 之间。

(2)图 3(b)为位置 1 处的平均风压系数分布(参照图 1),此时风压系数的分布规律明显发生变化,整个顶面的风压系数均减小,甚至出现最大值为 0.1 的正压。对比可以看到距离影响位置 1 处的干扰效应显著,此时的遮挡效应对待测模型顶面的风压系数分布是有利的。

(3)图 3(c)为位置 9 处的平均风压系数分布(参照图 2),相较于单体状态下,迎风侧负压减小显著,背风侧负压范围和数值均增大,突起处(区域Ⅱ)最大负值达到 -0.44。

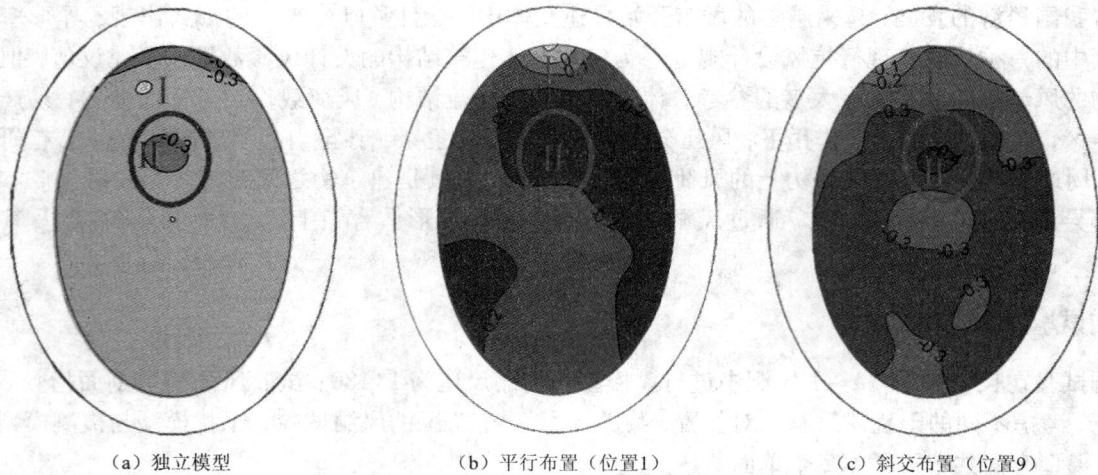

(a)独立模型　　　　　　　(b)平行布置(位置1)　　　　　　　(c)斜交布置(位置9)

图 3　平均风压系数分布图

4　结论

对比单体状态与干扰作用下的各个工况的结果,我们可以确定异形孪生体育馆风干扰效应确实存在,并且干扰效应下分布规律与单体状态下差异很大,所以周边建筑对大跨屋盖结构的顶面风荷载影响不容忽略。因此异形孪生体育馆结构设计考虑局部风压时必须考虑彼此的干扰效应。

参考文献

[1] GB50009 – 2012,《建筑结构荷载规范》[S]. 北京:中国建筑工业出版社,2014
[2] 顾明,黄鹏. 群体高层建筑风荷载干扰的研究现状及展望[J]. 同济大学学报(自然科学版),2003,31(7):762 – 766.
[3] 李波,杨庆山,冯少华等. 周边建筑对大跨屋盖风荷载的干扰效应研究[J]. 实验流体力学,2012,26(5):27 – 30.

开口状态对柱面储煤结构风荷载的影响[*]

马成成[1]，马文勇[2]，孙高健[3]

（1. 石家庄铁道大学土木工程学院 石家庄 050043；2. 河北省风工程和风能利用
工程技术创新中心 石家庄 050043；3. 中国铁路济南局集团有限公司 济南 250001）

1 引言

干煤棚是火力发电厂中一种常用的储煤大型仓库[1]，柱面网壳结构由于其受力性能良好，机械化程度高，现场拼接迅速等特点，逐渐成为干煤棚的主要结构形式。大跨度柱面网壳储煤结构向着长大化、轻质化、多样化发展，风荷载往往起控制作用，因此大跨度储煤结构的抗风问题是目前面临的关键问题。柱面网壳储煤结构常常需要在端部设置交通通道或者在两侧开口以满足工艺和环保等要求，这些开口变化对结构表面的风荷载影响很大。本文通过风洞试验研究了不同开口状态对柱面结构风荷载的影响。

2 试验概况

2.1 模型简介

本次试验采用刚性模型测压试验，在石家庄铁道大学风工程研究中心大气边界层风洞低速试验段进行。针对长 220 m，宽 120 m，高 54.2 m，矢跨比为 0.45 的柱面网壳结构进行研究，该网壳面由中心一段半径 $R = 66.6$ m、圆心角 $f = 70°$ 圆弧和两端半径 $R = 45.3$ m、圆心角 $f = 46°$ 的圆弧组成，底部支撑高度为 6 m，缩尺比为 1∶200。模型表面每个测压孔布置 1 对测点，内外同步测压，测点布置沿模型纵向划分为 9 个剖面，每个剖面在全拱方向上布置 18 个测点。试验模型采用有机玻璃制成，具有足够的强度和刚度，模型概况如图 1 所示。

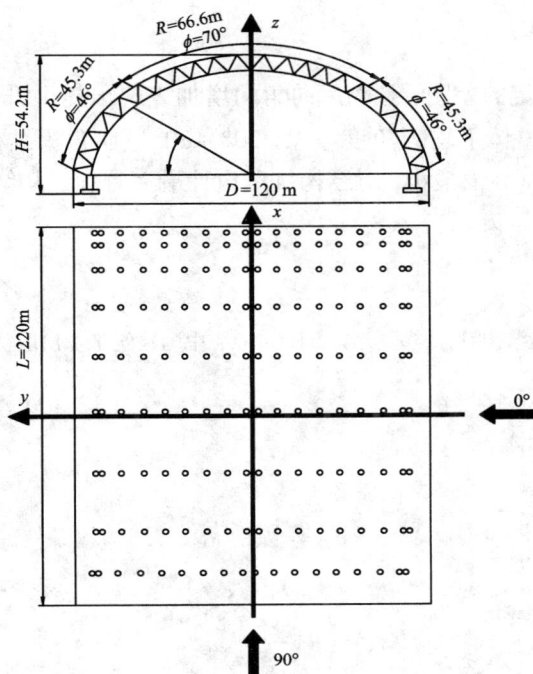

图 1 模型概况图

* 基金项目：河北省自然科学基金项目（E2017210107）；河北省教育厅重点项目（ZD2018063）

模型端部模拟三种开口状态,分别为两端开口、两端半封闭、两端全封闭;模型两侧模拟两种开口形式,分别为两侧全封闭($d=0$)与两侧30%开孔率($d=30\%$)。

2.2 试验参数定义

采用量纲的风压系数描述结构表面风荷载分布,风压系数定义如下:

$$C_{pi} = \frac{p_i - p_s}{p_t - p_s} = \frac{p_i - p_s}{0.5\rho U_r^2} \tag{1}$$

其中,C_{pi}为测点 i 处的风压系数;p_i表示 i 测点处的压力;p_s为参考点静压;p_t为参考点总压;ρ 为空气密度;U_r 为参考点风速。

将作用在结构上的风压在各风向角下进行积分,得到结构的整体力系数,结构水平方向及竖直方向的力系数分别为 C_{FY} 和 C_{FZ},水平方向及竖直方向的合力系数为 C_{FC}。

3 试验数据分析

端部三种开口状态与两侧两种开口形式下结构力系数随风向角的变化规律如图2所示。

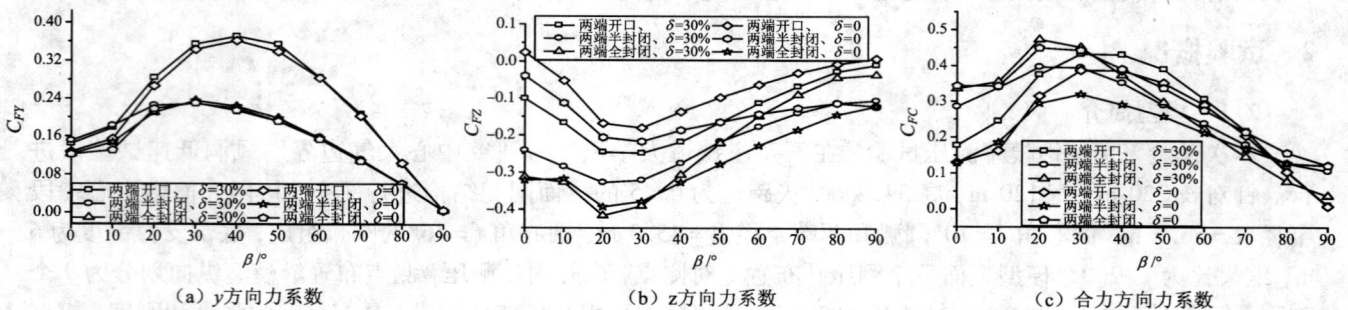

(a) y方向力系数　　　(b) z方向力系数　　　(c) 合力方向力系数

图2 力系数随风向角变化规律

4 结论

不同开口状态 C_{FC} 取值有一定的差距,且随风向角的增加表现出先上升后下降的趋势,在20°~30°风向角附近,整体力 C_{FC} 最大。从整体平均力角度考虑,20°~30°风向角为结构最不利风向角。在最不利风向角下两端半封闭,两侧全封闭 C_{FC} 值最小,对结构抗风设计最为有利。从结构整体受力状态考虑,优先选用两端半封闭、两侧全封闭的开口方式。

参考文献

[1] DL 5022—2012. 火力发电厂土建结构设计技术规程[S]. 北京:中国建筑工业出版社,2012.

开孔对环拱形开敞屋盖风荷载的影响[*]

瞿伟[1]，张敏[1,2]，王瑞琦[1]，胡天波[1]

（1. 土木与建筑工程学院广西岩土力学与工程重点实验室；

2. 广西岩土力学与工程重点实验室 桂林 541004）

1 引言

随着社会的发展，大跨开敞式屋盖结构被广泛应用于体育场，机场，火车站等大型公共建筑之中。由于此类屋盖具有跨度较大、用材较轻、结构较柔等特点，使得此类结构对于风荷载极其敏感。然而，从古至今风灾一向是困扰着国内外的极大难题[1]。国内外研究者进行了多方面研究以提高结构抗风可靠度[2~3]。本次试验通过对大跨度屋盖分敏感区开孔这一创新措施以研究开孔对风荷载的影响，该试验采用刚性模型风洞试验，运用上、下表面同时测压技术的得出屋盖上下表面风荷载。对数据进行分析，得出最不利情况，确定最不利风向角，并进行开孔后数据分析，探究开孔对屋盖表面风荷载的影响。

2 工况设计及屋盖分区

模型与建筑几何外形相似，试验模型比例为 1:200，在需要测压的部位布置测压孔并以导管将模型表面垂直方向（法线方向）的动态风压传递给扫描阀，并由计算机进行采集和记录。将体育场屋盖分区，并将所测数据计算得出此体育场屋盖的体型系数。本次试验模型共开 3 次孔。具体开孔概况如图 1 所示，风向角及测点如图 2 所示，分区情况如图 3 所示。

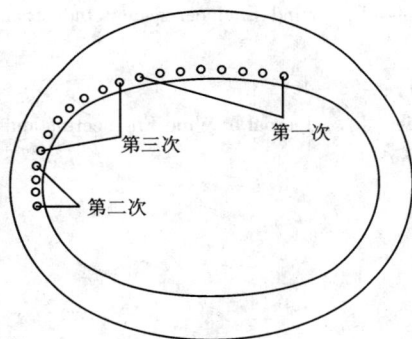

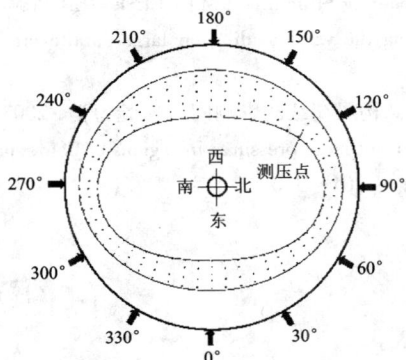

图 1 开孔概况示意图   图 2 测点布置及风向角定义   图 3 分区示意图

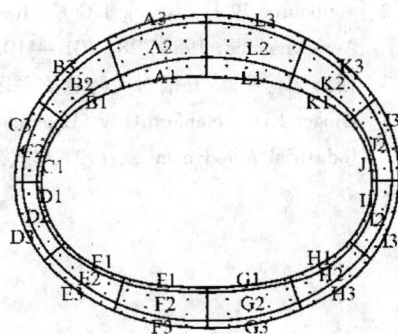

3 数据结果分析

本文通过分析 0°~330° 之间共 12 个风向角下的风荷载情况，取每个测点在 12 个风向角下的最值进行计算，给出最值体型系数，得出最不利风向角。通过对比分析可知，体育场屋盖外檐受正压较大，且向内檐递减，于 I_3（或 D_3）区域出现最大正压，此时对应风向角为 60°（或 300°）；内檐受负压较大，且向外檐递减，于 L_1（或 A_1）区域出现最大负压，此时对应风向角为 30°（或 330°），由于开敞式大跨度体育场屋盖破坏通常受负压影响较大[3~4]，该风向角需要着重注意。本文给出内檐区域开孔后体型系数折线图如图 4。

* 国家自然科学基金项目（51568016）

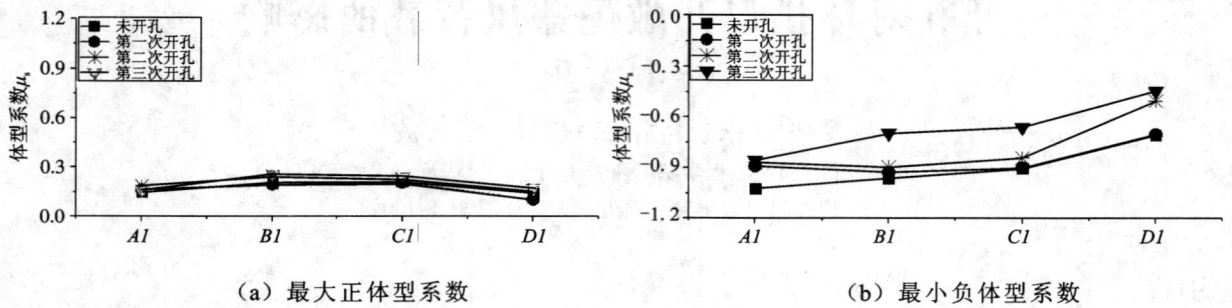

（a）最大正体型系数　　　　（b）最小负体型系数

图 4　开孔后内檐区域体型系数

4　结论

此环拱形开敞屋盖在外檐处受正压影响较大，在 60°（或 300°）风向角时达到最大正压值。内檐处为受负压影响较大，在 30°（或 330°）风向角时达到最大负压值。在工程实际中，应当根据当地风向玫瑰图，合理布置体育场方位，避免最不利风向角出现于高频率风向上。

环拱形开敞屋盖于内檐开孔可明显减少体育场屋盖最不利负体型系数，此开孔情况下可降低 -0.2 左右。这表明开孔可有效减少最不利情况带来的影响，降低体育场屋盖破坏概率，提高可靠度，为实际工程提供依据。

参考文献

［1］Kolousek V. Wind Effects on Civil Engineering Structures［M］. ELSEVIER Press，1984.

［2］Melbourne W H，Cheng J C K. Reducing the wind loading on large cantilevered roofs［J］. Wind Engineering and Industrial Aerodynamics，1988，28：401 - 410.

［3］傅继阳，甘泉. 开槽对大跨悬挑平屋盖结构风荷载的影响［J］. 实验力学，2003（04）：458 - 465.

［4］Ginger J D，Letchford C W. Characteristics of large pressures in regions of flow separation［J］. . Journal of Wind Engineering and Industrial Aerodynamics，1993，49（1 - 3）：301 - 310.

基于 WRF/CFD 方法台风与良态风下航站楼屋盖风压非高斯特性研究*

孙捷，柯世堂

（南京航空航天大学土木工程系 南京 210016）

1 引言

在强风作用下，大跨屋盖表面风压会呈现明显的非高斯特性[1]。已有大跨屋盖表面风压特性的研究成果[2]主要考虑良态风气候环境，针对台风下大跨屋盖抗风研究鲜有涉及。已有研究表明 WRF 作为新一代中尺度天气预报模式，可以精确的模拟台风等中尺度天气现象[3]，采用 WRF/CFD 耦合的方法可以有效实现天气尺度到小尺度的动力模拟[4]。

本文以沿海地区某拟建航站楼为研究对象，首先采用 WRF 模拟 2010 年超强"鲇鱼"台风风场，并基于非线性最小二乘法拟合得到边界层风速剖面，然后采用大涡模拟（LES）方法对两类风场下的航站楼屋盖风压非高斯特性进行数值分析，揭示了两类风场非高斯风压差异的形成机理。

2 WRF/CFD 耦合计算结果展示

以沿海地区某 A 类地貌处拟建航站楼为研究对象，建立三维足尺模型，该航站楼屋面俯视投影呈矩形，中部区域有三处连续斜率值为 3 的弧形坡屋面，屋面造型独特复杂。航站楼屋盖长跨为 169 m，短跨为 84 m，屋盖隆起高度为 5.8 m，航站楼总高度为 28 m，基于犀牛三维建模软件依次建立屋盖、弧形柱、底部围护结构等部件，如图 1（a）所示。

在 WRF 模式中，通过采用三重嵌套网格技术，使得 WRF 模拟所得的台风信息精度达到 1.5 km，如图 1（b）所示。将台风场信息作为 CFD 的边界条件，并对航站楼周围局部网格加密至 5 cm，实现对屋盖的中小尺度耦合计算，局部加密网格如图 1（c）所示。

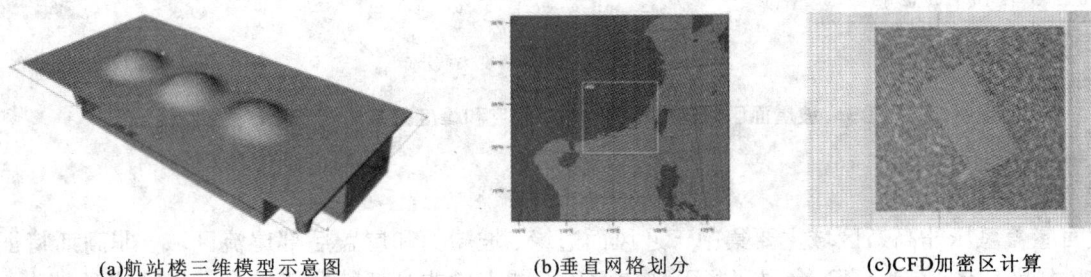

(a)航站楼三维模型示意图　　　(b)垂直网格划分　　　(c)CFD加密区计算

图 1　航站楼三维模型、WRF 垂直网格及 CFD 加密区计算示意图

采用 WRF 模式模拟所得台风风速和气压云图如图 2（a）、（b）所示，可知台风眼壁附近风速为 22~28 m/s，且由于台风是强烈发展的热带气旋，外围云系的入侵使得风速加强，距离中心越近风速越大，中心附近气压由外向内逐渐降低，与中央气象台记录的"鲇鱼"台风信息相吻合。

采用非线性最小二乘法拟合得出模拟地区台风的平均风剖面如图 2（c）所示，拟合得出台风平均风剖面指数为 0.083，并与良态风进行对比，可知近地面层台风风速随高度的增速明显大于良态风。

* 基金项目：国家自然科学基金（51878351，U1733129 和 51761165022）；江苏省六大人才高峰计划项目（JZ－026）；江苏高校"青蓝工程"

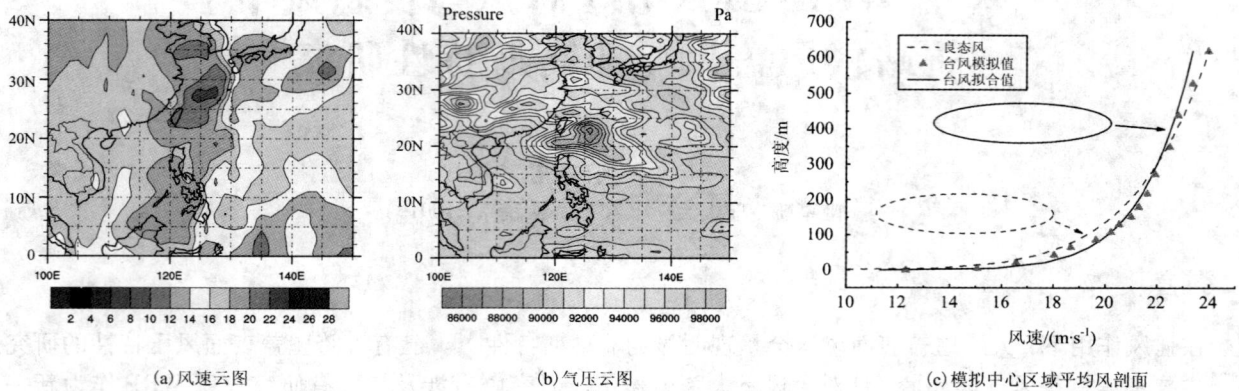

(a)风速云图   (b)气压云图   (c)模拟中心区域平均风剖面

图2 台风风速、气压云图和中心区域平均风剖面图

3 大跨屋盖脉动风压的非高斯特性对比研究

图3分别给出了台风风场下坡屋面区域典型测点的概率密度分布曲线图、偏度和峰度关系分布图和屋盖周边流场分离流动及涡旋运动分布图。从图中可以看出,①由于前缘分离流经过坡屋面后发生再附着作用,坡屋面后部区域间歇出现大幅度正压或负压脉冲,导致坡屋面后部风压峰度值较屋盖后部尾流区域增大了7%;②在台风风场下,屋盖坡屋面区域测点大多处于大偏斜和高峰度区域。

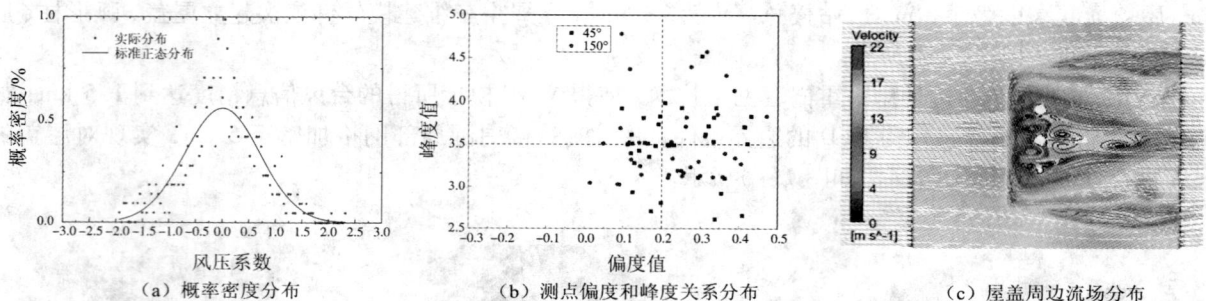

(a)概率密度分布   (b)测点偏度和峰度关系分布   (c)屋盖周边流场分布

图3 坡屋面区域测点概率密度、偏度和峰度关系和流场分布图

4 结论

坡屋面屋盖风压非高斯区域主要集中于迎风面边缘、坡屋面和屋盖后部尾流区域,非高斯特征值受所属区域和风场环境的影响显著,台风风场下坡屋面后部测点的非高斯特征值较良态风场增长较大,最大增幅可达28.5%;台风作用下航站楼屋盖风压非高斯区域显著增大且受风向角影响较大,0°风向角下屋盖风压非高斯区域面积最大,可达37.6%,较良态风场最大增幅比例为21.1%。

参考文献

[1] Chen W F. Plasticity in Reinforced Concrete[M]. McGraw – Hill Book Company, New York, 1982.

　[2] 柯世堂,陈少林,葛耀君. 济南奥体馆屋盖结构风振响应和等效静力风荷载[J]. 振动工程学报,2013,26(2):214 –219.

[3] Anthes R A. Numerical Experiments with a Two – Dimensional Horizontal Variable Grid [J]. Monthly Weather Review, 2009, 98(11):810 – 822.

[4] 李军,宋晓萍,程雪玲,等. 从天气尺度到风力机尺度大气运动的动力模拟[J]. 太阳能学报,2015,36(4):806 –811.

某体育场环状悬挑屋盖风载特性试验研究[*]

陶林[1,2]，戴益民[1,2]，袁养金[1,2]，梅文成[1,2]，郭魁[1,2]

（1. 结构抗风与振动控制湖南省重点实验室 湘潭 411201；2. 湖南科技大学土木工程学院 湘潭 411201）

1 引言

大跨悬挑屋盖结构因可提供较大无内柱空间而广泛应用于体育场看台、航站楼等大型公共建筑中，但因具有跨度大、质量轻、柔性大、自振频率低等特点，其对风荷载较为敏感。对于不同形式大跨悬挑屋盖结构的风载特性，国内外学者已做了部分研究，张建等[1]对某波纹状悬挑屋盖的研究结果表明，波纹形状会增大屋盖表面的平均、脉动及极值风荷载。李波等[2]的研究表明，来流下游双侧月牙形大跨悬挑屋盖表面平均、脉动风荷载均较来流上游悬挑屋盖大，悬挑屋盖上表面极值风压普遍大于下表面且变化更为剧烈。Killen等[3]证实，对双侧布置的体育场挑篷，增大看台后部通风率可在一定程度上减少挑篷风荷载，但一般不超过10%。Lam等[4]对某单侧布置的水平大跨悬挑屋盖表面极值升力产生机理的研究表明，极值升力的产生与屋盖上、下表面升力相关，上表面对极值升力的贡献更大。

上述研究多针对单侧及双侧布置的悬挑屋盖进行，与环状悬挑屋盖相关的风洞试验研究则较少，本文以某体育场环状悬挑屋盖（屋盖表面设置多道通风带）为例，采用同步测压风洞试验方法对其表面平均、脉动及极值风荷载的分布特性进行了研究。

2 研究方法及内容

在B类地貌条件下，针对缩尺比为1:200的某体育场刚性模型，采用美国PSI公司生产的电子压力扫描阀对模型屋盖上、下表面测点进行同步测压试验，采样频率为312.5 Hz，采样时间为30s，每个测点采样次数为10000，为避免风压信号产生过量畸变，测压软管长均不超过50 cm。分析了屋盖整体平均、脉动、极值风荷载随风向角的变化规律，研究0°、90°典型风向角下屋盖上、下表面风压系数及净风压系数分布特征。因篇幅限制，本文仅对平均及脉动风荷载作简要分析，并选取0°风向角下的平均及脉动风压分布特征进行说明。

2.1 平均风荷载

由图1可知，屋盖上、下表面均受风吸力，二者平均升力系数绝对值（为便于描述，将下表面向下的风吸力视为升力）随风向角增加均呈先减小后增大，而后再减小再增大趋势，形状类似M，屋盖上表面平均升力系数绝对值始终大于下表面。净平均升力系数绝对值的变化趋势则与之相反，呈先增大后减小，而后再增大再减小趋势，形状类似W。由图2可知，来流上游屋盖表面净平均风压系数趋于0，下游屋盖表面净平均风压系数为负值。

2.2 脉动风荷载

由图3可知，屋盖上、下表面脉动升力均方根系数随风向角变化趋势基本一致，上表面脉动升力均方根系数始终大于下表面，与平均升力系数变化规律一致。0°~150°风向角内，净脉动升力均方根系数变化规律与屋盖上、下表面相同，呈先增大后减小，再增大再减小的变化趋势，160°~360°风向角内净脉动升力均方根系数呈先增大后减小的趋势，且与下表面脉动升力均方根系数接近。由图4可知，来流上游屋盖从内缘到外缘区域脉动风压均方根系数逐渐增大，且梯度较大，越靠近外缘变化越剧烈，来流下游屋盖表面净脉动风压均方根系数整体上大于上游屋盖，且内缘区域脉动风压均方根系数远大于其他区域。

* 基金项目：国家自然科学基金项目（51578237）

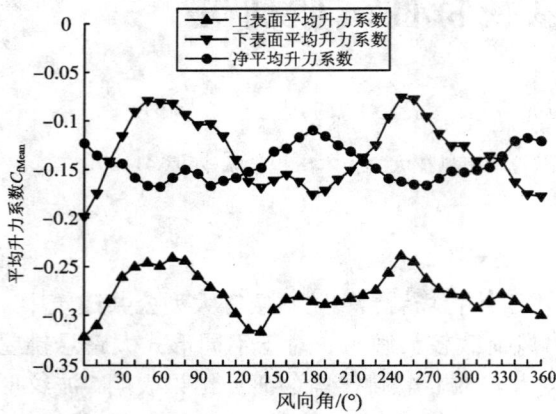

图1 屋盖整体平均升力系数

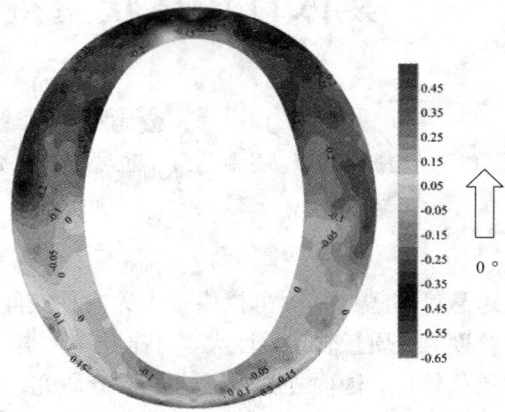

图2 0°风向净平均风压系数

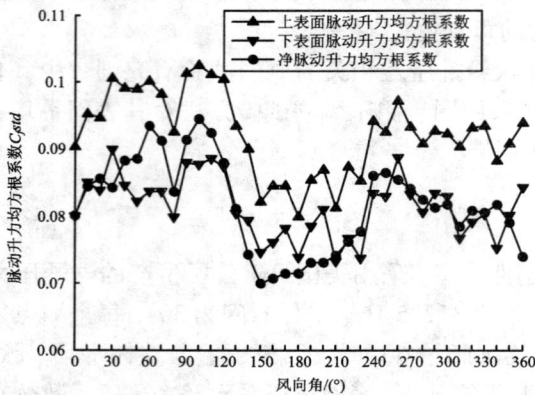

图3 屋盖整体脉动升力均方根系数

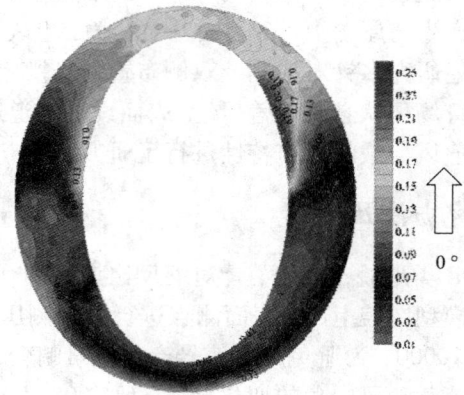

图4 0°风向角净脉动风压均方根系数

3 结论

悬挑屋盖上、下表面除外缘区域均为负压,上、下表面整体升力系数分布随风向角变化呈相同变化趋势。来流上游屋盖表面净平均风压系数趋于0,来流下游屋盖表面净平均风压系数为负值,屋盖总体表现为向上的升力。来流下游屋盖内缘迎风区域风压波动强烈,净脉动风压系数远大于其他区域。净极小值风压系数分布规律与净脉动风压系数分布规律一致,均在来流下游屋盖内缘迎风区域达最大值,抗风设计中应对该区域进行加强。

参考文献

[1] 张建,李波,单文姗,等. 波纹状悬挑大跨屋盖的风荷载特性[J]. 建筑结构学报,2017,38(3):111-117.

[2] 李波,冯少华,杨庆山,等. 体育场月牙形大跨悬挑屋盖风荷载特性[J]. 哈尔滨工程大学学报,2013,34(5):588-592.

[3] Killen G P, Letchford C W. A parametric study of wind loads on grandstand roofs[J]. Engineering Structures, 2001, 23(6): 725-735.

[4] Lam K M, Zhao J G. Occurrence of peak lifting actions on a large horizontal cantileveredroof[J]. Journal of Wind Engineering and Industrial Aerodynamics, 2002, 90(8): 897-940.

椭球形大跨屋盖结构风荷载特性研究

王阳，王峰，姬乃川，马振兴

（长安大学 西安 710064）

1 引言

曲面屋盖结构的几何外形对屋面风压分布有重大影响[1]，往往由于窗户的设计，各屋面曲面间组合会出现明显的台阶。为了研究这些台阶对屋盖曲面风荷载的影响，本文以该某体育馆的风洞试验屋面风压结果为比较标准，验证 CFD 方法模拟椭球形曲面大跨屋盖结构的可靠性，并利用 CFD 模拟屋盖曲面间有无明显台阶的不同工况，比较屋盖风压分布的特点，为该类结构抗风设计提供依据。

2 风洞试验

试验在长安大学风洞试验室 CA-1 大气边界层风洞进行。刚体模型缩尺比定为 1 : 140（如图 1 所示），共布置 122 个单面测点（如图 2 所示）。结合周边环境的地形地貌特征，取用 B 类地貌风场，$\alpha = 0.15$。风洞测压试验的风速为 20.0 m/s。测压信号采样频率为 312.5 Hz，每个测点采样样本总长度为 42000 个数据。

图1　刚体测压模型

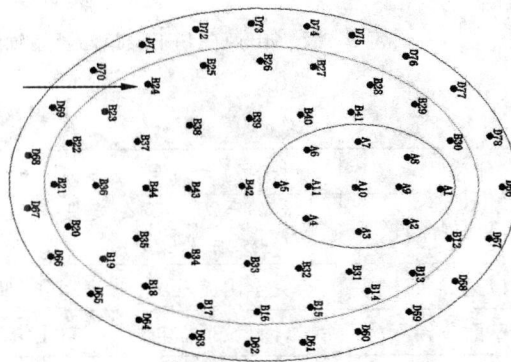

图2　测点布置图

3 CFD 数值模拟

用 solidworks 对体育馆进行精确建模，并考虑大跨屋面的曲面不同组合，按照是否有台阶分为两种工况（如图 3 所示），网格划分（如图 4 所示）。Fluent 计算参数设置见表 1。

原体育馆　　　　　　　工况一　　　　　　　工况二

图3　CFD 计算工况

以 RNG $k-\varepsilon$ 模型结合非平衡壁面函数的可靠性得到了风洞试验数据的验证（如图 5 所示）。然后分析不同曲面组合的工况下，大跨屋面结构的风压分布（如图 6 所示）。

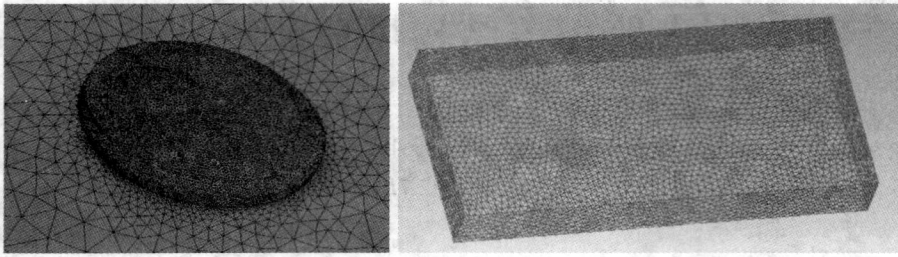

图 4 计算域网格划分

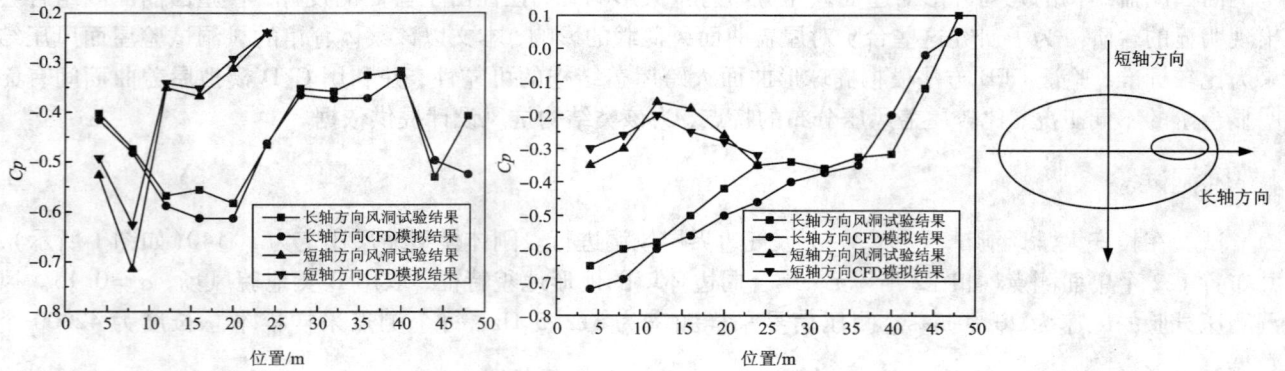

图 5 0°、90°风向角下原馆沿长短轴线各测点平均风压系数风洞试验与 CFD 结果对比

表 1 Fluent 计算参数设置

计算域	长 × 宽 × 高 = $(5L + 10L) \times 7L \times 6H$, 阻塞比小于 2% 其中: L 为长轴长度, H 为高度
入口边界条件	$u(z) = 20(z/8)\alpha$ 其中: α 为地表粗糙度类别, 取 0.15 $I(z) = 0.1(z/z_G) - \alpha - 0.05$ 其中: α 为地表粗糙度类别, z_G 为梯度风高度, 取 350 m
出口边界条件	完全出流发展, 参考压强 0 Pa
壁面条件	计算域顶面与两侧: 自由滑移固壁; 计算域底面与模型表面: 无滑移固壁

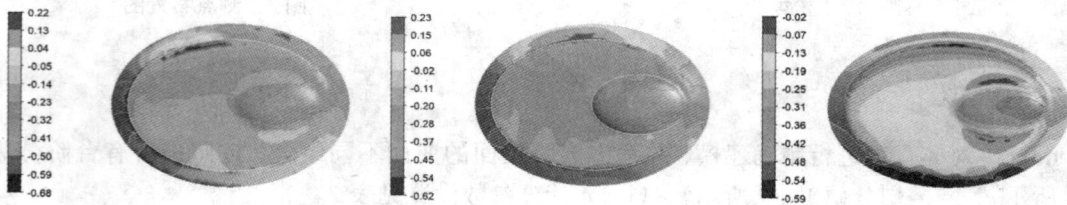

图 6 0°风向角下原体育馆、工况一、工况二的风压分布

4 结论

椭球形大跨屋面结构表面风压以吸力为主, 曲面组合有明显台阶时, 迎风侧曲面台阶上边缘的风压系数相比没有台阶时要大, 因为风流在此处发生明显的流动分离, 其风力比其他地方更复杂, 建议在设计大跨屋盖或者局部构件设计时, 需要对这些区域予以重点对待。

参考文献

[1] 林拥军, 沈艳忱, 李明水, 罗楠. 大跨翘曲屋盖风压分布的风洞试验与数值模拟[J]. 西南交通大学学报, 2018, 53(02): 226 – 233.

[2] 王振华, 袁行飞, 董石麟. 大跨度椭球屋盖结构风压分布的风洞试验和数值模拟[J]. 浙江大学学报(工学版), 2007 (09): 1462 – 1466.

大跨屋盖结构风压极值概率分布的不确定性分析[*]

张雪[1,2]，李寿科[1,2]，肖飞鹏[1,2]

（1. 湖南科技大学土木工程学院 湘潭 411201；2. 结构抗风与振动控制湖南省重点实验室 湘潭 411201）

1 引言

若样本数据按正态分布拟合，极值不能很好地被利用。风压的极值分布渐进于三种极限形式。建筑局部极值压力的概率分布曾被很多人研究，如 Kasperski[1]。Simiu 和 Heckert[2] 则发现 R－Weibull 分布更适合估计极值来流动压。全涌等[3] 等提出了一种基于广义极值分布模型的单个样本数据的极值计算方法。本文通过 500 次重复采样对极值风压系数分别进行 Gumbel 及广义极值分布（GEV）拟合。

2 刚性模型测压风洞试验概况

为确保试验的准确性和数据概率分布模型的精确性和可靠性，采用多次重复采样获得多个样本数据进行分析。本文进行了 500 次重复采样风洞试验。大跨平屋盖建筑的足尺尺寸为 176.8 m × 176.8 m × 30 m，模型缩尺比为 1:200，模型照片如图 1 所示。在试验模型屋盖表面布置测点，屋盖表面测点共计为 500 个。

3 极值概率分布

3.1 测点极值概率分布

本文由经典极值理论导出极值分布模型，大量的数据样本的极值都会服从极值 I 型 Gumbel 分

图1 试验模型

布、极值 II 型 Frechet 分布、极值 III 型 Weibull 分布三种分布中的一种，可以统一成一种极值模型即，广义极值分布模型。广义极值模型的概率分布表达式：

$$F(x) = \exp\{ -[1 + k(x - \mu)/\sigma] - 1/k\} \tag{1}$$

3.2 测点极值概率分布拟合

图 2 为对典型测点 1 号进行广义极值分布和极值 I 型分布拟合，可以看出，对于极小值风压系数更符合广义极值分布，极大值受气流分离、旋涡脱落等特征湍流现象的影响，其概率分布具有无限长尾部，极值风压出现的概率更高，无法给出确定上限。

3.3 屋面分区极值概率分布

大量的试验数据的表达形式很复杂，不便于分析最不利风压。为此，将屋面划分为几部分，分块方式在图 3 表示。45°时将屋面分为 5 块，0°方向角时将屋面分为 3 块。

4 结论

大跨屋盖结构典型测点的极值概率分布更偏向于广义极值分布，整体分区块极值的极值概率分布同样偏向于广义极值分布。并分析了不同极值模型之间的差异和模拟结果的不确定性。为规范设计极值提供参考。

* 基金项目：国家自然科学基金（51508184）；湖南省研究生科研创新项目（CX2017B639）

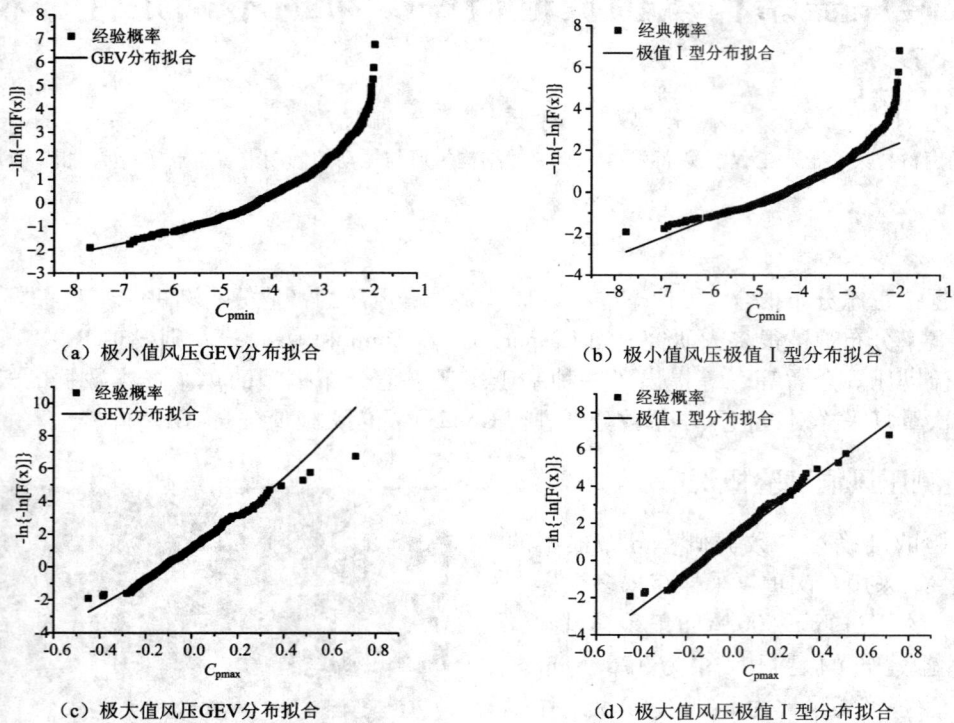

（a）极小值风压GEV分布拟合　　　　　　　　（b）极小值风压极值Ⅰ型分布拟合

（c）极大值风压GEV分布拟合　　　　　　　　（d）极大值风压极值Ⅰ型分布拟合

图2　1号测点的极值风压概率分布

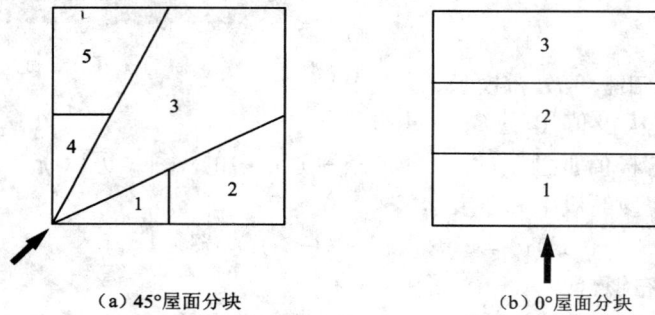

（a）45°屋面分块　　　　　　　　　　（b）0°屋面分块

图3　屋面分块图

参考文献

[1] M. Kasperski, Specification and codification of design wind loads. Habilitation Thesis. Ruhr Universitat Bochum, August 2000.

[2] Simiu. E, Heckert. N, Extreme wind distribution tails: a peaks over threshold' approach[J]. Journal of Structure Engineering, 1996, 122(5): 539 – 547.

[3] 全涌,顾明,等.非高斯风压的极值计算方法[J].力学学报,2010,42(3): 560 – 566.

基于风洞试验的脊谷式膜屋盖风荷载特性研究

周林威，唐腾，李春光，韩艳

（长沙理工大学土木工程学院 长沙 410083）

1 引言

膜结构风荷载特性目前的研究状况，马燕红等对台州大学风雨操场屋盖的风洞试验为该膜屋盖的风压作用下给出了合理的预防保护机制。何志军等以风洞试验与有限元相结合的方式对对体育场膜结构研究，发现膜结构的迎风前缘膜面最具有风敏感性。

本文以岳阳三荷航站楼为工程背景，进行缩尺比为 1∶100 的模型风洞测压试验，研究这种脊谷式索膜屋盖表面的风荷载特性分布规律。

2 实验概况

本次航站楼的风洞试验是在湖南科技大学风工程试验研究中心的大气边界层风洞中进行。风洞试验中以 1∶100 的几何缩尺比模拟了 B 类风场并对航站楼风洞测压试验。模型采用刚性模型，定义来流风风向沿着航站楼空侧吹向陆侧轴线为 0°，风向角按顺时针方向增加。试验同步测量了航站楼表面平均风压和脉动风压，共 24 个风向，间隔为 15°。

在航站楼的试验模型上一共布置了 506 个测点，其中在屋面的上表面布置了 232 个测点。限于篇幅，本文中主要对屋盖的上表面进行风荷载特性分析，屋盖上表面的测点布置及编号如图 1 所示。测压信号采样频率为 330 Hz，每个测点采样样本总长度为 10000 个数据。试验中，对每个测点在每个风向角下都记录了 10000 个数据的风压时域信号。

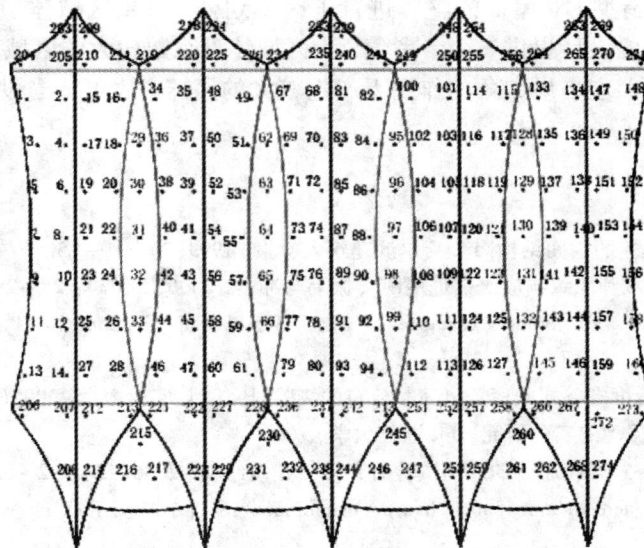

图 1 航站楼屋盖上表面风压测点布置

3 试验结果分析

如图 2 所示，以对称屋面的右半部分屋面为例，分别选取上角区、中轴线区、下角区的四个测点作为典型测点，所选测点标示，如图 2 中黑点所示。

根据现行的《膜结构技术规程》CECS 158—2015 所提供的脊谷型膜结构的风载体型系数参考规程，对本膜屋盖结构并不适用。为准确的反映屋面整体体型系数的特点，将屋面按角区、过渡区和间隔区进行分块，其中过渡区又细分为三个区块，测区分块图，如图3所示。以各测点的点体型系数为基础，按各测点的从属面积加权平均得到各分块区的分块体型系数。

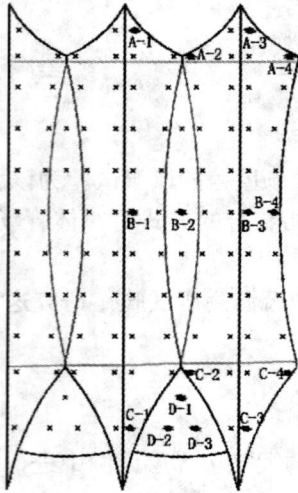

图2　测点布置图

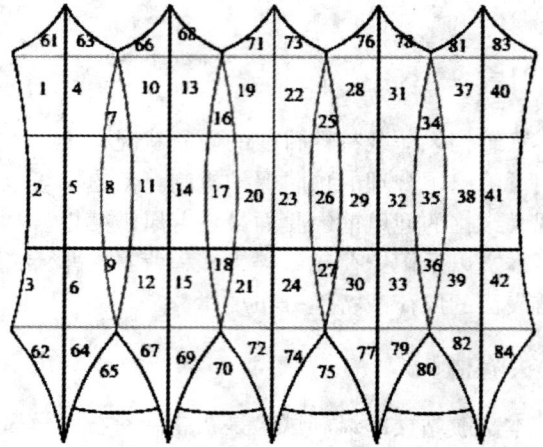

图3　测点分块图

4　结论

（1）航站楼脊谷式膜屋盖主要承受风负压作用，除上角区部分极值风压变化较大，且较剧烈外，整体屋盖的极值风压较为平稳，故在结构设计时应加强角区部分，避免角区在不利风向角作用下出现风载过大，局部破坏的情况。

（2）根据膜屋面的结构造型，对屋面的整体进行了区域划分，得到区域体型系数，给出屋盖分区的体型系数的建议值，为膜屋盖的设计提供一个参考值，为区域体型系数较大的区域对抗风加固提供依据。

（3）航站楼膜屋盖在在0°左右风向角的作用下产生较大的风压，故可适当设置一定的隔挡物，减小上角区风压。

参考文献

［1］沈世钊. 膜结构——发展迅速的空间结构［J］. 哈尔滨建筑大学报，1999（2）：11-25.

［2］顾明，陆海峰. 膜结构风荷载和风致响应研究进展［J］. 振动与冲击，2006，25（3）：25-28.

［3］Seung - Deog kim. On the Membrance Collapse of JEJU World Cup Stadium by Typhoon ［C］. IASS2003. Kora，2003：321-328.

［4］马燕红，关富玲，张轶. 大跨度脊谷式膜屋盖风荷载分布的实验研究［J］. 实验力学，2005（03）：354-362.

［5］马燕红. 脊谷式膜结构风致振动的实验研究［D］. 浙江大学，2005.

［6］张轶，关富玲，马燕红. 脊谷式索膜屋盖的风洞试验研究［J］. 建筑结构，2006（12）：92-95.

［7］M KAZAK EVITCH. The aerodynamics of a hangar membrane roof［J］. Journal of Wind Engineering and Industrial Aerodynamics，1998.

［8］武岳，向阳. 威海体育场挑蓬索膜结构风洞试验研究［J］. 建筑结构，2001（6）.

［9］程志军，楼文娟，孙炳楠，唐锦春. 屋面风荷载及风致破坏机理［J］. 建筑结构学报，2000，21（4）：39-47.

［10］谢壮宁，倪振华，石碧青. 大跨度屋盖风荷载特性的风洞试验研究［J］. 建筑结构学报，2001，21（4）23-28.

五、低矮房屋结构抗风

高低屋面风致积雪分布研究[*]

柴晓兵[1]，马文勇[2, 3]，李宗益[4]，刘庆宽[2, 3]

(1. 石家庄铁道大学土木工程学院 石家庄 050043；2. 石家庄铁道大学风工程研究中心 石家庄 050043；

3. 河北省风工程和风能利用工程技术创新中心 石家庄 050043；4. 邢台广宗县委组织部 邢台 054600)

1 引言

近年来全球极端天气频繁出现，因风雪联合作用导致低矮建筑垮塌事故时有发生，准确预测建筑屋盖表面积雪分布型式对建筑屋面设计意义重大。风致积雪漂移和雪粒在风力作用下自然飘落都会导致低矮建筑屋面积雪产生不均匀分布，这是低矮建筑倒塌的主要原因之一[1]。本文以两个高低屋面模型为研究对象，通过现场实测和风洞试验研究了低屋面的积雪分布规律。

2 现场实测和风洞试验概况

本文设计了两个实测模型。大模型特征尺寸 $H = 0.2$ m，低屋面长、宽和高分别为 1.2 m、0.6 m 和 0.2 m，高屋面长、宽和高分别为 1.2 m、0.4 m 和 0.4 m。小模型特征尺寸 $H = 0.1$ m，低屋面长、宽和高分别为 0.6 m、0.3 m 和 0.1 m，高屋面长、宽和高分别为 0.6 m、0.2 m 和 0.2 m。实测在篮球场进行，图 1 为两个实测模型图。实测过程中，人为感知雪粒漂移方向，从而确定模型方向。摆放时尽可能使模型 Y 轴垂直于风向，小模型低屋面迎风，大模型高屋面迎风。由于雪堆对称性良好，所以仅对一侧进行测量。积雪分布系数为 s/s_d，其中 s 为模型低屋面各处雪厚，s_d 为地面平均雪厚。本次实测利用钢尺确定测点位置，采用自制量雪尺测量积雪厚度。

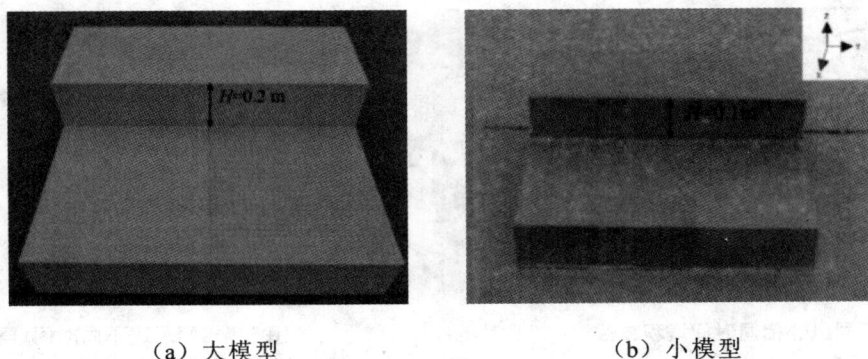

（a）大模型　　　　　　　　（b）小模型

图 1　实测模型

试验在石家庄铁道大学风洞实验室低速试验段进行。仅对大模型进行风洞试验，低屋面正对来流风向，采用雪花白材料。雪粒粒径、密度、临界剪切速度和休止角分别为 0.15 mm、700 kg/m³、0.14 m/s 和 40°，雪花白粒径、密度、临界剪切速度和休止角分别为 0.15 mm、2680 kg/m³、0.20 m/s 和 36°。厚度严格按照几何缩尺比确定。M. Tsuchiya 实测模型 $H = 900$ mm，本试验模型 H = 200 mm。M. Tsuchiya 风雪实测地面平均雪厚为 15 cm，本试验铺设厚度为 3.3 cm。M. Tsuchiya 实测模型中间位置风速为 3.5 m/s[2]。试验过程中仅改变两个参数，即风速确定改变吹雪时间和时间一定改变风速。

* 基金项目：河北省自然科学基金项目（E2017210107）；河北省教育厅重点项目（ZD2018063）

3 结果与分析

3.1 现场实测

三次现场实测堆雪型式吻合度很高，图 2 和图 3 给出了某次实测大模型雪堆型式三维图和小模型雪堆型式三维图。实测地面平均积雪厚度为 58 mm，风向以东南向为主，与模型最初摆放风向基本一致。风力等级为 1~2 级，折合成风速为 0.3~3.3 m/s。

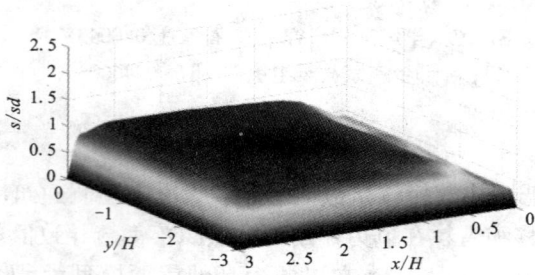

图 2　大模型雪堆型式三维图

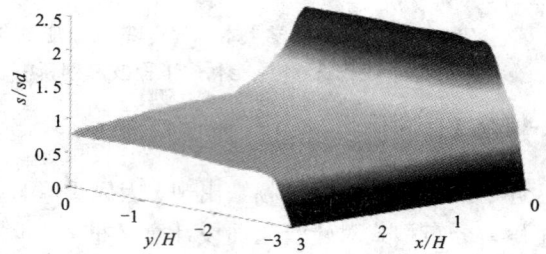

图 3　小模型雪堆型式三维图

由图 2 可知，当风力较小且低屋面背风时，积雪分布系数 s/s_d 随着 x/H 的增大而逐渐增加，然后趋于稳定，最后在低屋面末端迅速下降。风力作用下雪粒自然飘落在高低屋面交界处堆积较少。由图 3 可知，当风力较小且低屋面迎风时，积雪分布系数 s/s_d 随着 x/H 的增大迅速减小并趋于平稳。风力作用下雪粒自然飘落在高低屋面交界处堆积较严重。气流在大小模型屋面交界处可能形成不同的流涡，造成积雪存在差异。

3.2 风洞试验

对低屋面中心线位置积雪厚度进行量纲化处理，图 4 为不同风速相同时间(45 min)低屋面中心位置积雪堆积，图 5 为相同风速(6 m/s)不同时间低屋面中心位置积雪堆积。

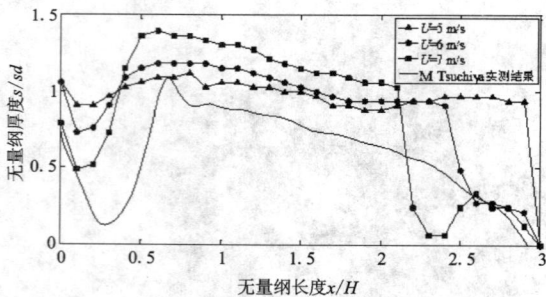

图 4　不同风速相同时间堆积曲线

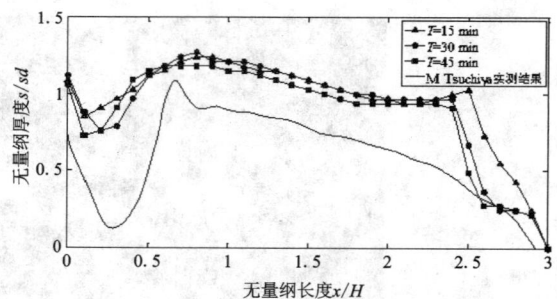

图 5　相同风速不同时间堆积曲线

4 结论

（1）当风力较小且低屋面迎风时，风力作用下雪粒自然飘落在高低屋面交界处堆积严重。所以，对风力较小且低屋面为主要迎风面的地区，要特别注意高低屋面交界处结构设计。

（2）由于雪花白粘结力较大，导致试验结果与 M. Tsuchiya 实测结果存在一定差异，故粘结力成为影响颗粒漂移不可忽略的因素。

参考文献

［1］王元清，胡宗文，石永久等. 门式刚架轻型房屋钢结构雪灾事故分析与反思［J］. 土木工程学报，2009(3)：65-70.
［2］TSUCHIYA M，TOMABECHI T，T. HONGO T，et al. Wind effects on snowdrift on stepped flat roofs［J］. Wind Engineering and Industrial Aerodynamics，2002，90：1881-1892.

雷暴冲击风作用下低矮厂房风压特性风洞试验研究*

陈圆圆[1]，邓骏[1]，汪之松[1]，黄汉杰[2]

（1.重庆大学土木工程学院 重庆 400045；2.中国空气动力研究与发展中心低速所 绵阳 621000）

1 引言

随着工业的蓬勃发展，低矮厂房结构被越来越多运用到工业生产中，但是厂房结构由于自身跨度大、自重轻、刚度小等特点决定了其抗风性极差。下击暴流属于一种极端天气现象，产生的雷暴冲击风具有突发性和破坏性，对建筑物产生极大的破坏[1]。国内外学者对大气边界层风场下的低矮建筑风荷载特性进行了一定的研究，但对下击暴流作用下低矮建筑的风荷载特性研究较少。聂少锋、周绪红[2]等通过对低层建筑进行风洞试验研究，得出了屋面形式、屋面坡度、挑檐长度和来流方向等不同因素对屋面风压分布的影响。陶玲[3]等对低矮建筑风荷载体型系数进行了研究，给出了中国荷载规范中计算屋面主体结构风荷载分区体型系数的建议值。本文以低矮厂房为研究对象，通过风洞试验，详细分析了在下击暴流作用下厂房表面风压的分布规律，所得的结果将为低矮厂房的抗冲击风设计提供一定参考。

2 实验概况

表1 建筑模型参数

模型编号	长 a/mm	宽 b/mm	高 h/mm	屋面坡度
S1	60	36	24	10%
S2	60	36	24	0

本次风洞试验在中国空气动力研究与发展中心低速空气动力研究所下击暴流风洞实验室进行，用于模拟下击暴流风场的试验装置如图1所示。表1列出了本试验设置的2个建筑模型。刚性模型几何缩尺比采用1:500。本次试验采用固定工况的冲击风装置，所以结构参数设定射流喷口直径为 $D_{jet}=600$ mm，喷口距离底板 $H_{jet}=1.2$ m，喷口射流速度为 $V_{jet}=20$ m/s。风荷载试验共设置了8种工况，分别考虑了径向位置、屋面坡度等因素对厂房表面风压的影响。厂房迎风面距喷口中心 $0.5D_{jet}$、$1.0D_{jet}$、$1.5D_{jet}$、$2.0D_{jet}$，其中 D_{jet} 为喷口直径。图2为径向距离试验示意图。

图1 试验装置图

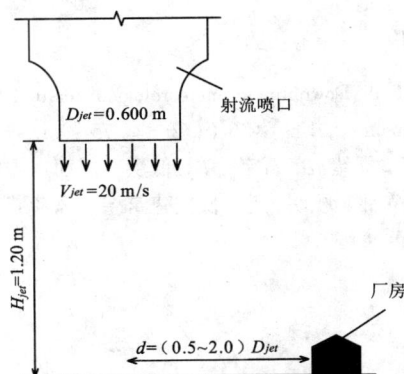

图2 试验示意图

* 基金项目：国家自然科学基金项目（51208537）

3　风压系数分析

建筑物表面的风压系数采用与大气边界层风洞类似计算方法。分析低矮厂房在下击暴流作用下的风压系数的分布，图3与图4给出了模型 S_1 与 S_2 在径向距离为 $1.0D_{jet}$ 时的各表面的平均风压系数的大小与分布，可由风压系数云图得出低矮厂房在下击暴流作用下的风压系数分布特征，并将风压分布与大气边界层风对比。此外，实验通过改变厂房离风暴中心的径向距离以及屋面坡度，得出径向距离与屋面坡度对建筑物表面风压大小及分布的影响。

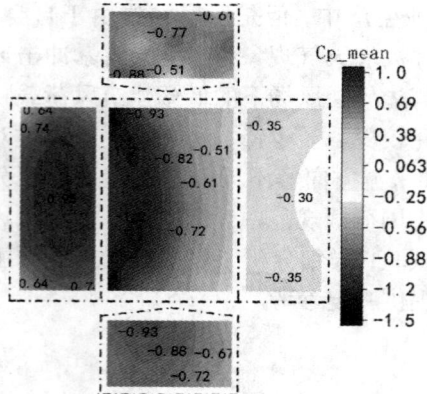

图3　S_1 模型厂房表面平均风压系数云图

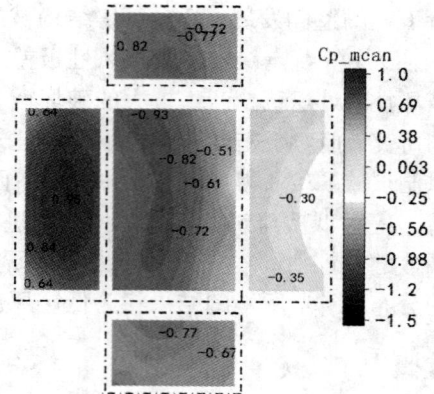

图4　S_2 模型厂房表面平均风压系数云图

4　结论

本文基于冲击射流模型进行了厂房模型测压试验，探究了雷暴冲击风作用下厂房表面风压的分布规律以及不同径向位置、不同屋面坡度对厂房表面风压分布的影响。主要结论如下：①厂房迎风面受到正压作用，风压大小中间比边缘大；厂房左右两侧及背风面受到负压作用，两侧负压分布为上部大下部小，背风面负压分布为中间大两侧小；气流掠过厂房屋面产生负压，迎风侧比背风侧大；与大气边界层风相比，厂房迎风面及屋面风压较大。②厂房迎风面、屋面及背风面风压大体随厂房中线对称分布，但两侧面分布特征与大小相差较大，说明气流在扩散中并不是绝对左右均匀扩散。③厂房离喷口中心的径向距离对厂房表面风压影响显著，厂房表面平均风压随径向距离增加而减小。

参考文献

［1］Fujita T T. Downbursts： meteorological features andwind field characteristics ［J］. Journal of Wind Engi－neering and Industrial Aerodynamics，1990，36（1/2/3）：75－86.

［2］聂少锋，周绪红，石宇，等. 低层坡屋面房屋风荷载特性风洞试验研究［J］. 建筑结构学报，2012，33（3）：118－125.

［3］陶玲，黄鹏，顾明，等. 低矮建筑屋面风荷载分区体型系数研究［J］. 建筑结构，2014，44（10）：79－83.

低矮房屋屋面的非高斯脉动风压时程模拟[*]

程瑞，黄鹏，钟奇

（同济大学土木工程防灾国家重点实验室 上海 200092）

1 引言

我国沿海地区易受台风灾害影响，低矮建筑受损倒塌是风灾损失的主要来源[1]。低矮房屋的屋面由于受气流的分离、再附和漩涡脱落的影响，局部区域的表面风压呈现明显的非高斯性，风压的非高斯性对于研究风压的极值估计有重要影响[4]，所以对低矮房屋屋面的非高斯脉动风压时程进行模拟研究具有重要工程意义[3]。本课题组在上海浦东国际机场附近海边建立了同济大学浦东实测基地，本文主要基于基地测得的 10 m 高度处台风"马勒卡"风速数据和相应的低矮房屋屋面风压时程，对台风"马勒卡"影响下低矮房屋屋盖风压进行功率谱分析，采用修正的逆傅里叶变换法对屋面脉动风压时程进行模拟，并用 Gurley 提出的相关性变形法来模拟平稳非高斯脉动风压时程[2]。

2 平稳非高斯脉动风压的模拟

下面给出 Gurley 相关性变形法的主要步骤，并与修正的逆傅里叶变换法结合[5]：

（1）由平稳非高斯脉动风压的功率谱函数 $S_{ii}(w)$ 经过逆傅里叶变换得到平稳非高斯脉动风压的相关函数 $R_{ii}(\tau)$，本文采用的平稳非高斯脉动风压功率谱为台风作用下屋面典型位置测点的实测风压功率谱。

（2）通过平稳高斯随机过程与平稳非高斯随机过程的相关函数转换公式，将平稳非高斯脉动风压的相关函数 $R_{ii}(\tau)$ 转换为平稳高斯脉动风压时程的相关函数 $R'_{ii}(\tau)$，公式如下：

$$R_{ii}(\tau) = \alpha 2 \left[R'_{ii}(\tau) + 2\hat{h}_3^2 R_{ii}^2(\tau) + 6h_4^2 R_{ii}^3(\tau) \right] \tag{1}$$

式中，$\hat{h}_3 = \dfrac{S}{4 + 2\sqrt{1 + 1.5K}}$，$\hat{h}_4 = \dfrac{\sqrt{1 + 1.5K} - 1}{18}$，$\alpha = \dfrac{1}{\sqrt{1 + 2\hat{h}_3^2 + 6\hat{h}_4^2}}$，$S$、$K$ 分别为脉动风压时程的偏度系数和峰度系数。

（3）将平稳高斯脉动风压时程的相关函数 $R'_{ii}(\tau)$ 经过傅里叶变换后，得到对应平稳高斯脉动风压时程的功率谱函数 $S'_{ii}(w)$；用修正的逆傅里叶变换法模拟具有指定功率谱的 $S'_{ii}(w)$ 的平稳高斯脉动风压时程 $p'_i(t)$。

（4）通过平稳高斯脉动风压和平稳非高斯脉动风压的转换公式，将平稳高斯脉动风压时程 $p'_i(t)$ 转换为平稳非高斯脉动风压时程 $p_i(t)$：

$$p_i(t) = \alpha \left[p'_i(t) + \hat{h}_3' (p_i^2(t) - 1) + \hat{h}_4 (p'^3_i(t) - 3p'_i(t)) \right] \tag{2}$$

采用修正的逆傅里叶变换法得到平稳非高斯脉动风压，为了验证结果的准确性，选择低矮房屋屋面不同位置的两个测点，分别为测点74和测点34，比较实测脉动风压时程和模拟脉动风压时程，自功率谱密度函数和互功率谱密度函数的拟合效果，并进行偏度系数 S 和峰度系数 K 的计算。

表1 脉动风压时程的偏度系数 S 和峰度系数 K 比较

序号	实测值	模拟值	相对误差
测点 74 的 S	−1.82	−1.76	3.30%
测点 74 的 K	8.16	7.52	7.84%
测点 34 的 S	−1.43	−1.35	5.59%
测点 34 的 K	5.84	5.26	9.94%

* 基金项目：国家自然科学基金项目（51678452）

通过比较测点 74 和测点 34 的实测脉动风压时程和模拟脉动风压时程，可以得出模拟得到的偏度系数和峰度系数均满足非高斯特性的要求，而且数值大小都接近实测的偏度系数和峰度系数；Gurley 相关性变形模拟得到的平稳非高斯脉动风压时程随时间有比较强烈变化，并且位于特征湍流影响区域的测点 74 和 34 明显的峰值脉冲，与台风"马勒卡"影响下屋面测点实测采集的脉动风压时程特性基本相同。

3 结论

本文采用改进的逆傅里叶变换法，对屋面脉动风压时程进行模拟，并利用 Gurley 相关性变形法模拟得到非高斯脉动风压时程，通过比较实测脉动风压时程和模拟脉动风压时程，自功率谱密度函数和互功率谱密度函数的拟合效果，并计算实测脉动风压时程和模拟脉动风压的偏度系数和峰度系数，发现模拟的非高斯脉动风压时程满足要求，而且也体现频域上的相关性，因此该模拟方法的精度比较好，可以用于非高斯脉动风压的模拟。

参考文献

［1］黄鹏，陶玲. 浙江省沿海地区农村房屋抗风情况调研［J］. 灾害学，2010，25（4）：90 – 95.

［2］Gurley K R，Kareem A，Tognarelli M A. Simulation of a class of non – normal random processes［J］. International Journal of Non – Linear Mechanics，1996，31（5）：601 – 617.

［3］王飞，全涌. 基于广义极值理论的非高斯风压极值计算方法［J］. 工程力学，2013，30（2）：44 – 49.

［4］Cebon D. Interaction between Heavy Vehicles and Roads［J］. Sae Technical Papers，1993.

［5］Yamazaki FShinozuka M. Digital Generation of Non – Gaussian Stochastic Fields［J］. Journal of Engineering Mechanics，1988，114（7）：1183 – 1197.

举折对古建筑庑殿顶屋面风荷载特性的影响[*]

单文姗[1]，杨庆山[2]，李波[1]，田村幸雄[2]

（1. 北京交通大学土木建筑工程学院 北京 100044；2. 重庆大学土木工程学院 重庆 400044）

摘要：曲线形坡面是古建筑庑殿顶特殊的形体特征之一，这与直线形坡面的普通四坡顶有很大的差异。为了研究庑殿顶表面的风压特征，特于北京交通大学边界层风洞中对庑殿顶建筑模型和普通四坡顶建筑进行了风洞试验，并对作用在屋盖表面的风压和风力进行了分析对比，研究了举折对庑殿顶风压的影响。与普通四坡顶相比较而言，庑殿顶表面的平均、脉动和极值风压均有所增大；曲线形屋盖的整体三分量风力系数和各坡面面平均风压系数均值和极值亦大于直线形屋盖。研究结果将为庑殿顶古建筑屋面围护结构风荷载提供了有力参考。

关键词：古建筑、庑殿顶、举折、风洞试验、风压系数、风力系数

1 引言

近年来，中国古建筑经常遭受风致破坏，尤其是屋顶部分。例如，2013 年，广东佛山古建筑群遭受龙卷风破坏；2015 年安徽黄山古建筑群遭受强风破坏等。虽然，风致破坏会对古建筑的寿命造成直接影响，因此古建筑表面的风压特性亟待研究。

古建筑庑殿顶具有其独特的形体特征。首先，庑殿顶坡面呈下凹曲线，而普通四坡顶的坡面呈直线；庑殿顶翼角向上翘起，飞檐椽亦更为深远，故其俯视图为在矩形基础上，角部有所增大；庑殿顶上正脊较普通四坡顶上正脊而言更长，如此庑殿顶上四条垂脊呈曲线，而普通四坡顶上四条垂脊呈直线。本文的目的在于通过风洞试验研究举折对庑殿顶表面的风压特性和风荷载特性的影响，从而更好的针对古建筑屋面围护结构制定专项保护措施。

2 风洞试验

2.1 风压系数定义

量纲风压系数规定如下：

$$C_{p,i}(t) = \frac{P_i(t) - P_H}{0.5\rho U_H^2} \tag{1}$$

式中，$P_i(t)$ 为测点 i 处的压力，P_H 为参考高度 H 处的参考压力，U_H 为平均参考风速。风吸力为气流离开建筑表面的方向。

2.2 风洞试验模型

根据《清式营造则例》和清工部《工程做法则例》，本研究中所制作的庑殿顶建筑模型立面图如图 1（b）所示。而为了研究举折对古建筑庑殿顶屋盖风压和风荷载的影响，制作了相应的直线型坡面普通四坡顶建筑模型，如图 1（a）所示。

风洞试验于北京交通大学边界层风洞高速试验段内进行，试验段的尺寸为：宽×高×长 = 3 m×2.5 m ×15 m。

3 风洞试验结果

图 2 为普通四坡顶和古建庑殿顶上表面在 0°风向角下的平均风压系数分布。

图 3 为古建庑殿顶和普通四坡顶上表面极值风压系数随风向角的变化。

* 基金项目：国家自然科学基金项目（51338001）；高等学校学科创新引智计划资助（B13002）；中央高校基本科研业务费专项资金资助（2018YJS110）

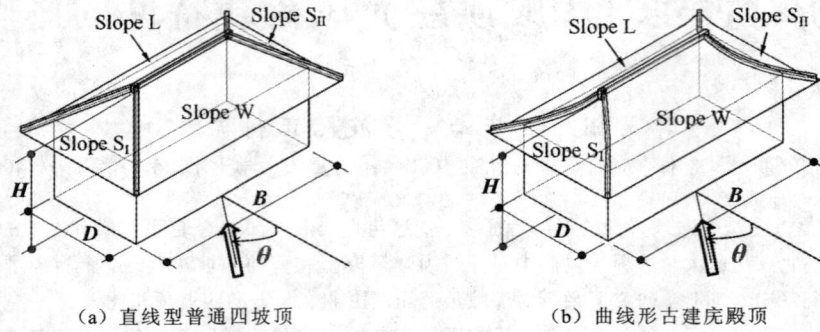

（a）直线型普通四坡顶　　　　　　　　　　　（b）曲线形古建庑殿顶

图1　风洞试验模型及风向角示意

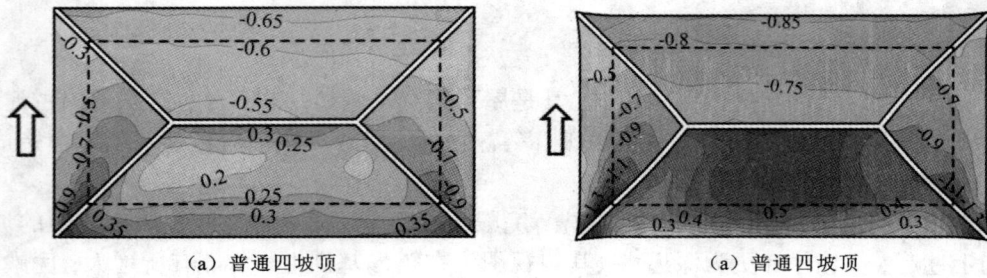

（a）普通四坡顶　　　　　　　　　　　　　（a）普通四坡顶

图2　普通四坡顶和古建庑殿顶上表面平均风压系数分布（$\theta = 0°$）

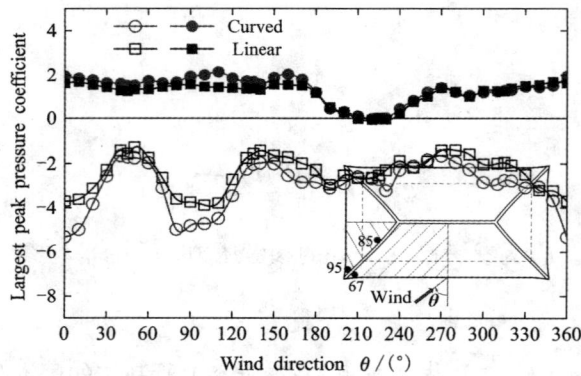

图3　普通四坡顶和古建庑殿顶上表面极值随风向角的变化

下击暴流作用下厂房风荷载数值模拟研究[*]

邓骏[1]，方智远[1]，汪之松[1,2]，陈圆圆[1]

（1. 重庆大学土木工程学院 重庆 400045；2. 重庆大学山地城镇建设与新技术教育部重点实验室 重庆 400045）

1 引言

下击暴流（又称雷暴冲击风）是雷暴天气中强下沉气流冲击地面形成的局部强风，其水平风速沿高度方向呈典型的"鼻子"状分布，在近地面附近达到水平风速的极大值，对工业厂房等低矮建筑具有较强的破坏性[1]。Yan Zhang 等[2]通过物理试验研究了几种不同体型的低矮建筑在下击暴流作用下的风荷载特性，但对整个雷暴风发展过程中的流场变化以及相应的建筑表面瞬时风压分布特征则未有提及。本文采用大涡模拟方法（Large Eddy Simulation，LES），对下击暴流作用下的低矮双坡屋面厂房进行了数值模拟研究，分别讨论了屋面坡度以及径向位置对于建筑风荷载的影响，分析了雷暴风发展过程中建筑周围的流场变化。研究结果可进一步加深下击暴流对低矮建筑风荷载作用机理的认识并为相应结构的抗雷暴风设计提供一定参考。

2 数值模拟概况

2.1 边界条件及网格划分

数值模型计算域与边界条件如图 1 所示，射流喷口采用速度入口边界条件（Velocity – inlet），射流速度 $V_{jet}=20$ m/s，喷口直径 $D_{jet}=600$ m，射流高度 $H_{jet}=1200$ m，模型到喷口射流中心的径向距离用 R 表示，模型几何缩尺比为 1∶500。建立了两种不同坡度的厂房模型，模型长 60 m，宽 36 m，高 25.8 m，屋面坡度分别为 0.1 和 0.4，分析选取的典型径向距离分别为 $R=1.0D_{jet}$ 以及 $R=1.5D_{jet}$。对近地面与建筑物表面网格进行了加密处理，从而满足 $y^+<1$ 的壁面条件，图 2 给出了建筑周围的局部网格划分情况。

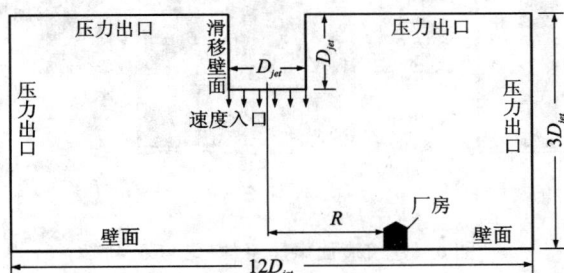

图 1 数值模型计算域与边界条件示意图

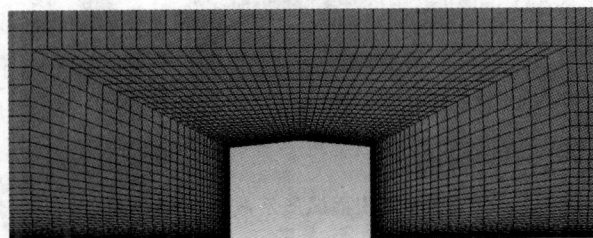

图 2 建筑周围局部网格划分

2.2 湍流模型及求解方法

借助流体计算软件 Fluent 17.0，采用大涡模拟方法进行数值分析，亚网格尺度模型为 Smagorinsky – Lilly，压力与速度场耦合采用 SIMPLEC 算法，湍流强度为 1%，水力直径为 $1.0D_{jet}$，计算时间步长为 0.001 s，共 1000 步。

3 结果与讨论

3.1 流场特性

图 3、4 分别是数值模拟结果径向风剖面与径向位置 $r=1.0D_{jet}$ 处竖向风剖面和实测数据、经验模型、

* 基金项目：国家自然科学基金项目（51208537）

大气边界层风场之间的对比。从图中可以看出，下击暴流风场与边界层风场有着明显的差异，本文大涡数值模拟结果与现有的下击暴流风剖面能够吻合良好。

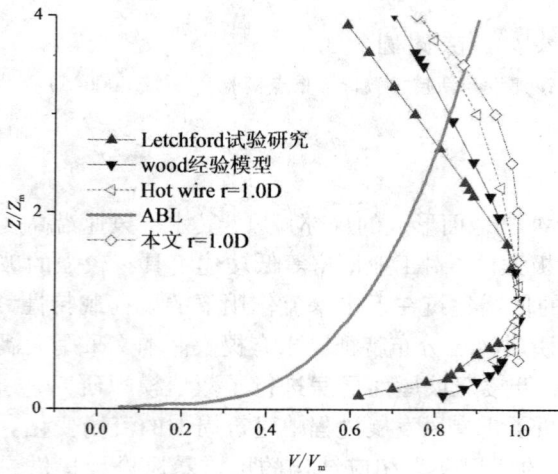

图3　径向风剖面对比

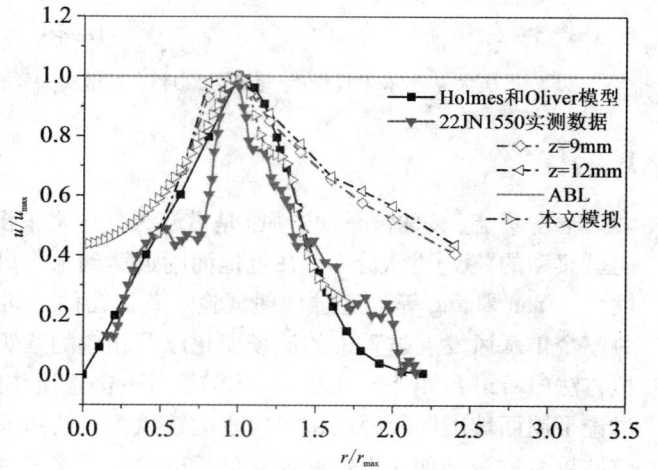

图4　竖向风剖面对比

3.2　厂房表面风压系数

图5、6分别给出了 $R = 1.0D_{jet}$ 位置处，两种不同坡度模型在 $t = 0.4\ s$ 时的表面瞬时风压，由图可知，两模型的屋面风压分布存在显著差别。此外，径向距离对风压分布也有显著影响。

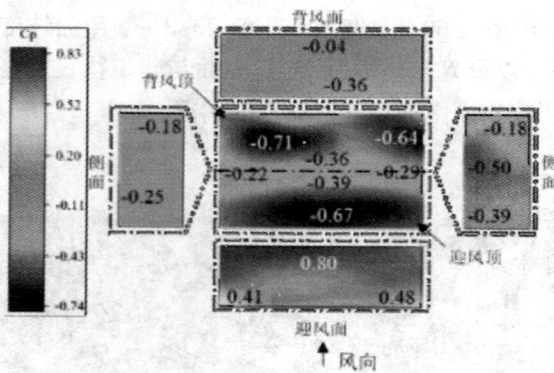

图5　建筑表面风压系数（坡度0.1）

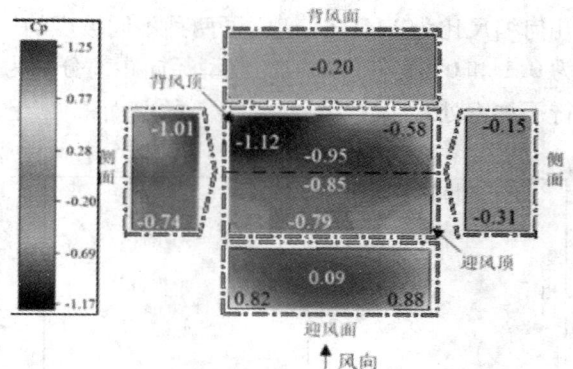

图6　建筑表面风压系数（坡度0.4）

4　结论

本文采用大涡数值模拟方法，对不同屋面坡度、不同径向位置的低矮厂房建筑进行分析研究，得到了各工况下的厂房表面风压系数分布，以及不同时刻建筑周围的气体绕流情况。主要结论如下：①采用大涡模拟方法能够较好地模拟下击暴流风场，进而对瞬态冲击风作用下的建筑风荷载开展研究。②屋面坡度会显著影响气体绕流。当坡度较小时，气流在迎风侧屋檐处发生分离，从而产生较大负压；当坡度较大时，气流在屋檐处不发生分离，因而迎风侧屋面风压减小。③随着径向距离的增大，雷暴风在扩散过程中能量不断损失，气流对厂房冲击力逐渐减弱，迎风面处风压随着径向距离的增加而逐渐减弱。

参考文献

［1］Fujita T. T. Manual of downburst identification for project NIMROD. SMRP Research Paper 156 NTISPB－286048［R］. Chicago：University of Chicago，1978.

［2］Zhang Y，Hu H，Sarkar PP. Comparison of microburst－wind loads on low－rise structures of various geometric shapes［J］. Journal of Wind Engineering & Industrial Aerodynamics，2014，133：181－190.

直立锁边金属屋面板抗风承载力研究

关伟梁，宣颖，谢壮宁

（华南理工大学亚热带建筑科学国家重点实验室 广州 510641）

1 引言

金属屋面系统在大跨空间结构中得到了广泛的应用，很多国内外学者对金属屋面围护系统做了大量研究[1-2]。本文通过静压箱试验及有限元模型分析相结合，在用物理实验数据验证有限元结果可靠的基础下。针对直立锁边 65/400 型金属板的承载力进行参数分析，分析各版型参数对承载力的影响，此外，本文还研究了在添加抗风夹时，夹具与板材交接处的应力集中问题以及夹具对承载力的提高程度。

2 抗风揭试验与有限元结果对比

本文所研究的直立锁边型金属屋面板型为 65/400 型金属板，采用 ASTM E1592 – 200 标准抗风揭测试方法[3]，通过密闭的空气压力箱对位于其内的屋面板试件施加静态的近似均布风压进行测试。试验设备安装如图 1 所示，有限元模型边界条件如图 2 所示，所取测点位于板横向跨中。试验与有限元结果对比见图 3，整体趋势相同，考虑到现场模型锁边工艺与建模理想化差异，有限元模型挠度略大于试验值，故认为此有限元模型可靠，可用于后续分析。

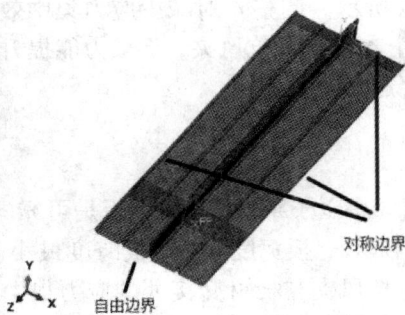

| 图 1 试验图 | 图 2 单板两跨有限元模型 | 图 3 测点结果对比 |

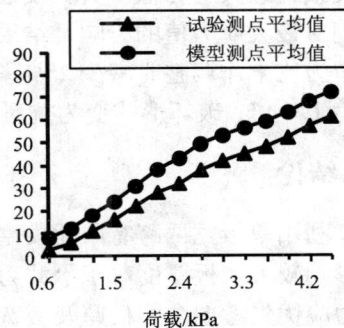

3 有限元模型模拟分析

3.1 板型参数对承载力的影响

为保证屋面板经历台风过后，其抗风承载能力不至于折减过多，需要确定其正常使用状态下的抗风承载值。本文参考汪明波[4]利用 ANSYS/LS – DYNA 模型分析，定义金属支座处竖向板肋上部相对位移达到最大位移值（支座宽度减去大小耳边板的初始位置）的 70% 为正常使用状态的破坏准则。在此基准上，利用单板宽两跨有限元模型分析板厚，板宽，板跨度三个参数对于金属板抗风承载力的影响。结果显示，随着板跨增加，其抗风承载力总体折减不大。随着板厚增加，其抗风承载力呈非线性增加，且增长趋势变快，同时承载力有明显增幅。抗风承载力随着板宽增加而减少，且折减趋势变缓。

图4　支座横截面图

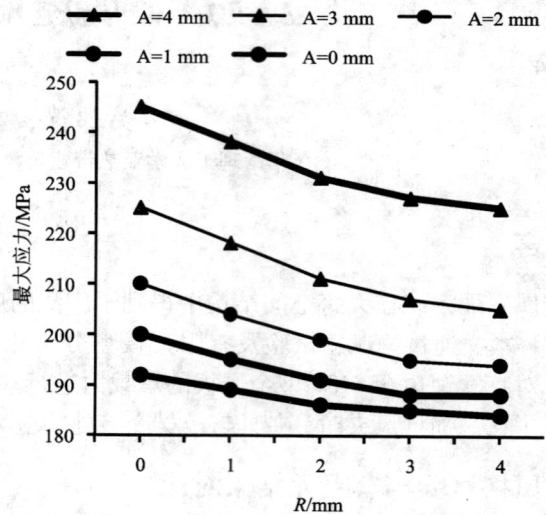

图5　*A* = 0 ~ 4 mm 时最大应力随 *R* 的变化

3.2　抗风夹对屋面系统的影响

为提高已有屋面系统抗风承载力，通常会采取加抗风夹的措施，在板夹交接处会有应力集中的问题。在风荷载反复作用下可能导致交接处板材的疲劳破坏。利用原有限元模型施加抗风夹，分析连接失效时板夹交接处最大应力值。夹具安装如图4所示，调整图上交接处夹具圆角半径 R 以及夹具下缘尺寸 A，分析他们对最大应力值的影响。结果如图5所示。调整 A 对减少应力集中效果最好，当 $A = 0$，$R = 4$ mm 时，最大应力比未作调整时减少25%。在每个支座布置抗风夹，承载力能提升为原来的1.4倍，加密一倍以后提升为1.6倍，破坏形式变为抗风夹具穿透金属板。

4　结论

利用单板宽两跨有限元模型分析直立锁边65/400型金属板是可靠的，其中板型宽度、厚度对板跨中挠度影响较大。板厚度对于承载力的影响最大，板宽度次之，板跨度最小。在实际工程应用中为提高板材承载力应优先考虑调整板厚及板宽。对于抗风夹与板材交接处的应力集中问题，应优化夹具接触处的截面形状，使得接触过渡更光滑。在布置抗风夹具的时候要合理，避免浪费和改变系统破坏形式。

参考文献

［1］金玉芬，杨庆山，李启. 轻钢房屋围护结构的台风灾害调查与分析［J］. 建筑结构学报，2010（S2）：197 – 201.

［2］龙文志. 提高金属屋面抗风力技术问题的探讨［J］. 建筑技术，2013，44（7）：582 – 588.

［3］American，Standard Test Method for Structural Performance of Sheet Metal Roof and Siding Systems by Uniform Static Air Pressure Difference［S］. ASTM E1592 – 2005. 2005.

［4］汪明波. 两类常用金属屋面板抗风性能研究［D］. 华南理工大学，2016.

群体低矮建筑极值负风压的干扰效应[*]

何洋，黄鹏

（同济大学土木工程防灾国家重点实验室 上海 200092）

1 引言

因人口密度大，我国东南沿海地区低矮建筑大多是成群建设的，建筑分布紧密、排列相对整齐。低矮建筑相对整齐的排列会对建筑之间的风荷载产生干扰效应，导致风荷载增大，会造成围护结构破坏，产生一定的人员伤害和经济损失。

2 实验概况和数据处理

2.1 实验模型

中国东南沿海地区低矮房屋建筑多为两层楼的双坡屋面。其中进深为 12 m 不变，宽度为 14.4 m，即为开间 3.6 m 房屋的两个开间。带有挑檐设计，屋面挑檐长度为 0.6 m。檐口高度为 6.6 m，即为底层层高 3.6 m，二层层高为 3 m 的房屋。屋面坡度比为 0.3。

2.2 工况布置

本次实验共有 8 个基础工况，表示实验模型处于不同的相对位置。实验模型位于转盘中央，周围是干扰模型。模型间的横向间距均为 115 mm，对应实际距离为 4.6 m；每个基本工况均对应 3 个不同的纵向间距；具体工况见表 1。

表 1 群体工况布置示意图

工况 1		工况 2		工况 3		工况 4	
间距 d	排列方式	间距 d	排列方式	间距 d	排列方式	间距 d	排列方式
3.6 m		3.6 m		3.6 m		3.6 m	
5.8 m		5.8 m		5.8 m		5.8 m	
8.0 m		8.0 m		8.0 m		8.0 m	

工况 5		工况 6		工况 7		工况 8	
间距 d	排列方式	间距 d	排列方式	间距 d	排列方式	间距 d	排列方式
3.6 m		3.6 m		3.6 m		3.6 m	
5.8 m		5.8 m		5.8 m		5.8 m	
8.0 m		8.0 m		8.0 m		8.0 m	

* 基金项目：国家自然科学基金项目（51678452）。

2.3　数据处理方法

考虑到低矮建筑屋面和墙面破坏均以负压为主,最大负风压是决定设计的重要参数,本文只研究了最不利(绝对值最大)的极值负风压系数,定义极值负压系数的干扰因子如下:

$$\lambda = \frac{C_{p,\,min,\,target}}{C_{p,\,min,\,isolated}} \tag{1}$$

其中 $C_{p,\,min,\,isolated}$ 为孤立建筑在所有风向角下所有测点的最不利的极值负风压系数,$C_{p,\,min,\,target}$ 为目标建筑在该工况所有风向角下所有测点的最不利的极值负风压系数。

3　结论

图 1 和图 2 为孤立工况和工况 1 极值负风压等值线图。通过对于不同位置,不同间距和不同排列方式的群体低矮建筑屋面和墙面风荷载的干扰效应进行风洞试验和分析,可以得到以下几条结论:

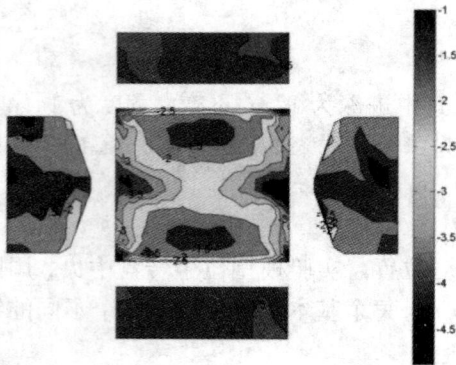

图 1　孤立工况极值负风压等值线图　　　　　　图 2　工况 1 极值负风压等值线图

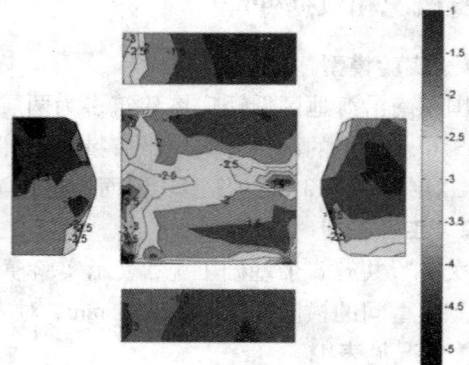

(1)相对位置而言,处于角部位置的主建筑最为不利,其极值负风压系数增幅最大,屋面干扰系数为 1.07,墙面干扰系数可达到 1.38。处于中心位置的建筑最为安全,遮蔽效应最为明显,屋面最小的干扰系数可达 0.64,墙面可达 0.50。

(2)关于间距的影响,屋面的大体趋势为间距越小,干扰系数越小,这是因为间距越小,遮蔽的越完全,遮蔽效应更强。墙面的大体趋势为间距越小,干扰系数越大,这是因为间距越小,墙面与墙面之间形成的峡谷效应就越明显,导致最不利极值负风压就越大。

(3)整齐排列与交错排列相比较,在最不利的工况 1(主建筑在角部)下,整齐排列的干扰系数比交错排列的更大;而对于处于群体中心的主建筑屋面,整齐排列的遮蔽效应更明显。

参考文献

[1] 鄂玉良,谢壮宁,段旻.典型群体低矮建筑的风压分布特征[C].第十四届全国结构风工程学术会议论文集[C].2009:762-769.
[2] 黄鹏,陶玲,全涌,等.浙江省沿海地区农村房屋抗风情况调研[J].灾害学,2010,25(4):90-95.
[3] 全涌,顾明,田村幸雄,黄鹏.周边建筑对低矮建筑平屋面风荷载的干扰因子[J].土木工程学报,2010(2):20-25.
[4] 中华人民共和国国家标准,建筑结构荷载规范 GB 50009—2012[S].中国建筑出版社,2012.
[5] A. G. Davenport, The Application of Statistical Concepts to the Wind Loading of Structures, Proc. Instn. Civ. Engnrs, 1961, 119(8):449-472.

低矮建筑屋面风压抽吸控制试验研究[*]

李朱君[1, 2]，钱长照[1, 2]，胡海涛[1, 2]，陈昌萍[1, 2]

（1. 厦门理工学院土木工程与建筑学院 厦门 361024；2. 厦门理工学院风工程研究中心 厦门 361024）

1 引言

低矮建筑是建筑结构中最普遍存在的一种形式，广泛应用于我国农村和部分城市的大部分住房、公共设施及工业厂房，其安全性是人们关心的头等大事[1]。2016 年 9 月，"莫兰蒂"台风在福建省登陆，正面袭击厦门。此次台风造成房屋损失不计其数，厦门市同安工业区 90% 以上的工业厂棚损毁，有些厂棚被夷为平地。"莫兰蒂"台风及历次风灾后的调研发现，屋面结构的风致损坏是低矮建筑损毁的主要形式之一[2~4]，因此，人们希望通过研究找出风压特征的影响因素及影响规律，然后利用影响规律改善结构，提高抗风性能。

本文基于壁湍流控制理论，利用风洞实验方法，研究局部吸气扰动[5~6]对屋面壁湍流的影响，进而达到改变屋面风压的目的。研究表明，在适当的位置布置吸气孔，只需要很小的吸气量就可以大幅减小屋盖吸力。本次研究的结果可作为低矮平屋面建筑抗风设计的重要参考因素。

2 研究方法和内容

1）风洞实验布置

低矮平屋面建筑风荷载特性风洞实验在厦门理工学院风工程研究中心的风洞试验室低速试验段进行。厦门理工学院风洞是一个串联双试验段、直/回流可转换的边界层风洞，其中低速试验段长 25 m，宽 6 m，高 3.6 m，最高试验风速 30 m/s；高速试验段长 8 m，宽 2.6m，高 2.8 m，最高试验风速 90 m/s。

试验模型尺寸长×宽×高分别为 72 cm×48 cm×24 cm，采用 4 mm 厚亚力克板制作而成，如图 1 所示。将屋面局部测点进行分区，左右对称分布，总共布置了 336 个测点，各测点布置位置如图 2 所示。图中 θ 定义为风向角，实为风向与垂直屋檐的直线夹角。测点压力数据利用用 PSI 压力扫描阀传感器采集，其采样频率为 330 Hz，每组数据采集时长为 180 s，采集样本长度为 19600。

图 1 1:100 模型示意图

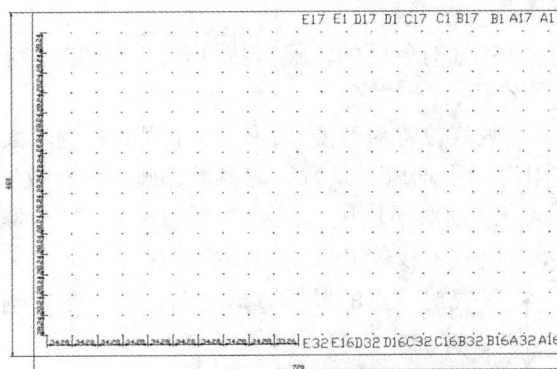

图 2 屋顶测点布置图

2）数据处理方法

风压系数定义：

---

* 基金项目：国家自然科学基金项目(51778551)；厦门市科技计划项目(3502Z20183050，3502Z20161016)

$$C_{pi} = \frac{P_i}{\rho U_0^2/2} \tag{1}$$

其中U_0为屋面高度处的平均风速，p_i为第i个测点处的实测压力，ρ为空气密度。

3）基于抽吸法的屋面风压控制

为了减小风压，采用抽吸气技术，在屋盖中线布置吸气孔，吸气孔直径0.6 mm，吸气装置为微型真空抽气泵，最大抽气量为18 L/min，以100 mm高度为参考，吸气量不足每分钟流经屋面体积流量的万分之一。更换不同吸气位置，获得屋面压力数据，利用数据分析方法，研究屋面风压的变化规律。

图3为几种不同位置吸气情况下屋面中线的压力比较图。该工况为：风向角θ为0°，吸气孔沿垂直屋檐的中线布置。图中$\xi = \frac{\chi_s}{L}$，χ_s为吸气孔到屋盖前缘的距离。图4为距离屋檐$x/L = 0.2$处的测点风压时间历程图，其中虚线为没有吸气时的风压系数，实线为$\xi = 0.15$处吸气时的风压系数。

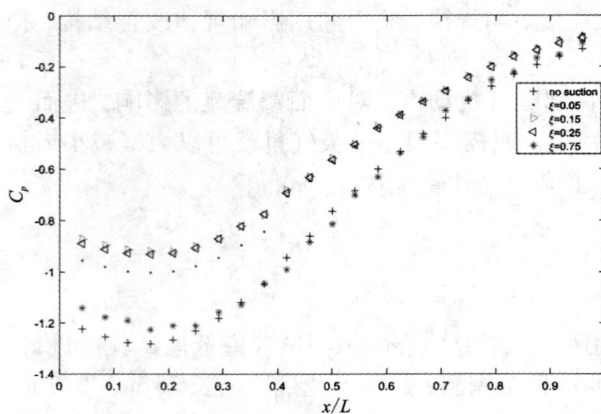

图3　不同吸气位置对屋面压力系数的影响

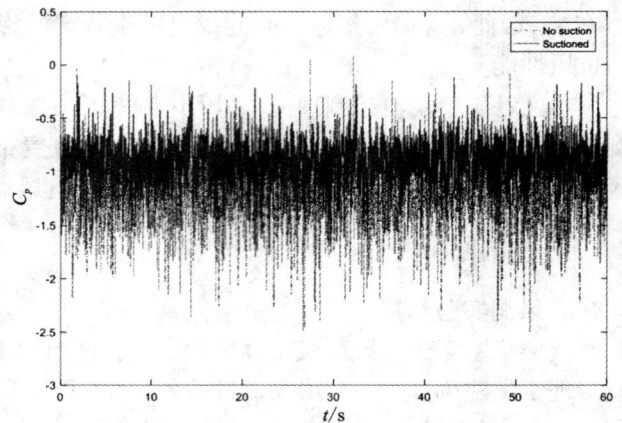

图4　吸气对屋面总压系数的影响

3　研究结果讨论

通过对低矮建筑屋顶的不同位置吸气，测得屋面各点风压系数数据后，进行比较分析，可得出以下结论：

（1）吸气对屋面的流场有扰动作用，可以改变屋面的风压分布，而且较小的吸气量即可起到改变屋面风压的作用；

（2）吸气位置对改变屋面风压作用的影响较大。当吸气孔位于分离点附近或分离点的上游区域，对分离点附近的平均风压系数有明显的影响，可有效地抑制屋面最大吸力；当吸气孔处于离气流分离点较远的下游区域，则对平均风压影响不大，不能有效地抑制最大吸力；

（3）吸气不仅能有效地减小平均风压，对风压的动态幅值也有很好的抑制作用；

（4）吸气对各点的风压数据分布也有一定影响。

参考文献

[1] He J, Pan F, Cai CS. A review of wood-frame load-rise building performance study under hurricane winds-Engineering Structure, 2017, 141: 512 – 529.

[2] Hohn D. Holmes. 结构风荷载[M]. 全涌，李加武，顾明，译. 机械工业出版社，2016.

[3] 孙炳楠，傅国宏，陈鸣，等. 1994年17号台风对温州民房破坏的调查[J]. 浙江建筑，1995(4)：19 – 23.

[4] 戴益民，李秋胜，李正农. 低矮房屋屋面风压特性的实测研究[J]. 土木工程学报，2008，41(6)：9 – 13.

[5] 郑朝荣，张耀春. 高层建筑风荷载减阻的吸气方法数值研究[J]. 应用基础与工程科学学报，2010：8(1)：80 – 90.

[6] 郑朝荣，张耀春. 高层建筑风荷载减阻的吹气方法数值研究[J]. 建筑结构学报，2010(s2)：176 – 181.

不同坡角低矮建筑屋面局域风压极值分布规律研究*

梅文成[1]，戴益民[1]，杨梦昌[2]，蒋妹[1]，李驰宇[1]

（1. 结构抗风与振动控制湖南省重点实验室 湘潭 411201）；2. 百色学院 百色 533000）

1 引言

风灾调查显示，低矮房屋因风灾损毁损失巨大，且其屋面为主要破坏区域，低矮建筑屋面形式以双坡屋面为主，当气流遇到屋面坡角后会产生复杂的气流分离、附着、脱落等现象进而形成易损区域[1]。国外Tominaga等[2]研究指出坡角影响房屋屋面峰值吸力的位置和大小。顾明、全涌等[3]指出坡角增大会导致低矮建筑屋面最大升力系数减小，并通过大量风洞试验研究了湍流影响房屋表面风压的复杂机理。赵雅丽、全涌等[4]讨论了在不同挑檐形式的低矮建筑湍流强度影响屋面脉动风压分布情况。综上，尽管上述已有不少成果，而实际中建筑物表面风压受建筑外形、风向、周边环境等因素影响较大，因此对不同坡角、风向角、风场工况下低矮建筑开展抗风研究具有重要的现实意义。

本文通过风洞试验重点研究在控制湍流积分尺度的条件下单独考虑湍流度的格栅均匀湍流场中，影响 $0°$、$9.6°$、$18.4°$、$30°$ 四类坡角双坡低矮建筑屋面易损区的风压极值分布规律。

2 研究方法与内容

风洞试验在湖南科技大学直流吸入式边界层风洞中进行。试验段长×高×宽为 21.0 m ×3.0 m×4.0 m，中心转盘直径3.0 m。试验风场采用格栅法被动模拟均匀格栅湍流场，风场风速 V_0、湍流度 I_0、积分尺度 L_u^x 分别控制在 10 m/s、13%、0.3。

试验模型为 $0°$、$9.6°$、$18.4°$、$30°$ 四类不同坡角双坡低矮房屋刚性模型，缩尺比为 1:20，体型比为 1:1.5:1，尺寸长×高×宽为 600 mm ×400 mm×400 mm，模型材料由 ABS 板制作而成如图 1 所示。模型屋面布置 130 个测点，将屋面局部区域测点分为 Ⅰ～Ⅵ区如图 2 所示，试验工况如表 1 所示。

图1 试验模型

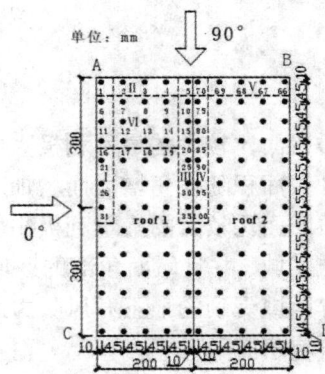

图2 屋面测点布置

表1 试验工况

模型尺寸	屋面坡角	缩尺比	湍流度	风向角
600 mm ×400 mm×400 mm	$0°$、$9.6°$、$18.4°$、$30°$	1:20	13.0%	$0°$ ~$90°$间隔 $10°$（补测 $45°$）

* 基金项目：国家自然科学基金项目（51578237）

3　结果分析

　　本文研究内容主要包括两个部分，第一部分是通过对低矮房屋屋面局部测点进行分区，分析了控制湍流度在不同坡角影响低矮建筑屋面局部区域风压特性与风压变化规律；第二部分是将屋面130个测点所属面积划分区格，定量研究风向角与低矮建筑屋面各区域测点最不利极值对应关系；其中在0°风向角下不同坡角对低矮房屋屋面风压影响如图3所示。

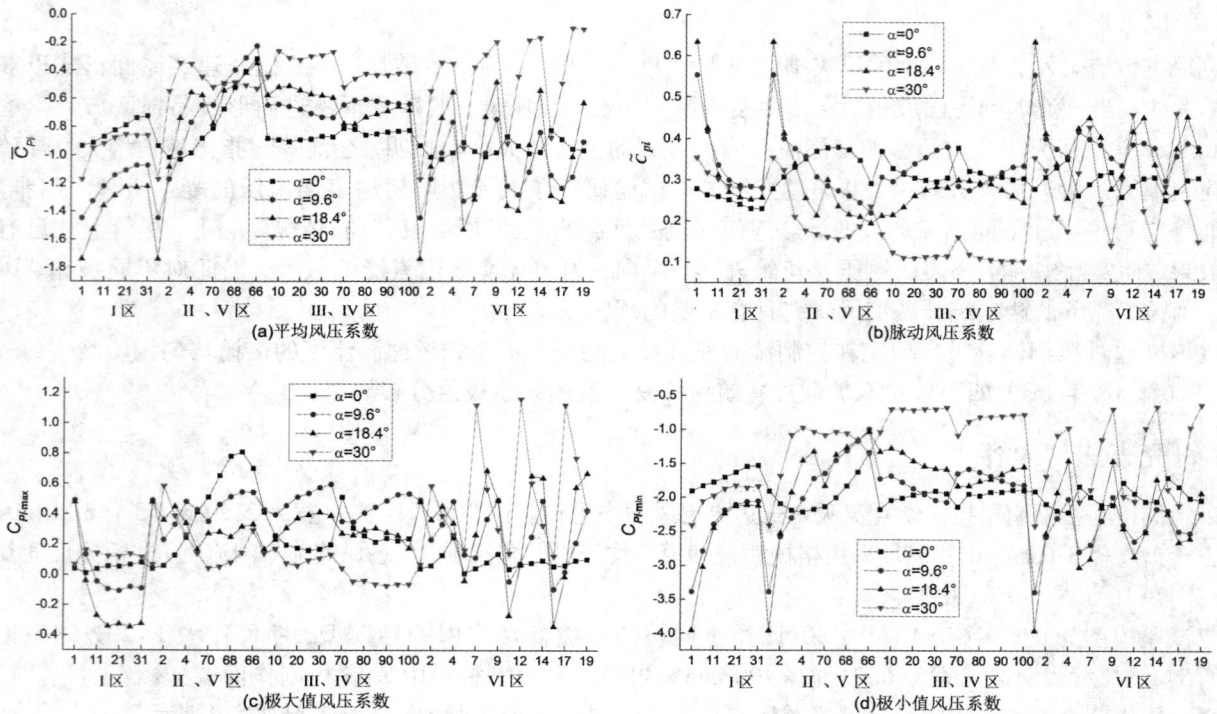

图3　风向角0°屋面局部测点的风压系数

4　结论

　　双坡低矮屋面比较大的最不利极大值风压主要位于斜风向情况下的迎风屋面角部区域，并且屋面的最不利风压力区域面积随坡角增大而增加。

　　双坡低矮屋面比较大的最不利极小值风压主要位于斜风向情况下的迎风屋面角部区域、屋檐区域和迎风山墙的屋脊区域，并且屋面角部的区域最易被损坏。当坡角增大至9.6°、18.4°时房屋屋面的迎风屋檐、靠山墙的屋脊区域受到的最不利风吸力影响愈来愈明显；但坡角增大为30°时屋面所受的最不利风吸力荷载均小于其他坡角。

参考文献

[1] 胡尚瑜，李秋胜，戴益民，等.近地台风风场特性及低矮房屋风荷载现场实测研究[J].建筑结构学报，2013，34（6）：30-38.

[2] Tominaga Y, Akabayashi SI, Kitahara T, et al. Air flow around isolated gable-roof buildings with different roof pitches: Wind tunnel experiments and CFD simulations[J]. Building & Environment, 2015, 84: 204-213.

[3] 全涌，陈斌，顾明，等.外形几何参数对双坡低矮建筑屋盖上最不利风压系数的影响[J].工程力学，2010，27（7）：142-147.

[4] 赵雅丽，黄鹏，全涌，等.典型双坡低矮建筑屋面风压分布特性风洞试验研究[J].同济大学学报，2010，38（11）：1586-1592.

基于三种算法的轻钢结构厂房屋面风致易损性分析[*]

齐泽天，段忠东

(哈尔滨工业大学(深圳) 深圳 518055)

1 引言

现在国内外主要采用 CFD 模拟和风洞试验等方法进行轻钢结构厂房风致易损性分析，分析结果是可靠有效的。但是存在最大的问题是，当结构参数、环境参数发生变化时，需要重新建模、画网格以及重新做试验，重新进行分析。因此在现实中，无法采用这些方法得到不同环境参数、不同结构参数下未知工况厂房屋面的风致失效情况。

基于此，本文利用 NIST – UWO 风洞试验数据构建完整数据样本库，然后采用 PSO – BP 神经网络、支持向量机、随机森林三种机器学习算法，进行模型训练，结构选型，参数优化，最终每个算法均构造出一个最佳预测模型。然后通过分析对未知工况整体失效情况的预测准确率，以及对未知工况不同失效等级屋面板的预测准确率。判断机器学习算法是否可以有效预测不同环境参数、不同结构参数下未知工况厂房屋面的风致失效情况。

2 轻钢结构厂房屋面风致失效情况数据库

2.1 计算轻钢结构厂房屋面风致失效概率

根据 NIST – UWO 风洞试验 2242 个工况数据。采用根据 Nataf 变换方法，在考虑屋面自攻螺钉所受拉力相关性情况下，采用蒙特卡洛随机方法进行轻钢结构厂房屋面压型钢板的可靠度分析[1]，计算所有屋面板风致失效概率，部分工况屋面失效情况如图 1 所示。本文背景泄漏指试验模型的背景透风率为 0.1%。

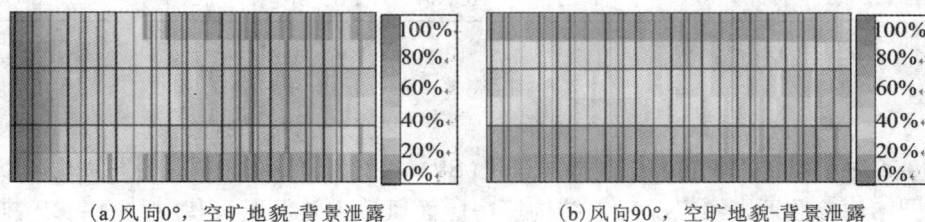

(a)风向0°，空旷地貌-背景泄露   (b)风向90°，空旷地貌-背景泄露

图 1　风洞试验轻钢结构厂房屋面失效情况

2.2 三种算法模型输入层属性

根据样本库信息，考虑轻钢结构厂房屋面风致失效主要由结构尺寸、工况、地貌、屋面风场特性等参数影响，因此本文采用了 16 个属性作为输入层单元。1 ~ 8 属性从风洞试验数据中获取，代表轻钢结构厂房本身结构特性和环境特性。9 ~ 14 属性代表屋面板风场特性。15 ~ 16 属性代表屋面板在厂房的位置。

2.3 三种算法模型输出层属性

根据初始样本库信息，对 2242 个工况的屋面板失效概率进行屋面板失效等级(等级 1 ~ 等级 8)划分，形成新的屋面板失效概率数据，作为三种算法的输出层数据库。

3 三种智能算法理论和结构

本文采用 PSO – BP 网络、支持向量机(SVM)、随机森林(RF)三种现行有效的分类算法[2~4]，预测 2242 个工况中每个厂房屋面板失效情况。对未知部分工况的预测结果如表 1 所示，BP – PSO 网络和随机

＊ 基金项目：国家重点研发计划资助(2018YFC0809400)

森林预测准确率最高，普遍在80%以上，而支持向量机预测效果最差。

表1　三种算法对屋面板失效概率的预测结果

工况	模型参数	准确率/%		
		PSO – BP	SVM	RF
1	$L=125ft$；$w=80ft$；$H=16ft$；$slop=1/12$；风向315°；背景泄露；空旷地貌	81.8	64.6	75.0
2	$L=125ft$；$w=80ft$；$H=24ft$；$slop=1/12$；风向360°；背景泄露；城市地貌	92.7	89.1	95.9
3	$L=62.5ft$；$w=40ft$；$H=18ft$；$slop=1/12$；风向360°；背景泄露；空旷地貌	92.6	90.7	94.4
4	$L=62.5ft$；$w=40ft$；$H=12ft$；$slop=1/12$；风向315°；背景泄露；空旷地貌	81.5	75.9	88.8
5	$L=187.5ft$；$w=120ft$；$H=12ft$；$slop=1/12$；风向270°；背景泄露；空旷地貌	77.9	81.1	80.7
6	$L=187.5ft$；$w=120ft$；$H=16ft$；$slop=1/12$；风向360°；背景泄露；城市地貌	86.9	85.7	86.3

进一步分析三种算法对不同失效等级屋面板的预测，如表2所示。发现PSO – BP对每个失效等级均保持最高的准确率；支持向量机预测准确率最差；随机森林对低等级和高等级预测准确率与PSO – BP 网络相当，但是对4、5、6等级的预测效果远差于PSO – BP 网络。

表2　三种算法对屋面板不同失效等级的预测

所有工况	准确率/%							
	等级1	等级2	等级3	等级4	等级5	等级6	等级7	等级8
PSO – BP	70.0	91.2	89.8	69.9	84.9	81.2	71.2	93.5
SVM	68.7	89.1	91.0	60.4	45.3	66.1	68.1	87.1
RF	71.2	91.0	86.1	65.8	55.3	75.3	71.6	92.1

4　结论

根据本文研究分析，PSO – BP 网络、支持向量机(SVM)、随机森林(RF)三种算法均可以有效的预测不同环境参数、不同结构参数下未知工况轻钢结构厂房屋面风致失效情况。其中PSO – BP 神经网络泛化能力最强，最为稳定，是三种方法中表现最好的算法。

参考文献

[1] 刘小波. 屋面覆盖物风致损失的概率评估[D]. 成都：西南交通大学，2015.
[2] WANG Hai – yan, LI Jian – hui, YANG Feng – lei. 支持向量机理论及算法研究综述[J]. 计算机应用研究，2014，31(5)：1281 – 1286.
[3] 王小川. MATLAB 神经网络43 个案例分析[M]. 北京航空航天大学出版社，2013.
[4] 陈华丰，张葛祥. 基于决策树和支持向量机的电能质量扰动识别[J]. 电网技术，2013，37(5)：1272 – 1278.

低矮房屋屋面易损区瞬态风荷载试验研究*

宋思吉[1,2]，戴益民[1,2]，袁养金[1,2]，梅文成[1,2]，郭魁[1,2]

（1 结构抗风与振动控制湖南省重点实验室 湘潭 411201；2 湖南科技大学土木工程学院 湘潭 411201）

1 引言

低矮建筑屋面在强风作用下会突然破坏，形成瞬态脉冲现象对建筑造成二次破坏[1]。Sharma 等[2]研究建筑突然开孔时的瞬态响应，并提出一种数值分析模型；余先锋等[3]对特定时刻下开孔时瞬态内压峰值响应进行研究；时峰等[4]对屋盖角部突然开孔过程进行模拟，研究瞬时风压特性。本文基于低矮建筑易损区风致破坏风洞试验，开展不同开孔位置及地貌条件所致建筑内压瞬态响应研究，并考虑在开孔不同阶段时屋面外压特性。

2 风洞试验概况

本文风洞试验在湖南科技大学风工程试验研究中心开展。试验模型为双坡低矮房屋，屋面坡度为18.4°，缩尺比为1:40，几何尺寸为300 mm×200 mm×23.33 mm。试验风场为1:40的B类风场，控制风速为11 m/s。屋面易损区开孔位置根据未开孔时屋面风荷载确定，为迎风角部方形（工况1）、背风屋脊L形（工况2）、迎风角部L形（工况3）、迎风角部山墙（工况4）、迎风角部屋檐（工况5）。为获取建筑内外压，模型采用双层测点，内外表面布置一致，试验瞬态开孔风向角为30°，开孔形状和大小、测点布置及试验模型布置如图1～图3所示。

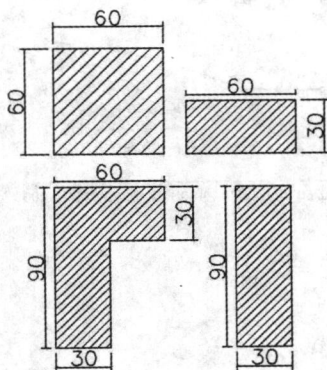

图1　开孔形状及大小　　　　图2　测点布置图　　　　图3　模型布置图

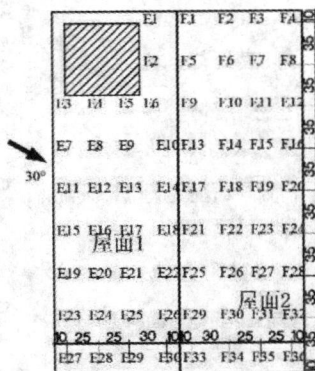

3 试验结果分析

针对 B 类地貌下屋面五种不同开孔位置，模拟突然破坏过程，研究屋面易损区风毁破坏所致内压的瞬态特性，所得的开孔瞬态过冲比等值线分布如图4所示。

分别在均匀流场、A 类地貌、B 类地貌以及 C 类地貌下进行瞬态破坏研究，其风场对应湍流度为3.5%、11.7%、14.2%、24.2%，各地貌下瞬态过冲比分布如图5所示。

选取未开孔时、瞬态开孔时及稳态时三个不同阶段，对比分析瞬态破坏过程中屋面易损区外压的变化规律。取屋面短边中轴线方向测点为 X 轴，迎风屋面长边中轴线方向测点为 Y1 轴，背风屋面长边中轴线方向测点为 Y2 轴。背风面开孔工况结果如图6所示。

* 基金项目：国家自然科学基金项目（51578237）

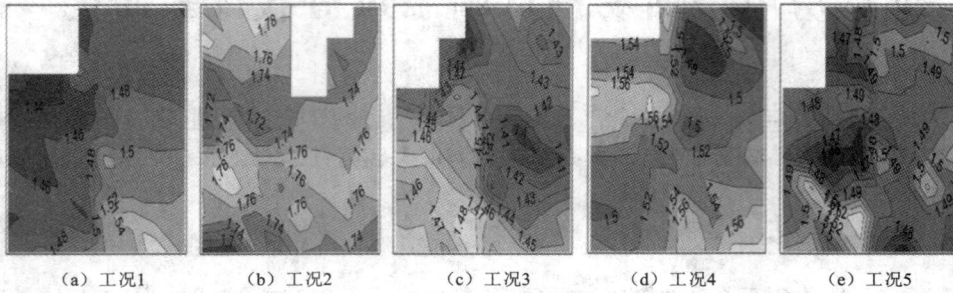

(a) 工况1　　　(b) 工况2　　　(c) 工况3　　　(d) 工况4　　　(e) 工况5

图4　不同位置开孔瞬态过冲比分布

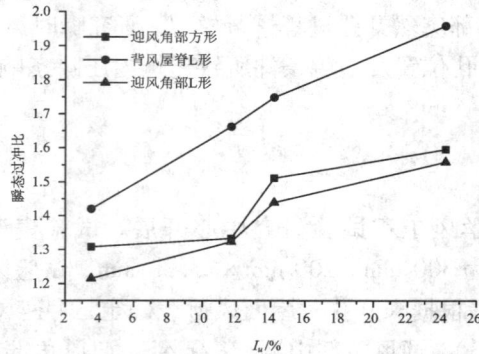

图5　不同地貌下瞬态过冲比

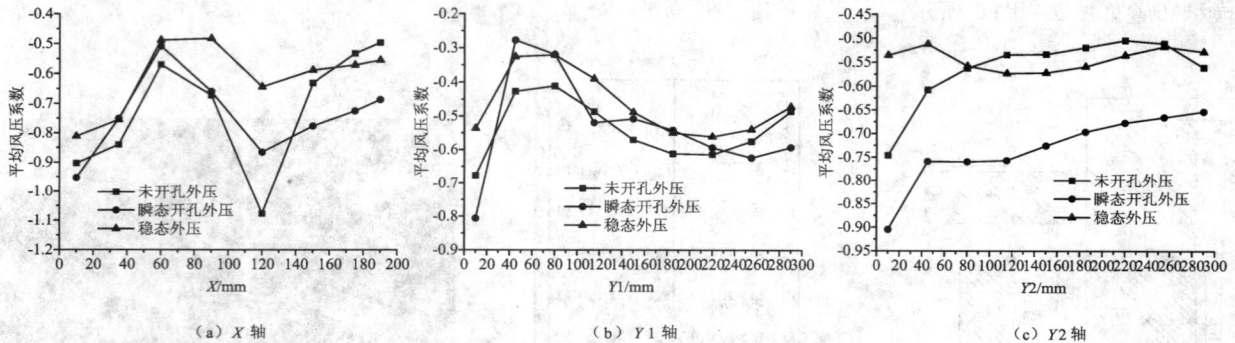

(a) X 轴　　　　　　　(b) Y1 轴　　　　　　　(c) Y2 轴

图6　不同方向三阶段屋面外压分布

4　结论

（1）低矮建筑屋面瞬态过冲比在不同位置开孔时分布差异较大，在背风屋面开孔时，相比于迎风面破坏，会产生更加明显的内压峰值，对建筑造成更严重的破坏，且随着风场湍流度的增加，瞬态过冲比基本呈线性增长。

（2）对比为开孔时、开孔瞬态以及稳态阶段的屋面外压，在屋面瞬态开孔的过程中，瞬间破坏开孔会对屋面外压产生瞬态效应，且稳态外压与未开孔时也有较大差异，说明开孔对外压影响也较明显，因此在低矮建筑抗风设计中需考虑着瞬态效应及开孔的影响。

参考文献

［1］段旻，谢壮宁，石碧青. 低矮房屋瞬态内压的风洞试验研究［J］. 土木工程学报，2012（7）：10 - 16.

［2］Sharma R，Richards P. Computational modelling of the transient response of building internal pressure to a sudden opening［J］. Journal of Wind Engineering & Industrial Aerodynamics，1997，72（1）：149 - 161.

［3］余先锋，段旻，谢壮宁. 突然开孔结构风致瞬态内压极值研究［J］. 振动与冲击，2017，36（9）：63 - 67.

［4］时峰，李秋胜，王相军，等. 屋盖角部突然开孔的低矮房屋风压特性研究［J］. 建筑结构，2017（7）：101 - 108.

开孔低矮建筑的龙卷风荷载特性[*]

王蒙恩[1]，曹曙阳[1,2]，操金鑫[1,2]

（1. 同济大学土木工程学院桥梁工程系 上海 200092；2. 同济大学土木工程防灾国家重点实验室 上海 200092）

1 引言

龙卷风作为极端气候的产物，破坏强度高，监测难度大。发生龙卷风的地区往往积聚大量的低矮建筑，龙卷风的袭击对低矮建筑结构造成严重的破坏[1]。由于普通建筑结构在服役期内遭受龙卷风袭击或影响的概率较低，针对建筑结构的设计规范未能将龙卷风荷载考虑在内。但对于车站、机场、发电站和重大工程等聚集人群较多或功能意义重大的建筑而言，一旦遭受龙卷风的袭击或影响，将导致严重的灾难和极大的社会冲击。因此有效地评估龙卷风对包括低矮建筑在内、需要保护的各种建筑结构抗风性能的影响十分重要。低矮建筑门窗在龙卷风作用下被破坏或者龙卷风袭击时处于开启状态，将会导致低矮建筑的龙卷风荷载特性发生变化。本文主要研究封闭低矮建筑和三种不同立墙开孔率低矮建筑的龙卷风荷载特性，分析开孔对低矮建筑龙卷风荷载特性的影响。

2 试验概况

基于同济大学龙卷风模拟器（图1所示），建立物理模拟龙卷风风场，风场相关参数如表1所示。以一种封闭低矮建筑和三种立墙开孔低矮建筑为研究对象。模型（图2所示）的几何尺寸均为50 mm×50 mm×25 mm（宽×深×屋檐高），屋盖坡角为30°。三种开孔模型的开孔率分别为2%、4%和8%。试验模型为测压模型，模型外表面共布置测压孔98个，开孔模型内表面布置测压孔24个。测压试验采样频率为300 Hz，采样时间为60 s。模型相对龙卷风漩涡的位置如图3所示。

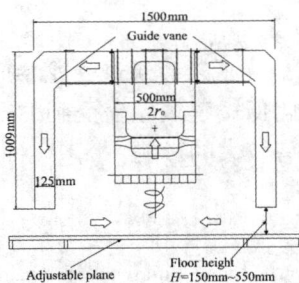

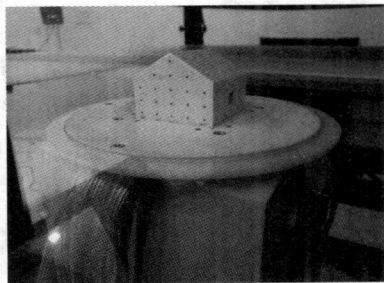

図1　龙卷风模拟器　　　図2　低矮建筑试验模型　　　図3　低矮建筑模型相对龙卷风旋涡位置

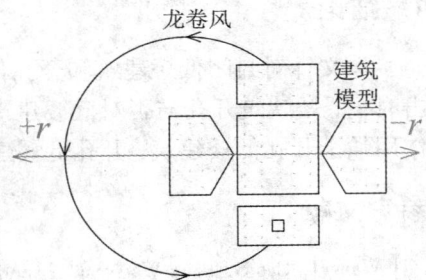

表1　低矮建筑龙卷风荷载试验风场参数

流场参数	涡流比 S	涡核半径 r_c	最大切向速度 $U_{t\max}$	$U_{t\max}$发生高度 h	屋檐高度涡核半径 r_{cz}	屋檐高度最大切向速度 $U_{t\max,z}$
数值	1.08	65 mm	13.5 m/s	10 mm	90 mm	12.9 m/s

本文试验几何缩尺比为1:300，速度缩尺比为1:5，结合现实龙卷风的相关数据[2]，本文的物理模拟风场可以再现EF3等级龙卷风对低矮建筑结构的作用。龙卷风导致低矮建筑外表面和内表面风压的量纲化定义如公式（1）所示，低矮建筑屋盖整体升力系数的定义如公式（2）所示。

$$C_{pe(i)}(t) = (P_{e(i)}(t) - P_{ref})/0.5\rho U_{t\max,z}^2 \tag{1}$$

* 基金项目：国家自然科学基金项目（51478358）

$$L_{e(i)}(t) = \sum_{i=1}^{n} C_{pe(i)}(t) \cdot A_i \Big/ \sum_{i=1}^{n} A_i \tag{2}$$

式中，$P_e(t)$、$P_i(t)$ 分别为模型外、内表面的风压时程；$C_{pe}(t)$、$C_{pi}(t)$ 分别为模型外、内表面的压力系数时程；$L_e(t)$、$L_i(t)$ 分别为模型屋盖外、内表面的整体升力系数时程；P_{ref} 为参考风压；ρ 表示空气密度；$U_{tmax,z}$ 为屋檐高度平面龙卷风的最大切向速度；A_i 为屋盖表面测点在水平方向投影面积。$L_e(t)$、$L_i(t)$ 的平均值 L_{e_mean}、L_{i_mean} 称为屋盖外、内表面平均升力系数。

3　开孔低矮建筑荷载特性

图 4 所示为封闭和开孔低矮建筑屋盖外表面、内表面和净（外表面 – 内表面）平均升力系数沿龙卷风旋涡径向的分布，横坐标为量纲化的低矮建筑模型与龙卷风涡核中心之间的距离。不同类型低矮建筑屋盖外表面平均升力系数基本一致；开孔低矮建筑模型屋盖内表面、净平均升力系数沿径向的变化趋势随开孔率不同差别较大。

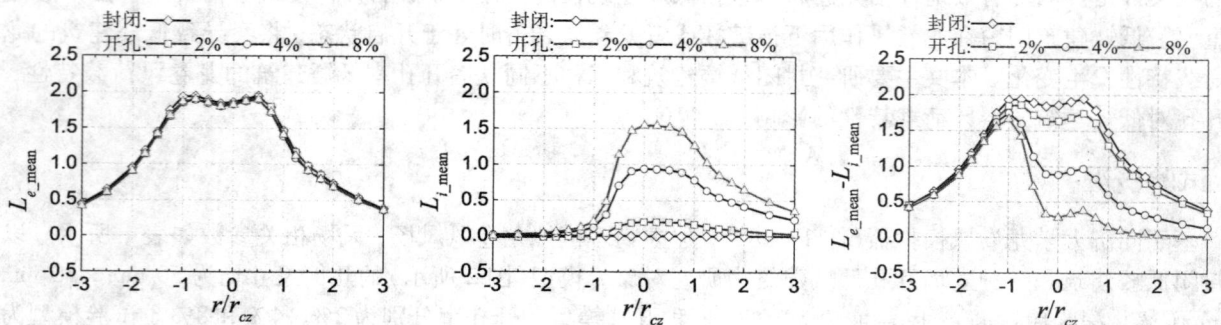

图 4　低矮建筑屋盖平均升力系数

4　结论

本文针对封闭低矮建筑和开孔低矮建筑的龙卷风荷载特性进行了相关研究。当低矮建筑遭受龙卷风袭击时，低矮建筑开孔与否对低矮建筑内压和屋盖升力荷载具有较大的影响。封闭低矮建筑屋盖受到的升力作用强于开孔低矮建筑；开孔低矮建筑的开孔率对其屋盖内表面受到的升力具有较大的影响。

参考文献

[1] Wang J, Cao S, Pang W, et al. Experimental Study on Tornado – Induced Wind Pressures on a Cubic Building with Openings [J]. Journal of Structural Engineering, 2018, 144(2).

[2] 纪文君, 刘正奇, 郭湘平, 等. 龙卷风生成机制的探讨[J]. 海洋预报, 2003, 20(1)：14 – 19.

带抗风夹的直立锁边屋面系统抗风承载力数值研究[*]

武涛[1]，孙瑛[1,2]，武岳[1,2]

（1. 哈尔滨工业大学土木工程学院 哈尔滨 150090；
2. 哈尔滨工业大学结构工程灾变与控制教育部重点实验室 哈尔滨 150090）

1 引言

针对屋面系统的风揭破坏事故，国内外学者进行了大量的试验与数值研究。通过对屋面系统承载力的一系列参数研究，国外学者[1,2]提出确定屋面系统承载力的标准试验方法。国内学者[3,4]同样开展了大量研究，并根据国外的试验方法制订了我国的抗风揭试验方法标准。为进一步提高屋面系统的抗风承载力，有学者[5]设计了抗风夹，但没有对带抗风夹的屋面系统承载力开展深入研究。本文采用模拟手段对带抗风夹的屋面系统进行了承载力研究，主要考虑板厚及抗风夹尺寸的影响。

2 直立锁边屋面系统抗风数值模拟方法

基于 ANSYS 对屋面系统抗风进行数值研究，由于板会产生较大变形，因此对板选用 SHELL181 进行模拟。为得到规则均匀的结构化网格，对支座及抗风夹选用 SOLID187 进行模拟，采用映射网格方法划分网格，有限元模型如图 1。屋面系统两侧建立固定约束，屋面板相连处约束条件较复杂，采用接触对并建立柱面坐标系用法向约束进行模拟，如图 2 所示。

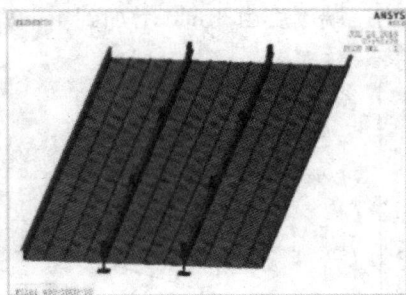

图 1　有限元模型

图 2　卷边处约束设置

3 数值结果的试验验证

用前期试验结果验证了数值方法的有效性。以板宽 0.4 m、抗风夹间距 1 m 的工况为例，卡口位移与测点应力对比结果见图 3。

4 直立锁边屋面系统抗风承载力参数分析

4.1 板厚的影响

对板厚取 0.8 ~ 1.2 mm 的屋面系统进行了抗风承载力研究，得到屋面系统承载力与屋面最大应力随板厚的变化曲线，如图 4、5。可以看出，板厚增加 50%，屋面系统的承载力仅增加了 40%；且板厚的增加并不能使屋面最大应力显著提高，反而当板厚超过 1.0 mm 后，随着板厚的增加，屋面最大应力出现下降。可见增加板厚会使屋面承载力提高，但并不经济。

* 基金项目：国家自然科学基金面上项目（51478155，51878218）

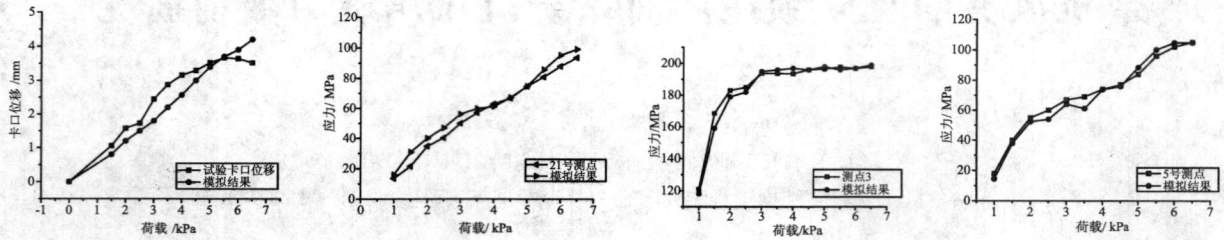

图3   卡口位移及测点应力对比

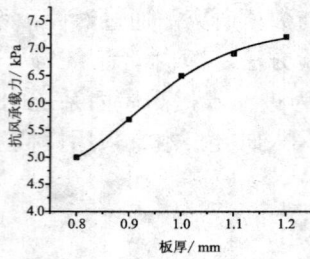

图4   板厚对抗风承载力的影响

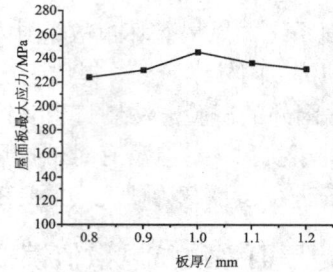

图5   板厚对屋面最大应力的影响

4.2   抗风夹尺寸的影响

对抗风夹尾端厚度与长度分别取 2 mm、3 mm、4 mm 与 3 mm、4 mm、5 mm 的屋面系统进行抗风模拟研究，如图 6 所示。由承载力结果发现承载力受尾端长度的影响较小；保持尾端长度不变，尾端厚度由 2 mm 增加到 3 mm 时，承载力分别提升了 27%、23%、18%。而当尾端厚度由 3 mm 增加到 4 mm 时，抗风承载力仅分别提升 0、6%、8%。可见抗风夹尾端厚度的影响有限。

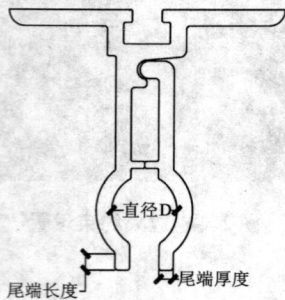

图6   抗风夹示意图

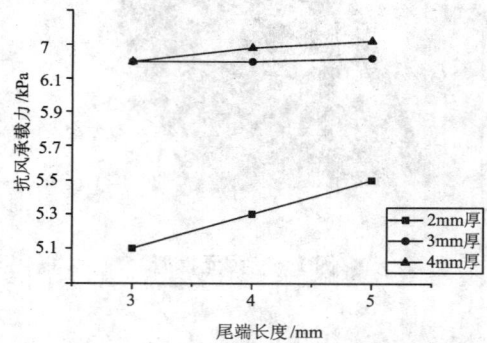

图7   抗风夹尺寸对抗风承载力影响

5   结论

对屋面系统抗风承载力的数值研究表明，增加板厚可以提高屋面系统的抗风承载力，同时也会使成本增加。抗风夹尾端长度对抗风承载力影响较小，尾端厚度的增加会使抗风承载力提高，但是提升能力有限。

参考文献

[1] Schroter R C. Air pressure testing of sheet metal roofing[J]. Proceedings of second international symposium on roofing and technology. Gaithersburg, MD, 1985: 1 – 6.

[2] Hosam M. Ali. Models for standing seam roofs[J]. Journal of Wind Engineering and Industrial Aerodynamics. 2003, 91: 1689 – 1702.

[3] 秦国鹏，张晓旭，等. 铝合金屋面系统抗风揭性能试验研究及数值分析[J]. 工业建筑，2016, 46(10): 169 – 173.

[4] 石景，张其林，等. 铝合金屋面板承载力的数值模拟及试验研究[J]. 建筑结构，2006, 36(4): 99 – 103.

[5] 陈玉. 直立锁边屋面系统抗风承载能力研究[D]. 北京：北京交通大学，2015.

低矮房屋屋面风压分布相关性的影响因素试验研究*

严赫，许俊，胡尚瑜

（桂林理工大学土木与建筑工程学院 桂林 54100）

1 引言

目前对低矮房屋屋面风压相关的课题研究有很多，而本文所研究的是在不同的湍流积分尺度的流场下与低矮房屋屋面分离区的相关性。基于国家环境保护大气物理模拟与污染控制重点实验室，阵风风洞实验实验室。通过模拟不同湍流积分尺度的流场，开展台风风场原型实测低矮建筑[1] 1∶20 缩尺比例测压试验研究，探讨湍流积分尺度对屋面风压分布中线区域的相关性的影响以及角部区域的相关性的影响。

2 研究方法

国电环境保护研究院有限公司，借鉴爱荷华州立大学阵风风洞[2]设计思路，通过主动控制旁路开闭合装置模拟出了 B 类地貌的不同来流湍流积分尺度流场。CBL 为被动湍流下的工况；CBL-Ⅰ为被动湍流加 0.3 Hz 阵风；B 类地貌各湍流积分尺度流场的平均风速剖面和湍流剖面比较分别如图 1，各个风场的湍流积分尺度比较如表 1 所示。顺风向湍流积分尺度显著增大。试验模型原型为平坡型房屋屋面 6.0 m × 4.0 m × 4.0 m，风向角定义及测点如图 2 所示本文为其 1∶20 平坡型房屋屋面模型。

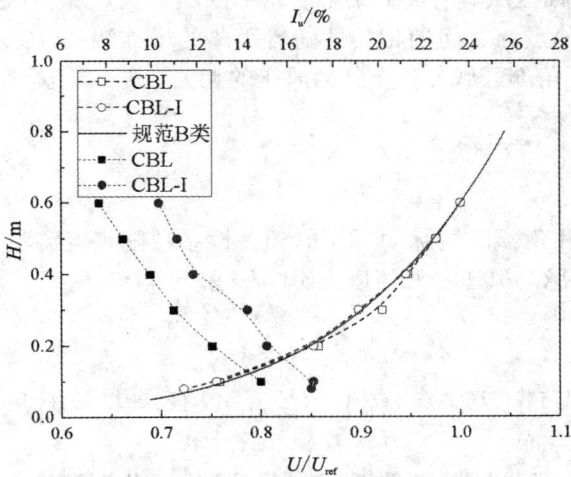

图 1 近地 B 风场平均风速剖面与湍流剖面

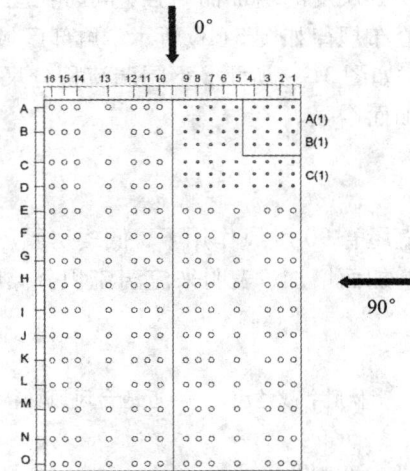

图 2 试验模型屋面测点分布图

表 1 不同流场屋面高度湍流积分尺度风实验值比较

工况	Lu/m	Lv/m	Lw/m	Lu/H
CBL	0.64	0.28	0.16	3.2
CBL-Ⅰ	1.62	0.32	0.16	8.1

为了达到研究目的，首先取模型屋面中轴线上的测点 H1-H16 进行研究，共有 14 个点；其次取迎风屋面角部区域 A1-A9、A(1)-A(9)、B1-B9、B(1)-B(9)、C1-C9、C(1)-C(9)、D1-D9，共 63 个点。并将模型垂直于风场放置，如图 2 所示。基于皮尔森相关性系数（Pearson Correlation Coefficient），取点

* 基金项目：国家自然科学基金项目（51878198）

H1 与 A1 分别为中线区域和角部区域的参考点，计算该点与其他点的相关性系数并在不同的流场中进行比较。

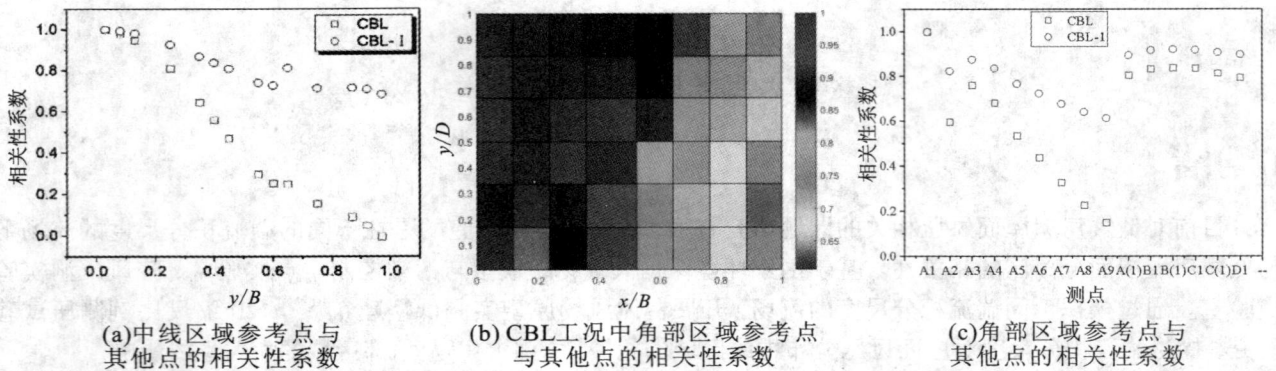

(a)中线区域参考点与
其他点的相关性系数　　　　(b) CBL工况中角部区域参考点
与其他点的相关性系数　　　　(c)角部区域参考点与
其他点的相关性系数

图3　90 度风作用下屋面风压分布相关性影响

3　风洞试验结果比较

不同湍流积分尺度流场下，在垂直屋脊 90 度风作用下，屋面中部区域风压分布相关性影响如图 3 所示，从图 3(a)可以看出常规流场中中线区域参考点与其他点的相关性系数值随着与参考点距离的增加从 1 减小至 0 左右；而阵风流场中线区域的相关性系数值从 1 减小至 0.6，表明在迎风区屋面屋檐区域相关性随着湍流积分尺度的增加而增强；同时在屋脊与背风区屋面区域具有类似结果。角部区域各测点脉动风压的相关性分布规律如图 3(b)所示，角部区域参考点与其他点的之间的相关性随着距离的增加相关性系数逐渐减小；如图 3(c)所示，不同湍流积分尺度流场条件下角部区域各测点脉动风压的相关性随来流湍流积分尺度增加而增强。

4　结论

在垂直屋脊 90 度风作用下，低矮房屋屋面中部区域和角部区域脉动风压的相关性系数随来流湍流积分尺度的增加而增加，表明来流湍流积分尺度对风压分布脉动风压和峰值压力影响显著。

参考文献

[1] 胡尚瑜,李秋胜,戴益民,等. 近地台风风场特性及低矮房屋风荷载现场实测研究[J]. 建筑结构学报,2013,34(6):30
　　-38.
[2] Hann F L, Sarkar P P, Spencer-Berge N J, et al. Development of an active gust generation mechanism on a wind tunnel for wind
　　engineering and industrial aerodynamics applications[J]. Wind and Structure, 2006, 9(5): 369 - 386.

低矮房屋标准模型的风压试验与数值仿真对比研究[*]

杨俊伟[1]，杨华[1]，左红梅[1]，朱卫军[1]，胡大伟[2]

（1. 扬州大学水利与能源动力工程学院 扬州 225147）；2. 泗阳县水务工程规划建设管理服务中心 泗阳 223700）

1 引言

近几年来飓风、龙卷风、台风等极端天气频繁出现，针对低矮建筑的抗风性能研究显得越来越重要，风洞试验和数值仿真是重要的风工程研究手段。将建筑物按比例缩小放置在风洞中进行测压试验是确定结构物风载的常用方法，试验精度与风洞流场品质、模型加工、测试方法等密切相关[1]。数值仿真可以对复杂的建筑布局进行风环境评估和预测，成本较低，由于低矮建筑物是典型的钝体绕流问题，存在严重的脱流区域，准确预测低矮建筑物风压分布具有较大的难度[2-3]。本文对低矮建筑物 TTU 标准模型按 1：15 比例进行缩小制作刚性模型，将该模型放置在模拟的 B 类风场中进行风洞试验。在 TTU 标准低矮建筑中轴线布置多个测压孔，测量迎风前缘、屋顶、背风后缘附近处的风压值，分析不同来流方向时中轴线的风压系数，并与数值仿真和原型测量结果进行对比，验证扬州大学风洞风场环境模拟及模型试验的可靠性。

2 实验验证

本文基于 FLUENT 仿真软件对 1：15 模型进行了三维定常数值模拟计算，以风洞试验为参考，计算模型与风洞试验相同，分别采用标准 $k-\varepsilon$、$Transition-k-kl-\omega$ 紊流模型；兼顾计算时间和求解精度，考虑到规则的建筑几何外形，选用 QUICK 格式离散控制方程，减小扩散误差；选用速度入流边界条件（velocity-inlet），利用指数形式的理论风速分布数据模拟风速剖面，并用 FLUENT 中 Profiles 文件方式插值给定入流处边界条件及湍流参数。出口边界设为自由出口（outflow）。利用风洞完成风压系数测试，风洞试验段的尺寸为宽 3.0 m × 高 3.0 m × 长 7.0 m，试验段最大风速为 25 m/s。采用有机玻璃制作刚性试验模型，如图 1 所示。采用尖劈和粗糙元被动模拟 B 类地貌的湍流风场，并利用 DANETC 公司的热线风速仪对模拟风场进行测试，保证模拟准确可靠，如图 2 所示。

图1 标准低矮建筑实际模型　　图2 尖劈及粗糙元示意图　　图3 标准低矮建筑风向角及测点示意图

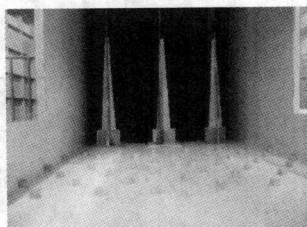

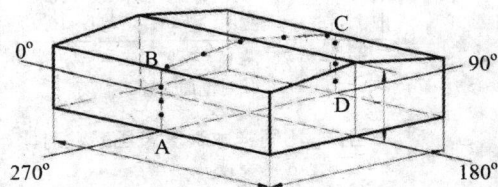

TTU 试验模型缩尺比为 1：15 即 0.9144 m × 0.6096 m × 0.2704 m，在建筑模型的中轴线上共布置 11 个测点，如图 3 所示确定来流 0°风向角，按照顺时针方向角度逐渐增加，试验时每隔 15°进行一次吹风试验，从 270°至 90°共 13 个风向角。采用美国 PSI 公司生产的电子扫描阀测量模型表面压力，扫描阀的量程为 ±254 mm 水柱，采样频率 330 Hz，量纲风压系数定义如下：

$$\begin{cases} C_{pi,\theta} = \dfrac{\overline{P}_{i,\theta} - \overline{P}_s}{\overline{P}_{t,h} - \overline{P}_s} = \dfrac{\overline{P}_{i,\theta} - \overline{P}_s}{0.5\rho\overline{V}_h^2} \\[3mm] C_{ri,\theta} = \dfrac{\sigma_p}{\overline{P}_{t,h} - \overline{P}_s} = \dfrac{\sigma_p}{0.5\rho\overline{V}_h^2} \end{cases} \tag{1}$$

* 基金项目：江苏省高校自然科学基金项目（16KJB480003）

式中 $C_{pi,\theta}$ 为 i 号测点在 θ 风向角下的平均风压系数，$C_{ri,\theta}$ 为 i 号测点在 θ 风向角下的脉动风压系数，$\overline{P}_{i,\theta}$ 为 i 号测点在 θ 风向角下的平均压力，$\overline{P}_s$ 为参考点静压平均值，σ_p 为脉动风压均方根值，$\overline{P}_{t,h}$ 为参考高度 h 处总压，ρ 为空气密度，$\overline{V}_h$ 为参考高度 h 处平均风速。

部分数值计算与试验结果如图4至图7所示：在270°风向角下对模型中轴线的风压系数进行测量，风洞试验结果与数值模拟结果、现场实测及同类风洞试验相比较，本文风洞实验所得平均风压系数与其他实测结果吻合良好。风向角变化对中轴线迎风面影响较大，风压系数在迎风前缘比实测结果略大，整体上风洞实验结果较为接近实测值。

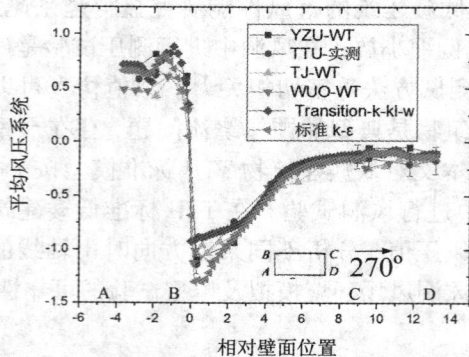

图4　平均风压系数数值对比

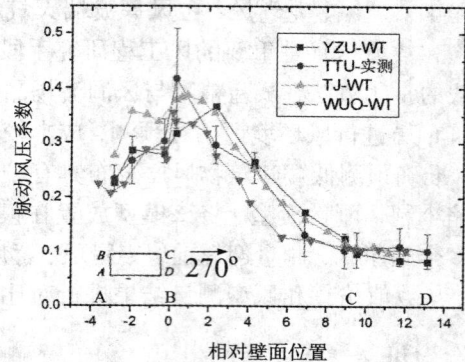

图5　脉动风压系数实测对比

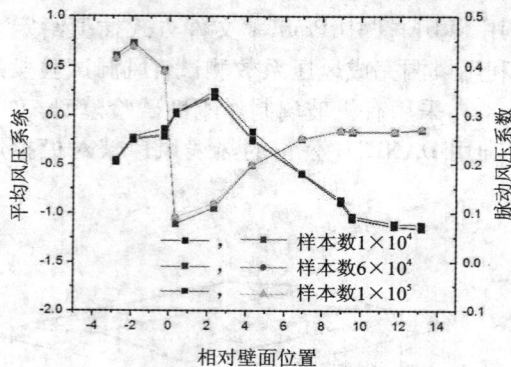

图6　不同样本长度风压系数对比

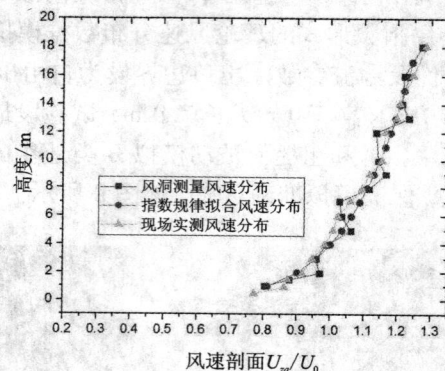

图7　平均风速剖面图

3　结论

本文首先对 TTU 标准模型进行数值计算模拟，再通过尖劈和粗糙元在风洞中模拟 B 类风场，研究了低矮建筑表面压力随风向角、湍流度等流场特征变化的一般规律，同时研究了数据采样样本长度对试验结果的影响，风洞试验得到的结果与数值模拟结果进行对比，表明扬州大学风洞对模拟低矮建筑风压分布有较高的精度，可为工程实际应用提供准确的数据。

参考文献

[1] 黄汉杰，王卫华，蒋科林. 大比例 TTU 模型表面风压分布试验研究[J].建筑结构学报，2016，37(12)：58－64.

[2] 殷惠君，张其林，周志勇. 标准低矮建筑 TTU 三维定常风场数值模拟研究[J].工程力学，2007(02)：139－145.

[3] 顾明，杨伟，黄鹏，等.TTU 标模风压数值模拟及试验对比[J].同济大学学报(自然科学版)，2006(12)：1563－1567.

双坡低矮建筑屋面局部风压非高斯性研究[*]

袁养金[1,2]，戴益民[1,2]，蒋姝[1,2]，李驰宇[1,2]

（1. 结构抗风与振动控制湖南省重点实验室 湘潭 411201；2. 湖南科技大学土木工程学院 湘潭 411201）

1 引言

位于大气边界层下部区域的低矮建筑，承受的风特性受周围建筑和地形影响而表现为复杂的脉动特性，此时作用于建筑表面的风压不再服从高斯分布，而表现为明显的非高斯特性。Kareem 等[1]利用数值模拟的方法对比分析了不同计算模型和分析方法对湍流作用下低矮建筑表面风压的非稳态、非高斯、非线性等特性研究的可行性和效果。Ko 等[2]研究了方形建筑侧面风压的非高斯特性，分析了其对方形建筑侧面风荷载的影响。王旭、黄鹏等[3]针对全尺寸低矮房屋屋面在台风"梅花"作用下的风压实测数据开展研究，结果表明低矮建筑屋面在台风作用下表现出明显的非高斯特性。罗颖等[4]探讨了低矮建筑在不同屋面坡度、风向角、高度及地形情况下屋面风压特性的变化，分析了峰值因子的变化规律及非高斯区分布特点。

2 风洞实验

本文风洞试验在湖南科技大学风工程试验研究中心大气边界层直流式风洞中完成，试验采用的测压设备包括：澳大利亚 PSI 电子压力扫描阀系统、三维脉动风速仪、皮托管和装有配套软件的电脑。

通过被动模拟装置模拟出我国规范规定的 1:20 缩尺比低矮建筑风洞试验所需的 A、B、C 三类地貌风场。风速缩尺比设定为 1:1，实验风速为 10 m/s，模型平面尺寸为 600 mm×400 mm，屋檐高度为 400 mm，屋面坡角为 18.4°。风洞实验布置和屋面测点布置如图 1 和图 2 所示。

图 1　风洞试验布置图

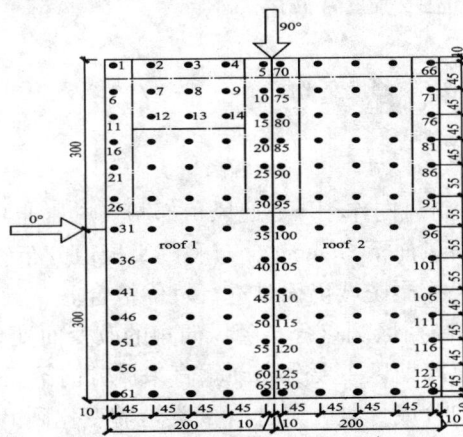

图 2　屋面测点布置图（单位：mm）

3 研究内容

（1）基于 18.4°坡角屋面测点风压时程数据，本文采用不同概率分布对屋面典型测点风压系数时程进行拟合分析，探讨了 B 类地貌中 45°斜风向作用下典型测点风压时程概率密度分布特征及拟合效果，部分结果如图 3 所示。

（2）分析了不同地貌类型和不同风向角作用下双坡低矮建筑屋面非高斯区分布特点，限于篇幅此处不再给出分区图。

（3）通过分析屋面风压系数时程的偏度和峰度变化曲线，同时给出了屋面测点的风压系数空间相关性

＊ 基金项目：国家自然科学基金面上项目（51578237）

变化曲线，结合两者的变化规律阐述了局部非高斯风压与屋面流场的关系并说明低矮建筑屋面非高斯风压的产生机理和原因，如图 4、5、6 所示。

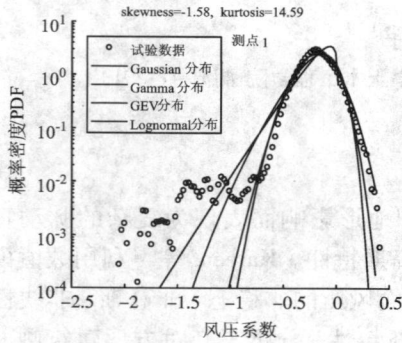

图 3　风压系数时程概率密度曲线

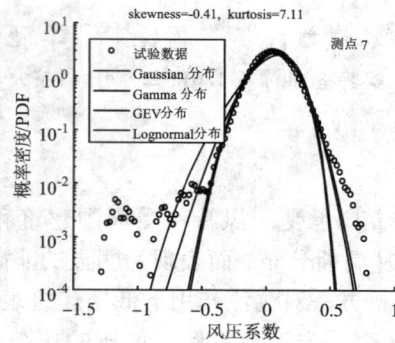

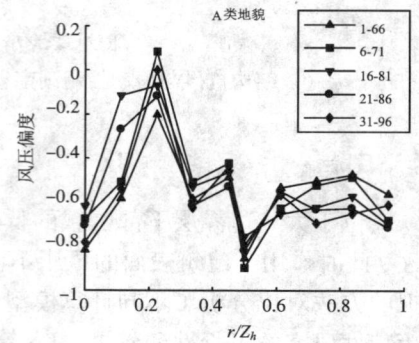

图 4　偏度变化曲线

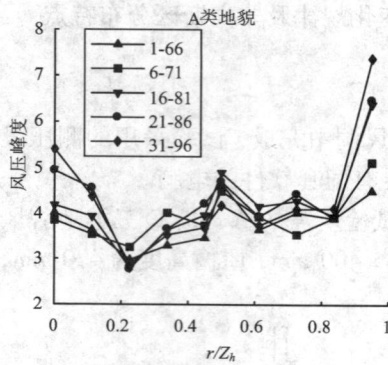

图 5　峰度变化曲线

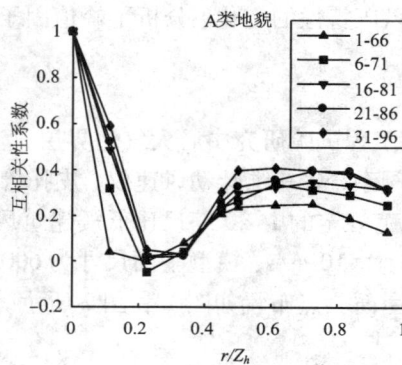

图 6　顺风向和横风向风压空间相关性变化曲线

4　结论

（1）斜风向作用下，迎风角部测点风压非高斯特性显著，而距迎风角部较远的测点风压更加接近高斯分布。斜风向下 Gamma 分布和广义极值分布（GEV）对测点风压时程概率分布拟合效果更优，但是对于高峰度的长拖尾区域仍很难进行较优拟合。

（2）高斯区测点分布随风向角的改变而变化，非高斯性测点由于受锥形涡外围影响分布于其两侧，0°风向角下高斯区主要分布在垂直来流方向第三排测点；45°风向角下，A、B 两类地貌中高斯性测点主要沿来流方向分成三股区域且由 A 类地貌变化到 B 类地貌时该高斯区域沿来流方向发生移动且区域范围有所缩小。90°风向角下非高斯区分布于迎风山墙的气流分离区和背风山墙旋涡再附区。

（3）不同地貌下偏度变化大体呈"M"形趋势且整体呈下降态势而峰度则呈"W"形趋势整体呈上升趋势，偏度与峰度具有明显的不同步性。风压相关性曲线波动与偏度和峰度变化趋势具有明显的关联规律，相关系数大的区域，风压非高斯特性越显著，反之亦然。

参考文献

［1］Kareem, Teng Wu. Wind-induced effects on bluff bodies in turbulent flows Nonstationary, non-Gaussian and nonlinear features［J］. Journal of Wind Engineering and Industrial Aerodynamics, 2013, 122: 21 - 37.

［2］Ko N H, You K P. The effect of non-Gaussian local wind pressure on a side face of a square building［J］. Journal of Wind Engineer and Industrial Aerodynamics, 2005, 93(5): 383 - 397.

［3］王旭, 黄鹏, 刘海明, 等. 超强台风作用下低矮建筑屋盖风压非高斯特性研究［J］. 建筑结构学报, 2016, 37(10): 132 - 139.

［4］罗颖, 黄国庆, 李明水, 等. 基于风洞数据的低矮房屋双坡屋面风压非高斯特性［J］. 空气动力学学报, 2018, 36(4): 577 - 584.

六、大跨度桥梁抗风

大跨度钢箱悬索桥施工阶段的静风稳定性[*]

陈茜[1]，葛耀君[1,2]，曹丰产[1,2]

（1. 同济大学土木工程学院桥梁工程系 上海 200092；2. 同济大学土木工程防灾国家重点实验室 上海 200092）

1 引言

随着悬索桥跨径的不断增大，结构的总体刚度和阻尼降低，因此结构对风的敏感性也随之增强，抗风稳定性成为控制大跨度悬索桥设计与施工的主要因素。悬索桥施工周期一般要经历几年的时间，这样就不可能在施工阶段完全避开强风天气，且施工期间悬索桥整体刚度比成桥要低得多，其静力和动力性能较弱，悬索桥施工过程中抗风稳定性成了不容忽视的问题，而静力失稳临界风速可能低于动力失稳临界风速。悬索桥的施工过程可分为：主塔和锚碇的施工、架设猫道、架设主缆、安装吊索、吊装加劲梁段、刚接加劲梁段、桥面铺装等过程。对钢箱加劲梁悬索桥而言，在加劲梁吊装阶段，为使加劲梁的线形适应主缆的变形，已安装的加劲梁之间不应马上作刚性连接，一般在架梁初期，梁段数量不多时，采用临时连接件让各梁段在上翼缘板"铰"状连接，对于下翼缘板则让它们张开，等到绝大部分的梁段已架设到位，梁段之间下面就会闭合，然后对梁段间接缝进行永久性连接。这样会避免用强制力使下翼缘板过早地闭合，结构或连接有可能因强度不够而破坏。由于加劲梁吊装阶段的梁段与梁段之间不是像成桥后完成焊接的，所以，其静风稳定性一般要弱于成桥阶段。

2 主要结果

本文以某双跨吊悬索桥为研究对象，采用 UG 建立带有连接件的加劲梁的几何模型，随后在 HYPERMESH 以及 ANSYS 等有限元分析软件建立有限元模型，采用板壳单元法，对加劲梁施工过程中的临时连接件进行了精细化有限元模拟，试图准确计算出其刚度，考虑连接件对加劲梁的刚度折减，在已有的静风稳定研究理论基础上，为寻求各阶段的失稳临界风速，对成桥以及施工状态 0°、±3° 三个风攻角进行三维静风稳定分析。成桥阶段跨中主梁位移与扭转角位移变化过程如图 1 所示，各施工阶段跨中主梁位移与扭转位移变化过程将在全文中列出。各阶段静风失稳风速如表 1 所示。

表 1　各施工阶段失稳临界风速/(m·s⁻¹)

初始攻角 /(°)	施工阶段/%							成桥状态
	25	37.5	50	62.5	75	87.5	100	
+3	61.6	63	63.8	65.3	65.3	65.1	90	102.5
0	73.1	76.9	78.8	78.8	77.5	75.6	120	140
−3	86.3	86.3	86.3	81.3	76.3	77.5	77.5	83.8

* 基金项目：国家自然科学基金项目(5177080832)

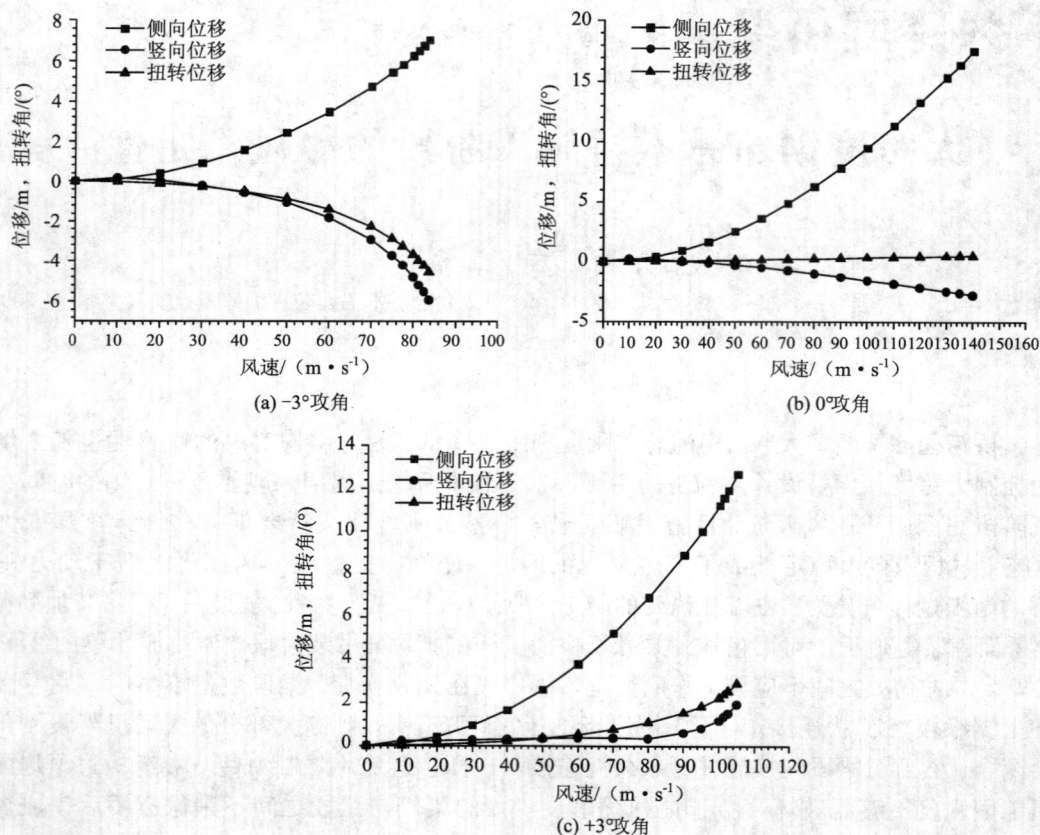

(a) -3°攻角

(b) 0°攻角

(c) +3°攻角

图1 成桥状态跨中位移曲线

3 结论

基于本文分析，总结如下结论：

（1）施工过程采用临时连接件后对加劲梁抗弯刚度与抗扭刚度都有不同程度的折减，以往在考虑临时连接件刚度时，往往根据经验对加劲梁的竖向刚度或者抗扭刚度单一地进行折减，但是，这种办法并不可取。本文对该桥临时连接件进行了精细化有限元模拟发现竖向抗弯刚度、横向抗弯刚度，抗扭刚度分别折减为原成桥状态的68%、63%、65%。

（2）对该桥施工以及成桥状态下各工况进行静风稳定性分析发现，现行施工方案最小的静风失稳风速为61.6 m/s，大于检验风速46.8 m/s。待全桥合拢后即100%施工状态，梁段之间虽仍未刚性连接，但此时加劲梁与主塔之间有一定的约束，一定程度上限制了加劲梁的位移，使得静风失稳临界风速有所提高；成桥后，由于主梁梁段间由临时连接件转变为刚接以及二期荷载的施加，使得结构刚度大幅度提升，成桥阶段最小的静风失稳临界风速为83.8 m/s，大于检验风速53.2 m/s。该桥施工与成桥状态的静风稳定性是满足要求的，但是计算结果并不能保证施工绝对安全，施工时应尽量在无风或者常风季节进行吊梁施工。

参考文献

[1] 吴智勇. 西堠门大桥施工阶段静风稳定性分析及主梁临时连接件强度分析[D]. 成都：西南交通大学，2007.
[2] 葛耀君. 大跨度悬索桥抗风[M]. 北京：人民交通出版社，2011.

气动导纳函数对不同跨径悬索桥时域抖振响应的影响

陈添乐，张志田

（湖南大学风工程试验研究中心 长沙 410082）

1　引言

抖振是结构在脉动风荷载作用下产生的一种强迫振动，过大的抖振位移响应不但在桥梁结构使用过程中严重影响驾驶员和行人的舒适性，同时对结构局部构件的疲劳寿命造成影响。桥梁抖振分析有频域和时域两种算法，频域分析具有简单快速的优点，但只适用于线性问题，只能考虑有限的结构模态，只能得到结构响应的统计特性。时域法能考虑各种非线性的影响，并能得到抖振响应时程，但不便于气动导纳的灵活应用。目前所采用的频域和时域分析计算方法，多是基于准定常理论，但脉动风作用在结构上产生的气动力具有非定常性，需要引入气动导纳函数来修正准定常抖振力模型以考虑抖振力的非定常性[1]。气动导纳也因此成为精细化抖振分析的重要工具。已有的成果主要研究了不同气动导纳函数对桥梁结构抖振响应的影响[2]，但是气动导纳函数对不同跨径桥梁抖振响应的影响程度大小是一个值得深入思考的工程实际问题。本文从气动力演变出发，基于功率谱等效原理建立了 Küssner 函数和气动导纳函数之间的等效关系，将频域内的气动导纳函数引入时域抖振分析中。通过动力有限元分析研究了气动导纳函数对不同跨径悬索桥时域抖振响应的影响。

2　不同跨径悬索桥模型及三分力试验

本文设计了主跨分别为 400 m、600 m、800 m、1000 m、1200 m、1400 m、1600 m 共 7 个单跨悬索桥计算模型，计算 7 个模型 0°风攻角下的抖振响应。模型垂跨比为 1/10，边中跨比为 25/92，桥塔采用混凝土浇筑，加劲梁截面设计为扁平钢箱梁截面。7 座悬索桥立面图和箱梁断面如图 1 与图 2 所示。

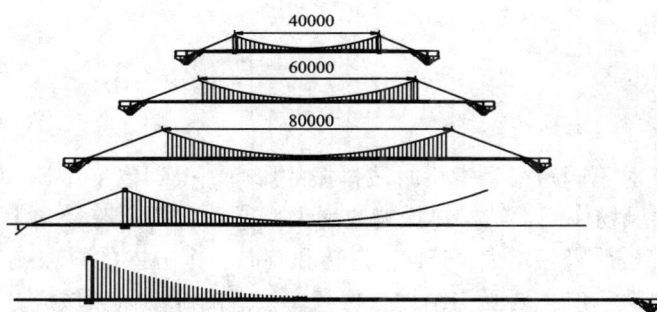

图 1　不同跨径悬索桥立面布置图（cm）

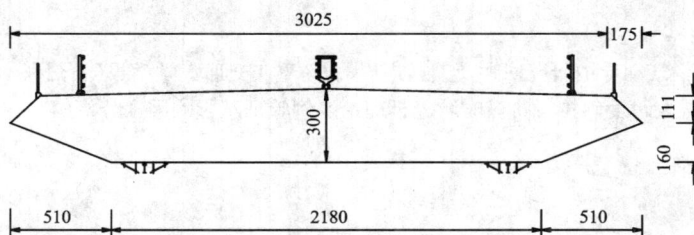

图 2　桥梁箱梁断面（cm）

通过风洞试验测得 0°风攻角时的三分力系数为 $C_L = -0.1907$、$C_D = 0.029$、$C_M = 0.0085$，三分力系数对攻角的导数为 $C_L' = 3.0951$、$C_D' = 0.2802$、$C_M' = 1.0571$。

图 3　静力三分力试验

3　抖振时域计算结果

图 4 为各跨径结构 Sears 导纳函数计算的抖振响应均方根除以导纳为 1 的结果，从图中可知除去个别点以外，随着跨径增大：①Sears 导纳修正抖振响应均方根与不考虑导纳修正的抖振响应均方根占比值增加，即随跨径增加气动导纳函数对抖振响应的影响减小；②考虑气动导纳修正的抖振响应逐渐接近不考虑气动导纳修正的结果。除去 400 m 主跨模型，导纳函数对侧向抖振响应计算影响最小，对扭转抖振响应计算影响最大。

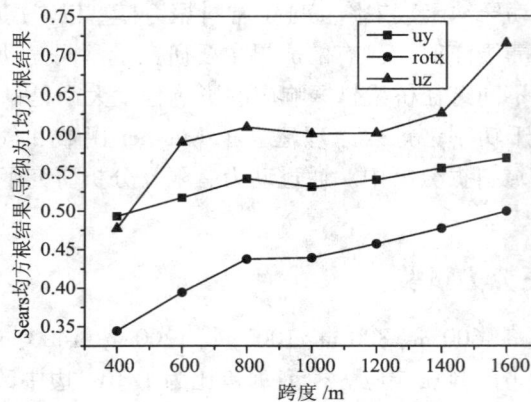

图 4　Sears 函数抖振响应均方根与导纳为 1 均方根占比值

4　结论

本文通过研究气动导纳对不同跨径悬索桥时域抖振的影响，得到以下结论：①随着桥梁跨度增大，结构自振频率降低，相同脉动风场作用下结构抖振响应增大。②随着桥梁跨径增大，气动导纳函数对抖振响应的影响逐渐减小。③随着桥梁跨径增大，竖向、扭转和侧向三个方向的抖振响应功率谱密度第一个峰值对应的频率值均减小。④抖振响应主要受与结构自振频率接近的脉动风频域成分的影响，尤其是受基频模态控制。

参考文献

[1] 靳欣华, 项海帆. 桥梁结构气动导纳研究回顾及其新进展[J]. 重庆交通大学学报(自然科学版), 2003, 22(2): 1-5.
[2] 韩万水, 陈艾荣, 胡晓伦. 大跨度斜拉桥抖振时域分析理论实例验证及影响因素分析[J]. 土木工程学报, 2006, 39(6): 66-71.

超千米闭口箱梁斜拉桥大攻角下颤振性能节段模型风洞试验研究

陈文天[1,2]，朱乐东[1,2,3]，朱青[2,3]，崔译文[1,2]

（1. 同济大学土木工程防灾国家重点实验室 上海 200092；2. 同济大学土木工程学院
桥梁工程系 上海 200092；3. 同济大学桥梁结构抗风技术交通运输行业重点实验室 上海 200092）

1 引言

超千米斜拉桥因跨径增大，其结构更柔、对风的敏感程度也更高，在风的静力作用下，其主梁会产生较大、且沿桥跨方向不均匀分布的静风附加攻角，必然对其颤振性能产生较大影响。在早期对 1400 米跨径的闭口箱梁斜拉桥方案的抗风稳定性研究[1]中发现，在 −3° 和 +3° 初始风攻角下，风致静力失稳或颤振前，跨中梁段实际风攻角已分别达到 −9° 和 +8° 之多，因此对于超千米斜拉桥颤振试验研究，有必要把初始风攻角的试验范围扩大到较大的 ±10° 范围。

2 风洞试验概况及主要结果

闭口箱梁断面如图 1 所示，其大攻角下弹簧悬挂节段模型试验在同济大学 TJ−1 大气边界层风洞中进行（如图 2），风攻角的调节通过旋转风洞外支架来实现。另外，在模型与外支架之间还设置了沿桥面横向的细长金属丝，约束模型的横向位移，以避免大攻角时重力作用引起的模型显著横向位移和弹簧轴线偏离桥面的垂向，保证模型系统振动特性基本不变。

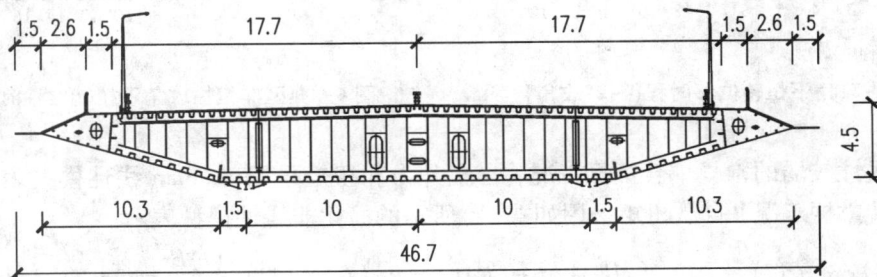

图 1　闭口箱梁断面（单位：m）

(a)风洞中的节段模型　　　(b)模型转盘　　　(c)模型附加质量和限位装置

图 2　节段模型风洞试验装置

节段模型长 1.728 m，宽 0.519 m，高 0.050 m。模型的几何缩尺比为 $\lambda_L = 1/90$，试验风速比为 $\lambda_V = 1/8.09$。模型系统的竖弯基频为 1.56 Hz，扭转基频为 4.39 Hz，竖弯和扭转阻尼比分别为 4‰ 和 2.5‰。在识别气动自激力参数时,采用风洞外支架受控反向旋转的方式来消除每级风速下模型的风致静力附加攻角[2],确保不同风速下自激力参数对应相同的有效攻角。

试验结果显示:在 +4° ~ +10°风攻角范围内,高风速时均出现了自限幅的非线性颤振现象,且弯扭耦合较弱,其扭转稳态振幅随风速的增大而增大;而在其他攻角范围内,并未出现这种非线性自限幅颤振,而是常规的发散型弯扭耦合颤振。为了从理论上对这两种颤振进行区分,取两种攻角下的各自典型的扭转位移时程进行研究(如图 3 和图 4)。依据线性颤振理论,颤振发生后系统的总阻尼比为负值,表现在位移时程信号上,振动振幅 a_t 随时间的变化呈现出一条以 e 指数函数形式上升的曲线。如图 3,在非线性较弱的攻角下,扭转位移时程的振幅用 e 指数函数进行拟合的效果较好(其中误差为 e 指数函数拟合值与瞬时扭转振幅的差值,从图中可以看到这一值的大小随时间的推移并没有发生太大改变)。但是在非线性较强的攻角下,如图 4,扭转振动振幅在 $0 \sim 9$ s 内用 e 指数函数拟合良好,但是在 9 s 之后,拟合误差随着时间的增加变得越来越大,在振幅接近稳定时(22 s 附近),其误差超过了当前振幅的两倍,拟合效果已无法让人接受。因此,将上述振幅随时间变化满足线性理论的颤振定义为线性颤振,而将振幅变化不满足线性理论的颤振定义为非线性颤振。

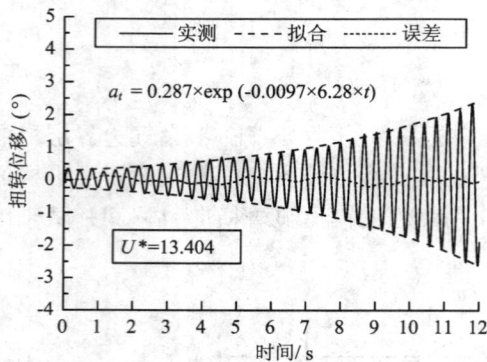

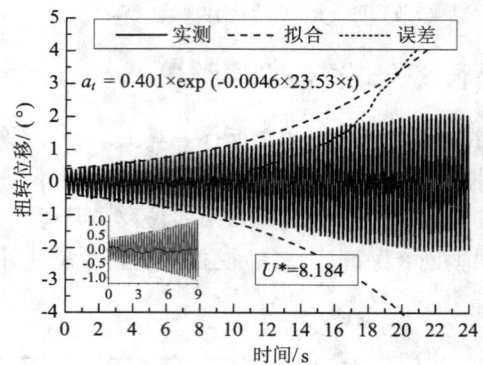

图 3   典型线性攻角下扭转位移时程(-2°攻角)   图 4   典型非线性攻角下扭转位移时程(+4°攻角)

针对发生非线性较弱的常规耦合颤振工况,自激升力和扭矩采用 Scanlan 线性模型表示。而对于发生非线性自限幅扭转颤振工况,自激扭矩采用如式(1)所示的简化非线性模型表示。

$$\ddot{I}\alpha(t) + c_m\dot{\alpha}(t) + k_m\alpha(t) = \frac{1}{2}\rho U^2 (2B^2)\left[KA_2^*(K)(1 + \varepsilon_{21}(K)\alpha^2(t))\frac{\dot{\alpha}(t)B}{U} + K^2 A_3^*(K)\alpha(t)\right] \tag{1}$$

之后,展开针对大攻角范围下相应断面的颤振性能研究。

3   结论

根据大攻角节段模型试验中出现的特殊现象,将试验工况分成两类进行研究:一类是颤振非线性程度较弱的攻角,另一类是颤振非线性程度较强的攻角。对前者依然采用线性颤振理论进行分析;而对于后者,则采用非线性自激力模型进行研究。参数识别后进行的位移反算结果表明,本文采用的非线性自激力模型能较好地适用于试验中出现的软颤振现象。

参考文献

[1] 张宏杰,朱乐东,胡晓红. 超千米级斜拉桥抗风稳定性风洞试验[J]. 中国公路学报,2014,27(4):62 - 68.

[2] 朱乐东,朱青,郭震山. 风致静力扭角对桥梁颤振性能影响的节段模型试验研究[J]. 振动与冲击,2011,30(5):23 - 26.

防撞护栏形式对大跨桥梁颤振性能的影响[*]

陈振华，李永乐，唐浩俊

（西南交通大学桥梁工程系 成都 610031）

1 引言

随着我国西部大开发战略的深入，高速铁路高速公路的建设向山区延伸，有越来越多跨越横断山脉的大跨度桥梁相继建成通车。受不均衡热力驱动、周围山体遮挡，横断山脉桥址区易形成以天为周期的日常大风，且易形成较大的风攻角。大风攻角下，主梁截面具有明显的钝体性质，导致桥梁的颤振性能降低，并出现以单自由度扭转振动为主的颤振形态，而截面迎风端大漩涡的形成及其向背风侧的移动是导致扭转颤振的主要原因[1]。

气动措施是改善桥梁颤振性能最有效的方法，它的主要思路是对主梁截面的形状进行合理优化，改善截面周围的流场性质，提高结构的颤振临界风速。防撞护栏通常位于主梁截面的两侧和中间，对来流风产生遮挡作用（小风攻角来流时），或将影响迎风端大漩涡的形成及其移动（大风攻角来流时），进而对桥梁结构的颤振性能产生影响。刘慈军等[2]通过将连续栏杆缘石改变为离散缘石的构造，明显提高结构的颤振稳定性。大贝尔特东桥原设计对栏杆进行研究发现，实心防撞护栏不利于桥梁的气动稳定性[3]。当防撞护栏的构造形式设计合理时，能够改善主梁截面的气动性能，提高桥梁结构的颤振稳定性。因此，研究不同形式的防撞护栏对桥梁颤振性能的影响有十分重要的意义，可为相关工程提供指导。

本文将实际的桥梁截面简化为理想平板，以得到更具普适性的规律，分别考虑了小风攻角来流和大风攻角来流，研究了防撞护栏透风率、防撞条数量、防撞条形状对大跨桥梁颤振性能的影响，并讨论了相关机理。

2 CFD 模型

以理想平板为研究对象，通过在平板上添加不同形式的栏杆分析其对桥梁颤振稳定性的影响。平板的宽高比为20，其中平板宽度 B 为 1.0 m。计算区域分为静止网格、动网格、刚性边界网格三个区域，见图1。

图 1 CFD 模型

3 防撞护栏形式对桥梁颤振性能的影响

首先，研究栏杆透风率对桥梁颤振性能的影响。在不改变内侧栏杆透风率的前提下，不断改变外侧栏杆的透风率。0°攻角下，A_2^* 曲线在透风率较低的 0% 和 33.3% 工况下出现了由负变正的现象，结构主要由单自由度扭转颤振控制。A_2^* 曲线在透风率较高的 66.6% 和 100% 工况下没有出现由负变正的现象，H_1^* 为负值，非耦合的自激力为结构提供正阻尼，提高了结构的颤振稳定性。8°攻角下，桥梁断面的钝化性质变得突出，在所有透风率下 A_2^* 均出现了由负变正的现象，结构主要发生单自由度扭转颤振。8°攻角下的 H_1^*、H_3^* 一直保持负值，A_1^* 为正值。采用 Scanlan 半逆解法来计算二自由度结构的颤振临界风速，见表1。

* 基金项目：国家自然科学基金(51525804，51708463)

0°攻角下，随着透风率的增加，结构的钝化程度有所降低，颤振频率减小，颤振临界风速越来越大；8°攻角下，结构在0%透风率下的颤振临界风速较大，随着透风率的增大，结构的颤振临界风速先降低后增加，在透风率66.6%处达到极大值，而后颤振临界风速再降低后升高。

表1　不同透风率下的颤振临界风速

透风率/%		0	20	33.5	50	66.6	80	100
0°风攻角	临界风速/(m·s⁻¹)	42.5	—	50.1	—	75.8	—	86.1
	振动频率/Hz	0.314	—	0.308	—	0.280	—	0.258
8°风攻角	临界风速/(m·s⁻¹)	32.2	24.9	25.0	26.1	31.9	29.2	33.1
	临界风速/(m·s⁻¹)	0.321	0.321	0.321	0.319	0.317	0.317	0.317

然后，研究不同防撞条数量对桥梁颤振性能的影响。保持内侧栏杆相同，在不改变外侧栏杆透风率的情况下，改变外侧栏杆防撞条的个数（3个、4个、5个、6个）。桥梁断面的颤振临界风速和颤振频率见表2。由表2可见，防撞条数量对大攻角的桥梁颤振性能影响较大，随着栏杆数量的增加，颤振临界风速有所降低。

表2　不同防撞条数量下的颤振临界风速

防撞护栏数量		3个	4个	5个	6个
0°风攻角	临界风速/(m·s⁻¹)	75.9	75.8	78.7	73.9
	振动频率/Hz	0.284	0.279	0.275	0.281
8°风攻角	临界风速/(m·s⁻¹)	35.6	31.9	26.2	26.4
	振动频率/Hz	0.312	0.316	0.319	0.319

最后，研究不同的栏杆高度、栏杆倾角以及防撞条形状对桥梁颤振性能的影响。针对以上结果，从流场变化的角度解释了相关现象，并讨论了小攻角、大攻角来流情况下护栏形式对桥梁颤振性能影响的机理。

4　结论

（1）栏杆的透风率对小攻角来流下对桥梁的颤振性能有很大影响，透风率的增大会提高桥梁的颤振性能；在大攻角下，栏杆透风率会对桥梁颤振稳定性产生一定影响，考虑到工程实际，透风率在66.6%的桥梁颤振性能优于其他工况。

（2）不同的防撞条数量对小攻角来流下的桥梁颤振稳定性影响较小；防撞条数量会对大攻角下的桥梁颤振性能产生一定影响，随着栏杆数量的增加，颤振性能逐渐降低。

参考文献

[1] Haojun Tang, Yongle Li, Yunfei Wang, et al. Aerodynamic optimization for flutter performance of steel truss stiffening girder at large angles of attack[J]. Journal of Wind Engineering and Industrial Aerodynamics, 2017, 168: 260–270.

[2] 刘慈军，郭震山，朱乐东. 栏杆缘石构造对箱形主梁颤振稳定性的影响[J]. 桥梁建设，2008，2: 20–22.

[3] Gimsing N J. Wind Design of the Great Belt East Bridge: A Historical Retrospect[J]. Journal of Wind Engineering and Industrial Aerodynamics, 1993, 48(2–3): 253–259.

亮化灯具对既有斜拉索风致振动影响的风洞试验研究[*]

邓周全，王义超，李永乐，唐浩俊

（西南交通大学桥梁工程系 成都 610031）

1 引言

对既有桥梁进行光彩亮化改造工程是越来越多城市的选择，但大部分斜拉桥在设计之初并未考虑到光彩亮化改造，也未分析过结构抗风性能的变化，故通过科学手段评估亮化灯具对既有斜拉索风致振动的影响是必要的。本文以一座跨江斜拉桥为研究对象，制作与实桥斜拉索和照明灯具气动外形一致的节段模型。通过风洞试验对安装灯具斜拉索的风致振动现象进行详细研究，解释生成现象的原因并总结规律，为斜拉索亮化工程设计和研究提供参考。

2 直索状态风致振动

直索模型不考虑来流风与斜拉索的三维关系，用于研究来流风与斜拉索垂直时结构的涡振响应。该桥光彩照明工程采用高 63 mm，宽 80 mm，圆角半径 20 mm 的 U 形槽，图 1 为安装灯具后斜拉索的截面图。安装在风洞中的节段模型如图 2 所示。涡振临界风速与各风攻角下拉索模型的竖向位移如表 1 所示。

表 1　加装灯具后斜拉索的漩涡脱落特性

拉索直径/mm	风攻角/(°)	最大位移/mm	位移/直径	试验风速/(m·s⁻¹)
180	0	55.82	0.310	1.25
200	0	60.38	0.302	1.50
200	30	140.62	0.703	1.50
235	0	152.82	0.650	1.10
235	5	143.02	0.609	1.25
235	10	107.44	0.457	1.13

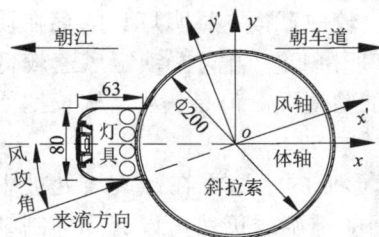

图 1　灯具安装示意图（单位：mm）　　图 2　斜拉索涡振试验模型　　图 3　斜拉索风雨激振试验模型

从结果可以看到，除了 0°风攻角下，φ180 mm 和 φ200 mm 斜拉索的振幅稍小外，其余工况下斜拉索的最大竖向位移均接近甚至超过 0.5 倍索径。在 30°风攻角下，φ200 mm 斜拉索竖向位移甚至达到斜拉索直径的 0.703。灯具增大了斜拉索的质量，使结构自振频率降低，而气动外形改变使截面漩涡脱落频率提高，

* 基金项目：国家自然科学基金项目(51525804，51708463)

以上两个参数的变化导致斜拉索可能的涡振锁定风速变小。基于斜拉索的前四阶自振频率,计算结构的涡振锁定风速,得到斜拉索的前四阶涡振锁定风速明显降低,跨中和边跨处斜拉索在低风速下发生涡激振动的概率增加。

3 斜索状态风致振动

当来流风与斜拉索成三维空间关系(斜索状态)时,斜拉索可能出现风雨激振和干索驰振现象。先开展风雨共同作用下试验如图3所示,组合模型在试验范围内没有出现风雨激振现象,说明安装灯具后,斜拉索表面的螺旋线仍然可以起到抑制结构风雨激振的作用。然后进一步研究有风无雨情况,风将在斜拉索后方形成轴向流,从而抑制或中断卡门涡街,导致斜拉索产生大幅振动的现象,即干索驰振[1]。试验中将斜拉索的水平倾角 α 设置为 30°,风向角 β 设置为 35°,为使模型的振幅更加明显,将模型频率设置为 0.952 Hz,0.816 Hz 和 0.714 Hz 三种,照明灯具和降雨对斜拉索干索驰振的影响如图4。

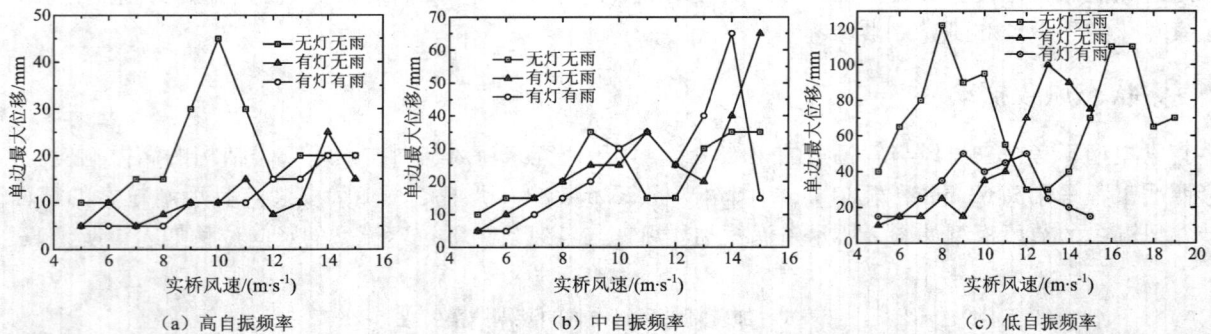

图4 在灯具影响下振幅随风速的变化曲线

模型在无雨和未安装灯具时出现了两次波峰,振幅经历了先增大后减小再增大的过程,这一现象符合斜拉索的干索驰振[2]。安装照明灯具后,三种自振频率的模型的振幅随风速变化的大体趋势都是随风速逐渐增大,只有中频模型的最大振幅超过了裸索的最大振幅。总的来看,安装照明灯具后,斜拉索的双振幅峰值将变为一个,且最大振幅有下降的趋势。进一步考虑降雨情况,安装灯具的斜拉索在风雨联合作用下,三种自振频率的模型的振幅都发生了降低或者前移,并且没有出现明显的风雨激振现象。

4 结论

本文通过风洞试验对加装照明灯具斜拉索的抗风稳定性进行了研究分析,得到以下结论:

(1)加装灯具后斜拉索在试验风速范围内发生了明显的涡激共振现象。较原截面,照明灯具的存在使现拉索截面的 Strouhal 数降低。各斜拉索各模态对应的涡振锁定风速将有所降低。当涡振锁定风速较低时,实际来流具有的能量较低且较为紊乱,因此对拉索的影响应该会小于试验情况。但是,从结构长期使用寿命来看,其所产生的疲劳效应仍不容忽略。

(2)由于斜拉索上设置有螺旋线,在风雨激振试验中,斜拉索上表面形成的水路将在螺旋线处被中断,所以在后续实验中风雨激振效应不明显,说明安装灯具后,斜拉索表面的螺旋线仍然可以起到抑制结构风雨激振的作用。

(3)由于斜拉索与来流风是三维空间关系,风将在斜拉索后侧生成轴向流,抑制或中断卡门涡街,导致产生干索驰振现象,振幅出现两次峰值。而灯具的安装改变了斜拉索的气动外形,使得双振幅峰值变为一个且最大振幅降低,对干索驰振现象起到抑制作用。

参考文献

[1] Masaru Matsumoto, Tomomi Yagi, HideakiHatsuda et al. Dry galloping characteristics and its mechanism of inclined/yawed cables[J]. Journal of Wind Engineering and Industrial Aerodynamics, 2010, 98: 317 –327.

[2] 卢照亮,刘晓玲,郑云飞,等.斜拉索表面粗糙度对干索驰振的影响[J].工程力学,2017,34(Suppl):174 –178.

边箱钢-混叠合梁悬索桥颤振性能及气动措施研究

董佳慧[1,2]，廖海黎[1,2]，周强[1,2]，马汝为[1,2]，王骑[1,2]

（1. 西南交通大学桥梁工程系 成都 610031；2. 风工程四川省重点实验室 成都 610031）

1 引言

钢-混叠合梁根据其钢梁部分形式的不同可分为 π 型、开口实腹工字钢及分离式边箱梁，有受力性能优越、构造简单，造价低等优点。但其开口断面扭转刚度小，钝体外形使得该截面气动性能也不如封闭式箱梁，再加上悬索桥扭转约束小，因此以钢-混叠合梁为主梁的悬索桥存在较为突出的气动稳定问题。目前国内对于开口式断面的气动性能的研究有很多，但多集中在对以 π 型叠合梁为主梁的斜拉桥的气动性能的研究。为充分发挥叠合梁悬索桥的优势，深入研究叠合梁悬索桥的气动性能，寻找有效的制振措施显得十分必要。本文以奉节宝塔坪特大桥为工程背景，在 XNJD-1 风洞进行节段模型风洞试验，详细对比了上、下中央稳定板、水平导流板、裙板和桥面宽度等因素对主梁颤振性能的影响。经过试验优化分析，中央稳定板对于提高该梁的颤振临界风速作用不大，水平导流板和裙板组合对于提高该主梁的颤振性能最有效。最后，基于实验现象对抑振措施的抑振机理进行了探讨，为同类型主梁的悬索桥的抗风设计提供了一定的参考。

2 工程概况

奉节宝塔坪大桥是一座跨度为 800 m 的单跨悬索桥，主梁采用边箱钢-混叠合梁，主梁高 3 m，宽 25 m。桥位处基本风速位 20.7m/s，大桥颤振检验风速为 51.8 m/s。

3 主梁颤振稳定性试验

刚体节段模型的颤振试验在 XNJD-1 风洞第二试验段进行，模型缩尺比 1:50，试验在均匀流场中进行，分别测试了原断面在 -3°、0°和 +3°攻角下的颤振性能，在一定风速范围内扭转振幅随风速的增大而增大，在某一风速下，表现为稳定振幅的弯扭耦合运动，即"软颤振"，根据《公路桥梁抗风设计规范》，-3°、0°和 +3°攻角下的颤振临界风速分别为 40.6 m/s、45.5 m/s 和 44.8 m/s，均低于规范要求的颤振检验风速，需要对主梁进行气动优化，从而改善大桥的气动稳定性。

4 气动措施试验研究

分别对不同尺寸的上中央稳定板、下中央稳定板、水平导流板、裙板四种气动措施在单独作用和联合作用下的颤振性能进行一系列风洞试验研究。气动措施形式如图 1 所示，措施详情和试验结果如图 2 所示。

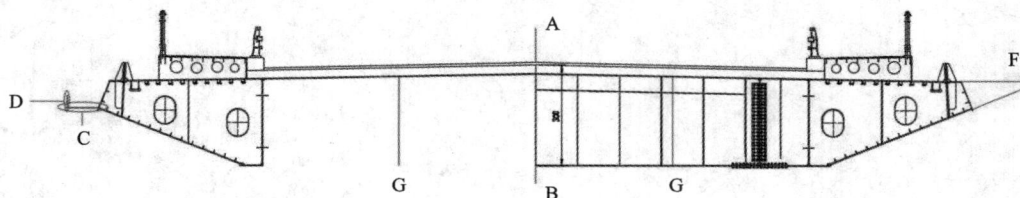

图1 气动措施示意图

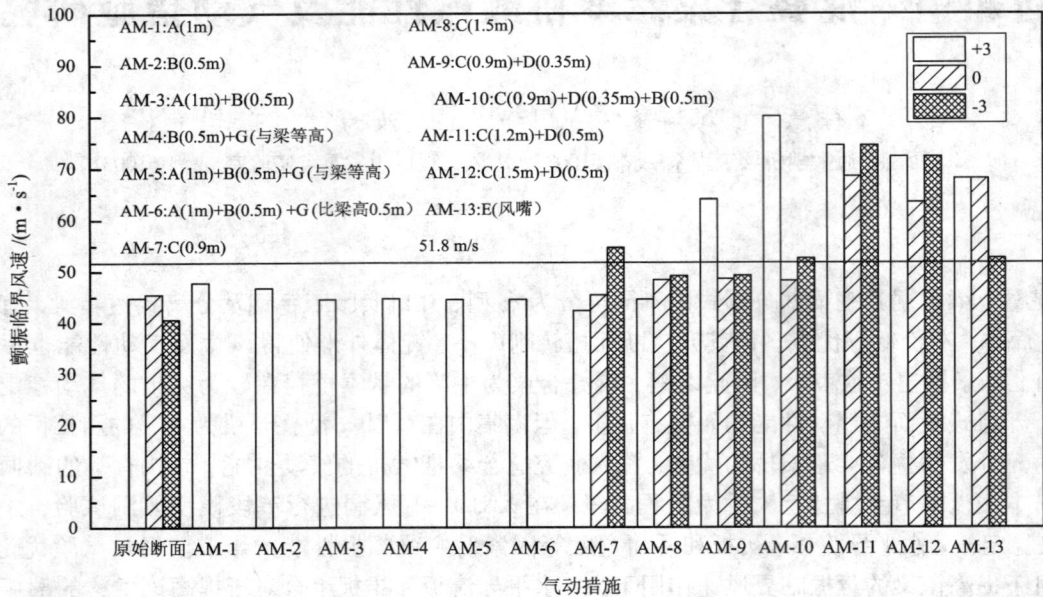

图2　颤振性能优化试验结果

5　结论

本文通过对以边箱钢－混叠合梁为主梁的悬索桥的颤振稳定性措施进行研究，得出以下结论：

（1）该类主梁悬索桥在某一风速下，表现为稳定振幅的弯扭耦合运动，即"软颤振"。

（2）单独设置上中央稳定板或下中央稳定板对提高该主梁颤振临界风速效果不明显，同时设置上、下中央稳定板不能提高主梁的颤振性能。

（3）单独使用水平导流板对提高颤振性能作用有限，水平导流板与裙板组合使用效果明显，作用效果与尺寸不呈线性变化。

参考文献

［1］方根深，杨詠昕，葛耀君. 大跨度桥梁 PK 箱梁断面颤振性能研究［J］. 振动与冲击，2018，37（09）：25－31＋60.

［2］郑史雄，郭俊峰，朱进波，等. Π型断面主梁软颤振特性及抑制措施研究［J］. 西南交通大学学报，2017，52（03）：458－465.

［3］朱乐东，高广中. 典型桥梁断面软颤振现象及影响因素［J］. 同济大学学报（自然科学版），2015，43（09）：1289－1294，1382.

面向颤振性能的大跨度四塔悬索桥结构参数分析[*]

高宇琦，王浩，陶天友

（东南大学混凝土及预应力混凝土教育部重点实验室 南京 210096）

1 引言

作为实现超长连续跨越的理想方案，20 世纪以来现代悬索桥的建设取得了巨大成就。为了提高传统悬索桥的跨越能力，桥梁工程师提出了多塔多跨连续布置的新思路，但针对四塔以上悬索桥的研究目前尚不多见。自 1940 年美国旧 Tacoma 桥发生颤振风毁事故至今，颤振问题一直是桥梁风工程的研究热点。而多塔悬索桥产生的"中塔效应"也导致其动静力特性较两塔悬索桥更为复杂。此外，随着桥梁跨度的进一步增加，全桥结构的纵向刚度大幅下降，必然带来新的桥梁气动稳定问题。为此本文基于 ANSYS 建立了大跨度四塔悬索桥的三维有限元计算模型，采用全模态频域分析法分析了该四塔悬索桥的颤振稳定性[1]，并探讨了主梁刚度、矢跨比、中塔刚度等结构参数对结构颤振性能的影响。研究结果以期为大跨度四塔悬索桥颤振性能的优化提供参考。

2 结构有限元模型

2.1 工程概况

根据现有多塔连跨悬索桥的结构设计，拟定了一座四塔三跨悬索桥的初步设计方案。该四塔悬索桥采用三主跨均为 1080 m 的对称结构，主梁采用封闭式流线型扁平钢箱梁，主缆采用平行双索布置形式，设计成桥状态矢跨比为 1/9。该四塔悬索桥的立面图如图 1 所示。

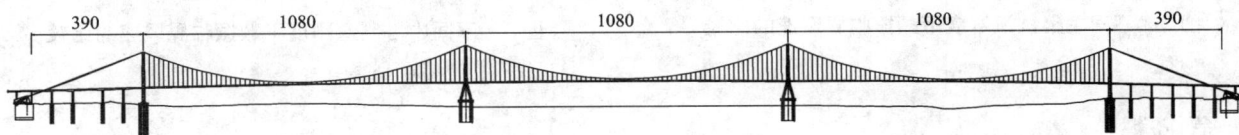

图 1 四塔悬索桥示意图

2.2 桥梁模态分析

以跨径布置为 3×1080 m 的某大跨度四塔悬索桥的初步设计方案为背景，根据其结构设计参数，基于 ANSYS 平台建立了该桥的三维空间有限元模型，并采用 Block Lanczos 方法获得了结构的自振特性[2]。结果表明，该四塔悬索桥的基频为 0.07171 Hz，与泰州大桥的基频 0.07163 Hz 接近[3]，结构基本周期较长，对应振型为主梁一阶正对称侧弯。

3 结构颤振稳定性及参数敏感性分析

3.1 颤振稳定性分析

通过添加 Matrix27 单元以模拟作用在桥面主梁上的气动自激力，得到了用于颤振分析的四塔悬索桥有限元模型[4]。采用全模态颤振频域分析法开展了基于 ANSYS 的颤振稳定性分析，分别计算了 −3°、0° 和 +3° 风攻角下的复特征值随风速的变化。不考虑结构阻尼的情况下，不同风攻角时的颤振临界风速和颤振频率如表 1 所示。

＊ 基金项目：国家重点基础研究计划（973 计划）青年科学家专题项目（2015CB060000）；国家自然科学基金优秀青年科学基金项目（51722804）；国家"万人计划"青年拔尖人才；江苏省交通运输科学研究项目（8505001498）

表 1　不同风攻角下颤振分析结果比较

风攻角	颤振临界风速/(m·s⁻¹)	颤振频率/Hz
−3°	48.1	0.2512
0°	49.1	0.2467
+3°	47.4	0.2398

3.2　结构颤振参数敏感性分析

基于所建立的有限元模型和颤振稳定性分析，本文探讨了主梁矢跨比、主梁刚度和中塔刚度等结构参数对结构颤振性能的影响，以期对其进行参数优化。结构在 −3°，0° 和 +3° 风攻角下的颤振临界风速随主梁抗扭刚度和中塔刚度的变化情况如图 2 和图 3 所示。

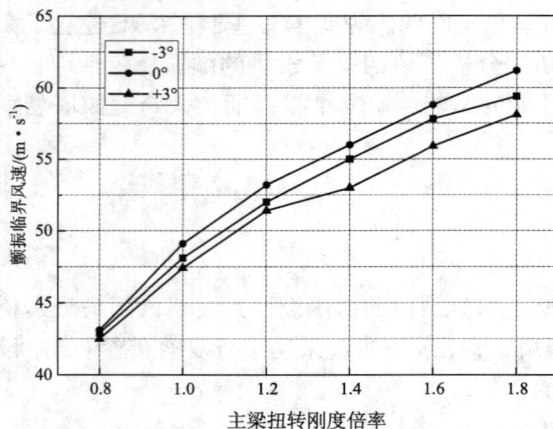

图 2　不同主梁抗扭刚度下颤振临界风速的比较

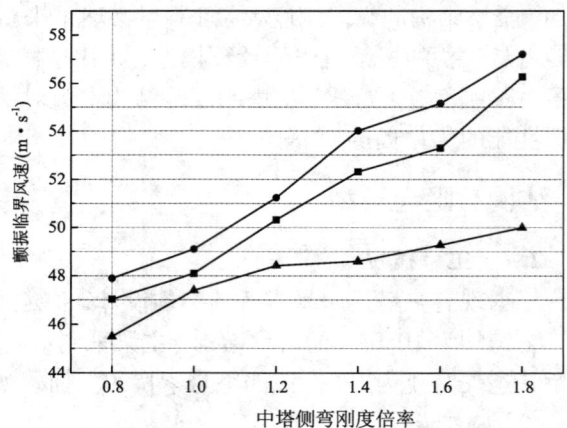

图 3　不同中塔侧弯刚度下颤振临界风速的比较

4　结论

主梁抗扭刚度、主缆矢跨比及中塔侧弯刚度均对桥梁的颤振稳定性有显著影响，其中改变主缆矢跨比会导致较为复杂的颤振模态转换或耦合，但在固定某一阶颤振模态下增加矢跨比有助于提高桥梁的颤振稳定性。此外，四塔悬索桥的中塔效应更显著，中塔侧弯刚度对四塔悬索桥颤振稳定性的影响应引起格外关注。因此，在大跨度四塔悬索桥的设计和分析阶段应选取合适的结构参数，达到对其颤振性能的优化设计。

参考文献

［1］ Hua X G, Chen Z Q, Ni Y Q, et al. FlutterAnalysis of Long‐Span Bridges using ANSYS［J］. Wind & Structures, 2007, 10 (1)：61‐82.

［2］ 陈政清. 桥梁风工程［M］. 北京：人民交通出版社, 2005.

［3］ 陶天友, 王浩, 李爱群. 中塔对大跨度三塔连跨悬索桥抖振性能的影响［J］. 振动、测试与诊断, 2016, 36 (1)：131‐137.

［4］ Wang H, Tao T Y, Zhou R, et al. Parameter Sensitivity Study on Flutter Stability of a Long‐Span Triple‐Tower Suspension Bridge［J］. Journal of Wind Engineering and Industrial Aerodynamics, 2014, 128(5)：12‐21.

稳定板形式对箱梁悬索桥颤振性能的影响*

郭俊杰，唐浩俊，李永乐，张景钰

（西南交通大学桥梁工程系 成都 610031）

1 引言

随着桥梁跨度的增长，结构的抗风问题和桥上车辆的防风问题受到了越来越多的关注。为了提高桥梁结构的抗风稳定性，竖向稳定板是一种非常有效的措施，它常被设置在桥面的中部，沿桥跨方向通长存在，也被称为中央稳定板。另一方面，为了改善桥面风环境、提高行车安全性，风屏障得到了广泛的应用，它常被设置在桥面两侧防撞护栏处，以起到防风作用。以上两种措施的本质都是减小桥面透风率，却因为它们的阻风位置不同，起到了不同的效果，对桥梁颤振性能的影响也大相径庭[1]。此外，Li 等[2]发现将中央稳定板分为两块，对称地安装在桥面下方距中央 9.32 m 处，反而更有利于结构的颤振稳定性。因此，研究稳定板位置对桥梁颤振性能的影响、确定最优位置具有重要的意义，可为相关工程提供参考或借鉴。

山区桥梁常常受到大攻角来流作用，且负攻角出现概率更大[3]。大攻角来流下，稳定板对颤振影响机理将发生本质性的改变。因此，本文考虑了常规风攻角（选择 0°风攻角）和大的负攻角（选择 -8°风攻角）来流下，稳定板位置及形式对箱梁悬索桥颤振性能的影响。

2 CFD 数值模拟

稳定板可以安装在桥面的上侧或下侧，称为上稳定板或下稳定板。受桥面行车空间的限制，上稳定板通常只能设置在桥面中部，因此本文将以下稳定板作为研究对象。将实际的箱梁简化为理想箱梁，在下侧设置稳定板，如图 1(a)所示，其中 $L = 1$ m，$D = 0.1$ m，$\theta = 50°$。稳定板位置用量纲参数 $\varphi = x/L$ 表示，其中 x 为稳定板至箱梁底板最左侧的距离。计算区域划分为静止网格区域、动网格区域和刚体网格区域，如图 1(b)所示。选用 $k - \omega$ SST 湍流模型、SIMPLEC 算法，动量方程、湍动能方程及湍流耗散率方程采用二阶离散格式。采用 FLUENT 软件计算设置不同位置和不同类型稳定板箱梁的颤振性能。

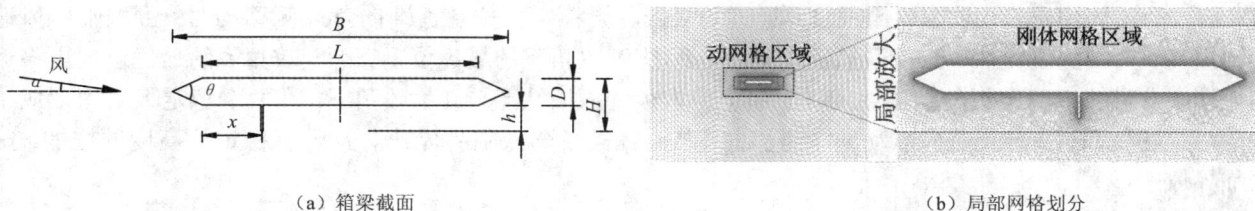

（a）箱梁截面   （b）局部网格划分

图 1 CFD 模型

3 设置竖向稳定板的箱梁悬索桥的颤振性能

3.1 稳定板位置的影响

表 1 表明了箱梁截面的颤振临界风速随稳定板位置的变化趋势。无论在在 0°还是 -8°攻角下，当稳定板设置在迎风侧时，箱梁的钝体性质表现明显，颤振临界风速极小。当稳定板位置逐渐向背风侧移动时，颤振临界风速得到提高，且最优位置在中央偏迎风侧位置处。但是 0°攻角下的最优位置比 -8°攻角下的最优位置更靠近迎风端。当稳定板设置在 $\varphi = 0.25$ 位置处时，0°攻角下，在稳定板背部形成了一个稳定的漩涡，使振动过程中竖向自由度的参与程度最大，颤振临界风速最高，但在 -8°攻角下最低。当稳定板设置

* 基金项目：国家自然科学基金项目(51708463，51525804)

在 $\varphi = 0.375$ 位置处时，在各攻角下均具有良好的颤振性能，$-8°$攻角下稳定板通过阻碍漩涡移动的方式提高颤振性能，其颤振临界风速相比于原始断面提高了71.1%。

表1 设置单稳定板情况下的颤振临界风速

风攻角	不同稳定板位置(φ)下的颤振临界风速/$(m \cdot s^{-1})$							
	无稳定板	0	0.25	0.375	0.5	0.625	0.75	1
0°	85.9	34.3	122.6	91.7	92.0	86.8	84.8	85.7
-8°	53.9	10.3	10.0	92.2	91.4	85.6	86.0	65.3

3.2 稳定板形式的影响

在主梁下侧 $\varphi = 0.375$ 和 $\varphi = 0.625$ 位置处对称地设置一对稳定板，其颤振临界风速如表2所示。在0°攻角下，当稳定板高度为宽度的6%时，颤振临界风速最高，高达94.5 m/s。在 $-8°$攻角下，在两个稳定板之间形成了一个稳定的漩涡，提升了竖向振动的参与程度，从而提高了颤振临界风速，且提高幅度随稳定板高度增加而增大。

表2 设置分离式双稳定板情况下的颤振临界风速

风攻角	不同稳定板高度下的颤振临界风速/$(m \cdot s^{-1})$		
	4%B	6%B	8%B
0°	81.1	94.5	91.5
-8°	79.6	90.7	106.1

4 结论

单个稳定板的位置对颤振性能的影响十分显著。无论在0°攻角还是大攻角下，当稳定板设置在迎风端时，箱梁的钝体性质表现明显，颤振临界风速均极低。当稳定板位置逐渐向背风侧移动时，颤振临界风速得到提高，且最优位置在中央偏迎风侧位置处。但是0°攻角下的最优位置比 $-8°$攻角下的最优位置更靠近迎风端。分离式双稳定板的颤振性能优于单个稳定板的颤振性能。在大攻角下，在两个稳定板之间形成了一个稳定的漩涡，提升了竖向振动的参与程度，从而提高了颤振临界风速。且随着稳定板高度的增加，颤振临界风速增大。

参考文献

[1] 李永乐,苏洋,武兵,等. 风屏障对大跨度桁架桥风致振动及车辆风载荷的综合影响研究[J]. 振动与冲击,2016,35(12): 141 - 146 + 159.

[2] Li Y L, Tang H J, Wu B, et al. Flutter performance optimization of steel truss girder with double - decks by wind tunnel tests [J]. Advances in Structural Engineering, 2018, 21(6): 906 - 917.

[3] 张明金,李永乐,唐浩俊,等. 高海拔高温差深切峡谷桥址区风特性现场实测[J]. 中国公路学报, 2015, 28 (3): 60 - 65.

辅助措施对斜拉桥最大双悬臂施工阶段动力特性和静风稳定的影响

郭荣耕，李宇，王阳

（长安大学公路学院 西安 710064）

1 引言

在风荷载的作用下，桥梁的整体刚度会发生一定的改变，随着风速增大，可能会发生静风失稳[1]。某新建斜拉桥在施工到最大双悬臂施工阶段时，由于桥址位于峡谷出口处风速较大，为保证施工安全，现增加辅助措施来提高抗风性能。本文针对不同辅助措施进行研究，在长安大学风洞测得该桥主梁的三分力系数，并采用 ANSYS 软件建立有限元模型[2]，分析抗风缆的不同索力方案和临时墩位置对最大双悬臂施工阶段的动力特性及其静风稳定性的影响。

2 研究内容

2.1 抗风缆与临时墩布置方案

抗风缆和临时墩布置方式如图 1–3 所示。表 1 介绍了不同索力的抗风缆布置方案，表 2 介绍了不同位置的临时墩和抗风缆的组合方案。

图 1 抗风缆方案

图 2 临时墩方案

图 3 临时墩 + 抗风缆方案

表 1 抗风缆索力方案

抗风缆方案	①	②	③	④
中跨抗风缆索力	300 kN	300 kN	500 kN	300 kN
边跨抗风缆索力	300 kN	500 kN	500 kN	1000 kN

表 2 临时墩与抗风缆方案

临时墩与抗风缆方案	⑤	⑥	⑦	⑧
临时墩位置	1/3 边跨	1/4 边跨	1/3 边跨	1/4 边跨
中跨抗风缆索力	—	—	300 kN	300 kN

2.2 动力特性分析

从表 3 可看出，辅助措施对各阶频率均有提高。其中，边跨 1/3 处临时墩 + 中跨抗风缆的频率提高幅度最大。可以大幅提高主梁竖弯和扭转的频率，进而抵抗风致振动。

表3　各方案动力特性对比

最大双悬臂			①		②		③		④	
阶次	振型	频率	频率	提高	频率	提高	频率	提高	频率	提高
1	主梁一阶反对称竖弯	0.187	0.1933	3.58%	0.1971	5.53%	0.1973	5.62%	0.2054	9.96%
2	桥塔主梁整体侧弯	0.296	0.3021	1.84%	0.3049	2.80%	0.3051	2.85%	0.3106	4.69%
3	主梁侧弯	0.431	0.4334	0.90%	0.4348	0.95%	0.4348	0.95%	0.4370	1.46%
10	主梁一阶反对称扭转	0.765	0.7657	0.18%	0.7660	0.12%	0.7661	0.13%	0.7668	0.23%
阶次	振型	频率	⑤		⑥		⑦		⑧	
1	主梁一阶反对称竖弯	0.187	0.3166	69.4%	0.2973	59.2%	0.3168	69.6%	0.2975	59.3%
2	桥塔主梁整体侧弯	0.296	0.3771	27.1%	0.3783	27.5%	0.3773	27.2%	0.3785	27.6%
3	主梁侧弯	0.431	0.4608	6.98%	0.4615	7.17%	0.4608	7.00%	0.4616	7.18%
10	主梁一阶反对称扭转	0.765	0.8694	13.6%	0.7863	2.77%	0.8695	13.6%	0.7865	2.80%

2.3　静风响应分析

在斜拉桥施工中，最大双悬臂施工阶段是桥梁整体刚度最低的施工阶段。抗风缆是一种有效的抗风措施，临时墩可以提高桥梁在施工阶段的整体刚度，从而可以提高主梁的静风稳定性。因此，我们有必要对斜拉桥的最大双悬臂施工阶段进行主梁非线性静风稳定分析。图4和图5分别为部分措施下主梁跨中转角位移和竖向位移的对比。

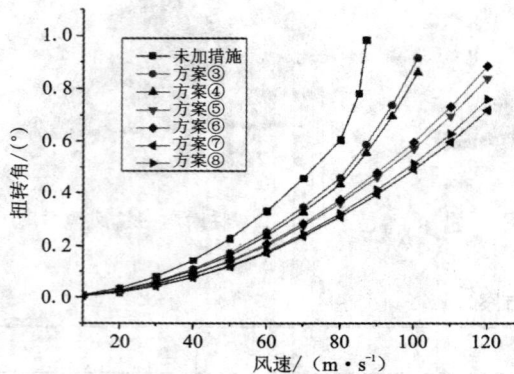

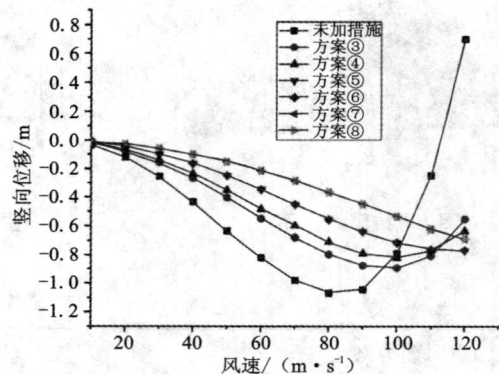

图4　跨中转角位移　　　　　　　　　图5　跨中竖向位移

3　结论

（1）设置抗风缆和临时墩可以显著提高斜拉桥最大双悬臂施工阶段各关键振型的频率，增强整体刚度。其中，临时墩对频率的提升贡献较大，可有效限制主梁位移。

（2）在静风荷载作用下，主梁的空间变形与风速大小呈明显线性关系，随着风速增加结构空间变形的非线性趋势在增强。主梁的失稳呈现明显的空间弯扭耦合姿态。

参考文献

[1] 陈政清. 桥梁风工程[M]. 北京：人民交通出版社，2005.

[2] 项海帆. 现代桥梁抗风理论与实践[M]. 北京：人民交通出版社，2005.

变截面钝体箱梁气动特性的试验研究[*]

韩瑞[1]，路起凡[1]，陈帅[1]，刘小兵[2,3]

（1. 石家庄铁道大学土木工程学院 石家庄 050043；2. 石家庄铁道大学风工程研究中心 石家庄 050043；3. 河北省风工程和风能利用工程技术创新中心 石家庄 050043）

1 引言

变截面钝体箱梁广泛应用于大跨度连续梁桥和大跨度连续刚构桥中。由于受局部地形和临近桥梁结构的影响，来流风在变截面钝体箱梁上会产生较大的攻角[1-4]。因此，十分有必要研究风攻角对变截面钝体箱梁气动特性的影响。本文针对4种不同高宽比的刚性节段钝体箱梁模型做测压风洞试验，详细测试了 $-10° \sim 10°$ 风攻角范围内变截面钝体箱梁的气动特性，并分析风攻角对其影响规律。

2 风洞试验概况

4种不同高宽比 H/B 分别为 0.3、0.4、0.6 和 0.8。其中 $H/B = 0.3$ 时的钝体箱梁模型断面如图1(a)所示，$H/B = 0.8$ 时的钝体箱梁模型断面如图1(b)所示。

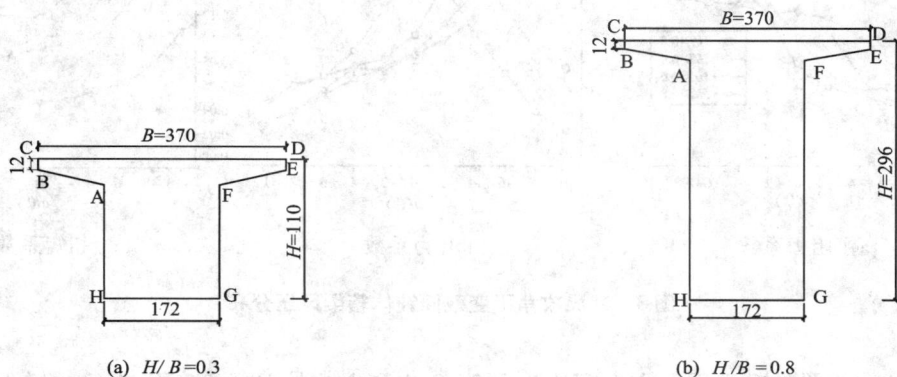

(a) $H/B = 0.3$ (b) $H/B = 0.8$

图1 变截面钝体箱梁模型断面图

3 试验结果分析

图2给出了变截面钝体箱梁三分力系数随风攻角的变化曲线。变截面钝体箱梁的阻力系数随风攻角变化呈上升趋势；升力系数在高宽比为0.3、0.4和0.6的时候随着风攻角的增大呈先增大后减小的趋势，其他高宽比下随风攻角的增大逐渐减小；扭矩系数在高宽比为0.3和0.4的时候随着风攻角的增大呈先增大后减小的变化趋势，其他高宽比下随风攻角的增大逐渐减小。

图3所示为0°风攻角下不同高宽比钝体箱梁模型测点的风压系数变化曲线。在0°风攻角下不同高宽比的测点风压系数变化规律大致相似，其中在上表面(c~d)、翼缘迎风区(b~c)和翼缘背风区(d~e)的风压系数随高宽比变化较为明显。

4 结论

（1）变截面钝体箱梁的阻力系数随风攻角的增大缓慢增大；在 $-4° \sim 2°$ 风攻角下阻力系数随高宽比的增大逐渐增大，在其他风攻角下的阻力系数随高宽比变化不明显。

＊ 基金项目：河北省自然科学基金面上项目（E2018210105）；河北省大型基础设施防灾减灾协同创新中心资助项目

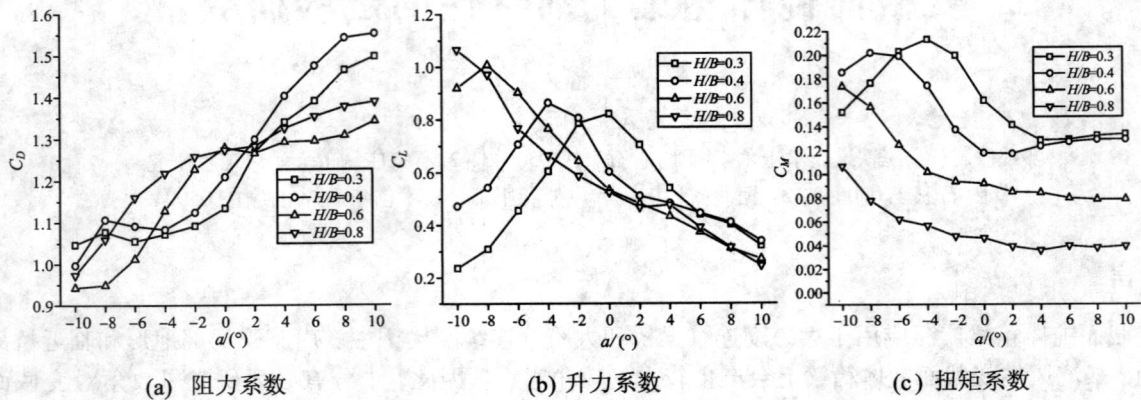

(a) 阻力系数   (b) 升力系数   (c) 扭矩系数

图2 三分力系数随风攻角的变化曲线

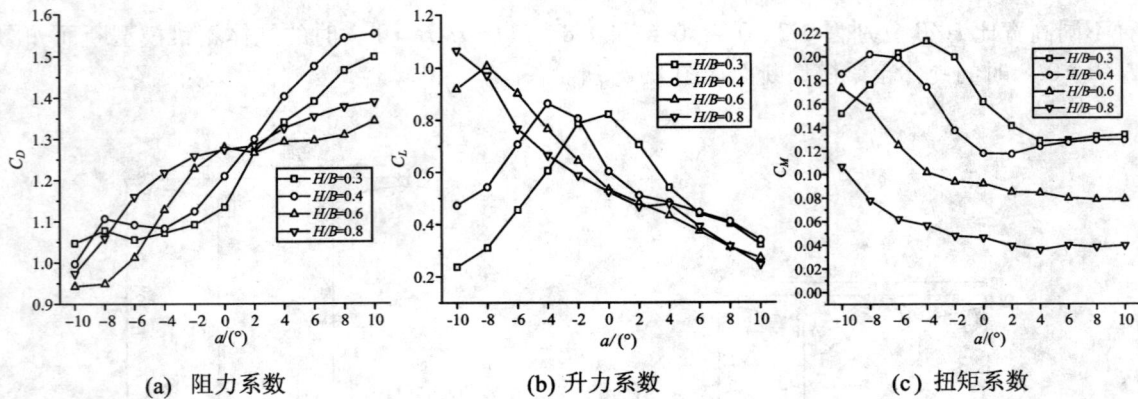

(a) 阻力系数   (b) 升力系数   (c) 扭矩系数

图3 0°风攻角下变截面钝体箱梁风压分布

（2）变截面钝体箱梁的升力系数在高宽比为 0.3、0.4 和 0.6 的时候随着风攻角的增大先增大后减小；在高宽比为 0.8 的时候随风攻角的增大逐渐减小。

（3）变截面钝体箱梁的扭矩系数在高宽比为 0.3 和 0.4 的时候随着风攻角的增大先增大后减小；其他高宽比下随风攻角的增大逐渐减小。

参考文献

[1] 陈帅, 路起凡, 刘小兵. 风攻角对钝体箱梁气动特性的影响[C] //第二十七届全国结构工程学术会议论文集. 西安: 2018, 133 - 136.

[2] 朱思宇. 大攻角来流作用下扁平钢箱梁涡振性能风洞试验优化研究[J]. 土木工程学报, 2015, 48(2): 79 - 86.

[3] 林震云, 李永乐, 汪斌. 基于 CFD 的大跨度邻近桥梁气动干扰效应研究[J]. 铁道建筑, 2018, 58(2): 18 - 22.

[4] 刘小兵. 风攻角对分离双扁平箱梁涡振特性的影响[J]. 石家庄铁道大学学报, 2017, 30(3): 1 - 4.

带大挑臂钢箱结合梁独塔斜拉桥施工期抖振响应研究[*]

胡攀[1]，唐煜[1]，贾宏宇[2]，郑史雄[2]

（1. 西南石油大学土木工程与建筑学院 成都 610500；2. 西南交通大学土木工程学院 成都 610031）

1 引言

独塔斜拉桥主梁双悬臂施工阶段自振频率较低，在脉动风作用下易产生较大振动，威胁施工安全，施工期间的抖振问题是此类大跨度斜拉桥抗风设计的重点内容。带大挑臂钢箱结合梁是一种较为新颖的主梁结构形式，其几何外形特殊，在抖振分析时有必要纳入其气动导纳的影响。

本文以处于施工最大双悬臂状态的实际桥梁工程为研究对象。首先，对桥梁结构有限元建模时塔梁连结处的合理模拟（节点刚性区）问题进行讨论；在此基础上，随后开展抖振响应计算分析，其中带大挑臂钢箱主梁的气动导纳通过 CFD 数值识别；最后，开展气弹模型风洞试验，并将典型位置处的主梁抖振响应试验结果与计算结果对比分析。

2 工程概况

某桥为独塔单索面混合式钢箱结合梁斜拉桥，主桥跨度布置为 140 m + 140 m，主梁断面采用带大挑臂钢箱结合桥面板的结构形式。

3 抖振响应

3.1 动力特性分析

桥梁结构有限元模型的动力特性分析结果表明，施工最大双悬臂状态该桥基频为 0.180 Hz，对应为桥塔顺桥向弯曲 + 主梁竖弯的耦合振型。有限元建模过程中，对塔梁连接处节点刚性区的处理方式不同，可能造成不容忽视的影响，这与文献[1]中的研究结论一致。

3.2 风场模拟与风荷载

采用谐波合成法进行风场模拟，将三维脉动风场简化为三个方向独立的各态历经的零均值平稳高斯随机过程进行模拟。

不考虑气动导纳时，桥梁断面抖振力按 Davenport 准定常模型描述为：

升力：
$$L(t) = \frac{1}{2}\rho\, U^2 B \left[2\, C_L(\alpha)\frac{\mu(t)}{U} + (\dot{C}_L + C_D)\frac{\omega(t)}{U} \right] \tag{1}$$

阻力：
$$D(t) = \frac{1}{2}\rho\, U^2 B \left[2\, C_D(\alpha)\frac{\mu(t)}{U} + \dot{C}_D\frac{\omega(t)}{U} \right] \tag{2}$$

扭矩：
$$M(t) = \frac{1}{2}\rho\, U^2 B^2 \left[2\, C_M(\alpha)\frac{\mu(t)}{U} + \dot{C}_M\frac{\omega(t)}{U} \right] \tag{3}$$

其中，ρ 代表空气密度；U 为来流的平均速度；B 为断面宽度；C_L、C_D、C_M 分别代表升力、阻力、扭转静力三分力系数；$\dot{C}_L$、$\dot{C}_D$、$\dot{C}_M$ 分别代表升力、阻力、扭转静力三分力系数的一阶导数；$\mu(t)$、$\omega(t)$ 分别代表脉动风的横向、竖向分量。

3.3 气动导纳

采用文献[2]介绍的方法数值识别主梁断面在不同来流条件下的气动导纳，结果见图1。不同湍流强度来流条件下的气动导纳函数存在差异，文献[3]亦报道了该现象。

* 基金项目：国家自然科学基金项目（51808470）

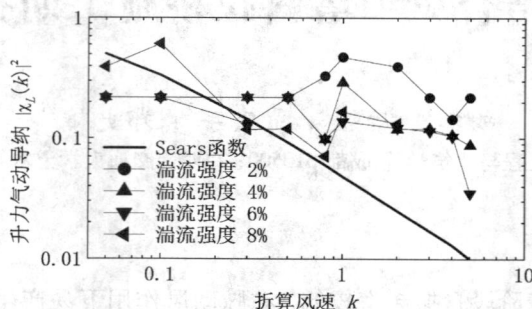

图1　主梁气动导纳

3.4　气弹模型风洞试验

开展 1∶50 缩尺比的气弹模型风洞试验,最大双悬臂施工状态条件下的试验现场以及紊流作用下主梁悬臂端的位移均方根随风速变化见图2。

图2　紊流风场下气弹模型试验现场及主梁悬臂端位移响应均方根

4　结论

1)在独塔斜拉桥建模时,对塔梁连接处节点刚性区采用不同的处理方式,会对振型产生不同程度的影响,各阶振型对抖振响应的贡献不同。

2)带大挑臂钢箱结合梁断面外形较钝,具有显著的流动分离特性,其气动导纳对来流风场具有依赖性,抖振计算分析中须选择应用。

参考文献

[1] 杨咏昕,陈艾荣,项海帆. 桥梁结构动力特性分析中节点刚性区问题的处理[J]. 土木工程学报,2001,34(1):14-18.

[2] 唐煜,郑史雄,张龙奇,等. 桥梁断面气动导纳的数值识别方法研究[J]. 空气动力学学报,2015,33(5):706-713.

[3] 张伟峰,张志田,张显雄. 桥梁断面气动导纳风场依赖特性的数值研究[J]. 空气动力学学报,2018,36(4):677-686

大跨度连续梁桥涡振下 TMD 参数模型研究[*]

黄国哲，马存明

（西南交通大学风工程实验研究室 成都 610031）

1 引言

涡振不会像发散性振动如颤振、驰振那样对结构造成强烈的破坏，但振幅大，起振风速低，在长久作用下会让桥梁疲劳，同时引起桥上行车不适。目前涡激力的计算主要有简谐力模型，升力振子模型，经验线形模型，经验非线性模型。本文以某大跨连续梁桥为工程背景，对其涡激振动进行研究。首先在 XNJD-3 风洞下进行全桥模型试验，测得涡振的振幅等数据，接着运用经验非线性模型对加了 TMD 的主梁涡振进行分析，编写的 Matlab 程序筛选出 TMD 最佳减振率下的参数。最后与规范的 TMD 参数计算再运用简谐力模型进行计算与经验非线性模型对比，判断其正确性和实用性。

2 制振目标的确定

论 XNJD-3 风洞中进行崇启大桥的全桥试验。在实验过程中设置了四个工况，工况 1 与 2 分别对应于在 0°风攻角下，主梁阻尼比为 0.3% 和 0.5%；工况 3 与 4 分别对应于在 +3°风攻角下，主梁阻尼比为 0.3% 和 0.5%。结果如表 1。该桥出现了两个涡振区，振幅过大，最大可达 299 mm，需要采取抑制措施。为了研究增加阻尼抑制涡振的情况将阻尼比增大到 1.15% 左右时，试验中基本未观测到明显的竖向涡振。所以可以依据此阻尼比大致确定 TMD 参数范围。

表 1 各试验工况下涡激振动最大振幅/mm

工况	第一涡振区	第二涡振区
工况 1	93	139
工况 2	29	96
工况 3	144	299
工况 4	36	191

3 TMD 最优参数的确定与检验

本文采用 Ehsan 与 Scanlan 提出的涡激力的经验非线性模型，依据项海帆[1]提出的 TMD 涡激控制模型参数优化公式由位移比 A_{tb}，质量比 μ，出计算 TMD 频率比 Ω，阻尼比 ξ_2 和等效阻尼 β_e。

$$\Omega = \sqrt{\frac{1}{1+\mu}} \approx 1 - \frac{\mu}{2} \tag{1}$$

$$\xi_{2(\text{opt})} = \frac{1}{2A_{tb(\text{opt})}} \tag{2}$$

$$\beta_{e(\text{opt})} = \frac{\mu}{2}\left(1 - \frac{\mu}{2}\right)A_{tb(\text{opt})} \tag{3}$$

通过编写的 Matlab 程序，筛选出在 TMD 与主梁位移之比在一定范围内的最优减振率。并可知道对应的 TMD 参数。为了验证该优化了的 TMD 参数正确性，将结果与规范 TMD 参数计算公式所推导的结果进行对比。

* 基金项目：国家自然科学基金项目（51778545）

表2　由程序推算出的 TMD 最优参数

质量比 μ /%	频率比 Ω_{0pt} /%	阻尼比 ξ_{2opt} /%	位移比 A_{tbopt}	主梁响应 A /mm	减振率 D_η /%
0.60	99.7	4.20	11.91	26.4	92.33
0.80	99.6	4.40	11.26	21.4	93.74
1.00	99.5	5.10	9.81	19.5	94.23
1.20	99.4	5.60	8.94	18.0	94.72

保持主梁参数，TMD 参数相同，比较两种 TMD 模型的减振率 $D_{\eta 1}$，$D_{\eta 2}$，则在三种不同主梁阻尼（0.3%，0.5%，0.8%）下之比 $\rho = 1 - D_{\eta 1}/D_{\eta 2}$ 的变化如表3所示。

表3　两种 TMD 模型在不同主梁阻尼下的减振率对比

质量比 μ /%	频率比 Ω	阻尼比 ξ_2 /%	$\rho_{0.3}$	$\rho_{0.5}$	$\rho_{0.8}$
0.6	0.997	3.87	0.011	0.305	4.165
0.8	0.996	4.47	0.000	0.245	3.657
1	0.995	5.00	0.000	0.242	3.285
1.2	0.994	5.48	0.000	0.197	2.993

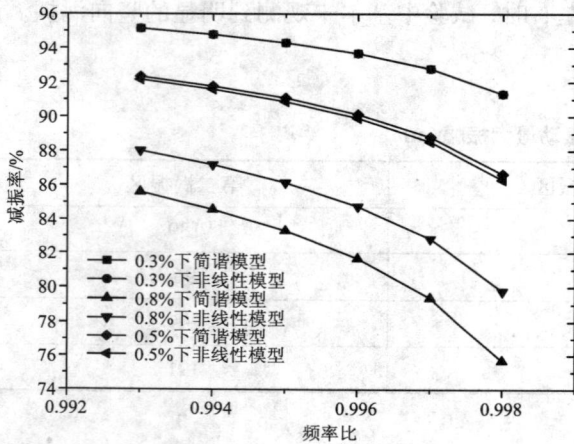

图1　减振率与频率比图

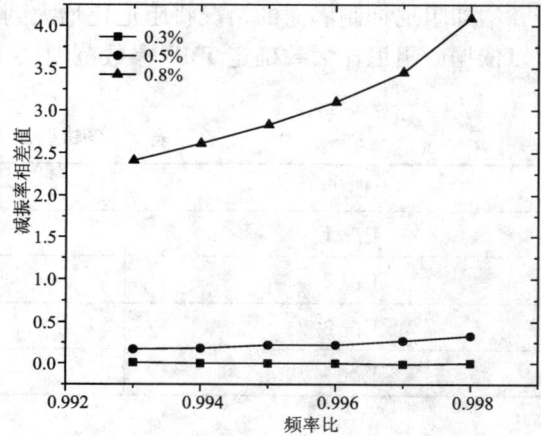

图2　减振率之差与频率比图

4　结论

采用涡激力的经验非线性模型分析 TMD 加主梁系统，TMD 的最优参数为质量比 1.2%，阻尼比为 5.61%，频率比为 99.5% 时，减振效率达 94%。通过对比结果证实了 TMD 经验非线性模型计算得到的控制效率虽然因为使用的涡激力为经验非线性公式计算，与经典的简谐力模型有误差，但误差很小，所以模型具有可信性。而本文所使用的 TMD 经验非线性模型计算上，不但能计算出 TMD 的减振率，等效阻尼比和行程比外，还能计算出主梁的振幅和 TMD 与主梁的相位关系。这有利于下一步舒适度等研究。有着较好的实用性。

参考文献

[1] 陈艾荣，顾明，项海帆. 调质阻尼器（TMD）对斜拉桥竖向抖振控制的试验研究[J]. 西安公路学院学报，1993，13（2）：8 - 12.

基于数据驱动的随机子空间法在大跨度桥梁全桥气弹模型模态参数识别中的应用

黄林[1,2]，王骑[1,2]，杨渼博[1,2]

（1. 西南交通大学桥梁工程系 成都 610031；2. 风工程四川省重点实验室 成都 610031）

1 引言

大跨度桥梁全桥气弹模型由于结构轻柔、模态密集，在进行模态分析时，由于对全桥模型难以施加定量化的人工激励，因此输入输出的识别技术往往难以实现。实际应用中，考虑到桥梁气弹模型一般只能测得输出响应，一般采用环境激励下的结构模态识别方法[1-2]。传统环境激励系统辨识方法对于气弹模型模态参数识别误差较大，而采用数据驱动的随机子空间法可有效提升系统系别精度。单德山[3]采用数据驱动随机子空间识别算法和改进稳定图方法对某三跨自锚式悬索桥桥梁全桥模型进行模态识别，能较好地模拟2~5阶模态参数。本文基于深中通道伶仃航道桥全桥气弹模型的模态测试，采用ANSYS建立该桥梁的三维有限元模型以获得其模态参数的目标值，采用数据驱动的随机子空间法在环境激励中测出的桥梁模型的模态参数，并与采用强迫激励获得的模态参数进行对比，验证本文方法及程序的正确性。

2 试验模型与ANSYS有限元计算模型

深中通道伶仃航道桥风洞试验全桥气弹模型如图1所示，有限元分析模型采用传统的鱼刺梁式的单脊梁方式，有限元模型三维视图如图2所示。本方案动力特性采用ANSYS有限元软件计算得到，在计算过程中，不考虑支座弹性。

图1 全桥气弹模型安装示意图

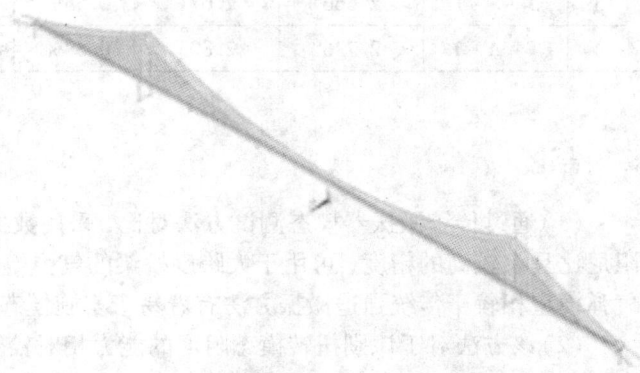

图2 有限元模型三维视图

3 随机子空间法计算理论与方法

本文采用数据驱动随机子空间方法（DDSSI）识别桥梁结构的模态参数，图3为数据驱动SSI方法的识别过程。需要提出的是，数据驱动随机子空间方法中惟一需要确定的是系统阶次，系统阶次确定不适当会引起模态遗漏或虚假模态，但此薄弱点完全可以借助有限元模型的计算结果为目标值进行校准。

4 数值分析与风洞试验模态测试结果

通过应用本文数据驱动随机子空间法对深中通道伶仃航道桥全桥模型进行模态测试，以及单点激振器法对模型进行模态测试，将得出全桥模型频率与ANSYS数值分析计算结果对比如表1所示。从结果可以

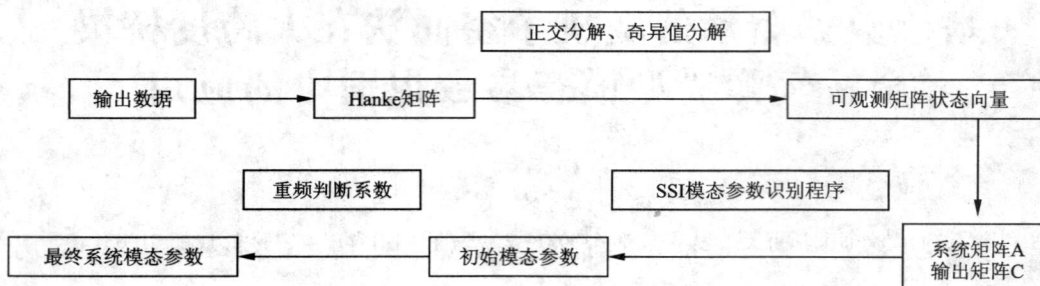

图3   数据驱动 SSI 法识别过程

看出，采用数据驱动的 SSI 方法识别的振型频率和阻尼比与传统的较为精确的强迫激振法识别结果相比，两者仅在识别扭转模态参数上有一定差异（在可接受范围内），表明数据驱动的 SSI 方法在大跨度桥梁气弹模型模态参数识别中获得广泛应用。

表1   深中通道气弹模型动力特性测试结果

阶次	振型	模型目标频率/Hz	SSI 频率/Hz	阻尼比	强迫激振法频率/Hz	阻尼比	两种方法频率差异	两种方法阻尼比差异
1	L－S－1	0.662	0.655	0.18%	0.652	0.20%	0.5%	－10.0%
2	V－A－1	1.109	1.107	0.34%	1.118	0.33%	－1.0%	3.0%
3	V－S－1	1.161	1.168	0.36%	1.170	0.33%	－0.2%	9.1%
4	V－S－2	1.551	1.557	0.32%	1.580	0.34%	－1.5%	－5.9%
7	V－A－2	2.07	2.083	0.34%	2.110	0.36%	－1.3%	－5.6%
13	T－S－1	2.566	2.671	0.55%	2.634	0.46%	1.4%	19.6%
14	T－A－1	2.726	2.803	0.57%	2.755	0.43%	1.7%	32.6%

5   结论

（1）通过传统激振器模态测试方法对比，采用数据驱动的 SSI 方法识别的模态参数，包括振型、频率和阻尼比具有较高的精度，可用于大跨度桥梁的气弹模型模态参数辨识。对于比例尺较小、柔度较大的全桥气弹模型相较于传统强迫激振方法有着易于实施模态测试的优点。

（2）该方法对于识别扭转模态阻尼的能力相对较弱，还需要进一步改进。

参考文献

［1］章国稳，汤宝平，孟利波. 基于特征值分解的随机子空间算法研究［J］. 振动与冲击，2012，31（07）：74－78.

［2］许福友，陈艾荣，朱绍锋. 桥梁风洞试验模态参数识别的随机子空间方法［J］. 土木工程学报，2007（10）：67－73.

［3］单德山，徐敏. 数据驱动随机子空间算法的桥梁运营模态分析［J］. 桥梁建设，2011（06）：16－21.

桥塔节段模型被动吹吸气风振控制*

黄业伟，陈文礼

（哈尔滨工业大学土木工程学院 哈尔滨 150090）

1 引言

大跨度缆索体系桥梁具有高耸的桥塔结构，在施工过程中常受到风致振动的影响[1]，进而产生安全隐患，即使其进入使用阶段，受缆索和横梁限位作用，也有相关的风振记录，其振动能量传导至主梁引发主梁受迫振动[2]。本文应用被动吹吸气技术[3]，研究其在桥塔风致振动控制领域的应用，利用模型表面压力测量和 PIV 技术，对静止桥塔节段模型进行风洞测试，分析和比较模型受控前后压差气动力及流场结构。

2 试验设置

本试验在哈尔滨工业大学土木工程学院 SMC – WT1 风洞进行，采用西堠门大桥单根桥塔 1∶150 节段缩尺模型，模型于风洞内水平通长放置，被动吹气套环均匀分布于模型长度方向上，该套环内部空心，形成一个环形气体通道，套环外壁均匀分布有矩形气孔，该装置可实现在自然来流条件下迎风面气孔被动吸气，背风面气孔被动吹气效果，进而改变模型周围流场形式，抑制作用于模型的周期性气动力。试验布置及套环模型如图 1 所示。测压平面为模型跨中截面，共设有 44 个测压点。试验雷诺数 $Re = 30000$。

图 1 左：风洞试验布置示意图；右：套环模型示意图

3 试验结果

3.1 测压结果

通过压力传感器阵列采集模型跨中截面压力分布时程数据，可获得各测点平均及脉动压力系数，对各测点压力数据在空间上积分再进行空间坐标变换，可获得模型的压差气动升阻力时程。图 2 为各测点压力系数在不同风攻角、不同排布密度下的脉动值分布，黑色为无控工况，由图中可得套环可有效控制模型表面压力脉动，且套环排布越密集，控制效果越明显。

图 3 为压力积分后获得的零度攻角升力系数 Cl 时程，由图中可见受套环控制效果影响，升力系数波动幅度下降，说明作用于模型的横风向周期性气动力减弱，这对于模型本身涡激振动的控制具有积极作用。

3.2 PIV 结果

图 4 为受控条件下模型 PIV 细部流场涡量图，可以明显的看出模型气孔处有与脱落漩涡相反的小涡被吹出，这个小涡与脱落漩涡相互作用，使大涡结构被拉长甚至破碎，从而减弱了脱落漩涡的强度，进而抑制了模型涡激振动的发生。

* 基金项目：国家自然科学基金项目(51722805，51578188，51378153)

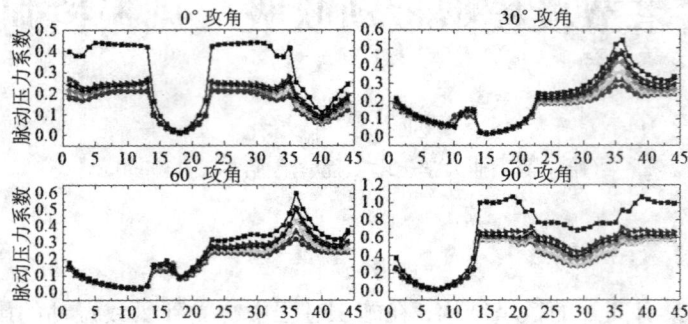

图2　各测点压力系数脉动值

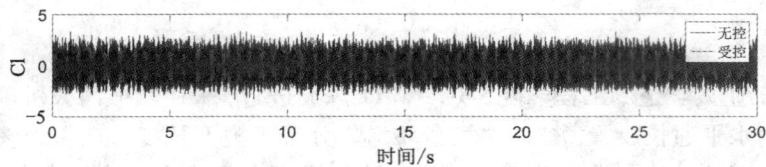

图3　零度攻角升力系数 Cl 时程曲线

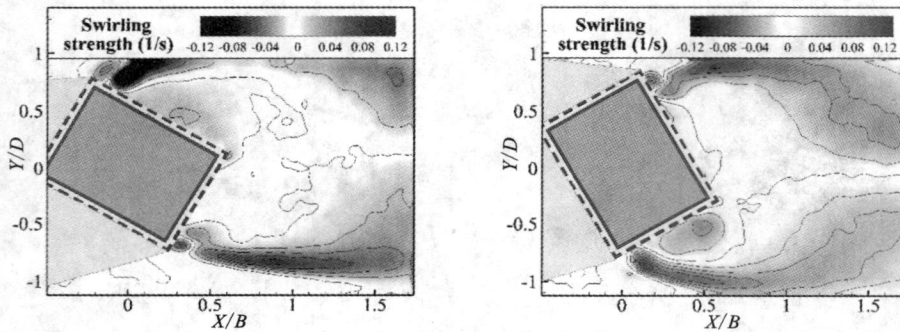

图4　各攻角下 PIV 涡量分布图

4　结论

本文通过风洞试验获取测压和 PIV 数据进行分析，从各方面结果可以得出，被动吹吸气套环应用于桥塔结构时，背风面气孔吹气能够拉伸和破碎脱落的漩涡，进而能够有效减小作用于其上的脉动升阻力，因此该方法对于桥塔的涡激振动具有较好的控制效果。

参考文献

［1］ G. L. Larose, A. Zasso, S. Melelli, et al. "Field measurements of the wind – induced response of a 254 m high free – standing bridge pylon［J］. J. Wind Eng. Ind. Aerodyn. , 1998, 74 – 76: 891 – 902,

［2］ D. M. Siringoringo, Y. Fujino. Observed Alongwind Vibration of a Suspension Bridge Tower and Girder［J］. Procedia Eng. , 2011, 14: 2358 – 2365.

［3］ W. – L. Chen, D. – L. Gao, W. – Y. Yuan, et al. Passive jet control of flow around a circular cylinder［J］. Exp. Fluids, 2015, 56(11): 201.

不同梁间距对双层Π型梁斜拉桥涡振性能的影响

霍五星，宋特，李加武

（长安大学风洞实验室 西安 710064）

1 引言

主梁涡激共振是大跨度桥梁在常遇风速下容易发生的一种风致振动现象，具有自激和自限幅的特性。涡振带来的过大振幅和加速度会严重影响桥梁的使用功能，频繁发生的涡振还可能引起构件的疲劳破坏。传统的单层Π型梁施工吊装方便，受力性能优越，但由于其敞开的钝体外形，绕流漩涡脱落较为复杂[1]，容易发生涡振。双层Π型梁作为一种新型截面形式，将上下两层Π型梁连接在一起，从而达到增大交通量以及提高桥梁抗风性能的目的。目前国内外很多学者已经研究了单层Π型梁的涡振机理和抑振措施[1-3]，但对于新型的双层Π型梁涡振性能缺乏相关研究。

梁间距在双层Π型梁桥梁设计中作为一个重要参数，对桥梁的抗风性能有着显著的影响，本文旨在研究不同梁间距下，双层Π型梁斜拉桥的涡振性能。

2 风洞试验

本文以某双主肋Π型梁斜拉桥为研究对象，选取节段模型的缩尺比为1:70，模型长度1.5 m，风速比为1:3.22，为了对比单、双层Π型梁以及不同梁间距下双层Π型梁的涡振性能，将上下两层梁之间通过丝杆进行连接，以便调整梁间距。节段模型测振试验在长安大学风洞实验室 CA-1 大气边界层风洞中进行，模型采用内支架机构支撑。图1和图2分别为单、双层Π型梁成桥状态下悬挂于风洞内支架上的测振节段模型。

图1 单层Π型梁测振节段模型

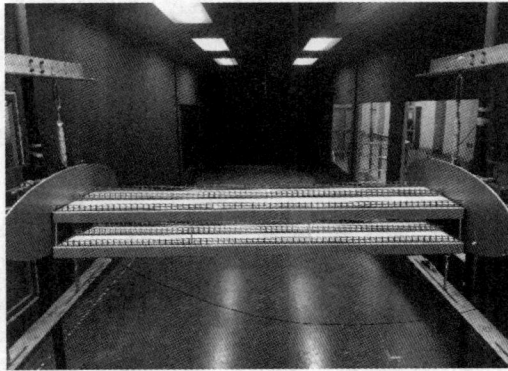

图2 双层Π型梁测振节段模型

3 试验结果

为了对比体现出双层Π型梁斜拉桥在涡振性能上的优势，首先对单层Π型梁进行测振试验，然后通过丝杆连接上、下两层梁，并将两层梁之间的距离调整为 h、$2h$、$3h$（h 为Π型梁梁高），在来流攻角分别为 $-3°$、$0°$、$+3°$下分别进行风洞测振试验，研究在不同梁间距下双层Π型梁斜拉桥的涡振性能。由于实验过程中并没有出现扭转涡振，因此在本研究中只考虑竖弯涡振响应，受限于篇幅，本文也只列出梁间距为3倍梁高时，在不同风攻角下的涡振响应结果，其中，位移值为换算到实桥尺寸的位移响应，实验结果如图3和图4所示。

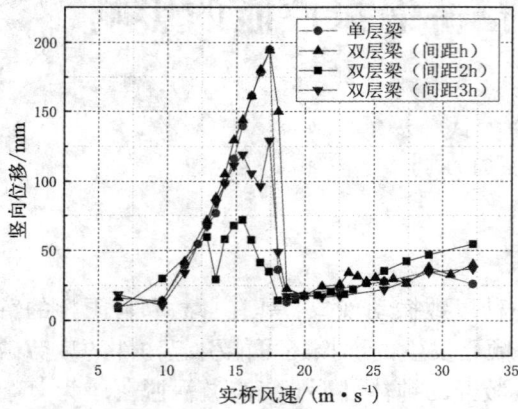

图3 不同梁间距下双层Ⅱ型梁涡振响应

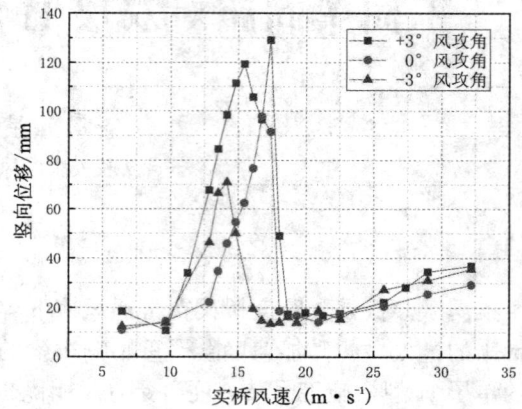

图4 梁间距为3倍梁高时双层Ⅱ型
梁不同攻角下主梁涡振响应

4 结论

通过风洞试验，本文研究了不同梁间距以及不同风攻角对双层Ⅱ型梁斜拉桥涡振性能的影响，得到以下结论：

（1）相较于单层Ⅱ型梁，双层Ⅱ型梁可以在一定程度上降低竖弯涡振最大振幅，对桥梁涡振的抑制是有利的。

（2）随着上下层梁间距的增大，竖弯涡振最大振幅先减小后增大，在间距为两倍梁高时达到最小。

（3）相较于-3°、0°风攻角，双层Ⅱ型梁在+3°风攻角下竖弯涡振响应更明显。

参考文献

［1］钱国伟，曹丰产，葛耀君，等. Ⅱ型叠合梁斜拉桥涡振性能及气动控制措施研究［J］. 振动与冲击，2015，34
（2）：176－181.

［2］陈政清，黄智文. 大跨度桥梁竖弯涡振限值的主要影响因素分析［J］. 中国公路学报，2015，28（9）：30－37.

［3］许福友，丁威，姜峰，等. 大跨度桥梁涡激振动研究进展与展望［J］. 振动与冲击，2010，29（10）：40－49.

梁底线形对节段模型静气动力的影响

姬乃川，杨鹏瑞，王阳，白桦

（长安大学公路学院 西安 710000）

1 引言

大跨度连续梁桥通常设计为变截面的形式，对应的梁底渐变线形分别有折线形和曲线形两种，如厦门第二东通道主桥的梁底线形为折线形，而湖北沙洋汉江桥的梁底线形为抛物线形。本文通过风洞试验和CFD 的方式研究了变截面连续梁桥的静气动力响应与梁底线形的关系[1-3]。

2 研究方法

2.1 风洞试验

为了得到全桥的静气动力响应，需要模拟全桥的气动外形，但这样做会导致模型的缩尺比过小，让一些断面的细节很难模拟准确，因此在试验中分别取主跨跨中、四分之一和支点处共三个断面进行节段模型试验，其余断面的静三分力系数可由试验断面的结果线性插值得到，节段模型的缩尺比为 1/55，长为 1.5 m，试验风速为 15 m/s，风攻角为 –10° ~ +8°，共 10 个攻角，每次采样的数据长度为 8 k，利用 MATLAB程序对电压信号进行处理得到断面的三分力系数。其中某工况的节段模型风洞试验如图 1 所示。

2.2 数值模型和边界条件

求解和后处理采用 FLUENT 软件，边界条件设定为：来流入口边界为 Velocity – inlet（速度入口），速度为 15 m/s，由于风洞试验为均匀流场，因此湍流强度取为较低的 0.5%；出口边界为 Pressure – outlet（压力出口），设相对压力值为 0；4 个侧面边界均为 Symmetry（对称边界）；箱梁模型边界为 Wall（壁面边界），如图 3 所示。求解器选为压力基求解器，湍流模型采用常用的 $k – \omega$ SST 模型，压力与速度耦合采用 SIMPLEC算法。三维模型边界条件如图 2 所示。

图 1 节段模型风洞试验

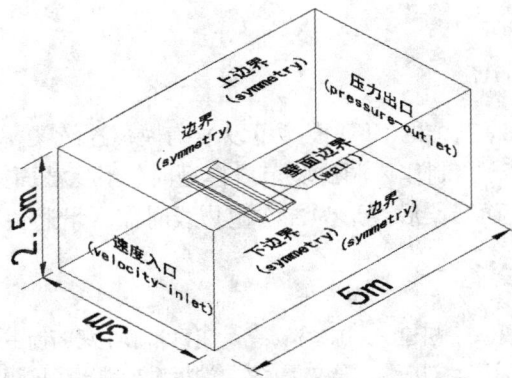

图 2 三维模型边界条件

2.3 计算工况

数值计算工况分为三组：①首先模拟与风洞试验相同的工况，将数值模拟的计算结果与风洞试验进行比对，验证数值模拟结果的可靠性；②研究梁底线形为直线时，在不改变节段模型沿展向的平均高度的前提下，不同梁底斜率对模型静气动力响应的影响；③研究梁底线形为抛物线时在，不同梁底抛物线形对模型静气动力响应的影响。

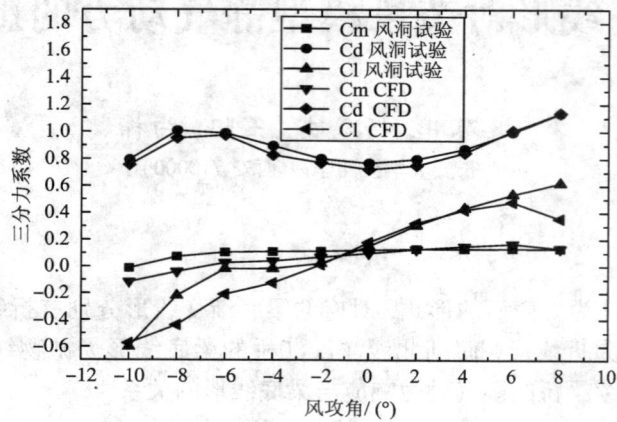

图 3　CFD 与风洞试验结果对比

3　计算结果分析

3.1　CFD 与风洞试验结果的对比

对不同攻角三维模型与风洞试验得到的三分力系数进行对比可得，风攻角在 $-4°\sim +8°$ 时与风洞试验结果非常接近，虽然在其他风攻角处有数值上有差异，但趋势大都一致。而且很好的体现出该种类型断面在较大负攻角时出现的阻力系数突变的现象，支点断面对比结果如图 4 所示，证明了该方法可以准确模拟桥梁断面在较小风攻角下的静气动力响应。CFD 与风洞实验对比结果如图 3 所示。

3.2　直线形梁底对比结果

对不同底板线形模型计算得到的三分力系数分析可得，较大底板倾角模型与较小底板倾角模型的结果差距较大（受篇幅限制，未给出计算结果）。

3.3　抛物线形梁底对比结果

对底板线形为抛物线模型计算得到的三分力系数分析可得，抛物线模型与风洞试验模型结果差异较大。

4　结论

（1）三维的 CFD 模型可以准确模拟连续梁桥在较小风攻角下的静气动力响应。

（2）在制作风洞试验节段模型时，当变截面梁桥的梁底线形为较小斜率的直线时可采用等截面的节段模型，而当梁底线形为二次抛物线时需尽量避免采用等截面的节段模型。

参考文献

［1］刘志文,胡建华,陈政清,等.闭口箱形主梁断面三分力系数二维大涡模拟［J］.公路交通科技,2011(11).

［2］郑云飞,刘庆宽,马文勇,等.端板对二维矩形风洞试验模型气动特性的影响［J］.实验流体力学,2017(03).

［3］秦浩,廖海黎,李明水.大跨度变截面连续钢箱梁桥涡激振动线性分析法［J］.振动工程学报,2015(06).

矩形断面非定常驰振力的数值模拟研究

李罕，张耀，段永锋，王峰

（长安大学公路学院风洞试验室 西安 710064）

1 引言

长久以来，桥塔驰振的研究主要沿用从覆冰导线的横风向舞动现象中归纳总结的准定常理论，并且驰振稳定性验算也多局限于线性气动力作用下的初始失稳判别，这就是 Den – Hartog 判据。这种处理方式虽然得到了推广应用，但其忽略了气流非定常效应的影响，并且只是近似地取为 0 风攻角的情况，在一些情况下，这种处理方法会带来较大的误差，同时也不能解释在某些钝体断面出现"软驰振"的现象[1-3]。

本文对于典型的矩形桥塔断面，基于气流非定常并考虑风向角的影响，得到非定常驰振力系数，并用 CFD 数值模拟与准定常理论得到的准定常驰振力系数进行对比。从理论上讲，驰振只是一种单自由度竖向颤振，因此本文采用 Scanlan 的方法，对典型的矩形桥塔断面，将非定常驰振力描述为状态向量和气动参数的函数，通过 CFD 数值计算进行气动参数识别，得到非定常驰振力系数。基于非定常驰振力系数，可对矩形断面桥塔的驰振进行精细化研究。

2 非定常驰振力描述方法

同为气动自激力引起的动力弹性失稳现象，驰振与颤振在发散机理上具有相似性，区别在于颤振一般以扭转为主，而驰振多发生在横风向平动自由度上。参考 Scanlan 颤振自激力的描述方法，将驰振力描述为横风向运动速度与位移的线性函数，如下式所示：

$$L = \frac{1}{2}\rho U^2 B \left\{ H_1^\# \frac{\dot{y}}{U} + H_4^\# \frac{y}{B} \right\} \tag{1}$$

上式与 $\dot{y}$ 有关项可视为气动阻尼作用，与 y 相关项可视为气动刚度作用。一般气动力对系统刚度的影响非常小，因此可将式（12）中气动刚度项略去。将式（1）等号右边项左移，与固有阻尼项合并可得系统的总阻尼为

$$d' = 2m\zeta\omega - \frac{1}{2}\rho UBH_1^\# \tag{2}$$

令 $d' = 0$ 可得驰振临界风速 U_{cg}。上式 $H_1^\#$ 是表征物体断面气动自激力的重要参数，它由断面形状确定，是量纲风速 U_* 及来流风向角的函数，需要通过试算的方法得到驰振临界风速。

根据某一风向角、某一风速来流时的气动参数 $H_1^\#$ 计算所得 U_{cg} 与 $H_1^\#$ 对应的风速相等时，该风速即为该攻角下的驰振临界风速。这种描述方法相对应的驰振力系数 H#₁ 可通过强迫振动方法获得断面振动状态的气动力时程，进而采用最小二乘法直接识别可得[4]。

3 非定常驰振力系数的强迫振动法识别

针对 $B/H = 0.5$，$B/H = 1$，$B/H = 1.5$，$B/H = 2$，四种不同宽高比的矩形断面，采用通用 ICEM 软件创建几何模型、设置计算区域以及划分网格。数值计算域设置为流场入口以及上下边界到断面中心的距离均为 $20H$，出口到断面中心距离为 $80H$。计算域边界网格尺寸设定为不超过 0.5 m。壁面网格尺寸设置为 0.01 m。为防止整个计算域内网格划分过密而影响计算效率，以断面原点为中心，建立宽 $4B$，高 $4H$ 的子域，外边界网格尺寸设置为 0.1 m。限于篇幅，此处仅给出 $B/H = 1$ 时的网格划分结果，如图 1 所示。

采用 FLUENT 程序，通过预先定义的 UDF 驱动计算域内的刚体边界作横风向强迫振动，强迫振动运动方程为 $y = h_0 \sin\omega t$，得到不同来流风向角（0°~90°，风向角变化步长取为 5°）、不同折减风速 U_*、不同来流振动幅值（$h_0/H = 0.1$，$h_0/H = 0.2$，$h_0/H = 0.5$）下的横风向气动力系数时程，基于计算所得的气动力时程，依据最小二乘法原理识别每种断面不同来流风向角、不同风速、不同来流振动幅值下的横风向气动力系数

时程的驰振力参数 $H_1^\#$。

图 2 给出了宽高比 $B/H=1$ 的矩形断面在风向角为 0°时不同振动幅值时的非定常驰振力系数 $H_1^\#$ 与量纲风速 $U_* = \dfrac{U}{fB}$ 的关系。图中同时给出了相同断面的准定常驰振力系数($-\partial C_L/\partial\alpha - C_D$)。

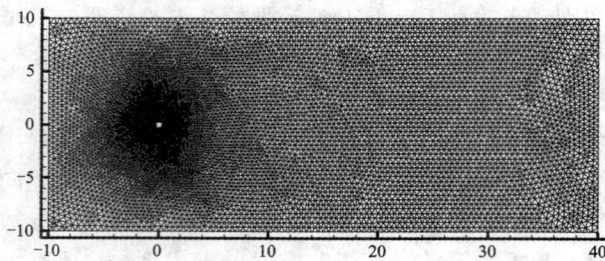

图 1　矩形断面($B/H=1$)数值模型

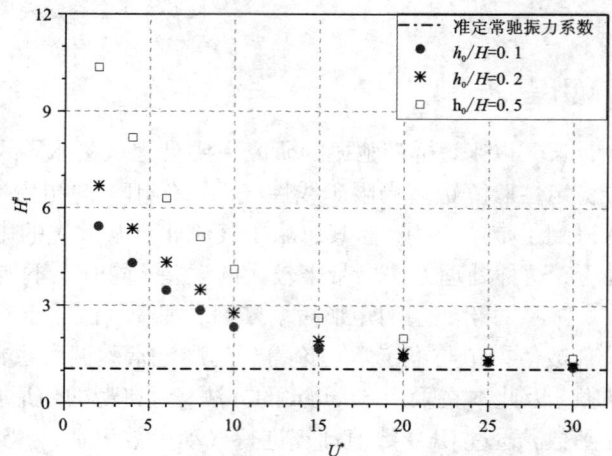

图 2　非定常驰振力系数与量纲风速的关系

4　结论

（1）通过对比每种断面的准定常与非定常驰振力系数发现：量纲风速较小时，非定常驰振力系数一般数倍于准定常驰振力系数。随着量纲风速的增大，非定常驰振力系数逐渐收敛于准定常驰振力系数。断面宽高比越小，收敛的越快。

（2）准定常与非定常驰振力系数的差异代表着准定常理论所描述气动力与实际之间的差异。对于 $B/H=0.5$ 矩形断面，$U_* \geq 20$ 时，准定常驰振力基本与实际一致。对于 $B/H=1.0$ 矩形断面，$U_* \geq 30$ 时，准定常驰振力基本与实际一致。对于 $B/H=1.5$ 和 2.0 矩形断面，$U_*=30$ 时，非定常驰振力相较准定常驰振力系数仍偏大 28% ~100% 不等，但仍有继续向准定常驰振力系数收敛的趋势。

参考文献

[1] 朱乐东，王继全，郭震山，等. 二维方形柱体的驰振非定常效应研究[C]. 第十五届全国结构风工程学术会议暨第一届全国风工程研究生论坛论文集，2011：146 – 1496.

[2] 谢兰博，廖海黎. 有风攻角的棱柱体驰振计算方法研究[J]. 振动与冲击，2018，37(17)：9 – 16.

[3] 项海帆，等. 现代桥梁抗风理论与实践[M]. 北京：人民交通出版社，2005.

[4] 陈政清. 桥梁风工程[M]. 北京：人民交通出版社，2005.

风偏角对大跨转体施工斜拉桥施工期抗风性能的影响[*]

李泓玖[1]，马存明[1]，曾甲华[2]

（1. 西南交通大学风工程试验研究中心 成都 610031；2. 中铁第四勘察设计院集团有限公司 武汉 430063）

1 引言

采用转体施工的不对称孔跨独塔斜拉桥在转体施工阶段时，具有转体吨位大、转体伸臂长、转体梁重不平衡等特点，所以转体施工阶段属于危险施工阶段[1]。考虑到实际桥梁在转体施工中可能承受不同方向的来流风，风偏角（来流风向与横桥向的夹角）可能对该桥的抗风性能有影响，所以设计了全桥气弹模型，进行了不同风偏角下的全桥气弹模型风洞试验，并对最危险的最大双悬臂施工状态进行了舒适度评价。

2 全桥气弹模型风洞试验

2.1 试验模型和工况

全桥气弹模型试验在西南交通大学风工程试验研究中心的 XNJD - 3 工业风洞中进行，试验目的是为了研究风偏角对主梁抖振响应以及桥塔底部转动铰内力响应的影响。气动弹性模型的重力参数，弹性参数、惯性参数和阻尼参数的一致性条件均严格满足，保证了模型的结构动力特性与原型相似[2]。试验工况为保持紊流场和 0°风攻角不变，风偏角分别为 0°、15°、30°、45°。图 1 为施工态气弹模型，图 2 为风偏角方向示意图。

图 1 施工态气弹模型图

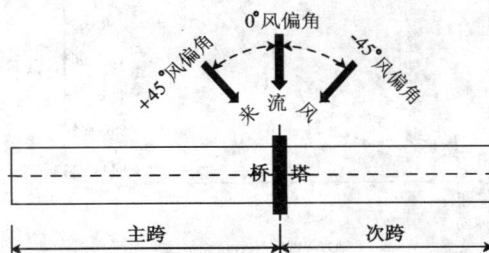

图 2 风偏角定义方式示意图

2.2 试验结果

试验结果如图 3 -5 所示，当风速较低时，风偏角对抖振响应影响不大，在高风速条件下，抖振响应随风偏角的增大而减小，且随着风速的增大，风偏角对抖振响应的影响愈加明显；该桥在转体施工阶段时，0°风偏角时抖振最为严重，这为施工期施工人员的安全和舒适度评价提供了依据。转动铰的各个内力随风偏角的增大而减小，0°风偏角时转动铰的内力最大；与扭转弯矩、顺桥向弯矩、轴力和横桥向剪力等相比，横桥向弯矩和顺桥向剪力对风偏角的变化更为敏感。

3 施工舒适度评价

参考英国规范 BS6472 - 1：2008[3]，对大桥施工期间的舒适度进行评价，该规范以换算的昼间和夜间振动剂量为评价指标，换算公式如下所示：

$$VD \; V_{b/d, \, day/night} = (\int_0^T \alpha^4(t) \, dt) 0.25 \tag{1}$$

若考虑夜间不进行施工，则只需考虑昼间振动剂量限值。当常遇风速 $V_{10} = 15 \, m/s$ 情况下，换算得到竖

* 基金项目：国家自然科学基金项目（51778545）

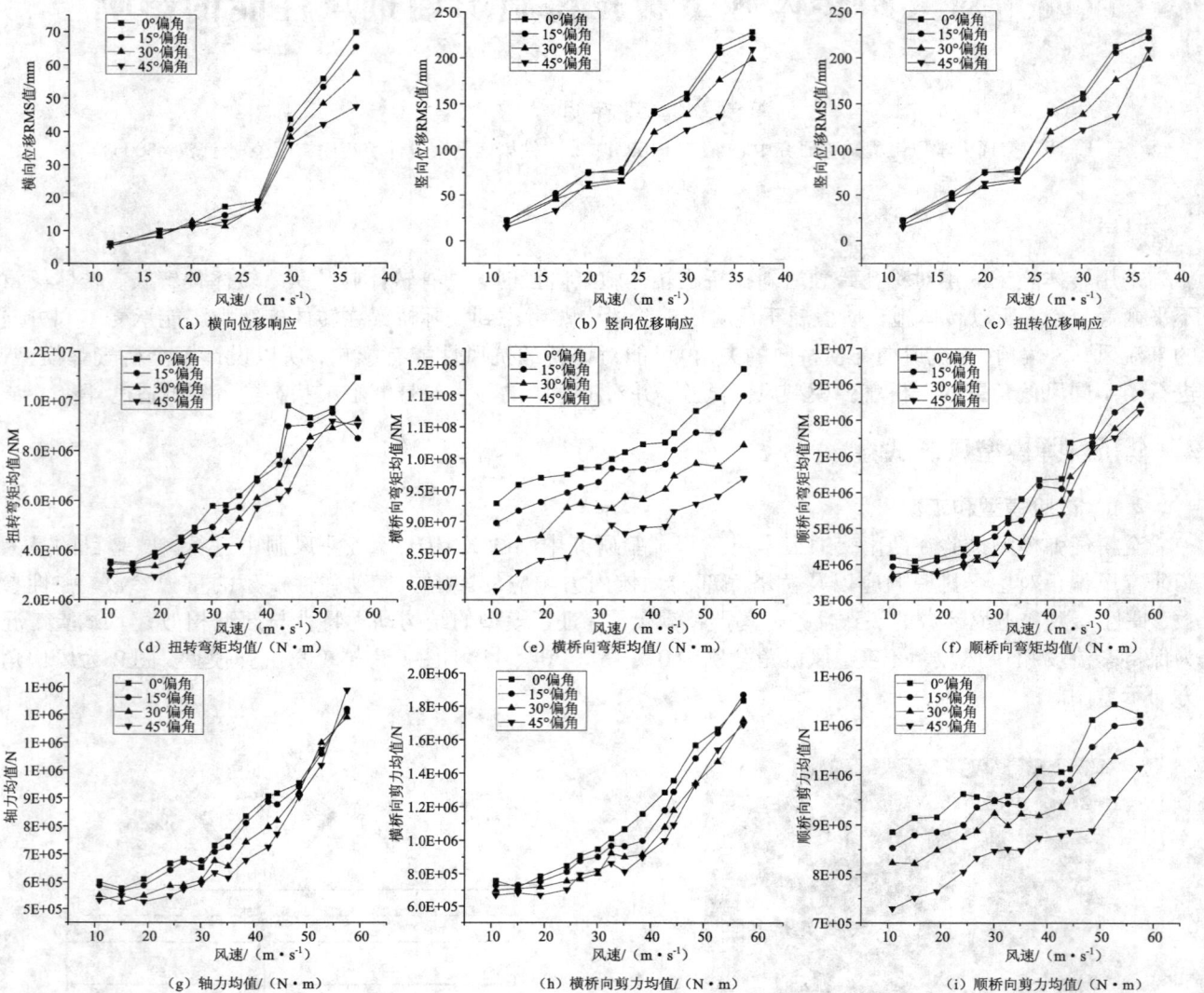

图3   抖振位移响应和转动铰内力响应

桥向振动加速度的昼间振动剂量为 $2.95\ \mathrm{m} \cdot \mathrm{s}^{-1.75}$，横桥向振动加速度的昼间振动剂量为 $0.14\ \mathrm{m} \cdot \mathrm{s}^{-1.75}$。对于最大双悬臂这一临时施工状态，将昼间振动剂量限值放宽到原来的 2 倍，则竖桥向和横桥向的振动剂量均不超限，因此该桥的施工舒适度可以得到保障。

参考文献

[1] 曾甲华. 不对称转体施工钢箱梁独塔斜拉桥合理转体平衡状态构思与实现[J]. 交通科技，2015(03)：8-10.

[2] 喻梅，廖海黎，李明水，等. 大跨度桥梁斜风作用下抖振响应现场实测及风洞试验研究[J]. 实验流体力学，2013，27(03)：51-55+76.

[4] （英国）BS 6472 -1：2008 Guide to evaluation of human exposure to vibration in buildings[S].

中央扣对大跨悬索桥颤振稳定性的影响研究[*]

李凯[1]，韩艳[1]，蔡春声[1, 2]

（1. 长沙理工大学土木工程学院 长沙 410114；

2. 路易斯安那州立大学土木与环境工程系 路易斯安那 巴吞鲁日 LA70803）

1 引言

自 1940 年美国的旧 Tacoma 桥发生风毁事故以来，改善悬索桥动力特性的措施一直是桥梁届重视的问题，而在桥梁跨中设置中央扣是一种有效的措施。自中央扣应用以来，主要发展为刚性中央扣和柔性中央扣两种，柔性中央扣又有可设置不同对数。从目前应用情况来看欧美国家偏于采用刚性中央扣，日本偏向于采用柔性中央扣。近年来，中央扣已经应用于国内多所悬索桥，但相关研究文献并不多见，王浩[1]，徐勋等[2-3]通过有限元方法研究了不同中央扣对大跨悬索桥的动力特性的影响，得出中央扣能够限制结构纵飘特性和提高大跨桥梁结构反对称扭转刚度等结论。胡腾飞等[4]基于气弹模型试验数据研究了中央扣对模态特性的影响。彭旺虎[5-6]阐述了中央扣提高悬索桥反对称扭转频率的机理并对有、无中央扣悬索桥的纵向、竖向耦合振动特性进行了理论研究。然而以上研究并没有针对中央扣对大跨度悬索桥的颤振稳定性进行详细研究。因此本文以矮寨大桥为背景，首先采用 ANSYS 软件分析和比较了无中央扣，跨中设置 1 对和 3 对柔性中央扣以及刚性中央扣 4 种不同结构形式对大跨悬索桥的模态特性的影响，并进一步基于风洞试验测得的颤振导数采用非线性拟合的方法得到基于脉冲响应函数表达的时域化的气动自激力。最后再采用颤振时域分析方法分析不同构造形式对颤振稳定性影响，并研究不同构造形式对桥梁全跨三维颤振姿态，颤振临界风速的影响。

2 颤振稳定性分析

2.1 有限元模型

采用 ANSYS 软件建立大桥空间桁架有限元模型如图 1 所示，以获得准确的动力特性，其中钢桁架加劲梁各构件以及索塔均模拟为 beam188 梁单元，主缆和吊杆模拟为 Link10 杆单元。钢 – 混组合桥面系由于不参与整体结构受力因此处理为二期恒载采用 mass21 单元模拟。为了方便并快速计算桥梁颤振稳定性，运用主梁各方向刚度等效的原则建立了单主梁有限元模型，并比较了两种不同模型的动力特性，频率和振型特征吻合的很好。

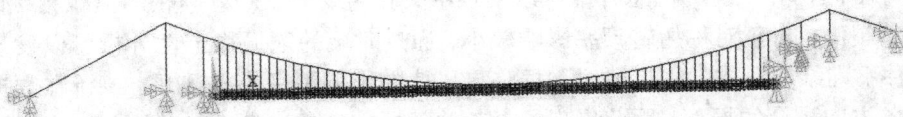

图 1　全桥空间桁架有限元模型

2.2 模态分析与比较

为方便研究中央扣对大跨度悬索桥模态特性的影响，定义了如表 1 的四种有限元模型计算工况，并对四种工况的模态特性进行了对比。通过主要自振频率和振型特征的分析比较可以发现桥梁的基频为 0.056 Hz，基本周期较长，其对应振型为一阶对称侧弯模态。相比于 1 对斜索的柔性中央扣模型，采用 3 对斜索的柔性中央扣模型的模态频率略高。中央扣能够大幅提高悬索桥的的纵向刚度进而提高纵飘振型的频率，原因在于中央扣为斜向受拉构件能够将加劲梁所受的纵向力传递给主缆，相当于通过主缆对加劲梁施加了

---

* 基金项目：国家自然科学基金项目（51678079，51778073，51628802）

纵向约束。中央扣对一阶正对称扭转和一阶正对称竖弯的影响较小，但大幅提高反对称扭转振动的频率，原因在于反对称扭转振动时，主缆在中央扣前、后会产生反对称的附加缆力，从而提高该振型的频率。此外，中央扣同时也提高了主缆的相应阵型的频率。

表 1　计算工况

模型	FM－A	FM－B	FM－C	FM－D
中央扣	跨中短吊杆	1 对柔性中央扣	3 对柔性中央扣	刚性中央扣

2.3　时域颤振分析

基于脉冲响应函数表达的气动自激力时域化的 $L_{seh}(t)$ 的表达式为：

$$L_{seh}(t) = \frac{1}{2}\rho U^2 \left[A_{Lh1} h(t) + A_{Lh2}\frac{B}{U}\dot{h}(t) \right] + \frac{1}{2}\rho U^2 \sum_{i=3}^{m} A_{Lhi} \int_{-\infty}^{t} e^{-\frac{d_{Lhi}U}{B}(t-\tau)}\dot{h}(\tau)\mathrm{d}\tau \tag{1}$$

基于试验测得的颤振导数采用最小二乘法拟合原理对有理函数的系数进行非线性拟合求得时域化的气动自激力表达式，进而通过施加自激力荷载对有限元模型进行瞬态分析得到桥梁结构关键位置的竖向位移和扭转位移响应时程曲线，图 2 为不考虑结构阻尼时模型 FM－C 颤振时域分析得到的不同风速下的竖向位移响应结果，风速 74 m/s 时位移幅值整体趋于稳定，但桥梁颤振有复杂的拍现象。对位移响应进行对比分析以研究不同计算工况模型对颤振临界风速，颤振姿态，颤振发生频率的影响。

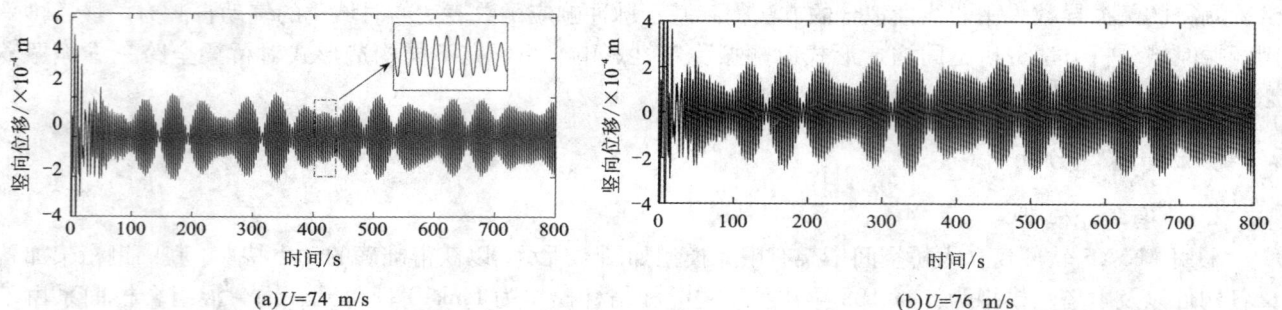

(a)U=74 m/s　　　　　(b)U=76 m/s

图 2　不同风速下 FM－C 跨中竖向位移时程

3　结论

通过对比四种不同计算工况的模态特性可以发现中央扣主要对大跨悬索桥的纵飘频率以及一阶反对称扭转频率有较大的提高，对正对称扭转频率影响较小，通过时域的颤振稳定性分析可以发现在不考虑结构阻尼情况下，三种不同结构形式的中央扣对颤振临界风速的影响都极小，但由于该桥在颤振频率附近密集分布着一些主梁各方向耦合的振型，因此出现了复杂的颤振拍现象。考虑结构阻尼时，三种不同结构形式的中央扣对颤振临界风速与颤振频率的影响都极小，这主要是由于矮寨大桥是以一阶正对称竖弯和一阶正对称扭转耦合形式发生颤振的，而中央扣对此二者振型频率的影响甚微。

参考文献

[1] 王浩，李爱群，杨玉冬，等. 中央扣对大跨度悬索桥动力特性的影响[J]. 中国公路学报，2006，19(6)：49－53.

[2] 徐勋，强士中，贺栓海. 中央扣对大跨悬索桥动力特性和汽车车列激励响应的影响[J]. 中国公路学报，2008，21(6)：57－63.

[3] 徐勋，强士中. 中央扣对大跨悬索桥动力特性和地震响应的影响研究[J]. 铁道学报，2010，32(4)：84－91.

[4] 胡腾飞，华旭刚，温青，等. 中央扣对大跨悬索桥模态特性的影响[J]. 公路交通科技，2015，32(6)，89－94.

[5] 彭旺虎，邵旭东. 设置中央扣悬索桥的扭转自振分析[J]. 中国公路学报，2013，26(5)：76－87.

[6] 彭旺虎，邵旭东. 悬索桥纵向和竖向耦合自振研究[J]. 工程力学，2012，29(2)：142－148.

桥梁断面颤振导数识别的人工蜂群算法[*]

林阳，封周权，华旭刚

（湖南大学风工程与桥梁工程湖南省重点实验室 长沙 410082）

1 引言

本文基于桥梁节段模型自由振动衰减时程信号，提出了桥梁断面颤振导数识别的人工蜂群算法。本方法基于最小二乘法，将竖弯和扭转信号的整体残差平方和作为目标函数，使用人工蜂群算法对相关参数进行寻优搜索，进而识别出桥梁断面的颤振导数。与其他迭代算法相比，人工蜂群算法是一种生物启发的全局寻优算法，对初值没有要求，从而避免了迭代初值对识别精度的影响。为考察人工蜂群算法的有效性，通过理想平板模型仿真，将识别结果与理论解进行了比较，结果表明，桥梁断面颤振导数识别的人工蜂群算法具有较好的效率和可靠性。

2 研究方法和内容

2.1 目标函数

设竖弯 h 和扭转 α 信号时程长度为 m，h 和 α 时程实际值与估计值之间误差分别为：

$$\{e_h\}T = \{h_1 - \hat{h}_1, h_2 - \hat{h}_2, \cdots, h_m - \hat{h}_m\} \tag{1}$$

$$\{e_a\}T = \{a_1 - \hat{a}_1, a_2 - \hat{a}_2, \cdots, a_m - \hat{a}_m\} \tag{2}$$

式中，$\hat{h}$ 和 $\hat{a}$ 分别为竖弯和扭转估计值，m 为采样点数。

竖弯和扭转平方和函数分别为：

$$J_h = [\{w_h\} \cdot \{e_h\}T][\{w_h\} \cdot \{e_h\}] \tag{3}$$

$$J_\alpha = [\{w_\alpha\} \cdot \{e_\alpha\}T][\{w_\alpha\} \cdot \{e_\alpha\}] \tag{4}$$

式中，$\{w_h\}$ 和 $\{w_\alpha\}$ 分别为竖弯和扭转信号实际值与估计值之间误差权值。

总体误差平方和函数为：

$$J = J_h + J_\alpha \tag{5}$$

2.2 寻优算法

本文采用人工蜂群算法对目标函数的待定参数进行寻优搜索。人工蜂群算法是一种生物启发的全局优化算法，它由土耳其学者 Karaboga 在 2005 年提出[5]，通过模拟蜂群群体寻找优良蜜源的过程来寻找最优值。从算法寻优机理来看，人工蜂群算法是一种广义的邻域搜索算法，通过采蜜蜂、观察蜂和侦察蜂三种蜂的不同情况下的转换，借助启发式的搜索策略，不仅有效进行局部搜索，还具有全局寻优能力。人工蜂群算法对目标函数无特殊要求，对初值也无要求，由于本身具有全局收敛能力，因此初值设置为固定值或随机值都可以，参数可设置的范围较广，算法的适应性比较强。本文基于最小二乘法原理，将竖弯和扭转信号的整体残差平方和作为目标函数，使用人工蜂群算法对参数进行识别，进而识别出桥梁断面的颤振导数。

2.3 数值仿真

为验证人工蜂群算法在桥梁断面颤振导数识别上的可行性，本文采用具有理论解的理想平板作为仿真模型，节段模型气动自激力的计算采用 Theodorsen 理论解[6]，限于篇幅，这里只给出了 A_1 和 A_2 的识别结果。

3 结论

人工蜂群算法是一种群体智能模型，是一种广义的邻域搜索算法，该算法对初值没有要求，只需给出

———————————
 * 基金项目：国家自然科学基金项目（51708203）；湖南省高校创新平台开放基金项目（17K022）；中央高校基本科研业务费项目（531107050913）

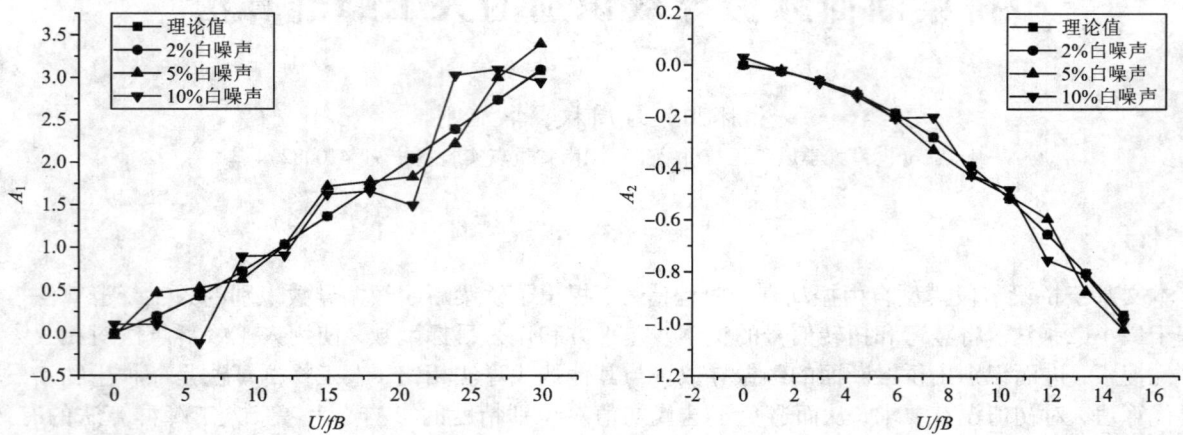

图1   不同噪声水平下识别的颤振导数与 Theodorsen 理论解的对比

宽泛的寻优区间即可，与传统迭代方法相比，避免了迭代初值对识别结果的影响。对于高风速下竖弯有效信号很短造成气动导数识别困难的问题，本文计算结果表明，在无噪声和2%低噪声情况下，人工蜂群算法识别的各风速下理想平板气动导数与 Theodorsen 理论解完全或基本吻合，这表明人工蜂群算法能有效克服高风速下竖弯信号短给气动导数识别带来的影响。在5%和10%中高水平噪声情况下，本文识别值和 Theodorsen 理论解仍具有完全相同的趋势，各气动导数只表现出较小的偏离，这表明了人工蜂群算法能很好地克服实验中测量噪声给气动导数识别带来的影响。

参考文献

［1］丁泉顺，陈艾荣，项海帆. 桥梁断面气动导数识别的修正［J］. 同济大学学报，2011，29（1）：25－29.

［2］张若雪. 桥梁结构气动参数识别的理论和试验研究［D］. 上海：同济大学，1998.

［3］李永乐，廖海黎，强士中. 桥梁断面颤振导数识别的加权整体最小二乘法［J］. 土木工程学报，2004.

［4］江铭炎，袁东风. 人工蜂群算法及其应用［M］. 北京：科学出版社，2014.11.

［5］Karaboga D. An idea based on honey bee swarm for numerical optimization［R］. Technical Report － TRo6. Kayseri：Erciyes University，2005.

［6］Theodorson T. General theory of aerodynamic instability and mechanism of flutter［R］. NACA Report No. 496，1935.

基于数值模拟技术的桥梁气动力研究[*]

刘行[1,2]，胡海涛[2]，陆谢贵[1,2]，钱长照[2]，陈昌萍[1,2,3]

（1.厦门大学建筑与土木工程学院 厦门 361000；2.厦门理工学院土木工程
与建筑学院 厦门 361024；3.厦门海洋职业技术学院 厦门 361100）

1 引言

在如今交通发展日益迅速地情况之下，大跨度的桥梁的设计与使用取得了突飞猛进的进步。其中风荷载对桥梁安全性的影响非常重要，研究表明静三分力系数与静力稳定问题中扭转发散和侧倾失稳，动力问题中的驰振、涡振、抖振和颤振都有密切关系。由于CFD可以模拟实际尺寸模型以及实际流场大小并根据实际情况设置不同参数，可以大大节省经济成本提高工作效率，因此本文主要采用CFD数值模拟方法对不同攻角下主梁断面的三分力系数进行了数值识别。CFD方法相对于传统的风洞试验方法有着费用少、省时省力、良好的重复性等特点，其突出的优点是实现了流动的可视化，体现了CFD技术识别桥梁三分力系数方法的可行性和可靠性。

2 桥梁主梁截断面三分力系数的数值模拟

2.1 大跨度桥梁计算模型

本文基于厦门市某步行道工程为例进行研究，建立1:1的计算模型，桥梁跨径为82 m，底面宽度为1.74 m，高0.8 m。来流风速为39.39 m/s，网格划分为结构性网格和非结构性网格，总网格数量为88938，节点数为86155。桥梁模型尺寸如图1所示，网格划分为结果如图2所示。

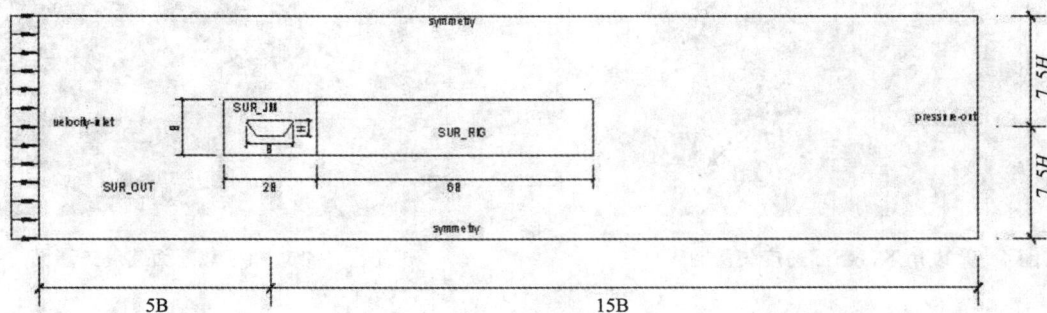

图1 二维主梁断面计算域及边界条件 单位/m

图2 二维主梁断面网格划分

* 基金项目：国家自然科学基金(51778551)；厦门市科技计划项目(3502Z20161016，3502Z20183050)

2.2　静力三分力系数计算结果

　　为了研究不同攻角下不同风速主梁震动状态受力情况，采用 FLUENT 软件分别计算了不同风攻角下的三分力系数，并且进行比对。由图 3 可知，阻力系数随攻角的增大增长趋势逐渐增大，这是由于随攻角增大，主梁断面的迎风面面积增长趋势同时增大；然而升力系数随攻角增大而逐渐减少，并且不对成性更加明显；扭矩系数随攻角增加下增长趋势较小。

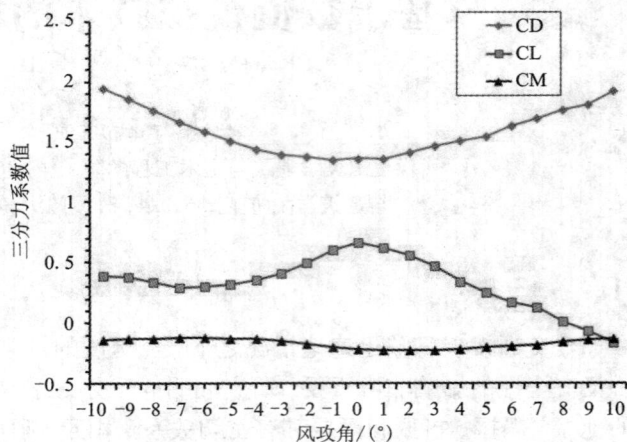

图 3　静力三分力系数随攻角的变化图

3　0°及 3°攻角下流场的速度矢量图比较和压力值对比

　　全桥梁模型下，取主梁部分截面，风速矢量图如图 4、5 所示。可以明显看出，在相同入流风速条件下，0°攻角下断面模拟矢量最大风速最高达 60.9 m/s，而 3°攻角下达到了 60.4 m/s。同时两个攻角下来流下表面在检修轨道位置处均对称出现了大风速区域。由于断面尾流处上下表面流动分离，在断面尾部形成了小风速的回流区域。此外通过数值模拟比较桥梁壁面处的压力值可以得出，在所有攻角范围内，分流处是最大压力值和最小压力值的交汇处，迎风面最大，背风面最小并且出现负压。明显，随着攻角增大，桥梁壁面处的压力平均值逐渐减小，这体现出不同攻角下风荷载对桥梁压力的影响亦不同。

图 4　0°攻角下载断面速度矢量图

图 5　3°攻角下载断面速度矢量图

4　结论

　　三分力系数是设计大跨度桥梁时需考虑的参数，设计时利用 CFD 进行数值模拟，可提升计算结果的准确，如果加之风洞试验，可大幅度提升桥梁结构的安全性。并且给出主梁断面周围流场的压强与速度分布矢量图，可以直观地了解桥梁断面的流场特征。其结果精度能满足工程上的需求，进一步验证 CFD 能较为精确的数值模拟主梁断面的三分力系数并且在显示流体流动方面有极大的优越性。

参考文献

［1］王旭，袁波. 桥梁断面三分力系数的数值风洞研究［J］. 贵州大学学报，2017(04).

［2］刘晶波，杜修力，等. 结构动力学［M］. 北京：机械工业出版社，2005.

［3］纪兵兵，陈金瓶. ANSYS ICEM CFD［M］. 北京：中国水利水电出版社，2012.

［4］王黎明. 基于 CFD 数值模拟对大跨桥梁主梁断面颤振研究［J］. 公路工程，2017(10).

基于 CFD 的扁平钢箱梁非线性气动力研究[*]

刘凯旋，张文明，惠卓

（东南大学土木工程学院 南京 211189）

1 引言

从 1971 年 Scanlan 提出用颤振导数和桥梁断面运动状态的线性函数表述的气动自激力模型以来，大部分桥梁颤振自激力问题都得到了很好的解决。在小振幅、弯扭同频耦合振动的情况下，Scanlan 自激力模型具有较好的精度和实用性。但随着桥梁跨度的不断增大，自激力的非线性特征越来越显著，线性自激力模型已不能很好地解释风洞试验中发现的多种非线性振动（如"软"颤振）及颤振后形态[1]，因此对非线性自激力展开研究尤为必要。

获取自激力的方法有风洞试验和 CFD 方法两种。风洞试验费用高，耗时长，且限于测力仪器的精度，可能不能很好地从模型惯性力中剥离出小量值的气动力非线性项；CFD 方法计算快速、获取数据便捷，能大大节省研究费用和试验时间，是研究自激气动力非线性问题的一种重要手段[2]。本文即以南京长江四桥断面为例，在 CFD 强迫振动试验中研究气动力的非线性特征，并重点讨论了振幅的影响。

2 CFD 计算方法和参数设置

南京长江四桥断面是典型的扁平流线型钢箱梁断面，桥面宽 38.8 m，梁高 3.51 m。按 1:50 缩尺比建模，CFD 断面模型如图 1 所示。

对于高雷诺数流动的 CFD 湍流模型，一般采用带标准壁面函数的 standard $k-e$ 模型。而 SST $k-\omega$ 模型能直接求解近壁面区的湍流方程，比 standard $k-e$ 模型求解结果更为准确。因此本文湍流模型采用 SST $k-\omega$ 模型。CFD 计算域如图 2 所示。计算域左侧为风速入口边界，入口风速 20 m/s，湍流强度为 0.5%；右侧为零压力出口边界；上下侧为对称边界，桥梁表面为无滑移边界。断面中心到上下边界距离均为 2 m，到风速入口边界距离为 3 m，到压力出口边界距离为 6 m。在软件 Hypermesh 中完成网格划分，近壁面第一层网格高度为 0.01 mm 左右，保持 y^+ 值小于 1，最大网格尺寸为 50 mm。采用弹簧光顺模型和网格重构方法来消解大变形带来的网格畸变。

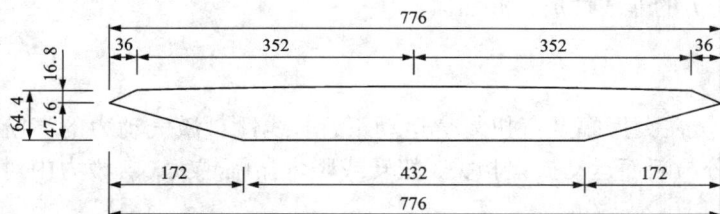

图 1 南京长江四桥主梁 CFD 模型断面（单位：mm）

图 2 CFD 计算域及网格划分示意图

CFD 计算软件为 ANSYS/Fluent 17.0，使断面作指定运动形式的弯扭复合强迫振动，并记录若干个周期内断面所受气动升力、气动阻力及气动升力矩时程曲线。竖弯强迫振动幅值为 0.08 m，频率 $f_h = 1.289$ Hz；扭转强迫振动幅值为 10°，频率 $f_\alpha = 1.4 f_h = 1.804$ Hz。

3 非线性气动力特征

以气动升力为例，采集的数据时程（图 3）经快速傅里叶变换，得到其频谱如图 4 所示。

* 基金项目：国家自然科学基金项目（51678148）；江苏省自然科学基金项目（BK20181277）

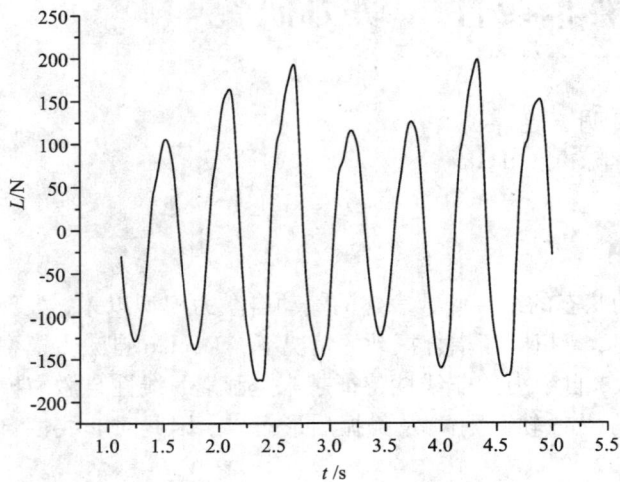

图3 弯扭复合运动气动升力时程

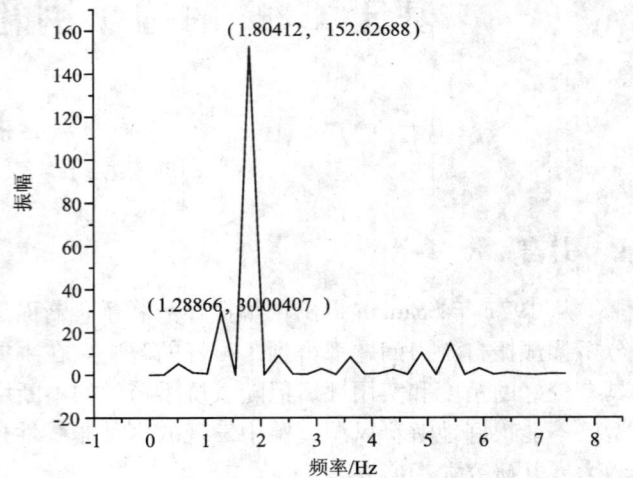

图4 弯扭复合运动气动升力频谱

从上述时程曲线(图3)中可以看出,气动力时程曲线偏离了三角函数简谐振动形式,且气动力的振幅在一定范围内波动,出现了"拍"的特征。通过频谱分析,气动力时程的卓越频率 1.804 Hz 与扭转强迫运动频率相同,而"拍"的频率 1.289 Hz 与竖向运动频率相同,说明弯扭复合运动下,气动力同时表现出了两种运动频率特征;另外在频谱图中不仅有 f_α、f_h 的基频成分及基频的二倍、三倍频,$(f_\alpha - f_h)$、$(f_\alpha + f_h)$、$(2f_\alpha - f_h)$、$(2f_\alpha + f_h)$、$(2f_h - f_\alpha)$、$(2f_h + f_\alpha)$ 等频率成分的幅值也较大。这些高阶频率成分和弯扭耦合频率成分均为气动力的非线性项。频率分离后对这些成分的幅值进行统计,发现非线性成分总幅值占所有频率总幅值的 12.7% ,比重很高。上述非线性成分可能会对颤振临界风速和颤振形态产生影响。

4 振幅的影响

进行了多种不同振幅的分状态强迫振动 CFD 试验。竖向振幅范围为 $(0.2 \sim 0.4)D$(梁高),扭转振幅范围为 $2° \sim 18°$。结果表明,小振幅情况下非线性项占比很小,随着振幅的增大,气动力时程中的基本频率成分(f_α、f_h)占所有成分比值逐渐减小,而高阶频率成分及弯扭耦合频率成分占比逐渐增大。当扭转振幅增大时,扭转运动频率 f_α 的二倍、三倍频率项,及带 f_α 的耦合项,特别是 $(2f_\alpha - f_h)$、$(2f_\alpha + f_h)$ 等 f_α 占主导的耦合项频谱幅值增长较快,竖弯振幅增大时关于 f_h 的非线性成分亦然。

5 结论

利用 CFD 可计算出非线性自激力的高阶项。在大振幅及弯扭复合运动下,非线性自激气动力的高阶项中有倍频项和弯扭频率组合项。各高阶项成分与断面运动振幅相关,扭转或竖弯振幅越大,自激力中对应的高阶项及弯扭耦合项比重越大。

参考文献

[1] 廖海黎. 大跨度桥梁非线性自激气动力及非线性颤振研究[J]. 前沿动态,2009,3:9-13.

[2] 王骑. 大跨度桥梁断面非线性自激气动力与非线性气动稳定性研究[D]. 成都:西南交通大学,2011.

[3] 张皓清. 大跨度钢箱梁悬索桥非线性气动力数值模拟及颤振研究[D]. 南京:东南大学,2018.

钢管桁主梁 CFD 简化及气动特性研究[*]

陆谢贵[1]，陈秋华[2]，唐煜[3]，钱长照[2]，雷鹰[1]，陈昌萍[1,2,4]

（1. 厦门大学建筑与土木工程学院 厦门 361000；2. 厦门理工学院海西风工程研究中心 厦门 361024；
3. 湖南大学风工程试验研究中心 长沙 410082；4. 厦门海洋职业技术学院 厦门 361000）

1 引言

基于计算流体力学方法，以厦门市拟建某山谷沟壑处景观桥为研究对象，建立三维仿真节段模型进行气动性能研究。首先研究节段桁架模型在对称边界条件下的合理性，利用节段模型来代替三维整桥进行数值模拟，然后通过比较三维整桥模拟与国内现行规范中桁架桥气动参数选取方法，做出检验并提出改进建议，以桁架桥结构截面的外轮廓和实面积比作为控制条件建立二维等效模型，采用 4 种二维圆管桁主梁CFD 计算简化模型，并计算了在 −5°、−3°、0°、3°、5°攻角情况下的桁架桥梁静力三分力系数，同时基于非定常时程曲线，对 4 种二维等效模型附近的空间流场结构，涡振性能差异进行了对比。

2 数值模拟

2.1 研究背景

以厦门市某健康步道工程景观桥为研究对象。该桥梁采用张弦桁架结构，并采用双索支撑桥面，桥面采用钢栅格形式。跨径为 120 m，桥主梁横断面高 1.2 m，桥面全宽 4.4 m，底面宽 2.2 m。桥梁示意图如图 1(a) 所示。圆管桁架桥有别于传统桁架桥，其气流的分离点不是固定的，且受雷诺数影响，因此具有一定的研究意义。

2.2 数值模拟

数值模拟采用 Fluent 计算软件，其中湍流模型采用 SST $k-\omega$ 模型，湍流强度为 5%，湍流黏度比为 2，时间离散采用二阶隐式，对流项插值方法采用 QUICK，扩散通量采用默认 Least – Squares – Cell – Based，压力插值方法等其他空间离散均为二阶格式，以 SIMPLE 算法处理压强与速度的耦合。桥梁节段模型采用混合网格，内外分为三个部分，贴体网格采用非结构网格，过渡区采用四面体网格，外流域采用六面体网格。计算域入口风速采用 45.28 m/s，压力出口，四周为对称边界条件。模型及外流域划分如图 1 所示。

(a)桥梁示意图　　　　　　(b)桥梁节段模型　　　　　　(c)三维空间流域

图 1　模型及外流域

3 主要结论与分析

表 1　主梁涡振性能

等效模型	1	2	3	4
卓越频率 f/Hz	10.0	10.438	15.426	14.0
斯特哈罗数 $S_t = fD/U$	0.256	0.277	0.409	0.371
发振风速 $V_s = f_s D_s/S_t$	14.825	14.202	9.610	10.589

* 基金项目：国家自然科学基金(51778551)；厦门市科技计划项目(3502Z20161016，3502Z20183050)

1）数值结果表明，桥梁节段模型在对称边界条件下可以很好的反映整桥风场变化规律，可以利用节段模型来替代整桥模型的建立，以此来减少计算机的计算量。

2）在以控制外轮廓与实面积比为前提的条件下，二维桁架桥断面数值模拟结果比三维桥梁节段模型结果阻力值与升力值偏大，扭矩较为接近。对比《公路桥梁抗风设计规范》中建议，考虑实面积比与遮挡系数，圆柱形构件阻力系数取值，发现规范中阻力取值与数值模拟结果对比较小，偏差基本保持在 $30 \sim 40\%$，这是因为规范中仅考虑桁架断面的轮廓形状，并未考虑到圆管桁架所具备的特殊绕流性质，以及未考虑上下平联及左右桁架的通透情况。

3）二维等效模型中，下平联杆迎风面积大小对静力三分力系数影响较小，空间斜腹杆迎风面积大小对静力三分力系数影响较大，升力系数与阻力系数对攻角变化较为敏感。

4）四种等效模型中，升力系数功率谱存在较为明显的卓越频率见表1；从时程曲线中也可以看出，四种等效模型升力系数功率谱存在低频段和高频段见图2，结构在较低风速下可能发生涡振。

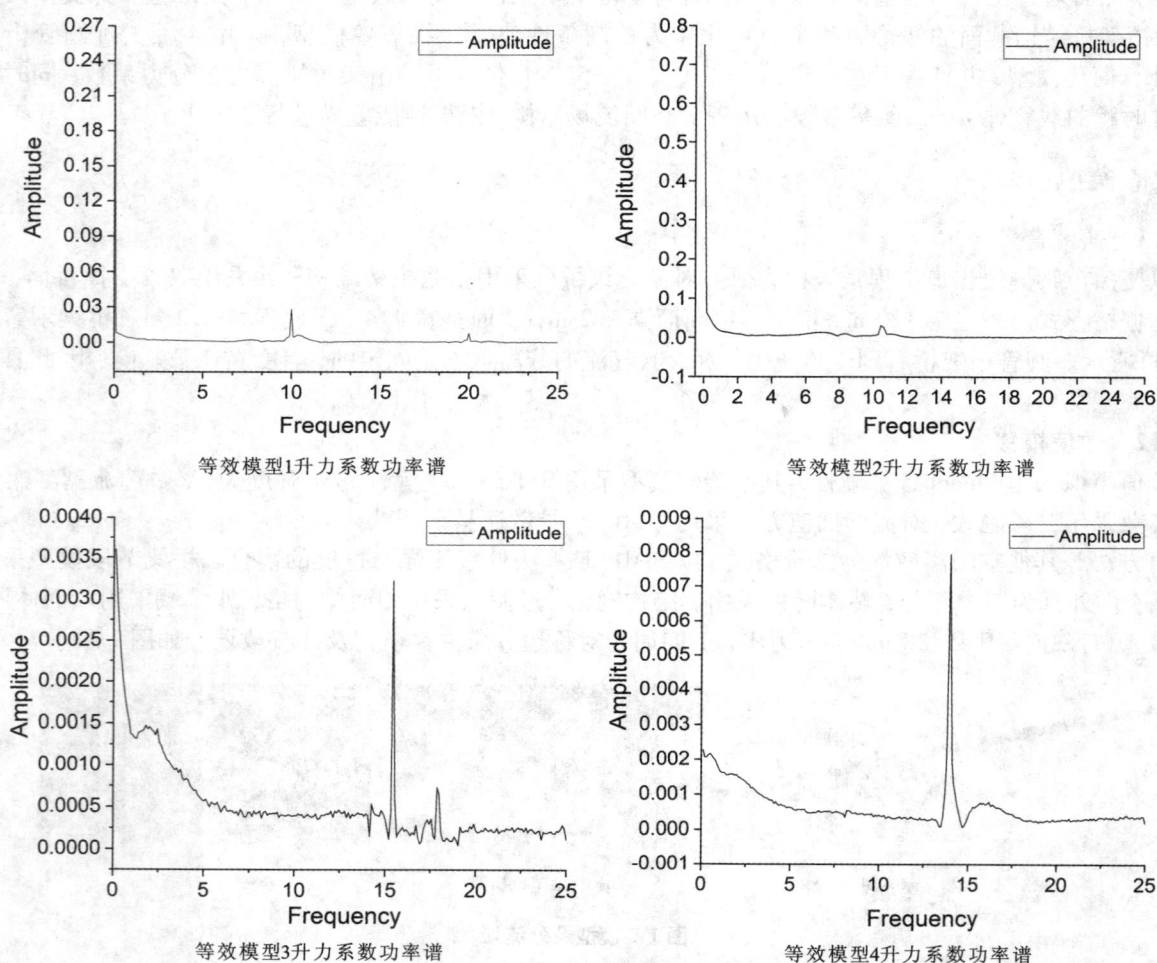

等效模型1升力系数功率谱

等效模型2升力系数功率谱

等效模型3升力系数功率谱

等效模型4升力系数功率谱

图2　等效模型升力系数功率谱

参考文献

［1］汪斌，李永乐，郝超，等. 大跨度连续刚构桥钝化主梁气动特性数值分析［J］. 四川建筑科学研究，2008，34（5）.

［2］部门中交公路规划设计院. 公路桥梁抗风设计规范［M］. 北京：人民交通出版社，2004.

基于多风扇主动控制风洞的桥梁断面静气动力系数湍流效应研究[*]

马赛东[1]，赵祖军[2]，操金鑫[1,3]，葛耀君[1,3]

（1. 同济大学桥梁工程系 上海 200092；2. 四川省交通运输厅公路规划勘察设计研究院 成都 610000；3. 同济大学土木工程防灾国家重点实验室 上海 200092）

1　引言

气动力系数反映了风对于桥梁断面的静力作用，因此其测定中一般仅在均匀流中，但实际桥梁处于湍流场中，在湍流场中研究断面的气动力系数与实际情况更符合。湍流中的湍流强度、湍流积分尺度和雷诺数等对于气动力系数有不同影响[1]。汪家继[2]认为均匀流下的气动力系数高于湍流下的气动力系数，而Morenko[3]认为三者会以一种较为复杂的方式对于气动力系数施加影响，因此若能单独研究一种因素（如积分尺度）对于气动力系数的影响，则能更为精确的结果。现阶段湍流物理模拟方式常采用格栅＋尖劈等被动模拟方式，但无法模拟较大积分尺度[4]，因此采用多风扇主动风洞等主动模拟方式可以模拟出更符合实际大气的流场。本文通过该方式，采用控制变量法，来研究湍流强度和积分尺度对于典型桥梁断面气动力系数平均值、标准差的影响。

2　主动控制风洞与湍流模拟

同济大学多风扇主动控制风洞 120 台风扇可实现单台及任意数目台数组合的同步同速、同步异速、异步同速、异步异速等运行驱动控制。本次试验通过调控所有风扇同步同速运行，得到一维均匀窄带湍流，通过调整正弦波的振幅、频率和平均风速实现积分尺度和湍流度的控制。风洞的整体外观以试验所模拟的典型顺风向和横风向来流时程如图 1 和图 2 所示[5]。

图 1　主动控制风洞外观

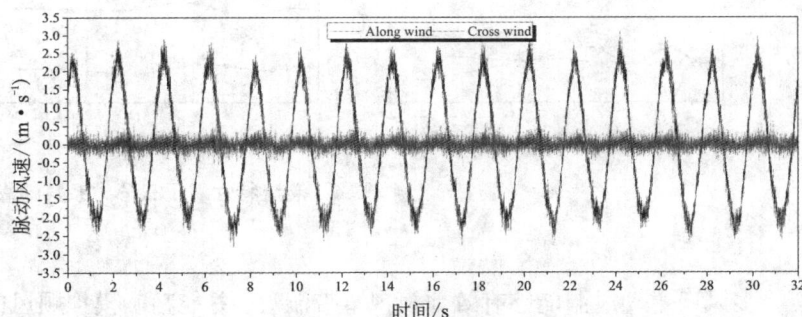

图 2　正弦脉动风速时程（$U = 8$ m/s, $A = 4$ m, $f = 0.5$ Hz）

3　节段模型风洞试验

节段模型测力试验选择薄平板、双边主梁和开槽箱梁为试验断面，采用湍流强度和湍流积分尺度为控制变量，气动力及脉动风速采样频率为 1250 Hz，采样时间为 32.768 s。试验风速为 10.05 m/s（只变湍流积分尺度，＋7°攻角）和 10.50 m/s（只变湍流度，＋3°攻角）。

* 基金项目：国家重点研发计划（2018YFC0809600, 2018YFC0809604）；国家自然科学基金项目（51678451）联合资助

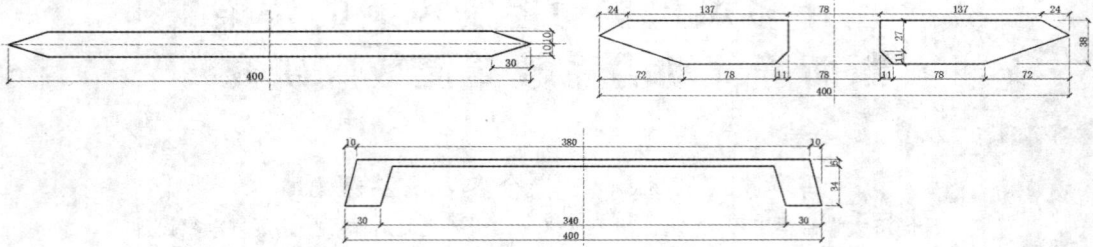

图 3　典型断面（从上至下依次为薄平板、开槽箱梁和双边主梁，图中单位：mm）

4　试验结果

　　一维顺风向湍流下，阻力系数受积分尺度和湍流度影响最大。双边主梁这样的钝体断面阻力系数均值波动最大，不同湍流度下阻力系数整体小于均匀流阻力系数，不同积分尺度下规律相反。升力系数和升力矩系数平均值几乎不受顺风向湍流积分尺度和湍流度的影响。

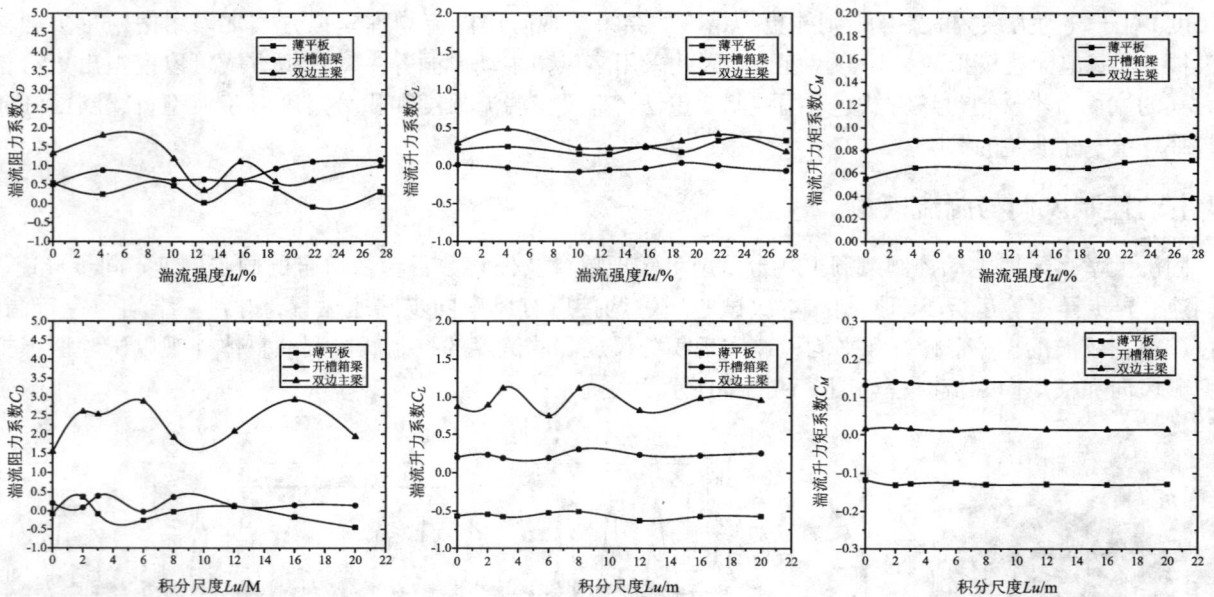

图 4　湍流特性对于三分力系数的影响

5　结论

　　多风扇主动风洞能够有效地模拟窄带湍流，并能精确模拟顺风向较大积分湍流尺度和湍流度。顺风向湍流强度和积分尺度对于阻力系数影响较大，且对于不同气动外形桥梁影响不同。一维湍流特性对于升力系数和升力矩系数则几乎没有影响。

参考文献

［1］陈斌，葛耀君，项海帆. 非定常因素对静力三分力系数测量的影响［C］//第 13 届结构风工程学术会议论文集. 大连，2007：556-561.

［2］汪家继，樊健生，聂建国，等. 大跨度桥梁箱梁的三分力系数识别研究［J］. 工程力学，2016，33（01）：95-104.

［3］Morenko I V，Fedyaev V L. Influence of turbulence intensity and turbulence length scale on the drag，lift and heat transfer of a circular cylinder［J］. China Ocean Engineering，2017，31（3）：357-363.

［4］Landahl M T，Christensen E M. Turbulence and random process in fluid mechanics［M］. 2nd ed. ，Cambridge University Press，1992.

［5］赵祖军. 基于主动控制风洞节段模型试验的桥梁风效应湍流影响研究［D］. 上海：同济大学土木工程学院，2018：41-42.

稳定板对 π 型断面绕流特性的影响研究

马振兴，王峯志，赵国辉，王阳

（长安大学风洞实验室 西安 710064）

1 引言

在 π 型断面桥梁抑振措施中，下部稳定板经常被采用。本文对两种风嘴作用下加设下中央稳定板、下四分点处稳定板后的 π 型断面流场平均旋涡尺度、最大旋涡尺度、风压系数分布等流场性质进行深入研究。由于稳定板增加一定透风率后，能在一定程度上打散大尺度旋涡进而提高流场平顺性，因此，本文对 50% 透风率的下稳定板也进行了试验研究。

2 数值模拟

基于 CFD 数值模拟对 π 型主桥成桥阶段进行了流场仿真分析，计算采用与风洞试验一致的缩尺比 1:50，不设气动措施，模型宽度 0.706 m，高度 0.07 m，选择 SST $k-\omega$ 瞬态湍流模型，几何和网格划分如图 1 所示，不同风嘴下流场迹线图如图 2 所示。研究两种风嘴形式下稳定板对 π 型断面绕流特性的影响，其尺寸如图 3 所示。

稳定板位置采用在下中央和下四分点处。透风率分别取 0% 和 50%。断面示意图见图 4，对 8 种工况在 +3° 风攻角、6 m/s 风速下进行数值计算，研究最大旋涡尺度、平均旋涡尺度、风压分布等流场特性值。

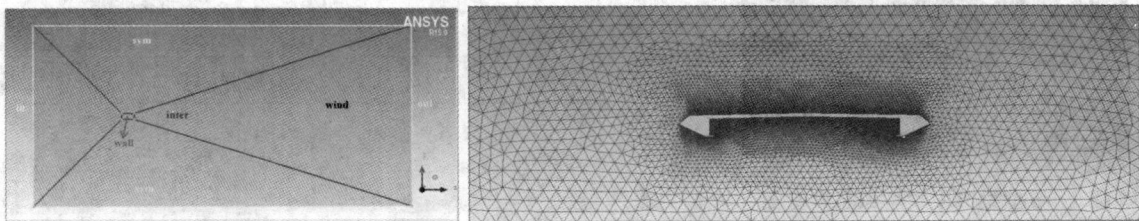

图1　几何模型和网格划分图

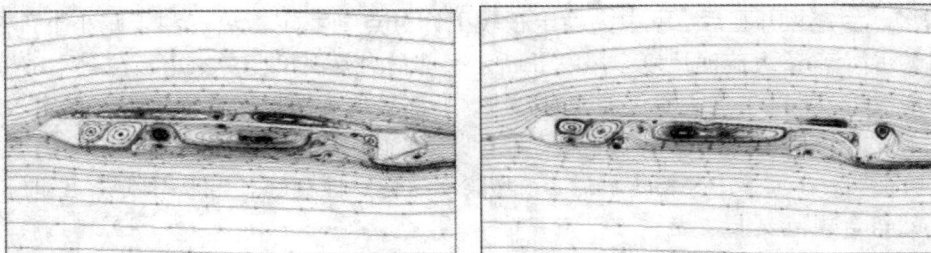

图2　不同风嘴下流场迹线图

π 型断面的流场流迹图显示，流体在上部迎风端及下部迎风侧主梁底端发生分离，上下部分都存在明显的漩涡，尾部存在与主梁高度相仿的漩涡。同时，风嘴断面加设稳定板后，上部流场分离再附现象减弱，上部漩涡尺寸大幅度减小，相反，桥梁下部在稳定板和小纵梁之间形成漩涡，尺寸和数量都有所增加。

3 风洞试验

本实验在长安大学风洞实验室 CA-1 大气边界层中进行，节段模型缩尺比 1:50，长 1.5 m，宽 0.65

图3　两种风嘴示意图

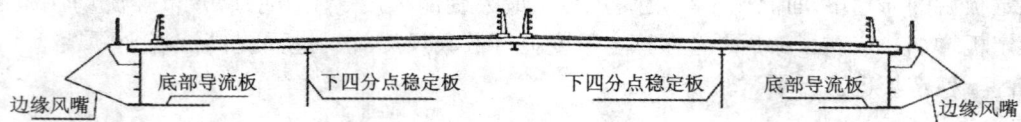

图4　各控制措施示意图

m，两个边主梁及端部的横隔以铝合金为材料，组成模型骨架，横隔及加劲肋以树脂板为材料。对其中的工况1风嘴Ⅰ+下中央稳定板和工况5风嘴Ⅱ+下中央稳定板做了风洞试验，试验结果见表1，风洞试验模型如图5所示。

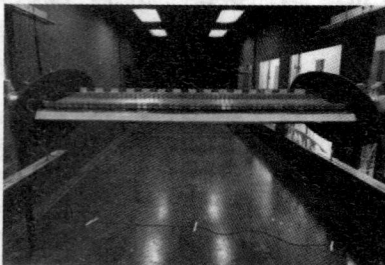

图5　π型梁节段模型风洞试验图

表1　实验工况

序号	风攻角	竖弯涡振现象	扭转涡振现象
工况1	+3	无明显涡振	无明显涡振
工况5	+3	有明显涡振	无明显涡振

4　结论

（1）安装风嘴后的π型断面，在其下部加设稳定板后，断面上部最大旋涡尺度减小，下部最大旋涡尺度增大，数量增多。稳定板开孔后，下中央稳定板较下四分点处稳定板更有利于减小下部最大旋涡尺度，但会增加风嘴Ⅰ断面上部最大旋涡尺度。风嘴Ⅱ断面上部最大旋涡尺度对稳定板位置不敏感。

（2）增加稳定板后，上部平均旋涡尺度相对减少，下部平均旋涡尺度普遍增大。稳定板设置50%透风率后，上部平均旋涡尺度增加，下部平均旋涡尺度无明显变化，表面风压分布系数均变化不大。

（3）风洞试验证明，在加下中央稳定板后，π型梁涡振稳定性良好。当采用风嘴Ⅱ时，断面存在小幅涡激振动，但仍然符合规范要求。

参考文献

［1］陈政清. 桥梁风工程［M］. 北京：人民交通出版社，2005.

［2］颜宇光，杨詠昕，周锐. 开口断面主梁斜拉桥的涡激共振控制试验研究［J］. 中国科技论文，2015.

［3］战庆亮，周志勇，葛耀君. 开口桥梁断面颤振及气动措施的数值与试验研究［J］. 同济大学学报（自然科学版），2017.

［4］谭红霞，陈政清. CFD在桥梁断面静力三分力系数计算中的应用［J］. 工程力学，2009，26（11）：68－72.

中央稳定板作用机理研究*

梅瀚雨[1,2]，廖海黎[1,2]，王骑[1,2]，付海清[1,2]

（1. 西南交通大学土木工程学院 成都 610031；2. 西南交通大学风工程四川省重点实验室 成都 610031）

1 引言

近年来，我国大跨度桥梁目前正由 1600 m 跨径朝向 2000 m 及以上跨径稳步推进，使得大跨度桥梁的抗风性能面临巨大的挑战，尤其是决定大桥成败的颤振设计。众多学者[1-4]在风洞试验中观察到了中央稳定板对于主梁颤振性能的提升作用，但对于其机理研究仍然较少。不同的分析方法研究中央稳定板提高主梁颤振稳定性能的机理在一定程度上有所解释，但均未针对扁平箱梁特有的弯扭耦合颤振进行内在演化机理研究。本文以深中通道伶仃洋航道桥扁平钢箱梁为研究对象，系统地解释了中央稳定板提高颤振临界风速的内在机理。

2 研究对象

研究对象为正在规划当中的跨径分布为 500 m + 1666 m + 500 m 的深中通道伶仃航道桥（以下简称"深中通道"），标准段面图如图 1 所示，节段模型悬挂系统如图 2 所示。试验直接测量了不同工况条件下主梁的颤振临界风速。

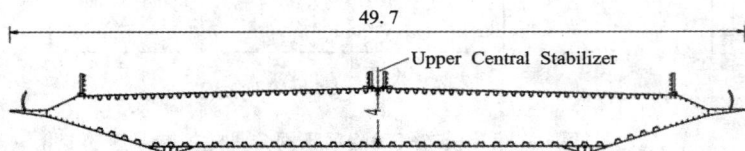

图 1 深中通道立面图

图 2 节段模型悬挂系统

3 机理分析

3.1 计算值与试验值对比

通过自由振动试验，直接测得深中通道节段模型不同工况条件下的颤振临界风速。来流风对于二维节段模型的静风作用可能导致其有效风攻角与初始风攻角存在一定的偏差，而对于本研究而言，试验中所观察到的不同风攻角下的静风效应不明显，故本次机理分析可忽略其带来的影响。并与双模态耦合颤振闭合解计算结果进行对比，如表 1 所示。

表 1 颤振计算值与试验值对比

工况	颤振频率	折算风速	模型宽/m	风速比	计算值	试验值	误差/%
无	2.08	8.3	0.71	6.06	74.32	72.7	2.23
1.2 m	1.94	9.9	0.71	6.06	82.57	78.9	4.65
1.4 m	1.84	11.1	0.71	6.06	87.94	85.2	3.22
1.6 m	1.80	11.3	0.71	6.06	87.69	85.0	3.16

* 基金项目：国家自然科学基金项目（51878547）

3.2 模态频率和气动阻尼的变化

扭转模态分支气动阻尼三个分量变化：

$$\xi_\alpha = \xi_1 + \xi_2 + \xi_3 \tag{1}$$

$$\xi_1 = \xi_{\alpha 0}\left(\frac{\omega_{\alpha 0}}{\omega_2}\right) \tag{2}$$

$$\xi_2 = -\frac{\rho b4}{2I}\Psi\sqrt{(A_1^*)^2 + (A_4^*)^2}\sin(\psi + \arctan^{-1}\frac{A_1^*}{A_4^*}) \tag{3}$$

$$\xi_3 = -\frac{\rho b^4}{2I}A_2^* \tag{4}$$

式中：ω_2 为扭转分支模态圆频率；$\xi_{\alpha 0}$ 和 $\omega_{\alpha 0}$ 为机械系统阻尼比和扭转圆频率；ρ，b，m 和 I 分别为空气密度、模型半宽（$b = B/2$）、模型单位长度质量和质量惯性矩。竖向和扭转模态分支位移比值可表示为：$h/(b\alpha) = \Psi e^{i\psi}$，其中 Ψ 为振幅比，ψ 为竖向运动与扭转运动的相位差，当 $\psi > 0$ 时表示竖向运动滞后与扭转运动。

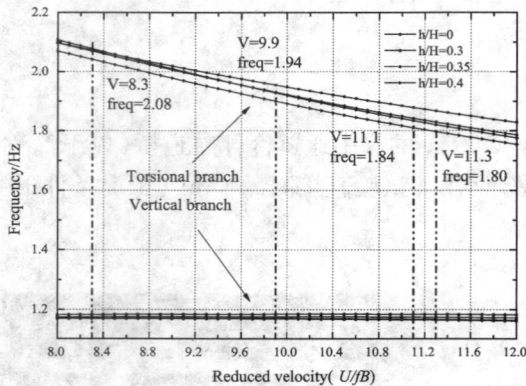

图 5 双模态频率随折减风速的变化

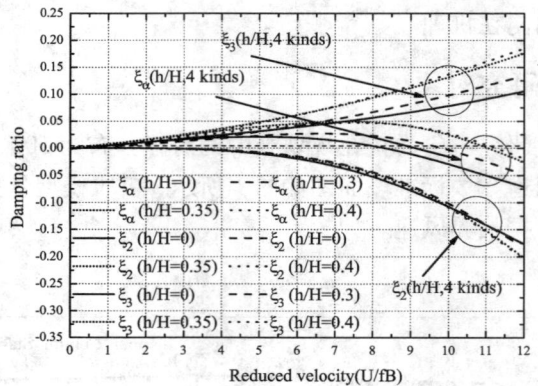

图 6 扭转模态气动阻尼不同分量随折减风速的变化

4 结论

1）扁平箱梁桥面中央设置中央稳定板可以有效地提高其颤振临界风速，且稳定板高度的提高有利于其颤振性能，但达到一定的高度之后，颤振性能的提高幅值有限。

2）设置中央稳定板的桥梁断面可以较为明显的提高其颤振导数 A_2^* 值，其他几个颤振导数在数值上虽然有一定的差别，但是对于总体气动阻尼的影响较小。

3）非耦合项气动阻尼的提高，使得颤振临界折算风速提高，这也是稳定板的设置提高了颤振导数 A_2^* 值最直观的反映。

参考文献

[1] 刘健新，蒋含莞，贾宁. 超长大悬索桥主梁抗风性能研究[C]. 全国桥梁学术会议，2006：1158 – 1165.

[2] 韩万水，陈艾荣. 设置中央稳定板对大跨度悬索桥抗风性能的影响[J]. 世界桥梁，2008(1)：42 – 45.

[3] 杨詠昕，周锐，葛耀君. 大跨度分体箱梁桥梁的涡振性能及其控制[J]. 土木工程学报，2014b，47(12)：107 – 114.

[4] YANG Yongxin, GE Yaojun. Some Practices on Aerodynamic Flutter Control for Long – Span Cable Supported Bridges[C]. The 4th International Conference on AWAS'08, Jeju, Korea, 2008(8)：1474 – 1485.

紊流对常见桥型断面三分力系数的影响

裴城，马存明，王明志，杨申云，刘晓宇

（西南交通大学风工程试验研究中心 成都 610031）

1 引言

随着我国桥梁工程技术的不断发展进步，现代桥梁跨度越来越大。然而桥梁跨度越大结构越柔，这就导致风荷载对桥梁结构的作用更加突出，桥梁抗风稳定性逐渐成为了大跨度桥梁设计的控制要素。而三分力系数是描述静风荷载的一组量纲参数，是研究桥梁气动问题的基础[1]。桥梁的三分力系数的测定目前主要依靠风洞试验。目前关于三分力的研究主要集中在雷诺数的影响和 CFD 等方面[2-4]。在实际工程应用中均用均匀流下的阻力系数进行桥梁风荷载的运算，规范中桥梁三分力系数由均匀流下风洞试验测得，主梁的阻力系数和主梁的静阵风荷载呈正相关[5]，本文将主要考察实际工程中，用均匀流下的三分力系数计算风荷载是否是偏于安全的考虑，以及紊流对三分力系数的影响。

为了研究紊流对常见桥梁断面三分力系数的影响，本文对五种常见桥梁断面在均匀流和紊流中的三分力系数进行了测量，对试验结果进行了对比分析。为更好模拟实际风场中的紊流，采用团队自主研制的主动控制翼扇在风洞中产生大尺度紊流，分析不同工况下，各断面的三分力变化规律。

2 试验概况

试验在西南交通大学单回流串联双试验段工业风洞（XNJD - 1）第二试验段中进行。利用天平分别测试四种常见桥梁断面的三分力，利用眼镜蛇测量实际风速。（试验概况如图1）。首先对主动控制翼扇下的风场特性进行了测量，再对五种断面进行了均匀流下和紊流下的三分力测试，均匀流中采用了两种上游给定风速（6.8 m/s、8.7 m/s），紊流中采用 8.7m/s 的来流风速。课题组所设计的主动控制翼栅主要包括 5 片独立的翼板，连接杆和伺服电机。连接杆将翼板和电机连接起来，由电机带动翼板做上下旋转的往复运动，其中翼板长 2 m，弦长 0.35 m。

图1 试验概况

3 试验结果和分析

试验结果如图2和图3所示，在目前的试验条件下，大紊流积分尺度难以实现，规范仅将紊流积分尺度作为风洞中风场模拟的参考要求。本文主动控制翼栅在风洞中实现了大尺度紊流，最大紊流积分尺度达到32 m，远远传统方式产生的紊流积分尺度。总体上看，三分力系数大小受紊流的一定影响，其中：

（1）从试验结果可以看出，几种桥型断面在紊流下的三分力系数与均匀流下的三分力系数对比，升力系数和力矩系数没有明显的对比规律，数值相差不大，而阻力系数均表现出均匀流最大。

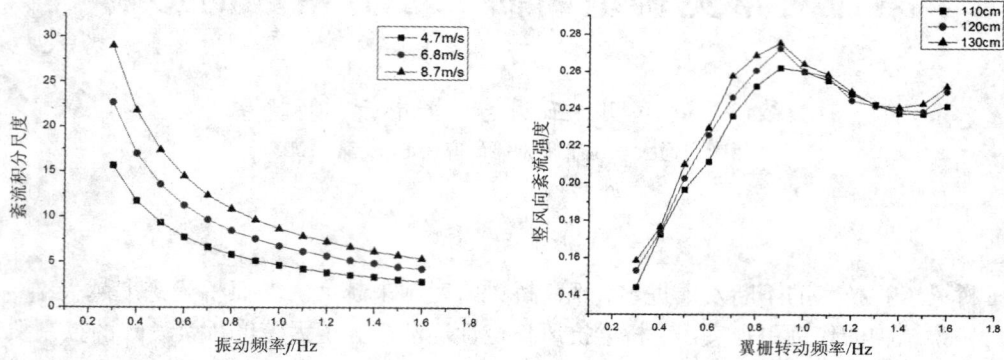

图2   主动控制翼扇下的风场特性

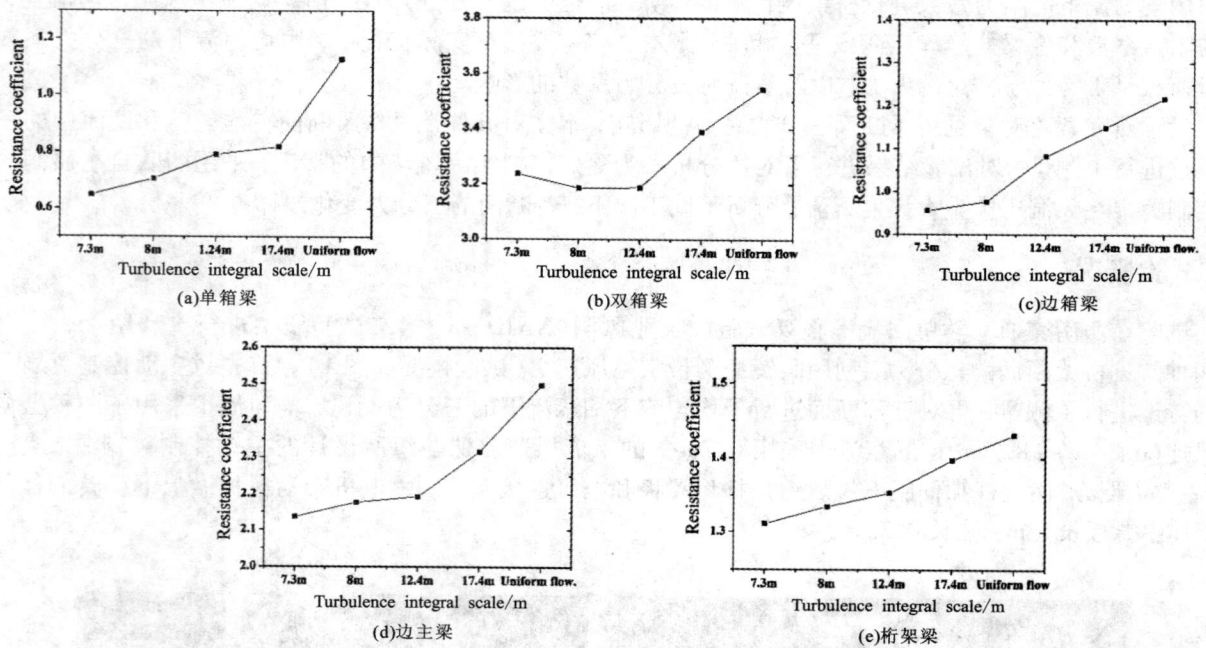

(a)单箱梁   (b)双箱梁   (c)边箱梁

(d)边主梁   (e)桁架梁

图3   常见桥型断面0角度时的阻力系数

（2）详细对比了各种桥型在0攻角时的阻力系数，各桥型阻力系数0攻角下都是均匀流最大，在大紊流积分尺度下，阻力系数随积分尺度增大而增大。

（3）在总体趋势相似的情况下，部分三分力系数出现了变化不连续，主要是因为桥梁断面的非流线型和开槽在紊流下受到较大影响。

参考文献

［1］陈政清. 桥梁风工程[M]. 北京：人民交通出版社，2005.
［2］谭红霞，陈政清. CFD在桥梁断面三分力系数计算中的应用[J]. 工程力学，2009，26(11)：68－72.
［3］Matsuda Kazutoshi, Tokushige Masafumi, Iwasaki Tooru. Reynolds number effects on the steady and unsteady aerodynamic.
［4］李加武，林志兴，项海帆. 桥梁断面雷诺数效应[J]. 空气动力学学报，2005，23(1)：123－128.
［5］公路桥梁抗风设计规范[S]. 北京：人民交通出版社，2004

峡谷复杂地形钢桁架悬索桥颤振稳定性能研究

钱程[1]，朱乐东[1,2,3]，朱青[1,2,3]，陈文天[1]

（1. 同济大学土木工程学院桥梁工程系 上海 200092；2. 同济大学土木工程防灾
国家重点实验室 上海 200092；3.同济大学桥梁结构抗风技术交通行业重点实验室 上海 200092）

1 引言

峡谷复杂地形风场受地形效应影响，其平均攻角可能远大于规范要求的 ±3，不同攻角下风速相差较大。用常规方法得出的设计风速进行抗风检验，可能得出不安全的结果，需要考虑大攻角下随攻角变化的设计基准风速。桁架加劲梁是山区悬索桥加劲梁断面的首选形式，但大攻角下桥梁的气动性能降低比较剧烈；施工阶段结构体系不完善，其颤振稳定性相较运营期更加不足。研究桁架加劲梁桥气动稳定措施具有重要的理论和实际应用价值。

2 气动措施颤振稳定性分析

阳宝山特大桥位于贵州，为单跨 650 m 钢桁梁悬索桥，计算跨度为：170 m + 650 m + 210 m。大桥主梁采用板桁结合体系，钢桁梁包括钢桁架和正交异性钢桥面板两部分。图 1 是桥址周边 10 km 地形模型。图 2 是跨中各风向角下风攻角，图 3 是跨中风剖面图。可看出：风攻角达到 −20° ~ 10°，而且不同风向分剖面形状差异较大，不符合指数率剖面形式。表 1 是桥面高度测点不同风攻角范围内的最大相对风速比，可以看出在跨中位置，±3° 风攻角范围的风速最大；总体而言，在 ±3° 以外，风速随攻角增大而减小可以看出。但是，黄平侧四分点在负攻角时的风速大于跨中，而且在 −15° 到 +3° 范围内，风速都较大，相对风速一直保持 0.7 ~ 0.8，需根据不同的风攻角范围分别考虑设计基准风速和颤振检验风速。在桥梁运营期间，虽然沿跨向风速分布不均匀，出于安全性考虑，对于不同风攻角其设计基准风速取不同测点最大值。在桥梁施工阶段，由于不同阶段其所占物理空间不同，在不同风攻角作用下，设计基准风速取所占空间内风速测点最大值即可。

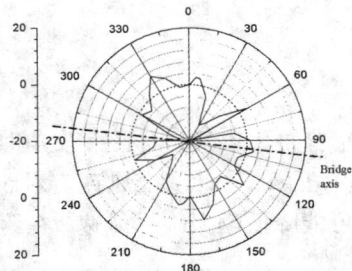

图 1 桥址周边 10 km 地形模型　　图 2 跨中测点各风向角风攻角图　　图 3 不同风向跨中风剖面图

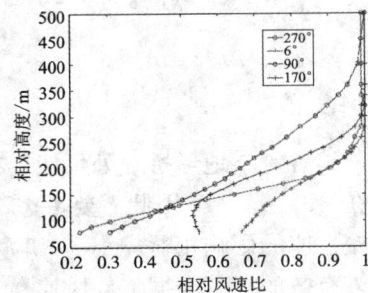

表 1 桥面高度测点不同风攻角范围内的最大相对风速比

风攻角范围	跨中	黄平侧四分点	贵阳侧四分点	最不利	风攻角范围	跨中	黄平侧四分点	贵阳侧四分点	最不利
$-25° \leqslant \alpha < -20°$		0.21	—	0.21	$-5° \leqslant \alpha < -3°$	0.76	0.83	0.75	0.83
$-20° \leqslant \alpha < -15°$	0.23	0.23	0.30	0.30	$-3° \leqslant \alpha \leqslant +3°$	0.81	0.81	0.79	0.81
$-15° \leqslant \alpha < -10°$	0.60	0.71	0.52	0.71	$+3° < \alpha \leqslant +5°$	0.56	0.51	0.52	0.56
$-10° \leqslant \alpha < -5°$	0.28	0.80	0.68	0.80	$+5° < \alpha \leqslant +10°$	0.51	0.34	—	0.51

注：对于 20° 以上偏角已经按照体轴分解。

对不同高度上稳定板和不同数量下稳定板措施组合进行试验研究,原断面和主要措施如图4、5所示。试验表明对于不同的上部措施,与跨中、两四分点共3处下稳定板措施组合颤振临界风速都均最大,说明3处下稳定板措施对于提高施工期颤振性能效果很好。相对原断面,3处下稳定板措施在各个施工阶段都能提高颤振临界风速约20%。图6表示施工状态8风攻角-9°时不同措施断面的颤振临界风速,对于固定的下部措施,上稳定板对于颤振临界风速的提高效果一般。上稳定板并非越高越好,1.5倍栏杆高的稳定板会降低临界风速。图7是成桥状态5个断面颤振临界风速图,在-3°~-9°临界风速下降速度明显,-13°~-15°临界风速相对稳定,在-13°大攻角后,断面已足够钝化,角度增加的钝化效果已不明显。

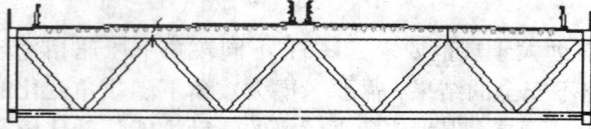

图4 主梁原断面图

图5 主要措施示意图

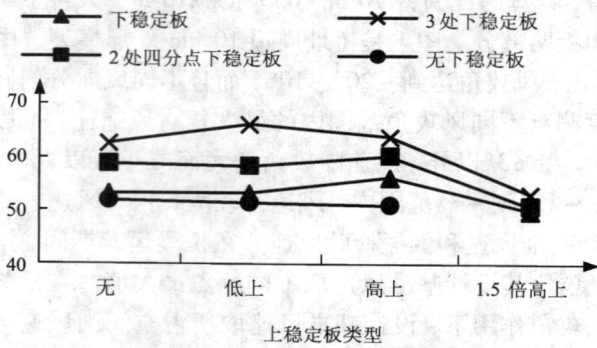

图6 施工状态8攻角-9°颤振临界风速图

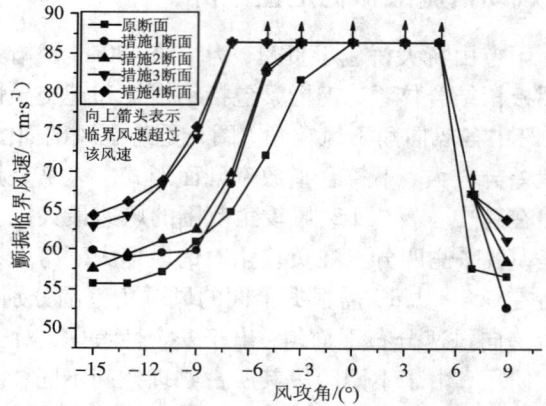

图7 成桥状态不同断面颤振临界风速

4 结论

峡谷复杂地形桥址处可能存在20°左右的大攻角,而且大攻角时的风速相对较高;最高风速可能不出现在-3°~+3°,因此需要考虑不同风攻角下的设计基准风速。对于钢桁架桥,大攻角下上稳定板高度对颤振性能的影响相对较小,高度太高时可能降低颤振临界风速;在跨中和两个四分点共设置3道下稳定板能最有效的提高颤振临界风速。

参考文献

[1] 陈政清,李春光,张志田,等.山区峡谷地带大跨度桥梁风场特性试验[J].实验流体力学,2008,22(3):54-9,67.
[2] 李春光,张志田,陈政清,等.桁架加劲梁悬索桥气动稳定措施试验研究[J].振动与冲击,2008,27(9):40-3.

三塔悬索桥三维颤振能量分析方法[*]

钱凯瑞[1]，张文明[1]，王溧[2]，葛耀君[3]

（1. 东南大学土木工程学院 南京 211189；2. 山东省交通规划设计院 济南 250031；

3. 同济大学土木工程防灾国家重点实验室 上海 200092）

1 引言

三塔悬索桥具有广阔的应用前景，其颤振分析至关重要，颤振机理可从能量角度进行阐释[1]。文献[2]基于片条假定提出了二维颤振的能量分析原理，本文在此基础上考虑了桥梁颤振过程中的模态耦合现象，提出了一种三维颤振能量分析方法，并以一座三塔悬索桥作为研究对象，给出了该类桥梁的颤振能量变化关系，从能量角度解释了其颤振失稳机理。

2 三维颤振能量分析方法

2.1 基本框架

在桥梁三维颤振能量分析中，可通过各自由度运动之间的激励－反馈分步分析法来实现颤振运动方程的解耦。此外，可假设出桥梁颤振时竖弯和扭转主运动的振动形式，将主运动引起的气动力作为强迫荷载施加在模型上，在有限元计算中构造各个耦合运动所对应的气动矩阵，进行瞬态分析即可获得相应的位移时程，进而将自激力与位移项进行数值积分实现各部分能量的求解。

2.2 三维运动解耦

根据 Scanlan 自激力模型，以扭转系统为例，主梁上任意一点的颤振基本运动控制方程：

$$\ddot{\alpha} + 2\xi_{\alpha0}\omega_{\alpha0}\dot{\alpha} + \omega_{\alpha0}^2\alpha = \frac{\rho B^3}{I}\omega_h A_1^*\dot{h} + \frac{\rho B^3}{I}\omega_h^{\ 2}A_4^* h + \frac{\rho B^4}{I}\omega_\alpha^{\ 2}A_3^*\alpha + \frac{\rho B^4}{I}\omega_\alpha A_2^*\dot{\alpha} \tag{1}$$

式中，ρ 为空气密度；B 为桥梁宽度；I 为主梁每延米质量惯性矩；h 和 α 分别为竖向位移与扭转位移；ω_α、ω_h 分别为竖向运动和扭转运动的振动频率；$\xi_{\alpha0}$、$\omega_{\alpha0}$ 为竖向运动与扭转运动的阻尼比与自振频率；H_i^*、A_i^* 为颤振导数。

运动解耦后方可进行自激力效应的分解。以扭转振动为例，根据式（1），竖向运动的位移项与速度项均会产生自激力影响扭转，因此扭转位移 α 可写为：

$$\alpha = \alpha_0 + \alpha_1 + \alpha_2 \tag{2}$$

式中，α_0 为考虑阻尼比，频率为 ω_α 的扭转运动，此项为扭转主运动；α_1 为竖向运动位移项引起的频率为 ω_h 的扭转运动，属于耦合运动；α_2 为竖向运动速度项引起的频率为 ω_h 的扭转运动，属于耦合运动。

根据运动分解后的表达式即可基于自激力效应赋予各类运动明确的物理意义。假定桥梁颤振主要由其第一阶竖弯模态和第一阶扭转模态参与，可设出主梁任意节点的竖弯与扭转主运动方程。基于 ANSYS 构造对应的气动刚度与气动阻尼矩阵单元，施加与主运动方程对应的强迫荷载，即可实现各个运动时程的求解，实现三维运动解耦。

2.3 能量计算

以扭转系统为例，对式（1）两端乘以速度项再对时间积分可以得到颤振能量控制方程：

$$\int \ddot{\alpha} \cdot \dot{\alpha}\mathrm{d}t + \int 2\xi_{\alpha0}\omega_{\alpha0}\dot{\alpha} \cdot \dot{\alpha}\mathrm{d}t + \int \omega_{\alpha0}^2\alpha \cdot \dot{\alpha}\mathrm{d}t = \int \frac{\rho B^3}{I}\omega_h A_1^*\dot{h} \cdot \dot{\alpha}\mathrm{d}t + \int \frac{\rho B^3}{I}\omega_h^{\ 2}A_4^* h \cdot \dot{\alpha}\mathrm{d}t$$
$$+ \int \frac{\rho B^4}{I}\omega_\alpha^{\ 2}A_3^*\alpha \cdot \dot{\alpha}\mathrm{d}t + \int \frac{\rho B^4}{I}\omega_\alpha A_2^*\dot{\alpha} \cdot \dot{\alpha}\mathrm{d}t \tag{3}$$

累加每个单元的能量即可得到三维颤振的总能量。以荷载项或位移项所对应的系统频率作为能量划分

* 基金项目：国家自然科学基金资助项目（51678148）；江苏省自然科学基金资助项目（BK20181277）

的主要标准,可将扭转系统的能量分为 16 个能量成分,颤振能量的详细分解可供深入探究桥梁在颤振过程中能量的传递机理。

3　算例

以马鞍山长江大桥(360 m + 2 × 1080 m + 360 m)为研究对象,该桥加劲梁为扁平流线型闭口钢箱梁,宽 38.5 m,中心梁高 3.5 m[3]。以扭转系统为例,部分能量成分随时间变化如图 1。

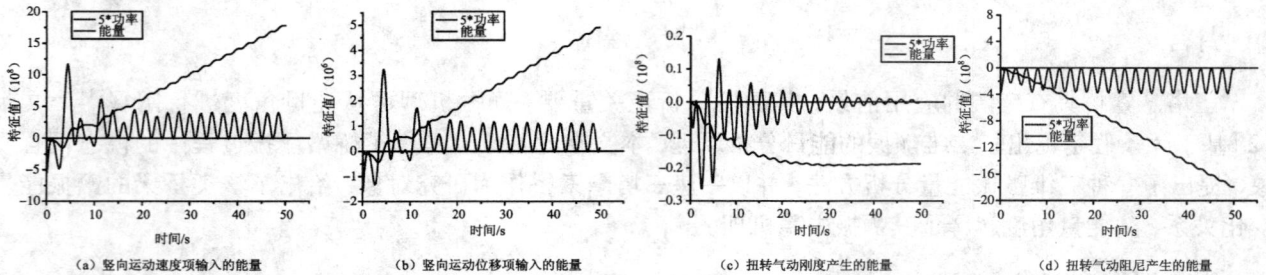

(a) 竖向运动速度项输入的能量　　(b) 竖向运动位移项输入的能量　　(c) 扭转气动刚度产生的能量　　(d) 扭转气动阻尼产生的能量

图 1　扭转系统颤振能量

同理可求得结构竖向系统的颤振能量随时间变化关系。

4　结论

提出三维颤振能量分析方法并计算了马鞍山长江大桥各颤振能量成分随时间变化关系。计算发现,竖向运动速度项与位移项产生的气动升力矩不断做正功,向扭转系统输入能量,且速度项是引起颤振失稳的主要原因,气动刚度对扭转系统能量的增减没有贡献,气动阻尼是维持系统稳定的主要因素。

参考文献

[1] Scanlan R H, Tomko J J. Airfoil and bridge flutter derivatives[J]. Journal of Engineering Mechanics Division, 1971, 97: 1717.
[2] 刘祖军,葛耀君,杨詠昕. 弯扭耦合颤振过程中的能量转换机理[J]. 同济大学学报, 2011, 39(7): 949 – 954.
[3] 张文明. 多主跨悬索桥抗风性能及风致灾变全过程研究[D]. 上海: 同济大学, 2011.

某东部沿海地区高空人行悬索桥气动措施研究

秦川[1]，周强[1,2]，李明水[1,2]

（1. 西南交通大学风工程试验研究中心 成都 610031；2. 风工程四川省重点实验室 成都 610031）

1 引言

人行悬索桥具有结构新颖轻柔，外观造型精巧美观，跨越能力强，能够适应各种地形状况等特点，目前应用越来越广泛，但由于其长细比大，主梁高度小，主梁截面刚度也较小，所以对风荷载就较敏感，易发生驰振和涡振。目前甚少有针对此类桥梁抗风性能的研究。本文的以东部沿海台风多发地区某城市人行悬索桥为工程背景，在节段模型试验中发现明显的驰振现象的基础上，提出了多种气动措施并进行了优化研究，结果表明采用组合导流板的气动措施可有效改善气动性能，可为此类人行悬索桥的风致振动控制提供参考。

2 研究方法

本节段模型驰振试验在西南交通大学 XNJD–1 工业风洞中进行，图1 节段模型比例为 1:10，原始断面在 0 度和 +3 度时出现了明显的驰振。

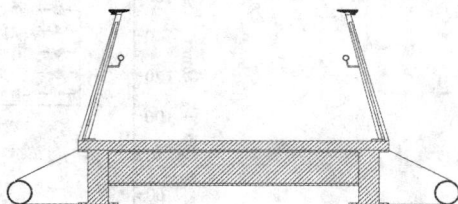

图1　原始断面图

采用了以下气动制振措施进行比选：措施 A—两侧边圆管缠绕电缆；措施 B—加劲梁上端加 1 cm 水平导流板；措施 C—加劲梁底部两端加 1 cm 水平导流板；措施 D—边圆管和加劲梁上端封闭；措施 E—边圆管和加劲梁上下都封闭；措施 F—加劲梁和边圆管上端封闭并且下部两端加上 135° 导流板；措施 G—加劲梁上端封闭并且下部加上中央导流板；措施 H—边圆管和加劲梁上端布置间断式格栅，下端内侧加上竖向导流板。

3 比选结果分析

本研究针对节段模型试验中出现的驰振现象，提出多种气动措施以进行风洞试验并进行优化比选和理论分析。

最终得到一种组合导流板的气动制振措施 H，能够明显的提高主梁的抗风性能，图3 可以看出气动措施 H 能很好的控制驰振的发生。

4 结论

（1）风洞试验结果表明，此类钝体结构，类似 H 型吊杆的主梁截面，在 0°，+3° 攻角较易发生驰振。

（2）风洞试验结果表明，在主梁和边圆管梁之间布置导流板和格栅导流板能很好的抑制在 +3° 攻角下的驰振。在主梁下部加上竖向导流板能改善 0° 攻角的抗风性能，而格栅导流板配合竖向导流板能很好的抑制主梁截面的驰振。

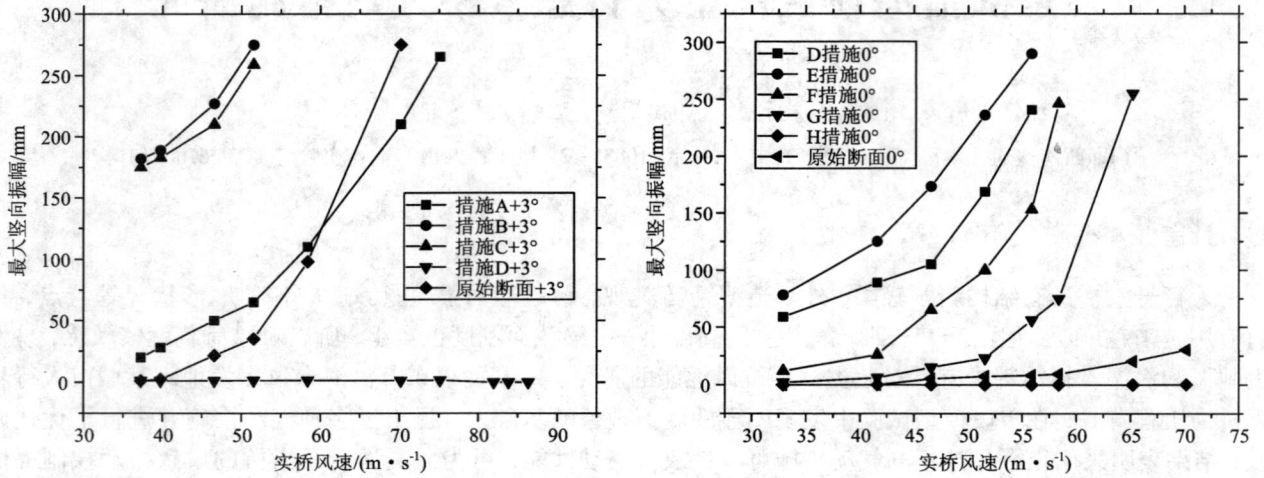

图2   各类气动措施风速－振幅曲线图

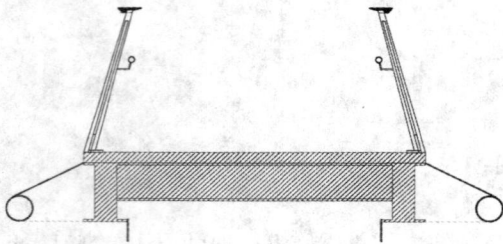

图3   气动措施 H 断面图

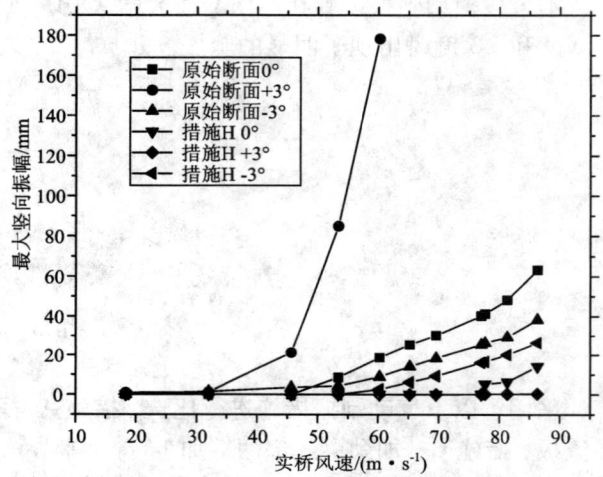

图4   气动措施 H 与原始断面振幅风速曲线对比图

参考文献

[1] 许福友,谭岩斌,张哲,等. 某人行景观悬索桥抗风性能试验研究[J]. 振动与冲击,2009,28(07):143－146＋174＋218 －219.

[2] 李加武,车鑫,高斐,等. 窄悬索桥颤振失稳控制措施效果研究[J]. 振动与冲击,2012,31(23):77－81,86.

[3] 白桦,李德锋,李宇,等. 人行悬索桥抗风性能改善措施研究[J]. 公路,2012(12):1－6.

[4] 管青海. 大跨加劲梁人行悬索桥风致稳定性研究[D]. 西安:长安大学,2016.

高墩大跨斜拉桥最大双悬臂状态抖振控制风洞试验研究[*]

任磊[1,2]，严磊[1,2]，何旭辉[1,2]，潘海[3]，杜镁[4]，徐向东[4]

（1. 中南大学土木工程学院 长沙 410075；2. 中南大学高速铁路建造技术国家工程实验室 长沙 410075；
3. 贵州省交通运输厅 贵阳 550003；4.贵州省交通规划勘察设计研究院股份有限公司 贵阳 550001）

1 引言

高墩大跨斜拉桥属于柔性结构，其最大双悬臂施工阶段易发生抖振，过大的抖振响应在施工阶段会危及施工人员和机械设备的安全，一般通过增设抗风索和 TMD 等措施来控制[1-2]。李永乐[3]计算了某大跨斜拉桥最大双悬臂增设抗风索前后的抖振响应，表明抗风索可使主梁悬臂端的抖振位移明显下降。本文以平塘特大桥为背景，通过风洞试验验证不同抑振措施对主梁悬臂端横向和竖向抖振位移的减振效率，为高墩大跨斜拉桥施工阶段抖振控制提供参考。

2 有限元模型分析

采用 ANSYS 有限元软件分析了索的布置方式及斜向角度对结构频率的影响，图 1 给出了结构前 5 阶频率增大百分比随斜向抗风索倾角的变化曲线。

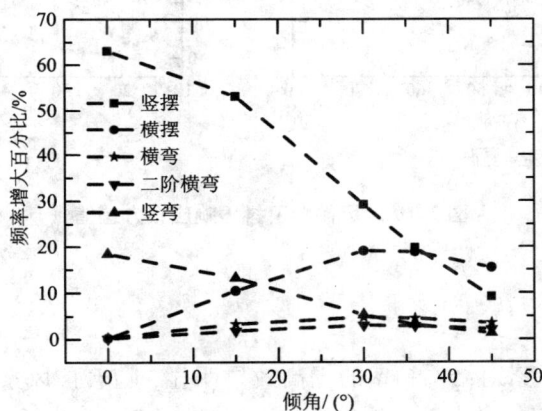

图 1　频率增大百分比随斜向抗风索倾角的变化曲线

3 气弹模型风洞试验

3.1 结构动力特性测试

最大双悬臂气弹模型动力特性测试结果列于表 1。该模型前两阶频率误差在 5% 范围内，阻尼比在限定范围 0.007 ~ 0.01 之间，满足《桥梁风洞试验指南》[4]要求。

表 1　平塘特大桥最大双悬臂状态气弹模型动力特性测试

结构状态	模态	振型描述	模型频率/Hz			阻尼比/%
			目标值	实测值	误差/%	
原结构	1	主梁竖摆	1.448	1.514	4.57	0.77
	2	主梁横摆	1.779	1.709	−3.93	0.93

* 基金项目：国家重点研发计划项目(2017YFB1201204)；国家自然科学基金项目(U1534206,51808563)；黔科合重大专项字〔2016〕3013

3.2 试验概况

为了抑制平塘特大桥最大双悬臂状态抖振位移，本文通过进行最大双悬臂气弹模型风洞试验对比分析了横向 TMD、横向 TMD + 竖向抗风索、斜向抗风索（36°）、竖向 TMD 和竖向抗风索五种抑振措施对主梁悬臂端抖振位移的减振效率。

4 试验结果

当风偏角为 0°时，增设横向 TMD + 竖向抗风索和斜向抗风索（36°）后，主梁悬臂端横向和竖向抖振位移根方差均有不同程度地降低；在风速 $2V_d = 55.4$ m/s 下，斜向抗风索（36°）对横向抖振位移的减振效率为 70.5%，明显高于横向 TMD + 竖向抗风索的减振效率 30.8%；相反，对竖向抖振位移的减振效率为 70.2%，则略低于横向 TMD + 竖向抗风索的减振效率 80.4%。综合考虑两种抑振措施对主梁悬臂端横向和竖向抖振位移的减振效率，增设斜向抗风索（36°）的方式总体优于横向 TMD + 竖向抗风索。

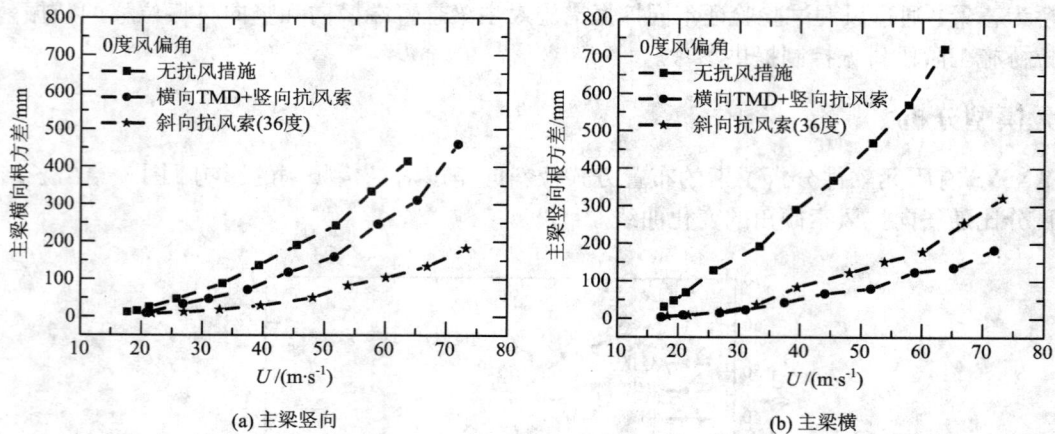

(a) 主梁竖向   (b) 主梁横

图2 0 度风偏角下抖振响应根方差值

5 结论

（1）平行不交叉布置的抗风索对结构频率的提高效果明显，随着抗风索倾角的增大，结构竖摆频率的增大百分比降低；结构横摆频率的增大百分比先增加而后减小。

（3）增设抗风索的抑振效果整体优于增设 TMD 的方式，通过控制抗风索的倾角，可以同时控制主梁悬臂端横向和竖向的抖振位移根方差。

参考文献

［1］龚平，蔡向阳，丁冬，等. 大跨斜拉桥悬臂施工期抗风措施性能实测研究［J］. 公路工程，2017（02）：6 – 11 + 41.

［2］彭江辉，丁泉顺. 大跨度斜拉桥最大双悬臂施工阶段的抖振控制措施研究［C］. 第九届全国风工程和工业空气动力学学术会议，2014.07. 长春.

［3］李永乐，周述华，张焕新. 某大跨度斜拉桥施工阶段的抖振控制措施研究［J］. 西南交通大学学报，2001（04）：374 – 377.

［4］葛耀君. 桥梁风洞试验指南［M］. 北京：人民交通出版社，2017.

移动龙卷风作用下桥梁断面风荷载模拟

任少岚[1]，操金鑫[1,2]，曹曙阳[1,2]

（1. 同济大学土木工程学院桥梁工程系 上海 200092；2. 土木工程防灾国家重点实验室 上海 200092）

1 引言

近年来，我国江苏、广东等多地发生严重龙卷风灾害，有必要对位于龙卷风多发省份的重要大跨度桥梁结构考虑龙卷风灾害风险。然而，目前国内外针对龙卷风对桥梁结构作用的研究还很少见，极少量有关桥梁在龙卷风作用下的结构响应和气弹稳定数值分析仍是基于常规风洞实验的风荷载参数结果[1-3]。在近期模拟静态龙卷风对于桥梁断面静气动力系数影响[4]工作的基础上，本文进一步开展移动龙卷风作用下桥梁断面风荷载识别刚体模型测压实验，并考虑龙卷风参数对桥梁风荷载模拟的影响规律，为桥梁抗龙卷风设计提供支持和参考。

2 实验设置

实验在同济大学风洞试验室的移动式龙卷风模拟器（图1）中开展。该装置的风机和导流板位于装置顶部，气流通过导流板和外围圆筒在升降平台与蜂窝网间形成龙卷风涡旋。实验模型以某主跨 1500 m 斜拉桥方案的扁平流线型钢箱主梁断面为设计原型，梁高 5 m，梁宽 41 m，几何缩尺比 1:250。实验时，模拟器从桥梁主梁模型一侧匀速移动到另一侧（如图 2 所示），实验主要参数包括龙卷风涡流比 Sr（改变导流板角度 $\theta_v = 20° \sim 60°$）和水平移动速度 V（$V = 0.067 \sim 0.267$ m/s）

图1　龙卷风模拟器

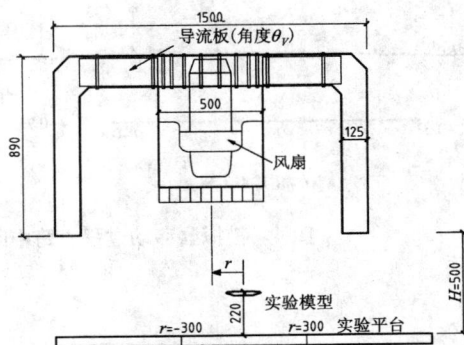

图2　刚体模型测压实验示意图（单位：mm）

3 结果与讨论

3.1 三分力系数

主梁断面三分力系数时程通过各测压断面内所有测点表面风压系数时程积分确定。图3为主梁跨中断面在龙卷风模拟器移动速度为 0.167 m/s 条件下三分力系数的时程。在向龙卷风中心靠近的过程中，主梁阻力系数先增大后减小；主梁受上升气流作用明显，升力系数逐渐增大；升力矩系数在涡核中心附近幅值明显增大，且在幅值范围内剧烈往复变化。涡流比越大，主梁风荷载受影响的范围越大、而三分力系数的绝对值越小。

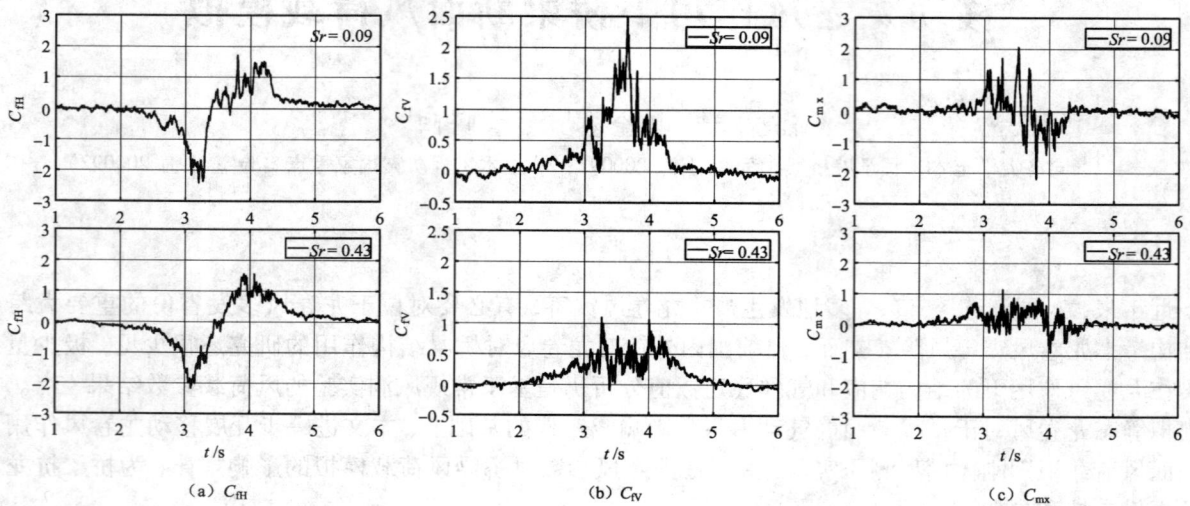

(a) C_{fH} （b） C_{fV} （c） C_{mx}

图3 模拟器移动过程中主梁断面三分力系数时程（$V = 0.167$ m/s）

3.2 表面风压分布

图4为跨中断面阻力系数和升力系数分布出现最大值时断面的瞬时表面压力系数分布。与常规风洞实验结果不同，移动龙卷风作用下断面平均风压系数均为负值。涡核半径处断面水平压差最大，故阻力系数最大；涡核中心处风压呈水平对称分布，主要受竖向压差作用。

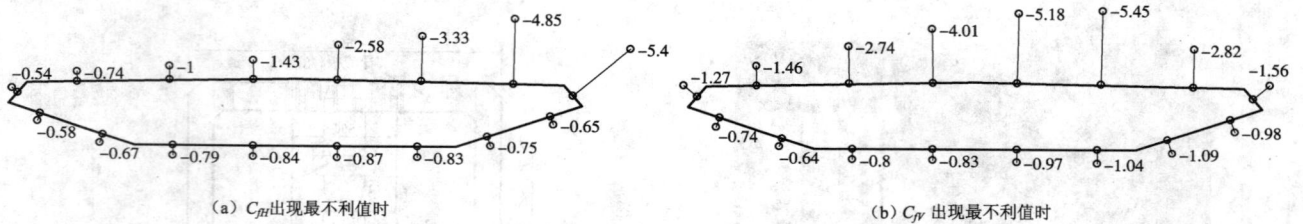

（a） C_{fH} 出现最不利值时 （b） C_{fV} 出现最不利值时

图4 模拟器移动过程中跨中断面风压系数的变化（$V = 0.167$ m/s, $Sr = 0.09$）

4 结论

利用龙卷风模拟器模拟了不同涡流比和水平移动速度的移动龙卷风作用，对主跨 1500 m 斜拉桥主梁进行了刚体模型测压实验，研究了移动龙卷风作用下的主梁表面风压分布、主梁各断面三分力系数等气动力系数的变化规律及其主要影响参数。结果表明：在移动龙卷风风场中，主梁表面风压系数均为负值，风压分布和三分力系数受龙卷风作用位置和涡流比的影响明显，且与常规风洞实验的结果明显不同；随着涡流比的增大，龙卷风气流对主梁风荷载造成影响的范围增大，而三分力系数最不利值减小。

参考文献

［1］陈艾荣，刘志文，周志勇. 大跨径斜拉桥在龙卷风作用下的响应分析［J］. 同济大学学报，2005，33（5）：569－574.

［2］Cao B, Sarkar P P. Numerical simulation of dynamic response of a long－span bridge to assess its vulnerability to non－synoptic wind［J］. Engineering Structures，2015，84：67－75.

［3］Hao J, Wu T. Tornado－induced effects on aerostatic and aeroelastic behaviors of long－span bridge［C］//Proceedings of the 2016 World Congress on Advances in Civil Environmental & Materials Research. Jeju, Korea：2016.

［4］操金鑫，任少岚，曹曙阳，等. 龙卷风对桥梁断面气动力系数影响的物理模拟［C］. 首届中国空气动力学大会. 四川绵阳，2018.8.15－19.

并行连续钢箱梁竖向涡振数值模拟与试验研究*

商敬淼[1,2,3]，廖海黎[1,2,3]，马存明[1,2,3]

（1.西南交通大学桥梁工程系 成都 610031；2.风工程四川省重点
实验室 成都 610031；3.西南交通大学风工程试验研究中心 成都 610031）

1 引言

连续钢箱梁桥，不同于大跨悬索桥和斜拉桥，由于结构刚度大、频率高，不会出现大跨度桥梁常见的静风失稳、颤振失稳和驰振失稳现象[1]。涡激振动应是此类桥梁考察的重点。根据涡激振动的振动机理，钢结构桥梁由于阻尼低，是涡激振动的敏感结构[2]。另一方面，本文研究的连续钢箱梁桥为并行双幅桥面，双幅桥面间距较小，存在上下桥面的相互干扰，使得空气动力效应变得复杂，有必要通过风洞试验详细考察其涡振特性，并通过数值模拟的方法研究其发生机理。

2 主梁节段模型涡激振动试验

本文以某并行连续钢箱梁为背景，开展了一系列的节段模型风洞试验，研究了4种间距比下并行连续钢箱梁的涡振特性，主梁断面形式及试验模型见图1。

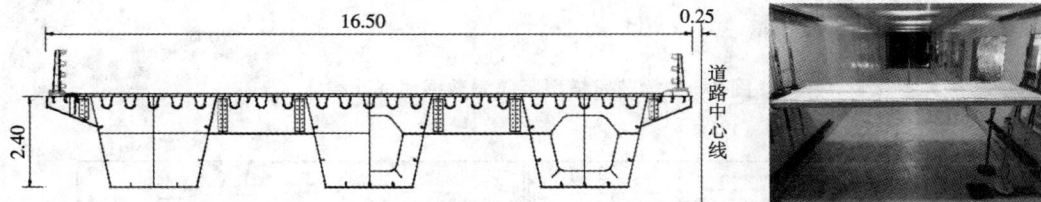

图1 主梁断面形式及试验模型

表1列出了主梁节段模型涡激振动试验的主要参数，上下游节段模型的质量、频率及阻尼比等基本保持一致。

表1 主梁节段模型涡激振动试验主要参数

参数名称		符号	单位	实桥值	缩尺比	模型值
几何尺寸	高度	H	m	2.4	1:50	0.048
	宽度	B	m	16.5	1:50	0.33
	长度	L	m	—	—	2.095
	间距比	D/H	m	0.21	—	0.21/1/2/3
单位长度质量		m	kg/m	15242	$1:50^2$	6.097
频率		f	Hz	1.516	—	3.011
阻尼比		ξ	%	0.5	1	0.5

* 基金项目：国家自然科学基金项目（51778545）

3   数值模拟方法

基于并行连续钢箱梁涡振试验结果，采用 CFD 方法研究其发生机理。选取适当的计算域划分网格，其中最小网格厚度 0.006，内部采用非结构化网格便于调整攻角，外部采用结构化网格，网格尺寸变化率控制在 1.08 以内，计算网格数约 20 万。

4   部分结果

图 2～图 3 分别为主梁节段模型竖向涡激振动试验结果及部分数值模拟时均流线图。

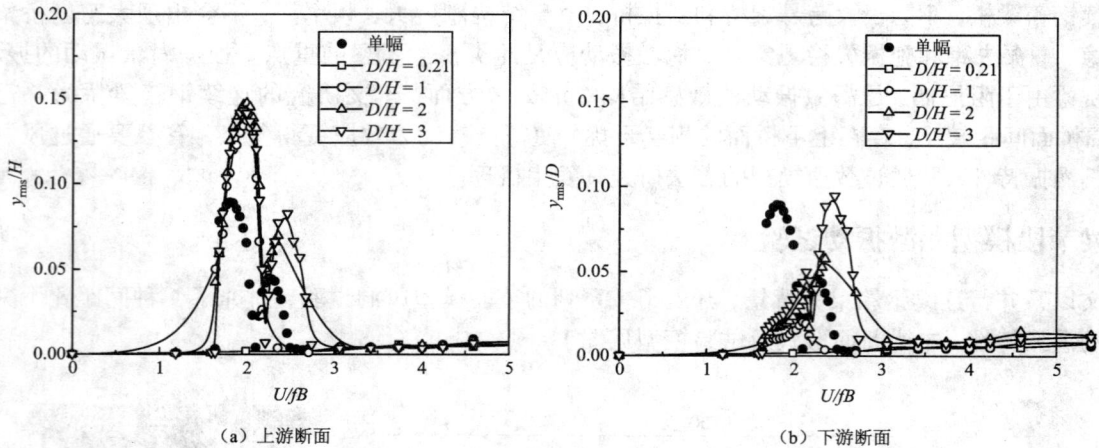

（a）上游断面   （b）下游断面

图 2   主梁节段模型竖向涡激振动试验结果

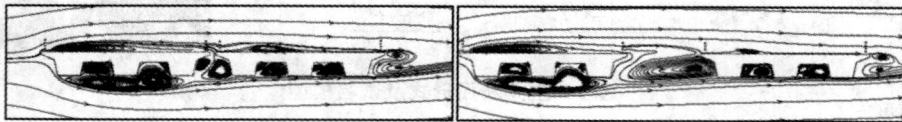

图 3   间距比为 0.21 和 3 时主梁周围时均流线图

5   部分结论

（1）双幅主梁易形成涡激共振，振动响应对双幅主梁间的流场型态十分敏感；

（2）当上下游桥梁断面间距非常小时（$D/H = 0.21$），由于下游桥梁断面遮挡，上游断面尾部旋涡无法上下成对脱落，从而不能导致较大振幅的振动；

（3）上游箱梁断面的涡振响应由下表面大尺度旋涡及尾流旋涡共同影响；

（4）随着间距逐渐增大，下游主梁振幅随之增加，下游断面发生涡振响应是由于上游箱梁断面剪切分离层脱落后形成击打在下游断面迎风侧的旋涡及自身尾流旋涡的共同作用。

参考文献

[1] 秦浩. 大跨度变截面连续钢箱梁桥涡激振动计算方法研究[D]. 成都：西南交通大学，2015.

[2] 孙延国，廖海黎，李明水. 基于节段模型试验的悬索桥涡振抑振措施[J]. 西南交通大学学报，2012，47(02)：218-223+264.

[3] 刘小兵，张海东，刘庆宽. 大攻角下分离双钢箱梁间距对涡振特性的影响[J]. 振动与冲击，2017，36(14)：202-207+233.

大跨度斜拉桥拉索风振响应实测研究[*]

沈静思[1,2]，刘志文[1,2]，陈政清[1,2]

（1. 湖南大学风工程与桥梁工程湖南省重点实验室 长沙 410082；2. 湖南大学土木工程学院桥梁工程系 长沙 410082）

1　引言

斜拉索是大跨度斜拉桥的重要组成部分之一，具有长度大，刚度低、阻尼比低和质量轻等特点，在风作用下易产生风致振动。Main J. A. 与 Jones N. P. 对美国 FredHartman Bridge 桥拉索振动响应进行了实测研究，研究了斜拉索振动响应与风速、风向和雨量之间的关系。研究表明：不同风速和雨量条件下，部分拉索存在风雨振和高阶涡振现象[1]。储彤等以金塘大桥为依托，进行了斜拉索风致振动响应实测与风洞试验研究。研究表明：监测期间该桥 CAC20 号斜拉索加速度最大值约为 6.5 m/s²，其他斜拉索相对较小，且该索发生了多阶模态振动，不同时间段斜拉索的振动频率不同，主要以 5～15 Hz[2]。苏通长江公路大桥从修建到建成通车以后，斜拉索发生过几次剧烈的风振，罗明秋等发现其最长的斜拉索振动并不明显，振动最剧烈的拉索振动频率为 4～6 Hz，最大振幅为 4～5 cm[3]。本文以苏通长江公路大桥为依托，分别对斜拉索在良态风和台风"温比亚"作用下的风振响应特征进行分析。

2　良态风与"温比亚"台风风速、风向

图 1 所示为 2018 年 8 月 15 日和 17 日苏通大桥各测点处风速、风向数据。从图 1 中可以看出，8 月 15 日 0：00～5：00 时段桥面处风速最大，为 7～9 m/s，风向约为 90 度即风垂直于桥轴向从下游吹来；8 月 17 日 8：00 左右桥面处风速最大，约为 25 m/s，风向约为 60 度，12：00 以后，风向逐渐稳定在 90 度，桥面风速降到 12～15 m/s。（图中数据间断处为仪器故障造成）

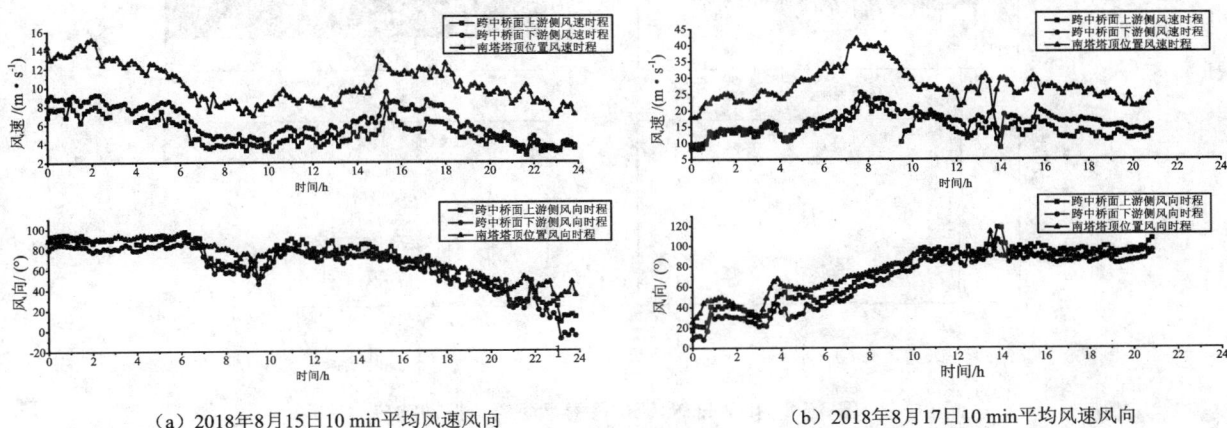

（a）2018年8月15日10 min平均风速风向　　　　　（b）2018年8月17日10 min平均风速风向

图 1　苏通长江公路大桥跨中桥面上游侧、桥面下游侧、南塔塔顶处的 10 min 平均风速风向时程

3　斜拉索振动响应特性

3.1　良态风作用下拉索振动响应实测结果

NJU30 号索 8 月 15 日在加速度响应最大时段的面内外加速度响应及其功率谱如图 2 所示，拉索面内最大加速度达 20 m/s²，漂移值约 10 m/s²，即实际最大加速度接近 30 m/s²，拉索面外加速度相对较小，面内外主振频率都为 12.3 Hz，对应该拉索第 52 阶振动模态。

＊ 基金项目：国家自然科学基金项目（51778225，51478180）

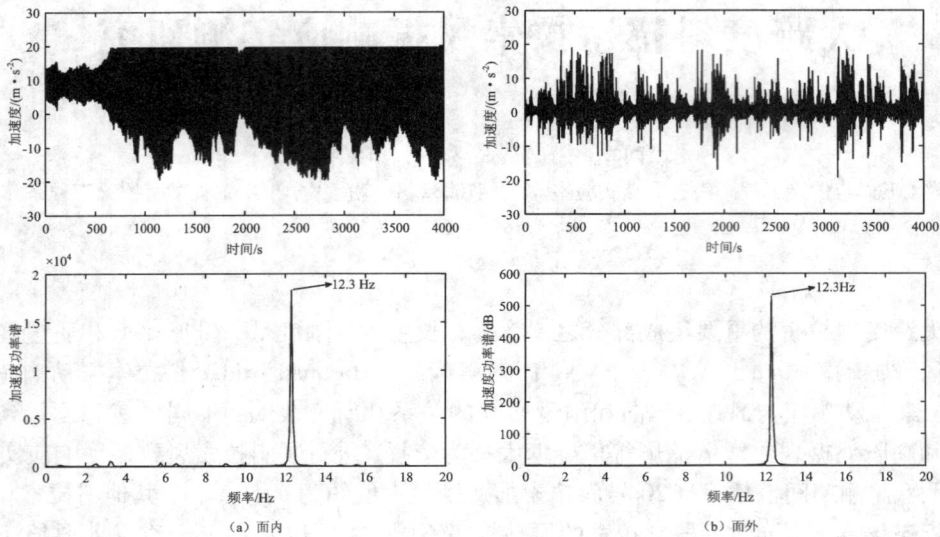

图2　8月15日NJU30号索平面内外振动响应

3.2　"温比亚"台风作用下拉索振动响应实测结果

2018年8月17日NJU30号索发生强烈的风雨振，其阻尼器甚至断裂。图3所示为NJU30号索8月17日加速度响应最大时段的面内外加速度响应及其功率谱。显然面外加速度值超限，即最大加速度可能远大于20 m/s²，此时拉索面内响应相对较小，面内主振频率为3.027 Hz和3.613 Hz，面外主振频率为3.027 Hz和3.516 Hz，分别对应该拉索第13阶和第15阶振动模态。

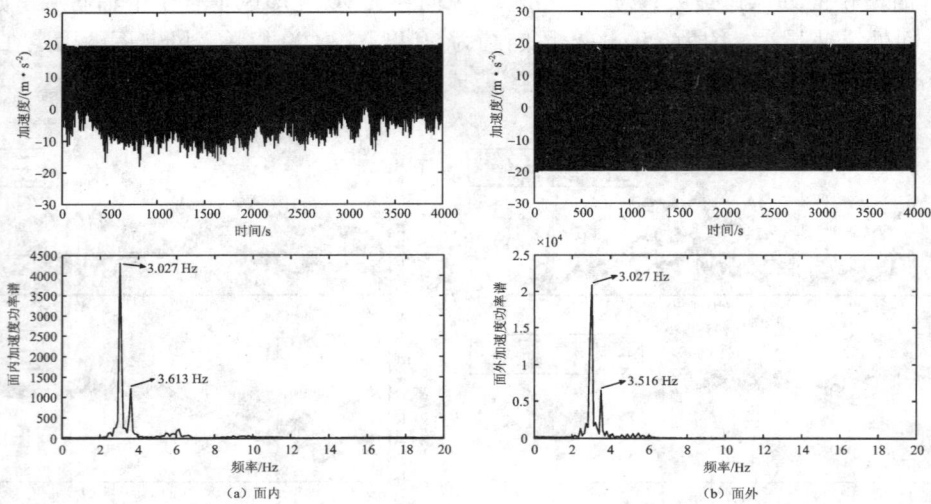

图3　8月17日NJU30号索平面内外振动响应

4　结论

通过对苏通长江公路大桥斜拉索在良态风和台风"温比亚"下的振动响应实测数据分析，可以得到如下主要结论：①在风速7～9 m/s时（无雨），拉索发生高阶振动；②在风速20～25 m/s风向60度左右时，拉索发生强烈的风雨振；③在良态风条件下拉索风振的面内加速度响应较面外大；在台风条件下拉索风雨振的面外加速度响应较面内大。

参考文献

[1] Main J. A., Jones N. P. Full-scale measurements of stay cable vibration[C]//Proceedings of the Structures Congress 2000. Philadelphia，Pennsylvania. 2000：21-24.

[2] 储彤. 某大跨度斜拉桥风场与斜拉索涡激振动现场监测研究[D]. 哈尔滨：哈尔滨工业大学土木工程学院，2013：27-31.

[3] 罗明秋，郁犁. 苏通大桥斜拉索风振的观察与思考[J]. 科学咨询，2009，11(4)：55-56.

风嘴尖位置对主跨1400 m中央开槽箱梁斜拉桥风致稳定性的影响*

沈毅凯[1,2]，朱乐东[1,2,3]，朱青[1,2,3]，郭震山[1,2,3]

（1. 同济大学土木工程学院桥梁工程系 上海 200092；2. 同济大学土木工程
防灾国家重点实验室 上海 200092；3. 同济大学桥梁结构抗风技术交通运输行业重点实验室 上海 200092）

1 引言

近年来，桥梁结构不断朝着长大化、轻柔化的方向发展，抗风问题已经成为大跨径桥梁设计的主要控制因素之一，并且其风致静力失稳可能先于动力失稳（颤振）发生[1-2]，因此，对主跨超过千米的超大跨度斜拉桥风致稳定性的研究，需综合考虑静、动力失稳问题。本文以某主跨1400m中央开槽箱梁斜拉桥设计方案为背景，分别通过节段模型测力和测振风洞试验，研究中央开槽箱梁风嘴尖位置对桥梁风致静力和颤振临界风速的影响。

2 节段模型风洞试验概况

图1为主梁断面示意图。为研究风嘴尖位置对桥梁静风稳定性的影响，在同济大学 TJ-2 风洞进行节段模型测力试验，试验风速为 7.5 m/s。测力模型分为上补偿段和下测力段两部分，缩尺比为 1:120。试验所选取风嘴尖位置参数 a/b（下文均简称 a/b）分别考虑 0.2、0.27、0.37、0.53、0.6、0.67 共6种。通过试验测量了这6种断面在 $-20°\sim20°$ 风攻角范围内的三分力系数，限于篇幅，这里仅列出升力系数 C_L 和升力矩系数 C_M 曲线，如图2、图3所示。结果表明：a/b 对断面的三分力系数有很大影响，a/b 较小时三分力系数对风攻角的敏感性较大。

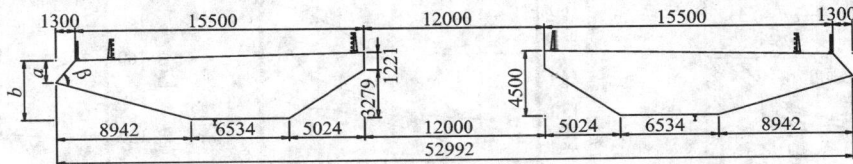

图1 模型断面示意图（单位：mm）

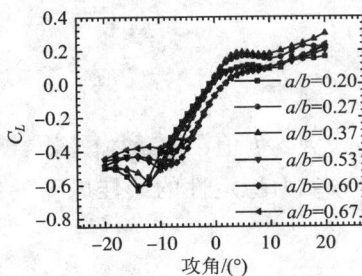

图2 升力系数曲线

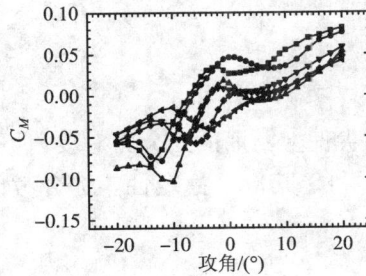

图3 升力矩曲线（图例同图2）

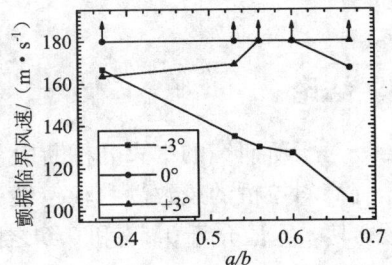

图4 不同断面颤振临界风速

为研究嘴尖位置对桥梁颤振稳定性的影响，在同济大学 TJ-2 风洞进行弹簧悬挂节段模型测振试验，模型缩尺比为 1:80。风嘴尖位置参数 a/b 值考虑 0.37、0.53、0.56、0.6、0.67 功5种，竖弯阻尼比和扭转阻尼比均为 0.25% 左右。不同 a/b 值对应断面在 $-3°$、$0°$ 和 $+3°$ 风攻角下的颤振临界风速（实桥风速）试验

* 基金项目：科技部土木工程防灾国家重点实验室自主研究课题基金团队重点课题（SLDRCE15-A-03）

结果如图 4 所示(图中竖向箭头颤振临界风速高于 180 m/s)。结果显示:除 $a/b = 0.37$ 断面外,其余断面对应的颤振临界风速最不利风攻角均为 $-3°$,且增大 a/b 值(风嘴尖下移)不利于桥梁的颤振稳定性。

3 三维非线性风致静力失稳分析

根据试验所得三分力系数,考虑荷载非线性和结构几何非线性,对主跨 1400 m 中央开槽箱梁斜拉桥进行三维非线性风致静力失稳分析。图 5 - 图 8 分别为 $±3°$ 风攻角主梁跨中位移及跨中迎风侧拉索应力随风速的变化曲线,结果显示:在 $+3°$ 攻角下斜拉桥因静风作用下主梁抬升、拉索应力减小、结构软化以及气动静力负刚度导致的主梁位移突增而失稳;在 $-3°$ 攻角下,斜拉桥因拉索应力超限造成结构破坏而失稳。图 9 显示了不同断面斜拉桥在不同风攻角下的风致静力失稳临界风速随 a/b 的变化曲线,由此可见风致静力失稳以 $+3°$ 为最不利风攻角,且从总体趋势上看,增大 a/b 值有利于斜拉桥的静风稳定性。图 10 给出了不同攻角下最低静力失稳和颤振临界风速随 a/b 的变化曲线,从图中可见:风致静力稳定性和颤振稳定性随 a/b 的变化呈相反的规律,综合考虑两者的最优 a/b 值介于 0.53 和 0.6 之间。

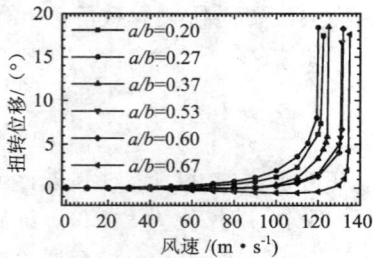

图 5 $+3°$ 主梁跨中扭转位移曲线

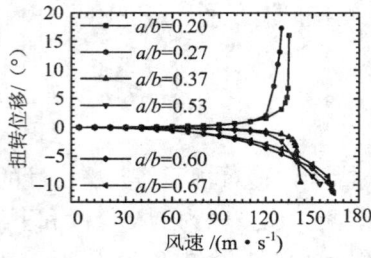

图 6 $-3°$ 主梁跨中扭转位移曲线

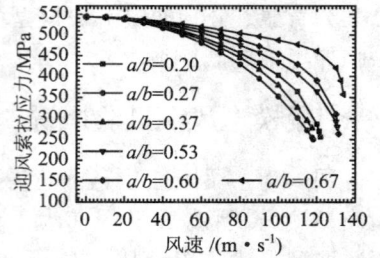

图 7 $+3°$ 攻角跨中迎风索应力

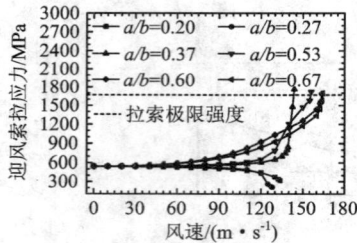

图 8 $-3°$ 攻角跨中迎风索应力

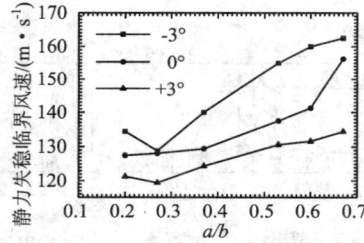

图 9 静力失稳临界风速曲线

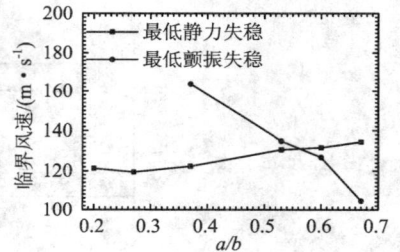

图 10 静、动力失稳风速比较

4 结论

对于所研究的中央开槽断面,风嘴尖偏上断面的三分力对攻角更敏感,增大 a/b 值(风嘴尖下移)有利于提高斜拉桥的风致静力稳定性,但不利于其颤振稳定性。综合考虑风致静动力稳定性的最佳风嘴尖位置,其 a/b 值介于 0.53 和 0.6 之间。

参考文献

[1] V. Boonyapinyo, H. Yamada, T. Miyata. Wind – induced nonlinear lateral – torsional buckling of cable – stayed bridges[J]. Journal of Structural Engineering, ASCE, 1994, 120(2): 486 – 506.

[2] 张宏杰. 超千米级斜拉桥风致稳定性理论与试验研究[D]. 上海: 同济大学桥梁工程系, 2012: 144 – 146.

基于状态空间的山区桥梁非平稳抖振分析[*]

时浩博[1]，郭增伟[1]，袁航[2]

（1. 重庆交通大学山区桥梁与隧道工程国家重点实验室培养基地 重庆 400074；2. 中交二航局技术中心 武汉 430000）

1 引言

山区峡谷复杂地形地貌对风场的影响极大，风向、风速时空差异明显，明显不同于平原地区季风、沿海地区台风的特性[1]。目前，国内针对山区强风条件下大跨桥梁非平稳抖振响应的研究较少，桥梁抖振非平稳响应的评价仍需要进一步精细化展开研究。本文基于三峡库区青草背长江大桥桥位处实测风速数据，采用状态空间的桥梁结构非平稳抖振对比分析方法，以实测风场信息及桥梁结构为背景，采用罚函数对比法与精细积分法相结合的方法高效求解结构动力方程，并针对青草背长江大桥的非平稳与平稳抖振响应结果进行了详细对比分析。

2 基于状态空间的非平稳抖振响应分析

2.1 气动方程的状态空间形式

桥梁结构非平稳抖振的气动方程采用状态空间的形式可表达为[2]：

$$\dot{x}_q = A(t)x_q + BQ_b(t) \tag{1}$$

$$x = Cx_q \tag{2}$$

式中：$x_q(t) = \begin{Bmatrix} q(t) \\ \dot{q}(t) \end{Bmatrix}$；$A(t) = \begin{bmatrix} 0 & I \\ -\tilde{K} & -\tilde{C} \end{bmatrix}$；$B = \begin{bmatrix} 0 \\ I \end{bmatrix}$；$C = \begin{bmatrix} -\Phi & 0 \\ 0 & \Phi \end{bmatrix}$

$\tilde{C}$ 为考虑了气动自激力的模态阻尼矩阵；$\tilde{K}$ 为考虑了气动自激力的模态刚度矩阵；Q_b 为模态抖振力荷载向量；$q(t)$ 为结构模态位移向量；Φ 为前 N 阶结构模态振型矩阵。

2.2 时变自激力处理与非平稳抖振力处理

本文利用 Lavielle[3-4] 在 2005 年提出的罚函数对比法，以均值作为量化参数对风速序列中突然变化点进行捕捉，同时根据风速变化趋势对风速序列进行时间区段划分，在定值时间区段上，平均风速下的自激力与结构抖振响应可与时变平均风速下的相应值保持较小的误差；在非平稳抖振响应分析中，非平稳抖振力时程的精确求解非常依赖于非平稳脉动风场的准确模拟，根据上述划分的时间区段可得到风速序列相应的不定值分段平均风速和各分段下的非平稳脉动风速，再以非平稳脉动风速为分析对象进行 Hilbert 变换即可得到实测脉动风速的包络函数如图 1 所示，将实测脉动风速的包络函数与平稳脉动风速的乘积表示为非平稳脉动风速，具体实现如下：

$$u'(t) = A(t)u(t) \tag{3}$$

式中：$A(t)$ 为确定性包络函数，$u(t)$ 为平稳脉动风速。

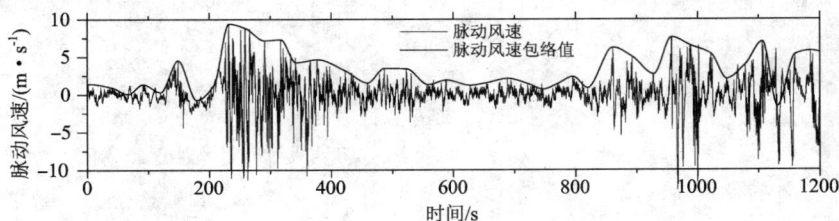

图 1 不定值分段平均风速下顺风向脉动风速及包络值

* 基金项目：国家自然科学基金项目（51878106）

3　山区强风抖振响应结果分析

图 2 给出了青草背长江大桥在实测非平稳风速序列激励下及该桥在具有相同时长及等值平均风速的良态风风速激励下跨中位置处的竖向、横向位移,从中可以看出在非平稳风及良态风作用下竖桥向振动位移均大于横桥向;良态风场下的抖振位移随时间变化较为平缓,而非平稳风场下的抖振位移在变化较快处具有较强的波动性;桥梁结构在非平稳风场作用下的抖振位移均不同程度大于良态风。

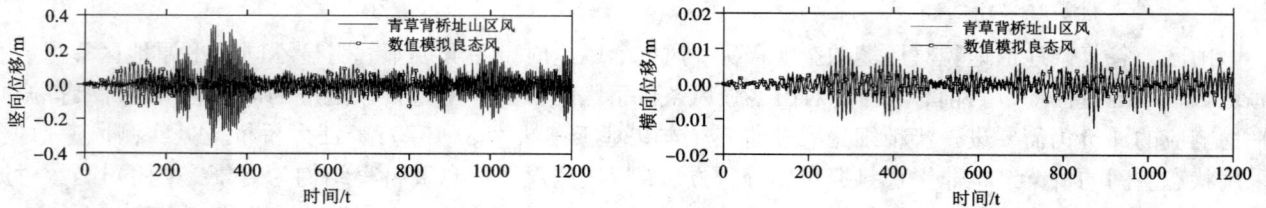

图 2　青草背长江大桥主梁跨中处抖振位移响应对比

4　结论

(1)引入罚函数对比法,准确的按照变化时间间隔内的平均风速进行荷载时域化处理。

(2)对比良态风抖振响应,非平稳风场下的抖振位移响应具有一定的时变性,在变化较快处具有较强的波动性,而结构响应的时变性则主要由于风场的时变导致。

参考文献

[1] Cao S Y, Tamura Yukio, KikuchiNaoshi, et al. Wind characteristics of A Strong Typhoon[J]. Journal of Wind Engineering and Industrial Aerodynamics, 2009, 97: 11 - 212.

[2] 郭增伟,葛耀君,杨詠昕.基于状态空间的桥梁颤振分析[J].华中科技大学学报(自然科学版),2012,40(11):27-32.

[3] McCullough M, Dae K K, Kareem A, et al. Efficacy of Averaging Tnterval for Non - Stationary Winds[J]. Journal of Engineering Mechanics, 2014, 140(1): 1 - 19.

[4] Lavielle M. Using Penalized Contrasts for the Change - Point Problem[J]. Signal Process, 2005, 85(8): 1501 - 1510.

变截面连续钢箱梁桥气动性能数值模拟研究

宋特，霍五星，李加武

（长安大学公路学院 西安 710064）

1 引言

连续钢箱梁桥具有刚度高、强度大的特点，并且相对于混凝土梁桥可减小梁高和自重。由于连续钢箱梁桥常采用变截面主梁设计，使得主梁沿跨向气动外形不同。本文以某大跨变截面连续钢箱梁桥为工程背景，将腹板高度的变化对连续钢箱梁桥三分力系数的影响进行了风洞试验和数值模拟研究。结果表明，随腹板高度增大，连续钢箱梁桥阻力系数、升力系数、扭矩系数均有显著增加。

2 工程背景

某连续钢箱梁桥主跨为 150 m，为整幅连续钢箱梁桥，桥面宽度为 37 m，跨中梁高 3.5 m，支点处梁高 7 m。将腹板变化高度设置为 H_1，跨中等截面高度为 H，取量纲参数 H_1/H 为研究变量。

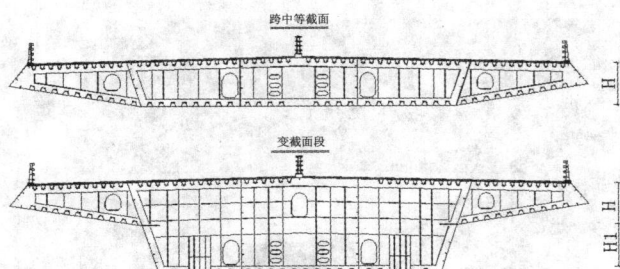

图1　某变截面钢箱梁桥主梁横断面图

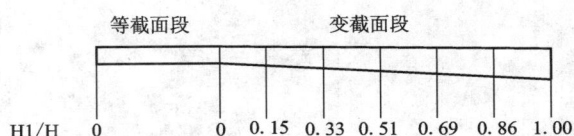

图2　工况设置

3 结果分析

3.1 风洞试验

试验在长安大学风洞实验室 CA-1 大气边界层风洞中进行，数据测试采集系统由杆式应变天平、α 角攻角变化机构、应变放大器、A/D 转换器及数据采集处理用计算机等组成。图3为 $H_1/H=1$ 断面风洞测力试验模型。图4为 $H_1/H=1$ 断面风洞测力试验结果。

图3　风洞测力试验节段模型（$H_1/H=1$）

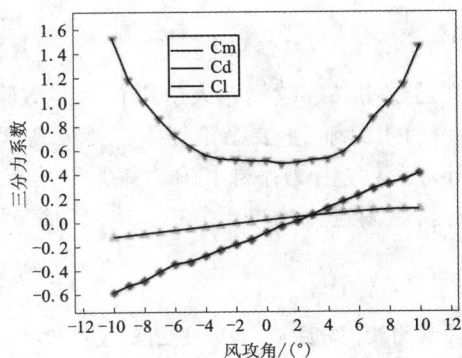

图4　风洞测力试验结果（$H_1/H=1$）

3.2   数值模拟

数值模拟基于商用 Ansys15.0 中的 CFD 网格划分模块和 Fluent 流场模拟模块，采用对钝体外部扰流模拟结果较好的 $k-\varepsilon$ 湍流模型，使用定常流计算。网格划分如图 5 所示。

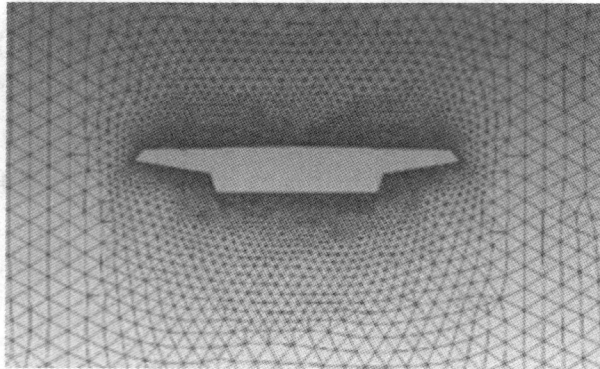

图 5   网格划分图

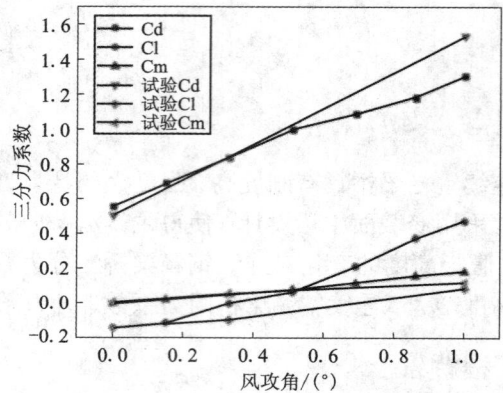

图 6   三分力系数对比结果

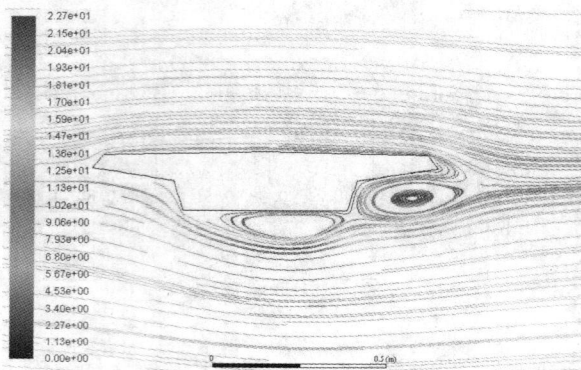

图 7 $H_1/H = 1.0$ 断面流场迹线图

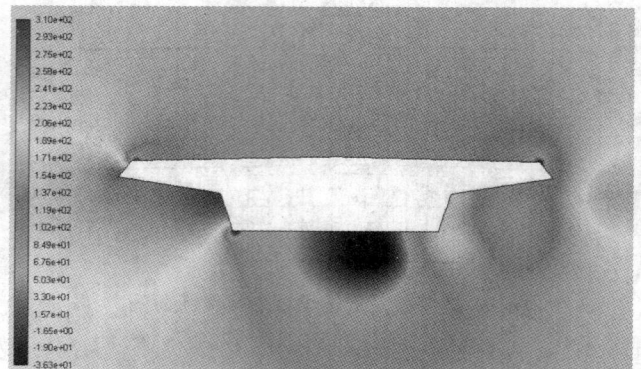

图 8 $H_1/H = 1.0$ 断面压强分布图

由图 6 三分力系数数值模拟与风洞试验结果对比示图可以看出，使用 $k-\varepsilon$ 湍流模型计算得到的值和风洞试验值比较吻合。为了便于了解主梁周围的流场分布情况，给出 $k-\varepsilon$ 湍流模型模拟得到 $H_1/H = 1$ 断面 0°时流场迹线图 7 以及压强分布图 8。

4   结论

本文通过对某连续钢箱梁桥进行风洞试验和数值模拟分析研究了腹板高度变化对于连续钢箱梁桥三分力系数变化的影响，主要结论如下：腹板高度变化对连续钢箱梁桥静气动力系数有显著影响，随着 H_1/H 增大，阻力系数、升力系数和升力矩系数均有显著增加；桥梁三分力系数还与风攻角有很大关系。本文模拟中未对桥墩附近流场进行分析，建议后续研究中应考虑桥墩表面和附近流场。

参考文献

［1］秦浩，廖海黎，李明水. 大跨度变截面连续钢箱梁涡激振动线性分析法［J］. 振动工程学报，2015，28（6）：966 – 971.

［2］陈政清. 桥梁风工程［M］. 北京：人民交通出版社，2005：175 – 181.

［3］Scanlan R H, On the state – of – the – art methods for calculation of flutter vortex – induced and buffeting response of bridge structures. FHWA/RD – 80/050, Nat. Tech. Information Service, Springfield, Va.

预测大跨度桥梁抖振响应的综合传递函数[*]

苏益，李明水

（西南交通大学风工程四川省重点实验室 成都 610031）

1 引言

理论计算及风洞试验方法作为大跨度桥梁结构抖振响应预测的两个重要手段，其计算参数及响应的获得高度依赖于大气边界层的准确模拟。为解决由风场模拟误差导致的抖振响应预测精度问题，本文提出一种大跨度桥梁抖振响应的直接计算方法，并引入了一种独立于风场特性的函数——综合传递函数。该函数由气动导纳和考虑自激力的频响函数组成。为研究风场特性对综合传递函数的影响，以某大跨悬索桥为例，在设计风速下两个不同风场中开展抖振响应实验。本文从理论和实验上证明了对于大跨度桥梁，综合传递函数仅由结构特征参数决定，与阵风的统计特性无关，对于指定大跨度桥梁结构，其不随风场的不同而改变，验证了该函数在大跨度桥梁抖振响应计算中的唯一性和实用性，即由试验获得的综合传递函数可直接用于预测实际大跨度桥梁抖振响应。

2 理论分析

将传统的翼型弦向条带上的非定常升力理论[1]应用于线状柔性结构，并引入振型的影响，可将模态广义单位升力以两波数形式表示，并依据傅立叶变换将其写为谱的形式：

$$S_{L_i}(k_1, k_2) = [\rho U b (C'_L + C_D)]^2 |\chi_w(k_1, k_2)|^2 \left| \frac{1}{l} \int_{-l/2}^{+l/2} \varphi_i(y) \exp(-ik_2 y) dy \right|^2 S_w(k_1, k_2) \tag{1}$$

式中，$S_{L_i}(k_1, k_2)$ 为 i 阶振型的两波数升力谱，ρ 为空气密度，U 为平均风速，b 为桥梁半宽，C_D 和 C'_L 为阻力系数和升力系数斜率，$\chi_w(k_1, k_2)$ 为两波数气动导纳，l 为桥长，$\varphi_i(y)$ 为振型函数，$S_w(k_1, k_2)$ 为两波数风谱。基于 Massaro[2]、李[3] 等研究，对大跨度桥梁展向波数对抖振升力气动导纳影响可忽略，两波数气动导纳可由一波数代替，则对式（1）简化并对 k_2 积分：

$$S_{L_i}(k_1) = \int_{-\infty}^{+\infty} S_{L_i}(k_1, k_2) dk_2 = (\rho U b)^2 (C'_L + C_D)^2 |\chi_L^{2D}(k_1)|^2 |J_{w_i}(k_1)|^2 S_w(k_1) \tag{2}$$

根据传统的桥梁抖振响应理论[4]，位移响应的功率谱密度为：

$$S_h(k_1) = \Phi H_h^*(k_1) S_{L_i}(k_1) H_h^T(k_1) \Phi^T \tag{3}$$

式中，$H_h(k_1)$ 为考虑自激力的频响函数：

为实现大跨度桥梁抖振响应的直接计算，并解决由风场模拟误差引起的抖振响应预测的精度问题，使风洞实验结果可直接用于预测桥梁结构的实际抖振响应，引入综合传递函数：

$$|T_{h_i}(y, k_1)|^2 = S_{h_i}(y, k_1)/\{\varphi_i^2(y)(\rho U b)^2(C'_L + C_D)^2 S_w(k_1)|J_{w_i}(k_1)|^2/M_i^2\} = |\chi(k_1)|^2 \cdot |H_{h_i}(k_1)|^2 \tag{4}$$

式中，$T_{h_i}(y, k_1)$ 为对应第 i 阶振型的综合传递函数。该函数仅由结构特征参数决定，并且与阵风的统计特性无关。我们可以通过风洞实验获得大跨度桥梁的综合传递函数，并通过测量实桥桥址处的风场特性，直接预测实际桥梁的抖振响应。

3 风洞试验及结果

3.1 试验安排

试验在西南交通大学 XNJD – 3 风洞中进行，试验段截面尺寸 22.5 m × 4.5 m，风速范围 1.0 ~ 16.5 m/s。试验以某大跨悬索桥为例，并在设计风速下、两不同风场中进行。

[*] 基金项目：考虑桥塔气动干扰和斜风作用的斜拉桥典型施工阶段抖振响应研究（51478402）

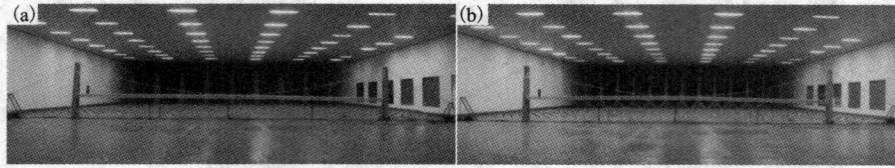

图1　模型风洞试验示意图

3.2　试验结果

依据试验，可以容易地获得在两风场中跨中位置处主梁的竖向抖振响应功率谱密度，并基于上述理论分析，可根据风场特性及抖振响应的实验测量结果计算综合传递函数。结构前三阶振型下综合传递函数的结果如图2所示。

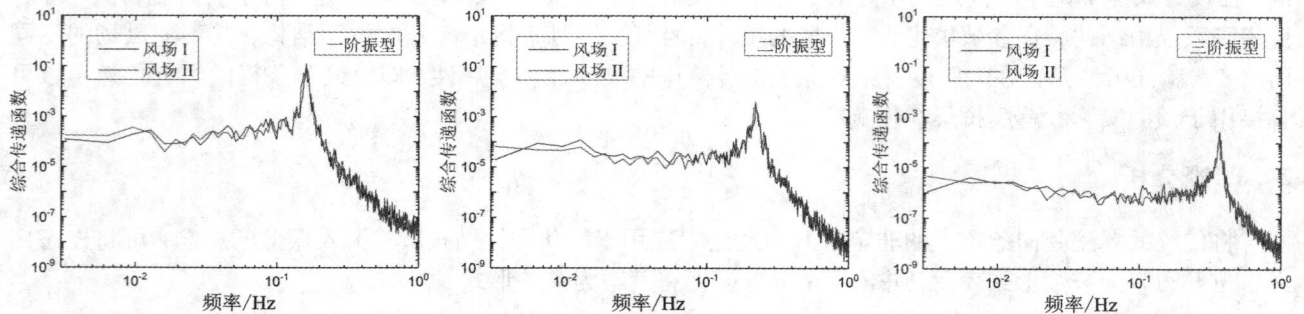

图2　结构前三阶振型对应的综合传递函数

4　结论

（1）综合传递函数具有与响应谱类似的形状和趋势，且在结构固有频率附近表现出高度的一致性；

（2）对于大跨度桥梁结构，综合传递函数独立于风场，不随风场特性的改变而变化，由试验获得的综合传递函数可直接用于实际大跨度桥梁抖振响应的预测；

（3）综合传递函数的提出解决了由试验室风场模拟的误差导致的大跨度桥梁抖振响应预测的精度问题，并为节段模型试验准确预测实桥的抖振响应提供了思路。

参考文献

［1］Diederich, Franklin W. The dynamic response of a large airplane to continuous random atmospheric disturbances［J］. Journal of the Aeronautical Sciences, 1956, 23(10): 917 – 930.

［2］Massaro M, Graham J M R. The effect of three – dimensionality on the aerodynamic admittance of thin sections in free stream turbulence［J］. Journal of Fluids & Structures, 2015, 57: 81 – 90.

［3］Li M., Yang Y., Li M., Liao H. Direct measurement of the sears function in turbulent flow［J］. Journal of Fluid Mechanics, 2018, 847: 768 – 785.

［4］丁泉顺. 大跨度桥梁耦合颤抖振响应的精细化分析［D］. 上海：同济大学，2001.

基于位移的非线性涡激力模型参数识别[*]

孙颢[1,2]，朱乐东[1,2,3]，朱青[2,3]

（1. 同济大学土木工程防灾国家重点实验室 上海 200092；2. 同济大学土木工程学院
桥梁工程系 上海 200092；3. 同济大学桥梁结构抗风技术交通行业重点实验室 上海 200092）

1 引言

涡激共振是一种具有强迫和自激双重特性的自限幅风致振动，过大的涡振振幅会影响行车安全，还有可能导致桥梁构件的疲劳破坏，因此对于那些涡振无法被彻底抑制的大跨度桥梁，精确预测其涡激共振幅值就显得十分必要。通过节段模型风洞试验识别半经验涡激力模型中的参数是预测实桥涡振响应的基础，本文以西堠门大桥为工程背景，提出一种基于节段模型位移响应、满足能量等效原理的非线性涡激力模型参数识别新方法，并对比了该方法的参数识别结果与 Ehsan 和 Scanlan 所建议位移法[1]的识别结果。

2 基本原理与识别结果

根据朱乐东等的研究成果[2]，中央开槽箱梁断面的竖向涡激力可以采用如下简化非线性数学模型来表示：

$$f_{VI} = \rho U^2 D\left[Y_1\left(1 + \varepsilon_{03}\frac{\dot{y}^2}{U^2}\right)\frac{\dot{y}}{U} + Y_2\frac{y}{D}\right] \tag{1}$$

基于能量等效原理，分别对结构竖向振动微分方程的两端在一个周期内进行积分，可得：

$$m\ddot{y} + c_m(a_h)\dot{y} + k_m(a_h)y = f_{VI} \tag{2}$$

$$\int_t^{t+T} d\left[\frac{1}{2}m\dot{y}^2 + \frac{1}{2}k_m(a_h)y^2\right] + \int_t^{t+T} c_m(a_h)\dot{y}^2 d\tau = \rho U^2 DY_1\left(\int_t^{t+T}\frac{\dot{y}^2}{U}d\tau + \varepsilon_{03}\int_t^{t+T}\frac{\dot{y}^4}{U^3}d\tau\right) \tag{3}$$

$$\int_t^{t+T}\left\{[\omega_m^2(a_h) - \omega_t^2(a_h)]my^2 + c_m(a_h)\dot{y}y\right\}d\tau = \rho U^2 DY_2\int_t^{t+T}\frac{y^2}{D}d\tau \tag{4}$$

式中，a_h 为结构竖向振动的瞬时振幅；$c_m(a_h)$、$k_m(a_h)$ 分别为结构的非线性机械阻尼系数和机械刚度系数；$\omega_m(a_h)$ 为结构的非线性机械圆频率；$\omega_t(a_h)$ 为结构总的非线性振动圆频率。在涡振锁定区间的各风速下，利用结构位移响应以及通过位移响应差分得到的速度响应，分别将式（3）和式（4）在结构由小振幅发展至稳态涡激振动的 GTR（Grow to Resonance）过程进行最小二乘拟合，进而识别出涡激力模型中的气动阻尼参数和气动刚度参数。

根据西堠门大桥大比例节段模型同步测力测振试验所得到的位移响应数据，在考虑了系统非线性机械参数的情况下，通过上述推导的方法（简称做功–位移法）进行气动参数识别，并利用 Runge–Kutta 法求解式（2）来反算系统响应。图 1 为位移反算结果与试验实测值对比，可发现二者幅值、相位均吻合较好。图 2 给出了系统涡振锁定区间内稳态振幅的试验值与计算值，结果显示基于做功–位移法的稳态振幅预测精度比较理想。图 3 给出了不同机械参数下做功–位移法的气动参数识别结果，可以看出从各工况识别到的参数基本满足相同的规律。

忽略系统机械参数的非线性，分别取机械阻尼比和机械频率为对应的等效线性参数，并运用做功–位移法与 Ehsan 和 Scanlan 所建议位移法（简称 E–S 法）对气动参数进行识别。图 4 给出了三种方法识别得到的简化竖向涡激力模型气动参数。取相同的系统线性机械参数时，做功–位移法和 E–S 法的识别结果十分吻合。此外，系统机械参数的非线性特性对气动参数识别结果具有较为显著的影响，从而导致利用 E–S 法的参数识别结果进行稳态振幅反算时与试验实测值出现较大偏差（见图 2）。

* 基金项目：国家自然科学基金面上项目（51478360）

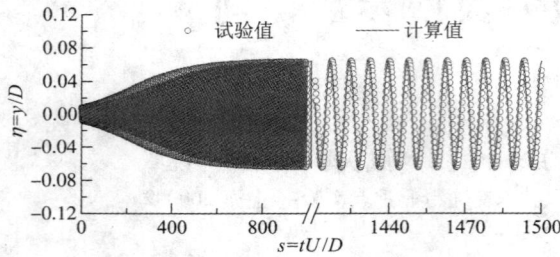

图1　计算位移时程与试验位移时程对比

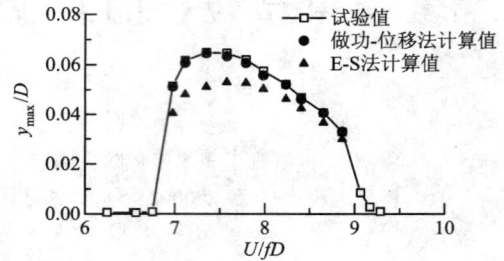

图2　结构稳态振幅对比（$f_0 = 4.358$，$\xi_0 = 0.00245$）

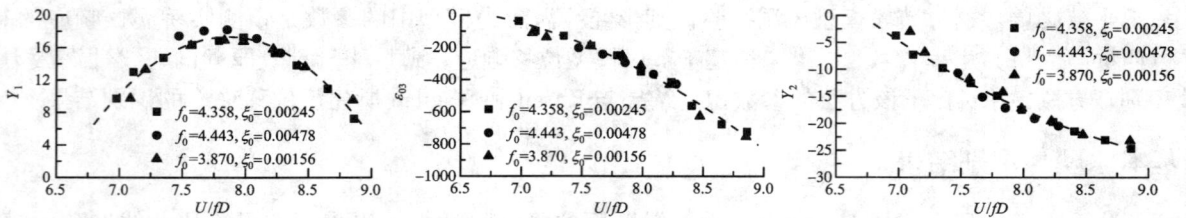

图3　做功－位移法的简化竖向涡激力模型气动参数识别结果

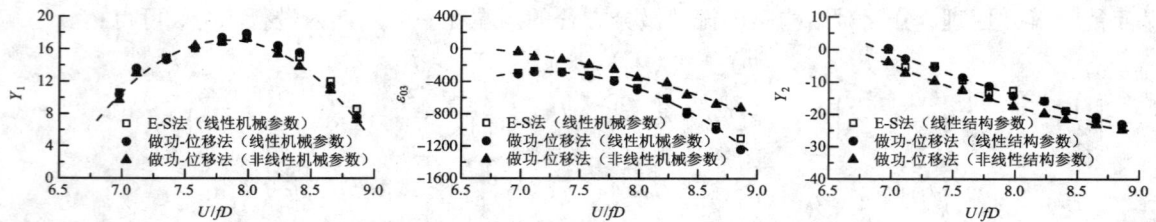

图4　不同方法的气动参数识别结果对比（$f_0 = 4.358$，$\xi_0 = 0.00245$）

3　结论

根据能量等效原理，推导出了一种基于节段模型位移响应的非线性涡激力模型气动参数识别新方法；基于该方法的参数识别结果，简化竖向涡激力模型能较准确地预测系统竖向涡激振动的位移响应，并且识别得到的气动参数基本满足独立于系统机械参数的要求，表明本文所提参数识别方法具有可行性和稳定性；在系统等效线性机械参数相同的情况下，新方法识别得到的气动参数与 Ehsan 和 Scanlan 所建议位移法的识别结果基本相同，但新方法能进一步考虑对于识别结果影响较为显著的系统机械参数非线性特性。

参考文献

[1] Ehsan F, Scanlan R H. Vortex – induced vibrations of flexible bridges[J]. Journal of Engineering Mechanics, 1990, 116(6)：1392 – 1411.

[2] Zhu L D, Meng X L, Du L Q, et al. A simplified nonlinear model of vertical vortex – induced force on box decks for predicting stable amplitudes of vortex – induced vibrations[J]. Engineering, 2017, 3(6)：854 – 862.

开口断面涡振风洞试验及抑振措施研究[*]

汪志雄，张志田，郗凯

（湖南大学风工程试验研究中心 长沙 410082）

1 引言

自从 1955 年第一座现代斜拉桥斯特伦松德（Stromsund）桥问世以来，斜拉桥发展迅猛。其具有结构优美、力学性能优良、相对（梁桥）跨径大、相对（悬索桥）刚度大的特点，受到了广大桥梁设计工作者的青睐[1]。随着我国山区高度公路迅猛发展，斜拉桥成为跨越山谷、河流、湖泊等的主要桥型。为了保证大跨桥梁在风荷载作用下的安全性能，有必要通过风洞试验对其安全性能进行检验。

涡激共振是大跨度柔性桥梁在低风速下很容易出现的一种气弹现象，这类风振具有自激限幅性质且对结构阻尼以及气动外形的微小变化较敏感[2]。涡激共振的产生机理是由钝体尾流中旋涡的交替脱落所致。

本文针对一拟建开口截面钢－混叠合梁斜拉桥主梁断面，通过节段模型风洞试验，研究了其成桥状态的涡激振动性能，并提出了改善其涡激振动性能的抗风措施。

2 模型涡振风洞试验

2.1 模型涡振试验

叠合梁节段模型采用缩尺比 1：50 的几何缩尺比制作。主梁模型的宽度为 0.58 m、高度为 0.066 m 对应的主梁实际尺寸宽为 29 m、高为 3.3 m，其模型截面尺寸如图 1。实桥的涡振措施有六种组合形式，分别是标准断面 +0.5 m 高下边缘导流板 +0.5 m 高外伸中央稳定板、标准断面 + 对称 0.5 m 高外伸四分点稳定板 +0.5 m 高外伸中央稳定板、标准断面 + 对称 3.07 m 高四分点稳定板 +3.17 m 高中央稳定板、标准断面 +3.17 m 高中央稳定板、标准断面 + 对称 1.11 m 高上稳定板 + 对称 3.07 m 高四分点稳定板 +3.17 m 高中央稳定板、标准断面 + 对称 1.11 m 高上稳定板 +3.17 m 高中央稳定板。其具体设置如图 2 所示。

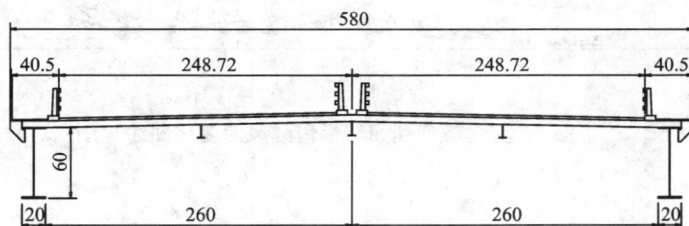

图 1   叠合梁节段模型标准断面图（单位：mm）

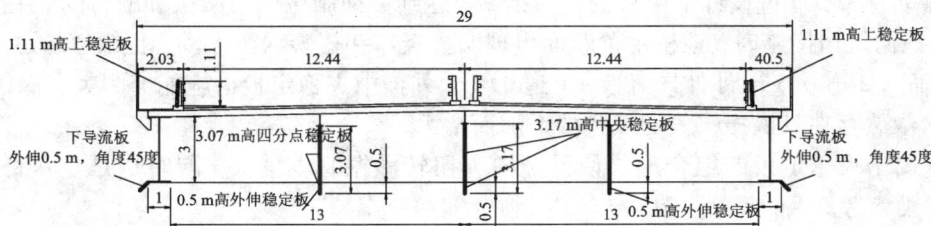

图 2   实桥涡振措施示意图（单位：m）

* 基金项目：国家自然科学基金项目（51578233）

2.2 模型涡振试验结果

在模型竖弯阻尼比为1.04%、扭转阻尼比为0.96%、来流为均匀来流的情况下，试验结果表明该桥的标准断面有明显的涡激共振现象，六种方案都能是涡振得到有效的抑制，具体如图3所示，其中，标准断面+3.07 m高四分点稳定板+3.17 m高中央稳定板组合和标准断面+3.17 m高中央稳定板的组合都能使竖向涡振基本消失，而前一种方案存在轻微的扭转涡振，后一种方案相对于前面一种方案的造价要低。

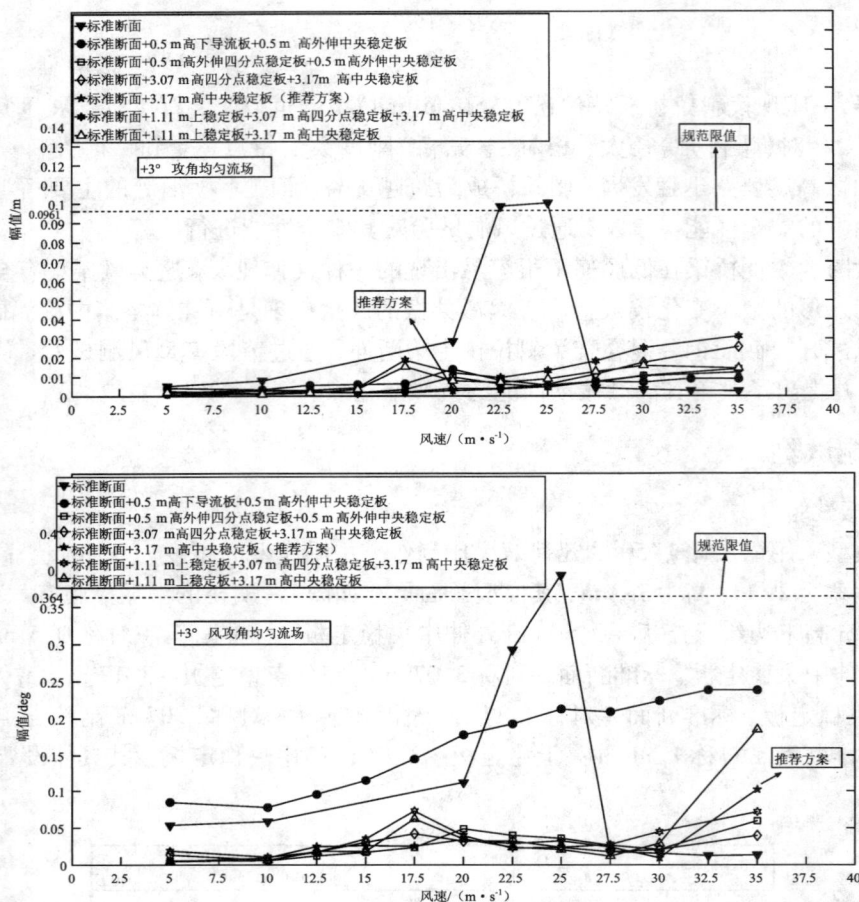

图3 竖向幅值和扭转幅值随风速变化曲线

3 结论

通过对某开口断面斜拉桥主梁刚性节段模型进行风洞试验，并借助计算流体动力学(CFD)数值方法，系统研究了该断面成桥状态的涡振性能。研究结果表明该桥在不采取任何抗风措施的条件下，主梁断面出现了明显涡激振动现象，通过设计下中央稳定板措施，达到了抑制该桥涡激振动的目的，主要结论如下：

（1）不采取任何抗风措施时，该桥主梁断面出现明显竖弯和扭转涡激振动，且幅值超过规范允许值；

（2）标准断面+2道0.5 m外伸导流板+1道0.5 m外伸中央稳定板措施能抑制竖向涡振，但扭转涡振在广泛风速范内依然存在且涡振幅值随风速的增加而增大；

（3）3.17 m高中央稳定板的组合形式使得竖向和扭转涡振基本消失，同时也是在六种方案中最有效的，可供类似桥梁参考。

参考文献

［1］Freire A M S, Negrão J H O, Lopes A V. Geometrical nonlinearities on the static analysis of highly flexible steel cable – stayed bridges［J］. Computers & Structures, 2006, 84：2128 – 2140.

［2］张志田，卿前志，肖玮，等.开口截面斜拉桥涡激共振风洞试验及减振措施研究［J］.湖南大学学报，2011，38(7)：15.

雷诺数对圆柱表面风压分布影响的试验研究*

王策[1]，赵桂辰[1]，贾娅娅[2,3]，刘庆宽[2,3]

（1. 石家庄铁道大学土木工程学院 石家庄 050043；2. 石家庄铁道大学风
工程研究中心 石家庄 050043；3. 河北省风工程和风能利用工程技术创新中心 石家庄 050043）

1 引言

圆形断面的细长结构在工程领域被广泛的使用，例如大跨度桥梁上的斜拉索。圆形断面的细长结构具有阻尼低，柔度大等特点，为风敏感结构。雷诺数对此类结构气动力有着重要影响。研究圆柱表面的雷诺数效应，分析风压分布随雷诺数的变化情况，是十分有必要的。本文针对细长结构的圆柱，通过风洞试验的方法，研究了在不同湍流度下，圆柱表面的平均风压系数与脉动风压系数随雷诺数的变化情况。并分析了湍流度的变化对圆柱表面雷诺数效应的影响。

2 试验概况

试验在石家庄铁道大学风洞实验室的低速试验段内进行，实验段宽 4.4 m，高 3.0 m，长 24.0 m，试验模型以转盘为中心竖直、对称安装。为减弱端部效应在试验模型端部安装长宽均 1800 mm，厚度 30 mm 端板[1]，通过布置透风率不同的格栅来改变湍流度大小[2]。圆柱模型材料为有机玻璃，模型长度 2500 mm，直径为 450 mm，实验模型安装在风洞实验室的实体图，如图 1 所示。

测点布置在模型竖直中心表面，每间隔 2°布置一个，共计 180 余个，顺时针排列。部分测点在模型表面上的位置示意图，如图 2 所示。

图 1 实验模型安装的实体图

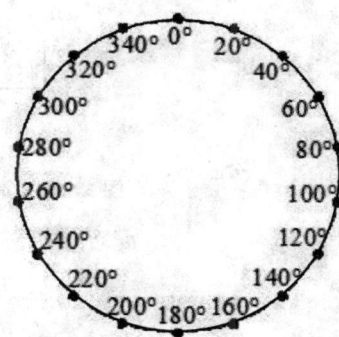

图 2 部分测点在模型表面上位置示意图

3 雷诺数对平均风压系数的影响

图 3 为湍流度 0.7% 时，不同雷诺数下圆柱表面的平均风压系数，通过分析发现，当雷诺数在 1.0×10^5 至 3.2×10^5 之间时圆柱表面平均风压系数呈现周向对称分布且变化规律较为一致，最大负压约为 -1.2。当雷诺数增大到 3.6×10^5 至 4.2×10^5 之间时圆柱表面平均风压系数不再呈现周向对称分布的规律，在 3.6×10^5 时平均风压系数不对称性最为明显，当雷诺数从 3.6×10^5 增大至 3.8×10^5 时尾流区宽度变窄，最大负压增大，最大负压由 -1.2 增大至 -3.0 左右。当雷诺数在 3.8×10^5 至 4.2×10^5 之间时最大负压变化范围不大，平均风压系数变化较为一致。

* 基金项目：国家自然科学基金面上项目(51778381)；河北省自然科学基金重点项目(E2018210044)；河北省高等学校高层次人才项目（GCC2014046）

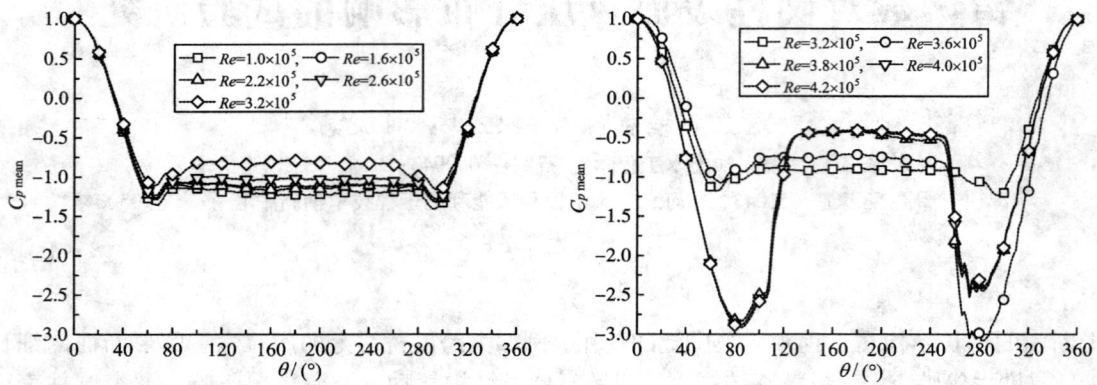

图3　Iu=0.7%不同雷诺数下平均风压系数周向分布

　　图4为湍流度2.4%时，不同雷诺数下圆柱表面的平均风压系数。通过分析发现，当雷诺数从1.0×10^5增大至1.8×10^5时，从1.8×10^5增大至2.5×10^5时，尾流区宽度两次变窄，最大负压两次增大。当雷诺数在2.5×10^5至3.2×10^5时，圆柱表面平均风压系数呈现周向对称分布，变化较为一致。

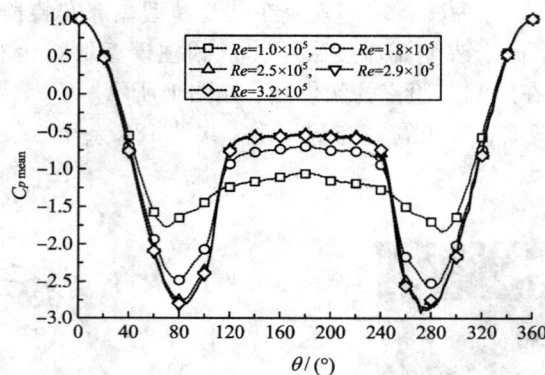

图4　Iu=2.4%不同雷诺数下平均风压系数周向分布

4　结论

　　本文通过风洞试验方法，研究了圆柱表面风压分布随雷诺数的变化情况。结论如下：

　　（1）当湍流度相同时，随着雷诺数增大，最大负压增大，尾流区宽度变窄。增大到某一数值之后圆柱表面的平均风压系数不再呈现周向对称分布。

　　（2）当湍流度增大时，会导致圆柱表面的平均风压系数在低雷诺数时出现高雷诺数下才会呈现出来的变化特征。

参考文献

[1] 郑云飞，刘庆宽，刘小兵，等. 端部状态对斜拉索节段模型气动特性的影响[J]. 工程力学，2017，34(S1)：192-196.

[2] 李静美，赵润民，翟曼玲. 格栅下游湍流特性的研究[J]. 空气动力学报，1993，11(4)：440-444.

大跨悬索桥施工期主缆气动性能研究

王超群[1]，华旭刚[1]，陈政清[1]，李胜利[2]，崔健峰[3]

（1. 湖南大学风工程与桥梁工程湖南省重点实验室 长沙 410082；2. 郑州大学土木工程
学院 郑州 450001；3. 湖南省交通规划勘察设计院有限公司 长沙 410008）

1 引言

随着悬索桥跨度的不断增加，其施工期的抗风问题越来越突出。主缆架设是大跨悬索桥施工的重要过程，由于大跨悬索桥主缆一般由上百根索股组成，在架设过程中会出现多种断面形状（图1），气动特性较为复杂。加上主缆架设过程中未和吊索及加劲梁形成稳定的结构体系，刚度较小，可能会发生类似覆冰输电导线的风致振动[1-2]。本文对流体计算软件 FLUENT 进行二次开发，将四阶 Runge–Kutta 法写入用户自定义函数 UDF，基于动网格技术建立二维流固耦合模型进行驰振仿真计算，得到主缆驰振临界风速并和准定常方法结果进行对比。CFD 流固耦合方法具有可以直接求出任意时刻结构所受气动力和运动速度的特点，相对于节段模型强迫振动实验方法[8]更简便可行。本文基于主缆气动力及速度变化时程，积分得到一个周期内气动力和结构阻尼分别对主缆做的功，从气动力和结构阻尼做功的角度对主缆振幅变化进行解释。

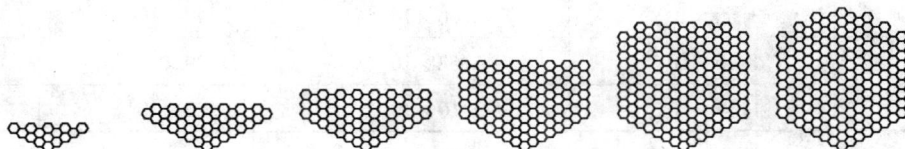

图1 岳阳洞庭湖二桥施工期主缆断面变化

2 数值方法

根据已有研究成果，选取文献[1]中主缆施工过程中有可能发生驰振的工况进行研究，即由 15 根断面为正六边形的索股组成的主缆断面（图1 中第一个断面）。首先利用 CFD 流体计算软件 FLUENT，建立主缆断面的二维计算模型，计算主缆的气动力系数，并和已有风洞试验结果进行对比，两种方法结果吻合良好，验证了数值计算的准确性。然后对流体计算软件 FLUENT 进行二次开发，将四阶 Runge–Kutta 法写入用户自定义函数 UDF，基于动网格技术建立二维流固耦合模型进行驰振仿真计算。

3 结果分析

本文计算了风速 2～20 m/s 下主缆振幅随时间的变化情况。当风速小于 5 m/s 时，主缆的振幅随时间逐渐变小当风速大于 5 m/s 时，主缆的振幅全部发散，因此可以认为主缆驰振临界风速约为 5 m/s，这与准定常理论计算结果 4.4 m/s 吻合较好。图2 和图3 分别给出了 4 m/s 和 10 m/s 风速下主缆在 +2°风攻角时的位移变化时程。

主缆在一个振动周期内气动力和结构阻尼做的功分别为：

$$W_{aer} = \int_0^T F_l \Delta y \, dt \tag{1}$$

$$W_{dap} = -\int_0^T c \mid v \Delta y \mid dt \tag{2}$$

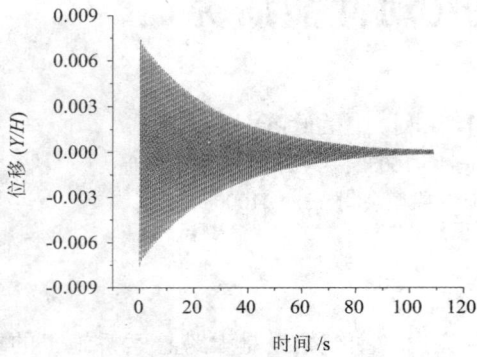

图2　主缆位移时程(风速4 m/s)

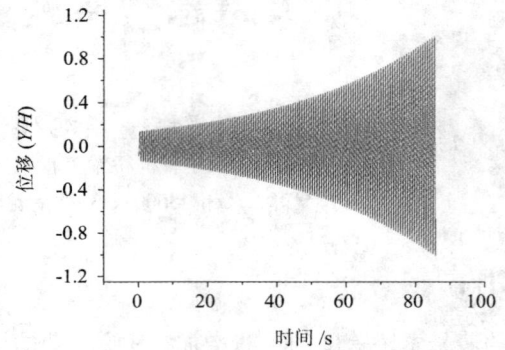

图3　主缆位移时程(风速10m/s)

表1给出了几种风速下积分得到的主缆振动的第一个周期内气动力和结构阻尼做的功。

表1　气动力和结构阻尼做功

模拟风速/(m·s⁻¹)	气动力做功/J	结构阻尼做功/J	结构总功/J	是否驰振
4	-2.00×10^{-6}	-1.19×10^{-4}	-1.20×10^{-4}	否
5	3.60×10^{-5}	-2.66×10^{-5}	9.40×10^{-6}	-
6	1.16×10^{-3}	-6.62×10^{-5}	1.09×10^{-3}	是
10	1.19×10^{-3}	-3.10×10^{-4}	8.80×10^{-4}	是

4　结论

　　本文基于CFD数值模拟方法对施工期主缆进行流固耦合分析。结果表明非定常理论和准定常理论对驰振临界风速的预测较为吻合,说明主缆驰振临界风速主要由定常气动力决定。另外,基于主缆位移及气动力变化时程,从气动力和结构阻尼做功的角度对主缆振幅变化进行解释:当驰振未发生时,气动力对主缆做负功,当驰振发生时,气动力对主缆做正功,而对于振幅几乎不发生变化的情况,气动力对主缆做正功。当结构发生驰振时,主缆吸收的总能量为正值,当主缆未发生驰振时,主缆吸收的总能量为负值。

参考文献

[1] An Y H, Wang C Q, Li S L, et al. Galloping of steepled main cables in long – span suspension bridges during construction[J]. Wind and Structures, 2016, 23(6): 595 – 613.

[2] Li S L, An Y H, Wang C Q, et al. Experimental and numerical studies on galloping of the flat – topped main cables for the long span suspension bridge during construction[J]. Journal of Wind Engineering & Industrial Aerodynamics, 2017, 163: 24 – 32.

基于两种结构形式的人行悬索桥的颤振性能的比较[*]

王圣淇，华旭刚，陈政清

（湖南大学风工程试验研究中心 长沙 410082）

1 引言

随着大型城市的交通拥堵和尾气污染现象日渐严重，加速了绿色道路的发展与建设[1]。以保证行人舒适度为前提，采用悬带桥既能满足要求，又能节约成本。国外将这种悬带桥称为 The stress – ribbon bridge，本文将其简称为 SR 桥，将常规人行悬索桥简称为 NP 桥。人行悬索桥有质量轻、柔度大等特点，尤其当主梁采用开口断面时，其颤振临界风速会更低，因此对人行悬索桥进行颤振性能方面的研究是必要的。但目前国内很少有学者对人行悬索桥的颤振性能进行深入研究，仅仅是针对静风失稳或 NP 桥进行试验和研究[2-5]。

弹性悬挂节段模型试验是颤振研究工作的前提，NP 桥的模态振型较纯，故采用传统的两自由度节段模型能够反映桥梁颤振形态。但 SR 桥的主梁与吊杆间的相互作用较强，故其可能与传统的两自由度节段模型试验不同。本文利用 ANSYS 进行两类桥型的三维颤振分析，通过两者动力特性和颤振性能的对比，为 SR 桥的节段模型试验提供一些参考性建议。

2 两类人行桥模型的对比

笔者以景德镇人行玻璃桥项目为背景，并采用一种全模态颤振分析方法。首先，根据 Scanlan 的颤振导数理论，并将 Theodorson 的理想平板气动自激力表达式进行改写，得到各项颤振导数与量纲风速相关的函数曲线。然后，借助 ANSYS 软件当中的 Matrix27 单元，构建与风速相关的风 – 桥耦合系统，将自激力转化为风 – 桥耦合系统中的气动刚度和气动阻尼部分，并进行两种人行桥的动力特性和颤振性能的对比分析。NP 桥和 SR 桥均采用近似平板的流线型主梁断面，如图 1 所示；除结构形式不同外，NP 桥和 SR 的其余物理参数、几何参数和边界条件均相同。

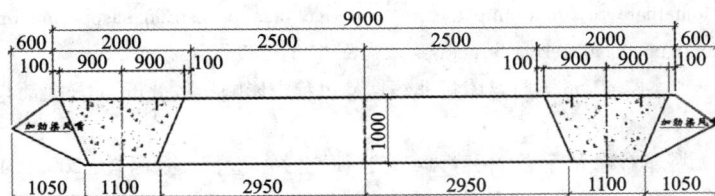

图 1 NP 桥和 SR 桥的主梁断面图

2.1 动力特性的比较

结构动力特性方面，笔者分析了两种桥型的前 20 阶模态，从自振频率、结构刚度和模态振型三个方面进行对比。通过对比发现：SR 桥的各阶自振频率普遍高于 NP 桥，主梁纵飘所对应的振动频率也更高；特别指出，SR 桥的主梁一阶正对称扭转振型在频率和模态阶数更高处出现，且高阶模态振型不纯，容易出现各自由度相互耦合的振动模态。动力特性方面，景德镇 SR 桥的刚度大于 NP 桥，其模态振型不纯且纵向限位能力较强，结构的扭转刚度较大，这些说明 SR 桥的主梁与吊杆之间的相互作用较强；

2.2 颤振性能的比较

颤振性能方面，NP 桥的颤振临界风速为 86 m/s，比 SR 桥的 66 m/s 高出 23% 左右，随着风速的增加，

---

* 基金项目：国家自然科学基金项目（51422806）

侧向自由度始终未参与其中,颤振临界点模态振型为弯－扭耦合,对近似理想平板断面来说,这种颤振现象属于古典耦合颤振;SR 桥耦合系统的各阶频率和阻尼比均随风速增加而发生一定程度的改变,且颤振临界点的模态振型为侧向和竖向自由度间的耦合,即竖向和侧向运动合成的相对扭转运动,这种现象不属于古典耦合颤振。NP 桥和 SR 桥的颤振形态如图 2 所示。

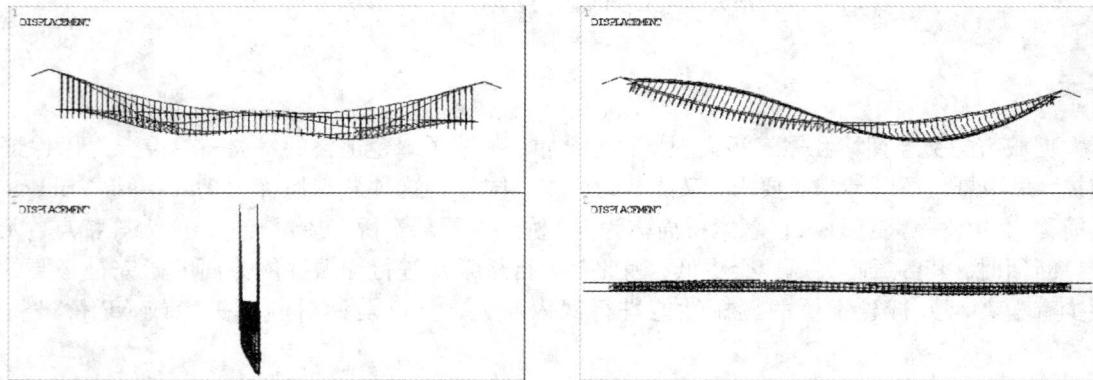

图 2　NP 桥和 SR 桥的颤振形态对比图

3　结论

从两类桥的颤振分析结果可知,SR 桥的颤振临界风速较低。对 NP 桥来说,当主梁断面的形状沿纵向始终保持不变时,其满足二维流动的条带假定,因此在进行节段模型试验时,通常只考虑竖向和扭转两个自由度。而对于 SR 桥而言,因受短吊杆的影响,需考虑主梁沿纵桥向的三维效应;在进行节段模型试验时,则需要考虑侧向自由度的影响。因此,在检验 SR 桥的颤振临界风速时,不能单纯地采用传统的两自由度弹性悬挂节段模型试验,建议考虑主梁的侧弯模态和主缆的气动外形,尤其当桥梁的颤振临界风速较低时,若考虑不充分则会造成更大的误差,最终可能导致该桥梁不满足抗风设计的要求。

参考文献

[1] Rizzo F, Caracoglia L, Montelpare S. Predicting the flutter speed of a pedestrian suspension bridge through examination of laboratory experimental errors[J]. Engineering Structures, 2018, 172: 589 – 613.

[2] 管青海,周燕,李加武,等. 主跨 420m 人行悬索桥非线性静风稳定影响参数分析[J]. 振动与冲击, 2018, 37(09): 155 – 160.

[3] 黄平明,王达,周可夫. 无塔非对称人行悬索桥静风稳定性研究[J]. 公路交通科技, 2008(04): 99 – 102.

[4] 许福友,谭岩斌,张哲,等. 某人行景观悬索桥抗风性能试验研究[J]. 振动与冲击, 2009, 28(07): 143 – 146, 174, 218 – 219.

[5] 孟永旺. 大跨度人行悬索桥颤振稳定性与人致振动响应研究[D]. 长沙:湖南大学, 2015.

湍流强度对桥梁断面气动特性的影响研究[*]

王伟拓[1, 2]，曹曙阳[1, 2]，操金鑫[1, 2]

（1. 同济大学土木工程学院桥梁工程系 上海 200092；2. 同济大学土木工程防灾国家重点实验室 上海 200092）

1 引言

湍流对桥梁断面的绕流影响较大，直接影响旋涡的脱离与再附着点，进而改变整个断面的气动特性。格栅湍流场是目前风洞试验常用的被动模拟装置，早期研究得出湍流场参数与测点到格栅的间距、格栅板条宽度和单元格边长有关[1]。本文使用了 3 种不同布置的格栅，得到了湍流强度为 5%，10%，14% 的具有相似湍流积分尺度的风场，并分别在三种湍流场和均匀风场中进行桥梁断面测压试验，分析湍流强度对分离、再附着点位置及桥梁断面气动特性的影响。

2 节段模型测压试验概况

节段模型测压试验在同济大学土木工程防灾国家重点实验室的 TJ－2 边界层风洞中进行。试验用节段模型缩尺比为 1:60，宽 68.3 cm 高 6.7 cm，宽高比 $B/D = 10.2$，共设置了 83 个内径为 1.1 mm 测压孔，在断面上下表面呈对称布置，模型整体固定在两个内墙之间。采用 3 中格栅形式获得试验所需的湍流风场，板条宽度分别为 5 cm、10 cm、15 cm，单元格边长分别为 60 cm、55 cm、50 cm，与测点距离为 550 cm、450 cm、400 cm。

图1 试验布置情况

湍流积分尺度根据 Taylor 涡冻结假说进行计算，并使用 Mann 提出的风谱[2]进行拟合验证（图2），获得湍流积分尺度月 0.160m、湍流度在 5% 10% 15% 的风场，特性见表1。

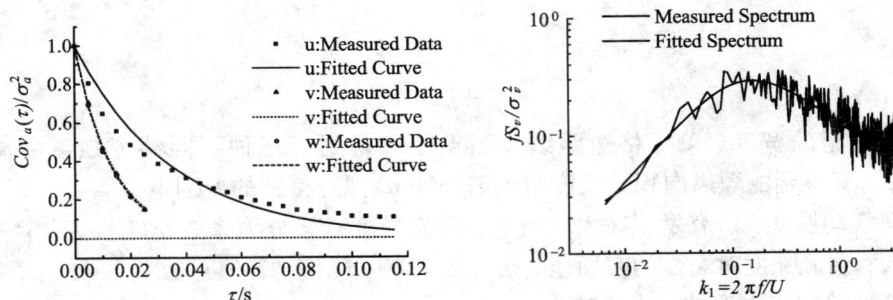

图2 自相关函数拟合（左）、风谱拟合（右）

表1 湍流风场特性

类型	湍流特性					
	I_u/%	I_v/%	I_w/%	Lx_u/m	Lx_v/m	Lx_w/m
#1	4.87	3.78	4.37	0.161	0.059	0.060
#2	10.49	9.22	9.31	0.160	0.082	0.073
#3	14.59	14.08	13.02	0.163	0.105	0.079

* 基金项目：国家自然科学基金（51878503）

通过对断面测压数据进行积分,得到不同风场下三分力系数,见图3。

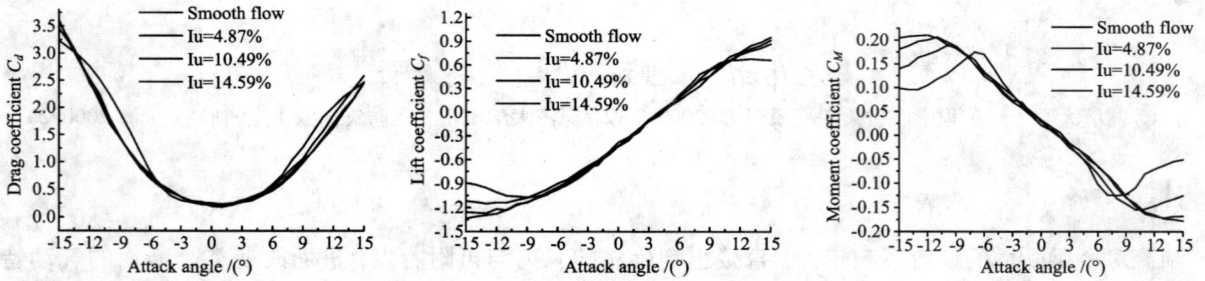

图3　不同风场下的三分力系数随攻角变化(阻力、升力、升力矩)

图4为桥梁断面上表面的平均压力系数分布情况。定义再附着点位置接近于分离点下游最大压力脉动处:

$$X_r = X|_{\max C_\sigma}/0.95$$

其中 X_r 是再附着长度, $X|_{\max C_\sigma}$ 压力脉动最大点坐标,图5给出湍流度的影响[3]。

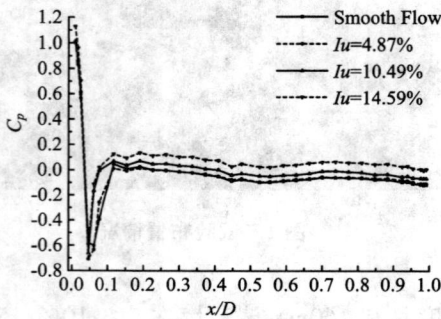

图4　桥梁上表面平均压力系数分布

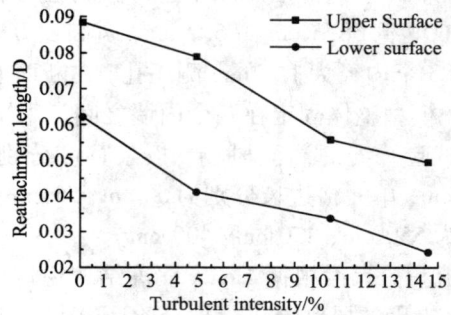

图5　湍流度对再附着点的影响

3　结论

本文通过调整格栅的宽度、单元格边距以及测点距离得到了三种不同湍流强度的湍流场,并发现 Taylor 涡冻结假说计算得到的顺风向积分尺度与风谱(Mann)拟合得到的差别不大。

针对桥梁断面气动性能,研究发现在大攻角下,湍流强度对三分力系数影响较大,且趋势一致,但在小攻角下影响不大;湍流强度对断面的表面压力分布有影响,峰值、谷值点位置及大小发生相应改变。旋涡再附着点的位置随着湍流强度的增大而减小。

参考文献

[1] 严磊,朱乐东. 格栅湍流场风参数沿风洞轴向变化规律[J]. 实验流体力学,2015,29(1):49-54.

[2] Mann J. Wind field simulation[J]. Prob. engng. mech,1998,13(4):269-282.

[3] Y N,S O. The effects of turbulence on a separated and reattaching flow[J]. Journal of Fluid Mechanics,2006,178(178):477-490.

涡激振动索力分量作用下梁端钢锚箱有限元建模与分析[*]

王乙静[1]，祝志文[1, 2]

（1. 湖南大学土木工程学院 长沙 410082；2. 汕头大学土木与环境工程系 汕头 515063）

1 引言

斜拉桥以其优美的外形、较大的跨越能力以及相对经济的造价等优点在现代大跨度桥梁中展现了强有力的竞争力。当斜拉桥主梁采用钢箱梁时，一般使用钢锚箱作为斜拉索和主梁的连接方式。钢锚箱结构主要由锚箱顶板、锚箱底板、承压板和锚箱内外侧板等几部分组成，并通过顶板焊缝、底板焊缝及承压板焊缝三条主焊缝焊接于钢箱梁外腹板上。锚箱底板、顶板及承压板是锚箱结构的主要传力构件，三者组成的结构体系通过以受剪为主、受弯为辅的剪－弯联合受力方式实现斜拉索和主梁之间的荷载传递，其结构形式和传力方式均较为复杂。长斜拉索作为柔性和低阻尼的构件，且在工作时为倾斜状态并在重力作用下存在一定的垂度，因此在风、雨以及桥面活载等作用下极易发生多种形式的风致振动。其中，斜拉索涡激振动位移幅值虽然不大，但由于其振动的频率高导致拉索的模态加速度大，从而在拉索上产生了较大的附加力，并传递到拉索锚固端的钢锚箱上。拉索涡激振动产生的荷载为波动荷载，如果在钢锚箱构造细节上产生的应力幅较大，将会对钢锚箱的疲劳性能产生不利的影响。

本文将对钢锚箱分别在拉索轴力和由于拉索涡激振动产生的垂直于拉索轴线方向的索力分量作用下的响应进行有限元模拟，得出钢锚箱构造细节在拉索轴力作用下的应力结果以及钢锚箱构造细节在此横向索力分量作用下的应力变化。

2 钢锚箱有限元建模

本文以荆岳长江大桥频繁发生拉索涡激振动的 JB01 号斜拉索梁端钢锚箱为研究对象，钢锚箱拉索轴线与水平面的夹角为 82.16°，如图 1 所示。利用 ANSYS 有限元软件对钢锚箱进行建模和分析。整个模型均采用 shell63 单元建模，如图 2 所示。斜拉索索力分量通过分布荷载作用于锚箱承压板底面，全部约束钢箱梁腹板四边及横隔板三边的节点自由度。

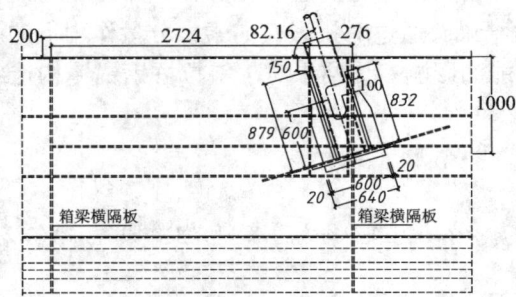

图 1　JB01 号拉索钢锚箱布置

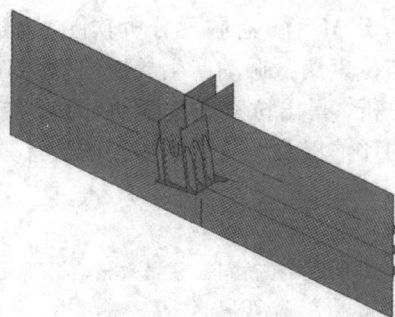

图 2　钢锚箱有限元模型

3 结果与分析

为研究斜拉索索力轴向和横轴向分量加载在钢锚箱构造细节上产生的应力响应，开展了 2 种荷载工况下的计算结果，也即工况 1：拉索轴力作用；工况 2：横向索力分量作用。

从图 3 可以看出，在拉索轴力作用下，应力较大的地方为锚箱顶底板与外腹板交接处、锚箱承压板与

---

* 基金项目：国家自然科学基金项目（51678148）；江苏省自然科学基金项目（BK20181277）

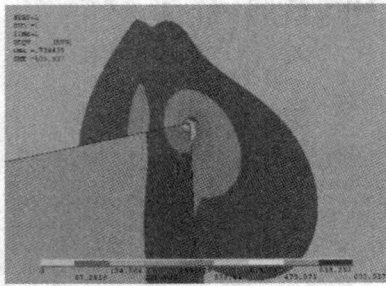

(a)拉索轴力作用锚箱顶板端部与
腹板交接处mises应力云图

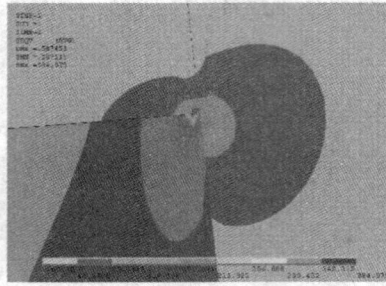

(b)拉索轴力作用锚箱底板端部与
腹板交接处mises应力云图

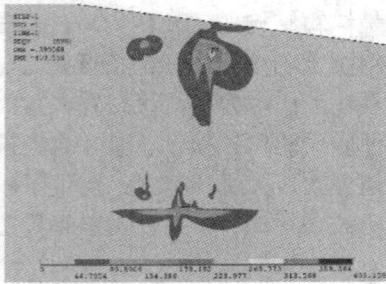

(c)拉索轴力作用钢箱梁腹板mises应力云图

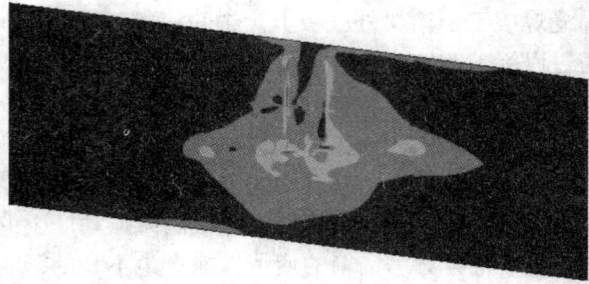

(c)拉索横向索力分量作用钢箱梁腹板mises应力云图

图3　钢锚箱处应力云图

锚箱顶底板交接处及锚箱承压板与外腹板交接处。其中应力最大的两处构造细节为锚箱顶板端部与外腹板交接处和锚箱底板端部与外腹板交接处,且锚箱顶板端部处构造细节应力明显大于锚箱底板端部处。承压板与腹板交接处应力最大位置为交线中点处,而承压板与腹板交接线的端部位置则应力较小。

4　结论

　　本文基于 ANSYS 有限元分析软件,通过对荆岳桥 JB01 号拉索钢锚箱的建模与分析,得到了钢锚箱在拉索轴力与拉索涡激振动产生的横向索力分量作用下的应力结果。通过对拉索横向索力分量作用下的应力结果进行分析,得出拉索涡激振动对钢锚箱构造细节疲劳性能的影响。该结果对于斜拉桥钢锚箱构造细节疲劳性能的评估以及斜拉桥钢锚箱的设计具有借鉴意义。

参考文献

[1] 陈文礼. 大跨度斜拉桥斜拉索涡激振动机理及其流动控制研究[R]. 哈尔滨工业大学博士后研究工作报告,哈尔滨工业大学土木工程学院,2014.

[2] 包立新,卫星,李俊,等. 钢箱梁斜拉桥索梁锚固区的抗疲劳性能试验研究[J]. 工程力学,2007(8):127 - 132.

板桁加劲梁悬索桥颤振性能优化试验研究[*]

王泽文，郭俊杰，张景钰，李永乐，唐浩俊

（西南交通大学土木工程学院 成都 610031）

1 引言

悬索桥的风致振动问题随着其跨度的增大而日益突出，通常需要增设气动措施以提高颤振稳定性。设置桥跨方向的竖向稳定板是改善大跨板桁加劲梁悬索桥颤振性能的有效手段[1~3]。但是，截至目前关于稳定板构造形式对桥梁颤振性能的影响却少有报道。此外，稳定板的存在将显著改变桥梁的气动特性，使其在不同风攻角、风向角下的振动情况发生变化。本文以某大跨悬索桥为工程背景，基于节段模型和全桥气弹模型风洞试验，探讨了不同风攻角下稳定板的构造形式对该桥颤振临界风速的影响，并进一步研究了风向角对桥梁振动响应的影响，该研究可为实际工程的提供参考和借鉴。

2 节段模型风洞试验及风攻角的影响研究

某悬索桥主跨为 1386 m，两根主缆中心间距为 27 m，矢高为 135 m，矢跨比为 1:10，加劲梁横断面如图 1 所示。利用 ANSYS 软件对该桥进行动力特性分析，得到其正对称竖弯和扭转频率分别为 0.133 Hz 和 0.268 Hz。节段模型的几何缩尺比为 1:42，试验在均匀流场中进行。在颤振试验中，分别针对原始断面和设置气动措施的断面进行试验，试验与实桥的风速比为 1:3.54。首先考察了 −5°攻角下的颤振稳定性，若达到颤振检验风速要求，再进行 0°风攻角下的颤振试验，试验结果如表 1 所示。试验的优化措施有多种，包括中央上稳定板(A)、中央下稳定板(B)和分离式倾斜下稳定板(C)，优化措施布置如图 1 所示。

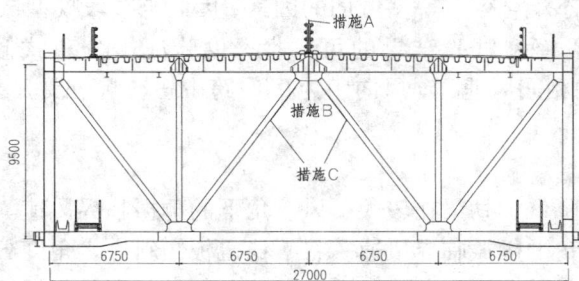

图 1 横断面及气动措施(单位: mm)

表 1 原始断面及设置气动措施断面的颤振临界风速(m/s)

风攻角 /(°)	颤振检验风速	颤振临界风速			
		原始截面	措施 A ($H = 1.2H_0$)	措施 A ($H = 1.2H_0$) + 措施 B ($H = H_0$)	措施 C ($H = 1.5H_0$, $D = 0.7H_0$)
0	54.5	60.2	—	—	59.7
−5	61.6	54.9	48.1	56.6	>67.3

注: H 为稳定板高度，H_0 为防撞护栏高度，D 为分离式倾斜下稳定板沿斜腹杆移动距离。

由表 1 可知，风攻角不利于结构的颤振稳定性，原始截面在 −5°风攻角下的颤振临界风速不能满足要求。当采用 A 措施后，结构在 −5°风攻角下的颤振临界风速反而降低了；当采用 A + B 措施后，结构在 −

---

* 基金项目：国家自然科学基金项目(51525804，51708463)

5°风攻角下的颤振临界风速略有提高，但还未能达到颤振检验风速；当采用 C 措施后，虽然结构在 0°攻角下的颤振临界风速略微降低，但在 −5°攻角下的颤振临界风速大幅提升，整体的安全储备更高。

3　全桥气弹模型风洞试验及风向角的影响研究

根据相似理论，在保证相似的气动几何外形下，还需满足一系列量纲参数的一致性条件。全桥模型的几何缩尺比为 1∶100，试验在均匀流场中进行。对优化后的加劲梁断面（设置 C 措施），首先测试了风攻角（0°、−5°）对桥梁风致振动响应的影响，然后进一步研究了风向角（0°、30°）的影响，试验结果如图 2 所示。

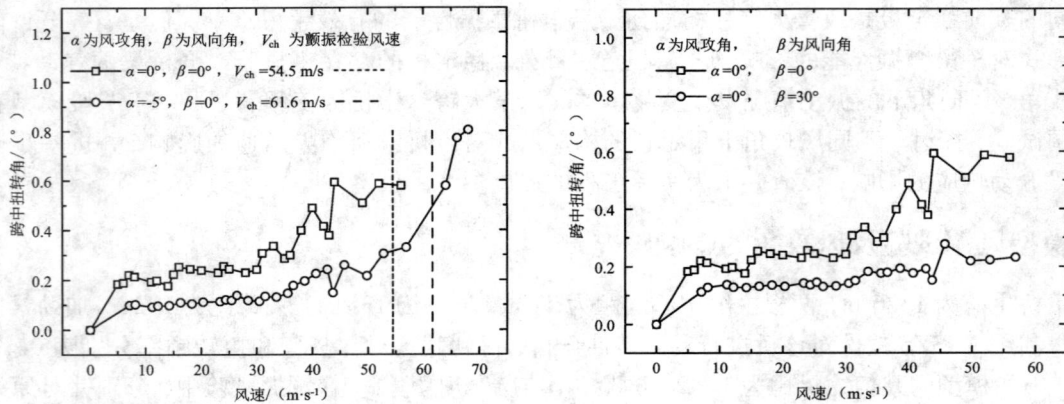

图 2　跨中扭转角响应

由图 2（a）可知，当实桥风速达到节段试验得到的颤振临界风速时，该桥未出现颤振现象。全桥模型试验考虑到三维空间效应和多模态耦合效应等多方面的因素，因此与节段模型试验存在部分差异。但全桥模型试验的结果同样验证了节段模型试验结果的可靠性，也验证了分离式倾斜下稳定板的有效性。由图 2（b）可知，在均匀流场中的相同风速下，风向角为 0°时跨中扭转响应要大于风向角为 30°的响应。

4　结论

单独增设中央上稳定板会降低加劲梁在较大负风攻角下的颤振临界风速。同时增设中央上、下稳定板可以提高加劲梁在较大负风攻角的颤振临界风速。将下稳定板倾斜一定角度分开设置，能显著提高加劲梁在较大负向风攻角下的颤振临界风速，但略微降低 0°风攻角下的颤振临界风速，且减小程度十分有限。在均匀流场的相同风速下，该加劲梁跨中扭转响应在横桥向风时较为不利。

参考文献

[1] Tang H, Li Y, Wang Y, et al. Aerodynamic optimization for flutter performance of steel truss stiffening girder at large angles of attack[J]. Journal of Wind Engineering and Industrial Aerodynamics, 2017, 168：260 – 270.

[2] 陈政清，欧阳克俭，牛华伟，等. 中央稳定板提高桁架梁悬索桥颤振稳定性的气动机理[J]. 中国公路学报，2009，22(6)：53 – 59.

[3] 陈星宇，汪斌，李永乐，等. 钢桁梁颤振气动优化措施攻角效应及分离式改善[J]. 华南理工大学学报（自然科学版），2017，45(8)：120 – 126.

基于 CFD 的带挑臂箱梁涡振气动机理研究[*]

王志鹏，张文明

（东南大学土木工程学院 南京 211189）

1 引言

大跨缆索支承桥梁的主梁常采用较轻柔的钢箱/组合箱梁形式，当风流经断面后在其后产生交替脱落的漩涡，引发涡激振动，当涡脱频率与结构频率一致时，发生涡激共振。涡振对结构外形非常敏感，但由于缺乏对涡振机理的深刻认识，实际工程中只能根据经验通过成本高昂的风洞试验选取满足抗风要求的气动外形或控制措施。为了深化对涡振气动机理的认识，本文在前人风洞试验的基础上，利用 CFD 软件模拟某斜拉桥主梁多种钢箱断面形式（原始断面、加扰流板、加导流板等）的涡振响应，并通过 CFD 软件后处理图像显示研究多种断面的涡振气动机理。

2 CFD 模型及求解设置

某独塔单索面叠合箱梁斜拉桥跨径布置为 138 m + 138 m = 276 m；主梁断面为带挑臂倒梯形钢混组合箱梁。风洞试验中主梁发生了竖弯和扭转涡振现象，文献[1]尝试进行了控制措施的试验（加导流板、加扰流板等），发现加扰流板控制措施效果最优。

本文采用 CFD 计算了断面的竖弯涡振和扭转涡振。模型缩尺比为 1:50，原始断面和加扰流板断面的尺寸和形状分别如图 1 和图 2 所示，CFD 模型主要动力参数如表 1 所列。

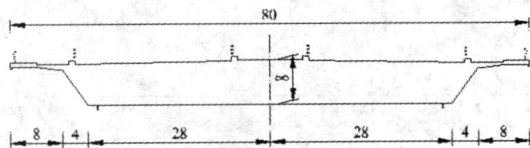

图 1 原始断面（单位：cm）

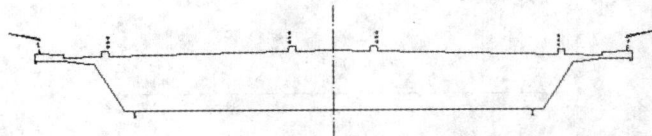

图 2 加扰流板断面

表 1 CFD 模型动力参数

参数	质量/kg	质量惯性矩/(kg·m²)	竖弯频率/Hz	扭转频率/Hz	竖弯阻尼比	扭转阻尼比
原始断面	50.29	2.19	5.07	11.91	0.0028	0.0024
加扰流板	50.29	2.19	5.17	11.62	0.0028	0.0024

本文采用基于有限体积法的流体计算软件，建立并求解二维模型。CFD 数值风洞尺寸和模型的外形及动力学参数均与实际风洞试验一致。计算域的上、下边界采用 symmetry，入口边界采用 velocity inlet，出口边界采用 outflow，模型壁面边界采用 wall，如图 3 所示。湍流模型采用 SST $k-\omega$ 模型，求解采用 PISO 二阶隐式算法。采用 Newmar $k-\beta$ 法求解竖弯和扭转两个自由度方向的动力响应。鉴于四边形网格计算速度和精度较三角形网格高，计算域全部采用四边形网格，并经过无关性检验，选取计算网格数为 129739 和计算时间步长为 0.0001 s，网格划分如图 4 所示。

* 基金项目：国家自然科学基金项目（51678148）；江苏省自然科学基金项目（BK20181277）

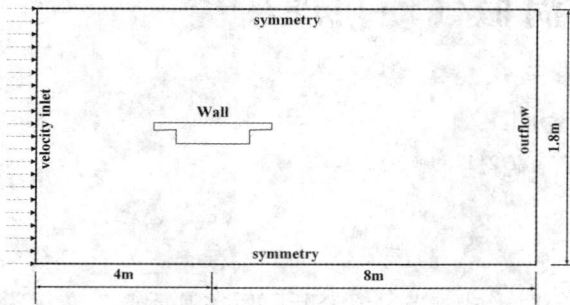

图 3　计算域示意图

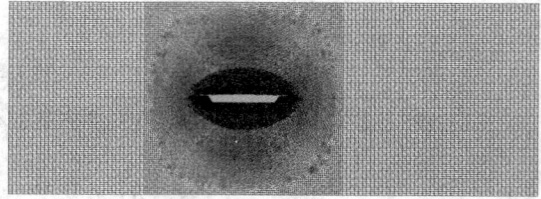

图 4　模型局部网格划分

3　CFD 模拟结果分析

CFD 计算结果：原始断面模型在风速 21.4 m/s 时发生竖弯涡激共振，稳定时的幅值为 5.62 cm；风洞试验结果：原始断面模型在风速区间 16.1 ~ 21.4 m/s 时发生竖弯涡激共振，幅值最大根方差 5.14 cm。CFD 与风洞试验误差仅为 4.62%，吻合较好。CFD 计算得，加扰流板断面在来流风速 21.4 m/s 下未发生竖弯涡激共振，与风洞试验结果相符。CFD 算得的风速 21.4 m/s 下的竖弯位移时程曲线，如图 5 和图 6 所示；流线图如图 7 和图 8 所示。

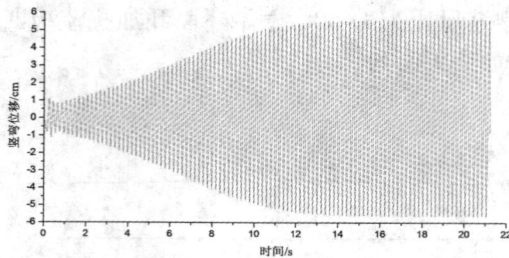

图 5　原始断面竖弯位移时程曲线

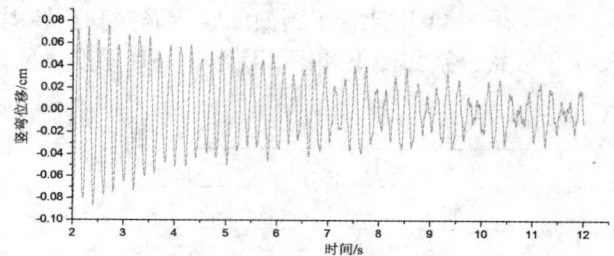

图 6　加扰流板断面竖弯位移时程曲线

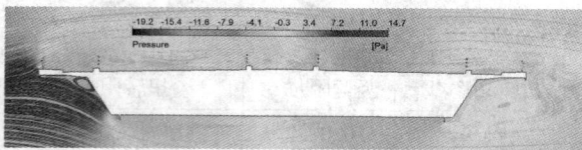

图 7　原始断面某时刻流线图

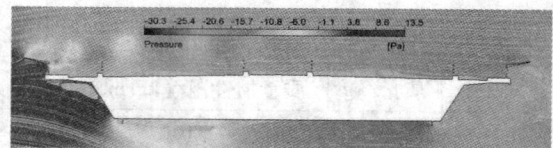

图 8　加扰流板断面某时刻流线图

原始断面上部和尾部漩涡变化比较剧烈，产生较大的气动升力，涡脱频率与结构频率一致而引发涡激共振；扰流板的存在使得箱梁断面附近的流场变化比较稳定，从而降低箱梁断面上部和尾部的漩涡时变的剧烈程度，没有发生涡激共振。此外，本文还进行了加导流板断面的涡振模拟及分析，限于篇幅，此处不再赘述，详见全文。

4　结论

本文采用 CFD 计算了带挑臂箱梁的涡激振动，分析了涡振的产生机理和控制措施的抑振机理。对断面附近的流场漩涡分布进行了分析，探究了涡振与漩涡形态及尺度演变的联系。

参考文献

[1] 张文明，葛耀君，杨詠昕，等. 带挑臂箱梁涡振气动控制试验[J]. 哈尔滨工业大学学报，2010，42(12)：1948 - 1952.

中央稳定板对大跨闭口箱梁悬索桥颤振性能影响的机理分析[*]

吴联活[1]，张明金[1]，李永乐[1]，郭俊杰[1]，唐贺强[2]

（1. 西南交通大学土木工程学院桥梁工程系 成都 610031；2. 中铁大桥勘测设计院集团有限公司 武汉 430056）

1 引言

闭口箱梁自重小，流线型的断面设计具有较高的抗风稳定性，因此广泛应用于大跨度悬索桥中。对多座大跨桥梁[1-3]的研究表明，设置竖向稳定板能显著提高桥梁的颤振性能。夏锦林[4]等通过试验得出断面设置单侧稳定板的颤振临界风速随着稳定板高度先增大后减小，设置上、下组合稳定板比单侧稳定板效果更佳。Li[5]等通过试验发现对称布置于桥面下方的双稳定板能过有效提高各攻角下的颤振临界风速。

已有研究的稳定板均紧贴于桥面，为进一步理解稳定板对颤振控制的机理，本文基于节段模型试验和CFD 数值模拟，在中央护栏分别设置紧靠于桥面和悬空于桥面不同距离的稳定板，研究中央稳定板的位置对颤振临界风速的影响，并从气动力和流场角度进行机理解释。

2 箱梁节段模型颤振性能试验

2.1 试验工况

试验于西南交通大学 XNJD－1 工业风洞第二试验段进行。设置不同高度、不同悬空距离的中央稳定板的试验工况见表1。

表1 试验工况

编号	稳定板位置	稳定板高度/mm	悬空距离/mm
Z000_000	中央无悬空稳定板	0.00	0
Z134_000	中央无悬空稳定板	13.4	0
Z204_000	中央无悬空稳定板	20.4	0
Z134_064	中央悬空稳定板	13.4	6.40
Z134_134	中央悬空稳定板	13.4	13.4

2.2 试验结果

图2(a)为不同高度中央稳定板的颤振临界风速，中央稳定板紧靠于桥面。图中表明中央稳定板能提高该箱梁断面 0°和＋3°攻角下的颤振临界风速，＋3°攻角的提升效果最为显著，当中央稳定板高度为 20.4 mm 时，颤振临界风速由 6.8 m/s 提高至 15.4 m/s。图2(b)是高度为 13.4 mm 的中央稳定板与桥面不同的悬空距离时的颤振临界风速。图中表明，一旦中央稳定板与桥面存在空隙，尤其是 ＋3°攻角的颤振临界风速将会大幅度降低。随着稳定板的悬空距离越大，颤振临界风速越小，趋近于无稳定板的颤振性能。

3 CFD 数值模拟

利用 FLUENT 对流场进行数值计算，湍流模型采用 SST $k-\alpha$ 模型。箱梁三分力的数值与试验对比如图3，吻合较好。图4表明，对于薄平板，无论中央稳定板是否悬空，都能减小结构的气动升力和气动扭矩。中央稳定板使得上表面左半幅产生正压区，且远离稳定板的负压区减小，在右半幅产生负压区，从而减小升力和扭矩，提高了颤振性能。中央稳定板悬空后，空气能在间隙流动，减小了右半幅负压区面积。图5显示，箱梁增加中央稳定板后，扭矩总体向负方向移动，但幅值几乎不变，可见颤振临界风速提高的

---

* 国家自然科学基金项目（51525804,51708464）

原因并不是扭矩减小。

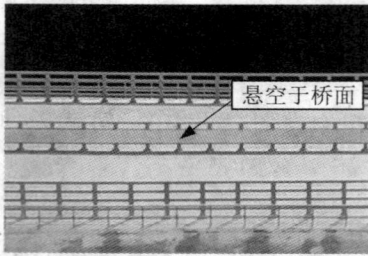

图1　稳定板悬空示意图

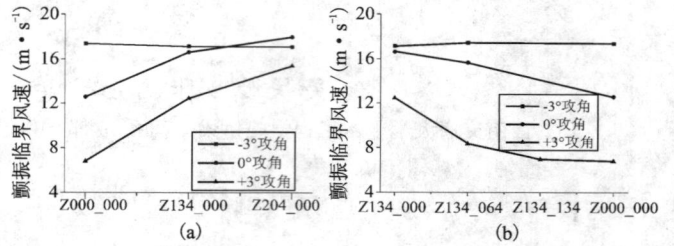

图2　颤振临界风速随中央稳定板高度和位置变化

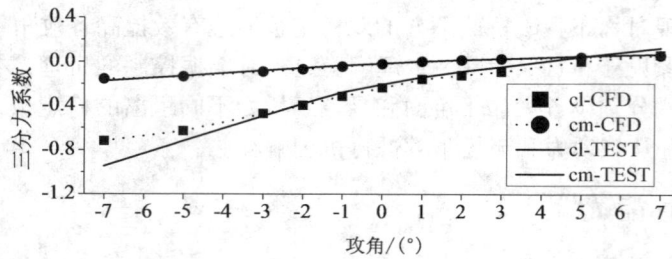

图3　箱梁三分力数值结果与试验对比

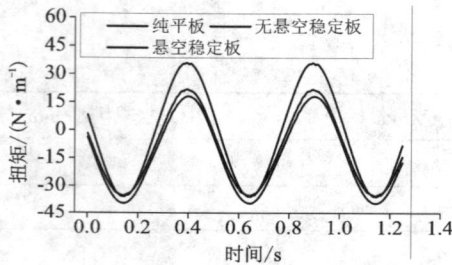

图4　平板扭矩时程曲线

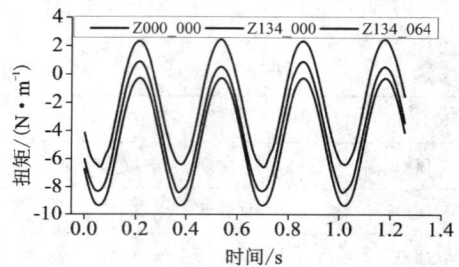

图5　箱梁扭矩时程曲线

4　结论

　　研究结果表明，相同高度的中央稳定板悬空距离越大，对颤振临界风速的提高效果越小；升力和扭矩的主要贡献来自上、下桥面，中央稳定板、栏杆等构造对结构的扭矩贡献很小；薄平板设置中央稳定板后，上桥面左半幅出现正压，右半幅出现负压，使得升力和扭矩均减小，从而颤振性能得到提高；中央稳定板悬空后，空气能在间隙流动，减小了右半幅负压区面积，是颤振临界风速较无悬空时降低的主要原因；受箱梁断面形状和栏杆构造等影响，箱梁增加中央稳定板后，扭矩没有减小，但总体向负方向移动，对于正攻角颤振性能较差的结构，扭转运动的扭矩向负方向发展是颤振性能得到提高的主要原因。

参考文献

[1] Katsuchi H, Jones N P, Scanlan R H, et al. Multi－mode flutter and buffeting analysis of the Akashi－Kaikyo bridge[J]. Journal of Wind Engineering & Industrial Aerodynamics, 1998, 77－78(5)：431－441.

[2] 韩万水，陈艾荣. 设置中央稳定板对大跨度悬索桥抗风性能的影响[J]. 世界桥梁，2008(1)：42－45.

[3] Diana G, Resta F, Zasso A, et al. Forced motion and free motion aeroelastic tests on a new concept dynamometric section model of the Messina suspension bridge[J]. Journal of Wind Engineering & Industrial Aerodynamics, 2004, 92(6)：441－462.

[4] 夏锦林，杨詠昕，葛耀君. 上、下组合中央稳定板对于箱梁颤振性能的影响[J]. 中国公路学报，2017, 30(7)：86－93.

[5] Li Y, Tang H, Wu B, et al. Flutter performance optimization of steel truss girder with double－decks by wind tunnel tests[J]. Advances in Structural Engineering, 2018, 21(6)：906－917.

平均风效应对悬索桥颤振性能的影响研究*

吴长青，张志田，郗凯

（湖南大学风工程与桥梁工程湖南省重点实验室 长沙 410082）

1 引言

一直以来，现行的抗风设计规范是以颤振临界风速的单一指标来评价桥梁结构的颤振稳定性。由此可见，颤振临界风速的准确确定是桥梁颤振分析的重中之重，也是评价桥梁颤振稳定性能好坏的关键所在。在传统的桥梁抗风分析中，一般是将平均风效应、气动自激力、抖振力分开求解后再线性叠加；然而，各类风效应对桥梁结构产生的响应是同时存在的，它们之间必然相互联系且相互影响的。随着跨度的增加，桥梁结构的静风效应越为显著，对颤振性能的影响不容忽视。已有一些研究者关注到了静风效应对颤振性能的影响，研究了静风引起的附加攻角效应、结构刚度变化等因素对颤振临界风速的影响[1-2]，结果表明忽略静风效应的影响可能会对颤振临界风速的确定造成较大的偏差。然而，他们的颤振分析依然是将静风效应与自激力效应独立考虑，未能实现两者的一体化分析。本文采用阶跃函数的方法拟合得到主梁断面的自激力时域模型，并在其中融入平均风效应，使气弹效应与平均风效应一体化参与时域计算，以此来探究静风效应对桥梁颤振临界风速与后颤振响应特性的影响。

2 一体化的气动力时域模型

平均风与气弹效应一体化的气动力时域表达式如下[3]：

$$L(x, s) = \overline{L}(x, s) + \hat{L}_{se}(x, s) \tag{1}$$

$$M(x, s) = \overline{M}(x, s) + \hat{M}_{se}(x, s) \tag{2}$$

式中：$\overline{L}(x, s)$ 与 $\overline{M}(x, s)$ 分别为平均升力与升力矩；$\hat{L}_{se}(x, s)$ 与 $\hat{M}_{se}(x, s)$ 分别为自激升力与升力矩，表达式如下：

$$\hat{L}_{se}(x, s) = L_{se\alpha}(x, s) + L_{seh}(x, s) - \hat{L}_{se\alpha}(x, s) \tag{3}$$

$$\widehat{M}_{se}(x, s) = M_{se\alpha}(x, s) + M_{seh}(x, s) - \widehat{M}_{se\alpha}(x, s) \tag{4}$$

式中：$L_{se\alpha}(x, s)$ 与 $L_{seh}(x, s)$ 分别为扭转运动引起的自激升力；$M_{se\alpha}(x, s)$ 与 $M_{seh}(x, s)$ 分别为竖向运动引起的自激升力矩；$\hat{L}_{se\alpha}(x, s)$ 与 $\widehat{M}_{se\alpha}(x, s)$ 为伪稳态自激升力与升力矩。

3 数值算例

3.1 颤振临界风速

基于 ANSYS 有限元软件对矮寨大桥在 −3°攻角下的颤振性能进行了时域计算。5 种工况的描述如表 1 所示，除工况 G1 外，工况 G2、G3、G4 与 G5 均考虑桥梁结构的几何非线性，工况 G1 与 G2 只考虑了自激气动力的作用；工况 G3 考虑自激气动力与平均升力及升力矩的作用；工况 G4 在 G3 的基础上再考虑了主梁平均阻力的作用，工况 G5 在 G4 的基础上再考虑了主缆平均阻力的作用；所有工况均暂未考虑主梁横向运动引起的自激气动阻力。

针对上述 5 种工况进行颤振时域分析得到了它们对应的颤振临界风速，如表 1 所示。表中工况 G1 与 G2 的颤振临界风速几乎一致，表明几何非线性对大跨悬索桥的颤振临界风速影响可以忽略不计；工况 G3 对应的临界风速比 G2 的提高了 1.8 m/s，即表明在 −3°攻角下平均风效应稍微延缓了矮寨大桥颤振的发生；对比工况 G3、G4 与 G5 的临界风速可知，主梁及主缆的阻力作用对矮寨大桥的颤振临界风速影响很小。

* 基金项目：国家自然科学基金项目（51178182）

表1 全桥模型颤振分析加载工况描述及颤振临界风速

工况	自激气动力	主梁平均风荷载	主缆阻力	几何非线性	$U_{cr}/(\mathrm{m \cdot s^{-1}})$
G1	包含	不包含	不包含	不包含	75.9
G2	包含	不包含	不包含	包含	76.0
G3	包含	包含平均升力与扭矩	不包含	包含	77.8
G4	包含	包含平均阻力，升力与扭矩	不包含	包含	77.4
G5	包含	包含平均阻力，升力与扭矩	包含	包含	77.8

3.2 后颤振特性

时域计算表明，当不考虑几何非线性时，桥梁的后颤振表现为发散振动；而当考虑几何非线性时，桥梁的后颤振表现为 LCO，如图 1 所示。图 2 给出了 85 m/s 风速作用下，5 种工况对应的后颤振扭转振幅随时间的演变曲线。由图 2 可知，与工况 G2 相比，工况 G3 达到稳定 LCO 所需的时间要短且 LCO 幅值要大一些；考虑主梁阻力的工况 G4 相比工况 G3 而言，它达到稳定 LCO 所需的时间进一步缩短，LCO 幅值也有所增大；然而，在工况 G4 基础上再考虑主缆阻力时(工况 G5)，扭转振幅的发展有所放缓，LCO 幅值也有所降低。综上可知，平均风效应对桥梁后颤振响应的发展特性具有明显的影响，它们加快了后颤振响应幅值的发展，同时也改变了 LCO 的幅值。

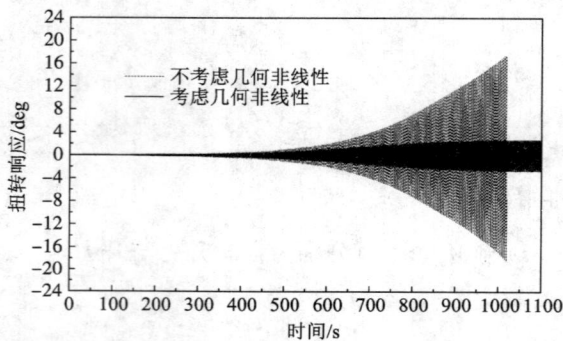

图1 两类情形对应的后颤振振动形式

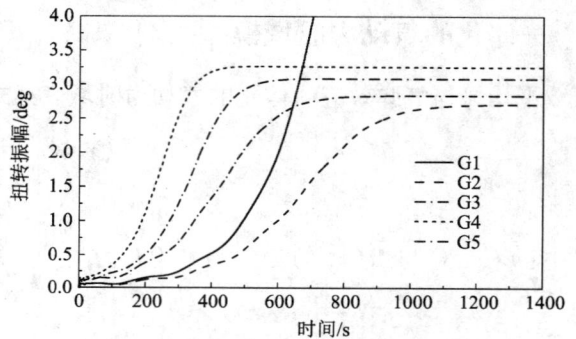

图2 主梁中点颤振扭转振幅随时间的演变

4 结论

全桥模型颤振分析表明，考虑平均风作用时所求解的颤振临界风速相比不考虑时略有提高，即表明平均风效应可以稍微延缓矮寨大桥颤振的发生；主梁、主缆的阻力对颤振临界风速的影响几乎可以忽略不计。平均风效应对桥梁后颤振响应特性影响明显，它加快了后颤振响应幅值的发展并改变了 LCO 的幅值。

参考文献

[1] 欧阳克俭，陈政清. 附加攻角效应对颤振稳定性能的影响[J]. 振动与冲击，2015，34(2)：45 - 49.
[2] 朱乐东，朱青，郭震山. 风致静力扭角对桥梁颤振性能影响的节段模型试验研究[J]. 振动与冲击，2011，30(5)：23 - 26.
[3] 吴长青，张志田. 平均风与气弹效应一体化的桥梁非线性后颤振分析[J]. 振动工程学报，2018(3)：399 - 410.

双层桥面桁架梁软颤振特性风洞试验研究[*]

伍波[1,2]，王骑[1,2]，廖海黎[1,2]

（1. 西南交通大学土木工程学院 成都 610031；2. 风工程四川省重点实验室 成都 610031）

1 引言

随着桥梁跨度的增加，结构气动力非线性对桥梁风致振动的影响增大。国内外学者在风洞试验中先后发现[1-7]了一种非线性颤振现象，称为"软颤振"现象。本文以某双层桥面桁架加劲主梁为例，利用节段模型风洞试验详细测试了模型在不同工况下的软颤振特性，对比了双层桥面桁架主梁与其他主梁在软颤振特性上的异同，详细研究了其软颤振形态的差异及变化规律，发现了双层桁架梁软颤振振幅与风速之间的唯一对应关系。最后，从气动阻尼的角度对软颤振形态的特殊性及软颤振发生的机理进行了初步解释。

2 节段模型风洞试验

根据实桥尺寸制作了缩尺比为 1∶80 的节段模型，模型长度为 1.1 m，梁宽为 0.35 m，梁高为 0.125 m。附属构件采用硬质 PVC 板数控雕刻的方式精确模拟外形和透风率。通过设置不同的配重质量和配重位置，可获得不同频率、质量及质量惯性矩的 6 种不同动力参数组合，以测试模型在不同情况下的软颤振特性。试验攻角设置为 0°、3° 和 5° 三种风攻角，试验来流为均匀流，试验风速范围为 2 ~ 12 m/s，风速间隔 0.2 m/s。

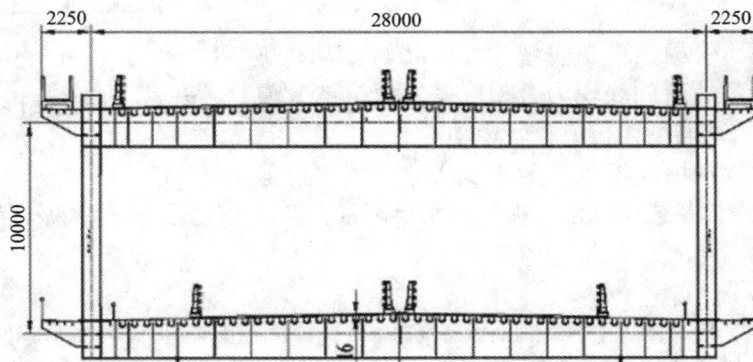

图 1　双层桥面桁架主梁截面（单位：mm）

3 软颤振特性分析

3.1 软颤振现象及颤振形态

0° 攻角下，断面发生偏心扭转运动；3° 和 5° 攻角下，相位差在低风速下明显，但在较高风速下运动相位差接近零。图 2 给出了模型在第一组动力参数下运动形态的相平面图。图中可以看出，断面运动形态显著依赖于风速及风攻角。

3.2 颤振振幅唯一性

图 3 给出了断面振幅稳定性的试验结果，结果表明双层桥面桁架模型在同级风速下的软颤振振幅能够收敛至固定值，相同风速下的振幅具有唯一性及稳定性。

3.3 软颤振机理的讨论

试验多振幅结果表明颤振导数 A_i^*，H_i^* 既是折减风速的函数，也是运动振幅的函数。软颤振过程中多

* 基金项目：国家自然科学基金项目（51778547，51678508，51378442，51308478）

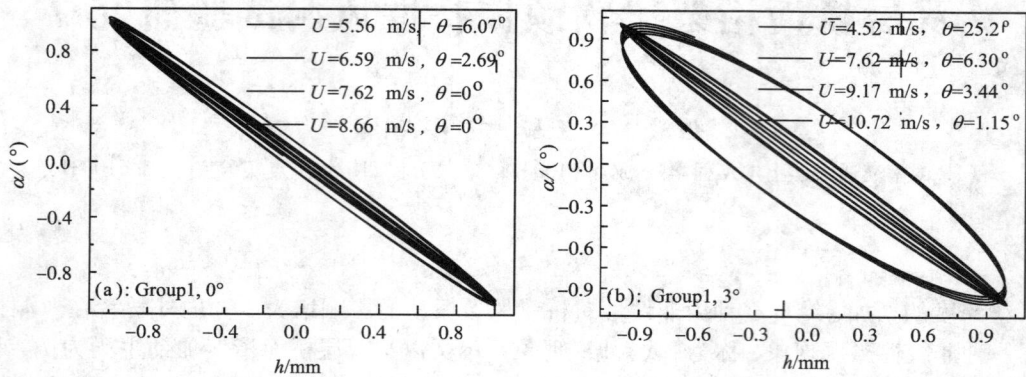

图2 软颤振响应相平面图及相位差

个稳定振幅的状态理解为多个总阻尼为零的颤振临界状态。系统总阻尼趋近零，那么就会出现等幅振动。关于软颤振振幅的计算将在后续论文中详细说明。

4 结论

（1）双层桥面桁架主梁软颤振发生于扭转模态分支上，软颤振频率随风速增大而降低，且0°攻角下的软颤振频率大于3°和5°风攻角下的值。

（2）在0°风攻角下，软颤振形态表现为偏心扭转运动；在3°和5°风攻角下，在低风速区间表现为有相位差的弯扭耦合颤振，高风速下，颤振形态将转变为偏心扭转运动。

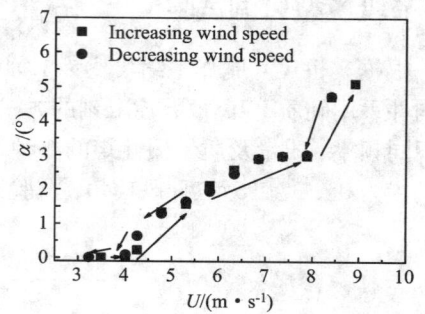

图3 不同激励下软颤振振幅的稳定性

（3）风攻角是影响软颤振起振风速的主要因素，风攻角越大，起振风速越小；扭弯比是影响软颤振振幅的主要因素，扭弯比越大，软颤振振幅越小。

参考文献

[1] 王骑，廖海黎，李明水，等. 大跨度桥梁颤振后状态气动稳定性[J]. 西南交通大学学报，2013，48(6)：983-988.

[2] 朱乐东，高广中. 典型桥梁断面软颤振现象及影响因素[J]. 同济大学学报(自然科学版)，2015，43(9)：1289-1294.

[3] 朱乐东，高广中. 双边肋桥梁断面软颤振非线性自激力模型[J]. 振动与冲击，2016，35(21)：29-35.

[4] 郑史雄，郭俊峰，朱进波，等. Ⅱ型断面主梁软颤振特性及抑制措施研究[J]. 西南交通大学学报，2017，52(3)：458-465.

[5] 许福友，陈艾荣. 印尼Suramadu大桥颤振试验与颤振分析[J]. 土木工程学报，2009，42(1)：35-40.

[6] 方根深，杨詠昕，葛耀君. 大跨度桥梁PK箱梁断面颤振性能研究[J]. 振动与冲击，2018，37(9)：25-31.

[7] Zhang, M., Xu, F., Ying, X. Experimental Investigations on the Nonlinear Torsional Flutter of a Bridge Deck[J]. Journal of Bridge Engineering, 2017, 22(8)：1-13.

基于台风特性需求的大跨桥梁风致抖振响应研究[*]

谢茜[1]，崔巍[1]，赵林[1,2]，葛耀君[1,2]

（1. 同济大学土木工程防灾国家重点实验室 上海 200092；

2. 同济大学桥梁结构抗风技术交通行业重点实验室 上海 200092）

1 引言

台风相对于良态风具有明显不同，比如强剪切流、大攻角、高紊流度等。因此针对台风高发地区，传统设计方法中固定小攻角下的单一风速指标不能满足结构的设计需求。本文基于实测的黑格比台风风速、风攻角、紊流度等风特性参数，对一流线型分体双箱梁断面进行 1000 m 跨径下的两自由度风致抖振响应计算，得到复杂变化的台风风场下的结构抖振响应特征，为结构抗风设计和荷载选择提供参考。

2 黑格比台风风场特性

2.1 强台风中心过境条件脉动风场特性

台风黑格比（Hagupit）于 2008 年 9 月 24 日在广东省电白县陈村镇沿海登陆，通过三维风速仪得到了 24 h 实测记录，进一步分解得到 144 组 10 min 时距平均风速风攻角等数据[1]，编号为 1# ~ 144#，如图 1（a）。由于大部分数据集中于小风速小攻角部分，为有效利用数据，本文采用风速 – 攻角的外包络线形成计算域，如图 1（b）。通过对原始的包络点用线性插值的方法增添数据点，形成外包络线，它很好地反映了黑格比台风风速和风攻角组合的极限情况。

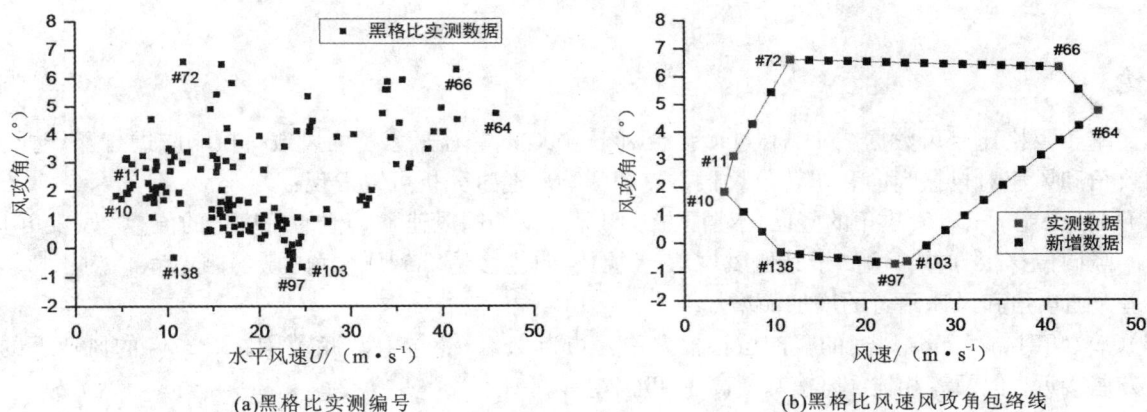

(a)黑格比实测编号

(b)黑格比风速风攻角包络线

图1 黑格比风特性实测数据及其包络线

3 线状柔性结构的风致抖振响应分析

3.1 1000 米跨径悬索桥基本参数

本文依据黑格比的风特性参数，采用抖振频域计算方法[2]，对一流线型分体双箱梁断面进行二自由度模型计算。该悬索桥跨径为 1000 m，一阶竖弯频率为 0.14 Hz，一阶扭转频率为 0.36 Hz，竖弯和扭转阻尼比均取 0.5%。截面相关参数见文献[1]。

3.2 频域方法抖振响应计算

在频域方法计算中，桥梁结构主梁的单位长度的自激力和气动力由 Scanlan 公式[2]给出，自然风中紊

* 基金项目：国家重点研发计划（2018YFC0809600，2018YFC0809604）；国家自然科学基金项目（51678451）

流在桥梁结构单位长度的抖振力中的导纳采用 Liepmann 简化公式[3]，水平风谱和竖向风谱均采用 von Karman 谱[3]。

由于黑格比台风近中心最大风速 46 m/s，最对于其他台风情况，不同风速风攻角的组合都可能出现，在包络线内的合理范围内取 240 组数据。利用开槽分体流线型双箱梁断面节段试验中得到的静力三分力系数和颤振导数，进行线性插值得到不同攻角和风速下的对应值。

3.3　计算结果

基于频域方法进行抖振响应分析，将紊流度的变化用与风速相关的曲线进行拟合，得到了不同风速和风攻角的竖向位移响应和扭转位移响应结果，如图 2 所示。

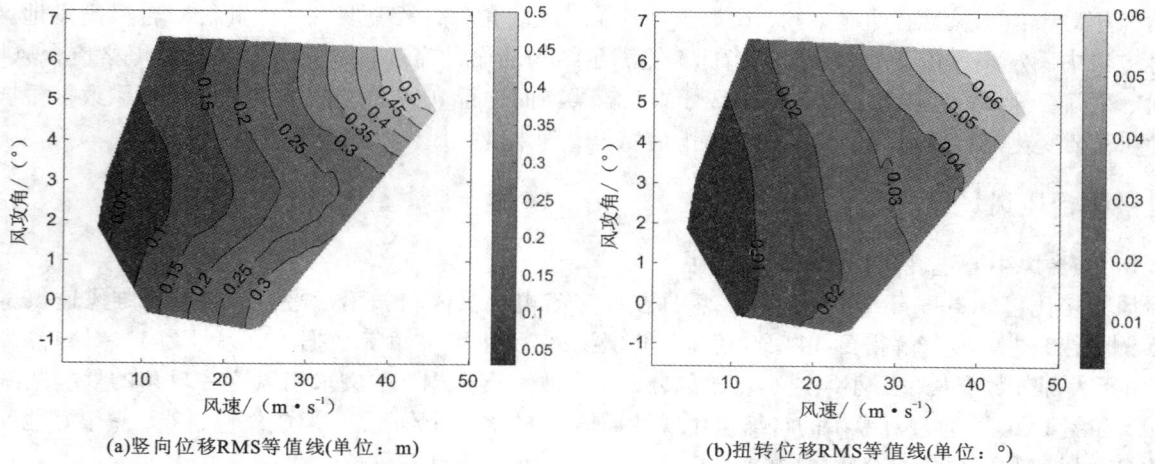

(a)竖向位移RMS等值线(单位：m)　　　　　(b)扭转位移RMS等值线(单位：°)

图 2　不同风速风攻角下的抖振位移响应

4　结论

本文基于黑格比台风数据，对中心过境强台风下 1000 m 跨径悬索桥的风致抖振响应进行了分析，得到了不同攻角和风速对抖振竖向和扭转位移根方差的影响。通过分析可以发现：

（1）风速一定时，2.5°攻角的竖向位移根方差明显低于相同风速下其他的风攻角的值；0°风攻角下，不同风速的竖向位移根方差普遍高于其他风攻角，说明竖向位移受 2.5°风攻角的影响比较大。对于扭转位移的根方差，随攻角和风速两者的增加而增加。

（2）0°攻角时，25 m/s 风速的竖向位移根方差大约为 0.3 m，与 4°攻角范围，35 m/s 的风速下的竖向位移根方差接近，但两者相比，风速却提高了 40% 左右。

参考文献

[1] 潘晶晶. 基于实测台风过程的风场特征分析及大跨度桥梁风致行为初步研究[D]. 上海：同济大学，2016.

[2] Jain A, Jones N P, Scanlan R H. Effect of modal damping on bridge aeroelasticity[J]. Journal of Wind Engineering & Industrial Aerodynamics, 1998, s 77−78(98)：421−430.

[3] Simiu E, Scanlan R H. Wind effects on structures：fundamentals and applications to design[M]. 3rd ed. New Jersey, USA：John Wiley & Sons, 1996.

基于 CFD 的非对称桥梁断面三分力分析

徐亚琳[1, 2]，陆谢贵[1, 2]，陈秋华[2]，钱长照[2]，雷鹰[1]，陈昌萍[1, 2, 3]

（1. 厦门大学建筑与土木工程学院 厦门 361000；2. 厦门理工学院海
西风工程研究中心 厦门 361024；3. 厦门海洋职业技术学院 厦门 361100）

1 引言

桥梁中有许多无法发现的气动现象，风场特性复杂多变。在桥梁抗风研究中，三分力系数是影响桥梁抗风分析精度的重要参数。本文依托厦门某步行道工程项目，采用专业 CFD 软件 Fluent 对狐尾山至仙岳山的桥梁在不同入流情况下桥梁风场绕流的情况展开数值分析。初步探究不同入流工况对桥梁断面静力三分力系数的影响，得出不同侧入流以及不同湍流强度入流条件下非对称桥断面三分力的变化规律。

2 数值模拟

2.1 计算模型

本桥采用单塔单侧悬挂曲线悬索桥体系，跨径布置为：216.7 m + 10 m，全长 226.7 m。桥梁总宽为 4.4 m，高 1 m，使用 1 : 1 建模。计算域长 88 m，宽 15 m，模型设置在计算域前端 1/4 处，固定质心在(0，0)处。具体的桥梁截面形状图和模型计算域及边界条件见图 1。

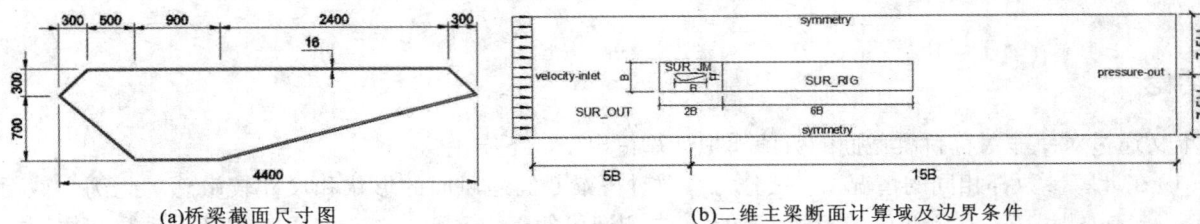

(a)桥梁截面尺寸图   (b)二维主梁断面计算域及边界条件

图 1　桥梁截面尺寸和二维主梁断面计算域及边界条件

定义全局最大网格尺寸为 0.5，为了适应计算数据的分布特点，将计算流体域划分为三个部分，在近桥段壁面处，流体流动变化梯度较大，采用局部网格加密方式提高近壁面网格精度，以便能够更好捕捉流动特征。而在尾流区域，计算数据变化梯度相对较小，可相应降低其网格精度。在最外围流场，为减小计算量，划分相对稀疏的网格[1]。

2.2 不同侧入流三分力系数结果对比

该桥梁截断面为非对称形状，考虑入流风分别从左右两侧流入时的三分力（阻力系数为 C_D，升力系数为 C_L，扭转系数为 C_M）情况，分别计算了 $-5°$、$-3°$、$0°$、$3°$、$5°$ 五个不同风攻角[2]，得到的结果图 2 所示。

2.3 不同来流湍流度下三分力系数对比[3]

在相同风速下，通过改变入口湍流度，分析了在左侧迎风的 0° 风攻角工况下，三分力系数计算的结果，如表 1 所示。

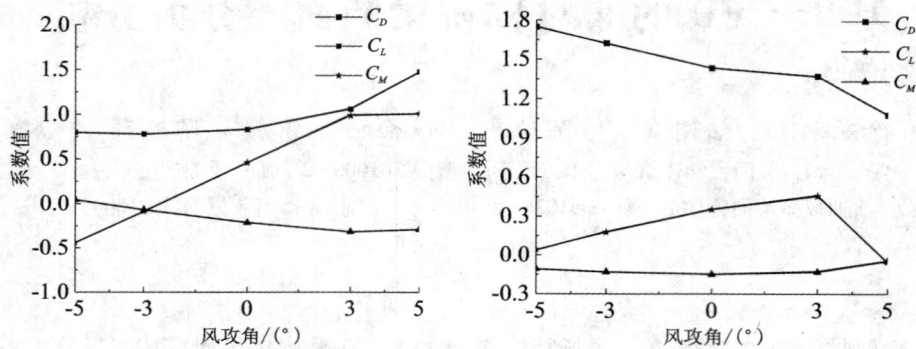

图2　不同侧迎风三分力系数随攻角变化图

表1　不同来流湍流度下的三分力系数

湍流度/%	C_D	C_L	C_M
1	1.208	0.409	−0.156
3	1.145	0.353	−0.151
5	1.146	0.352	−0.150
10	1.145	0.352	−0.150
15	1.145	0.352	−0.150

3　结论

本文通过对一非对称桥梁截面的数值模拟计算得出了以下结论：

（1）在计算参数都相同的情况下，三分力系数对桥梁截面迎风面的形状和尺寸较敏感。此例中截面左侧风嘴大于右侧风嘴，左侧迎风的阻力系数大于右侧迎风的阻力系数；右侧迎风时的升力系数和扭矩系数随攻角改变的变化较大。

（2）从三分力系数随来流湍流度的变化情况可以看出，在该模型和条件下湍流度的变化对三分力系数均值的影响较小，但是不排除在其他模型和其他条件下湍流度对三分力系数的影响。

参考文献

［1］纪兵兵，陈金瓶. ANSYS ICEM CFD 网格划分技术实例详解［M］. 中国水利水电出版社，2012.

［2］谭红霞，陈政清. CFD 在桥梁断面静力三分力系数计算中的应用［J］. 工程力学，2009，26（11）：68 − 72.

［3］游溢，晏致涛，陈俊帆，等. 圆钢管格构式塔架气动力的数值模拟［J］. 湖南大学学报（自然科学版），2018，45（07）：54 −
　　　60.

山区峡谷非均匀风场下大跨度悬索桥颤振稳定性能研究*

晏聪，李春光，韩艳

（长沙理工大学土木工程学院 长沙 410114）

1 引言

大跨度悬索桥是一种柔性结构，对风的作用非常敏感。其中，颤振是由弹性力、惯性力、阻尼力以及气动自激力相互作用引起的气动弹性失稳现象，会引发结构发散性失稳破坏[1]，因此，颤振稳定性是大跨度悬索桥抗风设计的一个重要考虑因素。

虽然许多研究大大的加强了我们对于大跨度悬索桥颤振现象发生机理的理解，但是非均匀风场对桥梁颤振稳定性能的影响依旧缺乏充分的探究。欧阳克俭[2]等研究了附加攻角效应对颤振稳定性能影响。唐浩俊[3]等研究了理想风场非均匀风速和攻角对桥梁颤振稳定性能的影响。

以往对桥梁颤振的研究中主要以平均风沿桥跨均匀分布，对实际风场沿桥跨方向变化的考虑不多。本文以某山区峡谷大跨度悬索桥为研究背景，通过考虑不同山区峡谷非均匀风场沿桥跨方向分布，并采用有理函数模拟桥梁自激力的颤振时域计算方法进行颤振稳定性分析，深入研究非均匀风场对大跨度悬索桥颤振稳定性能的影响。

2 研究方法和内容

为了研究风场不均匀分布特性对桥梁颤振稳定性能的影响，首先要得到桥址处山区峡谷风场风速分布规律。本文选取三种不同的峡谷断面形式，得到风速沿桥跨方向分布的风速放大曲线，将风速分布规律应用于颤振分析，根据风洞实验测出的颤振导数，通过脉冲响应函数结合有理函数对结构断面自激力进行时域表达[4]，在 ANSYS 中编制相应程序进行分析计算，得到不同攻角和工况下的颤振临界风速和位移结果，对结果进行分析。

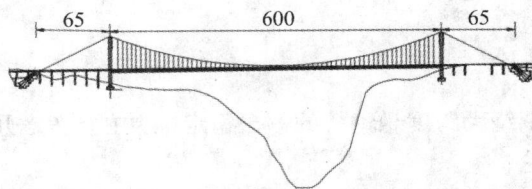

图1 大桥总体布置

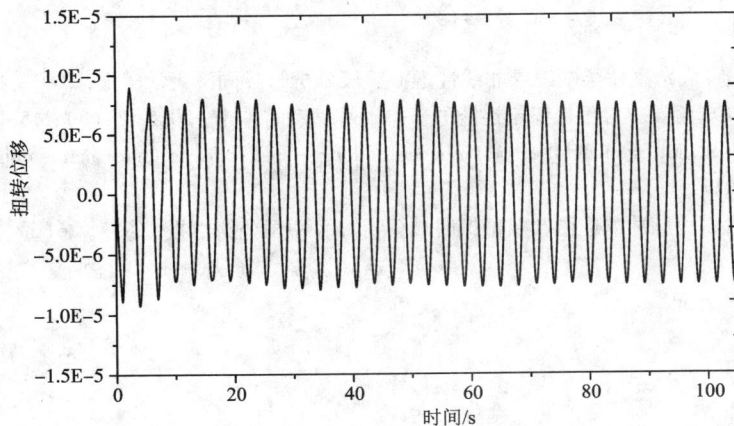

图2 跨中位移时程（U=94.4 m/s）扭转位移

* 基金项目：国家自然科学基金项目（51478049）

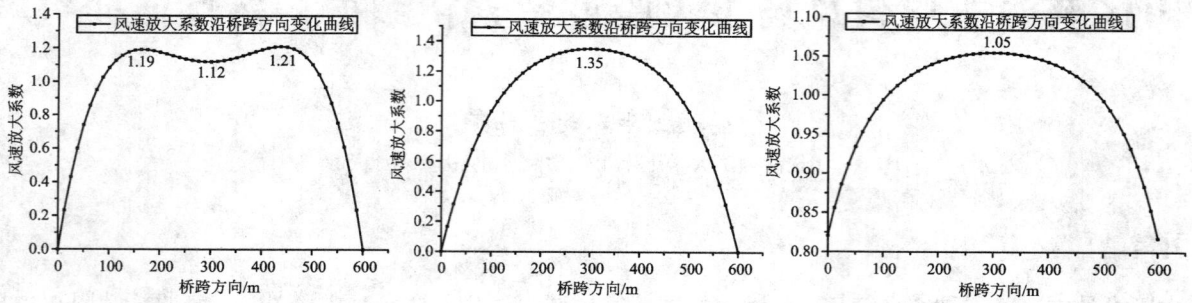

图3　三种风速沿桥跨分布的风速放大系数

表1　不同风速分布情况颤振临界风速计算结果

工况	跨中风速 $V/(\mathrm{m \cdot s^{-1}})$	桥轴线平均风速 $U/(\mathrm{m \cdot s^{-1}})$	桥轴线最大风速 $U_{max}/(\mathrm{m \cdot s^{-1}})$	V/U
工况1	92.8	88	92.8	1.055
工况2	98.7	73	98.7	1.352
工况3	90	90	90	1
工况4	87.4	78	93.6	1.12

　　工况1：倒梯形风场风速不均匀分布；工况2：V形风场风速不均匀分布；工况3：风速均匀分布；工况4：实际风场风速分布。

3　结论

　　围绕大跨度悬索桥的颤振稳定性，主要考虑几种非均匀风场对桥梁颤振临界风速的影响，主要得到以下结论：

　　（1）采用大跨度悬索桥颤振时域分析方法能够考虑各种非线性因素的影响，对于山区峡谷复杂地形风场的考虑是很有必要的。

　　（2）由于山区峡谷的"峡谷效应"，风速由向跨中位置集中，能够显著降低大跨度悬索桥的颤振稳定性。

　　（3）考虑实际桥址处的非均匀风场对于准确分析桥梁的颤振稳定性是复杂的，风速向跨中位置集中比风速向两侧集中更容易降低桥梁结构的颤振稳定性，桥梁跨中位置对风速的变化更敏感。

参考文献

［1］张新军，陈艾荣，项海帆.大跨度桥梁的三维非线性颤振频域分析［J］.同济大学学报，2001，29（1）：21－24.

［2］欧阳克俭，陈政清.附加攻角效应对颤振稳定性能的影响［J］.振动与冲击，2015，34（2）：45－49.

［3］Haojun，Tang Yongle Li，K. M. Shum. Flutter performance of long－span bridges under non－uniform inflow［J］. Advance in Structural Engineering. 2017，17，1－31.

［4］郭增伟，葛耀军.桥梁自激力脉冲响应函数及颤振时分析［J］.中国公路学报，2013，26（6）：104－109.

基于风洞试验的大跨度钢箱梁悬索桥颤振性能分析

杨申云[1,2,3]，马存明[1,2,3]，王明志[1,2,3]，刘晓宇[1,2,3]

(1.西南交通大学桥梁工程系 成都 610031；2.风工程四川省重点实验室 成都 610031；3.西南交通大学风工程试验研究中心 成都 610031)

1 引言

大跨度悬索桥属于典型的柔性桥梁，其结构轻柔、阻尼较小，主梁自振频率低，对风的作用比较敏感，主梁的抗风安全性已成为大跨悬索桥设计中重要考虑的因素。自1940年美国塔科马大桥发生风毁以来[1]，悬索桥的颤振稳定性研究得到桥梁工程界的广泛关注。颤振是一种可能发散的自激振动，一旦发生将会对桥梁的安全性、适用性等造成严重的威胁。风洞试验是空气动力学研究的一个十分重要且不可替代的的手段[2]，通过精心设计各种风洞试验，可以有效预测桥梁的空气动力性能。随着我国经济飞速发展，大跨度悬索桥的建设也越来越多，钢箱梁是大跨度悬索桥常采用的一种主梁形式，故十分有必要对大跨度钢箱梁悬索桥的颤振性能进行研究。本文以某大桥初设方案的抗风设计为工程背景，在西南交通大学 XNJD—1 风洞和 XNJD—3 风洞试验室进行了主梁节段模型试验和全桥气弹模型试验。

2 试验概况

2.1 主梁节段模型试验

主梁节段的缩尺比为 1:50，模型长 $L = 2.1$ m，宽 $B = 0.754$ m，长宽比 $L/B = 2.785$。试验在西南交通大学单回流串联双试验段工业风洞(XNJD—1)第二试验段中进行。桥梁主梁为闭口单箱单室箱梁断面(图1)。

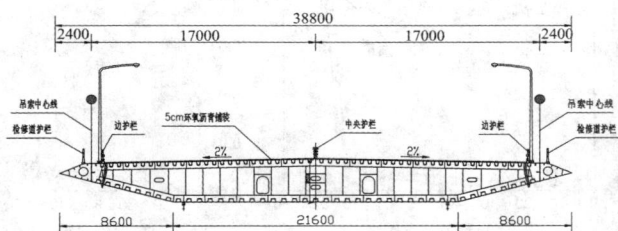

(a)钢箱梁主梁断面(单位：mm)　　　　　　(b)试验照片

图1 试验模型

2.2 全桥气弹模型试验

考虑到该桥总长和西南交通大学 XNJD–3 风洞尺寸，将模型的几何缩尺比和风速比定为 $C_L = 1/112$ 和 $C_U = 1/10.583$，由相似条件可得频率比为 $C_f = 10.583/1$。

3 试验结果

通过主梁节段模型试验和全桥气弹模型试验，对比了在两种不同试验中该桥的颤振临界风速，限于篇幅只列出了部分结果，见表1、图2、图3。

表1   桥梁颤振临界风速

风偏角	攻角	气弹模型颤振临界风速 (m·s⁻¹)	节段模型颤振临界风速 (m·s⁻¹)	颤振检验风速 (m·s⁻¹)	安全评价
正交风90°	0°	>89.5	>71.3		安全
	+3°	74.1	67.1		安全
正交风75°	0°	87.0	−	60.8	安全
	+3°	76.1	−		安全

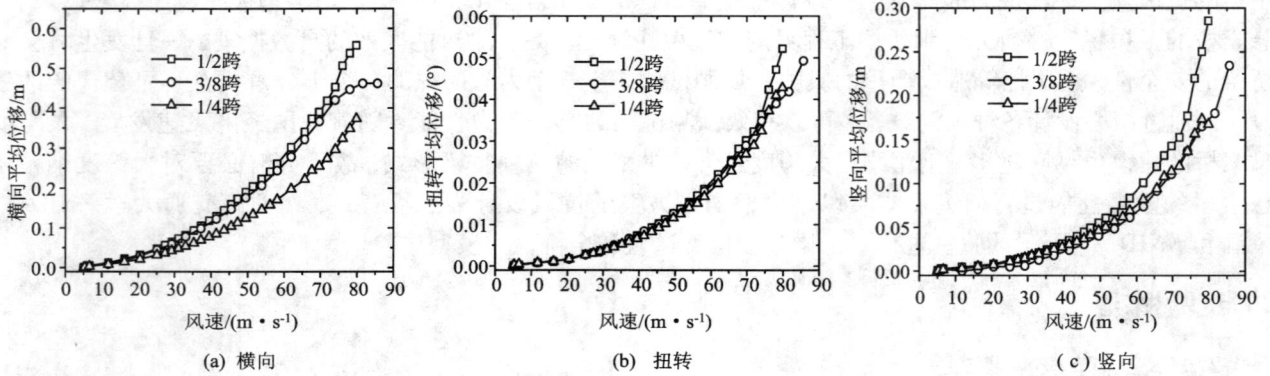

(a) 横向 　　　　　　　　(b) 扭转 　　　　　　　　(c) 竖向

图2   主梁在均匀流场下不同风速对应的位移响应(15°转角，+3°攻角)

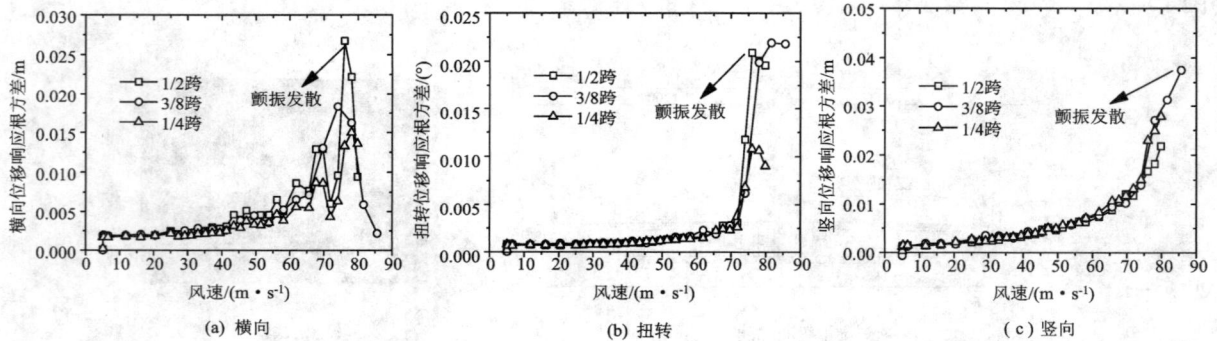

(a) 横向 　　　　　　　　(b) 扭转 　　　　　　　　(c) 竖向

图3   主梁在均匀流场下不同风速对应的位移响应根方差(15°转角，+3°攻角)

4   结论

通过节段模型风洞试验和全桥气弹模型风洞试验，并对比了两种试验的结果，可得到以下主要结论：节段模型试验结果一般都小于全桥气弹模型试验结果，基于节段模型的试验结果偏于保守，全桥气弹模型试验结果也验证了节段模型试验结果的准确性；该大桥在两种试验中测出的颤振临界风速均大于颤振检验风速，颤振稳定性具有足够的安全度；风攻角和转角都会对颤振临界风速产生影响，且相对于转角的影响，攻角对桥梁颤振的影响程度更大。

参考文献

[1] Simiu I E, Scanlan R H. Wind effects on structures: fundamentals and applications to design(3rd edition)[M]. New York: John Wiley&Sons, Inc., 1996.

[2] 陈政清. 桥梁风工程[M]. 北京：人民交通出版社, 2005.

单箱梁涡激振动被动吹气控制试验研究[*]

杨文瀚，陈文礼，李惠

（哈尔滨工业大学土木工程学院 哈尔滨 150090）

1 引言

流体流经钝体结构时，会在结构尾部产生交替脱落的旋涡，当脱落频率与结构本身频率接近时，会引起幅值较大的结构振动，即为涡激振动。对于刚度与阻尼均较小的大跨度箱梁结构，涡激振动会恶化箱梁结构的使用性、耐久性与舒适性。本文针对涡激振动的特点，设计了一种被动吹起装置，并通过风洞试验研究该方法的涡激振动控制效果与控制机理。

2 模型与试验介绍

作为典型的单箱梁结构，大贝尔特桥通常用于涡激振动的研究。目前实际较为常用的控制方法为导流板，外形优化等，但导流板受到边界层、角度、雷诺数多种因素的影响，较小雷诺数情况下甚至有可能增大涡振幅值，外形优化也受到实际情况影响。Aydin[1]以二次不稳定的角度在方形柱体结构中心处周期布置被动吹气孔道，研究了尾流三维特性随孔道间隔的布置规律，指出该方法所产生的尾缘射流能有效改变气动外形，进而对脱落涡展向结构产生变化，抑制旋涡脱落强度，起到控制升阻力的作用。鉴于单箱梁本身的结构特征，本文提出沿截

图1 模型与坐标系设置

面内表面布置通气孔道，并在前缘与尾缘处设置气孔的控制方法。本文提出如图2所示的6种开孔方式。箱梁模型缩尺比为1:72，自振频率为7.36 Hz（竖向）及9.51 Hz（扭转），阻尼比均为0.08%；通气孔展向宽度为45 mm，纵向均匀布置并且高度设置为4.8 mm，孔中心展向间隔距离为67.5 mm；通气孔宽度与高度与开孔尺寸一致。

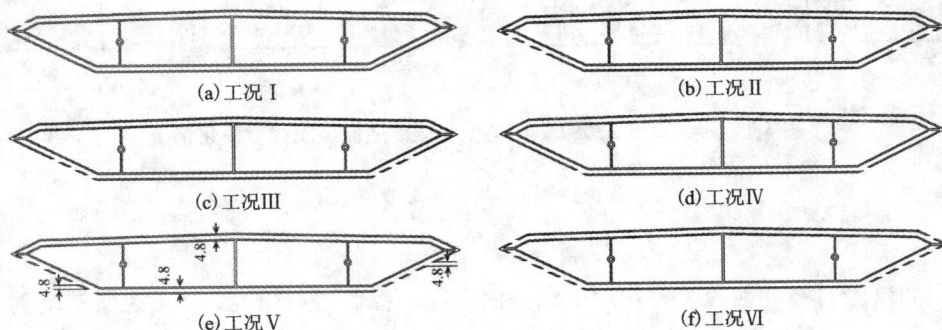

(a)工况Ⅰ (b)工况Ⅱ (c)工况Ⅲ (d)工况Ⅳ (e)工况Ⅴ (f)工况Ⅵ

图2 结构几何参数与工况设置

3 试验结果

图3给出了不同工况下结构涡激振动幅值随来流风速的变化情况，结果表明风嘴下缘开孔能起到很好的控制效果，而在风嘴上缘开孔则会对结构涡振产生恶化作用。综合对比可控制工况的控制效果可知，图

* 基金项目：国家自然科学基金项目（51578188）

3(a)中工况Ⅱ起到了最佳的控制效果,竖向涡振得到了有效的抑制;对扭转涡激振动情况来看,图3(b)可知工况Ⅱ对结构扭转幅值的控制效果达到45.5%,同时锁定折算风速区间由3.2－3.9缩减到3.0－3.5。

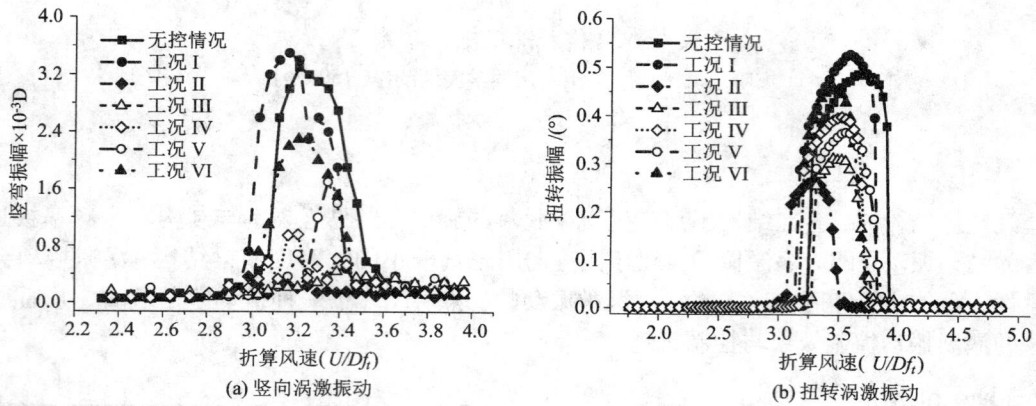

图3　各控制工况下涡激振动幅值随折算风速变化情况

利用PIV技术对结构尾流场进行可视化研究,图4为工况Ⅱ结构发生扭转涡振时尾流场涡量相位平均结果,可知流场中出现明显的周期性流向涡结构,波长 $\lambda_z = 1.07D$,对应于尾流二次三维不稳定性中Mode－B流向涡结构,表明该控制方法起到了通过激发流向涡结构产生对涡激振动的控制效果。

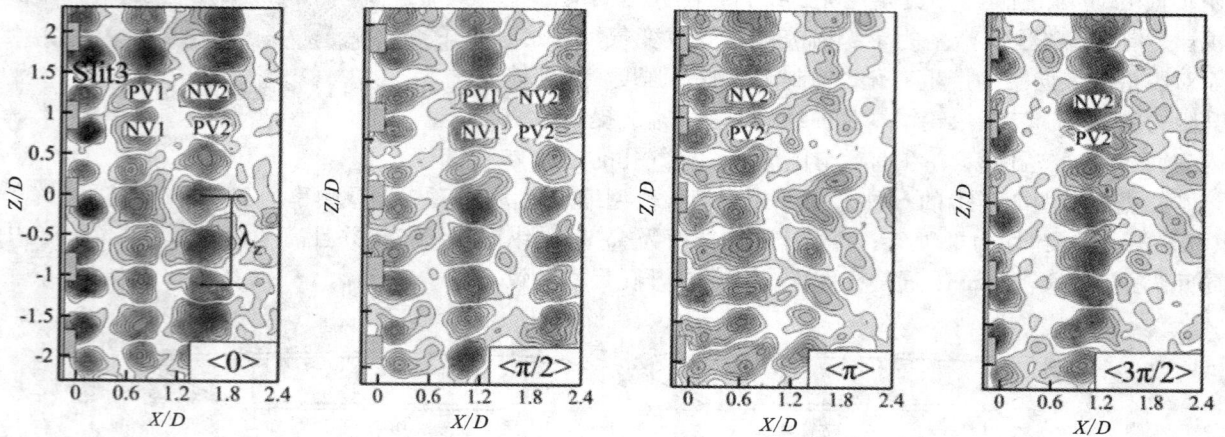

图4　$U_R = 3.275$ 工况 $D1$ 结构模型振动尾流漩涡强度演化情况

4　结论

本文通过风洞试验对被动射流装置作用下结构涡激振动控制进行研究,结果表明被动射流装置有效地对尾流场进行控制修正,进而减弱涡激振动中流场与结构之间的相互作用强度。D1控制工况下,尾缘射流可放大尾流二次三维不稳定性,在展向流场中观察到Mode－B模式流向涡结构。

参考文献

[1] Aydin B T, Cetiner O, Unal M F. Effect of self－issuing jets along the span on the near－wake of a square cylinder[J]. Experiments of Fluids, 2010, 48(6): 1081－1094.

中央扣对大跨度悬索桥颤振性能的影响[*]

于恩博，李永乐，唐浩俊

（西南交通大学桥梁工程系 成都 610031）

1 引言

颤振属于发散振动，一旦出现可能导致桥梁结构发生坍塌破坏。当来流风速超过临界风速时，桥梁就可能会发生颤振。桥梁的颤振临界风速受主梁断面的气动外形、结构的动力特性等诸多因素影响。随着悬索桥跨度的增大，结构趋于轻柔的同时也使其颤振问题变得更加突出。为了提高大跨度悬索桥的颤振性能，可设置合理的结构优化措施，以改善结构的动力特性。中央扣作为一种结构措施已得到广泛应用。它通常被设置于悬索桥主跨的跨中位置，用以连接桥梁主缆和加劲梁。工程中常用的中央扣包括刚性中央扣以及柔性中央扣。已有文献[1-5]研究了中央扣对结构动力特性的影响，但关于中央扣对大跨度悬索桥颤振性能影响的研究却少有报道。本文以某大跨度悬索桥为研究对象，分析了不同类型中央扣对结构动力特性的影响，进一步计算并讨论了不同类型中央扣对桥梁颤振性能的提升效果。

2 有限元模型建立

以主跨为1100 m的某大跨度悬索桥为研究对象，其主跨跨中设置了三对中央扣来提升结构刚度，如图1所示。该中央扣的斜杆采用较细的防屈曲杆，竖杆是悬索桥的吊索，具有刚度较低，重量较轻的特点。此外，还对比考虑了刚性中央扣和柔性中央扣。

采用 ANSYS 软件进行建模。有限元模拟中，桥梁不同结构所对应的单元类型。加劲梁，刚性中央扣，抗屈曲吊杆采用 BEAM4 单元模拟；主缆，吊索，柔性中央扣采用 LINK8 单元模拟；主梁上二期恒载采用 MASS21 单元模拟。全桥有限元模型如图2所示。

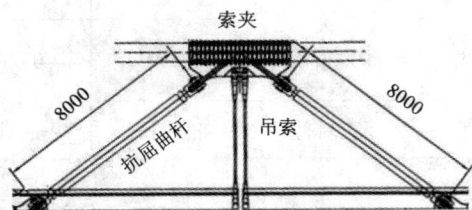

图1 防屈曲中央扣（单位：mm）

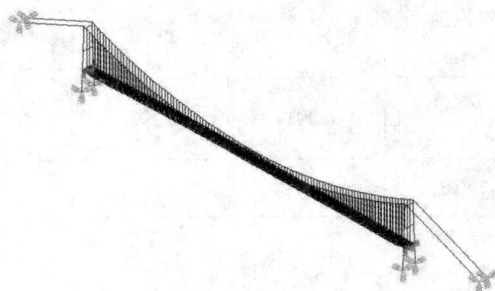

图2 全桥有限元模型

3 中央扣类型对桥梁颤振性能的影响

3.1 结构动力特性分析

由于桥梁的颤振性能主要受主梁的竖弯和扭转基频控制，因此本文重点比较了防屈曲中央扣（以下称为斜杆中央扣）、刚性中央扣、柔性中央扣对结构一阶正对称和反对称竖弯、扭转模态特性的影响。表1给出了不同中央扣类型和数量对大跨度悬索桥竖弯和扭转模态频率的影响。

* 基金项目：国家自然科学基金项目（51525804，51708463）；交通运输部建设科技计划项目（2014318800240）

表1　大跨度悬索桥的竖弯和扭转频率（单位：Hz）

编号	结构形式	正对称竖弯	正对称扭转	反对称竖弯	反对称扭转
1	斜杆中央扣（3 对）	0.1485	0.3054	0.1018	0.3385
2	斜杆中央扣（1 对）	0.1480	0.3046	0.1017	0.3350
3	刚性中央扣（3 对）	0.1484	0.3231	0.1019	0.3395
4	刚性中央扣（1 对）	0.1479	0.3203	0.1018	0.3370
5	柔性中央扣（3 对）	0.1483	0.3043	0.1016	0.3316
6	柔性中央扣（1 对）	0.1481	0.3044	0.1012	0.3215
7	跨中短索（不设中央扣）	0.1481	0.3044	0.0870	0.3050

　　由表中数据可看出，不同中央扣的影响区别主要集中于正、反对称扭转振型上。在使用柔性和斜杆刚性中央扣的时候，正对称扭转频率增加较小。设置一对和三对刚性中央扣时，正对称扭转频率增加幅度分别为4.07%和6.50%。因此，在正对称竖弯和正对称扭转的组合控制桥梁颤振稳定性时，应该尽量选择刚度较大的中央扣，以提高颤振稳定性。中央扣类型对反对称扭转的频率改变不大。除了一对柔性中央扣的反对称扭转频率增加较小，其余的中央扣对反对称频率的改善较为平均。

3.2　桥梁颤振性能分析

　　颤振导数采用 Fluent 软件计算，并通过半逆解法求解结构的颤振临界状态，计算结果如表2所示。由表中数据可知，桥梁安装刚性中央扣后临界风速有较大提升。这主要是因为桥梁颤振临界风速由正对称弯扭组合控制，而刚性中央扣对正对称扭转频率提升较大所导致的。

表2　不同中央扣安装后对应的临界风速

编号	1	2	3	4	5	6	7
结构形式	1 对斜杆	3 对斜杆	1 对刚性	3 对刚性	1 对柔性	3 对柔性	无中央扣
临界风速 /($m \cdot s^{-1}$)	60.1	60.4	64.8	65.6	60.0	59.9	60.0
振动频率 /Hz	0.2911	0.2923	0.3121	0.3157	0.2906	0.2904	0.2906
耦合模态	正对称	正对称	正对称	正对称	正对称	正对称	正对称

4　结论

　　（1）中央扣的设置对于桥梁竖弯频率的影响并不明显。
　　（2）中央扣对桥梁正对称扭转刚度的影响主要和竖杆、斜杆横桥向的抗弯刚度有关。
　　（3）中央扣对反对称扭转频率的影响主要是通过加强梁与缆之间的约束来实现。

参考文献

[1] 王浩，李爱群，杨玉冬，等. 中央扣对大跨悬索桥动力特性的影响[J]. 中国公路学报，2006，19(6)：49-53.
[2] 徐勋，强士中. 中央扣对大跨悬索桥动力特性和地震响应的影响研究[J]. 铁道学报，2010，32(4)：84-91
[3] 郑凯锋，胥润东，栗怀广. 悬索桥中央扣对活载挠度影响的详细计算方法[J]. 世界桥梁，2009(2)：51-53
[4] 彭旺虎，邵旭东. 设置中央扣悬索桥的扭转自振分析[J]. 中国公路学报，2013，26(5)：76-87.
[5] 王军，金红亮. 柔性中央扣对大跨悬索桥动力特性的影响[J]. 上海公路，2010(4)：35-38.

管道悬索桥全桥气弹模型风洞试验研究[*]

余海燕¹，许福友¹，周傲秋¹，马存明²

（1. 大连理工大学风洞实验室 大连 116024；2. 西南交通大学风工程试验研究中心 成都 610031）

1 引言

悬索管道桥因其跨越能力大、受力合理、抗震性能好，而被广泛应用于油气输运管道工程。与公路悬索桥相比，悬索管道桥窄、柔、轻、钝等特点更为突出，因而对风荷载更敏感，可能存在风致大位移和大幅振动现象，抗风问题更为严重。而管道一旦发生油气泄漏，造成火灾或爆炸，不仅会造成经济损失，还将可能导致重大人员伤亡和灾难性次生环境灾害。因此，需要对其抗风性能进行全面深入研究。悬索管道桥的抖振响应研究较少[1-3]。过大的抖振响应可能会引起桥梁的疲劳问题，甚至影响桥梁的安全。本文通过某悬索管道桥全桥气弹模型风洞试验研究了在不同初始风攻角、不同流场、不同管径和不同管道数量条件下的振动响应，为同类桥梁的抗风设计提供指导。

2 模型制作

以某悬索管道桥为研究背景，建立其有限元模型、设计制作其全桥气弹模型。模型缩尺比为 1:25，对应的频率比和风速比分别为 5:1 和 1:5。主梁刚性主体由 2 根 $6 \times 6 \ mm^2$ 的矩形钢棒组成，桁架和栏杆由有机玻璃雕刻、组装，主梁的侧向、竖向和扭转刚度采用 U 形键模拟。主梁被分成 35 节段，节段布置为 $698.5 + 33 \times 397 + 498.5(mm)$，相邻节段采用 U 形键连接。管道由 PVC 圆管模拟，且在 PVC 管内部布置铅块进行配重。桥塔由钢芯梁和塑料外衣组成。主缆和抗风缆刚度采用高强钢丝模拟，且外套短圆柱外壳以模拟形状。吊杆和抗风拉索采用铜芯绝缘电线模拟。风洞中紊流场条件下的全桥气弹模型如图 1 所示。

图 1 模型试验照片

3 风洞试验

全桥气弹模型试验在西南交通大学（XNJT-3）风洞实验室中进行。试验采用激光位移计（ILD 1402-20）和高速摄像机（software version V5.2）同步采集位移数据，采样频率分别为 256Hz 和 50Hz。激光位移计与高速摄像机计算的数据可以互相校核，且高速摄像机可以测得更多断面的位移响应。初始风攻角选取 0° 和 +3°，流场类别选用均匀流场和紊流场，管道直径分别选取 1.4 cm、3.2 cm 和 5 cm，管道数量选用 1 根或 2 根，将以上参数进行组合，共计 14 个工况。试验风速范围为 1.2~10 m/s。

4 试验结果

主跨跨中断面和 1/4 断面在不同工况下的静风和抖振响应部分试验结果如图 2 所示。由试验可知：管道直径、流场类型、管道数量和风攻角均对桥梁的静风响应和抖振响应产生影响，且每个参数对桥跨不同

* 基金项目：国家自然科学基金（51678115）

位置的影响不同，不同参数组合下桥梁的响应亦不同。由于篇幅有限，更多试验结果详见正文。

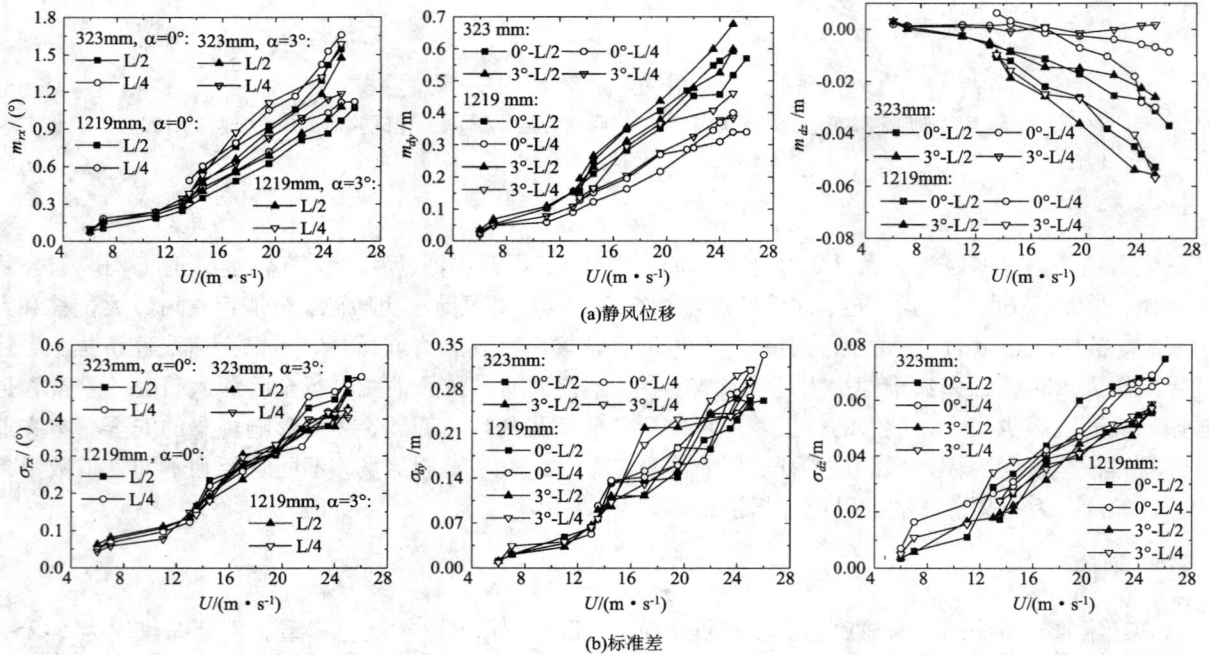

(a)静风位移

(b)标准差

图2　静风位移和抖振响应

5　结论

本文通过全桥气弹模型试验研究了初始风攻角、湍流度、管道直径和管道数量对主梁静风位移和抖振响应的影响。主要研究结论如下：

（1）管道悬索桥断面扭转和侧向静风与抖振响应明显，竖弯响应很小，风致响应分析应考虑侧向模态影响。初始风攻角对于大管径断面的影响比小管径断面明显，双管断面静风响应大于单管断面。静风位移受湍流度、管道直径影响明显。

（2）特征湍流随初始风攻角、管道直径、管道数量增加而增大。来流湍流引起的抖振位移随湍流度、管道数量增加而增大，且受管道直径影响明显，受初始风攻角影响较弱。

参考文献

［1］王校东，等. 频域法分析大跨双管悬索管桥风抖振影响［J］. 石油工程建设，2012，38(6)：35-38.

［2］Chen X，Xu F Y. AMD for suppressing the lateral and torsional buffeting response of suspension pipeline bridge［J］. Advanced Materials Research，2011，163-167：4114-4119.

［3］Huang L H，Li B，et al. Dynamic and buffeting analysis of suspension pipeline bridge［J］. Applied Mechanics and Materials，2012，137：113-118.

基于测压法的栏杆基石对桥梁断面涡振特性影响机理研究*

张佳，李春光，韩艳

（长沙理工大学土木工程学院 长沙 410114）

1 引言

涡激振动是大跨度桥梁在低风速下容易发生的带有自激性质的风致限幅振动。虽然涡振不至于产生类似颤振、抖振那样毁灭性的振动，但是涡振在低风速下极易发生，长期作用下会使结构产生疲劳破坏并影响行车安全性[1]。因此研究涡振发生的内在机理并抑制涡振是大跨度桥梁抗风领域的重要研究方向。管青海[2]等通过测压试验研究了栏杆对典型桥梁断面涡振的影响，认为栏杆使得上表面来流分离更严重，不仅改变了上表面的压力系数均值，也显著增大了下表面的压力脉动幅值。郭增伟[3]等分析了抑流板抑制涡振的机理。结果表明：抑流板减弱了钢箱梁中下游位置压力脉动的分布强度和作用时序相关性，可以有效的抑制涡振。

以往的研究多数讨论了栏杆、抑流板等气动措施对桥梁涡激振动的影响，而鲜有学者研究栏杆基石对桥梁涡激振动的影响。本文以国内某大跨钢箱梁悬索桥为研究背景，通过大比例节段模型测压试验，改变栏杆基石高度及其在桥断面的位置，从微观层面分析栏杆基石对该桥涡振性能的影响。

2 研究方法和内容

为了尽可能真实模拟主梁细部构造，综合考虑模型几何外形、质量以及风洞条件等因素设计 1:25 大比例主梁节段模型。通过大比例节段模型测压风洞试验，改变栏杆基石高度及其在桥断面的位置（栏杆基石示意图如图 1 所示）获取模型表面各测点压力时程数据（测压点布置如图 2 所示）。图 3 为三种工况涡振随风速变化曲线。对比分析三种工况压力系数均值、压力系数均方差、局部气动力对总体气动力贡献系数等（分别见图 4、图 5）。

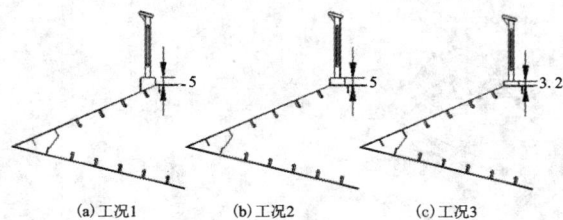

图 1 栏杆基石示意图

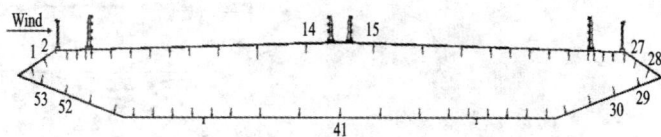

图 2 测压点布置图

3 结论

原设计方案断面在 +5° 攻角工况发生了明显的涡激共振。扭转涡振发生的根本原因是断面上表面前部和中后部发生了强烈的压力脉动，上表面中前部、后部以及下表面迎风去斜腹板局部气动力与总体气动力具有很强的相关性，这些区域贡献的大部分涡激力使得断面发生了扭转涡激振动；将栏杆基石移至桥面板边沿大幅削弱了上表面和下表面压力脉动，整个上表面中前部和后部的局部气动力与总体气动力相关性也被大幅破坏，导致这些区域的局部气动力对总体气动力的贡献大幅减小，因此可以在一定程度上抑制涡振；工况 3 栏杆基石高度降低至 3.2 mm 加速了气流分离，抑制了气流在上表面后部的再附现象，上表面后部和下表面迎风区斜腹板局部气动力与总体气动力相关性被完全破坏，因此可以有效抑制涡激振动。

* 基金项目：国家重点基础研究计划（973 计划）项目资助（2015CB057706）；国家自然科学基金资助项目（51678079，51408061）

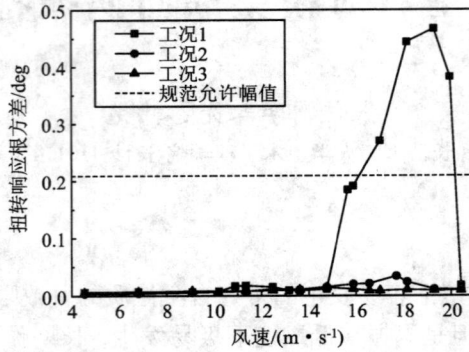

图3   振幅与风速关系

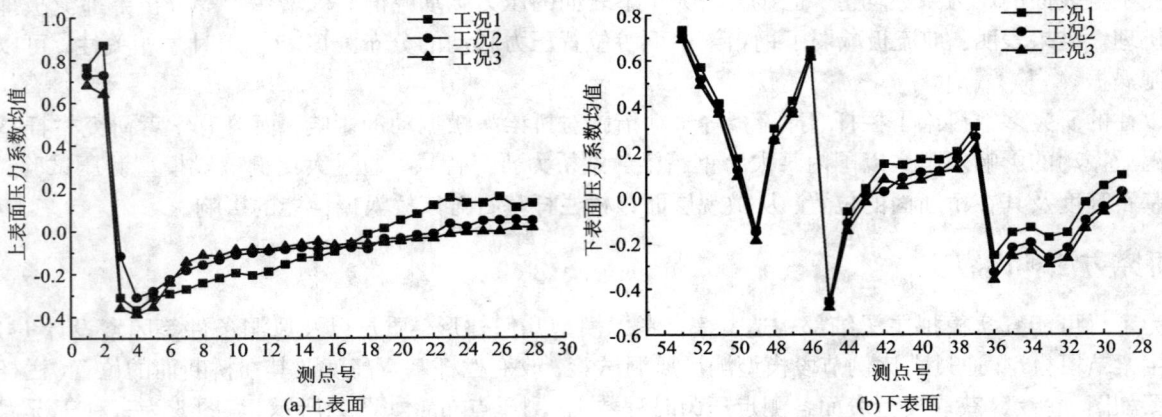

(a)上表面

(b)下表面

图4   上表面压力系数均值和压力系数均方差对比

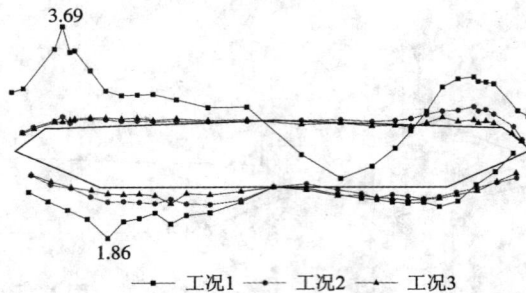

图5   局部气动力与总体气动力贡献系数对比

参考文献

[1] 陈政清. 桥梁风工程[M]. 北京：人民交通出版社，2005.

[2] Simiu E, Scanlan R H. Wind effects on structures：fundamentals and applications to design[M]. 3rd ed. New York：John Wiley&sons Incorporation, 1996.

[3] 管青海，李加武，胡兆同，等. 栏杆对典型桥梁断面涡激振动的影响研究[J]. 振动与冲击，2014，33(3)：150－156.

[4] 郭增伟，赵林，葛耀君，等. 基于桥梁断面压力分布统计特性的抑流板抑制涡振机理研究[J]. 振动与冲击，2012，31(7)：89－94.

基于气动描述函数的桥梁断面涡激振动及非线性后颤振分析[*]

张明杰[1,2]，许福友[1]，吴腾[2]，张占彪[1]

（1. 大连理工大学土木工程学院 大连 116024；2. University at Buffalo Buffalo NY 14260）

1 引言

涡激振动（vortex – induced vibration，VIV）和颤振后极限环振动（limit cycle oscillation，LCO）是桥梁断面可能发生的两种典型非线性气动弹性限幅振动。已有大量文献对涡激振动的产生机理及理论建模进行了研究，而关于颤振后 LCO 的研究则相对较少。此外，现有涡激力模型的气动参数往往随质量、阻尼比等结构参数发生改变[1]。本文基于描述函数理论[2]构建了含有幅变气动导数的气动力模型，对典型桥梁主梁断面的涡激振动及颤振后 LCO 进行了模拟。结果表明，本文气动力模型可准确模拟桥梁断面的典型涡激振动和颤振后特性（如 LCO、迟滞现象等），且模型参数不随结构参数改变。

2 本文方法

研究表明，桥梁断面气动导数具有明显的幅变特性，气动力高阶成分在涡激振动及颤振过程中的贡献很小[3]。在此基础上，本文基于描述函数理论构建了含有幅变气动导数的气动力模型。以气动升力为例，单自由度竖向运动引起的升力见式（1a）；假定由竖向运动和扭转运动引起的气动力近似满足叠加假定，则弯扭耦合运动引起的升力见式（1b）。

$$L = \rho U^2 D \left[N_{h,r}^L (q_h/D, \omega) h + N_{h,i}^L (q_h/D, \omega) \dot{\omega} \right] \tag{1a}$$

$$L = \rho U^2 B \left[N_{h,r}^L (q_h/D, \omega) h + N_{h,i}^L (q_h/D, \omega) \dot{\omega} + N_{\alpha,r}^L (q_\alpha, \omega) \alpha + N_{\alpha,i}^L (q_\alpha, \omega) \dot{\omega} \right] \tag{1b}$$

式中：L 为气动升力；ρ 为空气密度；U 为来流速度；D 为断面高度；B 为断面宽度；h 和 α 分别为断面竖向和扭转位移；·代表对时间求导；q_h 和 q_α 分别为竖向和扭转振幅；ω 为振动频率；N 为气动描述函数，需进一步转换为量纲化的幅变气动导数。式（1）同样适用于模拟气动阻力和气动扭矩。

通过自由振动或强迫振动识别得到桥梁断面的气动描述函数，单自由度气动力模型可用于驰振、涡激振动和扭转颤振分析，多自由度气动力模型可用于弯扭耦合颤振分析。

3 数值算例

以宽高比为 4 的矩形断面[1]为例，通过试验涡激振动时程识别了其气动描述函数，并对不同 Scruton 数下的涡激振动振幅进行了模拟，模拟结果与试验结果对比见图 1（a）。算例表明，气动描述函数可准确模拟大 Scruton 数范围内的涡激振动振幅，从而证明了气动描述函数不随 Scruton 数发生改变。此外，本文方法适用于模拟桥梁断面的扭转涡激振动以及涡激振动中的迟滞现象。

以某桥梁主梁断面为例，通过强迫振动数值模拟识别了其气动描述函数，根据气动描述函数计算了其颤振后 LCO 振幅，计算结果与 2D $k-\varepsilon$ 数值模拟结果对比见图 1（b）。算例表明，基于叠加假定构建的双自由度气动力模型可较为准确的模拟桥梁断面的颤振后状态。

4 结论

基于描述函数理论，构建了含有幅变气动导数的单自由度气动力模型；进一步引入叠加假定，将模型推广到多自由度振动。数值算例结果表明，本文气动力模型可准确模拟桥梁断面的典型涡激振动和颤振后特性（如 LCO、迟滞现象等），且模型参数不随结构参数改变。本文方法有望推广成为一种统一的非线性气动弹性分析框架。

* 基金项目：国家自然科学基金项目（51478087）

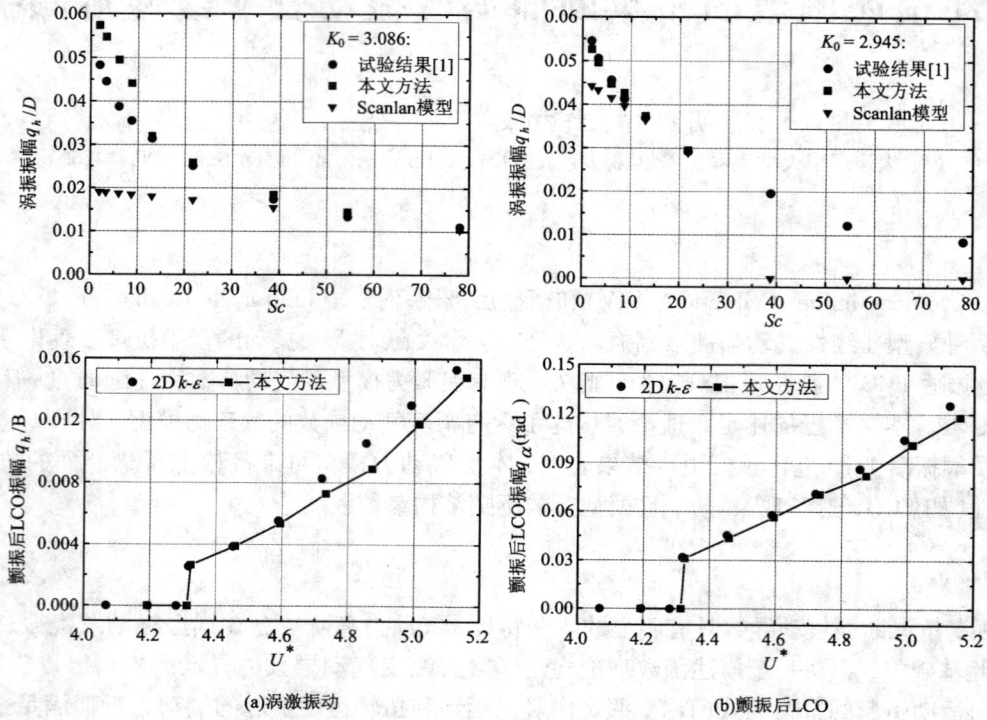

(a)涡激振动　　　　　　　　　　　　(b)颤振后LCO

图1　本文气动力模型模拟结果

参考文献

[1] Marra A M, Mannini C, Bartoli G. Measurements and improved model of vortex – induced vibration for an elongated rectangular cylinder[J]. Journal of Wind Engineering and Industrial Aerodynamics. 2015, 147: 358 – 67.

[2] Dowell E H, Ueda T. Flutter analysis using nonlinear aerodynamic forces[J]. Journal of Aircraft. 1984, 21(2): 101 – 9.

[3] 应旭永. 大跨度桥梁颤振性能的数值模拟研究[D]. 大连: 大连理工大学, 2017.

边箱 π 型叠合梁断面涡振响应及制振措施

张天翼，李明水

（西南交通大学风工程试验研究中心 成都 610031）

1 引言

叠合梁斜拉桥自20世纪70年代在原西德问世后，受到了各国的青睐，90年代开始在我国也得到了大规模的应用[1][2]。但是，由于叠合梁断面的钝体特性，且为半开放截面，给旋涡的产生和发展提供了条件，非常容易产生涡激振动，这使得叠合梁斜拉桥的涡激振动性能成为该类桥梁抗风设计的关键。现阶段对叠合梁断面涡激振动抑振措施的研究多集中在两侧主纵梁为 I 型的 π 型断面，对于两侧为箱型的 π 型断面研究较少。本文依托一座拟建的边箱 π 型叠合梁桥，采用弹性悬挂节段模型风洞试验对该类主梁断面的涡振响应及其制振措施开展研究。

2 主梁涡振响应及制振措施

2.1 涡振节段模型试验及结果

本文研究对象为一座主跨480 m的双塔斜拉桥，桥跨布置为45 + 51 + 97 + 480 + 97 + 51 + 45 m，主梁采用钢 – 混叠合梁，两侧纵梁为钢箱，桥面板为混凝土，标准段桥面宽度40 m。节段模型风洞试验在西南交通大学 XNJD – 1 工业风洞第二试验段中进行。由于涡振振幅依赖于结构阻尼，在无法预知实际结构阻尼的情况下，试验分别0.38%、0.48%、0.68%和0.97%四种阻尼比对主梁涡激振动特性的影响。风洞试验发现主梁发生了明显的竖向和扭转涡激振动，但发生扭转涡激振动的风速大于 30 m/s，此时桥梁已经封闭通行，不会影响桥梁的使用性能，故本文仅对涡振风速较低的竖向涡激振动进行研究。阻尼比为 0.48% 时，0°和±3°攻角下的试验结果见图1(a)，三种阻尼下0°攻角最大竖向涡激振动幅值见图1(b)。

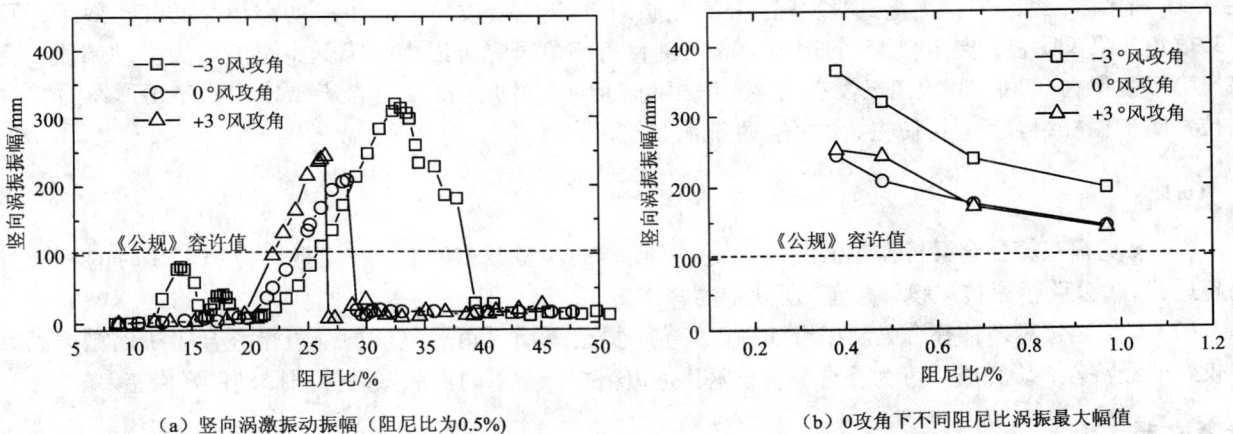

(a) 竖向涡激振动振幅（阻尼比为0.5%）　　　　(b) 0攻角下不同阻尼比涡振最大幅值

图1　节段模型竖向涡激振动最大振幅

试验结果表明该主梁断面在25 m/s(我国桥梁运营风速上限)风速以下，0°和±3°攻角下均发生超过《公路桥梁抗风设计规范》(简称《公规》)容许限值的竖向涡激振动。需要选取合理的制振方法抑制主梁涡激振动，以满足桥梁的运营和安全要求。

2.2 涡振制振措施研究

现阶段控制涡激振动主要有三种手段：气动措施、结构措施和机械措施，其中气动措施应用最为广泛。本文按照前人研究成果及边箱叠合梁特点，设计了 12 种涡激振动气动措施研究其对叠合梁涡激振动的影响，各工况详见图2，试验结果见表1。

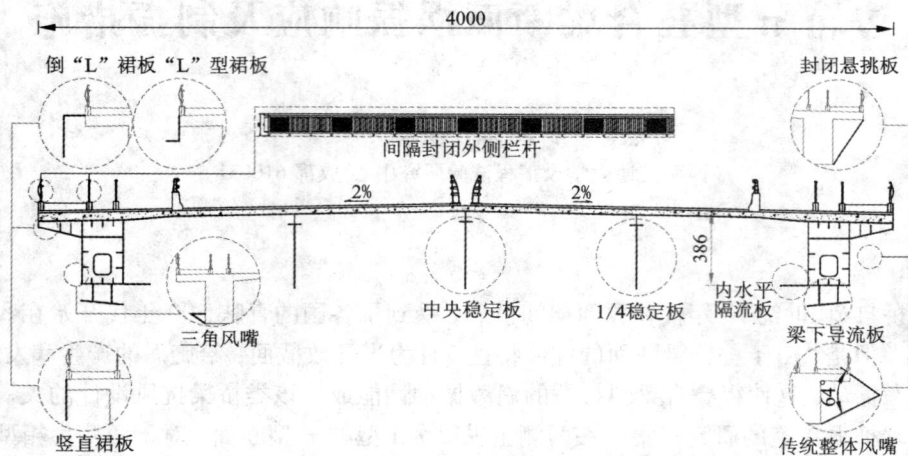

图2　主梁涡振制振措施示意图

表1　各项制振措施平均减振率

序号	制振措施	减振率	序号	制振措施	减振率	序号	制振措施	减振率
1	间隔封人行栏杆	－13.37%	5	竖直裙板	85.17%	9	封闭悬挑板	8.28%
2	间隔封斜拉索栏杆	20.64%	6	中央稳定板	5.67%	10	传统整体风嘴	－1.33%
3	"L"型裙板	－26.20%	7	三道稳定板	58.82%	11	内水平隔流板	24.33%
4	倒"L"裙板	32.68%	8	梁下导流板	29.23%	12	三角风嘴	49.75%

由试验结果可知,在0°攻角下,间隔封闭斜拉索防护栏杆、竖直裙板、三道梁底稳定板、内水平隔流板和三角风嘴对主梁的涡激振动均有明显的抑振作用。考虑施工便利和经济性,选取竖直裙板和三角风嘴在0.97%阻尼下继续进行优化试验发现:竖直裙板对0°和－3°攻角下涡激振动有很好的抑振效果,但对+3°攻角效果不明显;夹角为45°斜边为1 m的倒直角三角风嘴可以大幅降低主梁的涡激振动幅值,设置该风嘴后主梁在0°和－3°攻角已没有明显涡激振动,但+3°攻角仍略大于规范要求。将三角形风嘴与封闭斜拉索防护栏杆组合后,可使主梁的涡振性能满足抗风设计要求。

3　结论

(1)该宽幅双箱叠合梁桥在较低风速下发生了明显的涡激振动现象。在阻尼比为0.97%时的涡振振幅仍超过我国《公路桥梁抗风设计规范》所规定的容许振幅。

(2)本文通过对多种叠合梁制振措施进行研究,提出采用三角形风嘴抑制边箱叠合梁桥涡激振动,具备较好的经济性,研究成果可为叠合梁桥,尤其是边箱叠合梁桥的涡激振动抑制提供良好借鉴。

参考文献

[1] 李亚东.桥梁工程概论[M].成都:西南交通大学出版社,2014.

[2] 高翔,周尚猛,陈开利.混合梁斜拉桥钢混结合段试验研究技术新进展[J].钢结构,2015,30(6):1－4.

[3] 公路桥梁抗风设计规范(JTG/YD60－01－2004).北京:人民交通出版社,2004.

零风速下桥梁断面附加质量和阻尼自由振动数值模拟研究[*]

张占彪，许福友

（大连理工大学风洞实验室 大连 116024）

1 引言

在桥梁节段模型风洞试验中，系统的机械参数如频率 f_0 和阻尼比 ξ_0 通常由零风速下的自由振动识别得到。然而即使在零风速下，主梁在振动过程中也会受到周围空气的干扰作用，因此识别出的频率和阻尼比是含有气动效应的，忽略气动效应在大振幅下会有较大误差[1-2]。本文采用自由振动数值模拟方法识别出几个典型桥梁断面的空气附加质量和阻尼，研究其对系统频率和阻尼比的影响及随振幅变化情况。

2 零风速下气动力表达式

由于零风速下弯扭耦合不明显，所以本文仅考虑单自由度竖弯及扭转振动。参照水动力学中对垂荡板的分析，将零风速下振动桥梁断面的气动力分为惯性力和阻尼力两部分：

$$F_L = F_{L,m} + F_{L,d} = -m_a \ddot{h} - c_{a,h} \dot{h} = -C_{m,h} \rho B^2 \ddot{h} - C_{d,h} \omega_h \rho B^2 \dot{h} \tag{1}$$

$$M_T = M_{T,I} + M_{T,d} = -I_a \ddot{\alpha} - c_{a,\alpha} \dot{\alpha} = -C_{I,\alpha} \rho B^4 \ddot{\alpha} - C_{d,\alpha} \omega_\alpha \rho B^4 \dot{\alpha} \tag{2}$$

式中，$C_{m,h}$、$C_{d,h}$、$C_{I,\alpha}$、$C_{d,\alpha}$ 为量纲参数，分别表示竖弯和扭转附加质量和附加阻尼系数。通过数值模拟可以获得断面振动过程中的速度、加速度和气动力时程，进而采用最小二乘法可以识别出附加质量和阻尼系数。

3 断面参数及数值模拟方法

3.1 断面参数

本文共选取 4 个断面，分别为零厚度的理想平板、苏通大桥施工状态、苏通大桥成桥状态、西堠门大桥施工状态主梁断面，如图 1 所示。各断面宽度均为 1 m，机械阻尼比均为 0.005。

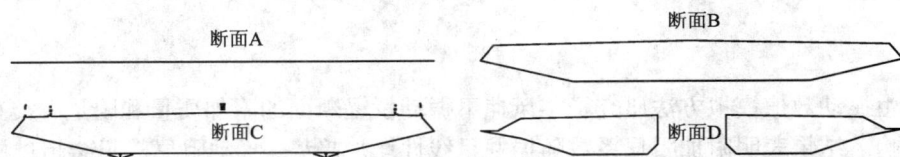

图 1　断面几何形状

3.2 数值模拟方法

采用商业软件 ANSYS Fluent 对每个断面分别进行竖弯和扭转单自由度数值模拟，自由振动求解方法参见文献[3]，二维流场计算域及网格划分方法参见文献2。湍流模型采用雷诺应力模型（*RSM*）。为保证 y^+ <1，近壁首层网格高度为 0.0002B，网格总数为 117,291 ~ 350,975。根据无关性验证，计算时间步长取为 0.0005 s。

4 结果分析

图 2 给出了各断面附加质量和阻尼系数随振幅变化情况，以及与理想平板 Theodorsen 理论解和文献 2 中强迫振动结果的对比情况。可以看出：（1）自由振动数值模拟结果与强迫振动模拟结果非常接近，验证

* 基金项目：国家自然科学基金项目（51478087）

了自由振动模拟的精度；(2)$C_{m,h}$ 和 $C_{l,\alpha}$ 随振幅变化不大，但是 $C_{d,h}$ 和 $C_{d,\alpha}$ 几乎随振幅线性增长；(3)对比断面 B 和断面 C 可以看出栏杆及检修轨道等附属设施会增加断面附加质量和阻尼系数；(4)断面 D 的 $C_{m,h}$ 和 $C_{d,h}$ 明显低于其他断面，这是因为断面 D 为中央开槽断面，开槽处的空气质量未能与断面一起振动。此外，因为开槽处位于断面中央，对扭矩影响较小，所以 $C_{l,\alpha}$ 和 $C_{d,\alpha}$ 不如 $C_{m,h}$ 和 $C_{d,h}$ 明显。

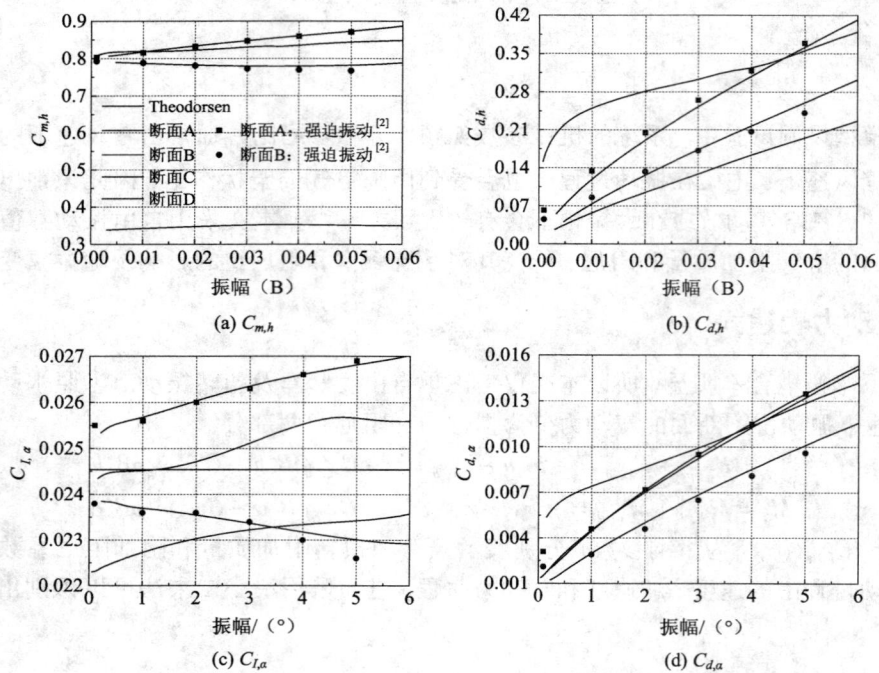

(a) $C_{m,h}$ (b) $C_{d,h}$ (c) $C_{l,\alpha}$ (d) $C_{d,\alpha}$

图 2   各断面气动参数识别结果

根据数值模拟所得位移时程，可以求出随振幅变化的阻尼比和频率，减去机械成分 (f_0, ξ_0) 即为气动效应的影响。以断面 B 和 D 为例，在 0.05B 振幅下，竖弯气动阻尼比分别为 0.0065 和 0.0057，均超过机械阻尼比，说明零风速下振动桥梁断面的附加阻尼效应不容忽视。

5   结论

本文采用自由振动数值模拟方法研究了零风速下振动桥梁断面的附加质量和阻尼，及其对结构振动频率和阻尼比的影响。结果表明附加阻尼系数随振幅呈线性增加趋势，气动阻尼甚至会超过机械阻尼。

参考文献

[1] Cao F C, Ge Y J. Air–induced nonlinear damping and added mass of vertically vibrating bridge deck section models under zero wind speed[J]. Journal of Wind Engineering and Industrial Aerodynamics, 2017, 169.

[2] Xu F Y, Zhang Z B. Numerical simulation of of windless–air–induced added mass and damping of vibrating bridge decks[J]. Journal of Wind Engineering and Industrial Aerodynamics, 2018, 180: 98–107.

[3] Xu F Y, Zhang Z B. Free vibration numerical simulation technique for extracting flutter derivatives of bridge decks[J]. Journal of Wind Engineering and Industrial Aerodynamics, 2017, 170: 226–237.

超长拉索参激与涡激振动研究[*]

周旭辉，韩艳

（长沙理工大学桥梁工程安全控制省部共建教育部重点实验室 长沙 410114）

1 引言

斜拉索是斜拉桥重要的传力构件，将作用在桥面上的活载（车辆荷载和人群荷载）及恒载传给桥塔。由于其相对轻柔和较低的阻尼，在风荷载以及端部激励作用下斜拉索非常容易发生振动。斜拉索的振动会造成索端接头的疲劳、表面防腐材料的损伤以及桥面板损坏等问题，严重时还会引起斜拉索的失效，严重影响到桥梁的运营安全，因此斜拉桥拉索的振动问题，是国内外学者非常关注的问题。

在过去几十年中，各国学者针对斜拉索振动问题展开了大量的研究。Tagata 将拉索视为无重量的弦，研究了拉索的一阶参数振动，导出了量纲的 Mathieu 方程。周岱将拉索简化为标准弦，桥面和桥塔简化为两个质量块，建立了拉索－桥面－桥塔耦合模型，采用多尺度法结合数值法研究了拉索在两端轴向激励协同作用下的参数振动。李寿英建立了运动水线的三维连续弹性斜拉索风雨激振理论分析模型，该模型可以考虑拉索多阶模态风雨振。李永乐等考虑了斜拉索的垂度效应，利用模态叠加法，研究了索端激励对斜拉索风雨激振振动特性的影响。Mathelin and de Langre 和 Violette 采用尾流振子模型研究了剪切流作用下细长柔性结构的涡激振动响应，并进行了有限元模拟和试验对比分析。陈文礼采用风洞试验和斜拉索 Ansys CFX 流固耦合模型，研究了 100m 长斜拉索在风荷载作用下的涡激振动响应。

目前斜拉索振动的研究大多以参数振动或者风雨振动为基础进行分析，随着桥梁跨径的增加，斜拉索的长度不断增大，其固有频率随之降低，拉索的涡激振动和参数振动也越来越明显。本文基于上述研究背景，以斜拉索为研究对象，建立了拉索参数振动和涡激振动三维运动方程，利用有限差分法进行了求解，通过索端轴向正弦激励，研究了斜拉索参数振动特性。采用经典涡激力模型，对拉索在均匀流作用下的双向涡激振动响应进行了对比分析。

2 理论模型

2.1 拉索运动微分方程

图 1 为斜拉索模型示意图，拉索轴向为 x 轴，顺流向为 z 轴。两端假设为固定支座，顶端为坐标零点。

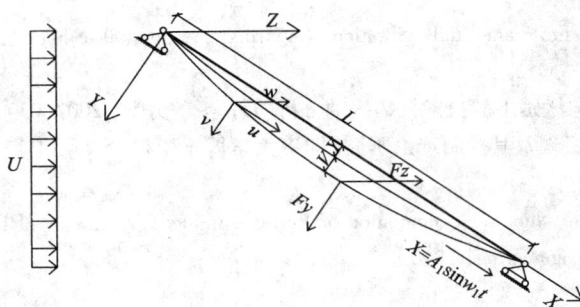

图 1 拉索模型

为研究方便，作以下假定：①考虑拉索弹性刚度 EA，不计拉索抗弯刚度、抗扭刚度和抗剪刚度，初始长度为 L；②拉索变形的本构关系服从虎克定律且各点受力均匀；③采用抛物线作为拉索静力作用下线型，

* 基金项目：国家自然科学基金项目资助（51822803，51678079，51778073）

计算精度满足工程要求。由牛顿定律建立拉索振动微分方程：④拉索所受风荷载为均匀流，不考虑梯度效应；拉索轴向施加正弦激励 $X = A_1 \sin w_1 t$。

拉索运动方程为：

Y 轴
$$\frac{\partial}{\partial s}\left[(T+\tau)\left(\frac{\partial y}{\partial s}+\frac{\partial v}{\partial s}\right)\right] + F_y = m\frac{\partial^2 v}{\partial t^2} + C_1\frac{\partial v}{\partial t} - \rho g \cos\theta \tag{1}$$

Z 轴
$$\frac{\partial}{\partial s}\left[(T+\tau)\frac{\partial w}{\partial s}\right] + F_z = m\frac{\partial^2 w}{\partial t^2} + C_2\frac{\partial w}{\partial t} \tag{2}$$

式中：T 为拉索初始拉力，τ 为拉索动应力，y 为静态垂度变形曲线（即静力平衡位置），v、w 为偏离平衡位置的动力位移，m 为拉索单位长度质量，s 为拉索弧线长度，C_1、C_2 为每单位索长的面内外线性阻尼系数，θ 为拉索的纵向与水平位置夹角，F_y、F_z 为拉索垂直流向涡激升力和顺流向涡脱引起的拖曳力。

2.2　经典涡激力模型

当拉索在承受风荷载时，在一定的流速条件下，可在拉索两侧交替地形成强烈的旋涡，旋涡脱落会对拉索产生一个周期性的可变力，使得拉索在流向垂直方向发生横向振动，同时在顺流向产生拖曳力，引起顺流向的振动。当定常流作用于拉索时，会产生拉索垂直流向涡激升力和顺流向涡脱引起的拖曳力，并认为顺流向作用频率为横向 2 倍，其计算公式为：

$$f_y = \frac{1}{2}C_L\rho Du^2\cos w_s t \quad f_z = \frac{1}{2}C_L'\rho Du^2\cos 2w_s t \tag{3}$$

其是一个周期的简谐力模型，其频率为斯特罗哈频率。$w_s = 2\pi\dfrac{S_t u}{D}$；$S_t$ 为 Strouhal 数，D 为拉索直径；C_L 升力系数，C_L' 为漩涡释放引起的脉动拖曳力系数。

3　结论

（1）在轴向激励频率约为拉索固有频率整数倍时，拉索中点出现较大的振幅，且振幅呈现"拍"现象，频率比越大，参与振动的模态数越多阶数越高；在参数振动不稳定区间内，斜拉索振幅随着频率比的增大而增大，当跨中振幅达到最大值后，幅频特性曲线发生了跳跃现象。

（2）在 0 ~ 5 m/s 风速均匀流作用下，拉索以单一频率发生涡激振动，顺流向振幅较小，横流向振幅处于 10 ~ 40 mm，且呈现出"拍"的特点，随着风速的增加，参与涡激共振的模态阶数越高，振幅的拍频也发生改变。拉索涡激振动不会直接使结构发生强度破坏，但是其高频小幅特性会对斜拉索锚固系统造成疲劳损伤，应引起注意。

参考文献

[1] Tagata G, Harmonically forced, finite amplitude vibration of a string[J]. Journal of Sound and Vibration, 1977, 51(4): 483 ~ 492.

[2] 周岱, 柳杰, 郭军慧, 等. 轴向激励下斜拉索大幅振动分析[J]. 工程力学, 2007(03): 34 – 41.

[3] 李寿英. 斜拉桥拉索风雨激振机理及其控制理论研究[同济大学博士学位论文]. 上海：同济大学航空航天与力学学院, 2005: 75 – 96.

[4] Chen W L, Li H, Ou J P, et al. Numerical Simulation of Vortex – Induced Vibrations of Inclined Cables under Different Wind Profiles[J]. Journal of Bridge Engineering, 2013.

七、车辆空气动力学与抗风安全

基于 CFD 的山区桥梁风屏障气动选型[*]

陈祥艳[1,2]，刘志文[1,2]，陈政清[1,2]

（1. 湖南大学风工程与桥梁工程湖南省重点实验室 长沙 410082；2. 湖南大学土木工程学院桥梁工程系 长沙 410082）

1　引言

随着山区峡谷桥梁的大量建设，山区风场风特性备受关注。由于山区地形的复杂性，复杂山区地形的桥梁桥址处风攻角可能较大，与来流较稳定的海上桥梁及平原桥梁的风特性具有明显的区别。风屏障作为一种行之有效的降风措施，可改善车辆或列车行车环境，从而增加车辆或列车的运行限制风速。对风障研究行之有效的方法有现场实测、风洞试验以及 CFD 数值模拟。目前研究主要关注风屏障的透风率[1-4]、高度[3]及风障距车辆的距离[1-2]等对车桥系统的影响，而对大攻角来流风作用下不同透风率及挡风条形状的风障对桥梁降风效果及主梁三分力系数影响的研究相对较少。本文采用 CFD 模拟方法，对山区桥梁风屏障的气动外形与构造进行数值模拟研究并使用基于关联度的权重求法确定最优方案，从风屏障降风效果和对主梁风荷载的影响两个方面对风屏障的选择作出参考。

2　风障降风效果评价指标

等效风速计算原理为使用矩形风剖面等效实际风剖面，等效原理为矩形风剖面和实际风剖面压力总和相等[2]。一定高度范围内风剖面的风速折减系数按下式计算

$$r = \sqrt{\int_0^H (v/v_0)^2 \mathrm{d}H / H} \tag{1}$$

式中，r 为风速折减系数，H 为风剖面高度，V 为风剖面内风速值，V_0 为来流风速。

3　基于关联度的权重求法

在方案评价指标全部为成本性指标，即指标值越小越好时，可使用基于关联度的权重求法确定最优方案，公式如下

$$\omega_j = \frac{1}{u_j \sum_{i=1}^n \dfrac{1}{u_i}} \tag{2}$$

4　计算结果与分析

针对某铁路梁桥的箱型断面，在其上双侧安装不同构造形式的风屏障进行研究。考虑到桥址位于山区地形，设定每种风障构型下测定风攻角分别为 0°，+7°及 −7°；风障透风率分别为 30% 及 40%；表 1 所示为不同透风率（1~4：40%；5~8：30%）8 种不同的风障挡风条选型。

不同风攻角下风障方案的风速折减系数柱状图如图 1 所示。从图 1 中可以看出，各攻角下方案 8 风障对应的风速折减效果最佳。使用基于关联度的权重计算方法最终结果见表 3。

不同方案主梁阻力系数见表 2。由表 1 可以看出，0°及 +7°风攻角下 40% 透风率下主梁的水平阻力系数普遍低于 30% 透风率风屏障对应的主梁水平阻力系数，−7°攻角则反之；而降风效果较好的风障方案下桥梁水平阻力系数则较大。工程实际中桥梁用风障气动外形的选择建议同时兼顾桥面降风效果及其对主梁

＊ 基金项目：国家自然科学基金项目（51478180，51778225）

水平阻力系数的影响。

表1　风障方案

方案	1	2	3	4	5	6	7	8
尺寸	30 20	18 12	20 5 20 5	30 20	35 15	21 9	23.33 5.83 15 5.83	35 15

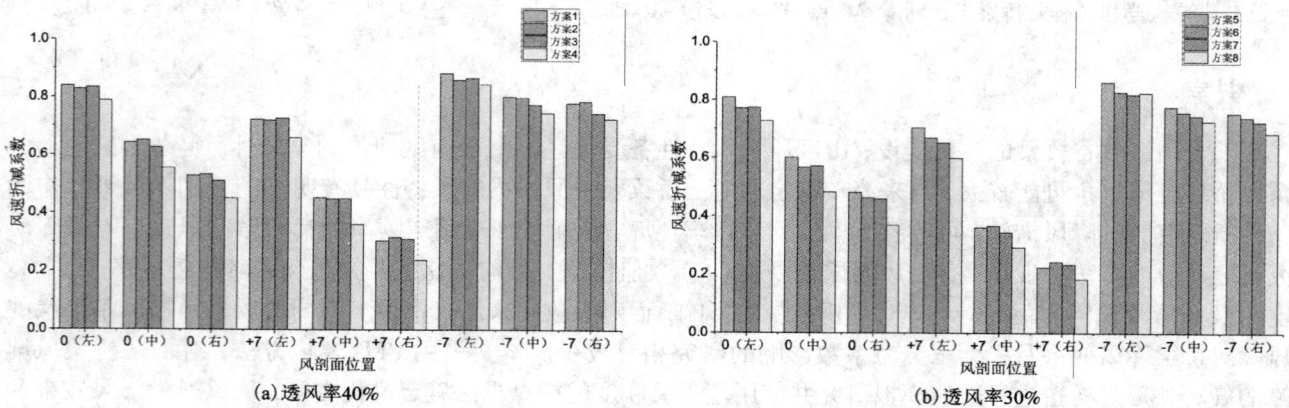

图1　不同风攻角条件下各风障方案在桥面高度处风速折减系数柱状图

表2　不同风攻角下不同方案阻力系数 C_D（特征长度：0.206 m）

方案	1	2	3	4	5	6	7	8
0°	1.7777	1.7600	1.8173	1.9146	1.8137	1.8336	1.8573	1.9647
+7°	1.4297	1.4535	1.5107	1.6887	1.5838	1.6101	1.5821	1.7240
-7°	2.2166	2.1905	2.2244	2.1837	2.2078	2.1950	2.2638	2.3603

表3　考虑各指标权重共同影响下结果计算值

项目	方案1	方案2	方案3	方案4	方案5	方案6	方案7	方案8
结果	0.9473	0.9468	0.9468	0.9010	0.9049	0.8964	0.8883	0.8613

5　结论

采用数值模拟方法对大攻角来流风作用下不同风障构型对降风效果及桥梁断面静三分力的结果进行对比研究。结果表明：挡风条形状影响降风效果及桥梁静三分力系数，在风攻角较大时，直条形风障降风效果最为优越，但此时阻力系数 C_D 较大，应综合考虑两者进行选型；通过对比方案5，6可知几何相似的两种风障构型，挡风条数量不同时降风效果不同。基于关联度的权重确定方法可用于方案比选，最优方案为方案8。

参考文献

［1］李永乐，赵彤，刘多特，等.铁路风屏障的气动绕流及风吹雪特性研究［J］.铁道学报，2015，37（6）：119－125.

［2］周奇，朱乐东，郭震山.曲线风障对桥面风环境影响的数值模拟［J］.武汉理工大学学报，2010，32（10）：38－44.

［3］邹云峰，何旭辉，李欢，等.风屏障对车桥组合状态下中间车辆气动特性的影响［J］.振动工程学报，2016，29（1）：156－165.

［4］张田，郭薇薇，夏禾.侧向风作用下车桥系统气动性能及风屏障的影响研究［J］.铁道学报，2013，35（7）：102－106.

350 km/h 高速铁路声屏障气动压力数值模拟研究[*]

郭柯桢[1,2]，何旭辉[1,2]，敬海泉[1,2]，吉晓雨[1,2]

（1.中南大学土木工程学院 长沙 410075；2.中南大学高速铁路建造技术国家工程重点实验室 长沙 410075）

1 引言

我国的高速铁路发展已经取得了举世瞩目的成就，"八纵八横"的全国铁路网建设正在如火如荼地开展。高速铁路在极大地方便人们日常出行、提高生活质量和效率的同时，其带来的振动和噪声问题给周围居民的生活环境也带来了严重的影响，尤其是当前我国的高铁车速正在逐渐恢复到350公里/小时，噪音污染这一问题愈发突出。因此，对于某些噪音敏感地段的设计而言，多采用设置声屏障的措施来降低噪音对周边环境的影响。

为满足不同程度的降噪要求，一般在根据工程实际的基础上结合多方面因素进行声屏障形式的选择[1]，其中全封闭式声屏障多应用于对声环境要求较为严苛的工程中。然而，全封闭式声屏障在一定程度上降低环境噪声的同时，声屏障结构受到列车风引起的脉动压力也会增大，对其自身结构的强度和稳定性是个极大考验[2]，本文致力于这一方面的研究。

2 研究方法和内容

本文基于某高速铁路声屏障工程背景，其声屏障形式采用拱形插板式全封闭式声屏障，列车采用CRH380A型，主要研究列车车速在350 km/h下，单车和会车（在声屏障中间位置交会）情况下，声屏障面板、微气压波、以及车头车尾处压力的变化情况和规律。

2.1 研究方法

本文利用计算流体力学软件FLUENT，基于RANS的求解方法，选用$k \sim \varepsilon$两方程湍流模型，定义为可压缩流体，进行非稳态求解。并采用动态铺层技术实现列车的相对运动，通过定义profile文件的方式来设置列车的加速以及匀速过程。网格划分采用ICEM前处理软件，由于列车外形及声屏障的不规则性，采用适应性较好的四面体网格，并且在边界层区域适度加密，以提高精确度，拉伸部分的网格则采用六面体网格，节省计算资源，提高效率。

列车所在的动网格区域通过interface交界面实现与包含声屏障在内的静态网格区域之间的数据交换。计算域分为三部分，中间部分包含整个长度的声屏障，共840 m，为了使列车的加速过程更加充分，不至影响到计算边界条件，在经过查阅文献[3]和网格无关性试算的基础上，在计算域中间部分的两端，利用网格拉伸技术，分别向两侧各拉伸550 m。为了减小列车移动对边界条件造成影响，列车初始位置设置在距边界200 m，宽度和高度各50 m。

在声屏障出入口外各50 m，每10 m间隔设置若干微气压波的测点；在声屏障内部，设置19个监测断面，每个断面等距的设置11个侧点。并在列车的车头和车尾处设置测点，以探究运动过程中的压力变化情况。

2.2 研究内容

通过声屏障内壁布置的测点，得出了声屏障面板上气动压力的时程曲线，并且可以根据压缩波、膨胀波在声屏障内的传递来解释这一曲线的变化趋势[4]。如图1所示是单车工况下，声屏障中间截面测点的压力时程图，并且根据列车车头车尾形成的压缩波、膨胀波，以及两者的传递过程示意图，可以很好地解释压力曲线的变化情况。

声屏障每个断面上的等距测点，分别研究单车和会车时不同位置处声屏障气动压力的分布规律，并且对比两种情况下各测点压力值分布的差异、以及压力极值的差异。讨论微气压波的分布规律，这一研究对

* 基金项目：国家自然科学基金（U1534206）；国家重点研发计划（2017YFB1201204）

声屏障的降噪效应评估具有重要意义。

通过在列车的车头车尾设置测点，研究单车和会车时，车头鼻尖处压力变化的差异，并合理分析这些差异的原因。并且结合压力云图更加直观地分析车体及声屏障壁面的压力变化。

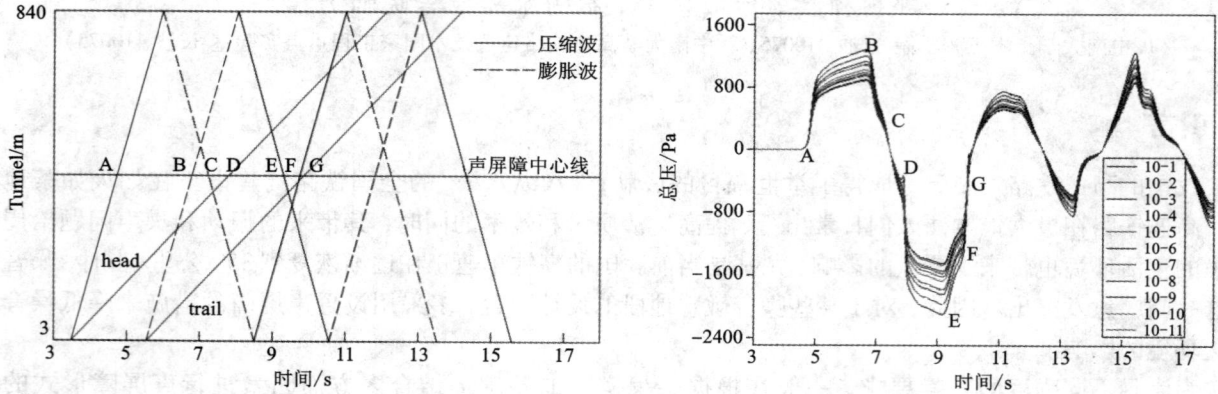

图 1　单车通过时中间截面的测点压力变化情况和气压波传递示意图

3　结论

列车经过声屏障时，其断面测点压力变化趋势与气压波在声屏障内的传播相吻合，后者可以很好的解释脉动压力变化的原因。会车和单车工况下，都是 12 号截面的压力极值达到最大，其中会车工况下最大正压为 3542.4 Pa，为单车通过时最大正压的 2.47 倍；最大负压为 −5322.3 Pa，为单车通过时最大负压的 2.28 倍，会车时最大压力幅值达到 8864.7 Pa，是单车工况的 2.35 倍。因此会车工况为较危险工况，应该以此为设计的控制荷载。

微气压波的大小与靠近声屏障出入口的压力大小存在正相关的线性关系。靠近出入口的微气压波测点数值上会大于远离出入口的测点，一般取距出口 15 m 处压力为参照。单车和会车时，车头鼻尖处的压力变化趋势有很大差异。会车时，鼻尖压力会在经过进入声屏障入口时发生压力激增之后，与另一列车交会时发生再一次的压力激增达到 7000 Pa，而且会在交会之后出现约为 3348 Pa 的负压，其造成的压力变化会影响到行车安全及乘坐舒适性。

参考文献

[1] 周强.高速铁路减载式声屏障隔声性能研究[D].成都：西南交通大学，2015.

[2] 李晏良，李耀增，辜小安，等.高速铁路声屏障结构气动力测试方法初探[J].铁道劳动安全卫生与环保，2009，36(1)：22−26.

[3] Chen X D, Liu T H, Zhou X S, et al. Analysis of the aerodynamic effects of different nose lengths on two trains intersecting in a tunnel at 350 km/h[J]. Tunnelling & Underground Space Technology, 2017, 66：77−90.

[4] Li X H, Deng J, Chen D W, et al. Unsteady Simulation for a High-Speed Train Entering a Tunnel[M]// China's High-Speed Rail Technology. 2018.

桥隧过渡段列车防风措施优化研究

何佳骏[1]，彭栋[1,2]，李永乐[1]，向活跃[1]

(1.西南交通大学土木工程学院 成都 611756；2.中铁大桥勘测设计院集团有限公司 武汉 430056)

1 引言

列车经过桥隧过渡段时，由于隧道内部与桥面风环境差异巨大，横风作用下列车从隧道驶入桥梁时会承受突变的气动力，影响列车的行驶安全，需要明确列车经过桥隧过渡段时的横风气动力，以提高行车安全性。已有的文献研究了列车在横向风作用下受到的气动力[1][3][4]，各种线路段上列车的气动力[2][6]和相关的防风措施[5][6]，以及汽车经过桥隧过渡段的气动力时程[7]，但尚未讨论列车经过过渡段时列车所受的气动力特性以及相关的防风措施。本文以东南沿海某高速铁路客运专线的桥隧过渡段为例，通过 CFD 数值风洞技术，结合动网格与滑移网格方法，模拟分析了 CRH3 列车通过桥隧过渡段时气动力的变化特点。对比分析了过渡阶梯形风屏障与常规的通长风屏障的防风效果，验证了防风措施的可行性。

2 研究方法与计算结果

2.1 研究方法

计算采用 CRH3 型列车，总长 74 m，划分为头车、中间车和尾车三个部分进行分析。对转向架等结构进行简化以提高网格质量和计算速度，列车模型如图 1 所示。桥隧过渡段模型采用东南沿海某高速铁路客运专线简支梁断面，过渡段几何模型如图 2 所示。研究中使用的过渡段风屏障的几何示意如图 3 所示。使用的通长风屏障高 1.5 m，于全梁段存在。

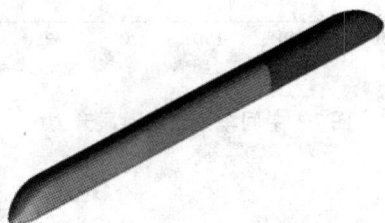

图 1 列车模型几何示意图

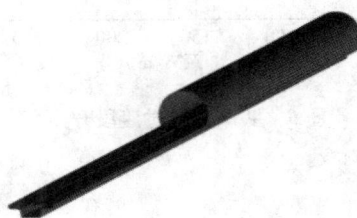

图 2 过渡段几何模型

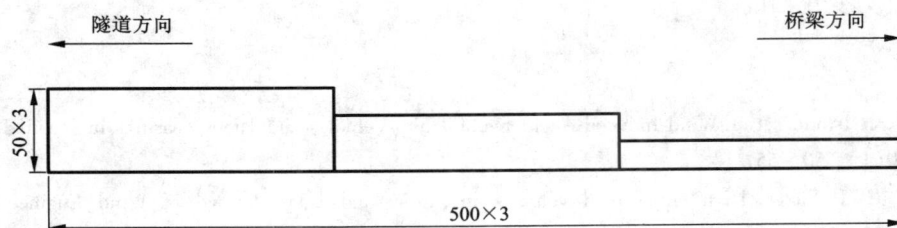

图 3 过渡段风屏障几何示意

分别对桥隧过渡段地形以及车辆模型进行网格划分，计算区域之间通过 FLUENT 中的 Interface 界面进行信息交换，通过动网格以及滑移网格方式模拟列车经过过渡段的过程。

2.2 计算结果

列车从隧道开始以 250 km/h 的车速在 25 m/s 的横风下经过桥隧过渡段时头车、中间车的横向力如图 4 和图 5 所示。受到的升力如图 6 和图 7 所示。其中有风屏障指全梁段存在通长风屏障下的计算结果，1.5 m 过渡风屏障指使用提出的阶梯型风屏障下的计算结果。

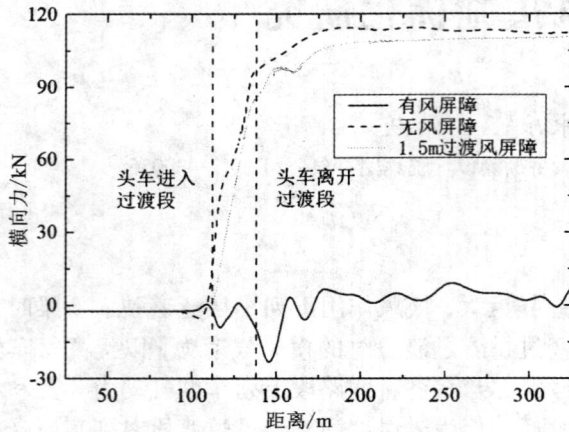

图4　头车经过过渡段横向力

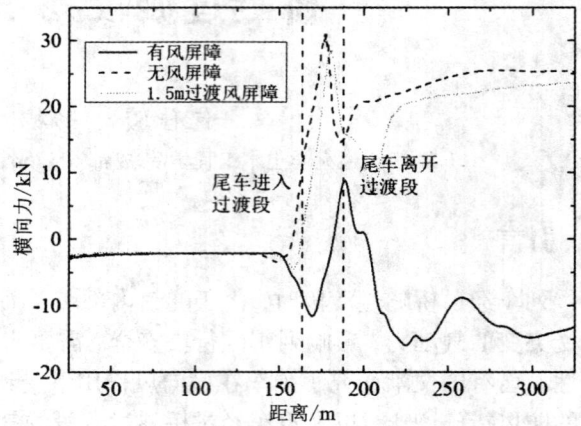

图5　中间车经过过渡段横向力

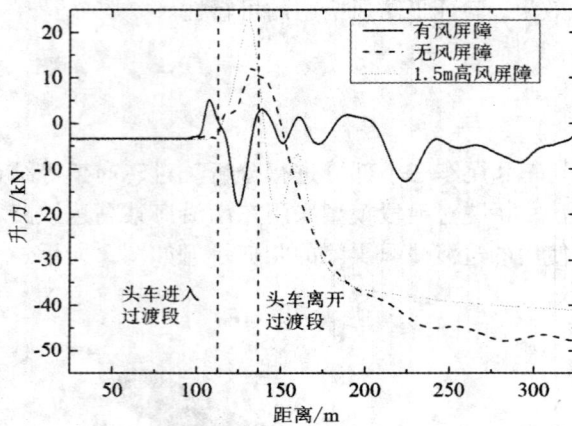

图6　头车经过过渡段升力

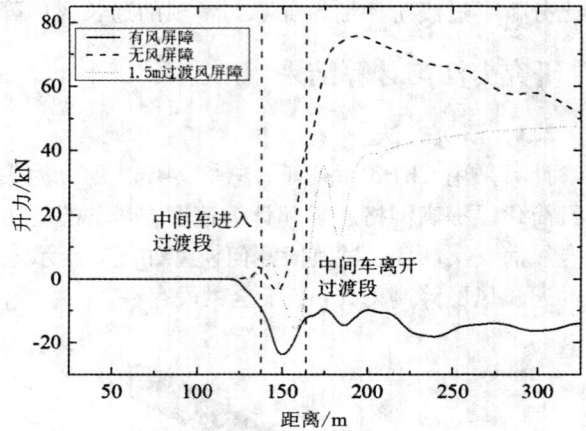

图7　中间车经过过渡段升力

3　结论

（1）使用桥上通长的风屏障能够有效改善列车所受的阻力与升力变化。

（2）过渡阶梯型风屏障能够延迟并减缓列车阻力的变化，也可以改善中间车升力变化幅度，但是会加大头车与尾车的升力变化幅度。

参考文献

［1］ TFujii, T Maeda, H Ishida, et al. Wind-Induced Accidents of Train/Vehicles and Their Measures in Japan［J］. Quarterly Report of Rtri, 1999, 40(1): 50 - 55.

［2］ S. A. Coleman, C. J. Baker. High sided road vehicles in cross winds ［J］. Journal of Wind Engineering and Industrial Aerodynamics, 1990, 36(1): 1383 - 1392.

［3］ M Suzuki, KTanemoto, T Maeda. Aerodynamic characteristics of train/vehicles under cross winds ［J］. Journal of Wind Engineering & Industrial Aerodynamics. 2003, 91(1 - 2): 209 - 218.

［4］ 于梦阁, 张继业, 张卫华. 平地上高速列车的风致安全特性［J］. 西南交通大学学报. 2011: 989 - 95.

［5］ 向活跃. 高速铁路风屏障防风效果及其自身风荷载研究 ［D］. 西南交通大学; 2013.

［6］ 彭栋. 桥梁与其他线路类型过渡段车辆气动特性及优化措施［D］. 西南交通大学. 2014: 13 - 22.

［7］ 王露, 刘玉雯, 陈红. 侧向风作用下桥隧连接段汽车行驶特性研究［J］. 吉林大学学报（工业版）. 2018: 41.

百叶窗型风声屏障对轨道交通车－桥系统气动特性影响*

蒋硕，何旭辉，邹云峰

（中南大学土木工程学院 长沙 410075）

1 引言

在高架桥梁两侧设声屏障是轨道交通常用噪声防治手段，然而传统声屏障研究往往只注重降噪效果，忽视了屏障的设置对列车和桥梁气动力的影响。本文总结以往声、风屏障研究[1-10]，提出了新型的百叶窗式声风屏障，采用风洞节段模型试验对安装 10 种不同结构的百叶窗式声风屏障的车、桥气动力进行了研究，为声风屏障结构设计提供依据。

2 风洞试验概况

节段模型试验在中南大学风洞进行，试验风速 12 m/s，模型缩尺比 1∶15，采用气动力同步分离装置对车桥系统进行测力测压。试验在桥梁布置三个测压断面（153 个测点），在列车布置五个测压断面（160 个测点），并通过六分量天平获取了桥梁三分力，研究固定导流叶片宽度和固定透风率情况下导流叶片倾角及倾角组合对于车、桥气动力的影响。

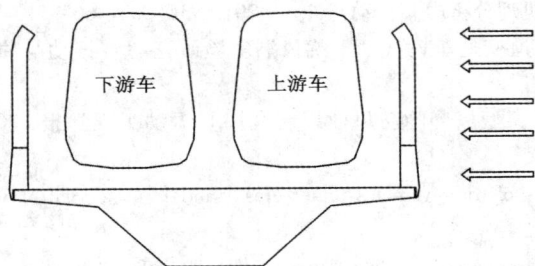

图1 车桥组合

图2 风洞模型全貌

3 车辆气动力试验结果与分析

3.1 固定叶片宽度时叶片倾角的影响

列车阻力系数和升力系数随叶片倾角增大而减小，力矩系数变化呈相反趋势，由于内部共鸣吸声晶格的遮挡，三分力力变化幅度并不明显。由列车周围风压分布来看，设置屏障后，迎风侧风压由正转负，最小负压点始终固定在车顶与迎风侧交界处，车体迎风侧负压随倾角增大而减小，贡献了主要的侧力变化。

3.2 固定透风率时叶片倾角的影响

随叶片倾角增大，列车阻力系数先减小后增大，力矩系数先增大后减小，升力系数逐渐增大。列车最小负压点点随倾角增加逐渐向列车顶部上升，迎风侧负压是导致侧力变化的主因；车顶负压变化较小，车底负压主导了列车升力的变化；采用倾角组合时车顶和车底区域风压分布由临近导流叶片倾角控制，在交汇区域则由两者共同影响。

3.3 车桥组合对于车辆气动力的影响

车辆位于来流上游方向时受气动分离的影响较大，迎风侧和车底对于倾角的变化较为敏感；车辆位于下游时背风侧受到尾流影响波动较大，风压总体较上游车工况更趋平稳；车桥组合工况三分力变化趋势基

* 基金项目：国家自然科学基金项目（51508580、U1534206、51508574、51708202）；国家重点研发计划项目（2017YFB1201204

本一致。

4 桥梁气动力试验结果与分析

4.1 屏障结构和车桥组合对于桥梁风压分布的影响

桥面风压对叶片倾角变化较为敏感，随倾角增加最小负压点逐渐向下游迁移；90°时主梁迎风侧负压最小，随叶片打开而逐渐增大；当桥上有列车时，桥面负压增大，桥梁升力减小，流场分离点向下游方向发展。

4.2 桥梁气动力试验结果与分析

由于声风屏障高度大于主梁高度，因此当把桥梁—屏障作为整体系统考虑时，桥梁阻力系数较单桥有最多 200% 的增幅，但屏障对于升力和力矩的贡献并不明显；桥梁阻力系数在叶片倾角 90°时最大。

5 结论

本文主要探索了百叶窗型风声屏障的使用对于车、桥风压分布和气动力的影响，通过控制叶片倾角，可对车、桥气动力进行调节和改善，设计时可结合车桥耦合计算进一步考虑。导流叶片倾角对于车辆阻力和力矩系数作用并不明显，升力系数则随倾角增大有明显增大，可能导致轮重减载率增大；桥梁应与风屏障作为整体考虑，其侧力与单桥相比有大幅提升，桥梁阻力系数在倾角 90°时达到极大值，与普通声屏障相比，安装 60°+120°倾角组合式百叶窗式声屏障桥梁阻力系数可减小 11%。

参考文献

[1] 何旭辉，邹云峰，杜风宇. 风屏障对高架桥上列车气动特性影响机理分析[J]. 振动与冲击，2015，34(03)：66 – 71.

[2] 邹云峰，何旭辉，郭向荣，何玮，贺俊. 横风下流线箱型桥 – 轨道交通车辆气动干扰风洞实验研究[J]. 振动与冲击，2017，36(05)：95 – 101.

[3] 史康，褚杨俊，何旭辉，秦红禧，李欢，于可辉. 轨道交通百叶窗型风屏障防风效果研究[J]. 振动工程学报，2017，30(04)：630 – 637.

[4] SUZUKI M, TANEMOTO K, MAEDA T. Aerodynamic characteristics of train/vehicles under cross winds[J]. Journal of Wind Engineering and Industrial Aerodynamics, 2003, 91(1): 209 – 218.

[5] CHELI F, CORRADI R, ROCCHI D, et al. Wind tunneltests on train scale models to investigate the effect ofinfrastructure scenario[J]. Journal of Wind Engineering andIndustrial Aerodynamics, 2010, 98(6/7): 353 – 362.

[6] 姜翠香，梁习锋. 挡风墙高度和设置位置对车辆气动性能的影响[J]. 中国铁道科学，2006(02)：66 – 70.

[7] 向活跃，李永乐，胡喆，廖海黎. 铁路风屏障对轨道上方风压分布影响的风洞试验研究[J]. 实验流体力学，2012，26(06)：19 – 23.

[8] 张田，夏禾，郭薇薇. 风屏障导致的风载突变对列车运行安全的影响研究[J]. 振动工程学报，2015，28(01)：122 – 129.

非定常气动荷载对桥上列车行车安全、舒适性影响分析*

刘叶，韩艳

（长沙理工大学土木工程学院 长沙 410114）

1 引言

随着列车高速运行和轻型化设计的发展，气动载荷对列车的扰动效应越来越强，列车在大风环境下桥上行车安全性和舒适度问题凸显。国内外相关学者对桥上列车的风致安全性问题极其重视并开展了大量的科研工作。G. Diana 和 F. Cheli[1]对列车在平均风作用下通过桥梁时的车辆动力响应进行了研究。刘加利等[2]研究了不同横风风速下的定常气动力和非定常气动力对高速列车运行安全性的影响，得出非定常气动力荷载对高速列车行车安全影响更加显著，其研究中只考虑了列车行驶在线路上的情况。于梦阁等[3]通过对高速列车在非定常气动荷载作用下的研究，给出了在随机风环境下高速列车运行安全的特征风速曲线均值及其置信区间，未考虑列车在桥上行车情况。列车在桥上行驶时，桥梁的存在会影响列车的气动性能，列车和桥梁间的耦合作用也会影响列车的行车稳定性，因此非常有必要对列车在非定常气动力荷载作用下桥上行车安全、舒适性进行研究。

鉴于此，本文采用多体动力学分析软件 SIMPACK 和有限元分析软件 ANSYS，对考虑刚柔耦合法的列车－轨道－桥－桥墩多体系统模型进行了联合仿真，计算分析了单节列车在定常气动力荷载和非定常气动力荷载作用下的车辆动力响应，研究了非定常气动力荷载对桥上列车行车安全、舒适性的影响。

2 列车过桥时行车安全、舒适性分析

2.1 列车－轨道－桥梁多体系统模型的建立

采用 SIMPACK 软件建立单节列车模型，在 ANSYS 软件中分别建立轨道、桥和桥墩模型，二者通过轮轨相互作用关系在轮轨接触面离散的信息点上进行数据交换，从而实现车－桥耦合振动的联合仿真模拟。轨道、桥和桥墩模型结构构件间通过力元连接，桥墩与大地通过约束固结，共同构成多柔性体系统。车－轨道－桥－桥墩耦合振动仿真分析模型如图1所示。

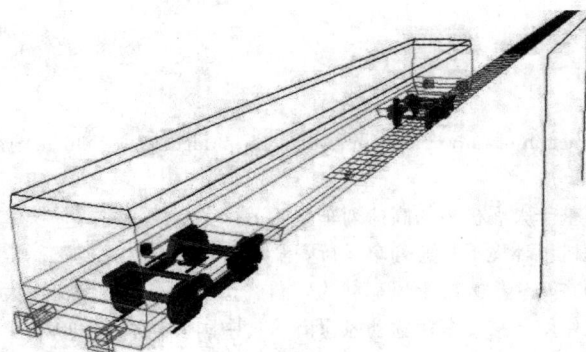

图1　仿真计算模型

2.2 列车风荷载加载方法

本文中模型缺少实测的风速数据，采用模拟的风速时程，将计算得到的风荷载作为动力激励输入。建立列车多体系统动力学模型后，将简化的气动力和气动力矩集中加载到车体质心进行仿真计算。车－桥系

* 基金项目：国家自然科学优秀青年基金项目（51822803）；湖南省自然科学杰出青年基金项目（2018JJ1027）

统中列车空气动力学参考葛玉梅等[4]风洞试验研究。基于胡朋等[5]研究的移动点脉动风速谱,可以方便地获得作用于移动车辆上的脉动风速时程。

2.3 非定常气动载荷对桥上列车行驶安全、舒适性影响分析

安全性评价指标通常采用脱轨系数(Q/P)、轮重减载率($\Delta P/P$)、轮轨垂向力以及轮轴横向力;此外,在风和各种力的最不利组合情况下,车辆会存在倾覆稳定性问题。列车还具有舒适性评价指标——Sperling 指标与车体振动加速度,评价标准的具体数值参考相关规范和文献[6]。

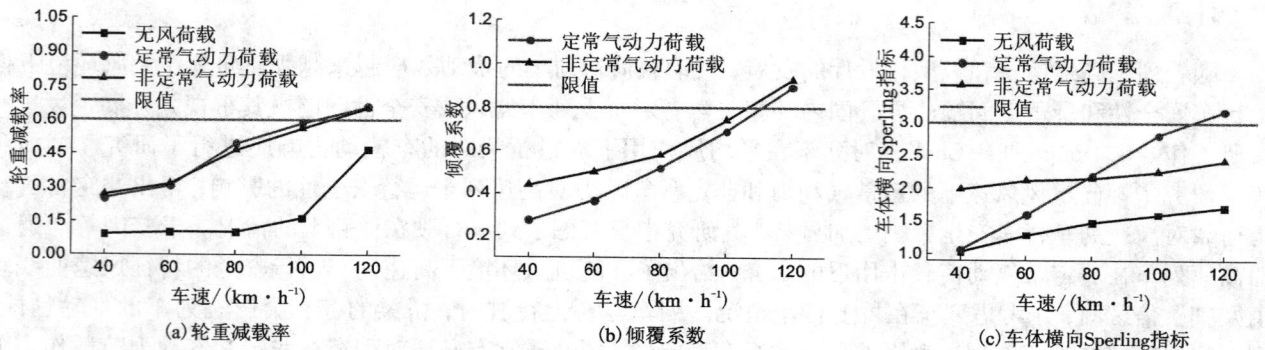

(a) 轮重减载率　　　　(b) 倾覆系数　　　　(c) 车体横向Sperling指标

图2　平均风速20 m/s 桥上列车安全、舒适指标与车速大小的关系

图2给出了列车安全、舒适性超过限值的各项指标图。轮重减载率和倾覆系数当车速超过 105 m/s 时超过限值,且考虑非定常气动力荷载的影响会使评估结果更安全。车速超过 110 km/h 时,定常气动力荷载作用下车体横向 Sperling 指标超过限值,但非定常气动力荷载作用下满足要求。可见,120 km/h 车速下,采用非定常气动力荷载作用列车的行驶平稳性好。

3　结论

无风荷载 120 km/h 车速下,列车在桥上运行时,其安全、舒适性指标均满足要求,各项指标值随车速的增加而增大且远小于限值。在定常与非定常气动力荷载影响下,桥上列车安全性和舒适性指标值随车速的增加明显增大。考虑非定常气动力荷载的影响会使评估结果更安全。随着车速增大,列车过桥时间越短,采用非定常气动力荷载作用列车的行驶平稳性好,定常气动力荷载会使列车舒适性评估结果偏于保守。

参考文献

[1] Diana G, Cheli F. Dynamic interaction of railway systems with large bridges[J]. Vehicle System Dynamics, 1989, 18(1 – 3): 71 – 106.

[2] 刘加利,于梦阁,张继业,等.基于大涡模拟的高速列车横风运行安全性研究[J].铁道学报,2011,33(4):13 – 21.

[3] 于梦阁,张骞,刘加利,等.随机风环境下高速列车运行安全评估研究[J].机械工程学报,2018,54(4):246 – 254.

[4] 葛玉梅,李永乐,何向东.作用在车 – 桥系统上风荷载的风洞试验研究[J].西南交通大学学报,2001,36(6):613 – 616.

[5] 胡朋,林伟,阳德高,等.横风作用下移动车辆脉动风速谱[J].中国公路学报,2018,31(7):102 – 109.

[6] 李小珍,秦羽,刘德军,等.侧风作用下五峰山长江大桥列车行车安全控制[J].铁道工程学报,2018,7:59 – 64.

基于风－车－桥耦合振动的某城市轨道
交通专用桥横向刚度限值研究*

龙俊廷[1]，李永乐[1]，向活跃[1]，周新六[2]，舒鹏[1,3]

（1.西南交通大学桥梁工程系 成都 610031；2.中铁上海设计院集团 上海 200070；

3.江西省交通工程集团有限公司 南昌 330038）

1 引言

城市轨道专用桥梁受桥宽限制横向刚度通常较小[1]，其横向刚度是设计的控制性因素之一。新版的地铁规范中横向挠跨比要求 1/4000，但部分建成使用的桥并不满足规范中的限值却也能安全运营，因此针对此城市轨道交通专用桥梁，研究合理的横向刚度限值是必要的。本文基于风－车－桥耦合振动的分析方法，以一座典型城市轨道交通桥梁作为背景进行风－车－桥耦合振动分析，通过变化桥梁的横向刚度，在 25 m/s 风速条件下，基于行车安全性指标的限值，讨论了不同车速条件桥梁的刚度限值。

2 研究方法

本研究脉动风速场模拟采用简化的谱解法。车辆动力学模型中一般将车体、转向架、轮对等构件作为刚体，刚体之间通过弹性元件和阻尼元件相互连接。桥梁结构采用有限元模型进行模拟，通过大型有限元软件 ANSYS 建模。风－车－桥系统中，风与车的相互作用只考虑定常力和准定常力，风与桥的耦合采用对非线性风荷载的迭代模拟，车与桥的耦合采用车、桥两个子系统间的分离迭代[2]模拟。风－车－桥系统的运动方程为：

$$M_b \ddot{u}_b + C_b \dot{u}_b + K_b u_b = F_{stb} + F_{bub} + F_{seb} + F_{vb} \tag{1}$$

$$M_v \ddot{u}_v + C_v \dot{u}_v + K_v u_v = F_{stv} + F_{buv} + F_{sev} + F_{bv} \tag{2}$$

式中：M，C，K 分别为质量、阻尼、刚度矩阵，F_{st} 为静风力荷载矩阵，F_{bu} 为抖振风荷载矩阵，F_{st} 为自激风荷载矩阵；下标 v，b 分别表示车辆和桥梁；F_{vb}，F_{bv} 分别表示车－桥系统中两者的相互作用力。

以蔡家嘉陵江特大桥作为工程背景。在 A、B 两种车型，80 km/h、120 km/h 两种车速工况下，通过改变主梁截面横向惯性矩改变桥梁横向刚度，分析其对车辆行车的影响。

3 结果分析

分析中以横向挠跨比作为评价桥梁横向刚度指标。计算结果显示随着横向刚度减小，车辆响应的相关指标并不是线性的增大的，而是呈现出具有明显突变点的陡增。为了便于后面叙述，本文将规范限值处的横向挠跨比称为横向敏感挠跨比。计算结果见图 1 至图 2。

表 1 不同安全参数敏感横向挠跨比

指标	轮重减载率		脱轨系数	
车速	80 km/h	120 km/h	80 km/h	120 km/h
A 型车	1/1134	1/1811	1/1185	1/944
B 型车	1/1041	1/1328	1/1024	1/1270

* 基金项目：国家自然科学基金项目（51778544，51525804）

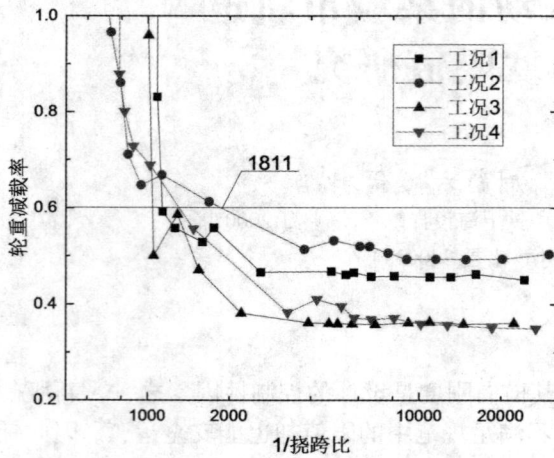

图1　轮重减载率（工况1）

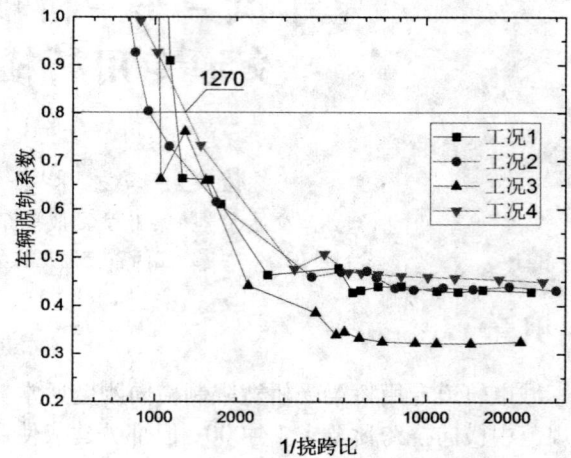

图2　脱轨系数（工况1）

4　结论

通过对所有工况数据的分析，得到每个工况的敏感横向挠跨比。结果见表1。本文建议桥梁横向挠跨比需小于计算得到的敏感挠跨比，使桥梁具有足够的横向刚度以确保车辆行驶的安全性和舒适性。通过对结果的分析，在 25 m/s 的风速下，车速小于 120 km/h 的城市轨道专用桥梁，就本桥而言横向挠跨比的限值宜取为 1/2000。当然，表1中的计算结果未考虑桥型、跨度的影响，若综合考虑些因此的影响后，其取值可能会有所变化。

参考文献

[1] 舒鹏.大跨度城市轨道交通专用桥梁横向刚度研究[D].成都：西南交通大学，2018.
[2] 李永乐.风－车－桥系统非线性空间耦合振动研究[D].成都：西南交通大学，2003.

强风下建筑下游高速列车气动特性研究*

欧俊伟[1,2]，黄东梅[1,2]

（1. 中南大学土木工程学院 长沙 410075；2. 中南大学高速铁路建造技术国家工程实验室 长沙 410075）

1 引言

列车在大风条件下高速运行时，存在着不容忽视的安全问题，高速列车在强风作用下的空气动力学特性及安全性已成为国内外学者研究的热点之一[1]。强风流经建筑时，会因建筑物的阻碍而形成绕流，流场的运动十分复杂。高速铁路线路必不可少的会途径建筑物，而当来流通过建筑物后产生复杂的尾流，从而对下游的列车产生干扰作用，使其列车的气动力产生复杂的变化。本文基于 CFD 方法利用流体力学软件 Fluent，通过改变建筑高度条件，研究房屋建筑的尾流和风口加速流对列车气动特性的影响。

2 数值模拟

计算模型采用三维模型，缩尺比为 1:20。单体建筑截面长 23 m，宽 12.8 m；梁顶距离地面高度 13.64 m，桥面宽 12.24 m；列车选用 CRH2 车型，头、中、尾车总长 76.4 m，计算高度和宽度分别为 3.7 m 和 3.38 m。为了考虑流场的充分发展，计算域尺寸水平横向、垂直方向分别为桥面宽的 16 倍和车顶距地面高度的 6 倍，水平纵向尺寸为列车总长的 4 倍。左侧设为速度入口（velocity-inlet），风速选为 10 m/s；右侧设置为压力出口（pressure-outlet），相对压力选为零；前、后及上边界为自由滑移壁面（symmetry），地面、建筑、桥墩、桥梁和列车表面均为无滑移边界（wall）。

本文采用两建筑净距 6 m，建筑 – 桥梁净距 10 m，对无建筑干扰、有高度 15.68 m（屋顶高度与列车中心高度一致）的矮建筑干扰、有高度 31.37 m（屋顶高度为两倍列车中心高度）的高层建筑干扰的不同工况进行数值模拟。

在高层建筑的干扰下，列车的六分力系数的变化比较统一，除了列车位于桥梁迎风侧时的全车以及背风侧的中车的阻力系数变化幅度较小，其余的系数在迎风或背风侧下均有减小趋近于零的趋势。在矮建筑干扰下，迎风侧列车的头车的阻力系数和侧偏力矩系数有明显的增大，中车的侧力系数和侧偏力矩系数有明显的增大，尾车的侧力系数、阻力系数、侧偏力矩系数和侧倾力矩系数有明显的增大。背风侧下头车的阻力系数和仰俯力矩系数因来流处的矮建筑干扰而增大，其余系数均减小。

3 结论

位于桥梁上的高速列车，在强横风下受到来流方向上建筑物的干扰时，列车的六分力系数与无建筑干扰的情况出现明显的变化。高建筑干扰下，列车的六分力系数除阻力系数都呈减小的趋势，且阻力系数变化不大，总体来说高建筑的干扰并不会降低列车运行安全性。矮建筑干扰下会使得高速列车的气动力系数有明显的增大，列车运行会收到更大的侧向力和侧偏力矩，列车横向稳定性降低。这使得列车运行安全性降低，因此在未来的需要进一步研究气动措施，提高列车运行安全性。

* 基金项目：湖南省高校创新平台开放基金（14K104）；高铁联合基金重点项目（U1534206）

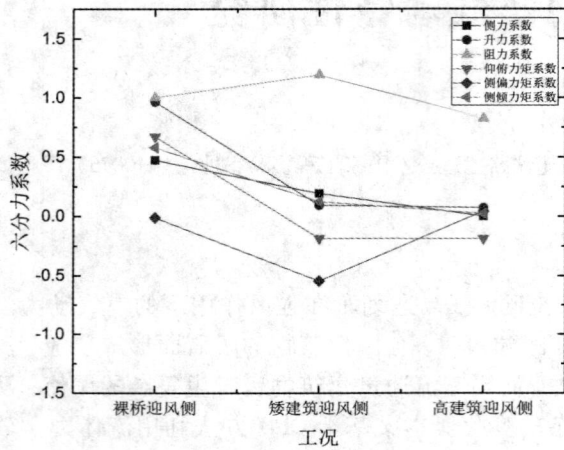

(a) 迎风头车六分力系数

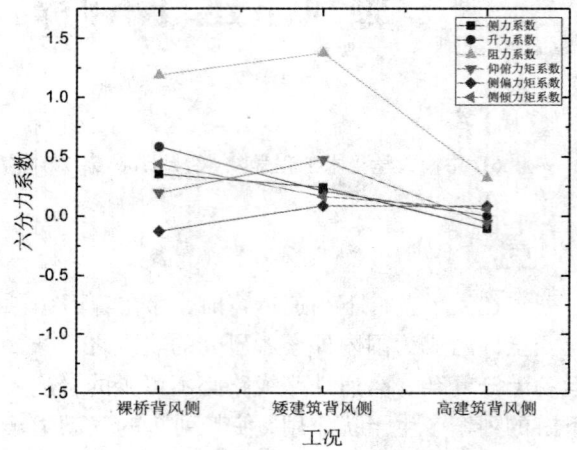

(b) 背风头车六分力系数

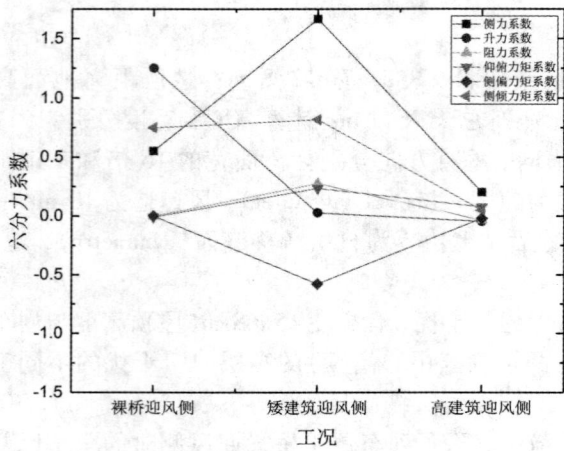

(c) 迎风中车六分力系数

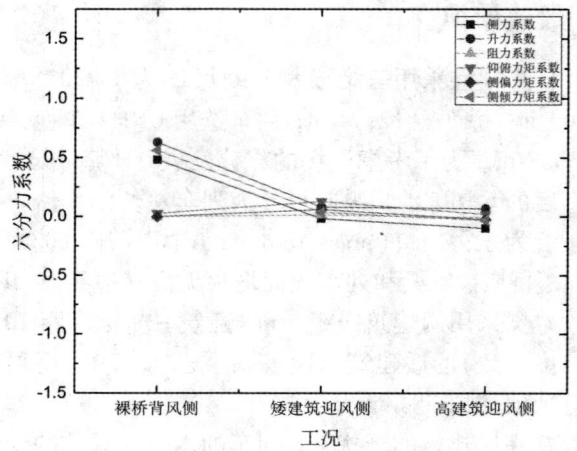

(d) 背风中车六分力系数

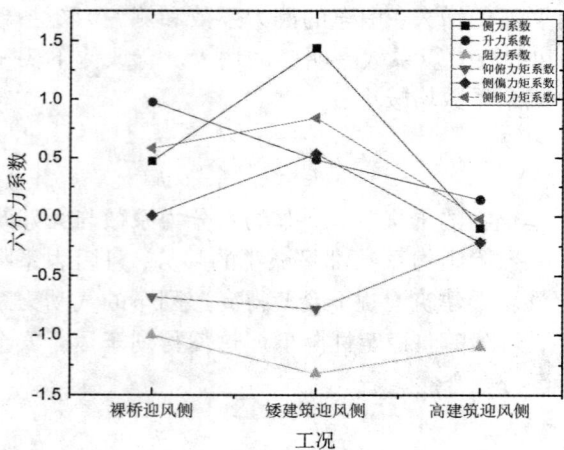

(e) 迎风尾车六分力系数

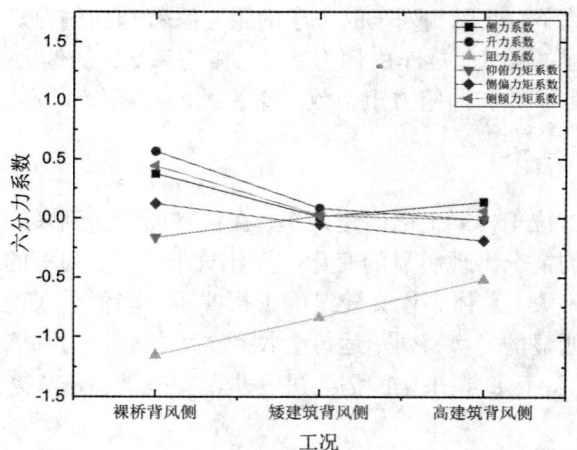

(f) 背风尾车六分力系数

图1　列车六分力系数

参考文献

[1] 田红旗. 中国高速轨道交通空气动力学研究进展及发展思考[J]. 中国工程科学, 2015, 17(4): 31 - 41.

大跨度桥梁桥塔对列车气动特性和动力响应的影响研究 *

唐庆，李小珍，吴金峰

（西南交通大学土木工程学院 成都 610031）

1 引言

侧风作用下，大跨度桥梁桥塔将导致车辆的受风面积发生改变，对行车安全造成了威胁。Argentini[1] 和邱晓为[2]等利用风洞试验和 CFD 仿真对车辆气动特性进行了研究。Olmos[3] 和 Rocchi[4] 等利用风－车－桥耦合振动系统对车辆的动力响应进行了研究。本文以某大跨度桥梁为背景，利用自主研发的移动列车模型试验装置，在 XNJD－3 风洞中测试了车辆的气动力，同时运用风－车－线－桥耦合振动模型研究了桥塔对列车动力响应的影响。

2 风洞试验简介

如图 1 所示，桁梁、桥塔和列车均采用 1∶30 缩尺模型。CRH3 列车模型由头车、中车和尾车组成，分别安装在由伺服电机皮带牵引的滑块上。中车隔板上安装有测力天平，与头车中安装的无线数据采集仪相连接，可将数据实时传输至计算机中。列车能够以 0～15 m/s 的速度在轨道上运行，风洞风速在 0～16 m/s 可调。列车运行在迎风侧轨道，通过桥塔区域时为匀速运行阶段。该试验装置可有效避免传统测试仪器在运行中的拖线问题。

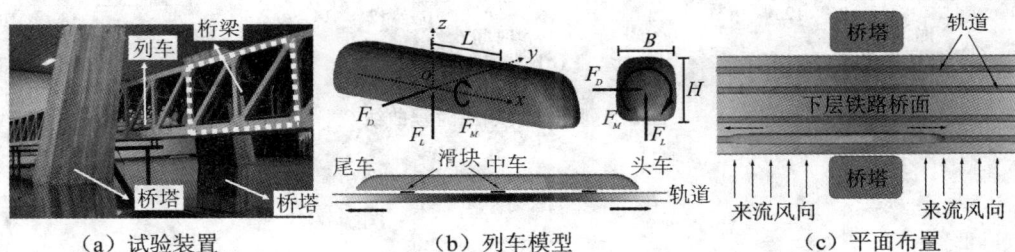

（a）试验装置　　　　（b）列车模型　　　　（c）平面布置

图 1　移动列车模型风洞试验装置

3 桥塔对列车气动特性的影响

以不同车速下桥塔的影响为例，如图 2 所示。列车经过桥塔区域时，车辆的气动力系数均发生了显著的变化，桥塔的存在对列车有明显的遮蔽现象。车辆的升力系数和阻力系数先减小后增大，力矩系数先增大后减小。桥塔的影响范围远大于桥塔自身的宽度，且与车速有关，车速越高桥塔的影响范围越大。车辆阻力系数在桥塔遮风区为负值，这是因为车辆在通过桥塔区域时，车辆迎风面与桥塔背风面之间的距离急剧减小，使得空气流速增大，列车与桥塔之间形成低压区，列车受到与侧风反向的作用。列车在进出桥塔区域时，受桥塔尾流的影响，气动力系数曲线可能会形成波峰或者波谷，且前后两个波峰或波谷之间存在一定的高差。此外，在不同风速或合成风向角下桥塔对列车的气动特性也有一定影响。

4 桥塔对列车动力响应的影响

以某大跨桥梁为工程背景，运用风－车－线－桥耦合振动系统研究单线 CRH3 列车在迎风侧行驶时的动力响应。侧风风速 30 m/s，列车车速 324 km/h 时的结果如图 3 所示。可见列车的动力响应在是否考虑

* 基金项目：国家自然科学基金项目（U1434205）

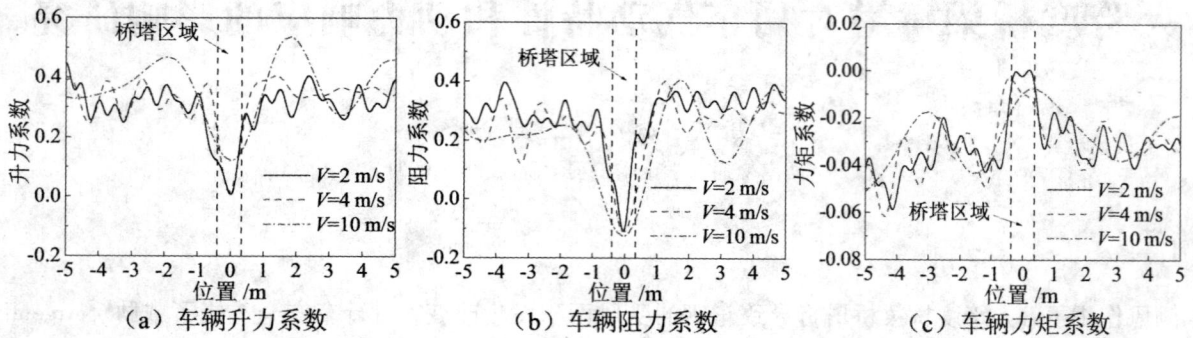

图2　车辆气动力系数随车速的变化（风速8 m/s）

桥塔遮风效应时差异较大。考虑桥塔遮风的列车动力响应在桥塔处有显著突变，说明侧风下桥塔对列车的行车安全性和乘坐舒适性均会造成不利的影响。

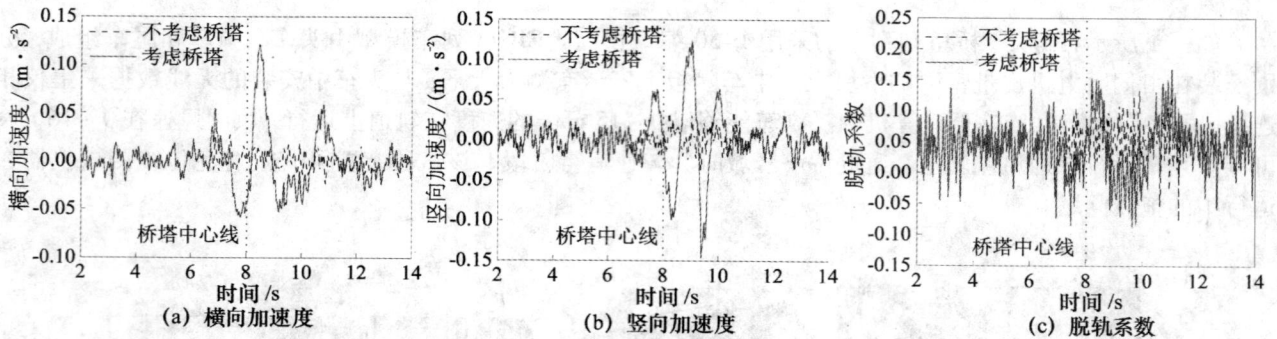

图3　列车动力响应时程曲线

5　结论

桥塔对于列车有明显的遮风效应。当列车行驶至桥塔区域时，车辆的三分力系数会发生急剧变化，车辆升力系数和阻力系数先减小后增大，力矩系数先增大后减小；桥塔遮风效应的影响范围远大于桥塔自身的宽度；风－车－线－桥耦合振动的研究表明桥塔对列车的行车安全性和乘坐舒适性均会造成不利的影响，不考虑桥塔遮风效应得到的计算结果是偏安全的。

参考文献

［1］Argentini T, Ozkan E, Rocchi D, et al. Cross-wind effects on a vehicle crossing the wake of a bridge pylon [J]. Journal of Wind Engineering & Industrial Aerodynamics, 2011, 99(6): 734 – 740.

［2］邱晓为, 李小珍, 沙海庆, 等. 钢桁梁桥上列车双车交会气动特性风洞试验[J]. 中国公路学报, 2018, 31(07): 76 – 83.

［3］Olmos J M, Astiz M Á. Improvement of the lateral dynamic response of a high pier viaduct under turbulent wind during the high-speed train travel [J]. Engineering Structures, 2018, 165: 368 – 385.

［4］Rocchi D, Rosa L, Sabbioni E, et al. A numerical-experimental methodology for simulating the aerodynamic forces acting on a moving vehicle passing through the wake of a bridge tower under cross wind [J]. Journal of Wind Engineering & Industrial Aerodynamics, 2012, 104 – 106(3): 256 – 265.

悬挂式单轨列车风 – 车 – 桥耦合振动分析[*]

王义超，鲍玉龙，向活跃，李永乐

（西南交通大学桥梁工程系 成都 610031）

1 引言

　　悬挂式单轨车辆具有造价低、占地面积小及对城市景观影响较小的特点在交通领域有着重要的发展前景。而在自然风环境中，桥梁会受到风荷载产生变形和动力响应，而横向风以及桥梁的振动也会明显影响单轨车辆。对于风车桥耦合振动，国内已经有了一定的研究，李永乐等[1]研究了横风作用下CRH2客车的气动特性，向活跃等[2]研究了风屏障对车辆位置的抗风效果，鲍玉龙等[3]得出了轨道不平顺是影响悬挂式单轨车辆震动安全的关键因素。悬挂式单轨车辆双线单轨车辆分别在迎风侧和背风侧运行受到的风荷载以及影响也是不同的。本文通过对迎风测以及背风侧悬挂式单轨车辆进行数值模拟和分析，得到两侧单独运行时，横风作用下车 – 桥系统的响应，而且发现车体侧偏角最大值为 0.080 rad，即 4.6°左右，因而需要加强悬挂式单轨列车抗侧滚能力。

2 有限元模型建立

2.1 有限元模拟
采用大型通用有限元软件 ANSYS 进行桥梁建模，采用 Simpack 软件进行车辆建模。。

2.2 三分力系数
本文采用大型 CFD 软件 FLENT 对侧风作用下桥塔附近区域流场进行数值仿真模拟，从而计算得到车辆和桥梁各自的气动力系数。

3 静力分析

3.1 车桥系统静风荷载计算
本节先不考虑脉动风的影响，只考虑与来流平均风速有关的静风力。车辆在悬挂式单轨桥梁上运行时，也仅考虑横向风作用下车辆的静风荷载。

3.2 车桥系统静风荷载变形
桥梁结构跨中整体位移以及轨道梁支座处的最大位移均发生在背风侧单线加载工况下。

4 风车桥耦合振动分析

4.1 迎风侧单线过桥
迎风侧单线过桥时，由于车辆受到静风力影响，车体侧偏角最大值为 0.077 rad，即 4.5°左右。由此可知，需要加强悬挂式单轨列车抗侧滚能力。

4.2 背风侧单线过桥
背风侧单线过桥时，由于车辆受到静风力影响，车体侧偏角最大值为 0.080 rad，即 4.6°左右。由此可知，需要加强悬挂式单轨列车抗侧滚能力。

5 结论

　　（1）单线过桥时，横风作用下轨道梁迎风侧背风侧以及车辆的响应无明显差异。

　　（2）单线过桥时，两侧的轨道梁动力响应均符合要求，但是车体的侧滚角偏大，强悬挂式单轨列车抗侧滚能力。

＊ 基金项目：国家自然科学基金项目（51778544，51525804）

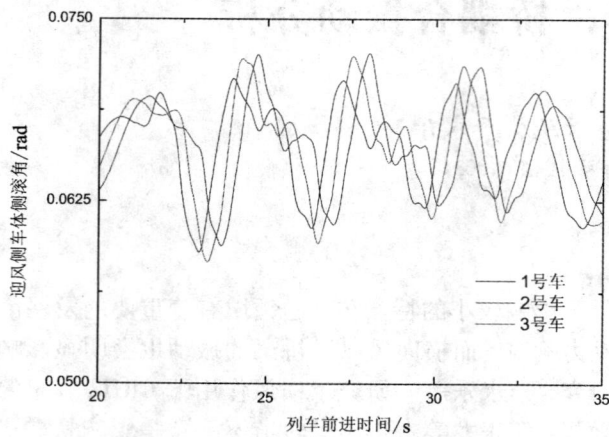

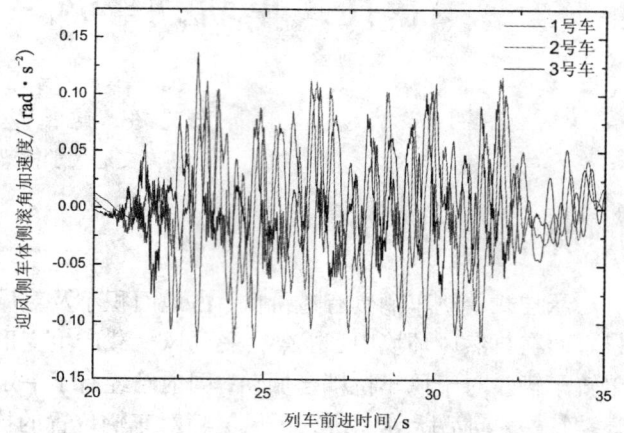

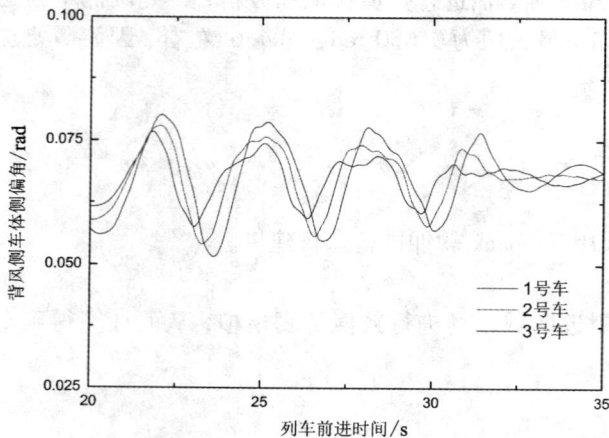

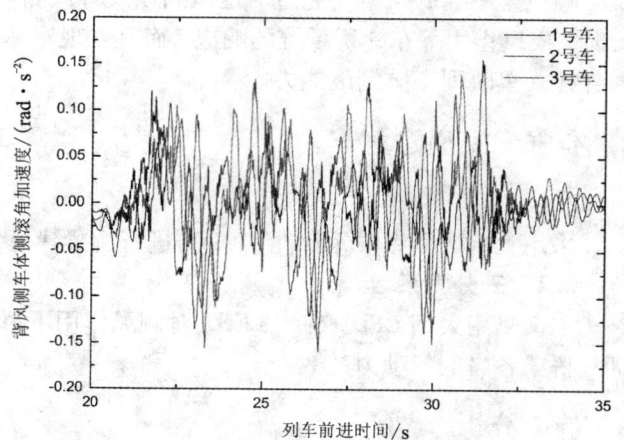

参考文献

[1] 李永乐, 向活跃, 侯光阳, 等. 车桥组合状态下 CRH2 客车横风气动特性研究[J]. 空气动力学学报, 2013, 31(5): 579 – 582.

[2] Xiang H, Li Y, Wang B, et al. Numerical simulation of the protective effect of railway wind barriers under crosswinds[J]. International Journal of Rail Transportation, 2015, 3(3): 151 – 163.

[3] Bao Y, Li Y, Ding J. A Case Study of Dynamic Response Analysis and Safety Assessment for a Suspended Monorail System[J]. International Journal of Environmental Research & Public Health, 2016, 13(11): 1121.

[4] 田红旗. 中国列车空气动力学研究进展[J]. 交通运输工程学报, 2006, 6(1): 5 – 13.

[5] 李永乐, 胡朋, 张明金, 等. 侧向风作用下车 – 桥系统的气动特性——移动车辆模型风洞试验系统[J]. 西南交通大学学报, 2012, 47(1): 50 – 56.

桥面设置风障后风环境综合对比分析[*]

吴风英[1]，赵林[2]

（1.同济大学土木工程防灾国家重点实验室 上海200092；

2.同济大学桥梁结构抗风技术交通行业重点实验室 上海200092）

1 引言

随着大跨桥梁建设的增多及大跨桥梁所处位置复杂的风场环境，减少大风环境下桥梁行车的经济损失提高桥梁在恶劣天气条件下的利用率并保障行车安全是值得深入研究的课题。近年来，风障用于大跨桥梁以改善桥面风环境的研究日益增多且在实际工程中得到了广泛应用，英国 Severn 悬索桥及我国杭州湾大桥均是成功案例[1]。流体力学的数值模拟分析方法随计算机和数值方法的改进已能很好的应用于流体运动的模拟分析[2]。本文采用数值模拟、风洞试验[3]和现场实测等多种研究手段对比验证分析的方法对不同风障形式下的桥面风速分布及折减变化进行分析，总结出风障不同透风率、断面形式、设置状态等参数对风环境的影响规律，为依据不同桥梁断面选取最优风障形式提供理论依据。

2 桥面风环境

受风障的遮挡作用，使得桥面以上一定高度范围内的总风压小于桥梁上游来流的总风压，为反映其对来流风速的干扰作用的大小，定义等效风速基准高度风速的比值为风障的侧风折减系数 β，有：

$$\beta = \frac{V_{\text{eff}}}{V_{\text{H}}} = \left(\sqrt{\frac{1}{z_r} \int_0^{z_r} V^2(z)\, \mathrm{d}z} \right) \Big/ \left[V_{10} \left(\frac{h + 1.5}{10} \right)^{\alpha} \right] \tag{1}$$

式中，v_{10} 为安全行车基本风速；h 为桥面到水面（或地面）的距离；α 为风速剖面指数；z_r 为等效范围。

3 风障折减效果对比分析

采用数值模拟分析的方法、风洞试验方法以及实测方法，对比研究了不同风障形式应用于不同桥梁断面结构时，对桥面风环境的影响（图1给出了各计算车道位置）。数值模拟采用 FLUENT 进行模拟计算（图2给出了5根200×80矩形横杆风障的简单示意）。为验证数值模拟结果可靠性，采用在同济大学 TJ-2 边界层风洞中的节段模型绕流风洞试验及现场实测进行验证。通过对舟山西堠门大桥进行研究，采用数值模拟方法对其不设置风障和设置不同形式风障的比选分析，从不同车道位置4.5 m 等效高度的折减系数的可以看出（如图3所示），相同位置及相同横杆数的情况下，透风率较小的风障挡风效果更好；位置和透风率相同的情况，横杆数较多的方案挡风效果较好；位置、透风率和横杆数量都相同的情况，断面形状较扁平风障横杆，挡风效果较好；其他参数相同的情况下，风障横杆单独一列时的挡风效果比横杆位于防撞栏上方的挡风效果差。但无论风障各参数如何变化，从迎风侧到背风侧呈逐渐递减的趋势。

* 基金项目：国家重点研发计划（2018YFC0809600，2018YFC0809604）；国家自然科学基金项目（51678451）

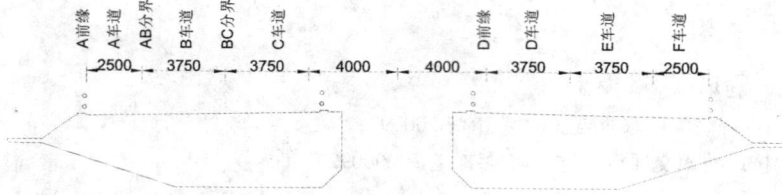

图1　桥面各计算车道示意图(mm)

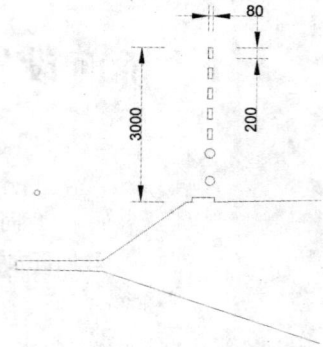

图2　风障参数示意(mm)

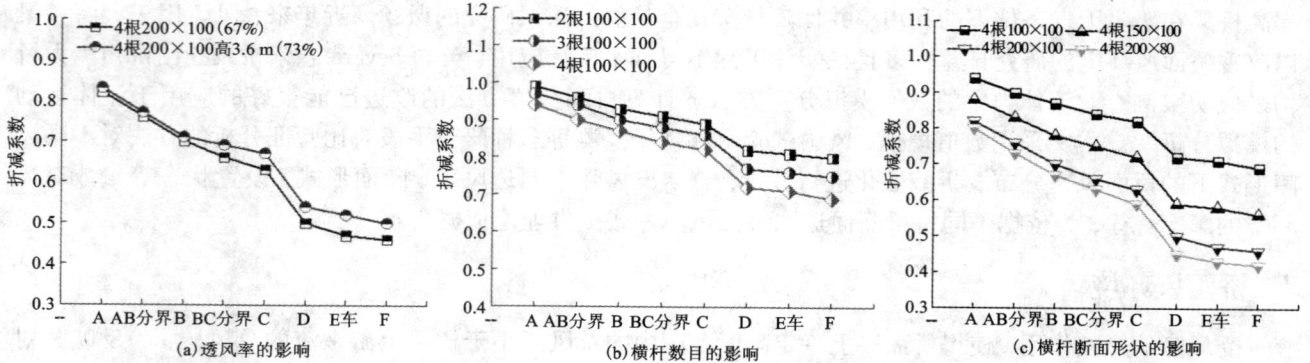

图3　不同风障参数折减效果对比

通过进一步对设置风障(5根200×80矩形横杆)前后的桥面风速进行风洞试验及风障不同设置状态的现场实测及数值模拟的结果进行对比分析(如图4所示),可以看出,无风障时风洞试验结果小于计算结果,有风障时风洞试验结果大于计算结果。且数值模拟与风洞试验和现场实测的结果存在一定偏差,数值模拟结果偏安全。

4　结论

结合三种方法对不同风障形式对桥面风环境的影响进行对比分析,可以得出以下结论:

(1)风障对桥面风环境的影响不仅取决于风障的形状,还与透风率、位置、高度等因素密切相关,在安装风障时应综合考虑上述因素进行优化选型。

(2)从三种方法的对比结果中可以看出,数值模拟方法得出结论与风洞试验结果具有相同的变化趋势,而试验及模拟与实测结果有所差距且所得结果偏大于实测结果,其原因为模拟和试验中对来流的模拟都是考虑与桥轴向是垂直的,而现场实测时来流并不完全为垂直向,且在数值模拟中不同分析求解方法的考虑也会对结果产生影响,因此为保证模拟及试验结果的可靠性,选择合理的分析计算方法和试验模型是必要的。

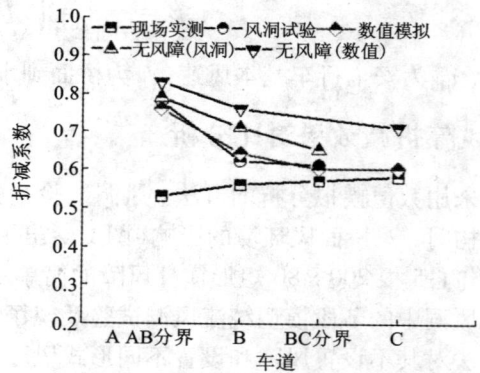

图4　不同研究方法对比

参考文献

[1] Chu C R, Chang C Y. Windbreak protection for road vehicles against crosswind [J]. Journal of Wind Engineering and Industrial Aerodynamics, 2013, 116: 61 – 69.

[2] 周奇,朱乐东,郭振山. 曲线风障对桥面风环境影响的数值模拟[J]. 武汉理工大学学报, 2010, 32(10): 38 – 44.

[3] 曹丰产. 跨海特大跨径钢箱梁悬索桥抗风关键技术研究——桥面行车风环境及其改善方法[R]. 2010.

桥塔区风屏障对移动列车气动参数的影响研究*

吴金峰，李小珍，唐庆

（西南交通大学土木工程学院 成都 610031）

1 引言

风屏障可以有效地减小侧向风作用下列车所受的风荷载。风屏障对移动列车气动参数的影响研究目前主要通过风洞试验或 CFD 仿真计算实现。Charuvisit[1]、Rocchi[2] 和何玮[3] 等通过风洞试验测试了风屏障对车辆所受气动力的影响。Wang[4]、Alonso[5] 和李波[6] 等利用 CFD 软件模拟了车辆周围的流场和风压。本文以某公铁两用钢桁梁斜拉桥为背景，利用自主研发的移动列车模型风洞试验装置，研究了横风作用下桥塔区风屏障对车辆气动参数的影响。

2 风洞试验概况

试验装置置于 XNJD‑3 风洞中，桁梁、桥塔、风屏障和列车模型的缩尺比均为 1:30。CRH3 列车由头车、中车和尾车三节分离的车厢组成，分别固定于导轨内的滑块上，受皮带的牵引可双向运动。通过风屏障区域时列车为匀速运行阶段，安装在头车中的无线仪器盒将中车测力天平采集的气动力数据实时传输至计算机中。试验设计了长度为 6 m 的三种风屏障，分别为斜坡形风屏障（透风率 30%）以及阶梯形风屏障（透风率 30% 和 50%）。

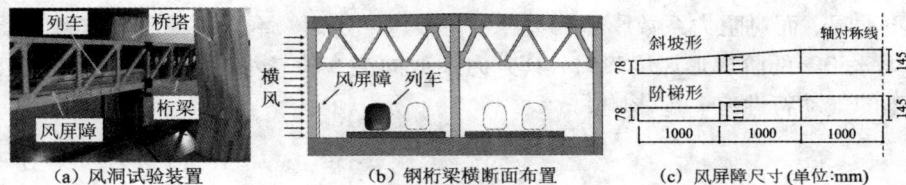

(a) 风洞试验装置　　(b) 钢桁梁横断面布置　　(c) 风屏障尺寸（单位:mm）

图 1　移动列车模型风洞试验装置

3 风速的影响

以透风率为 30% 的斜坡形风屏障为例，当列车以 2 m·s^{-1} 车速通过风屏障区域时，其气动参数的变化曲线如图 2 所示。可以看出，风速对列车升力系数和力矩系数的影响不显著，而对阻力系数影响较大，这可能是由于列车迎风面直接受到侧风的影响，因而车辆阻力对风速更加敏感。车速一定时，不同风速下风屏障对曲线的影响范围大致相同。

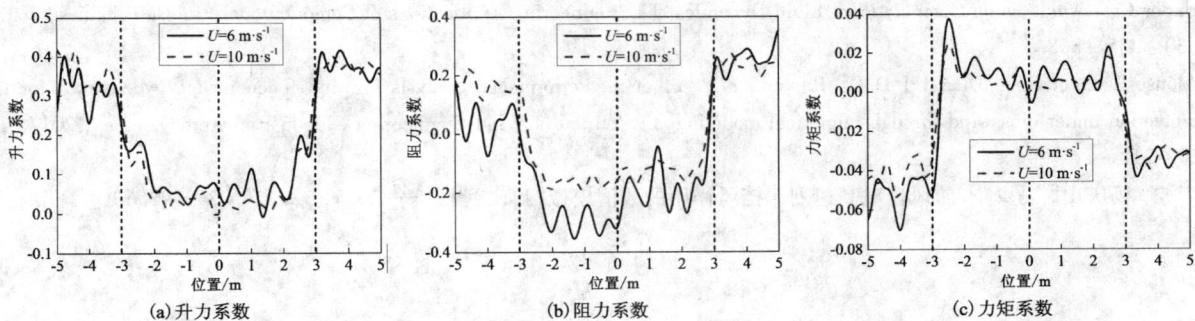

(a) 升力系数　　　　　　(b) 阻力系数　　　　　　(c) 力矩系数

图 2　不同风速下车辆的气动参数（$V = 2$ m·s^{-1}）

* 基金项目：国家自然科学基金项目（U1434205）

4　风屏障透风率的影响

　　安装风屏障后,车辆的气动参数在桥塔区域未出现突变的现象,说明列车通过桥塔附近时所受的风荷载有所减小,其行车风环境得到一定的改善。在风屏障遮挡区域,不同透风率的风屏障对气动参数曲线的影响程度有一定差异。30%透风率风屏障对应的升力系数比50%透风率风屏障小约0.05,而两种风屏障使阻力系数减小的程度大致相同。

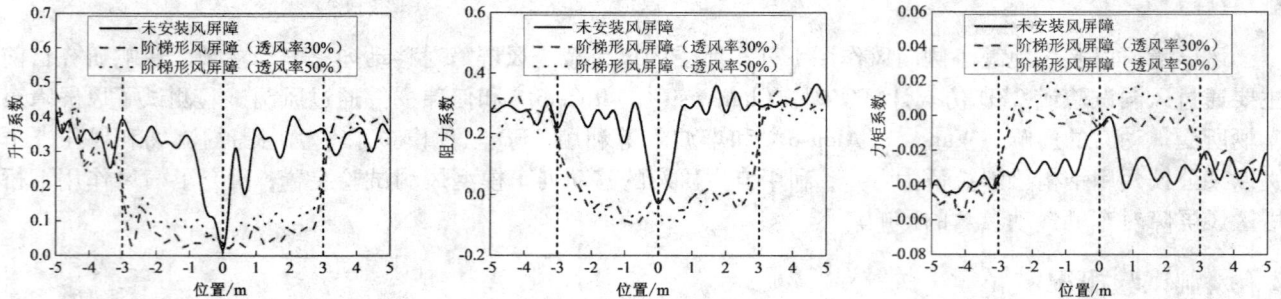

图3　风屏障透风率对移动列车气动参数的影响($U = 10$ m/s, $V = 2$ m/s)

5　结论

　　在桥塔两侧设置风屏障可以有效地缓和列车通过桥塔区域时所受的风荷载突变;风速对列车升力系数和力矩系数影响不明显,而对阻力系数影响较显著;在车速一定时,不同风速下风屏障的影响范围大致相同;列车通过透风率50%的阶梯形风屏障时,其升力系数的突变值较小,而力矩系数的突变值较大;风屏障的透风率对列车的气动特性有一定影响。

参考文献

[1] Charuvisit S, Kimura K, Fujino Y. Effects of wind barrier on a vehicle passing in the wake of a bridge tower in cross wind and its response[J]. Journal of Wind Engineering & Industrial Aerodynamics, 2004, 92(7): 609 – 639.

[2] Rocchi D, Rosa L, Sabbioni E, et al. A numerical-experimental methodology for simulating the aerodynamic forces acting on a moving vehicle passing through the wake of a bridge tower under cross wind[J]. Journal of Wind Engineering & Industrial Aerodynamics, 2012, 104 – 106(3): 256 – 265.

[3] 何玮, 郭向荣, 邹云峰, 等. 风屏障透风率对侧风下大跨度斜拉桥车 – 桥耦合振动的影响[J]. 中南大学学报(自然科学版), 2016, 47(05): 1715 – 1721.

[4] Wang B, Xu Y L, Zhu L D, et al. Determination of Aerodynamic Forces on Stationary/Moving Vehicle – Bridge Deck System Under Crosswinds using Computational Fluid Dynamics[J]. Engineering Applications of Computational Fluid Mechanics, 2013, 7(3): 355 – 368.

[5] Alonso-Estébanez A, Díaz J J D C, Rabanal F P Á, et al. Performance analysis of wind fence models when used for truck protection under crosswind through numerical modeling[J]. Journal of Wind Engineering & Industrial Aerodynamics, 2017, 168: 20 – 31.

[6] 李波, 杨庆山, 冯少华. 防风栅对高速列车挡风作用的数值模拟[J]. 工程力学, 2015, 32(12): 249 – 256.

随机风速下桥上车辆行驶安全可靠性分析[*]

向圆芳，韩艳

（长沙理工大学土木工程学院 长沙 410114）

1 引言

现代桥梁结构设计不仅要满足抗风要求，其运营阶段的使用性能和桥上车辆的行驶安全性问题也必须受到重视。近年来，李永乐等[1]建立了较为完善的风－车－桥系统非线性空间耦合分析模型，针对车辆侧倾事故和侧滑事故的评判准则，采用概率统计方法提高了风致车辆事故分析的可靠性。Cai 和 Chen 将驾驶员行为引入到风－车辆－桥梁耦合分析中，以风－车－桥系统整体耦合振动分析和车辆局部事故分析相结合的方式得到车辆侧滑位移、偏转位移和车轮反力，以此来判断桥上车辆行驶安全性。但以上研究工作主要是基于确定性的分析方法，即车辆的气动力参数、系统动力学参数和环境参数（如自然风）都是确定不变的。而实际风场的脉动风速具有一定的随机性，它对结构的作用是一种随机载荷，因此有必要研究随机风作用下桥上车辆的行驶安全性。

本文在行车安全性分析的基础上，考虑风速的随机性，建立随机风速作用下车辆非定常气动载荷的计算方法，同时基于可靠性分析理论，研究了随机风作用下车辆在不同车速和不同风速下安全运行的可靠性。

2 随机风荷载下桥上车辆行驶安全可靠性分析

2.1 非定常气动荷载的计算

在车辆的实际运动过程中，侧偏角是始终随着时间发生变化的。此时，根据泰勒展开，气动力系数可以表示为：

$$C_F(\beta(t)) = C_F(\bar{\beta}) + C_{F'}(\bar{\beta})(\beta(t) - \bar{\beta}) = \overline{C_F} + \overline{C_{F'}}\beta' \tag{1}$$

式中：β 表示侧偏角，$C_F(\bar{\beta})$ 表示在侧偏角的均值 $\bar{\beta}$ 处的取值，简记为 $\overline{C_F}$；$C_{F'}(\bar{\beta})$ 表示 $C_F(\bar{\beta})$ 的导函数在侧偏角的均值 $\bar{\beta}$ 处的取值，简记为 $\overline{C_{F'}}$；$\beta(t) - \bar{\beta}$ 表示侧偏角的脉动量，简记为 β'。

经过几何关系的推导可得[3]：

$$F = \bar{F} + F' = 0.5\rho A(\overline{C_F} + \overline{C_{F'}}\beta')(\bar{u} + u')^2 \tag{2}$$

式中：F 为作用于车辆上的非定常气动力；$\bar{F}$ 和 F' 分别为非定常气动力的平均值和其脉动值；ρ 为空气密度，A 为参考面积，$\bar{\omega}$ 为平均风速，ω' 为瞬时脉动风速。

2.2 行车安全的可靠性分析

为了计算行车安全的临界风速，必须确定判断车辆是否处于危险状态的准则。本文采用 Batista 和 Perkovič[4]提出的静力分析方法，考虑侧滑事故和侧翻事故。具体准则规定为：当某一车轴的侧摩擦力达到最大静摩擦力时，则认为会发生侧滑事故；当某一车轮的接触力为零时，则认为会发生侧翻事故。同时以随机风速为基本随机变量，假设随机风速服从正态分布，其均值为 $\bar{\omega}$，标准差为 $I_z\bar{\omega}$，采用直接 Monte Carlo 方法计算其失效概率。

图 1 给出了随机风环境下车辆运行安全的可靠性分析结果，即概率特征曲线（PCWC）。为了与传统的确定性方法计算结果进行比较，特征风速曲线（CWC）也在图中给出。由图 1 可知，传统的确定性方法的计算结果与基于可靠性的计算结果相比偏于保守。当车辆的行驶速度为 10 m/s 时，失效概率由 0.001 增加到 0.1，车辆所承受的最大平均风速约增加 10 m/s；当车辆的行驶速度为 40 m/s 时，失效概率由 0.001 增加到 0.1，车辆所承受的最大平均风速约增加 1 m/s。这个现象说明，车辆的行驶速度越高，车辆的行驶安

＊ 基金项目：国家自然科学基金项目（51678079，51822803）

全对平均风速的灵敏度越高。从而车辆在高速行驶时，需要特别注意平均风速的变化。

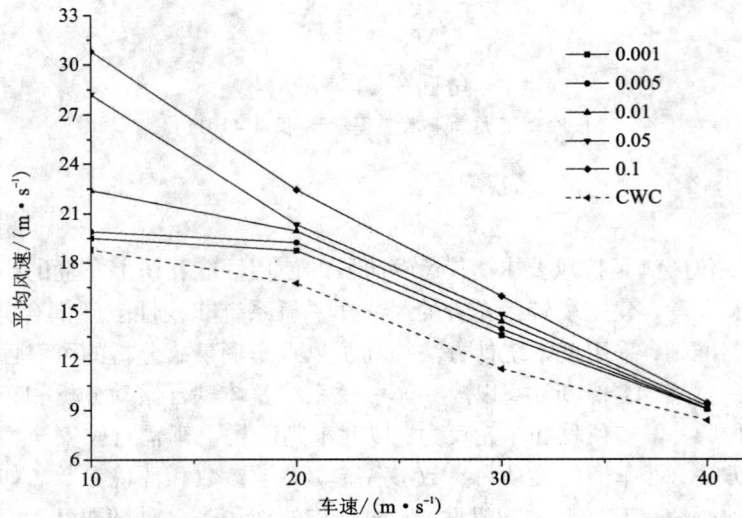

图1 概率特征风速曲线

3 结论

文中基于风荷载统计特性，建立了随机风速作用下车辆非定常气动力载荷模型；基于可靠性分析理论，提出了随机风速下桥上车辆行驶安全可靠性分析方法，研究车辆在不同车速和不同风速下安全行驶的可靠性，得出的主要结论如下：

(1)通过模拟出车辆的特征风速曲线和概率特征风速曲线，有效评估车辆在某一固定车速和平均风速下发生事故的概率。在风速一定时，车辆安全管理者可以选定一个可以接受的最大失效概率，从而对来往车辆进行合理的限速。

(2)通过对特征风速曲线和概率特征风速曲线比较发现，传统的确定性方法计算得到的安全域偏于保守，基于可靠性的方法可以得到更加合理的安全域曲线。

参考文献

[1] 李永乐，赵凯，陈宁，等. 风 – 汽车 – 桥梁系统耦合振动及行车安全性分析[J]. 工程力学，2012，29(5)：206 – 212.

[2] Cai C S, Chen S R. Framework of vehicle-bridge-wind dynamic analysis [J]. Journal of Wind Engineering and Industrial Aerodynamics，2004，92(8)：579 – 607.

[3] CHRISTIANW, CARSTENP. Crosswind stability of high-speed trains：a stochastic approach [C]//BBAA BI International Colloquium on：Bluff Bodies Aerodynamics & Applications Milano, Italy, July, 20 – 24, 2008：1 – 16.

[4] BatistaM, Perkovič M. A simple static analysis of moving road vehicle under crosswind[J]. Journal of Wind Engineering and Industrial Aerodynamics，2014，128：105 – 113.

风屏障对公路车桥系统气动特性影响研究[*]

薛繁荣[1,2]，何旭辉[1,2]，邹云峰[1,2]，韩艳[3]，蒋硕[1,2]

（1.中南大学土木工程学院 长沙 410075；2.高速铁路建造技术国家工程实验室 长沙 410075

3.长沙理工大学桥梁工程安全控制省部共建教育部重点实验室 长沙 410114）

1 引言

准确获得车桥系统气动力是评估强风作用下桥上车辆运行安全的基本前提，为此必须考虑车辆与桥梁间存在的显著气动相互干扰。以贵州平塘特大桥为背景，设计并制作了 1:32 大比例的刚性测压模型，利用研发的测试装置，在中南大学风洞实验室高速试验段的均匀流场中测试了典型车桥组合工况下车辆和桥梁表面的风压分布，分析了前后车辆干扰、车辆横向距离、车道组合及风屏障透风率等对车桥系统气动特性的影响，并从车辆和桥梁表面风压分布结果探究了车辆和桥梁气动力系数变化的原因。

2 风洞试验概况

2.1 风洞试验模型及测试装置

模型的缩尺比为 1:32，由 ABS 板加工制作而成。桥梁节段模型分为三段，中间与两侧 用大天平连接，中间段为测试模型，长度为 0.36 m.补偿模型与测试模型间间距为 7 mm，通过加补偿模型来减轻模型端部绕流及端部风阻力的影响。主梁节段模型如图 1 所示，取长型集装箱货车为研究对象，车辆模型如图 2；为了研究车辆横向距离的影响，车辆分别为于四个车道，横向车辆外侧距离桥梁迎风侧距离 d 为 0.146 m、0.323 m、0.542 m、0.599 m。为了研究前后车辆干扰，三辆车沿纵向分别放置在测试段和干扰段上，其中测试车放置在测试段上。

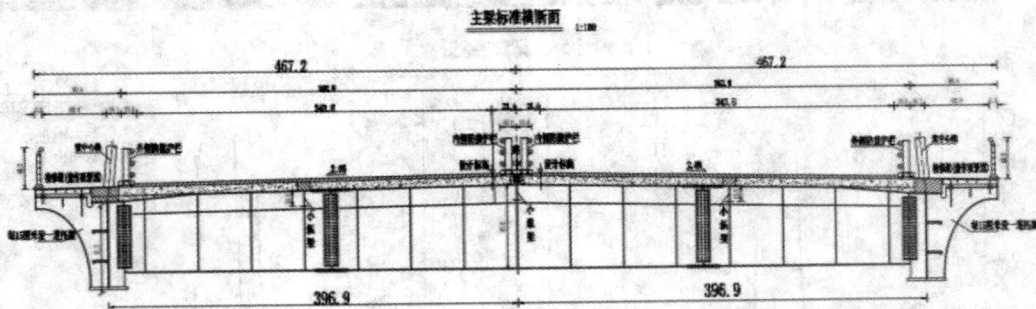

图 1 主梁断面

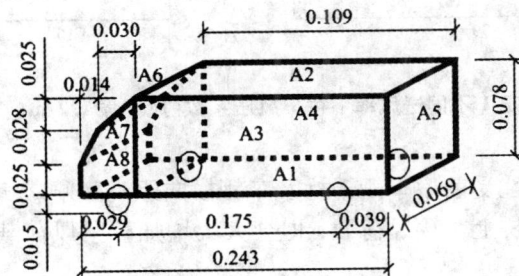

图 2 车辆模型

* 基金项目：国家自然科学基金项目（51508580，U1534206，51508574，51708202）；国家重点研发计划项目（2017YFB1201204）

　　测试模型由自制铝合金试验架架起，通过螺丝钉自贸将架子底部的铁板于木制转盘固定在一起，通过转盘转到实现风偏角的改变。

2.2　试验方法

　　通过扫描阀测压同时测试车辆和桥梁的气动力。桥梁测试模型共布置了 3 个测压断面，每个测压断面共布置了 50 个测压孔，如图 3；车辆模型共布置了 196 个测压孔，如图 4。通过对桥梁和车辆表面压力进行积分，分别的到桥梁的 3 个气动力和车辆的 6 个气动力。

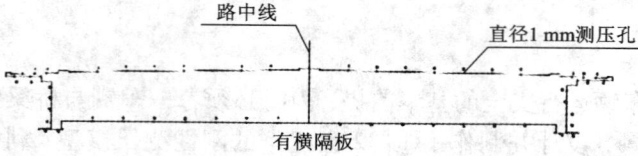

图3　断面测压孔布置图

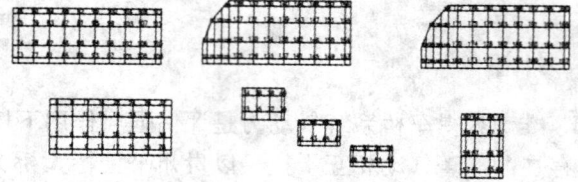

图4　模型测压孔布置图

3　实验结果及分析

　　图 5 是风洞试验的测试装置以及车辆一些摆放方式；为了分析风屏障透风率对桥梁气动特性的影响，图 16 给出了工况 1 在风屏障高度为 1.2 m 和 4 m 时，桥梁的风压系数分布。从图中可以看出，风屏障高度较高时，有无风屏障对桥梁的风压系数影响较大。风屏障的透风率减小时，桥梁分压系数的绝对值随之增大，会增大桥梁受力。

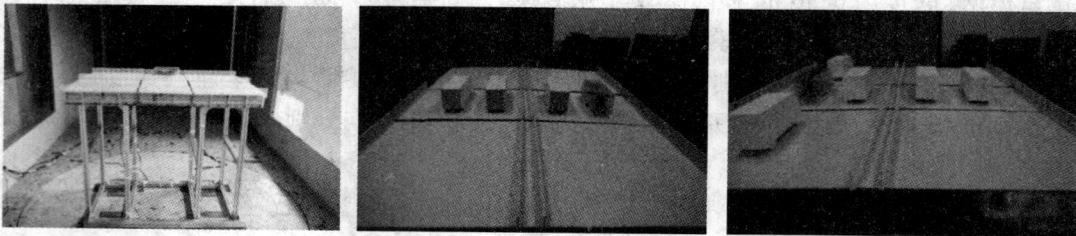

图5　测试装置

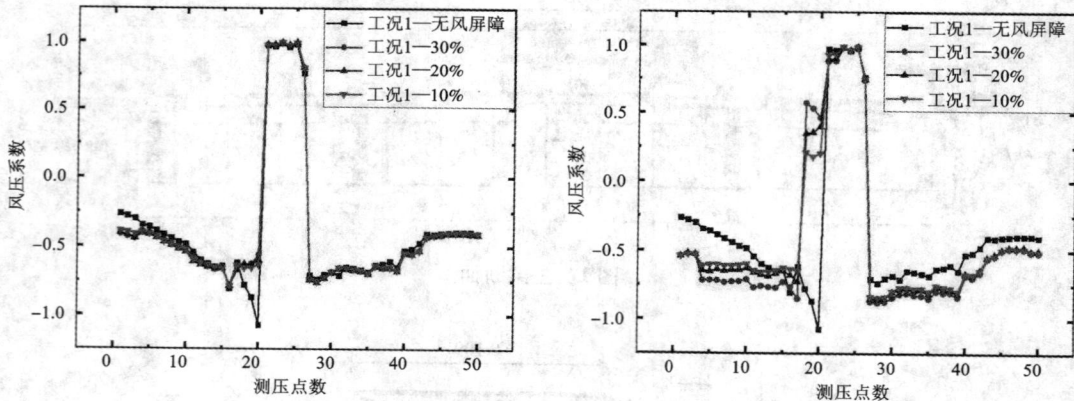

图6　工况1不同透风率下桥梁风压系数（风屏障1.2 m、4 m 高）

　　研究结果表明，车辆气动特性受前后车辆干扰及车辆横向距离影响较大，桥梁气动特性受车辆的影响不可忽略；风屏障的设置会减少桥上车辆风荷载，但会大大增加桥梁风荷载，风屏障高度和透风率取值需通过风洞试验进行优化。

参考文献

[1] 韩艳，胡揭玄，蔡春生，等.横风下车桥系统气动特性的风洞试验研究[J].振动工程学报，2014，27(1)：67-74.
[2] 陈政清.桥梁风工程[M].北京：人民交通出版社，2015.

风驱雨对车桥系统作用的数值模拟研究

周蕾[1]，何旭辉[2]，敬海泉[3]

（1. 中南大学土木工程学院 长沙 410075；

2. 中南大学高速铁路建造技术国家工程实验室 长沙 410075；

3. 中南大学轨道交通安全关键技术国际合作联合实验室 长沙 410075）

1 引言

高速铁路的发展关系国际民生且发展迅猛，截至 2015 年 7 月，我国高速铁路已突破 1.7 万公里，占世界高铁运营里程的 60% 以上。为了保证高速列车行驶的平顺，安全和舒适，铁路桥在高铁沿线中占很大的比重。列车在强横风下常发生诸如倾覆和脱轨等事故，我国仅新疆境内便发生大风引起的行车 30 多起安全事故，加之随着桥梁日趋朝着轻型化和大跨度的方向发展，导致静风失稳和风致振动等问题凸显。强风往往伴随着强降雨，高速列车在时空上也无法完全避开强风暴雨袭击，较之单纯的强横风对车桥的作用，风雨联合作用对车桥流场和气动特性的干扰机理更为复杂，因此必须引起足够重视。

2 计算理论及方法

对于风驱雨的计算，需要对降雨强度、雨滴谱和雨滴降落末速度进行正确的模拟，本计算过程中，降雨强度从小雨到特大暴雨分为 5 级，雨滴谱选取 Gamma 谱，雨滴末速度对计算模型所受雨滴的冲击荷载十分重要，本文中雨滴末速度利用与粒径相关的经验公式进行计算，同时通过积分粒子的力平衡方程，预测离散相雨滴粒子的轨迹。其中，作用于颗粒的外力包括气动力、重力、浮力、升力、附加质量力、压力梯度力等。但空气阻力和重力占主导，其余力的影响较小，分析时可以忽略它们。

3 数值模拟模型

3.1 计算模型

数值计算的列车模型选用 CRH2。选用中车截面拉伸成节段模型，并对列车几何模型进行了简化处理，即忽略掉如车门、风挡、转向架等部分；桥模型选用有工程背景的典型大跨度铁路桥——椒江桥，建立三维节段数值计算模型，并忽略桥面附属设施，如检修道和栏杆等，如图 1 所示。

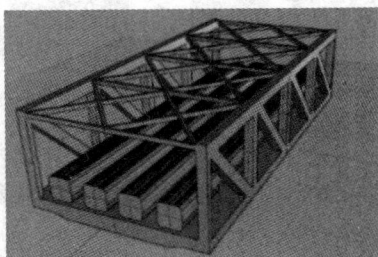

图 1 计算模型

3.2 计算域与网格

计算域的大小对数值计算的结果有重要影响。为了平衡计算资源的有限性与计算结果的精确有效性之间的矛盾[5]，本文选择如图 2 所示的计算域和网格，使得湍流尾流得到充分发展，同时消除计算域边界对模型周围流场的干扰。B 为桥的宽度，速度入口到模型的距离设置为 5B，压力出口到模型的距离设置为 10B，上下无滑移壁面到模型的距离都是 5B。

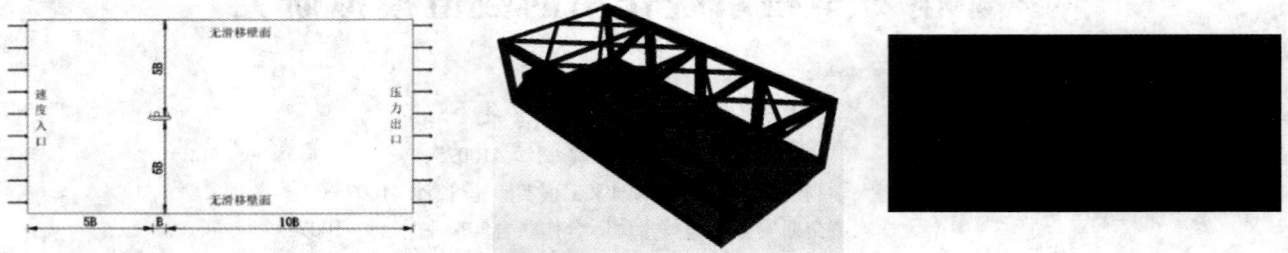

图2　计算域和网格

3.3　数值计算方法

本文采用欧拉－拉格朗日多相流模型计算，该模型能较好的模拟雨滴的运动特性如速度和位移等。对于风相，采用 DES 模型求解；对于雨相，采用 DPM 离散相求解。本研究使用商业软件 star CCM + 进行计算，并使用有限体积法（FVM）对控制方程进行离散化。对流和扩散项采用二阶迎风格式进行离散化处理，时间导数采用二阶隐式格式进行非定常流量计算。

3.4　数值方法的试验验证

在湖南大学风洞试验进行风雨联合作用下 CRH2 列车模型气动特性的变化规律。并与数值模拟结果对比，结果显示吻合较好，验证了数值模拟的精度。

4　结论

本文通过对风驱雨的数值模拟，得到了三分力系数，风压分布图，流场风速云图，雨滴粒子流线图，雨滴粒子体积分数，如图3所示，从而总结出风雨联合作用下 CRH2 列车模型、桥梁节段模型、车桥系统气动特性随横风风速、风向角、风攻角与雨滴粒径的变化规律。

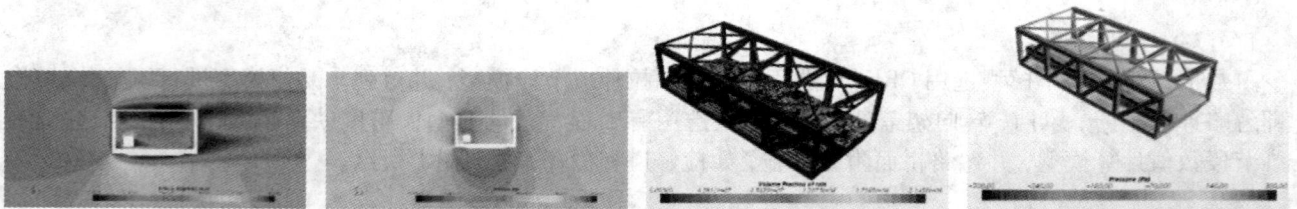

图3　计算云图

参考文献

[1] 刘顺，黄生洪，李秋胜，等. 基于欧拉多相流模型的桥梁主梁三维风驱雨数值研究[J]. 工程力学，2017，34（4）：63 － 71.

[2] 雷旭，陈政清，华旭刚，等. 风雨耦合作用下桥梁主梁静力三分力系数研究[J]. 建筑科学与工程学报，2018，35（1）：66 － 76.

[3] 敬俊娥，高广军. 风雨联合作用下高速列车受力数值模拟[J]. 铁道科学与工程学报，2013，10（3）：99 － 102.

侧风作用下桥上移动列车气动特性风洞试验研究[*]

邹思敏[1,2]，何旭辉[1,2]，彭天微[1,2]，欧俊伟[1,2]

(1. 中南大学土木工程学院 长沙 410075；2. 高速铁路建造技术国家工程实验室 长沙 410075)

1 引言

随着国家经济的发展以及基础设施建设的推进，截止到 2018 年底，全国铁路运营里程达到 13.1 万公里以上，其中高速铁路已达 2.9 万公里以上。同时随着"一带一路"倡议，构建人类命运共同体的伟大实践深入，高速铁路将以席卷全球之势蔓延多个地区，同时随着列车运行速度和客运量进一步增加，高速列车面临着更为复杂的问题，建设与维护的技术难度更大，安全运营过程中将受到更多具有挑战性的科学难题[1]。

高速铁路车 – 桥系统是一个庞大又多学科集中交叉支撑的学科体系，而列车在行驶过程中，横风对高速列车的运行安全和舒适性有着重要的影响[2]。随着气候与风环境不断的变化以及列车运营增多，因横风所致车辆失稳或倾覆脱轨的事故层出不穷。目前气动特性及抗风性能的研究中，风洞试验仍是最为行之有效的重要方法，众多国内外学者对于列车以及车 – 桥系统气动特性研究中，大部分采用的是静止节段模型来获取列车以及车 – 桥系统的气动特性[3]，或通过合成风向角来模拟列车运行时与横风的联合作用力[4]。这些方法总归来说是试验技术不成熟时的近似方法，存在着几个问题，第一，列车移动时会改变物体周围的来流风剖面及均匀性；第二，当通过合成风向角来进行模拟时，更多是针对列车与来流所形成的风向角，而此时如桥梁或路堤等基础设施更多是受 90° 横风的影响；第三，车 – 桥系统而言气动干扰大，仅仅以静态车 – 桥组合难以说明问题。移动列车桥上运行的风洞试验目的旨在更真实模拟列车实际运动过程与探究随着列车移动，在横风作用下车 – 桥系统气动特性相互作用与影响。

2 试验系统简介

移动车 – 桥试验系统为自行研究设计的一套移动车辆模型风洞试验装置——U 形滑道系统，模型试验段与来流方向垂直布置，装置基于势能转换为动能的原理，试验列车模型在桥上运行距离为 5 × 1.28 m，试验总体布置如图 1 所示。

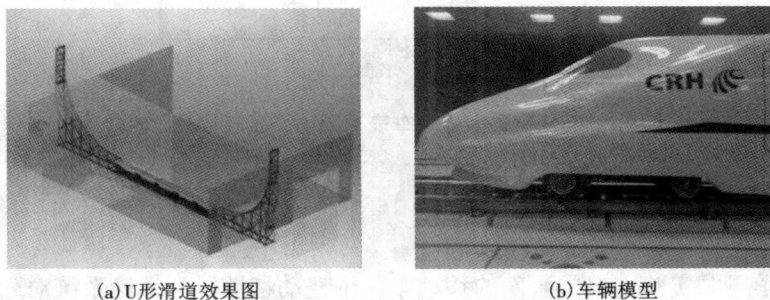

(a)U形滑道效果图　　　　　　(b)车辆模型

图 1　试验系统总体效果图

试验在中南大学风洞试验室低速段内完成，风洞实验室低速段宽 12 m、高 3.5 m、长 18 m。为满足风洞阻塞比的要求，车 – 桥系统模型缩尺比为 1:25，阻塞率为 3.4%。

3 结果与分析

本次试验分别针对列车在静止和运动状态下，在桥梁上游和下游轨道时的表面风压分布，图 7 和图 8 所示。试验分别通过改变 3 种风速和 2 种车速(含静态)进行试验。其中，列车在运行于桥梁轨道下游时，静止模型测试结果要大于移动模型的测试结果，且出现显著差异，对于各测压点而言，这种差异更多出现

* 基金项目：国家自然基金资助项目(51508574，U153420035)；铁总重点课题(2017T001 – G)

在3~6号点,虽然车-桥系统会产生相互气动干扰,但相对流场更稳定的静态车-桥系统来说,与静态不同的是列车的移动改变了横风在列车周围产生的绕流复杂变化所带来的差异。而列车在桥梁上游运行时,当风速为8~10 m/s时,静态与动态列车较下游而言,测压点之间的差异随风速增大逐渐增大,且总体上静态模型的测试结果大于移动模型的测试结果。同时从列车在上游运行与下游运行的情况来看,由于列车在下游时处于桥梁的绕流之中,此时来流会一部分在桥梁顶面发生再附,一部分与列车表面再次分离,列车在桥梁下游运行时列车表面风压整体波动比在上游运行时大,且在列车表面气流分离区域所受到的负压远大于列车在上游运行时,但在迎风侧列车在上游运行时风压远远大于列车在桥梁下游运行时的结果。从各个工况总体来看,静止列车表面平均风压系数大于移动列车的测试结果。

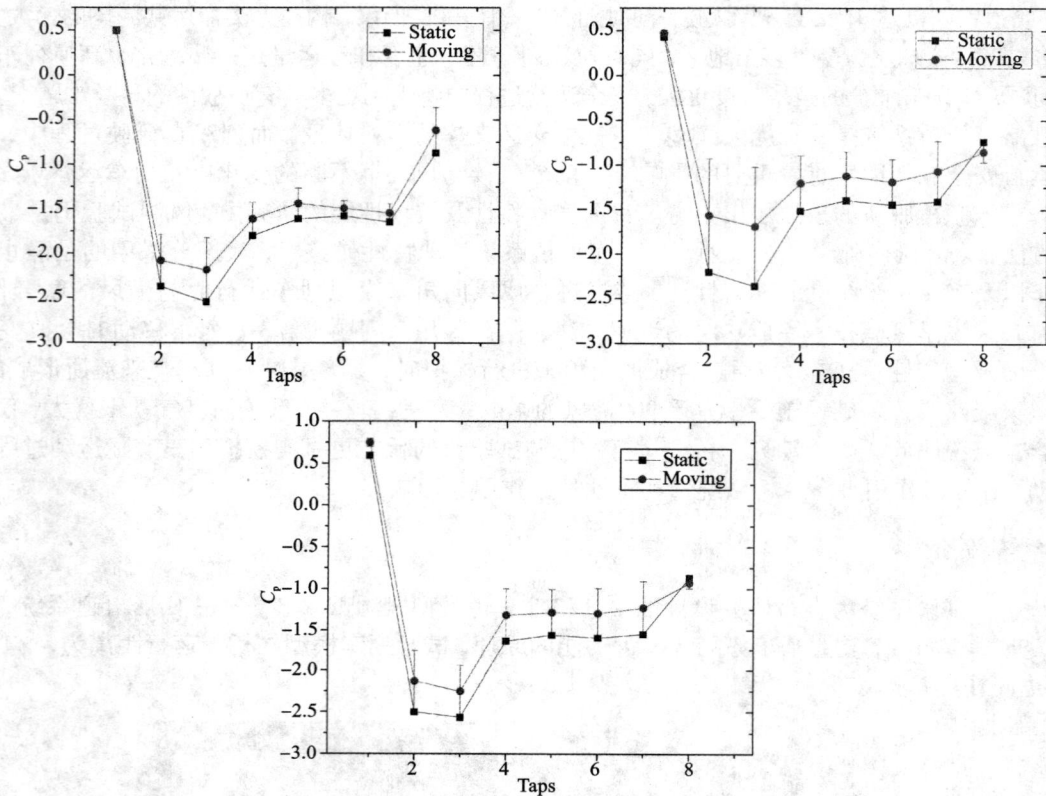

图2 不同试验风速列车表面平均风压系数的比较

4 结论

本文采用中南大学风洞实验室自主研发的移动车-桥气动特性风洞试验系统对列车表面风压以及桥梁气动力,该系统可方便改变车辆运动速度以及相对位置等,通过对车辆表面风压分析,列车在桥上运行时,风速越大列车表面风压差异越明显,当列车在上游位置时静、动态差异更大,而在下游运行时的安全性比上游较差,且总体上静态模型的测试结果大于移动模型的测试结果。

参考文献

[1] Xuhui He, Teng Wu, Yunfeng Zou, et al. 2017. Recent developments of high-speed railway bridges in China. Structure and infrastructure engineering. 13(12): 1584 – 1595.

[2] 田红旗. 中国高速轨道交通空气动力学研究进展及发展思考[J]. 中国工程科学, 17(4): 30 – 41.

[3] 李永乐, 廖海黎, 强士中. 车桥系统气动特性的节段模型风洞试验研究[J]. 铁道学报, 2004, 26(3): 71 – 75.

[4] 郭文华, 张佳文, 项超群. 桥梁对高速列车气动特性影响的风洞试验研究[J]. 中南大学学报(自然科学版), 2015(8): 3151 – 3159.

八、输电塔线抗风

输电塔风易损性建模研究[*]

蔡云竹，谢强，薛松涛

（同济大学土木工程防灾国家重点实验室 上海 200092）

1　引言

架空输电线路作为一种风敏感结构体系在极端风作用下极易损坏，从而造成电网故障和经济损失。导线风偏过大和输电塔破坏是线路风灾故障的两大主要原因。输电塔破坏将导致线路持续故障并需要更长的修复时间。本文以输电塔为研究对象，基于塔体在风载作用下的性能分析，提出了一种输电塔风易损性建模方法。在以往的研究工作中，输电塔结构的可靠性和易损性分析都是以结构设计和优化为目标[1]。本文则以极端风作用下输电线路可靠性评估为目标，构建塔体易损性模型。输电线路或线路网络通常经过或覆盖大片区域，当风场尺度小于其覆盖区域时，不同位置输电塔的风速大小可能存在不可忽视的差异；为满足供电计划和地形变化，输电线路会频繁变化走向，这就导致不同位置输电塔的风向不同；此外，因地势变化和线路规划，不同位置输电塔所对应的线路档距存在差异。这些因素都会影响到塔体所受风荷载。本文联合考虑了线路空间信息和风场空间信息，将风速大小、风向、线路走向和档距作为输入变量，构建了一个适用于输电线路风灾可靠性评估的输电塔易损性模型。

2　建模框架

输电塔风易损性建模过程可用如下四个模块来描述：①基于 DL/T 5154 - 2012 和 IEC 60826 规范，将风对塔体的作用表达为塔体所受垂线路方向、顺线路方向风载和导线传递风载三个成分的组合；②通过有限元推覆分析可得到塔体在特定风载组合下的力 - 位移曲线，进而定义其失效。为了描述塔体在任意风载组合下的极限承载能力，本文提出了基于三风载成分的能力面概念；③塔体结构的不确定性导致了其能力面的不确定性，本文运用 kriging 方法[2]构建了结构参数与能力面函数关系的替代模型；④基于抗风性能分析提出的塔体极限状态函数和不确定性分析提出的能力面替代模型，线路中任一塔体在任何风场作用下的失效概率可通过蒙特卡洛模拟获得。

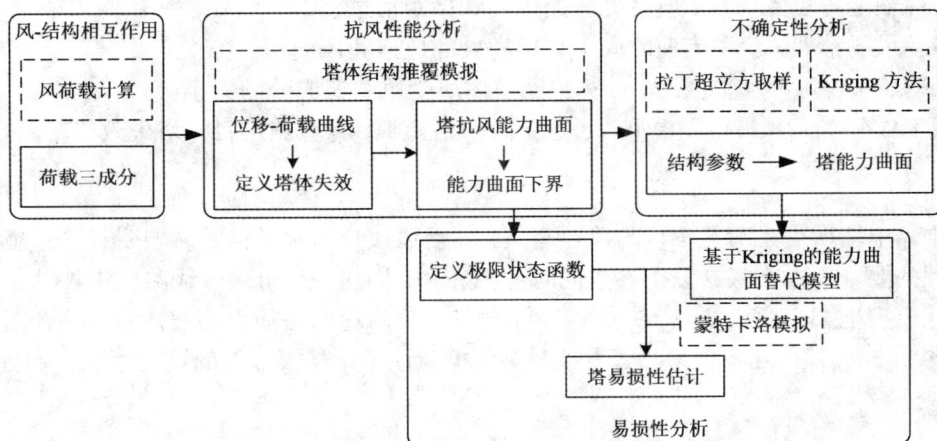

图 1　输电塔易损性建模框架

---

* 基金项目：国家自然科学基金项目（51278369）

3 案例分析

本文以某 220 kV 线路中直线塔的代表塔型为例，构建其风易损性模型。案例分析中，通过风载三成分的极限值来构造能力面下界，进而建模计算出塔易损性上界（图 2：H_t，H_l 和 H_w 分别为塔体所受垂线路、顺线路方向风载和导线传递风载；极限承载向量 H^C 的方向表示风载三成分组合比，大小表示该组合比下的极限能力；H_t^c，H_l^c 和 H_w^c 为三成分分别作用时塔结构的极限承载力；塔极限状态方程表达为 $g = -f(H_t, H_l, H_w)$，$f = 0$ 为能力曲面函数）。在此案例中，结构的不确定性由钢材屈服强度和弹性模量两种参数来描述。依据图 1 所示的框架，则可计算获得该塔在任一风速、风攻角及任一水平档距下的失效概率。图 3（φ 为风攻角，L_h 为水平档距）将易损性计算结果用二维图表达出来。

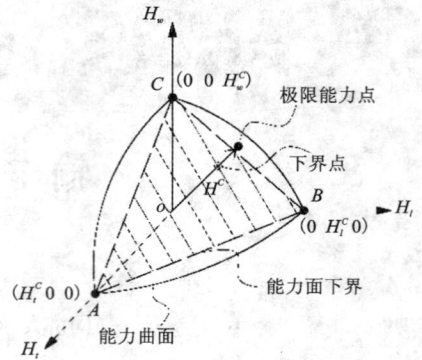

图 2 塔结构能力面

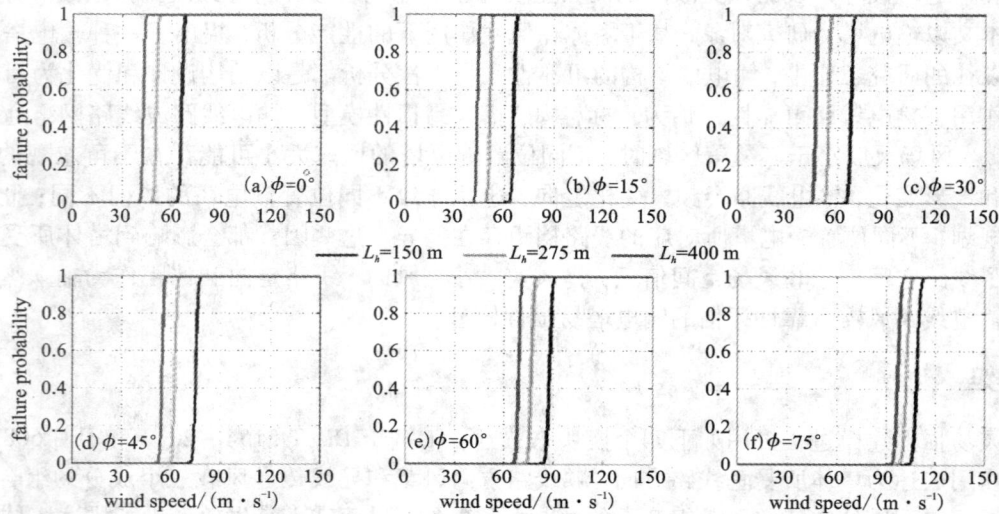

图 3 塔易损性曲线

基于该风易损性建模方法，输电线路中任一位置直线塔在极端风作用下的失效概率可通过以下流程估算获得：

（1）获得目标输电塔位置信息、所在处线路走向和挡距信息；

（2）判断极端风场情况，获得当前时间下目标塔处的风速和风向；

（3）已知风速、风攻角和水平档距，计算得到塔体所受风载三成分的大小；

（4）将风载三成分带入风易损性模型，通过蒙特卡洛模拟，计算获得目标塔失效概率。

4 结论

输电线路中输电塔所受风荷载不仅与风速有关，还受风攻角和水平档距影响明显。这就对其易损性模型提出了空间性的要求。本文将这三个参数同时考虑进来，构建一个可用于线路风灾评估的输电塔易损性模型。该易损性模型框架有两大特点：一是基于风载三成分的输电塔能力面概念；二是针对结构不确定性与能力面关系的 kriging 替代建模。最后，通过案例分析验证了该建模框架的可行性和适用性。

参考文献

［1］GordonA. Fenton, Nancy Sutherland. Reliability-based transmission line design［J］，IEEE Transactions on Power Delivery，2011，26(2)：596-606.

［2］VincentDubourg, Bruno Sudret, Jean-Marc Bourinet. Reliability-based design optimization using kriging surrogates and subset simulation，Structural and Multidisciplinary Optimization［J］，2011，44(5)：673-690.

钢桁架铁塔结构风振响应的敏感性试验研究[*]

贺诗昌[1,2]，李玲瑶[1,2]，何旭辉[1,2]，刘雄杰[1,2]

（1. 中南大学 长沙 410075；2. 高速铁路建造技术国家工程实验室 长沙 410075）

1 引言

钢桁架铁塔作为一种特殊形式的高耸结构，由于高度较高、刚度较柔、阻尼更低，在风荷载作用下容易产生较大的振动，使得结构对风荷载的作用比较敏感，且结构风振敏感性随风速变化的同时对风向的改变也会有着很大变化，所以对该种高耸结构的风荷载敏感性进行研究显得比较重要。本文通过一座钢桁架铁塔结构[1]的气弹模型风洞试验，从铁塔支撑桁架断开状态、半塔状态和全塔状态等三种结构状态，对钢桁架铁塔结构的风振响应特性展开研究，以及通过试验结果分析了铁塔在良态 B 类紊流场中，风偏角变化对该种钢桁架铁塔结构的风振响应随风速变化的敏感性的影响。

2 试验概况

铁塔实验模型如图 1 所示。根据风洞试验段尺寸，在满足阻塞度不高于 5% 的前提下，尽可能采用大缩尺比，最终确定按 1:40 缩尺比设计和制作全气弹模型。试验模型塔顶离地高 2.61 m，采用黄铜管作为骨架，塑料管为外衣以及铅皮为配重来满足实验要求。气弹模型试验工况主要考虑以下几项：（1）钢桁架铁塔支撑桁架断开状态、半塔状态和全塔状态三种结构状态；（2）均匀流场和良态气候下 B 类场地紊流场[2]两种风场条件；三、根据结构的对称性，考虑 0°~90° 间隔 10° 风偏角的共计 60 个吹风试验工况。

(a) 支撑桁架断开状态　　　　　(b) 半塔状态　　　　　(c) 全塔状态

图1　风洞中铁塔气弹模型

3 结果分析

通过风洞试验，对铁塔塔顶在三种结构状态下三个方向（三个方向分别为：X 方向为铁塔水平位移方向，Y 方向为铁塔侧向位移方向，Z 方向为铁塔竖向位移方向）的风振位移响应分析得出，在各状态下，良态 B 类紊流场中的铁塔塔顶风振响应均比均匀流场中强烈，且铁塔在设计风速下出现的最大位移均出现在铁塔的侧向方向，即铁塔在不同试验工况中均以侧向位移的风效应为主。故这里仅对在良态 B 类紊流场中铁塔在侧向的风振响应的敏感性进行分析。参看文献[3]中对复杂桥塔结构静力三分力系数和抖振响应的敏感性研究，对紊流场中各风偏角下的风速—位移曲线用最小二乘法分别进行线性拟合。把线性拟合出来的直线的斜率绝对值定义为敏感性指数 K，通过观察各工况下的位移—风速曲线，发现不同风速区间塔顶位移随风速变化的敏感性大小有较大差别，故将低风速区（$V \leqslant 20$ m/s）的位移—风速敏感性指数定义为 K_1，将高风速区（$V \geqslant 20$ m/s）的位移—风速敏感性指数定义为 K_2。限于篇幅，以 0° 风偏角为例，对三种结构状态下的侧向位移—风速曲线进行线性拟合，如图 2 所示。根据各风偏角下计算出来的敏感性指数 K

* 基金项目：国家自然科学基金青年基金项目（51508574）；国家重点研发计划（2017YFB12011204）

值，得到在三种结构状态下，塔顶 Y 向位移—风速敏感性指数 K 随风偏角变化的示意图如图 3~5 所示。

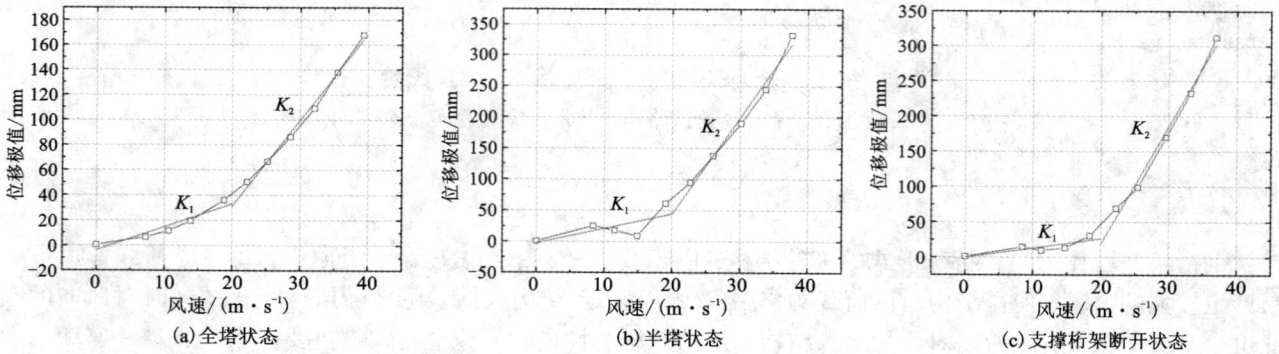

(a) 全塔状态　　　　　　　　　(b) 半塔状态　　　　　　　(c) 支撑桁架断开状态

图 2　索流场 0°风偏角 Y 向风速 - 位移曲线线性拟合

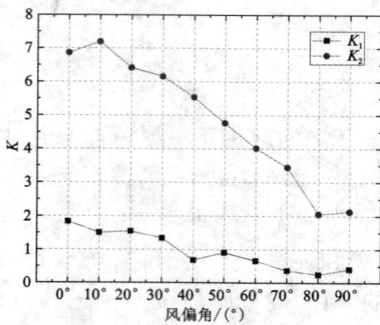 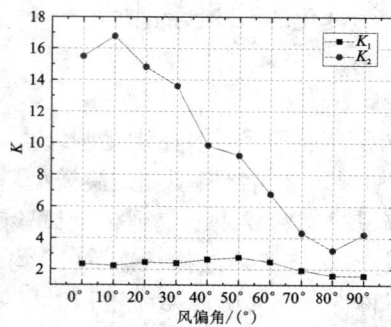 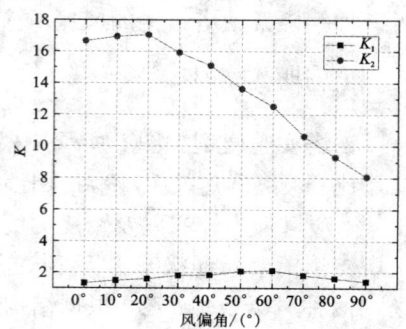

图 3　全塔状态 Y 向位移 - 风速敏感性指数变化图　　**图 4　半塔状态 Y 向位移 - 风速敏感性指数变化图**　　**图 5　支撑桁架断开状态 Y 向位移 - 风速敏感性指数变化图**

4　结论

通过钢桁架铁塔气弹模型风洞试验研究，并进行位移—风速敏感性分析，得出以下结论：

三种结构状态下，高风速区（$V \geqslant 20$ m/s）的时候，塔顶的风致位移响应随风速变化的敏感性比较大，即风速的增加会引起铁塔的风振响应剧烈增加。半塔状态和支撑桁架断开时，塔顶的侧向位移 - 风速敏感性指数均大于全塔状态，说明铁塔施工阶段的风致位移响应随风速变化的敏感性比较大。

当风向角从 0°到 90°变化时，三种结构状态的塔顶 Y 向位移 - 风速敏感性指数都大致呈现出减小的趋势。同时在 0°~20°风偏角范围内，高风速区下的铁塔顶部风振响应最为强烈。

参考文献

[1] 中兵勘察设计研究院. 59 所试验塔项目（初步设计）及图集，2017.

[2] GB 50009 - 2012，建筑结构荷载规范[S].

[3] 邢洧宾. 复杂桥塔结构静力三分力系数和抖振响应的敏感性研究[D]. 西安：长安大学，2012.

回转式间隔棒输电线路风洞试验研究

黄赐荣，楼文娟

（浙江大学结构工程研究所 杭州 310058）

1 引言

　　覆冰导线的风致舞动是一种低频率（0.1～3 Hz），大振幅（导线直径的5～300倍）的自激振动[1]，也称为导线驰振（Galloping）。舞动对输电线路危害极大，容易造成混线短路、闪络跳闸、悬垂绝缘子线夹滑移、线路金具磨损、间隔棒断裂和引流线与跳线串分离[2][3]。如何有效防治超特高压输电线路在覆冰环境下的舞动是亟待解决的问题，因此，在进一步完善舞动机理、提高舞动判据准确性的基础上，深入研究超特高压输电线路经济可靠的舞动防治技术具有强烈的紧迫性和十分重要的理论、应用意义[4]。鉴于此，本文利用新设计的覆冰多分裂导线舞动风洞试验装置针对子导线可扭转的导线节段模型开展了舞动风洞试验[5][6]，对多风攻角下多竖扭频率比状态下的覆冰八分裂导线进行了测振试验，验证了新型回转式间隔棒防舞效果的同时提出了回转线夹的优化布置方案。

2 气动式输电线路防舞研究

2.1 子导线可扭转的气弹舞动风洞试验

　　本文采用自主设计开发的覆冰多分裂导线舞动风洞试验装置开展研究，如图1所示，该装置包括刚性支撑架、节段刚性模型、提供可调的垂直、水平和扭转刚度的弹簧悬挂系统。在实际工程中，D形覆冰相较于新月形和扇形覆冰导线更易激发导线舞动，故本文制作了子导线可扭转的八分裂D形覆冰导线模型，如图2所示。

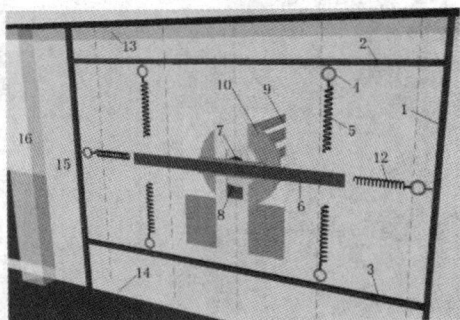

图1　舞动风洞试验装置设计示意图

图2　D形覆冰八分裂导线模型

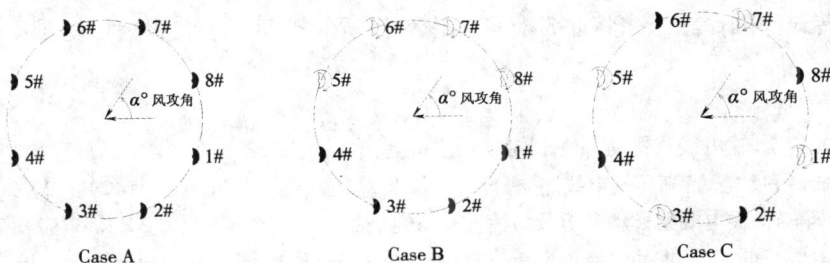

图3　可扭转子导线的布置方案

　　为了进行比较，子导线扭转自由度的释放形式选定为5～8号子导线全部释放（如图3的Case B）和1/3/5/7号子导线间隔释放（如图3的Case C）两种。本文选取了三种典型的试验风角，即75°、85°和165°（代表了

Den Hartog 系数和 Nigol 系数正负值的不同组合），对八分裂覆冰导线模型在风洞进行气弹舞动试验。

2.2　回转式间隔棒防舞效果分析

防舞技术的有效性可通过舞动试验的气动阻尼变化来评估。通过气弹性导线模型风洞试验，由记录的振动信号可以估计系统阻尼比，先利用 Hilbert 变换对试验测得的导线舞动响应信号进行识别得到舞动导线的整体阻尼比，减去用同样方法根据自由振动信号识别得到的导线模型的固有阻尼比之后，即为系统舞动时的气动阻尼比。采用上述的气动阻尼识别方法得到 75°、85° 和 165° 风攻角下 D 形覆冰八分裂导线各工况对应的气动阻尼比。75° 风攻角下的气动阻尼比具体结果如图 4 所示：

（a）约束全部子导线扭转自由度（b）释放 5 ~ 8# 子导线扭转自由度；

（c）释放 1/3/5/7# 子导线扭转自由度（a）~（c）图例

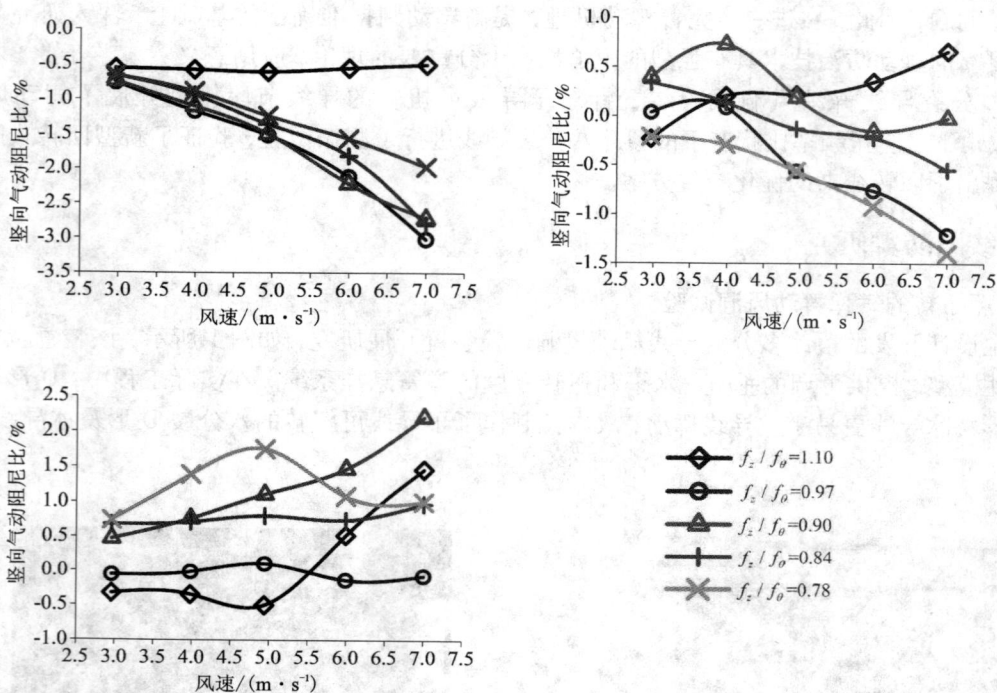

图 4　75° 风攻角下不同 f_z/f_θ 的 D 形覆冰八分裂导线竖向气动阻尼比

3　结论

本文利用新设计的风洞多分裂覆冰导线舞动装置，针对多个风攻角和不同的竖、扭固有频率比，对回转式间隔棒的防舞效果进行了试验研究。在验证新型回转式间隔棒防舞效果的同时提出了回转线夹的优化布置方案。新型回转式间隔棒在未来将非常有可能作为优质的舞动防治装置被广泛推广应用。

参考文献

［1］郭应龙，李国兴，龙传永. 输电线路舞动［M］. 北京：中国电力出版社，2003.

［2］朱宽军，刘超群，任西春，等. 特高压输电线路防舞动研究［J］. 高电压技术，2007，33（11）：12 – 20.

［3］李新民，朱宽军，李军辉. 输电线路舞动分析及防治方法研究进展［J］. 高电压技术，2011，37（2）：484 – 490.

［4］Chabart O, Lilien J L. Galloping of electrical lines in wind tunnel facilities［J］. Journal of Wind Engineering and Industrial Aerodynamics, 1998, 74(6): 967 – 976.

［5］楼文娟，余江，姜雄. 覆冰六分裂导线舞动风洞试验及起舞风速研究［J］. 振动工程学报，2017，30（2）：280 – 289.

［6］楼文娟，余江，姜雄，等. 覆冰导线三自由度耦合舞动稳定性判定及气动阻尼研究［J］. 土木工程学报，2017，（2）：55 – 64.

台风作用下基于 ArcGIS 网络分析的架空配电网可靠度模型[*]

黄浩[1]，段忠东[2]

（1.哈尔滨工业大学土木工程学院 哈尔滨 150090；2.哈尔滨工业大学（深圳）深圳 518055）

1 引言

台风作为沿海地区最主要的自然灾害，每年都会造成大量的经济损失和人员伤亡，其中台风对电力系统的破坏影响最为广泛，会直接影响国民生产、交通、通讯、医疗等生命线工程。因此，有必要对台风作用下电力系统的可靠性进行研究。本文着眼于研究台风天气下配电网的可靠性，且由于电杆和导线是台风灾害中最常见的破坏构件，因此主要考虑电杆和导线的破坏。考虑到国内外这方面研究的局限性，本文从物理模型的角度对台风作用下架空配电网的可靠性进行研究，建立台风下基于 ArcGIS 网络分析的架空配电网可靠性分析模型。

2 模型原理及算例分析

本文分析模型主要由两部分组成，第一部分为台风作用下架空配电线路单一杆线可靠度模型。通过规范和导线状态方程[1]得到杆线内力的计算方法，根据已有的杆线强度概率模型[2]，由结构可靠度基本原理建立台风作用下架空配电线路单一杆线可靠度模型。第二部分针对配电网各构件之间的连接关系和配电网与台风的位置关系建立统一的地理坐标系统，并针对杆线的位置信息表达建立了新的数据结构用于存储和计算。提出了基于邻接矩阵和 ArcGIS 平台的杆线拓扑分析方法，结合 CE 台风风场模拟[3]，建立了整体配电网构件易损性模型。基于 ArcGIS 平台进行有向网络连通性分析，得到配电网供电可靠性指标。整体建模和分析的流程如图 1 所示。

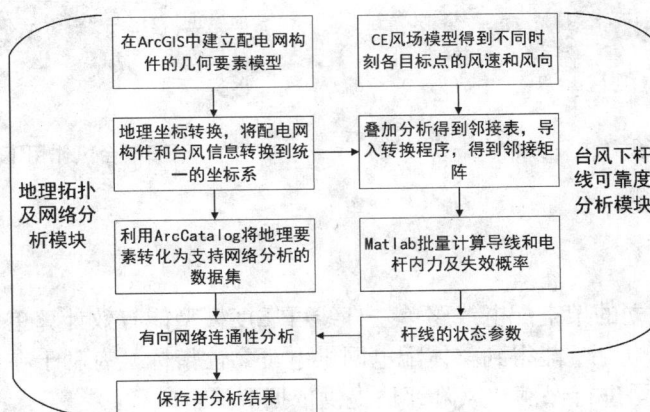

图 1 模型分析流程

以某区域实际中型配电网为算例进行分析计算，如图 2 所示，该区域范围东西向跨度为 10 km，南北向跨度为 6.5 km，从南北两个变电站引出配电网。共有配电电杆 1576 根，架空主导线 1372 根，架空支导线 3919 根，用户 6590 户。以某一实际历史台风为背景，由 CE 风场模拟得到区域配电网任一目标点风速风向随时间的变化，输入配电杆线可靠度分析模块进行计算，得到杆线失效概率随时间的变化。由于导线的失效概率很小，都低于 10^{-5}，因此只考虑电杆的失效，取某一局部区域，将电杆最大失效概率结果展示在地图上，如图 3 所示。

* 基金项目：国家重点研发计划资助(2018YFC0809400)

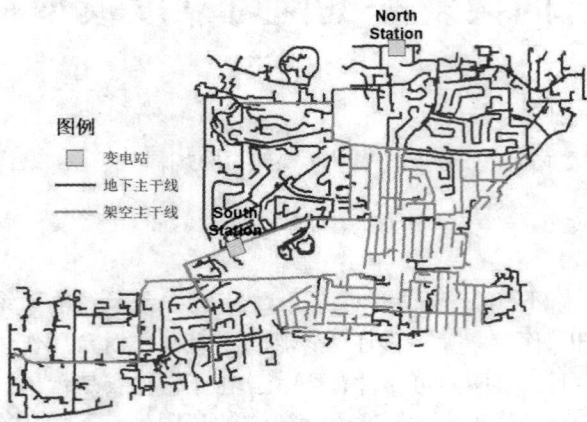

图2 区域配电网整体示意图

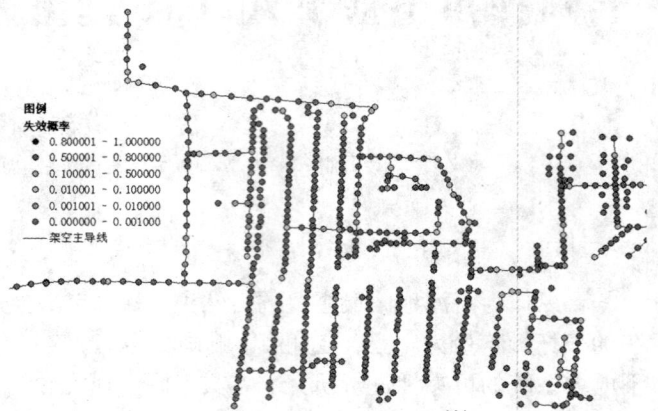

图3 局部区域电杆失效概率云图

采用电杆的最大杆根弯矩作为失效判别变量,得到构件的状态参数,如图4所示为失效电杆分布图,深色点表示失效电杆。输入配电网网络分析模块,求解完成如图5所示,深色区域为断电区域,其他区域为有效供电区域。可以看出,断电区域主要分布在失效电杆周围,符合实际情况。统计得在6590户用户中,有127户用户发生断电,断电率为1.9%,即该区域配电网在该次台风作用下的供电可靠率为98.1%。

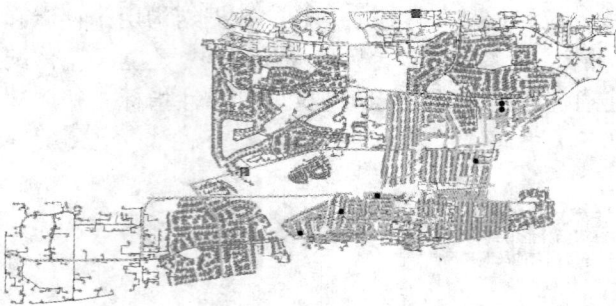

图4 台风作用下失效电杆分布

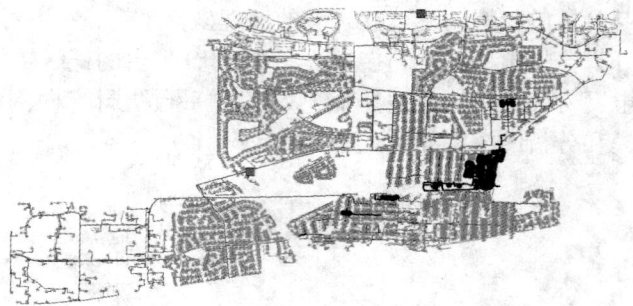

图5 台风作用下断电用户的分布

3 结论

根据规范和力学推导建立的架空配电线路单一杆线可靠度模型能有效计算单一杆线在台风作用下的失效概率,引入 ArcGIS 网络分析后,能得到整体配电网供电可靠性指标。有利于在台风来临前进行灾害预防和应急储备,同时为保险公司进行保额和风险评估提供依据。

参考文献

[1] 孟遂民,孔伟,唐波.架空输电线路设计[M].2版.北京:中国电力出版社,2015:28-34.
[2] 兰颖.考虑台风影响的配电网可靠性评估和规划[D].重庆:重庆大学电气工程学院,2014:11-12.
[3] Thompson E F, Cardone V J. Practical Modeling of Hurricane Surface Wind Fields[J]. Journal of Waterway Port Coastal & Ocean Engineering, 1996, 122(4):195-205.

下击暴流对输电塔荷载位移曲线的研究*

黄琳玲，刘慕广

（华南理工大学土木与交通学院 广州 510641）

1 引言

输电塔线体系，是电力建设构成中重要的一部分；基于其对于国计民生的重要作用，人们对于输电塔线体系的研究在不断的深入。由于输电塔线体系具有高耸、柔性、阻尼小的结构特点，使得其对风荷载十分敏感，特别是近年来发生的下击暴流致使输电塔倒塌事件的不断发生，故研究下击暴流作用下输电塔的风效应是非常有必要的。Oseguera 和 Bowles[1] 基于流体质量连续方程提出轴对称的下击暴流平均风解析模型，Vicroy[2] 在 Oseguera 和 Bowles 模型的基础上得到了一个下击暴流风剖面沿高度变化的解析模型，Wood[3] 等根据物理模型提出了一个下击暴流的半经验风速的竖向风剖面模型。本文采用 ANSYS15.0 有限元分析软件，对典型输电塔结构在常态风与下击暴流作用下的内力、变形等特征进行数值分析。在进行下击暴流的数值模拟时，采用 Wood 竖向风剖面、Vicroy 竖向风剖面与 Holmes 经验模型相结合模拟平均风，使用平稳高斯随机过程模拟脉动风。

2 有限元建模与风速时程模拟

本文根据国家电网某 110 kV 直线型自立式输电塔为研究对象，其中塔高为 68.6 m，基底宽度为 14.094 m，塔身截面为正方形，输电塔构件主要采用的是不等边角钢。在 ANSYS 软件中采用 BEAM188 作为梁截面进行建模，共生成 2104 个梁单元，其中输电塔分为 10 段进行分析，如下图 1 所示。关于风速时程的模拟，常态风采用的是 Davenport 谱通过线性滤波法进行风速模拟，而下击暴流采用的是 Wood 模型与 Vicroy 模型通过线性滤波法进行模拟，两种不同类型风的风速时程图（$h = 66.7$ m，$t = 10$ min，$v = 70$ m/s）如下图 2 所示。

3 两类风对输电塔的荷载位移情况分析

为分析两类风对输电塔基底剪力与顶部水平位移作用的异同点，本文采用增量动力分析法（又称 IDA 法）对输电塔进行瞬态动力分析。对于常态风与下击暴流进行瞬态分析时，考虑输电塔塔顶处的平均风速分别为 30 m/s、40 m/s、50 m/s、60 m/s、70 m/s。在进行下击暴流分析时需考虑四种工况：Wood_H、Wood_0.5H、Vicroy_H、Vicroy_0.5H，其中 Wood 与 Vicroy 代表的是下击暴流所采用的模型，H 与 0.5H 代表最大风速处在塔顶位置处与在塔中位置处。在进行瞬态分析时，以荷载步为 0.1 s，总时程为 10 min 的荷载施加在输电塔上，得到其两类风作用下输电塔的荷载位移曲线图如下图 3 所示。

4 结论

本文通过将两类风进行风速时程模拟，并将荷载时程施加到输电塔上进行瞬态分析可以得到如下结论：

（1）输电塔在常态风下的荷载位移曲线处于下击暴流 Vicroy_H 模型与下击暴流 Vicroy_0.5H 模型作用之间。

（2）根据上述各类型的下击暴流结合实际情况，可知下击暴流采用 Vicroy_0.5H 模型更符合实际。

（3）由图可知，荷载位移曲线类似于双折线其斜率为刚度；前期刚度大于后期刚度。

＊ 基金项目：中央高校基本科研业务费专项资金（2015ZZ018）；高速铁路建造技术国家工程实验室开放基金（2017HSR06）

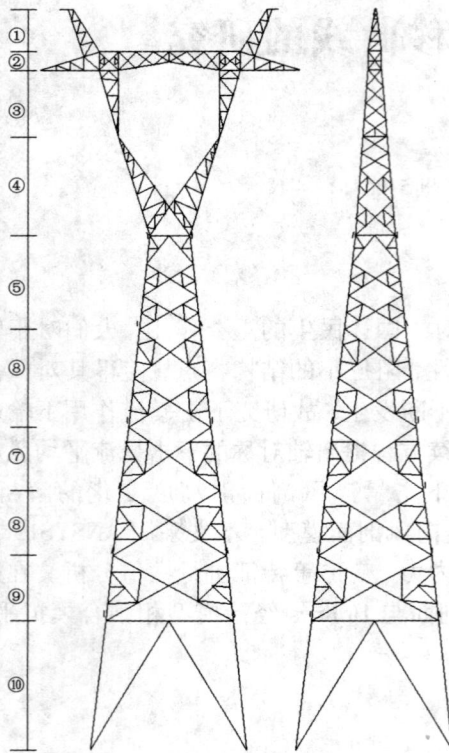

图1　自立式输电塔示意图

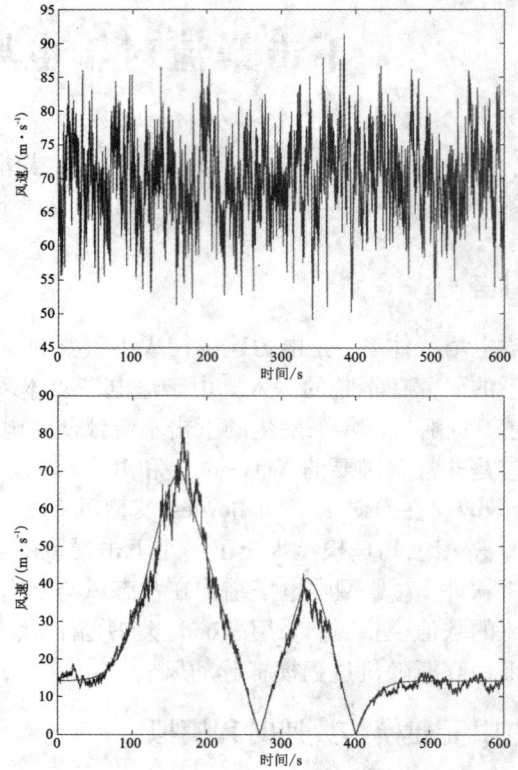

图2　常态风与下击暴流的风速时程

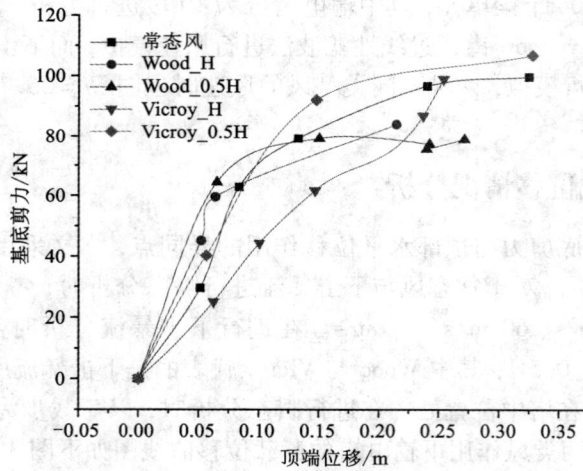

图3　两类风作用下输电塔承载力折线图

参考文献

[1] Osegurea R M, Bowles R L. A simple analytic 3 – dimensional downburst model based onboundary layer stagnation flow [R]. NASA Technical Memorandum 100632, 1988.

[2] Vicroy D D. A simple, analytical, asymmetric microburst model for downdraft estimation [R]. NASA Technical Memorandum 104053, 1991.

[3] Wood G S, Kwok KCS. An empirically derived estimate for the mean velocity profile of a thunder-storm downburst[C]. Proceeding of 7th AWE Workshop. Auckland, 1998.

复杂体型输电塔的风致响应和风振系数[*]

李保珩，沈国辉

（浙江大学结构工程研究所 杭州 310058）

1 引言

随着特高压输电线路的推广，越来越多的复杂长横担输电塔进入了人们的视野，该类输电塔具有结构高、跨度大、电压等级高、体型复杂等特点。在风荷载作用下，塔体容易发生大幅度的扭转效应，这对塔体本身以及塔线体系都会造成不利影响[1]。因此对长横担输电塔风致扭转效应进行研究具有重要意义。目前国内外有很多学者参与到了长横担的复杂体型输电塔的风致响应研究当中，得出了此类结构结构振型更加复杂，扭转效应不容忽略等结论[2]。但多数研究没有涉及到风致扭转效应对输电塔杆件内力分布的影响以及加强输电塔抗扭措施的分析。本文利用 ANSYS 有限元软件对某长横担输电塔进行了风致响应分析，并进一步探明长横担在风荷载作用下的扭转效应和对结构内力分布的影响，找出哪些杆件对抵抗扭转有显著的效果，进而在工程方面对长横担输电塔抵抗扭转效应提出一些建议。

2 输电塔风致响应及风振系数计算

本文以某 1100 kV 复杂体型长横担输电塔为例，分析了长横担输电塔的风致响应。首先分别采用了时域与频域两种数值计算方法对该塔进行了风振分析，频域法分析中发现，ANSYS 模型一阶横线向弯曲振型中存在局部振型，观察振型模态可知，该局部振型为塔身下部局部扭转，通过计算振型参与系数发现，该阶模态对塔风致响应贡献较小，去掉后得到较好结果。塔身风致响应结果如图 1，从图 1 可以看出，去掉一阶弯曲后，频域与时域得到的结果相近，均可用输电塔风致响应计算。长横担输电塔的扭转会导致塔臂位移较大。

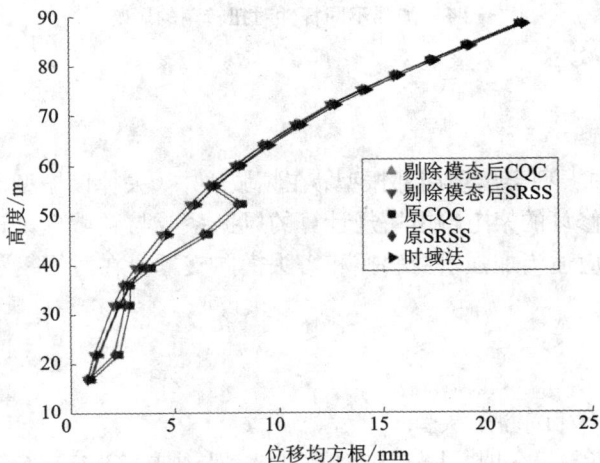

图 1 塔身位移均方根比较

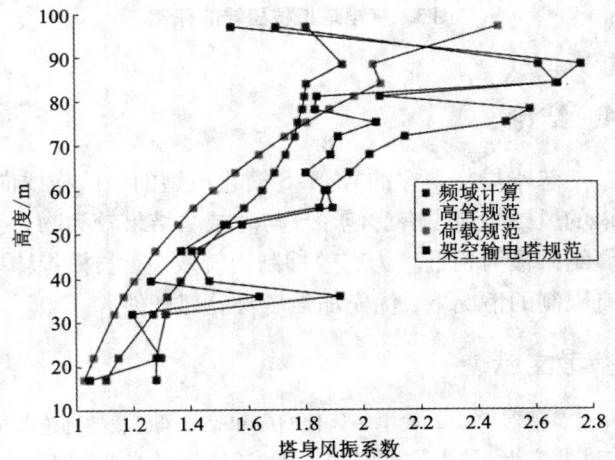

图 2 塔身风振系数比较

分别采用阵风因子法和模态分析法对时频域结果进行了风振系数的计算，并与规范风振系数进行了对比。对于长横担输电塔结构的风振系数，现行荷载规范和高耸规范取值较小，且没有反映出长横担输电塔实际风振系数特点。新修订的架空输电塔规与频域理论计算结果相近，可以很好的模拟长横担输电塔的风振系数。

---

[*] 基金项目：国家自然科学重点基金项目（51838012）

3   输电塔扭转效应分析

为进一步研究长横担塔的扭转效应以及得到结构主要抵抗扭转效应的构件，对风荷载进行了处理，消除了结构的扭转效应进行风致响应计算，并与原计算结果进行对比分析。图 3 标出了内力显著增大的杆件。由图可以发现抵抗扭转效应的杆件主要为塔身斜撑以及塔头横向支撑，且抵抗效果随高度的增加而增大，塔身竖向构件、横向支撑、横隔等构建并不参与抵抗扭转效应。

为验证塔身斜撑以及塔头横向支撑对抵抗扭转的效果，以不同比例加强其截面并进行风致响应计算，与同时加强全塔杆件截面积风致响应结果对比如图 4。由图可知，只增大塔身横线方向的斜撑，塔头横向支撑两部分杆件截面积确实可以有效提高结构抗扭转性能。提升幅度随增大倍数的增加而逐渐减小，最佳增大倍数为 2 - 2.5 倍。为有效抑制扭转效应，长横担输电塔应适当加强塔身斜撑和塔头横向支撑。在对用钢量有限制的情况下，优先加强塔身上部杆件。

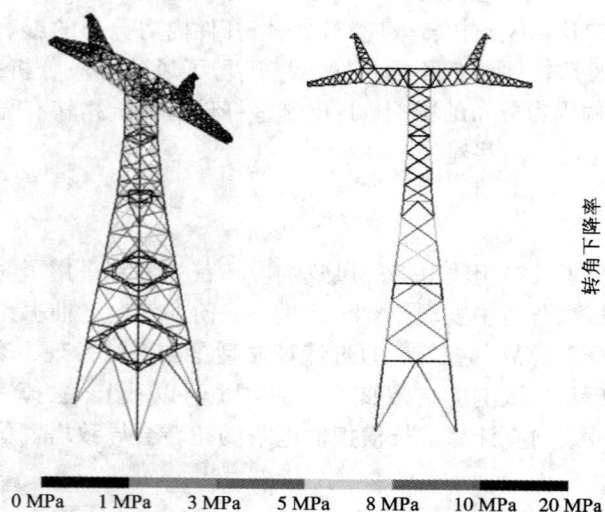

0 MPa   1 MPa   3 MPa   5 MPa   8 MPa   10 MPa   20 MPa

图 3   输电塔抵抗扭转的杆件

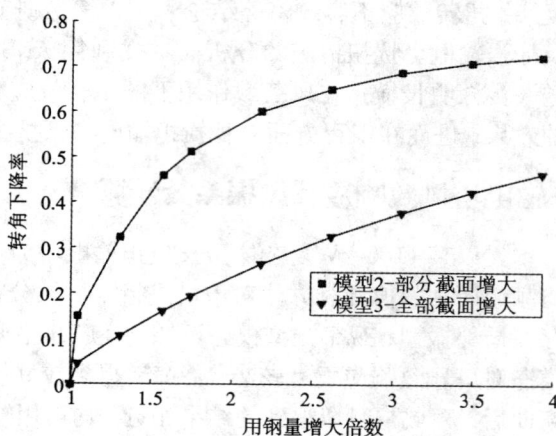

图 4   加强不同杆件对扭转角的影响

4   结论

忽略局部斜撑的 ANSYS 简化模型的一阶横线向弯曲振型会出现局部振型，在频域法中，去掉该振型对塔的风致响应没有影响，且与时域法结果较为吻合。新修订的架空输电塔规计算的风振系数与频域理论计算结果最为相近。为有效抑制扭转效应，长横担输电塔应适当加强塔身斜撑和塔头横向支撑。在对用钢量有限制的情况下，优先加强塔身上部杆件。

参考文献

[1] 黄俏俏, 2012. 输电塔风致响应和等效风荷载的理论与试验研究[D]. 浙江大学.
[2] 楼文娟, 段志勇, 金晓华, 等, 2014. 风速水平空间相关性对长横担输电塔风效应的影响[J]. 振动与冲击, 33(13)：63 - 66.

多跨格构式构架气弹模型风洞试验研究*

李峰[1]，邹良浩[1]，梁枢果[1]，陈寅[2]

（1. 武汉大学土木建筑工程学院 湖北省城市综合防灾与消防救援工程技术研究中心 武汉 430072；
2. 中国电力工程顾问集团中南电力设计院有限公司 武汉 430071）

1 引言

对于多跨格构式构架结构，其风振响应研究相对不足[1]。本文以某两跨1000 kV变电构架为背景，以刚性节段加V型弹簧片的方法[2]，设计并制作了多自由度1∶50气弹模型。通过气弹模型风洞试验，测量多个特征点的位移响应和加速度响应，分析格构式构架风振响应随风速、风向角的变化规律，研究响应谱特点，从而得到格构式构架风振响应的特性。

2 气弹模型风洞试验

2.1 气弹模型设计

本文变电构架原型为 $2 \times (51 \text{ m} \times 61 \text{ m})$（跨度×高度）。气弹模型采用缩尺的刚性节段模拟外形，以V形弹簧片连接节段提供刚度，各节段用铅丝配重达到质量分布相似。采用不同规格的V形弹簧片，经不断调试后制作得到变电构架气弹模型，几何缩尺比为1/50。表1为相似参数表。表2为模型与原型前4阶频率误差。

表1 相似参数表

参数缩尺比	符号	相似系数	参数缩尺比	符号	相似系数
几何	C_L	1/50	侧弯刚度	EI	1/127916.50
面积	C_A	1/2500	频率	C_f	6.99
空气密度	C_ρ	1	位移	C_y	1/50
结构密度	$C_{\rho s}$	1/1.17	风速	C_v	1/7.15
质量	C_M	1.17/125000	加速度	C_{ta}	0.98

表2 各阶频率误差

轴向	X 轴向	Y 轴向		
阶数	一阶	一阶	二阶	三阶
原型/Hz	1.13	1.54	1.73	2.18
模型/Hz	7.70	10.74	12.45	15.38
相对误差/%	−2.58	−0.23	2.87	0.92

相对误差 = （模型频率 − 原型频率 * 相似比）/模型频率

2.2 风洞试验

图1为气弹模型风洞试验。试验采用激光位移计和微型加速度传感器测量变电构架特征位置 X 轴向和 Y 轴向的位移和加速度时程。位移和加速度测量位置如图2和图3所示，测量位置包括顺风向中塔、边塔顶部响应，中部横梁连接处响应；横风向边塔顶部、中部横梁连接处响应。试验在B类风场进行，采样

* 基金项目：国家自然科学基金项目（51478369）

时间为 90 s，采样频率为 512 Hz。试验顶部风速分别为 3，4，5，6 和 8 m/s 共 5 个风速。

 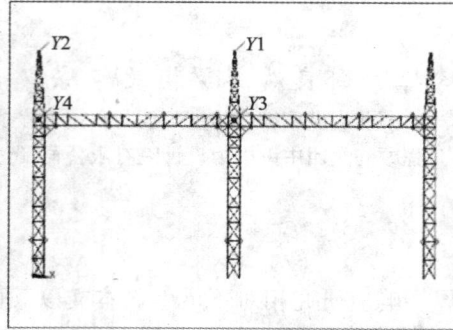 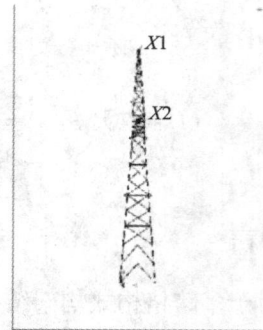

图 1　变电构架气弹模型风洞试验　　　　图 2　顺风向　　　　　　图 3　横风向

2.3　风振响应

根据本文测得位移响应、加速度响应。分析各特征位置平均响应、加速度响应随风速、风向角的变化规律，并进行响应谱特性分析。由于篇幅限制，如图 4 ~ 图 6 是 6 m/s 风速，变电构架顶部 Y1、Y2（顺风向），X1（横风向）加速度响应功率谱。

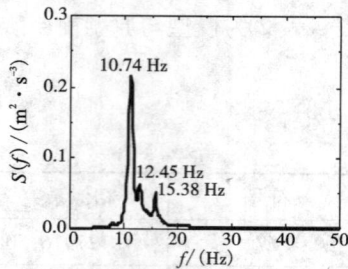 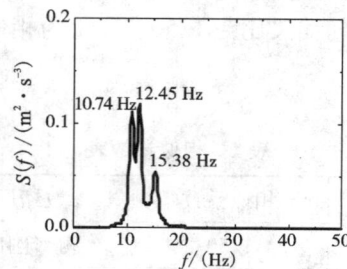 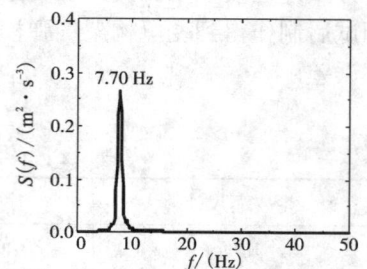

图 4　Y1 加速度响应谱　　　　图 5　Y2 加速度响应谱　　　　图 6　X1 加速度响应谱

3　结论

本文以某两跨 1000 kV 变电构架为原型设计制作 1:50 气弹模型，进行风洞试验，测量不同风速各特征位置的位移和加速度响应，并进行了风振响应分析，得出下列结论：

以刚性节段模拟外形，V 形弹簧片连接节段提供刚度，制作完成后的变电构架气弹模型能较好地满足频率等相似比，为多跨格构式构架结构气弹模型设计提供参考。

根据风振响应结果分析，塔顶部位移响应和加速度响应均大于同塔中部，顺风向同一高度处响应中塔略大于边塔；横风向均方根响应与顺风向相当，不可忽略。

构架结构 X 向振动以第 1 阶模态的贡献为主。Y 向振动，中塔以第 1 阶模态为主，第 2、3 阶模态的贡献相对较小；边塔除了第一阶模态贡献外，第 2、3 阶模态的贡献均较大，不能忽视。各阶模态贡献变化与变电构架原型振型变化较为一致。

参考文献

[1] 潘峰，童建国，盛晓红，等.1000 kV 大型薄壁钢管变电构架风致振动响应研究 [J].工程力学，2009，26(10)：203 –210.

[2] 李正良，任坤，肖正直，等.特高压输电塔线体系气弹模型设计与风洞试验 [J].空气动力学学报，2011，29(1)：102 – 6 + 13.

考虑若干因素的输电线气弹试验研究[*]

刘成，刘慕广

（华南理工大学土木与交通学院 广州 510640）

1 引言

输电线风致振动的强非线性、气动自激力不可忽略，导致其风致振动机理十分复杂，常规的节段气弹试验难以模拟输电线的全跨运动。一种更加精细的方法是进行全跨气弹试验，这种试验对输电线模型要求很高。另一种方式是 L Souza[1] 提出塔、线采用不同的几何缩尺比进行试验的"不等比缩尺"气弹试验。考虑到 L Souza 等人的工况单一，本文设计了两种垂度单导线及四分裂导线的全跨缩尺气弹模型，开展了 3 类风场下多种风速和多个风向角的风洞试验，测得了其端部气动力，比较气动力的平均及标准差响应，为多因素影响下输电线气弹试验结果修正提供参考。

2 风洞试验方案

选取跨度为 125 m 的 JL1500 绞制导线为试验原型。标准气弹模型几何相似比定为 1/25，参考 Loredo-Souza 等[1] 的研究，考虑跨度折减系数 γ 为 0.5 的修正，设计相应的折减气弹模型。输电线气弹模型由铜丝提供拉伸刚度、塑料管模拟气动外形、配重块固定铜丝以保证整体稳定性，三者共同满足模型质量相似。本次试验在华南理工大学边界层风洞中进行，考虑到低湍流、B 类地貌挂线高度处湍流、极端气象情况，分别模拟 T_u =3%、9.5%、13.5% 三种均匀紊流风场，采用均匀紊流主要是考虑输电线的线径小，在矢跨高度范围内来流风特性变化不明显，风场特性见图1(a)、1(b)。输电线气弹模型风洞试验考虑 0°、15°、30° 和 45°共 4 种风向角，4、6、8、10 及 12 m/s 共 5 种试验风速。

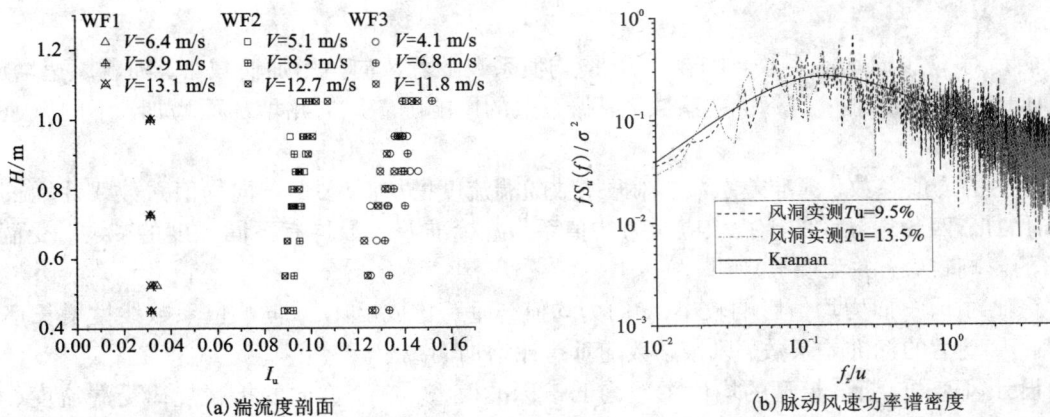

图 1 风场模拟

3 试验结果

图2(a)各归一化点与曲线 $\cos^2(\alpha)$ 重合较好，取值集中，同一风向角 α 下 $F_{x, mean}$ 基本不受风速的影响；图2(b)各归一化点在曲线 $\cos^2(\alpha)$ 附近，取值较为离散，同一风向角 α 下 $F_{y, mean}$ 受风速的影响小；图2(c)各归一化点在曲线 $\cos^2(\alpha)$ 之下，风向角 α 对 $F_{z, mean}$ 的影响程度大于 $F_{x, mean}$、$F_{y, mean}$，随着风速增加归一化

* 基金项目：中央高校基本科研业务费专项资金（2015ZZ018）；高速铁路建造技术国家工程实验室开放基金（2017HSR06）

点接近于曲线 $\cos^2(\alpha)$，影响程度减弱。纵观图 3，三个方向的折减效应系数 C_R 均小于 1.0，各风向角的 C_R 随湍流度增加而减小，折减模型带来的影响随之增加。

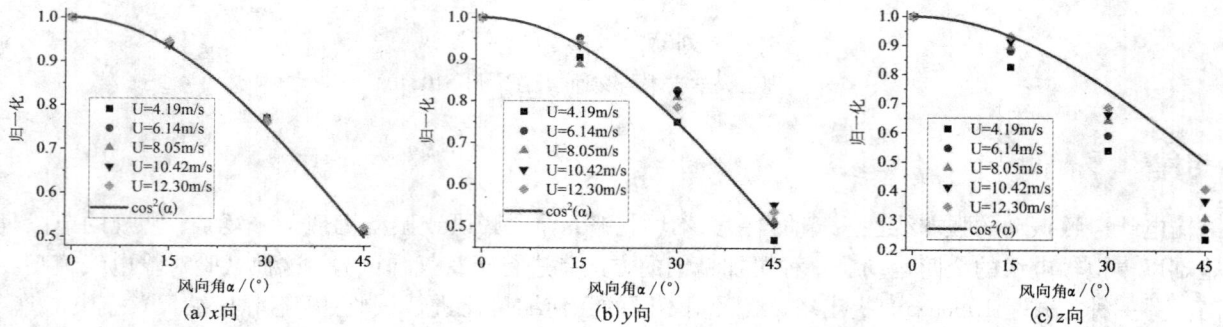

图 2　风场 WF2 下各风向角均值归一化结果

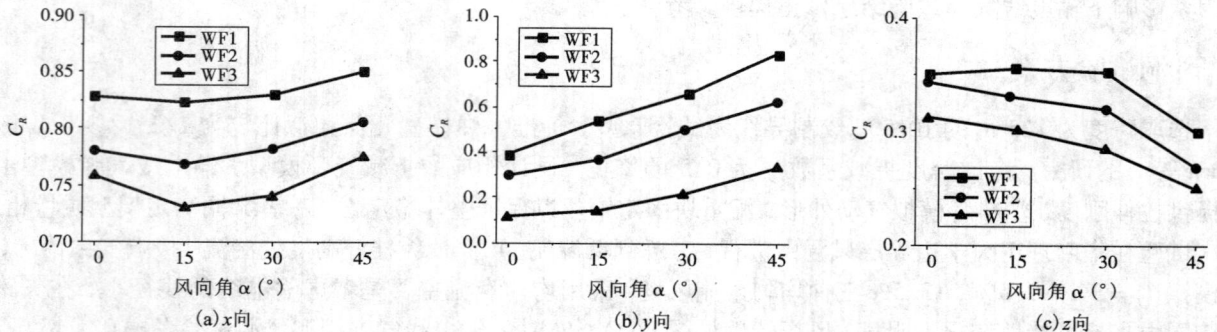

图 3　输电线 F4C5 力均值系数折减效应

4　结论

（1）风向角对 x、y 向均值系数影响较小，z 向均值系数随着风向角增加而减小，随着风速增加，z 向均值系数受风向角的影响减弱；对标准差系数、风振系数的影响随着风向角增加而增加，不同风速对各向的增幅影响程度不同。

（2）气动力的均值系数、标准差系数、风振系数随湍流度增加而增加，z 向均值系数线性增长率也随湍流度增加而增加；四分裂导线的干扰效应对力均值系数、标准差系数均有不同程度的减弱，受湍流度、风速、风向角的影响较大，并无明显规律。

（3）垂跨比对 x、y 向力均值影响较小，z 向力均值与垂跨比成反比，z 向均值系数线性增长率随垂跨比增加而减小；气动力的标准差系数、风振系数随垂跨比增加而减小。

（4）在设计风速下：折减模型的均值系数均低于标准模型，三个方向的折减规律受湍流度、风向角的影响而不同；折减模型高估 y 向标准差系数，低估 z 向标准差系数，大于一定风向角后低估 x 向标准差系数；折减模型高估气动力响应的风振系数。

参考文献

[1] LOREDO-SOUZA A M, DAVENPORT A G. A novel approach for wind tunnel modelling of transmission lines[J]. Journal of Wind Engineering and Industrial Aerodynamics, 2001, 89(11): 1017 - 1029.

输电线强风抖振动张力的气弹试验研究[*]

汪伟，汪大海，徐康，刘红来，项旭志

（武汉理工大学土木工程与建筑学院 武汉 430070）

1 引言

由于很难对输电缆风荷载效应直接进行监测，而通过制作满足基本缩尺律的气弹模型风洞试验来模拟输电线的气动自激振动，可较为真实的反应其在风场下的随机动态响应规律，国内外开展了大量的风洞试验。楼文娟等[1]率先对输电塔开展了风洞试验研究，考察了有无导线对风振响应和风振系数造成的影响。梁枢果等[2]设计和制作了塔线体系的完全气弹模型。汪大海等[3]给出了输电线风振响应的理论计算方法，指出了平均风偏的非线性静力状态及气动阻尼对输电线三维动张力的影响尤为重要。理论结果证实了由于气动阻尼较大，背景分量在顺风向响应中占主导地位。

本文通过设计和完成双跨四分裂导线标准气动弹性模型风洞试验，并考虑耐张绝缘子、I 型绝缘子和 V 型绝缘子的三种连接方式，考察了风振空间动张力的作用规律。并将气动弹性风洞试验结果与频域理论计算方法进行了比较验证。研究为揭示了输电线风振响应特点与规律，合理预测输电塔结构风致抖振张力荷载提供了风洞试验的基本数据和分析方法。

2 气弹风洞试验

强风荷载作用下，输电线的非线性抖振响应可分为两个阶段，平均风下的非线性的风偏状态和以风偏状态为初始状态的脉动风的抖振状态。根据气弹模型的相似准则，除了雷诺数之外，保证了柯西数、斯托罗哈数、密度相似和阻尼系数一致。确定模型的各项标准缩尺比参数。图 1(a) 和(b) 为导线模型示意图。

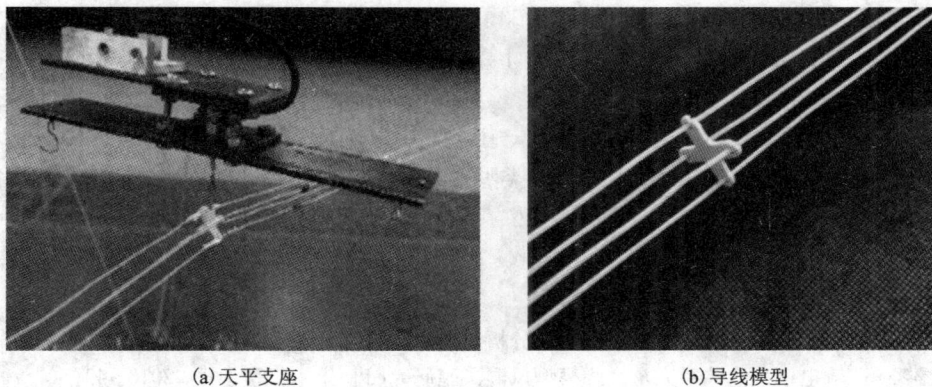

(a)天平支座   (b)导线模型

图 1 导线试验测试装置

3 理论方法

脉动风作用下，导线顺风向动张力背景响应的均方值为

$$\sigma_{rB}^2 = (2\bar{f}_D I_V)^2 \int_{-L}^{L} \int_{-L}^{L} \mathrm{cor}_V(x_1, x_2)\mu(x_1)\mu(x_2)\,\mathrm{d}x_1\mathrm{d}x_2 \tag{1}$$

式中：$\bar{f}_D$ 为单位长度上导线所受平均风荷载，I_V 为湍流强度，$\mathrm{cor}_V(x_1, x_2)$ 是脉动风速的空间相关函数，$\mu(x)$ 为顺风向张力响应的影响线函数。脉动风作用下，对于导线非耦合的模态振动，顺风向动张力共振模

* 基金项目：国家自然科学基金课题(51478373，51720105005)

态位移的均方根为

$$\sigma_{qiR} = \frac{1}{m(2\pi f_i)^2}\sqrt{\frac{\pi f_i S_{Qi}(f_i)}{4\xi_i}} \tag{2}$$

式中：m 为导线线密度，f_i 为面外振动的第 i 阶频率，$S_{Qi}(f_i)$ 为其对应的广义力功率谱密度，ξ_i 为模态的总阻尼比。

各风速下双跨四分裂 I 型、V 型和耐张绝缘子边界条件下，标准气弹模型风洞试验得到的顺风向支座动张力功率谱如图 2 所示。

（a）I 型绝缘子；（b）V 型绝缘子；（c）耐张绝缘子

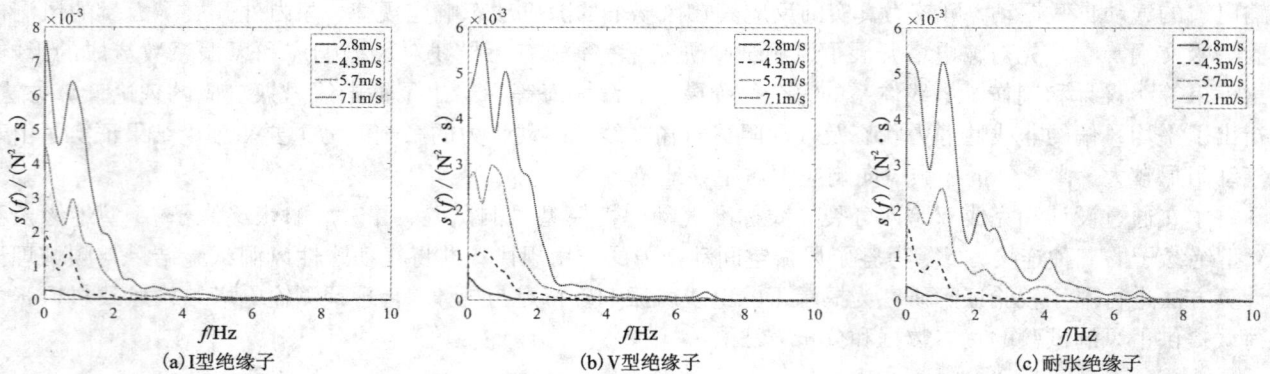

(a)I型绝缘子　　　　　　(b)V型绝缘子　　　　　　(c)耐张绝缘子

图 2　顺风向动张力响应的功率谱

4　结论

研究结论如下：

（1）理论和试验研究结果均表明，试验测量的气动阻尼比较准定常理论结果偏小较多；不考虑风偏角的会过高的估计气动阻尼的大小。同时理论公式计算的顺风向动张力均方根和功率谱曲线，能与试验测量的结果较好吻合。

（2）顺风向和横风向的张力响应有显著的背景响应和共振响应，其中共振响应也以一阶面外对称振型为主。而竖向动张力是没有背景分量的。绝缘子类型对顺风向响应的影响不大。但对顺线路方向动张力响应影响显著。

参考文献

[1] 楼文娟，孙炳楠，唐锦春.高耸格构式结构风振数值分析及风洞试验[J].振动工程学报，1996，9(3)，318-322.

[2] 梁枢果，邹良浩，等.输电塔-线体系完全气弹模型风洞试验研究[J].土木工程学报，2010，43(5)：70-78.

[3] Wang D Chen X，Li J. Prediction of wind-induced buffeting response of overhead conductor：Comparison of overhead conductor：Comparison of linear and nonlinear analysis approaches[J]. Journal of Wind Engineering and Industrial Aerodynamics，2017，167：23-40.

DTMD 阻尼器对输电塔风振控制优化研究[*]

温作鹏，楼文娟

（浙江大学结构工程研究所 杭州 310058）

1 引言

　　输电塔是电力系统的重要结构，强风引起的输电线路的破坏在我国时有发生。因此，采用有效的风振控制措施以降低输电塔风振响应具有重要意义。调谐质量阻尼器（tuned mass damper，TMD）是一种广泛用于高耸结构的减振装置[1,2]，但 TMD 存在减振效果对主结构频率摄动较为敏感的缺点。研究表明，结构频率会受风速、温度、锈蚀等因素影响而变化[3,4]。双调谐质量阻尼器（double tuned mass damper，DTMD）由于其相对简单的构造与较强的鲁棒性具有较好的应用前景。但目前对 DTMD 的研究[5,6]均采用动力放大系数作为指标，而未采用与结构响应直接相关的减振率指标，也缺乏对输电塔结构频率摄动下阻尼器鲁棒性的检验。本文针对某实际工程输电塔结构，建立多自由度结构模型，分别加装 DTMD 和 TMD 进行风振控制分析；分别考虑结构频率固定与摄动两种情况，提出"单频优化"和"宽频优化"两类减振率优化目标并搜寻阻尼器的最优参数；最后对比分析了不同优化目标下 DTMD 与 TMD 的减振效果及鲁棒性。

2 计算方法

　　结构 – DTMD 系统的理论模型如图 1 所示，DTMD 设置在多自由度结构的第 k 个质点上。建立结构运动方程，推导得到结构一阶模态频响函数，并通过频域分析法计算结构响应。建立单频和宽频两种减振率优化目标，利用 MATLAB 编写程序分别搜寻 DTMD 和 TMD 阻尼器的最优参数。"单频优化目标"β_{opt1} 定义为：结构频率固定条件下阻尼器的最优减振率。"宽频优化目标"β_{opt2} 定义为：在结构频率的摄动范围内，最不利的频率摄动条件下阻尼器的最优减振率。

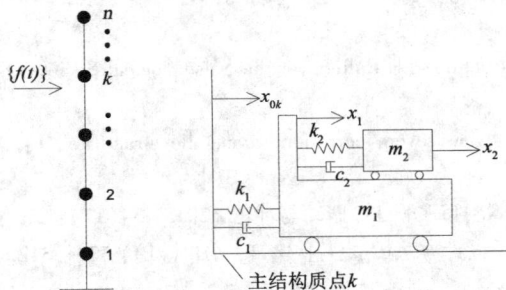

图 1　结构 – DTMD 系统理论模型　　　　　　图 2　输电塔模型

3 数值计算

3.1 计算设置

　　采用某自立式双回路鼓型塔，塔高 43.6 m，如图 2 所示，阻尼器安装在塔顶。对该输电塔分别建立 Ansys 有限元模型和多质点模型，用 Ansys 模型中提取的模态振型和自振频率建立多质点模型的动力特性。采用 B 类风场对输电塔施加风荷载。

3.2 计算结果

　　在不同结构阻尼比（ζ_{01}）、质量比（μ）条件下，以 β_{opt2} 为指标的减振率变化情况如图 3 所示。由图可知，

* 基金项目：国家自然科学基金重点项目（51838012）；国家自然科学基金面上项目（51678525）

各类阻尼器减振效果排序规律相同，由强到弱依次为二类 DTMD、二类 TMD、一类 TMD、一类 DTMD，可见基于宽频优化目标的二类 DTMD 对结构频率的摄动具有较强鲁棒性。$\mu = 0.01$，$\zeta_{01} = 0.01$ 时，二类 DTMD 与传统类型的一类 TMD 相比，β_{opt2} 从 13.9% 提高到 26.4%。

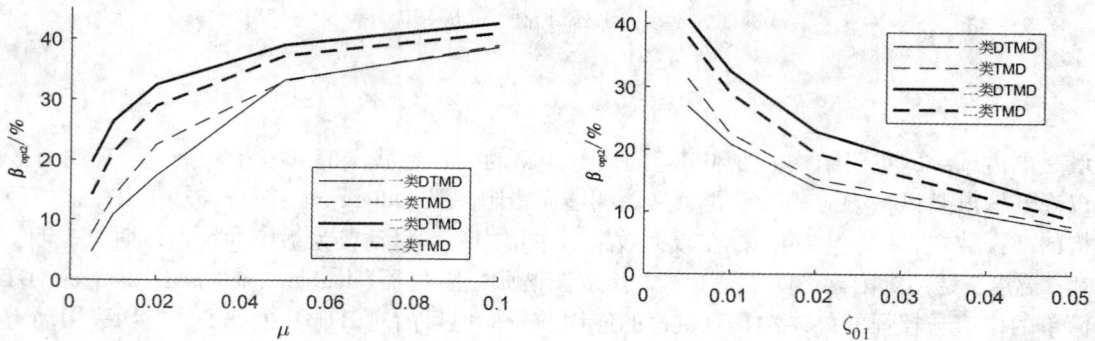

图 3　β_{opt2} 分别随 μ、ζ_{01} 变化曲线（一类、二类分别为单频、宽频优化目标）

4　结论

针对风荷载作用下加装阻尼器的输电塔结构，本文考虑结构频率的固定与摄动，提出"单频优化"和"宽频优化"两类优化目标，比较了各类阻尼器的减振效果和鲁棒性。计算结果表明，基于宽频优化目标设计的二类 DTMD 针对结构频率摄动的情况具有较强的鲁棒性，因此对输电塔结构全生命周期的风振控制具有更好的适用性。

参考文献

[1] 杜羽静，巢斯，金炜. 某超高层结构 TMD 风振舒适度控制设计[J]. 结构工程师，2013，29(2)：108 – 113.

[2] 陈鑫，李爱群，张志强，等. 自立式高耸结构悬吊式 TMD 减振动力试验与分析[J]. 振动工程学报，2016，29(2)：193 – 200.

[3] Clinton J F. The observed wander of the natural frequencies in a structure[J]. Bulletin of the Seismological Society of America，2006，96(1)：237 – 257.

[4] Praisach Z I，Gillich G R，Boboş D. Natural frequency changes due severe corrosion in metalic structures[J]. Metalurgia International，2013，18(7)：294 – 300.

[5] 倪铭，闫维明，许维炳，等. 简谐激励下双调谐质量阻尼器基本特性研究[J]. 振动与冲击，2015，34(17)：213 – 219.

[6] 滕飞，闫维明，许维炳. 基于多自由度结构的 DTMD 参数分析及设计方法[J]. 工业建筑，2014(s1)：309 – 312.

下击暴流作用下输电线风振响应的数值模拟研究[*]

向越[1]，汪大海[1]，王昕[1]，黄国庆[2]，孙启刚[3]

(1. 武汉理工大学土木工程与建筑学院 武汉 430070；2. 重庆大学土木工程学院 重庆 400044；

3. 国网山东省电力公司 济南 250000)

1 引言

输电线结构具有侧向柔性大、结构阻尼小和对风荷载敏感的特性，下击暴流是输电线路破坏的主要原因。下击暴流作为一种强对流天气下的雷暴强风，其风场特性与大气边界层风相比存在着较大的差异。根据国内外大量输电杆塔风致破坏事故的研究表明，绝大多数输电线塔的倒塌破坏是由雷暴引起的下击暴流等强风造成。故必须对下击暴流作用下输电线风振响应进行研究。楼文娟采用下击暴流风数学模型，考虑风速矢量合成生成了输电线路的三维运动风场，结合非线性有限元分析，考察了下击暴流作用下输电线路风偏动态[1]。Damatty 等对多跨输电线路系统进行了气动弹性风洞试验，并与其之前开发的半解析有限元模型进行比较和验证[2]。基于索结构静力学理论，Wang 等推导建立了非平稳风作用下，端部铰支导线风致动张力的非线性时/频域解析模型[3]。

本文结合 computational fluid dynamics（CFD）计算和矢量合成法，模拟了移动下击暴流的定常平均风场，再通过建立了输电线路的有限元非线性模型的拟静力分析，考察了射流直径和射流速度等风场参数，以及导线跨度等结构参数，对输电线风致动张力的影响。提出了一些有益于输电线路抵抗极端风荷载的建议。

2 风场 CFD 模拟及有限元建模

2.1 下击暴流风场的 CFD 模拟

流场假定位为不可压缩湍流，采用时均化的 Navier-Stokes 方程，湍流模型采用雷诺应力方程（RSM），近壁区域采用增强壁面处理来修正近壁区域的湍流计算。模拟下击暴流风速矢量图如图1所示。考察下击暴流的射流直径 $D_{jet}=600$ m、900 m、射流速度为 $V_{jet}=30$ m/s、45 m/s。

图1 下击暴流风速矢量图

2.2 四跨绝缘子输电线的有限元建模

在有限元软件中进行输电导线建模分析，线路两端连接方式为铰支，中间连接通过绝缘子连接。绝缘子采用 MPC184 单元模拟，导线采用 LINK10 只拉单元模拟。取输电线跨度为 $L=400$ m，弧垂 $f=L/30$。考虑 CFD 定常模拟的下击暴流的风场以及下击暴流的移动速度 V_t，运用矢量合成法得到在下击暴流作用下输电线上各观察点的速度时程。将此风速导入到有限元软件对输电线进行动力分析。如图2所示。

3 动力分析

得到 2 号绝缘子各工况横向位移，纵向张力以及横向偏角时程图，如图3所示。

4 结论

（1）由于绝缘子的纵向摆动会在铰支的情况下释放不平衡的张力，绝缘子的连接会大大减少在下击暴流作用下输电导线的纵向张力。显然，这种效应将导致塔架上的纵向张力减小，纵向张力是下击暴流作用下输电塔线体系破坏的重要原因。

---

* 基金项目：国家自然科学基金项目资助(51478373，51720105005)

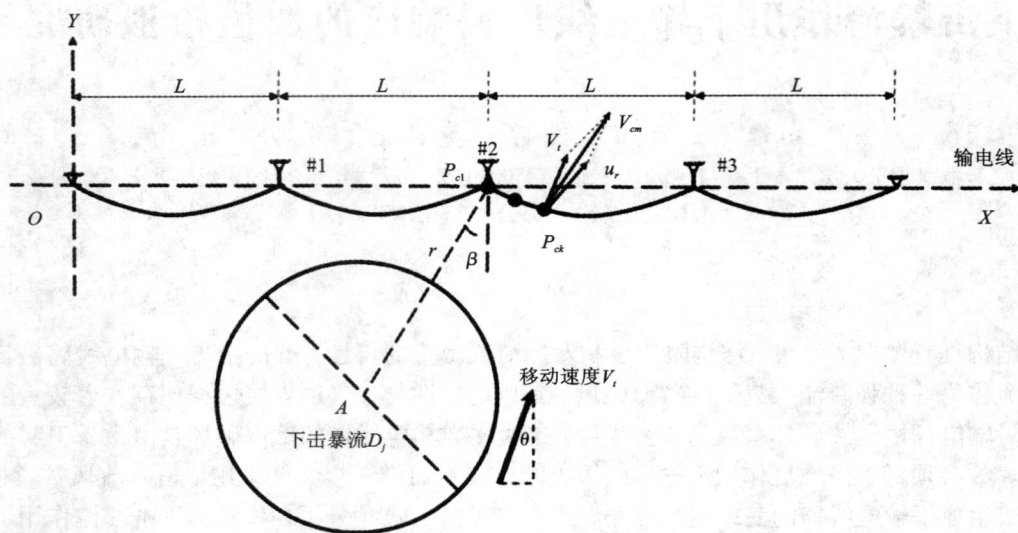

图2　下击暴流作用四跨绝缘子输电线示意图

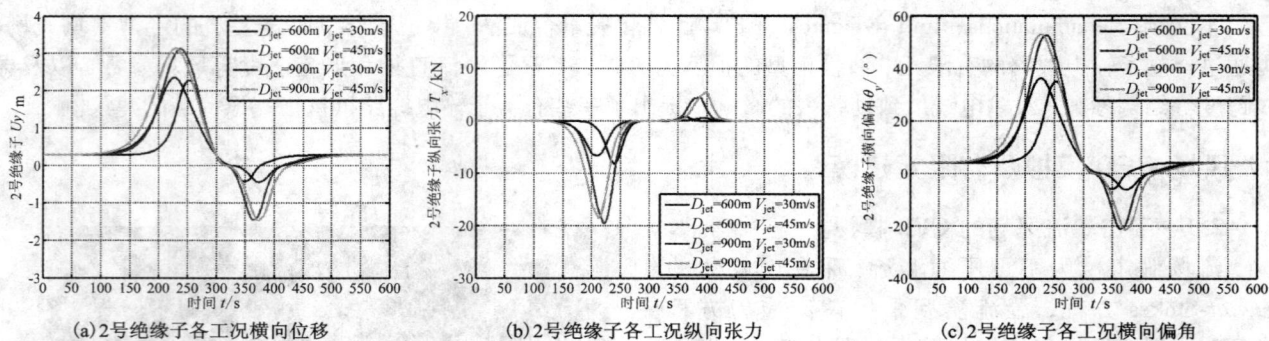

(a)2号绝缘子各工况横向位移　　　　(b)2号绝缘子各工况纵向张力　　　　(c)2号绝缘子各工况横向偏角

图3　动力分析图

（2）在下击暴流靠近输电线的过程中，绝缘子沿移动方向位移逐渐增大，随着下击暴流与输电线接近，达到峰值后而逐渐减小。当下击暴流经过输电线后产生反方向的响应。响应先增大再减小。整个过程中，横向的位移和张力响应要比纵向要大，尤其是张力响应。

（3）对于射流直径和射流速度这两个下击暴流风场参数，绝缘子的位移、张力、偏角的变化更易受到射流速度的变化而显著的变化，而射流直径对绝缘子的位移、张力、偏角的影响很小，相较于射流速度的影响可以忽略不计。

参考文献

［1］楼文娟，王嘉伟，吕中宾，等.运动雷暴冲击风作用下输电线路风偏的计算方法［J］.中国电机工程学报，2015，35（17）.
　　　4539－4537.

［2］Elawady A, Aboshosha H, Damatty A E, et al. Aero-elastic testing of multi-spanned transmission line subjected to downbursts
　　　［J］. Journal of Wind Engineering & Industrial Aerodynamics, 2016, 169: 194－216.

［3］Wang D, Chen X, Li J. Prediction of wind-induced buffeting response of overhead conductor: Comparison of linear and nonlinear
　　　analysis approaches［J］. Journal of Wind Engineering & Industrial Aerodynamics, 2017, 167: 23－40.

输电塔钢管构件微风作用下涡激振动控制措施研究[*]

张柏岩，黄铭枫，叶何凯，楼文娟

（浙江大学结构工程研究所 杭州 310058）

1 引言

近年来随着西气东送、三峡外送等工程的开展，越来越多特高压大跨越输电线路工程不断涌现，圆截面钢管以其优良的承载力和稳定性被广泛用作特高压输电塔的主要构件[1]。然而一些长细比较大的钢管构件在风速较小时容易发生横风向的涡激振动，从而造成螺栓连接松动甚至是构件的疲劳破坏。特高压输电塔钢管构件的涡激振动事故时有发生[2]，需要及时通过相应的措施来进行振动控制。一些学者探讨了使用柔性分离盘[3]、螺旋线[4]等措施对于圆柱涡激振动的控制作用，但都采用了基于弹性支承的节段模型，忽略了实际构件节点连接型式的影响。也有学者考虑了构件节点构造及不同的控制措施[5]，但缺乏参数化的分析，难以直接运用于实际工程的指导。本文针对一种圆截面钢管构件，考虑了真实的节点连接型式，在风洞中进行了足尺试验，研究了组合式扰流板对于钢管构件涡激振动的控制作用，并对比了不同扰流板间距对于控制效果的影响。试验中分别通过计算机视觉技术[6]和加速度计进行了钢管构件位移和加速度的测量，二者共同验证了控制措施的有效性。

2 试验模型与工况

2.1 试验模型

试验选用的钢管为 Q235 钢，规格为 $\phi 60 \times 4$，长度为 3135 mm，钢管的长细比为 161.3。钢管两端为 [型节点，与刚性立柱通过螺栓连接。在钢管的跨中布置有加速度计和用于计算机视觉识别的标志物。采用课题组自行研发的计算机视觉识别系统[6]，获取钢管的风致位移和加速度响应时程。钢管在风洞试验内的安装布置如图 1(a)所示。

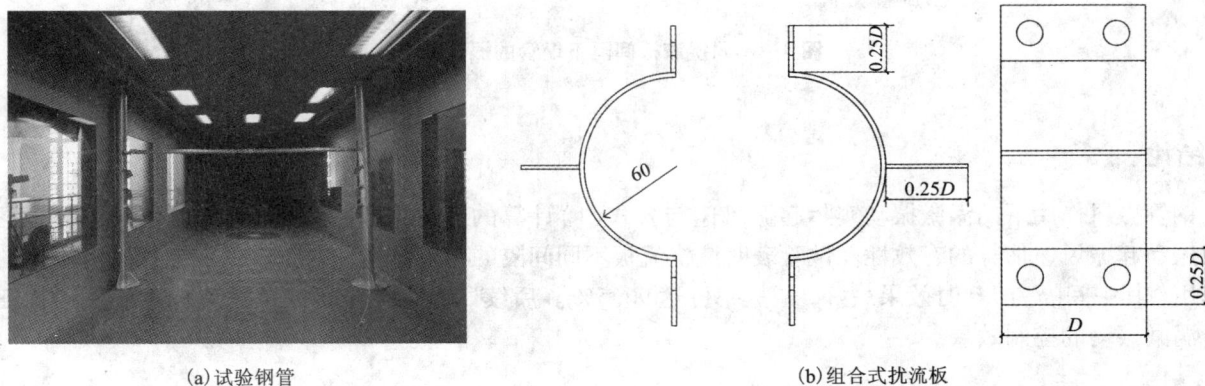

(a)试验钢管　　　　　　　　　　　　　　　(b)组合式扰流板

图 1　风洞试验钢管及组合式扰流板模型

通过自振测试得到该钢管的一阶模态频率为 17.13 Hz，由于该钢管高阶模态频率较大，对微风下产生的涡激振动不起控制作用，故取第一阶频率进行起振风速的估算：

$$U = 5f_s D \tag{1}$$

式中：U 为涡激振动的起振风速；f_s 为钢管的自振频率；D 为钢管的直径。计算可得该钢管的起振风速约为 5.1 m/s。

---

* 基金项目：国家自然科学基金资助(项目批准号：51838012)；国家电网科技项目(5211JY17000M，5211JY17000X)

2.2 组合式扰流板

试验所采用的组合式扰流板由两片半月形带翼板组成，如图1(b)所示。两板之间通过四个螺栓连接，板长为 D，板翼缘高度为 0.25D。

2.3 风洞试验工况

在确定起振风速时，根据公式(1)的计算结果选取在 4 m/s 和 7 m/s 风速间每隔 0.5 m/s 进行一次测试；测试完毕后选取钢管振动最剧烈的风速作为试验风速进行不同间隔扰流板的试验，扰流板的间隔分别为 1D、3D、5D、7D、9D。均匀流场下的采样时间为 30 s。

3 风洞试验结果

不同风速和风向角下钢管跨中的加速度幅值如图 2 所示。可见在 0°风向角、5 m/s 风速下，钢管的振动响应最为剧烈，故选取 0°风向角、5 m/s 风速作为后续的试验条件。

布置不同间隔扰流板后钢管的加速度和位移幅值如图 3 所示。试验结果表明，当扰流板间隔为 1D 时涡激振动的控制效果最好，减振率高达 96.5%；扰流板间隔为 3D 时效果较差，减振率约为 60%；扰流板间隔为 9D 时也能取得较好的控制效果。

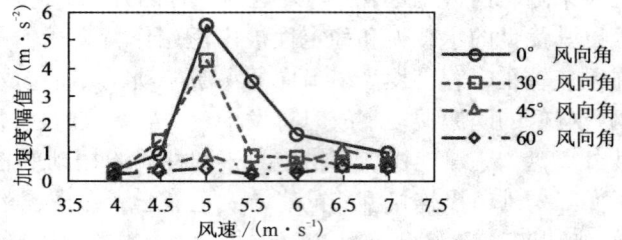

图 2 不同风速下钢管的加速度幅值

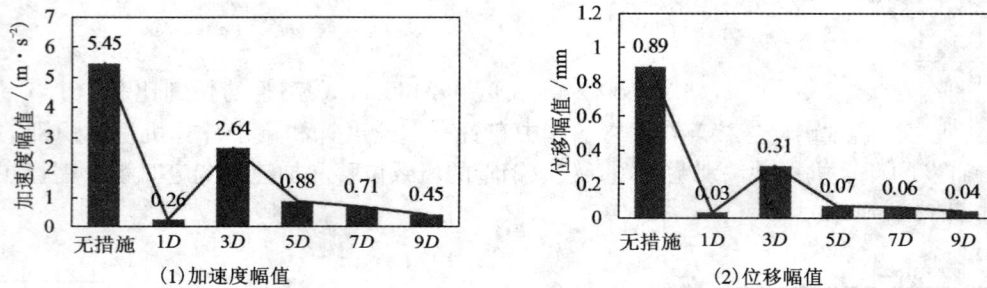

图 3 不同扰流板间隔下钢管的振动响应

4 结论

钢管微风作用下的涡激振动实际起振风速与公式(1)计算的理论值非常接近，验证了公式(1)对钢管涡激振动起振风速估算的有效性。试验表明该扰流板不同间隔的布置方案均对钢管的涡激振动有不错的控制作用，其中间隔为 1D 时效果最好，减振率可达 96.5%。后续试验将继续研究该扰流板对于不同长细比钢管涡激振动的控制效果。

参考文献

[1] 杨靖波，李正. 输电线路钢管塔微风振动及其对结构安全性的影响[J]. 振动、测试与诊断，2007，27(3)：208-211.

[2] 李峰. 输电塔典型节点钢管杆件涡激振动研究[D]. 上海：同济大学土木工程学院，2008：1-139.

[3] Shengping Liang, Jiasong Wang, Bohan Xu, et at. Vortex-induced vibration and structure instability for a circular cylinder with flexible splitter plates[J]. Journal of Wind Engineering & Industrial Aerodynamics, 2018, 174：200-209.

[4] Juan Sui, Jiasong Wang, Shengping Liang, et al. VIV suppression for a large mass-damping cylinder attached with helical strakes [J]. Journal of Fluids and Structures, 2016, 62：125-146.

[5] 杨靖波，李正，王景朝. 特高压输电线路钢管塔微风振动的防治[J]. 电力建设，2008，29(9)：10-13.

[6] Mingfeng Huang, Baiyan Zhang, Wenjuan Lou. A computer vision-based vibration measurement method for wind tunnel tests of high-rise buildings[J]. 2018, 182：222-234.

斜风作用下三角形铁塔塔身风荷载试验研究[*]

朱怡帆[1]，孙平禹[1]，周奇[1,2]

（1. 汕头大学土木与环境工程系 汕头 515063；

2. 广东省高等学校结构与风洞重点实验室（汕头大学）汕头 515063）

1 引言

传统的铁塔大部分是矩形结构，随着城市化的进程，矩形铁塔的应用越来越受到限制。为此，需要创新和应用基础较小的铁塔。三角形铁塔具有基础面积小、结构稳定性高、重量轻和灵活性高等特点而越来越多被应用。目前，现有规范和国内外研究已经涉及到三角形铁塔风荷载，但是还需要深入的研究。有鉴于此，本文采用多天平同步测力风洞试验方法，研究了不同实积率的三角形角钢铁塔塔身节段模型在三种典型风速下的风荷载。识别不同实积率铁塔塔身节段模型在均匀流场、8% 和 13% 两种紊流场下的阻力系数，计算斜风荷载系数，进而对比分析试验结果。

2 风洞试验介绍

塔身节段模型包括上补偿段、塔身段和下补偿段，各段长度分别为 0.475 m、0.593 m 和 0.472 m。塔身段模型正立面挡风面积为 0.203 m^2，实积率为 0.14。并通过在杆件上黏贴三角形和条形贴条，改变实积率。试验中共尝试了三种试验风速，分别为 12 m/s、15 m/s 和 18 m/s，风偏角变化范围为 0°~120°，角度间隔为 5°。图 1 给出了三种不同实积率塔身节段模型的单线图。

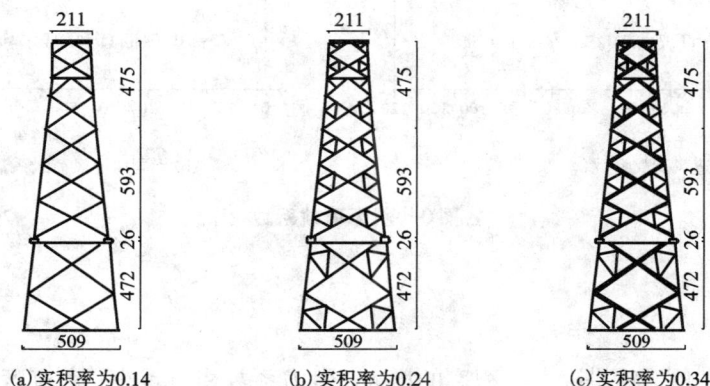

(a)实积率为0.14　　(b)实积率为0.24　　(c)实积率为0.34

图 1 试验中节段模型单线图

3 试验结果分析

3.1 阻力系数

图 2 分别给出三角形塔身的阻力系数在不同实积率不同紊流下的测试结果。从图中可以看出，随着实积率的增大，其阻力系数相应减小；在不同紊流场下，阻力系数差别不大。

3.2 斜风荷载系数

图 3 分别给出了各模型在不同风速下和不同紊流场下塔身的斜风荷载系数试验和拟合结果，本文提出的斜风荷载系数拟合公式为：

$$K_\theta = 1 - k_1 \sin^2(1.5\theta) - k_2 [2\sin^2(3\theta) + \sin^2(4.5\theta)] \tag{1}$$

* 基金项目：国家自然科学基金项目（51508537，51308330）

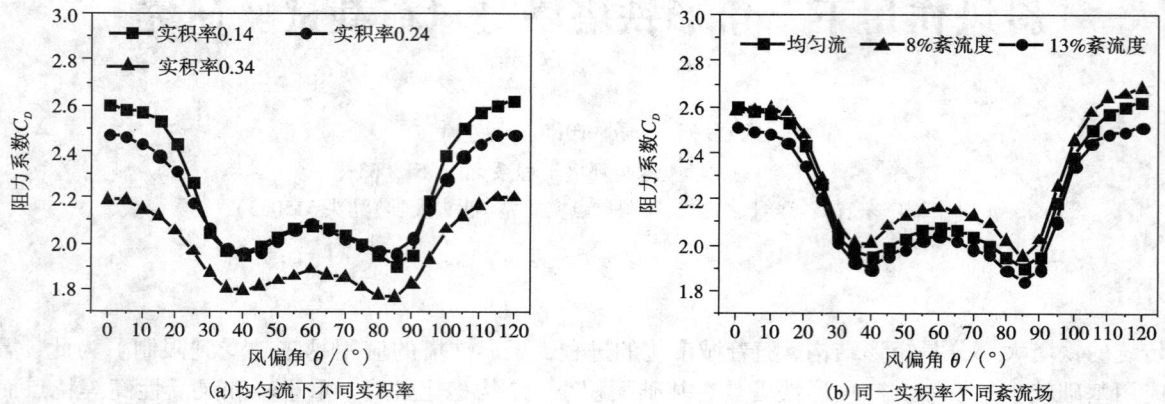

(a)均匀流下不同实积率

(b)同一实积率不同紊流场

图2   阻力系数结果对比

式中 K_θ 为斜风荷载系数，θ 为风偏角，k_1、k_2 为角度风系数，本文给出了角度风系数的计算方法。

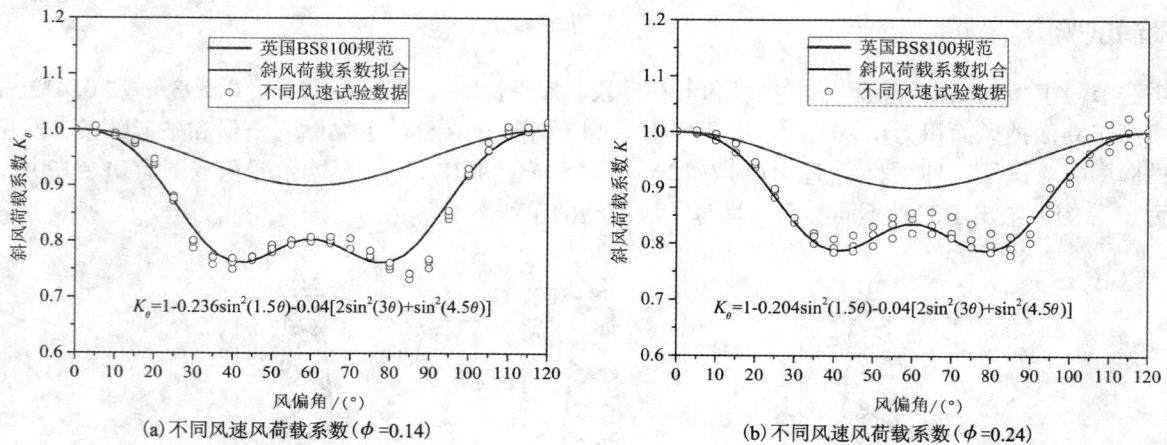

$K_\theta = 1 - 0.236\sin^2(1.5\theta) - 0.04[2\sin^2(3\theta) + \sin^2(4.5\theta)]$

(a)不同风速风荷载系数($\phi = 0.14$)

$K_\theta = 1 - 0.204\sin^2(1.5\theta) - 0.04[2\sin^2(3\theta) + \sin^2(4.5\theta)]$

(b)不同风速风荷载系数($\phi = 0.24$)

图3   斜风荷载系数

4   结论

获得研究结论有：三角形铁塔随着实积率的增大，阻力系数相应减小；紊流度对三角形角钢铁塔的阻力系数影响不大；由于三角形铁塔结构的对称性，阻力系数和斜风荷载系数均关于60°对称；斜风荷载系数对比表明各国规范值与风洞试验值存在一定差异；本文提出的斜风荷载系数公式的计算值与试验结果吻合较好。

参考文献

[1] 杨风利. 角钢输电铁塔横担角度风荷载系数取值研究[J]. 工程力学，2017，34（4）：150 - 159.

[2] Yang F. , Dang H. , Niu H. , et al. Wind tunnel tests on wind loads acting on an angled steel triangular transmission tower[J]. J. Wind Eng. Ind. Aerodyn. , 2016，156：93 - 103.

九、风电结构抗风

基于多体动力学及 BEM 理论 的风机动力响应分析程序研发与验证[*]

李秋明，刘震卿 张冲

(华中科技大学土木工程与力学学院 武汉 430074)

1 引言

对于风机结构，采用有限元方法[1]自由度数较多，计算成本较高，且由于叶片旋转造成结构实际动力学特征随时间变化，其时变量包括自振周期、模态、刚度矩阵与质量矩阵等。而多体动力学方法可较为便捷的实现旋转叶片的坐标系转换，实现降阶，计算轻量。本文针对柔性叶片－塔架耦合结构体系，分别对各构件进行分析，并通过一阶模态耦合获得各构件耦合后的动力响应，开发了陆上风机动力响应分析程序，并同商业程序 GH－bladed 做比较，验证了本程序的准确性。

2 时变风荷载生成

风场生成频域采用 Vor-Karman 谱，考虑湍流强度、积分尺度和空间相关性影响，通过快速傅里叶变换技术得到风机所处平面内网格节点时域脉动风速时程。在风机旋转过程中，通过时间和空间上插值，获得叶素上任意点的风速时程数据。利用上述所得叶素点风速时程，基于叶素动量理论(BEM)，考虑普朗特叶尖损失因子以及葛劳渥特修正，计算风机叶片所受时变风荷载。

3 模态分析

将叶片和塔架分别视为柔性悬臂梁与悬臂柱进行分析，基于假设模态法，将连续系统解析为试函数族的线性组合，即：

$$y(x, t) = \sum_{i=1}^{n} \varphi_i(x) q_i(t) = \varphi q \tag{1}$$

基于广义坐标系，考虑离心力刚化，重力软化，$p-\Delta$ 效应等因素，分别计算叶片和塔架结构体系的动能和势能，利用拉格朗日方程，推导出动力平衡方程，获得质量矩阵和刚度矩阵，求解特征方程，获得自振特性。

4 耦合动力响应分析

利用上述分析所得自振特性，分别提取塔架和叶片前三阶模态，利用振型叠加法缩减自由度数目，采用 Newmark－β 法求解动力平衡方程，获取叶片和塔架独立动力响应，进一步考虑一阶模态耦合分析，将塔架一阶模态响应附加于叶片运动方程，将叶片一阶模态响应附加于塔架运动方程，通过迭代以使叶片－塔架相交点位置处各时间步位移相同，进而实现叶片－塔架耦合动力分析，并开发相应分析程序。

5 算例结果与验证

利用本程序对某风机在湍流场作用下进行叶片－塔架耦合动力学计算。本算例中，风机轮毂高度 H_{hub} ＝60 m，轮毂高度处风速 10 m/s，风剪切系数 $\alpha = 0.02$，湍流强度 $I_a = 0.03$。将本文计算结果与商业程序

* 基金项目：国家自然科学基金(051608220)；国家重点研发计划(2016YFE0127900)

Bladed 对比，验证本程序的准确性高，自振特性对比见图 1(c)，不同叶片俯仰角的诱导因子对比见图 2，动力响应结果对比见图 3，通过对各变量的对比可见本程序计算计算结果与 Bladed 基本一致，验证了本程序的准确性。

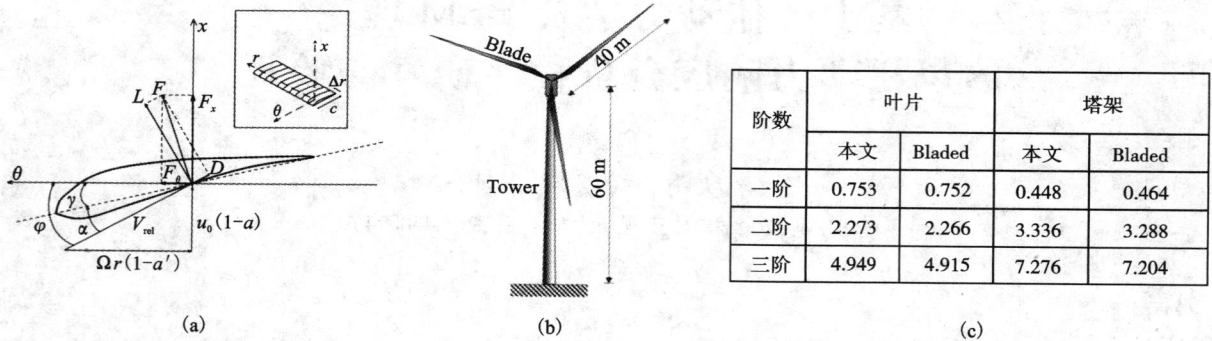

阶数	叶片		塔架	
	本文	Bladed	本文	Bladed
一阶	0.753	0.752	0.448	0.464
二阶	2.273	2.266	3.336	3.288
三阶	4.949	4.915	7.276	7.204

(a)　　　　　　　　　　(b)　　　　　　　　　　(c)

图 1　叶片 BEM 理论示意图(a)，风机模型尺寸(b)，自振频率对比(c)

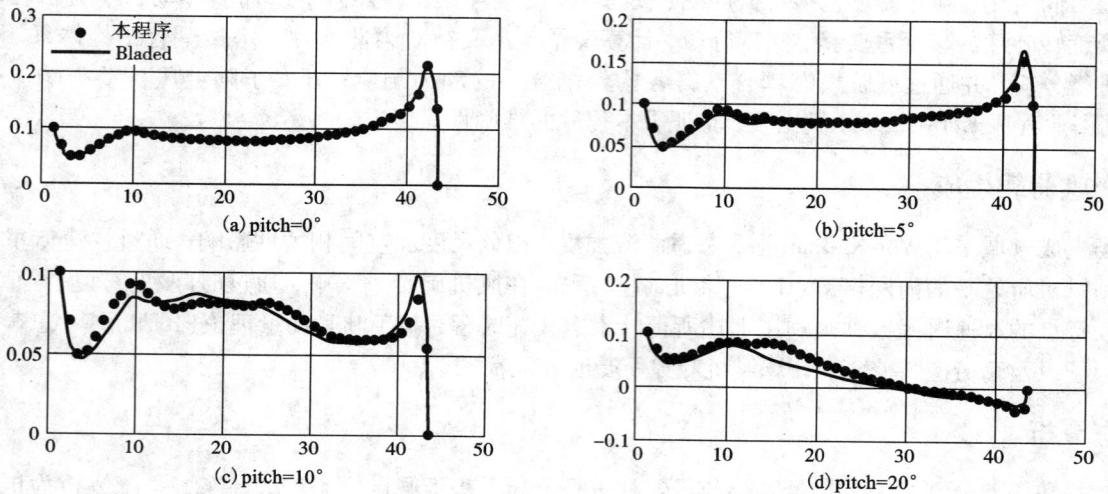

(a)pitch=0°　　　　　　　　(b)pitch=5°

(c)pitch=10°　　　　　　　(d)pitch=20°

图 2　叶片不同俯仰角下诱导因子对比

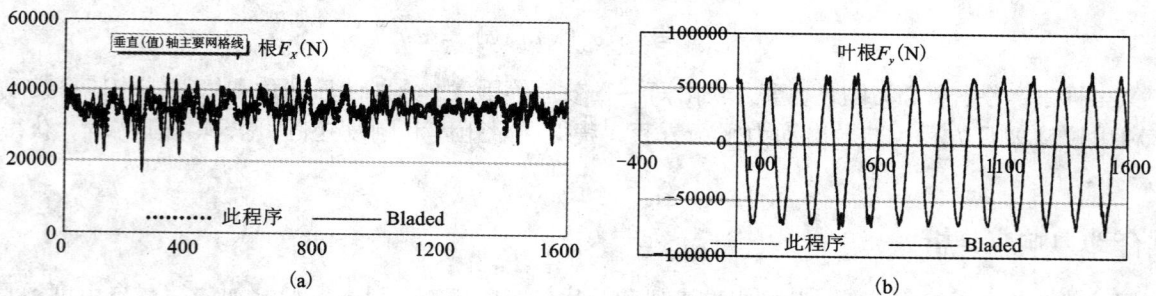

(a)　　　　　　　　　　(b)

图 3　叶根内力时程对比图

6　结论

1)利用 BEM 理论，考虑叶尖损失因子以及葛劳渥特修正，进行风机叶片荷载计算可得较合理的结果。

2)基于多体动力学方法，建立风力机体系耦合动力学平衡方程，可较准确地分析体系自振特性以及动力响应。

参考文献

[1] 张军，武美萍.大型风力机叶片有限元建模研究[J].机械设计与制造工程，2013，42(4)：24 - 27.

[2] 刘雄，张宪民，陈严，等.水平轴风力机结构动力响应分析[J].太阳能学报，2009，30(6)：804 - 809.

用于现场风雪测试的风机风场特性研究[*]

梁朋飞[1]，胡波[2,3]，刘庆宽[3,4]

（1.石家庄铁道大学土木工程学院 石家庄 050043；2.石家庄铁道大学工程力学系 石家庄 050043；

3.河北省风工程和风能利用工程技术创新中心 石家庄 050043；4.石家庄铁道大学风工程研究中心 石家庄 050043）

1 引言

目前对于风雪运动的研究方法大致分为理论分析、风洞试验、数值模拟和现场实测，其中以现场实测为最直接和可靠的信息来源[1]。但是由于风吹雪发生的随机性和突发性，并且各种参数不能灵活改变，给现场实测以及野外试验工作带来很大困难。为了在现场构造可人为控制的风场，进而进行现场风吹雪测试和相关试验，本文对用于现场风雪试验的 BC-Y14 型风机流场进行了测试，并对其流场特性[2]进行了分析，为之后现场风雪试验以及流场的改善提供依据。

2 测试概述

BC-Y14 型风机高 1.5 m，出风口直径 1.4 m，轴流式出风，功率 2200 W，可通过调频变速器进行无级变速。测试在某大型车间内进行，车间空旷且无自然风干扰。测试范围和测点布置如图 1 和图 2 所示，单个截面测点数 126 个。

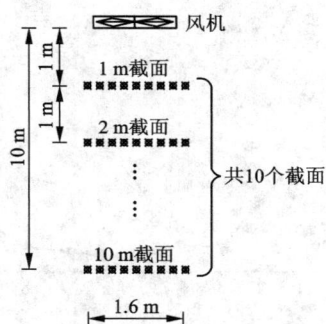

图 1　测点截面选取示意图

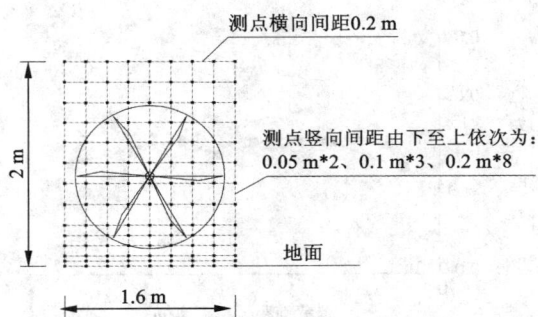

图 2　各截面测点布置示意图

风速的测量采用风速探针，探针固定在自制的移测支架上，通过改变支架的位置来实现对所有测点的测试，压力由美国 Scanivalve 公司电子压力扫描阀采集，测试现场如图 3 所示。

3 测试结果及分析

通过试验测得的各测点风速数值，绘制了距离风机 1～10 m 各截面风速等值线图，其中距风机 1 m 位置截面风速等值线图如图 4 所示。图 5 为各截面平均相对湍流度，图 6 为截面风速不均匀性以及风速不稳定性随截面距风机距离变化图。

* 基金项目：国家自然科学基金项目（51778381）；河北省自然科学基金项目（E2018210044）；河北省高等学校高层次人才项目（GCC2014046）

图3 测试现场

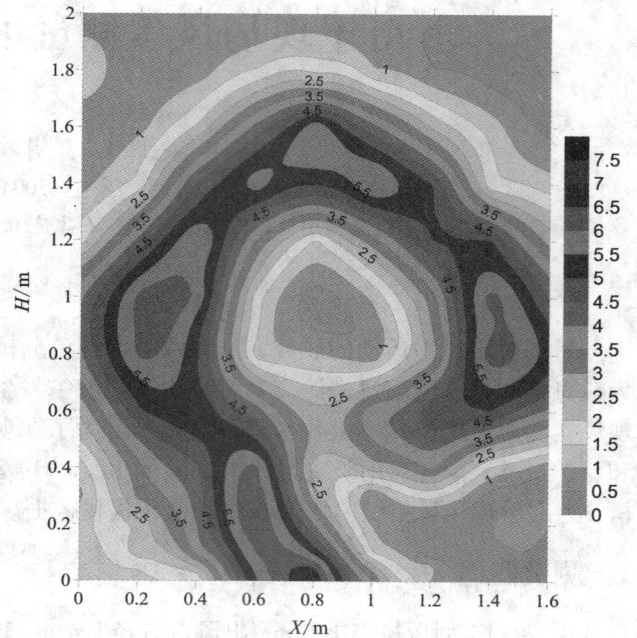

图4 1 m位置截面的风速云图

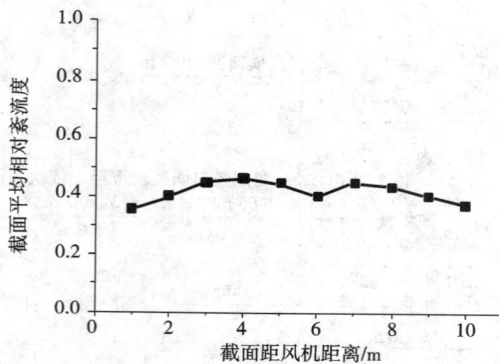

图5 各截面平均相对湍流度

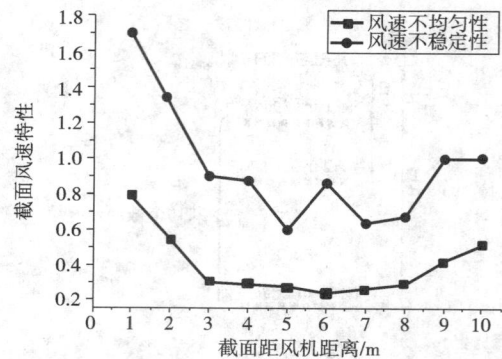

图6 截面风速特性随截面距风机距离变化

4 结论

通过对风机流场的测试，得到距离风机1~10 m位置各截面风速分布情况，分析了截面风速特性随截面距风机距离的变化规律，得到如下结论：

随距风机距离增大，截面平均风速呈现逐渐减小的趋势的同时，流场也逐渐均匀；截面风速不均匀性和风速不稳定性先减小后增大，在距风机4~7 m处流场达到较好的状态，但还不能达到现场试验要求；从绝对和相对紊流度的数值可以看出，紊流度处在很高的水平，风机风场脉动性较大，还需对流场进行相应的改善。

参考文献

［1］王中隆. 中国风雪流及其防治研究［M］. 兰州：兰州大学出版社，2001，23 - 35.

［2］于佳，臧建彬，刘叶弟. 小型直流式风力机实验风洞的流场特性研究［J］. 制冷空调与电力机械，2011，141（32）：11 - 13.

考虑复杂地形的风机尾流数值模拟

卢圣煜，刘震卿

（华中科技大学土木工程与力学学院 武汉 430074）

1 引言

当前风资源的利用越来越广泛，随之而来的问题是如何将风资源利用最大化。影响风力机发电效率一个重要的因素是风力机的微观选址，因为尾流效应的存在，放置在下游的风力机效率会降低。此处利用经典的三维山丘简化模型，分别将风力机放置在迎风面山脚、山顶和背风面山脚，以此研究尾流效应和地形影响。

2 数值模拟

采用与 Ishihara et al.[1~3]风洞实验相同的几何尺寸建立数值风洞（图1a），利用自定义函数设置粗糙元（图1c），并采用 ADM – R 致动模型建立风机模型。为了捕捉山丘附近由地形扰动而形成的细小涡结构，在山丘区域加密网格，见图1(b, d)。网格数量约为750万。

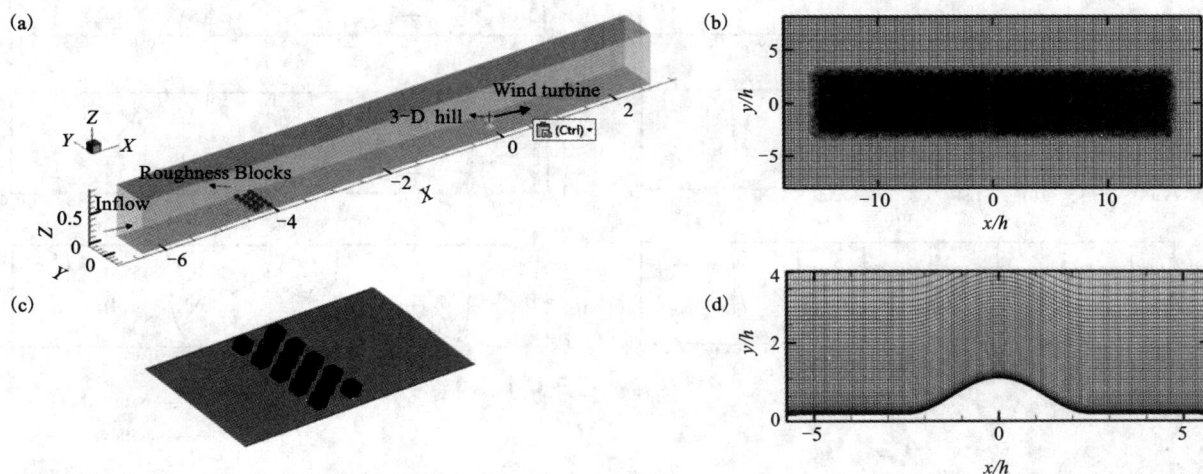

图1　计算模型（a），水平网格分布（b），粗糙元分布（c），竖向网格分布（d）

3 结果分析

图2a～f为三维山丘尾流区平均风速和脉动风速云图，风力机分别放置在迎风面山脚、山顶和背风面山脚。图中 $x = -2h$、$x = 0$ 与 $x = 2h$ 位置以后有明显的速度损失，影响风速较大的区域约在 $10h$ 范围内。由于地形原因来流风速到达背风面，速度下降，产生大尺度的旋涡。图3a～f为平均风速与脉动风速剖面分布。尾流最大速度亏损通常在紧邻风力机位置（图3a. e），当风力机放置在山顶时（图3c），$x = 2.5h$ 剖面比 $x = 0$ 剖面的风速减少得更多，说明这里的尾流最大速度亏损位置是在偏离风力机的一定位置，这或许是由于山顶位置由于地形爬升而使气流出现加速现象导致的。当风力机放置在背风面山脚时，尾流效应更加明显。图3(e. f)在近尾流区域，风速与空流场风速相比波动较大，可能原因是背风面山脚来流不稳定，存在回流和旋涡。对于复杂地形风场，除了尾流效应之外，地形效应也是影响风力机效率的重要因素之一。风经过复杂地形的风场时，会出现大尺度的流动分离、速度剪切和流动不稳定等非线性特征。

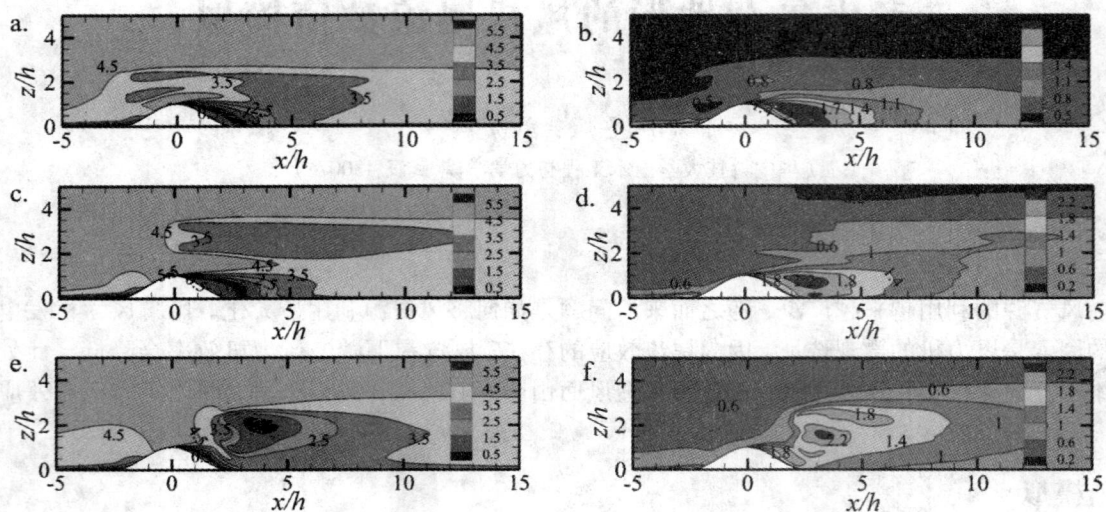

图2　风机位于迎风面山脚(a)、山顶(c)和背风面山脚(e)的平均风速与其脉动风速(b. d. f)云图

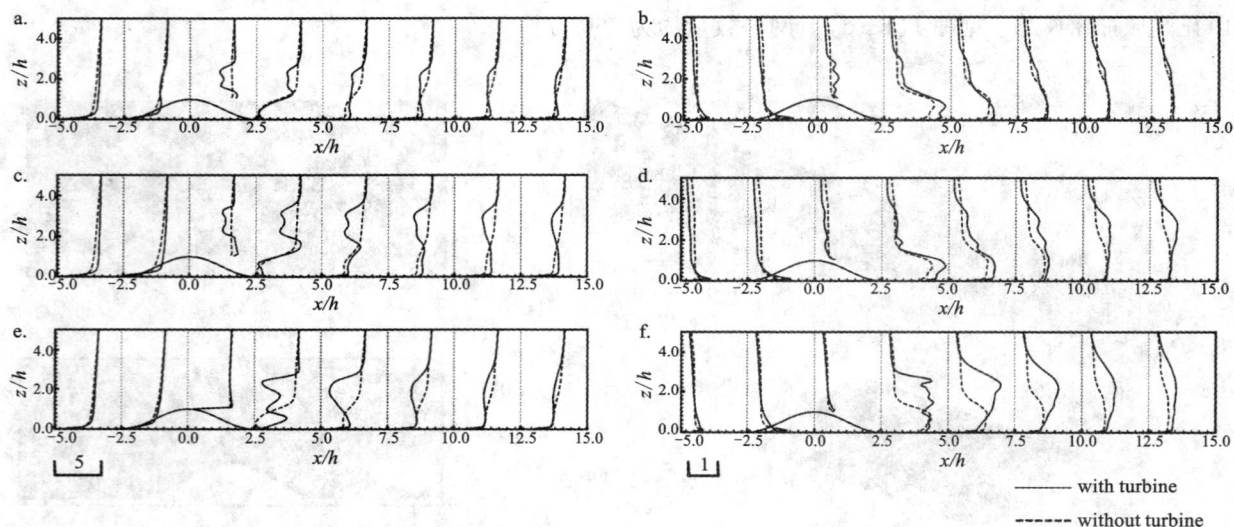

图3　风机位于迎风面山脚(a)、山顶(c)和背风面山脚(e)时均风剖面与其脉动风剖面(b. d. f)

4　结论

通过大涡模拟分析了放置风机前后的独立山丘上空风场变化, 研究了尾流效应和地形因素对流场的影响, 并分析了影响风力机发电效率的重要因素。发现进行复杂地形风机微观选址时应同时考虑尾流效应和地形因素。

参考文献

[1] Ishihara T, Hibi K (1998) An experimental study of turbulent boundary layer over steep hills. Proc of the 15th National Symposium on Wind Engineering, Japan, pp 61 – 66

[2] Ishihara T, Oikawa S, Hibi K (1999) Wind tunnel study of turbulent flow over a three-dimensional steep hill. J Wind Eng Ind Aerodyn 83: 95 – 107

[3] Ishihara T, Fujino Y, Hibi K (2001) A wind tunnel study of separated flow over a two-dimensional ridge and a circular hill. J Wind Eng 89: 573 – 576

湍流对风机叶片风效应影响的试验研究*

王地灵[1,2]，李毅[1,2]，段汝彪[1,2]，李超[1,2]

（1. 结构抗风与振动控制湖南省重点实验室 湘潭 411201；2. 湖南科技大学土木工程学院 湘潭 411201）

1 引言

风能作为可再生、无污染的绿色能源，其应用前景得到世界各国的认可。风电场选址也由内陆地区逐渐向近海发展，虽然近海区域较大的平均风速有利于风力机风能的获取，但台风经过时较大的湍流强度也常造成风机叶片的破坏[1]。为研究湍流强度对风机叶片风荷载的影响，本文首先利用 Schmitz 理论[2]对某 2MW 风力发电机组的叶片进行气动设计，同时在风洞中模拟了五种不同的均匀湍流剖面。进而对三维叶片模型开展了不同湍流强度条件下的刚性模型测压风洞试验研究。基于风洞试验结果，研究了叶片的风荷载特性随湍流强度、桨距角的变化规律，并分析了逆桨条件下叶片的风致响应。

2 风洞试验概况

风洞试验在湖南科技大学风工程试验研究中心开展。采用不同尺寸格栅板模拟出 7.0%、10.0%、14.0%、18.0%、22.0% 五种不同均匀湍流风场。以国际电工委员会制定的 IEC61400[3] 风力发电机标准中的低、中、高湍流强度（12.0%、14.0%、16.0%）为参考。本实验模型对应实际长度 40 m、缩尺比为 1∶20，模型高度为 2.0 m 如图 1 所示；风机叶轮旋转平面与叶尖弦线的夹角称为叶片桨距角 α，如图 2 所示。上、下翼面位置如图 3 所示。

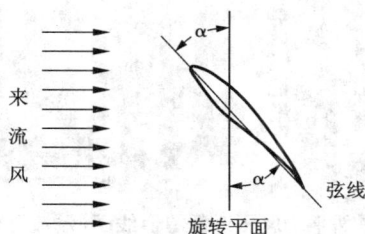

图1　模型布置图　　　图2　桨距角位置示意图　　　图3　上、下翼面位置示意图

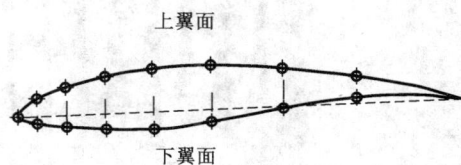

3 实验结果分析

图4、5 为 0°桨距角时测点的平均风压系数、脉动风压系数图。当 $\alpha = 0°$ 时下翼面平均风压系数基本不受湍流度变化影响，前缘区域都为负压且靠近前缘部分区域随着湍流强度增大平均风压系数逐渐增大。上翼面随着湍流强度的增大平均风压系数绝对值有所减小。脉动风压系数总体上随湍流强度的增大而增大，在湍流强度为 10% ~ 14% 时显著。

图6、7 为 90°桨距角时测点的平均风压系数、脉动风压系数图。当 $\alpha = 90°$ 时，前缘部分为正压，随着湍流的增大平均风压系数逐渐减小。上、下翼面基本上保持负压，湍流强度为 10%、14%、18% 时候平均风压系数变化不明显，随着湍流强度的增大平均风压系数绝对值逐渐减小。在下翼面后缘区域出现"小正压"区域，由于气流沿着凸起位置处分离，然后出现再附着现象。在前缘附近区域脉动风压系数随着湍流的增大呈现逐渐增大的趋势，但离前缘距离越远，脉动风压系数变化越不显著。

图8 为 7%湍流强度时叶片平均风压系数等值线图。随着桨距角的增大，叶片下翼面正压分布逐渐减小，在 $\alpha = 0°$ 时叶片下翼面基本为正压分布，仅在叶前缘出现负压，叶片压力系数主要分布在 0.4 ~ 1，在 $\alpha = 90°$ 时仅在各叶片叶前缘和下翼面后缘部分出现正压分布带，后缘平均风压系数主要分布在 0 ~ 0.25，可以看出随着桨距角增大叶片的整体荷载显著降低。

* 基金项目：国家自然科学基金项目（51708207）

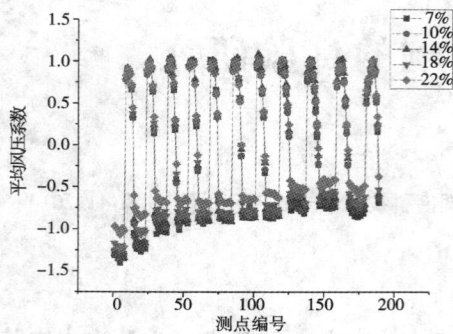

图4　$\alpha=0°$测点平均风压系数

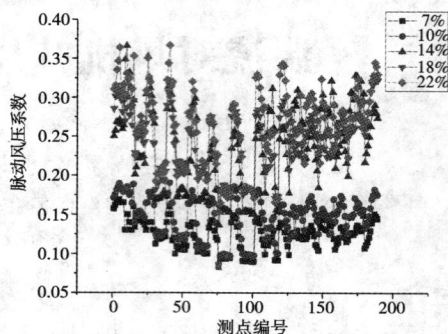

图5　$\alpha=0°$测点脉动风压系数

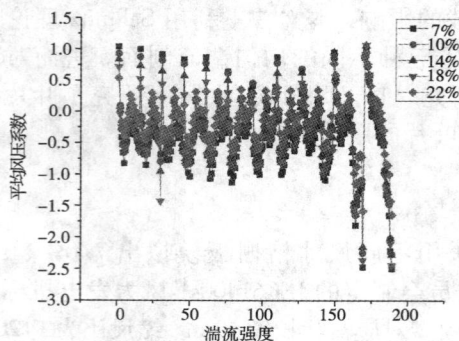

图6　$\alpha=90°$测点平均风压系数

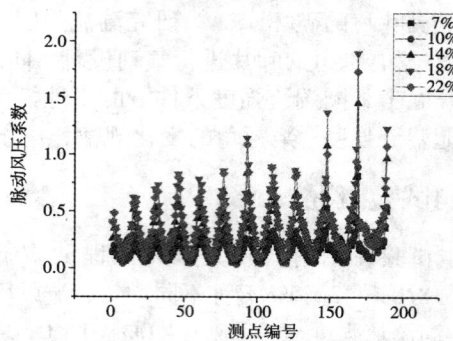

图7　$\alpha=90°$测点脉动风压系数

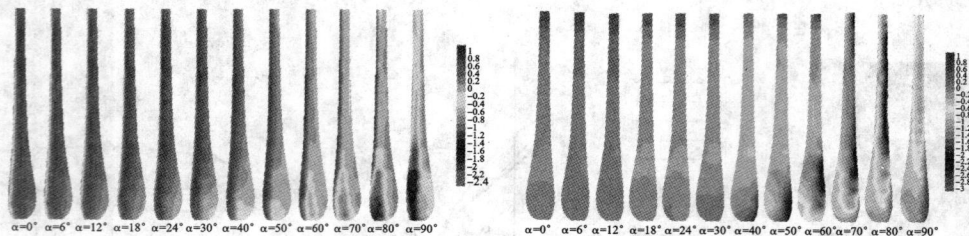

$\alpha=0°$　$\alpha=6°$　$\alpha=12°$　$\alpha=18°$　$\alpha=24°$　$\alpha=30°$　$\alpha=40°$　$\alpha=50°$　$\alpha=60°$　$\alpha=70°$　$\alpha=80°$　$\alpha=90°$

图8　叶片下翼面、上翼面平均风压系数等值线图（湍流强度为7%）

$0°$桨距角下叶片顺风向位移特征值如图9所示。由图可知：随着湍流增大，叶片顺风向位移均值在湍流强度为14%之前基本无变化，随着湍流强度的增大顺风向位移均方差和位移极值均呈现逐渐增大的趋势，位移极值分别为0.58 m、0.58 m、0.70 m、0.696 m 和 0.717 m。

4　结论

（1）当 $\alpha=0°$、$90°$时随着湍流强度的增加叶片负压区平均风压系数绝对值逐渐减小。在 $0\sim90°$桨距角中，整体上可以看出随着桨距角的增大叶片的整体荷载显著降低。

（2）湍流强度对叶片顺风向位移均值影响较小，但对均方差和极值影响显著，为保证叶片的安全性，应考虑不同湍流强度的影响。

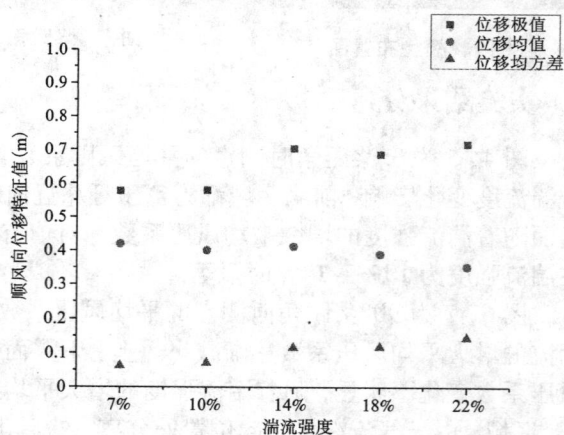

图9　$0°$桨距角下叶片顺风向位移特征值

参考文献

［1］王景全，陈政清.试析海上风机在强台风作用下叶片受损风险与对策－考察红海湾风电场的启示［J］.中国工程学科，2010，12（11）：32－34.

［2］董礼，廖明夫，井延伟.风力机叶片气动设计及偏载计算［J］.太阳能学报，2009，30（01）：122－128.

［3］IEC. IEC61400－1－2005.

台风下考虑变桨效应大型风力机体系气动性能研究*

王晓海　柯世堂　余文林

（南京航空航天大学土木工程系 南京 210016）

1 引言

我国东南沿海地区每年都会遭受数十个台风的侵袭，对建（构）筑物造成严重的结构损坏[1]。与高层、大跨结构相比，具有超高细塔架和特大柔性叶片的大型风力机结构更柔、风振动力效应更加突出，更易遭受台风破坏。变速变桨距风力机已广泛应用于我国近海风场[2]，其主要运行方式是在低风速下改变风轮转速，在高风速下改变叶片桨距角进行功率控制，使风力发电机在随机风场作用下始终在最佳状态点工作。与良态风相比，台风作用下近地面风场更加复杂，高湍流、多变向、剪切风速变化大的风场特性会极大地恶化变速变桨距风力机的运行环境，此时风力机近壁面气流运动形式紊乱且表面压力作用发生明显变化。鉴于此，对考虑变桨效应的大型风力机体系风荷载分布进行准确预测具有重要的工程意义。

2 中尺度台风场模拟及分析

本文模拟的台风是 2008 年的第 12 号台风"鹦鹉"，基于非线性最小二乘法，针对 WRF 模式模拟中心区域近地面风速拟合得到台风近地面风速剖面（见图 1），可以看出近地面台风场拟合效果较好（模拟精度为 95.97%），台风风速剖面指数拟合值为 0.118。将近地面台风剖面集成至用户自定义函数中，作为后续小尺度风场 CFD 模拟中的初始边界条件。

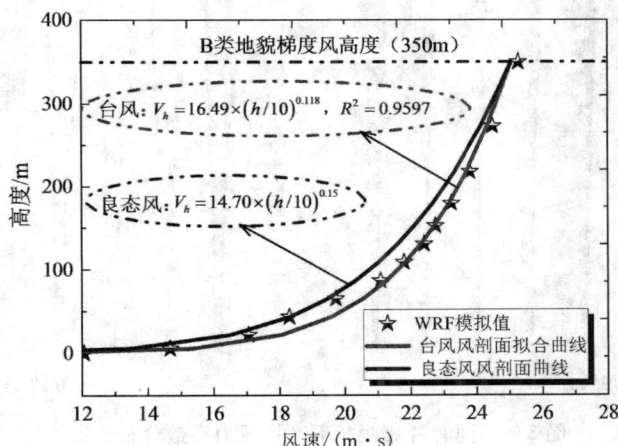

$$台风：V_h = 16.49 \times (h/10)^{0.118}, \quad R^2 = 0.9597$$

$$良态风：V_h = 14.70 \times (h/10)^{0.15}$$

图 1　模拟中心近地面风速及两种风场下风剖面拟合曲线

3 小尺度 CFD 数值模拟

3.1 边界条件与参数设置

数值模拟采用 3D 单精度，分离式求解器，在风力机运营期间，阵风对风力机整机气动性能的影响不可忽视。为考虑阵风对风力机塔架气动性能的影响，在速度入口处采用用户自定义函数（UDF）定义上述台风脉动风场的平均风剖面、湍流度、湍动能、湍流积分尺度和比耗散率等流体参数，在入口处生成纵向分布的台风脉动风场（见图 2）。

* 基金项目：国家 973 计划项目（2014CB046200）；国家自然科学基金（51878351，51761165022，U1733129）

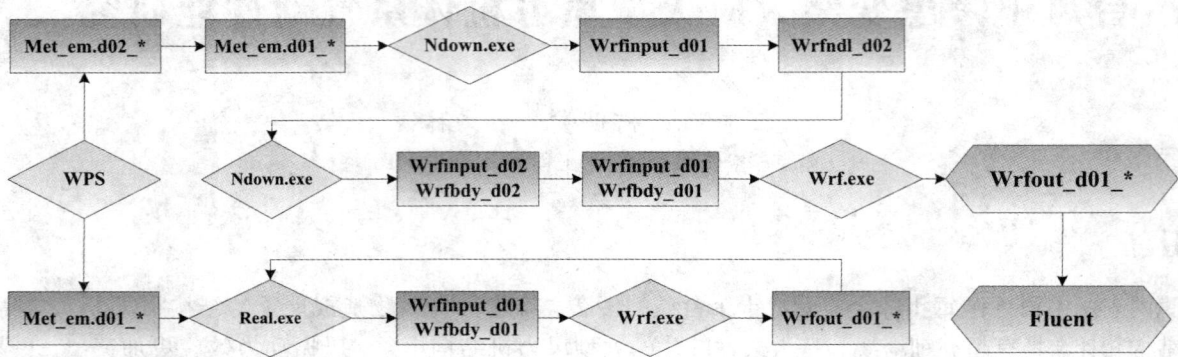

图2　WRF – CFD 计算及嵌套流程图

4　气动性能分析

定义与塔架重合的叶片为叶片 1。图 3 给出了不同叶片桨距角下叶片 1 压力系数分布等值线图。由图可以看出，随着桨距角的增大，各叶片迎风面的正压分布区域逐渐减小，各叶片背风面负压分布区域逐渐减小，且 $\beta = 0°$ 时叶片背风面负压分布主要在 $-0.8 \sim 0.2$，$\beta = 90°$ 时背风面压力系数分布在 $-0.2 \sim 0.2$。综合各叶片迎风面和背风面的压力系数分布情况，可以看出叶片桨距角的增大显著降低了叶片的整体荷载。

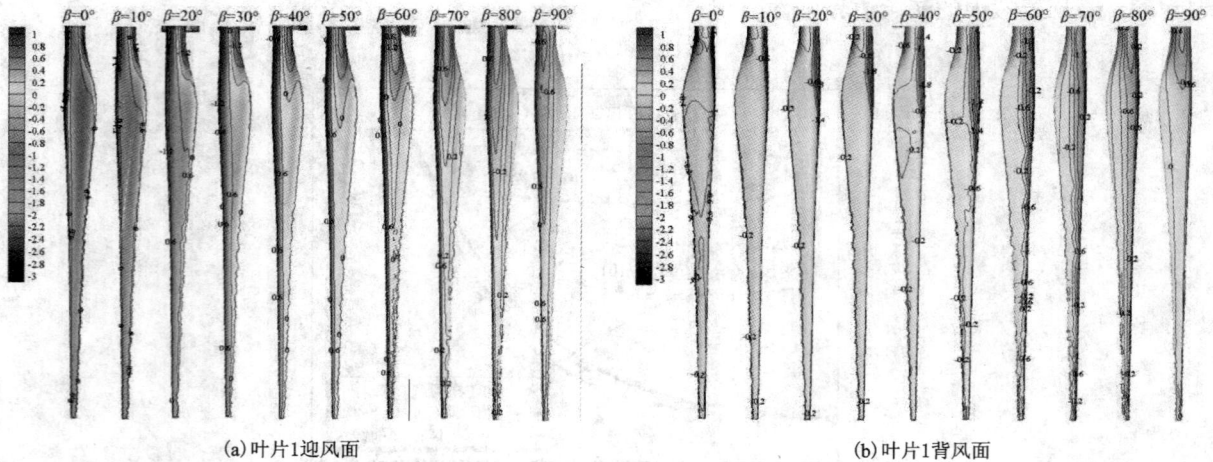

(a)叶片1迎风面　　　　　　　　　　　　　　　(b)叶片1背风面

图3　不同叶片桨距角下叶片压力系数分布云图

5　结论

本文基于中尺度 WRF 模式针对"鹦鹉"台风进行了高分辨率模拟，然后结合小尺度 CFD 数值模拟展开台风作用下考虑变桨效应大型风力机体系表面气动性能差异化分析。综合分析表明，桨距角为 0° 时，叶片和塔架之间的相互干涉作用最为明显，风力机体系气动性能最为不利。

参考文献

[1] 方伟华, 林伟. 面向灾害风险评估的台风风场模型研究综述[J]. 地理科学进展, 2013, 32(6)：852 – 867.

[2] Li Y, Paik K J, Xing T, et al. Dynamic overset CFD simulations of wind turbine aerodynamics[J]. Renewable Energy, 2014, 37(1)：285 – 298.

基于 SPH 方法的浮式基础仿真计算*

王艺泽，刘震卿，曹益文

（华中科技大学土木工程与力学学院 武汉 430074）

1 引言

光滑粒子流体动力学（Smoothed Particle Hydrodynamics）法是一种无网格拉格朗日粒子法，特别适合于处理大变形问题、流-固耦合问题。Capone 等运用 SPH 方法进行滑坡涌浪模拟[1]；Ren 等应用 SPH 模型进行漂浮式防波堤的波浪动力响应分析及防波堤的参数分析[2]。

随着海洋资源的开发，越来越多的海上风机被建立，研究浮式平台基础在波浪下的运动及锚固系统的动力学响应将有助于更好地设计海上风机浮式平台基础。本文将利用 SPH-mooring 模型分析浮体运动规律及锚固系统动力学响应规律。

2 计算模型与研究内容

2.1 计算理论与仿真模型建立

本文采用 SPH 理论[3]进行液-固仿真，结合集中质量法[4]求解锚固系统。SPH-mooring 模型在每一时间步，由 SPH 主程序计算得到平台的位置及速度信息并传入锚固系统求解程序，求解导缆孔及整个锚链的动力特性，得到锚固系统施加给浮体的力并传回 SPH 主程序，更新粒子信息。代码中基于 OpenMP 实现了 CPU 并行计算，基于 CUDA 实现了 GPU 加速计算，结合已有实验数据验证了该模型进行浮式平台基础波浪响应的可行性与准确性。

2.2 带张力腿式锚固系统的浮式基础波浪动力响应分析

本文利用验证后的 SPH-mooring 模型进行了海上浮式平台的波浪响应分析。SPH 模型及波浪参数设置如图 1。平台位移时程如图 2。锚链张力时程及其傅里叶分析如图 3。

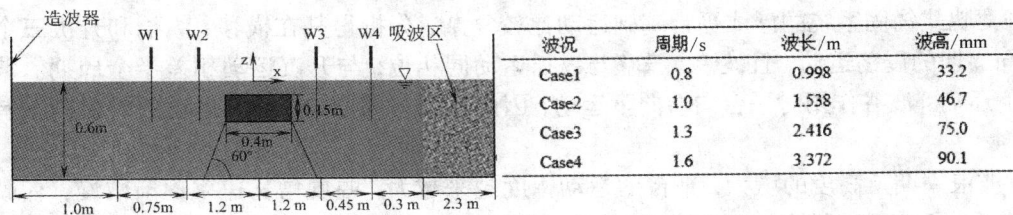

波况	周期/s	波长/m	波高/mm
Case1	0.8	0.998	33.2
Case2	1.0	1.538	46.7
Case3	1.3	2.416	75.0
Case4	1.6	3.372	90.1

图 1 SPH 模型及波浪参数设置

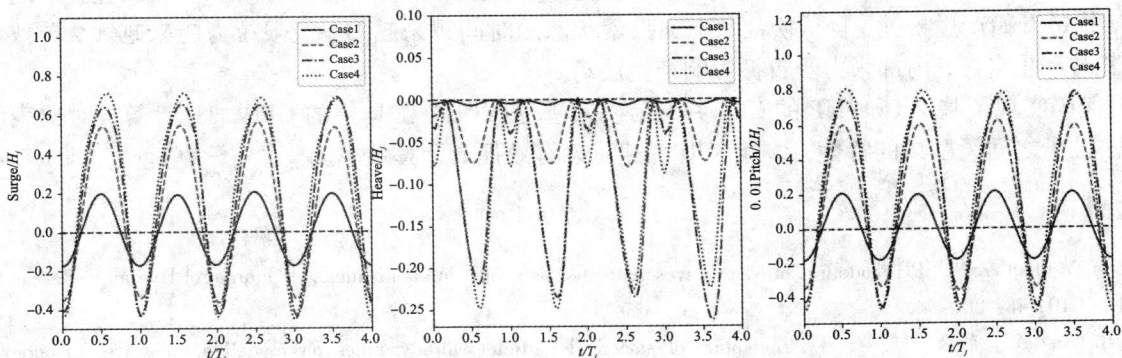

图 2 平台在不同波浪下的位移时程对比

* 基金项目：国家重点研发中日政府间合作项目（2016YFE0127900）

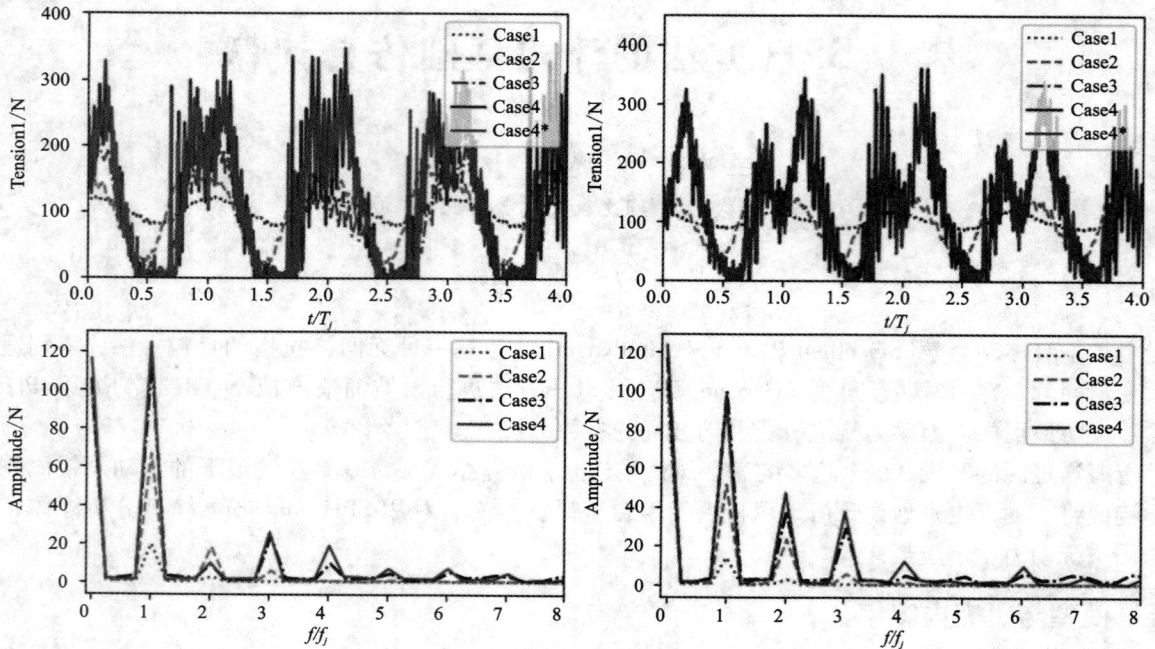

图3　不同波浪下锚链张力的时程对比

3　结论

对仿真结果的平台运动和锚链张力进行分析，得到如下结论：

（1）利用 SPH 模型分析自由浮体在波浪下的响应分析，利用 SPH – mooring 模型分析带锚固系统的漂浮式平台基础的波浪响应，与实验数据吻合良好。

（2）波浪产生的漂移力不仅会使自由漂浮的浮体产生漂移运动，还会使锚固平台横移和纵摇方向上的运动不关于平衡位置对称，横移正向和逆时针方向上峰值更大。波浪周期和高度的增长使漂移力不断增长，这种差异也在逐渐增大。平台运动的不对称性导致迎波面锚链极限拉力略大于背波面锚链极限拉力。

（3）带张力腿式锚固系统的浮式平台基础运动比较复杂，分析得其在横移、纵摇和升沉三个方向上均作与入射波同周期的震荡运动，且波浪、横移与纵摇运动同相位，与升沉运动相差半个周期。波峰作用时平台向右向下运动，波谷作用时平台向左向下运动，因此在同一周期内，升沉运动的时程图上有两个波峰和波谷。

（4）随着波浪周期及高度的增大，平台的运动幅度越来越大，幅度增长速率逐渐减慢，有最终收敛的趋势，也即其运动幅度受锚链牵制而不会无限制增长。受平台运动影响，锚固系统中锚链的张力也呈同平台运动周期的周期变化，受升沉方向运动影响，锚链张力时程同一周期内也有两个波峰和波谷。随着周期的增长，锚链开始产生松弛，且从松弛状态到张紧状态的时间越来越短，极限拉力越来越大，导致锚链在瞬间张紧时产生自振，内部张力受自振影响产生波动。

（5）代码实现了基于 OpenMP 的 CPU 并行计算和基于 CUDA 工具集的 GPU 加速计算，对比表明利用 SPH 算法粒子之间无联系的特性，结合 GPU 加速可以有效提高计算效率。

参考文献

［1］Capone T. , Panizzo A. SPH modelling of water waves generated by submarine landslides［J］. Journal of Hydraulic Research, Extra Issue, 2010, 48：80 – 94.

［2］Ren B. . He M. , Li Y. B. , et al. Application of smoothed particle hydrodynamics for modeling the wave – moored floating breakwater interaction［J］. Applied Ocean Research, 2017, 67：277 – 290.

［3］Monaghan, J. J. Smoothed particle hydrodynamics［J］. Reports on Progress in Physics, 2005, 68：1703 – 1759.

［4］Hall M. , Goupee A. Validation of a lumped-mass mooring line model with DeepCwind semisubmersible model test data［J］. Ocean Engineering, 2015, 104：590 – 603.

基于长期性能的半潜浮式风机平衡控制研究[*]

温宇鹏，李朝，郑舜云，肖仪清

（哈尔滨工业大学（深圳）土木与环境工程学院 深圳 518055）

1 引言

风机的主要作用是将可再生的风能转化为电能。考虑到半潜式风机的构件疲劳及使用寿命等因素，风机无法以最大发电功率持续运行。风机使用寿命的缩短可致使风力发电的生产成本大幅提升。本文基于waveclimate 的风浪后报数据库建立了风速、波高及周期的三维联合分布模型。重现 OC4DeepCwind 半潜式风机在该海域 24 年的运动响应以及性能状况，分析不同的风机停机阈值下风机累积疲劳损伤以及容量因数的变化。最后结合 OC4DeepCwind 半潜式平台稳性特征，尝试设计一套合理的控制系统，通过调节浮筒压载水，使得在不同的风速条件下，半潜式的风机的纵摇角度依旧能保持在 0°附近，并利用长期性能评价方法，对有无压载调节系统的平台响应及性能进行对比研究。

2 风浪变量的三维联合概率分布

对 waveclimate 提供的深圳市海域的 24 年风浪后报数据与深圳海洋局海上观测站的 2015～2016 年的实测数据进行对比分析，确认后报数据的可靠性。利用三种优度检验指标构造了风速、波高以及谱峰周期的边缘分布。基于 Pair-Copula 理论和 Archimedean Copula 函数[1]构建深圳市周边海域的风浪联合概率模型，探究风速、波高以及周期三者的相关关系。

3 半潜浮式风机的长期性能评价

以 OC4DeepCwind 半潜式风机为模型，实现了一种基于最大差异抽样算法（MDA）的长期性能评价方法。该长期评价方法主要有以下步骤：通过 MDA 法选取代表性样本，使用 FAST 计算模拟代表性的海洋工况下的风机平台响应以及利用径向基插值技术实现在短时间内重现 24 年不同海况的风机响应。通过比较平台运动在特定超越概率下的数值是否超过了预设的阈值，以此确定风机是否停机。并且结合风机长期响应以及安全运行阈值，分析不同阈值下风机累积疲劳损伤以及容量因数的变化。

4 移动压载调节控制系统设计及对半潜式风机性能的影响

结合 OC4DeepCwind 半潜式风机平台系统的稳性，确定浮筒中的压载水移动对半潜式风机的纵摇角度的影响，利用压载移动构建平台的压载调节系统。

对风机平台进行长期响应分析，压载调节系统对于风机的平均纵摇角度的影响最大，而对横荡、纵荡及横摇基本没有影响。由图 1 可以看出，压载调节前的平台位移的最大值一般出现在风速为 11.5 m/s 时，该风速值恰为风机的额定发电风速。此时，风机的推力最大，最大纵摇均值可达 3°。而通过压载调节后的平台纵摇均值基本保持在 0°附近。

对风机的容量因数和塔底累积疲劳损伤进行计算，可得采用压载调节系统的风机在 24 年间的容量因数为 0.542，塔底累积疲劳损伤为 0.90。与原风机数据进行对比可以发现，压载调节系统对风机的发电量影响不大，但若考虑平台纵倾超过阈值所导致的风机停机等因素，压载调节系统对风机实际发电量依然有很大的影响，具体如图 2 所示。图 2 中"95%—4°"表示在 95%超越概率下，以 4°作为平台纵倾阈值时所对应的容量因素，其余两者同理。在无阈值的情况下，压载调节系统可使容量因数增加 1.3%。而设有阈值的条件下，压载调节系统可使 3 种不同条件下的容量因素分别增加 3.5%、32.5%以及 128.6%。另外，压载调节系统对塔底疲劳损伤的减少有较为明显的作用，在无阈值的情况下，压载调节系统可以使塔底弯矩

* 基金项目：国家自然科学基金(51778200)；深圳市科技计划基础研究学科布局项目(JCYJ20170811160652645)

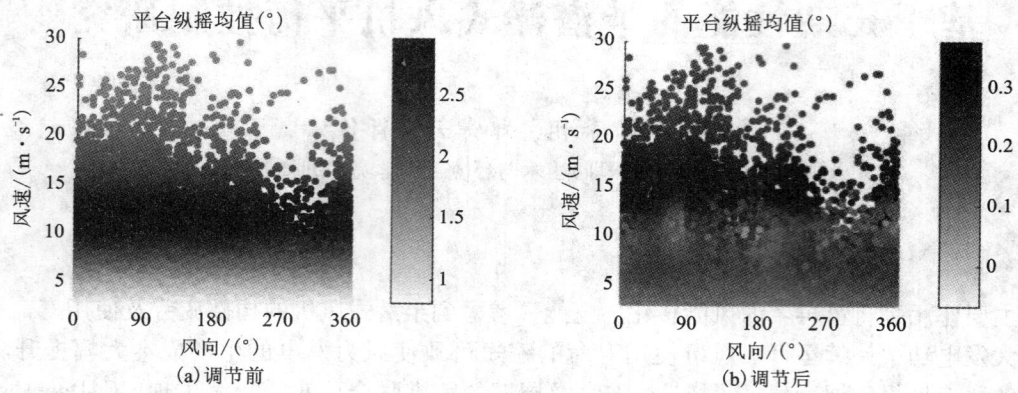

图1 平台纵摇均值与风速以及风向的关系

所产生的疲劳损伤减少26%。

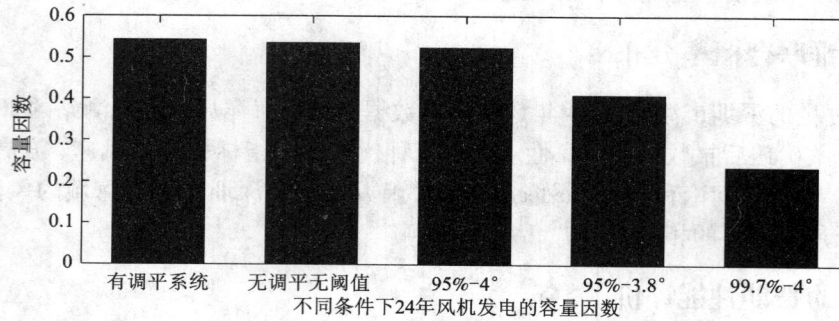

图2 不同条件下24年风机发电的容量因数

5 结论

（1）基于 waveclimate 后报数据库，得到风速、波高和周期三者的三维联合分布模型。

（2）越小的停机阈值会导致风机疲劳损伤的减少，但同时会使风机产能减少。

（3）由于压载调节系统可以显著地控制平台纵倾角度，所以对长期发电量存在积极影响，而同时压载调节系统可以降低26%塔底弯矩所造成的累积疲劳损伤，延长风机寿命。

参考文献

[1] Nelsen R B. An Introduction to Copulas [M]. New York：Springer，1998：109－155.

十、特种结构抗风

单向张拉膜流固耦合效应的研究[*]

陈刚，全涌

（同济大学土木工程防灾国家重点实验室 上海 200092）

1 引言

膜结构具有轻柔的特点，其轻导致对风的作用异常敏感，从而风荷载成为膜结构的主要的控制荷载；其柔性极易导致膜结构产生较大的变形和振动，而结构的大变形和振动会反过来影响膜结构周围的流场，这就导致膜结构与周围流场的耦合。本文基于张拉膜结构流固耦合计算的理论框架，实现对单向张拉膜结构流固耦合问题的数值模拟。

2 研究方法与内容

本文风场模拟采用 LES 湍流模型中的 SGS 模型，用 ADINA 对单向张拉膜模型进行建模，然后进行单向张拉膜流固耦合效应计算。模型尺寸 $L \times B \times H = 1.2 \text{ m} \times 0.6 \text{ m} \times 0.4 \text{ m}$，其中，$H$ 为结构下部流场高度。薄膜为线弹性材料，弹性模量为 $E = 1.667 \times 10^6 \text{N/m}^2$，泊松比为 0.4，厚度为 0.4 mm，密度为 1033.45 kg/m^3，预张力来流方向张拉力 20 N/m，结构跨度 $D = 1.2$ m，垂直于来流方向的两边固定，固定边长 1.2 m。支撑固定。

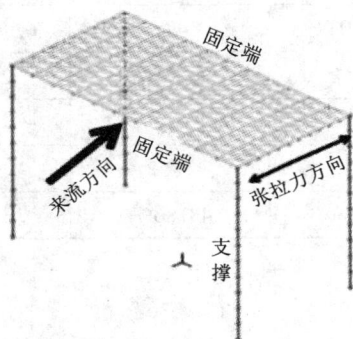

图1 单向张拉膜模型的结构示意图

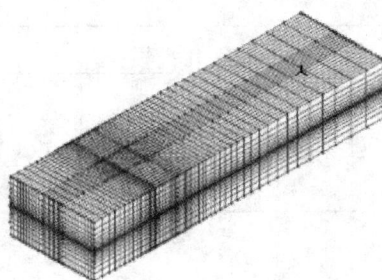

图2 计算域网格划分示意图

3 数值模拟结果及分析

当风速 10 m/s 时，张拉膜整体呈现出一种稳定的下凸状态，不同时刻下位移云图十分相似，如图3所示；迎风面前缘略有抬起，中间部分因重力下垂，变形最大位置在中部靠后缘。当风速增大到 18 m/s 时，结构呈现不稳定的波动，膜面出现前行的波动，膜面在水平线上下振动；由于膜的波动，呈现出一种失稳的状态；由于行波的效应，膜最大变形位置由波谷变成波峰，如图4和图5所示。

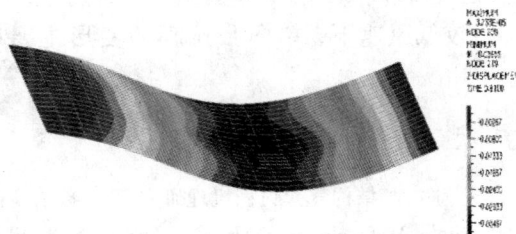

图3 10 m/s风速下结构位移云图

* 基金项目：国家自然科学基金面上项目（51778493，51278367）

图4 18 m/s 风速4.9 s 时刻结构位移云图

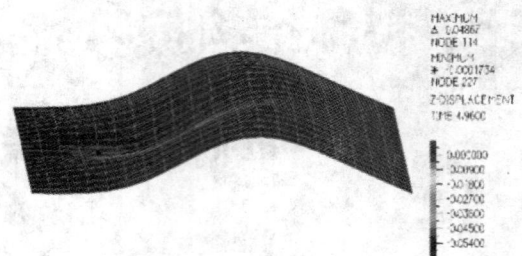

图5 18 m/s 风速5.2 s 时刻结构位移云图

4 与实验结果的对比

文献[1]对预张力为30N/m 的单向张拉膜结构进行了气弹模型风洞试验，完成了不同风速下的膜面顺风向 $L/4$、$2L/4$、$3L/4$ 处位移响应的测量。下面以预张力为30 N/m、风速为10 m/s 的数值模拟结果与试验结果进行对比。虽然数值结果与试验结果在数量上有一定的差别，但从两者的对比中都可以看出：①无论数值还是试验，位移均值最大点都出现在来流下缘，2 点和 3 点之间。②单向张拉膜结构中间各点的脉动值差别不大。同时，文献[1]的试验验证了数值模拟的正确性。

表1 10 m/s 风速下位移均值、位移均方差与试验结果比较

		测点编号		
		$L/4$	$2L/4$	$3L/4$
位移均值/mm	试验	−24.43	−39.23	−36.15
	数值模拟	−27.03	−47.37	−44.49
	误差	10.64%	20.75%	23.10%
位移均方差/mm	试验	1.78	1.85	1.84
	数值模拟	1.1	1.02	1.23
	误差	38.20%	48.86%	33.15%

5 结论

单向张拉膜在较低风速下，主要以重力和预加张拉力为主，呈现一种下凸的状态，变形的最大值出现在中后缘；在较高风速下，膜面出现一种行走的波，呈现出不稳定状态；所以存在一个临界风速，恰好出现波动。在较低风速下，单向张拉膜的变形主要以平均位移为主，单向张拉膜中间各点位移脉动值差别不大。

参考文献

[1] 陈昭庆.张拉膜结构气弹失稳机理研究[D].哈尔滨：哈尔滨工业大学，2015：46.

[2] A. M. Vitale. M. Letchford. Experimental Study of Wind Effects on Flat Porous Fabric Roofs [C]. Wind Engineering into the 21st Century. Larsen, Larose & Livesey, Rotterdam, 1999：1545 − 1551.

[3] 金鑫.张拉膜结构流固耦合的数值模拟研究[D].哈尔滨：哈尔滨工业大学，2012：1 − 2.

[4] 刘振华.膜结构流体—结构耦合作用风致动力响应数值模拟研究[D].上海：同济大学，2006：1 − 5.

定日镜群风荷载干扰效应研究*

罗志杨[1]，吉柏锋[1,2]，龚明凯[1]，沙正海[1]

(1.武汉理工大学土木工程与建筑学院 武汉 430070；
2.武汉理工大学道路桥梁与结构工程湖北省重点实验室 武汉 430070)

1 引言

定日镜为一种定向投射太阳光的平面镜装置，包括至少两片平面镜，以及平面镜的方位角调整机构和高度角调整机构，属于塔式太阳能光热发电站的重要组成部分。定日镜场一般布置于开阔空旷的场地，风力作用影响明显，若处于强风作用下，其稳定性极易受到破坏。在大规模定日镜场中，成百上千个定日镜按照塔式太阳能光热发电站镜场设计方法排列布置。身处镜场中的定日镜所受到的风环境和单个定日镜抗风设计时的荷载情况存在较大差异。为此，本文将基于计算流体动力方法针对定日镜群的风荷载干扰效应开展研究。

2 计算模型

定日镜的几何参数采用与文献[1]中定日镜风洞试验相同的模型参数，计算模型中的定日镜数量为 5 块，呈前 3 后 2 分布。镜面编号如右图所示。根据胡甜等[2]在考虑定日镜间的遮挡和阴影影响的基础上，提出的放射栅格布置中，定日镜的最优布置横向间距为$(1.6 \sim 1.7)D$、纵向间距为$(1.4 \sim 1.6)D$时(D为定日镜的总高度)，镜场年效率最大。因此，在本模型中，定日镜的横向间距取 $1.6D$，纵向间距取 $1.5D$。数值计算基于 CFD 程序 ANSYS-Fluent。结合 RNG $\kappa - \varepsilon$ 湍流模型对定日镜绕流风场的 3D 定常 RANS 方程进行求解。压力－速度耦合方式采用 SIMPLE，离散格式采用二阶迎风格式。

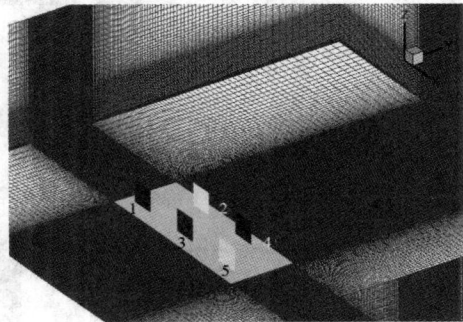

图1 90°仰角定日镜群计算网格

3 定日镜表面平均风压系数云图

图 2 和图 3 分别是 90°仰角定日镜在 0°和 45°来流方向下的定日镜迎风面平均风压系数云图。

0°来流时，定日镜表面均为正压分布，最大风压位于约镜面高度的 2/3 处，并呈辐射状向四周递减，且各镜表面的风压关于 3#镜呈对称分布形式；45°来流时，后方 2#和 4#定日镜表面出现大片负压区，最大风压均位于镜面左上部，风压系数沿来流方向递减。

4 结论

本文研究表明：由于前方定日镜的遮挡作用，后方定日镜迎风面的风压系数分布受到很大干扰，与同工况下未受遮挡的定日镜相比，其负压分布范围扩大，整体风压系数减小。

* 基金项目：国家自然科学基金项目(51308430)

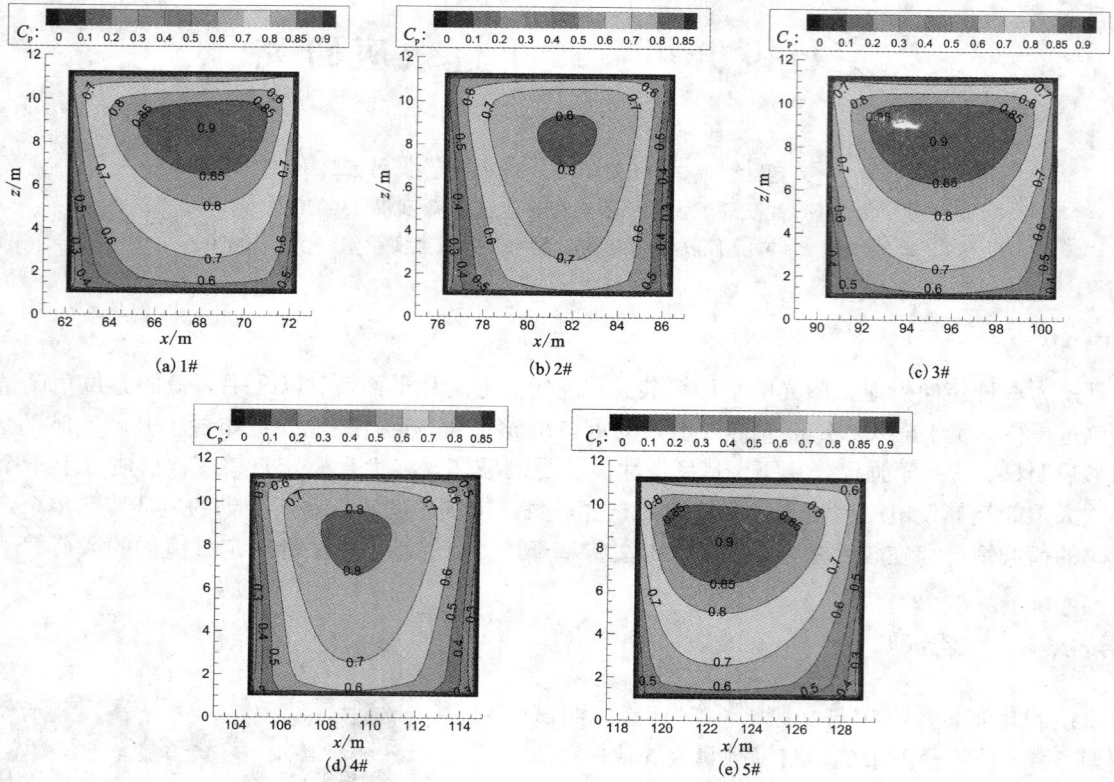

图 2　90°仰角 0°来流迎风面平均风压力系数云图

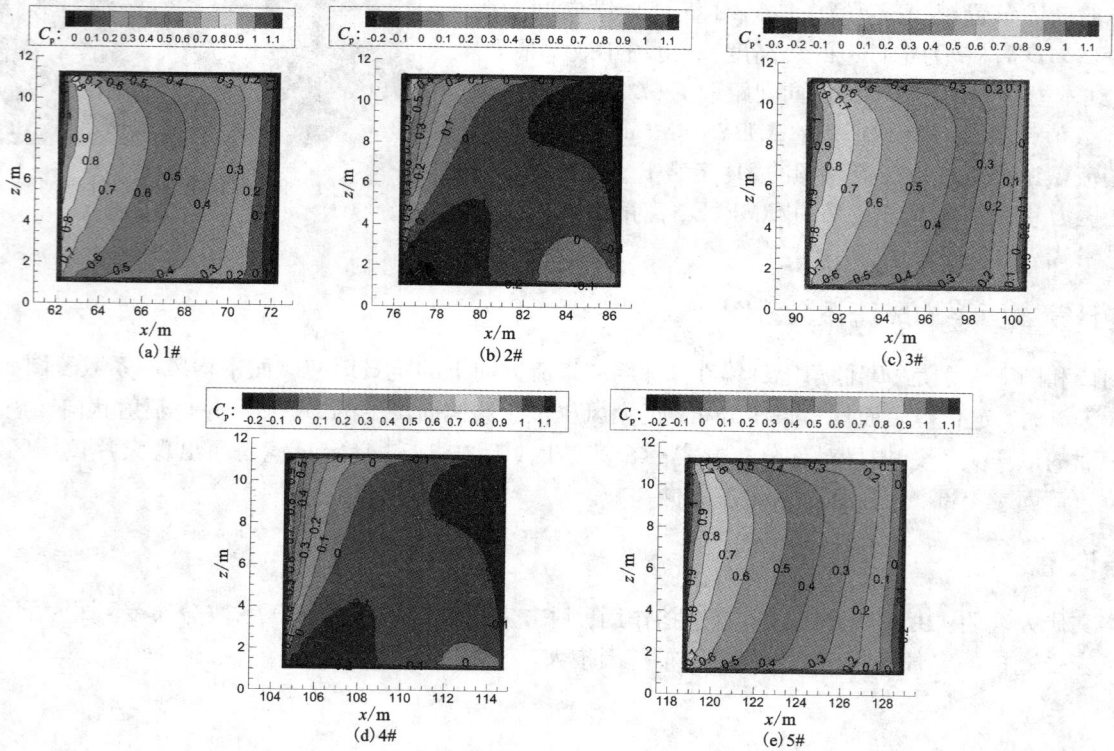

图 3　90°仰角 45°来流迎风面平均风压力系数云图

参考文献

［1］孙进. 多定日镜风场数值模拟［D］. 长沙：湖南大学，2012.

［2］胡甜，余琴，王跃社. 基于光线踪迹法的塔式太阳能镜场布置与优化研究［J］. 工程热物理学报. 2015，36（4）：791－795.

平屋面多行阵列单坡光伏组件风荷载特性研究[*]

肖飞鹏[1,2]，李寿科[1,2]，张雪[1,2]，毛丹[1,2]

（1. 湖南科技大学土木工程学院 湘潭 411201；）

（2. 湖南科技大学结构抗风与振动控制湖南省重点实验室 湘潭 411201）

1 引言

屋面的光伏系统在强/台风作用下易出现风致破坏。对于平屋面光伏系统风荷载特性的研究，国外开展的较早。Radu[1] 等对放置于一五层楼高平屋顶的阵列光伏组件进行 1：50 缩尺风洞试验研究。Banks[2] 研究了屋顶角落处三角涡对整个光伏组件系统风荷载的影响。Erwin[3] 对 2 种不同位置、3 种不同倾角的平屋面光伏组件进行了刚性测压风洞试验。李寿科[4] 等对一全尺寸电池板模型进行了风洞试验。本文以多行平屋面光伏系统为研究对象，研究了倾角、行间距、女儿墙高度对多行光伏系统风荷载特性的影响。

图1 风洞试验模型

2 风洞试验概况

试验是在湖南科技大学的大气边界层风洞中进行。试验模拟了《建筑结构荷载规范》GB 50009—2012 中的 B 类风场，风场缩尺比为 1：50，平均风剖面指数为 0.15。

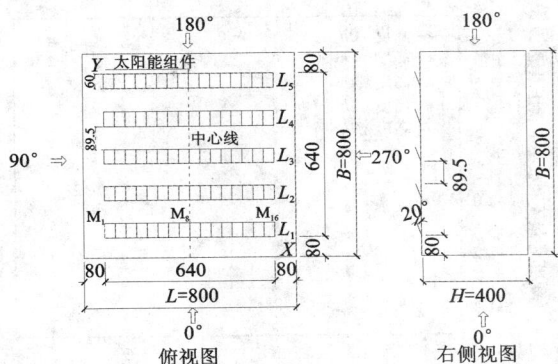

图2 光伏系统模型布置及风向角定义

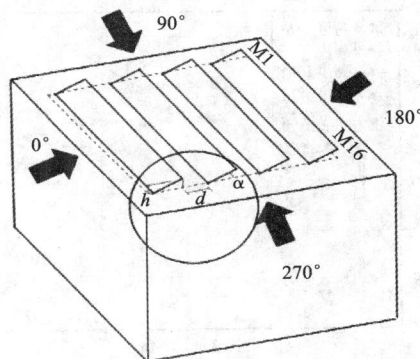

图3 光伏阵列参数示意图

3 试验结果分析

图 4 给出了不同工况下的（不同阵列间距、倾角 $\alpha = 20°$）每一行光伏系统的 M9 组件和 M16 组件的在 0° ~ 180° 风向范围内的最不利极大值风压系数变化规律。图 5 给出了每一行光伏系统的 M9 组件和 M16 组件的最不利极小值风压系数变化规律。

图 6 给出了不同工况下的（不同倾角、阵列间距投影长度系数 $k = 2.7$）每一行光伏系统的 M9 组件和 M16 组件的最不利极大值风压系数变化规律。图 7 给出了每一行光伏系统的 M9 组件和 M16 组件的极小值风压系数变化规律。

图 8 给出了不同工况下的所有风向角下屋面阵列光伏系统组件的最不利极大值风压系数变化规律随女儿墙高度的变化曲线，图 9 给出了所有风向角下屋面阵列光伏系统组件的最不利极小值风压系数随女儿墙高度的变化曲线。

* 基金项目：国家自然科学基金资助（51508184）；湖南省教育厅创新平台开放基金资助（17K034）；湖南省自然科学基金资助（2016JJ3063）；湖南省研究生科研创新项目（CX2017B639）

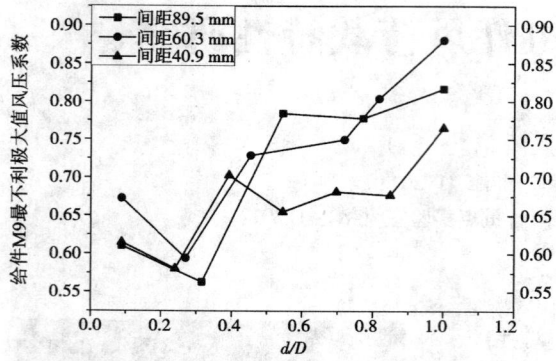

图 4 不同间距(M9)的最不利极大值风压系数

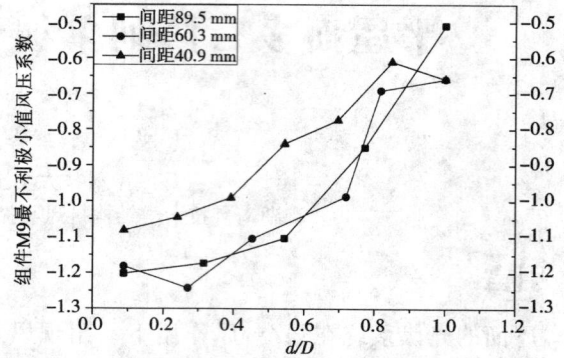

图 5 不同间距(M9)最不利极小值风压系数

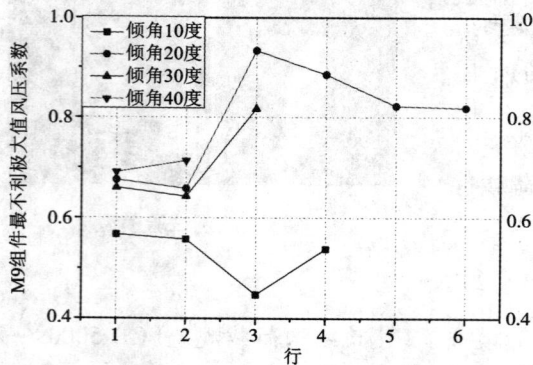

图 6 不同倾角对(M9)最不利极大值风压系数的影响

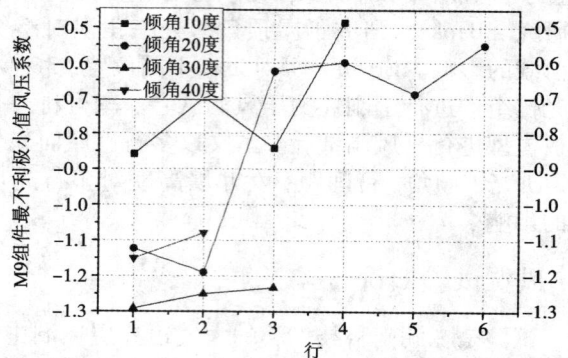

图 7 不同倾角(M9)最不利极小值风压系数

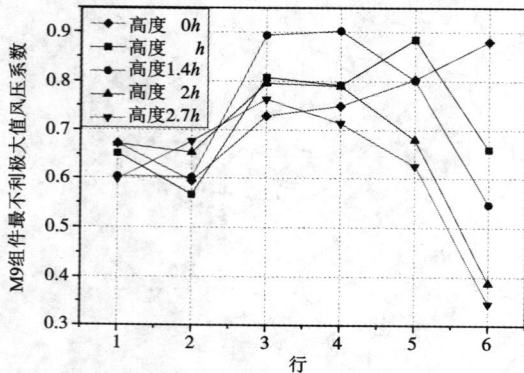

图 8 不同女儿墙高度(M9)最不利极大值风压系数

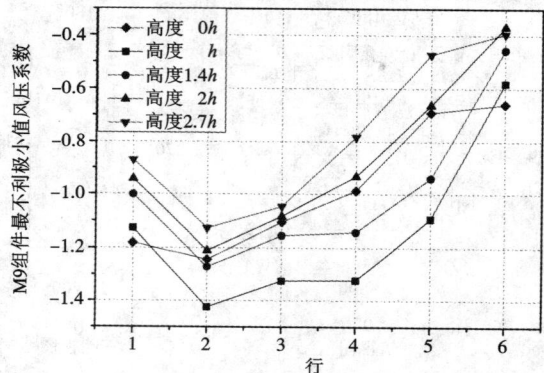

图 9 不同女儿墙高度(M9)最不利极小值风压系数

4 结论

(1)屋面阵列光伏系统组件主要受风吸力影响,尾流区组件可能出现承受风压作用,边缘位置风吸力要大于内部区域风吸力。

(2)通过减小阵列间距、减小面板倾角和适当增加女儿墙高度,可以有效减小阵列光伏系统组件的风荷载。

(3)考虑到风荷载和日照对阵列光伏系统组件的影响,倾角为10°为最佳。

参考文献

[1] Radu A, Axinte E, Theohari C. Steady wind pressures on solar collectors on flat-roofed buildings[J]. Journal of Wind Engineering & Industrial Aerodynamics, 1986, 23: 249 - 258.

[2] Banks D. The role of corner vortices in dictating peak wind loads on tilted flat solar panels mounted on large, flat roofs[J]. Journal of Wind Engineering & Industrial Aerodynamics, 2013, 123(123): 192 - 201.

[3] James Erwin. Full Scale and Wind Tunnel Testing of a Photovoltaic Panel Mounted on Residential Roofs [C]. ATC & SEI Conference on Advances in Hurricane Engineering, 2012.

[4] 李寿科, 李寿英, 陈政清. 太阳电池板风荷载试验研究[J]. 太阳能学报, 2015(8): 1884 - 1889.

单排跟踪式光伏结构风荷载风洞试验研究[*]

殷梅子[1]，邹云峰[1,2]，何旭辉[1,2]，李玲瑶[1,2]，付正亿[1]

（1. 中南大学土木工程学院 长沙 410075；2. 高速铁路建造技术国家工程实验室 长沙 410075）

1 引言

风荷载是太阳能光伏结构的主要控制荷载之一，但是目前尚未形成统一的光伏结构风荷载设计标准。现有的研究和设计参考规范大多是针对某一倾角或倾角范围对光伏风荷载进行研究或规定[1-3]，且大多研究和规范忽略了风荷载的力矩作用。跟踪式光伏面板是目前光伏结构发展的热点，其面板倾角需要连续变换，范围超出现有研究和现行规范规定。基于单排光伏结构风荷载是研究光伏阵列风荷载的基础，本文采用风洞试验研究了单排跟踪式光伏结构在 0°~60° 倾角范围内典型倾角下的风压和光伏结构各构件所受力矩作用，并根据试验结果为跟踪式光伏面板风荷载取值及相关规定的修订提供依据。

2 风洞试验概况

光伏面板风荷载通过刚性模型测压风洞试验获得。试验在中南大学风洞实验室高速段 15 m/s 风速的均匀流场中完成。为便于试验工况调节，设计了缩尺比为 1:10 的倾角可调刚性光伏结构模型。在光伏面板上下表面对应各布置 120 个测点，采用高频压力扫描阀，研究风向角 α 为 0°、45°、135° 和 180°、倾角 θ 为 0°、8°、20°、35°、50°、60° 时的风压和结构各构件承受的力矩作用。试验模型图及力矩示意图分别如图 1、图 2 所示。

3 平均风压系数试验结果与分析

3.1 风向角对光伏面板平均风压的影响

根据对光伏面板风压分布的研究，可知风压分布表现出一定沿来流方向风压系数梯度递减规律，如图 3。斜风下的整体风压系数小于垂直迎风，但是斜风下在迎风角会出现极大的区域风压系数值。在垂直风作用下，由于结构的对称性，风压分布表现出很好的对称性。

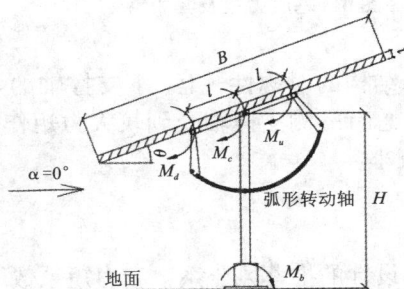

图 1 试验模型图　　图 2 力矩示意图　　图 3 $\theta=35°$、$\alpha=0°$ 风压分布图

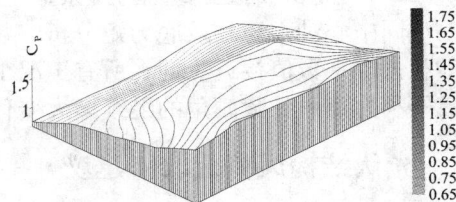

3.2 倾角对光伏面板平均风压的影响

如图 4 所示，四个风向角下都有整体风压系数绝对值随倾角增大而增大。且随着倾角的增大，风压系数沿垂直来流方向分布更为均匀。当倾角增大到 60° 时，最大风压系数出现位置逐渐由迎风第一排位置移动到第二排位置。且可得倾角对迎风面的影响大于背风面。

4 平均力矩系数试验结果与分析

4.1 中心轴力矩作用

由图 5，中心轴力矩系数并不随着倾角的增大而增大，而是在 20° 倾角时有最大系数绝对值。其中，斜风较垂直风危险，光伏背面迎风较正面迎风危险，最不利工况为 $\theta=20°$、$\alpha=135°$。这是因为合力作用中心

* 基金项目：国家自然科学基金项目（51508580，U1534206，51508574，51708202）；国家重点研发计划项目（2017YFB1201204）

距离中心轴距离随着倾角的增大而减小，而合力随倾角增大而增大，在20°倾角下光伏结构同时具有较大的合力和对中心轴的力臂。

4.2　立柱基底力矩系数

由图6，立柱基底力矩的力臂随着倾角的增大而增大，所以光伏结构的最大合力和最大立柱基底力矩作用会同时出现。且光伏面板背面迎风时，合力和力臂都大于同等工况下的正面迎风。所以背面迎风时结构更为危险。

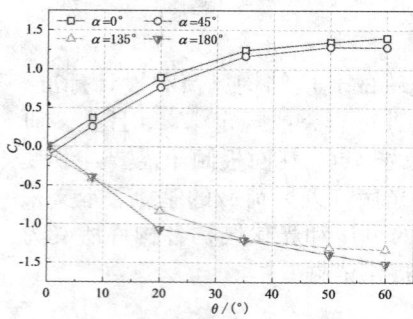

图4　整体风压系数图

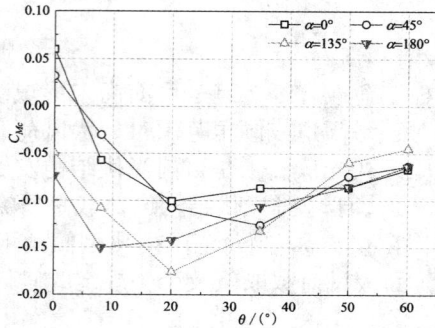

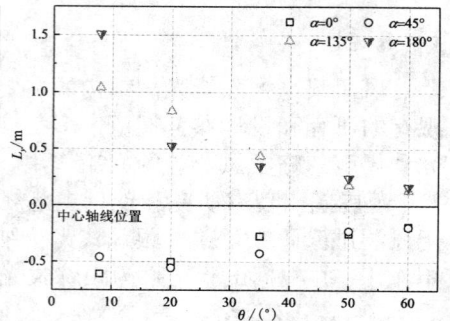

图5　中心轴力矩及其力臂

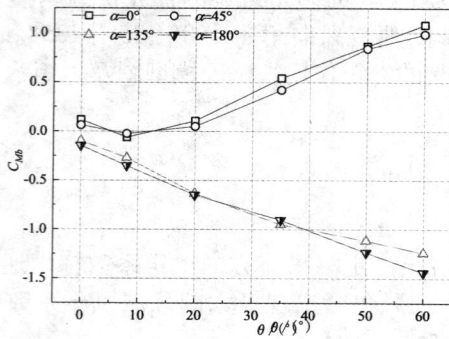

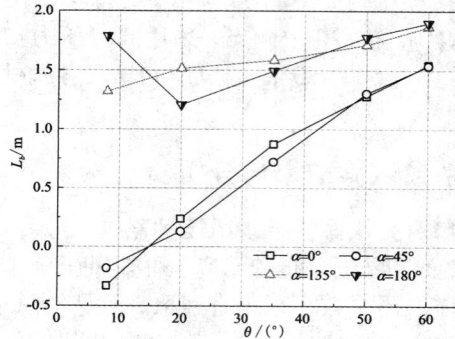

图6　基底力矩及其力臂

4.3　光伏面板支撑轴力矩系数

同中心轴力矩和及底力矩分析，由于结构的对称性，上、下支撑轴的力矩系数值变化规律相似，且最不利力矩系数值接近。即在所有工况下，总有一侧支撑轴受到较大力矩作用。在20°倾角时最为不利。且最不利力矩系数随倾角的继续增大变化较小。

5　光伏结构风荷载取值建议

根据试验结果，给出了光伏结构整体设计的推荐风压系数和力矩系数取值。并建议采用系数法考虑风压的不均匀分布和迎风角区风压系数出现极大值来进行光伏面板的细部设计。

6　结论

光伏面板的风压分布在不同风向角、倾角下差异较大。其整体净风压系数随着倾角的增大而增大，垂直风时大于斜风，但斜风作用下，光伏面板迎风角区会出现极大的局部风压系数值。光伏面板风压的不均匀分布使光伏结构各构件承受一定的力矩作用，设计时应该加以注意。同等工况下，光伏结构在光伏面板背面迎风时相对正面迎风更为危险。根据试验结果和光伏结构设计中需要考虑的问题，提出了一种光伏风荷载设计参考方法。

参考文献

[1] 马文勇，孙高健，等. 太阳能光伏板风荷载分布模型试验研究[J]. 振动与冲击，2017，36(7)：8 – 13.
[2] 张庆祝，刘志璋，齐晓慧，等. 太阳能光伏板风载的载荷分析[J]. 能源技术，2010，31(02)：93 – 95.
[3] Aly AM. On the evaluation of wind loads on solar panels：The scale issue[J]. Solar Energy，2016，135：423 – 434.

十一、计算风工程方法与应用

开孔建筑物龙卷风荷载的数值模拟研究[*]

包显鹏，徐枫，肖仪清，段忠东

（哈尔滨工业大学（深圳）深圳 518055）

1 引言

近年来，随着全球环境日益恶劣，我国受到龙卷风袭击的频率也呈增加趋势，每年因龙卷风造成的伤亡人数超千人，造成的直接经济损失高达数十亿元[1]。因此，在土木工程的建筑结构设计中我们应当重视和探讨龙卷风的影响，这对于提高龙卷风易发地区的防灾减灾能力、保护人民的生命财产安全具有重大意义。由于龙卷风风场结构的特殊性和难以监测的特点，目前许多研究者采用数值模拟的方法进行龙卷风的生成机制与风场特性研究。Wurman[2]通过移动的多普勒雷达观测 Spencer 龙卷风，得到龙卷风不同高度与不同径向位置处的径向速度和切向速度，为试验与数值模拟提供了现场实测数据。本文通过分析现有龙卷风的实验室模拟装置，采用 CFD 方法建立了龙卷风发生装置的数值模型，基于该模型对建筑物在不同开孔形式情况下所受到的风荷载情况进行了模拟和分析，探究作用在结构上龙卷风荷载的分布规律，为进一步研究龙卷风风场中建筑物的破坏机制奠定了基础。

2 数值模型

2.1 龙卷风风场数值模型

首先建立全尺度龙卷风数值模型，生成柱坐标下的三维龙卷风风场，包括底部入流区、中部对流区及上部出流区，如图1所示。采用不同的湍流模型和网格划分方案分析其对计算结果的影响。入流区周围表面设置为速度入口边界条件，将 Spencer 龙卷风的雷达实测数据作为入口的径向速度和切向速度，忽略轴向速度；出流表面为自由出流边界条件，其余边界设置为壁面。图2给出了龙卷风风场的网格划分。

2.2 开孔建筑模型

本文建筑物尺寸长、宽、高 36 m × 36 m × 36 m，为三层工业厂房的简化模型，分别通过在门窗等不同位置处的开孔来模拟实际荷载分布特点，并探讨开孔对建筑物的影响，开孔方式如图3和图4所示。首层开门开窗，二三层开窗，开孔率 $\alpha = A_0/V_0^{2/3}$：α 为开孔率，A_0 为迎风面开孔面积，V_0 为建筑体体积[3]。通过给出封闭建筑在龙卷风风场中不同位置处的涡核心区图、矢量图、迹线图以及风压系数分布情况发现建筑物位于核心半径位置处时受到风荷载最大。

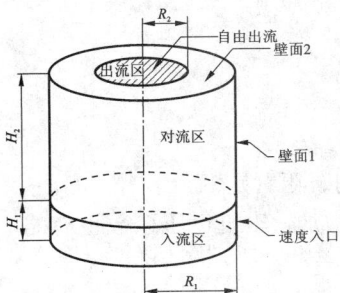

图1 龙卷风风场数值模型

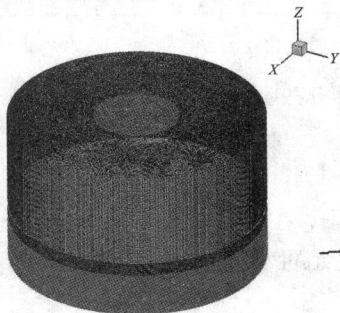

图2 网格划分

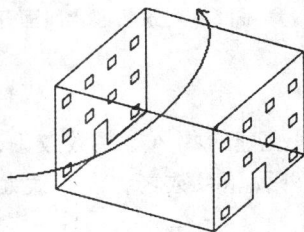

图3 建筑物侧面开孔示意图

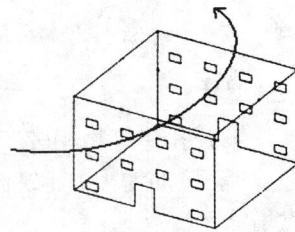

图4 建筑物迎背风面开孔示意图

* 基金项目：国家重点研发计划资助（2018YFC0809400，2016YFC0701107）；国家自然科学基金项目（51778199）

3　结果分析

分别在结构侧面及迎背风面开孔来模拟实际房屋在风场中的荷载分布特点，并探讨不同开孔率对建筑物的影响。

3.1　侧面不同开孔率开孔建筑风荷载

选择结构侧面不开孔和开孔率分别为 9%、11.5%、12.7% 的建筑物模型进行模拟，结果如图 5 所示。竖向风压系数变化幅度较小，在迎风面与屋顶面处产生风压突变，并且随着开孔率的增加负压系数会略微增大。不开孔模型相对其他模型的风压系数较小。

3.2　迎背风面不同开孔率开孔建筑风荷载

同样选择结构迎背风面不开孔和开孔率分别为 9%、11.5%、12.7% 的建筑物模型进行模拟，结果如图 6 所示。竖向风压系数变化幅度较小，在迎风面与屋顶面处也产生风压突变，并且随着开孔率的增加，负压系数略微增大。不开孔模型相对其他模型的风压系数较小。

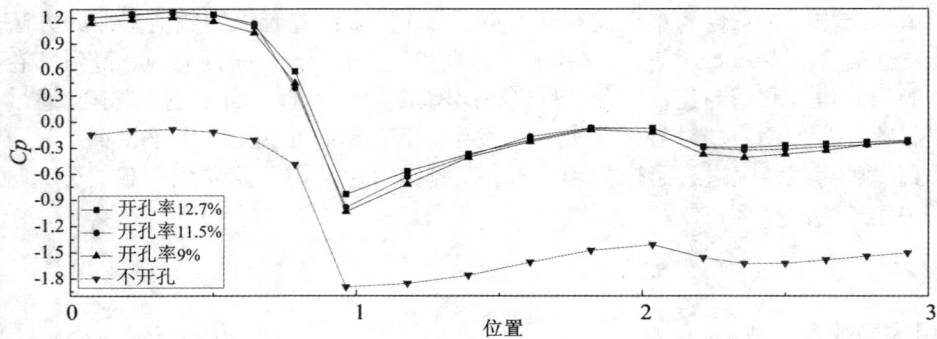

图 5　建筑物侧面开孔墙中心竖向风压系数之和

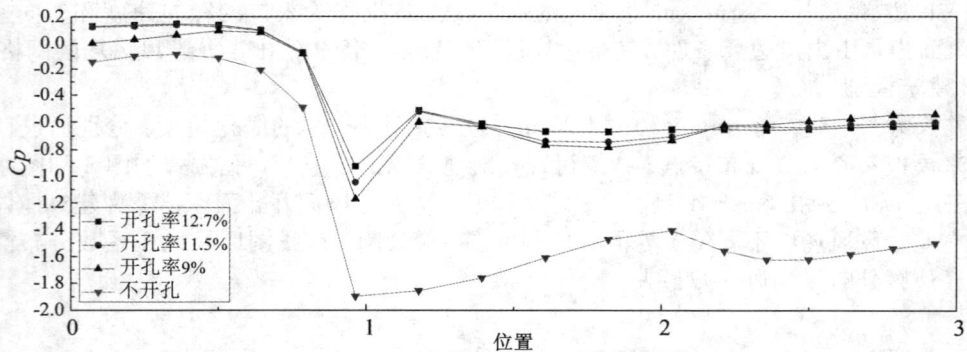

图 6　建筑物迎背风面开孔墙中心竖向风压系数之和

4　结论

不开孔建筑物相较于开孔建筑物风压系数较小，在通常的门、窗开孔范围内，随着建筑开孔率（侧面、迎背风面）的增大，建筑内外风压系数之和没有太大的变化，并且随着开孔率的增加，建筑负压系数也有略微增大。

参考文献

[1] 刘燕辉. 中国气象年鉴[M]. 北京：气象出版社，2007.

[2] Bert Blocken. 50 years of Computational Wind Engineering：Past, present and future[J]. Wind Engineering and Industrial Aerodynamic，2014，129，69 – 102.

[3] 许姝姗. 开孔厂房风压数值模拟与结构易损性研究[D]. 哈尔滨：哈尔滨工业大学，2010：19.

坡度影响下三维山丘一致涡结构仿真研究[*]

曹益文，刘震卿，王艺泽

（华中科技大学土木工程与力学学院 武汉 430074）

1 引言

随着中国风资源利用逐渐向南部山区转移，明晰山区上空风场分布特征愈发重要，其风特征与西北高原地区平坦地形相比具有较强的随机性，而影响复杂地形上空流场的主要因素包括坡度、植被、以及来流情况[1]。本研究针对业已开展的典型简化三维山丘，分析了不同坡度影响下山丘上空风场分布特征，厘清了一致涡结构随坡度的变化规律。

2 数值模型

采用大涡模拟方法并结合使用嵌套网格技术实现计算资源与解析精度的合理平衡。图1(a)为计算模型几何尺寸，并采用横风向涡量显示湍流来流情况，其中 $x = -15L$，$-4L$，$0L$，和 $4L$ 四个位置在未放置山丘时的涡量分布见图1(b)。本文所采用的嵌套网格技术显著降低了网格数量，并在核心区域能较好捕捉流场特征，在粗细网格交界区避免了由于网格突变引入的附加湍流。在此风洞中分别放置三个不同高度（$h = 20$ mm，40 mm，80 mm）相同半径（$R = 100$ mm）的三维山丘。其中40 mm工况对应于 Ishihara 等[2]的风洞实验，以验证模拟结果。

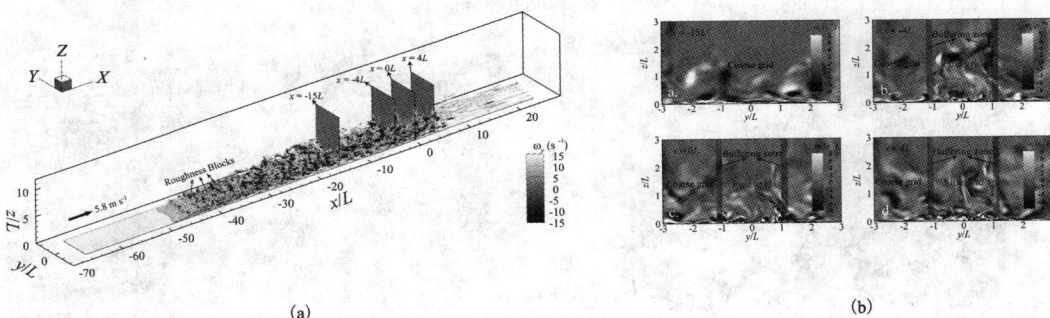

图1 计算模型(a)及不同切面处流场分布(b)

3 结果分析

设置 $P_1(z' = 0.5L, x = -L)$，$P_2(z' = 0.5L, x = 0)$，$P_3(z' = 0.5L, x = L)$，与 $P_4(z' = 0.5L, x = 2L)$ 四个观测点，并计算相对各参考点顺风向风速空间两点相关函数分布 $R_{uu}(x, y, z)$，见图2。当参考点位于山丘迎风面，空间相关性随山丘坡度的增加而减弱，揭示了湍流积分尺度随坡度增加而减小的特征。当参考点移至山顶，积分尺度的变化规律同迎风面参考点情况相反。而无论参考点位于迎风面还是山顶，两点相关函数都无法浸入山丘尾流区，表明山丘尾流与湍流来流截然不同的一致涡结构特征。当参考点位于 P_3 与 P_4，可以清楚的看到，相关函数分布相比 P_1 与 P_2 位置有显著降低，且相关性仅局限于剪切层内，表明了剪切层引起的来流涡结构破碎以及尺寸减小。

瞬时一致涡结构通过 Q - 准则描述，见图3。可见，当山丘坡度较缓时，未见尾流主涡结构沿横风向周期性移动，随着山丘坡度的增加，类似于卡门涡的周期性主涡结构愈发明显。此外，主涡结构还存在由 $K-H$ 非稳定引起的竖向周期性波动。次生涡结构通过 Q - 准则也得以清晰展现，其围绕主涡周期性生成，形成一种螺旋形次涡结构，且次涡的螺旋旋距随山丘坡度增加而减小，并最终形成独立圆管结构（$h = 80$ mm）。

* 基金项目：国家自然科学基金青年科学基金项目（51608220）；国家重点研发计划（2016YFE0127900）

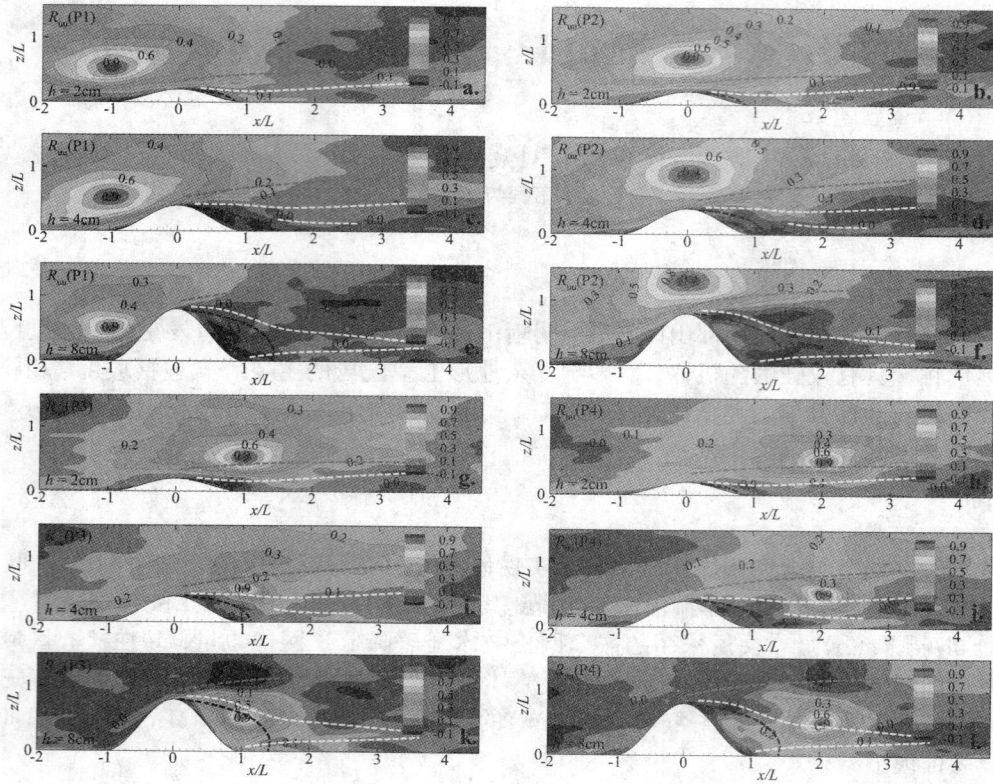

图2 顺风向风速空间两点相关函数分布

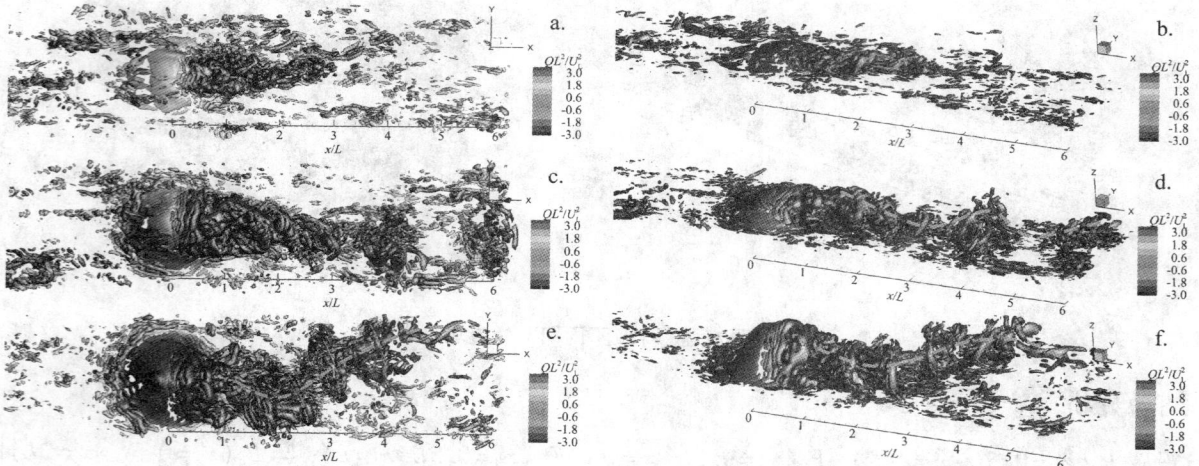

图3 瞬时一致涡结构，(a) $H = 20$ mm 俯视图，(c) $H = 40$ mm 俯视图，(e) $H = 80$ mm 俯视图，
(b) $H = 20$ mm 轴测图，(d) $H = 40$ mm 轴测图，(f) $H = 80$ mm 轴测图

4 结论

本研究通过大涡模拟方法研究了山丘不同坡度情况下尾流一致涡结构分布特征，揭示了尾流主涡结构与次涡结构的变化规律。其中主涡结构的正弦周期性规律随坡度而愈发明显，而围绕主涡周期性生成的螺旋形次涡结构的螺旋旋距随坡度的增加而破碎，并形成一系列独立圆管结构。

参考文献

[1] Cao, S., Wang, T., Ge, Y. & Tamura, Y. 2012 Numerical study on turbulent boundary layers over two-dimensional hills-Effects of surface roughness and slope. J. Wind Eng. Ind. Aerod. 104 – 106, 342 – 349.
[2] Ishihara, T., Hibi, K. & Oikawa, S. 1999 A wind tunnel study of turbulent flow over a three-dimensional steep hill. J. Wind Eng. Ind. Aerod. 83(1), 95 – 107.

城市街区污染扩散的 CFD 模拟研究[*]

陈飞龙，周晅毅，顾明

（同济大学土木工程防灾国家重点实验室 上海 200092）

1 引言

随着计算机性能的提高，CFD 因其经济、高效的特点被应用于预测建筑物周围的风场和污染物扩散。Gousseau 等[1]认为在近场污染扩散模拟中，使用 LES 比 RANS 标准 $k-\varepsilon$ 模型模拟的效果更好。Tominaga 和 Stathopoulos[2]通过将数值模拟与实验数据的对比，认为 LES 比 RNG $k-\varepsilon$ 模型更加符合实验数据。Shirasawa 等[3]认为旋涡脱落引起的周期性波动对扩散场有着显著的影响。本文分别选用 LES 方法与稳态的 RANS 方法，研究不同方法预测城市街区周围近场扩散的情况，其中 RANS 方法选用 RNG $k-\varepsilon$ 湍流模型（简称 RNG 模型）。

2 计算参数设置

模拟的 3×3 的城市街区模型，环境风垂直于建筑物的纵向侧。单个建筑物为正方体，高 H 为 100 mm，相邻建筑物之间的距离 W 为 100 mm。计算域的大小为 2.5 m（×1）×1.7（×2）m×1.0 m（×3），RANS 与 LES 采用相同的网格，网格总数为 205（×1）×176（×2）×56（×3）= 2020480，最小的网格长度为 $H/50$。污染源采用乙烯（Ethylene）气体，其释放速度 $<W_S>=0.456$ m/s。污染源设置如图 1 所示，污染源的大小为直径 2 mm 的圆孔。污染源的释放浓度为 $C_{gas}=10^6$ ppm。LES 方法的时间步长为 0.0006 s，模拟的真实物理时间为 9.6858 s，其中统计的平均时间为 7.3008 s。

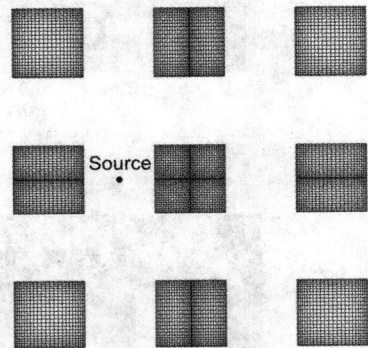

图 1 污染源位置及建筑阵列网格布置

3 结果与对比

图 2 为流线分布图。由图 2（a）、（b）可知，RNG 模型在迎风建筑物侧面形成了旋涡，而在 LES 中没有发现。由图 2（c）、（d）可以发现，在两个街区峡谷内，LES 与 RNG 模型均能观察到两个很明显的旋涡；在 LES 结果中，在迎风建筑的前方及顶部也能观察到一个较小的旋涡，而在 RNG 模型中没有观察到该旋涡的存在。

图 3 为平均浓度分布图。由图 3（a）、（b）可知，LES 的横风向扩散比 RNG 模型的更显著，而 RNG 模型在顺风向上的浓度更高；RNG 模型在污染源至建筑背面的浓度分布远远大于 LES 的计算结果。其原因是 RNG 模型不会产生由旋涡脱落引起的周期性波动，导致横风向的浓度扩散被抑制，并且气体沿着地面被输送到建筑背面。由图 3（c）、（d）可知，RNG 模型与 LES 在竖直方向上的影响范围相差不大，高浓度区均存在于污染源与建筑背面之间。其原因是图 2（c）、（d）中建筑背面的旋涡的存在，使气体向建筑背面流动，从而导致污染源与建筑背面之间的浓度升高。

4 结论

本文研究了城市街区内浓度扩散的空间分布，比较了 LES 方法和 RANS 方法的 RNG $k-\varepsilon$ 湍流模型的计算结果。与 LES 方法相比，RNG 模型低估了街区峡谷中的浓度扩散，原因是 LES 中产生了旋涡脱落引起的周期性波动，而 RNG 模型不会产生这种波动，从而导致 RNG 结果中平均浓度的扩散受到抑制，浓度扩散效果较差。

* 基金项目：国家自然科学基金项目（51778492）

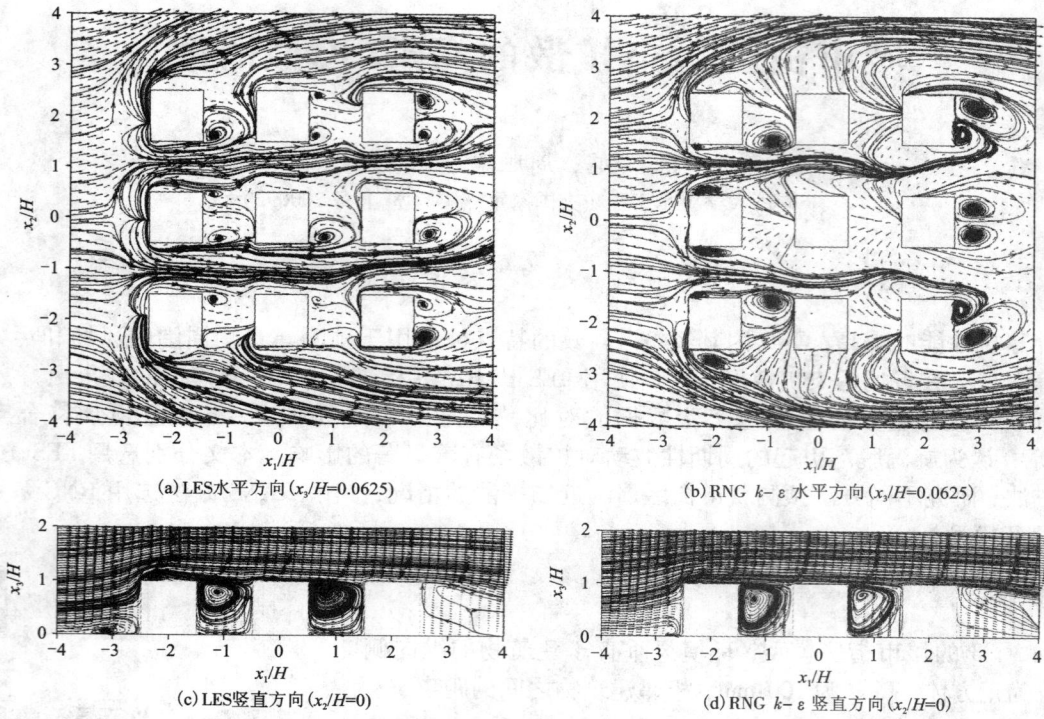

(a) LES水平方向($x_3/H=0.0625$)

(b) RNG $k\text{-}\varepsilon$ 水平方向($x_3/H=0.0625$)

(c) LES竖直方向($x_2/H=0$)

(d) RNG $k\text{-}\varepsilon$ 竖直方向($x_2/H=0$)

图2　流线分布图

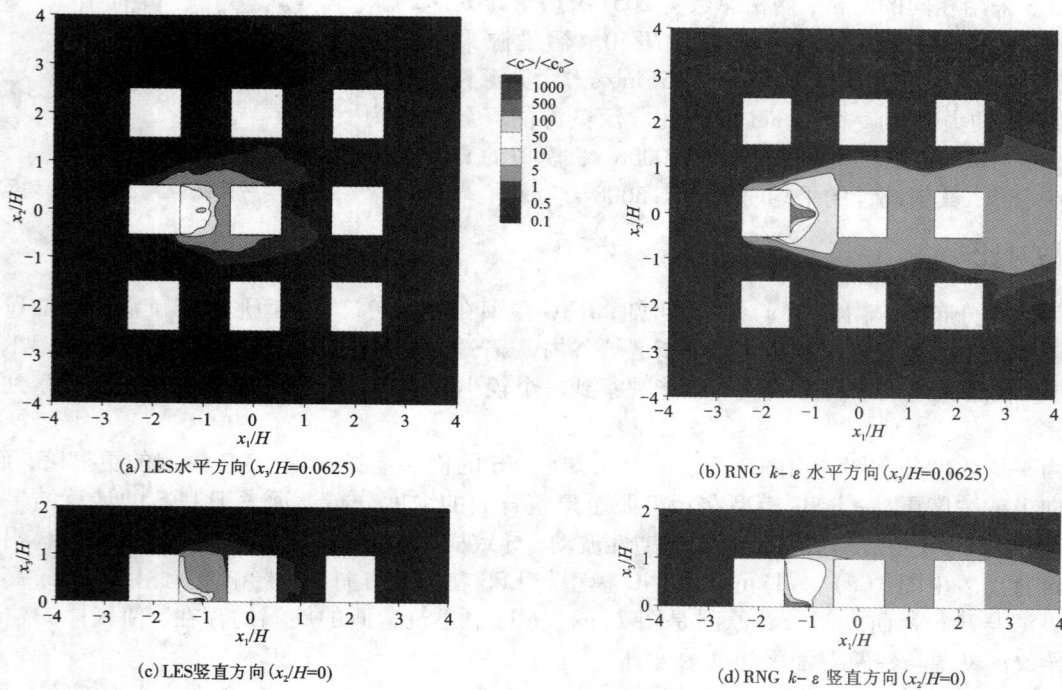

(a) LES水平方向($x_3/H=0.0625$)

(b) RNG $k\text{-}\varepsilon$ 水平方向($x_3/H=0.0625$)

(c) LES竖直方向($x_2/H=0$)

(d) RNG $k\text{-}\varepsilon$ 竖直方向($x_2/H=0$)

图3　平均浓度分布图($<c>/<c_0>$)

参考文献

[1] Gousseau P, Blocken B, Stathopoulos T, et al. CFD simulation of near-field pollutant dispersion on a high-resolution grid: A case study by LES and RANS for a building group in downtown Montreal[J]. Atmospheric Environment, 2011, 45(2): 428 – 438.

[2] Tominaga Y, Stathopoulos T. CFD modeling of pollution dispersion in a street canyon: Comparison between LES and RANS[J]. Journal of Wind Engineering & Industrial Aerodynamics, 2011, 99(4): 340 – 348.

[3] Shirasawa T, Yoshie R, Tanaka H, et al. Cross comparison of CFD results of gas diffusion in weak wind region behind a high-rise building[C]. Proceedings of the Fourth International Conference on Advances in Wind and Structures (AWAS'08). Jeju, Korea, 2008: 1038 – 1050.

基于 CFD 模拟的煤棚结构内部自然对流 *

陈琳琳[1]，崔会敏[2,3]，刘庆宽[3,4]

(1. 石家庄铁道大学土木工程学院 石家庄 050043；2. 石家庄铁道大学数理系 石家庄 050043；
3. 河北省风工程和风能利用工程技术创新中心 石家庄 050043；4. 石家庄铁道大学风工程研究中心 石家庄 050043)

1 引言

大跨空间结构干煤棚是常用于存储煤炭的一种大型工业厂房，煤棚内部的空气流通对作业环境有着至关重要的影响。先前研究主要针对煤棚结构表面的外部风荷载，忽视了内部空气对流及传热的研究。然而，煤棚空间内污染物浓度及局部温度等直接影响工作人员的人身健康与安全，是工程应用中亟需解决的基本问题。因此，研究煤棚内部的自然对流有着十分重要的工程意义。目前对人字形屋顶的工业厂房或居住区民用建筑的室内空气对流研究较多，而对半圆形屋顶的工业厂房研究较少，实际工程中这种大跨柔性结构很多，本文运用 CFD 仿真技术模拟了夏季和冬季自然条件下封闭煤棚内无热源的气流组织情况，得到了厂房内压力、速度、温度分布。

2 数值分析

本文依照广东某热电厂煤棚的建筑 CAD 图，在 ICEM CFD 软件中将其简化为适用于数值模拟的计算模型，如图 1 所示，上部屋盖跨度 W 为 120 m，矢高 H 为 40 m，长度 L 为 380 m，计算模型按 1:1 比例建立。

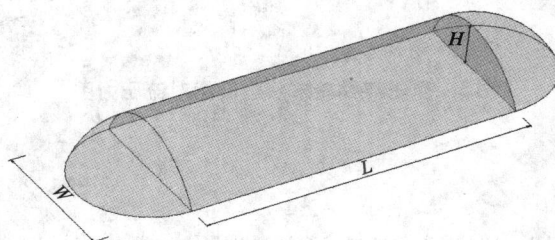

图 1　计算模型

根据此工程项目所在地，取经度 114.42°，纬度 23.12°，位于东 8 区，模拟 1 月 10 号 10 点太阳照射煤棚内自然对流的气流组织。实际计算过程中，为了在确保模拟准确性的同时提高计算效率[1]，本文作了如下简化：厂房内空气视为不可压缩理想气体，密度为常数且符合 Boussinesq 假设；对于小温差的工况，选择 SIMPLIC 方法，按非结构网格划分，采用 Realizable $k-\varepsilon$ 模型，定常计算[2]，考虑厂房内的辐射换热和重力影响。对于大跨度煤棚来说，人为假定壁面温度为一个恒值并不合理，日照引起的热传递是不可忽略的[3]，在 FLUNET 中选择 Solar Ray Tracing 辐射模型来模拟太阳辐射对内部自然对流的影响。模型计算域内采用非结构网格划分，经网格测试，选取网格数量为 103 万。

3 数值结果

冬季条件下，煤棚顶部温度低，底部温度高，随着迭代步数的推移，上下温差将达到平衡，煤棚内发生较好的对流换热现象，取结构中间截面观察其对流迹线，如下图 2 所示。可以发现：对流卷起初在煤棚底部两侧形成，随着迭代步数的增加，对流卷结构越来越明显，向煤棚中间移动，且越来越大，最后趋于稳定。煤棚顶部日照位置不同，对流卷出现的位置有差异，可见太阳辐射对煤棚内自然对流有重要影响。

夏季煤棚内对流现象不明显，因为夏季煤棚顶部温度高，底部温度低，顶部附近空气受热升温密度减

* 基金项目：国家自然科学基金项目（51778381）；河北省自然科学基金项目（E2018210044）；河北省高等学校高层次人才项目（GCC2014046）

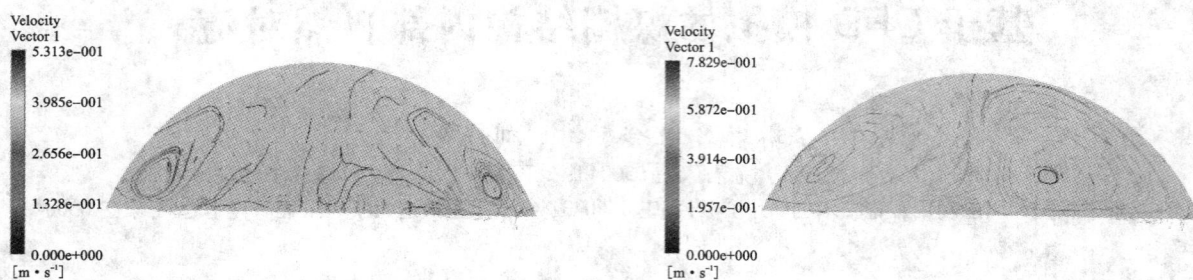

图2　冬季煤棚始末状态自然对流迹线图

小，底部附近空气温度低密度较大，煤棚内部呈现相对稳定的温度分层结构，如下图3所示。在迭代计算中发现：随着迭代步数的增加，压力场趋于稳定，上部压力始终比下部压力大，煤棚内气压出现分层现象。在自然对流情况下，同一标高上室内空气压力与室外未受扰动（此处排除风压的干扰）的空气压力的差值为零的面称为中和面，从图中可见，在煤棚半高的地方出现中和面，以上为正压，以下则为负压。

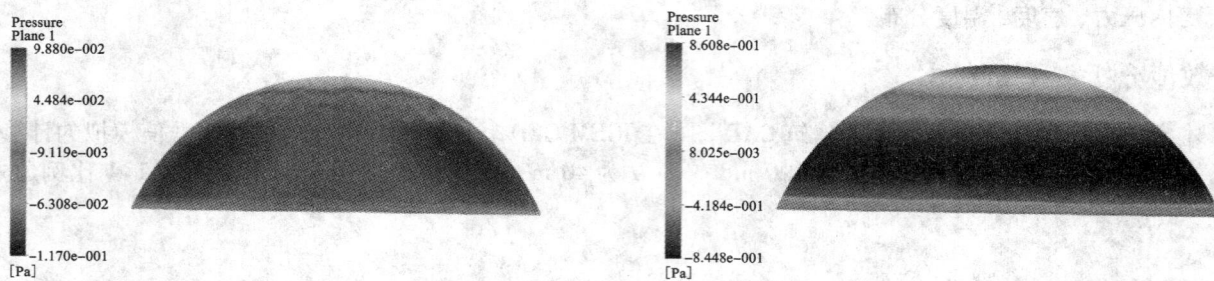

图3　夏季煤棚始末状态自然对流压力图

4　结论

通过对煤棚的CFD数值模拟，研究了煤棚内气流组织，得到以下结论：冬季条件下，煤棚顶部与底部的温差较大，自然对流流动较强。相对于煤棚的其他部位，底部空气流动速度更大，并且日照辐射对煤棚内对流传热影响不可忽略。夏季条件下，煤棚内温差较小，呈现分层的温度结构，自然对流不明显，封闭煤棚的中和面出现在煤棚半高位置，这对通风窗口位置的设计有指导意义。

参考文献

［1］王汉青，周慧文，郭娟等.三维非定常工业厂房自然对流问题的数值研究［J］.建筑热能通风空调，2013，32（2）：94－96.
［2］朱红钧.FLUENT15.0流场分析实战指南［M］.北京：人民邮电出版社，2015：140－145.
［3］万鑫，苏亚欣.现代建筑中自然通风技术的应用［J］.建筑节能，2007，9（35）：9－12.

大攻角下典型断面的颤振特性数值模拟[*]

陈岳飞[1,2]，刘志文[1,2]，陈政清[1,2]

（1. 湖南大学风工程与桥梁工程湖南省重点实验室 长沙 410082；

2. 湖南大学土木工程学院桥梁工程系 长沙 410082）

1 引言

随着桥梁跨度的增大，桥梁结构在风作用下的静力变形会进一步增大，导致主梁附加风攻角增大；另外山区峡谷地区大跨桥梁主梁的初始风攻角一般较大，一般而言风攻角的增大会降低桥梁结构的颤振临界风速。国内外部分学者对大攻角下桥梁结构的颤振临界风速影响进行了一些研究。刘慕广等采用三自由度强迫振动装置分别对矩形断面和 H 型断面气动导数识别方法进行了实验研究，指出在大攻角下有必要采取与结构实际振动一致的模态来识别气动导数[1]；朱乐东等研究附加风攻角对扁平箱梁颤振的影响指出，在 $-3°$、$0°$ 和 $3°$ 攻角下，近似 10% 的攻角增量也会引起颤振风速的显著变化[2]；张宏杰等针对主跨 1400 m 斜拉桥方案进行了附加攻角对桥梁颤振稳定性影响的研究指出，基于强迫振动节段模型试验得到的颤振导数与考虑附加攻角影响的颤振分析方法相结合得到的颤振分析结果更为合理[3]；王琦等研究了宽高比为 40 的薄平板在大攻角下的颤振导数变化趋势，并用风洞试验实测的颤振临界风速验证了颤振导数的可靠性[4]。本文采用 CFD 数值模拟方法大攻角下典型断面的颤振导数和颤振临界风速进行研究。

2 颤振导数识别

2.1 模型网格及边界条件

分别以薄平板（宽高比为 22.5）和大海带东桥主梁断面为对象进行研究，如图 1 和图 2 所示，其中大海带东桥加劲梁断面按 1/50 的几何缩尺比建立，无栏杆等附属物。两种断面计算域的阻塞率分别为 0.44% 和 1.29%。计算网格采用结构化网格划分，首层网格高度分别为 0.0001 m 和 0.00002 m，对应的无量纲高度 $y+$ 均小于 1。

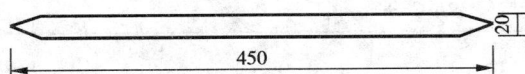

图 1 薄平板计算模型（mm）

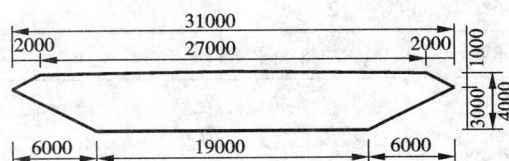

图 2 大海带东桥加劲梁断面实际尺寸（mm）

2.2 CFD 数值计算及结果分析

本文采用分状态单自由度强迫振动方法进行主梁断面颤振导数识别，计算域入口风速均取为 $V_\infty = 4.0$ m/s，在计算过程中，通过改变频率的方式改变折算风速。基于二维雷诺时均的 SST $k-\omega$ 模型，分别计算上述两种断面分别在初始攻角为 $0°$、$3°$、$5°$ 和 $8°$ 下的三分力系数，再采用最小二乘法识别出不同折算风速下的颤振导数，进而计算断面的颤振临界风速。图 3~4 所示为薄平板断面和大带东桥加劲梁断面的主要颤振导数随折算风速的变化曲线。从图 3~4 中可以看出，$0°$ 攻角下的薄平板的颤振导数与理想平板理论解基本一致；随着攻角的增加，薄平板和大海带东桥加劲梁断面的颤振导数与 $0°$ 攻角下的颤振导数的差异逐渐增大。

3 颤振临界风速的识别

基于上述识别的颤振导数，采用追赶法识别出两种典型断面在不同攻角下的颤振临界风速 V_{cr}，具体如

* 基金项目：国家自然科学基金项目（51778225，51478180）

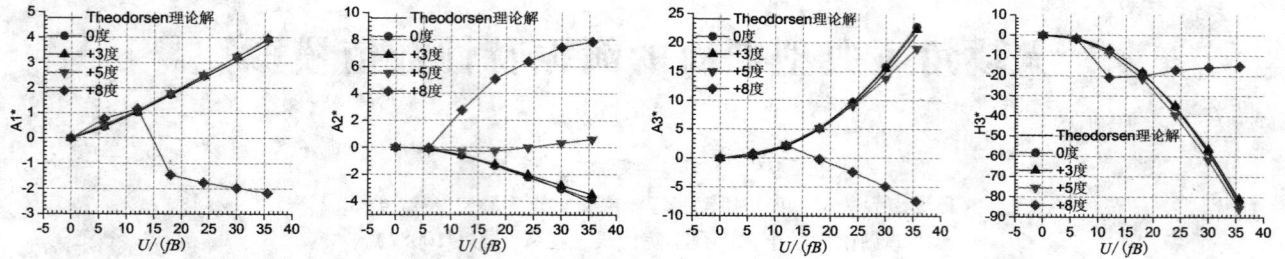

图3　不同攻角(0°、3°、5°、8°)下薄平板的颤振导数

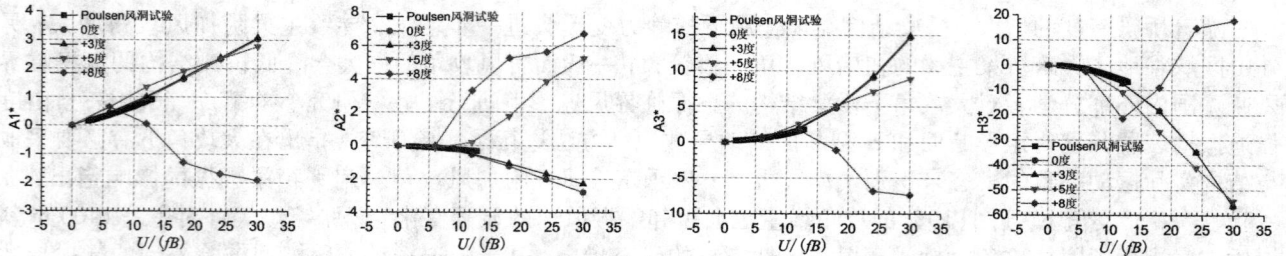

图4　不同攻角(0°、3°、5°、8°)下大海带东桥加劲梁断面颤振导数

下表1所示。从表1中可以看出,0°攻角下两个断面的颤振临界风速计算结果分别与理论解和试验结果吻合较好;随着攻角的增加颤振临界风速总体在减小。

表1　两种典型断面在不同攻角下颤振临界风速对比

攻角	薄平板颤振临界风速 $V_{cr}/(\mathrm{m \cdot s^{-1}})$			大海带东桥颤振临界风速 $V_{cr}/(\mathrm{m \cdot s^{-1}})$		
	本文结果	理论解	误差/%	本文结果	Poulsen 风洞试验结果	误差/%
0°	15.891	15.547	2.213	41.353	36.0	14.869
3°	15.872			38.631		
5°	12.943			29.715		
8°	7.481			26.239		

4　结论

　　本文通对薄平板和大海带东桥加劲梁断面在大攻角下的颤振导数和颤振临界风速进行了 CFD 数值模拟,可以得到如下主要结论:①两种断面在0°攻角下颤振导数的数值模拟结果分别与理论解和试验结果吻合较好,且大攻角下的颤振导数与0°攻角下的颤振导数的差异随着攻角的增大而增大;②两种断面在0°攻角下颤振临界风速的数值模拟结果分别与理论解和试验结果吻合较好,且两种典型断面的颤振临界风速均随着攻角的增加而减小。

参考文献

[1] 刘慕广,陈政清.典型钝体断面大攻角下的颤振自激力特性[J].振动与冲击,2013:22-25.

[2] 朱乐东,朱青,郭震山.风致静力扭转角对桥梁颤振性能影响的节段模型试验研究[J].振动与冲击,2011:22-27.

[3] 张宏杰,朱乐东.附加风攻角对1400 m斜拉桥颤振分析结果的影响[J].振动与冲击,2013:95-99.

[4] 王琦,李郁林,李志国,等.不同风攻角下薄平板的颤振导数[J].工程力学,2018:10-16.

鞍型张拉膜流固耦合的数值分析*

成锦科，全涌

（同济大学土木工程防灾国家重点实验室 上海200092）

1 引言

膜结构不同于传统建筑，其质量小，刚度小，自振频率也低，因此对风荷载作用的敏感程度要比传统建筑大的多，流固耦合效应十分明显。目前大多数的膜结构设计都是采用传统的结构设计理论，特别是对其风荷载特性的研究，无论国内还是国外，都还未形成一套成熟的抗风设计理论，尚不能解决实际的动力效应问题；且现行荷载规范中对风荷载的设计值并不适用于造型复杂、流固耦合效应明显的薄膜结构。本文通过数值模拟的方法，利用软件探索不同矢跨比的鞍型张拉膜在风荷载下的响应，等效应力分布等方面的规律。

2 计算模型设置

如下图1为鞍型张拉膜的结构示意图，其结构平面投影为正方形，其边长为 20×20 m，结构矢高 $f = 6$ m 和 $f = 10$ m，其矢跨比分别为 0.212 和 0.354，最低点离地面 22 m，膜材厚度 $t = 1$mm，密度 $\rho = 1000$ kg/m^3，泊松比 $\mu = 0.3$，弹性模量 $E = 500$ MPa，膜面预张力 $N = 20$ N/cm，周边四条刚性边界完全固定。如下图2为鞍型张拉膜的流场示意图，流场模型外部尺寸为 280 m × 80 m × 50 m，为了提高计算效率，使用三维 FCBC – I 八节点六面体单元划分流体模型；选择大涡模拟(LES)进行流固耦合分析，动力黏性系数为 1.78×10^{-5} kg/(m·s)，亚格子常数为 0.1，建立的风场风速为 12 m/s，设定时间步长为 0.01 s，共 600 步，即计算总时间为 6 s。风场模型的入口条件为速度入口，来流平均风速为 12 m/s，紊流度2%，流场出口条件为默认的自由发展出口；流场上表面、两个侧面及地面选择为壁面(wall)，流场中与结构相对应的上下表面设定为流固耦合边界，与结构场中的相对应。

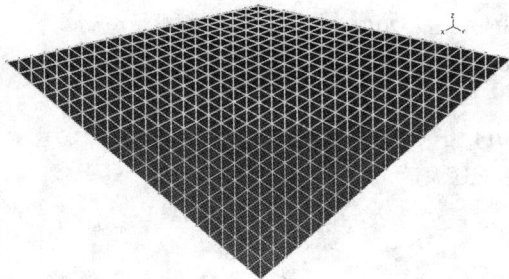

图1 结构示意图

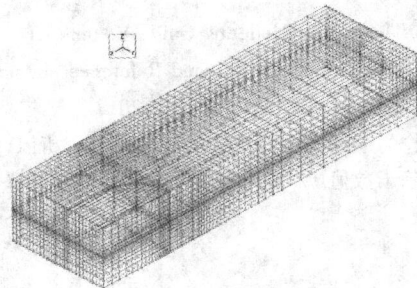

图2 流场示意图

3 数值模拟数据同气弹试验结果对比分析

如下图3为的结构平均位移云图，风向为从 X 轴正向吹向 X 轴负向，从图中可以看出，迎风前缘局部凸起，其余区域均向下凹，结构位移最大点位于节点102(图中三角形标识)处，其位移为 0.0514 m，位移最小点位于节点354(图中米字标识)处，其位移为 – 0.0514 m。

如下图4为第6秒时结构的等效应力云图，从图中可知结构的迎风边缘处应力最大，背风边缘处应力较小，且迎风面的应力分布梯度大于背风面，应力变化较为明显。结构最大应力点位于迎风边缘附近的节

* 基金项目：国家自然科学基金项目(51778493，51278367)

点 230 上(图中三角形标识),其应力最大值为 2.37 MPa;最小应力点位于背风边缘附近的节点 211(图中米字标识)处,其应力值为 1.82 MPa。

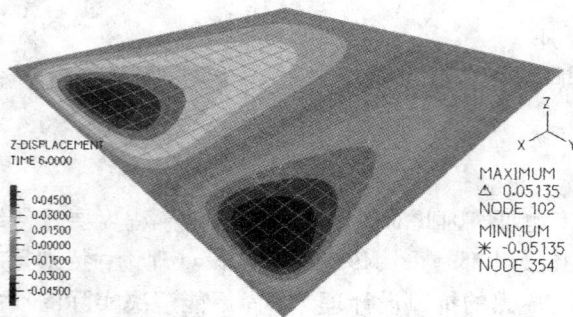

图3　结构平均位移云图　　　　　　　　　图4　结构等效应力云图(6sec 时)

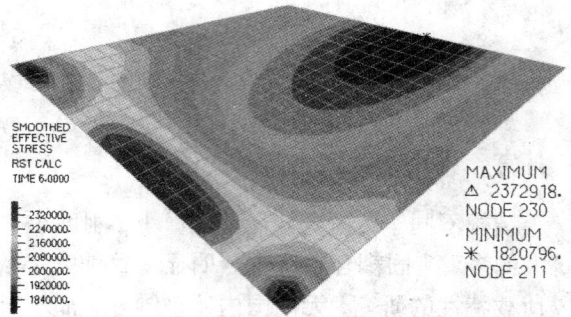

与文献[5]中的数值模拟结果进行对比,经对比可以发现其分布规律同本文结果基本相同。由于文献中未给出每个点的数据情况,所以以下只对比文献中给出的最大等效应力,最小等效应力和最大位移。文献中结构等效应力最大值为 2.89 MPa,与本文结果 2.37 MPa 相近,误差 17.9%,最小应力值为 1.65 MPa也与本文结果 1.82 MPa 较为接近,误差 10.3%;文献中位移最大值为 0.1262 m,与本文结果 0.05135 m有些误差。故可以认为本文的模拟结果是正确的,可以进一步探索矢跨比、预张力对膜结构流固耦合的影响。

4　结论

鞍型张拉膜迎风面平均应力大于背风面应力,且迎风面的应力分布梯度大于背风面,应力变化较为明显。随着矢跨比的增加,鞍型张拉膜结构的风致位移响应会变大,但结构位移出现最大、最小值的位置不变。

参考文献

[1] ADINA Theory and Modeling Guide Volume III: CFD & FSI. ADINA R&D, Inc. 2017.

[2] ADINA User Interface Command Reference Manual Volume III: CFD & FSI. ADINA R&D, Inc. 2017.

[3] ADINA Primer. ADINA R&D, Inc. 2017.

[4] 李循锐. 匀速风场下膜结构的流固耦合分析[D]. 合肥工业大学,2014.

[5] 邵丹. 基于数值风洞的鞍形膜结构风荷载特性研究[D]. 成都:西南交通大学,2015.

森林覆盖地形风场风洞试验及仿真研究[*]

刁正，刘震卿，樊贻成

（华中科技大学土木工程与力学学院 武汉 430074）

1 引言

　　复杂地形下的近地层风场特征与平坦地面有着显著的区别，厘清地形、地貌对风环境的影响对于风能评估、大气环境影响评价以及气象灾害风险评估等都有着非常重要的意义。既往关于地形对风场影响的研究主要是以理想的二维地形或孤立的简单三维情况作为研究对象，如 Taylor[1]，Weng[2] 等对单个山丘和正弦曲线形状连续分布的二维山脊的研究，Kim[3] 等对两个二维山脊进行的研究。然而在实际复杂地形中，山丘等地形起伏变化因素对于地形风场特性的影响并非是独立的，地形中不同海拔和坡度的山丘对于风场特性的影响是相互干扰的，因此单个山丘的研究结果难以推广到复杂地形的风场研究中，本研究将采用风洞试验和数值模拟的方法对复杂地形下的风场特性进行研究，并对地形中的风场特性作出机理性分析。

2 研究方法和内容

　　本研究采用风洞试验和 CFD 数值模拟的方法对湍流来流时下复杂地形风场特性进行分析，制作了珠海市三灶镇的地形模型并建立相应数值模型，图 1(a) 为实际制作的地形模型，区域内最高海拔 281 m，中心点海拔 260 m。在森林覆盖区域用人造草皮模拟，草皮高度 30 mm，即实际高度 60 m，与森林高度相近，满足几何相似条件，草皮下端固定，上端自由，草束鞭梢可随气流自由摆动，可模拟植被在气流中的运动，满足动力相似条件。模型半径 $r = 5000$ mm，缩尺比 $\lambda = 1:2000$，模拟气流各方向来流工况，选取典型的点采集风剖面数据进行分析，如图 1(b)，以实际地形正北方向为 Y 轴正向，以 113.35°E，22.04°N 的点为原点建立直角坐标系，各点位置如图，采集每个点实际离地 20 m，40 m，60 m，80 m，100 m 高度处的风速数据。

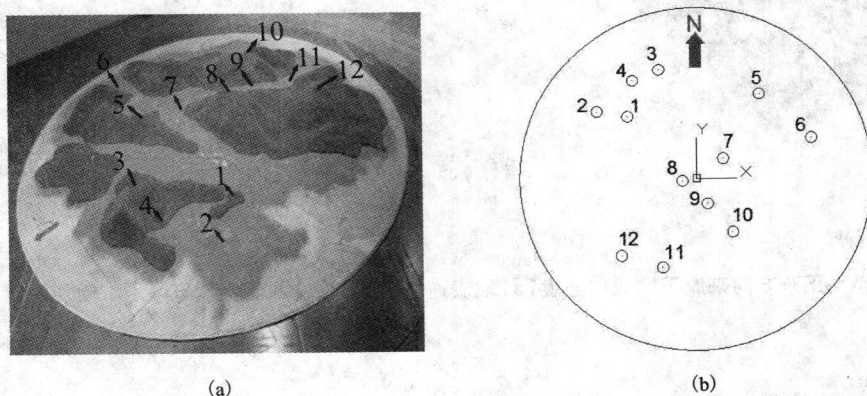

图 1　风洞试验模型(a)，检测点布置位置(b)

　　在数值模拟中，使用自编程序实现复杂地形网格快速自动化生成，根据 30 m×30 m 分辨率的地形高程数据建立了以风洞模型原点为中心点的 10 km×10 km(1:2000) 范围内的地形模型，通过数值计算得到湍流来流条件下复杂地形中的气流运动特性，将其和风洞试验得到的结果进行比较验证，并运用微观流场可视化技术探明复杂地形下风场特性变化的成因。计算域的长宽高分别为 5 m、5 m、1 m，地形表面网格和计算域尺寸分别见图 2(a) 和图 2(b)。

───────────────
　* 基金项目：国家自然科学基金青年科学基金项目(51608220)

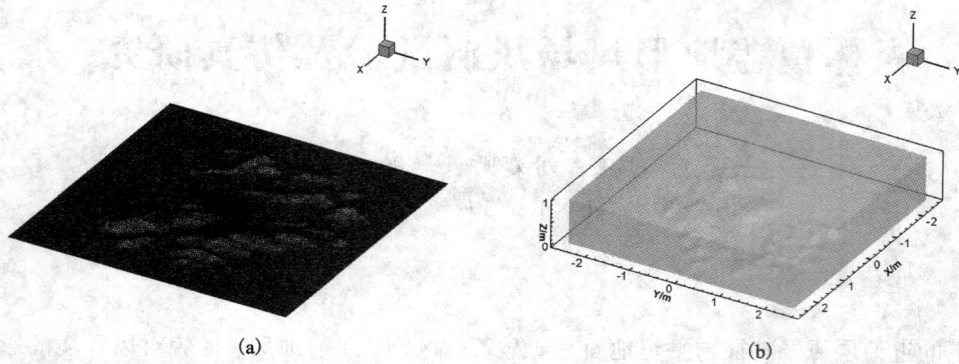

图 2   地形尺寸表面网格(a),地形风场计算域模型及尺寸(b)

3   结果分析

图 3 给出了试验地形在正东风向下顺风向速度分布云图以及各点顺风向数值模拟风剖面和风洞试验风剖面的对比图,风洞试验和数值模拟结果较为吻合,从结果发现,坡顶以上区间的平均风速相差不大,地形起伏对于风场的影响随着离地高度的增加而逐渐减弱;气流在山坡迎风面得到加速,在坡顶达到最大值,在背风面会形成低速带,低速带的范围大小受山坡高度、山坡走向与来流风向夹角及山坡附近地形尾流共同影响。

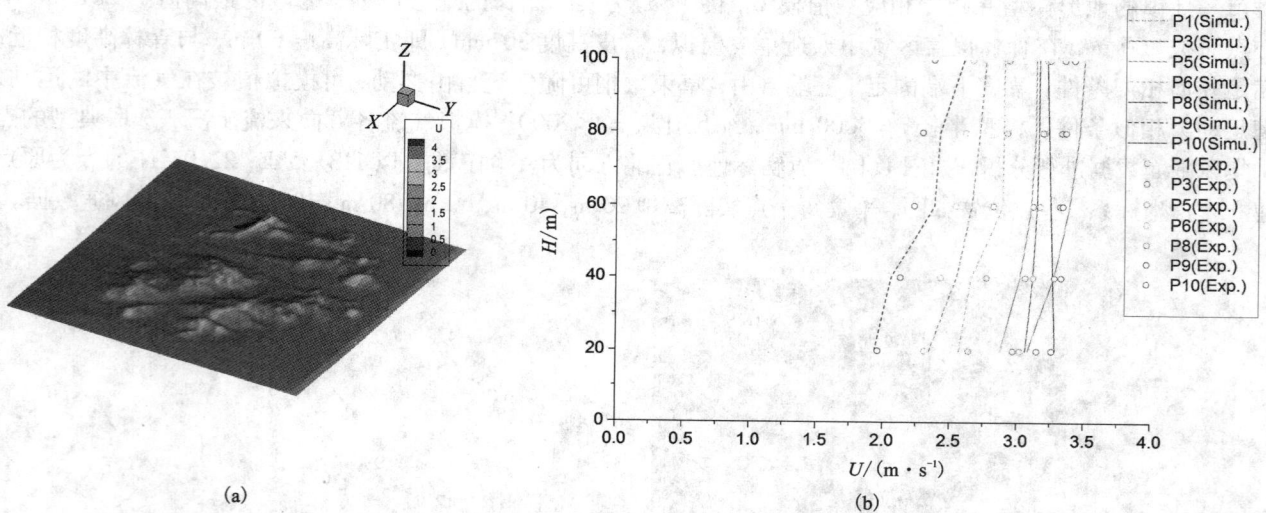

图 3   正东方向来流下顺风向速度(a)地表速度云图,(b)数值模拟与风洞试验值对比

4   结论

通过风洞实验与数值仿真方法研究了一沿海复杂地形上空的流场分布情况,并采用人工草皮方法在风洞实验中再现了地表森林植被的影响。数值仿真结果同实验结果基本吻合。

参考文献

[1] Taylor, P A, Lee, R J. Simple guidelines for estimating wind speed variations due to small scale topographic features[J]. Climatological Bull, 1984, 18(2): 3 - 22.

[2] Weng, W, Taylor, P A, Walmsley, J L. Guidelines for air flow over complex terrain: model developments[J]. Wind Eng. Indus. Aerodyn. , 2000, 86: 169 - 186.

[3] Kim, H G, Lee, C M, Lim, H C, Kyong, N H. An experimental and numerical study on the flow over tow-dimensional hills[J]. Wind Eng. Indus. Aerodyn. , 1997, 66: 17 - 33.

Askervein 山风场仿真研究及误差分析*

樊贻成，刘震卿，刁正

（华中科技大学土木工程与力学学院 武汉 430074）

1 引言

精确预测复杂地形上空的风速和湍流强度在许多工程应用中都很重要，实际地表大多覆盖植被或者村落城镇，若需准确预测这些区域的风能分布情况，首先需要模拟粗糙区域对流场的影响。本章以 Askervein 山为例，分别考虑单一的和精细化的地表粗糙度长度，数值模拟该区域的风场分布，与实测数据对比，探讨地表粗糙度长度的影响，检验数值方法的可靠性，以及考虑精细化地表粗糙度长度模拟风场的精确性。

2 试验及 CFD 数值模型

Askervein 山[1]的详细等高线图如图 1（a）所示，A 线与 B 线相交于 Askervein 山的最高点（HT – Hilltop），AA 线与 B 线相交于中心点（CP – Centre Point）。此外还在距离此处 3km 的达利堡附近设置了一个参考点（RS – Reference Site），用于同 Askervein 相遇之前未受干扰的流体运动进行详细测量。本文以 Askervein 山为研究对象建立地形模型。

综合考虑后计算域长宽高设置为 6 km×6 km×1.5 km。建立网格模型时，以 Askervein 最高点 HT 所在垂线为中心，半径 1 km 的圆柱体区域内进行网格细化加密，网格分辨率为 15 m。山体周围网格尺寸逐渐过渡到平坦地形，最大网格分辨率为 80 m。垂直方向上在近地面进行网格加密最小网格尺寸 0.05 m，采用相邻网格尺寸比值为一定值的 σ 网格；采用非结构化三棱柱网格，网格总量约为 200 万。图 2（b～d）为 CFD 三维实际地形模型示意图。

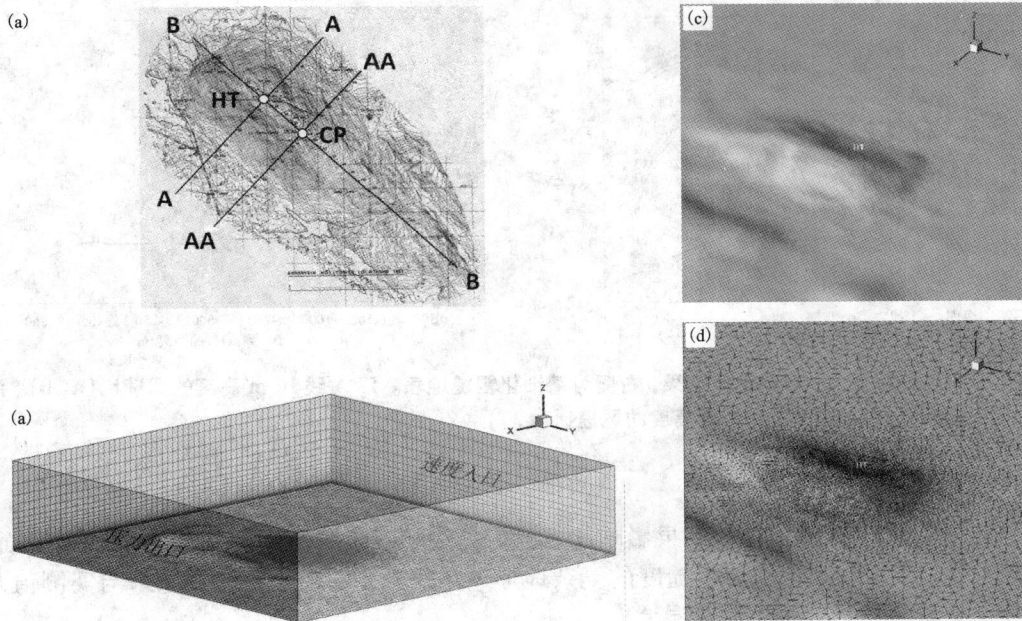

图 1 数值仿模型，（a）Askervein 山等高线，（b）计算域及边界条件，（c）局部地形，（d）地形网格

3 粗糙度分析

从图 2（a，c，e）可以看出，地表粗糙度长度对实际地形的 CFD 数值模拟结果影响比较大。对于粗糙度

* 基金项目：国家自然科学基金青年科学基金项目（51608220）；国家重点研发计划（2016YFE0127900）

长度的设置,当地表粗糙度长度设置为 0.02 ~ 0.04 m 时,整体的风速比曲线与实测值的吻合度较高,表明该地形的地表粗糙度长度的平均值接近 0.03 m,与实际地表植被平均分布情况一致[2]。

从图 2(b,d,f)中可以看出,当采用实际的精细化地表粗糙度长度分布时,模拟结果在迎风面与实测结果几乎一致;而在背风面和山脊较高位置处相比于实测值产生一定的误差,前者误差是由于流动分离造成的,而后者可能是由于本文使用的地形高程和地表粗糙度长度数据均是最新的,与实测情况有差异。

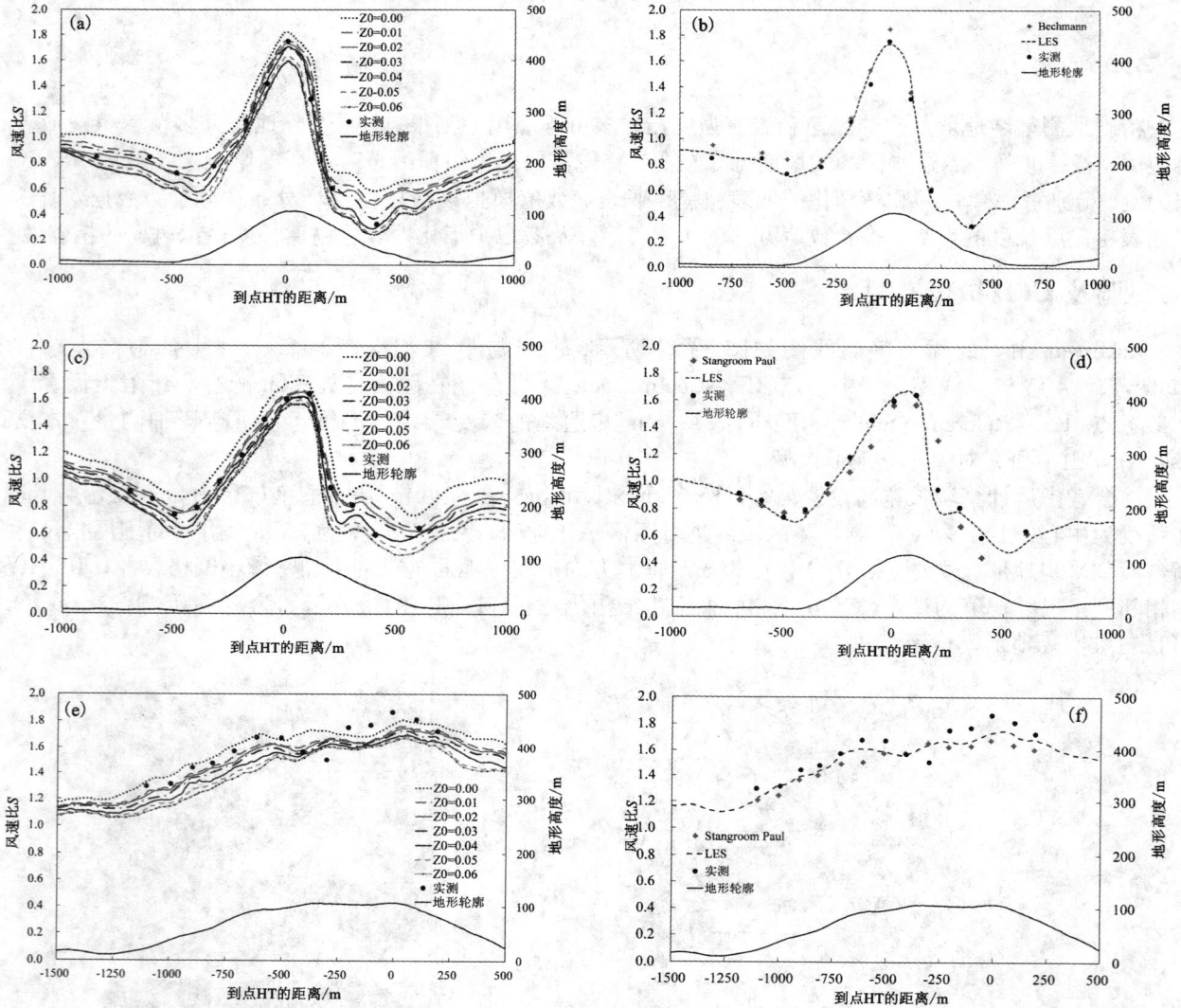

图 2   风速比分布,左侧为均一粗糙地表结果,右侧为精细化粗糙地表。沿 A 线 10 m 高度的风速比(a,b),沿 AA 线 10 m 高度的风速比(c,d),沿 B 线 10 m 高度的风速比(e,f)

4   结论

地表粗糙度长度对 CFD 数值模拟结果影响比较大。地表粗糙度长度对风场的影响在迎风面和背风面处有较大的差异性;基于精细化地表粗糙度的复杂地形风场模拟中,迎风面计算结果与实测值几乎一致,而在背风面和山脊较高位置处产生一定误差。

参考文献

[1] Taylor P A, Teunissen H W. The Askervein Hill project: Overview and background data[J]. Boundary-Layer Meteorology, 1987, 39(1 - 2): 15 - 39.

[2] Taylor P, Teunissen H. The Askervein Hill Project: report on the September/October 1983, main field experiment[R]. Technical Report MSRS - 84 - 6, Meteorological Services Research Branch, Atmospheric Environment Service, Downsview, Ontario, Canada, 1985.

大涡模拟中两种入口湍流数学模型的比较研究[*]

胡晓兵，余远林，杨易，谢壮宁

（华南理工大学亚热带建筑科学国家重点实验室 广州 510641）

1 引言

大涡模拟 LES 中入口湍流的准确模拟是计算风工程（Computational Wind Engineering，CWE）的基础性问题，也是当前研究的热点和难题；直接影响建筑绕流非稳态数值模拟结果的正确性和精度。入口湍流风场的模拟不仅要符合大气边界层的平均风与湍流强度特性，还需同时满足大气边界层湍流场的无源性、空间相关性与功率谱特征要求。不同的入口湍流生成方法可大致归纳为三类[1-3]：（1）前导数据库法；（2）循环法；（3）合成湍流法。本文采用数值仿真比较了两种最新的基于合成湍流方法的 LES 入流湍流模型，分别为西安大略大学 2015 年提出的 CDRFG 方法[2]和 2018 年华南理工大学提出的 NSRFG 方法[3]，模拟生成 LES 模拟所需的入口边界脉动风速时程，并对所模拟的脉动风特性进行了横向比较，表明 NSRFG 方法模拟的脉动风场与理论大气边界层湍流风场特性更相符，验证了 NSRFG 方法的有效性和准确性。

2 湍流合成法

近年来，关于 LES 入口湍流研究，2010 年黄生洪等[1]在 Smirnov 等的 RGF 方法研究基础上提出了 DSRFG 方法。2015 年，Aboshosha 等[2]认为 DSRFG 方法不能严格满足湍流功率谱特性和空间相关性条件，进一步提出 CDRFG 方法。其改进主要在两个方面：第一，把参数 $\omega^{m,n}$ 修改成服从均值为 $2\pi f_m$，方差为 $4\pi^2 \Delta f_m$ 的正态分布随机数；第二，为得到更好的空间相关性，对湍流积分参数提出新的表达式；但其数值模拟精度依旧有待提高。

针对以往方法的不足，改进的 NSRFG 方法[3]对合成 LES 入流湍流的"谐波单元"时程表达式进行重新构造，使各参数的取值具备明确的理论依据。通过对空间分布和空间相关性的准确模拟，从而构造出满足大气边界层湍流特征的脉动风速场，如式（1）所示：

$$u_i(x, t) = \sum_{n=1}^{N} \sqrt{2S_{u,i}(f_n)\Delta f}\sin(k_{j,n} \cdot \tilde{x}_{j,n} + 2\pi f_n t + \varphi_n) \qquad (1)$$

式中，u_i 为 i 方向的速度（$i = 1, 2, 3$ 分别代表顺风向，横风向和垂直方向速度）；$x = \{x, y, z\}$，为空间坐标向量；$\tilde{x}_{j,n} = x_j/L_{j,n}$，$j = 1, 2, 3$ 分别代表 x, y, z 方向；$S_{u,i}(f_n)$ 为 i 方向的频率 f_n、带宽 Δf 的冯·卡曼脉动风速功率谱；$f_n = (n - 0.5)\Delta f$，Δf 为带宽；N 为功率谱离散数目；$\varphi_n \sim U(0, 2\pi)$。

3 数值验证

通过 NSRFG 方法生成 1 m 高度处 u、v、w 三个方向的一段脉动风速时程，如图 1 所示。图 2 给出了两种方法得到脉动风速时程功率谱。可见，与 CDRFG 方法相比，NSRFG 方法所生成的脉动风速时程功率谱与目标谱（冯·卡曼谱）更加接近，而 CDRFG 方法结果误差相对较大。从图 3 可看出，NSRFG 方法生成的湍流场的空间相关性与目标函数（Hemon 和 Santi[4]）基本一致，故其空间相关性符合大气边界层湍流的要求。

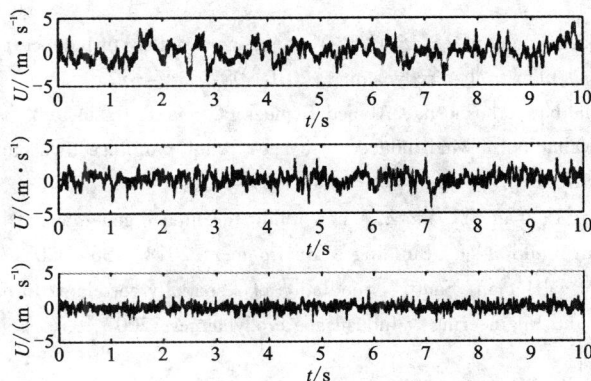

图 1 NSRFG 方法生成的脉动风速时程

* 基金项目：国家自然科学基金项目（51478194）

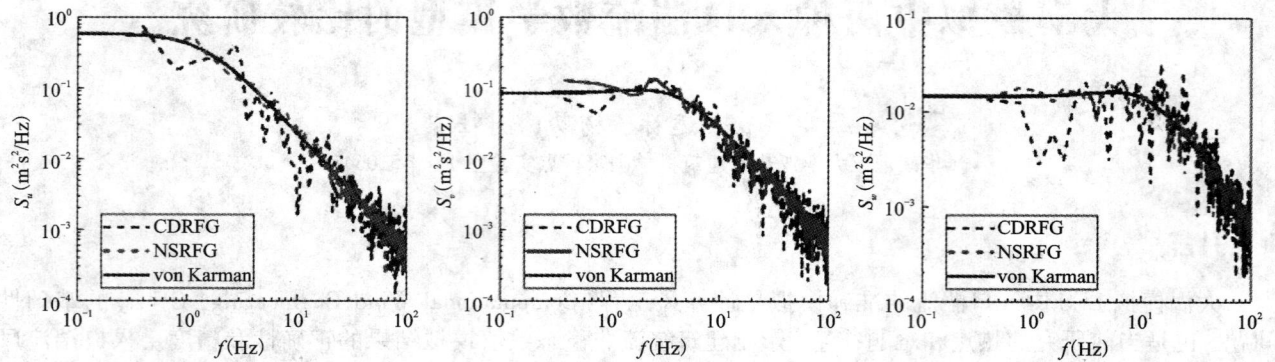

图 2　脉动风速时程功率谱

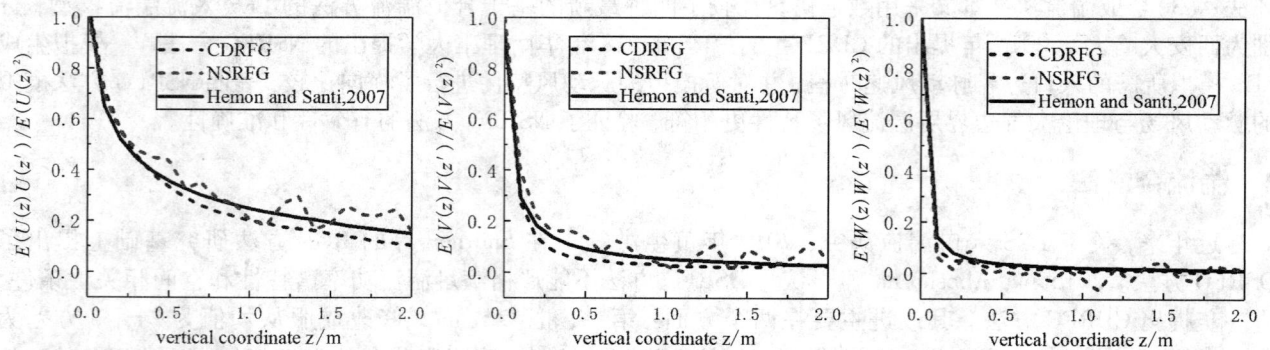

图 3　Z 方向上的空间相关性

4　结论

　　本文采用数值仿真对 CDRFG 方法和 NSRFG 方法模拟的大气边界层湍流风场结果进行了横向比较，验证了改进的 LES 湍流入口生成方法—NSRFG 方法生成的湍流风场能同时满足大气边界层湍流风场无源性、空间相关性和功率谱特性的条件；与 CDRFG 方法比较，表明，基于 NSRFG 方法的湍流合成数学模型具有表示式更简洁、精度和计算效率更高的优势。

参考文献

[1] S. H Huang, Q. S. Li, J. R. Wu. A general inflow turbulence generator for large eddysimulation[J]. Journal of Wind Engineering and Industrial Aerodynamics, 2010, 98: 600 - 617.

[2] Haitham Aboshosha, Ahmed Elshaer, Girma T. Bitsuamlak, Ashraf El Damatty. Consistent inflow turbulence generator for LES evaluation of wind-induced responses for tall buildings[J]. Journal of Wind Engineering and Industrial Aerodynamics, 2015, 142: 198 - 216.

[3] Yu Y, Yang Y, Xie Z. A new inflow turbulence generator for large eddy simulation evaluation of wind effects on a standard high-rise building[J]. Building & Environment. 2018, 138: 300 - 313.

[4] PascalHémon, Santi F. Simulation of a spatially correlated turbulent velocity field using biorthogonal decomposition[J]. Journal of Wind Engineering & Industrial Aerodynamics, 2007, 95(1): 21 - 29.

复杂地形风场模拟湍流模型性能研究[*]

胡一舟，刘震卿，张冲

（华中科技大学土木工程与力学学院 武汉 430074）

1 引言

本文以 Askervein 山为例，建立实际地形数值模型，通过 Fluent 计算平台，研究了 LES 方法、标准 $k-\varepsilon$ 模型和 RNG $k-\varepsilon$ 模型三种湍流模拟方法的计算精度。

2 计算模型

2.1 湍流模型

本文选取了基于雷诺平均法而建立的 $k-\varepsilon$ 模型、RNG $k-\varepsilon$ 模型以及大涡模拟（LES）方法，以探明各湍流模型的计算精度及适用条件。

2.2 数值模型

计算域长宽高设置为 6 km×6 km×1.5 km，底面中心点为 Askervein 山的最高点 HT，为使地形平稳过渡到光滑地区，设置宽 0.4 km 的过渡区圆环，如图 1(b) 所示。

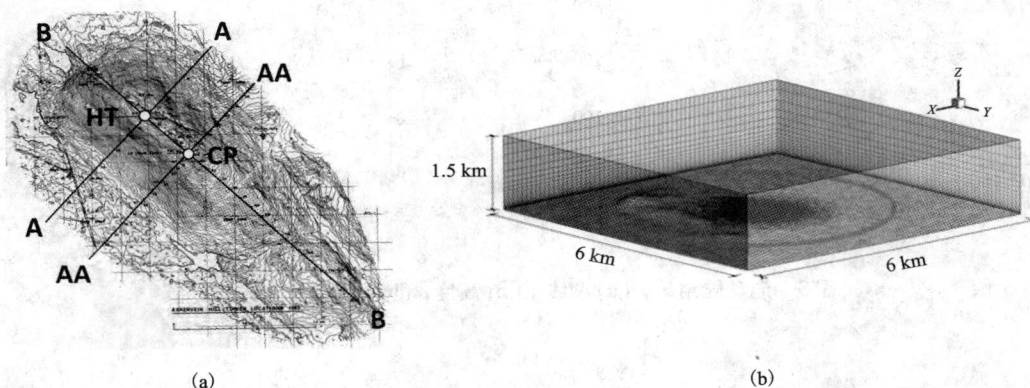

图 1 计算模型，(a) Askervein 山的等高线图，(b) 计算域及网格示意图

3 计算结果

图 2 为风速比结果。沿 AA 线 10 m 高度处风速在遇到山体阻碍后风速降低，到达山顶产生较大的风加速，随后在背风面处风速迅速降低，如图 2(a) 所示。三种湍流模型风速比计算结果在迎风面趋势一致，均与实测值吻合较好，其中 LES 模型吻合更好；在背风面则显示出一定误差，但 LES 模型误差最小。

图 2(b) 为三种湍流模型计算结果沿 B 线 10 m 高度处的风速比和实测数据。B 线为山脊线，可以发现随着山脊升高，风速比也随之增大。整体上 LES 计算结果相比于实测值偏差最小。

三种湍流模型在点 HT 处风剖面的风速比计算结果见图 2(c)。从图中可以看出三种湍流模型在 HT 处的风剖面风速比曲线与实测值基本一致，但是在近地面，LES 的峰值大于其余两种湍流模型，更接近实测值，误差更小；标准 $k-\varepsilon$ 模型和 RNG $k-\varepsilon$ 模型在 5～20 m 高度时接近风速比实测值，但在高处风速计算结果明显偏大。

如图 3(a) 所示为三种湍流模型模拟得到沿 A 线 10 m 高度处的湍动能分布和实测结果。由图可以看出湍动能在山顶减小，随后在距离山顶大约 200 m 的背风面附近达到极大值。三种湍流模型计算结果中 LES

* 基金项目：国家自然科学基金（51608220）

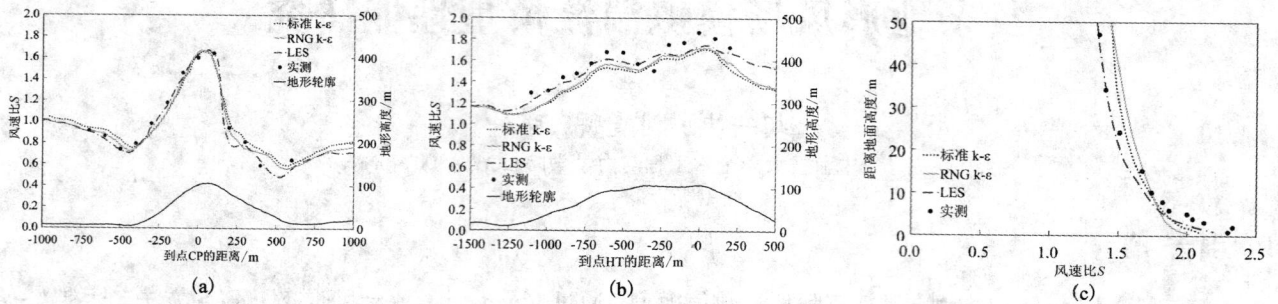

图2　风速比结果，(a)AA 线 10 m 高度，(b)B 线 10 m 高度，(c)HT 处的垂直方向

与实测结果吻合最好。

　　如图 3(b)所示为三种湍流模型在点 HT 处垂直方向上的湍动能分布。虽然三者的趋势基本一致，但是标准 $k-\varepsilon$ 和 RNG $k-\varepsilon$ 模型计算结果明显比实测值大，尤其在近地面处，标准 $k-\varepsilon$ 和 RNG $k-\varepsilon$ 的模拟湍动能较高，表明在此处并不适用，而 LES 在近地面的模拟值与实测值基本吻合，误差更小。

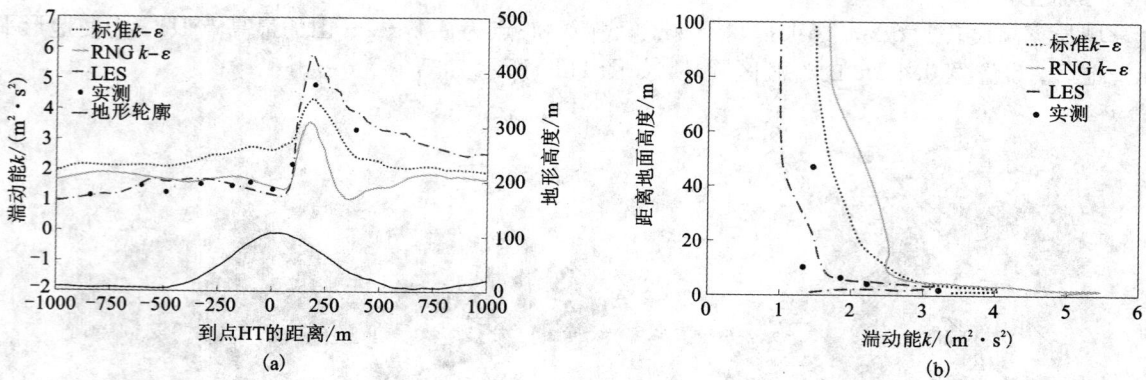

图3　湍动能结果，(a)A 线 10 m 高度，(b)HT 处垂直方向

4　结论

　　本文基于计算流体力学的方法，以 Askervein 山为例，研究了标准 $k-\varepsilon$、RNG $k-\varepsilon$ 和 LES 三种湍流模型对风场模拟的影响，研究发现：①三种湍流模型均能捕捉迎风面风速变化，误差较小，但 LES 模型可以捕捉到背风面风速迅速下降的现象，其误差最小；②标准 $k-\varepsilon$ 模型和 RNG $k-\varepsilon$ 模型模拟结果风剖面风速比与实测值偏差较大，LES 模型模拟结果与实测值最吻合；③LES 模型能更准确捕捉近地面湍动能信息。

参考文献

[1] MASTERS F J, TIELEMAN H W, BALDERRAMA J A. Surface wind measurements in three Gulf Coast hurricanes of 2005[J]. Journal of Wind Engineering & Industrial Aerodynamics, 2010, 98(10): 533-547.

[2] HU P. Wind tunnel test and CFD study on wind characteristics of deep canyon bridge site [D]. Southwest Jiaotong University, 2013.

公路箱梁断面静阵风气动力 CFD 数值模拟[*]

黄菲，潘永林，黄林

（西华大学土木建筑与环境学院 成都 610039）

1 引言

桥梁抗风设计中通常采用静阵风系数计算横向静阵风荷载[1,2]。对于刚度较大的中小跨度桥梁，可以直接采用静阵风荷载进行设计；对于大跨度桥梁，可以采用静阵风荷载进行初步设计，不必进行复杂的抖振分析。TSI 阵风模型[3,4]和 IEC 阵风模型[5,6]分别是评估列车在强风下的横向稳定性和风电机组在极端风事件中的极端风荷载的通用模型。本文用 CFD 方法模拟分析 TSI 和 IEC 阵风模型下公路箱梁断面的静阵风气动力特性。

2 CFD 数值模拟

公路箱梁断面如图 1 所示，风攻角 $\alpha = -5° \sim +5°$，缩尺比取 1:40，计算域如图 2 所示。CFD 数值模拟采用 URANS 方程和 RNG $k-\varepsilon$ 湍流模型。利用入口风速 $V(t) = \beta(t)U$ 模拟阵风效应（来流平均风速随时间变化），U 为均匀来流，取 $U = 10$ m/s。TSI 和 IEC 阵风模型分别取（1）和（2）式的 $\beta(t)$ 值，其中 t 为时间（s）。

$$\beta(t) = \begin{cases} A + (A-1)\sin(\pi t + 0.5\pi) & 1 \leqslant t \leqslant 1.5 \\ A + (A-1)\sin(\pi t - 0.5\pi) & 1.5 \leqslant t \leqslant 2 \\ 2 - A - (A-1)\sin(\pi t - 1.5\pi) & 3 \leqslant t \leqslant 3.5 \\ 2 - A + (A-1)\sin(\pi t + 2.5\pi) & 3.5 \leqslant t \leqslant 4 \\ 1.0t & \text{取其他值} \end{cases} \tag{1}$$

式中：A 为静阵风风速振幅，取 1.7。

$$\beta(t) = \begin{cases} \left\{1 - 0.37\dfrac{U_g}{U}\sin\left[\dfrac{3\pi(t-1)}{T_g}\right]\right\}\left\{1 - \cos\left[\dfrac{2\pi(t-1)}{T_g}\right]\right\} & 1 \leqslant t \leqslant 11.5 \\ 1.0 t & \text{取其他值} \end{cases} \tag{2}$$

式中：U_g 为与阵风风速相关的参数，取 9.459 m/s；T_g 为特征时间，取 10.5 s。

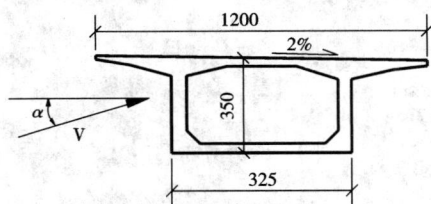

图 1 箱梁断面及风攻角（单位：cm）　　　图 2 数值模拟计算域

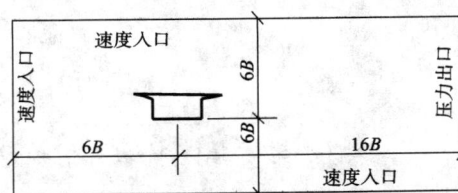

3 箱梁断面的静阵风气动力特性

定义静阵风作用下箱梁断面的静力三分力 $F_D(t)$、$F_L(t)$ 和 $M(t)$ 如（3）式。计算得到的均匀来流下的静力三分力系数 C_{D0}、C_{L0} 和 C_{M0} 与试验结果[7]有较好的一致性。静阵风作用下静力三分力系数的理论值分别为：$\beta^2 C_{D0}$、$\beta^2 C_{L0}$ 和 $\beta^2 C_{M0}$。

$$F_D(t) = \frac{1}{2}\rho U^2 C_D B \qquad F_L(t) = \frac{1}{2}\rho U^2 C_L B \qquad M(t) = \frac{1}{2}\rho U^2 C_M B^2 \tag{3}$$

式中：C_D、C_L 和 C_M 分别为阻力系数、升力系数和力矩系数，B 为箱梁宽度。

CFD 计算得到的部分风攻角下箱梁断面的静力三分力系数如图 3 和 4 所示。阻力系数基本与理论值

* 基金项目：四川省教育厅项目（17ZA0367）

（C_{D0}、C_{L0}和C_{M0}取均匀来流风速 U 下的 CFD 计算值）一致，波动较小。升力系数和力矩系数的波动相对较大，其平均值接近理论值。说明静阵风作用下箱梁附近存在明显的大尺度旋涡脱落。TSI 阵风风速低于均匀来流作用时，三分力系数的波动明显减小。TSI 阵风风速峰/谷值处三分力系数存在跳跃现象。IEC 阵风风速峰值附近升力和力矩系数波动较大，且升力系数与理论值有较大差别。以 -2°风攻角为例，TSI 和 IEC 阵风作用下的速度场（m/s）和压力分布（Pa）分别如图 5、6 和 7、8。

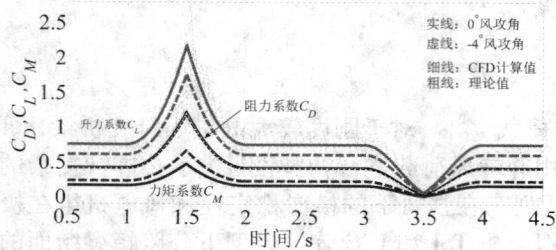

图 3　静力三分力系数（TSI）

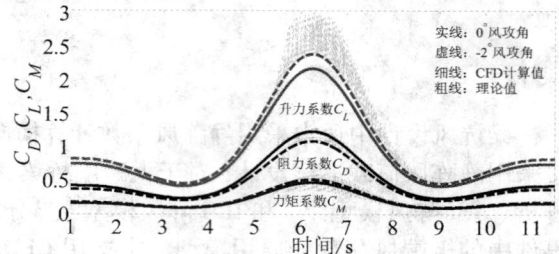

图 4　静力三分力系数（IEC）

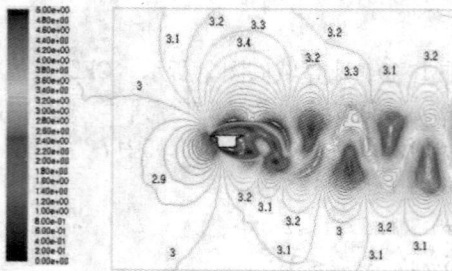

图 5　速度等值线（TSI）

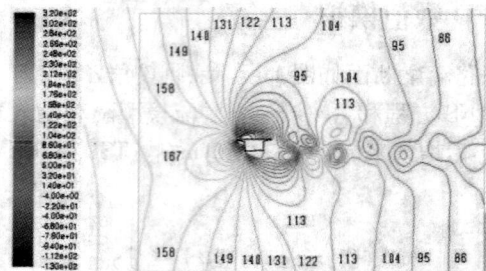

图 6　压力分布（TSI）

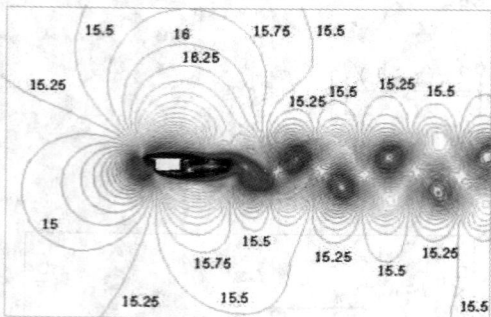

图 7　速度等值线（IEC）

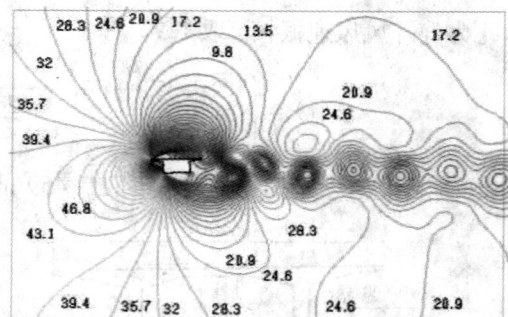

图 8　压力分布（IEC）

4　结论

采用 CFD 方法模拟分析了公路箱梁断面在 TSI 和 IEC 阵风下的静气动力和流场，获得了阵风风速下箱梁断面的静阵风气动力特性。

参考文献

［1］ JTG/T D60-01—2004.公路桥梁抗风设计规范［S］.

［2］ 陈艾荣，黄鹏，项海帆.桥梁阵风速系数研究［J］.同济大学学报，1998，26（3）：241-244.

［3］ Baker C, Cheli F, Orellano A, et al. Cross-wind effects on road and rail vehicles［J］. Vehicle System Dynamics, 2009, 47（8）: 983-1022.

［4］ 吴超，杜礼明.瞬态风场下带风屏障的高架桥上高速列车气动特性［J］.大连交通大学学报，2017，38（2）：21-26.

［5］ IEC 61400-1. Wind turbines-Part 1: Design requirements［S］.

［6］ Länger-Möller, A. Simulation of transient gusts on the NREL 5 MW wind turbine using the URANS solver THETA［J］. Wind Energy Science, 2018, 3（2）: 461-474.

［7］ 刘钥，陈政清，张志田.箱梁断面静风力系数的 CFD 数值模拟［J］.振动与冲击，2010，29（1）：133-137.

考虑非局地效应的复杂工程湍流模式研究[*]

姜超，米俊亦，赖马树金，李惠

（哈尔滨工业大学土木工程学院 哈尔滨 150090）

1 引言

复杂几何结构绕流及高雷诺数流动问题，在实际工程中广泛存在，然而一直缺乏准确、高效的数值模拟方法。大涡模拟（LES）和直接数值模拟（DNS）在对复杂工程湍流的工业计算运用中，受到其高时空分辨率要求及高昂的计算成本制约。相比而言，雷诺平均方法（RANS）由于其对复杂几何的适用性及计算高效性成为一种潜在的数值求解方案。

然而，基于 RANS 的湍流建模远落后于 RANS 方法的运用：目前的模型几乎无法准确预测真实流动中存在的湍流正应力差异及应力–应变位错现象。传统的涡粘模型（EVM）建立了湍流应力与局地应变的线性关系，总是给出各向同性的正应力及同相位的应力–应变关系。改进的 EVM 模型尽管对一些复杂流动的预测有所改善，但依然没有解决上述问题；相反，引入的多个偏微分方程导致计算效率大大降低。二次涡粘模型（QEVM）尽管能区分正应力分量，但依然提供同相位应力–应变关系。结果，当前模型对大部分湍流流动刻画不准，尤其是上述现象显著的复杂工程湍流问题（如二次流、三维边界层及曲率/旋转流动）。

本文首次提出了准确刻画湍流正应力差异及应力–应变位错的 TQEVM 模型[1]，其考虑了非局地效应对湍流应力各向异性演化的重要影响，并利用深度神经网络（DNN）对模型系数进行确定。同时，系统对比了不同湍流模型对工程流动问题的预测能力。

2 物理建模及性能分析

TQEVM 模型的构造关键在于通过非局地速度梯度来重构速度脉动，以考虑非局地效应对雷诺应力各向异性演化的影响。假定每两点之间的速度差（泰勒展开）以两点相关的权重系数对速度脉动有贡献。最终，可得到 TQEVM 模型（具体见 Jiang et al., 2018, J. Fluid Mech.），其形式类似先前的 QEVM 模型，但多了额外的交叉项及张量系数。其中，线性项（同 EVM）表征了湍流趋于各项同性的局地响应，非线性项对应于空间不均匀性引起的非局地响应。

TQEVM 模型中的非线性项对湍流应力预测的改善作用十分明显：其返回差异性的正应力分量及应力–应变位错趋势，二者在实际湍流中总是存在。对于复杂工程湍流，二次流、三维特性、曲率及旋转等效应会引起平均剪切及湍流结构的改变，进而增强非局地效应对于应力各向异性的影响[2]。EVM 及 QEVM 模型在复杂湍流中失效的原因很大程度就归结于对非局地效应考虑不足[3]。因此，TQEVM 模型对于准确刻画湍流应力具有明显优势。

3 模型验证与流动预测

TQEVM 模型中的系数用基于深度神经网络（DNN）的数据模型进行确定。全连接层运用于整个 DNN 框架中，且采用 Adam 算法对控制数据模型训练的损失函数进行最小化。训练好的数据模型成功给出了模型系数和流动变量之间的内在关系，如图 1 所示。

为了便于说明问题，这里采用湍流边界层流动进行验证和对比分析。图 2 给出了主要湍流模型包括 EVM、QEVM–S[4]、QEVM–RB[5]、QEVM–SZL[6] 及 TQEVM 模型预测结果与 DNS[7] 的对比。图 2（a）表明，EVM 及 QEVM（QEVM–SZL 除外）模型仅在离开壁面较近的区域（$Sk/\varepsilon \leqslant 2.3$，该范围内应力–应变近似同相位）与 DNS 结果符合较好；相比而言，TQEVM 模型改善对应力各向异性的预测直到 Sk/ε 最大值（相应 $y^+ \approx 9$）。图 2（b）表明，真实湍流中正应力分量之间差异性较，EVM 总是提供相同的正应力值，即 $\sigma = 0$

* 基金项目：国家自然科学基金项目（U1711265，51503138）

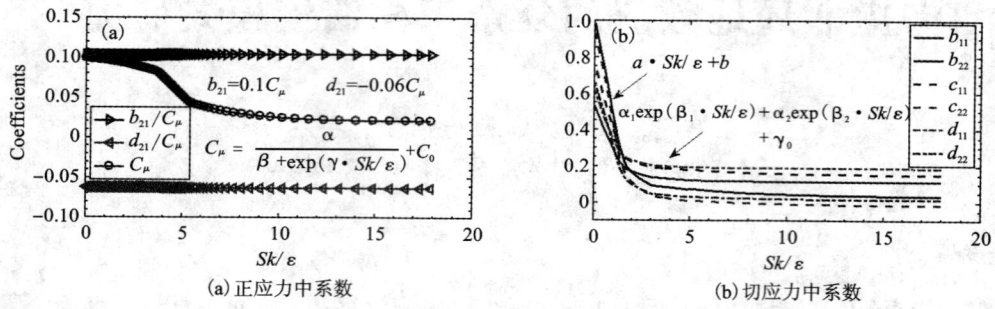

(a)正应力中系数 　　(b)切应力中系数

图1　TQEVM 模型中系数与无量纲剪切参数的关系

（σ 定义为无量纲正应力差异的标准差），QEVM 模型虽然有所改善，但依旧与真实情况差距较远（主要原因是对切应力预测不准）；相反，TQEVM 模型准确的区分了正应力分量值（值得注意的是正应力差异是产生二次流的机制）。图2(c)给出了总应力 – 应变相位角关系（β_{RS} 定义类似向量夹角的余弦值），结果表明：真实应力与应变之间总是存在相位弛豫（实际上这种现象在高雷诺数时更为明显），仅 TQEVM 模型预测较好。

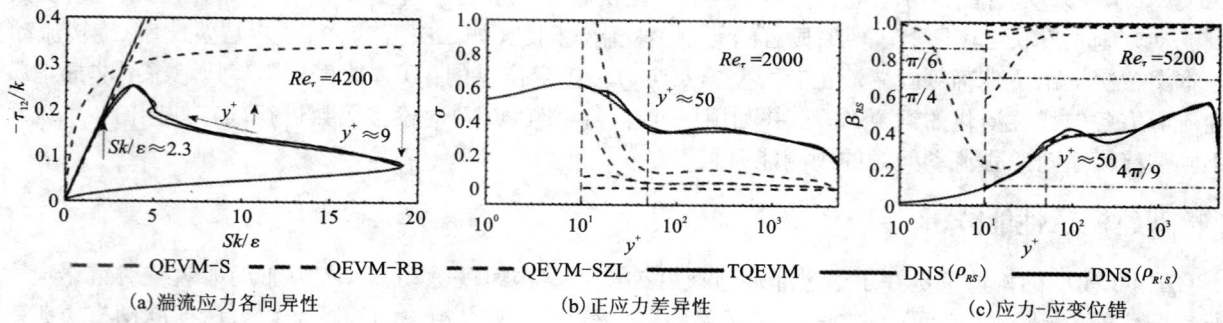

(a)湍流应力各向异性 　　(b)正应力差异性 　　(c)应力–应变位错

图2　模型验证及对比分析

4　结论

本文提出了基于物理约束和数据驱动的湍流建模新框架，其考虑了非局地效应对湍流应力各向异性演化的影响，准确区分正应力分量及表征应力 – 应变位错趋势，为准确预测复杂工程湍流问题奠定了理论基础，尤其是为复杂几何流动及高雷诺数流动提供了有效模拟手段。

参考文献

[1] Jiang C, Mi J, Laima S, Li H. Nonlocal closure modeling for Reynolds stress in turbulent flows[J]. Journal of Fluid Mechanics. (under review)

[2] Lakshminarayana, B. Turbulence Modeling for Complex Shear Flows[J]. AIAA Journal, 1986, 24: 1900 – 1917.

[3] Hamlington P E, Dahm W J A. Nonlocal form of the rapid pressure-strain correlation in turbulent flows[J]. Physical Review E, 2009, 80(10): 1 – 10.

[4] Speziale C G. On nonlinear $k-l$ and $k-\varepsilon$ models of turbulence[J]. Journal of Fluid Mechanics, 1987, 178: 459 – 475.

[5] Rubinstein R, Barton J M. Nonlinear Reynolds stress models and Renormlization Group[J]. Physics of Fluids, 1990, 2: 1472 – 1476.

[6] Shih T H, Zhu J, Lumley J L. A realizable Reynolds stress algebraic equation model[J]. Technical Report TM – 105993, 1993, Lewis Research Center, Cleveland, OH.

[7] Lee M Moser R D. Direct numerical simulation of turbulent channel flow up to $Re_{\tau} \approx 5200$[J]. Journal of Fluid Mechanics, 2015, 774: 395 – 415.

毕节市体育场风压分布及周边建筑的数值模拟研究[*]

梁春金，王钦华

（汕头大学土木与环境工程系 汕头 515063）

1 引言

随着经济的发展，体育场渐渐成为该城市地标性建筑，并且举办各大型体育赛事、文艺演出等，而体育场建筑不同于其他的建筑，具有建筑空间大、结构轻柔、屋顶大都是开敞式的，场内的空气是直接与外界交流，是一种典型的风敏感结构，所以抗风设计越来越重要[1]。本文通过采用计算流体力学软件 star - ccm + 得到体育场的平均风压系数，将数值模拟的结果与风洞试验结果进行了对比分析，两者吻合较好，且平均风压分布规律上基本一致，只是数值略有差异，运用数值模拟体育场周边建筑群体的风场绕流情况，进行评估，提出改善风环境的一些方法。

2 研究内容和方法

风洞试验是目前研究结构风工程的最主要研究的手段，其中数值模拟作为辅助手段，由于体育场和地形体型复杂，为了简化分析，在体育场的西南立面，平均的布置了 32 个内外测压点，分别模拟了 0°和 90°风向角的风压，通过测压点所得的压力数据来分析风荷载。用 star - ccm + 数值模拟时，选用 $k - \varepsilon$ 湍流模型，对该体育场和周围地形进行网格划分，将建筑物模型进行部分的体源加密，最小网格尺度为 0.1 m，体网格的单元总数平均为 350 万左右，来流入口条件，采用速度入口，出口条件采用压力出口，压力设置为 0。其他的区域边界条件均为壁面，在物理性质设置方面，计算域的侧面与顶面均采用自由滑移壁面条件，而建筑物模型表面和地面则均采用无滑移壁面条件，地面粗糙系数选取 B 类地貌（$\alpha = 0.15$），将模拟出的平均风压系数与风洞试验进行比较，最后我们再分别对单体体育场及周围的建筑群体进行数值模拟对比分析，得出一些具有参考意义的结论。

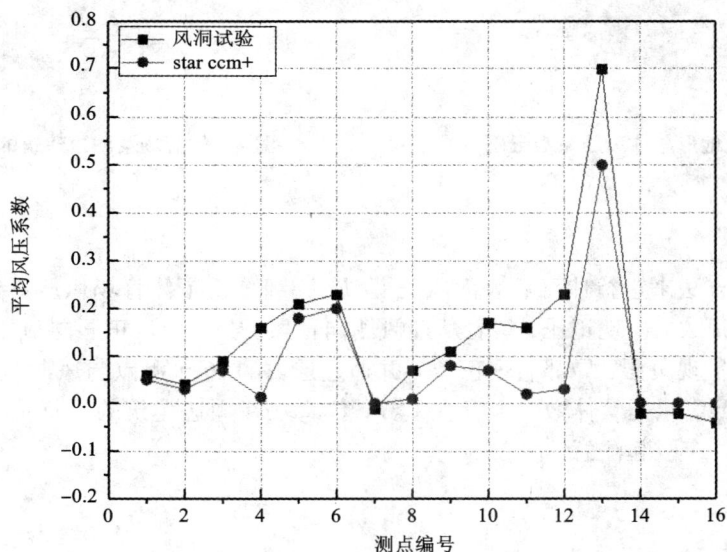

图1 0°风向角下风洞试验与数值模拟平均风压系数对比

* 基金项目：国家自然科学基金（51208291）；广东省高等学校优秀青年教师培训计划（Yq2013071）

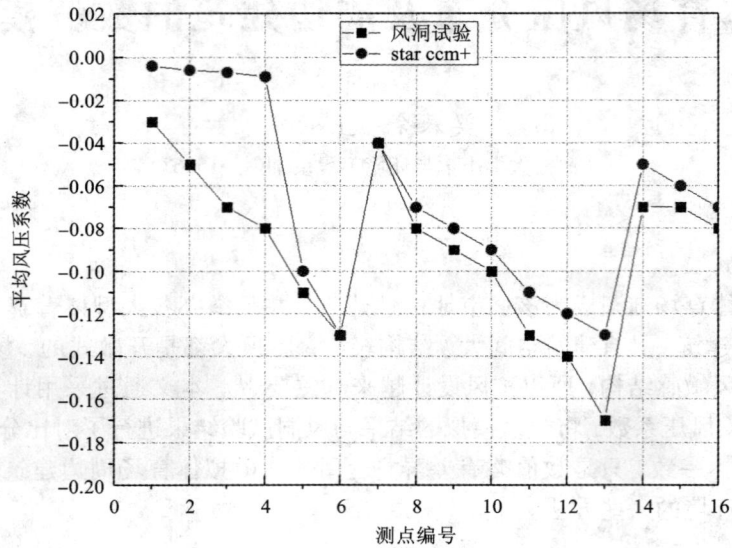

图 2　90°风向角下风洞试验与数值模拟平均风压系数对比

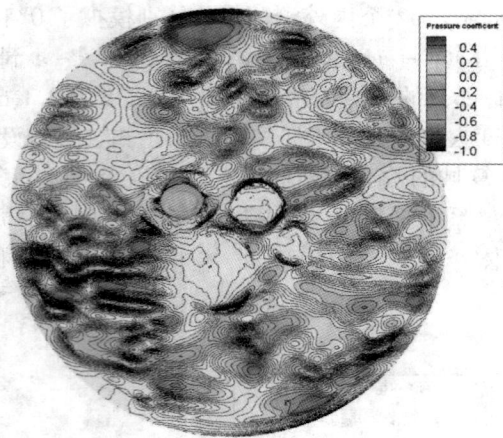

图 3　单体体育场地形总体风压系数云图

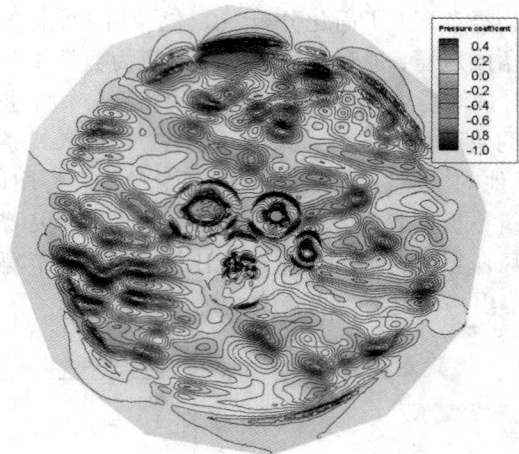

图 4　体育场及周边建筑的总体风压系数云图

3　结论

　　本文采用数值模拟方法来进行体育场表面风压模拟，详细分析了体育场风压系数分布规律，迎风面边缘的风压系数变化梯度很大，呈现正压，接着从迎风侧向背风侧过渡，从正压向负压过渡，分布趋向均匀。总体来说体育场的屋盖呈现负压，局部出现正压。并通过选取的 16 个测点与风洞试验进行对比，风压分布的规律上是基本保持一致，只是具体数值上存在差异，体育场在周边建筑的干扰下，背风侧与周边的馆形成了回流和涡流，设计时应引起注意。

参考文献

[1] 金尚臻，周志仁.体育场自然通风 CFD 模拟研究；proceedings of the 国际绿色建筑与建筑节能大会，F，2014 [C].

开洞高层建筑洞口聚能效果研究*

刘思嘉，李永贵，李毅，张明月

（湖南科技大学结构抗风与振动控制湖南省重点实验室 湘潭 411201）

1 引言

高空风能是未来最有前途的可再生能源之一[1]，高层建筑立面洞口进行风力发电形成风力发电与建筑一体化的模式是一种有效可行的途径[2]。据估计，如果将新建建筑与风力发电机（以下简称风机）进行一体化设计建造，到 2020 年，每年仅建筑物上的风机就可发电 1.7 – 5.0 TWh[3]。为深入系统地研究洞口的设置对高层建筑风能聚集效果的影响规律，本文采用风洞试验与数值模拟相结合的方法，开展了不同开洞率、不同开洞高度和不同地貌下的风速比和风能比的研究，研究成果可为相关实际工程提供参考，推动绿色建筑的发展。

2 研究方法

2.1 风洞试验

风洞试验在湖南科技大学风工程试验研究中心大气边界层风洞中完成。按照《建筑结构荷载规范》[4]模拟了 B、C 和 D 三类风场，三类风场在模型位置处未布置模型时的顺风向平均风速剖面与湍流度剖面见图 1。图中，参考点设置在模型顶部高度（$Z_g = 0.914$ m）前方 2 m 处，参考点处来流平均风速 U_g 约为 11 m/s，Z 为离地高度，U_z 为高度 Z 处的平均风速。风场调试结果与规范目标值吻合较好。

试验模型以缩尺比为 1:200 的 CAARC 标准模型为基础进行开洞（图 2），模型开洞率 F 定义为洞口截面面积与所在立面面积的比值，分别为 1%、2%、3%、4%、6%、8%、10%，洞口分别设置在 2H/6、3H/6、4H/6、5H/6 四种高度处。试验模型采用 ABS 板制作，具有足够的强度和刚度，模型最大阻塞比为 1.7%。本文仅研究来流与洞口轴线方向一致的情况。

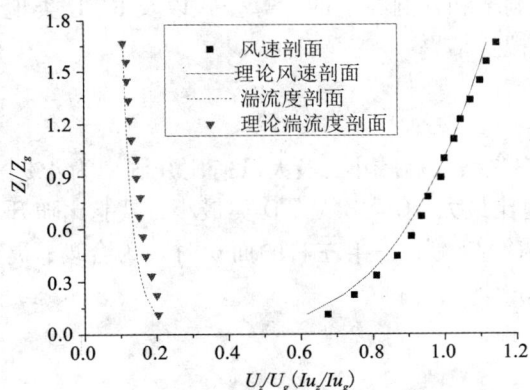

图 1　顺风向平均风速剖面及湍流度剖面　　图 2　模型示意图（注：$H = 914.4$ mm, $D = 228.6$ mm, $B = 152.4$ mm）

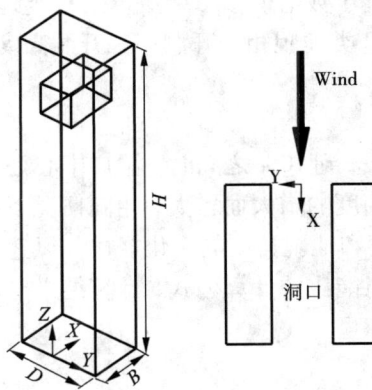

2.2 数值模拟

计算模型为试验模型的全尺寸原型，原型高层建筑外围尺寸长、宽、高分别为 45.72 m、30.48 m、182.88 m。数值模拟的开洞率 F 分别为 1%、2%、3%、4%、5%、6%、7%、8%、9%、10%，洞口分别设置在 1H/6、2H/6、3H/6、4H/6、5H/6 五种高度处。最大阻塞比为 2.8%。

* 基金项目：国家自然科学基金项目（51508183，51878271，51708207）；湖南省教育厅开放基金项目（15K044）

3　结果分析

3.1　风速比

风能的大小与风速的立方成正比，洞口聚集风能的效果可以通过洞口风速比来初步判断，风速比定义为洞口中心处平均风速与参考高度处来流平均风速之比。对不同开洞率、不同开洞位置的建筑模型在 B、C、D 三类地貌下进行了风洞试验和数值模拟。分析了开洞率和开洞高度对风速比的影响规律，并基于数值模拟结果拟合出 C 类地貌中风速关于开洞率和开洞高度的计算公式以及 B、D 类地貌下风速比与 C 类地貌相同开洞率和开洞高度的风速比的比值拟合结果。

3.2　风能比

将洞口中心截面等分成 49 个区格，用区格中心风速代表本区格风速；将洞口截面分成 A、B、C 和 D 等 4 个区域（大区域包含小区域）。各区域内的风能占 A 截面风能的比例为风能占比率。实验结果表明：当风机覆盖区域 B 时，可利用洞口风能的 70% 左右。

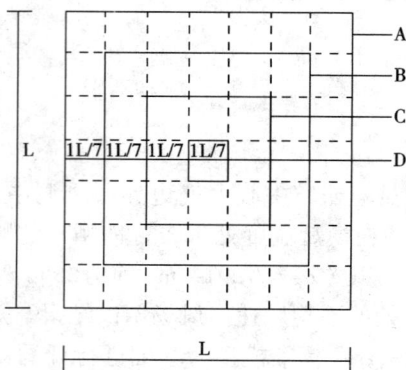

图 3　洞口内区域划分图

风能比定义为相同面积下洞口内部某截面处风能与参考高度处来流的风能之比。风能比的变化规律与风速比类似。基于数值模拟结果拟合出 C 类地貌中风能关于开洞率和开洞高度的计算公式以及 B、D 类地貌下风能比与 C 类地貌相同开洞率和开洞高度的风能比的比值拟合结果。

4　结论

开洞率在 1% 到 10% 之间时，洞口中心处的风速比随开洞率先增大后减小，最大风速比开洞率为 4%；风速比随开洞高度的增大而增大；相同情况下，B 类地貌下风速比最大，C 类次之，D 类最小；风能比随开洞率、开洞高度和地貌类型的变化规律与风速比类似；风机覆盖洞口中心一半左右的面积时较为合理；提出了风速比和风能比的计算公式，计算结果与试验结果吻合良好。

参考文献

[1] Marko B, Luka P, Neven D, et al. Estimating the spatial distribution of high altitude wind energy potential in Southeast Europe [J]. Energy, 2013, 57(3): 24 - 29.

[2] Mertens S. Wind energy in urban areas: Conce-ntrator effects for wind turbines close to buildings[J]. Refocus, 2002, 3(2): 22 - 24.

[3] 赵华, 高辉, 李纪伟. 城市中风力发电与建筑一体化设计[J]. 新建筑, 2011(3): 47 - 50.

[4] 建筑结构荷载规范: GB50009—2012[S]. 北京: 中国建筑工业出版社, 2012.

下击暴流作用下低矮房屋表面风压的数值模拟[*]

柳广义[1]，吉柏锋[1,2]，尹旭[1]

（1. 武汉理工大学土木工程与建筑学院 武汉 430070；

2. 武汉理工大学道路桥梁与结构工程湖北省重点实验室 武汉 430070）

1 引言

下击暴流是雷暴天气中引起近地面短时灾害性大风的强下沉气流[1]。近年来，国内外学者从结构风工程的角度，利用物理试验和数值模拟方法针对下击暴流开展了大量的研究[2]。但是，少有针对下击暴流作用下建筑物表面风压的数值模拟研究。本文基于冲击射流模型建立下击暴流的计算风场模型，以 TTU（Texas Tech University）低矮建筑标准模型为例，分析低矮房屋在下击暴流作用下的各表面风压分布，并与 Endo[3] 对 TTU 标准模型在常规大气边界层近地风作用下的风洞实验结果进行对比分析。

2 计算模型

采用计算流体动力学方法研究 TTU 低矮建筑标准模型在下击暴流作用下各表面的风压分布。图 1 为下击暴流计算域示意图，出流入口直径 $D_{jet} = 600$ m，出流入口至地面的高度 $H_{jet} = 2400$ m，出流速度 $V_{jet} = 18$ m/s。选用 RSM（Reynolds Stress Model）湍流模型进行封闭求解，压力和速度场的耦合求解采用 SIMPLE 求解器，动量、湍动能、湍流耗散率和雷诺应力均采用二阶迎风格式进行离散。图 2 为建筑物表面网格分布。图 3 为三种网格数量下的迎风面中线风压系数对比。

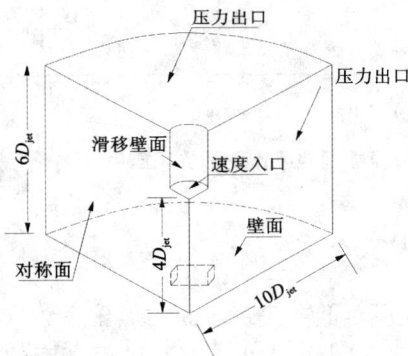

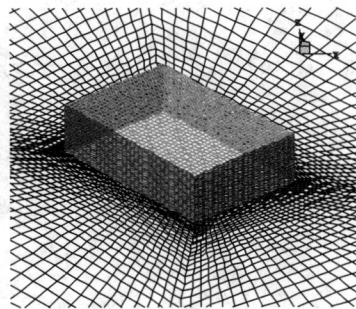

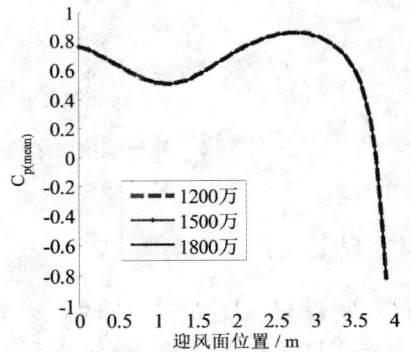

| 图 1 下击暴流计算域示意图 | 图 2 建筑物表面网格分布 | 图 3 网格数量无关性验证 |

3 计算结果

为了研究在下击暴流作用下 TTU 标准低矮建筑各表面风压的分布，将建筑物模型放在距离风暴中心 $1D_{jet}$ 的位置处，同时让来流方向与建筑物迎风面垂直，再将数值模拟结果与在常规风作用下的实验结果进行对比分析。图 4 和图 5 分别为在下击暴流作用下的建筑迎风面和背风面风压系数分布云图。

从图 4 可以看出，建筑物迎风面的最大风压集中在迎风面的上部和底部，在两侧和顶部存在负压区。从图 5 可以看出，建筑物背风面均为负压，从下至上，从中间至两侧，负压值逐渐增大，最大负压出现在背风面的顶部。

图 6 为建筑物中线风压系数曲线图，AB 为迎风面，BC 为屋盖，CD 为背风面。图 6 为 TTU 标准模型在常规大气边界层近地风作用下的实验结果[3]。从图 6 可以看出，在下击暴流作用下，随着高度的增加，迎

* 基金项目：国家自然科学基金项目（51308430）

风面的风压系数先减小后增大，在迎风面高度的 3/4 处达到最大正值；在靠近来流方向的屋盖前缘处，风压系数先陡增至最大负值，然后又迅速减小到最大负值的一半；在屋盖表面，风压系数均为负值，同时，顺着来流方向，风压系数的绝对值越来越小；在背风面，风压系数均为负值，变化不明显。从图 7 可以看出，在常规风作用下，迎风面的风压系数先增大后减小，在迎风面高度的 1/2 处达到最大正值；在靠近来流方向的屋盖前缘处，风压系数先陡增至最大负值，然后顺着来流方向，风压系数的绝对值逐渐减小；在背风面，风压系数均为负值，变化不明显。

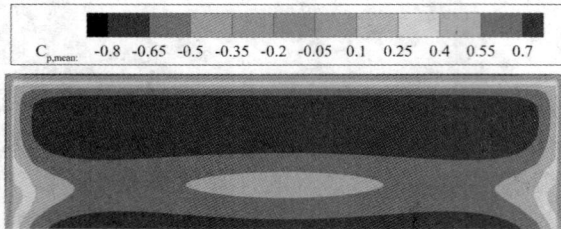

图 4　迎风面风压系数分布云图

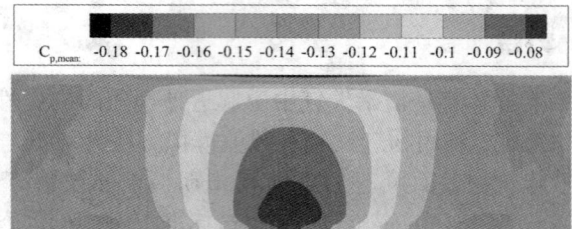

图 5　背风面风压系数分布云图

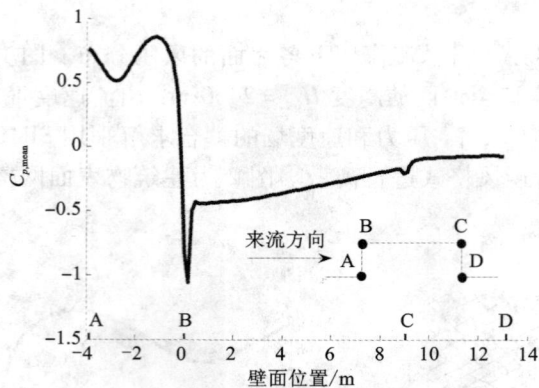

图 6　建筑物中线风压系数

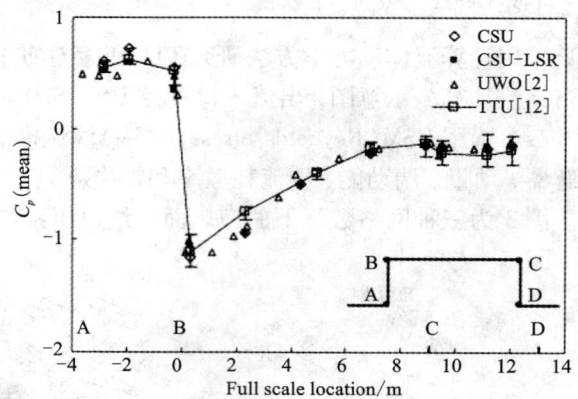

图 7　常规大气边界层近地风作用下的风压系数[3]

4　结论

通过与常规风作用下的低矮建筑风压系数对比得出，下击暴流与常规风对低矮建筑表面的风压系数分布有明显区别。在下击暴流作用下，迎风面中线的风压系数随高度增加先减小后增大，在迎风面高度的 3/4 处达到最大值；而在后者作用下的迎风面中线风压系数先增大后减小，在迎风面高度的 1/2 处达到最大值。因为下击暴流在冲击地面后，会对沿径向传播的风有抬升作用，从而导致风压系数所在的高度增加。

参考文献

[1] Fujita TT. Manual of downburst identification for project NIMROD[R]. SMRP Research Paper 156, University of Chicago, 104 [NTIS PB - 286048], 1978.

[2] 瞿伟廉, 吉柏锋. 下击暴流的形成与扩散及其对输电线塔的灾害作用[M]. 北京: 科学出版社, 2013.

[3] Endo M., Bienkiewicz B., Ham H J. Wind-tunnel investigation of point pressure on TTU test building[J]. Journal of Wind Engineering & Industrial Aerodynamics, 2006, 94(7): 553 - 578.

板状飞掷物飞行特性的 CFD 数值模拟[*]

牛家乐，黄鹏

（同济大学土木工程防灾国家重点实验室 上海 200092）

1 引言

除了风荷载的直接作用导致建筑物主体结构的破坏，在强风中飞行的飞掷物对建筑围护结构的破坏是另一种主要的破坏因素[1]。因此有必要对风致飞掷物进行研究，为围护结构的设计提供依据。

2 静止平板在流场中的 CFD 数值模拟

2.1 计算模型的建立

本文基于 Peter J. Richards[2] 在奥克兰风洞中的模型，选取长宽比为 1 的方形平板在 0～90°风攻角（angle of attack）（间隔为 10°）、倾斜角（tilt angle）为 30°的工况下，利用 CFD 技术测得平板的法向风力系数，并同风洞试验中数据相比较，验证计算的合理性。

2.2 计算结果

计算结果和 Peter J. Richards 奥克兰的风洞实验结果相比较，以验证 CFD 数值模拟的准确性。计算出法向力系数，并与实验结果相对比，如图 1 所示。

可见，最终计算的法向力系数与风洞实验对比，二者基本一致，说明利用 CFD 数值模拟技术计算平板飞行初始条件具有可行性与合理性。

3 板状飞掷物的飞行特性 CFD 数值模拟

3.1 计算模型的建立

平板对应第 2 节三维建模的例子。计算域取长 36 m，高 14 m，平板位于计算域高度的一半处，距来流方向 6 m，距出口方向 30 m（此距离的设置是为了使平板到达出口之前落地）。

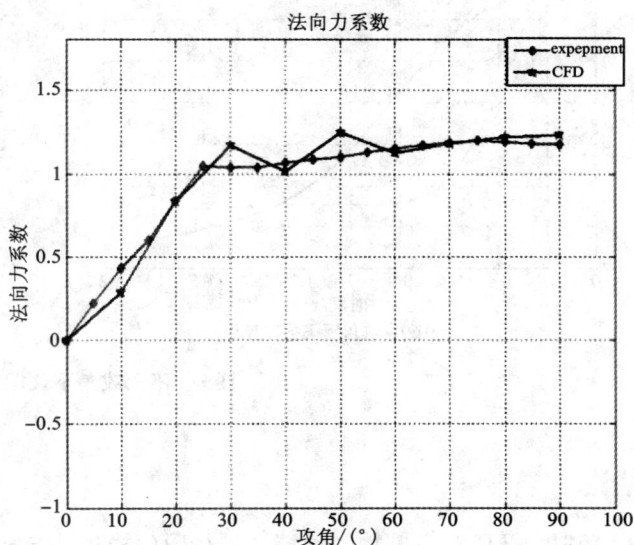

图 1 CFD 求解法向力系数与试验结果对比图

3.2 计算求解及结果

采用二维平板建立飞掷物模型，相当于在平板横向为无穷长，所以只取单位长度计算。由 Peter J. Richards[3] 论文中提到的：长宽比为 4 的平板与 hoerner 给出的长宽比为无穷大的平板法向风力系数相近，故本文把长宽比为 4 的参数代入到 Tachikawa[4] 的经验公式中，采用四阶龙格库塔法求解微分方程，最后得出飞掷物飞行过程中轨迹、速度的数值解。

不同攻角下飞掷物轨迹利用 CFD 求解与经验公式求解的对比结果如图 2 所示。

由图 2 可得，在飞掷物初始运动阶段，CFD 的竖向速度计算结果和经验公式的求解结果吻合的较好，但在飞行后期 CFD 的竖向速度计算结果和经验公式的求解结果有较大差别。

* 基金项目：国家自然科学基金项目（51678452）

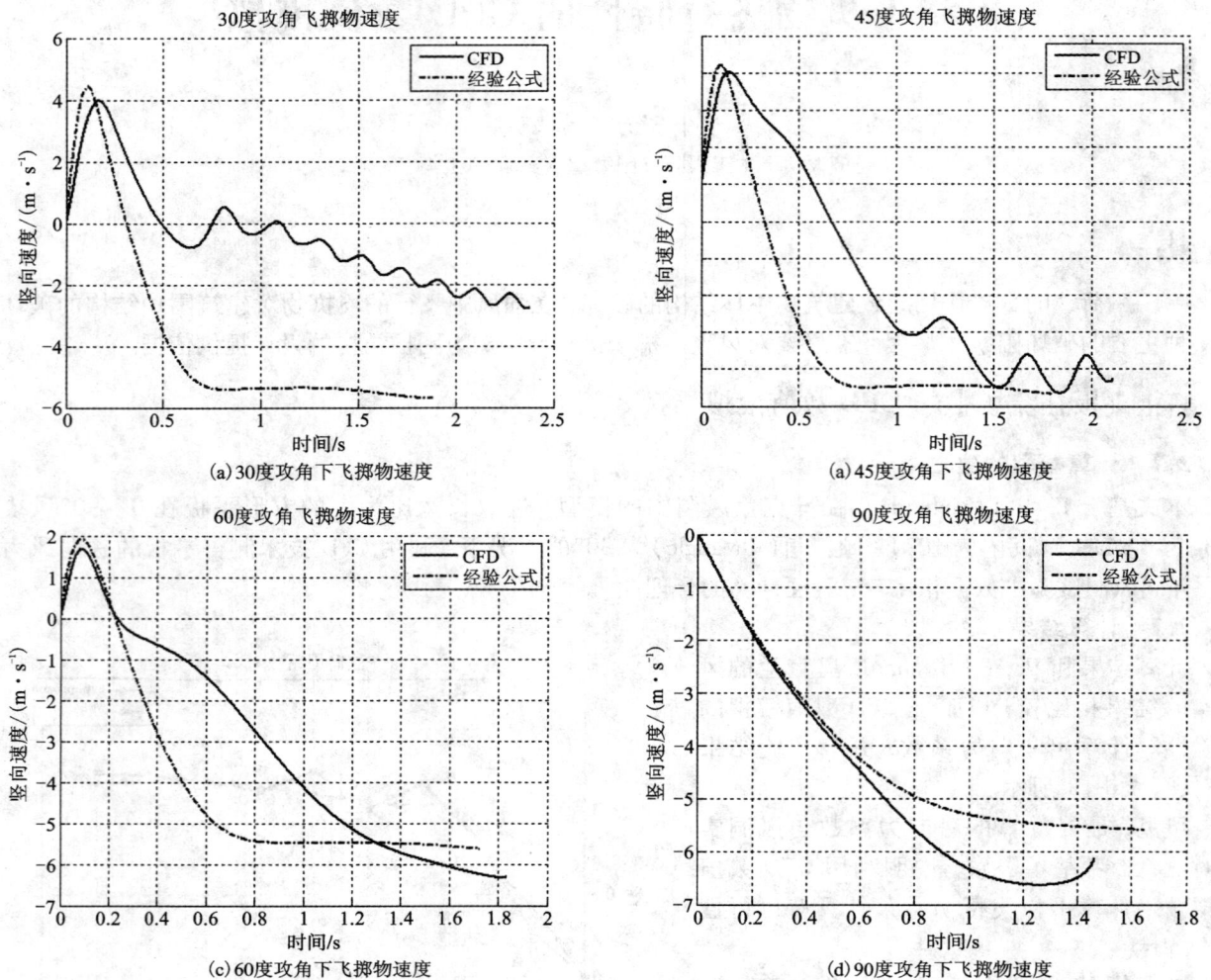

图 2 不同攻角下飞掷物速度对比图

4 结论

（1）利用 CFD 对飞掷物气动特性进行数值模拟并与相应风洞实验对比，验证了其合理性。

（2）利用 CFD 动网格技术模拟飞掷物的飞行特性：在飞掷物初始运动阶段竖向速度计算结果和经验公式的求解结果吻合的较好，可以为飞掷物轨迹计算提供较好初始条件。飞行后期阶段由于流固耦合作用的增大、风力系数的误差及误差的积累，导致结果偏差较大。

参考文献

［1］薛德强，李长军.一次强龙卷风过程破坏力的估计［J］.气象，2002，28（12）：50-52.

［2］Richards P J, Williams N, Laing B, et al. Numerical calculation of the three-dimensional motion of wind-borne debris［J］. Journal of Wind Engineering & Industrial Aerodynamics, 2008, 96(10-11): 2188-2202.

［3］Richards P. J. Steady aerodynamics of rod and plate type debris. In: Proceedings of the Seventeenth Australasian Fluid Mechanics Conference, Auckland, New Zealand, 5-9 December, 2010.

［4］Tachikawa M. Trajectories of flat plates in uniform flow with application to wind-generated missiles［J］. Journal of Wind Engineering & Industrial Aerodynamics, 1983, 14(1-3): 443-453.

数值模拟风雨场精细化方法[*]

汤富超[1]，葛耀君[1, 2]，曹曙阳[1, 2]

（1. 同济大学土木工程学院桥梁工程系 上海 200092；2. 同济大学土木工程防灾国家重点实验室 上海 200092）

1 引言

　　大跨度桥梁结构处于风雨联合作用环境中时，依靠以往的单一考虑风场环境而建立的桥梁结构分析与设计理论进行桥梁结构响应分析与设计，已经不能满足实际工程需要，其原因在于雨场的存在以及雨场和风场之间的相互耦合作用。随着桥梁结构轻柔化，风雨的耦合作用将可能对桥梁产生不利影响。为了确定这种影响，有必要研究风雨场参数并对风雨场进行模拟。本文将建立数值模拟风雨场的精细化方法，并用 Fluent 软件中的 DPM 模型模拟风雨耦合场。

2 研究方法与内容

2.1 DPM 模型

　　对于降雨过程，可以看作离散的雨滴颗粒在连续相（风场）中的运动，因此应该采用欧拉—拉格朗日法进行数值模拟。Fluent 软件中对喷雾这类气液两相流问题的模拟主要采用其自带的离散相模型（DPM——Discrete Phase Model）。此模型是以欧拉—拉格朗日方法为基础建立的。它把流体作为连续介质，在欧拉坐标系内加以描述，对此连续相求解输送方程，而把雾滴颗粒群作为离散体系，通过积分拉氏坐标系下的颗粒作用力微分方程来求解离散相颗粒的轨道。同时，在计算中，相间耦合以及耦合结果对离散相轨道、连续相流动的影响均可考虑进去。因此，本文采用 DPM 模型来模拟风雨场。

2.2 风雨场精确化模拟方法

　　数值模拟风雨场时，除了风场参数（风速、紊流度等）需要模拟外，雨场参数也必须精确模拟。雨场参数有：降雨强度、雨滴谱和雨滴速度等。其中，降雨强度可以转化为雨相的质量流率进行模拟，雨滴速度可以直接在 DPM 模型入射源中赋予。对于雨滴谱的模拟，提出以下两种方法。

（1）预设函数法

DPM 模型中收录了表征离散项颗粒的分布函数——Rosin-Rammler 分布函数[1]。函数形式为：

$$F(r) = 1 - \exp\left[-\left(\frac{r}{\bar{r}}\right)^n \right] \tag{1}$$

式中，$F(r)$—粒子分布函数；r—粒子的直径；$\bar{r}$—当粒子的累计分布质量的分布函数值 $F(r) = 0.5$ 时的对应粒子粒径值；n—分布指数，用来表征粒子的分布范围。

　　用雨滴真实的分布函数对上式中的两个参数 $\bar{D}$、n 进行拟合，便可以实现雨滴谱的数值模拟。使用该方法模拟的雨滴粒径分布是连续的，但是赋予不同粒径雨滴的速度是相同的。

（2）质量流率分布法

　　若将某降雨强度下的雨滴按照粒径值离散成若干区间，由质量流率分布便可以计算出每一粒径区间质量流率百分比，从而求出各粒径区间的质量流率。相比预设函数法，这种方法需要添加多组入射源，带来的好处是可以赋予不同粒径区间的雨滴不同的速度。

2.3 数值模拟参数

　　本 2D 算例采用的风速为 8 m/s；紊流度为 10%；降雨强度为 20 mm/h 和 40 mm/h；雨滴谱采用 M - P 分布；雨滴速度采用经验公式计算；计算域长 1.8 m，宽 1.8 m；采用结构网格对计算域划分，网格数为 32041 个，节点数为 32400 个；湍流模型采用标准 $k - \varepsilon$ 模型；雨滴谱的模拟采用两种方法：预设函数法和质量流率分布法；启动风雨耦合计算；设置时间步长为 0.01 s，共计算 100 步。

　＊ 基金项目：国家自然科学基金项目（51478358）

2.4　数值模拟结果

以 20 mm/h 的降雨强度为例, 两种方法的结果(雨滴轨迹图)如下图所示。

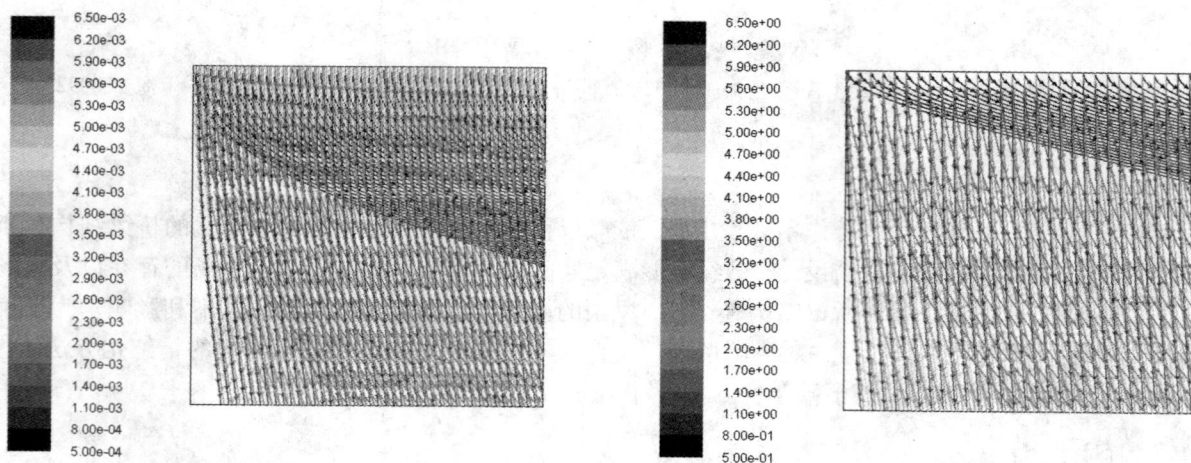

图 1　风雨场数值模拟结果(左图采用 Rosin-Rammler 函数法, 右图采用质量流率分布法)

四种工况的计算时间分别为: 预设函数法: $R = 20$ mm/h 时, $t = 10$ min; $R = 40$ mm/h 时, $t = 11$ min; 质量流率分布法: $R = 20$ mm/h 时, $t = 11$ min; $R = 40$ mm/h 时, $t = 11$ min。表明两种方法的计算效率几乎相同, 且降雨强度不影响计算效率。

3　结论

(1)应用 DPM 模型可以模拟全部雨场参数, 包括: 降雨强度、雨滴谱、雨滴粒径和雨滴速度等;

(2)两种模拟雨滴谱的数值方法各有优缺点。预设函数法优点是雨滴粒径是连续分布的, 缺点是不能精确模拟雨滴速度; 质量流率分布法优点是可以精确模拟不同粒径雨滴的速度, 缺点是雨滴粒径分布是离散的, 精度依赖于人为划分的粒径区间的大小。

(3)算例结果表明, 在其他条件相同时, 两种雨滴谱模拟方法的计算效率几乎相同, 且降雨强度也不影响计算效率。

参考文献

[1] 杨胜男. 风雨联合作用试验准则及数值模拟. [D]. 哈尔滨: 哈尔滨工业大学土木工程学院, 2015.

粗糙地表下击暴流数值仿真研究[*]

涂元刚，刘震卿，周青松

（华中科技大学土木工程与力学学院 武汉 430074）

1 引言

翟伟廉[1]等和 Vermeire[2]等采用了二维计算域进行数值模拟，在计算域的边界条件限制了流场发展，而下击暴流的三维特征难以通过二维模型准确捕捉。本文进行了实验室缩尺的下击暴流风场三维仿真模拟，并探明下击暴流风场特性以及地表粗糙程度对风场的影响。

2 数值模型

本文选取冲击射流风场模型进行研究，选用大涡模拟的方法进行仿真模拟，在仿真模拟中直接模拟计算大尺度涡旋，对低于网格解析度的部分小尺度涡旋采用亚格子模型考虑其对大尺度涡旋的影响，采用 Boussinesq 假说以及标准 Smagorinsky-Lilly 模型计算亚格子应力（SGS）。过滤亚格子涡旋后的时间依赖 Navier-Stokes 方程（笛卡尔坐标系）。为了与光滑地面情况的风场作对比，本文选取了浸没边界法（IBM）来实现对存在建筑物的地面区域的模拟。空间离散采用有限体积法，二阶中心差分格式用于对流项与黏性项，二阶隐式格式用于非稳态项的时间推进，SIMPLE 算法用于压强速度解耦，求解器采用 Fluent6.3.26。选取一个完整的三维圆柱体作为计算域，所选用的圆柱体计算域的尺寸如图1(a)所示，使用 GMSH 划分三维结构化网格如图1(b)所示。

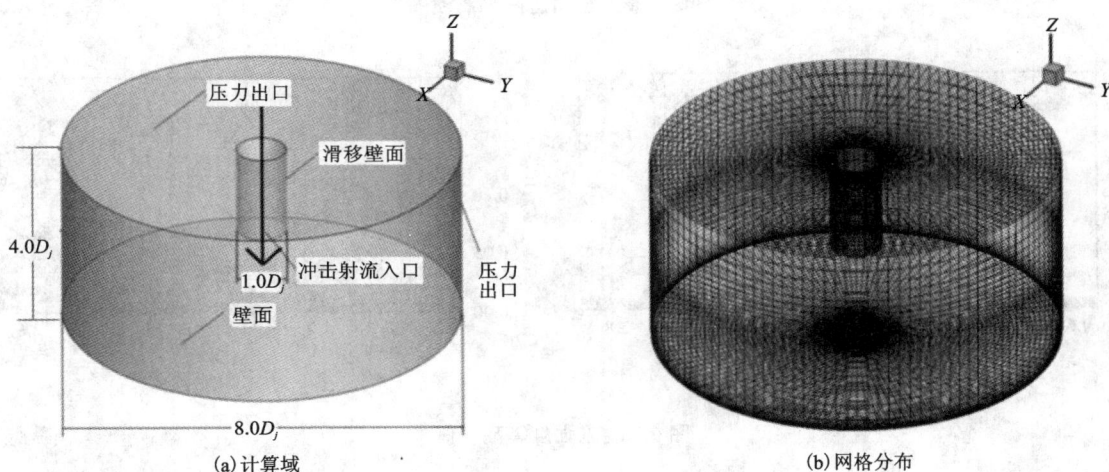

图1 大涡模拟计算域(a)及其网格分布(b)

3 结果分析

图2 给出了模拟的全部时刻0 至 $0.3D_j$ 高度内的风速后绘制的最大风速包络图，可以看到在不加设地面粗糙时，最大径向风速达到 $1.8V_j$ 并且发生在 $0.25D_j$ 高度处；在加设地面粗糙后，近地面风速减小至 $0.2V_j$，并在近地面范围内出现陡坡，然后风速随高度增加迅速增大至 $1.4V_j$，在 $0.1D_j$ 至 $0.18D_j$ 之间分布均匀；可见加大地面粗糙后最大径向风速减小，并且出现的位置上移。图3 给出了各点最大径向速度后绘制的等高线图，图3(a)中出现了两个峰值，分别位于径向 $0.9D_j$ 至 $1.0D_j$ 和 $1.2D_j$ 至 $1.6D_j$ 之间，并且前者

＊ 基金项目：国家自然科学基金(51608220)

峰值分布范围小于后者；加设粗糙情况下最大径向风速整体上低于光滑情况，这与前文结论一致，峰值分布在 $1.1D_j$ 至 $1.4D_j$、$0.07D_j$ 至 $0.18D_j$ 之间，这不同的分布结果是两种地面情况中主环形涡流的移动路径不同引起的。图 4 给出了湍流强度等高线图，可以看到近地面湍流强度较大，远离地面位置处湍流强度较低；对于光滑和粗糙两种不同地面情况，在近地面取得最大径向平均速度处的湍流强度都大致在 0.16 至 0.20 之间、0.16 至 0.24 之间，湍流强度峰值出现在径向 $1.6D_j$ 至 $1.7D_j$ 之间。对比图 3 与图 4，可以看出在径向风速较大位置处，湍流强度较小，这说明了风场中的最大径向风速主要与层流部分相关。

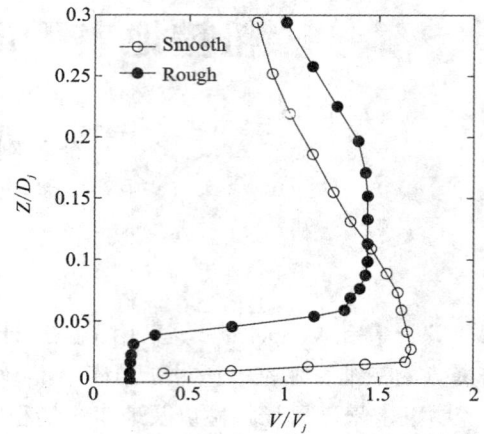

图 2 最大径向速度包络图

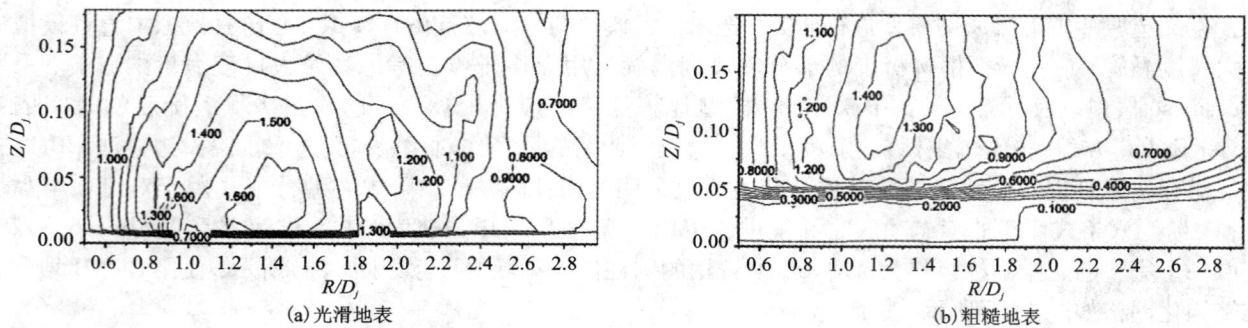

(a) 光滑地表

(b) 粗糙地表

图 3 最大径向速度等高线图

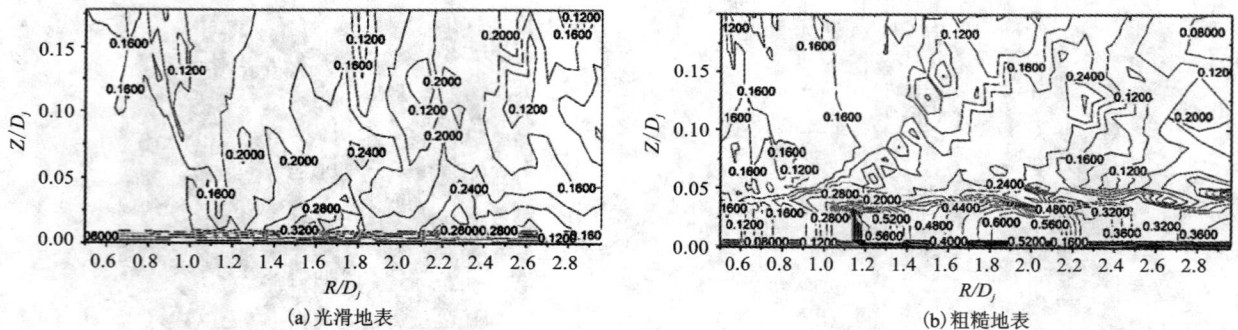

(a) 光滑地表

(b) 粗糙地表

图 4 湍流强度等高线图

4 结论

本文利用大涡模拟方法完成了 1:1000 缩尺的下击暴流风场的 CFD 数值仿真模拟，研究了下击暴流的演变过程和风场特性。下击暴流近地面风场复杂多变的主要原因在于环形涡流与地面冲击后流场剧烈的变化，地面粗糙会加剧流场变化的剧烈程度以及发展速度。

参考文献

[1] 瞿伟廉，吉柏锋，李健群，等. 下击暴流风的数值仿真研究[J]. 地震工程与工程振动，2008，28(5)：133-139.

[2] Vermeire B C, Orf L G, Savory E. Improved modelling of downburst outflows for wind engineering applications using a cooling source approach[J]. Journal of Wind Engineering & Industrial Aerodynamics, 2011, 99(8)：801-814.

截面扭转对高层建筑风压影响的数值模拟研究[*]

汪辰，全涌

（同济大学土木工程防灾国家重点实验室 上海 200092）

1 引言

高层建筑风荷载在高层建筑结构设计中有重要作用。CFD 方法作为风荷载研究手段之一，有着巨大的发展前景和不可忽视的优势。日本建筑学会[1]认为 RANS 方法可以得到较好的时均荷载，LES 方法可以得到较好的时均荷载与峰值荷载。基于 RANS 的定常计算与基于 LES 的非定常计算相比有计算时间短的优点。本文基于 RANS 对 CAARC 标准高层建筑模型的时均风荷载进行了模拟研究，并与风洞实验结果进行了对比。在此基础上，进一步进行模拟研究了截面扭转对方形截面高层建筑风荷载影响。

2 CAARC 标准高层建筑模型的 RANS 计算

本文对几何缩尺比 1:300 的 CAARC 标准高层建筑模型进行建模，模型尺寸为 101.6 mm(X) × 152.4 mm(Y) × 609.6 mm(Z)，在模型 2/3H 高度水平面布置 20 个压力测点作为标准的压力测点位置[2]。计算流域为 5181.6 mm(X) × 3000 mm(Y) × 2500 mm(Z)，上游长度 1625.8 mm，下游长度 3555.8 mm，阻塞率为 1.24%。

入口边界的风速、湍流量剖面根据 TJ 风洞实验数据[2]给定，模拟风场为 D 类风场，风向角为 0°。出口边界设置为默认压力出口。其余边界均为无滑移光滑壁面。使用 SST $k-\omega$ 模型进行三维风场定常和非定常计算。

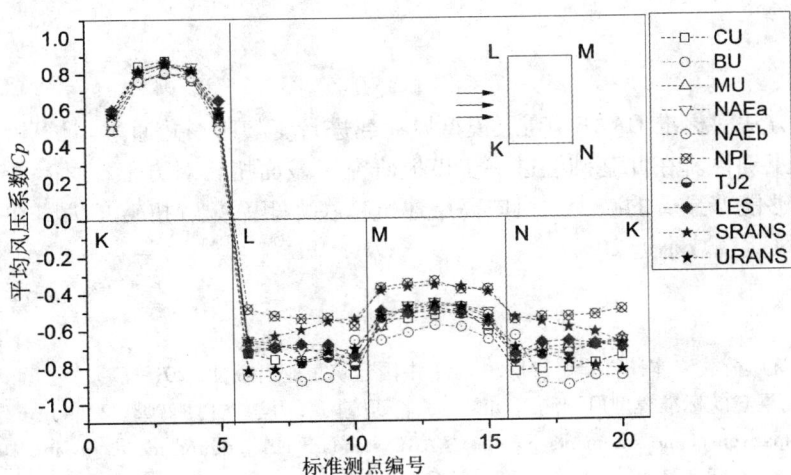

图 1 CAARC 模型标准测点风压系数数值模拟及风洞试验对比

将本文基于 Unsteady-RANS(URANS) 和 Steady-RANS(SRANS) 的标准点风压系数计算结果与试验及其他数值模拟进行对比。图 1 中 SRANS 与 URANS 代表本文计算结果，其余均为前人相关研究结果[3][4]。由图 1 可以看出，本文定常与非定常模拟结果均与试验结果吻合较好，趋势相同；相比定常计算，非定常计算的结果和风洞试验结果吻合更好。

* 基金项目：国家自然科学基金面上项目(51278367)

3　截面扭转对高层建筑风荷载影响的数值模拟

高层建筑模型尺寸为 100 mm(X) ×100 mm(Y) ×800 mm(Z)，计算流域为 5181.6 mm(X) ×3000 mm（Y) ×2500 mm(Z)，上游长度 1625.8 mm，下游长度 3555.8 mm，阻塞率为 1.07%。扭转角有 0°、45°、90°、135°、180°五种工况，扭转角 α 定义为顶截面相对底截面逆时针旋转的角度。采用 SRANS 计算，边界条件设置与上文相同。定义气动力折减系数 $\gamma = \dfrac{C_{m\_\alpha}}{C_{m\_0}}$，其中 C_{m_α} 和 C_{m_0} 分别为扭转角为 α 和 0°时的顺风向基底力矩系数。图 2 为相应计算结果，可以看到扭转可以减少顺风向建筑基底力矩系数数值，与相关实验数据[4]作对比，可以发现数据趋势吻合。扭转角在 90 度左右时，对风荷载的折减幅度最大，达到 20% 左右。

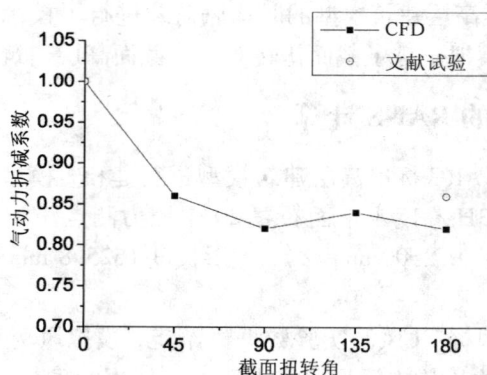

图 2　不同截面扭转角度下气动力折减系数对比

4　结论

本文基于 RANS 方法对标准 CAARC 高层模型风荷载进行了模拟，并通过与试验结果的对比验证了入口边界和模型方法的正确性。在此基础上进一步模拟研究了截面扭转对方形截面高层建筑风荷载的影响，结果表明截面扭转能够能够显著的减少顺风向高层建筑基底力矩系数。扭转角大概在 90°左右时减小效应最显著，能让顺风向风荷载减小近 20%。

参考文献

[1] 日本建筑学会编. 建筑风荷载流体计算指南[M]. 北京：中国建筑工业出版社，2010.
[2] 黄鹏，顾明，全涌. 高层建筑标准模型风洞测压和测力试验研究[J]. 力学季刊，2008，29(4)：627 – 633.
[3] Melbourne W H. Comparison of measurements on the CAARC standard tall building model in simulated model windflows[J]. Journal of Wind Engineering & Industrial Aerodynamics，1980，6(1)：73 – 88.
[4] 陈静，全涌，顾明. 高层建筑标准模型风荷载的大涡模拟研究[C]// 全国风工程研究生论坛. 2015.
[5] Kim Y C, Bandi E K, Yoshida A, et al. Response characteristics of super-tall buildings-Effects of number of sides and helical angle[J]. Journal of Wind Engineering & Industrial Aerodynamics，2015，145：252 – 262.

RANS 模拟粗糙壁面平衡大气边界层的尺度效应研究[*]

王靖含，李朝，肖仪清

(哈尔滨工业大学(深圳)土木与环境工程学院 深圳 518055)

1 引言

随着城市化进程加快，大气边界层湍流风场下垫面的粗糙程度日益增加，从而导致脉动风荷载对异形结构、高层高耸以及大跨等结构的设计越来越重要。因此，分析脉动风场的生成机理并精确再现对研究结构的风振响应具有重要意义。现有文献表明，在 CFD 中实现粗糙地表大气边界层湍流风场时，精确再现地表粗糙特性及其对上覆流场的影响是当前研究中存在的难点与热点。Cai[1] 与 Cindori[2] 分别通过在流场中施加体积力(源项)的方式，实现了粗糙壁面的水平均匀大气边界层的数值模拟；但在他们的研究中，体积力施加于整个模拟计算域，而实际粗糙地表对大气边界层风场的影响高度有限。

因此，本文从贴合物理实际的角度出发，即在地表附近有限高度内，对传统模拟城市植被的冠层模型进行简化，建立更符合大气边界风场下垫面粗糙特性的阻力源项模型；并采用多目标遗传算法(NSGA – II)，对对数律风剖面的粗糙下垫面阻力源项系数进行寻优搜索，分别模拟了风洞缩尺模型与多个大尺度模型的粗糙地表大气边界湍流风场；对比分析了不同尺度下粗糙壁面边界层风场的阻力源项。结果表明，随着地貌粗糙度的增大，源项作用高度逐渐增大且所得阻力源项系数逐渐增大。由此可说明，本文所提方法可以高效搜索得到符合实际大气边界层湍流风场下垫面粗糙特性的阻力源项分布形式。

2 近地表源项优化方法

为从物理实际的角度实现大气边界层粗糙下垫面，本文对模拟植被冠层流动的阻力源项模型[3]进行简化，使其更适用于模拟高粗糙度的地貌。简化后的阻力源项模型为：

$$f_u(z) = -C_d \cdot a \cdot |u| \cdot u(z) = -C_d^{\text{RANS}}(z) \cdot |u| \cdot u(z) \tag{1}$$

上式中，将传统的常系数 C_d 与叶面积密度 a 综合考虑，作为衡量不同粗糙地貌对其上部边界层风场扰动程度的指标，且合成后的 C_d^{RANS} 在其作用高度(Hs)内沿高度变化。将改进后的阻力源项加入到二维 RANS 模型的动量控制方程中，实现对流场的扰动作用。

本文通过 MATLAB 编码实现多目标优化算法 Non-dominated Sorting Genetic Algorithm – II[4] (NSGA – II)，并在 ANSYS-Fluent 进行二维 RANS 模拟，以此实现对粗糙下垫面源项系数的优化搜索，具体方法为：首先确定 $n-1$ 个控制点处的力源系数 $C_d^{\text{RANS}}(z_i)$ 以及力源作用高度 Hs 作为优化变量，其中 z_i 为第 i 个控制点的纵坐标；之后：(1)通过 MATLAB 产生初始的力源系数，将其以源项的形式加入到 CFD 计算中，输出监测位置处的平均风与湍动能特性，统计与所加相应入流剖面的误差均值 $\overline{e_u^i}$，$\overline{e_k^i}$；(2)将 $g1 = \min(\overline{e_u^i})$，$g2 = \min(\overline{e_k^i})$ 作为 2 个目标函数，在 MATLAB 中进行遗传运算以产生新的力源系数，之后将其加入到 Fluent 的计算中；(3)重复前述步骤直至计算达到最大进化代数(50)或目标函数残差收敛(残差小于 $1e-6$)，取得一组可行解后进行结果的取舍，最终得到最优的力源系数分布。

3 数值模拟结果

以 ESDU 所提供的 $z_0 = 0.1$ m、0.3 m 和 1.0 m 的三类粗糙地貌的对数律风剖面为目标，基于 SST $k-\omega$ 模型(默认常数)，分别对风洞尺度(计算域高 1.8 m)与大尺度(边界层高为 12 m 与 60 m)的粗糙壁面大气边界层进行了优化模拟。图 1 – 图 4 给出了 $z_0 = 1.0$ m 粗糙地貌的风洞尺度模型计算结果：图 1 和图 2 的平均速度云图和湍动能云图展示出了较好的自保持性，由其在近壁面高度内；由图 3、图 4 的平均风剖面和湍

* 基金项目：国家自然科学基金项目(51778200)

动能剖面可以看出，在施加优化所得源项后，流场的特性剖面得到了明显改善；。图 5 给出了风洞试验尺度下三类粗糙地貌的阻力源项系数分布，可以看出 Hs 随地貌粗糙度的增大而增大；且力源系数值也逐渐外扩，符合工程经验与物理实际。其余两类地貌与全尺寸的模拟具有与之相似的结果。

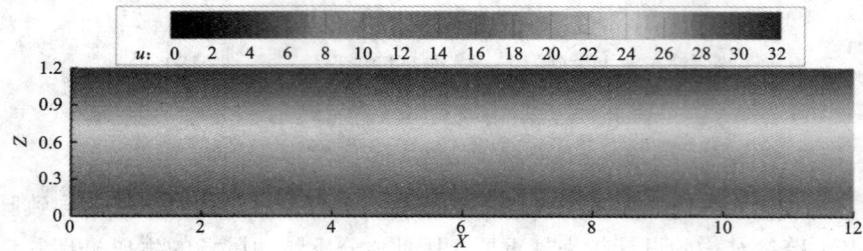

图 1　平均速度云图 $z_0 = 1.0$ m

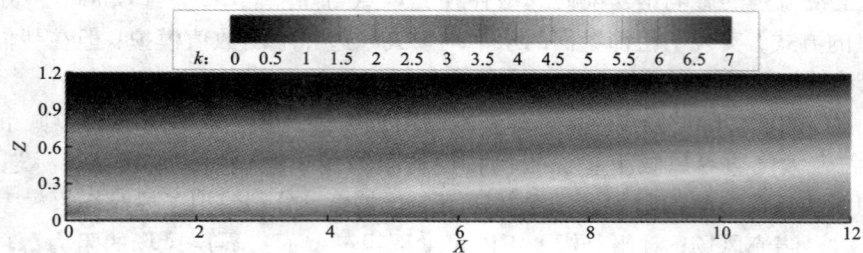

图 2　湍动能云图 $z_0 = 1.0$ m

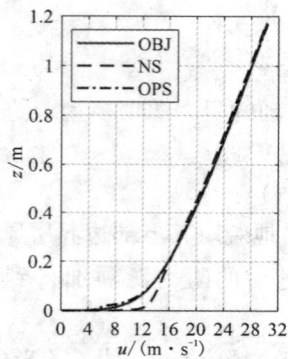

图 3　平均风速 $z_0 = 1.0$ m

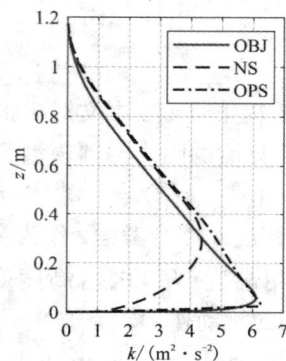

图 4　湍动能剖面 $z_0 = 1.0$ m

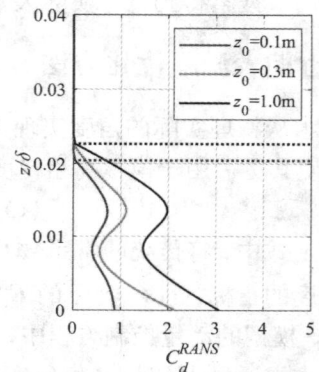

图 5　近地表阻力源项系数

4　结论

本文采用 NSGA-II 算法，对适用于大气边界层粗糙下垫面的源项模型进行了优化搜索，针对不同粗糙度地貌风场的模拟结果得到了较为合理的近壁面阻力源项系数，针对不同尺度风场的模拟得到了相似的结果。综上可得，本文所提方法能够有效搜索得到符合实际大气边界层湍流风场下垫面粗糙特性的阻力源项分布形式。

参考文献

[1] Cai X, Huo Q, Kang L, et al: Equilibrium Atmospheric Boundary-Layer Flow: Computational Fluid Dynamics Simulation with Balanced Forces, Boundary-Layer Meteorology, 2014, 152(3): 349-366.

[2] Cindori, Mihael, Jureti, et al: Steady RANS model of the homogeneous atmospheric boundary layer, Journal of Wind Engineering & Industrial Aerodynamics, 2018, 173: 289-301.

[3] Greens S R, Grace J, Hutchings N J: Observations of turbulent air flow in three stands of widely spaced Sitka spruce, 1995, 74 (3): 205-225.

[4] Deb K, Agrawal R B: Simulated Binary Crossover for Continuous Search Space, Complex Systems, 1995, 9: 115-148.

薄平板弯扭耦合颤振气动阻尼的识别方法

王俊，李加武，洪光，沈正锋，李罕

（长安大学风洞实验室 西安 710064）

1 引言

大跨桥梁具有阻尼小、柔度大的特点，在风荷载作用下易发生风致振动。气动阻尼反映了风荷载作用下桥梁发生耦合颤振的特点，有必要对耦合颤振的阻尼进行研究。本文以薄平板为研究对象，首先从理论分析的角度，分析了薄平板弯扭耦合颤振阻尼的组成成分，提出了一种弯扭耦合颤振气动阻尼的识别方法，然后通过数值模拟的方法，研究了各项阻尼与风速的关系。在气动阻尼识别方面，楼文娟[1,2]综合应用了经典模态分解法、随机减量法和 Hilbert-Huang 变换法对建筑风振响应中的气动阻尼进行识别，识别结果与风洞试验吻合较好；刘祖军[3]从能量的角度揭示了扭转气动阻尼是弯扭耦合颤振耗能的主要项。

2 理论推导

根据 Scanlan 理论，竖弯振动方程和扭转振动方程可写成：

$$m\ddot{h} + (2\,m\xi_{h0}\omega_{h0} - H_1)\dot{h} + (m\omega_{h0}^2 - H_4)h = H_2\dot{\alpha} + H_3\alpha \tag{1}$$

$$I\ddot{\alpha} + (2I\xi_{\alpha0}\omega_{\alpha0} - A_2)\dot{\alpha} + (I\omega_{\alpha0}^2 - A_3)\alpha = A_1\dot{h} + A_4h \tag{2}$$

假定气动升力 $H_2\dot{\alpha} + H_3\alpha$ 的耦合气动阻尼为 ΔC_h，耦合气动刚度为 ΔK_h，则（1）式可写成：

$$m\ddot{h} + (2m\xi_{h0}\omega_{h0} - H_1 + \Delta C_h)\dot{h} + (m\omega_{h0}^2 - H_4 + \Delta K_h)h = 0 \tag{3}$$

$$C_h = 2m\xi_{h0}\omega_{h0} - H_1 + \Delta C_h = 2m(\xi_{h0}\omega_{h0} + \xi_{H_1}\omega_h + \xi_{\Delta C_h}\omega_h) = 2m\xi_h\omega_h \tag{4}$$

式中，m 为分布质量（kg·m^{-1}）；I 为分布质量惯性矩（kg·m^2·m^{-1}）；ω_{h0} 为竖弯振动固有圆频率（rad·s^{-1}）；$\omega_{\alpha0}$ 为扭转振动固有圆频率（rad·s^{-1}）；ξ_{h0} 为竖弯振动固有阻尼比；$\xi_{\alpha0}$ 为扭转振动固有阻尼比；C_h 为竖弯振动阻尼；H_i，A_i，$i=1$，2，3，4 为颤振导数。

由（4）式，则竖弯振动的阻尼比为：

$$\xi_h = \xi_{h0}\omega_{h0}/\omega_h + \xi_{H_1} + \xi_{\Delta C_h} \tag{5}$$

式中，$\xi_{h0}\omega_{h0}/\omega_h$ 为固有阻尼比，ξ_{H_1} 为自激气动阻尼比，$\xi_{\Delta C_h}$ 为耦合气动阻尼比。

同理，得扭转振动的阻尼比为：

$$\xi_\alpha = \xi_{\alpha0}\omega_{\alpha0}/\omega_\alpha + \xi_{A_2} + \xi_{\Delta C_\alpha} \tag{6}$$

式中，$\xi_{\alpha0}\omega_{\alpha0}/\omega_\alpha$ 为固有阻尼比，ξ_{A_2} 为自激气动阻尼比，$\xi_{\Delta C_\alpha}$ 为耦合气动阻尼比。

3 数值模拟

根据扭转振动阻尼比与频率的不同，设计 3 个工况，如表 1 所示。

表 1 计算工况

工况	质量/(kg·m^{-1})	阻尼比	竖弯频率/Hz	分布质量惯矩/(kg·m^2·m^{-1})	扭转阻尼比	扭转频率/Hz
1	11.94	0.007	1.488	0.532	0.0005	11.984
2	11.94	0.007	1.488	0.532	0.0020	2.996
3	11.94	0.007	1.488	0.532	0.0033	1.798

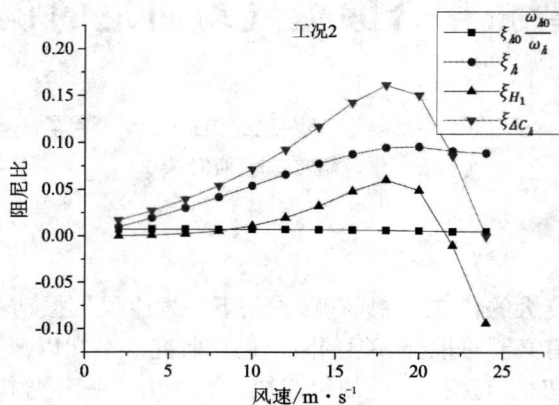

图2 工况2竖弯振动各项阻尼比

图1所示为由图1可知，固有阻尼占比较小，耗能贡献较小；自激气动阻尼始终为正值，对薄平板的颤振有抑制作用，是主要的耗能项，与文献3结果一致；耦合气动阻尼随风速变化，由正值变为负值，从消耗能量到吸收能量，对薄平板的颤振有促进作用。

4 结论

通过理论推导，提出了弯扭耦合颤振气动阻尼的识别方法，分析了气动阻尼的组成成份及耗能贡献，为桥梁风致振动气动阻尼的识别提供参考。

参考文献

［1］潘峰，孙炳楠，楼文娟. 基于 Hilbert-Huang 变换的大跨屋盖气动阻尼识别［J］. 浙江大学学报（工学版），2007（01）：65－70.

［2］楼文娟，卢旦，杨毅，余世策. 开孔建筑屋盖风振响应中的气动阻尼识别［J］. 空气动力学学报，2007（04）：419－424.

［3］刘祖军，葛耀君，杨詠昕. 弯扭耦合颤振过程中的能量转换机理［J］. 同济大学学报（自然科学版），2011，39（07）：949－954.

考虑温度分层效应的污染扩散 CFD 模拟*

杨流阔，周晅毅，顾明

（同济大学土木工程防灾国家重点实验室 上海 200092）

1 引言

随着经济的不断发展，大气污染日益成为全球面临的严峻问题。数值模拟是研究污染物扩散的重要手段，本文运用 fluent 等软件进行污染物扩散模拟，主要采用定常方法的雷诺时均法（RANS）并考虑了温度的分层效应。最后将最终结果与试验结果[1]进行了对比。

2 模拟对象及计算方法

2.1 模拟对象

模拟对象是某一污染物扩散源及其周围建筑物，如图1（a）所示。

2.2 网格划分

（1）计算模型及流域：建筑物模型尺寸 $L \times B \times H = 0.08$ m $\times 0.08$ m $\times 0.16$ m，烟囱模型直径为 0.005 m，计算域大小为 $12.5H \times 7.5H \times 6.25H$。

（2）网格划分：模型网格采用结构化的渐进网格[2]，共有 885410 个网格，为较好拟合结果，底部网格划分更为细密，如图1（b）所示。

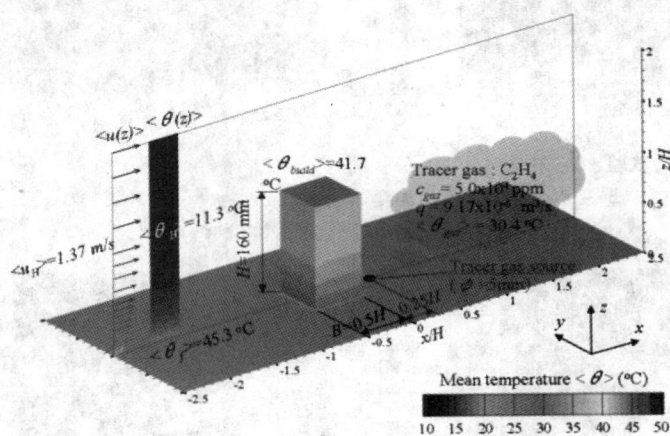

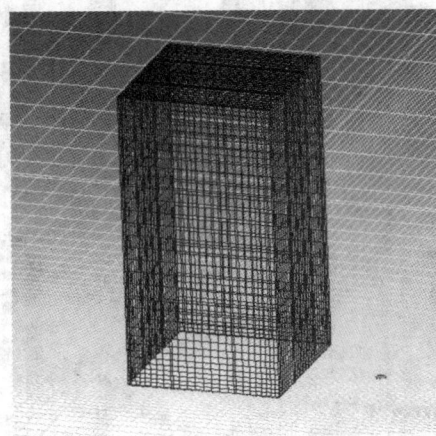

(a) 模拟对象图[1]　　　　　　　　(b) 建筑物模型及网格划分

图1　模拟对象图和网格布置图

2.3 初始条件

计算参数与边界条件设置：①入流面选用速度入口（velocity inlet）；②出流面选用出口（outflow）；③顶面及两侧选用自由滑移壁面（symmetry）；④地面建筑物表面及烟囱侧壁选用无滑移壁面（wall）；⑤近壁面处理选用标准壁面函数（standard wall functions）；⑥离散格式选用二阶迎风（second order upward）；⑦该收敛标准选用无量纲残差降至 10^{-5} 以下且控制点风速稳定；⑧地面温度 $<\theta_f> = 45.3℃$，建筑物表面温度 $<\theta_{build}> = 41.7℃$，污染气体的温度 $<\theta_{gas}> = 30.4℃$。

* 基金项目：国家自然科学基金项目（51778492）

3　计算结果

将计算结果与试验结果[1]进行比较。如图 2 所示，在 $x/H = -0.5$ 剖面处，定常方法与试验[1]的数据较为接近。如图 3 所示，试验结果[1]在建筑物顶部的再附长度[1] $X_R/b = 0.72$，地面处的再附长度 $X_F/b = 1.92$，而定常方法的 $X_R/b = 0.77$，$X_F/b = 3.62$，即定常方法的再附长度偏大。如图 4 所示，与试验结果[1]相比，定常方法在污染源附近浓度偏小，在污染源远处浓度偏大且分层不够明显。如图 5 所示，与试验结果[1]相比，定常方法的建筑物周围温度偏高。

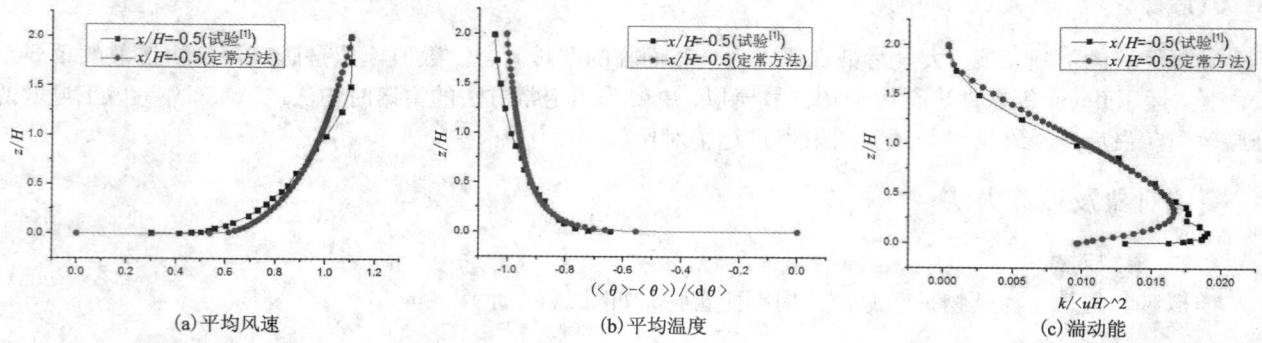

(a)平均风速　　　　　　　　(b)平均温度　　　　　　　　(c)湍动能

图 2　$x/H = -0.5$ 处剖面数据图

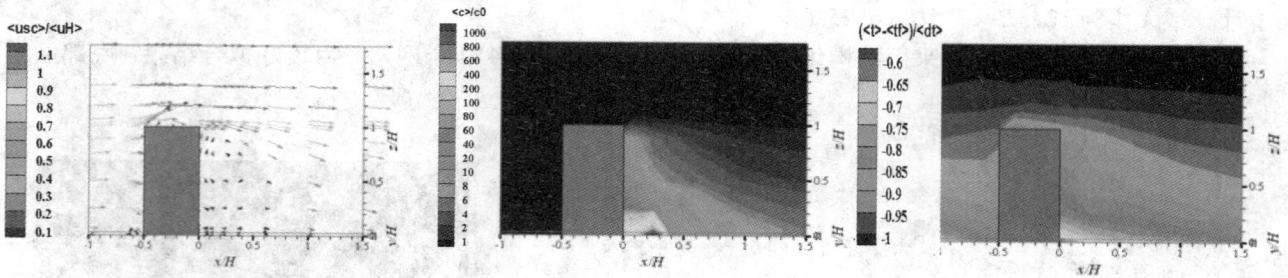

图 3　试验[1]结果

（a）平均标量风速矢量图；（b）平均浓度；（c）平均温度

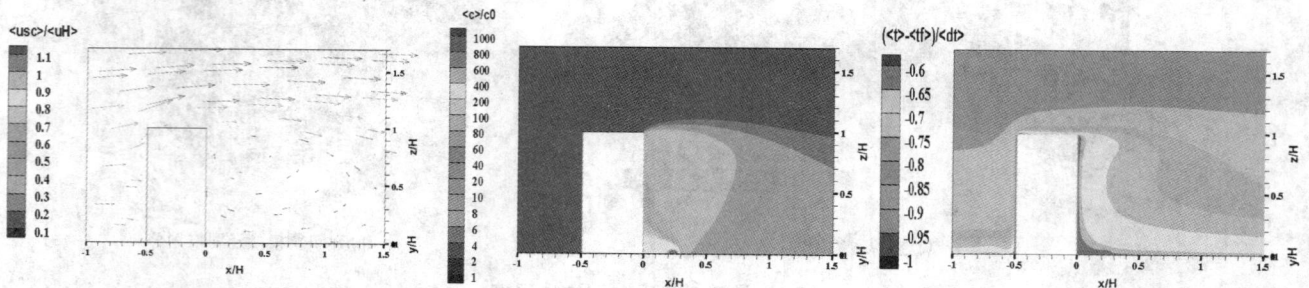

图 4　定常方法结果

（a）平均标量风速矢量图；（b）平均浓度；（c）平均温度

4　结论

定常方法的雷诺时均法能较快地计算出结果，计算结果与试验[1]结果整体变化趋势接近，但是具体细节存在较大偏差。雷诺时均法只给了时间平均的流动信息，抹去了流动的瞬态特性及细观结构，本文采用的可实现 $k - \varepsilon$ 模型不能满足高精度的要求，有待优化。

参考文献

［1］TPU Database, Flow and concentrations around an isolated building（wind tunnel），2006. http：//www. wind. arch. t - kougei. ac. jp/info_center/pollution/pollution. html（Accessed November，2017）.

［2］侯硕，曹义华，等. 基于雷诺平均 Navier-Stokes 方程的表面传热系数计算[J]. 航空动力学报，2015，30（6）：1319 - 1327.

板状飞射物与风场耦合的飞行特性研究*

尹亮，徐枫，肖仪清，段忠东

（哈尔滨工业大学（深圳）深圳 518055）

1 引言

近年来城市风灾灾害调查情况表明，在强/台风或龙卷风作用下，建筑物围护结构破坏最多，而风致飞射物正是建筑物围护结构遭受损害的一个主要致灾源。现有学者利用 CFD 技术对风致飞射物研究主要基于准定常假定，较少考虑风场和飞射物间的耦合[1]。本研究将采用非定常 CFD 数值模拟方法研究飞射物与风场间的耦合特性，所得飞行特性结果与风洞试验和准定常法计算结果作对比，说明非定常法模拟飞射物耦合飞行特性的优势和可靠性。

2 几何模型和边界条件

本文研究两个不同尺寸的板状飞射物，分别为 Case1（$40 \times 40 \times 2$ mm）和 Case2（$75 \times 75 \times 9$ mm）。图 1 为本文 Case2 模型的计算域和边界条件；计算域采用非结构三角形网格进行离散以便用动网格实现飞射物的大位移运动；飞射物周围流场已进行局部加密。

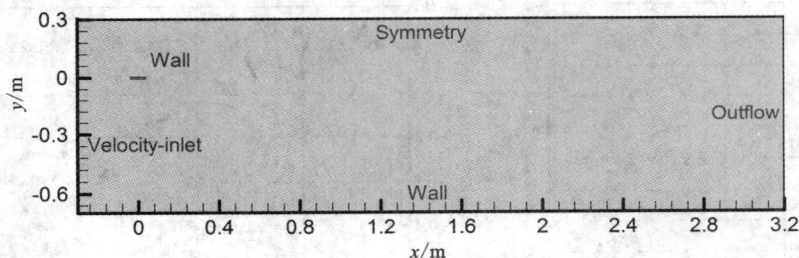

图 1　计算域和边界条件示意图（Case2）

3 结果和讨论

3.1 网格数和时间步长对飞行参数的影响

建立由疏到密三个不同数量的网格，以得到网格无关性结果，并在此基础上分析两个不同时间步长 $\Delta t_1 = 0.001$ s 和 $\Delta t_2 = 0.0005$ s 的影响，所得结果和准定常 CFD、Holmes 计算结果对比，可以发现耦合作用相比准定常 CFD 和 Holmes 方法使平板水平速度和位移有所增大。

表 1　不同网格数量 Case2 平板飞射物落地时的飞行参数

	不同疏密程度			不同时间步长		准定常 CFD	Holmes
	网格1（#4）	网格2（#5）	网格3（#6）	Δt_1	Δt_2		
飞行时间/s	0.6	0.6	0.59	0.6	0.59	0.63	0.65
水平速度/（m·s^{-1}）	8.36	8.29	8.40	8.29	8.35	7.63	7.37
竖向速度/（m·s^{-1}）	−2.52	−2.40	−2.56	−2.4	−2.55	−2.3	−2.44
合成速度/（m·s^{-1}）	8.73	8.63	8.78	8.63	8.73	7.71	7.76
水平位移/m	2.90	2.86	2.81	2.86	2.82	2.47	2.58

* 基金项目：国家重点研发计划资助（2018YFC0809400）；国家自然科学基金项目（U1709207，51778199）。

3.2 飞行轨迹、位移和飞行速度

图 2 为 Case2 在不同网格数量下非定常 CFD 法、准定常 CFD 法、Holmes 解析法和风洞试验在结果[2] 的对比,由图可见非定常 CFD 方法所得结果和风洞试验结果更为接近。

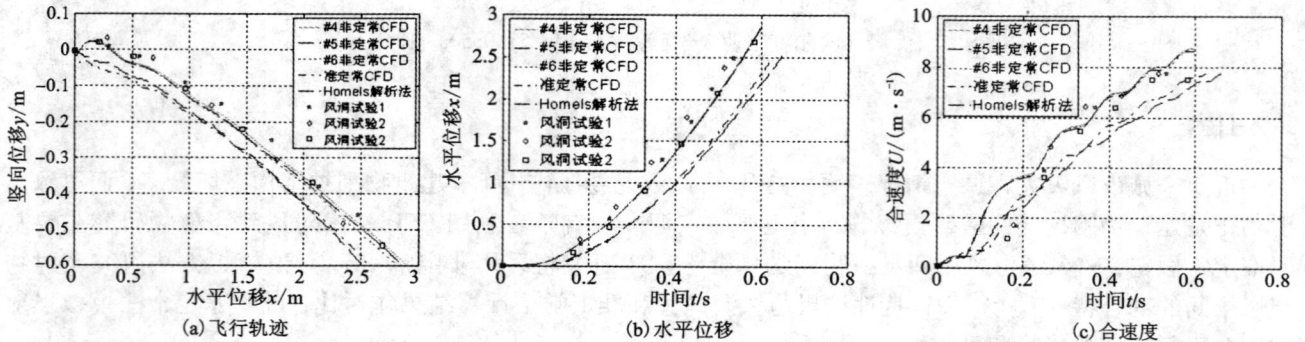

图 2 飞射物飞行轨迹、位移和飞行速度的对比分析结果(Case2)

3.3 飞行姿态

图 3 和图 4 所示为 Case2 的板状飞射物角位移和飞行姿态时间历程。图 3 所示,飞射物在运行过程中不断翻转,落地风攻角为 160°左右。图 4 所示,此飞射物在飞行中始终顺时针转动直到落地。

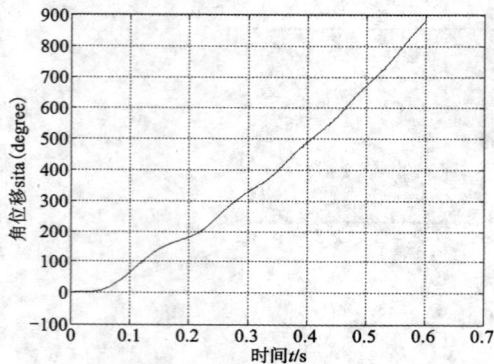

图 3 Case2 平板飞射物角位移时间历程

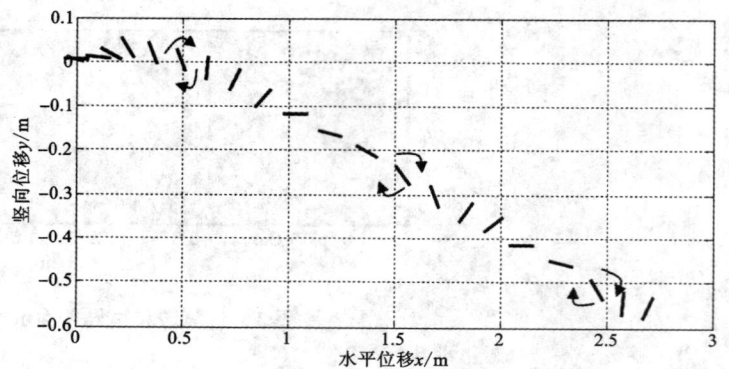

图 4 Case2 平板飞射物运动姿态时间历程

4 结论

本文通过非定常 CFD 数值模拟方法研究了板状飞射物与风场耦合的飞行特性,并将飞行轨迹、位移和飞行速度等结果与解析法、准定常方法和风洞试验方法结果进行对比。在高质量网格和恰当动网格参数设置下,非定常 CFD 法计算结果与风洞试验结果吻合较好。利用非定常 CFD 方法研究风致飞射物的飞行特性是可行和可靠的,为研究飞射物的致灾特性奠定基础。

参考文献

[1] B. Kordi, G. A. Kopp. Evaluation of quasi-steady theory applied to windborne flat plates in uniform flow [J]. Journal of Engineering Mechanics, 2009, 135: 657 - 660.

[2] 孙晓颖,朱晓洁,王跃磊,等. 板状风致飞射物飞行轨迹的数值模拟研究[C]//第十四届全国结构风工程学术会议论文集,2009,08: 872 - 877.

山地非稳态下击暴流风场特性的数值研究[*]

尹旭，吉柏锋，柳广义，瞿伟廉

（武汉理工大学道路桥梁与结构工程湖北省重点实验室 武汉 430070）

1 引言

下击暴流是雷暴天气中强下沉气流猛烈冲击地面后形成的极具突发性和破坏性的近地面短时强风[1]。因此对于雷雨多发地区，下击暴流是一种常见的天气现象。下击暴流在世界范围内，包括澳大利亚、美国、南非、日本、中国等国家和地区，已造成了大量工程结构物的破坏，尤其是输电线塔结构的倒塌[2]。自从下击暴流的定义被提出认识之后，国内外学者针对下击暴流开展了大量的研究。但是这些研究大多是对下击暴流在平面地形风场展开研究的，关于山地下击暴流的瞬态风场特性还需要深入研究。本文采用计算流体动力学的方法对山地下击暴流三维风场的瞬态特性进行模拟研究。

2 模型概况

基于冲击射流模型进行模拟计算，选用 $k-\varepsilon$ RNG 湍流模型求解流场。模拟的初始出流条件为：出流风速 $V_{jet}=9$ m/s，$D_{jet}=0.4$ m，几何缩尺为 1:3000，速度缩尺为 1:3。压力和速度方程采用 SIMPLEC。为验证模拟的准确性，将该物理模型采用 $k-\varepsilon$ RNG 湍流模型计算得到的稳态风剖面结果和所做对应的试验数据进行对比如图 1 所示。

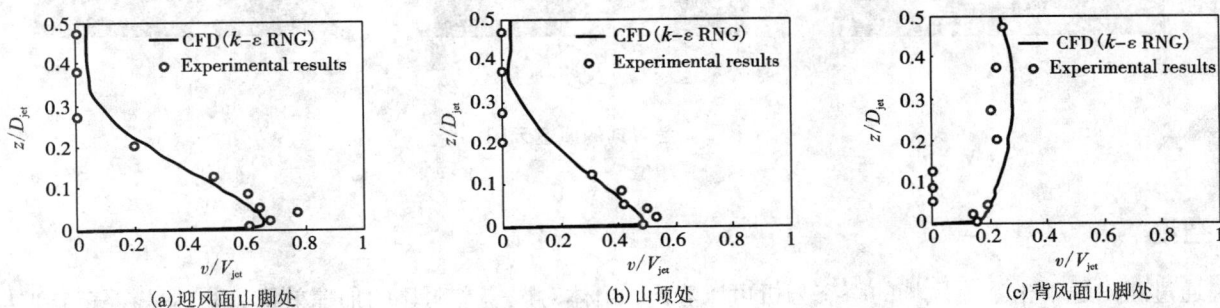

(a) 迎风面山脚处　　　　　　(b) 山顶处　　　　　　(c) 背风面山脚处

图1 模拟结果验证

通过图 1 可以看出数值模拟所得的风剖面曲线与试验数据较为吻合，说明模拟结果具有较高的准确性。

3 风速云图

对模拟所得各时刻的风速云图进行分析，探讨山地下击暴流的瞬态风场特点。风速云图如图 2 所示。

从图 2 可以看到，在 $t=0.5$ s 时气流到达山体山腰，在山体的挤压抬升作用下产生加速效应，在山腰处近地面处产生一片高速区域，此时出现了了所截取时间节点中最大风速值。在气流到达山顶时，在山顶近地面区域形成了一片较高风速的区域。此外，在 $t=0.7$ s 时，前端气流翻越山顶，与后方连续气流发生了分离。$t=0.8$ s 到 $t=1.0$ s 之间气流从山顶扩散到了背风面山脚处，气流与近地面始终存在一片风速极低的区域，这是因为气流在流过山体时于背风面形成了一定高度的负压区。

* 基金项目：国家自然科学基金青年科学基金（51308430）

图 2 各时刻的风速云图

4 结论

通过对山地下击暴流风场的瞬态分析可以看出，山体对风速有明显的加速效应，尤其是在气流到达山腰和山顶时，在到达山顶时前端气流和后短气流有短暂的分离现象。

参考文献

[1] Fujita T. T. Manual of downburst identification for project NIMROD [R]. Satellite and Mesometeorology Research Project, Department of the Geophysical Sciences, University of Chicago, 1978.

[2] 瞿伟廉, 吉柏锋. 下击暴流的形成与扩散及其对输电线塔的灾害作用[M]. 北京: 科学出版社, 2013.

建筑物周围污染物扩散的雷诺平均方法和大涡模拟研究*

应安家，周晅毅，顾明

（同济大学土木工程防灾国家重点实验室 上海 200092）

1 引言

本世纪以来，城市大气污染物扩散的环境问题引起了世界范围的重视[1]。城市大气运动的特点之一是其属于湍流运动，而湍流流动是一种高度非线性的复杂流动，现有雷诺平均方法（RANS）、大涡模拟（LES）和直接数值模拟（DNS）等多种数值模拟方法。本文选取 RANS 和 LES 两种模拟方法，对某单体建筑物附近的污染物扩散情况进行数值模拟，并与文献[2]中风洞试验测得的试验数据进行对比分析。

2 研究对象与研究方法

2.1 研究对象

模拟对象为某单体建筑物附近的流场及污染物扩散情况，如图 1(a)所示。$L \times B \times H = 100 \text{ mm} \times 100 \text{ mm} \times 200 \text{ mm}$，计算域大小为 $25L \times 15B \times 7.5H$，模型上游来流区域为 $5L$，下游尾流区域为 $20L$，模型坐标设置如图 1(a)所示。模型网格采用结构化的渐进网格，RANS 模型网格总数为 1094474 个，网格划分结果如图 1(c)所示；LES 模型网格总数为 1075388 个，网格划分结果如图 1(c)所示。边界条件根据试验[2]边界条件进行设置，并对入口边界上的试验数据进行拟合，通过 UDF 文件导入计算模型。

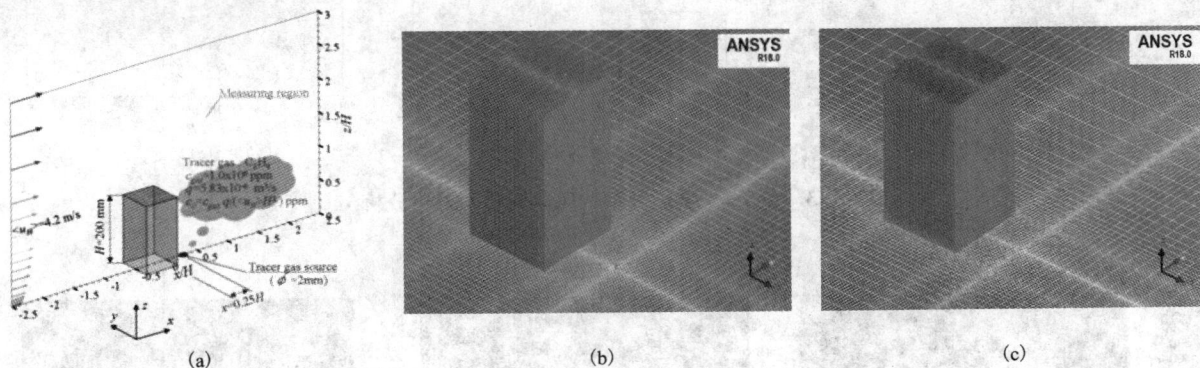

图 1　研究对象及网格划分

2.2 研究方法

RANS 方法采用可实现 $k - \varepsilon$ 模型，墙函数选用 Scalable Wall Functions；LES 方法的亚格子模型选择 Smagorinsky-Lilly 模型，入口处脉动速度算法采用 Vortex Method 方法，库朗数为 0.765，时均化流动时间取 $6.3 \text{ s} - 14.94 \text{ s}$，$t^* = 182$。两种方法的压力－速度耦合方式均采用 SIMPLEC 算法，离散格式均采用二阶格式。

2.3 数据处理

将数值模拟的结果与试验结果进行比较[2]，比较结果见图 2－图 4。图 2 为建筑位置处速度和湍动能剖面，剖面取 $x/H = 0$，$y/H = 2.5$。从图 2 可知，RANS 方法在建筑物位置处的速度和湍动能随高度变化情况与试验结果[2]均较为符合；LES 方法在建筑物位置处的速度剖面数据与试验结果[2]较为符合，湍动能剖面数据相比于试验值[2]偏小。这是由于本次 LES 模拟的自保持性不足，导致湍动能衰减较快。从图 3 可知，试验结果中流场的屋盖处的再附长度 X_R/b 为 0.52，地面处的再附长度 X_F/b 为 1.42；RANS 方法得到

* 基金项目：国家自然科学基金项目（51778492）

的流场在屋盖处未分离,X_F/b 为 2.70;LES 方法的 X_R/b 为 0.75,X_F/b 为 1.70,因此 LES 方法的流场情况与试验结果[2]更为接近。从图 4 可知,与试验结果相比,RANS 方法的污染物浓度在污染源下游较近处偏小,在下游较远处偏大;而 LES 方法的污染物分布情况与试验结果[2]更为接近。

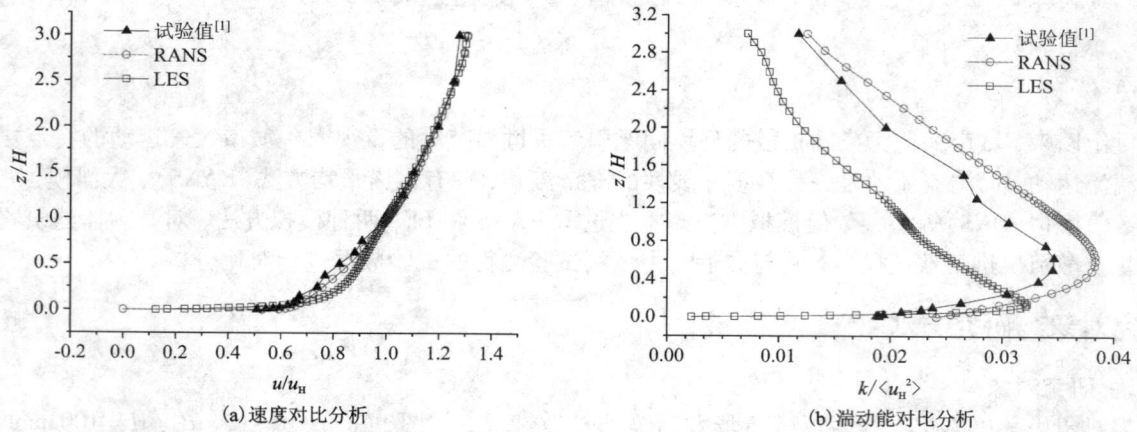

(a)速度对比分析　　　　　　　　　　　　　　　(b)湍动能对比分析

图 2　$x/H=0$ 剖面数据对比分析

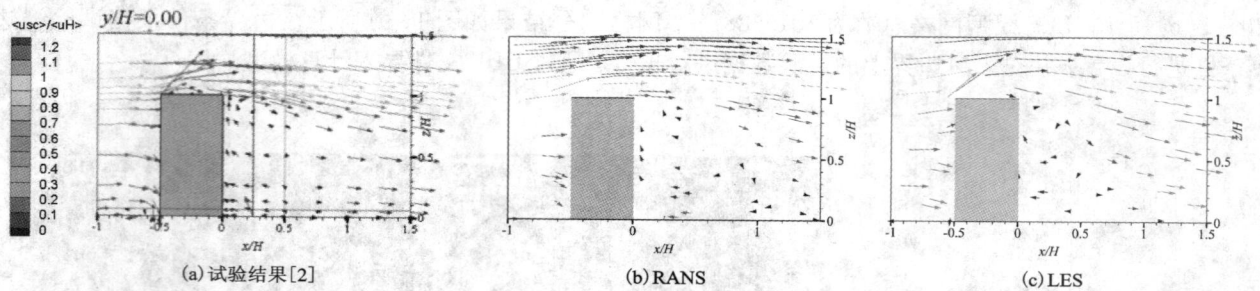

(a)试验结果[2]　　　　　　　(b)RANS　　　　　　　(c)LES

图 3　$y/H=0$ 剖面处平均风速矢量图对比分析

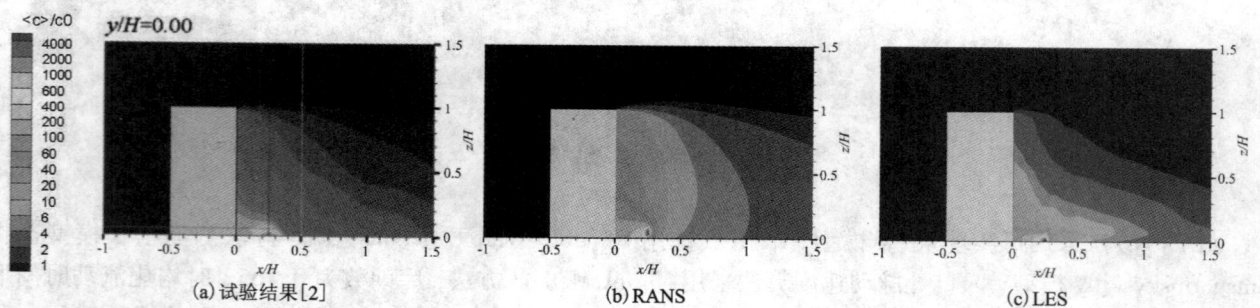

(a)试验结果[2]　　　　　　　(b)RANS　　　　　　　(c)LES

图 4　$y/H=0$ 剖面处污染物浓度分布对比分析

3　结论

　　RANS 方法能够较快地计算出流场的平均特性,但结果与试验结果符合程度较差;LES 方法运算所需时间较长,但运算精度较高,能够较准确地反映流场的实际情况。

参考文献

[1] 崔桂香,张兆顺,许春晓,等.城市大气环境的大涡模拟研究进展[J].力学进展,2013,43(3):295-328.

[2] 1584-1588. TPU Database,Flow and concentrations around an isolated building(wind tunnel),2006. http://www.wind.arch. t-kougei.ac.jp/info_center/pollution/Isothermal_Flow.html(Accessed November,2017).

基于 Kriging 代理模型的车辆测压点分布优化[*]

张媛，向活跃，李永乐

（西南交通大学桥梁工程系 成都 610031）

1 引言

随着桥梁建设的快速发展，在侧风作用下的行车安全日益引起重视，在风－车－桥耦合振动研究中，车辆和桥梁的气动特性是重要研究内容之一[1]。采用移动车辆模型风洞试验测试获得模型的气动力时，车辆模型在运动过程中受移动轨道不平顺的影响，会发生振动，引起的惯性力会传递到测力天平，形成测力误差。测压法可避免这个问题，采用脉动风压传感器测移动车辆气动特性时，测点数量往往有限，试验效率低[2]。为了优化测压点的数目及位置，本文以侧风作用下的移动车辆为例，用 CFD 软件计算截面边界上各点的风压，选取初始样本点，用自适应 kriging 代理模型进行优化。

2 数值模拟

2.1 模拟方法

车辆截面尺寸如图 1 所示，划分的网格图如图 2 所示。入口设置为均匀流，出口采用压力出口边界，车辆表面采用无滑移壁面边界条件。湍流模型采用 SST $k-\omega$ 模型，缩尺比为 $1:20$，来流平均风速取 $15\ \mathrm{m/s}$，湍流强度为 0.5%，采用定常分析进行计算。

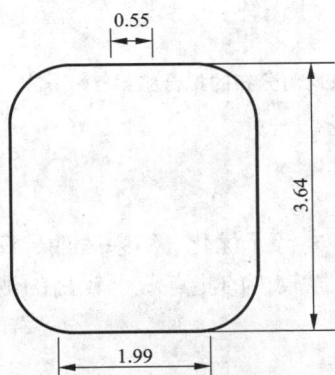

图 1 车辆断面几何尺寸(m)

图 2 车辆断面的网格划分

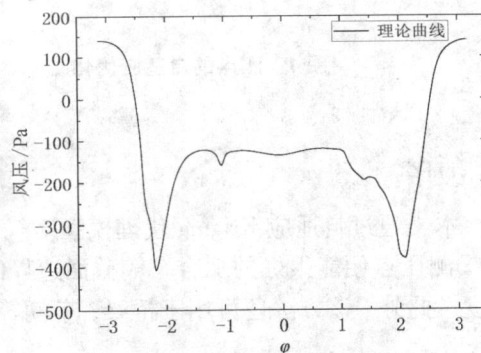

图 3 车辆断面边界各点静压分布图

2.2 计算结果

通过数值模拟计算得到车辆断面边界上各点的 x，y 坐标值及对应的风压，以断面形心为坐标原点，水平向右为 x 轴正向，逆时针为 $0°\sim180°$，顺时针为 $0°\sim-180°$，将各点位置表示为角度 θ。车辆断面边界各点风压分布图如图 3 所示($\varphi=\theta\pi/180$)。

3 基于自适应 Kriging 代理模型优化

3.1 自适应 Kriging 代理模型

Kriging 模型是一种估计方差最小的无偏估计，是常见的代理模型中的一种，适用于非线性问题，拟合精度高。本文采用自适应 Kriging 代理模型，通过期望提高(Expected Improvement)函数作为填充准则来添加样本点改善全局点的分布，提高预测精度。

* 基金项目：国家自然科学基金项目(51778544，51525804)

3.2 优化过程及结果

选取图 3 中风压突变的点共 8 个点作为初始样本点,用初始样本点和对应的响应值(即风压)构建 Kriging 模型;选取插值点(由 −180 度到 180 度每间隔 5 度选取一点),以 EI 函数为目标函数,根据方差最小化原则得到 Kriging 模型的预测响应值,并将使 EI 函数最大值的点作为更新点添加到样本点中。用更新的样本点重复第二步的计算再次进行优化直至模型收敛。经过优化后最终的测压点为初始样本点与更新点。

由 fluent 进行数值模拟计算的分布曲线与用 Kriging 优化后的测压点分布见图 4 所示。经过优化,最终的测压点为 12 个,其中 8 个初始点及优化过程中的 4 个更新点。虽然拟合的风压曲线与数值模拟计算的理论曲线有一定差异,但由拟合的曲线积分计算的阻力系数 0.833,与 CFD 中计算的阻力系数 0.842 相比,两者较为接近。相比均匀分布的测压点分布方式(拟合后的阻力系数为 1.054,如图 5 所示),采用自适应抽样所需样本更少。

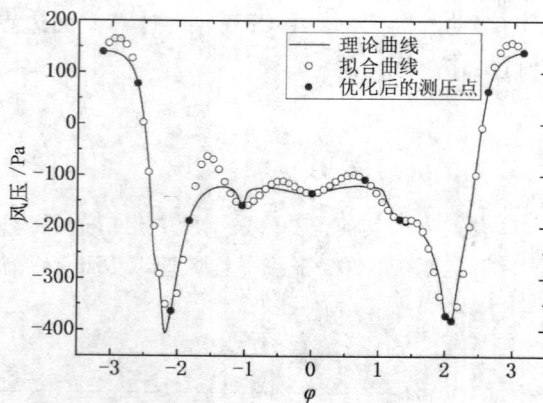

图 4 测点的自适应优化

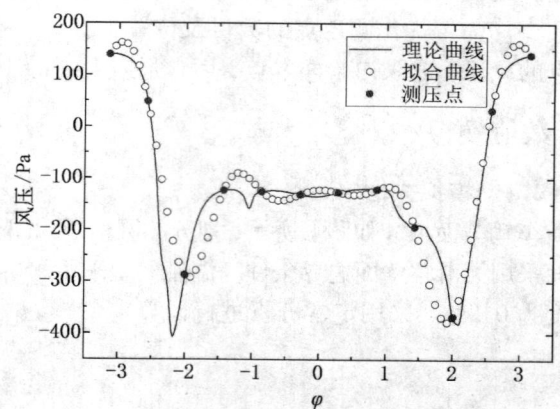

图 5 测点均匀分布的拟合结果

4 结论

本文通过自适应 Kriging 代理模型对气动特性测压实验中测压点的分布进行了优化,结果表明,仅由 12 个测压点便能很好的拟合车辆截面边界的风压分布,减少了测压点数量,以较少的测点获得较高的测力精度。此外,该方法还可用于桥梁,车辆等现场实测时的测点优化布置。

参考文献

[1] 戴云彤, 蒋明. 基于 FLUENT 的移动车辆下的车桥气动特性研究[J]. 苏州科技学院学报(工程技术版), 2013, 26(03): 32 − 36.

[2] Dorigatti F, Sterling M, Baker C J, et al. Crosswind effects on the stability of a model passenger train—A comparison of static and moving experiments[J]. Journal of Wind Engineering and Industrial Aerodynamics, 2015, 138: 36 − 51.

局部微地形台风风场的降尺度仿真研究[*]

张冲[1]，刘震卿[1]，吴晓波[2]，李秋明[1]

(1. 华中科技大学土木工程与力学学院 武汉 430074；2. 中建国际投资(河南)有限公司 郑州 450000)

1 引言

准确把握和预测复杂地形在一般或极端气象条件(如台风)下近地风场特征十分重要。中尺度 WRF 模式不能捕捉到较小尺度的气候环境变化与场地地形变化；而小尺度数值模拟通常只能假设边界上入流条件保持平均风或幂指数风廓线状态，如遆子龙等[1]研究。本文针对现有研究不足，提出一种基于 WRF 和 CFD 耦合模拟复杂地形台风风场的方法，运用微观流场可视化技术显示了考虑实际地形影响的精细化台风风场分布，证明了该耦合方法的有效性。

2 WRF 与 CFD 耦合方法

局部微地形台风风场降尺度模拟的主要思想是将 WRF 计算台风风场输出粗网格点的风场要素插值得到 CFD 的边界条件，进而驱动 Fluent 对微地形进行台风风场模拟其流程如图 1(a)所示。以 CFD 模型侧面边界上的一系列网格点位置上的风场数据为例，深灰色面表示 CFD 模型的某个边界面的一部分，如图 1(b)所示，相交单元的质心坐标投影在深灰色面上，得到网格点坐标；再找到该网格点坐标在 WRF 空间数据中的位置，通过 u_1 和 u_2 距离加权插值得到网格点风速 u，通过 v_1，v_2，v_3 和 v_4 距离加权插值得到网格点风速 v，通过 w_1，w_2，w_3 和 w_4 距离加权插值得到网格点风速 w，以此类推，可以得到侧面边界上上不同时间的一系列网格节点上的风场数据，同理可以得到其他 3 个侧面和顶面网格点的风场数据。

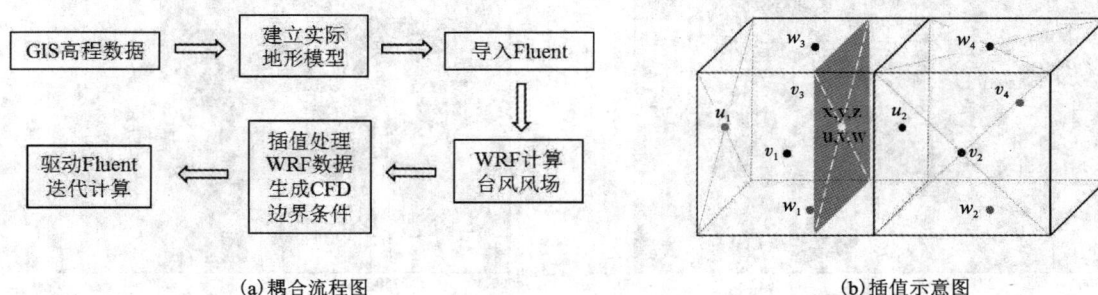

(a)耦合流程图   (b)插值示意图

图 1 WRF 和 CFD 耦合方法

3 数值模型

进行本文数值模拟之前，为了证明本文提出的 WRF 与 CFD 耦合模拟复杂地形风场方法的可靠性，将与沈炼等[2]研究中的峡谷桥址现场实测数据对比，对比桥跨区风速时程如图 2，可以看出本文结果与现场实测值吻合良好。选择 1206 号台风 Doksuri，模拟广东省珠海市金湾区高栏岛地形台风风场，建立高栏岛局部微地形 CFD 模型及网格如图 3 所示，计算域长宽高设置为 9 km ×9 km ×4 km，除地面外其余 5 个面边界条件均设置为速度入口。首先在 WRF 模式下模拟 2012 年 6 月 29 日 18:00 到 6 月 30 日 9:00 时间段内，金湾区高栏岛风场变化，然后插值得到不同时刻 CFD 边界条件，在 Fluent 中基于 LES 湍流模型模拟局部微地形下台风风场，并在局部地形模型中设置 9 个特征观测点。

* 基金项目：国家自然科学基金青年科学基金项目(51608220)

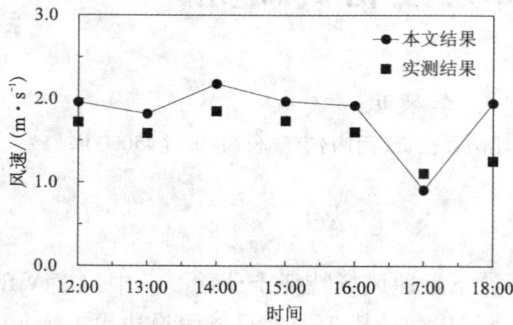

图2   数值方法验证

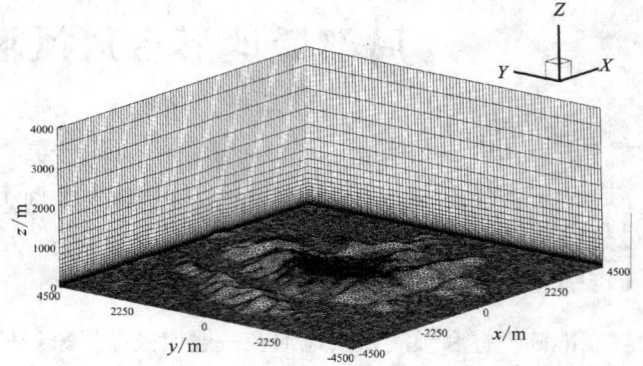

图3   CFD数值模型计算域网格示意图

4   结果分析

图4分别显示了部分时刻距地10 m高度处风场的速度云图以及流线分布图，由于耦合方法模拟复杂地形台风风场考虑了地形的影响，流线分布再现了来流在遇到山体阻碍时发生绕流和在山体背风面形成涡旋的现象。图5显示了P6观测点处耦合计算结果和WRF单独计算结果顺风向速度u、横风向速度v、总速度U的竖向分剖面对比，监测点的风剖面显示出了由于受到周围山体的影响，CFD模拟结果风速在一定高度发生明显变化，向上逐渐与WRF模拟结果保持一致。

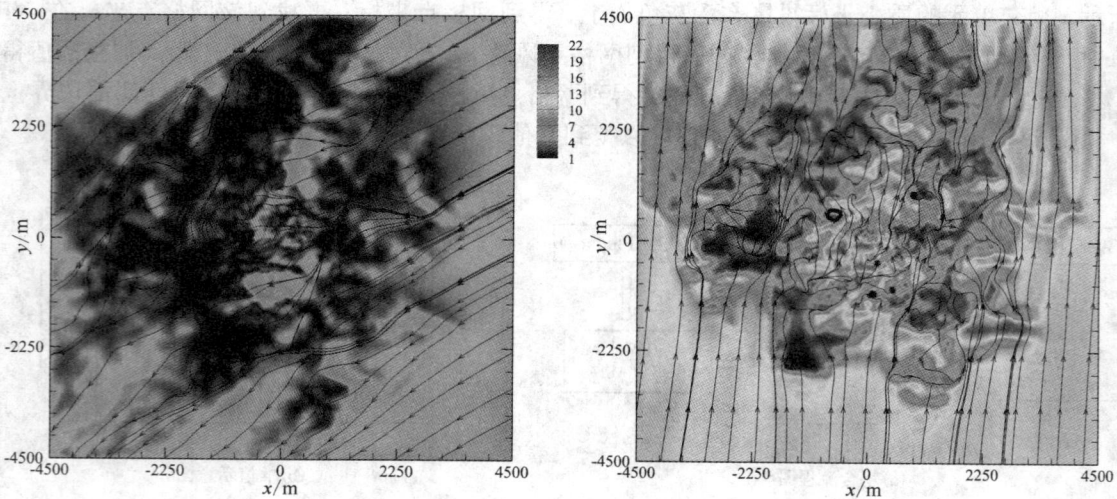

图4   不同时刻风场速度云图及流线图

5   结论

本文提出一种WRF与CFD耦合模拟复杂地形台风风场的方法，通过与现场实测数据对比，验证了本文耦合方法的可靠性。并且降尺度模拟了广东省珠海市金湾区高栏岛1206号台风Doksuri，结果显示使用WRF与CFD耦合方法模拟台风风场，比单独使用WRF模拟可以得到更精细化的微地形风场分布。

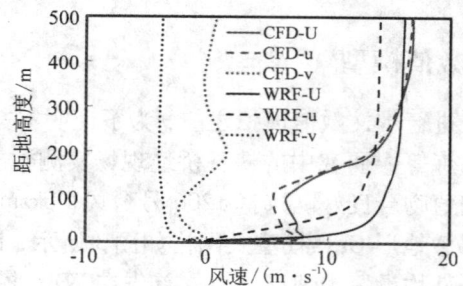

图5   观测点分风速剖面图

参考文献

［1］邓院昌，刘沙，余志，等.实际地形风场CFD模拟中粗糙度的影响分析［J］.太阳能学报，2010，31(12)：1644－1648
［2］沈炼，韩艳，董国朝，等.基于WRF的山区峡谷桥址风场数值模拟［J］.中国公路学报，2017，30(5)：104－113.

基于未知力下模态卡尔曼滤波方法的风荷载随机特性识别[*]

张会然，杨宁，黄金山，雷鹰

（厦门大学建筑与土木工程学院 厦门 361001）

1 引言

风荷载信息对高耸结构风振响应分析具有非常重要的作用。对于高耸结构而言，测量结构上的风致响应比直接测量风荷载更容易，因此，可以采用荷载反演方法进行风荷载的识别[1-3]，尤其是风荷载是一个随机过程，需要进一步识别风荷载的随机特性，才能更本质地描述风荷载对结构的作用，但目前相关研究开展的较少。本文采用基于未知力下模态卡尔曼滤波的方法对确定性的风荷载样本进行识别，然后基于识别的风荷载样本，采用 Karhunen-Loeve 展开对风荷载的随机特性进行识别。为验证所提出方法的可行性，本节采用一个竖直悬臂梁来模拟高层结构验证了提出方法的有效性。

2 研究内容

2.1 分布荷载识别方法(MKF – UI)

假设分布荷载是关于位置的分布函数和关于时间的函数组成[4-5]，且两者相互独立，及分布函数可以表示为：

$$f(z, t) = T(z)P(t) \tag{1}$$

将分布函数 $T(z)$ 采用一组正交基 $T_i(z)$ 表示，则分布荷载能够被重建为：

$$f(z, t) = \sum_i T_i(z)d_i(t) = \sum_i^p \rho A(z)\varphi_i(z)d_i(t) \tag{2}$$

其中 $d_i(t)$ 可以利用下面介绍的未知力下模态卡曼滤波方法得到。

结构的模态运动方程为：

$$\ddot{q}_i(t) + 2\zeta_i\omega_i\dot{q}_i(t) + \omega_i^2 q_i(t) = d_i(t), i = 1, 2, \cdots, p \tag{3}$$

改写为状态方程：

$$\dot{X}(t) = AX(t) + Bd(t) \tag{4}$$

观测方程：

$$Y_{k+1} = C_{k+1}X_{k+1} + H_{k+1}d_{k+1} + v_{k+1} \tag{5}$$

状态预测方程：

$$\tilde{X}_{k+1|k} = A_k\hat{X}_{k|k} + B_k\hat{d}_{k|k} \tag{6}$$

状态估计方程可以表示为：

$$\hat{X}_{k+1|k+1} = \tilde{X}_{k+1|k} + K_{k+1}(Y_{k+1} - C_{k+1}\tilde{X}_{k+1|k} - H_{k+1}\hat{d}_{k+1|k+1}) \tag{7}$$

若结构上安装的传感器个数，即观测的结构响应数大于未知的模态力个数（截取的模态数），那么，通过最小化误差向量 Δ_{k+1}，可以得到未知的模态力 $\hat{d}_{k+1|k+1}$。

$$\hat{d}_{k+1|k+1} = S_{k+1}H_{k+1}^T R_{k+1}^{-1}(I - C_{k+1}K_{k+1})(Y_{k+1} - C_{k+1}\tilde{X}_{k+1|k}) \tag{8}$$

其中：$S_{k+1} = [H_{k+1}^T R_{k+1}^{-1}(I - C_{k+1}K_{k+1})H_{k+1}]^{-1}$。限于篇幅，误差协方差矩阵不再赘述。

2.2 风荷载随机特性的识别

对各样本识别得到的风荷载进行 KL 展开，提取风荷载的随机特征，然后就可以对风荷载进行模拟，同时也可以得到风荷载的随机特性。

$$R_f = E[(f(z, t) - \bar{f}(z, t))^2] R_f\varphi_i(z, t) = \lambda_i\varphi_i(z, t), f(z, t) \approx \sum_{i=0}^N \xi_i \sqrt{\lambda_i}\varphi_i(z, t)$$

* 基金项目：国家重点研发计划资助项目(2018YFC0705600)

随机风荷载的随机特性包括：均值、方差、

$$E[f(z, t)] \approx \varphi_0(z, t), \mathrm{Var}[f(z, t)] \approx \sum_{i=1}^{N} \lambda_i [\varphi_i(z, t)]^2$$

3　数值算例分析

本文采用竖直悬臂梁来模拟高层结构，进行数值算例分析。部分结果如图 1~3 所示。

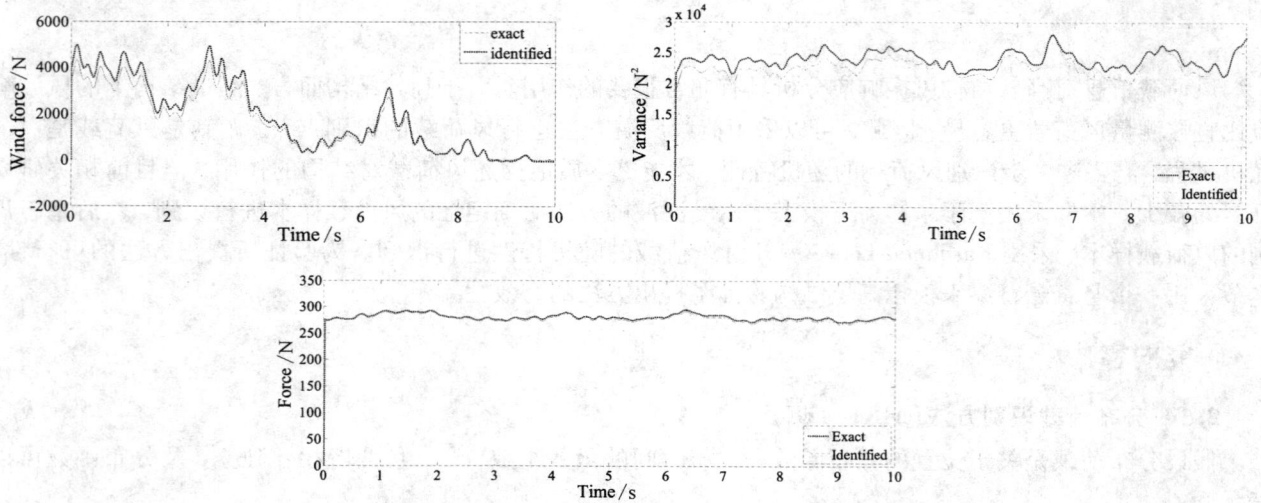

4　结论

本文所提出的基于未知力下模态卡尔曼滤波方法，可以基于结构部分响应，识别风荷载的时－空特征，进一步采用随机过程的 Karhunen-Loeve 分解，可识别风荷载的随机特性，通过数值算例验证了其方法的有效性。

参考文献

[1] Hwang J S, Kareem A, Kim H. Wind load identification using wind tunnel test data by inverse analysis[J]. Journal of Wind Engineering & Industrial Aerodynamics, 2011, 99(1): 18–26.

[2] Zhi L H, Chen B, Fang M X. Wind load estimation of super-tall buildings based on response data[J]. Structural Engineering & Mechanics, 2015, 56(4): 625–648.

[3] Law S S, Bu J Q, Zhu X Q. Time-varying wind load identification from structural responses[J]. Engineering Structures, 2005, 27(10): 1586–1598.

[4] Wu S. Q and Zhu J. Zhu Reconstruction of distributed wind load on structures from response samples [C] Mechanics of Structures and Materials: Advancements and Challenges-Hao & Zhang (Eds) 2017 Taylor & Francis Group, London

植被覆盖条件下山丘三维流场仿真研究[*]

周青松[1]，刘震卿[1]，王伟[1,2]，涂元刚[1]

（1.华中科技大学土木工程与力学学院 武汉 430074；2.东京工业大学环境·社会理工学院 神奈川 日本）

1 引言

目前针对典型三维山丘的流场研究主要集中在顺风向对称面，但是不同于二维山脊，三维山丘上空流场理应具有明显三维特征，揭示三维山丘上空三维流场特征的研究仍非常匮乏。另一方面，考虑到中国南方山区基本为植被覆盖地貌，因此，确定本文研究对象为一简化并覆盖植被的三维山丘。针对此研究对象，通过数值模拟方法明晰其三维特性，揭示其三维流场机理。

2 数值模型

采用大涡模拟方法并结合使用嵌套网格技术实现计算资源与解析精度的合理平衡。图1(a)为计算模型几何尺寸，几何模型与 Ishihara 等[1]风洞实验相同，图1(b)为地表未放置山丘时流场结构图。可见通过在数值风洞入口处放置模拟粗糙元的方法可以较好的再现湍流来流，在粗糙网格与细密网格交界区湍流流场变化平缓，未发现由网格突变引起的附加湍流。

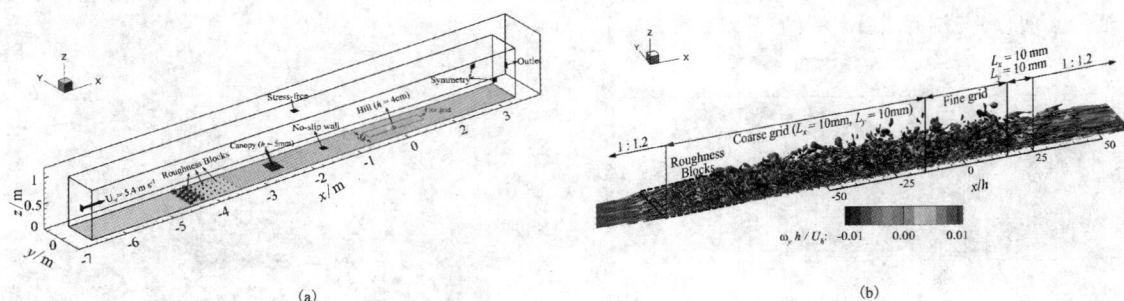

图1 计算模型(a)及瞬时流场显示(b)

3 结果分析

图2(a)为涡度拟能(E)三维分布，切面分别位于 $x = -2.5h$，$-1.25h$，0，$1.25h$，$2.5h$，$3.75h$，$5h$ 与 $6.25h$，可见涡度拟能主要集中在剪切层内。但在 $2.5h < x < 5h$ 区域涡度拟能最大值 E_{max} 并不位于 $y = 0$ 平面，在此区域 E_{max} 位于剪切层并距 $y = 0$ 平面 $0.25h$ 位置。通过研究涡度拟能各贡献分量图2(b~d)，可知仅横风向时均涡量 ω_y 最大值位于 $y = 0$ 平面，顺风向时均涡量 ω_x 与竖向时均涡量 ω_z 最大值均偏离 $y = 0$ 平面。通过流场显示可以发现 ω_y 主要源于来流在山丘顶面分离所形成的上扬与下扫涡结构，而此结构集中于流场对称面。ω_x 与 ω_z 主要源于来流在山丘侧面剥离所形成的倾斜涡脱结构。倾斜涡脱结构恰巧集中于距 $y = 0$ 平面 $0.25h$ 位置。此外，ω_x 与 ω_z 的最大值接近，表明此倾斜涡脱结构与水平面夹角接近45°。湍动能见图2(e)，其分布类似于涡度拟能，而湍流通量 $u'v'$，$u'w'$ 与 $v'w'$ 分布又分别类似于时均 ω_x，ω_y 与 ω_z。因此可以推断湍流通量 $u'v'$，$u'w'$ 与 $v'w'$ 的成因主要分别为顺风向涡旋，横风向涡旋与竖向涡旋。

通过 Q - 准则展示瞬时一致涡结构，见图3(a、b)。可以发现虽然山丘表面覆有植被，但是类似于卡门涡街的周期性结构依然出现在山丘尾流区。而此周期性涡脱结构始于山丘侧风面，且此涡脱结构难以触探 $2.5h < x < 5h$ 区域，进一步解释了前文发现的 ω_x 与 ω_z 极值不位于对称面的现象。图3(c)为植被覆盖三维山丘上空涡脱结构示意图。

* 基金项目：国家自然科学基金青年科学基金项目(51608220)

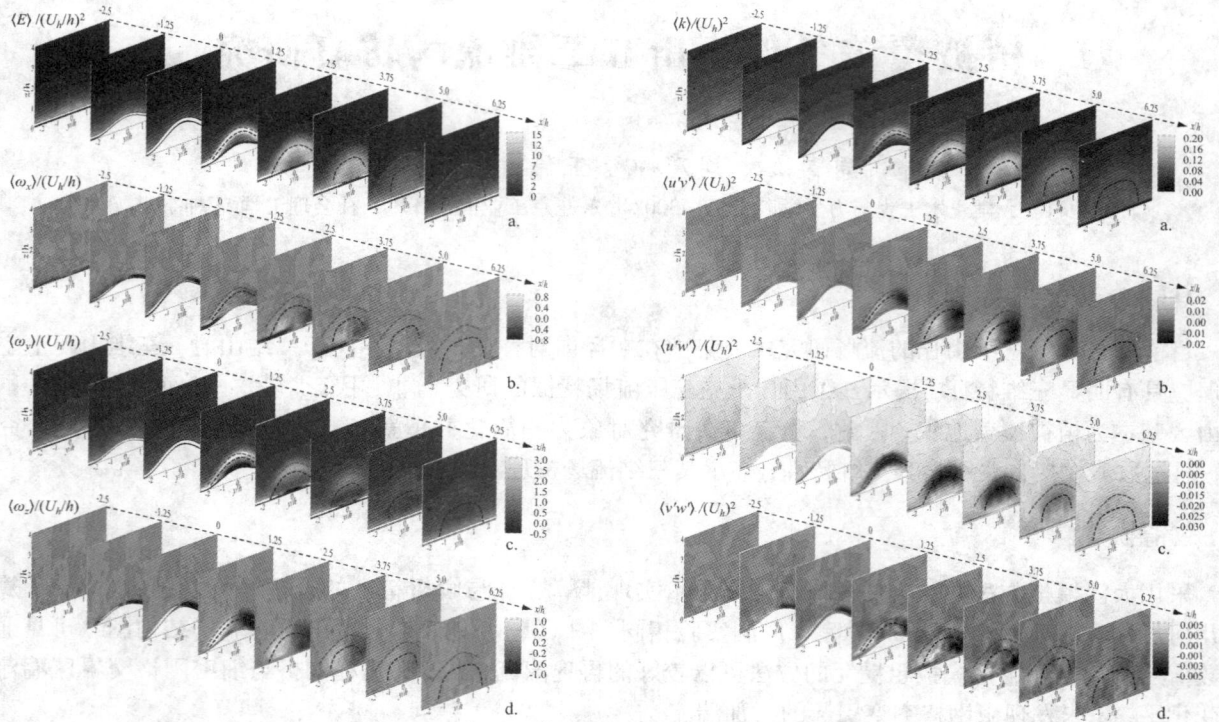

图2　涡度拟能(a)，时均顺风向涡量(b)，时均横风向涡量(c)，时均竖向涡量(d)，TKE(e)，湍流通量 $u'v'$(f)，湍流通量 $u'w'$(g)与湍流通量 $v'w'$(h)三维分布

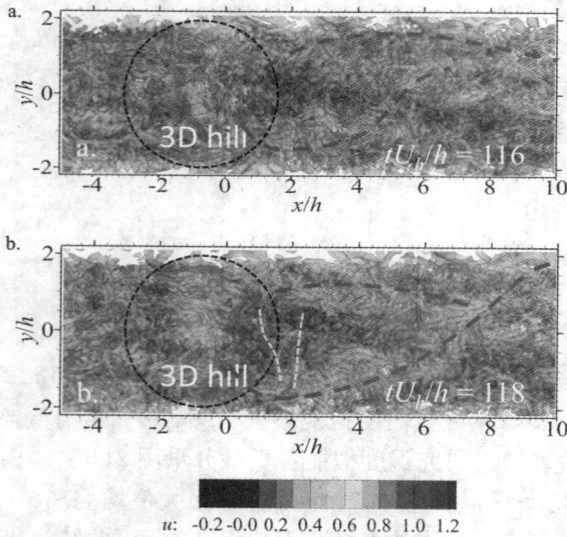

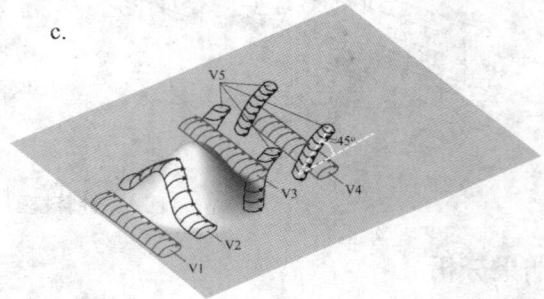

图3　瞬时一致涡结构(a)归一化时间116，(b)归一化时间118，(c)流场结构示意图

4　结论

　　本文通过大涡模拟方法研究了植被覆盖条件下三维山丘上空三维流场分布特征，揭示了三维流场形成机理。发现了位于尾流区的倾斜涡脱，此倾斜涡脱也正是时均涡量极值沿流场对称面对称分布的原因。

参考文献

[1] Ishihara T, Fujino Y, Hibi K. A wind tunnel study of separated flow over a two-dimensional ridge and a circular hill[J]. J. Wind Eng., 2001, 89: 573 – 576.

超高层建筑风荷载的数值模拟[*]

周颖[1]，梁枢果[1]，李朝[2]

（1.武汉大学土木建筑工程学院 武汉 430072；2.哈尔滨工业大学深圳研究生院 深圳 518055）

1 引言

随着社会经济高速发展，超高层建筑越来越多，超高层建筑的抗风性能研究日益重要。文献[1]提到高宽比的增大常常伴随着结构频率的降低和特征尺寸的相对减小，加之表征漩涡脱落频率的无量纲参数（斯托罗哈数 St）较小，漩涡脱落频率就更容易接近建筑自振频率，进而造成大幅涡致响应甚至涡激共振现象。国内外研究的高层建筑的宽比均在6或者以下，对于高宽比超过6的超高层建筑鲜有涉及[2,3]。本文将以高宽比为9的超高层建筑为研究对象，采用大涡模拟技术对超高层建筑表面风荷载进行研究，并与风洞试验结果进行对比；通过比较相同截面条件下高宽比分别为4、5、6和9的模型背风面风压系数，研究超高层建筑的三维绕流效应。

2 计算模型的建立

风洞试验试验[图1(a)所示]中采用的方截面模型缩尺比为1:400，$H/\sqrt{BD}=9$，其中 H 表示模型高度，D 为迎风面宽度，B 为沿来流方向的宽度。参考高度为1.0 m，参考风速12.0 m/s。本文采用 Aboshosha H 提出的 CDRFG（Consistent Discrete Random Flow Generation）法生成大气边界层的风速场。计算网格如图1(b)，采用 LES 计算时，第一层网格 $y+<2.0$，网格量780万。

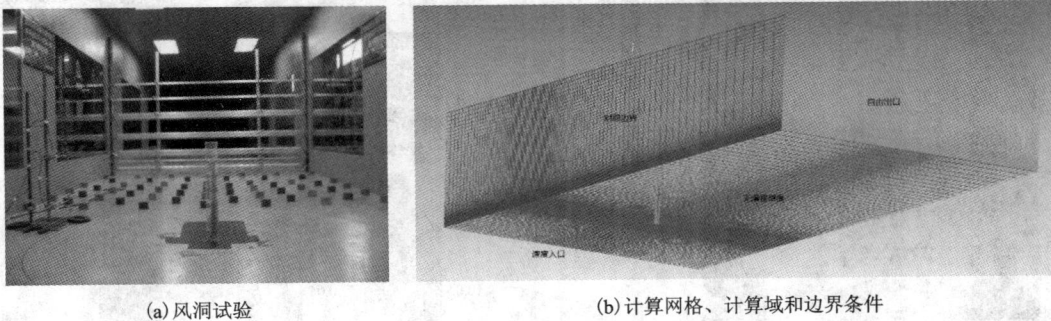

(a)风洞试验　　　　(b)计算网格、计算域和边界条件

图1　计算模型的风洞试验和计算网格示意图

3 计算结果

3.1 风压系数

针对 D 类地貌，结构2/3高度处的均方根风压系数大涡模拟的结果和风洞试验的结果进行对比，平均风压系数结果如图2，均方根风压系数如图3。

观察图2~3，发现对于在同一高度处结构的平均和均方根风压系数来说，数值计算与风洞试验的结果分布一致，横风向的左右两个侧面风压系数表现很好的对称性。并且通过数值模拟的结果可以更加明显地看到，在方形截面高层建筑的角点平均风压系数和均方根风压系数都有明显的跳跃。

3.2 不同高宽比三维绕流效应的对比

以风洞试验的 D 类地貌结果为对象，通过 Tamura Y[3]建立的风荷载数据库得到与本文模型相同计算工况与截面的高宽比分别为4，5的表面风压系数文件，杨伟[4]的文中图2给出高宽比为6的表面风压系数，将本文高宽比为9的模型背风面的平均风压系数与它们进行对比，如图4所示。

* 基金项目：国家自然科学基金项目（51178359）

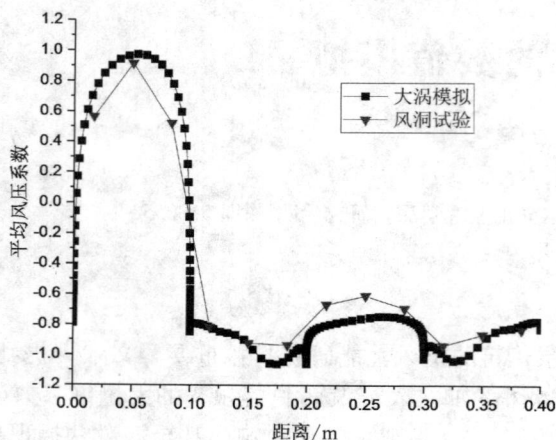

图2　2/3 高度处平均风压系数

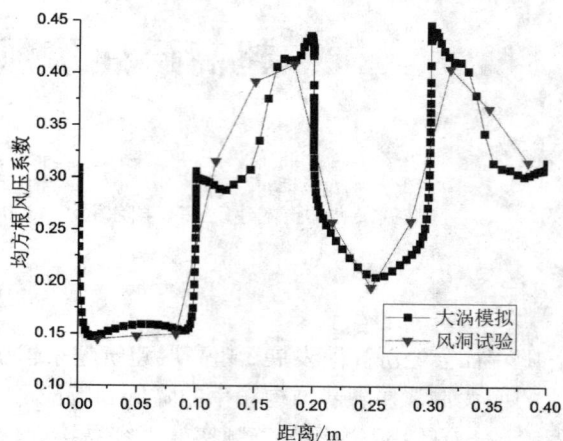

图3　2/3 高度处均方根风压系数

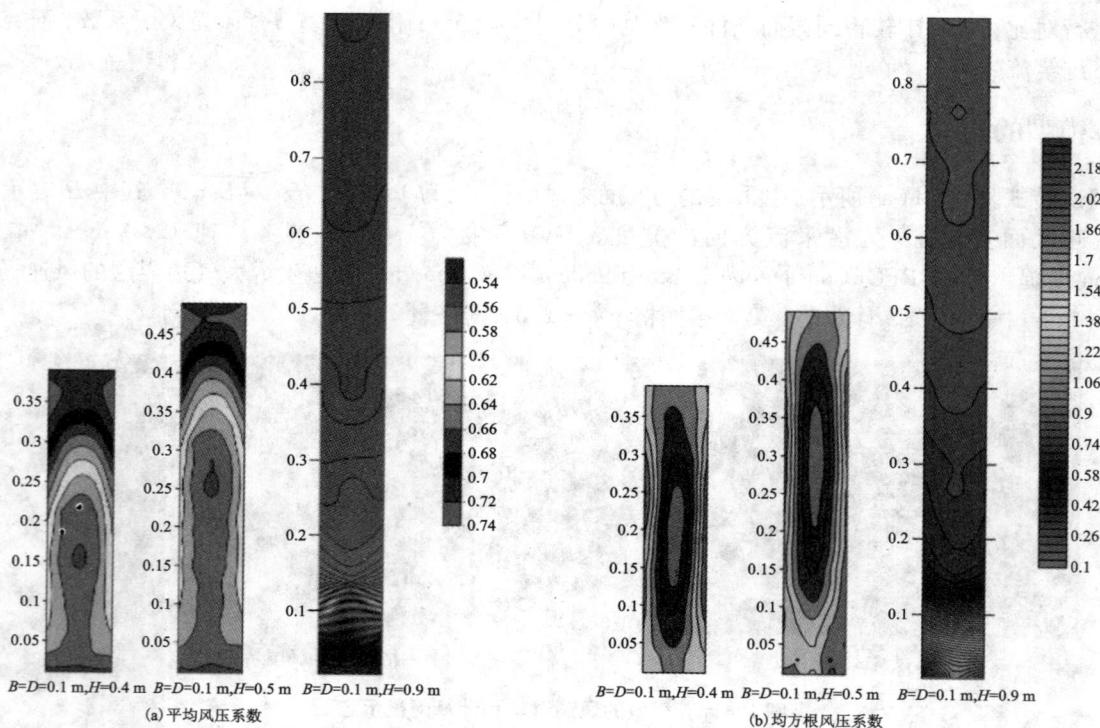

$B=D=0.1$ m,$H=0.4$ m　　$B=D=0.1$ m,$H=0.5$ m　　$B=D=0.1$ m,$H=0.9$ m

(a)平均风压系数

$B=D=0.1$ m,$H=0.4$ m　　$B=D=0.1$ m,$H=0.5$ m　　$B=D=0.1$ m,$H=0.9$ m

(b)均方根风压系数

图4　不同高宽比背风面风压系数

4　结论

采用大涡模拟技术研究超高层建筑的风荷载与风洞试验结果相一致证明了大涡模拟技术的稳定性。相比较风洞试验，数值模拟能够更加详细地了解结构表面的流动情况。与高宽比为 4，5，6 的建筑模型相比，高宽比为 9 的超高层建筑三维绕流效应是最弱的。

参考文献

[1] 王磊，梁枢果，邹良浩等. 超高层建筑抗风体型选取研究[J]. 湖南大学学报(自科版)，2013，40(11)：34 – 39.

[2] Aboshosha H, et al. Consistent inflow turbulence generator for LES evaluation of wind – induced responses for tall buildings[J]. Journal of Wind Engineering & Industrial Aerodynamics，2015，142：198 – 216.

[3] Tamura Y. Aerodynamic Database of High-rise Buildings[EB/OL]. Japan：TOKYO POLYTECHNIC UNIVERSITY. https：// www. t – kougei. ac. jp/en/. 2012.

[4] 杨伟，顾明. 高层建筑三维定常风场数值模拟[J]. 同济大学学报(自然科学版)，2003(06)：647 – 651.

基于贝叶斯推断的污染源确定方法[*]

朱建杰，周晅毅，顾明

（同济大学土木工程防灾国家重点实验室 上海 200092）

1 引言

针对污染源确定这一不适定的反问题，国内外学者做了大量的研究。污染源确定方法主要可以分为优化方法和贝叶斯推断两大类[1]。在优化方法方面，Sharan et al. (2012)[2]利用最小二乘法求得成本函数的最优解，并给出了多个污染源情况下源参数确定的矩阵表达式。优化方法虽然很好的给出了污染源各项参数的最优解，但是它并没有对最优解的可靠性和不确定性进行量化，贝叶斯推断很好地解决了这一问题。Keats et al. (2007)[3]首次将贝叶斯推断应用于源参数确定问题，并引入伴随方程大大地降低了计算负荷，为这种方法的应用奠定了基础。

本文针对于日本东京工艺大学进行的污染物扩散风洞试验[4]进行数值模拟，求解伴随方程，在贝叶斯推断的框架下用后验概率量化各项参数预测的可靠性。将各项参数后验概率的期望值与真实污染源参数进行对比，发现 x 坐标和 y 坐标得到了精确的预测，而 z 坐标和污染物释放速率 q_s 的预测值比实际值偏大，需要用更适当的湍流模型提高风场和浓度场的准确性。另外，概率分布越平坦，说明预测的不确定性越大；概率分布越集中，说明预测的不确定性越小，期望值作为推荐值的可靠性就越高。

2 研究方法

本文应用贝叶斯推断对污染源参数进行反演。根据先验信息给予各参数先验概率分布。通过数值模拟的方法模拟风洞实验，并求解伴随浓度场，得到不同源参数下各传感器处浓度的理论值，再利用数值模拟的理论值和风洞实验的测量值计算出似然概率。最终在贝叶斯推断的框架下用后验概率量化各项参数预测的可靠性。

3 实验算例

3.1 风洞实验

本文利用了东京工艺大学污染物扩散风洞实验的数据[4]。风洞长 2.5 m，宽 1.2 m，高 1.0 m，建筑模型高 H（$H = 200$ mm），底面为边长 $0.5H$ 的矩形。模型位于距风洞入口 $2H$ 处，污染源位于建筑尾流区距建筑 $0.25H$（坐标 50 mm，0 mm，0 mm）处，污染源以 0.35 L/min 的速率释放纯乙烯气体。风速和污染物浓度的采样频率为 1000 Hz，采样时间为 120 s。由于数值模拟采用定常计算，所以此处将采样样本取均值与数值模拟的结果进行比较。

3.2 数值模拟

数值模拟基于 Fluent 软件模拟，湍流模型为标准的 $k - \varepsilon$ 模型。为模拟风洞实验情况，计算域大小与风洞相同（$12.5H \times 6H \times 5H$），计算域采用结构化网格离散，建筑模型、污染源及传感器附近由于流场变量梯度较大采用最小网格（5 mm × 4 mm × 5 mm），网格增长因子不大于 1.2，网格数量总计 1,026,520。计算域顶部及侧面采用 symmetry 边界条件；入口采用 velocity-inlet 边界条件；出口为 outflow；地面及建筑表面为 wall。控制方程采用 Second-Order Upwind 格式离散，SIMPLE 算法求解。

3.3 后验概率

由数值模拟理论值和风洞实验测量值根据贝叶斯推断求得后验概率。本文计算了不同误差下的后验概率，由于摘要篇幅有限，图 1 仅列出误差为 $\sigma_{L,i} = 0.25 D_i$ 的后验概率分布。由后验概率可知，污染源的 x 坐标和 y 坐标得到了较为精确的预测，而 z 坐标和释放速率的预测值较真实值偏大。

　*　基金项目：国家自然科学基金项目（51778492）

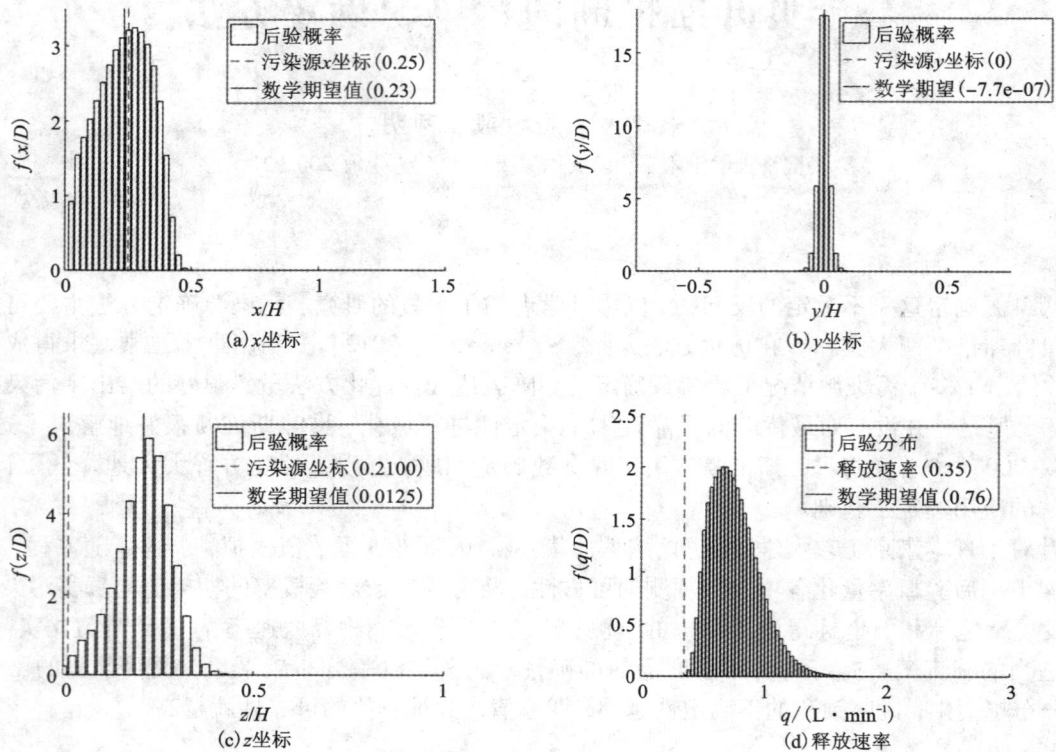

图1　各参数边缘后验概率（$\sigma_{L,i} = 0.25D_i$）

4　结论

　　本文利用计算机模拟风洞实验污染物扩散，根据数值模拟理论值和风洞实验测量值在贝叶斯推断的框架下求得后验概率。由结果可知，污染源的 x 坐标和 y 坐标得到了较为精确的预测，而 z 坐标和释放速率的预测值较真实值偏大。其原因可能是数值模拟的风场与浓度场与风洞实验存在差异，所以造成了 z 坐标和释放速率预测的误差。此外，本文还研究了数值模拟与风洞实验误差的影响，结果表明：误差越大，概率分布越平坦，预测的不确定性越大；误差越小，概率分布越集中，预测的不确定性越小，期望值作为推荐值的可靠性就越高。

参考文献

［1］Hutchinson M, Oh H, Chen W H. A review of source term estimation methods for atmospheric dispersion events using static or mobile sensors［J］. Information Fusion, 2016, 36: 130 – 148.

［2］Sharan M, Singh S K, Issartel J P. Least Square Data Assimilation for Identification of the Point Source Emissions［J］. Pure and Applied Geophysics, 2012, 169: 483 – 497

［3］Keats, A., Yee, E., Lien, F. S., Bayesian inference for the source determination with applications to complex urban environment［J］. Atmospheric Environment, 2007, 41(3): 465 – 479.

［4］TPU Database, Flow and concentrations around an isolated building (wind tunnel), 2006. http: //www. wind. arch. t – kougei. ac. jp/info_center/pollution/Isothermal_ Flow. html (Accessed November, 2018).

十二、其他风工程和空气动力学问题

基于插值技术的非平稳风速模拟算法[*]

鲍旭明，李春祥

（上海大学土木工程系 上海 200072）

1 引言

高层建筑与大跨桥梁因其结构形式的特点，易受风致振动效应的影响。对随机风速场进行准确建模，正确模拟风荷载时程，分析高层结构风荷载下的随机振动响应，正成为设计经济可靠的抗风建筑的重要环节。基于谱表示法（Spectral Representation, SR）的非平稳脉动风速模拟需要在每一个时间离散点和频率离散点进行 Cholesky 分解，且无法直接使用快速傅里叶算法加速谐波求和过程，而随着模拟点的增加，分解过程和叠加过程会耗费大量的时间。以往学者推导一系列进化功率谱（Evolutionary Power Spectral Density, EPSD），结合 Cholesky 分解和样条插值（Spline Interpolation Algorithm, SIA）模拟非平稳非均质风速场[1]；进一步研究表明在 Cholesky 分解基础上可采用本征正交分解（Proper Orthogonal Decomposition, POD），对时间和频率变量进行解耦[2]，即可引入快速傅里叶加速求和过程。径向基神经网络（Radial Basis Function Neural Network, RBFNN）具有强大的非线性函数拟合能力，能够快速地全局逼近一个非线性函数[4]。考虑到 POD 是数据驱动，采用更一般形式的具有相位差以及时变相干函数[3]的互功率谱矩阵，研究最佳的非平稳风速模拟算法。以下称 EPSD – SR 为模型 1，EPSD – SIA – SR 为模型 2，EPSD – RBFNN – SR 为模型 3，EPSD – POD – SIA – SR 为模型 4。

2 计算模型

2.1 沿地面垂直高度模拟

算例 1 沿地面垂直高度 35 m、45 m、95 m 和 195 m 进行极端风下的非平稳风场模拟。假设时变平均风速，其余各点的时变平均风速采用对数律进行计算，采用 kaimal 进化谱和 Davenport 时变相干函数。

2.2 沿地面水平方向模拟

算例 2 模拟离地面 50 m 处的桥面，全长 2000 m，模拟点间隔 50 m，共 41 个模拟点。假定时变平均风速。进化功率谱同算例 1，仅考虑水平向相关性，同一时刻不同位置的自进化功率谱相同，仅对比模型 2 和模型 4。

3 模拟结果与分析

3.1 算例 1 模拟结果

对 Cholesky 分解进行插值，对比在 95 m 处的脉动风速时间序列，RBFNN 表现出对非线性函数的强大拟合能力，但训练网络需要额外的时间。对比模型 1、模型 2 和模型 4 在 195 m 处的脉动风速时间序列，可得三种模型的风速序列数据误差较小。三次样条插值能显著加快 Cholesky 分解速度，可保证一定的精度。在三次样条插值的基础上，对 Cholesky 分解结果进行正交分解处理，能够引入快速傅里叶变换。结果显示，对 POD 分解结果仅取前四阶模态，模拟得到的风速误差满足要求，与仅采用三次样条插值的结果接近。

3.2 算例 2 模拟结果

算例 1 结果可得对于更一般形式的 EPSD 矩阵，POD 分解真实有效。算例 2 进一步考察 POD 分解的模

* 基金项目：国家自然科学基金项目（51778354）

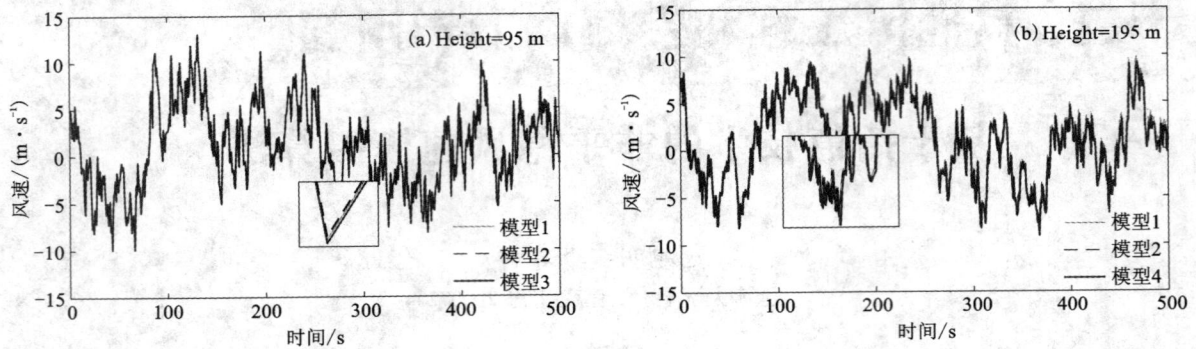

图1　95 m 处和 195 m 处生成样本的脉动风速序列对比

拟效率。现考虑时不变相干函数的特殊情况，模拟水平方向 41 个点，同一时刻水平方向的 autoEPSD 处处相等，与模型 2 运行时间对比见表 1。POD 分解需要额外的计算时间，但是引入 FFT 后的求和过程速度极快，在总计算时间上，模型 4 有明显的优势。

表1　两种算法运行时间对比（单位：s）

过程	模型 2	模型 4
Cholesky 分解	182.89	182.92
POD	—	18.11
求和	205.56	5.63
总用时	388.45	206.66

4　结论

考虑复进化功率谱矩阵与时变相干函数，沿垂直方向模拟，神经网络插值可更好地拟合 Cholesky 分解结果，但用时比三次样条插值多。使用多个时间主坐标的平均值代替真实时间主坐标会影响 POD 精度，但在本文模拟条件下，不同点进化功率谱的变化趋势较一致，对比传统方法，POD 精度相差较小。沿水平方向基于时不变相干函数的模拟，模型 4 仅执行一次特征值求解，总模拟时间显著小于模型 2，且仅有一个时间主坐标，精度得到进一步保证。结果表明，随着模拟点数的增加，采用样条插值和 POD 结合的方法更适合大跨桥梁非平稳风场的模拟。

参考文献

[1] Li J H, Li, C X, He L, et al. Extended modulating functions for simulation of wind velocities with weak and strong nonstationarity [J]. Renewable Energy, 2015, 83: 384 - 397.

[2] Huang G. Application of Proper Orthogonal Decomposition in Fast Fourier Transform-Assisted Multivariate Nonstationary Process Simulation[J]. Journal of Engineering Mechanics, 2015, 141(7): 04015015.

[3] Zhao N, Huang G. Fast simulation of multivariate nonstationary process and its application to extreme winds[J]. Journal of Wind Engineering & Industrial Aerodynamics, 2017, 170: 118 - 127.

针对列车空调冷凝风机的风洞实验研究

李雪亮[1]，杨明智[1,3]，伍钒[2]，苏伟华[4]

（1. 中南大学交通运输学院 长沙 410075；2. 轨道交通安全关键技术国际合作联合实验室 长沙 410075；
3. 轨道交通安全教育部重点实验室 长沙 410075；
4. 轨道交通列车安全保障技术国家地方联合工程研究中心 长沙 410075）

1 引言

目前我国高速列车普遍采用顶置单元式空调机组[2-4]，分为蒸发侧与冷凝侧。这两个部分相互独立，仅通过制冷剂的压缩/膨胀做功传递能量[5-6]。制冷剂的循环基于逆朗肯循环，制冷剂通过蒸发侧膨胀吸收车厢内部热量，将热量带入冷凝侧以压缩的方式释放[7-10]。空调冷凝风机为冷凝侧热量的排出提供冷凝空气[11]。冷凝空气与冷凝器之间的热交换效率是影响空调制冷效果的决定性因素，热交换不足以排出产生的热量时，将导致空调进入高温保护模式而停机。通常，空气侧的热阻比制冷剂侧大 5 ~ 10 倍[12]，因此，针对空气侧的换热效率优化更加重要。

冷凝侧的对流热交换效率主要取决于冷凝器的内部结构，以及冷凝空气的流量和温度。从几何学的角度出发，对冷凝器的结构设计和优化已有广泛研究，旨在最大限度地提高冷凝器的热交换效率，并降低流动阻力[13]。Wongwises 通过实验研究了波浪形翅片的散热性能[14]；Kiatpachai 测量了不同冷却翅片间距的传热效率[15]，并提出了适理的翅片间距布局；Bhuiyan 通过数值分析研究了翅片管换热器的传热性能[16-17]。但对于高速列车空调，列车高速运行过程中会产生较强列车风[18-20]，导致空调处流动环境发生较大变化，并导致空调实际功耗会随着车速增加而增加[21]。因此需要对列车运行时空调附近流场进行研究。由于空调的复杂内部结构和列车周围的复杂湍流，难以通过实验方法直接测量空调冷凝风量，目前研究主要是在不考虑空调工作的情况下，直接通过列车表面压力分布进行研究[22-23]，并不能完全模拟实际空调工作情况。实际运行过程中，旋转的冷凝风扇受列车风作用，导致空调左右两侧冷凝器散热能力出现差异[24]。

本文采用风洞实验的方法，模拟列车空调冷凝风机在不同车速下运转，通过研究得到车速对空调冷凝风量的影响。实验使用真实列车空调风机，并忽略了复杂的空调内部风道。

2 实验方法及内容

2.1 风洞实验装置

本次实验在中南大学高速列车研究中心 1 m × 0.8 m 风洞进行，实验风速 10 ~ 50 m/s。使用的风机如图 1 所示，为实际列车空调风机。风机安装于风洞侧壁，吸入风洞内空气，经过风道后，从风洞顶部回到风洞，如图 2(a) 所示。图 2(b) 为风洞内部。由于风机直径 $D_{fan} = 0.55$ m，同直径尺寸风道难以安装，因此使用直径 $D = 0.3$ m 圆形管道，风机与管道之间使用方转圆收缩段连接。管道内流量测量面位于顶部长直管道中部，并在来流方向安装整流蜂窝器。

3 结果与分析

3.1 风速对风量影响

风洞内风速稳定后，每个测点的测量结果取 1 min 的时间平均，再通过面积分得到不同风速下的风机流量，如图 3 所示。其中，虚线为无格栅工况，实验为有格栅工况。由图中可以看出，风速在 10 m/s 以内，两种工况风量变化均不大。随着风速进一步增加，有格栅工况风量迅速下降，风洞风速 50 m/s 时，风量仅 360 m³/h，下降 72%；而无格栅工况，风量反而上升，风洞风速 50 m/s 时，风量达到 2860 m³/h，上升 110%。

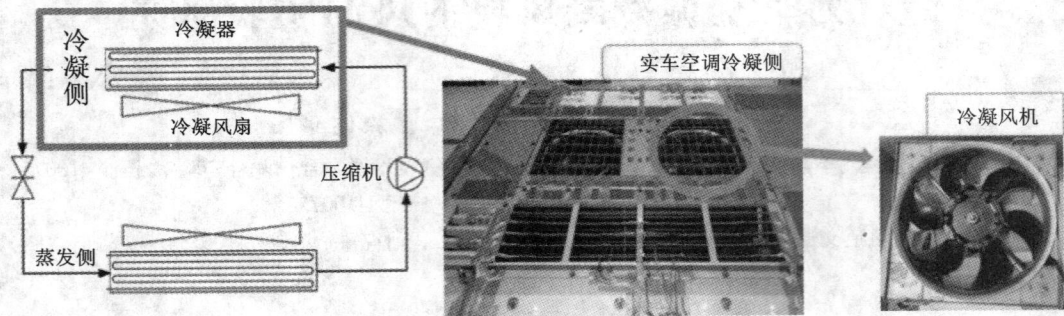

图1　高速列车空调系统

(a)　　　　　　　　　　　　　(b)

图2　风洞实验装置

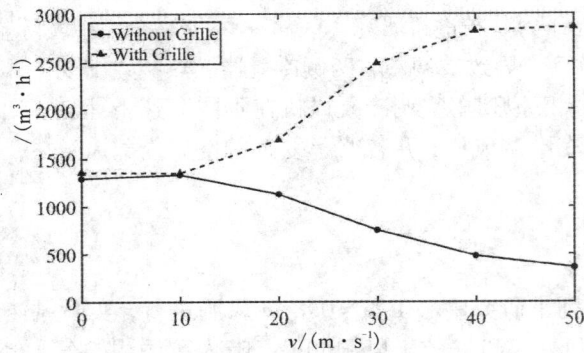

图3　风量随车速变化曲线

4　结论

（1）列车空调机组在车辆运行过程中，受到高速气流的作用，冷凝风量出现下降，导致冷凝器散热能力不足，压缩机功率上升，空调性能降低。

（2）风机口格栅会显著影响流量，无入口格栅情况，风量反而上升。

一种改进的独立风暴法及其对应的极值风速和结构响应研究*

梁张烽，罗楠，廖海黎

(西南交通大学风工程试验研究中心 成都 610031)

1　引言

在考虑大跨屋盖结构的风致动力响应的时候，重现期的极值风速值至关重要，极值风速的计算方法众多，独立风暴法是其中一种有效的方法。而独立风暴法对于独立风暴值的挑选直接影响了重现期的风速计算。本文通过对独立风暴峰值的挑选方法的分析研究，给出了一种改进的滑块方法。首先，利用收集到的母本风速数据，运用本文提出的滑块方法挑选出独立风暴值，并与传统分块方法进行了对比，指出改进的方法具有精度高，效率好的优点；其次，采用传统分块法和本文方法计算了某风速站点不同重现期的风速，比较了其差异；最后，将两种独立风暴峰法获得的不同重现期的风速与某大跨屋盖结构几个典型节点的动力响应分析相结合，给出了两种方法在不同重现期下结构的最终响应，为类似结构风致动力响应提供了一定的理论指导。

2　改进的独立风暴法

为了确定独立风暴的峰值，Cook(1982)[1]设立了一个阈值，在最小间隔为2天的时间内挑出一个每日最大的风速作为一个风暴；在 Simiu 和 Heckert(1996)[2]文章中，他们挑选独立风暴的方法是通过确定好的最小时间间隔 r_n，分别对原始风速数据进行最小间隔的分块，比如最小间隔为100 h，把原始风速数据分成100 h 一个分块，挑出每个分块中的最大值为一个独立风暴，我们把这个方法定义为分块法；在 Lombardo 和 Simiu(2008)[3]文章中提出了一种改进的方法，通过逐个对比并分析间隔得出独立风暴值，这里把这种方法定义为逐个比较法。分块法具有速度快的优点，但会遗漏部分重要的独立风暴值，而逐个比较法可以精确挑选出需要的独立风暴值，但由于逐个比较判断，效率较低。本文提出一种改进的独立风暴挑选方法，称为滑块法，该方法兼具了分块法和逐个比较法的优点。具体步骤是：(1)以某个时间间隔 r_n 为一个滑块，从风速数据的起始数据开始第一个滑块 r_n 内挑选挑选最大值作为一个独立风暴 mis(1)，位置为 b(1)；(2)将滑块滑到 b(1)，即以 b(1)+1 作为下一个滑块的起点，b(1)+r_n 作为终点。有两种情况：第一种，如果滑块中的最大值小于等于 mis(1)，以 b(1)+r_n+1 作为下一个滑块起点重复上一个挑选程序；第二种，如果滑块中的最大值大于 mis(1)，那 mis(1)就需要更新到这个最大值，即这个最大值变为 mis(1)，再继续重复第一或第二种情况。

经过计算分析，本文提出的滑块法和逐个比较法挑选结果是一致的，但显然滑块法处理数据的效率比逐个比较法更高。下文主要是对滑块法和分块法进行一个对比，指出滑块法获得的独立风暴值更准确和全面。研究采用的风速数据来自美国自动化表面观测系统(ASOS, NOAA)，选用的站点为伊利诺伊州的芝加哥市，数据时间为2000年1月1日至2016年4月30日。时间间隔 r_n 设置为100 h 和200 h 两种情况。从图1可以看出滑块法选出来得风暴数量要多于分块法，这表明分块法会遗漏部分重要的独立风暴值。

3　极值风速和结构动力响应分析

利用上述挑选出的独立风暴值，根据极值理论，滑块法在重现期50年与500年的极值风速估计分别是28.4 m/s 和32.2 m/s，分块法在重现期50年与500年的极值风速估计分别是28.0 m/s 和32.2 m/s。重现期为 R 年的风效应可由下式计算：

$$x_{Ri} = 1/2\rho V_R^{2+b_i} C_i (i=1, 2, \cdots, n) \tag{1}$$

式中：x_{Ri} 由风速 V_R 确定的风荷载效应，V_R 是重现期为 R 年的风速，C_i 是与风速无关的结构响应系数，b_i

* 基金项目：国家自然科学基金项目(51408504)

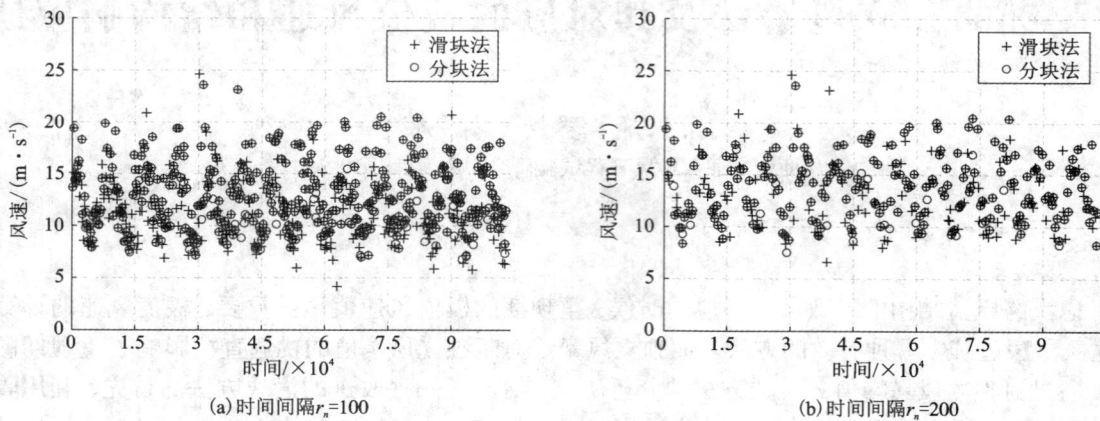

(a) 时间间隔r_n=100　　　　　　　　　　　　　(b) 时间间隔r_n=200

图1　独立风暴的峰值的选择方法对比

是结构动力放大系数,当$b_i=0$为刚性结构,$b_i>0$为柔性结构。

　　显然,对于特定的某个结构响应,C_i和b_i是两个常数,我们可以根据这几个风速下结构的响应拟合常数C_i和b_i,进而可以计算任意风速下结构的响应。表1给出了两种不同的独立风暴分析方法得到的极值风速作用下某个大跨屋盖结构两个典型节点的位移响应。

表1　主要节点的极值响应

方法	节点 1 的响应 x_{R1}/mm		节点 2 的响应 x_{R2}/mm	
	MRI = 50	MRI = 500	MRI = 50	MRI = 500
分块法	37.5	48.2	19.3	24.6
滑块法	40.4	54.8	20.7	27.9

4　结论

　　传统的独立风暴峰值的挑选方法,逐个比较法能准确的挑选独立风暴数据,但计算效率有待提高,而分块法不能够准确地挑选独立风暴的峰值数据,会遗漏部分重要的独立风暴值,以至于影响重现期的极值风速估计。本文提出的改进方法,滑块法恰好能解决这一问题,能快速准确地挑选出独立风暴值,对极值风速估计以及极值响应的计算提供了更可靠的数据。

参考文献

[1] Cook, N. J. (1982). "Towards better estimation of extreme winds." Journal of Wind Engineering and Industrial Aerodynamics, 9 (3), 295 – 323.

[2] Simiu, E., and Heckert, N. A. (1996). "Extreme Wind Distribution Tails: A 'Peaks over Threshold' Approach." Journal of Structural Engineering, 122(5), 539 – 547.

[3] Lombardo, F. T., and Simiu, E. (2 8). "Discussion of 'A comparison of methods of extreme wind speed estimation' by Ying An and M. D. Pandey." Journal of Wind Engineering and Industrial Aerodynamics, 96(12), 2452 – 2454.

基于最大信息熵原理的风速预测组合模型[*]

罗谦刚[1,2]，敬海泉[1,2]，何旭辉[1,2]

（1. 中南大学土木工程学院 长沙 410075；2. 高速铁路建造技术国家工程实验室 长沙 410075）

1 引言

近年来，我国高速铁路建设迅猛发展，在高铁建设和管理运营方面都取得了举世瞩目的成就。然而，随着高速铁路向东南沿海和西部山区的进一步延伸，公交化的高铁运营网络无法避开强风下行车。强风对高铁行车安全形成巨大威胁，是铁路运营需要重点注意的关键因素之一。因此，开展铁路沿线短时风速预测研究对线路行车安全和舒适性具有重要意义。本文以国内某高铁沿线监测风速为数据支撑，对比分析了多种预测模型的预测精度，并提出以最大信息熵原理为基础的风速预测组合模型，实现高精度的短时风速预测。

2 研究简述

本文选取某铁路局测风站 2015 年 09 月 29 日某段连续 1200 个风速（采样间隔为 1s）作为风速样本序列，首先采用差分自回归移动平均模型（ARIMA），支持向量机（SVM）和 BP 神经网络模型等传统预测模型对该风速序列进行预测，对比分析了其预测精度；之后基于最大信息熵原理，建立 ARIMA、SVM 和 BP 的组合模型并对同一风速序列进行预测，最后将预测结果与传统模型对比，综合评价组合模型的预测性能。

本文采用两个常用评价指标对各个模型进行综合比较，即平均绝对误差（Mean Absolute Error，MAE）平均绝对百分比误差（Mean Absolute Percentage Error，MAPE）和均方根误差（Root Mean Square Error，RMSE）。公式如下：

$$MAE = \frac{1}{N}\sum_{t=1}^{N}|x(t) - \hat{x}(t)| \quad MAPE = \frac{1}{N}\sum_{t=1}^{N}\left|\frac{x(t) - \hat{x}(t)}{x(t)}\right| \quad RMSE = \sqrt{\frac{1}{N}\sum_{t=1}^{N}(x(t) - \hat{x}(t))^2} \quad (1)$$

其中 $x(t)$ 和 $\hat{x}(t)$ 分别表示 t 时刻的测量数据和预测数据，N 表示预测样本数据个数。

3 数值算例

3.1 方法流程

（1）选择前 n 个风速原始数据作为训练集（$\{x(1)，x(2)，\cdots，x(n)\}$），后 $1200 - n$ 个风速数据作为预测集（$\{x(n+1)，x(n+2)，\cdots，x(1200)\}$）。

（2）建立 ARIMA、SVM 和 BP 模型，预测 $x(n+1)$ 的值。

（3）根据最大信息熵原理计算 ARIMA、SVM 和 BP 模型预测值的权重，根据权重计算新的 $x(n+1)$ 的值。

（4）获取新数据并更新训练集，重复步骤（2）、（3）继续超前一步预测直到完成预测。

3.2 模型比较

由于各个单一模型都有各自不同的特点和不同的适用情况，没有任何一种方法能够在任何情况下都保持较高的预测精度，对于该组数据来说，采用最大信息熵原理的组合预测模型预测精度相比于 ARIMA、SVM 和 BP 模型都有一定的提高，其平均绝对误差相较前三者单一模型减小了 3.67%，5.92% 和 7.54%，其平均绝对百分比误差减小了 1.81%、9.61% 和 7.96%，其均方根误差减小了 5.14%、3.31% 和 5.62%。

* 基金项目：高铁联合基金重点项目（U1534206）；铁总科技计划重点项目（2017T001 - G）；国家自然科学基金委（51708559）

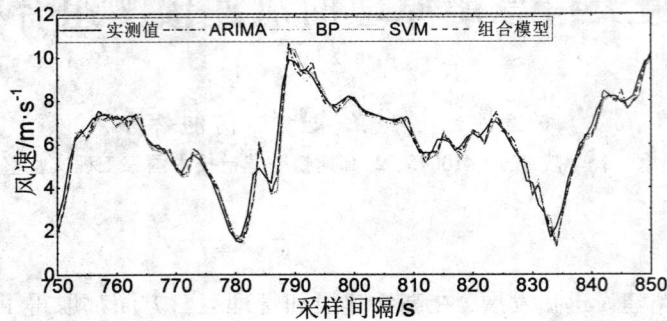

图 1 各个模型预测结果

表 1 各个模型预测误差分析

误差指标	ARIMA	SVM	BP	组合模型
MAE	0.343	0.351	0.357	0.330
MAPE	8.40%	9.13%	8.96%	8.24%
RMSE	0.531	0.521	0.533	0.503

4 结论

本文基于最大信息熵原理，提出了一种风速预测组合模型，并采用实际数据进行了验证，由此得到以下结论：

（1）通过最大信息熵原理确定的组合模型，可以将组合预测的过程看成一个信息综合的过程。通过对各种模型提供的信息进行综合处理得到一个更加合理、客观的预测结果。通过对风场功率的预测算例看以看出，最大信息熵组合预测模型可以提高预测精度。

（2）最大信息熵原理建立组合预测模型具有较好的泛用性，能整合多种类单一预测模型，避免单一预测模型的不稳定性，在一定程度上提高了预测模型的鲁棒性。

参考文献

[1] 许平. 青藏铁路大风监测预警与行车指挥系统研究[D]. 长沙：中南大学，2009.

[2] 杨秀媛，肖洋，陈树勇. 风电场风速和发电功率预测研究[J]. 中国电机工程学报，2005(11)：1-5.

[3] 潘迪夫，刘辉，李燕飞. 基于时间序列分析和卡尔曼滤波算法的风电场风速预测优化模型[J]. 电网技术，2008(07)：82-86.

[4] 张华，曾杰. 基于支持向量机的风速预测模型研究[J]. 太阳能学报，2010，31(07)：928-932.

[5] 刘纯，范高锋，王伟胜，等. 风电场输出功率的组合预测模型[J]. 电网技术，2009，33(13)：74-79.

[6] 彭怀午，刘方锐，杨晓峰. 基于组合预测方法的风电场短期风速预测[J]. 太阳能学报，2011，32(04)：543-547.

大型边界层风洞风场调试技术研究[*]

孙耀宗，苏益，李明水

（西南交通大学风工程四川省重点实验室 成都 610031）

1 引言

风洞试验是风工程领域的重要研究手段，相比于现场实测，更易获得测量数据，试验可控且可重复[1]。而风洞试验的准确性高度依赖大气边界层的正确模拟[2]。根据试验要求，需对指定缩尺比、相应地貌特征的试验风场进行调试并准确模拟平均风速剖面、湍流度剖面等。本文以尖塔、立方体分布粗糙元、挡板等被动模拟装置为基础，研究大型边界层风洞风场调试技术，分析模拟装置不同布置及组合方式对边界层风特性的影响，对风洞试验具有一定的指导意义，并可为类似风场调试的被动模拟方法提供参考。

2 风洞试验

试验在西南交通大学 XNJD – 3 风洞中进行，试验段为 22.5 m × 4.5 m × 36 m，风速范围为 1.0 ~ 16.5 m/s。采用 Cobra Probe 探测器测量风场流动特性。选取若干典型工况见表 1。

表 1 试验工况

序号	尖塔数量	尖塔间距/m	挡板情况	粗糙元情况
1	9	2.71	金属三角挡板； 10 ~ 90 cm, 3.5 ~ 4.5 cm； 90 ~ 200 cm, 4.5 ~ 11 cm	0.15:2:1:5； 0.10:1:0.5:10； 0.05:0.5:0.5:15
2	7	2.71	金属三角挡板； 10 ~ 90 cm, 3.5 ~ 4.5 cm； 90 ~ 200 cm, 4.5 ~ 11 cm	0.15:2:1:5； 0.10:1:0.5:10； 0.05:0.5:0.5:15
3	7	3.75	金属三角挡板； 10 ~ 90 cm, 3.5 ~ 4.5 cm； 90 ~ 200 cm, 4.5 ~ 11 cm	0.15:2:1:5； 0.10:1:0.5:10； 0.05:0.5:0.5:15
4	5	4.6	无	无
5	5	4.6	底部高 20 cm、厚 15 cm 三维挡板	无
6	5	4.6	底部高 20 cm、厚 15 cm 三维挡板； 70 ~ 200 cm, 0 ~ 1.5 cm	无
7	7	2.71	金属三角挡板； 10 ~ 90 cm, 3.5 ~ 4.5 cm； 90 ~ 200 cm, 4.5 ~ 11 cm	0.15:2:1:5； 0.10:1:0.5:10； 0.05:0.5:0.5:7
8	7	2.71	金属三角挡板； 10 ~ 90 cm, 3.5 ~ 4.5 cm； 90 ~ 200 cm, 4.5 ~ 11 cm	0.15:2:1:3； 0.10:1:0.5:10； 0.05:0.5:0.5:15

注："70 – 200 cm, 0 – 1.5 cm"表示在尖塔离地 70 至 200 cm 布置梯形二维挡板，70 cm 处尖塔两侧都延伸出边缘 0 cm，200 cm 处为 1.5 cm。"0.15:2:1:5"表示边长 0.15 m 粗糙元，横向间距 2 m、排间距 1 m 交错排列 5 排。

[*] 基金项目：考虑桥塔气动干扰和斜风作用的斜拉桥典型施工阶段抖振响应研究（51478402）

3　风场调试结果及分析

试验工况的归一化平均风速剖面(U/U_r，其中 U_r 为参考高度风速，Z_r 为参考高度，$Z_r = 0.46$ m）见图 1、图 2，顺风向湍流强度剖面见图 3、图 4。

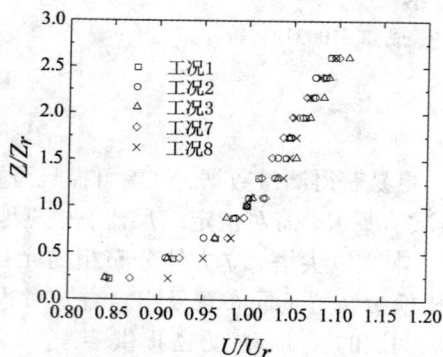

图 1　平均风速剖面

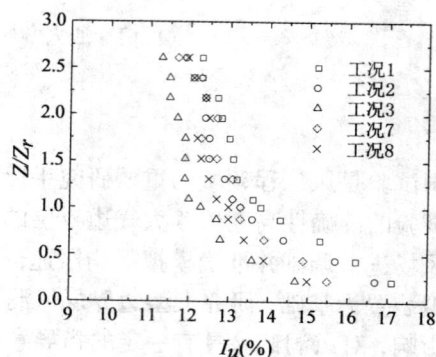

图 2　湍流强度剖面

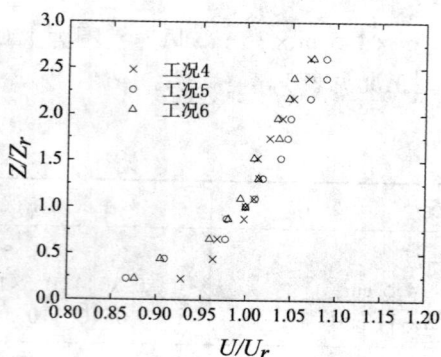

图 3　平均风速剖面

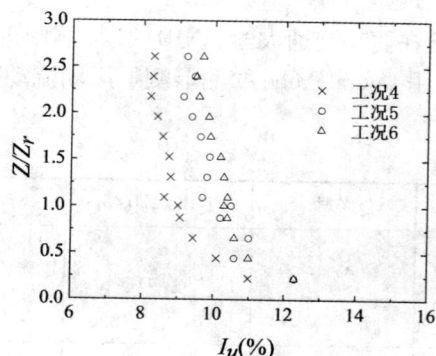

图 4　湍流强度剖面

对比工况 1、2、3 发现，调整尖塔数量及间距均对风速剖面影响微弱，而缩减数量或增大间距，皆令风场湍流度整体减小。观察工况 2、7、8，加密粗糙元，流场底部风速降低，湍流强度增大，且湍流度剖面变化更加显著；调整大粗糙元，剖面变化幅度及影响范围都稍大于小粗糙元。由工况 4、5、6 可知，风场引入三维挡板后置尖塔，测量范围内流场风速剖面整体性变化，底部偏小，上部增大；湍流度整体增大；加置二维挡板，风场局部风速降低，紊流度增大。增添三维挡板或加密粗糙元，风场底部空气流动大幅受阻，阻力随流动向高处传递，促使湍流特性在整个风场产生改变，湍流度增大，这种影响随高度增高而减弱，可预见工况 4 与工况 5 湍流度剖面在达到一定高度重合。

4　结论

本文通过大型边界层风洞的风场调试试验得出以下结论：

（1）对于尖塔及挡板的组合，缩减尖塔数量或扩大间距，边界层风场平均风速增大，顺风向湍流度减小；尖塔数量、距离的变化对风速剖面影响微弱。

（2）挡板和粗糙元的调整对风场局部作用显著。加密粗糙元，风场近地层风速降低，湍流度增大；影响高度随粗糙元尺寸增大而增高。引入挡板后置尖塔，风场局部范围内风速降低，湍流度增大；加宽加高挡板可令影响增强；三维挡板对风场影响远大于二维挡板。

参考文献

［1］Jack E. Cermak. Application of wind tunnels to investigation of wind engineering problems［J］. AIAA Journal, 1979, 17(7)：679 –690.

［2］Simiu E, Scanlan R H., 风对结构的作用：风工程导论［M］. 第二版. 同济大学出版社, 1992.

风沙跃移运动的可视化观测

王梦曦[1]，张宁[2]，任珵娇[1]，陈廷国[1]

(1. 大连理工大学建设工程学部 大连 116000；2. 大连理工大学水利与建筑学院 杨凌 712100)

1 引言

在风沙两相流运动中，沙粒的跃移运动是风沙流中沙粒运动的主要形式。本文对来自内蒙古鄂尔多斯、陕西省靖边县和神木县的沙土样本进行了风蚀起动的风洞试验，并对跃移沙粒的微观运动参数进行了观测和分析。本文设计了沿高度指数分布的尖劈，在风洞中模拟了近地面边界层的风场，用高速像机记录了沙粒的跃移过程。本文使用粒子追踪测速（PTV）方法对沙粒的跃移轨迹进行了观测，由于沙粒的高速旋转将比沙粒撞击导致更加严重的风蚀，沙粒旋转速度成为研究风沙跃移运动必须考虑的因素之一，因此针对沙粒在跃移过程中的高速旋转现象进行了后处理开发和分析。编制了沙粒影像的二维旋转识别程序，对图像数据进行几何转换，使用结构相似度（SSIM）的算法进行了旋转角度的求解，对沙粒跃移的高速旋转测量提供了参考方法。

2 实验设备和研究方法

本实验采用尖劈－粗糙元被动模拟法，首先在风洞实验室模拟大气边界层，用激光器和透镜组形成片状光源照射在风洞中的沙床中，超高速摄像机放在风洞一侧。调焦标定，设置好拍摄参数后可进行拍摄，主要拍摄沙粒跃移现象。

实验样品总共有三种，是典型黄土高原风蚀区的沙黄土，沙样 1 来自陕西神木，沙样 2 来自陕西靖边，沙样 3 来自内蒙古鄂尔多斯。

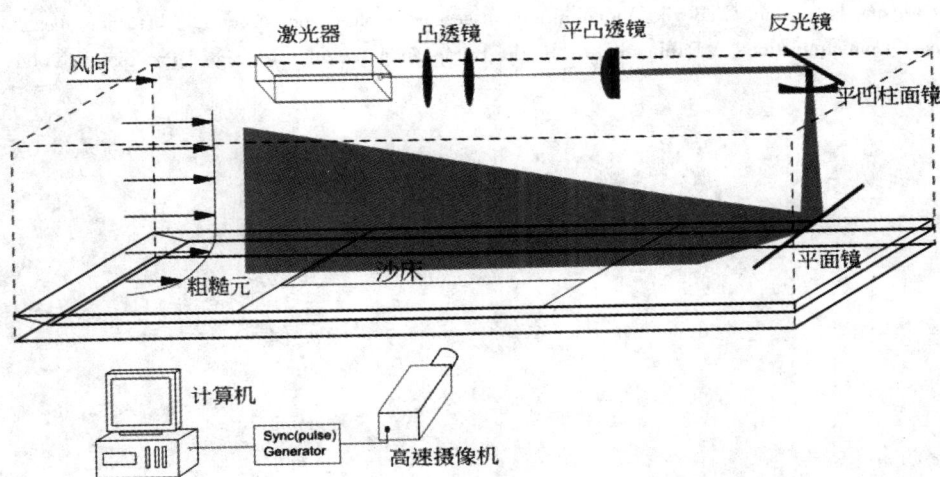

图1 可视化观测系统

3 跃移沙粒参数提取

3.1 沙粒探测及跃移轨迹追踪

在大量连续拍摄的图片中，为了生成沙粒的跃移轨迹，必须执行两个明确的步骤：首先，检测出每一帧图片的特征点，也叫作粒子探测，然后，把每一帧图片中相关的特征点连成轨迹，也叫作粒子追踪。在本文，我们采用特征点跟踪（PTV）算法[2]。

3.2   沙粒旋转速度的求解

当得到沙粒跃移的轨迹坐标后,我们可以利用这些数据从原始图像(图像修复之前)的截取出包含单颗沙粒全部信息的子图像,这些子图像可以反应出这个粒子跃移过程中它曝光信息的变化,然后采用自行编制的 matlab 程序进行旋转速度的求解。其中关键技术采用了 SSIM 方法[3]判断旋转前后图像的相似度。这种方法不止对图像客观评价,还考虑到人眼的视觉特性即主观感受,结构相似度指数图像的亮度、对比度和结构三个指标表征图像的结构信息。

3.3   基于 SSIM 方法判断旋转前后图像的相似度

以上步骤中,关于结构相似度的算法,本文采用基于 SSIM 方法判断旋转前后图像的相似度。结构相似度模型不止对图像客观评价,还考虑到人眼的视觉特性即主观感受,结构相似度指数用图像的亮度、对比度和结构三个指标表征图像的结构信息。

4   结论

通过上述的实验和数据处理,得出以下结论:

(1)在三个地点采得的沙样粒径概率分布服从 Log-logistic 函数;并分析三种沙样的粒度参数,三种沙样平均直径分别为 41.054 μm、181.38 μm 和 182.82 μm;

(2)沙粒的旋转速度主要分布在 100 ~ 1200 rev/s 之间,其中旋转速度在 300 ~ 400 rev/s 的粒子比重较大;

(3)沙粒的旋转速度与距离沙床高度在 0 – 20 mm 范围内没有直接关系,但与沙粒跃移速度和最大跃移高度呈单调递增的关系。

参考文献

[1] 牛立聪,孙香花,左晓宝.基于 Matlab 图像处理的砂石颗粒圆形度计算方法[J].混凝土,2012(1):10 – 12.

[2] Sbalzarini IF, Koumoutsakos P. Feature point tracking and trajectory analysis for video imaging in cell biology[J]. Journal of Structural Biology, 2005(2):182 – 195.

[3] Zhou Wang, Ligang Lu, Alan C. Bovik. Video quality assessment based on structural distortion measurement [J]. Signal Processing. Image Communication:A Publication of the the European Association for Signal Processing, 2004(2):121 – 132.

附　录

中国土木工程学会桥梁及结构工程分会历届全国结构风工程学术会议一览表

No	会议名称	时间	地点	出席人数	出版或交流论文数	承办单位	主办单位
1	全国建筑空气动力学实验技术讨论会（第一届）	1983.11	广东新会	35	约30篇（无论文集）	广东省建筑科学研究所	中国空气动力研究会工业空气动力学专业委员会
2	全国结构风振与建筑空气动力学学术讨论会（第二届）	1985.05	上海	63	（论文集）	同济大学	中国空气动力研究会工业空气动力学专业委员会
3	第三届全国结构风效应学术会议	1988.05	上海	57	53（论文集）	同济大学	中国空气动力研究会工业空气动力学专业委员会风对结构作用学组 中国土木工程学会桥梁及结构工程分会
4	第四届全国结构风效应学术会议	1989.12	广东顺德	98	39（论文集）	广东省建筑科学研究所	
5	第五届全国结构风效应学术会议	1991.10	浙江宁波	51	38（论文集）	镇海石油化工设计所	
6	第六届全国结构风效应学术会议	1993.10	福建福州		40（论文集，同济大学出版社）	福州大学	中国土木工程学会桥梁及结构工程分会 中国空气动力学会风工程与工业空气动力学专业委员会建筑与结构学组
7	第七届全国结构风效应学术会议	1995.09	重庆		38（论文集，重庆大学出版社）	重庆大学	
8	第八届全国结构风效应学术会议	1997.10	江西庐山	71	41（论文集，同济大学出版社）	江西省建筑学会	
9	第九届全国结构风效应学术会议	1999.10	浙江温州		43（论文集）	温州市建筑学会	
10	第十届全国结构风工程学术会议	2001.11	广西龙胜	71	67（论文集）	同济大学	
11	第十一届全国结构风工程学术会议	2003.12	海南三亚	112	90（论文集）	同济大学	中国土木工程学会桥梁及结构工程分会
12	第十二届全国结构风工程学术会议	2005.10	陕西西安	133	131（论文集）	长安大学	
13	第十三届全国结构风工程学术会议	2007.10	辽宁大连	169	185（论文集）	大连理工大学	
14	第十四届全国结构风工程学术会议	2009.08	北京	185	164（论文集）	中国建筑科学研究院，同济大学	
15	第十五届全国结构风工程学术会议暨第一届全国风工程研究生论坛	2011.08	浙江杭州	120+70	80+64（论文集）	浙江大学 同济大学	中国土木工程学会桥梁及结构工程分会 中国空气动力学会风工程和工业空气动力学专业委员会
16	第十六届全国结构风工程学术会议暨第二届全国风工程研究生论坛	2013.07-08	四川成都	143+115	95+114（论文集）	西南交通大学 同济大学	
17	第十七届全国结构风工程学术会议暨第三届全国风工程研究生论坛	2015.08	湖北武汉	165+176	107+130（论文集）	武汉大学 同济大学	
18	第十八届全国结构风工程学术会议暨第四届全国风工程研究生论坛	2017.08	湖南长沙	307+297	130+209（论文集）	中南大学 同济大学	

中国土木工程学会桥梁及结构工程分会其他结构风工程全国性会议一览表

No	会议名称	时间	地点	出席人数	出版或交流论文数	承办单位	主办单位
1	全国结构风工程实验技术研讨会	2004.11	湖南长沙	64	32（论文集）	湖南大学	中国土木工程学会桥梁及结构工程分会 中国空气动力学会风工程与工业空气动力学专业委员会建筑与结构学组
2	全国结构风工程基础研究研讨会	2008.08	黑龙江哈尔滨	62	基金重大计划项目交流	哈尔滨工业大学	中国土木工程学会桥梁及结构工程分会
3	中国结构风工程研究30周年纪念大会	2010.06	上海	68	16（纪念册）	同济大学 上海建筑科学研究院	

图书在版编目（ＣＩＰ）数据

第十九届全国结构风工程学术会议暨第五届全国风工程研究生论坛论文集／中国土木工程学会桥梁及结构工程分会，中国空气动力学会风工程和工业空气动力学专业委员会主编．－－长沙：中南大学出版社，2019.4

ISBN 978－7－5487－3595－3

Ⅰ.①第… Ⅱ.①中… ②中… Ⅲ.①抗风结构－结构设计－文集 Ⅳ.①TU352.204－53

中国版本图书馆 CIP 数据核字（2019）第 054298 号

第十九届全国结构风工程学术会议暨
第五届全国风工程研究生论坛论文集
DISHIJIUJIE QUANGUO JIEGOU FENGGONGCHENG XUESHU HUIYI JI
DIWUJIE QUANGUO FENGGONGCHENG YANJIUSHENG LUNTAN LUNWENJI

中 国 土 木 工 程 学 会 桥 梁 及 结 构 工 程 分 会
中国空气动力学会风工程和工业空气动力学专业委员会 　主编

□**责任编辑**　刘　辉　刘锦伟
□**责任印制**　易红卫
□**出版发行**　中南大学出版社
　　　　　　　社址：长沙市麓山南路　　　邮编：410083
　　　　　　　发行科电话：0731－88876770　传真：0731－88710482
□**印　　装**　长沙雅鑫印务有限公司

□**开　　本**　880×1230　1/16　□**印张** 50.5　□**字数** 1708 千字
□**版　　次**　2019 年 4 月第 1 版　□2019 年 4 月第 1 次印刷
□**书　　号**　ISBN 978－7－5487－3595－3
□**定　　价**　399.00 元

图书出现印装问题，请与经销商调换